矿山地质选集

第一卷 矿山地质实用手册

主编　汪贻水
　　　彭　觥
　　　肖垂斌

中南大学出版社
www.csupress.com.cn

内容简介

《矿山地质选集》是值中国地质学会矿山地质专业委员会成立35周年之际，根据"国务院关于加强矿山地质工作的决定"，将我国各矿山地质工作者及中国地质学会矿山地质专业委员会35年来在做好矿山地质工作方面所取得的成绩、进展和突破，以其阶段性总结、著作、论文形式集结出版，以达到承前启后，促进提升的作用。选集共分十卷，内容包括矿山地质实用手册，实用矿山地质学理论与工作，六十四种有色金属及中国铂业，矿山地质与地球物理新进展，工艺矿物学研究与矿山深部找矿，3DMine在矿山地质领域的研究和应用，尾矿库设计、施工、管理及尾矿资源开发利用技术手册，铅锌矿山找矿新成就，铜金矿山找矿新突破，矿山地质理论与实践创新。

本卷为《矿山地质选集第一卷：矿山地质实用手册》，由《矿山地质选集》丛书主编汪贻水、彭觥、肖垂斌选编自《矿山地质手册》（上册）（《矿山地质手册》编辑委员会编，冶金工业出版社1995年出版），以及《矿山地质（第二版）》（主编：杨言辰、叶青松、王建新、吴国学，地质出版社2009年出版），选编时对原手册内容进行了部分删减和更新，突出阐述了矿山地质的原理和方法（含15章）及矿山地质经济（含8章），涵盖了矿山地质日常工作和成矿规律及找矿预测的主要内容，是一部实用手册。

本书主要供矿山地质工程师使用，对从事矿山地质领域的科研、设计、教学、矿山管理人员也是一部极为重要的参考书。

图书在版编目（CIP）数据

矿山地质选集第一卷：矿山地质实用手册/汪贻水，彭觥，肖垂斌主编.
—长沙：中南大学出版社，2015.8
ISBN 978 - 7 - 5487 - 1876 - 5

Ⅰ.矿… Ⅱ.①汪…②彭…③肖… Ⅲ.矿山地质 - 文集
Ⅳ.TD1 - 53

中国版本图书馆 CIP 数据核字（2015）第 183994 号

矿山地质选集第一卷：矿山地质实用手册

主编　汪贻水　彭　觥　肖垂斌

□责任编辑	刘石年　胡业民		
□责任印制	易建国		
□出版发行	中南大学出版社		
	社址：长沙市麓山南路		邮编：410083
	发行科电话：0731-88876770		传真：0731-88710482
□印　　装	湖南地图制印有限责任公司		

□开　　本	880×1230　1/16	□印张 35	□字数 1203 千字
□版　　次	2015 年 8 月第 1 版	□印次	2015 年 8 月第 1 次印刷
□书　　号	ISBN 978 - 7 - 5487 - 1876 - 5		
□定　　价	236.00 元		

《矿山地质选集》编委会

前　言

今年是中国地质学会矿山地质专业委员会成立35周年。35年来，全国矿山地质找矿、勘探和开发取得了巨大成就，矿山地质学的理论研究和矿山地质找矿的新技术、新方法也有了长足的进展，发表的地质论著数以千计。此次就中国地质学会矿山地质专业委员会成立35周年之际，我们选择了部分论文著作编辑出版这套《矿山地质选集》，共分为十卷。第一卷为矿山地质实用手册，第二卷为实用矿山地质学理论与工作，第三卷为六十四种有色金属及中国铂业，第四卷为矿山地质与地球物理新进展，第五卷为工艺矿物学研究与矿山深部找矿，第六卷为3DMine在矿山地质领域的研究和应用，第七卷为尾矿库设计、施工、管理及尾矿资源开发利用技术手册，第八卷为铅锌矿山找矿新成就，第九卷为铜金矿山找矿新突破，第十卷为矿山地质理论与实践创新。

自中华人民共和国成立特别是改革开放30多年以来，广大地质工作者在全国范围内开展了大规模的矿产勘查工作，作出了巨大贡献，有力地为我国工农业生产及国民经济增长提供了矿产资源保障。矿业的发展，也给矿山地质工作带来了极为繁重的任务，但意义也极为重大。2006年1月20日国发[2006]4号文《国务院关于加强地质工作的决定》指出："矿山地质工作对合理开发利用资源、延长现有矿山服务年限意义重大。按照理论指导、技术优先、探边摸底、外围拓展的方针，搞好矿山地质工作。加强矿山生产过程的补充勘探，指导科学开采。加快危机矿山、现有油气田和资源枯竭城市接替资源勘查，大力推进深部和外围找矿工作。开展共伴生矿产和尾矿的综合评价、勘查和利用。做好矿山关闭和复垦的地质工作。"

为贯彻上述宗旨，中国地质学会矿山地质专业委员会及其有关矿山35年来，竭尽全力，将扩大矿山接替资源、延长矿山服务年限作为首要任务，为发展矿山地质工作作出了重要贡献，为许多大、中型矿山提供了大量的补充资源，例如中国铂业——金川大型铜镍（铂）硫化物矿床；中国古铜都——铜陵及周边地区找矿理论及实践；紫金矿业及山东玲珑金矿的找矿进展；戈壁明珠——锡铁山铅锌矿和西南麒麟——会泽铅锌矿以及广东凡口铅锌矿的深边部找矿突破，均使这些大矿山获得了新的生命，全国矿山地质工作也取得了宝贵的经验。

为适应建设资源节约型、环境友好型社会的总体要求，必须以科技进步为手段，以管理创新为基础，以矿产资源节约与综合利用为重要着力点，全面提高矿产资源开发利用效率和水平。多年实践证明，工艺矿物学研究在矿产资源评价和矿产综合利用过程中起到了极其重要的作用，尤其在低品位、共伴生、复杂难选等矿产资源及尾矿资源的开发利用过程中取得了明显的效果。许多矿山在这一方面取得了重要进展和可观的效益。

加强矿山管理和环境地质工作，合理规划地质资源的开采，防止乱挖滥采，提高采、选回收率，减少贫化损失和浪费，也是矿山地质的一项重要工作，要大力开发利用排弃物质，变废为宝，增加矿山收益。

矿产资源是矿业发展的基础，人才资源是矿业发展的保障。中国地质学会矿山地质专业委员会成立35年来，一直得到我国老一辈地质学家的关心和支持。一方面是他们对学会和对矿山地质发展的关心和支持，另一方面，在他们的培养和帮助下，大批年轻的矿山地质工作者不断成长、崛起。在大家共同努力下，开创出今天的矿山地质事业的大好局面。《矿山地质选集》所收录的部分论文著作，反映了我国老一辈和新一代地质工作者在矿山地质理论研究、矿山地质地球物理找矿新方法新技术、计算机技术和3DMine软件在矿山地质中的应用、矿山深边部找矿等方面的新进展、新突破。只是鉴于选集篇幅所限，无法将35年来矿山地质工作者的论文全部选入，敬请谅解！

展望未来，虽形势大好，但任务仍然艰巨。唯有以此为新的起点，努力攀登新的高峰！

让我们共同努力吧！

《矿山地质选集》编委会

2015年3月

目　录

第1篇　矿山地质工作的原理和方法

第二篇　矿山地质经济

第1篇 矿山地质工作的原理和方法

1 总 论

1.1 矿山地质工作与矿山地质学

1.1.1 矿山地质工作

矿山地质工作是指矿床经过地质勘探之后，从矿山建设、生产直至开采结束所进行的全部地质工作。

矿山地质实用手册涉及的范围包括黑色金属、有色金属、黄金、放射性元素、化学工业原料与建筑材料等金属和非金属矿物的矿山地质工作。

矿山地质工作具有服务、管理和监督三种基本职责与职能，其主要任务是：

(1)在地质勘探的基础上，开展基建地质工作、常规性生产地质工作和专门性地质工作，以进一步提高矿区生产建设范围内对矿体的控制及研究程度，提高矿产储量级别。同时，对矿区内出现的特殊地质问题(如环境地质问题等)开展专门的地质调查研究，以便为开采设计、采掘(剥)计划的生产施工等及时提供地质资料。

(2)参与采矿设计、采掘(剥)计划和矿山长远计划的编制审查，担负矿产储量及生产准备矿量(三级或二级矿量)的监督管理工作。

(3)对勘探阶段未查清的隐伏矿体及在生产掘进中发现的边部、深部矿体(层)开展探矿工作和矿区外围的找矿勘探工作，以扩大远景，增加储量，延长矿山生产年限。

(4)在特殊情况下，矿山地质部门还承担矿山自行设计的地质工作和设计阶段的补充勘探工作。

(5)根据《中华人民共和国矿产资源法》和有关经济技术政策对矿产资源的开发利用及生产中的贫化、损失和日常生产中的有关问题进行监督管理。

1.1.2 矿山地质学

矿山地质学是研究矿山地质工作的原理与方法的一门综合性应用科学。

矿山地质学属于地质学中的一个分科，它的产生和发展与采矿生产活动的产生和发展紧密相关，具有鲜明的实践性，是发展和检验地质学及其分支学科理论的重要学科，其本身又受到采矿生产实践的检验。它同时还具有很强的综合性，与地质学的许多分科有着广泛的联系，这是因为在矿山地质工作中要综合应用许多地质学分科的理论和方法，而矿山地质学又是矿山地质工作的概括。

1.2 矿山开发程序及矿山地质工作在其中的作用

矿山开发分为四个阶段：设计前期阶段、设计阶段、建设阶段及生产阶段。一般后两个阶段中的地质工作属矿山地质工作。

1.2.1 矿山设计前期阶段

本阶段主要进行普查找矿和矿床地质勘探工作。这些工作一般由专业地质队伍进行，不属矿山地质工作范畴，但生产矿区周围的找矿勘探工作，有时也由矿山地质部门承担。

1.2.2　矿山设计阶段

本阶段的主要工作为：

（1）在可行性研究报告和设计任务书批准并取得采矿许可证后，编制初步设计；

（2）根据初步设计和技术设计编制施工图。

以上工作中的地质工作主要是配合采矿、矿石加工和技术经济专业，核查矿床勘探资料；根据地质勘探资料和设计工作要求，编制设计地段的地质图件，并计算储量等。

这些地质工作一般由矿山设计部门中的地质科室进行，但是如果矿山扩建设计由矿山自己承担，这些地质工作也由矿山地质部门进行。

1.2.3　矿山建设阶段

本阶段的主要工作为：根据施工图进行施工准备和组织施工；订购并安装设备；进行试生产、验收和交付生产。

本阶段的地质工作主要是配合施工的进行，开展各项工程中的地质工作。对于地质条件复杂的矿山，要组织基建勘探，提高设计开采区段的勘探程度和储量级别，为保证基建质量和顺利投产奠定地质基础。此外，本阶段还要进行许多为矿山投产的地质准备工作，如制定有关投产后地质工作的规章制度等。

本阶段及以后的地质工作已全属矿山地质范畴。

1.2.4　矿山生产阶段

当矿山投入生产后，需开展更大量的矿山地质工作。一方面要为生产提供更准确、更可靠的地质资料，包括矿石储量及规模、产状、内部结构、矿体赋存状况等资料；另一方面要保证和监督矿产资源充分合理地开发利用。

1.3　矿山地质工作的原则和内容

1.3.1　矿山地质工作的基本原则

1.3.1.1　继承与发展相结合的原则

矿山地质工作是地质勘探工作的继续和深化，具有继承和发展两重性，因此在工作中应注意分析、研究和充分利用已有的工作成果。为了便于继承利用已有地质资料，应尽可能地在原有勘探工程布置系统及勘探网度的基础上，布置和加密生产勘探工程，提高对矿体和地质构造的控制程度和研究程度，提高储量级别和深化对矿床成因、成矿规律等方面的认识。

1.3.1.2　地质与生产密切相结合的原则

矿山地质工作所依据的原始基础是地质勘探工作的成果，它较之地质勘探更直接用于生产，并受到生产检查。因此，必须注意与生产密切结合。特别应注意时空与内容要求上的结合。在时间上，矿山地质工作必须适当超前生产，及时为生产提供地质资料和相应高级储量；在空间上必须与生产工程的进度密切结合，及时按工序要求进行相应的地质工作，为生产准备矿量提供相应级别的储量及地质资料；在资料内容方面，必须紧密结合生产，以满足生产需要为主要目的。

1.3.1.3　技术与管理相结合的原则

矿山地质工作同时具有技术服务和技术管理的职能。其工作内容除了大量技术工作之外，还要参与生产管理，这是矿山地质工作有别于其他地质工作的特点。矿山地质工作部门，一方面，利用其全部工作成果为生产服务。另一方面，又利用所掌握的技术手段和对矿床地质条件的全面认识参与生产管理，根据生产管理的需要又反过来进一步补充和改进技术工作的内容和方法。

1.3.1.4　统一性与灵活性相结合的原则

同一矿区的矿山地质工作，一般应坚持严格的统一性，而在局部地区，由于地质情况的差异，又应有一定的灵活性。如图纸规格、比例尺、图例、岩矿石的命名、生产勘探的布置原则及网度等应有统一的要求。对地质条件复杂的矿床，局部地段往往有较大变化，则应因地制宜地采用不同的工程布置、网度、工程手段及工作方法，既要有全局的统一性，又要注意局部的灵活性。

1.3.1.5　技术与经济相结合的原则

地质技术与经济分析相结合是矿山地质工作较之其他地质工作更为突出的一个重要方面。这是由它直接为矿山实物生产服务的特点所决定的。经济分析工作近年来越来越为矿山地质工作者所注意和重视，研究领域逐步拓宽，并已显示出显著的经济效益和社会效益。例如对一些重点矿山进行的矿床工业指标等经营参数优化的研究成果，不仅增加了经济效益，有的还同时提高了资源利用程度。在出矿截止品位、生产勘探网度、探采结合、取样方法及规格的优化和矿石伴生有益组分的合理回收利用等领域的研究工作，均取得了不同程度的经济效益。实践表明技术与经济相结合是提高矿山企业经济效益的有效途径。

1.3.1.6　实践与认识密切结合的原则

实践与认识密切结合是地质工作各阶段均必须遵循的原则，但在矿山地质工作阶段有着更深刻的意义。矿山地质工作是在地质勘探成果的基础上，也是在其"认识"的指导下进行的，从这个意义上讲，后者是前者的实践（认识到实践）。矿山地质工作的成果（认识）又是其前一阶段（地质勘探）的深化和提高（实践到认识），而矿山地质工作本身所经历的基建勘探、生产勘探和生产中的开拓、采准、回采的多次生产地质工作又是实践认识、再实践再认识的多次循环，其成果（认识）一次比一次更深刻。与此同时，全部地质工作成果（认识）又受采矿实践的检验，直到开采结束，提出闭坑（矿）地质总结报告。因此，这整个过程是矿山地质由实践到认识、再实践再认识的飞跃过程，它具有双重意义，一是丰富、完善和提高了地质认识的理论意义，二是直接服务和指导生产的实用意义。

1.3.2　矿山地质工作的主要内容

矿山地质工作的主要内容包括以下几个方面。

1.3.2.1　常规性地质工作

常规性地质工作是指矿山开采过程中，为了保证矿山建设、生产的正常进行，每个矿山都应进行的地质工作。主要有矿山基建地质工作，生产勘探工作，各种工程中的地质调查、取样及原始地质编录、综合地质编录以及储量计算工作等。

1.3.2.2　专门性地质工作

专门性地质工作是指矿山开采过程中，为了解决某些与地质因素有关的特殊问题或关键问题，由矿山地质部门专门进行或配合其他部门进行的地质调查及研究工作。这种工作不是每个矿山都必须进行的，仅在必要时才专门进行。如矿山工程地质调查研究、矿山水文地质调查研究、环境地质调查研究、矿产经济研究、工艺矿物学的研究以及为了开展矿产资源的综合利用而进行的专门性地质研究工作等。

1.3.2.3　地质技术管理及监督工作

地质技术管理及监督工作主要包括矿产储量管理、矿石质量管理及质量均衡，开采中矿石损失和贫化的管理和监督，生产准备矿量（三级或二级矿量）的管理和监督；参与开采设计、采掘（剥）计划的编审工作和采掘（剥）工程施工及日常生产的管理、监督，闭坑及采掘单元的停采、报废的管理和监督等。

1.3.2.4　综合地质研究工作

综合地质研究工作包括诸如矿体形态的综合研究、矿床物质成分的综合研究、矿床地质构造的综合研究、成矿规律的综合研究等。这些研究成果不仅可用于指导盲矿体的寻找、错失矿体的追索、生产勘探工程的合理布置以及采选生产活动，而且对于地质学的发展，特别是矿床成因理论的发展也有重要意义。

1.3.2.5　矿区深部、两翼及外围找矿工作

由于生产矿山在基建前进行的地质勘探工作有限，对矿床构造和成矿规律等的认识还不够深入，不可能找到和探明矿区深部及外围的所有隐伏或错失矿体。为此，在矿山开发过程中，在矿床地质综合研究的基础上，及时进一步采取各种探矿手段，开展矿山深部及外围的找矿勘探，是挖掘矿床资源潜力，延长矿山寿命必要的和经济合理的重要途径。

1.3.2.6　矿产经济分析研究工作

主要指与矿山地质工作有关的技术经济参数的优化与经济分析研究工作。例如矿床工业品位指标、出矿截

止品位、矿石入选品位以及矿量管理、生产勘探工作的各项技术经济参数的优化与经济分析研究工作。

1.4　矿山地质工作与其他工作的关系

1.4.1　矿山地质工作与采矿生产工作的关系

矿山地质工作与采矿生产工作的关系如下:

(1)主体与前导的关系:在矿山生产活动中采矿工作是主体,矿山地质工作是前导。开采工作是在矿山地质工作成果的基础上进行的,开采设计、采掘(剥)等主要生产工序必须以生产地质工作成果为依据,为了保证生产正常进行,生产地质工作又必须适当超前进行。因此,在生产地质工作与采矿工作的内部联系及生产工序关系上,生产地质工作是采矿工作的前导,从地质角度保证和指导采矿工作的正常进行。

(2)制约关系:依据矿山地质工作的特点和我国矿山管理体制,矿山地质工作部门负有监督开采工作的职责,如对矿产资源的合理利用、采矿中矿石的损失贫化、生产准备矿量的储备、矿石质量及正规采掘等的监督管理。这是国家赋予矿山地质部门的职责和权力,对采矿管理而言又是一种制约关系。

(3)协作关系:在某些工作领域中,两者还存在着协作关系,例如,为了供给选矿部门符合入选要求的矿石和保证其质量的稳定,矿山地质部门与采矿部门要共同协作制订好矿石质量计划和矿石均衡(配矿)措施,并共同加以执行。

矿山地质人员和采矿技术人员都应充分理解上述关系,尊重这些关系,以便共同搞好工作。

1.4.2　矿山地质工作与矿山测量工作的关系

矿山测量是矿山地质的基础工作,两者又是密切配合、协同活动的兄弟专业。这在地质图件的测绘、生产准备矿量(三级或二级矿量)管理等工作中尤为明显。例如,矿山测量要为地质图件的填绘提供测点、地形和工程分布底图,两者共同参加生产准备矿量的管理和监督等,由于两者关系密切,在机构设置上,一般矿山地质和矿山测量两个专业均属同一个科室。

1.4.3　矿山地质工作与选矿的关系

矿床的矿石类型、矿物组成、有用组分的赋存状态、含量以及矿石的结构构造等的研究和确定是矿山地质工作的重要内容,也是改进和选择选矿工艺流程的重要地质依据。矿石中这些因素的变化直接影响着选矿工艺及其效果。因此,两者在工艺上有着不可分离的关系。如为了保证矿石入选质量的均衡稳定,矿山地质工作部门在采矿部门的协同下,通过矿石均衡(配矿)工作以达到入选矿石质量要求。近年来,一些矿山企业更进一步按照矿石选矿加工性能及其组合样品的预选指标,如矿石磁化率、精矿品位和回收率等直接圈定矿体工艺品级,绘制工艺品级图,指导矿石均衡(配矿)工作,把工艺加工要求延伸到矿山地质的日常工作,成为日常工作的一个组成部分。

1.4.4　矿山地质工作与矿山安全和环保工作的关系

矿山的安全生产问题,如露天矿的边坡坍落,地下矿山的地压显现,矿坑突水和矿山环境污染等均与地质体的性质、结构构造、物质组成、矿区水文条件等有着密切的联系。矿山地质工作负有为解决这些问题提供地质资料、参与调查研究、参加或配合安全环保部门制定处理和预防措施的任务,在安全环保工作中占有重要的位置。

2 矿山建设阶段的地质工作

矿山建设阶段的地质工作，包括矿山基建期前的设计地质工作和基建期地质工作。矿山基建期地质工作大体上由三部分内容组成，即：一般性的地质工作；专门性的基建勘探工作；基建竣工验收时的地质工作。专门性的基建勘探工作一般由基建单位或受委托的地质勘探单位承担，但为便于基建与投产的衔接，矿山筹备机构的地质人员应适时地参与该项工作。

2.1 矿山基建期前的设计地质工作

一般情况下，一个新建大、中型矿山企业的设计工作是通过招标或直接委托给取得国家设计资格的矿山设计单位。但是老矿山的延深或为矿山接替而建设新矿区（段）的设计工作，在条件具备时亦可由矿山自行承担。在此种情况下，矿山地质人员应将参与矿山自行承担扩建、延深或建设新矿区（段）的设计地质工作列为本专业正常业务工作的内容之一。

矿山自行承担的设计工作，亦须按国家的基本建设程序进行。首先应该充分做好设计前期的准备工作。设计前期准备工作一般在矿区（段）地质工作进入详查阶段即应开始进行。它包括：矿产资源条件调查；矿区建设条件调查；矿山建设规划；矿石的选、冶加工技术试验以及矿山建设可行性研究等。按国家现行规定，矿山建设可行性研究工作是以有关矿产储量管理部门审查批准的矿床地质勘探报告为依据。所编制的矿山建设可行性研究报告经有关工业主管部门审查批准，并下达设计任务书后，即转入正式设计工作阶段。国内现行矿山设计工作通常按初步设计和施工图设计两个阶段进行，矿山建设可行性研究和各设计阶段的工作内容大体如下。

2.1.1 可行性研究

可行性研究的任务主要是对项目建设的可行性做出科学论证。工作内容主要为：研究拟建矿山的矿产资源条件及其可靠性，进行资源风险预测；调查研究扩建或新建矿山的内、外部建设条件，并进行国内外市场需求预测；研究扩建或新建矿山可能的建设规模和产品方案，确定开采顺序和范围；对矿床开采方式，外部运输，矿山开拓运输系统，通风排水系统以及采、选、冶方法和工艺等进行多方案比较和论证；进行厂址选择和总平面布置；提出水、电、气等公用工程及辅助设施的方案意见；进行环境预评价；对项目建设投资进行估算，并对其微观与宏观的技术经济效果做出评价。

矿山建设可行性研究报告是为国家对拟议中的扩建或新建矿山有无条件列项建设进行决策提供依据的一个重要文件。进行可行性研究的过程中，对各项重大方案和技术原则所进行的比较与论证以及技术经济评价意见，是否切合实际和符合国家关于矿山建设投资估算精度的要求（与初步设计相比较），在很大程度上取决于矿床地质勘探资料的可靠程度。因此，做好可行性研究阶段的地质工作就显得特别重要。

本阶段的地质工作可按以下步骤进行：

（1）取得并熟悉经有关矿产储量管理部门审查批准的矿床地质勘探报告及其全套资料。

（2）按照本章 2.2.1 的内容要求，对地质勘探报告进行认真的分析研究，并从矿床地质条件和勘探工作成果的总体上，对作为设计和建设基础依据的矿产资源的可靠程度做出评价，如属老矿山扩建或续建工程，则应特别注意结合采矿生产过程中取得的探采对比资料，研究矿体的产状形态、空间位置、矿石品位等经开采后的变化以及新增各级储量的分布、比例及其可靠性；详细研究新增储量范围内（尤其是深部）矿石的矿物组成、结构构造、嵌布特征以及化学成分的变化，并根据其变化情况，考虑是否需要重新进行矿石的选、冶加工技术试验。

（3）开展专业工作

1）配合有关专业进行现场调查和厂址选择。从矿床分布和工程地质角度，对厂（场）址选择的合理性提出意见和建议；

2）参与有关矿产资源综合利用与某些重大的建设方案和技术问题的研究讨论，结合矿产资源条件和特点，

对矿山扩建和续建规模、产品方案、开发顺序、开采范围以及开拓运输方案等提出意见和建议;

3)参与采矿贫化损失指标和三(二)级矿量保有期定额的讨论确定;

4)对现行储量计算工业指标的合理性进行必要的论证;

5)提出矿山基建勘探工作的安排原则;

6)对于水文地质条件复杂的矿床,还要提出矿床注浆堵水或疏干方案的原则安排;

7)根据采矿专业提出的开采中段(阶段)标高,绘制矿体中段(阶段)地质图,计算中段(阶段)矿石量、金属量与矿石品位,以及近矿顶底板围岩品位。配备有微机的矿山,应尽可能在微机上来完成绘图和计算工作,以提高工作效率和精度。

(4)向有关专业提供设计条件

1)向采矿专业提供中段(阶段)地质平面图(中段或阶段标高与图纸比例尺,按采矿专业要求确定),中段(阶段)矿石量、金属量、矿石品位,近矿顶底板围岩品位,矿石的各种自然类型、工业类型、工业品级的比例与分布特点,岩、矿石的各种物理力学参数,中段(阶段)或一定开采水平的正常与最大涌水量;

2)向选矿专业提供有关矿石的矿物组成、结构构造、嵌布特征、矿物粒度,伴生有益与有害组分的种类与含量,矿山生产期间每年(或每日)的化学分析样品的种类、数量与分析项目;

3)向矿山机械专业提供有关生产勘探和矿床注浆堵水或疏干设备的种类、型号与数量;

4)向概算、技术经济专业提供基建勘探工程量,矿床注浆堵水或疏干工程量(可根据矿床地质条件与水文地质条件按扩大指标提供控制性工程量),基建勘探时期的化学分析样品的种类、数量与分析项目,矿山的生产勘探及测量设备、仪器的种类、型号与数量,矿山生产时期地质测量系统的劳动定员等;

5)向电气专业提供有关生产勘探、矿床注浆堵水或疏干设备、仪表的用电负荷;

6)向环保专业提供在矿山开采过程中可能成为环境污染源的有关地质资料。

(5)编写矿山建设可行性研究报告的地质资源部分,内容应包括区域(或矿区)地质概况、矿床地质特征与矿石物质组成、矿床开采技术条件、矿区(段)储量及远景、矿床地质研究与勘探程度评述及意见、矿区(段)基建勘探工作的初步设想、水文地质条件复杂的矿床注浆堵水或疏干方案的初步设想。

2.1.2　初步设计

初步设计是矿山企业设计的主要工作阶段。它是在已批准的矿山建设可行性研究报告的基础上,根据国家下达的设计任务书中确定的技术原则和要求,对矿山扩建或续建规模、产品方案、综合利用、外部运输、开采方式、开拓运输系统、通风排水系统、采矿方法、选冶加工方法与工艺流程、企业构成与矿区总平面布置等重大方案与技术原则进行深入地比较和论证,确定供水、供电(气)及各项辅助设施方案与环境治理措施,根据各子项工程概算结果,汇总矿山建设总投资,计算产品总成本,并在此基础上详细论证和评价未来矿山建设的微观和宏观技术经济效果。

按照国家的基本建设程序规定,矿山初步设计与可行性研究一样,都是依据经有关矿产储量管理部门审查批准的矿床地质勘探报告进行工作的。因此,在初步设计阶段,只要地质勘探资料没有新的变动和修改,对地质勘探报告的研究和评价可以从简。本阶段地质工作的重点内容是:

(1)按采矿专业设计要求,对地质资料进行再加工,包括绘制开采范围内的中段(阶段)地质平面图,矿体垂直纵投影图(倾斜与急倾斜矿体)或矿体水平投影图(缓倾斜与水平矿体),辅助性地质剖面图及其他必要的图件,计算中段(阶段)矿石量、金属量与品位,计算相应水平的矿坑正常与最大涌水量等。

(2)向其他专业,包括选矿、矿山机械、环保、电气、概预算、技术经济等专业提供设计条件(内容参见2.1.1)。

(3)进行矿山基建勘探设计、矿山生产勘探与生产取样设计。

(4)岩矿鉴定室、化验室和样品加工室设计。

(5)大水矿床的注浆堵水或疏干设计。

(6)编写初步设计文件中的地质部分说明书。内容包括矿区(段)地质概况;矿床地质特征;矿石的矿物组成、化学成分与矿石类型;矿床开采技术条件(包括矿床的水文地质条件与工程地质条件);矿区(段)储量及远景;矿床地质研究与勘探程度评述意见;矿山基建勘探、生产勘探与生产取样设计;矿山岩矿鉴定室、矿山化验室和样品加工室设计;大水矿床的注浆堵水或疏干设计。

2.1.3 施工图设计

本阶段主要是根据批准的初步设计中确定的方案和各项技术原则编制施工图和施工预算，为矿山基建施工提供依据。

本阶段地质专业的工作，主要是编制能够满足施工要求的矿山基建勘探工程施工图，大水矿床的注浆堵水或疏干工程施工图，以及矿山岩矿鉴定室、矿山化验室和样品加工室施工图，编写施工图说明书，向概预算专业提供详细工程量，以及设备、仪器和材料消耗明细表，以编制施工图预算。

2.2 矿山基建期一般性地质工作

2.2.1 地质勘探资料的研究和检查分析

矿床的地质勘探工作是矿山企业设计和建设的基础依据。因此，矿山地质人员在矿山基建初期首先应详细研究和熟悉地质勘探部门移交的矿床地质勘探资料，对地质勘探资料的齐备程度及其完整性和可靠性进行认真的检查分析和验收，以便在矿山基建和以后的采矿生产过程中充分利用这些地质资料，并通过矿山基建地质和生产地质工作，对其进行必要的验证对比和修正，更好地指导矿山基建和生产。

(1)地质资料齐备程度的检查验收 由地质勘探部门移交给矿山的地质勘探资料应包括：所有地形测量成果、勘探工程坐标、勘探线剖面测量成果及其端点坐标，地质勘探报告的正文及其全套附图附表；专门性的矿床水文地质和工程地质勘探报告(条件简单的矿区，可以作为地质勘探报告中的一章)；选、冶加工技术试验报告；工业主管部门下达的储量计算工业指标专函；有关矿产储量管理部门对地质勘探报告的审批决议书及审查意见等。

根据国家规定的地质勘探资料应移交给矿山的份额，矿山地质人员应认真检查上述地质勘探资料是否齐全完备，如有缺漏，即应通过主管部门向地质勘探部门索取补充。

(2)地质勘探资料的完整性及其可靠程度的研究分析和评价 地质勘探报告内容的完整性和地质勘探成果的可靠程度是进行矿山企业设计、建设和风险预测的基础。一份完整的地质勘探资料其可靠程度愈高，设计中确定的各项重大技术原则和方案的依据就愈充分，矿山企业建设承担的风险也就愈小。

按照国家的基本建设程序要求，在开展矿山可行性研究和设计工作之前取得的经国家或地方矿产储量管理部门审查批准的矿床地质勘探报告和相应的地质资料，其完整性和可靠程度应该能够满足矿山设计和建设的要求。但是，矿山设计和建设的实践表明，在地质勘探阶段对矿床的局部或细部，不论在控制程度还是研究程度方面都难免要遗留一些未尽解决的问题。这就要求矿山地质人员必须熟悉地质勘探报告及其全套资料的内容，并按有关勘探规范和技术规定，结合矿山建设和矿山地质工作的要求，对矿床地质勘探报告内容的完整性和地质勘探成果的可靠程度进行研究分析，进而做出全面评价。

矿床地质勘探报告内容的完整性，主要反映在报告章节内容要系统全面，文字表述清楚，论据充分，数据齐全可靠，文图要互相对应吻合，附图和附表的种类、数量与精度应能满足基建和生产过程中对地质资料进行验证对比和再加工的需要。为了更有成效地开展矿山基建地质工作和投产后的生产地质工作，矿山地质人员应着重了解和研究分析矿床地质报告中的下述内容：

1)区域地质方面 了解和研究矿床的区域地质构造位置和特征，区域地层分布，岩浆岩、变质岩，区域的成矿远景及其主要矿产资源等。

2)矿区地质方面 了解和研究矿区范围内的地层时代、层序、岩性、化石、标志层特征，地层的厚度、产状、相互接触关系等，重点研究含矿岩系中的含矿层位及其沿走向、倾向的变化规律；矿区的基本构造形态，以及勘探范围内褶皱、断裂、破碎带的性质、特征、规模、分布和生成顺序等，重点研究控矿构造和破坏矿体的构造及其查明程度；矿区范围内小构造的性质和发育规律；与矿床有成因关系的岩浆岩的种类、产状、规模和分布范围，成矿期后岩浆岩对矿体的破坏及对矿石质量的影响；在火山岩区，还应研究其喷发旋回、火山岩的种类及其与成矿的关系；研究矿区内的变质作用和围岩蚀变情况，着重研究与成矿有关的变质作用和围岩蚀变的种类、特征和分布情况。

3)矿床地质特征方面 这是矿床地质勘探报告的核心部分。对其应着重研究矿床规模、矿体产状、矿体形态及其沿走向和倾向的变化规律，矿体连接对比的依据和标志，分布于主矿体上下盘的有开采价值的小矿体——特别是位于首采地段的有开采价值的小矿体的规模、产状、形态变化及其控制情况；矿石的结构构造、矿物组成、含量、晶粒形态及其嵌布方式，矿石的化学成分，包括主要有益组分、伴生有益组分和有害组分的含量、赋存状态和变化规律等。某些以物理性能为矿石质量指标的非金属矿产（例如石棉矿的纤维长度和含棉率，耐火黏土矿的耐火度，陶瓷黏土的塑性指数，膨润土矿的膨胀倍数、热稳定性和湿压强度等），则需了解和研究各类矿石的物理性能及其变化情况；矿石的自然类型、工业类型、工业品级及其划分原则和依据，各种类型矿石所占比例和分布规律；矿床氧化带、次生富集带的发育深度及矿石质量变化情况，非金属矿床要研究其风化带的发育深度及矿石质量变化情况；矿体上下盘围岩的岩性、矿物组成、化学成分、蚀变情况及其与矿体的接触关系，矿体内的夹层或包裹体的岩性、层数、厚度、分布规律；矿床的成因类型的划分及依据；矿床的控矿因素及矿化富集规律，矿床的找矿标志，矿石选、冶加工技术试验样品的采取情况与试验结果，以及对矿石中共生矿产和伴生组分所作的综合利用的试验研究情况与结论。

4）矿床工程地质条件方面　了解和研究矿区的工程地质分区和岩组划分情况，从矿山开采角度去研究岩体的整体稳固性，以及褶皱、断裂、挤压破碎、节理、裂隙、软弱层、地下水等地质因素对岩体稳固性的影响；矿区范围内的岩溶、泥石流、滑坡、古岩崩、危崖等不良工程地质现象的分布和发育情况及其对矿山井巷工程和生产可能产生的影响。岩、矿石技术参数的试验结果包括：岩、矿石的体重、湿度、爆破后块度、抗压强度、抗剪切强度、抗拉强度、抗折断强度、内摩擦角、松散系数、自然安息角以及对人体有害的物质成分的分析资料、粉化率、胶结性、放射性元素、游离二氧化硅、有害气体、地热等。对易发热自燃的矿产，还应研究其自燃发热情况。

5）矿床水文地质条件方面　了解和研究矿区在区域水文地质单元中的位置及其水文气象条件，地表水体特征及其动态变化，地表水与地下水的水力联系；矿区含水层位、岩性、厚度、分布、埋藏条件、裂隙与岩溶的发育程度及其分布规律，各含水层的单位涌水量、渗透系数、水头高度、水质、水温、动态变化，各含水层之间的水力联系；隔水层的层位、岩性、厚度和分布情况，隔水层的稳定性和隔水性；要详细研究矿体底板的承压含水层及隔水层的特征，以及老硐和岩溶的充水与充填情况；矿区内断裂构造与破碎带的含水性、导水性及其对矿床充水的影响；研究矿床的进水与隔水的边界条件，矿床的水文地质分区与水文地质类型，各水文地质分区的补给、径流、排泄条件，并对矿坑涌水量的预测结果进行验证；研究由于矿山开采及疏干排水后可能引起的地面沉陷程度和范围以及排至地表的矿坑水可能导致的环境污染与防治等。

6）地质勘探工作方面　了解并研究矿床的勘探类型和勘探网度的确定，勘探方法和勘探手段的选择，并分析其依据与合理性。钻探工程质量，包括孔斜与方位角的测定，孔深校正，岩、矿心采取率，封孔埋桩情况，简易水文观测，班报表记录的质量等；槽井（坑）探的施工质量及取得的地质效果；矿区地形测量及勘探工程与剖面测量工作的质量情况；矿区地质填图与地质剖面的测制方法及精度；采样、化验与岩矿鉴定工作及其质量情况等。

7）储量计算方面　了解与研究储量计算工业指标的制订及其合理性；储量计算方法的选择及依据；各种储量计算参数的确定；矿体的圈定方法与原则；储量级别的划分原则与条件；矿区各级储量和总储量的计算结果，各级储量的比例及分布；储量计算结果的检查验证方法及计算精度评述；共生矿产及伴生组分的储量计算方法与结果。

（3）通过对上述地质勘探报告内容的了解和分析研究，就可以对报告内容的完整性做出判断，并进而对矿区地质勘探成果的可靠程度做出客观的评价。在全面了解和分析研究地质勘探报告和资料的基础上，应着重对以下几个方面的问题进行评价：

1）矿床勘探类型和勘探网度的确定是否合理。

2）勘探方法与勘探手段的选择，以及勘探工程的布置原则是否与矿床地质特征相适应。

3）勘探工程的质量以及化学取样方法和化验分析质量是否符合有关规程、规定的要求。所取得的地质成果能否正确反映矿体的产状、形态、空间位置以及矿体的规模和矿石质量的变化特点。

4）矿体的地质赋存特征、形态变化、产状规律是否已经研究清楚。矿体的对比连接是否合理。

5）矿体的空间位置，特别是地下开采矿山的首期开采地段和露天开采矿山露天坑底部境界附近的矿体空间位置，以及影响矿体空间位置的构造（褶皱与断层）是否得到相应地控制。

6）矿体的头部（隐伏矿体）倾斜延深、走向端部的边界以及无矿天窗或矿体薄化带的边界是否得到相应地控制与圈定。矿床氧化带和次生富集带的界线(包括非金属矿床风化带的界线),是否进行过详细研究并进行了必要的控制与圈定。

7)矿石的矿物组成与化学成分是否已经查清。尤其是矿石中的主要有用组分的含量与分布是否已详细查清。矿石中伴生的有益与有害组分的含量、赋存状态及分布规律以及伴生有益组分的综合回收途径是否进行过相应的工作予以查明。矿石的自然类型、工业类型、工业品级的划分与圈定能否满足开采与加工生产的需要。各种类型矿石所占比例的统计是否符合实际。作为设计依据的矿石选、冶加工技术试验样品的采集是否具有代表性(着重评价其能否代表矿山投产后前十年生产水平以上的矿石资源特点)。

8)矿床的开采技术条件(包括矿床的水文地质与工程地质条件),是否按照有关规范要求进行了相应的工作并予以查清。所提交的各种矿、岩石技术参数测试成果的数量与代表性是否符合要求。所提交的矿床水文地质资料以及矿坑涌水量的预测成果其可靠性如何。能否满足矿山基建和开采时采取相应防、排水措施的要求。

9)矿床的储量计算工业指标确定得是否合理。所探获的各级储量是否符合储量级别条件要求。各级储量比例是否符合规范规定。首采地段的高级储量是否进行过必要的验证工作。其比例与分布能否满足矿山基建采准工程的施工要求。

10)地质勘探部门移交来的各类勘探工程的原始编录和综合性图纸资料,其种类、数量、图幅大小和所反映的图面内容能否满足在基建和生产过程中利用与进行资料再加工的需要。图纸的精度以及各类图纸间地质界线的吻合程度是否符合要求。各类图纸的图面所反映的地质情况与文字描述有无矛盾;等等。

(4)编写评价验收报告。报告应包括以下主要内容:

1)对区域(或矿区)成矿地质背景和勘探范围内矿床地质条件的认识。

2)评价验收意见。主要应包括:

对地质勘探部门提交的矿床地质勘探报告和资料齐备程度的验收意见。

对地质勘探报告内容完整性的评价意见。

对矿床地质勘探成果可靠程度的评价意见。

3)针对地质勘探阶段在地质研究和勘探控制程度方面存在的问题,提出矿山基建期和建成投产后的矿山地质工作的方向和任务,以及具体实施的计划与步骤。

2.2.2 矿山地质原图的设计和建立

矿山地质原图是矿山综合地质图纸的原始底图。因此,矿山在基建初期即应着手设计和建立适应生产需要的地质原图体系。编制矿山地质原图的基础资料主要有:地质勘探部门移交的原始编录资料和综合性地质图件;通过矿山基建勘探和生产勘探工作逐步积累起来的原始地质编录资料和综合性地质图件;矿山基建开拓工程和采准工程的地质编录资料等。

矿山地质原图体系应按矿床地质特点和不同开采方式以及矿山的生产需要进行统一设计和建立。

(1)矿山地质原图的种类:

1)露天开采矿山

①采区(场)综合地质图:它是以地质勘探阶段提供的矿区地形地质图为基础,随着基建和生产的进行,将矿山采剥现状和已发生变化的地质界线随时加以填绘和修改。此图同时又是编制生产采、剥进度计划的原图。

②阶段地质平面图:按采矿设计确定的标高进行绘制。生产上用以表示各阶段的采剥进度,同时还要根据采、剥工作揭露的地质情况,随时修改地质界线。

③垂直地质剖面图:根据所设计的勘探线系统,结合矿山基建勘探和生产勘探工作的逐步推进,依次加以绘制。垂直地质剖面图是绘制阶段地质平面图的主要依据之一,也是露天矿山地质原图体系中的基本图件之一。图中所反映的内容应该是勘探、基建和采剥工程所揭示的地质现象的综合结果。

2)地下开采矿山

①矿体纵投影图:用于倾斜和急倾斜矿体。

②矿体水平投影图:用于缓倾斜和近于水平的矿体。

以上两种图件主要是用投影的方法,反映矿体的总轮廓边界线。以此为基础,绘制矿山开拓系统与通风、排水系统的工程施工现状与进度。

③中段地质平面图:它是按采矿设计确定的中段标高进行绘制的,是地下开采矿山反映各开采中段采掘工

程现状与进度计划的基本图件。要根据勘探工程及开拓与采准工程揭露的地质情况，及时修改和填绘已发生变化的地质界线。

④矿体（顶）底板等高线图：用于缓倾斜和近于水平的矿体，反映采掘工程进度计划与现状的基本图件之一。

⑤垂直地质剖面图：按所设计的勘探线系统，结合基建勘探和生产勘探工作的逐步推进，依次加以绘制。它是绘制中段地质平面图的主要依据之一。也是地下开采矿山地质原图体系中的基本图件之一。图中所反映的内容应该是勘探工程和基建开拓与采准工程所揭示的地质现象的综合结果。

⑥坑道水文地质图。

此外，还有纵向地质剖面图、矿石品位等值线图、矿体厚度等值线图、各种组分含量的相关曲线图、第四系等厚度图等，可根据矿山基建和生产需要，随时加以建立。

以上属于矿山总体性地质原图，在矿山基建和生产过程中，还需结合基建和生产的需要，绘制局部地段大比例尺的矿块地质平面图和垂直地质剖面图等，为编制开采矿块的采准工程和回采切割工程单体设计提供依据。

（2）矿山地质原图的规格与一般要求：矿山地质人员在正式编制地质原图之前，应根据本矿的实际情况，对各种图件的比例尺、图幅大小、接图关系、图纸命名方法、坐标系统与图面的几何关系、图例等做出统一的设计与规定。

图纸比例尺：矿区的同一类图件，应视矿床地质条件、矿床规模、开采方式、基建施工与采矿生产的需要等因素选用统一的比例尺。而常用的平面图和剖面图，为方便图纸之间互相变换切制使用的需要，亦应尽可能选用统一的比例尺。

下例各类图件常用的比例尺，工作中可参照选用。

采区（场）综合地质平面图：	大型露天矿山	1∶1000 ～ 1∶2000
	中小型露天矿山	1∶1000
中段（阶段）地质平面图：	大型矿山	1∶1000 ～ 1∶2000
	中小型矿山	1∶500 ～ 1∶2000
垂直地质剖面图：	大型矿山	1∶1000
	中小型矿山	1∶500 ～ 1∶1000
矿体顶（底）板等高线图：	大型矿山	1∶1000 ～ 1∶2000
	中小型矿山	1∶1000

为开采矿块单体设计提供的矿块地质平面图和矿块地质剖面图，比例尺多为 1∶200 ～ 1∶500。

2）图幅规格：应在考虑好图纸比例尺、图面布局、图幅范围和所要反映的内容后，再加以确定。一个矿区（段）的各类图件的图幅规格，均应结合本矿的实际情况，做出统一的规定。

3）坐标网：以采用坐标线与图框线直交的正方眼网为好。如受条件限制，必须采用坐标线斜交图框线的斜方眼网时，各种图件应统一规定坐标网由北向东（或向西）转移的角度，同时应保证矿体走向延长方向最大限度地平行于横图框线。

4）图例：一个矿区的图例可在国际通用图例的基础上，结合本矿区的实际情况统一设计，并应力求与原地质勘探报告附图中所采用的图例符号相一致。各种地质原图所使用的图形符号、花纹、颜色必须按矿区的统一图例予以表示。

5）图幅的衔接：某些地质平面图因图幅过长而需分幅绘制时，各分幅图纸之间可采用勘探线或坐标线相接的方法进行拼图，且应不使图纸衔接部位出现大块空白、重叠或空间位置不协调等现象。在图签中应注明图纸的总幅数与本图所在幅数。

6）图面的整饰与设计：图面的整饰是指所绘图件的基本内容之外需附加的部分，包括：图框（内框与外框）、坐标网络、图名、图纸比例尺、方位角、图例、图签责任表等。为保持图件的统一、明了、整洁和美观，绘图时应采用统一的字形体例，以设计各种图件的标准图式，作为制作各种地质原图的根据和范例。

7）图件的命名：矿山地质原图中，除矿区地形地质图、矿体纵（水平）投影图等综合性图件外，一般均可由

工作的地区(矿区、采区)名称、图纸编号、图纸的类别三部分,按顺序排列组成,如:

XX矿区(采区) -50 m中段地质平面图。

XX矿区(采区)0号勘探线地质剖面图。

其余类推。

关于矿山地质原图中的勘探线地质剖面图,一般都应尽可能在原地质勘探阶段建立的剖面系统的基础上,进行加密敷设,或沿矿体走向一端,按一定间距依次敷设。

2.2.3 矿(岩)石基本技术参数的补测修订

矿(岩)石基本技术参数主要包括:矿(岩)石的体重、容重(松散体重)、松散系数、块度分析、自然安息角、抗压强度、抗拉强度、抗剪强度、湿度、孔隙度、地温以及非金属矿产有特殊要求的一些物理力学性质方面的数据。这些技术参数在地质勘探阶段,一般都按规范或有关设计部门的要求进行过测定。但由于地质勘探阶段条件的限制,所测数据的代表性与测试方法的局限性常难以与实际开采情况相一致。同时,矿床的不同部位,以及不同的采掘条件下,矿(岩)石的物理力学性质也会有所变化,以致使原测得的数据失去利用价值。因而在矿山基建过程中,需按实际采掘情况,对生产中常用的上述技术参数进行必要的补测,以修订原有的各项技术参数,而且矿山建成投产后,随着开采面的下降和地质条件与开采条件的变化,还需随时加以补测和修订,以满足矿山生产的需要。

上述技术参数试样的采取方法与测试方法详见本卷第4章。

2.2.4 基建工程施工中的地质工作

矿山基建施工过程中,凡对矿区地质层位划分、地质构造分析以及矿体边界圈定有意义的开拓工程与采准工程,均应及时进行素描编录和综合整理。对揭露矿体的开拓工程和采准工程,在进行素描编录和综合整理的同时,还应按照有关技术规定进行取样与化学分析,并按储量计算工业指标要求,进行矿体圈定。

在上述开拓工程和采准工程中所进行的素描编录与取样化验资料,是对专门的基建勘探工程所取得的地质资料的重要补充;是进一步研究矿体赋存规律、圈定矿体与计算储量、编制采掘设计与指导生产的重要依据之一;也是在工程发生事故,需要进行维护修理时可供考查的重要原始资料。因此,对它们进行的素描编录和取样化验工作应与基建勘探工程同等重视。

上述基建开拓工程和采准工程包括:地下开采矿山的脉内外平巷、主副竖(斜)井、天井、溜井、横穿、石门、硐室等;露天开采矿山的路堑沟、开段沟、基建剥离炮孔等。

2.2.5 矿山地质工作条例与各种技术规定的制订

为使矿山地质人员掌握科学的工作方法和有共同遵循的工作准则,矿山地质(测量)部门在矿山基建时期即应逐步建立各种规章制度。

这些规章制度包括:矿山地质(测量)工作条例;原始地质编录技术规定;综合地质编录技术规定;基建勘探工程与生产勘探工程的设计、施工管理办法与技术要求;矿石的化学取样与样品的化学分析技术要求;探矿工程安全操作技术规程;储量计算工作管理办法(或储量计算方法细则);三(二)级矿量管理办法;开采贫化损失管理办法;测量工具、仪器管理办法;测量记录与内业计算规则;水文地质与工程地质观测技术要求;环境地质监测技术要求;矿山地质测量资料管理规定等。

上述各种规章制度可根据矿山的实际情况和需要,有选择地进行制订,并随着工作的进展和实践经验的积累,逐步地加以充实和完善。

2.3 基建勘探工作

2.3.1 基建勘探工作的提出

一个矿床按现行勘查程序经过普查、详查和勘探工作,提交矿床地质勘探报告,经有关矿产储量管理部门审查批准后,地质勘探工作就暂告一段落。

当矿山经开发设计而转入基本建设阶段,是否还需要配合矿山基建进行专门的基建勘探工作,要根据具体情况而定。通常,矿山的基建范围一般都位于矿床浅部。在基建期间,必须为投产初期准备足够的三(二)级矿量,以保证矿山建成投产后能够持续稳定生产。这就要求在地质勘探阶段于矿床浅部提交一定数量的高级储量。实践证明,矿床地质勘探阶段所探获的主要储量——C级储量,其精度只能达到作为矿山开拓设计依据的要求,而 B 级储量才能作为采准工程设计和施工的依据。因而只要在矿床地质勘探期间,于矿床浅部基建范围内已探获能满足矿山基建所需的高级储量,也就不需要再进行专门的基建勘探工作了。

但在实际工作中,由于种种原因,经常存在着基建范围内矿体的勘探研究程度不能满足基建开拓和采准工程设计和施工要求的情况,这样,在基建时期进行专门的基建勘探工作就完全必要。例如:

(1)地质条件属较复杂类型的矿床,探获高级储量需用坑钻相结合的手段。但由于坑探成本高,周期长,难度大,而且不少地质勘探单位也缺乏坑探施工队伍,因而常采用加密钻孔以代替坑探来探获高级储量。这种情况下探获的所谓高级储量,其勘探研究程度常达不到高级储量应有的精度。尤其是在矿体形态变化和空间位置的控制程度方面达不到应有的要求,而对某些地质条件很复杂的矿床,如金、银、汞、锑、铀等矿种的矿床,为探获高级储量常需开凿专门的坑探工程,但按我国当前的管理体制和部门分工,地质勘探单位是难以做到的。但是就矿山采准工程的设计和施工而言,不论矿床地质条件复杂程度如何,其对矿体的勘探研究程度的要求都是相同的。因而一般情况下,越是地质条件复杂的矿床,就越是需要在基建时期进行专门性的基建勘探工作,以满足采准工程施工的要求(不包括属边采边探类型的矿床)。

(2)在地质勘探阶段,有的地质勘探单位在未与设计、生产部门协商研究的情况下,常选择矿体厚度较大、品位较高、形态较简单的地段作为探获高级储量的地段。但是初期开采地段的选择和确定,是在矿山设计过程中结合矿床开拓方案、矿山生产能力、开采顺序等一系列技术经济因素进行综合论证的结果,因而常不会恰好是地质勘探部门选择的高级储量地段。

对于金属硫化物矿床而言,还经常出现的一种情况是,矿床浅部硫化矿石经氧化而成为氧化矿石和混合矿石。按通常的自上而下的开采顺序,这部分矿石多属先期开采对象。但是要把氧化矿勘探为高级储量,比在原生带探求高级储量要困难得多,因而地质勘探单位常采取避开氧化带和混合带,而在原生带内探求高级储量。这样,在基建时期就需要针对基建范围内矿体的氧化带和混合带进行加密勘探使其升为高级储量,以满足首采地段基建采准工程施工的要求。此种性质的勘探亦属于基建勘探范畴的工作。

(3)某些矿种地质勘探规范规定的高级储量比例偏小。如大中型铜矿床,规范中规定的 B 级储量比例占B + C + D 级储量的 5% ~10% ;特大型和大型岩金矿床,属第Ⅱ勘探类型者为 5% 左右,中型矿床则不探求 B 级储量。且地质勘探单位在实际工作中又常取其下限值。再考虑 B 级储量本身的精度以及开采时的损失(包括矿房矿柱损失),其实际保有的 B 级储量,有时就难以满足要求。

(4)当矿体为埋藏于地表以下数百米的盲矿体时,为探获 B 级储量,在地质勘探阶段难度就更大。特别是矿床地质条件较复杂,需采用坑钻结合的手段才能探得 B 级储量时,地质勘探单位更难以做到。只有结合矿山基建采掘工程进行勘探工作,这一要求才能得以实现。

(5)由于矿山设计方案的改变,导致已探得的高级储量不位于先期开采地段。这种情况下,就需要由设计部门重新安排基建勘探工作以探获所需的高级储量。

(6)某些多品级、多类型矿石的矿床,有时根据加工利用的要求,需要考虑分采分运和选别加工,而在一个规整的矿体内部,各种品级或各种类型矿石的分布往往是不规则的,且连续性较差。为了提高对各种品级或类型矿石分布情况的控制程度,在矿山基建期安排一定的基建勘探工作也是必要的。

(7)露天开采矿山采坑底部附近的矿体空间位置是影响露天剥离境界的主要因素,而在地质勘探阶段对露天采坑底部附近矿体的空间位置控制程度常显不足,亦需在基建期安排专门性的基建勘探工程加以控制。

综上所述可以看出,在当前的实际情况下,有较多的矿山(特别是某些有色金属矿山、贵金属矿山、化工矿山、铀矿山等)在基建时期需要进行专门性的基建勘探工作。

2.3.2　基建勘探工作的目的与任务

基建勘探是在矿山基建时期,按开采设计确定的基建范围,在原有地质勘探工作的基础上密切配合基建任务进一步开展的地质勘探工作。通过基建勘探工作,提高处于基建范围内首期开采地段的矿体产状、规模、形态、空间位置、矿石质量以及矿山开采技术条件等的控制研究程度,进行储量升级,以指导基建开拓与采准工程的施工,并为矿山正式投产准备好三(二)级矿量。这和矿山生产勘探的目的与任务是相似的。不同之处是,基建勘探是在矿山基建期间配合基建任务超前进行的勘探工作;而生产勘探则是在矿山生产过程中配合采矿进度计划安排,为保证矿山正常持续生产和指导生产采准与回采切割工程的设计、施工而进行的勘探工作。

2.3.3 基建勘探范围的确定

基建勘探的范围大体应与设计中所确定的布置基建开拓与采准工程的首期开采地段相适应。但考虑到基建勘探后矿体可能产生的变化，以及矿山建成投产后地质工作需要超前安排的要求，基建勘探范围还可考虑适当扩大些。

一般情况下，对矿床地质条件较简单、矿体规模较大、形态较完整、采用露天开采或地下开采的大型矿山，以钻探工程即可探获高级储量时，由于其"万吨探矿比"较少，成本较低，可以按照一次施工的最佳勘探深度确定其深部控制范围。这种情况下，通过基建勘探获得的高级储量往往较多，常可满足 3～5 年或更长时间的生产需要（按矿山年生产能力计算，下同）。

而对地质条件较复杂，又是地下开采的矿床，基建勘探常采用坑钻结合的手段。"万吨探矿比"较大，勘探成本较前一种情况要高。坑探工程需尽可能与采准工程结合，探获的高级储量以满足 3 年以上的生产需要为好。

当矿床地质条件复杂或很复杂，需采用较密集的坑钻工程才能探获高级储量，其"万吨探矿比"常达 200～300 米/万吨，勘探周期长，成本高，探矿与采准工程需紧密配合，所探获的高级储量能满足 2～3 年的生产需要也就基本可以了。

此外，在确定基建勘探范围和布置勘探工程时，还需要注意以下两种情况：

（1）当基建勘探范围位于矿床走向一端时，首先要进一步控制矿体走向边界。因为在矿床地质勘探阶段，矿体边界多属有限内推而圈定的。而矿山在确定和布置采准工程时则需要较准确地查明矿体边界。

（2）在基建勘探过程中，应注意同时查明基建勘探范围内位于主矿体上下盘的平行矿体的赋存要素与矿石质量，以便为进一步研究如何与主矿体同时进行回采提供资料。

2.3.4 基建勘探工程布置、手段及网度

基建勘探与生产勘探的目的与任务本质上是相同的。勘探手段、工程布置和勘探网度的确定原则、工作内容和技术要求等也基本上是一致的。

（1）勘探手段：露天开采矿山或地质条件较简单的大型地下开采矿山，多采用钻探手段；而地质条件较复杂的地下开采矿山则多采用坑钻结合的手段。近年来由于钻探工艺的改进，国内外的一些矿山已逐渐增加钻探工程的比例，甚至全部采用钻探工程。因而今后基建勘探手段，一般情况下，除能与采矿工程相结合的坑探工程或由于矿岩破碎等原因钻探效果不好，以及为配合采取矿石加工技术试验样、测试矿（岩）石技术参数等而掘进坑道外，应减少或不开凿专门的坑探工程，逐步以钻探手段予以取代（参见本卷第 3 章 3.2 节）。

（2）工程布置原则：遵循常规的地质勘探工程布置原则，在矿床的走向上通常以地质勘探期间建立的勘探线体系为基准，系统加密勘探剖面。在矿床的水平方向，则是按开采中段（阶段）来布置勘探工程；具体勘探工程的设计，应充分研究矿床地质特征和采矿工艺要求，使勘探工程与采矿工艺要求紧密配合（参见本卷第 3 章 3.3 节）。

（3）勘探网度：基建勘探网度的确定是以能达到控制 B 级以上储量为原则。但应随时研究在勘探过程中矿体特征的实际变化，并根据变化情况及时调整勘探工程间距，使其切实达到控制相应级别储量的要求，以配合基建开拓工程与采准、切割工程的施工，准备足够的三（二）级矿量，为矿山能顺利建成投产并按时达产创造条件（参见本卷第 3 章 3.4 节）。

鉴于基建勘探是在矿山开发过程中进行的第一次勘探工作，合理的勘探手段和勘探网度以及矿床开采对矿体控制程度的要求等都有待于在实践中加深认识并根据实际变化情况及时予以调整。因而在基建勘探设计时要有针对性地安排必要的验证对比工作，以使勘探手段的选择和勘探网度的确定更切合矿床的实际变化特征。

关于基建勘探资金的来源，按国家现行规定，属整个矿山基建投资的一部分，来自银行或其他形式的借贷，而生产勘探所消耗的费用则是分摊到矿石成本中。

2.3.5 基建勘探报告的验收

基建勘探是矿山基建工作的一个组成部分。它直接影响到矿山基建任务的完成和建成投产后的正常持续生产。因而在整个基建勘探过程中，要密切配合矿山基建工作，按照有关规定和要求认真完成各项地质工作，认真总结有关矿床地质特征和规律，及时编绘、综合整理各种地质图表，重新进行矿体圈定和储量计算，编写基建勘探报告。

在矿山基建工程竣工后，负责进行基建勘探的单位应及时提交基建勘探报告及其全套地质资料。由矿山主

管部门组织审查验收。验收重点有以下几个方面：

（1）基建勘探范围内矿体的产出要素是否已经详细查明，能否详细阐明矿石质量及其变化规律，矿体的控制程度是否能够达到采准工程与回采工程施工的要求，影响井巷掘进和采矿生产的开采技术条件是否已经查明。

（2）经重新圈定的矿体所计算的矿量与品位是否符合要求。

（3）各种地质图表是否齐全，能否充分反映矿体的产出特征和满足确定各种采矿工程与采矿方法的要求。

3　生产勘探

3.1　生产勘探概述

3.1.1　生产勘探的目的、任务

生产勘探是在地质勘探的基础上与采掘或采剥工作紧密结合进行的矿床勘探工作。主要目的是提高矿床勘探程度，达到储量升级，并查明采区一切矿床资源，直接为采矿生产服务。生产勘探成果是进行采掘（剥）生产设计、编制矿山生产计划、进行生产矿量平衡及采矿生产地质管理的依据。

生产勘探的主要任务为：

（1）采用一定勘探技术手段或与采掘、采剥工作相结合进一步圈定矿体，详细查明采区矿体的形状、产状及其他空间赋存条件特征，同时对影响生产最大的地质构造界线进行控制。例如，矿体的边界与端部、膨胀与狭缩、尖灭与再现、分支与复合；矿体中的夹石与夹层和构造复杂部位；破坏矿体的褶曲、断裂及后期穿插岩脉等。

（2）进一步查明矿产质量。准确控制矿石有用及有害、主要及伴生和共生有用组分含量；准确划分矿石工业类型及技术品级；查明矿石质量的空间分布特征及其变化规律；按生产要求重新计算矿石平均品位及其他质量指标；为进行生产矿石质量管理和矿产资源综合利用评价提供可靠依据。

（3）进一步查明矿产数量。准确控制矿体厚度、长度和延深；控制矿体厚度变化规律；配合储量升级，按地下采矿中段或露天采矿平台及开采块段重新计算升级后的矿产储量。

（4）进一步查明近期开采地段的水文地质条件、工程地质条件和开采技术条件，必要时还须查明矿石技术加工条件及其他生产上需解决的地质问题。

（5）探明采区原地质勘探未能控制的存在于主矿体上、下盘及深、边部的平行、分支矿体，构造错失矿体，老窿残矿或其他小盲矿体，协助生产部门及时组织回收。

如果经过生产勘探发现矿体大小有较大变化或储量有较大增减，须向采矿技术部门提出，对采矿设计和生产计划进行调整和修改。

（6）利用生产勘探所获得的详细地质资料进行综合地质研究，解决生产上存在的各种问题，研究矿床成矿地质条件，查明成矿规律。

生产勘探费用将摊入采区生产成本或者动用维简费。

3.1.2　生产勘探阶段及储量升级

生产勘探随采掘或采剥生产的发展而逐步完成，一般可分为两个阶段。

3.1.2.1　总体性生产勘探

指与矿床开拓相结合的生产勘探。施工范围在地下采矿常为井区一个中段，露天采矿则涉及多个平台。在多数情况下矿产地质储量由C级升至B级，小而复杂的矿床由D级升至C级，有时甚至达不到C级。总体性生产勘探成果是计算和平衡开拓矿量、划分开采块段、进行采准设计和制订有关生产施工计划和进行生产地质管理的依据。

3.1.2.2　单体性生产勘探

指与矿床采准、切割与回采相结合的生产勘探，其范围常局限于采矿块段。在一般情况下矿产地质储量由B级升至A级，小而复杂的矿床由C级升为B级，有时甚至达不到B级。单体性生产勘探成果是计算和平衡采准及备采矿量。进行回采设计、制订采矿生产作业计划和进行采矿施工管理的依据。

大而简单的矿床，生产勘探任务可能在总体性生产勘探阶段完成；当采矿工程可以充分利用于探矿时，甚至不进行单独的生产勘探。

伴随矿床勘探程度的逐步提高，在生产勘探过程中将多次圈定矿体，其中采矿块段内矿石回采前的矿体圈定，过去习惯称"二次圈定"，本手册改称为最终圈定。

3.1.3　生产勘探的超前期限与范围

生产勘探多年持续进行,年度工程及其分布由超前生产的期限和范围控制。一般来说,超前生产的期限应与三级矿量的平衡相协调,大型矿山 3～5 年,中型矿山 2～3 年,小型矿山也应在 1 年以上;超前生产的范围,露天采矿为一到几个平台,地下采矿为一到两个中段。

3.1.4　生产勘探程度的基本要求

3.1.4.1　地质储量可靠程度与生产矿量的协调

在生产条件下,地质储量的级别、比例与生产矿量之间存在协调但又不是对等的关系,这种协调关系又受到许多因素的制约。一般来说,矿体规模愈大,矿体地质构造条件愈简单,构成同级生产矿总的储量可靠程度应愈高或较高一级地质储量的比例愈大;反之则较低或较小。露天采矿勘探难度较小,同级生产矿量中获取较高一级地质储量的可能性较大。采矿工艺技术方法较简单或对地质资料的要求相对较低,构成同级生产矿量的储量可靠程度允许较高或较高一级的地质储量的比例可以较大;反之则较小。各类生产矿量中地质储量级别和比例难以严格规定,在一般情况下,开拓矿量应达到 B+C 级,大而简单的矿床 B 级可能达 60%～80%,C 级 20%～40%;小而复杂的矿床一般达不到 B 级,C 级可达 60%～100%。非常复杂的矿床只能达 C+D 级。采准及备采矿量一般应达 A+B 级,大而简单的矿床 A 级可达 80%～100%;小而复杂的矿床最多只能达 B 级;非常复杂的矿床达到 B 级也有困难。

3.1.4.2　矿体形状、产状及空间位置的控制程度

(1)矿体边界位移:矿体边界位移极大地影响采掘工程布置,其许可范围由一系列因素决定:1)储量级别的要求;2)位移方向是垂直还是水平;3)矿体倾角是缓倾斜还是急倾斜;4)矿体厚度;5)矿体边界是上盘还是下盘;6)是露天还是地下采矿;7)矿床开拓方案,露天采矿时地表开拓较溜井、平硐联合开拓要求为低,一次基建开拓到最终境界较分期扩帮开拓要求为高,地下采矿时脉外较脉内开拓要求高;8)采矿方法,采用采矿工艺技术条件要求较高的采矿方法,如充填法、崩落法等对边界位移要求较高,否则较低。

矿体边界位移许可范围的参考指标见表 3-1。

表 3-1　矿体边界位移允许范围参考表

储量级别	矿体倾角 /(°)	地下采矿/m			露天采矿/m		
		开拓方式	薄矿体(采场沿走向布置)	厚矿体(采场垂直走向布置)	开拓方式	一次基建	多次扩建
A	急倾斜 >自然安息角	脉外	10	15	地表	10～15	15～20
		脉内			溜井、平隆	5～10	10～15
	中等倾斜 <自然安息角	脉外	4(2)	6(3)	地表	5～10	10～15
		脉内	8(4)	10(8)	溜井、平隆	4～6	5～10
	缓倾斜 <30	脉内	2(1)		地表		
		脉外	3(2)		溜井、平隆		
B	急倾斜 >自然安息角	脉外	15	20	地表	15～20	20～25
		脉内			溜井、平隆	10～15	15～20
	中等倾斜 <自然安息角	脉外	6(3)	8(4)	地表	10～15	15～20
		脉内	10(5)	15(10)	溜井、平隆	8～10	10～12
	缓倾斜 <30	脉内	4(2)		地表		
		脉外	5(3)		溜井、平隆		

注:1. 表内数字,括号外指水平位移,括号内指垂直位移;

　　2. 本表数据为前人资料综合。

(2)矿体产状变化:矿体走向方位角的变化对脉内开拓影响不大,而严重影响脉外开拓,其变化应控制在 10°之内。生产勘探所确定的矿体倾向必须与实际一致,如不一致将导致开拓系统工程报废。矿体倾角特别是下盘倾角直接影响中段开拓工程布置,当矿体倾角接近自然安息角(约 45°～55°)时,更须严格控制。

(3)矿体长度及厚度误差:为保证采矿块段的形成及正规作业,沿矿体走向布置采场的块段。在块段内部(见于矿体端部及膨胀狭缩部分)矿体长度误差按经验一般不能大于块段设计长度的 1/4。

矿体厚度须严格控制,特别当矿体厚度接近最小可采厚度或趋于尖灭时,沿矿体倾向布置采场的块段,在块段内部矿体厚度的负误差按经验不能大于块段设计长度的 1/4。

3.1.4.3 矿石质量控制的要求

为正确评价矿产质量和进行综合利用，合理进行矿石质量管理，对矿石有用与有害、主要与伴生、共生组分含量和质量分布变化特征须准确控制；对以矿石技术性质作为质量指标的矿产，影响质量的各种技术指标须准确控制。

3.1.4.4 矿体内部结构控制的要求

需要选别开采的矿山，对矿石工业类型及技术品级的种类、比例、分布特征须准确控制，当矿体中存在夹石、夹层并影响生产时，对夹石或夹层位置、厚度、产状和分布特征须准确控制。夹石及夹层边界位置控制的要求大致同于矿体边界位移的误差指标。

3.1.4.5 矿石及金属储量允许误差要求

衡量勘探程度时，我国惯用的储量允许误差指标为：矿石储量 A 级 ≤10%；B 级 ≤20%；C 级 ≤30 ~ 40%；金属储量允许误差相应约放宽 5%。

3.1.4.6 矿床水文地质、工程地质及采矿技术条件的控制要求

矿床水文地质、工程地质及采矿技术条件在地质勘探阶段已做了大量工作，生产勘探只在必要时进行一定的补充工作。

3.1.4.7 矿床及矿体地质研究程度要求

矿床及矿体地质研究程度是决定勘探程度的基础，生产勘探也必须予以重视。内生矿床应着重成矿控制因素的研究，以正确推断矿体产状与形态，指导矿体的正确圈定与连接。任何矿床均须重视构造研究，特别是构造复杂的层状、似层状、脉状矿床，当采区块段内小型褶曲幅宽 >3 ~ 5 m，幅高 >1 ~ 3 m；盲断层长度 >5 m，断距超过矿体平均厚度；切穿矿体的破碎带、岩脉，其厚度大于最大允许夹石厚度或影响矿块正确划分时均应准确探明。具一定层位的外生或变质矿床则应着重层位及标志层的研究。

3.1.4.8 生产勘探深度的控制

生产勘探深度应依据工作目的、开采方式、矿体的大小与延深、生产接替情况确定。对于小或薄矿体应一次穿过矿体；厚大矿体采用多年分段接力勘探时，一次生产勘探深度对露天采矿约 3 ~ 4 个平台（100 ~ 200 m），地下采矿约 1 ~ 2 中段（约 100 m）；如果是为生产方式转变的接替服务，如露天采矿转地下采矿或坑口延深主体开拓工程，勘探深度应适当加大。

3.2 生产勘探工程

3.2.1 影响生产勘探工程选择的因素

原则上任何一类勘探工程都可以用于生产勘探，但必须依据矿床具体地质条件、矿山生产技术条件及经济因素等合理选择。

矿床地质构造、水文地质条件比较简单，矿体规模大、矿化较均匀、产状比较稳定、矿体形态及内部结构比较简单时，一般适采用钻探，反之则坑道作用增大。

矿山采矿方式、采矿方法、采掘（剥）生产技术条件及生产要求对生产勘探工程的选择有重要影响。

(1) 砂矿及风化矿床露天采矿时，多采用浅井、浅钻或两者相结合。

(2) 原生矿床露天采矿时，以地表岩心钻、平台探槽为主，也有利用露天炮孔的。

(3) 地下采矿时，以坑道及坑道钻探为主。生产坑道密度较大且切穿矿体或矿体一盘，又对矿体产状、形状依赖性不大允许优先施工的采矿方法，坑道对探矿的作用增大，坑道除为施工创造条件外，仍须使用大量坑道钻探。当前在采矿设备大型化、自动化或非轨道运输不断发展的情况下，开采中段高不断增大，坑道钻探作用有逐渐增大的趋势。

3.2.2 槽探、井探

3.2.2.1 槽探

露天采矿用平台探槽剥去平台上因生产活动堆积的浮渣和碎矿，规格 1（宽）m × 0.5（深）m，分主干槽与辅助槽（见图 3-1），垂直矿体或矿化带布置。大而简单的矿体按平台相间布置，复杂矿体则每个平台都要布置。

3.2.2.2　浅井

断面可有圆形或矩形两种,圆形井断面直径0.8~1 m,深度一般<5 m;矩形井断面(1.2~1.7)m×(0.8~1.3)m,深度5~10 m,最深可达20 m。现已有圆形浅井钻机,可提高施工机械化程度,若在此基础上修整井壁,可得到矩形浅井。圆形浅井井壁较稳固,矩形浅井则更易于编录。一般浅井应进入基岩0.5~1 m。浅井超过15 m时应有通风设备。井壁不稳固时应有支护措施。

3.2.3　钻探

3.2.3.1　砂矿钻探

砂矿的生产勘探均用属浅钻,孔深一般小于30 m,为保证取样的可靠性,终孔直径应大于91 mm。常用砂矿钻机性能见表3-2。

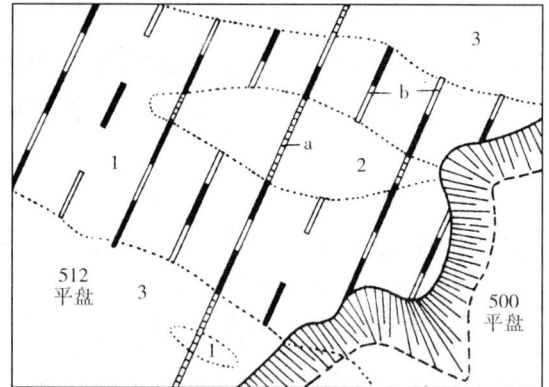

图3-1　宝山铜矿露天采场平台探槽布置

(a)主干槽;(b)辅助槽
1—矿体;2—夹石;3—围岩

表3-2　砂矿钻机性能表

钻机型号	钻进方法	孔径/mm	孔深/m	动力机功率(kW)及装载方式	钻塔类型及高度/m	整机重量/t
SZ-130	冲击、回转	130	15	8.9 手扶拖拉机牵引	三角架,5	0.9
SZ-150	冲击、回转	154	30	26.8 小型履带	桅杆	4.5

3.2.3.2　地表钻探

原生矿床露天采场常是多平台作业,为避免影响采剥生产,多选用机动性强的浅及中深进尺钻探设备(如汽车钻),孔深一般50~200 m,只有在为远景探矿服务时才使用>500 m的深型钻机。缓倾斜顺山坡产出的层状、似层状矿床,一次打穿矿体;厚矿体,特别是急倾斜矿床,一般采用接力勘探方法,每孔只要求打穿2~3个台阶(<100 m),但上下层钻孔间应有一个20~30 m的重复部位(见图3-2)。但接力分段也不能过多,一般2~3段,最多4~5段。常用地表岩心钻探主要设备配套情况参见表3-3。利用露天炮孔取岩泥或岩粉控制原矿品位也是一种常用的生产勘探手段。孔径130~335 mm,孔深15~30 m,设备为潜孔钻或牙轮钻。露天炮孔是一种探采结合的工程,工效较岩心钻为高,成本更低,但须注意取样质量。

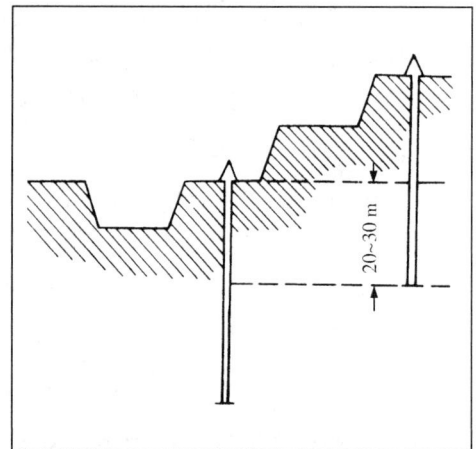

图3-2　露天采场接力钻孔布置剖面示意图

表3-3　常用地表岩心钻探设备配套一览表

钻孔深度/m	钻孔倾角/(°)	最小孔径/mm	钻进方法	钻机型号	泥浆泵型号	电动机/kW	柴油机/W	铁塔类型及塔高/m	备注
30	90	110	合金	SH-30	60/15	Q251-2 4.5	270型 10		
100	90	150	合金	DPP-100	6W250/50		95		
180	75~90	36	金刚石	XY-1A	BW-100	7.5		三角架7-8	常用拧管机型号 NY-
300	75~90	59	金	XU-300-2	BW-200/40	17	20	铁塔SGX-13	-100
300	75~90	46	金刚石	XY-2	BWB-90	33		铁塔SGX-13	钻参仪型号
600	65~90	59	合金	XU-600-3	BW-200/40	30	40	SG-18	HDK-1
600	65~90	46	金刚石	XY-3	BWB-90	40		SGX-17	HEK-2
1000	45~90	59	合金	XB-1000A	BW250/50	40		SG-23	SZT-I
1000	45~90	59	合金	XU-1000	BW250/50	40		SG-23	SZR-3
1000	45~90	46	金刚石	JU-1000	BWB-150	48		SG-23	
1000	45~90	46	金刚石	XY-4	BWB-150	48		SG-23	
1500	80~90	46	金刚石	JU-1500	BWB-150	55		SG-23	
1500	80~90	46	金刚石	XY-5	BWB-150	80		SG-23	

3.2.3.3　坑道钻探

坑道钻探是地下采矿广泛采用的生产勘探手段，成本低，工效高，其使用场合有逐年扩大的趋势。坑道钻探的作用是多方面的，综合示意图如图3-3所示。

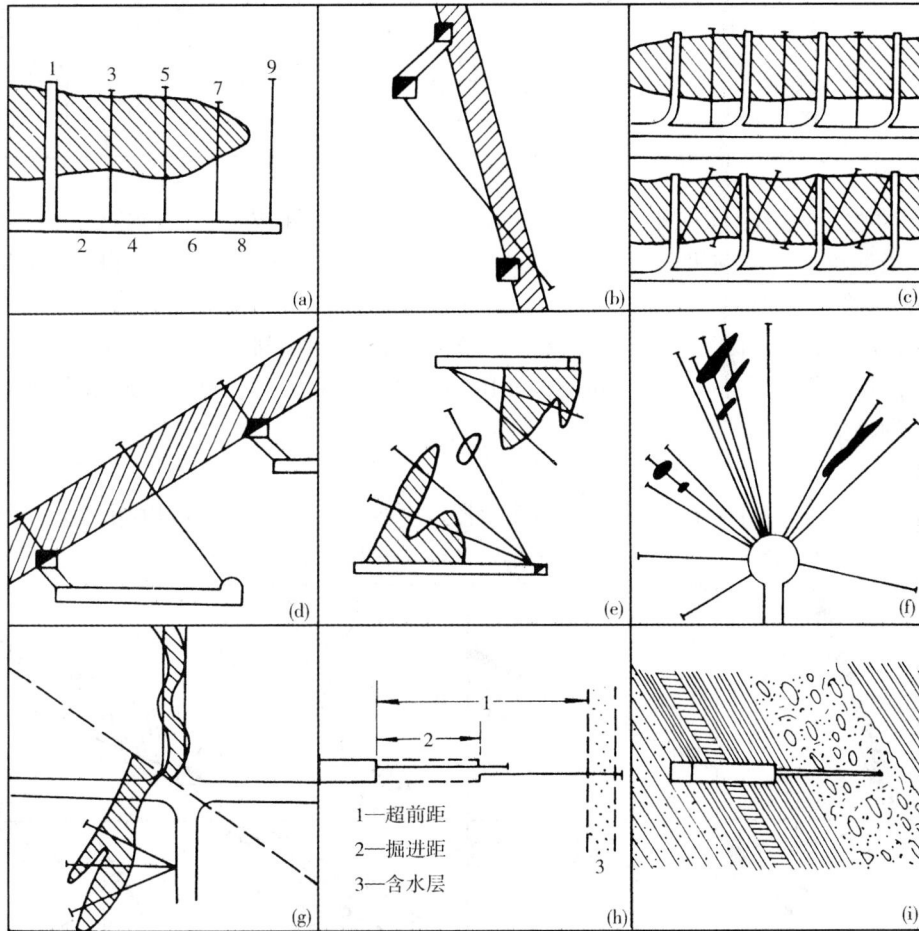

图3-3　坑道钻探作用综合示意图

(a)指导沿脉掘进，数字表示施工顺序；(b)指导下中段巷道掘进；(c)代替穿脉加密工程；(d)代替斜天井或上山；(e)探中段间的尖灭矿体；(f)探不规则的小盲矿体；(g)探构造错失矿体；(h)超前探地下水；(i)作为放水孔[图中(a)、(c)、(f)、(h)为平面图，其余为剖面图]

常用坑道岩心钻机型号及性能见表3-4。

表3-4　坑道岩心钻机型号及性能

钻机性能及型号	KD-100	KY-150	ZSK-50	钻石-100A-D	钻石-100-A-F	钻石-300	MK-150	MK-300
钻进深度/m	100	150	50	100	100	300	150	300
钻杆直径/mm	33(42)	33(42)	33	33(42)	33(42)	43	42(50)	42(50)
机型	立轴	滑动回转器	立轴	滑动回转器	滑动回转器	滑动回转器	滑动回转器	滑动回转器
传动、操作方式	机械传动气压进给	机械传动液压给进	机械传动液压给进	机械回转液压操作	机械回转液压操作	全液压	全液压	全液压
安装方式	双立柱	双立柱	单立柱	双立柱	双立柱	锚杆-顶杆	双立柱	双立柱
可钻角度/(°)	0~360	0~360	0~360	0~360	0~360	0~360	0~360	0~360
回转器转速/(r·min⁻¹)	100~400三档	135~837正、反五档	0~1460	正1500、125反125	正~1500反0~100	285~1500正、反	正2~320反2~160	正2~360反2~180
回转器通孔直径/mm	35.44	61	36	48	48	61	55	55
给进行程/mm	326	530	300	500	500	850	800	800
给进力/kgf[①]	430（或720）	1200	2000	8000	8000	拉2600送3000	拉2400送3600	拉2470送3600
拉送钻具方式	升降机	油缸	摩擦滚轮	油缸	油缸	油缸	油缸	油缸

续表3－4

钻机性能及型号	KD－100	KY－150	ZSK－50	钻石－100A－D	钻石－100－A－F	钻石－300	MK－150	MK－300
拉送速度 /(m·s⁻¹)	0.25～ 1.20	拉0.2送 0.28		0.3	0.3	拉0.71 送0.53	拉0.52 送0.36	拉0.93 送0.64
钻机动力/kW	5.5	10	5.5	14	15(马力)	22	10	15
钻机重量/kg	325	400	150	470	280	800	850	900
生产厂家	北京探矿机械厂		赤峰钻机厂			桂林冶金地 质研究所	煤炭部钻探研究中心	

①1kgf＝9.8 N。

坑道岩心钻机机动性能好，能打各种角度，设备轻便，不使用桅杆或钻塔，节省钻窝；常布置为束形、扇形，节省搬迁时间。当前坑道岩心钻机已普遍采用金刚石钻头和不提钻取芯技术，机械化程度高，岩心采取率也高，钻探质量更好。

利用深孔凿岩设备作为钻探工具取岩泥、岩粉，是坑道钻探的另一种形式，称勘探深孔。其孔径45～100 mm，孔深15～50 m，常用设备型号为YG－40、80，BBC－120F，YSP－45，YQ－100等。勘探深孔工效高于岩心钻，成本更低，但须注意取样质量。

3.2.4 坑道勘探

坑道勘探也是地下采矿广泛采用的一种生产勘探手段。原则上各类坑道都可以用于生产勘探，但须依矿体地质条件正确选择坑道类型与布置，各类抗道使用情况综合示意图见图3－4。

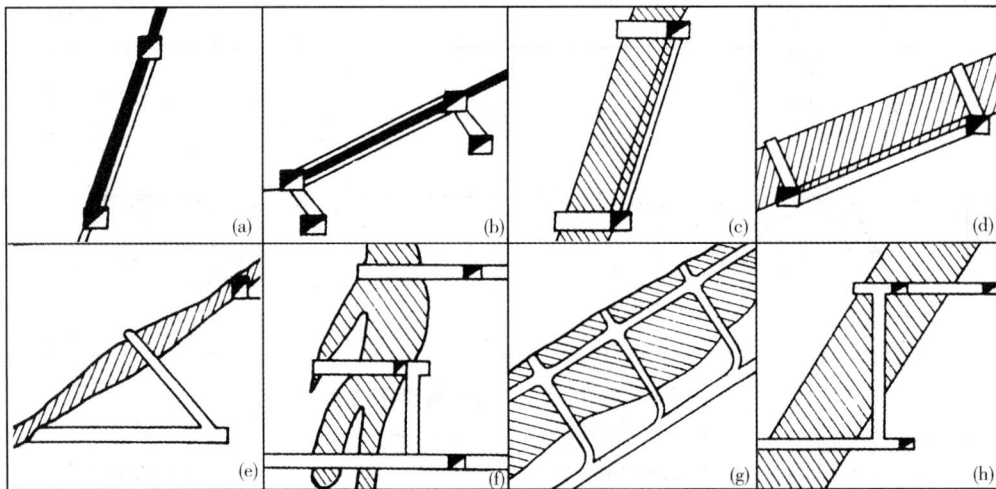

图3－4 生产勘探中各类坑道使用情况综合示意图

(a)急倾斜极薄矿体，用于脉内沿脉及天井；(b)缓倾斜极薄矿体，用于脉内沿脉及上山或下山；(c)急倾斜中厚矿体，用于下盘沿脉、天井及穿脉；(d)缓倾斜中厚矿体，用于下盘沿脉、上山及小井；(e)倾斜中厚矿体，用于下盘沿脉及斜天井；(f)不规则矿体，用于分段或盲中段；(g)中段平面用于脉内外沿脉及穿脉；(h)垂直剖面用于中段间的天井

3.2.5 坑钻组合勘探

地下采矿时，坑道与坑道钻探都是主要的生产勘探手段，坑道可以为生产利用，便于探采结合，所取得的资料可靠程度较高；钻探则工效较高(单工程高约3～5倍)，成本较低(单工程成本低约5～10倍)，使用机动灵活，且施工条件较好。为取得最佳效果，我国已广泛采用坑钻组合勘探。其主要作用为以钻代坑或用钻探指导坑道掘进。以钻代坑指导钻探取代那些采矿生产工艺不需要或矿体未详细探明无法施工的坑道；指导坑道掘进是指可使坑道工程置于更可靠、更安全的基础上而提前施工的钻孔。坑钻组合勘探有助于缩短勘探周期、降低成本和提高勘探资料质量。

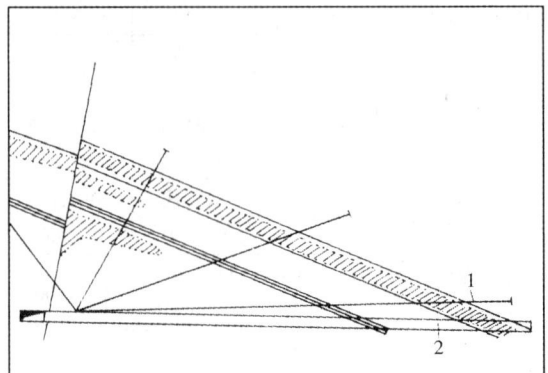

图3－5 锡矿山锑矿中段坑道检验单个钻孔的工程布置图

1—被检验的生产勘探钻孔；2—检验坑道

坑钻组合勘探有以坑为主和以钻为主两种形式，前者多用于中段平面，后者多用于中段之间。

实行以钻代坑时，钻探的可靠性须用坑道检验。检验地段应有代表性，对比所用原始资料必须可靠。检验方式有两种：(1)单工程式，如图3-5所示；(2)多工程式，如图3-6所示。前者多使用于钻孔零星布置的情况，后者多用于钻孔系统布置的情况。

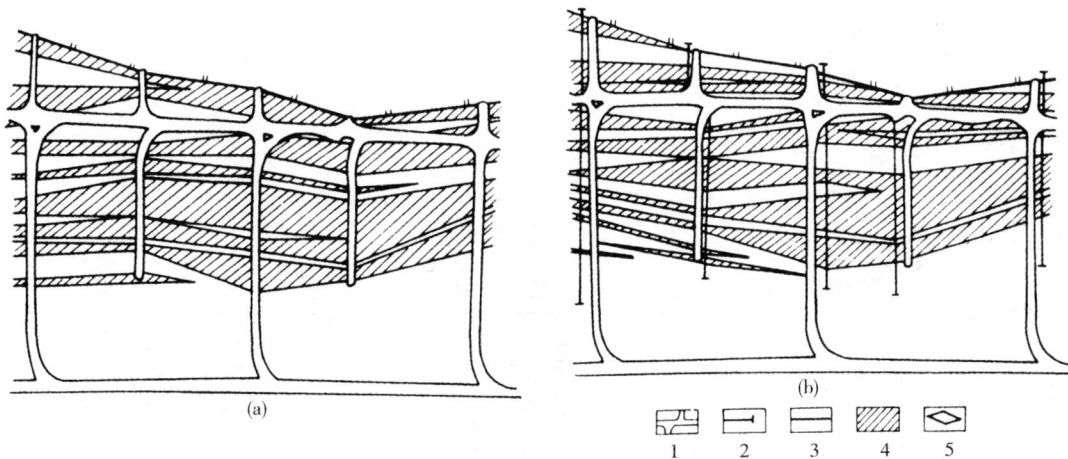

图 3-6　桃林铅锌矿坑道检验多个钻孔的工程布置
(a)坑道控制的中段平面；(b)钻探控制的中段平面
1—坑道；2—坑道钻探；3—断层；4—矿体；5—夹石或表外矿石

3.3　生产勘探工程的总体布置

3.3.1　生产勘探工程总体布置的原则

为了有效地控制和揭露矿体，为采矿生产提供可靠的地质资料，在生产勘探工程总体布置时，应注意工程空间位置的系统性，对具体地质条件的适应性和原地质勘探工程系统的继承性应尽可能与采掘工程系统相结合。具体要求为：

(1)各类工程尽可能沿剖面布置，形成一定剖面系统，所得资料能正确编制地质剖面和其他综合地质图件，便于计算机成图处理，能正确追索和圈定矿体。

在某些情况下，个别工程不一定受矿区生产勘探工程系统限制，如：1)勘探零星分布、构造错失矿体或矿体变化复杂的边部及端部；2)查明地质勘探遗留的重大问题。

(2)所布置的工程系统要尽可能与原地质勘探系统一致，以便利用地质勘探资料，故生产勘探往往在地质勘探线上加密工程，在勘探线间加密新的勘探线。

(3)生产勘探工程系统总的方向必须与矿床或矿体变化最大的方向一致。通常这个方向就是矿体或矿化带的倾向方向。由于生产勘探常局限在矿床、矿体的一个不大的地段，当该地段矿体产状有较大变化，其走向与总的勘探系统或勘探线方向不垂直，且夹角较小，层状及脉状矿床<75°，其他类型矿床<60°时，应当改变局部地段的工程布置，使生产勘探剖面方向尽可能与该地段矿体走向垂直。

(4)尽可能做到一种或一个工程起到多种或多方面的作用。探矿钻孔同时也可以是水文地质孔、放水孔、工程地质孔；勘探工程同时也是生产工程。强调勘探与采掘工程系统尽可能一致是实施"探采结合"的条件。

(5)工程布置时要考虑保证重点、照顾一般以及点与面相结合的原则。根据勘探的目的、地段的大小和地质条件的不同，相应布置主导勘探线和勘探工程，以及辅助勘探线和勘探工程。

(6)应保证勘探线和工程之间各类地质技术资料能彼此联系、对照和综合利用。

3.3.2　生产勘探工程总体布置的形式

为了适应矿床、矿体的具体地质条件和生产要求，更好地追索与圈定矿体，生产勘探工程总体布置应采取一定形式。这些形式共有五类，即勘探网、勘探线、水平勘探、棋盘格式和格架系统，各系统特点见表3-5。

表3-5　生产勘探工程总体布置系统综合表

系统名称	形式	示意图			主要特点			适用条件		采矿方式方法
		平面图	剖面图	纵投影图	工程构成	工程布置	工程加密	地质条件	矿床类型	
勘探网系统	正方形				垂直性工程:浅井、直钻构成两组剖面线	分布均匀,按东西、南北向布置或与成矿有关地质体分布方向布置	在地质勘探网工程间距1/2处或网格中心	矿体产状平缓,平面上呈等轴状,品位、厚度无方向性变化	面状现代砂矿,风化矿床,层状铜矿,斑岩铜矿	一般露天开采
	长方形				垂直性工程:浅井、直钻构成两组剖面线,一组精度较高	短边垂直矿体长轴或走向	在地质勘探网工程间距1/2处或网格中心	矿体产状平缓,平面上呈长轴状,品位、厚度有一定方向性变化	河床及阶地砂矿、带状风化矿床,缓倾斜层状及似层状原生矿床	一般露天开采或浅部露天开采
	菱形				垂直性工程:浅井、直钻构成二或三组剖面线,一组精度较高	短对角线垂直矿体长轴方向或走向	在地质勘探网工程间距1/2处加密,在菱形格中心成长方形	同上	同上	同上

续表 3-5

系统名称	形式	示意图			主要特点			适用条件		
		平面图	剖面图	纵投影图	工程构成	工程布置	工程加密	地质条件	矿床类型	采矿方式方法
勘探线系统	平行				各种倾角的工程:槽、井、直及斜坑钻、坑道排列在勘探线上,构成一组剖面	勘探线垂直矿体,矿带走向	在地质勘探线工程间距1/2处加密或建立新的勘探线	倾斜产出的原生矿体,产状稳定,构造简单	层状、似层状、透镜状、脉状原生矿床	一般地下采矿
	不平行				同上	勘探线垂直矿体,矿带走向,布置为扇形,矿体呈弯曲,布置为放射状	同上	倾斜产出的原生矿体,产状不稳定,构造比较复杂	同上	同上
水平勘探系统	地下采矿				水平坑内扇形钻为主,构成一组水平剖面	在各中段石门中向矿体打扇形钻	扇形钻加密或中段间加分段	急倾斜产出的中小型柱状矿体	多为岩浆期后矿床	地下采矿
	露天采矿				平台探槽为主,构成一组水平剖面	在各平台上布置探槽,垂直主矿体或带走向,主干槽穿矿体,辅助槽穿矿体	探槽间加密	倾斜产出的各类原生矿床,埋藏浅		露天采矿

续表 3－5

系统名称	形式	示意图			主要特点			适用条件		采矿方式方法
		平面图	剖面图	纵投影图	工程构成	工程布置	工程加密	地质条件	矿床类型	
棋盘格式系统	水平平面上				脉内沿脉及脉间的上下山构成棋盘格状,利于编制矿体水平面纵投影图	坑道沿矿体走向、倾斜布置	中段间加密沿脉或沿走向加密上下山	缓倾斜产出的薄矿体	层状及似层状矿床	地下采矿:壁式法、全面法、房柱法
	垂直平面上				脉内沿脉及脉间的天井构成棋盘格状,利于编制矿体垂直平面纵投影	坑道沿矿体走向、倾斜布置	中段间加密沿脉或沿走向加密天井	急倾斜产出的薄矿体	层状、似层状、脉状矿床	地下采矿:浅孔留矿法
格架系统					中段平面上:脉内、外沿脉、水平坑内钻。穿脉,天井上:穿脉,天井,坑内钻。两者构成格架状	坑道,坑内钻沿平面及剖面同时布置	在平面与剖面上分别视情况加密	常为厚度较大或成群产出的矿体	多为各类原生矿床	地下采矿:崩落法最典型

3.4 生产勘探工程网度的确定

3.4.1 影响生产勘探工程网度确定的因素

为了提高矿床勘探程度，达到储量升级，生产勘探必须在地质勘探的基础上加密工程。这是一个至关重要的问题，它直接地影响到生产勘探的地质、技术和经济效果。地质储量每提高一个级别，工程需加密一倍，有时甚至二至四倍。据统计，工程每加密一倍，工程量则可能增加 1.7~1.8 倍，生产勘探总的工程量常会大大超过地质勘探工程总量。但是，在进行生产勘探时并不是对所有矿区、矿体、地段都毫无例外地同等加密工程，合理地确定生产勘探工程网度必须综合考虑下述因素。

3.4.1.1 矿床地质条件

矿床地质条件是影响生产勘探工程网度的基本因素。取得同级地质储量时，矿床及矿体地质条件愈复杂，勘探难度愈大，勘探工程网度就愈密。根据地质因素确定勘探工程网度时常借助矿床勘探类型这一工具，详见 3.4.2 节。影响矿床勘探类型划分和勘探工程网度确定的地质因素主要有以下五项。

(1) 矿体地质构造的复杂程度：矿体地质构造主要指破坏矿体的褶皱与断裂构造、矿体产状的稳定性和后期岩体、岩脉的穿插情况等。这对厚度不大的层状、似层状、脉状矿床尤为重要。矿体地质构造愈复杂，勘探难度愈大，此时勘探工程网度必须较密，否则可以较稀。当矿体地质构造极其复杂从而严重影响生产时(如不能正确划分中段、块段，不能正确进行采准及矿石回采作业)，还必须布置专门勘探构造的工程。

全国矿产储量委员会和有关部委颁发的各类矿产《地质勘探规范》对部分矿产(主要涉及层状及似层状矿床)规定了构造复杂程度的分级标准，多数分为简单、中等、复杂三级，少数分为四级，定性描述大同小异，本手册综合分为下述三级：

1) 构造简单：呈产状稳定的单斜产出，或有宽缓轻微褶皱，断层很少，断距也较小。

2) 构造中等：为产状有一定变化的总体单斜，有一定次级小褶曲，有一定断层或岩脉切割穿插，但对矿体完整性影响不大。

3) 构造复杂：为产状变化大或极大的紧密褶皱，矿体显不规则波折或倒转，断层多或密集，也可能有较多岩脉穿插，矿体被分割而不连续，出现大量断层重叠或无矿带。

(2) 工业矿体的规模：矿体规模是影响勘探工程网度的主要因素。规模愈大，愈易勘探，工程网度越稀，否则越密。全国矿产储量委员会及有关部委颁发的各类矿产《地质勘探规范》对矿体规模划分有明确规定，分别据矿体长度与延深(宽度)、延展面积将矿体规模分为巨(特大)、大、中、小型不等的级别，具体参数已综合列入表 3-6 和表 3-7，供确定矿床勘探类型并相应确定生产勘探工程网度参考。

表 3-6 部分主要矿产按长度与延深(宽度)的矿体规横划分

矿产种类	特征	巨 型/m		大 型/m		中 型/m		小 型/m		很小型/m	
		长	深	长	深	长	深	长	深	长	深
				>2000		1000~2000					
铜		>1500		100~1500		100~1000		<100			
铅锌		>1200		800~1200		150~800		<150			
铝土矿				>1400	>1000 (宽)	1000~1400	>400 (宽)	600~1000	>300 (宽)	<600	<300 (宽)
镍		>1000	>600	500~1000	400~600	200~500	200~400	<200	<200		
钼		>1500		1000~1500		300~1000		<300			
钨		>1500	>800	1000~1500	500~800	300~1000	200~500	<300	<200		
原生银	似层状	>1000	>500	700~1000	200~500	300~700	100~200	<300	<100		
	脉状			>1000	200~500	400~500	150~200	<400	<150		
	管状			>500	>200	200~500	30~200	<200	<30		
砂锡		>3000	>400(宽)	1000~3000	200~400	500~1000	100~200	<500	<100		
汞		>1000	>200	600~1000	100~200	200~600	40~100	<200	<40		

续表3-6

矿产种类	特征	巨型/m		大型/m		中型/m		小型/m		很小型/m	
		长	深	长	深	长	深	长	深	长	深
稀有金属①	内生及风化矿床	>800	>500	400~800	200~500	200~400	100~200	<200	<100		
岩金		>1000	>1000	600~1000	100~200	200~600	40~100	<200	<40		
砂金				>1500	>200（宽）	5000~15000	>100（宽）	<5000	<40		
铀		>1000	>500	500~1000	250~500	200~500	100~250	50~200	50~100	<50	<50
耐火黏土			>1500	>500	500~1000	>300	<500	<300			
硫铁矿	非煤系型			>1000		400~1000		<400			
磷	数及数十公里	>1000	>1000	近1000	近1000	数百	数百	数十			
萤石				>800	300~500	300~800	100~400	<300	<300		
石膏及硬石膏		>2000		1000~2000		500~1000		<500			
盐类	石盐 钙芒硝			>10000		5000~10000		<5000			
钾盐、碱无水芒硝				>3000		1000~3000		<1000			

①稀有金属指 Li、Rb、Cs、Be、Zr、Hf、Nb、Ta。

表3-7　部分矿产按延展面积的矿体规模划分

矿产	特征	巨型/km²	大型/km²	中型/km²	小型/km²
锰			>1	0.2~1	<0.2
	堆积矿			>0.1	<0.1
铅锌		>0.8	0.4~0.8	0.02~0.4	<0.02
钼		>1	0.5~1	0.08~0.5	<0.08
汞		>0.2	0.06~0.2	0.008~0.06	<0.008
硫铁矿	煤系型		>3	1~3	<1
盐类	石盐、钙芒硝		>100	10~100	<10
	钾盐、减、无水芒硝		>5	1~5	<1
	卤水		>50	5~50	<5

（3）矿体形态的复杂程度：矿体形态的复杂程度对勘探工程网度的确定亦有重要影响，特别是有色金属、金、铀等矿床，通常将矿体分为四级，即：

1）形态简单：常为规则的层状、脉状矿体。

2）形态较简单：常为较规则的层状、似层状、脉状、透镜状矿体。

3）形态较复杂：为不规则的似层状、透镜状、扁豆状或较规则的柱状矿体。

4）形态复杂：为极不规则的小脉状、小透镜状和小扁豆体，不规则的柱状、囊状、巢状矿体。

厚度变化系数是研究矿体形态变化的量化参数，通常按系数的大小将厚度的稳定性分为四级：

	稳定的	较稳定的	不稳定的	很不稳定的
厚度变化系数	5%~50%	30%~80%	50%~100%	80%~100%

全国矿产储量委员会及有关部委颁发的《地质勘探规范》对部分主要矿产规定了矿体厚度稳定性的划分指标，已综合列入表3-8。

表 3 - 8　部分主要矿产矿体厚度稳定性的划分

矿产	矿体厚度稳定性(厚度变化系数)/%			
	稳定	较稳定	不稳定	很不稳定
铜	<40	40~80	80~130	>130
铅锌	<50	50~80	80~100	>100
铝土矿	<40	40~80	80~110	>110
镍	<50	50~100	100~120	>120
钼	<60	60~80	80~100	>100
钨	<60	60~80	80~100	>100
原生锡	<50	50~100	100~150	>150
岩金	<40	40~80	80~130	130~180
石膏及硬石膏	<40	40~70	70~100	>100
萤石	<50	50~80	>80	
石墨	<40	40~70	70~100	>100
盐类	<30	30~60	60~100	>100

注：(1)铁、锰等矿产矿体的厚度变化系数多在30%~90%以内，无划分列出必要；

(2)岩金尚有极不稳定型，厚度变化系数>180%；

(3)耐火黏土按平均厚度衡量：稳定型为矿体在平均厚 H 以上；比较稳定型为矿体在平均厚度以上但局部厚度大于平均厚度的3~5倍；不稳定型为厚度变化大，局部厚变大于平均厚度的5倍以上；

(4)硫铁矿按相邻工程厚度衡量：稳定型差值很少超过一倍；较稳定型为1~2倍；不稳定型为2~5倍；很不稳定型为5~10倍。

近年来亦使用矿体边界模数来衡量矿体边界形态的变化程度，据《中国有色金属矿山地质》的资料，其指标如下：

	形态很简单	形态较简单	形态较复杂	形态很复杂
边界模数	>0.8	0.6~0.8	0.4~0.6	<0.4

(4)矿石质量及相关因素的变化程度：矿石质量指矿石有用与有害、主要与伴生或共生组分含量和矿产的其他质量指标，它们的变化程度对勘探工程网度的确定亦有重要影响。有色、稀有及贵金属、铀及某些非金属矿产传统的质量变化研究方法有计算品位变化系数法(表示矿化均匀程度)和含矿系数法(表示矿化的连续性)。

通常按矿石品位变化系数将矿化均匀程度分为五级：

	矿化很均匀	矿化均匀	矿化不均匀	矿化很不均匀	矿化极不均匀
品位变化系数	<20%	20%~40%	40%~100%	100%~150%	>150%

全国矿产储量委员会及有关部委颁发的各类矿产《地质勘探规范》对部分主要矿产矿石的有用组分矿化均匀程度进行了具体划分，其品位变化系数列入表3-9。

表 3 - 9　部分主要矿产矿石矿化均匀程度划分

矿产	有用组分矿化均匀程度(品位变化系数)/%				
	均匀	较均匀	不均匀	很不均匀	极不均匀
铜	<40	40~100	100~150	>150	
铅锌	<80	80~100	100~150	>150	
镍	<30	30~60	60~100	>100	
钼	<80	80~120	120~150	>150	
钨	<50	50~130	130~250	>250	
原生锡	<60	60~120	120~200	>200	
砂锡	<50	50~100	100~150	>150	
岩金	<50	50~100	100~160	160~220	>200
砂金	<20	20~40	40~100	100~150	>150
铀	<30	30~60	60~100	100~150	>150
石膏与硬石膏	<40	40~70	70~100	>100	
萤石	<30	30~60	>60		
盐类	<20	20~50	>50		

注：(1)铁、锰、硫、磷及多数建筑材料矿产，有用组分品位变化系数很少超过40%，无划分列出必要；

(2)石膏与硬石膏为含矿率变化系数。

含矿系数可以按工业矿化部分与整个矿体的长度、面积、体积计算，用以衡量矿化的连续性，通常分为四级：

	矿化连续	矿化基本连续	矿化不连续	矿化很不连续
含矿系数	1	1~0.7	0.7~0.4	<0.4

国家矿产储量委员会及有关部委颁发的《地质勘探规范》对含矿系数的具体分级只涉及汞、钨（见表3-10），其余按上述通用标准衡量。

表3-10　汞、钨矿床矿化连续性的划分

矿产	矿化连续性（含矿系数）			
	连续	基本连续	不连续	很不连续
汞	>0.7	0.5~0.7	0.3~0.5	<0.3
钨	>0.9	0.8~0.9	0.5~0.8	<0.5

（5）矿体内部结构的复杂程度：矿体内部结构通常指矿体内部矿石工业类型及技术品级的划分，包括夹石、夹层、岩溶和"无矿天窗"的存在情况。矿体内部结构的复杂程度亦影响矿床勘探类型的划分和勘探工程网度的确定。全国矿产储量委员会颁发的各类矿产《地质勘探规范》只对少数几种矿产有矿体内部结构复杂程度划分的规定，均分四级，多属沉积层状矿床，具体要求列入表3-11。

表3-11　部分矿产矿体（层）内部结构复杂程度的划分

矿产	矿体（层）内部结构复杂程度			
	简单	较简单	复杂	极复杂
铝土矿	无或偶有夹层，有个别"无矿天窗"	有夹层，局部分叉，有少数"无矿天窗"	有夹层并分叉复合，有较多"无矿天窗"，有规律	夹层多，"无矿天窗"与表外矿穿插，无规律
石膏及硬石膏	夹石率<15% 岩溶率<5%	夹石率15%~25% 岩溶率5%~15%	夹石率25%~35% 岩溶率15%~25%	夹石率>35% 岩溶率>25%
盐类	无或偶有夹层，夹石率<5%	有少量夹层，夹石率5%~15%	有较多夹层且组合为复矿层，夹石率15%~40%	有很多夹层且组合为复矿层，夹石率>40%

3.4.1.2　地质工作要求

按地质工作要求，合理的勘探工程网度应保证勘探任务的全面完成，工程间地质资料能正确联系和对比，不能漏掉任何有开采价值的矿体。

3.4.1.3　工程技术因素

坑道所获地质资料的可靠程度高于钻探，岩心钻高于岩泥钻、岩粉钻，在相似地质条件下达到同等勘探程度时，坑道间距可以稀于钻探，岩心钻可以稀于岩泥钻、岩粉钻。

勘探工程间距也受到工程本身技术性能的影响。坑道断面宽度一般大于2m，则坑道间距不应小于5~8m；坑道钻探孔径虽小，考虑空间飘移因素，孔底距亦不应小于4~8m；勘探深孔及露天炮孔应用较灵活，进尺也短，孔底距不应小于3~5m。

3.4.1.4　矿山生产因素

矿床开采方式、开拓方案、采矿方法及采选生产管理要求对生产勘探工程网度的确定有重要影响，这是生产勘探特点之一。在大致相似的地质技术条件下，取得同级地质储量的勘探工程网度，露天采矿较地下采矿为稀。地下采矿时，脉内开拓较脉外开拓为稀。矿山采用的采矿方法，它的采矿效率愈高，采矿分段及块段结构参数愈严格，采矿工艺过程愈复杂，对采矿贫化与损失的要求愈高，或者要求按矿石工业类型与技术品级进行选别开采时，对勘探程度要求愈高，勘探工程网度愈密。

实行"探采结合"，要求勘探工程系统与生产工程系统尽可能一致，因此勘探工程间距必须与某些生产工程间距相适应。地下采矿时主要考虑的是中段、分段高度和块段结构参数（含运输穿脉、采准天井或上下山、充填井等间距因素）；露天采矿时，某些勘探工程间距取决于台阶高度（如平台探槽垂直距离）及露天炮孔间距（利用炮孔取样时）。一般常用的采掘工程间距如表3-12所列，可供工作时参考。

表 3 – 12　矿山常用采矿工程间距表

采矿方法		中段(分段)高度/m		块段长度/m	采准天井或上下山/m
		缓倾斜矿体	急倾斜长度		
		垂直高度	倾斜长度		
地下采矿	壁式法	15 ~ 30	60(30)		100	50 ~ 100
	浅孔留矿法			40 ~ 60	50	50
	深孔留矿法		40 ~ 50(25)	50	50	
	房柱法	20 ~ 30	50 ~ 60(25 ~ 30)		20 ~ 30	20 ~ 30
	水平分层充填法		35 ~ 50	15 ~ 30	15	
	有底柱分段崩落法	30 ~ 40	50 ~ 60(25 ~ 30)	40 ~ 50(20 ~ 25)	50	20 ~ 25
	无底柱分段崩落法			50 ~ 70(8 ~ 10)	40 ~ 50	溜井 20 ~ 25 进路 8 ~ 10

露天采矿	台阶高度/m			炮孔间距/m	
	大型采场	中、小型采场	手工采场	冲击钻	潜孔钻
	20 ~ 24	10 ~ 16	6 ~ 8	5	7

3.4.1.5　经济因素

确定勘探工程网度时,按经济原则应力图以最少的人力物力消耗获得最大效果。但是由于矿床地质条件的多变性和不确定性,难于事先估计,故勘探的计划费用会产生一定经济风险,称为"设计险值"。生产勘探工程加密会引起费用额的增加,但也会使设计险值在一定程度上降低,当费用额增加到允许设计险值为最小时的勘探工程网度应视为最优工程网度。

勘探工程网度与矿产经济价值也有一定关系,当勘探价值越高的矿产时,勘探程度要求就越高,勘探工程网度相对越密,否则越稀。

3.4.2　确定生产勘探工程网度的方法

按一般概念,勘探工程网度是指:工程沿矿体走向、倾向或倾斜的总体密度;系统布置的工程中,单个工程间的距离;单位面积上勘探工程个数。本段所介绍方法多指前二者。

3.4.2.1　经验法

又称类比法,广泛应用于找矿勘探初期。它是根据矿床勘探类型来确定工程网度的,这种网度是国家有关地质工作领导部门(如地矿部、冶金部、全国储委等)根据已勘探矿床网度的总结,在其所编各矿种地质勘探规范类文件中提供的。

但是,由于每个矿床的地质条件都是千变万化各不相同,有些矿床本来就很难准确确定其勘探类型的归属(若确定勘探类型时有争议,则可说明情况),而且即使是划归同一勘探类型的矿床,其地质条件仍然有较大差别,所以此种方法不宜在矿山地质工作中应用,除非在矿区或其外围发现了与所开采矿床不同的新矿种或新矿床任务而要对其进行初步地质勘探时,可暂用此法。

3.4.2.2　验证法

验证法有两种:(1)工程网度抽稀验证法:对选定地段用求取高级(A 或 B 级)储量的最密网度进行勘探。然后逐次抽稀网度,对同地段不同网度资料进行对比,以最密网度作为对比的标准,选定逐次抽稀后不超出储量级别允许误差范围的最稀网度作为今后采用的勘探工程网度;抽稀时注意奇、偶数工程位置的可能误差;尽量选取最能说明问题的合理数据。(2)探采资料对比验证法:对选定地段的地质或生产勘探采用的一定工程网度取得的资料与之后开采取得的资料进行对比,以开采资料作为对比的标准,选定不超出规定储量级别允许误差范围的最稀网度作为今后采用的勘探工程网度。

验证法涉及的主要任务为:(1)正确选择在地质和采掘生产技术上都有代表性的对比地段;(2)合理确定参与对比的基本工程网度及网度在空间上的构成;(3)正确选定对比的内容和参数;(4)合理确定误差的衡量指标;(5)对验证结果进行周密的综合分析,以求得到可靠结论。

抽稀法具有一定的偶然因素,是一种辅助性方法,不再详述。探采资料对比法在取准原始数据的条件下,可靠程度较高,又利于生产期间采用,使用甚广。我国主要矿产的矿床探采资料验证对比已普遍进行,具体方法详见本卷7.5节。

3.4.2.3　计算法

(1)数理统计法:一般使用下述公式

$$n = \left(t \frac{\sigma}{m} \right)^2$$

式中:n为抽样数量;σ为计算序列数据的均方差;m为样本平均数的最大抽样误差;t为概率系数。抽样数量足够大时,正负误差可能大致相当,t值可取$1 \sim 2$。

抽样数量n可表征单位面积或体积内提供抽样的工程数量,亦可换算为工程密度。也可以使用下式:

$$n = \left(t \frac{v}{p} \right)^2$$

式中:v为抽样数据的变化系数;p为误差m绝对值的相对误差;n为在一定置信水平、一定变化系数条件下所需样本的容量,他们也可换算为工程密度。

按分配于一个工程的面积s_0计算,则为:

$$s_0 = \frac{sp^2}{v}$$

式中:s为整个矿床面积;其余符号同上式。

数理统计法应用较少,且在使用时必须充分估计矿床地质因素及地质误差对工程网度的影响,注意参与计算的σ、v取值的代表性,否则计算所得工程网度就不一定合理。

(2)地质统计学法:地质统计学法利用建立变异函数的变程参数和克立格法计方差可以确定最优工程位置和网度的方案,详见本卷14.2.2。

(3)经验计算法:生产勘探中常用密度很大的扇形或束形坑道钻勘探不规则小盲矿体,为使一个小矿体至少有$2 \sim 3$个钻孔见矿,在中心孔见矿后,旁侧加孔的孔口距离d用下式计算(见图3-7)。

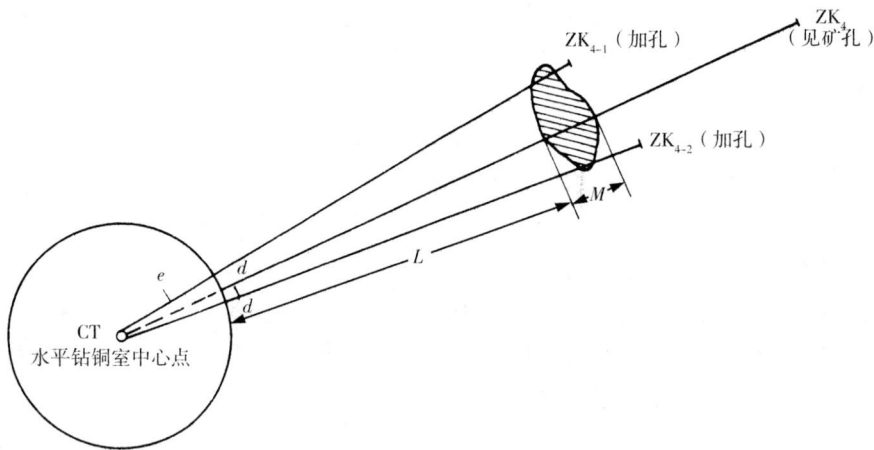

图3-7　束形坑道钻加密的方法

d—加孔距离;e—见矿孔孔外长度;M—见矿水平厚度;L—见矿深度

$$d = \frac{e \times M}{e + L}$$

现将我国部分矿山地质勘探时的工程网度与生产勘探时的工程网度同列于表3-13中供参考。

由该表可见,即使是求同一级别的储量,两者的网度也不同。这是由于地质勘探时的网度往往是根据有关地质勘探规范所提供的资料,用经验法或根据粗略的抽稀法确定的,而生产勘探的网度则多是根据探采对比法等更严密的方法确定的,并以是否能满足采掘(剥)设计及施工的要求为目标,显然生产勘探所采用的网度是更合理的网度。

表 3-13 部分矿山地质及生产勘探工程网度

序号	矿区	勘探类型	地质勘探网度/m	生产勘探最终网度/m	备注
1	南芬铁矿	I	钻 C 400×200 B 200×(100~150) A (100+~200)×100	平台探槽 24×50 钻 A 50×50	
2	攀枝花铁矿	II	钻 C 200×100 B 100×100 A 100×(50~100)	平台探槽 15×(25~30) 钻 A 50×50	
3	白云鄂博铁矿	II	钻 A₂ 100×100 A₁ 50×50	平台探槽 (12~14)×(25~50) 钻 50×50	
4	八一锰矿	I	钻 C (50~100)×50 B (25~50)×25	钻、浅井 B (25~30)×(25~30) 洛阳铲 (10~20)×(10~20)	水力开采
5	孝义铝矿	I	钻、浅井、槽 C 200×200 B 100×100	钻、浅井 C 200×200 B 100×100 指导剥离 50×50	
6	老厂砂锡	III	砂钻、浅 C (50~70)×(50~70) B (25~60)×(25~60)	砂钻、浅井 B (25~30)×(25~30)	水力开采
7	德兴铜矿	I-II	钻 C 200×200 B 100×100 A 100×50	钻 A 50×50 端部 25×25 露天炮孔 6×7	近年系统岩心钻已取消
8	白银铜矿	III	钻 C 100×100	钻 B 50×25 局部 25×25	
9	老虎头稀有金属矿	III-IV	钻 C 200×100	平台探槽 25 钻 B (550~100)×25	
10	701铀矿	III	钻 D 40×40 C 40×20	平台探槽 10×10	
11	云浮硫铁矿	II-III	钻 C 200×(50~100) B 100×50	平台探槽 12×(25~50) 钻 A 50×50	III、IV号矿体
12	浏阳磷矿	II-IV	钻 C 400×200 B 200×100	平台探槽 25 钻 B (50~100)×(25~30)	
13	庞家堡铁矿	I	钻 C (300~400)×(100~200) B (75~150)×(75~150)	坑 A 30×(30~60)	
14	弓长岭铁矿	I-II	钻 C 300×150 B 150×75 A 75×75	坑 A (50~60)×(40~60)	
15	湘潭锰矿	II	钻 C 150×75 B (75~150)×75 A 75×3715	坑 A 30×(50~100)×(7.5~10) 坑道钻(15~30)×(10~15)	
16	王村铝土矿	II	钻 C 140×140 B (70~100)×(70~100)	坑钻组合 C 100×140 B (70~100)×(70~100)	
17	金川镍矿	II	钻 C 100×(100~150) B 100×(50~75)	坑 A 30×(25~30)	地下采矿部分
18	因民铜矿	II	钻 C (60~120)×40 坑 B 60×40	坑 60×(10~20)	
19	筻子沟铜矿	II	钻 C (30~60)×(30~60) 坑钻 50×50	坑 C 45×30 或 20×20 坑钻组合 B 15×(15~20) A(10~15)×(10~15)	
20	桃林铅锌矿	II-III	钻 C 100×50 坑 B 20×25	坑 B40×25×(30~25)	
21	凡口铅锌矿	II-III	钻 C 100×(35~50) B 50×(30~50)	坑 C 25×25 坑钻组合 B 25×(15~25) A (12~25)×(12.5~25)	

续表 3-13

序号	矿区	勘探类型	地质勘探网度/m		生产勘探最终网度/m	备注
22	青城子铅锌矿	Ⅳ	钻 C	100×50	坑 B 30×5.5(天井)	
23	杨家杖子钼矿	Ⅱ-Ⅲ	钻 C	100×100	坑 B 40×25×50	
24	西华山 钨矿	Ⅲ	钻 D C	(80~100)×(80~100) 80×(40~50)×50	坑 B (25~50)×50×50 坑道钻 10	
25	锡矿山 锑矿	Ⅱ-Ⅲ	钻 C	(40~60)×(20~30)	坑 C 30×30×30 坑钻组合 B 15×15×15	
26	万山汞矿	Ⅳ	钻 C	50×50	坑 B (10~25)×(20~30)×(20~30)	
27	711-1 铀矿	Ⅲ	钻 D 坑 C	(50~100)×50 50×(20~40)	坑道钻 50×120×40 小矿体加副中段 12×25	
28	716 铀矿	Ⅳ	钻 D 坑	40×40 20×20 30×20	坑 C 30×20×40	矿区东部
29	广元 黏土矿	Ⅱ	钻 C B	200×200 100×100	坑 C 100×100 B 50×50	
30	马路坪 磷矿	Ⅰ	钻 C B A	800×800 400×200 200×100	坑 A 40×100	
31	凤城硼矿	Ⅲ	钻 D C 坑钻组合 B	100×50 50×50 50×50	坑 B (12.5~25)×(12.5~25) A (6~25)×12.5	
32	向山硫铁矿	Ⅲ	钻 C	100×50	坑 B (20~30)×25×17.5 坑道钻 50×50	
33	七宝山硫铁矿	Ⅲ-Ⅳ	钻 D C	100×(80~100) 50×(30~50)	坑 B 40×25 A (8~20)×25	
34	应城石膏矿	Ⅰ	钻 C B	1000×1000 500×500	坑 120(切割与回风巷平源)×70 (上、下山)	无单独生产勘探
35	南京石膏矿	Ⅱ	钻 C B	(400~500)×(200~300) (200~250)×(100~150)	坑 A 30×(50~100)	
36	金州 石棉矿	Ⅰ	钻 C B	200×100 100×100	坑 B 50×(80~100) A 50×(40~50) 坑道钻 (10~20)	
37	鲁塘石墨矿	Ⅱ	钻 C B	600×500 300×250	坑 A 35×100×100	
38	丹巴云母矿	Ⅱ-Ⅲ	坑 D C	(30~50)×(30~50) (30~40)×(20~40)	坑 B 30(斜距)×(10~20)	缓倾斜矿体

注:(1)序号 1~12 为露天采矿,以后为地下采矿;

(2)钻探网度:走向×倾向;

(3)坑探网度:段高×穿脉×天井或上、下山;

(4)平台探槽网度:台阶高×走向,只一数字指走向;

(5)表中大写英文字母 A、B、C、D 系指地质储量级别,为 1999 年以前的划分标准;1999 年以后按 GB/T17766-1999 分类(见本卷第 6 章)。

3.5 探采结合

3.5.1 探采结合的原则与条件

探采结合是一种将采矿生产与生产勘探统一组织起来实施的一体化工作方法,自 20 世纪 60 年代在我国提出和实行以来,已成熟和推广。实践证明,探采结合具有降低成本、缩短矿量升级周期、提高勘探资料质量、利于生产地质管理等优点。实行探采结合应注意遵循下述原则与条件。

(1)打破探、采部门界限,实行探、采统一规划,联合设计,统筹施工和综合利用成果。

（2）探采结合必须是系统、全面并贯穿于采矿生产的全过程，自矿山地质勘查至矿石回采均有实行探采结合的可能。

（3）探采结合存在不同形式，工程的彼此利用是主要的形式。此外还须为彼此工程施工提供条件使探采双方在工作上密切配合与协作。探采工程彼此利用时，对于勘探工程，其位置、技术规格与参数必须符合生产要求；对于采矿工程，则要求切穿矿体或至少切穿矿体的一盘，且这种工程的布置不会因地质条件的变化而失效，并允许优先施工。

（4）探矿超前是指导生产勘探因而也是指导探采结合的一条原则，这会给探采结合带来一定困难。要求探采工程实施合理的平行交叉作业，做到一次出图、分期施工，严格执行施工顺序，既保证勘探指导生产，又达到探采工程彼此利用的目的。

（5）探采结合存在不同的程度，结合的密切程度取决于许多因素，因此实际结合程度并不一定代表工作的优劣。决定探采结合程度的因素主要为：1）矿床矿体地质条件的复杂程度：一般来说，地质条件愈复杂，探矿超前愈重要，探采结合的可能性愈小；2）采矿方式：露天采矿钻探与剥采工程自成体系，较难结合；但如果利用剥采平台、露天炮孔则会提高结合程度；地下采矿时，探采双方都使用坑道，具较好结合条件；3）采矿方法：当采用块段结构及采矿工艺比较简单的采矿方法时，如空场法、留矿法时，探采工程系统大体一致，结合程度很高；当采用块段结构及采矿工艺比较复杂的采矿方法时，如某些崩落法，不少生产工程位于脉外，即使在脉内也因受到矿体地质条件的限制，不事先探明矿体就无法布置与施工生产工程，探采结合程度较低；4）矿区实际生产技术条件和矿山管理体系也对探采结合程度产生影响。

3.5.2 探采结合的方法

3.5.2.1 按探采利用可能性的工程分类

按探采利用可能性的工程分类是探采结合统筹设计、施工的基础，其分类见表 3－14。

表 3－14　据探采利用可能性的工程分类

工程分类	工程作用特点	工程的构成
纯生产工程	为采矿工艺必须开掘的穿入或远离矿体的专门工程，这类工程一般不起直接的生产勘探和储量升级的作用，但有时对探明某些地质构造或盲矿体等也起到辅助作用	分三类： （1）主体工程：地下采矿的竖井、斜井、平硐；露天采矿的剥离 （2）联络工程：地下采矿的井底车场、石门；露天采矿的场外运输道 （3）脉外工程：地下采矿的脉外运输大巷，脉外的通风、人行、溜矿、充填井等；露天采矿的场内运输道的脉外部分
探采结合工程	为采矿工艺必须开掘又具有勘探意义的工程，工程应切穿矿体或至少一盘	地下采矿的脉内沿脉、天井、上下山、联络道、切割巷、运输穿脉、某些勘探深孔；露天采矿的堑沟平台和某些炮孔
纯勘探工程	用于勘探、无生产意义	地下采矿的坑道岩心钻，勘探穿脉、天井、盲中段；露天采矿的地表岩心钻、平台探槽

3.5.2.2 露天采矿的探采结合

露天采矿常系统采用地表钻探，难于探采结合。但露天剥采工程大多揭露矿体，便于观察研究，具备探采结合条件。周密的组织和探采双方的紧密配合，可以大大提高探采结合程度。

露天采矿探采结合程序方法为：

（1）平台开拓前，地质人员据地质勘探资料切制平台预测地质平面图及相应剖面图，提供开拓设计依据。

（2）在平台开沟及剥离中，地质人员利用有关条件对堑沟素描并开始布置平台探槽，查明矿体边界位置，编制平台实测地质平面图。

（3）随上台阶采矿的进展地质人员继续布置平台和探槽，对台阶边坡进行素描、取样，详细控制平台矿体边界、夹石、矿石品级和类型及其他重要地质构造界线的分布和变化，完成平台实测地质平面图，作为矿石穿爆及回采设计依据。

（4）在矿石回采穿爆过程中，利用部分切入或切穿矿体的露天炮孔进行取样，准确控制爆破块段内矿体边界、夹石、构造及矿石品级与类型分布。提供块段地质平面图、剖面图（见图 3－8）和原矿品位，指导矿石正确爆破回采。

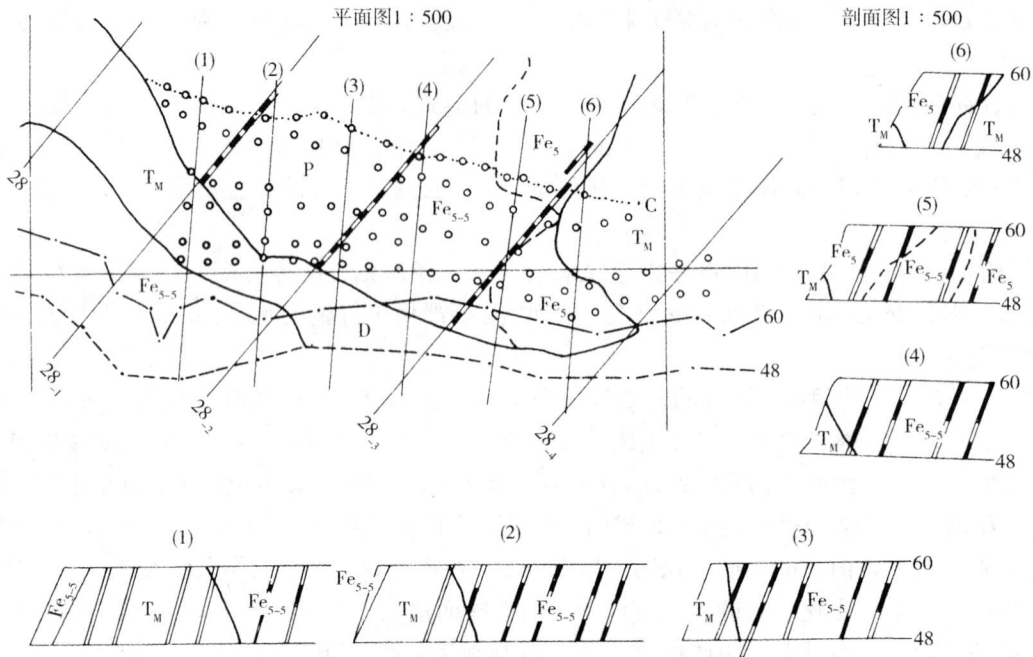

图 3-8　某露天矿爆破块段地质平面及剖面图

Fe$_5$—浸染状矿石；F$_{5-5}$—致密状矿石；T$_M$—大理岩；P—探采结合取样炮孔；D—台阶坡顶线；C—测点

德兴铜矿露天采场是全面实行探采结合的例子。该矿山为斑岩型铜矿床，矿体呈斜楔空心筒状产出，规模巨大，构造简单，形状及产状稳定，矿石品位分布较均匀，品级类型单一，不需选别开采。1984 年以前，生产勘探是在原地质勘探 100 m×100 m 求 B 级储量的基础上，加密地表岩心钻探工程密度，达到 50 m×50 m 升为 A 级。1984 年以后考虑到露天剥采工程本身就是良好的勘探手段，密度很大，可达 15 m（台阶高）×（5～7）m（露天炮孔），超过 A 级储量网度；平台实测加上露天炮孔取样能更准确地圈定矿体和控制矿石质量，故取消了地表岩心钻探，做到了探采的完全结合。

3.5.2.3　地下采矿的探采结合

（1）开拓阶段的探采结合：中段总体性生产勘探基本上与中段开拓同步进行，其程序和方法为：

1）地质人员据地质勘探资料切制中段预测地质平面图，提交中段地质构造及矿石储量、品位资料，作为开拓设计依据。

2）采矿人员初步确定中段开拓方案。

3）地质与采矿人员共同进行中段开拓及生产勘探联合设计。采矿人员布置开拓工程，地质人员提出勘探要求，帮助选定探采结合工程，地质人员再补充布置纯勘探工程。代表性的中段开拓探采工程布置情况见图 3-9。

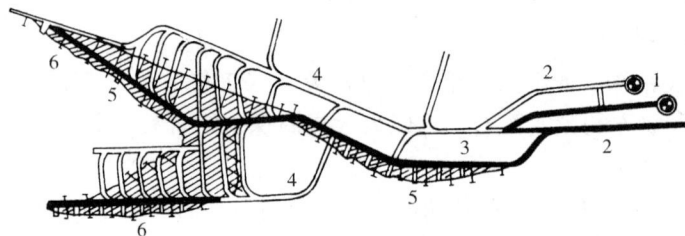

图 3-9　某铜矿中段开拓探采联合设计图

1—主体性工程（竖井）；2—联络工程；3—探采结合工程；4—脉外开拓工程；5—勘探穿脉；6—勘探钻孔

4）探采联合施工。首先掘进联络工程尽快接近矿体，优先掘进具探矿意义的工程（见图 3-9 中涂黑部分）。使探矿对生产保持一定超前距离，然后掘进纯生产工程。纯生产工程由采矿人员掌握进度和方向，具有勘探意义的工程则由地质人员掌握。发现意外的地质情况变化时，应及时提请采矿人员修改设计。

5）中段开拓探采结合施工结束，地质人员整理所得地质资料，编制中段实测地质平面图。当发现矿体控制不足时，应补充一定勘探工程，以便准确连接和圈定矿体，提供矿石品位及储量等资料，为选定采矿方法、划分块段和进行采准设计作好准备。

（2）采准阶段的探采结合：地下采矿采准阶段的探采结合随采矿方法和块段构成的不同而有很大差别，其一般程序为：

1）采矿人员据中段开拓的揭露资料初步选定采矿方法，地质人员编制并提供块段单体地质资料。

2）采矿人员初步确定块段采准方案，探采双方共同进行采准联合设计。采矿人员布置生产工程，双方共同选定探采结合工程，地质人员补充纯勘探工程。

3）探采双方共同编制探采结合的施工顺序方案。首先掘进对矿体形状、产状依赖性不大的生产工程，尽快接近矿体构成通路；然后掘进已选定的探采结合工程和纯勘探工程，以探明块段内矿体边界、夹石、构造、矿石质量变化和矿石品级、类型，初步提交修改后的块段地质资料。

4）块段探采结合施工结束后，采矿人员据资料进行块段全面采准设计并施工。

5）块段采准全面施工结束后，地质人员视情况补充若干专门探矿工程，以详细控制块、段矿体，并最终全面整理出采准阶段的探采结合施工资料，为块段切割及回采设计做好准备。

前已述及，采准阶段探采结合的具体方法随采矿方法而异，举例说明如下：

1）壁式采矿法：主要使用于缓倾斜层状矿床。采场结构简单，采准工程多布置于矿体内，利于探采结合。如图 3-10 所示，采准施工时先从脉外大巷开掘溜井进入矿体下盘，利用切割沿脉及上山追索圈定矿体；当矿体较厚时，还可在两坑道内用坑道钻或小井，短穿脉探矿体顶板。构造复杂时也可补加探构造坑道。采准工程施工结束后，最终形成 (15~30)m 段高×(10~20)m 穿脉或坑道钻，(50~100)m 上山×(10~20)m 坑道钻或小井的工程网度，储量升为 A 级。

2）干式充填采矿法：主要使用于矿石较贵重的层状、似层状或不规则的急倾斜矿体，地表又不允许陷落的条件下，采场结构比较复杂，切割沿脉、人行及充填井构成探采结合工程。采准施工时，由运输大巷经天井或溜井进入切割沿脉，再由天井及切割沿脉布置坑道钻打穿矿体，探明块段矿体边界、产状、形状及构造。在地质条件简单的情况下，如金州石棉矿采场（见图 3-11），最终形成 50m 段高×(80~100)m 穿脉或 (40~50)m 天井及坑道钻 (15~20)m 走向×(10~15)m 倾向的工程网度，储量升至 A 级，在地质条件复杂的情况下，如 711 铀矿采场（见图 3-12），构成地质、生产勘探与采掘工程相结合的边采边探形式。块段内部必须加密两到三层勘探副穿脉；亦可用勘探深孔代替。采准施工结束，最终形成 (40~50)m 段高及 (13~16)m 勘探副穿或深孔 (20~40)m 穿脉或 10m 坑道钻×(20~40)m 天井，储量升至 C 级或 B 级。

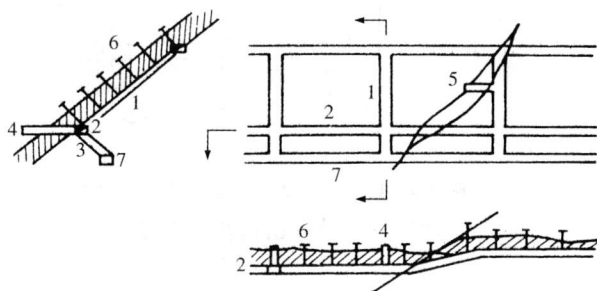

图 3-10　某金属矿壁式法采场探采工程布置

1—上山；2—切割；3—溜井；4—电耙室；
5—探构造坑道；6—坑道钻探；7—脉外运输大巷

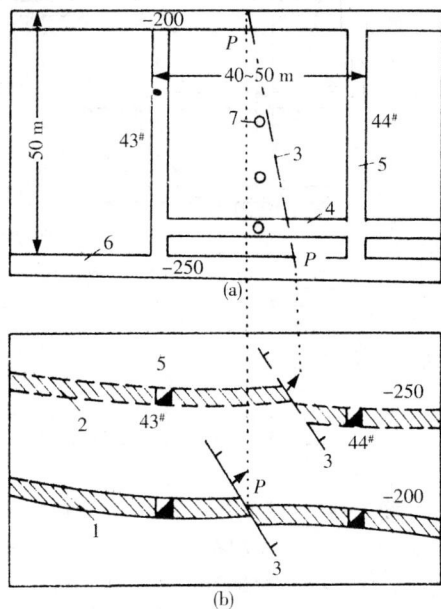

图 3-11　金州石棉矿采场探采工程布置图（据伍润年、杨本申）

（a）垂直纵投影图；（b）水平投影图

1——200m 中段揭露矿体；2——250m 中段推测矿体；
3—断层；4—切割沿脉；5—天井；6—运输平巷；7—坑道钻探

3)有底柱分段崩落法:主要使用于厚度较大、地表允许崩落的矿床。采场结构相当复杂。以中条山篦子沟铜矿为例,当矿体厚度大于 10 m 时,采场可垂直走向布置,此时,电耙道及其他穿脉工程均可构成探采结合工程(见图 3 – 13 中的 3、4、7);当矿体厚度小于 10 m 时,采场沿矿体走向布置,拉槽巷道及穿脉构成探采结合工程(见图 3 – 14 中的 2、5、7),在电耙道水平还须补充坑道钻控制矿体局部形态。采准工程施工时,首先掘进位于矿体下盘对矿体边界位置依赖性不大的溜矿井、人行或通风井,以达到分段探采结合的层位,在探明块段中部矿体上、下盘边界、夹石、构造破坏等情况后再指导块段采准全面设计和施工。最终形成(10 ~ 12)m 分段高×(10 ~ 15)m 电耙道、拉槽巷道或坑道钻的工程网度,储量升至 C 级或 B 级。

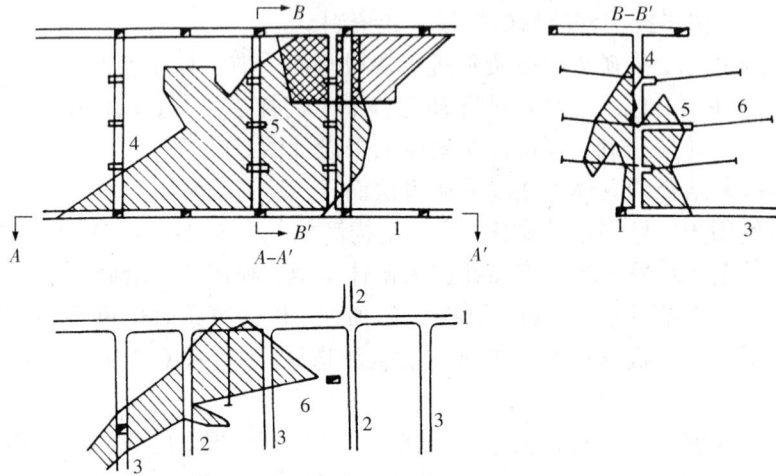

图 3 – 12　711 铀矿 90 m 中段 22 号矿体块段探采工程布置(据曹鼎阶)

1—中段运输平巷;2—地质勘探坑道;3—生产勘探坑道;
4—天井;5—勘探副穿脉;6—坑道钻探

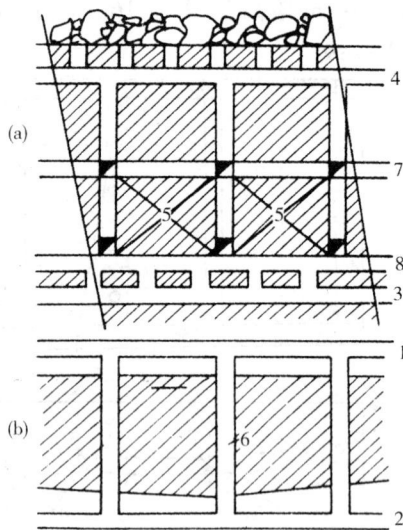

图 3 – 13　篦子沟矿垂直矿体走向采场的探采工程布置(据贾永山)

(a)横剖面图;(b)水平断面图;

1—上盘运输平巷;2—下盘运输平巷;3—电耙道;4—上中段下分段电耙道;
5—拉槽道;6—切割井;7—上中段开拓穿脉;8—堑沟巷道

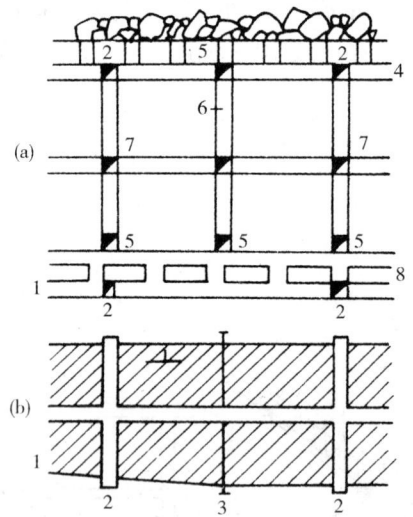

图 3 – 14　篦子沟矿沿矿体走向采场的探采工程布置(据贾永山)垂直纵投影水平断面图

(a)横剖面图;(b)水平断面图;

1—电耙道;2—穿脉;3—生产勘探钻孔;
4—上中段下分段电耙道;5—拉槽巷道;
6—切割井;7—上中段开拓穿脉;8—堑沟巷道

(3)切割及回采阶段的探采结合:一般矿床的生产勘探至采准阶段已基本完成,采场的最终圈定已属生产地质管理工作范围。但部分矿区或区段由于矿体变化的复杂性,尚须利用切割、回采工程或有关生产条件进行探矿。图 3-15 所示为在切割、回采工程中布置专门坑道钻或延长坑道探矿的四种情况。对用深孔凿岩的采矿方法可利用部分切穿矿体边界的深孔取样探明矿体边界(见图 3-16),以便更准确地控制矿体、夹石、构造和内部结构。

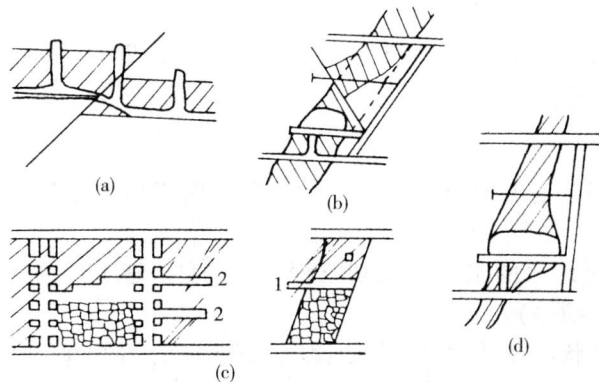

图 3-15　切割及回采中的探矿情况

(a)、(b)探查构造错动矿体;(c)探查平行、分支小矿体;
(d)探查矿体在中段间膨胀部分

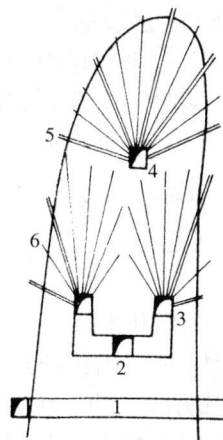

图 3-16　利用上向深孔探矿实例(据臧俊权)

1—中段穿脉;2—电耙道;3—下凿岩道;
4—上凿岩道;5—探采结合深孔;6—回采深孔

3.6　生产勘探设计、施工管理和总结

3.6.1　生产勘探设计

3.6.1.1　生产勘探设计总的任务和步骤

生产勘探设计通常每年进行一次,是矿山年度生产计划组成部分之一。视工作需要也进行季或月的短期补充设计或较长期的多年规划设计。

生产勘探设计总的任务为:根据矿山的地质、技术和经济条件,企业生产能力与任务,企业建设发展的要求规定生产勘探范围、对象、储量升级任务;拟定生产勘探方案,提供设计图纸;确定工程量、人员、设备、材料和费用;预计生产勘探成果;编写生产勘探设计说明书。

生产勘探设计主要分为两个工作步骤:(1)进行生产勘探总体设计;(2)进行生产勘探工程的单体技术设计。前者一般在年度生产计划时编制,后者一般在季或月度计划时编制。

3.6.1.2　生产勘探的总体设计

总体性生产勘探以地下采矿的坑口中段、露天采场为设计单元,单体性生产勘探以开采块段为设计单元。

总体勘探设计的主要任务是解决生产勘探的总体方案问题:(1)勘探地段和范围的选择;(2)据生产任务确定生产勘探部署原则,储量升级要求;(3)选择勘探技术手段,确定有关设备、材料、人员;(4)确定勘探工程的合理间距、网度;(5)进行勘探工程的总体布置;(6)确定探采结合方案,拟定工程施工顺序和方案;(7)确定生产勘探应达到的程度。

生产勘探总体设计的主要内容为:

(1)文字说明:

1)上年(季)生产勘探工作完成情况。

2)本年(季)生产勘探任务及其依据。

3)勘探设计范围及设计区段矿床地质概况。

4)设计区段矿体规模、形状、产状、埋藏条件及空间位置、矿石质量及其分布变化特征。

5)生产勘探总体方案及其依据,勘探工作及工程量统计。

6)生产勘探工程施工方案,重点工程施工时间,施工注意事项。

7)预计储量计算及矿量平衡统计,预计经济技术指标。

8)矿床和勘探地段的开采技术条件,必要时阐明矿床水文地质条件及影响工程施工的工程地质条件。

(2)设计附图:要求有:

1)露天采矿:采场综合地质平面图、勘探工程布置图、预计勘探线剖面图。

2)地下采矿:预计中段地质平面及工程布置图、预计勘探线剖面或地质剖面图、矿体纵剖面或垂直纵投影图,必要时提供矿体顶、底板标高等高线图。

设计图纸的比例尺一般与矿山较小比例尺的原图相一致。

(3)设计附表:一般有年(季)度生产勘探工作计划统计表、年(季)度生产勘探工程作业量计划表、勘探工程施工顺序表、年(季)度预期地质储量及生产矿量平衡变动表。

3.6.1.3　生产勘探工程的单体技术设计

(1)探槽:确定工程位置、方位、长度、断面形状及规格、施工的目的要求,平台探槽应指出施工集中的期限。

(2)浅井:确定井位和坐标、断面规格、井深,浅井通过地段的水文地质和工程地质条件,施工目的和要求,井深超过10m时,应提出保证安全生产措施(如通风、支护等)。

(3)钻探:编制钻孔通过地段的地质剖面图、钻孔预计柱状图及技术设计图,说明钻孔编号、孔口坐标、钻孔方位和倾角、总深度及换层、见矿深度、钻孔通过的地层、岩性、岩石硬度等级、含水及流砂层位、岩溶溶洞及构造断裂位置,拟定钻孔结构、开孔、换径及终孔直径、提出测斜、验证孔深、岩矿心采取率、水文地质观测及施工、封孔要求。对于测斜,一般每50 m进行一次。倾角要求:每百米直孔<2°,斜孔<3°,方位角则不应超过矿块边界。验证孔深一般每百米进行一次,允许误差为2%,产生的误差采用平差法处理,对岩矿心采取率的要求:回次采取率岩心>60%,矿心>70%;分层采取率岩心>65%,矿心>75%;全孔岩心采取率>70%。当钻孔深度<100 m时,上述要求可简化。

钻探设计中还应提出钻场施工要求。地表钻应平整机场;坑内钻深度<100 m时可利用现成坑道,深度>100 m时,钻孔倾角<50°,场地高2.6 m,钻孔倾角>50°则场地高3~7 m;水平扇形孔,硐室底径4~5 m。设计坑内钻孔位时要考虑风、水、电的供应,施工中应尽量不影响采掘生产作业.

钻孔施工前应按设计要求会同测量人员对孔位施测定点,并填发钻孔施工通知单。

(4)坑道:在预计中段地质平面图、地质剖面图时,有时在块段地质图上布置。确定勘探坑道的标高、位置、起止坐标、方位、坡度、断面形态和规格、长度、弯道位置及弯道参数、道岔位置及类型,开门点及贯通点等的位置和掘进方向、顺序,上述设计应综合考虑运输、行人、安置风水管线路及探矿、取样等的要求。

勘探坑道规格一般小于生产坑道,平巷一般采用1.8 m(高)×(1.8~2.0)m(宽),天井1.5 m×2.0 m。但探采结合使用的坑道应同于采矿设计规格。勘探坑道坡度允许较大,平巷一般3%~5%。天井及斜井倾角按实际情况决定。

坑道施工前,应按设计要求会同测量人员开门定点,填发施工通知单。

3.6.1.4　生产勘探设计的编制与审批

生产勘探设计大致与矿山年度生产计划的编制同步进行。编制计划、设计的依据是矿山企业生产任务,一般在当年七月由矿山向上级提出建议,再于第三季度下达。据所下达任务地测部门先对设计方案进行初步酝酿,收集各项资料,于第四季度组织设计的具体编制。

生产勘探设计编制完成后,由矿山职能部门组织初步评审。主要评审工作据矿山资源条件、生产能力、生产任务及矿量平衡情况衡量设计内容的合理性;设计方案及技术措施的可行性以及设备、材料、人员使用调配,资金使用的正确性。设计经评审通过、修改,然后定案,并报有关部门审批。

年度生产计划中的生产勘探设计审批权限在上级主管部门;短期补充设计由矿山(矿务局、公司)领导审批;块段单体性生产勘探设计则由矿区业务部门审批。

各级审批内容与职能部门评审大体一致,更着重本年及中、远期矿山生产任务完成的可能性,资源利用的合理性和矿山可能取得的经济效益。

生产勘探设计经上级审批通过后,由主管部门批复下达执行。

3.6.2　生产勘探施工管理

3.6.2.1　施工与设计的关系

生产勘探施工应在设计完成并经审批后开始组织进行,凡未经设计及未按规定审批权限审批同意的设计

（包括补充设计），不得组织施工。已审批同意执行的设计亦不得随意修改。

3.6.2.2 施工的准备

生产勘探施工前，设计人员应向负责施工管理的地测人员交代设计任务和方案。地测人员亦须实地了解施工地段地质构造、矿体和影响施工的各种地质问题。设计人员还须向组织施工的工程技术单位交代设计规定任务，规定的施工工程种类、数量、方向、技术规格与要求，施工应达到的目的和期限。为保证施工按设计科学地组织实施，应事先编制施工进度图、表。

3.6.2.3 施工中的管理

各类工程在测量人员开门给点后即进入施工过程。工程施工中，施工技术管理和地质人员应不断观察、了解和检查工程施工情况，及时测量、编录和取样，不断收集整理所取得的各类地质技术资料，分析研究和总结有关规律，指导工程顺利施工。施工中如遇到现场难以解决的问题，应及时提出和研究解决；遇到地质、技术条件有意想不到的变化，因而必须调整修改设计时，应及时研究提出修改意见，按规定权限报请上级审批后予以修改。

3.6.2.4 施工的验收

生产勘探工程施工中，每月或定期对所完成工程或工作进行验收。每项工程结束或达到目的后，对工程单体进行验收。全部设计工程施工结束或达到目的后，应组织全面的竣工验收。

单工程验收的主要内容是工程的质量、数量是否按设计规定要求完成。生产勘探工作全面验收的主要内容是各项工程的种类、质量、数量及所有技术经济指标，施工是否按设计全面完成，是否达到规定目的要求。

各项工程、工作及生产勘探全面验收完毕后，均应及时向有关主管部门作书面报告。

3.6.3 生产勘探总结

单体性生产勘探结束，应提交简要总结。总体性生产勘探结束则应提交正规总结说明书，跨年度的生产勘探对当年任务完成情况应简要反映在下年度生产计划中或在年度储量审批时作简要说明，整个地下采矿中段或露天采场结合开拓的生产勘探结束后，再提交全面总结报告。

生产勘探总结报告的主要内容为：

（1）前言：生产勘探设计规定的工作任务、要求、勘探工作期限，完成的总工作量，取得的主要成果。总的任务完成情况，勘探费用及总的技术经济指标。

（2）生产勘探地段地质情况：坑口、露天采场及勘探中段、地段的地质构造条件；矿体的数量、编号、分布；各矿体的产状、形状、厚度、延深；矿石有用及有害，主要与伴生或共生组分的含量和分布富集规律，矿石工业类型及技术品级的划分与分布；生产勘探地段的水文地质和工程地质条件等。

（3）勘探工程及工作质量评述：按设计规定及规范条例的要求一一衡量。

（4）储量计算：矿石工业指标及其改进。原储量级别及数量；升级及新增储量级别及数量。储量计算的原则、方法、块段划分；储量计算参数及计算结果。

（5）结论：生产勘探获得的各项成果及新的认识，勘探质量及技术经济效果评价。勘探存在的问题，工作经验教训，今后工作的意见。

附图：生产勘探工程分布及地质平面图（地表地形地质、中段地质平面、平台地质平面等），勘探线剖面图，矿体纵投影及储量计算图，矿层等高线图，钻孔柱状图和各类工程素描图等。

附表：取样分析结果登记表，各项工程种类、规格、坐标、进尺及成果表，有用与有害或主要与伴生组分品位计算和储量计算表。

生产勘探总结报告须报上级主管部门审批后，其成果才能提供生产使用。各级地质储量的升级、量的增减，主要伴生与共生有用组分数量的变动，新探获低级地质储量等，须在年度储量审批中，由上级主管部门核准后列入储量平衡表，作为今后组织生产及储量管理和审批的依据。

4　矿山地质取样

4.1　矿山地质取样的任务和种类

4.1.1　矿山地质取样的概念

矿山地质取样是矿山地质工作的一项主要的基础工作。它是按照一定的要求,从矿石、岩石或其他地质体以及矿山的生产产品中采取一定数量有代表性的样品,并通过对所取样品进行分析、测试、试验和鉴定,研究矿石或矿产品的质量、矿岩的物理化学性质、矿石加工技术性能、矿床开采技术条件等,这种依一定的方法采取样品的矿山地质工作称为矿山地质取样。

矿山地质取样包括:样品采取、样品加工或处理、分析测试或试验研究三部分工作。

矿山地质取样的目的主要是确定矿产的质量及矿岩物理技术性质。矿产质量主要是指矿石中有益(包括共生及伴生有益)组分及有害组分的含量。矿岩技术性质主要包括:矿岩的物理、力学性质和化学特性,矿石的加工技术性能及影响矿床开采的技术条件。

矿产的质量及其物理技术性质主要取决于矿石的物质组成和工业利用的要求。从研究矿产质量及其工艺性质的观点出发,可以把矿产分为两大类:

第一类是黑色、有色、稀有、贵金属、化学及放射性等矿产及部分非金属矿产。这类矿产的特点是利用其中某一或某些元素。其质量指标主要是该矿产的化学成分,有益及有害组分含量及其在矿体中的组合特点和矿石选、冶的技术性能。

第二类是大部分非金属矿产,这类矿产的质量指标,除对矿石或矿物的品位提出要求外,其物理技术性能是评价其质量的重要指标。如金刚石的晶体大小、透明度和颜色;石棉纤维的长度,抗拉强度,耐热、耐酸、耐碱性能;云母的晶体大小,电绝缘性;压电石英的晶体大小,压电性等。

在矿山地质工作中,通过取样,进一步圈定矿体,划分矿石类型和品级,计算地质储量和生产矿量的矿产损失贫化,为地质综合研究、矿山质量管理、储量管理和生产管理提供资料依据。

4.1.2　矿山地质取样的任务

矿山地质取样的任务,主要是进行矿产质量基本数据的分析,如对矿岩物理力学性质、矿石加工技术性能进行测试和试验,通过地质取样可以获得成矿富集规律的信息和矿石质量的第一手资料,是圈定矿体、确定矿石加工技术性质、划分矿石类型、技术品级、进行矿产储量计算和矿床技术经济评价的一项重要的基础工作。

矿山生产勘探和采矿阶段的地质取样任务主要是:

(1)验证地质勘探阶段矿体圈定矿石品位和地质储量计算资料的准确程度,详细地圈定工业矿体并按采矿和选矿工业要求,划分矿体内不同矿石类型和技术品级矿石的界限,以便为采矿提供地质资料和指导矿山采掘(剥)生产。

(2)确定开采过程中矿石的损失与贫化,检查和监督矿产资源充分合理地进行回收。检查采矿方法、采场结构、采矿工艺及采矿作业的质量,以便改进采矿工作的生产管理水平,提高矿山企业经济效益,减少矿产资源损失。

(3)在采场放矿及运矿过程中进行取样,以便检查放矿作业的质量,掌握矿产二次损失贫化情况,减少废石混入,提高入选矿石质量。

4.1.3　矿山地质取样的种类

依据取样的目的和研究矿产质量方法的不同,地质取样可分为化学取样、物理取样、岩矿测试取样、矿石加工技术试验取样、砂矿取样及某些特殊矿种的特殊测试样品取样。现将矿山常用的地质取样种类分述如下:

4.1.3.1　化学取样

主要是为了测定矿石的品位与围岩的化学成分,确定矿山产品(原矿、精矿等)、尾矿、废石的质量或含量而进行矿石、围岩中化学成分的取样工作。它包括样品的采取、加工、分析及分析结果检查等工作。其任务主要是：

(1)确定矿石主要有用组分及其含量，即确定矿石地质品位，以便圈定矿体和计算储量。

(2)圈定矿体的内部结构及外部边界，以便查明矿体内夹石及矿体的规模、产状、空间赋存特征。

(3)确定矿石中有益及有害组分的种类及其分布情况。在综合查定的基础上做好综合回收。

(4)划分矿石的自然类型、工业类型和技术品级，圈定其分布地段；为采矿、选、冶、收提供依据。

(5)在开采过程中进一步圈定矿岩界线，以便指导掘进(剥离)、采矿和计算矿产损失率及贫化率。

(6)查明选矿尾矿中有益组分含量、检查综合回收及选矿作业质量。

4.1.3.2 物理取样(亦称技术取样)

主要是研究矿石、岩石的技术物理性质。一般矿产主要是测定其物理力学性质，如体重*、湿度、块度、硬度、孔隙度、松散系数、自然安息角、可钻性、爆破性、抗压(拉)强度及变形模量。为储量计算和采矿作业提供所需的技术参数。

(1)对于金属及非金属矿产的开采，应测定与工程水文地质有关的技术参数，如矿石、岩石的抗压强度、抗剪强度、抗拉强度及孔隙度等，与采掘工艺有关的技术参数，如矿石、岩石的松散系数、容重、块度及其与矿产储量计算有关的技术参数，如矿石体重、湿度等。

(2)对大多数非金属矿产，主要是测定与矿产用途有关的物理和技术性能，如建筑石材的抗压强度、抗腐蚀强度、孔隙度、花纹颜色、吸水性等；云母矿产的云母片面积的大小、透明程度、击穿电压、耐热程度等；石棉矿产的含棉度、纤维长度、抗压(抗拉)强度、耐火强度、吸水性、耐磨性、抗冻性等；宝石矿产的晶体大小、结晶程度、颜色、透明度及晶体内裂纹或包体的分布等；耐火黏土矿产的耐火度及软化点等。

4.1.3.3 岩矿测试取样

采取矿石、岩石或自然产物的块状样品，用物理的和化学的方法研究鉴定矿石的物质成分、结构构造、矿物学、岩石学或物理化学特征。随着测试方法和手段及其应用的发展而不断深化。目前该项取样有岩矿显微鉴定取样、矿物包裹体测定取样、稳定同位素测定取样及同位素地质年龄测定取样等。其主要任务是：

(1)确定矿物成分、矿物共生组合、矿物生成顺序及次生变化等。

(2)进行矿物或岩石的命名及其岩相研究等。

(3)测定矿石或矿物的物理性质如形状、硬度、脆性、磁性、导电性等。

(4)测定矿物包裹体或同位素特征；测定矿物包裹体形成的温度、压力及气液成分，测定组成稳定同位素组成及同位素地质年龄，从而了解成矿成岩的物理化学条件、形成年代及成因。

(5)岩矿测试取样包括天然或人工的重砂取样，是矿石、岩石矿物组成研究的重要手段。对于评价矿产质量、进行矿产综合评价、研究矿石加工技术性质也是十分重要的。尤其是砂矿的重砂取样是其质量评价的唯一手段。

4.1.3.4 矿石加工技术试验取样

是为了研究矿石加工技术性能，确定合理的选、冶或其他加工技术方法、工艺流程及其经济指标等而进行的取样工作，不同矿种或不同用途的矿产，其加工技术试验取样的任务不同。金属矿产主要是确定矿石可选性、冶炼性或其他加工性能；非金属矿产主要是确定矿石的可用性、可选性和可加工性。样品的采取应有代表性。

4.2 化学取样

4.2.1 化学取样的目的

化学取样是将样品通过化学分析方法，测定矿石、岩石及矿山生产的产品的化学成分及其含量。其目的是精确查定矿石的主要有益组分、共生或伴生有益组分、有害组分的种类和含量，以便圈定矿体、划分矿石类型和品级，计算储量，查明矿产质量的空间分布和变化规律，为地质研究、矿山开采、矿石加工和产品销售提供重要依据。

---

* 注：在本书地质取样和储量计算及有关章节中，使用了重量、体重、容量等名词，其中重量的标准化名词为质量，但为了区分矿石质量(品质)和重量(质量)的涵义，本书在相关章节仍沿用了重量、比重(相对体积质量)、容量(松散密度)、体重(体积质量)。

4.2.2　化学取样的方法

化学取样方法主要有刻槽法、全巷法、剥层法、网格法、拣块法、打眼法、深孔取样及钻孔取样等。根据不同的矿种、矿体厚度、矿石类型、矿化均匀程度及工业用途而选用不同的取样方法和样品规格。同时根据矿体的规模、矿化均匀程度及工业指标而选用合理的取样间距和样品长度。

4.2.2.1　刻槽法

刻槽法是在矿体上按一定的规格进行刻槽的取样方法。样槽应沿着有用组分变化最大的方向采取，一般是沿矿体厚度方向采取。样槽应通过矿体全厚达到矿体顶底盘的围岩。样槽断面的形状分为矩形和三角形两种，其断面规格多为$(5 \sim 10)$cm$\times(2 \sim 5)$cm（宽$\times$深）（见表$4-1$），样槽的长度取决于矿体的厚度和矿化的均匀程度，一般为$1 \sim 2$m，当矿体具有分带构造、矿化特点不同、矿石类型不同、不同岩性含矿或矿体被后期构造切割时应分段间断或连续取样（见图$4-1$和图$4-2$）。

表 4-1　矩形刻槽一般断面规格

矿化性质	矿体厚度/m		
	>2.5~2	2.5~2 到 0.8~0.5	<0.5
极均匀和均匀的	5 cm×2 cm	6 cm×2 cm	10 cm×2 cm
不均匀的	8 cm×2.5 cm	9 cm×2.5 cm	10 cm×2.5 cm
很不、极不均匀的	8 cm×3 cm	10 cm×5 cm	12 cm×5 cm ~ 20 cm×10 cm

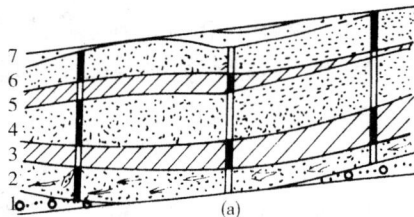

（a）某含铜砂岩的分段刻槽

1—泥砾粗砂岩；2—交错层理细砂岩，贫矿；3—粗砂岩，富矿；
4、6—细砂岩，贫矿；5—沥青质粗砂岩，富矿；7—红色粗砂岩

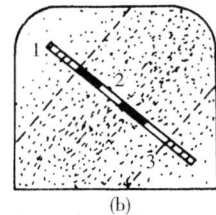

（b）浸染状矿石组成的矿体的分段刻槽

1—非工业矿化样品；2—工业矿化样品；
3—工业矿体边界

（a）沿脉水平核槽　　　（b）垂直厚度刻槽

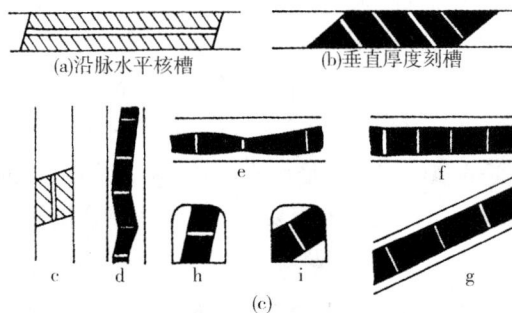

（c）坑道中刻槽布置

a—穿脉壁，急倾斜矿体；b—穿脉壁，缓倾斜矿体；c—天井壁，缓倾斜矿体；
d—天井壁，急倾斜矿体；e—沿脉顶板，急倾斜矿体；f—沿脉壁，缓倾斜矿体；
g—上山壁；h—掌子面，急倾斜矿体；i—掌子面，缓倾斜矿体

图 4-1　刻槽法取样布置图

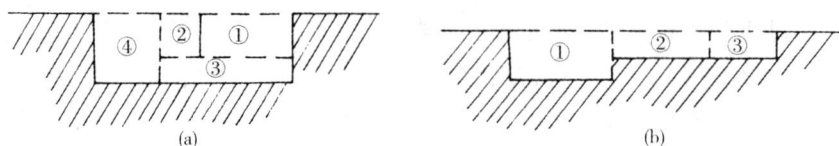

图 4-2　不同规模试验样槽的横断面图

（a）共槽法；（b）分槽法

（a）：7×3；①＋②＝10×3；①＋②＋③＝10×5；①＋②＋③＋④＝15×5；（b）：①10×5；②10×3；③7×3

4.2.2.2 全巷法

当坑道在矿体内掘进时,从一定长度的坑道内爆落的矿石中取样。该方法样品代表性强,但工作量很大,成本高,一般仅用于样品需要量大的矿石加工技术试验的取样或作为物理取样,如测定矿石体重、容重、松散系数、块度、安息角等的取样。对于云母、石棉、水晶、金刚石等矿床,亦可用于检查其他取样方法的质量。

4.2.2.3 剥层法

在矿体出露部位用分段剥落薄层矿石作为样品。此方法适用于采用其他取样方法得不到的需要样品的,厚度较薄的矿脉(一般小于 20 cm)或有用组分分布极不均匀的矿床。一般剥层深度为 5~15 cm,也用于检查刻槽取样或其他(非全巷法)取样的质量。

4.2.2.4 网格法

在矿体出露部位依一定的网格形状(正方形、长方形、菱形等)在网格中采取一定的样品,全网格(一般为 1 m² 合并为一个样品,网格多为 10~20 cm(见图 4-3),该方法简单易行,但对矿化不均匀矿体厚度较薄的矿床需进行试验才能采用(见图 4-2)。

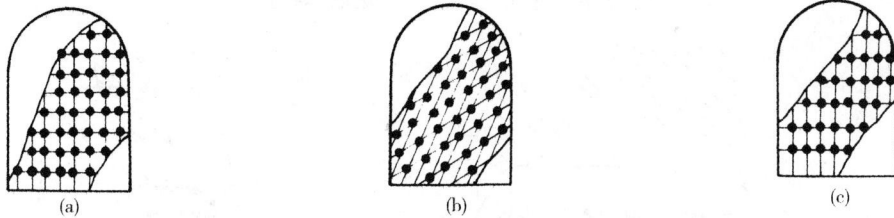

图4-3 网格法取样布置图

(a)正方形网;(b)菱形网;(c)长方形网

4.2.2.5 打眼法或深孔取样

是在掘进或采矿时将凿岩孔或采矿孔排出的岩粉或岩泥作为样品。其取样和刻槽法取样长度相当或以岩泥的岩性分界进行分段采取。一般以 1~2 m 间距进行等间距分段采取,亦有采用露采穿爆孔将排出的岩粉作为采取样(见图 4-4~图 4-7)。

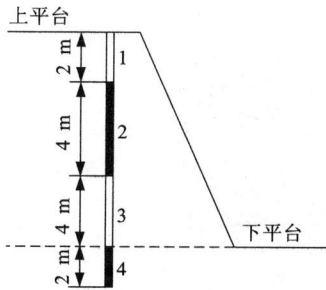

图4-4 爆破孔取样示意图

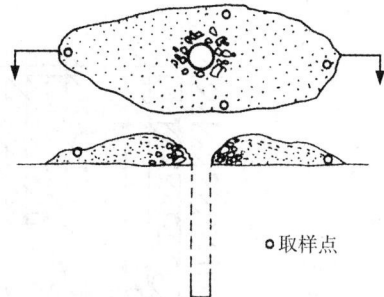

图4-5 爆破孔岩泥堆上取样点布置

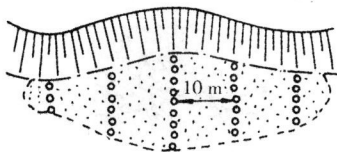

图4-6 爆破堆拣块取样点的布置

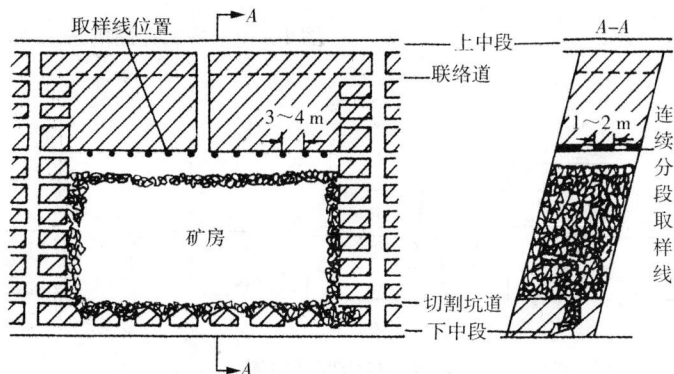

图4-7 浅孔留矿法采场取样布置

4.2.2.6 拣块法

露采爆破矿堆、出矿矿车或矿石场上覆以一定的网格(一般 10～20 cm),从每个网格中采出大致相等的少量矿石组成一个样品。在矿车上,视矿化均匀程度和矿车规格大小,一般采用三点、五点或八点法采取矿样。通常用以检查矿堆品位、出矿质量或间接法计算开采的损失率和贫化率(见图 4－8～图 4－12)。

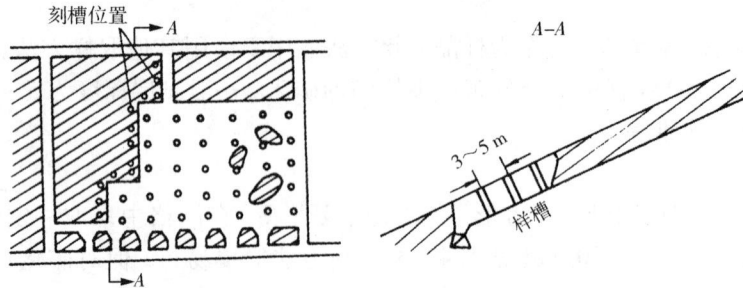

图 4－8　壁式(全面)法采场取样布置

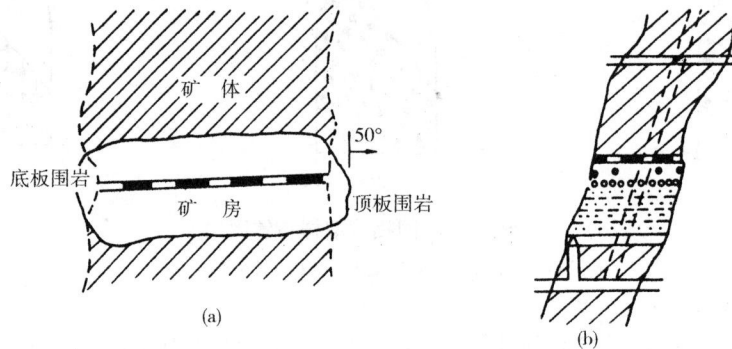

图 4－9　水平分层充填法采场取样布置
(a)掌子面平面图;(b)矿房剖面图

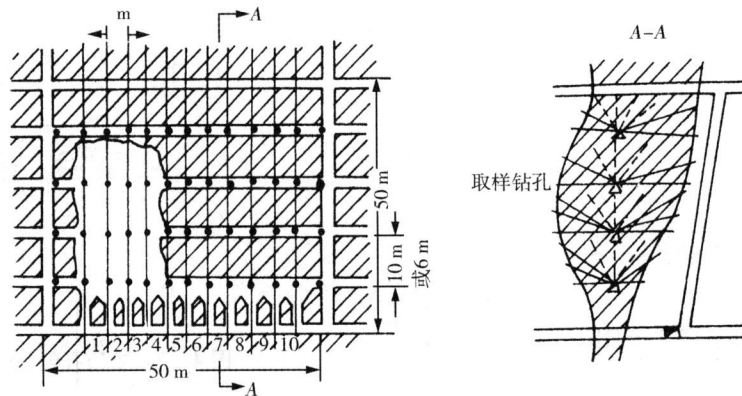

图 4－10　中深孔崩落法采场取样布置

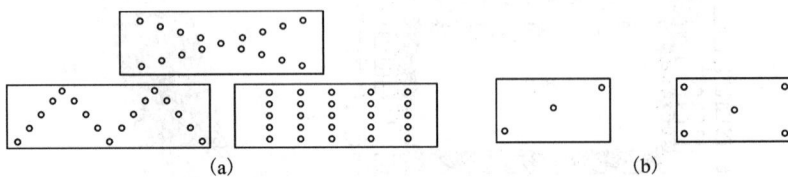

图 4－11　车中取样布置
(a)汽车、火车上;(b)矿车上

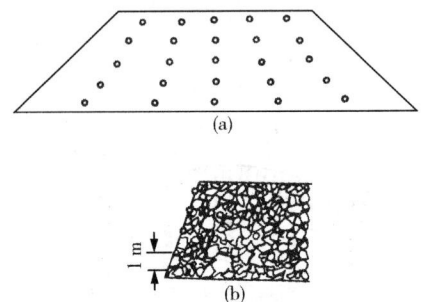

图 4－12　储矿堆取样布置
(a)矿堆立面;(b)矿堆剖面

4.2.2.7　钻孔取样

将钻探提取的岩矿心，视其含矿性和刻槽法样品分割一样，取其一定长度，一般以 0.5～2 m 为宜，用垂直于圆断面劈开的一半岩心或用全部岩心作为一个样品。

矿山常用的化学样品取样方法，要求及用途见表 4-2。

表 4-2　化学样品采集方法、规格及用途

名　称		方　法	规　格	用　途
刻槽法		在矿岩露头上，用取样钎、锤或取样机开凿槽子，将槽中凿取下来的全部矿岩作为样品	常用样槽规格宽×深为 5 cm×2 cm～10 cm×5 cm，矿化均匀时规格小些，矿化不均匀时规格大些	为金属、非金属矿产最常用的取样方法，在探槽、井巷、回采工作面等人工露头或自然露头上采集样品
刻线法		在矿岩露头上刻一条或几条连续的或规则断续的线形样沟，收集凿下的全部矿岩作为样品	常用样沟规格宽×深（1～3）cm×（1～3）cm，单线距 10～40 cm	单线刻线法用于矿化均匀矿床；多线刻线法用于矿化不均匀矿床；常用于采场内取样
网格法		在矿岩露头上划出网格或铺以绳网，在网线的交点上或网格中心凿取大致相等的矿（岩）石碎块（粉）作为样品。网格形状有正方形、菱形、长方形等	网格总范围一般为 1 m²，单个网格边长 10～25 cm，一个样品由 15～100 点合成，总重 2～10 kg	代替刻槽法
点线法		按刻槽法布置样线，在样长范围内直线上等距离布置样点，各点凿取近似重量的矿岩碎块（粉）作为样品，矿化不均匀时可在 2～3 条直线上布置样点	点距一般为 10 cm，线距一般为 50～100 cm	一定程度上代替网格法，常用于矿化较均匀的采场内取样
拣块法		从采下的矿（岩）石堆上，或装运矿石的车、船、皮带上，或成品矿堆上，按一定网距或点距拣取数量大致相等的碎块（粉）作为样品	爆堆上网点间距一般为 0.2～0.5m，矿车上取样视矿化均匀程度与矿车大小：有 3 点法、5 点法、8 点法、9 点法、12 点法等	常用于确定采下矿石质量或运出成品矿质量
打眼法	浅孔取样	用凿岩机钻凿浅眼的过程中，同量采集矿岩泥（粉）作为样品	常用眼深 1～2m，一般不超过 4m，由一个或几个炮眼所排出矿岩泥（粉）组成一个样品	常用于矿体厚 2～5m 沿脉掘进时探明矿体界线，代替短穿脉，以及浅眼回采的采场内确定残留矿体界线、质量
	深孔取样	用采矿凿岩设备进行深孔凿岩过程中，同时采集矿、岩、泥（粉）作为样品，有全孔取样、分段连续取样、孔底取样三种方法	露天深孔取样间距一般为 4 m×（4～6）m×8 m，地下深孔取样间距一般为 4～8 m 或 8～12 m	露天深孔取样（穿爆孔取样）结果是详细确定开采块段矿体界线、矿石质量、矿石类型（品级）、编制爆破块段图、指挥生产等主要依据；地下深孔取样主要用于详细确定回采块段矿岩边界和矿石质量，也可代替部分坑探或钻探工程中取样
剥层法		在矿岩出露面上按一定规格凿下一层矿（岩）石作为样品	常用剥层宽度×深度为（20～50）cm×（5～15）cm，某些非金属矿产取样断面规格较大	主要用于检查其他取样方法精度、采取技术试验样品、厚度小或矿化不均匀矿床的化学取样
全巷法		在巷道掘进的一定进尺范围内的全部或部分矿（岩）石作为样品	取样断面与井巷断面一致，样长一般为 1～2 m	主要用于检查其他化学取样方法精度以及矿化极不均匀矿床的化学取样
岩心取样		从钻探获得的岩心、岩屑、岩粉作为样品。常用岩心劈开机劈取一半岩心或金刚石锯取一半岩心作为样品	岩（矿）心直径有大孔径 127～146 mm，中孔径 75～110 mm，小孔径 <75 mm。样长一般为 1 m	用岩心钻探矿时进行岩心取样

4.2.3　化学取样的试验

4.2.3.1　确定样品规格的试验方法

刻槽的样槽断面规格很多，选择合理的取样规格使所取样品既具存充分的代表性，又符合经济合理原则。确定样品规格的方法是：

（1）类比法：将准备取样的矿山与矿床地质条件（如矿化均匀程度、矿体厚度、矿石结构构造等）、勘探及开采方法、装备条件以及取样手段等相类似并积累一定生产经验的矿山相比较，来选择合理的样槽断面形状及规格。

（2）试验法：用若干种不同断面形状、不同规格的样槽分别在同一地段进行取样，对各个样品分析结果进行比较，以该地段的全巷法、剥层法或最大规格样槽的取样分析结果为标准，对比各样品分析结果的绝对误差和相对误差，选用误差允许范围内最小的断面规格。

4.2.3.2　确定取样间距的试验方法

沿矿体走向或倾向按合理的不同的间距布置取样点。选择代表性强而取样工作量又小的最佳取样间距。

（1）影响取祥间距的主要因素：

1）矿石中有用组分的均匀程度，矿化均匀时，取样间距可以放稀。

2）矿体厚度较大，取样间距可以适当放宽，其厚度变化较均匀，取样间距也可放稀些。

3）取样方法的可靠性强，取样间距可以稀些。

4）不同的勘查阶段及不同的勘探工程对取样间距也有一定的影响。

（2）确定取样间距的主要方法：

1）类比法：新矿山、新矿床的取样间距可与矿床地质特征和矿床类型相似的已勘探的矿床或生产矿山所采用的数据进行类比（见表4－3）。

表4－3　品位变化系数与取样间距之间的关系

矿床类型	有用组分分布均匀程度		沿脉坑道取样间距/m	矿床举例
	特征	品位变化系数/%		
Ⅰ	极均匀	<20	50～14	最稳定的铁及锰的沉积矿床及变质矿床。块状钛磁铁矿、铬铁矿的岩浆矿床
Ⅱ	均匀	20～40	15～4	铁及锰的沉积变质矿床、风化型铁矿床、铝土矿床、某些硅酸盐类及硫化物类的镍矿床
Ⅲ	不均匀	40～100	4～2.5	铜及多金属的接触交代矿、热液矿脉和交代矿床、硅酸盐及硫化物类型的镍矿床。金、砷、锡、钨、钼等热液矿床。铜矿及铬铁矿的浸染矿石
Ⅳ	很不均匀	100～150	2.5～1.5	不稳定的多金属矿床：金、锡、钨、钼等矿床
Ⅴ	极不均匀	150以上	1.5～1.0	某些稀有金属矿床，纯橄榄岩中铂矿

2）经验法：一般矿山主要根据有用组分均匀程度来确定取样的间距，一般金属矿山沿脉取样间距见表4－4。

表4－4　某些有用矿产取样间距表

矿产	勘探坑道内/m	回采坑道内/m
多金属矿、铜、黄铁矿、毒砂	2～4	5～10
钼、钨、锡、金（脉）	1.5～2	4～6
硫化镍	1.5～2.5	4～8
铝土矿	10～20	
汞、锑	1.5～2.5	

3）减稀法：生产矿山在积累了大量取样资料的基础上才能进行减稀试验。其方法是：在原来取样资料的基础上求出有用组分的平均品位，再相间减少一半样品数目来求出平均品位，与原来平均品位相比较，视其相对误差，如不超过允许误差范围，还可以再行放稀间距进行比较，在允许误差范围内，则采用最大的间距。

生产矿山可按不同的取样间距，分别求出平均品位并与最密间距的平均品位进行对比，选择不超过允许误差的最稀间距，作为合理的取样间距。

4.2.3.3 确定取样方法的试验方法

正确地选择取样方法，不仅可以正确的评价矿产质量，而且能经济合理有效地指导勘探和矿山生产。因此，应对取样方法进行试验研究，以便选择最佳的取样方法。

影响取样方法选择的主要因素是：

（1）地质因素：矿体的规模、厚度、形态等对取样方法有一定的影响，小矿囊、细矿脉只能用剥层法取样。同时，矿石类型、构造及矿化的均匀程度，对确定取样方法也有一定的影响。

（2）取样目的：为了圈定矿体和计算储量，一般矿山必须进行系统地刻槽取样。选矿试验只能采用全巷法或剥层法进行取样。在矿山采矿、运矿过程中的商品取样，只能用拣块法。

（3）探采工程及装备条件：不同的勘探或采掘（剥）工程，往往只能使用一种或几种取样方法。此外，矿山装备情况，也会影响到取样方法的选择。

一些矿山曾对取样方法进行过试验研究，以全巷法取样结果与同一地点的其他取样方法相比较。关于矿化不均匀的矿床，线形取样不如面形取样。因而，刻槽法虽然是通常使用的方法，但并不一定是最佳的方法。有条件的应运用方格法等面形取样，可以有成效地进行矿床质量评价。

同时，还应当从经济、时间和作业条件等因素，对各种取样方法进行比较，以便确定准确、迅速、经济、简便的方法。

取样方法的试验，在考虑适用条件的基础上，应选择可靠性强而又便于应用的方法。一般选择不同的矿体、不同的矿石类型、不同的矿化程度，在矿体厚度的方向进行连续的、不同的取样方法试验。通常以全巷法或剥层法作检验对比标准。对各种试验方法所需要的时间和作业成本，也需要单独标定，以便全面对比（见表4-5）。刻槽法、方格法、拣块法、打眼法等取样方法经对比后，选择误差小、代表性强，且经济、易行的取样方法，一般矿山根据其矿体及矿化地质特征，常选用的方法见表4-6。

表4-5 网格法（方格法）取样效果比较表

矿床	样品个数	剥层法		刻槽法				网格法			
		平均品位/%	品位变化系数/%	平均品位/%	绝对误差	相对误差/%	品位变化系数/%	平均品位/%	绝对误差	相对误差/%	品位变化系数/%
某铜矿床	9	0.684	52	1.00	-0.316	46.2	.91	0.680	0.004	0.58	63
某汞矿床	20	0.736	121	1.200	0.464	63.04	137	0.799	-0.063	8.55	143
某钨矿床	12	0.453	97	0.523	-0.07	15.43	247	0.502	-0.049	10.81	133
	14	1.365	104	1.129	0.236	17.28	256	1.354	0.011	0.80	147
	15	0.835	149	0.788	0.047	5.62	213	0.693	0.142	17.00	118

注：刻槽法与方格法比较均以剥层法为对比标准。

表4-6 不同矿床取样方法适应性参考表

矿体特征		取样方法							
		刻槽法	剥层法	全巷法	刻线法	方格法	攫取法	打眼法	钻探采样
矿石结构构造特征	致密块状矿体	∣	∣	∣	∣	∣	∣	∣	∣
	浸染状矿体	∣	∣	∣	∣	∣	∣	∣	∣
	条带状矿体	∣	∣	∣	∣	∣	∣	△	∣
	细脉状矿体	∣	∣	∣	∣	×	∣	△	∣
	小矿囊	×	∣	×	×	∣	∣	×	△
矿化特征	矿化均匀	∣	∣	∣	∣	∣	∣	∣	∣
	矿化极不均匀	×	∣	∣	∣	∣	∣	△	∣
矿体厚度特征	中厚矿体	∣	×	∣	∣	∣	∣	∣	∣
	薄矿体<0.15 m	×	△	×	×	×	∣	△	△

注：∣—适用；×—不适用；△—在一定条件下适用。

4.2.4　化学取样的应用场合

4.2.4.1　探矿工程取样

在天然露头、轻型山地工程和坑探工程进行取样和分析，以便查明矿石有益组分含量，圈定矿体，划分矿石类型和品级及计算储量，为矿山生产建设提供地质资料。探矿工程取样常用刻槽法。有时根据具体情况也可用方格法和剥层法。坑内或地表钻探则采用岩心取样和岩粉取样。

在人工或天然露头、探槽、浅井或坑道布置刻槽线，样槽应沿矿化变化最大方向即矿体厚度方向布置，并要穿过矿体全厚。取样方式、取样间距和样品规格应一致，避免产生人为误差。

样槽多采用矩形断面，样长一般为1~2m，连续进行刻槽；矿化均匀的矿山可分段刻槽，为便于刻槽作业，尽可能在水平方向布样，在巷道一壁或掌子面上刻取。

4.2.4.2　采场取样

在露采平台或地下开采的采准、切割巷道和回采工作面上取样，以便进一步圈定矿体、查明矿石质量，进行矿石质量管理，为矿山采掘（剥）提供资料和指导采掘（剥）工作。

（1）露天采场取样：一般在开采平台上利用穿爆孔进行岩粉取样，偶用浅钻岩心取样。有时也采用平台探槽的刻槽取样，露采工作面采用刻槽法或方格法取样，爆堆采用拣块法取样。

穿爆孔取样主要是在穿孔机（潜孔钻机、牙轮钻机、冲击钻）穿孔时，采取岩粉作为样品。取样密度取决于采矿穿爆孔的间距。取样间距取决于矿石和围岩接触情况和矿化均匀程度。地质情况复杂，每个穿爆孔都要取样，取样间距5~7 m，采用分段取样，样长一般在1~2 m（见图4-4）；地质情况简单，可隔孔取样，取样间距10~15 m，一个穿爆孔作一个样品。分段取样将回收分段内全部岩粉，在现场拌均缩分后送化验室。全孔取样在孔口岩粉堆上进行系统点采后合并成一个样品（见图4-5）。

平台探槽多垂直矿体走向布置，在槽底用刻槽法或网格法取样。当台阶边坡稳定而矿体较缓时，可在工作面上直接刻槽取样。爆堆取样是在每爆破一次，用拣块法取一次样（见图4-6）。

（2）坑内采场取样：一般在采准、切割巷道或切割、回采工作面采取，采用中深孔或潜孔落矿的采场可利用凿岩爆破孔采收岩泥样品，由于采矿方法、采场结构和落矿方式不同，取样方法不尽相同。采切巷道取样基本上和坑探工程相同，多采用刻槽法和方格法。

当采用浅孔留矿法、充填法、房柱法、全面法、分层崩落法等浅孔落矿的采矿方法时，一般在回采工作面上进行，每回采4~10m取一次样，取样间距4~10 m，样长1~2 m（见图4-7~图4-9）。

当采用深孔留矿法、分段采矿法、分段（阶段）崩落法等中深-深孔落矿采矿方法时，除采用巷道取样外，多选用部分凿岩爆破孔收取岩泥样品（见图4-10）。

4.2.4.3　采出矿石取样

采矿爆破落矿后，在采场电扒道、爆堆、出矿漏斗、运矿矿车及储矿矿堆多采用拣块法取样，以便检查采出矿石的质量，计算采场的二次损失贫化，保证选、冶对矿石质量的要求和考核商品矿石的质量。

（1）出矿漏斗取样：在出矿扒道漏斗口矿石堆上，按固定班次，沿一定方向和一定距离，采用线型或面型拣块法取样，按日期或作业班合并成一个样品。以便掌握每天或每班放出矿石的质量。

（2）矿车取样：采用拣块法在每一矿车或每隔数车用三点、五点或多点法采取矿样（见图4-11），分地点、分班次合并为一个样品，以便检查各个坑口、中段或采场运出矿石的质量。该方法操作方便，但取样有一定的主观随意性，应严格制定取样规定及要求（见图4-11）。

（3）矿石堆取样：在爆破或堆矿场的矿石堆上，采用网格法取样。网格大小，每点取样重量，要根据矿石堆体积大小和矿石质量变化程度具体确定（见图4-12）。

4.2.4.4　不同场合下取样的特殊要求

根据矿床地质特征、勘查及开采工程条件及矿山装备情况，选择与之相适应的取样方法及取样规格、长度和间距，使取样工作既有充分的代表性，又经济合理。

矿山通常采用刻槽法，但这种方法并不是非常可靠的。因而应通过试验对其刻槽断面、形状、样长、间距和布样方式等不断地加以改进，对样品的采取和收容要加强质量管理。由于该方法劳动强度大、成本高、工效低、粉尘大，应不断改进其操作方法，包括用机械刻槽代替手工作业，用刻线法、点线法、网格法、打眼法等代替刻槽法。

网格法属于面型取样,比刻槽法代表性要强,但网格内块样不易采取,而且块度和重量不易均衡采集,也会导致人为的误差。

拣块法必须连续进行并按规定采取,不论是矿堆取样还是矿车取样,都要有统一的要求,严格质量管理。

打眼法取样前要有设计或制定取样要求,样长按设计要求采取或实际丈量。湿式取样必须清洗钻孔,做好溢流样品的收容,干式取样严格按要求进行点采。

各种取样方法均应在一定的条件和场合下使用。刻槽法一般广泛应用于探、采工程中,拣块法只能用于松散的矿石中,打眼法需要有供风、供水和凿岩、穿孔的设备。

4.2.5　化学取样的加工

4.2.5.1　样品加工程序

样品加工是为了满足化学分析对样品最终重量和颗粒大小的要求,对原始样品进行破碎、过筛、拌匀和缩分的工作称之为样品加工。为保证加工后的样品能代表原始样品的矿石质量,样品加工必须按一定的原理和程序进行,样品加工多采用切乔特公式:

$$Q = Kd^2 \tag{4-1}$$

式中:Q 为样品的最小可靠重量(kg);d 为样品的最大颗粒直径(mm);K 为样品加工系数(或缩分系数)。

样品加工重要的是确定合理的加工系数,K 值大小取决于矿石性质和矿化均匀程度,一般在 0.1 ~ 1.0 之间,通常采用矿石类型类比方法确定(见表 4-7)。各矿山亦可根据本矿地质情况,通过试验确定 K 值。其试验方法是:在同一地点、同一规格,分别采取样品。初步选定不同 K 值,分别制定加工程序,并将不同 K 值加工的样品分析其结果,与 1.5K 值加工样品分析的结果进行比较,选择其相对误差值最小且分析误差在 15% 以内的 K 值作为本矿使用的 K 值。

表 4-7　样品缩分系数 K 值参考表

矿种	K 值	备注
石灰石、白云石	0.05 ~ 0.1	
自然硫、硼、石墨	0.05 ~ 0.3	自然硫 K 值变化从 0.05 ~ 0.3 均有
铁、锰、磷、砷、石英岩、菱镁矿、高岭土、硫铁矿、滑石、黏土、蛇纹岩、萤石、石膏、盐类矿床	0.1 ~ 0.2	结核状磷矿可用 0.2 ~ 0.3,盐类矿床,不均匀时可采用 0.5
铜、铝、锌、锡、明矾石、长石	0.2	铜矿中含金等贵重组分如变化大时 K 值需用 0.3 ~ 0.5
锑、汞	0.1 ~ 0.2	
钼、钨、重晶石	0.1 ~ 0.5	重晶石矿类型不同,要求 K 值不一,如萤石重晶石、硫化物重晶石、铁重晶石、黏土质重晶石 K 值的使用不同
铌、锆、铪、铍、锂、铯、铷、钪及稀土元素	0.1 ~ 0.2	一般使用 0.2
铬	0.25 ~ 0.3	
镍(硫化镍)、钴	0.2 ~ 0.5	硅酸镍矿 K 值常用 0.1 ~ 0.3
铝土矿(均一的)	0.1 ~ 0.3	非均匀的,如黄铁矿化铝土矿、钙质铝土矿等 K 值常用 0.3 ~ 0.5
岩(脉)金	0.2	金的颗粒 < 0.1 mm
	0.4	金的颗粒 0.1 ~ 0.6 mm
	0.8 ~ 1	金的颗粒 > 0.6 mm

矿山应根据所确定的 K 值,按加工公式和实际条件制定样品加工程序,见图 4-13,以指导样品加工的正确进行。为了减少样品缩分次数,提高加工效率,通过试验,可以简化加工流程,把原始样品一次破碎到较细的粒级再进行缩分。

4.2.5.2　样品的加工方法

样品的加工,主要分为破碎、过筛、拌匀、缩分四个连续的工序,见图 4-13。

（1）破碎：用小型破碎机械对原始样品由粗到细逐级破碎，同时进行缩减。样品破碎分粗碎、中碎，分别采用颚式破碎机、辊式破碎机和圆盘粉碎机或棒磨机，把样品破碎到 20 mm、10 ～ 5 mm、2 ～ 1 mm 和 0.1 mm 以下。

（2）过筛：样品在破碎前后都需要经过筛分。碎前过筛亦称作辅助过筛，是先将已达到精度要求的样品筛下，减少破碎工作量。破碎后过筛是为了检查样品是否达到所要求的精度，亦称为检查过筛。常用标准筛以网目表示，网目和筛孔关系见表 4 - 8。

表 4 - 8　金属筛孔径与网目对比表

筛孔规格/mm	网目	筛孔规格/mm	网目
2.36	8	0.15	100
1.40	12	0.125	115
0.83	20	0.105	140
0.70	24	0.100	150
0.50	32	0.097	160
0.25	60	0.090	170
0.18	80	0.074	200

（3）拌匀：样品缩分前要充分搅拌。使各种矿物均匀分布，拌匀方法有：

1）铲翻法：数量较大的样品，用铁铲将样品堆成锥形，如此反复 3 ～ 5 次以达到拌匀目的。

2）滚动法：把筛下的少量样品放在帆布上，依次提起帆布的四角，使样品在布上滚动拌匀。

（4）缩分：通常使用四分法或分样器法缩减样品重量，并保证样品的代表性。缩分和拌匀应同时进行操作。

1）四分法：将样品在平台上堆成锥形，然后旋平成锥台形，用金属板十字对角插入样堆，匀分成四份，取对角线两份，作正样，余者两份作副样或舍弃，见图 4 - 14。

2）分样器法：采用专门制作的溜槽式分样器，样品倒入后自动一分为二，留一弃一达到缩减的目的，见图 4 - 15。

4.2.6　化学样品分析的种类

化学分析种类有基本分析、组合分析、化学全分析、光谱分析和物相分析。

分析项目主要根据矿石中的有益组分（包括共生和伴生有益组分）、有害组分和工艺用途来确定。

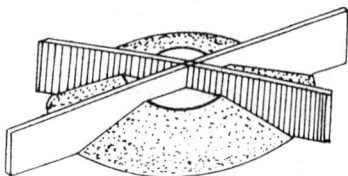

图 4 - 13　样品加工流程图

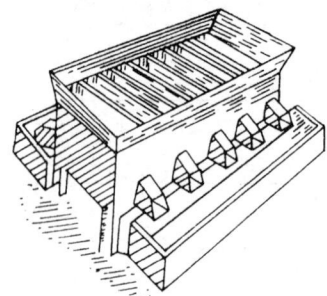

图 4 - 14　四分法缩减样品

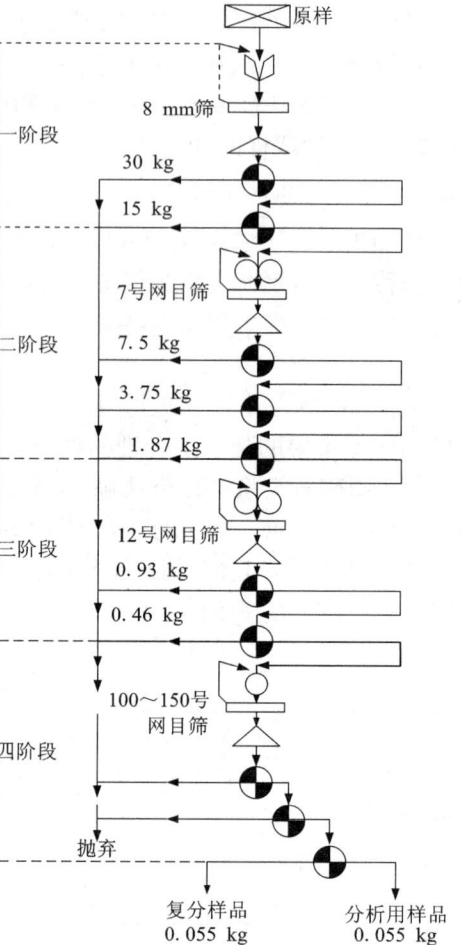

图 4 - 14　用分样器缩减样品

4.2.6.1　基本分析

基本分析的目的是查明矿石中主要有益组分的含量及其变化情况。它是圈定矿体、划分矿石类型、技术品级、进行储量计算的主要依据。

4.2.6.2 组合分析

组合分析的目的是了解矿体内具有综合回收价值的伴生有益组分和影响选冶性能的有害组分的含量。它是综合评价矿床、计算伴生有益组分储量的依据。分析项目一般根据光谱分析或化学分析的结果或依据地球化学共生组合规律确定(见表 4-9)。

表 4-9 基本分析、组合分析项目参考表

矿种	基本分析项目	组合分析项目	备 注
铜矿	Cu	Pb, Zn, Co, Sb, Au, Ag, As, S, Mo, WO_3, Ga, Bi, In, Cd, Se, Te, Re, Ge, Tl	
铅锌矿	Pb, Zn	Cu, Au, Ag, Ge, Cd, S, Bi, Sb, In, Ga, Co, Mo, As, Se, Tl	
铝矿	Al_2O_3, SiO_2	MgO, CaO, CO_2, TiO_2, P_2O_5, S, Fe_2O_3, Ga, V_2O_5, Ce	基本分析若铝硅比合格时,应分析 TiO_2, Fe_2O_3, CaO, 烧失量
镍矿	Ni, Cu	Cr_2O_3, Co, Mn, Au, Ag, Se, Te, S 及铂族元素	组合分析中,硅酸镍矿床加造渣组分:SiO_2, Fe_2O_3, MgO, CaO, Al_2O_3
钨矿	WO_3, Mo, Bi, Sn	Cu, Pb, Zn, Au, Ag, Nb_2O_3, Ta_2O_3, As, Be	
锡矿	Sn	Cu, Pb, Zn, WO_3, Bi, MO_3, Ag, Sb, S, As 及稀散元素	
钼矿	Mo	WO_3, Sb, Cu, Pb, Zn, Au, Ag, Bi, BeO, Li_2O, Re, S	
汞矿	Hg, Sb	As, Bi, Au, Cu, U, Mo, Ni	
锑矿	Sb, Hg	Au, As, Pb, Zn, Bi, Ag, Cu, Ni	
金矿	Au	As, Cu, Pb, Zn, Ag, Mo, Bi, Y, Pd, Te	
银	Ag	Cu, Pb, Zn, Au, Ni	单独银矿床较少,常与铜铅锌等多金属矿床伴生

组合分析样品是从同一矿体相同的矿石类型或品级的基本分析的副样中,依基本分析样品的长度或重量按比例组合而成。单个组合样品重一般为 100~200 g。

4.2.6.3 化学全分析

目的是全面了解各种类型矿石中各种元素(有益和有害)及组分的含量。由于全分析较昂贵,分析项目一般在光谱全分析的基础上确定,分析样品可利用组合分析的副样,也可单独采样。

4.2.6.4 光谱分析

是用以了解矿石和围岩含有元素的种类和有益、有害元素的大致含量,是提供组合分析和确定化学全分析项目的依据。

光谱分析样品采自同一矿体的不同空间部位,不同类型矿石或不同含矿岩石,亦可利用有代表性的基本分析或组合分析的副样。

4.2.6.5 物相分析

是为了划分矿石的自然类型和品级,以便确定氧化矿、混合矿和原生矿的分界,为采矿和选、冶生产提供地质资料。

样品的采取以肉眼和镜下鉴定为基础,在分带附近按一定的间距采集样品。也可在基本分析副样中抽取,但应及时分析以免因副样氧化而影响分析的结果。常见的有色金属矿石自然类型分类标准参见表 4-10。

表 4-10 常见有色金属矿石自然类型的划分标准

矿石自然类型	硫化物中金属含量/% 总金属含量	氧化物中金属含量/% 总金属含量
氧化矿	70~0	30~100
混合矿	90~70	10~30
硫化矿	>90	<10

4.2.7 化学分析结果的检查

为了检查分析结果的可靠程度，评价化验室的分析质量，应及时做好分析结果的检查。

4.2.7.1 检查分析种类

（1）内部检查：按时间和不同品位分批选择部分样品进行检查。同一样品分成两份编成不同号码或将副样密码编号，送同一化验室重新分析，以检查分析的偶然误差，其抽查数量一般为基本分析数量的 10% ~ 20%。

（2）外部检查：从已做的内检分析样品的副样中，再抽出部分样品送往高水平的化验室再做分析，以检查原化验分析有无系统误差。外检样品数量为基本分析样的 5% 左右。

（3）仲裁分析：当内外检样品分析结果超过允许误差，且检查与被检查双方都没有找出超差的原因时，应请有权威的化验室做仲裁分析，以判定双方的分析误差。

4.2.7.2 分析误差的检查与处理

根据检查分析结果和化验分析允许的偶然误差范围，来确定原分析结果是否可靠。

（1）偶然误差的检查与处理：有以下两种方法：

1）根据样品的超差率来处理。

$$单个样品绝对误差 = 检查分析结果 - 原分析结果 \tag{4-2}$$

$$单个样品相对误差 = \frac{单个样品绝对误差}{检查分析结果} \times 100\% \tag{4-3}$$

$$超差率 = \frac{超差样品个数}{检查样品个数} \times 100\% \tag{4-4}$$

超差率 < 30% 时，认为原分析结果合格。超差率 > 30% 时，除将超差样品进行复检外，还须抽出同一数量未验证样品进行验证。如结果仍然超差，原则上该分析结果不能利用，需重新分析。

2）根据原分析结果与检查分析结果的平均相对误差来处理。

$$原分析结果平均值 = \frac{原分析结果的算术和}{原分析样品数} \times 100\% \tag{4-5}$$

$$检查分析结果平均值 = \frac{检查分析结果的算术和}{检查分析样品数} \times 100\% \tag{4-6}$$

$$平均绝对误差 = \frac{绝对误差的算术和}{检查样品个数} \times 100\% \tag{4-7}$$

$$平均相对误差 = \frac{平均绝对误差}{原分析结果平均值} \times 100\% \tag{4-8}$$

将上述计算结果与允许误差进行对照，如未超差，则原分析结果合格。如超差则按上述方法处理。

（2）系统误差的检查与处理：简单情况下，可根据出现一系列同符号误差来判断系统误差的存在。多数情况下，要用数理统计方法计算概率系数来判别有无系统误差。

$$\gamma = \frac{\sum (x - M_x)(y - M_y)}{\sum (x - M_x)^2 (y - M_y)^2} \tag{4-9}$$

式中：γ 为检查分析结果与原分析结果的相关系数；x 为检查样品分析品位；y 为原分析样品的品位；M_x 为检查分析样品的平均品位；M_y 为原分析样品的平均品位。

$$t = \frac{|M_x - M_y|}{m_x^2 + m_y^2 - 2m_x \cdot m_y \cdot \gamma} \tag{4-10}$$

式中：t 为或然率系数；n 为检查样品的数目；m_x 为检查分析结果平均值均方差 $\left(m_x = \frac{\delta_x}{\sqrt{x}}\right)$；$m_y$ 为原分析结果平均值均方差 $\left(m_y = \frac{\delta_y}{\sqrt{n}}\right)$；$\delta_x$ 为检查分析结果的均方差；δ_y 为原分析结果的均方差；其他符号意义同上。

$$f = \frac{M_x}{M_y} \tag{4-11}$$

式中：f 为系统误差平均值的比值；其他符号同上。

当 $t > 2$ 时,表明有系统误差存在,可根据误差大小决定是否需要进行仲裁分析,如仲裁分析证明确定有系统误差,则原分析应重做。矿化均匀,品位较高,误差影响不大时,可用校正原分析品位的方法处理。样品校正品位公式为:

$$a = y \cdot f \tag{4-12}$$

式中: a 为样品校正品位;其他符号同前。

4.3 物理取样

物理取样或称技术取样,金属矿床一般是用于测试矿石或岩石的物理机械性质,如矿岩的体重、湿度、孔隙度、块度、松散系数等物理性质;非金属矿床一般用于测试有用矿物的物理化学特性和工艺性能、矿体及围岩的稳定性、边坡角、安息角、硬度及抗压、抗剪、抗拉强度等;砂性土、松性土则做土工试验等。

4.3.1 物理样品的采取方法

非金属矿产种类繁多,可供工业利用的物理和技术性能要求也各不相同,甚至一种矿产有多种用途,因而要求测试的项目各不相同。取样方法及规格的要求也各异。常用的取样方法多是刻槽法、全巷法、打块法、拣块法、剥层法等。

刻槽法取样规格一般比金属矿要大,如高岭土、滑石、硅灰石一般常用 10 cm × 5 cm 的断面规格,有的还要更大些,如石棉一般为 10 cm × 10 cm ~ 30 cm × 30 cm 规格,样品长度一般为 1 ~ 2 m。

为保持矿物外形的完整,当有用矿物含量甚少时,一般用全巷法。如水晶、云母、金刚石等矿产。水晶取样规格应以对晶洞或晶体作出正确评价为原则;云母取样体积不少于 2 ~ 3 m³;金刚石取样体积原生矿一般为 2 ~ 4 m³;砂矿一般为 5 ~ 10 m³。

建筑石材一般用单块采取法。例如大理石取样规格为 10 cm × 10 cm × 5 cm ~ 20 cm × 20 cm × 5 cm 或成材规格。

非金属矿产的物理取样拣块法不同于一般金属矿产化学取样拣块法。例如云母,在所采取的样品中,选出 1 ~ 3 套有效面积大于 40 cm² 的厚片云母,主要进行物理性能及电工性能测试;石棉矿产一般可用手选,主要是测试其比重、耐酸性、耐碱性、导热性、耐热性及矿物种属。

某些矿产也用剥层法,例如网状石棉矿其剥层规格宽为 5 ~ 15 cm,深为 20 cm 左右,

4.3.2 一般矿产物理样品的测试

4.3.2.1 体重测定

矿石(岩石)体重是指在自然状态下单位体积矿石(岩石)的重量,单位: t/m³。体重测定分小体重和大体重两种。通常以测小体重为主,少量大体重用以验证小体重值。体重值是储量计算的主要参数之一。

(1)小体重测定:一般采用边长 5 cm 近似立方体的块状样品——矿石标本或矿心,样重一般不小于 200 g,各种类型矿石、岩石和不同品级的矿石都要测定,各类测定样品数不少于 20 ~ 30 件。样品在室内测重后涂蜡,用封蜡排水法求得,其公式为:

$$D = \frac{P_1}{V - \dfrac{P_2 - P_1}{d}} \tag{4-13}$$

式中: D 为体重(g/cm³); P_1 为封蜡前重量(g); P_2 为封蜡后重量(g); V 为封蜡后体积(cm³); d 为石蜡密度(0.93 g/cm³)。

(2)大体重测定:选择对各种类型和品级矿石有代表性的地段,通常用刻槽法测定。各种类型和品级矿石一般测定 1 ~ 3 件。取样规格多为 25 ~ 50 cm³ 或更大规格的立方体,便于准确求取体积,称量刻下矿石的重量,除以立方体的体积即直接求得矿石体重。亦有用凿岩爆破崩落法测定大体重的,但因体积难以准确测得,故其很少应用。

由于小体重体积测定不包括矿石中较大的裂隙,而大体重体积测定包括了矿石中的孔洞和裂隙,因而可以代表矿石的自然状态的体重值,大、小体重样均应分析品位或其他相关指标,以检查体重值是否有代表性。当矿石孔隙发育时,需要用大体重值修正小体重,其修正系数公式是:

$$K = \frac{D_1}{D_2} \qquad\qquad (4-14)$$

式中:K 为修正系数;D_1 为大体重值;D_2 为同矿石类型小体重值。

4.3.2.2　湿度测定

矿石湿度是指在自然状态下单位重量矿石中所含水分重量与湿矿石重量相比的百分率。松散多孔或含水量高的矿石必须测定湿度。应按不同的矿石类型和季节分别取样测定。

主要是采取块状样品,重量一般为 300~1000 g,现场用密封容器装样后立即送至实验室,样品破碎到 1~2 cm 称重后用恒温干燥箱在 105~110℃温度下烘干。其计算公式为:

$$W = \frac{P_1 - P_2}{P_1} \times 100\% \qquad\qquad (4-15)$$

式中:W 为矿石湿度,%;P_1 为湿矿石重量,g;P_2 为干矿石重量,g。

如需应用湿度来校正矿石体重时,其校正公式为:

$$D_1 = \frac{D(100-W)}{100} \qquad\qquad (4-16)$$

式中:D_1 为校正后的矿石体重;D 为湿矿石体重。

4.3.2.3　孔隙度测定

矿石孔隙度是指矿石中有效孔隙体积与矿石总体积相比的百分率。取样应根据不同矿体、矿石类型和孔隙发育程度,分别在水平方向或垂直方向上采取。其测定方法有两种:

(1)计算法。利用矿石的体重和比重值来计算孔隙度,其公式为:

$$K_n = \left(1 - \frac{D}{d}\right) \times 100\% \qquad\qquad (4-17)$$

式中:K_n 为矿石孔隙度,%;D 为矿石体重或大体重值;d 为矿石比重或小体重值。

(2)实验室煤油饱和法。将原状态的干燥样,切制成规则形状,测量其体积。用蜡封好留出缺口,缓缓注入煤油,待样内空气排完为止,所用煤油体积便是孔隙体积;或将已测得体积的样品破碎,放置于装煤油的量筒中,量筒内增加的体积即为矿石的实际体积。孔隙度计算公式分别为:

$$K_n = \frac{V_2}{V_1} \times 100\% \qquad\qquad (4-18)$$

式中:K_n 为矿石孔隙度,%;V 为原样体积,cm³;V_2 为孔隙体积,cm³。

$$K_n = \frac{V_1 - V_3}{V_1} \times 100\% \qquad\qquad (4-19)$$

式中:V_3 为矿石的实际体积,cm³;K_n、V_1 同前式。

4.3.2.4　松散系数测定

松散系数是指矿石或岩石在自然状态下的体积与其爆破后松散状态体积的比值。一般在测定大体重的同时测定松散系数,原生矿用标准木箱测定爆破后松散矿岩的体积;砂矿多在浅井挖掘时用体积箱测量松散后的体积,松散系数是确定矿山装矿容器(矿车)、提升容器(箕斗)、储矿仓容积、运输能力和爆破补偿空间等的重要技术参数。

$$K = \frac{V_b}{V_a} \qquad\qquad (4-20)$$

式中:K 为矿岩松散系数;V_a 为矿岩爆破前实际体积,m³;V_b 为矿岩爆破后松散体积,m³。

4.3.2.5　块度测定

块度是指爆破崩落下的不同块径的矿石所占重量百分比。该资料是确定采矿出矿、选矿破碎设备的参考数据。块度测定通常与测定松散系数同时进行。一般是将爆落的矿石按 >200 mm,100~200 mm,50~100 mm,25~50 mm,10~25 mm,5~10 mm,<5 mm 等七级过筛分级,分别求其重量,并求得各块级重量占总重量的百分比。

4.3.2.6　凿岩性测定

凿岩性指凿岩机在标准条件下在单位时间内凿岩推进的距离。用以说明矿岩钻凿的难易程度。凿岩性与矿岩性质密切相关，是制定劳动定额、材料消耗定额、选择凿岩设备和编制采掘计划的依据。

测定时应在不同的矿石类型、不同的岩石类型分别进行，一般测定不少于5次，取其平均值，其单位为m/h。

4.3.2.7　自然安息角测定

自然安息角是指矿石或岩石在自然堆放条件下，矿（岩）堆坡面与水平面的夹角。一般在崩落或排出的矿（岩）堆上测得。每项测定不少于5次，取其平均值，单位以角度表示。

4.3.2.8　矿岩力学强度测定

力学强度是指在外力作用下矿石或岩石抵抗破碎的能力，该数据是确定采矿方法，采场要素、井巷断面、支护方式和凿岩爆破参数的重要资料。

测定样品应采自不同类型的矿石及其顶底板围岩，标明产状和定向构造方向。每个样品取两块，加工成 5～10 cm 边长立方体，亦可根据试验部门的要求切制。样品由试验单位做抗压、抗拉、抗剪、抗弯扭等强度试验，单位以 kg/cm^2 表示（参见表4－11）。

表4－11　矿石、岩石力学测定样品规格和数量

试验项目	试验方法	试　验　条　件		试　验　技　术　条　件		
		受力方向	状态①	形状示意图	试件尺寸要求	数量
极限抗压强度	单向	压力垂直于层（片）理面或天然水平面	风干		立方体：边长为5～7 cm	3
			干燥			3
			饱和			3
		压力平行于层（片）理面或天然水平面	风干		圆柱体：直径等于高且大于5 cm	3
			干燥			3
			饱和			3
抗拉强度	劈裂法	拉力平行于层（片）理面或天然水平面	风干		立方体：边长为5～7 cm	·3
			干燥			3
			饱和			3
		拉力垂直于层（片）理面或天然水平面	风干		圆柱体：直径等于高且大于5 cm	3
			干燥			3
			饱和			3
抗剪切强度	单力法	剪切力垂直于层（片）理面或天然水平面	风干		长方体：3×1.5×6 cm	3
			干燥			3
			饱和			3
		剪切力平行于层（片）理面或天然水平面	风干			3
			干燥			3
			饱和			3
抗剪断强度	变角板法	剪应力垂直于层（片）理面	风干		立方体：边长为5 cm^2	12
			干燥			12
			饱和			12
		剪应力平行于层（片）理面	风干			12
			干燥			12
			饱和			12
弹性模量及泊松比		压应力垂直于层（片）理面或天然水平面	风干		长方体：5×5×10 cm	3
			干燥			3
		压应力平行于层（片）理面或天然水平面	风干			3
			干燥			3

①指试验时状态。

4.3.2.9　土工试验

软岩层、泥质岩、风化岩及裂隙发育岩石等原土状样品进行土工全项试验，取样规格为 15 ~ 20 cm³。如果只做颗粒分析、可塑性、比重等试验，样品可以取扰动土样，其重量要求是：颗粒 < 2 mm 时，一般为 500 ~ 1000 g；颗粒 > 2 mm 时，一般为 2000 ~ 3000 g，由专项实验室测试。

4.3.3　非金属矿产物理样品的特殊测试

大多数非金属矿产在工业上一般是直接利用其有用矿物的物化特性和工艺性能，评价非金属矿产的质量时，除了考虑有用矿物的含量和主要有益或有害化学成分的含量外，它的物理化学性质和工艺性能也是一个很重要的方面。现将一些常用的非金属矿产物性测试概述如下。

4.3.3.1　吸蓝测定

黏土矿分散于水溶液中有吸收次甲基蓝的性能。其吸附量称为吸蓝。以 100 克试样吸附的次甲基蓝毫摩尔数（或克数）表示之。在工业上吸蓝量可作为估价膨润土矿矿石中蒙脱石相对含量的依据。吸蓝量还可用作区分蒙脱石与凹凸棒石等矿物、并作为以蒙脱石含量圈定膨润土矿的一项工业技术指标。计算膨润土中蒙脱石含量的经验公式为：

$$M = \frac{B}{0.442} \qquad\qquad (4 - 21)$$

式中：M 为蒙脱石含量，% ；B 为吸蓝量，mmol/100g。

根据我国具体情况，得出某些膨润土矿区蒙脱石含量与吸蓝量的换算系数 K 大约等于 150 左右，其换算公式为：

蒙脱石相对含量 $\qquad\qquad M(\%) = \dfrac{\text{吸蓝量 mmol/100g}}{K} \qquad\qquad (4 - 22)$

作为膨润土矿矿石一般要求吸蓝量大于或等于 22 g/100 g。

4.3.3.2　脱色力测定

某些黏土矿对油脂、树脂、沥青等有色物质具有良好的脱色能力。脱色力是评价黏土矿脱色能力的重要技术指标。它是在相同的测试条件下，选择一个脱色力比较适中的标准土（习惯上采用仇山膨润土，脱色力 = 114）与待测试样对同一标准菜油介质进行脱色。

在脱色效果相同的条件下，所用标准土样与试样用量之比，再乘以标准土的脱色力值即为试样的脱色力，以下式表示：

$$T = T_0 \times \frac{W_1}{W_2} \qquad\qquad (4 - 23)$$

式中：T 为试样脱色力；T_0 为标准土脱色力；W_1 为标准土用量，g；W_2 为试样用量，g。

作吸附用凹凸棒黏土的脱色力，原土要求 ≥50，活化后脱色力要求 >110。

4.3.3.3　胶质价测定

胶质价是表示黏土样品分散性与水化的程度，是黏土矿分散性、亲水性和膨胀性的综合表现，也是判断膨润土矿属性和质量的技术指标。一般钠基膨润土比钙基、酸性膨润土的胶质价高。同一属性中蒙脱石含量愈多，则胶质价愈高。

胶质价测试是用 15 g 试样与水混合，加入一定量的氧化镁，静置 24 h，读出絮沉面刻度读数，其单位以 mL/15 g 表示。

铸造用膨润土要求胶质价不大于 90 mL/15 g，脱色用的要求胶质价不大于 50 mL/15 g。

4.3.3.4　离子交换容量和交换性阳离子测定

该两项指标是判断膨润土矿品位、划分膨润土矿属型和综合评价膨润土矿的重要指标。

膨润土可根据该两项指标的比值来划分属性，即

$$\text{钠基膨润土：} \frac{ENa^+}{C \cdot E \cdot C} \times 100\% \geqslant 50\%$$

钙基膨润土：$\dfrac{ECa^{2+}}{C \cdot E \cdot C} \times 100\% \geqslant 50\%$

镁基膨润土：$\dfrac{EMg^{2+}}{C \cdot E \cdot C} \times 100\% \geqslant 50\%$

铝基膨润土：$\dfrac{EAl^{3+}}{C \cdot E \cdot C} \times 100\% \geqslant 50\%$

式中：ENa^+、ECa^{2+}、EMg^{2+}、EAl^{3+} 为 Na，Ca、Mg、Al 交换性阳离子量，（mmol/100 g）；$C \cdot E \cdot C$ 为阳离子交换容量，（mmol/100 g）。

沸石矿利用这两项指标来划分矿床类型和圈定矿体。用于铁球团矿黏结剂的膨润土要求阳离子交换容量 $\geqslant 40$ mmol/100 g，其中 ENa 含量 $\geqslant 50\%$。

4.3.3.5 可塑性测定

黏土矿石的可塑性是黏土矿石作为陶瓷、耐火材料原料的重要质量指标之一。由于其测试方法不同，可塑性好坏可分别用塑性指数、塑性指标和可塑性指数来表示。

塑性指数（W_n）：黏土的含水量逐渐增加时，可以从固体状态经过塑性状态变为流动状态。由固体状态转变为可塑状态时的临界含水量称为塑限（W_T）；由可塑状态转变为流动状态时的临界含水量称为液限（W_P）。塑限和液限之差称为塑性指数。即：

$$W_n = W_T - W_P \tag{4-24}$$

塑性指标（S）：采用一定直径的泥球，在外力作用下发生变形，并开始产生裂纹，此时测其应力和应变值，两值之积即为塑性指标，即

$$S = (a - b)p \tag{4-25}$$

式中：a 为泥球在试验前的直径，cm；b 为泥球受压后受压方向的高度，cm；p 为泥球出现裂纹时的负荷重量，kg。

根据上述两指标可把黏土矿可塑性分为四级。

	塑性指数	塑性指标
强塑性	>15	>3.6
中塑性	7~15	2.5~3.6
弱塑性	1~7	<2.5
非塑性	<1	

可塑性指数（W_a）：是衡量黏土质和高铝质耐火土可塑性施工或成型难易程度的指标。它是用标准规格试样在一定的冲击载荷作用下使之发生变形，以变形高度与原试样高度之比用百分数来表示，即：

$$W_a(\%) = \frac{L_0 - L_1}{L_0} \times 100\% \tag{4-26}$$

式中：L_0 为受冲击前试样的高度，cm；L_1 为受冲击后试样的高度，cm。

黏土质和高铝质耐火土可塑性指数标准为 15% ~ 40%。

4.3.3.6 膨胀倍数测定

某些矿石（如蛭石、珍珠岩）加热后体积发生成倍膨胀的特性称膨胀性，膨胀倍数是矿石膨胀性能的一项物性指标。有的非金属矿用这项指标圈定工业矿体。膨胀倍数的测试是用一定量体积的试样，加热使其膨胀，测其膨胀后的体积，试样加热前后体积比即为膨胀倍数。

一般工业上要求珍珠岩的膨胀倍数不小于 7 倍。根据膨胀倍数的大小，蛭石可分为：一级品（膨胀倍数 > 10）；二级品（膨胀倍数为 5 ~ 10）；三级品（膨胀倍数为 2 ~ 5）。

4.3.3.7 沉降速度测定

沉降速度指滑石粉在水中自由沉降的速度，是造纸工业要求的一项物性指标。沉降速度测试是用一定重量的试样加一定量的水搅拌静置一定的时间后，观察并记录量筒中较清洁液层的毫升数。

滑石粉用于造纸工业，要求沉降速度值一般在 50 ~ 80 mL。

4.3.3.8 膨胀容测定

黏土矿遇水后有明显的膨胀性,膨胀容是衡量黏土矿物膨胀性的指标。也是判断膨润土矿属性和质量的技术指标。用黏土试样与盐酸溶液混匀后,测定膨胀后所占的体积,称为膨胀容,以 mL/g 表示。一般钠质膨胀土、酸性膨润土的膨胀容高。同一属性的膨润土、蒙脱石含量愈高,膨胀容的值也愈大。

作脱色用的钙钠质膨润土膨胀容要求≥6 mL/g,用于铸造的膨润土则要求膨胀容≥10 mL/g。

4.3.3.9 白度测定

白度,系矿石对白色光反射的能力。用氧化镁标准白板对特定波长单色光的绝对反射强度与相应波长测得试样板表面的绝对反射强度的百分比来表示,即:

$$W_H = \frac{I}{I_0} \times 100\% \tag{4-27}$$

式中:W_H 为白度,%;I 为试样板表面的绝对反射强度;I_0 为标准白板表面的绝对反射强度。

白度是衡量某些非金属矿作为涂料、填料或陶瓷坯、釉料等工业原料的重要指标。有的非金属矿(如滑石)用作圈定矿石储量的工业指标,因工业生产对矿石要求不同,又把白度分为自然白度(生料白度)和焙烧白度(熟料白度)两种。某些需要高温焙烧产品的矿石原料焙烧白度更为重要。白度一般采用白度仪测定。(常用的有 ZBD 型白度仪、WSD 型数字白度计、SC-1 智能式测色差计等。)

作为陶瓷用的高岭土焙烧白度要求大于 80%,造纸用优质高岭土自然白度要求在 85%~90% 以上。

4.3.3.10 耐火度测定

耐火度是反映黏土矿石抵抗高温作用而不熔融的性能,即矿石试样在高温下开始熔融的临界温度。它是衡量黏土矿用作焙烧原料的一项重要指标。其测定方法是将试料制成三角锥试样,在不断升温条件下,由于试样本身重力的作用逐渐软化弯倒,直到锥尖角触及底面,此时的温度即为耐火度。

按黏土的耐火度高低可把黏土矿分为易熔黏土(耐火度低于 1300℃)、难熔黏土(耐火度 1300~1500℃)、耐火黏土(耐火度高于 1850℃)。

4.3.3.11 悬浮度测定

悬浮性系黏土微粒均匀分散和悬浮于水中的性质。工业上称为泥浆稳定性。测定原理是将试样经加水研磨成均匀糊状,并使其分散于一定体积的水中,经一定时间后,记录由于泥浆沉降上层出现清液的体积数,以确定其悬浮性能之优劣。悬浮性计算单位用 mL 表示。

用于搪瓷工业的高岭土一般悬浮度要求不大于 100 mL。

4.3.3.12 吸着率测定

吸着率是橡胶工业衡量黏土吸附硫化促进剂二苯胍(DPG)能力的一种方法。是黏土用作橡胶充填料的一项重要技术指标。测定原理是根据二苯胍溶于乙醇呈碱性,以酸碱滴定法测定二苯胍乙醇溶液与黏土试样作用前后的不同碱量计算求得,以百分数表示。

高岭土用于橡胶充填料一般要求二苯胍吸着率为 4%~10%。

4.3.3.13 黏度测定

黏度是黏土的泥浆性能指标之一。黏土泥浆流动时,由于内摩擦力而产生抵抗相对运动的阻力。它是利用黏度计测量,单位为帕秒(Pa·s)。这是高岭土用于造低涂料和陶瓷注浆成型的一项重要指标。

造纸工业对高岭土质量要求是:用于高速涂布原料,其黏度要求 <15 Pa·s;用于低速涂布原料,其黏度 <5 Pa·s。

4.3.3.14 沉降体积测定

沉降体积是橡胶工业衡量黏土细粒相对含量的一项指标。测试时将试样 10 g 加水至 100 g 浸润后充分摇动,使试样均匀分散于一定体积的水中,静置 3 h 后,观察试样沉降体积的大小,借以衡量试样细粒级的相对含量。

高岭土用作橡胶工业一般要求沉降体积不小于 3~4 mL/g。

一些非金属矿产主要的物理性质测试项目和用途参见表 4-12。

表 4 – 12 某些非金属矿产的主要物理性质测试项目

矿 种	用 途	物理性质测试项目
石棉	纺织、耐磨、绝热、建筑材料等	纤维长度、机械强度、耐酸性、耐碱性、导热性、导电性
石墨	坩埚材料 电极材料	导热性、鳞片大小 导电性、粒度
云母（包括白云母、金云母）	电器设备材料	硬度、抗压强度、耐热性、击穿电压、体积电阻率、表面电阻率、介质损耗角
	一般工业及建筑材料	硬度、挠曲性、抗压强度、耐热性
金刚石	宝石拉丝模、硬度计、刀具、研磨材料等半导体器件等	晶体大小、晶形、颜色、透明度、包裹体、导热性，半导体性能
滑石	造纸、纺织、日用化工等	白度、细度、热敏性能白度、细度、导电性、耐热性、表面电阻
石膏	医药、雕塑、装饰、造纸等	白度、细度
高岭土	建筑、陶瓷、电瓷、日用化工等	可塑性指数、白度、耐火度、烧结范围、干燥收缩和烧成收缩率
凹凸棒石黏土	油脂精炼、抗高温钻井泥浆、建筑涂料等	脱色力、吸附率、造束率、吸蓝率、胶质价、比表面、可交换阳离子及阳离子交换容量
沸石	水凝水泥的硬凝剂、吸附剂、阳离子交换剂、轻骨料等	比表面、吸附率、可交换阳离子及阳离子交换容量等
大理石	饰面材料和工艺品	颜色、花纹、光泽度、抗折强度、抗压强度、容重、吸水率、耐磨率等
	电气绝缘材料	磨光性、加工性能、吸水率及吸湿后的体积、电阻系数、干燥状态的电场击穿强度

4.4 岩矿测试取样

岩矿测试取样是系统地或有选择性地从矿物、矿石、岩石中采集有代表性的样品，以便进行矿物学、矿相学、矿床学等学科的研究，它是评价矿床、分析矿石工艺性质、掌握成岩成矿规律、指导找矿勘查和矿山生产的重要资料。

4.4.1 岩矿测试取样的种类

岩矿测试取样种类包括：

（1）单矿物取样：在矿石或岩石中采集样品，通过有效手段，分离各种单矿物，以了解元素在各种单矿物中的含量和变化。

样品要在不同矿体、矿石类型和不同空间位置或根据研究需要采取，或者选择有代表性的样品合并成组合样。

（2）人工重砂取样：主要用以研究有用组分的赋存状态、工艺性质、分离各种单矿物及进行矿物鉴定、定量分析和分析可综合利用元素的含量。

样品应按矿体、矿石类型及不同的空间位置采取，亦可配合加工技术同时采取样品。样品的数量和重量、根据不同的地质条件而定，一般每件样不小于 100 kg。

（3）岩矿显微镜鉴定取样：通过手标本和光薄片鉴定，主要研究矿石、岩石的微观地质特征，确定矿物种类、共生组合、结构构造、划分矿石类型、确定矿物粒级、研究矿物生成顺序及次生变化。

样品采取要有代表性，采取的数量取决于矿岩类型及其变化的复杂程度，样品的规格应能满足切制光薄片的需要。一些具有特征的矿物晶体、矿石及化石等的样品规格视具体情况而定。定位标本应注明产状标志。

（4）矿物包裹体测试取样：主要用于研究矿物形成条件、包裹体成分及其成因。

依测试要求采取的矿物或岩石样品可以采取手标本中的单矿物，用爆裂法测温，测定成分。亦可从原样制成光、薄片,用均一法测温,并研究包裹体大小、形态、气、液、固相比例及其成分。

(5)稳定同位素及同位素地质年龄测试取样:前者主要研究成岩、成矿的物质来源。矿化阶段及矿床成因,后者用于测定成矿成岩的年龄。

取样前应查清地质条件,采集全岩样或采样后分离出某些单矿物样品,除研究蚀变作用外,主要采集新鲜的岩石或矿石,提纯的单矿物纯度要求在98%以上。

4.4.2 测试样品的送样要求

所有采集的样品均要填写标签并进行样品登记,注明采集位置、编号和测试要求,对于特殊的或易磨损的岩矿样品,要妥善包装,避免损坏。易脱水、易潮解、易氧化的样品,应密封包装,装箱时箱内应放入送样单,系统取样应附地质剖面图或柱状图及样品采集位置图,测试样品的送样要求如下:

(1)电子探针分析:每件样品不应少于3~5个矿物颗粒,粒径在0.1 mm以上,光、薄片要圈出测试部位,说明分析元素和分析要求。

(2)差热分析:样品应是提纯的单矿物,其中不能含有机质,磨细至-200目,对不易提纯的黏土矿物等混合样,要说明可能的矿物组合,样品重量不少于500 mg,如差热、失重同时分析,样品量应不少于1 g,送样时最好附有物化测试结果。

(3)穆斯堡尔光谱分析:样品要求小于100目,含铁量应在5%以上,每件样重不小于200 mg。

(4)红外吸收光谱分析:粉末样品每件重数毫克,保证其中有几个矿物颗粒。单矿物样品纯度应大于99%。

(5)X射线衍射分析:单矿物样品重一般大于5 mg,最低不小于0.5 mg。

(6)X射线粉晶分析:样品重0.5 mg以上。

(7)等离子发射光谱分析:粉样要小于160目,样重要求1~10 g,单矿物样要大于0.1 g。

(8)原子吸收光谱分析:样品要小于160目,样重1~10 g,样品应经化学处理后测定。

(9)激光光谱分析:样品要小于200目,样重大于0.1 g。单矿物颗粒大于100 μm的光片或薄片。

各类岩矿测试取样要求及用途参见表4-13。

表4-13　各类矿物取样样品采集、取样过程及用途

岩矿显微镜鉴定取样	样品采集	从岩石或矿石中采集块状标本,标本规格视需要而定
	取样过程	采集岩矿标本——加工成光片、薄片或光薄片——显微镜下鉴定
	用途	确定矿石、岩石种类、分析地质构造、推断矿床生成地质条件,了解矿石加工技术性能,划分矿石类型等
矿物包裹体测试取样	样品采集	从岩石或矿石中采集样品,样重按测试项目而定
	取样过程	采集原始样品——选取单矿物——用爆裂法测温或测定包裹体化学成分。采集原始样品——制成薄片或光薄片——在显微镜下用均一法测温和研究包裹体形态、大小及气、液、固相比例
	用途	用于研究矿物的形成温度、包裹体成分,进而利用热晕、蒸发晕找矿或研究矿床、岩石成因等问题
稳定同位素测定取样	样品采集	从岩石或矿石中采集全岩样品或单矿物样品;所采样品应避免有后期叠加蚀变、退变质或固体包裹体或有固溶体分离的矿物;单矿物纯度要求98%以上
	取样过程	采集标本或样品——提取单矿物——测定稳定同位素
	用途	判别成岩成矿物质来源,解决矿床成因,划分矿化阶段和成矿期次,指导找矿方向以及判断矿床规模等
同位素地质年龄测定取样	样品采集	查清地质情况的条件下,除专门研究蚀变和形变作用时期的样品外,应采集新鲜、未受蚀变风化的岩石或矿物样品,矿物中不应含有副矿物包裹体,母体和子体同位素没有与外界物质发生交换
	取样过程	采集原始样品——加工成单矿物样品,一致曲线样品,等时线样品——进行同位素地质年龄测定
	用途	确定岩层或矿床地质年龄,指导找矿

4.4.3 测定矿石质量的其他方法

4.4.3.1 核物理测定法

它是利用激光源轰击被测岩(矿)石中元素使其放出射线,并用仪器测量放出射线种类与能量,以确定元素含量的方法。如中子活化分析、质子荧光分析、X 射线荧光分析等。其中适用于现场测定的是 X 射线荧光分析仪。近来也用中子活化分析法进行测井。

(1)X 射线荧光分析:该法是使用 X 射线荧光分析仪等测定大多数元素(原子序数≥13 者)的含量,精度可达十万分之几,可携带仪器至现场进行测定。最近出产的便携型 X 荧光分析仪对金和其他重元素均可现场测量,其检测限度可达 10^{-6} 级。

(2)中子活化分析:它是利用中子源照射样品中某些元素使其活化,研究活化生成的同位素半衰期、射线种类和能量等放射性特点,以确定这些元素含量的方法。可分析元素周期表中绝大部分元素,而且一个样品可测定多种元素,用于实验室或现场测井。

(3)辐射测量:是用辐射仪在采探工程中或矿堆上,按一定点距精确测量矿石的放射性强度,从而确定放射性元素含量和矿体厚度的方法。按照纪录射线的种类和测量方法的不同分为 γ 测量,β - γ 综合测量,γ 能谱测量三种。根据 γ 测量以确定矿石品位,代表性较佳,应用较多,在铀、钍混合矿区用 γ 能谱测量。在铀镭平衡严重破坏,对其规律未很好认识的矿区,不利于辐射测样。该方法可以代替刻槽取样,但需用 10% ~20% 刻槽取样检查,也可代替岩(矿)心取样,但需用 3% ~5% 岩(矿)心取样检查。

(4)γ 测井:γ 测井是用 γ 测井仪器沿钻孔直接测量(一般用点测)岩矿石的天然 γ 强度,寻找放射性异常,钻孔 γ 测量异常曲线,是定量解释钻孔中矿层的空间位置、厚度和放射性元素含量的一种物探方法。

4.4.3.2 实测统计法

此法系通过在现场地质编录过程中,实测有用矿物与矿体的面积或长度,经统计计算以确定矿石主要有用组分品位的一种方法。此种方法在钨、锑矿山用以代替化学取样和基本分析。目前使用的有两种:

(1)面积统计法:在实测矿体暴露面积及其有用矿物面积的基础上,用下列公式计算品位。

$$C = \frac{\sum S_x D_x C_x}{(S - \sum S_x) D_y + \sum S_x D_x} \times 100\% \qquad (4-28)$$

式中:C 为有用组分品位,%;$\sum S_x$ 为在矿体的一定暴露面积上含该有用组分矿物总面积,mm^2;D_x 为有用矿物的平均体重,g/cm^3;S 为有用矿物的有用组分含量,%;S 为受测定矿体暴露面积,mm^2;D_x 为矿石中脉石矿物的平均密度,g/m^3。

该法有一定的优点,即不需刻槽,免去样品加工、化验等工序,节省人力和物力,但它只能用于矿体与围岩界限分明、矿石矿物组成简单、有用矿物与脉石矿物易于区别和有用矿物颗粒粗大的矿床,因而有一定局限性。

(2)长度统计法:在巷道壁上沿矿体厚度方向布置若干条平行测线(锡矿山为 11 条)作为一测样点,测线间距可为 2 ~10 cm,测样点间距及测线长度(相当于样槽长度)可与一般刻槽法相同。在每条测线上用卡规量出含矿矿物集合体段落长度,同时用钢卷尺量出测线总长度,再目估含矿矿物集合体的品位和脉石矿物集合体品位,最后用公式(4-28)计算测样点品位:

$$C_i = \frac{\sum L_x D_x C_x + (\sum L - \sum L_x) D_y C_y}{(\sum L - \sum L_x (D_y + \sum L_x) D_x} \times 100\% \qquad (4-29)$$

式中:C_i 为某测样点的品位,%;$\sum L_x$ 为测线上含矿矿物集合段落总长度,mm;D_x 为含矿矿物集合体体重,g/cm^3;C_x 为含矿矿物集合体品位,% $\sum L$ 为测线总长度,mm;D_y 为脉石矿物集合体体重,g/cm^3;C_y 为脉石矿物集合体品位,%。

上述参数,除 $\sum L_x$ 和 $\sum L$ 实测取得外,C_x 及 C_y 是测定者根据大量样品外观与化验结果对比所积累的经验,现场目估测定;D_x 是根据 D_x 与 C_x 间回归方程确定,而 D_y 是实测平均值。

4.5 矿石加工技术试验取样

4.5.1 矿石加工技术试验取样的任务

矿石加工技术取样的任务,是为研究矿石的选、冶加工技术性能,确定合理的选、冶方法和工艺流程而进行的试验,提供有代表性的矿石样品,试验结果是进行矿床经济评价,确定矿山工艺流程、选冶方法、产品方案及其有关技术经济指标的依据。一般金属矿山以选矿精矿为最终产品,只要求进行选矿试验。当矿石经选矿不能获得合格精矿产品时才考虑冶炼试验。

4.5.2 矿石加工技术试验的种类

根据试验的目的、要求及试验所取得的技术经济指标在生产应用中可靠性、选冶试验规模和模拟强度,将选、冶试验分为以下五类。

4.5.2.1 可选性试验

是用实验室设备进行的单元条件试验,随机性较强,模拟程度较低,一般以主组分的回收试验为主,顺便研究伴生组分的回收,通过试验,达到判别试验对象是否可作为工业原料。

试验主要是在对矿石物质组成进行研究的基础上,提出矿石可选性、综合回收可能性及其主要技术指标;推荐产品方案并作初步的经济估算。

4.5.2.2 实验室流程试验

进一步研究矿石的可选(冶)性能,取得合理的选(冶)方法和流程的详细资料。主要是详细研究矿石的物质组分;提出合理的选(冶)方法和混选、分选的流程意见;提供伴生有益组分综合回收的评价资料及其选(冶)指标。试验结果是进行矿产工业评价、制定工业指标和矿山开发可行性研究的依据资料;对可选矿石试验结果亦可作为矿山初步设计的参考资料。

4.5.2.3 实验室扩大连续试验

在实验室条件下,根据类似生产操作条件进行连续性流程试验,在动态平衡中反映出试验因素和技术指标,一般情况下可作为矿山设计依据资料。

4.5.2.4 半工业试验

对新的矿石类型,缺乏生产实践的矿山或选、冶工艺流程复杂的矿石,用正式生产设备,按生产操作状态,在实验工厂进行连续模拟试验,其试验数据是矿山设计的可靠依据。

4.5.2.5 工业试验

是在工厂或工业试验厂进行的大规模连续性试验,以便确定矿石性质复杂的大型选冶厂的工艺流程和技术经济指标。有时亦为新方法、新工艺、新设备的工业应用提供试验依据。

4.5.3 矿石加工技术试验取样的要求

4.5.3.1 矿样代表性

(1)矿样的主要组分及伴生有益、有害组分的含量、矿物组合、矿石结构、构造、矿物粒度及嵌布特征、矿石蚀变及泥化程度、碳质物含量应与其所代表范围内的矿石性质一致;

(2)根据采、选、冶要求,按不同矿体、不同矿石类型和品级单独采取或按比例混合采取,矿样种类应与矿山选冶加工对矿石的质量要求相同;

(3)根据预计的矿石贫化率,采取相应数量的夹石和近矿围岩,以模拟矿山开采入选矿石的实际特点。

4.5.3.2 矿样重量

矿样的重量主要取决于矿石性质、试验的目的和规模、选冶方法、工艺流程和试验设备等因素,同时还须根据实际情况来确定。依据矿石类型和试验方法的难易程度,一般矿样重量为:可选性试验为50～500 kg,实验室流程试验为300～1000 kg,实验室扩大连续试验为1000～5000 kg或更多,半工业试验和工业试验为几十吨～几百吨或更多。矿样重量要求参见表4-14和表4-15。

表4-14　金属矿产矿石加工技术试验试样重量参考表

试验类型	试样重量
可选(冶)性试验	50～500 kg
实验室流程试验	300～1000 kg

续表 4-14

试验类型	试 样 重 量
实验室扩大连续试验	1~5 t
半工业试验	试样重量根据试验单位的设备规格、处理能力及必须试验的时间而定
工业试验	试样重量根据工厂设备规格及需要试验的时间而定。当采用新设备需作工业试验时,所需试样重量按设备能力而定

表 4-15 某些非金属矿产矿石加工技术试验试样重量参考表

试验类型 矿 种	初步可选性 试验/kg	详细可选性 试验/kg	半工业试验	工业试验	工业技术性能试验
石棉	500~1000	3000~5000	根据试验方案的数目、选矿方法、试验单位的设备规格、处理能力及必需的试验时间而定	根据试验方案的数目、工厂规模及必需的试验时间而定	单项试验不少于 3 kg,一般总重需 30 kg
高岭土	500~1000	>1000			实验室规模制陶试验 100~500 kg
滑石	300~500	>1000			单项实验 1~3 kg,一般总重需 20~30 kg
石膏		>30			实验室制板试验 100~200 kg
金刚石	5000~30000	5000~30000			对每颗金刚石进行晶形、重量、导热性、半导体性能等测定
石墨	300~500	>1000			20~30 kg
硅灰石					500 kg
云母					需有效面积大于 40 cm² 的厚片云母 1~3 套,每套包括 1~4 种标号,总重量 10~15 kg,5、6、7、8 标号云母 10~20 kg 作薄片出成率试验
凹凸棒石黏土					测试脱色力、吸附率、吸蓝量、胶质价、膨胀容、比表面、阳离子交换总量等,每单项需 1 至几克不等

4.5.3.3 矿样采取及送样要求

(1)根据有关的地质资料、矿山设计、生产及试验要求来编制取样设计。

(2)采样点应大致均匀分布,充分利用已有的探矿和采矿工程。并尽量选择在施工方便、运输条件好的地方。

(3)依据试验要求、矿化均匀程度和取样施工条件来选择取样方法。样品重量不大时,可采用刻槽法和采用钻孔矿心;样品重量大时,则需要采用剥层法和全巷法。

(4)样品采取后应加工、化验,视其分析结果是否与采样设计要求的品位相近,如品位偏高或偏低,应再适当地补采低品位或高品位岩、矿石,经配矿再分析其品位,尽量与设计要求的一致,以保证样品的代表性。

(5)样品包装和运输应保证矿样不漏失、不潮湿。一般每箱重量不超过 50 kg,随同给取样设计、取样位置图和取样说明书送交试验单位。

4.6 砂矿取样

砂矿取样是为了查明砂矿中有用重矿物(或有用组分)的含量,研究有用重矿物的性质和分布规律、圈定矿体、计算储量以及确定砂矿的加工技术性能和开采技术条件,从而对矿床作出工业评价。

4.6.1 砂矿取样的特点

砂矿取样与固体矿产取样的最大区别,在于大部分样品是在不同深度的第四纪松散层中采取。其特点是:

(1)砂矿是由粗细不均一的松散沉积物(坡积、残积、洪积、冲积、海积物)所组成,其中有用矿物的含量变化较大，相应要求原始样品的体积或重量也较大，勘查时一般需采用较大孔径的钻孔，或断面较大的探槽、探井进行取样。对湖泊、河床等水下砂矿，要用特殊的取样工具，如带有挖掘机械的木筏或船只取样。

（2）原始样品处理方法，是经野外淘洗获取有用重矿物精矿，然后送实验室分析。

（3）分析时，主要是采用重砂分析的方法确定有用重矿物（或有用组分）的含量，化学分析只作为辅助手段。

4.6.2　砂矿取样种类和方法

砂矿取样种类：按取样对象的不同，可分为河流重砂（又称河床、河漫滩）取样，阶地重砂取样，残、坡积重砂取样和滨海（湖）重砂取样。按取样工程类别的不同，可分为浅坑取样、浅井取样（砂井取样）、探槽取样、砂钻取样。按采样方法的不同，可以分为刻槽法、留柱法、剥层法、全巷法、抽筒法、筒口锹法等。

现按取样工程的类别及其相应的采样方法分述如下：

4.6.2.1　浅坑、筒口锹取样

多用于河床、河漫滩、阶地及滨海松散层中的取样，筒口锹的采样深度可达 2 m 以上。每一样品重量，一般为 15～30 kg（或 0.01～0.02 m³），某些地段可适当增加取样规格或重量。

4.6.2.2　探槽取样

主要用于厚度小于 3m 的残、坡砂矿和阶地砂矿取样，方法主要为刻槽法。探槽一般垂直于含矿地质体走向。在探槽的一壁或两壁，沿松散层的厚度方向，连续分层分段取样。样槽断面规格见表 4－16，样长为 0.2～0.5 m，样长不足 0.2 m 时，并入上一个样品中，等于或大于 0.2 m 时，应单独作为一个样。每个样品体积最好不少于 0.01 m³。基岩风化层单独采样，样长 0.1～0.2 m。

4.6.2.3　浅井、砂井取样

浅井取样一般用于残、坡积冲积及阶地砂矿取样。砂井取样是专门为查明矿床的采、选技术条件，以及为取得井、钻的砂矿层品位和厚度对比资料的取样。取样方法有：

（1）刻槽法：用于各类黏土层、含黏土的中细粒砂砾层、半胶结的砂砾层或含泥量较多的砾（碎）石层中的取样，一般在井的一壁或相对两壁的中心刻取。样长 0.2～0.5 m，样槽断面规格见表 4－16。

（2）剥层法：适用于粗砂层及中细砾石层的取样。在井的一壁或相对两壁取样。样长 0.2～0.5 m，样槽断面规格见表 4－16。

（3）全巷法：一般用于选矿试验和技术测试样的采取。特点是按一定采样长度，分段挖进，将各段挖出的全部碎屑物作为样品。分层分段连续采样。样品的体积是井的断面积与样长的乘积。样长为 0.2～0.5 m，断面规格见表 4－16。

表 4－16　砂矿常见取样断面规格参考表

取样方法	取样规格，宽×深（m×m）	备注
刻槽法	0.2×0.1 0.1×0.05	
剥层法	0.5×0.05 (0.5～1)×0.1	在四壁或一壁刨采
全巷法	2.8×2.4 2.3×1.9 2×1.5	大规格样
	2.1×1.3 2×1.2 1.7×1.3 1.6×1.2	中等规格样
	1.6×1 1.5×1 1.4×1	小规格样

注：表 4－16 摘自《金属矿产勘查取样规范》。

（4）留柱法：用于浅井的重砂取样，可分为中间留柱法和旁边留柱——角柱法。一般适用于岩性较单一、没有大砾石的松散沉积层。用角柱法取样时，先挖去角柱周围的松散物，留取角柱部分作为样品。样品规格一般为(0.4~0.5) m×(0.4~0.5) m，样长 0.2~0.5 m。中间留柱法是用取样器取样的一种方法，为避免挖进浅井时造成样柱垮塌，取样时，在井中心位置打入方形或圆筒形钢制取样器(具体规格通过对比试验确定，砂金矿一般方形器规格为 0.5 m×0.5 m×0.4 m，圆形器规格直径为 0.5 m，高 0.4~0.5 m)。如果用于井、钻对比，原钻孔位置应包括在取样器范围内。取样时，先挖去取样器周围松散物，然后取出其中的松散物作为样品。样长 0.2~0.5 m。在砂井中常用此法取样。

4.6.2.4 砂钻取样

（1）取样原则：生产勘探阶段，已有可靠取样资料证实的不含矿表土层等，可以不取样，但要记录确定非含矿层的具体位置和界限；旧采区，从地表至基岩，应连续分段采样；全部钻孔必须穿透松散层，并进到基岩面以下 0.2~0.5 m。

（2）取样方法：应根据钻进作业和砂矿层地质特征进行选择，详见表 4-17。

表 4-17　砂钻孔采取方法选择参照表

取样方法	取样工具	适 用 条 件
抽筒	平阀抽筒，球阀抽筒，提砂筒	疏松地层，含水层、淤泥、泥浆及孔内积水等(未破碎的大砾石、硬岩层、基岩除外)
锤击打入取样为主，抽筒或回转补取为辅	锤击取样器，内管或半合管取样钻具，钢丝钻头取样器，开口钻头取样器，抽筒等	胶结性较好的地表覆盖层、黏土层、砂质黏土层、含小砾石的黏土层以及能进行"拔管"取样的地层等
回转取样为主，抽筒补取为辅	带硬质合金钻头的单管钻具或双管钻具、抽筒	有一定胶结性的地层、硬岩层、巨砾、冰冻层、基岩以及能进行"拔管"取样的地层等
	钻斗	砂层、松散破碎层、含小砾石的砂砾层
	勺形钻，螺旋钻	胶结性较好的地表覆盖层、黏土层、砂质黏土层、含小砾石的黏土层等
抓取	抓斗	砾石地层、砂砾层、卵砾石层、黏土层等
反循环	钻头和双壁钻杆	松散的碎石层、砂层、含小砾石的砂砾层、砂质黏土层、经破碎后的砾石、砾石层等

注：表 4-17 摘自《砂金矿勘查工作手册》。

（3）取样长度：样长一般为 0.2~1 m，含矿比较均匀、厚度较大的矿层样长可用 1~2 m，含矿不均匀或厚度较薄的矿层，则可少于 0.5 m，如含金矿砂层样长一般为 0.2~0.5 m。基岩样单独采取，一般取入基岩 0.2~0.5 m。

（4）取样技术要求及注意事项：每个样段分 2~3 回次提取，每采完一个样后，管内须留 0.2 m 的样柱。严禁泵筒超前取样；每采完一个样品，泵筒内的泥沙应全部倒入样箱，再用清水冲洗，入样箱防止外溅；取样时严防油污取样工具及油质进入孔内；要用专用量筒(斗)认真测量样品长度、体积，计算采取率；每个样品应洗净砾石表面的黏附物，无抛散，不混样，按顺序编号，正确测量样品长度和体积。

（5）取样质量要求：含矿层中不能有连续两个样品的采取率不合要求；由于砂样有松散性，含矿砂砾层中每个砂样的采取率都必须达到 80%~130%；非含矿层(含基岩)的单样采取率达到 70%~150%；不要求取样的地层不计算采取率；全孔样品采取率的合格率应达到 80% 以上；必须用标准规格的量筒准确测量每个砂样的实际松散体积；应有一定数量(一般为 5%~10%)浅井检查钻孔样品质量。

4.6.2.5 采场工作面及矿柱取样

采场工作面取样常用刻槽法，矿化极不均匀时用剥层法。生产勘探取样工作面每推进 10~15 m 取样一次，生产取样随着采掘推进 5~10 m 取样一次。检查砂矿开采损失贫化取样,是对未采下的矿体边缘、留底、保安矿柱、废石、剥离超挖部分进行取样,常用刻槽法和方格法。

当矿体在水平方向变化小、垂直方向变化大时,取样点多布置在采矿工作面上,自上而下采取。在岩溶地区,人工挑运地区的取样点,按水平方格状布置为宜,取样点数与挑运量有一定比例,每个样品代表矿石体积约 5~20 m³。

4.6.3　砂矿样品淘洗

根据对重砂矿物分离程度的要求,将其分为粗淘、精淘、单矿物分离三种。粗淘:是利用淘洗盘将重砂样品中的砂砾、泥质及轻矿物淘汰,留下灰色重砂,达到初步富集的目的,适用于野外工作。精淘:在粗淘的基础上进一步分离,获得纯度更高的重矿物或将轻矿物进一步分开,以满足矿物鉴定的需要或为单矿物分离打基础。单矿物分离是使目的矿物单纯富集或从重砂中单独分离出来的方法,一般在磁选的基础上进行单矿物分离。

人工淘洗可分为以下七种基本操作方法:

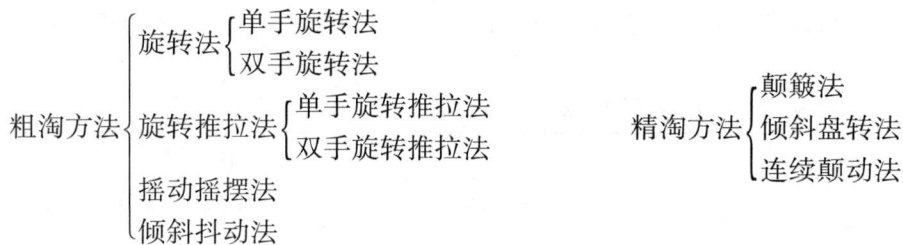

$$\text{粗淘方法}\begin{cases}\text{旋转法}\begin{cases}\text{单手旋转法}\\\text{双手旋转法}\end{cases}\\\text{旋转推拉法}\begin{cases}\text{单手旋转推拉法}\\\text{双手旋转推拉法}\end{cases}\\\text{摇动摇摆法}\\\text{倾斜抖动法}\end{cases}\qquad\text{精淘方法}\begin{cases}\text{颠簸法}\\\text{倾斜盘转法}\\\text{连续颠动法}\end{cases}$$

4.6.3.1　粗淘

粗淘一般按照开浆、脱泥、淘洗的工艺程序进行。

(1)粗淘工作注意事项:

1)应在野外现场进行,淘洗必须使用清水;

2)样品开浆、脱泥要用手搓和清水冲洗,彻底去泥。每次泥浆沉淀几分钟后再弃泥水,开浆脱泥要至水清为止。

3)样品淘洗前必须过筛或手选砾石。

4)淘洗一般在淘洗盆中进行,如在淘洗坑中进行,池底部先要垫好回收布,以便保征回收全部尾砂,再次淘洗。每个样品都要反复淘洗,直到最后两次回收见不到重砂矿物时,方可终止。

5)样品淘洗结束后,将砂样在现场烘干、装袋并编号。

6)烘样温度不宜过高,一般在 120~140℃左右,防止矿物飞溅及产生物理化学变化。

7)必须对尾砂进行检查,按含矿基本样的 10% 规定抽取粗淘质量检查样。

(2)粗淘质量要求:

1)淘至灰色重砂。灰砂中重矿物含量一般要达到 70%~80%,最低不少于 40%,不得淘掉有用矿物。尾砂中的重矿物不得超过重砂部分的 1%,重砂样品损耗率应小于 1.5%。

2)检查野外粗淘质量,应计算淘洗系数,要求其系数不大于 1.02。

4.6.3.2　室内精淘及分离

(1)过筛和磁选:对粒级不均一的灰砂,可先筛弃其粗级部分,筛孔径一定要大于工作矿区最大重砂矿物粒径。若灰砂粒级均一,则不必过筛,可用永久性磁铁先选出砂样中的磁性矿物及机械铁屑。

(2)精淘:是在磁选排出了强磁性矿物之后,用淘砂盘(流浪盘),分别以旋转、旋转推拉等方法在清水中进行细致的淘洗。经过反复淘选,尽可能使重矿物高度富集,直到达到黑色重砂为止。

4.6.3.3　单矿物分离

(1)电磁选:精淘后的黑色重砂中,往往含有磁性矿物,为了分离磁性的重矿物,可使用间断式电磁仪或多用磁力分离仪,进行电磁选。要反复分选,提高纯度。

(2)淘洗提纯:在无磁性矿物部分,可用小金属盘进一步淘洗提纯目的矿物。

(3)镜下挑纯:经过提纯分离的精矿部分,常混有其他重矿物,要置于双目显微镜下挑纯。

4.6.3.4　重砂矿物量换算

重砂淘洗后经重砂分离提纯的单矿物含量按下式计算。

$$单矿物含量 = \frac{样品中单矿物含量}{原样品重量} \times 100\% \qquad (4-30)$$

$$单矿物单位体积含量 = \frac{样品中单矿物含量}{原样品体积} \quad (g/m^3 或 kg/m^3) \qquad (4-31)$$

4.6.4　砂矿样品重砂矿物分离法

4.6.4.1　粒度分离法

常用的粒度分离法是筛分。筛分主要工具是分样套筛，过筛有水筛及干筛两种方法。样品在淘洗前，一般用水筛，样品淘洗前需过筛时，最小筛孔应不小于5mm，一般选择工作区目的矿物的最大粒径2倍以上，不能用小于目的矿物粒径的筛孔过筛。

4.6.4.2　磁性分离法

按矿物的磁性差异来分离矿物的方法称为磁性分离法，主要在实验室内进行。矿物磁性一般分为四大类；强磁性、中等磁性、弱磁性和无磁性。分离磁性矿物的工具，目前常用的有：永久性磁铁，电磁仪，磁力分离仪，强磁选机等。

4.6.4.3　比重分离法

比重分离法是根据矿物的比重不同分离矿物，是重砂矿物分离中常用的一种方法，一般有重液分离，风力分离，人工淘洗，机械淘洗等。

4.6.4.4　矿物静电分离法

利用不同矿物在静电场中因被极化带电的程度不同，致使矿物所受的静电力（吸引力或排斥力）不同，达到分离矿物的目的。使用的仪器通常为静电分离仪。

4.6.4.5　矿物介电分离法

利用矿物在液体介质电场中的电性差异而分离矿物的方法，目前只用于实验室单矿物分离。

4.6.4.6　其他方法

上述分离方法中，常用的是筛分、磁性分离、人工淘洗、机械淘洗，其他的方法，如矿物浮选分离法等，只在实验室内为提纯某些单矿物所应用。

4.6.5　重砂样品分析质量要求

（1）过筛及磁选：对筛上粗粒级部分，要严格检查，粗粒级没有有用矿物时才能抛弃。对磁选灰色重砂矿物，应将样品摊平在厚纸上进行，用磁铁反复多次分选，直至全部磁性矿物分离出为止。要求在磁性矿物中，非磁性矿物含量应小于2%，非磁性矿物中磁性矿物应小于1%，砂样损耗小于1%。

（2）精淘：要把所有轻矿物淘掉，反复淘洗次数不限，淘至灰色重砂为止，其中重矿物含量必须大于90%。轻矿物中的重矿物含量不得超过重矿物部分的2%，样品损耗率小于2%。样品淘洗后，要烘干。烘烤温度控制在120~140℃。

（3）电磁选：磁选后，如系砂金，则电磁性矿物中不能有自然金粒；其他有用的无电磁性矿物含量，不能超过所属部分的2%；无电磁性矿物中，有用的电磁性矿物，要小于1%；损耗率小于1%。

（4）单矿物分离：经过提纯的精矿部分，重砂矿物的富集程度达60%以上。

（5）镜下挑纯；如系砂金矿要求大于0.1mm的金粒要全部回收，小于0.1mm的金粒不得漏掉两粒以上（若是按颗粒百分比计算，应控制在5%以内）。

4.6.6　砂矿样品化学分析及组合分析

使用化学分析方法测定砂矿品位，在一定程度上避免了使用淘洗系数、松散系数和工程检查系数来修正储量，但化学分析包括了有用组分在脉石或其他矿物中的含量，而不能被选矿全部回收。因此，应用化学分析时，应查明有用组分的分配率。

当砂矿具有一定的储量和经济价值时应进行组合取样，做全分析和多项分析，作为伴生有益重矿物综合评价的依据。样品组合原则和方法与原生矿床基本相同。

砂矿样品化学分析品位换算为淘洗品位时按下式计算:

$$淘洗品位 = \frac{原样体重 \times 1000000 \times 化验品位}{淘洗精矿品位 \times 淘洗校正系数} \quad (g/m^3) \quad (4-32)$$

4.6.7 重砂样品分析结果的质量检查

为保证分析质量,必须进行质量检查,未经质量检查的分析结果不得报出。质量检查主要包括内检和外检。

4.6.7.1 内检

自然重砂内检样品,主要选择有用矿物含量在工业品位上下和品位特高或变化较大的样品进行抽查,无矿样品少检查。内检数为5%~10%(砂金分离、挑纯鉴定内检样品为每批样品总数的15%,称重为含金样品总数的20%),合格率要求达到90%,低于90%时,除更正不合格样品外,尚应补查超差百分数的未检查样品,补查样品合格率低于60%时,应全部返工。

4.6.7.2 外检

外检样品一部分选自内检超差样品,大部分选自内检的样品,亦按不同品位级别进行检查,外检应占样品总数的3%~5%(砂金分离、鉴定外检为样品总数的3%~5%,称重外检为含金样品总数的5%~10%),其合格率要求达到80%,低于60%时与基本分析单位共同研究,找出原因酌情处理,表4-18为砂金内外检质量标准,供参考:

表4-18 砂金分析允许相对误差标准

品位/(g·m⁻³)	允许相对误差/%	绝对误差/(g·m⁻³)
>0.1	20	
<0.1		0.02

合格率及误差按下列公式计算:

$$相对误差 = \frac{基本分析品位 - 检查分析品位}{基本分析品位} \times 100\% \quad (4-33)$$

$$平均相对误差 = \frac{检查分析品位与基本分析品位绝对误差之和}{基本分析品位总和} \times 100\% \quad (4-34)$$

$$绝对误差 = 基本分析品位 - 检查分析品位 \quad (g/m^3) \quad (4-35)$$

$$合格率 = \frac{未超过允许误差的抽查样品数}{抽查样品总数} \times 100\% \quad (4-36)$$

4.6.8 砂矿物理样品的测试

砂矿物理取样的目的,主要是为了取得有关砂矿开采的技术参数和在采用淘洗品位计算储量时校正储量。

测试项目一般包括:砂矿的体重、湿度、松散系数、砂矿粒度、含砾率、含泥率、含冰率、安息角、砂矿底板基岩硬度和强度等。为校正采用重砂淘洗品位计算的储量,应测试四个系数:松散系数、淘洗系数、砾石系数(粒径大于砂钻泵筒内径的砾石体积,除以样品总体积,再乘以100%,等于砾石系数)和工程检查系数。

上述测试样品应在砂井、浅井、或探槽中用全巷法,或大规格刻槽法采集,样品体积一般为0.5~1.0 m³,最小不少于0.01 m³,样品应具代表性,不同地貌单元不同矿体不同矿砂类型均要取样。样品数一般为:大型矿床30个,中型矿床20个,小型矿床10个。安息角样品,用尾砂堆或槽、井坑砂砾堆,体积须大于1 m³,测定样数一般为10~20个,水上、水下分别测定。送交实验室的样品规格一般为5 cm×5 cm×5 cm,不同岩性均要测定。同一岩性不少于两个样品。

4.6.8.1 砂矿粒度测定

砂矿粒度组成,对砂矿选矿和采矿有重大意义。所取测试样品应能代表不同地貌单元、不同含矿层位沿走向和倾向的变化;应能代表同一开拓系统范围内砂矿粒度组成的比例及变化幅度。样重一般10~15 kg。

4.6.8.2 砂矿含泥率测定

砂矿含泥率为砂矿中所含黏土量的百分比。含泥率的大小对不同的开采和选矿方法有不同程度的影响。采掘船开采和机采时，如含泥率大于 10% ~ 15%，特别是砂矿中夹有黏土层或黏土透镜体时，会增加挖掘困难，测试样品一般取自浅井。样品淘洗时保留泥浆，用明矾沉淀晒干后称泥质的重量，然后与原样的重量相比，即得含泥率。

$$W = \frac{G_1}{G_2} \times 100\% \qquad (4-37)$$

式中：W 为含泥率，%；G_1 为沉淀后干泥重量，kg；G_2 为原样重量，kg。

4.6.8.3 含冰率测定

对冻土区的砂矿，要测含冰率。在冻结的浅井的砂砾层中采样称重后，使冰全部融化，去水后再称重，两者相减。得出冰的重量，再用冰的密度换算为冰的体积，使之与冻土样品体积相比，即得含冰率。

$$B_n = \frac{G_{冰} - G_{融}}{0.9 \times V} \times 100\% \qquad (4-38)$$

式中：B_n 为含冰率，%；$G_{冰}$ 为冻结矿砂样品重量，kg；$G_{融}$ 为冰融化去水后的矿砂样品重量，kg；0.9 为冰的密度，kg/m³；V 为冻结矿砂样品原体积，m³。

4.6.8.4 含砾率测定

砂矿中砾石的含量以含砾率表示。测定是在淘洗浅井样品时，用过筛的办法将砾石直径大于 1 cm 的筛分为 1 ~ 5 cm，5 ~ 10 cm 和 >10 cm 三个等级。砾石体积用排水法求得，根据各级砾石的体积，分别求得各自的含砾率。

$$K_{ed} = \frac{V_e}{V_l} \times 100\% \qquad (4-39)$$

式中：k_{ed} 为含砾率，%；V_e 为砾石体积，m³；V_l 为样品总体积，m³。

4.6.8.5 松散系数测定

当采用松散砂矿测定淘洗品位时会出现品位系数偏低的情况，因此必须利用浅井取样测定松散系数，用以校正品位。测定松散系数要在矿区不同地貌单元不同岩性段进行浅井取样，样品数量一般不少于 10 个。

松散系数是矿砂松散后的体积与原始体积之比。测定方法有两种：

1) 不注水测定：将砂井或浅井挖出的松散物堆放于量斗中测量其松散体积，然后将松散体积除以样品的原体积，即为松散系数(K)。

$$K = \frac{V_2}{V_1} \qquad (4-40)$$

式中：V_2 为松散体积，m³；V_1 为样品原体积，m³。

2) 注水测定：矿砂在含水层中，采出的样品是含水的。为了使测定接近实际，必须注水达到饱和程度为止。测定和计算方法同上。

4.6.8.6 淘洗系数测定

砂矿在淘洗过程中，部分细小重砂矿物呈悬浮状态随水流失，致使所测品位较实际品位低，为消除这部分误差，需用淘洗系数予以校正。测定淘洗系数的样品要有代表性，取样点分布要均匀，而且要考虑不同岩性及重砂含量的高、中和低的不同。

淘洗系数的测定方法有下面三种：

1) 淘洗尾砂法：将粗淘的废砂和精淘的尾砂收集起来，送技术水平高的工人进行粗淘，然后按下述公式进行分析对比。

$$N = \frac{G + q_1 + q_2}{G} \qquad (4-41)$$

式中：G 为原样粗、精淘所得有用矿物重量，kg；q_1 为废砂中淘得有用矿物重量，kg；q_2 为尾砂中淘得有用矿物重量，kg；N 为淘洗系数。

此方法一般在重砂矿物含量高、颗粒较粗的情况下效果较好，而低品位颗粒细的样品不适用。

2) 基本淘洗(野外粗淘)与检查淘洗(室内精淘)对比法：在矿区采集相应数量的样品(每个样品体积为 0.02 ~ 0.04 m³)晒干(有胶结现象时人工松散)、拌匀缩分为四份，两份作副样，一份作基本淘洗(应特别注意与矿

区一般基本分析样品淘洗精度相同),另一份由技术水平高的工人进行检查淘洗(精淘)

$$N = \frac{G_2}{G_1} \qquad (4-42)$$

式中:G_1 为基本淘洗(野外粗淘)矿物量,kg;G_2 为检查淘洗(室内粗淘)矿物量,kg;N 为淘洗系数。

此方法较简单,适用范围较广,各类砂矿均可采用,但难以求得室内精淘过程中细小矿物损失量,因此,求得的淘洗系数比实际略小。

3)化学分析检查淘洗法:将原始样品一分为二,一份按公式 $Q = Kd^2$ 加工缩分后作化验分析,一份按正常的精淘洗后作重砂鉴定,各留付样以备检查,经检查化学分析结果可靠后,将化学分析结果换算成重砂品位,然后进行对比。

$$C = \frac{\frac{C_1}{C_2}T}{V} \qquad (4-43)$$

式中:C 为用化学分析换算的重砂品位,kg/m^3;C_1 为砂矿原样品化学分析品位,%;C_2 为精砂化学分析品位,%;T 为原样重量,kg;V 为原样体积,m^3。

将上述结果与一般淘洗所求得的重砂品位 C_n 对比,淘洗系数 N 为:

$$N = \frac{C}{C_n} \qquad (4-44)$$

此方法对于同一元素形成多种矿物或有用组分呈分散状态赋存于几种矿物的矿床,需查明有用元素的分配率并对计算结果进行校正。

4.6.8.7 工程检查系数测定

在用砂钻勘探时,砂矿在泵筒内上下混杂,重砂矿物有外流、内窜、下移等现象发生,会造成矿层增厚、品位变贫或富集等假象,有时连矿层底板也难准确判定。这就要依靠浅井工程检查才能做出正确结论。

通过工程检查,可求取以下三个系数:

$$品位误差系数 = \frac{浅井矿层平均品位}{钻孔矿层平均品位} \qquad (4-45)$$

$$厚度误差系数 = \frac{浅井矿层厚度}{钻孔矿层厚度} \qquad (4-46)$$

$$工程检查系数 = \frac{浅井品位 \times 浅井厚度}{钻孔品位 \times 钻孔厚度} \qquad (4-47)$$

浅井检查数量一般为见矿钻孔的 5%~10%,但每个矿区总数不应少于 10 个。

4.6.8.8 砾石度系数测定

以砂钻为主要勘探手段时,常将粒径大于砂钻泵筒内径的砾石排挤在外,使取出的样品的体积和重量减小,从而相对提高了重砂矿物的含量,导致样品品位测定结果系统偏高,为此要用砾石系数校正品位误差。

$$砾石度系数 = \frac{大于泵筒内径砾石体积(m^3)}{样品总体积(m^3)} \times 100\% \qquad (4-48)$$

4.6.9 淘洗品位校正

采用重砂淘洗品位计算储量时,必须测定淘洗系数、松散系数、砾石度校正系数和工程检查系数,根据不同取样方法、砂矿特征,采用其中二项或三项,甚至四项系数的乘积,即总校正系数,用以校正储量。

$$总校正系数 = 松散系数 \times 淘洗系数 \times (1 - 砾石度系数) \times 工程检查系数 \qquad (4-49)$$

$$校正后的砂矿储量 = 矿石储量 \times 总校正系数 \qquad (4-50)$$

4.6.10 砂矿特高品位处理

在砂矿中往往存在特高品位的影响,使平均品位偏高,造成含量误差,以致影响矿床工业价值和生产的经济效益。因此,在勘探过程中,应详细研究砂矿床特征,根据矿床的矿化富集规律,确定特高品位的界限,并采用合理的方法,对特高品位进行处理,以保证含量计算的精度。

当发现有特高品位时,应首先对样品的采集、加工、分析等环节进行检查,以确定取样的正确性。确定特高品位的方法，多采用样品品位高于平均品位的倍数作标准，一般确定特高品位的数值见表4-19。

表4-19 砂矿特高品位倍数值

勘探类型	特高品位超出平均品位倍数
I	8~10
II	12~15
III	>15

特高品位的处理方法，在砂矿中一般以块段平均品位代替特高品位或以相邻钻的平均品位代替特高品位，在计算块段平均品位(代替特高品位)时，如有用组分极不均匀时，则特高品位参加块段平均品位计算，如有用组分均匀时，则可不加入计算。

4.7　气、液相及水溶法开采固相化学矿产的取样

用于化学矿产的气、液相矿床，及液相开采的固相矿床，目前已发现的矿床仅有河南舞阳地区的天然碱矿，其中有固相和液相两类矿产，山东大汶口朱家庄及新疆阿克苏地区有固相自然硫矿床，云南思茅地区勐野井有固相钾盐矿床，青海、新疆、内蒙等地有钾盐、芒硝、钠盐、天然碱、硼等固、液相并存的各类现代盐湖。钠盐(食盐)中固相矿床在我国分布于湖南、四川、江西、安徽、云南等省，地下深部盐卤水矿床以四川自贡一带最多，地下浅部卤水矿床在山东沿海一带，硫的气相矿床，尚只在河南发现一处，故其地质工作方法多参考石油、天然气矿床的方法去进行工作。

4.7.1　钻井中的岩心取样

4.7.1.1　钻井取心的目的和原则

通过采取岩心样品可以查明：岩性、岩相特征；古生物特征，确定地层时代，进行地层对比；储集层的储油、水、气的特性及有效厚度；储集层及顶底板岩层的物性、电性、含油、水、气性；油、水、气层的特征；地层倾角、接触关系、裂隙、溶洞及断层发育情况；对于可用溶解法开采的矿床，要了解其矿石的溶解度、溶解速率等。

岩心取样可采用水基泥浆(易被水溶解的矿石必须用某种饱和溶液，如岩盐矿床，即用饱和盐水)或密闭取心。由于钻井的成本高，故在地质勘探工作中不一定所有钻井均取心，可按下述要求和原则安排岩心的采取工作：

(1)一般钻井取心工作，应做到点面结合。主要在少数钻井中分段取心，以期利用少数的取心资料评价全区。

(2)作检查用的钻井取心，根据其检查目的而定。如注水井，为查明注水效果，需在水淹区段取心。

(3)特殊的取心井，可根据下述要求来定取心层的层位：

1)主要含矿层；2)储集层的孔隙度、渗透率、饱和度、有效厚度及注水、采矿效果不清楚的层位；3)地层的岩性、电性关系不明，影响电测解释的层位；4)地层对比标准层变化较大或不清楚的区段，应在标准层进行取心。

4.7.1.2　取心方法

取心工具主要由取心钻头、岩心筒、岩心爪、回压凡尔、扶正器等组成，常用的工具有两种：

(1)单筒取心工具：该工具由一根岩心筒或筒形的合金钢钻头组成，适用于浅井或中深井。

(2)双筒取心工具：它主要由分水接头、内岩心筒、外岩心筒、岩心爪和取心钻头组成。

4.7.1.3　取心的准备工作

(1)搞好取心设计，做好地质预告；

(2)做好取心的组织分工，协助钻机上的人员丈量取心工具，检查取心工作中所应用的各种器材是否备齐；

（3）在钻井到达取心层位以前，应根据相邻钻井的实际资料，提前取出标准层或标志层的岩样，以便卡准取心的层位，若无岩性标准或标志层，应对比电测后，根据其结果，卡准取心层位。

4.7.1.4　岩心描述

一般的地质描述与其他矿床相同，但须特别注意下述几点：

（1）含水及含气的情况：

1）滴水试验。用滴瓶取一滴水，滴在岩心的新鲜面上，观察水的渗入速度和停止渗入后所出现的形状，正常的根据渗入速度及形状可分为五级：一级，滴水即渗入（渗）；二级，10分钟内渗入（渗）；三级，10分钟内水滴呈凹镜状，浸润角 <60°（微渗）；四级，10分钟内水滴呈馒头状（半圆状），浸润角 60°～90°（不渗）；五级，10分钟内水滴形状不变，呈球状或卵状，浸润角 >90°，（不渗）。

通过上述试验，将含水的级别，划分为二级，即含水与弱含水两种。

2）含气试验。当岩心取出地面时，由于压力的降低，岩心的气体就会外逸，试验方法是把刚出筒的岩心，立即冲去岩心表面的泥浆，并把它放入预先准备的清水盆内进行观察，若有气泡应记录冒出气泡的部位、强弱及时间，供综合解释用。

（2）缝洞发育情况：碳酸盐地层中的缝洞可分为间隙、裂缝和孔洞三类。所谓间隙是指岩石中的结构孔隙，分布比较均匀，裂缝是指成岩构造和其他次生成因的各种裂缝（已被充填的裂缝也包括在内）。孔洞是指溶洞和晶洞。

1）裂缝的分类层面与裂缝面之间的夹角可分为三类：水平缝，夹角 <5°；斜交缝，夹角 5°～70°；垂直缝，夹角 >70°。

按成因可分为两种：构造缝，因构造形成的，属次生缝；因成岩作用形成的，属原生缝。

按充填程度可分为两种：张开缝，未被充填或未被全部充填；充填缝，已全部被充填。

按宽度分为三种：大缝，宽度 >2 mm；中缝，宽度 0.1～2 mm；小缝，宽度 <0.1 mm。

2）孔洞的分类：按充填特征可分为两种：溶洞：自溶蚀作用而形成；晶洞：为晶簇所充填或半充填的孔洞。

按孔径可分为四种：大洞，直径大于 10 mm；中洞，5～10 mm；小洞，2～5 mm；针孔，溶孔 <2 mm。

缝洞发育程度，可用单位岩心长度上的裂缝或孔洞个数表示，分别称为裂缝密度和孔洞密度。

缝洞的开启程度，可用一条岩心的张开缝条数或连洞个数分别与该段岩心上的全部裂缝数或孔洞数来表示。

岩石中的缝与洞分布有一定关系，常见者有：缝连洞：孔洞与开缝所串通；缝中缝；指裂隙有两次充填者；缝中洞；被充填裂缝中的晶洞；切割缝；不同期次的裂缝相互穿插。

4.7.2　钻井的岩屑取样

4.7.2.1　岩屑迟到时间的计算

岩屑从井底返到井口的时间，即是岩屑迟到时间，其计算方法：

（1）理论计算法：

$$T_{迟} = \frac{V}{Q} = \frac{\pi(D^2 - d^2) \times H}{4Q} \qquad (4-51)$$

式中：$T_{迟}$ 为泥浆迟到时间，min；Q 为泥浆泵排量，m^3/min；D 为井孔直径，m；d 为钻杆外径，m；H 为井深，m；V 为井内环形空间容积，m^3。

理论计算一般误差较大，故在 1000 m 以内的浅井才以此计算。

（2）实测法：此法较为准确，它是用比重与岩屑差不多大小而性质又相近的物质作为指示剂，把它从井口中投入钻杆内，指示剂从井口随泥浆到达井底，又从井底随泥浆返回地面，此过程叫一个循环周；其公式：

$$T_{迟} = T_{循环} - T_0 \qquad (4-52)$$

$$T_0 = \frac{C_1 + C_2}{Q} \qquad (4-53)$$

式中：T_0 为下行时间，s；$T_{循环}$ 为泥浆循环时间，s；C_1 为钻杆内容积，L/s；C_2 为钻链内容积，L/s：Q 为泥浆泵排量，L/s。

C_1、C_2 可由石油钻探材料手册中查到,泥浆泵排量可在泥浆槽中梯形水门处量出泥浆液面高度,然后查表得出排量,见表 4-20。

表 4-20 梯形水门泥浆液面高度与排量对照表

高度 H /mm	排量 /(L· s^{-1})	排量 /(m^3· min^{-1})	高度 H /mm	排量 /(L· s^{-1})	排量 /(m^3· min^{-1})	高度 H /mm	排量 /(L· s^{-1})	排量 /(m^3· min^{-1})	高度 H /mm	排量 /(L· s^{-1})	排量 /(m^3· min^{-1})	高度 H /mm	排量 /(L· s^{-1})	排量 /(m^3· min^{-1})
+40	3.70	0.222	95	14.13	0.848	150	29.18	1.751	205	48.47	2.908	260	71.83	4.310
45	4.44	0.256	100	15.32	0.919	155	30.77	1.846	210	50.42	3.025	265	74.19	4.451
50	5.22	0.313	105	16.49	0.989	160	32.40	1.944	215	52.43	3.146	270	76.61	4.597
55	6.05	0.363	110	17.83	1.070	165	34.08	2.045	220	54.46	3.268	275	78.95	4.737
60	6.91	0.415	115	19.11	1.147	170	35.73	2.144	225	56.55	3.393	280	81.40	4.884
65	7.82	0.460	120	20.48	1.226	175	37.42	2.245	230	58.60	3.516	285	83.87	5.032
70	8.78	0.527	125	21.80	1.308	180	39.20	2.352	235	60.72	3.643	290	86.36	5.182
75	9.77	0.588	130	23.09	1.385	185	41.00	2.460	240	62.90	3.774	295	88.86	5.332
80	10.81	0.648	135	24.66	1.480	190	42.78	2.567	245	65.05	3.903	300	91.43	5.480
85	11.88	0.713	140	26.15	1.569	195	44.67	2.630	250	67.31	4.039			
90	12.99	0.779	145	27.65	1.659	200	46.56	2.784	255	69.54	4.172			

表 4-20 系根据排量(Q)与液面高度(H)的函数关系制成的。其关系式如下:

$$Q = 0.0000359(1250 + H)\sqrt{\frac{H^3}{10}} \tag{4-54}$$

梯形水门应固定在泥浆槽泥浆流动较平稳的地方,用钢板尺可量出泥浆面高度(H)。在钻进过程中,常因机械或其他原因需变泵,如单泵变双泵,双泵变单泵。按下述反比计算:

变泵时间早于钻达时间,其反比公式为:

$$T_{新} = \frac{Q_{原}}{Q_{新}} \times T_{原} \tag{4-55}$$

式中:$T_{新}$ 为新迟到时间;$T_{原}$ 为原迟到时间;$Q_{新}$ 为新排量;$T_{原}$ 为原排量。

变泵时间晚于钻达时间,新迟到时间仍用反比法计算。或用计算盘查出,计算新迟到时间,首先应标出变泵时间与原捞沙时间的时间间隔,然后用反比法计算出修正时间:

$$修正时间 = Q_{原}/Q_{新} \times \Delta t \tag{4-56}$$

式中:Δt 为变泵时间与原捞沙时间的间隔。

4.7.2.2 岩屑取样及处理

(1)岩屑取样时间的确定方法,即取样时间 = 钻达时间 + 迟到时间。要特别计算准迟到时间,若迟到时间变了,取样也需改变,新取样时间 = 钻达时间 + 新迟到时间,如果在岩屑上返过程中,泥浆一度停止运转,则取样时间加上停泵时间,新取样时间 = 钻达时间 + 迟到时间 + 停泵时间。

(2)取样间距在地质设计中确定,一般一米一个样,只是在特殊情况下才会改变。

(3)取样位置在一般情况下,岩屑是按迟到时间在振动筛处捞取的,砂样盘放在振动筛前,岩屑沿筛布面落入盆内,若振动筛上岩屑可捞取,则按迟到时间用铁铲在架空槽上捞取。

(4)捞取岩屑过程中,必须时间准确,还应做到所取岩屑纯净、量足、有代表性,如取样时间未到之前,砂盆已经装满则应垂直沙盆底切盆内岩屑的一半,并将留下来的一半扒平拌匀;若再装满仍按前述法处理。岩屑的捞取量,不挑样的每包不少于 500 g,需挑样的不少于 1000 g,起钻前应循环泥浆,待最后一包岩屑捞出后方可起钻,起钻井深若不是整米数,井深米数字大于 0.2 m 时,应捞取岩屑,注明井深,待下次下钻时钻完整米数时,所取岩屑合并成一包。

(5)将捞取岩屑用清水洗净,注意油、气、水及矿化水的显示。洗完后经晒(烘)干后才能装包,岩屑必须描述,并防止假岩屑的混入,达到去伪存真的目的。要注意油、气、矿化水(普通水)等描述。

(6)岩屑挑样要求纯净、量足。泥岩挑25~30 g,砂岩挑10 g,特殊岩性挑10 g,不足10 g以挑尽为止。

4.7.3 钻井的井壁取心

钻井的井壁取心是按指定位置在井壁上取出岩心。通常使用取心器进行取心。取心器上有36孔,每个孔内装有一个取心筒,孔底装炸药,通过电缆接到地面的仪器上,以便在地面控制取心深度和点火、发射。点火后,炸药将取心筒强行打入井壁,取心筒被钢丝绳连接在取心器上,上提取心器即将岩心从地层中取出。取心时一般是自下而上进行,每次可取数颗或数十颗岩心。井壁取样的需要性、取心位置及取心数量等,均在钻井地质设计中提出,或由现场地质人员临时确定。

4.7.4 气、液矿床的取样

化学矿产的气、液矿床,往往与石油及天然气矿床有关(现代盐湖矿床除外),钻进均需采样。

取气样品:用脱气器或真空泵进行,另外常用排水取气法收集气样样品,将取气瓶倒放在泥浆槽泥浆液面上,瓶口装有胶皮管连接排气管和进入漏斗,将气漏斗浸入泥浆中,当瓶内的水被排除的同时,气便进入瓶中,瓶内装满3/4的气时,即可扎紧绞管,将样品送到分析单位。

取水样品:通常用失水仪取泥浆滤液,如在钻井钻进中,发现矿化水(即液相矿床)时必须钻进一个含水层,然后停止钻进,待取样后再往下钻进。如钻井已施工完毕,才确定取样,此时必须分层止水取样。取样器放下时,上面盖能打开,灌进水样后上提时上面的盖子能关闭。深井取样必须设计一种能自动打开和关闭上面盖子的取样器进行取样。

4.8 铀矿的取样及放射性测定

铀系元素具有放射性。利用这种性质来测定铀矿体的位置和矿石中的铀品位是铀矿矿山地质工作的最大特点。

4.8.1 铀矿石的放射性

4.8.1.1 放射性系列

(1)铀系,也称铀-镭系,起始核素为^{238}U,它在天然铀中的重量占99.284%,最终衰变成稳定性核素^{206}Pb。

(2)锕铀系,起始核素为^{232}Th,最终衰变成稳定性核素^{208}Pb。

4.8.1.2 天然放射性核素的射线谱

伴随放射性衰变铀矿往往放出 γ 射线,它是一种波长极短的电磁辐射。在镭矿山主要测量铀矿石的 γ 射线强度。

铀系、锕铀系、钍系的射线谱见表4-21,表4-22,表4-23。

表4-21 镭系的射线谱

核　素	α 射线		β 射线		γ 射线	
	每次衰变的粒子数	能量/MeV	每次衰变的粒子数	能量/MeV	每次衰变的光子数	能量/MeV
U1	0.230	4.145				
	0.770	4.195				
UX$_1$			0.350	0.103	0.043	0.063
			0.650	0.193	0.055	0.093

续表 4-21

核 素	α 射线		β 射线		γ 射线	
	每次衰变的粒子数	能量/MeV	每次衰变的粒子数	能量/MeV	每次衰变的光子数	能量 MeV
UX₂ + UZ			0.006	0.6C0	0.009	0.766
			0.014	1.370	0.002	1.001
			0.978	2.300		
UII	0.270	4.718			0.007	0.053
	0.730	4.768			0.002	0.121
Io	0.259	4.617			0.004	0.068
	0.740	4.685				
Ra	0.057	4.592			0.012	0.186
	0.940	4.777				
Rn	1.000	5.481				
RaA	1.000	5.998				
RaB			0.022	0.350	0.022	0.053
			0.915	0.680	0.078	0.242
			0.063	0.980	0.201	0.295
					0.393	0.352
RaC			0.100	.0.380	0.484	0.609
			0.590	1.290	0.053	0.768
			0.120	2.100	0.012	0.786
			0.190	3.200	0.013	0.806
					0.033	0.934
					0.160	1.120
					0.018	1.155
					0.062	1.238
					0.016	1.281
					0.042	1.408
					0.023	1.509
					0.012	1.661
					0.031	1.730
					0.166	1.764
					0.022	1-847
					0.012	2.118
					0.053	2.204
					0.016	2.447
RaC	1.000	7.687				
RaD			1.000	0.023	0.004	0.046
RaE			1.000	1.170		
RaF	1.000	5.305				

表 4 - 22　锕铀系的射线谱

核　素	α 射线		β 射线		γ 射线	
	每次衰变的粒子数	能量/MeV	每次衰变的粒子数	能量/MeV	每次衰变的光子数	能量/MeV
AcU	1.000	4.372			0.004	0.144
					0.002	0.163
					0.025	0.186
					0.002	0.205
UY			0.480	0.165	0.001	0.082
			0.520	0.302	0.004	0.084
					0.001	0.090
Pa	1.000	4.964			0.001	0.284
					0.001	0.299
					0.001	0.302
Ac	0.014	4.942	0.986	0.040		
RdAc	0.986	5.887			0.005	0.234
					0.003	0.256
					0.001	0.330
AcX	1.000	5.651			0.002	0.144
					0.003	0.154
					0.006	0.269
					0.002	0.324
					0.001	0.338
					0.001	0.445
Au	1.000	6.722			0.005	0.271
					0.008	0.402
AcA	1.000	7.365				
AcB			0.080	0.580	0.002	0.405
			0.920	1.350	0.001	0.427
AcC	0.997	6.562			0.006	0.351
AcC″			0.997	1.436		

表 4 - 23　钍系的射线谱

核　素	α 射线		β 射线		γ 射线	
	每次衰变的粒子数	能量/MeV	每次衰变的粒子数	能量/MeV	每次衰变的光子数	能量/MeV
Th	0.230	3.952			0.005	0.059
	0.770	4.011				
MsTh₁			1.000	0.035		
MsTh₂			0.0670	1.180	0.025	0.129
			0.210	1.760	0.039	0.209
			0.120	2.100	0.032	0.270
					0.080	0.322
					0.029	0.328
					0.104	0.338
					0.019	0.409
					0.040	0.463
					0.014	0.772
					0.042	0.795
					0.250	0.911
					0.047	0.965
					0.150	0.969
					0.032	1.588
					0.017	1.630

续表 4 – 23

核 素	α 射线		β 射线		γ 射线	
	每次衰变的粒子数	能量/MeV	每次衰变的粒子数	能量/MeV	每次衰变的光子数	能量/MeV
RdTh	0.280	5.338				
	0.710	5.421				
ThX	0.055	5.447			0.022	0.241
	0.940	5.684				
Tn	1.000	6.287				
ThA	1.000	6.777				
ThB			0.781	0.320	0.448	0.239
			0.219	0.560	0.029	0.300
ThC	0.006	5.758	0.047	0.640	0.065	0.727
	0.252	6.046	0.050	1.520	0.011	0.785
	0.097	6.086	0.566	2.250	0.015	1.621
ThC′	0.640	8.780				
ThC″			0.093	1.250	0.287	0.583
			0.242	1.720	0.043	0.860
			0.001	2.387	0.345	2.615

在天然条件下，根据初始 γ 射线谱计算：

(1)铀系中的铀组核素(从 UI 到 Io)放出的 γ 光子辐射能量只占整个铀系的 1.1%，镭组(镭以后核素)占 98.9%。

(2)锕铀系的 γ 光子辐射能量相当于铀系的 6/10000。它对铀测定的影响可忽略不计。

(3)钍系的 γ 光子辐射能量相当于铀系的 0.4 倍。

4.8.1.3 射线与物质的相互作用

射线通过物质后，它的强度要减弱。设 I_0 和 I 为物质吸收前后的 γ 射线强度，x 为物质吸收厚度，则

$$I = I_0 \times \exp(-\mu x) \tag{4-57}$$

式中：μ 为 γ 射线衰减系数。

γ 射线衰减系数由三个独立部分组成：$\mu = \tau + \sigma + k$

式中：τ 为光电吸收系数；σ 为康普顿散射线系数；k 为形成电子对系数。

吸收物质往往由多种元素组成，其平均衰减系数 $\bar{\mu}$ 为：

$$\bar{\mu}/\bar{\rho} = \Sigma(P_i \times \mu_i/\rho_i) \tag{4-58}$$

有效原子序数 Z 为：

$$Z = \left\{ \Sigma\left[P_i(Z_i/A_i)Z_i^{3.1}\right] \div \Sigma\left[P_i(Z_i/A_i)\right] \right\}^{1/3.1} \tag{4-59}$$

式中：A_i 为吸收物质中第 i 种元素的原子量；Z_i 为吸收物质中第 i 种元素的原子序数；μ_i 为 γ 射线衰减系数；ρ_i 为密度和重量百分比。

$$\bar{P} = 1/\Sigma(P_i/\rho_i)$$

我国大部分铀的有效原子序数在 12 ~ 15。

入射 γ 光子经过康普顿散射后，产生一个能量比原来小的散射 γ 光子。所以宽束 γ 射线比窄束 γ 射线通过相同物体要衰减得小些，能谱也有变化。图 4 – 16 是点状镭源、半无限大铀矿体和无限大铀矿体放出的 γ 射线谱。

4.8.1.4 放射性平衡系数

(1)放射性平衡:在放射性衰变系列中,有两个放射性核素:X 和 Y,在单位时间内 Y 核素衰变掉的原子数等于 X 核素衰变掉的原子数,则 X 和 Y 达到放射性平衡。如半衰期 $T_x \gg T_y$ 且当 $t = 0$ 时只存在 X,则要经过 10 个 T_y 时间后,可认为 X 和 Y 达到了放射性平衡。

(2)放射性平衡破坏:天然放射性系列诸元素中,最易迁移的是气体氡;U^{6+} 的地球化学性质很活泼,U^{4+}、Th^{4+} 则不活泼;$RaCl_2$、$RaCO_3$ 易溶于水,而 $RaSO_4$ 则难溶于水。所以 U–Ra、Ra–Rn 间容易发生放射性平衡破坏。

氡以后的各放射性核素的半衰期很短,即使放射性平衡破坏了,也很快就能恢复平衡。

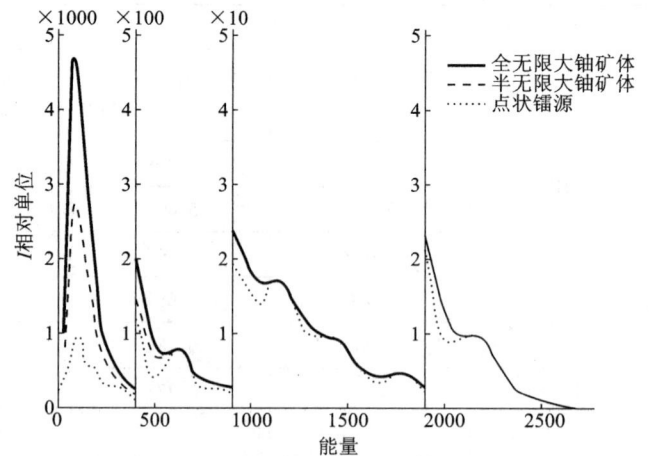

图 4–16　铀源、铀矿体 γ 射线能谱图

铀系核素中主要的 γ 辐射体是 RaB 和 RaC。当根据测得的 γ 强度推算矿石的铀含量时,必须考虑 U–Ra 和 Ra–Rn 之间的平衡状态。

(3)铀镭平衡系数:当 ^{238}U 和 ^{226}Ra 放射性平衡时.镭与铀之间的重量比为 3.37×10^{-7}。

铀镭平衡系数 C 按下式计算:

$$C = 矿石中铀含量 / (3.37 \times 10^{-2} \times 矿石中镭含量) \qquad (4-60)$$

铀矿床的铀镭平衡系数是用系统的刻槽取样或拣块取样来确定的。

大部分铀矿床的铀镭平衡系数变化不大。但通常存在这样的规律:铀含量低的矿石 C 大,铀含量高的 C 小些。

在少数铀矿床中,不同矿石类型或矿床不同部位的铀镭平衡系数不同,有的相差还很大。

(4)射气系数:矿石射气系数也就是矿石中 ^{226}Ra 和 ^{222}Ra 之间的平衡系数。

确定矿石射气系数的方法见表 4–24。

表 4–24　确定矿石射气系数方法

名称	测量前的工作	测量位置	测量和计算	用途
平板法	在矿体出露处,平整一块 $1.2 \sim 1.5$ m^2 面积,四周挖浅槽,用铁板覆盖,板四个边弯到槽中,并用水泥密封	铁板中间	密封后立即测量 γ 强度 I_0,每隔 $1 \sim 2$ 天测一次,直到测到饱和强度 I_∞,$\alpha = (I_\infty - I_0)/I_\infty$	用于 γ 取样
炮孔法	在矿体中打一炮孔,插入铁管,管口和矿体间用水泥密封	炮孔中		用于 γ 测孔
矿块法	取有代表性的矿块,装满专用的密封箱	箱外侧		用于 γ 计量站

4.8.1.5 放射性测量常用单位

(1)常用放射性测量单位,见表 4–25。

表 4–25　放射性测量常用单位

名称	SI 单位	非 SI 单位	换算关系	备注
某物质的质量分度	无量纲	10^{-6}, g/g, %		用于计量矿石中某元素的含量,品位
辐射能, E	焦[耳]J	电子伏(eV)	$1eV = 1.602 \times 10^{-19}J$	电子伏为我国法定计量单位

续表 4-25

名称	SI 单位	非 SI 单位	换算关系	备注
[放射性]活度 A	贝可[勒尔]，Bq($1Bq=1s^{-1}$)	居里(Ci)	$1Ci=3.7\times10^{18}Bq$	居里为我国法定计量单位
单位体积的放射性活度	贝可[勒尔]每立方米，(Bq/m^3)	居里每升，(Ci/L)	$1Ci/L=3.7\times10Bq/m$	
		爱曼(em)	$1em=3.7\times10Bq/m$	用于计量氡的浓度
照射量率 X	安[倍]每千克(A/kg)	伦琴每[小]时(R/h)	$1R/h=7.167\times10^{-8}A/kg$	1γ 微伦琴有时也称伽玛 γ $1\gamma=1R/h$

(2)γ 场强度单位：γ 场强度，也称 γ 射线场强度。它可用三种不同参数表示：

1)能注量率或能通量密度 $I[J/(m^2s)]$，

2)光子密度 $I_\gamma(m^{-2}s^{-1})$；

3)照射量率 $I_s(C\cdot kg^{-1}\cdot s^{-1})$。

在铀矿山，常用点状镭源标定辐射仪，在壁厚为 0.5 mm 铂管中的 1 mg 平衡镭在 1 m 远处的照射量率为 5.91×10^{-8} A/kg 或 825 ur/h。

4.8.2 放射性物探仪器

4.8.2.1 基本电路方框图

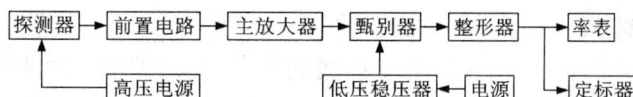

探测器 → 前置电路 → 主放大器 → 甄别器 → 整形器 → 率表；高压电源；低压稳压器 ← 电源 → 定标器

4.8.2.2 探测器

(1)盖革-弥勒(G-M)计数管；

(2)闪烁探测器。闪烁探测器由闪烁体和光电倍增管组成。

4.8.2.3 铀矿山放射性物探仪器

铀矿山常用放射性物探仪器的主要特性见表 4-26。

表 4-26 铀矿山常用放射性物探仪器的主要特征

仪器型号和名称	探测器	测量范围/(MC·h⁻¹)	最大非线性	时间常数/s	工作环境	电源	尺寸/mm	重量/kg	其他性能
FD122G2 型闪烁矿山辐射仪	$\phi3\times30Nal(T1)$ GDB-140	4 个量程 0~1 万	10%	5, 10	-10~45℃ 湿度95% (35℃)	2 节 1 号 240mW	探头外径 24, 长 240	≈2	可测 30 m 深孔
FD122G5 型闪烁矿山辐射仪	$\phi13\times30Nal(T1)$ GDB-15	4 个量程 0~1 万	10%	5, 10	-10~45℃ 湿度95% (35℃)	2 节 1 号	探头外径 24, 长 240	≈2	可测 100 m 深孔
FD42S 型定向辐射仪	$\phi20\times10Nal(T1)$ $>\phi55\times25$ 塑料晶体 GDB-10D	5 个量程 0~4 万	8%	4, 6, 8	0~40℃ 湿度98% (40℃)	3 块 7ED		5.8(其中操作台 1.8 kg)	定向角 110°
FD61K 型晶体管轻型测井仪	1306βγ 计数管 1305βγ 计数管	7 个量程 0~10 万	20%	1, 5, 3, 5, 10, 20, 30	-20~50℃ 湿度98% (40℃)	1 块 7ED 126 mW	探管外径 32, 长 1651	50	

续表 4 – 26

仪器型号和名称	探测器	测量范围/(MC·h⁻¹)	最大非线性	时间常数/s	工作环境	电源	尺寸/mm	重量/kg	其他性能
FXY2176G1 型晶体管坑口检查站辐射仪	$\phi 50 \times 60 \mathrm{Nal(Tl)}$ GDB – 44D	4 个量程 0 ~ 5 万	20%	0.5, 1, 5	– 10 ~ 45℃ 湿度 90%	交流 220 V	操作台 400×300 ×155	操作台 8	
FXY1904DS 火车矿石品位分析仪	$\phi 50 \times 60 \mathrm{Nal(Tl)}$ GDB – 44D	0.03% ~ 0.5% 当量铀	5%	测量时间 5, 15 s	5 ~ 45℃ (探测器) 0 ~ 40℃ (操作台) 湿度 95% (30℃)	交流 220 V			自动测量 自动打印

4.8.2.4　仪器性能测试

(1)测坪曲线。用一个 γ 放射源固定照射探测器，先从比 G – M 计数管或光电倍增管说明书推荐的起始电压低些的电压开始，然后逐步加大电压。每一个电压取一个 γ 强度读数，绘制电压—强度曲线。曲线斜率平缓(强度随电压变化小)段叫坪。工作电压选在坪的大约前 1/3 点处；闪烁探测器在测坪前要用铯 – 137 源选择能量阈，使阈值大致相当于 50 keV。同一类型同一用途的闪烁辐射仪的阈值应一致。

(2)标定。为了使 γ 取样、编录、测井(孔)用的辐射仪测得的读数换算成统一的单位，微伦/时，并且自动进行死时间修正，通常用点状镭源标定仪器。求出读数与 γ 强度的关系。标定仪器必须在开阔的场所，仪器和镭源都要离地面、壁、顶不少于 2 m，以防止散射 γ 射线的影响。每个要使用的测程都要标定。要标定的每个测程选择读数在率表的 1/5、2/5、3/5、4/5 和满测程时的 γ 强度 I。按下式计算镭源离计数管或探测体中心的距离 R(m)：

$$R = \sqrt{A/I} \tag{4 – 61}$$

式中：A 为 R = 1 m 时该标准源的 γ 强度。

画出仪器读数与 γ 强度的标定曲线，制作由读数换算成 γ 强度的换算表。

(3)测定和修正死时间。固定式仪器(计量站 γ 快速分析仪、实验室辐射仪)用测定死时间的方法来修正仪器的非线性。

1)死时间的测定：用两个 γ 源 A 和 B。先将 A 源放在某甲处，测得读数 N_a；然后将 B 源放到某乙处，测得 N_b。应使 N_a 和 N_b 都在该测程的 1/3 ~ 1/2 处。再将 A 源放回甲处，测得 N_{ab}。按下式计算仪器的死时间。

$$\tau = 2(N_a + N_b - N_{ab})/[N_{ab}(N_a + N_b)]$$

2)死时间的修正：如仪器的读数为 N，则真读数 N_0 为：

$$N_0 = N/(l — N\tau)$$

当使用高的测程时，才需要测定和修正死时间。

(4)检查一致性。在同一地区使用的同类型便携式辐射仪，应测量同一 γ 强度(固定源、固定位置)，检查仪器的一致性。如某台仪器的读数与多台仪器的平均值之间的相对误差小于 10%，则认为是一致的。

(5)检查稳定性。每班工作前后，仪器测量同一 γ 强度(固定源、固定位置)。每次读数和基准(或平均)值相差小于 10%(对便携式仪器)或 5%(对固定式仪器)，则认为仪器稳定。

4.8.3　γ 取样

γ 取样是在矿体出露面上用轻便辐射仪测定矿体边界和矿石中铀含量的取样方法。

4.8.3.1　γ 取样分类

γ 取样按精度和目的分为低精度 γ 取样和高精度 γ 取样(表 4 – 27)。前者也叫 γ 编录，后者简称 γ 取样。

表 4 - 27　γ 取样类别

取样类别		低精度 γ 取样	高精度 γ 取样
对应的地质取样		方格(点)取样	刻槽取样
目的		大致了解矿化分布情况	精确测定矿体厚度和矿石中铀含量
用途		指导采掘	计算储量
测网密度 (cm)	矿化范围小而不均匀	(50~100)cm×(25~50)cm	点距5~20cm,线距同刻槽取样
	矿化范围大而均匀	(50~100)cm×50cm	点距10~50cm,线距同刻槽取样
	细脉状矿体	(100~200)cm×(10~25)cm	点距5~10cm,线距同刻槽取样
	含矿带中的无矿段	(100~200)cm×(50~100)cm	
测量方法		当一次测量和二次差值测量圈出的矿体形态大小基本相同,算出的铀含量相差不大时,可用一次测量定向法	二次差值测量法定向法
解释方法		给定强度法	视具体情况选用不同方法
成果表示		等值(品位)线图	取样曲线解释图,取样平(剖)面图

4.8.3.2　测量方法

(1)差值法:见图4-17(a)在每个测点上带铅屏不带衬条测得:$I_1 + I_w + I_{ds} + I_k$;再带铅屏带衬条测得:

$$I_2 = I_w + I_{ds} + a \cdot I_k$$

计算得:

$$\Delta I = I_1 - I_2; \quad I_k = \Delta I/(I - a) \tag{4-62}$$

式中:I_w 为周围放射性物质产生的 γ 强度;I_{ds} 为底数;I_k 为待测矿体产生的 γ 强度;a 为 I_k 透过铅衬条的系数。它与铅条的几何形状、探测器类型和矿石的物质成分等因素有关。

只测 I_1 称为一次测量;测 $\Delta I = I_1 - I_2$ 的称为(二次)差值测量。二次差值测量劳动效率虽低,但精度高,适用于各种情况。

(2)定向法:

1)双管定向　见图4-17(b)。

2)单管定向　见图4-17(c)。利用 NaI 和塑料两种晶体发光时间不同进行定向测量。

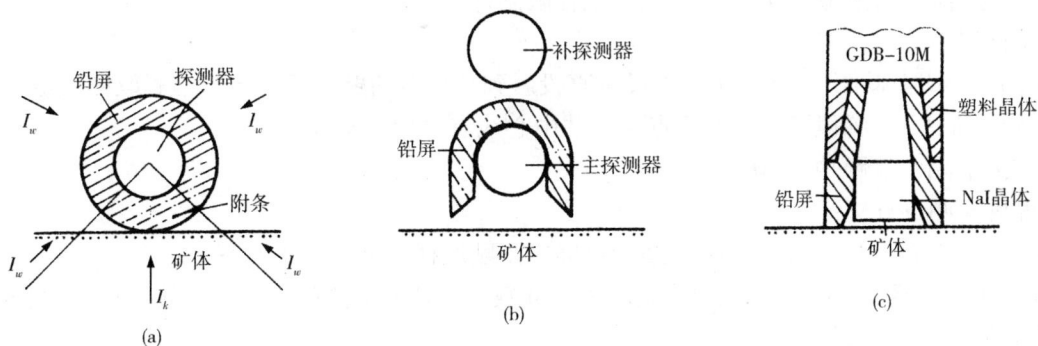

图 4 - 17　γ 取样补偿探测示意图

定向法是用补探测器记录的信号,经过电子线路运算后,来补偿主探测器记录到的 γ 强度。

定向法在一个测点上只要测量一次,但在矿化变化复杂的情况下,会出现补偿不足或补偿过度(出现负值)的现象。

不管哪一种方法,在现场测量前,待测壁要用高压水冲洗,防止井壁灰尘的放射性会歪曲测量结果。

4.8.3.3　换算系数的确定

换算系数是含 0.01% 铀矿石产生的 γ 强度，γ 取样的换算系数用模型法或逆推法确定。

（1）模型法：取有代表性的矿石，粉碎到 ≤5 mm，搅拌均匀，取分析样，精确分析矿石中的铀、镭、钍、钾含量和射气系数 α。将矿石压实装填到铁箱中。铁箱不小于 100 cm×100 cm×50 cm，模型可以敞开，也可以密封。

在模型上测量 γ 强度 $I(I_1,\ \Delta I\ 或\ I_k)$ 分别计算一次测量、差值测量、定向测量的换算系数 T。

敞开模型：　　　　　　　　　敞开模型：$T=I/[\ C_u\cdot C(1-a)\ ]$ 　　　　　　（4-63）

　　　　　　　　　　　　　　密封模型：$T=I/[\ C_u\cdot C(1-z)\ ]$ 　　　　　　（4-64）

式中：C 为矿石铀镭平衡系数；z 为模型铁盖板对 γ 射线的吸收系数。

（2）逆推法：用对比伽玛取样与刻槽取样结果来逆推换算系数 T。逆推换算系数考虑了对比地段矿石平衡系数和射气系数的影响。如矿石平衡系数与铀含量有相关关系，则按矿石铀含量品级分别逆推换算系数。

一次测量、差值测量、定向测量应分别逆推换算系数。

4.8.3.4　γ 取样工作方法

（1）γ 取样测量前的准备工作：

仪器要事先标定好，并确定好换算系数。标定完后要测定仪器的灵敏度，并作登记；上班前要检查仪器灵敏度，并要登记。灵敏度长期稳定性要达到标准规定，否则，仪器不得使用；取样现场要通风良好，粉尘浓度、氡气浓度及氡子体浓度均不应超过国家标准；取样地段的岩壁要进行冲洗，清除取样线附近的矿碴堆积物。

（2）取样线、点的布置：

1）布置原则：取样线距和点距的选择，主要视矿化均匀程度而定，所圈定的矿体和计算的储量要能较确切地反应矿体的实际情况，新建矿山要进行取样线距和点距的对比试验，选择比较合理的线距和点距，一般多采用 2m 的线柜，20 cm 或 10 cm 的点距（可参见表 4-27）。

2）取样线的布置：

①穿脉坑道：取样线布置在两壁腰线上；

②沿脉坑道：取样线布置在顶板上且垂直矿体走向；

③天井：取样线布置在垂直矿体走向的相对两壁上垂直两壁的中线；

④井下采场：上向水平分层充填采矿法、留矿法，取样线布置在上采顶板上；下向水平分层胶结充填采矿法，取样线布置在下采底板上，均要垂直矿体走向布置。

⑤露天采场：取样线布置在梯段平台探槽槽底中心线上且垂直矿体走向；

上述取样线两端均应布出矿体 1m 左右（除受工程限制外）。

3）取样点的布置：

①以测量、地质编录基准线为准，用打点尺垂直投影到顶板或两壁腰线进行打点，取样点应用红（白）油漆标记清晰，顶板（或底板）、梯段平台基准线点和天井中心线点要用特殊标记；

②矿体内或矿体外，点距均为 20 cm；

（3）取样现场 γ 测量方法：

1）仪器探测器（铅屏）中心要对准测点位置，铅屏应紧贴取样点处的岩矿石面上；

2）测量时率计式仪器指针（读数）达到稳定后才能读数，取其上下摆的平均值，数字显示仪器要定时读数，读数时间可选用 5 s、10 s 等；

3）定向型仪器为一次测量，非定向型仪器为不带衬条和带衬条二次测量，二次测量时，铅屏放置位置应不变，同一点要用同一量程；

4）多台仪器同时进行测量时，其一致性要达到标准规定；

5）在测量过程中应经常检查仪器工作电压是否达到规定值（范围）。若低于规定值（范围），仪器不得再继续测量，须更换新电池后才能使用。率计式仪器应检查指示电表的机械零点是否变化，如有变化要及时调零；

6）在测量过程中要对有怀疑的点进行重复测量；

7）所有取样线基本测量完后，要对总工作量的 10%~20% 进行重复测量（换人换仪器或同台仪器重复测量时探测器(铅屏)放置几何位置要与基本测量时一致。

8)测量时要做好记录,记录项目要填齐全,中心线(基准线)点和米距要记清楚,对明显的矿体边界位置和地质特征要注明。

(4)下班后的工作:

1)每班工作结束后,要立即检查仪器灵敏度,并要登记,班前班后灵敏度变化不得超出标准规定,否则当班所测资料不能利用,要用性能好的仪器重新进行测量;

2)仪器灵敏度检查完后,要将仪器关掉,以防长期工作和电池漏液损坏仪器,将仪器探测器(铅屏)擦拭干净,妥善存放。

4.8.3.5 资料解释

(1)高精度 γ 取样:先将测量数据画成 $I = F(x)$ 曲线(见图 4-18), x 为取样线上到起始点的距离(cm),取样方法有:

1)二分之一极大值法:适用于矿体与围岩界限清楚、厚度大于 60 cm 的矿体,1/2 极大值处即为矿体边界(见图 4-18 左侧)。

2)五分之四极大值法:适用于薄矿体。先在 $I = F(x)$ 曲线两翼找出 4/5 极大值点,量出两点间距离 z,再根据 z 从"z 量板"(用实验方法测得)上查得矿体厚度。

3)给定强度法:适用于矿化不均匀、矿体与围岩界限不清楚的矿体。先计算出与矿体边界品位相当的、并经过必要修正的 γ 强度 I_g,从 $I = f(x)$ 曲线上找出等于 I_g 的点,该点即为矿体边界(见图 4-18 右侧)。

铀含量可从曲线下包含的面积 S 求得。

$$cU = S/(d \cdot T') \times 0.01(\%) \qquad (4-65)$$

或 $$cU = S/[d \cdot T \cdot C \cdot (1-a)] \times 0.01(\%) \qquad (4-66)$$

式中:d 为矿体厚度;C 为矿石铀镭平衡系数。如 C 与矿石铀品位 cU 相关,则按不同 cU 采用不同的 C 值;a 为用平板法测定的矿石射气系数。

当待测矿石的湿度和模型矿石的湿度 H_m 相差 >3% 时,应进行湿度差的修正,乘以 $(1-H_m)/(1-H_k)$。

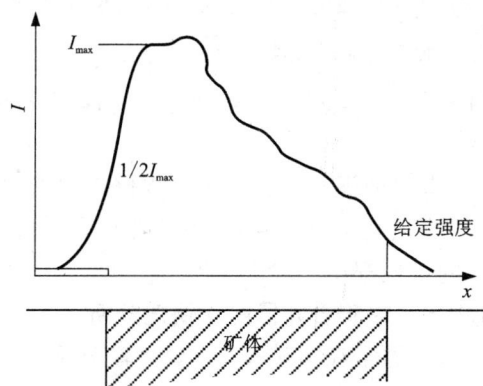

图 4-18 γ 测量 $I = f(x)$ 曲线图

(2)低精度 γ 取样(γ 编录)。将各点测量的 γ 强度标在相应的平面图上。计算与不同含量品级 C_g 相应的 γ 强度 I_g:

$$I_g = C_g \cdot T \cdot C \cdot (1-a) \cdot 100 \qquad (4-67)$$

或 $$I_g = C_g \cdot T \cdot 100 \qquad (4-68)$$

式中:C_g 为矿体边界品位,一般取 0.01% 或 0.02%,0.05% 或 0.06%,0.07% 或 0.08%,0.1%,0.15%,0.2%;0.3%,0.5% 等;a 同上式。

按相同的 I_g,圈出等值线图,也即相当于等品位图。

4.8.3.6 γ 编录工作方法

γ 编录测量前的准备和现场测量方法与 γ 取样基本相同(参见 4.8.3.4)。其不同之处说明如下:

(1)γ 编录网度的选择:γ 编录网度的选择,应根据矿体类型、矿化均匀情况等因素通过对比试验确定。

(2)γ 编录网度的布置:水平坑道:编录两壁、顶板和掌子面;天井:编录四壁或垂直矿体走向的两对壁;采场:井下采场编录上采的顶板(或下采的底板)和围壁;露天采场编录梯段平台和边坡。

上述工程按选定的网度布置编录点,在非矿地段,可选择坑道的顶板中线或两壁腰线布点,天井可选择四壁或垂直矿体走向的两对壁的中线布点。点距均为 100 cm,

在跟班检查指导采掘时,物探操作员在现场直接将矿体边界用油漆标在工作面上。

4.8.4 γ 测井和 γ 测孔

γ 测井是用 γ 测井仪在地表岩心钻孔、地下岩心钻孔或深孔中确定铀矿体边界和矿石中铀含量。γ 测孔是

用便携式 γ 辐射仪在炮孔或深孔中确定铀矿体边界和矿石中铀含量。

4.8.4.1　工作方法

（1）标定 γ 测井仪和便携式 γ 辐射仪时，探管的温度应接近井孔中的一般温度。

（2）γ 测井电缆和 γ 测孔电缆、推杆要进行长度标记。

标记测井新电缆前，需放在井内加上重物升降五、六次。标记时先将电缆全部放入井内，在提升过程中每 1 m 作一个记号；每隔 10 m、50 m 做一个特殊的记号。

（3）密封探管，并放在井孔内检查密封效果。

（4）检查仪器设备的绝缘性。

（5）测井、孔前、井、孔要用清水冲洗掉井孔中的碎石块，以免测量时卡住探管，并消除放射性水的影响。

（6）γ 测井是在探管提升时进行的。在正常场每隔 0.5～1.0 m 测一个点，在异常场点距加密到 10～20 cm。γ 测炮孔点距一般为 10～20 cm。

4.8.4.2　换算系数的测定

（1）γ 测井、γ 测孔的换算系数用模型法测定。

（2）制作模型参见 4.8.3.3（1）。模型直径不小于 150 cm，高度不小于 100 cm。模型中插入与井、孔口径相当的铁套管。模型要密封。

（3）换算系数的计算方法，同 4.8.3.3（2）。

4.8.4.3　资料解释

将 γ 测井、γ 测孔测量数据画成 $I=f(x)$ 曲线。解释方法与高精度 γ 取样相同（见 4.8.3.6），但修正因素有以下两点不同：

（1）有水或泥浆的钻孔不需要修正矿石射气系数；干井孔则应修正射气系数（用炮孔法测得的）。

（2）当钻孔中有铁套管、水（或泥浆）时，要进行这些影响因素的修正；有时还需要进行孔径的修正。修正这些因素的量板都用实验方法测得。

4.8.5　铀矿石计量站 γ 快速分析

铀矿山通常在出矿口、主要运输公路旁、装卸矿站附近设立铀矿石计量站，用 γ 法快速测定运矿工具内铀矿石的品位，并称重。

4.8.5.1　计量站的分类

计量站分类见表 4-28。

表 4-28　计量站分类表

类型	测量方式	确定换算系数方法	应修正的影响因素
矿车	单、连车静、动态	模型法	平衡系数、射气系数、湿度、重量
汽车	单车静态	模型法	平衡系数、射气系数、湿度、重量
火车	连车动态	逆推法	湿度，重量
皮带	连续动态	逆推法	湿度，重量
索道矿斗	单车静、动态	模型法	平衡系数、射气系数，湿度、重量

4.8.5.2　计量站的作用

（1）统计当班、当天的出矿矿石重量、品位和金属量。

（2）按每个容器内矿石品位进行分级或分选。

（3）精确测定供水冶厂矿石的重量、品位和金属量。

4.8.5.3　建立计量站的要求

（1）计量站应建在通风、干燥、无强烈电磁场干扰和 γ 辐射本底低的地方。离干扰辐射源（矿体、矿石堆、矿仓、溜井等)不应小于 10 m。

(2)电源电压经稳压后应能满足仪器用电要求,否则应由专用电源供电。

(3)操作室对探测区方向应开设足够大的窗口,以观察运矿容器装矿、运行、测量等情况。

(4)探测区车道进出口处应有足够长的平直段。

(5)每个计量站应配备高精度 γ 辐射仪;主要计量站应安装称重装置。对动态测量,要求仪器的时间常数小,能自动记录。对连车测量,要求探测器的张角选择适当,使灵敏度高,而相邻矿车的影响小。

4.8.5.4 换算系数的确定

(1)模型法准确度较低。先用有代表性的矿石制作矿车、汽车或矿斗模型。模型装矿重量、形态尽可能和生产时一样,精确测定模型矿石中的铀含量。与生产相同的条件下测量模型车斗。用测得的强度除以该品位,即得换算系数。

(2)逆推法准确度较高,但工作量大。均匀随机地从生产批列中选取一定数量,进行实物取样。将 γ 强度除以相应批列的矿石品位,即得该批列的换算系数;再将所有合格的取样批列的系数平均,即得逆推法换算系数。

4.8.5.5 影响因素修正

(1)矿石平衡系数:当模型矿石和平时生产矿石的平衡系数相差 >10%,或矿石平衡系数随铀品位变化,则都应修正平衡系数。

(2)矿石射气系数:如用的是敞开模型,则不需修正;如密封模型,则应进行修正。修正用的射气系数应是块状矿石的射气系数。

(3)重量:单个容器内或单位长度皮带上矿石重量相差1%,则 γ 强度相差0.3%~1%。重量修正系数用模型矿石实际测定或用统计法算出。没用称重装置的计量站,也应目估修正重量。

(4)矿石湿度:矿石湿度按实际测定修正。矿车、汽车、矿斗抽一定比例实测,按平均值修正;火车、皮带一般每个批列都应测定和修正。

4.8.5.6 计量站 γ 快速分析工作方法

(1)测量前的准备:仪器要事先进行标定确定换算系数;标定完后要测定仪器灵敏度和场底数,并进行登记;

(2)测量方法:仪器先进行预热。热前、班后要检查仪器灵敏度的场底数。出窿矿石单车静态测量时,矿车中心应对准探测器中心,U 型矿车对中偏差不应大于 30 cm,V 型和箱型车的对中偏差不应大于 15 cm,连车静态测量时还要控制辐射角消除临车影响,读数时,显示仪器采用平均读数法(待仪器达到稳定后才读数),数字显示仪器的读数时间不小于 10 s。

出窿矿石动态测量时,配有快速自动记录仪,RC 时间常数在 0.2~0.5 之间,单车动态测量的车速限在 0.7~1.5 m/s,连车动态测量的车速不大于 0.6 m/s,未配快速自动记录仪的单车动态和连车动态测量时的车速不应大于 0.3 m/s(即单个矿车经过探测区的时间不应小于 4 s),读数时读指针偏转的最高值。

矿石称重:轻轨衡称重。未设轻轨衡的矿石重量进行目估,要定期进行校正。

汽车矿石测量时,要停车对中并称量,对中偏差,前后不应大于 30 cm,左右不应大于 20 cm,计量表显示仪器待读数稳定后取平均读数,数字显示仪器的读数时间不小于 10 s。

索道矿斗矿石测量时,利用品位重量仪自动显示并记录品位和重量,没有称重设备的,以索道矿斗的容积计算矿石重量。

5　生产矿山地质编录

在矿山建设开发过程中,地质编录是用文字或图表形式对各种矿产地质现象和分析测试数据进行描述和编绘工作的总称。它是矿山开采生产过程中,各项地质工作成果的反映,也是进行地质研究、探索成矿地质条件和规律、编制探矿设计与报告、进行储量计算、制定开采工作计划、检查工作质量、分析问题、科学决策以及指导日常工作等重要的基础资料和依据。它贯穿在矿山建设、生产乃至闭坑的各个阶段及其每个环节之中。地质编录分为原始地质编录和综合地质编录两大类。

5.1　原始地质编录

矿山原始地质编录,是在矿山探矿和矿山开采过程中对所揭露的各种地质现象的图件,及时、准确、全面、系统地进行观察、素描、采集样品、照相和描述,并汇编成原始地质资料的工作。它是矿山综合地质编录及进行地质科研的基础资料和主要依据。

5.1.1　原始地质编录的形式和要求

原始地质编录在形式和要求上应有统一的标准。

5.1.1.1　原始地质编录的形式

生产矿山原始地质编录的形式主要是采取实地(现场)观测、素描(包括图、表)、文字描述、采集实物标本及照相等。具体包括以下四个方面。

(1)素描图:是利用种种工程素描图与表格,直接反映矿床地质特征及各种地质现象。它的特点是直观、明了、形象,如坑道、槽(井)探、老硐工程素描图;钻孔柱状图;采场素描图;地质特征素描图及其他各种原始记录、表格、台账等。

(2)文字描述:是记述各种地质现象与特征的文字描述,如岩体、岩层、构造、矿体、矿物等特征及其产状等。尤其要着重描述矿石的矿物组成、矿石的结构和构造、矿体与围岩的接触关系、蚀变种类、岩石相变特征等。

(3)实物标本:选取有代表性和有研究价值的标本,以实物形式如实反映矿床地质特征及地质现象,如地层、岩石、矿石、矿物、化石、构造、蚀变和岩矿心等典型标本。一般各矿山应有一套代表性的岩矿标本和相应的光、薄片。

(4)照相:是以摄影形式对特殊地质现象进行实地拍照,并附以一定文字说明。

5.1.1.2　矿山原始地质编录基本要求

(1)素描图比例尺必须能正确地反映出地质现象,一般采用1:50～1:200,特殊地质现象可适当放大比例尺。

(2)矿山地质编录随采掘和探矿工程推进及时进行,具体要求:1)水平坑道编录不落后于掌子面10～20 m(或一个导线点),需要支护地段,在支护前就应作完编录;2)斜井(天井)可根据施工情况一次或分段编录;3)竖井编录须同测量配合进行,以保证位置准确;4)钻孔编录要求按日进行,钻孔竣工后三天,须完成全孔编录工作;5)地下采场和露天采场随工作面推进及时编录,砂矿可一月编录一次。

(3)矿山原始地质编录是地质现象的客观记录,应在现场实测、素描、描述,内容要真实,数据要准确可靠,要有统一的图式、表式、符号,文字描述要简明扼要。

(4)为保证编录质量和作业安全,必须有两名地质人员现场操作、相互配合。

5.1.2　原始地质编录的对象和程序

5.1.2.1　原始地质编录的对象

原始地质编录的对象主要包括:

（1）围岩：岩层及岩石名称；岩层及产状；火成岩岩性、形态和岩相分布特征；围岩蚀变种类及其与矿化关系等。

（2）构造：褶曲、断层、节理、断裂带、破碎带、不整合面等构造发育程度、产状及规模；构造力学性质、生成序次、充填物特征、断裂面擦痕、滑动方向、断距大小及断裂破碎带宽度等。

（3）矿体：矿体形态、产状、厚度；矿石和脉石中矿物成分及其共生组合；矿石结构构造；矿石工业品级、自然类型及其分布状况以及次生变化等。

5.1.2.2　原始地质编录程序

（1）观察：编录前和编录时应对编录对象仔细观察、研究，确定编录方法和内容。若揭露的地质现象模糊不清，事先应进行清洗。

（2）素描和描述：现场实测，作素描图（如反映地质及矿化特点的剖面图、柱状图、露头分布图、取样分布图及各种特征素描图等），照相，并测量有关数据，记录填写日志、表格。在实测和素描基础上，对现场观察到的地质现象和地质特征作文字描述。

（3）核对：核对现场编录资料，作必要的修改和补充。

（4）室内整理：整理现场编录资料，绘制原图，着色上墨。

5.1.3　原始地质编录的种类和方法

依照工程性质和编录手段及编录对象，矿山原始地质编录通常分钻孔原始地质编录、槽（井）探原始地质编录、坑道地质编录、天井（斜井、竖井）地质编录、采场地质编录、标本编录、地表补充填图和摄影等。由于原始地质编录种类不同，其方法、格式、内容和要求具有一定差别，如钻孔原始地质编录须对岩（矿）心进行详细测量、素描和描述，编录出钻孔柱状图；采场地质编录，须对采场掌子面及其周围进行详细观测、素描和描述，编制出采场地质图。各种原始地质编录的方法如下：

5.1.3.1　钻孔原始地质编录方法

钻孔原始地质编录是对钻孔中提取的岩（矿）心、岩（矿）粉及各种测量资料用文字和图（表）来表示，以表征地质体沿深度变化情况。它是研究成矿规律、了解矿体赋存状况和矿石质量变化、评价矿床和编制其他地质图件的基础资料。

（1）编录的内容与步骤：钻孔原始地质编录的内容主要包括：岩（矿）心整理、编号、登记；岩（矿）心素描；计算岩（矿）心采取率；计算换层深度；换算矿体真厚度；编制钻孔柱状图等。其具体步骤：

1）整理岩（矿）心，并对其进行编号、登记。按顺序将岩（矿）心放入岩（矿）心箱内；

2）每钻进一个回次结束后，填写岩（矿）心卡（见表5－1）；

表5－1　岩心卡

队　　　　　　　　　　　　　　　　　　矿区	
钻孔	
进尺　自　　　　　　　　　　　　　　至　　　　　　　　　　　　　　米	
岩　　心　　　　　　　　　　　　　米　残留　　　　　　　　　　　　　米	
由　　　　　　　　　　　　　　　　　块组成	
岩心编号　　　　　　　　　　　　　　　层位	
年　　月　　日　　班　　记录员	

3）进行地质观察、素描和描述，素描图比例尺视岩心直径大小而定，一般为1：1～1：10；

4）计算岩（矿）心采取率和换层深度及矿体真厚度；

5）矿心取样；

6）岩心缩减；

7）填写钻孔原始资料记录表（见表5－2）；

表 5 - 2　钻孔原始资料记录表

日期 班	回次孔深/m			岩　心			岩心编号	分层孔深及分层采取率	岩心素描图	标志面与轴线夹角	地质描述	采样号	标本号	采样位置/m			备注
	自	至	进尺	长度/m	残留/m	采取率/%								自	至	采长	

编录人＿＿＿＿＿　始于　　　年　　　月　　　日止于　　　　　　。

8）编制钻孔柱状图。

（2）岩（矿）心采取率计算：钻孔进尺与该进尺所取得的岩（矿）心长度的比率称为岩（矿）心采取率。按规范要求，岩心采取率一般不应低于 65%，矿心采取率不低于 75%。岩矿心采取率计算方法：

1）当无残留岩（矿）心时，其计算式为：

$$N = \frac{l}{L} \times 100\% \tag{5-1}$$

式中：N 为岩（矿）心采取率，%；l 为回次岩（矿）心长度，m；L 为回次进尺，m。

2）当有残留岩（矿）心时，其计算式为：

$$N = \frac{l}{L - D_1 + D_2} \times 100\% \tag{5-2}$$

式中：N 为岩（矿）心采取率，%；L 为本回次进尺，m；D_1 为本回次残留进尺，m；D_2 为上回次残留进尺，m；l 为本回次提取岩（矿）心总长度，m。

（3）换层深度计算：鉴定岩（矿）心后需分层，并插入换层卡（见表 5 - 3）。换层深度计算公式为：

$$H = L + \frac{l}{L} \times 100\% \tag{5-3}$$

式中：H 为换层深度，m；L 为孔深，m；l 为上层岩（矿）心长度，m；N 为岩（矿）心采取率，%。

表 5 - 3　换层卡

＿＿＿＿＿＿＿＿＿＿队　　　　　　　＿＿＿＿＿＿＿＿＿＿矿区　　　　　　＿＿＿＿＿＿＿＿＿＿钻孔	
钻孔	
深度自＿＿＿＿＿＿＿＿＿＿＿＿＿＿＿＿至＿＿＿＿＿＿＿＿＿＿＿＿＿米	
岩心编号＿＿＿＿＿＿＿＿＿＿＿＿＿＿＿至＿＿＿＿＿＿＿＿＿＿＿＿＿	
岩心长度＿＿＿＿＿＿＿＿＿＿＿＿＿米　直径＿＿＿＿＿＿＿＿＿＿＿＿	
年　　　月　　　日　　　班　　记录员	

（4）矿体厚度换算：当钻孔垂直矿层钻进时，矿体厚度用下式换算：

$$m = \frac{L}{n} \tag{5-4}$$

式中：m 为矿体真厚度，m；L 为实测的矿体矿心长度，m；n 为矿心采取率，%。

当钻孔垂直钻进，且与矿层不垂直时，矿体真厚度换算公式为：

$$m = L \times \cos\beta \tag{5-5}$$

式中：m 为矿体真厚度，m；L 为矿体垂直厚度，m；β 为矿体倾角，°。

当钻孔倾斜钻进，且垂直矿体走向时（无方位偏差）（见图 5 - 1），其真厚度换算公式为：

$$m = L \times \cos(\beta - \alpha) \tag{5-6}$$

式中：m 为矿体真厚度，m；L 为钻孔中矿体视厚度，m；β 为矿体倾角，°；α 为钻孔穿过矿体时天顶角，°。

当钻孔倾斜钻进：钻孔倾斜方向不垂直矿体走向时（见图 5 - 2），矿体真厚度计算公式为：

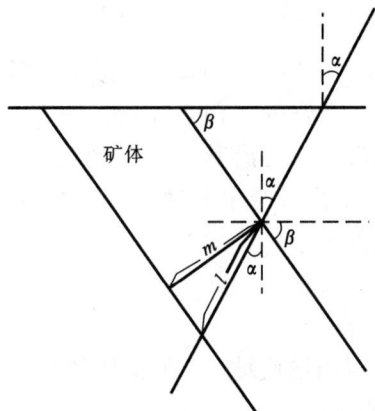

图5－1　钻孔垂直矿体走向，斜孔钻
进时矿体厚度的计算

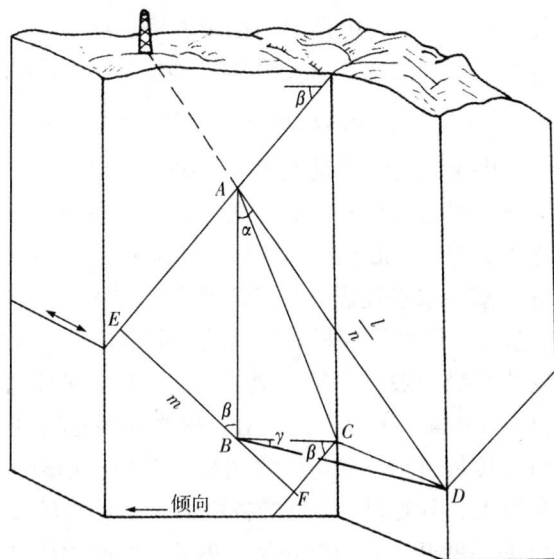

图5－2　钻孔不垂直矿体走向时矿体厚度的计算

真厚度　$m = \dfrac{l}{n}(\sin\alpha\sin\beta\cos\gamma \pm \cos\alpha\cos\beta)$ 　　　　　(5－7)

垂直厚度　$m = \dfrac{l}{n}(\sin\alpha\tan\beta\cos\gamma \pm \cos\alpha)$ 　　　　　(5－8)

水平厚度　$m = \dfrac{l}{n}(\sin\alpha\cos\gamma \pm \cos\alpha\tan\beta)$ 　　　　　(5－9)

式中：l 为矿心长度，m；n 为矿心采取率，% ；α 为钻孔穿过矿体时天顶角，°；β 为矿体倾角，°；γ 为钻孔穿过矿体处方位角与矿体倾向之间夹角(°)。

上式中，凡钻孔倾斜方向与矿体倾斜方向相反时，括号内数值相加，若钻孔倾斜方向与矿体倾斜方向一致时，括号内数值相减：

(5)孔深校正：每钻进100 m或下套管前或见主矿层前后及终孔后，均须用钢尺丈量一次钻具，以校正孔深。孔深误差不得超过±1%。若孔深误差在允许范围内，原始报表中记录的孔深不作改正。如果超过允许范围，应以实测结果为准，采用平差法进行孔深校正。

(6)钻孔柱状图的编制：钻孔柱状图是钻孔编录最终成果，其内容包括：钻孔编号、开孔日期、孔口位置坐标、钻孔倾角方位、见矿标高、孔深、回次进尺、岩(矿)心采取率、换层深度、层位及地层柱状图、岩性描述、取样化验结果、钻孔结构、终孔日期、终孔深度及标高等(见图5－3)。

图5－3　钻孔柱状素描示意图

编制方法:主要依据原始记录表格、岩(矿)心编录、计算和取样化验等原始资料,
用图和表的形式表征钻孔揭露地质体变化情况。柱状图(地层柱)比例尺一般为1:100～1:500。

5.1.3.2　槽、井探地质编录方法

槽、井探地质编录是地表地质编录主要内容之一。通过对探槽、浅井的编录和素描,可了解较浅浮土覆盖下岩层分界线及厚度;各层位之间相互关系及接触性质;构造现象和矿体分布、厚度、产状、品位分布及岩、矿层风化情况等。一般在矿体厚度、品位变化很小且槽向与走向直交情况下,可沿其一壁与槽底进行素描,槽底长用整个槽的水平投影,槽壁长则用槽的垂直投影。当矿体厚度、品位、构造变化大时,应素描其两个槽壁与槽底。在编录一组平行探槽时,只做一壁素描,但应统一规定被素描槽壁方向。

浅井素描一般只素描相对的两壁一底,矿体特别复杂时,应作四壁一底。

(1)探槽编录展开方法:由于探槽底多有坡度,其展开方法有:

1)坡度展开法:壁与底之间呈一夹角(探槽的坡度角),可以直接看出槽底坡度。但探槽较长、坡度较陡时,图幅要很大,不美观,且每槽各段不一,夹角有大有小,图中重点不能突出。

2)平行展开法:壁与底平行展开,坡度角用文字注明。此法适用于坡度较陡的探槽。

3)分段展开法:探槽较长且坡度较陡时,多采用分段展开。先作一小比例尺缩影图,再按规定比例尺分段展开。探槽弯曲时,应以弯曲处为界,分段画出。

(2)素描图具体作法

1)野外作素描图前,首先对探槽全面观察,了解总体情况。

2)测量人员将槽探两端木桩及控制点用仪器测绘在图纸上,以便作地形校正。编录槽壁时,挂一皮尺作水平线,用钢卷尺作垂直标尺按一定间距测出地形和地质体界线,并准确地按比例绘在图上。对有一定倾斜坡度的探槽,皮尺可顺斜坡挂基线或分段挂水平线作图,其坡度可用测斜仪或罗盘测定。编录槽底时,若槽底宽度基本一致,可取其宽度平均值,用投影方法进行,并注明矿体和岩层产状要素。

3)文字描述:在绘制素描图的同时,要进行文字描述。一般按岩层层序由老至新或由矿体下盘逐次向上盘描述。描述内容包括:矿体形态、产状、厚度变化及地质构造;矿石结构构造;矿物共生组合及矿化程度;围岩种类、性质、矿物组成、结构构造、时代、蚀变特征等。

4)采集标本,并标注取样位置及编号。

5)根据仪器测量成果,校正野外草图地形;将所有编录资料检查核对、誊清;整理清绘,上墨成图,填写图名、比例尺、图例、责任表等(见图5-4)。

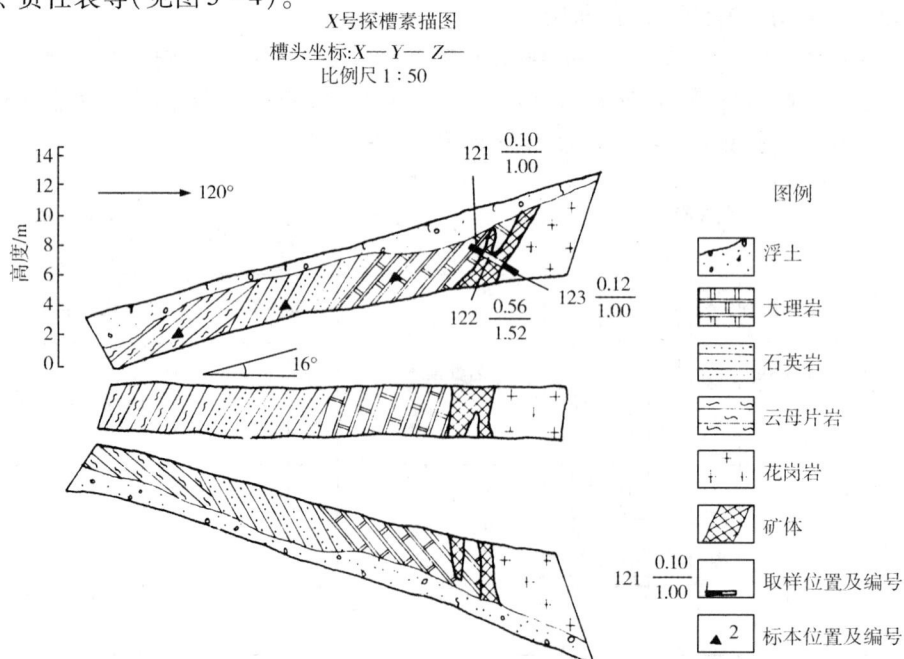

X号探槽素描图

槽头坐标:X— Y— Z—

比例尺1:50

图5-4　探槽素描图

（3）浅井作图展开方法有两种：

1）四壁平行展开，用罗盘测量方向。

2）四壁十字展开，每壁常以井壁法线所指方向为该壁方向，一般不画井底。当地质条件复杂时，须画井底（见图5-5）。

X号浅井素描图

井口坐标:X— Y— Z—

比例尺 1:50

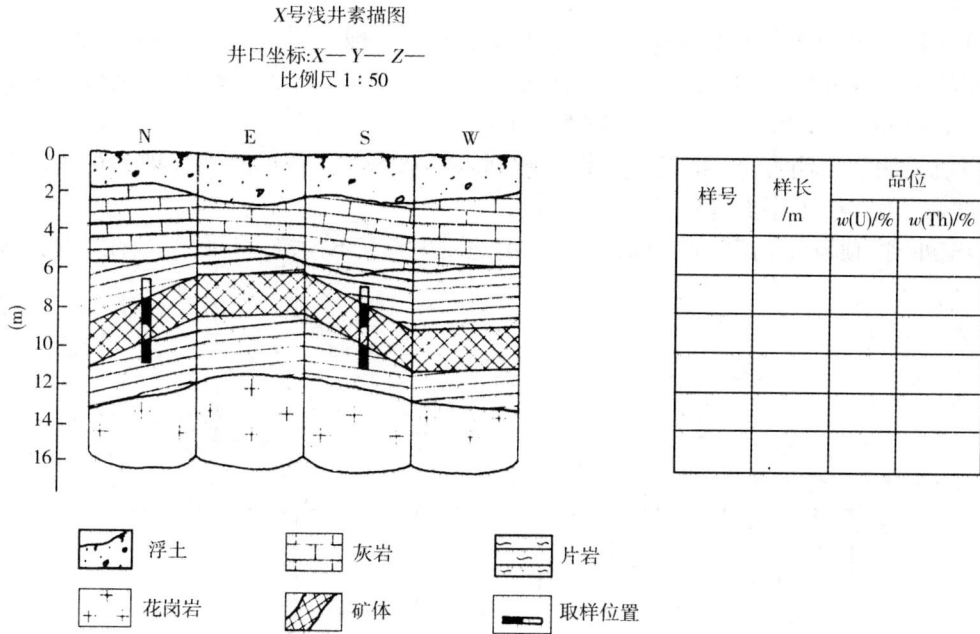

样号	样长 /m	品位	
		w(U)/%	w(Th)/%

浮土　　　灰岩　　　片岩

花岗岩　　矿体　　　取样位置

图5-5　浅井素描图

用小圆井探矿时，素描图展开方法可通过小圆井中心的正北方向线与井口圆周相交点的南点作为展开图起点（见图5-6）或统一规定按某起点展开，在图上注明方向。

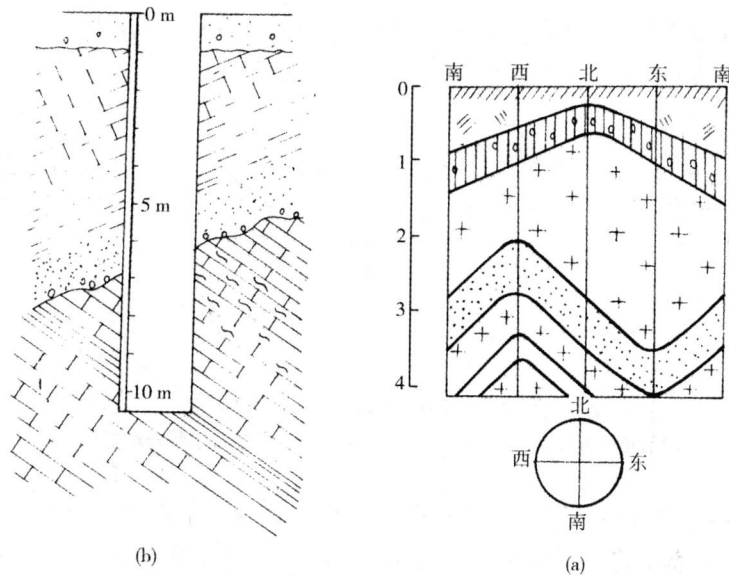

图5-6　小圆井素描图

（a）小圆井素描图；（b）小圆井剖面图

5.1.3.3　坑道地质编录方法

坑道原始地质编录是对坑道揭露的地质现象进行观察、测量、记录、描述与素描。由于生产矿山坑道是随开拓、采准和回采不断进行的,对地质体的揭露最直接、最充分,也最有利于对地质体的研究,因而坑道地质编录是原始地质编录中一项最重要的工作,是研究矿床和地质体变化规律、进行综合编录极宝贵的资料和主要依据。

生产矿山坑道类型很多,有沿脉、穿脉、石门、平窿、斜井、暗井、竖井、天井、老窿、硐室等等。按其编录特点,可归纳为水平坑道(沿脉、穿脉、石门)、倾斜坑道(斜井、上山、下山)和垂直坑道(竖井、暗井、天井)三种,编录方法和要求均有一定差别。

(1)水平坑道编录

1)穿脉(石门)编录:通常素描顶板及两帮,为三面展开图,一般不素描底板。其展开方法有三种:

①内展法:以坑道中线方向为准,两壁内倒,顶板置于壁顶之间,所展示的地质现象在顶板与两壁之间是互相衔接的,便于观察和检查,所以最常用[见图5-7(a)]。

②旋转法:以坑道底板一侧为轴,两壁与顶板旋转到水平状态,其展示的地质现象虽然相互衔接,但使用资料时必须反转过来,故作图中很少用[见图5-7(b)]。

③外展法:两壁外倒,顶板置于两壁底之间,所展示的地质现象互不衔接,不直观,所以用得也较少[见图5-7(c)]。

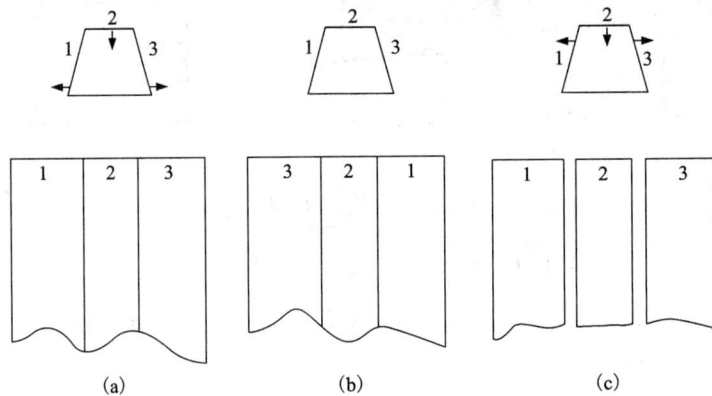

图5-7 坑道素描图展开法

(a)内展图示;(b)旋转展示;(c)外展图示

若坑道有弯曲,其弯曲度大于15°或坑道坡度改变时,须分段编录,其方法应从弯曲处或坡度改变处分段展开,或用叉口表示(见图5-8)。

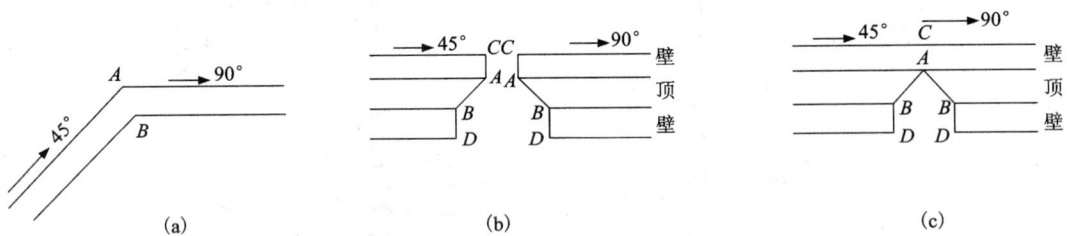

图5-8 拐弯坑道展开图的格式

(a)坑道平面图;(b)坑道分段展开图;(c)用叉口表示拐弯坑道展开图

具体作法:素描前应将坑道冲洗干净,并对素描地段全面观察,了解地质概貌,必要时须用红漆勾画出地质界线,使其更加醒目;素描时,将皮尺水平挂在坑道顶板导线点上,作为基线,用小钢尺测量帮和顶的地质界线位置,并做好记录,描绘草图(见图5-9)。有的顶板是拱形,实际见到的矿体是一弧段而不是真厚度,因此作顶板素描时不能用法线投影,而应顺其自然产状,投影在坑道顶大致统一的高度平面上作图。

作素描时应同时做文字描述,采集标本。

2)沿脉坑道编录:通常只素描坑道顶板及掌子面,或一壁一顶。其方法和要求与穿脉编录相同。

X号坑道素描图
比例尺：1：100

坑口坐标：X—Y—Z—
坑道方位角：130℃　坑道倾角17℃

样品编号	样品长度/m	分析结果/%
12	1.00	
13	1.00	
14	1.00	
15	1.00	
16	1.00	

坡积物　　矿体

石灰岩　　标本位置及编号

硅质灰岩　取样位置及编号

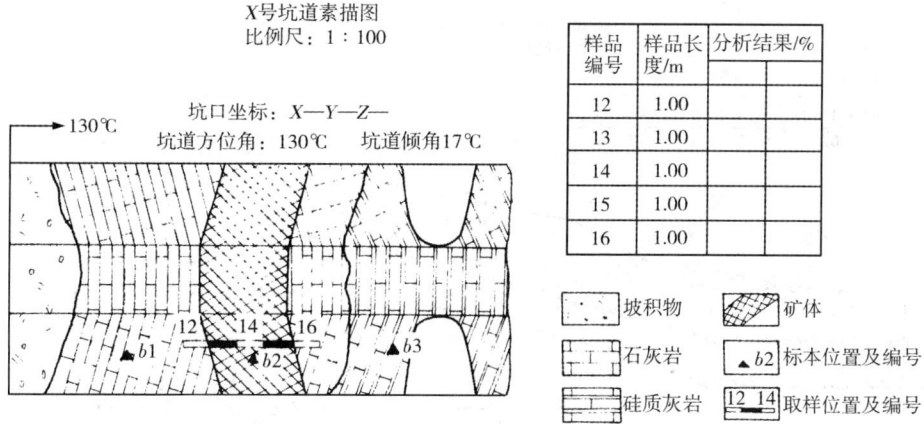

图5-9　X号坑道素描草图

沿脉掌子面素描一般每掘进一定距离作一次，其比例尺与沿脉坑道顶板素描图一致。所有掌子面素描必须按坑道依次序编号，同时用横线在顶板素描图上标示相应位置(见图5-10)。

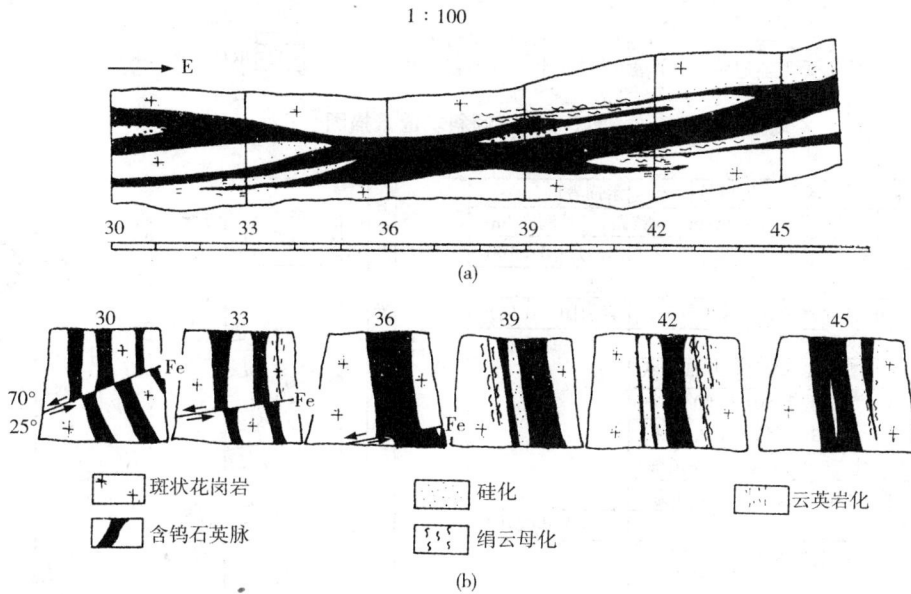

1：100

(a)

斑状花岗岩　　硅化　　云英岩化

含钨石英脉　　绢云母化

(b)

图5-10　某钨矿105号脉沿脉顶板及掌子面素描图
(a)顶板素描图；(b)掌子面素描图

(2)倾斜坑道(斜井、上山、下山)地质编录：通常素描顶板及两壁，素描时先用罗盘或测斜仪测量坑道坡角，再作展开图，然后用皮尺悬挂于坑道顶板基线点上，用小钢卷尺测量顶板及两帮的地质界线。具体方法与槽探和穿脉素描相似(见图5-11)。

(3)垂直坑道(天井、暗井、竖井)编录：一般只编录穿过矿体且进行取样的一壁，矿体形态复杂或产状平缓时，须作四壁展开图(见图5-12)。具体方法与浅井编录相似。

5.1.3.4 井下采场地质编录方法

井下采场地质编录，是对采场掌子面地质现象的观察、测量、记录、素描和描述。它是随回采面上升而不断进行的地质工作。回采面每上升一定高度，就必须编录一次。通过各分层编录资料对比，可获得矿体立体概念，更好地指导矿山生产。

(1)编录内容：采场地质编录是以采场为单元。由于地下开采方式、采矿方法不同，编录方法和内容不一，一般长壁式崩落法的采场编录应反映采场各部分地质情况，图件包括上山素描图，漏斗及顶板素描图，切割沿脉拉底素描图及采场掌子面素描图；房柱法采场编录要反映矿体形态、厚度、品位及构造等在采场垂直和水平方向的变化，因此须对采场天井、切割巷道、上采阶段平面进行编录和素描，上采阶段一般5~10 m编录一次；

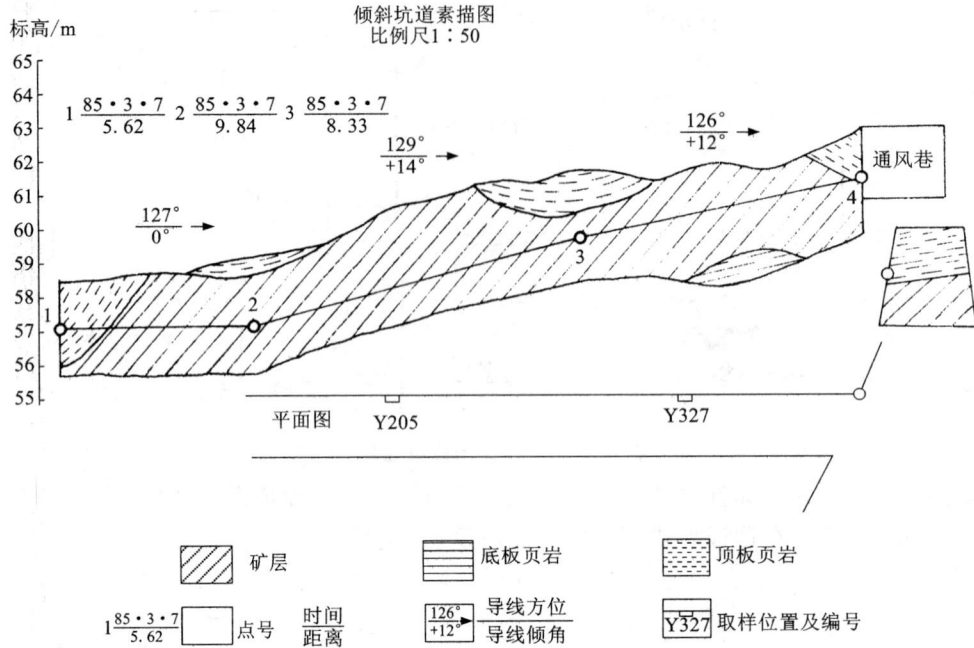

倾斜坑道素描图
比例尺1：50

图 5 - 11　倾斜坑道素描图

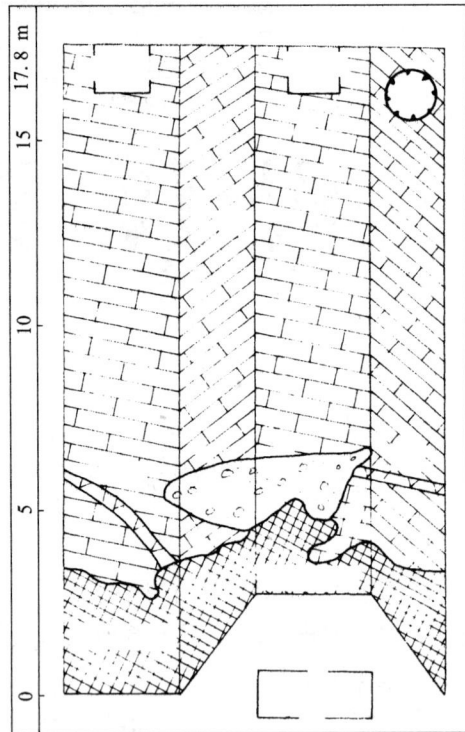

图 5 - 12　某铅锌矿天井四壁展开图及素描图格式
(a)正面；(b)背面

充填法采场编录内容包括天井(人行井、充填井、溜矿井)和漏斗四壁展开及盲中段联络道以及拉底巷道、矿房采矿掌子面的编录；深孔崩落法采场编录应包括凿岩天井、人行井和溜矿井、深孔炮眼等的编录。

(2)编录方法：长壁式崩落法采场编录素描比例尺一般为1：100，上山素描图只描一壁，切割拉底巷道素描顶板，每2～6 m素描一次掌子面。房柱法采场编录比例尺一般为1：100，较厚矿体可为1：200，切割巷道和阶段回采面均只描顶板。充填法采场编录比例尺一般为1：100，天井(人行井、溜矿井、充填井)应作四壁展开，盲中段及联络道作三面展开，矿房掌子面每爆破一次须取样编录一次。崩落法采场编录中电耙道或二次破碎巷道、切割拉底巷道等一般只编录顶板，对复杂矿体应编录一顶一壁；凿岩天井、人行井、溜井要编录两壁或四壁，深孔炮眼，在凿岩过程中要采集岩粉样，并根据化验结果，圈定矿体边界、矿石品位和品级(见图5－13)。

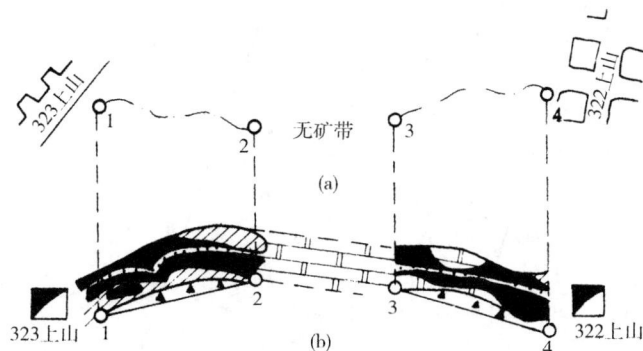

图5－13　房柱法采场掌子面素描图

(a)采场平面图；(b)采场掌子面素描图

1—破碎带；2—致密状矿石；3—浸染状矿石；4—白云岩；

5—拣块取样位置；6—测点及编号；7—平面上掌子面位置

采场掌子面素描方式见图5－14。

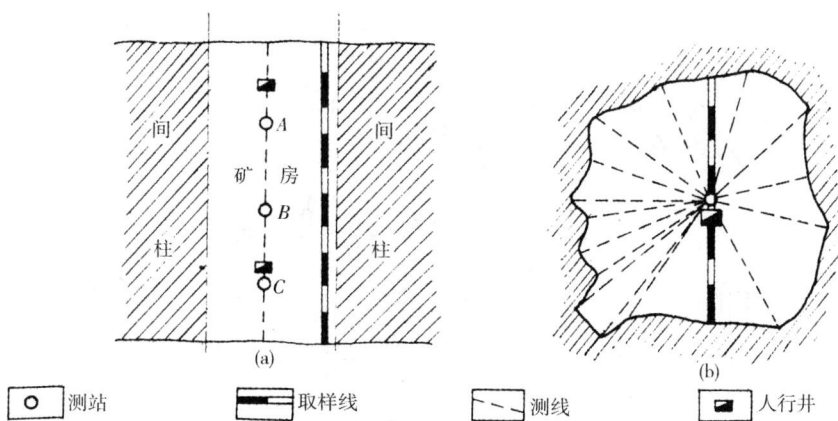

○ 测站　　　取样线　　　测线　　　人行井

图5－14　采场掌子面素描方式

(a)导线法(剖面图)；(b)变矩法(平面图)

5.1.3.5　露天采场地质编录方法

露天采场地质编录包括采场掌子面素描、槽探、浅井、钻孔、爆破硐室、爆破孔及各种取样的编录。

(1)掌子面编录：露天采场掌子面一般由边坡和平台组成，因此掌子面编录包括边坡掌子面和平台掌子面。前者以剖面为主，附平面编录图；后者以平面为主，附剖面编录图(见图5－14)。

比例尺一般为1:100或1:200。整个编录工作由地质人员和测量人员共同完成，地质人员主要是选择观测点、圈定地质界线和矿体边界；测量人员用仪器测绘边坡顶、底及平台边界、矿体位置和其他观察点位置。

(2)爆破孔地质编录：包括冲击钻、潜孔钻及牙轮钻地质编录。主要采集岩泥、岩粉，并根据岩泥和岩粉观察、鉴别、测量、描述和取样分析化验，编绘出钻孔柱状图和台阶地质平面图(见图5－15)。由于露天采场爆破孔一般进尺都比较浅，每个钻孔钻进时间也比较短，钻孔位置移动频繁，工地没有掩护物，地质编录必须及时跟上。

其他如探槽、浅井等地质编录与地表槽(井)探地质编录方法内容相似。

由于露天采场范围较大，有时不能一次素描完，因而多按爆破区进行或分段进行。其编录方法一般用点线法。对于低台阶、矿体形态比较简单的矿山常用一条线控制；高台阶(大于12 m高度)或矿体形态比较复杂的矿山，则应采用两条线控制。布线位置：第一条线距台阶底线1～1.5 m，第二条线距台阶顶线约0.5～1 m(见图5－16、图5－17)。

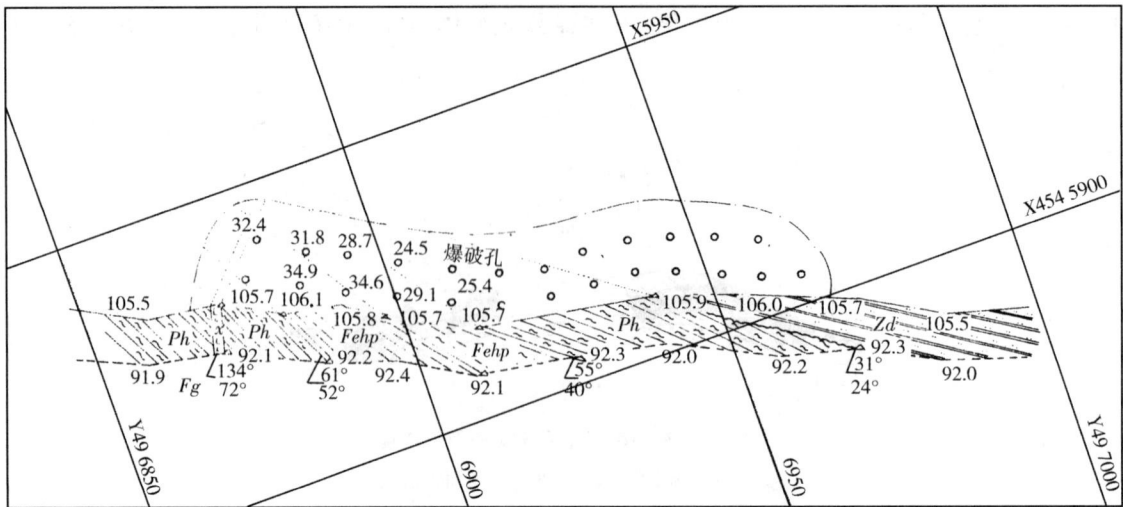

图 5 –15　采场掌子面爆破平面图

Zd—石英岩；Ph—千枚岩；Feph—含绿泥石假象赤铁石英岩；Fehp—假象赤铁石英岩；x—煌斑岩脉

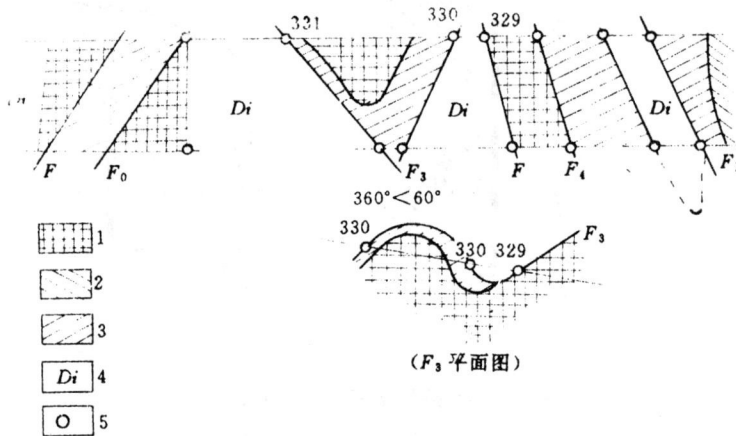

图 5 –16　某矿露天采场 455 平面掌子面素描图

1—铁帽；2—氧化铜矿石；3—白云石化矽卡岩；4—白云岩；5—测点

工区　　　　米台阶　　　　比例尺1：500　　　　日期

5孔剖面
1：200

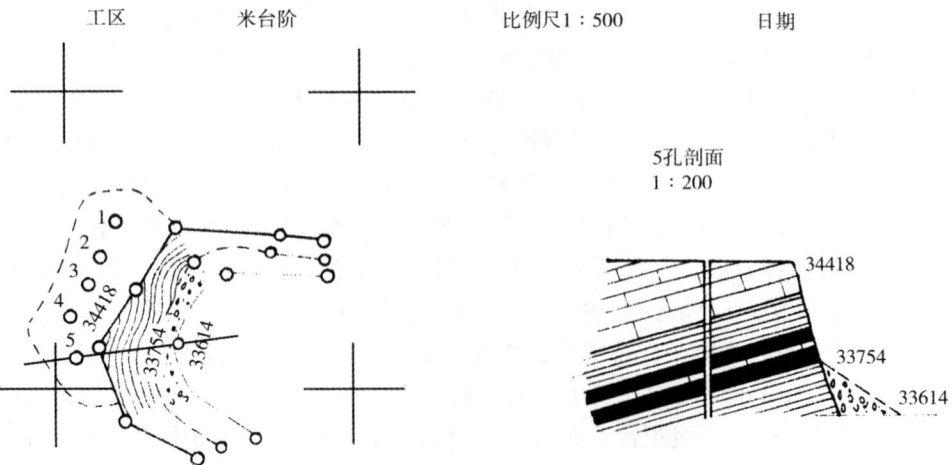

图 5 –16　某矿露天采场掌子素描图

5.1.3.6 取样化验及标本编录方法

（1）岩石、矿物、化石标本编录对象包括普查、勘探、开采区内全部重要地层、岩石、矿物标本磨片和化学分析小块样品、化石标本。它是分析、鉴定地层、构造和矿物，研究矿床最有力的证据。对采集的标本，现场应作初步鉴定、描述，并附上标签（见表5-4），及时进行整理，填写登记表（见表5-5），需请外单位专门鉴定命名的标本，要填写送样单（见表5-6）并附上采样平面图或剖面图，以便更好地结合现场产状特点正确鉴定和命名。

表5-4 标本采样标签

×××矿区标签存根		×××矿区标签单	
编号		编号	
名称		名称	
成分		成分	
产地		产地	
采集者		采集者	
采集时间		采集时间	
备注		备注	

表5-5 标本登记表

区段： 第 页 共 页

总号	野外编号	采集地点及层位	野外定名及描述	采集日期	采集人	数量	箱号	鉴定、分析、照片编号					鉴定结果	备注
								薄片	光片	光谱	化学	照片		

登记人：　　　　装箱人：　　　　装箱日期：　　　　检查人：　　　　检查日期：

表5-6 岩矿鉴定送样单

矿区名称：

编号	野外名称	采集地点	采集人	产状	备注

送样日期：　　年　　月　　日　　　　　　　　　　　　　　　　　　制表：

（2）样品编录：为保证样品不出差错，须系统建立一套编录表式。

1）现场取样登记：所有样品要统一编号，有取样位置、取样方法、取样规格、样品袋数、袋号、采样日期、采样人及验收意见等（见表5-7）。岩心取样要记录钻孔编号、样品号码、取样深度、矿心长度和块数、矿心编号、矿心直径、破碎程度及原始样品重量等(见表5-8)。岩(矿)粉、岩(矿)泥取样记录要有取样深度、层序、钻探班次、钻进方法、取样方法、岩(矿)心采取率等。

表5-7　采样原始记录簿

矿体编号：　　第　页

采样地点	中段(或台阶)		采样编号	临时	
	工程号			统一	
位置	距(点)　　m至　　m处		取样方法		
规格	长		袋数	袋号	
	宽		深		
验收意见		采样人		采样日期	年月日
	签字　　月　日				

表5-8　岩心取样登记表

矿区名称：

总编号	临时号	钻孔号	相当井深/m			岩(矿)心		岩(矿)心编号			岩矿心直径/mm	原始重量/kg	岩心描述	取样日期	取样人	化验室	化样结果/%	
			自	至	样长	长度/m	采取率/%	自	至	块数								
(1)	(2)	(3)	(4)	(5)	(6)	(7)	(8)	(9)	(10)	(11)	(12)	(13)	(14)	(15)	(16)	(17)	(18)	(19)

取样人：　　　登记人：　　　审核人：　　　　　　　　　　　　　　　　　　　　　　　年　月　日

　　2)取样登记表：包括岩(矿)心取样、坑道取样、槽(井)探取样、岩(矿)泥岩(矿)粉取样、重砂取样、金属测量取样及硅酸盐取样等不同取样登记表(见表5-9)。

表5-9　取样登记表

单位：

总编号	临时号	取样地点	取样位置	距最近导线点距离/m	取样方法	取样规格	原始重量/kg	取样日期	取样人	化验室名称	分析结果/%			备注
(1)	(2)	(3)	(4)	(5)	(6)	(7)	(8)	(9)	(10)	(11)	(12)	(13)	(14)	(15)

登记人：　　　审核人：　　　　　　　　　　　　　　　　　　　　　　　　　　　　　　　　年　月　日

　　3)样品加工记录表：包括加工流程、方法、缩分、副样等(见表5-10~表5-12)。

表 5 - 10　矿区样品加工流程记录表

采样编号　　　　加工编号　　　　原始样重量　　　皮重　　　加工样重

筛号	缩分次数	缩分后重量	副样保留情况(重量单位/kg)				送化样重(160目)	保留存样箱号	备注
			重砂样重(1 mg)	保留副样重(粒度80目)	组合副样重(粒度160目)	验证副样重(粒度160目)			

总缩分次数　　　　　　　　　　　　记录者：　　　加工人：　　　加工日期

表 5 - 11　样品加工记录表

矿区名称：

取样编号	加工编号	加工日期	加工人名	样品原始重/kg	加工样重/kg	操作程序编号	缩减次数	送样重量/kg	送样粒度(目)	送样日期	送样单编号	送样人名	收样单位	副样		附注
														重量/kg	箱号	

表 5 - 12　副样登记表

矿区名称：

总编号	临时号	副样份数	副样重量/g	收装箱号	收发日期	交付样者	保管者	副样取出重及日期						备注
								第一次		第二次		第三次		
								日期	重/g	日期	重/g	日期	重/g	
(1)	(2)	(3)	(4)	(5)	(6)	(7)	(8)	(9)	(10)	(11)	(12)	(13)	(14)	(15)

4)组合分析登记表及检查分析登记表：见表 5 - 13、表 5 - 14。

表 5 - 13　组合分析样品登记表

矿区名称:

编号	组合样号	组合样类型		组合方法			组合样品				组合日期	组合者	送样日期	化验室	分析结果/%		
		品级或矿石类型	矿体编号	普通样品		组合样重/kg	原始重量/kg	缩减方法	缩减次数	终重/kg							
				编号	原始重/kg												
1	2	3	4	5	6	7	8	9	10	11	12	13	14	15	16	17	18

表 5 - 14　检查分析样品登记表

矿区名称:

编号	化验室名	主要分析				内(外)部检查				误差					
		样品号	化验号	化验日期	分析结果/%	样品号	化验号	化验日期	检查分析结果/%	绝对值/%			相对值/%		
1	2	3	4	5	6	7	8	9	10	11	12	13	14	15	16	17	18	19	20

5.1.3.7　原始地质编录摄影方法

摄影法基本原理是利用摄影技术,按一定比例把坑道顶板(或掌子面或一壁)地质现象拍摄成底片,经冲洗放大,综合整理,绘制成地质素描图。

摄影编录可分为:(1)掌子面摄影:沿脉巷道每掘进一个回次,对掌子面拍摄一次;

(2)顶板摄影:在平巷两导线点间或采场回采一定高度(5~10 m)时拍摄顶板;(3)井壁摄影:天井(斜井)掘进结束时拍摄一壁(或两壁)。

摄影编录要领:(1)通风、处理松石、清洗工作面,使被摄对象清晰可辨;(2)固定皮尺,用油漆画定边界线、样槽及编号,皮尺刻度须准确清楚;(3)测量地质参数及有用矿物面积,并详细记录;(4)选定摄影参数,定位、校正、取景,连续拍摄,相邻两次拍摄的图像应重叠1/3,并做好拍摄记录;(5)冲印放大,放大比例为1:50;(6)镶接照片;(7)根据地质特征,解译成图。

条件许可时,可录制分色多波段录像,代替摄影地质编录,以加速编录工作进程。

5.1.4　原始编录资料的整理与保管

原始编录资料整理是对现场编录资料进行室内清理、核对、补充、修改、誊抄、着墨、上色、编号归档,使之条理化、规范化,美观完整,便于长期保存。

(1)钻探编录资料整理:除整理现场编录表格、记录、素描外,每孔结束后须进行钻孔弯曲校正计算,编制钻孔柱状图和钻孔剖面图。钻孔弯曲校正有三种情况:

1)方向校正:由于钻进方位偏斜,布置在同一剖面线上的钻孔,实际方向与设计方向不一致,须将这些不一致的钻孔方向校正,作出投影图(见图5-18)。

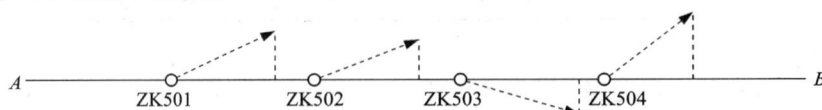

图 5 - 18　钻孔方向校正投影图

2)倾角弯曲校正:如根据华南某钻孔测量资料,求转换点、作钻孔剖面图(见图5-19)。

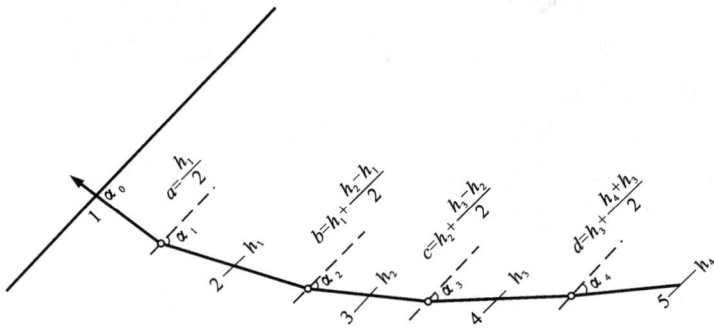

图 5 - 19　按钻孔倾角所作钻孔剖面图

1、2、3、4、5—钻孔倾角测点编号;h_1、h_2、h_3、h_4—测点深度(m);

α_1、α_2、α_3、α_4—钻孔倾角;a、b、c、d—转换点深度

3)方向、倾角同时校正:①将转换点间线段投影到平面上得 l_1、l_2、l_3、l_4、l_5;②以方位角 β_0、β_1、β_2、β_3、β_4 和线段长 l_1、l_2、l_3、l_4、l_5 分别画出钻孔方位平面投影截线 $0a'$、$a'b'$、$b'c'$、$c'd'$;③过 a'、b'、c'、d' 各点,沿剖面法线方向投影到钻孔剖面图上,并与过各转换点 a、b、c、d、e 的水平线相交,得交点 a、b''、c''、d''、e'';④连接 0、a、b''、c''、d''、e'' 各点成平滑曲线,即为剖面上钻孔投影线(见图5-20)。

钻孔柱状图编制参见图5-3。

所有钻孔编录资料都应按勘探线(网)统一编号,装订成册,作为基础资料长期保存。

(2)槽探编录资料整理:整理野外素描草图和各控制点记录,绘制正式清图,并上墨着色。

(3)坑道及采场编录资料整理:清理核对沿脉、穿脉、斜井、竖井、天井、老窿、硐室等现场记录、素描,整理作图,上墨着色,绘制清图(见表5-15)。坑道、采场工程结束后,须按坑道类别统一编号建立台账,装订成册。

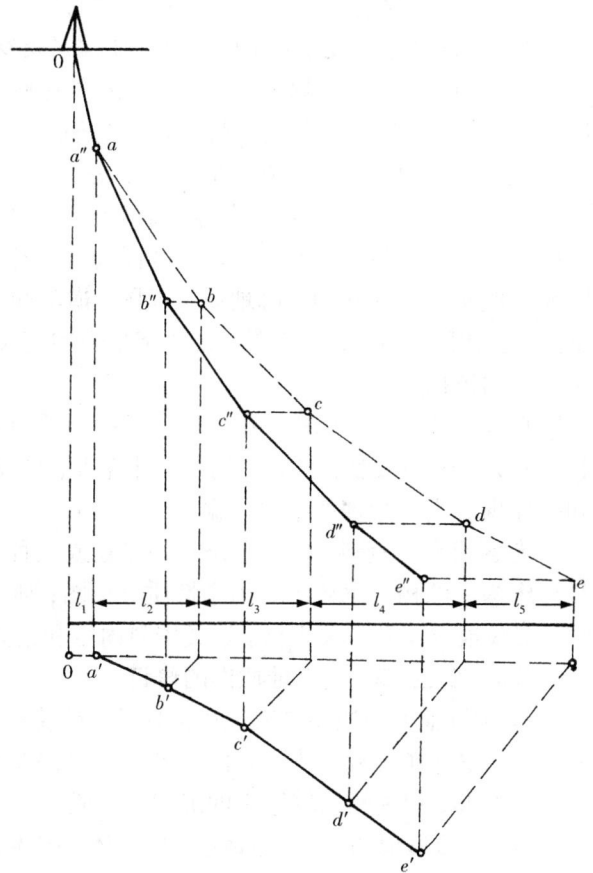

图 5 - 20　钻孔投影图

a、b、c、d、e—钻孔倾角转换点;l_1、l_2、l_3、l_4、l_5 - 钻孔转换点水平投影线段长;o、a'、b'、c'、d'、e'—转换点方位偏斜平面投影点;o、a''、b''、c''、d''、e''—方位偏斜沿剖面法线投影线与过转换点的水平线交点

表 5 - 15　地质素描卡片

矿区	中段(平台)	工程名称	测点自	至	导线方位	总页		
文字说明	矿体厚度 /cm	支距 /cm	素　描　图 比例尺 1:50			支距 /cm	矿体厚度 /cm	试料编号

素描者:　　　　　观测者:　　　　　整理者:　　　　　　　　　　　素描日期:

5.2　综合地质编录

综合地质编录是对各类原始地质编录资料进行系统整理、综合归纳与研究的工作。通过这一工作,编制一些必要的图表等资料,以便分析研究矿床地质特点和变化规律,得出矿床的整体概念,并作为编制矿山开采设计、制订矿山规划、指导找矿勘探和矿山生产的重要基础资料。

5.2.1　综合地质编录的内容与要求

（1）综合地质编录内容：通常包括文字、图件、表格、照片和实物资料。文字资料有说明、总结、综合报告、专题研究和试验报告等。图件资料有地形地质图、综合地形地质图、剖面图、投影图、等值线图及某些专用图件等。表格资料有矿体厚度、品位计算表、等值计算表、储量计算表等。

（2）综合地质编录要求：矿山综合地质编录贯穿于整个地质工作始终。具体要求是：

1）图纸布置方向、图幅大小规范化；内容完整、全面；精度准确无误。2）图纸清绘清晰、整洁、美观，检查无误后方能复制。3）文字叙述精炼、扼要；条理、层次分明；证据充分。

4）表格资料要系统、齐全，有一定的格式。

（3）综合资料分类：按综合编录资料特征、内容和应用范围，大致可分为三类：

1）整体性综合编录资料：又称全区性资料。图纸比例尺一般为1∶500～1∶1000、1∶2000、1∶5000。其中包括矿区地形地质图、中段（平台）地质平面图、横剖面（勘探线剖面）图、纵剖面图、矿床顶（底）板等高线图、矿体投影图、立体图、储量计算图等，及文字报告和有关附表。它是矿区开发总体布置和生产及探矿设计、制订矿山发展规划的依据。

2）单体性资料：又称矿块（块段、采场）地质资料。包括采场综合资料、矿块开采设计地质资料、天井综合资料、矿块上下中段复合图、贫化损失计算表、采场台账、采场档案卡及有关文字说明等。它是开采块段单体设计和指导现场生产管理的重要依据。

3）专题研究性资料：通常围绕某一专题或某种工作需要而编制。如研究元素含量变化的等值线图；研究矿田和矿床构造的构造纲要图和力学性质分析图；研究成矿规律和成矿预测图及各种成矿模式图，以及各类技术总结、实验报告及其有关表格。这类资料内容和格式没有统一规定，一般根据课题任务和需要而定。

5.2.2　矿区（床）地形地质图的修订

矿区（床）地形地质图是表征矿区地形、地貌和地质特征的综合图件。它是反映矿床赋存条件、研究成矿规律、合理布置探矿工程、进行矿山生产设计、编制矿山远景规划的必要图件。其比例尺，内生矿床一般为1∶1000～1∶2000，规模较大较稳定的沉积—变质矿床多为1∶5000～1∶10000。图件主要内容包括坐标网、主要控制点、标高点、地形地物、水系、地层、侵入体、矿体、矿化带、蚀变带、含矿层的地质界线及构造线、地质剖面线及代表性产状要素等。

矿区（床）地形地质图一般是在地质勘探阶段随同地质勘探报告提交。随着矿区的开发建设、生产发展及找矿范围扩大，应对原图进行必要的补充和修改，甚至重新编制。

（1）修订补充的内容：

1）矿区周围新增找矿范围的地形、地物、地表工程及地质界线。

2）通过生产勘探和矿区开采所揭露的地质现象、新矿体和其他地质体。

3）由于开采建设和岩移、陷落或矿区范围扩大所引起的地形、地物、地质内容客观上发生的较大变动等。

（2）原图修订方法：以修订或补测的地形图及原始地质编录为依据，经综合分析研究，在地质勘探提交的原图基础上，补充修改或重新编制。补充修改后原图经现场复查和验证，清绘成图，编写说明书与原图一并存档备查（见图5-21）。

5.2.3　矿区（床）综合地形地质图修订

矿区（床）综合地形地质图，是在矿区（床）地形地质图基础上，添加探矿和采矿工程展布情况的综合性图件。当矿区地质条件简单时，也可只编此图而不再编单纯的地形地质图，比例尺一般为1∶1000～1∶2000；在矿床规模较小、地质复杂情况下，比例尺可增大到1∶500。图件内容除地形地质图规定的内容外，须增加：勘探线（网）位置及编号；槽（井）探、钻探工程布置及编号；开拓窿口、井口、通风主井、老窿位置及编号；水文观测点、观察孔位置及编号；露采平台或坑道展布、坑道复合投影等。

矿区（床）综合地形地质图，一般随地质勘探报告一并提交，也有在基建勘探时由矿山地测部门自行编制。随着矿山的开发与建设，不断补充新的内容或重新编制。

（1）补充修订内容

1）新增探矿工程包括槽（井）探、开拓井巷、露天平台堑沟及地表新增构筑物等。

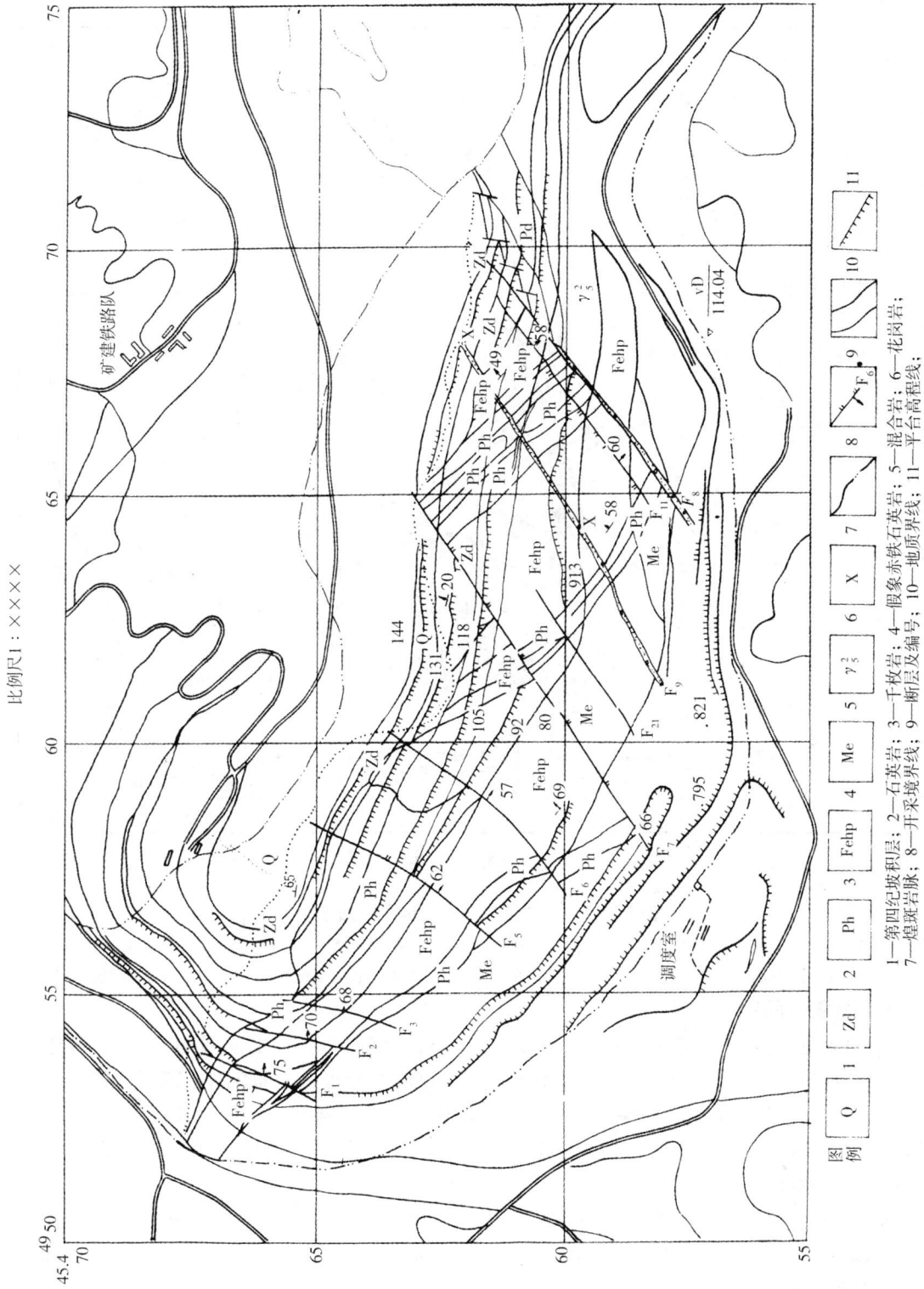

图例 1 Q | 2 Zd | 3 Ph | 4 Me | 5 γ_5^2 | 6 X | 7 γ_5^2 | 8 | 9 F_6 | 10 | 11

1—第四纪坡积层；2—石英岩；3—千枚岩；4—假象赤铁矿岩；5—混合岩；6—花岗岩；
7—煌斑岩脉；8—开采境界线；9—断层及编号；10—地质界线；11—平台高程线；

5-21　东鞍山铁矿地形地质图

2）新揭露的岩体、矿体、构造及其他地质体等。当生产证实矿体形态、产状或其他地质体位置或界线有较大变化时，也必须补充修改或重新编制原地质图件。

3）由于岩移、陷落导致地形、地物发生较大变化或矿区（床）范围扩大，对原有图件也必须增测修订。

（2）修改方法：首先对需修订的内容及测量成果进行审核和研究，以原有图件为基础，按程序补充、修改、检查、复核无误后清绘成图，并编写修订说明书与原来图件一并存档（见图5-22）。

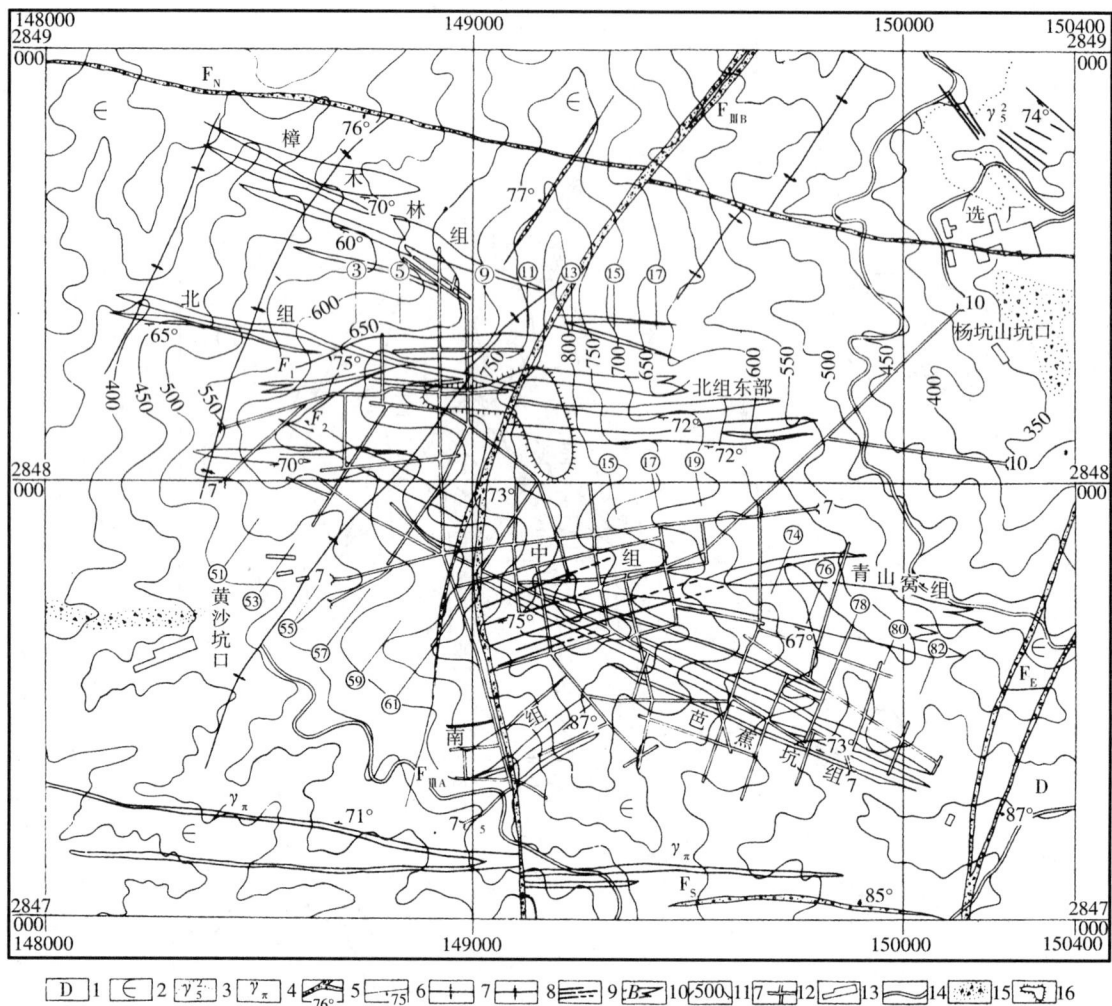

图 5-22　黄沙钨矿区综合地形地质图

1—泥盆系；2—寒武系；3—燕山期花岗岩；4—花岗斑岩；5—断层破碎带；6—断层；7—背斜；8—向斜；9—含矿石英脉；
10—标志带；11—等高线；12—坑道；13—房屋；14—公路；15—废石堆；16—露天开采边界；17—勘探线及编号

5.2.4　矿床地质横剖面图

矿床地质横剖面图是垂直矿床(矿体、矿脉)或矿区主构造线走向布置的剖面线的剖视图。若按勘探线系统剖制，则称勘探线剖面图。它表征矿床(矿体或矿脉)垂直空间地质特点、地质工作程度和探矿工程、采掘工程的摆布，是进行矿山总体设计、布置新的探矿工程、指导矿床开采、编制其他综合地质图件或进行矿床预测、研究矿床垂直变化规律的重要依据，也是用断面法计算储量的必备图件。比例尺与矿区(床)综合地形地质图一致，一般为 1:500～1:2000。

(1)图件内容：包括坐标、高程、地形地物、剖面线方位、勘探工程及编号、各种地质界线及产状、取样位置及编号、样品分析化验结果等。用来计算储量的剖面图，还应有不同矿石类型、矿石品级和矿体(层)氧化带及混合带的界线、块段面积及其编号等。在图下方应附勘探线平面草图，草图中有勘探线、探槽及钻孔位置。剖面图一侧或空余地方附有样品化验分析结果表(见图 5-23)。

(2)编图方法及步骤

1)根据拟编剖面所切范围安排好图的位置，并按一定高差划出水平线作为垂直标尺。

2)将剖面两端点依据坐标测量成果绘制在拟编图纸上，并绘制剖面与经面(或纬面)的截线。

3)根据测量成果将地形、地表槽(井)及钻孔位置投绘在剖面图上，并转绘出地质体界线及其产状、取样位置及编号。

4)按比例尺将坑道素描缩绘在拟编图上。

5)根据钻孔原始编录资料将钻孔剖面图移绘在横剖面图上。

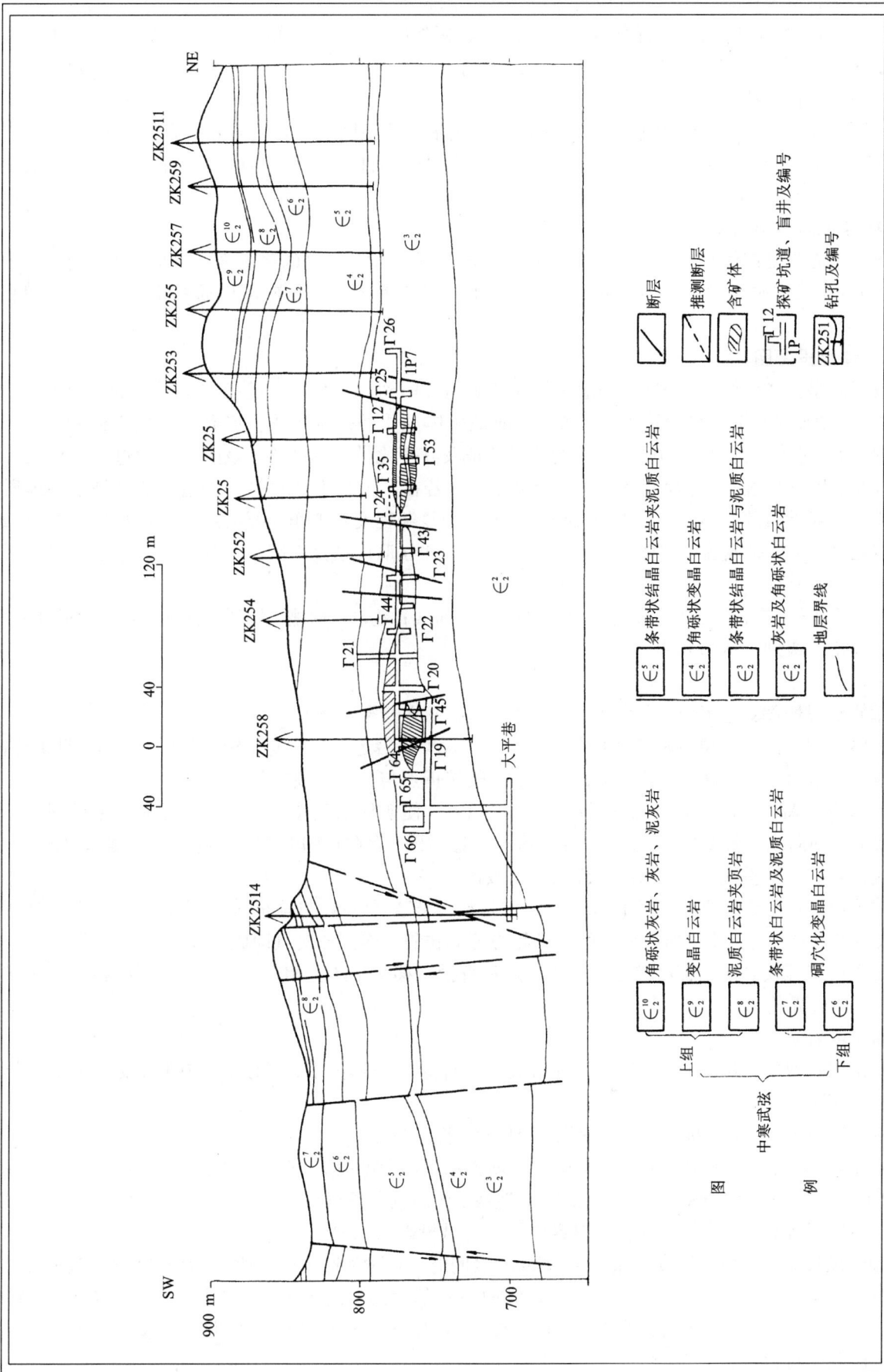

图5-23 贵州铜仁砂落湾—回龙溪采矿床地质横剖面图

比例尺：1：××××

（注：为保证缩印后图面图面清晰，本图省略掉原图件中某些细节）

6）连接各类工程揭露的地质界线，并用符号或花纹图例表示之。

7）用来计算储量时，则应圈出矿石类型、矿石品级及各类储量界线，并注明块段编号及储量级别。

8）用投影法在图下方绘制平面草图，在图一侧按不同工程编制分析结果表，写上图名、比例尺、图例及责任表，整饰、审核、清绘成图。

（3）图件修订：随着生产勘探、矿山开采及采矿工程进展，须不断增加新的探矿、采准等工程和采空区位置，修改地质体边界线，因此对原剖面修订是经常的。但应以原图件为基础。当原有图件与实际出入很大时或在新区工作时，须重新编制图件。

5.2.5　矿床地质纵剖面图

矿床地质纵剖面是沿矿体平均走向或矿区主构造线走向延长方向截制的剖面图。它是反映矿床（矿体或矿带）沿走向方向变化及成矿地质条件的图件，其内容、比例尺及编图方法与矿床地质横剖面图相同（见图 5 - 24）。

5.2.6　矿体纵投影图

矿体纵投影图是把矿体倾角大于 45° 的地质条件及矿体投影到一个与矿体延长方向平行的垂直面上，把矿体倾角小于 45° 的地质条件和矿体投影到水平面上，或把矿体地质条件及矿体投影到矿体所在倾斜面上，借以圈定矿体范围，了解矿体在沿走向和倾向方向的地质特征及其变化情况的图件。该图是矿山进行总体设计及单体设计、编制采掘作业计划、长远规划及探矿设计的依据。若在图上加上储量计算内容，则又是采用地质块段法和开采块段法计算储量的基本图件。比例尺视矿体大小和复杂程度及工作需要而定，一般为 1:500 ~ 1:2000，通常应用于似层状、透镜状或脉状矿体。依照矿体倾角陡缓可分垂直纵投影图、倾斜纵投影和水平纵投影图或复合纵投影图。

（1）图件主要内容：有投影方位线；标高线；基线制剖面线；地形、探槽、坑道、钻孔；断层破碎带；岩脉；不同品级矿石及不同级别储量边界线等。

（2）方法及步骤

1）矿体垂直纵投影图：适用于倾角大于 45° 的矿体。方法及步骤为：

①根据矿体平均走向线方位，确定投影线（面）方位。若矿体沿走向方位变化较大（大于 15°），且延伸较长，投影基线有较大转折时，则应分段展开投影，并标出分段转折点与分段基线方位。

②绘制标高线、基线或剖面线。标高线位置要选择适当，使矿体居于图幅之中；根据地形地质图或平面图上各勘探线绘制；剖面线、基线的绘制，应先在矿区地形地质图、台阶（中段）平面图或其地投影图上作投影线，然后向投影线作若干等距垂线，且须求出坐标的理论数值。

③切制矿体出露地形线。即在矿区地形地质图上将矿体露头中心线与地形等高线交点垂直投影到方位线上，利用基线或剖面线，把投影线所得交点移绘到相应标高位置，连接各交点即成矿体出露地形线。

④将各类探矿工程及采矿工程与矿体中心线交点垂直投影移绘于图上相应标高位置，同时标出未见矿的探矿工程，连接矿体边界轮廓。

⑤投绘断层或岩脉。

⑥将各探矿工程取样品位、矿体厚度及其他有关资料标绘在投影图上，以便圈定矿体，划分块段，标明储量级别及储量计算参数。

⑦整饰成图（见图 5 - 25），标记图名、图例、比例尺、图签等。

2）矿体水平投影图：又称矿体平面图，是矿体在理想水平面上的投影，适用于倾角小于 45° 的矿体。图上坐标网、勘探线应与矿区地形地质图一致，其工程、构造线、块段划分等可按坑道地质测量资料直接投绘。该图一般要圈划出矿体底板等高线。比例尺及表示内容均与垂直纵投影图相似。

3）矿体倾斜纵投影图：当矿体倾角介于 45° 至 65° 之间时，有时为避免矿体因投影而使面积有过大的缩小，可假设一个既与矿体平均走向平行，又与矿体平均倾向一致的理想倾斜投影面。它与垂直纵投影图不同的是：高程为投影高程或展开高程；勘探线仍为垂线，但坐标网为斜网格，通过计算方能获得坐标网交角。

这类图件因制图过程复杂，用得较少。

5.2.7　平台（中段）地质平面图

平台（中段）地质平面图，是表征矿山露天开采平台或地下开采中段矿体、围岩、地质构造及矿石类型平面

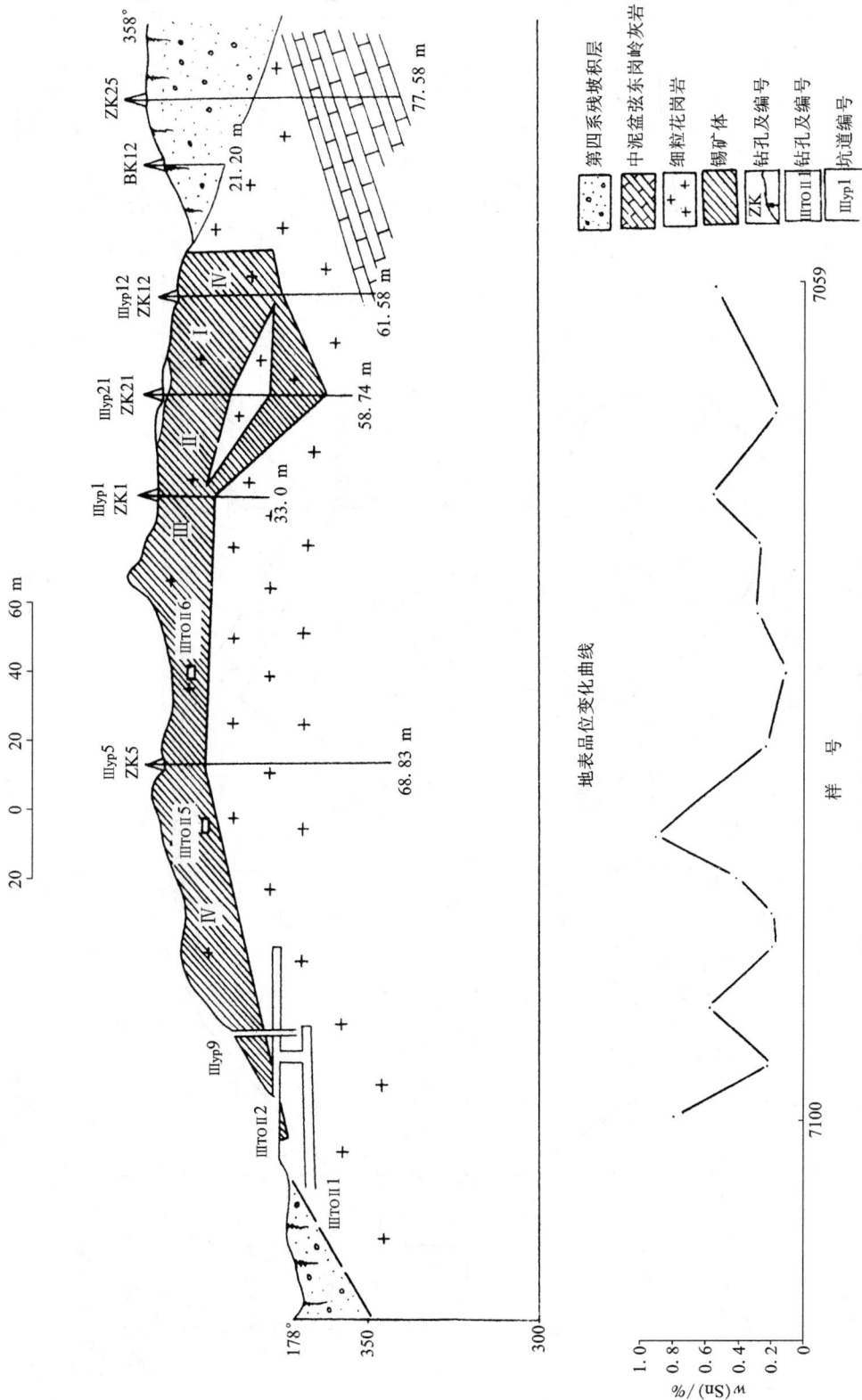

图5-24 广西栗木老虎头锡矿床B-B′纵剖面图

展布特征及各类工程揭露情况的综合性地质图件。一般用于编制采场总体设计，或单体设计，制定生产作业计划，确定开采顺序，布置开采块段以及作为矿床综合研究的重要依据。同时它又是平台计算地质储量和生产矿量以及采剥作业量和水平断面法计算储量的主要图纸。比例尺1：200，1：500及1：1000，多数矿山同时编制几种比例尺的图件，大型露天采场多同时编制1：500与1：1000两套图纸。

图件主要内容有坐标网、导线点号、探槽或坑道的展布名称及高程、勘探线、各种地质体界线及矿石类型和矿石品级界线等。对于不太复杂的矿体，相邻工程间距又较大，则可将取样位置、样品编号、矿体厚度及品位

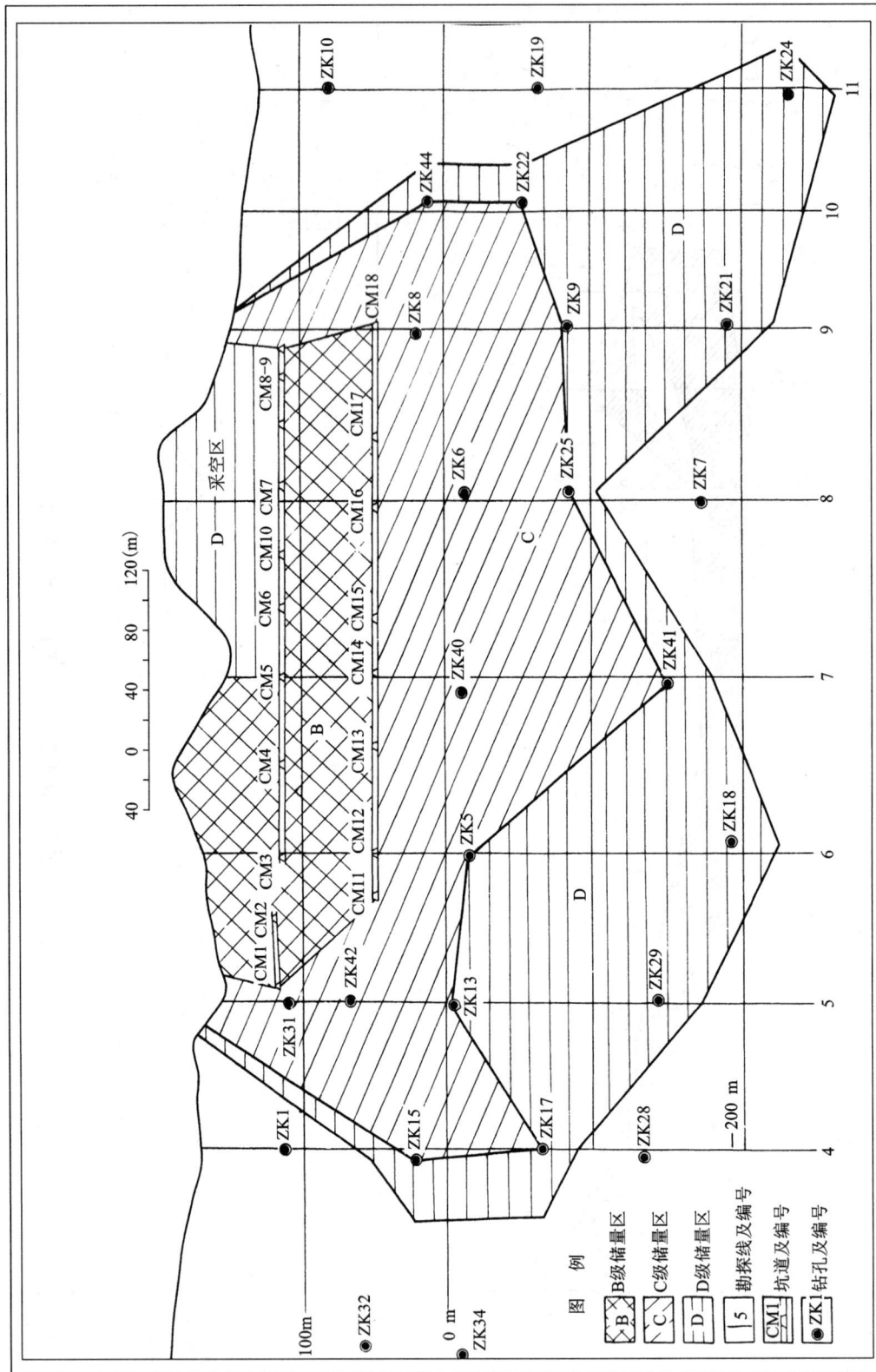

图5-25　湖南衡南萤石矿床Ⅷ号矿体直垂直纵投影图
（注：B、C、D，D为1991年以前划分的储量级别）

数值填绘于图上或附样品分析结果表。平台地质平面图须增加开采平台界线、预计最终平台边界、采剥进度线、台阶现状线等。

　　根据不同矿床地质特点及应用范围要求，平台（中段）地质平面图有平台（中段）实测地质平面图、平台（中段）预测地质平面图及多平台（多中段）复合地质平面图。

　　（1）平台（中段）实测地质平面图：是根据实际测量成果和原始编录资料编制的。方法和步骤如下：

　　1）编制平台（中段）测量图：测量人员先提供平台（中段）高程，按比例尺绘制坐标网和勘探线，标绘工程位置、掌子面与坡面位置等。

2）移绘探槽或坑道等素描图：以测点为控制点，以测量导线为控制基线，将各类地质界线、工程界线等原始地质编录资料按比例尺缩绘到相应位置上。

3）连接各种地质界线、圈定矿体边界。

4）检查、上墨、着色、标示图名、比例尺，填写图签（见图 5 − 26）。

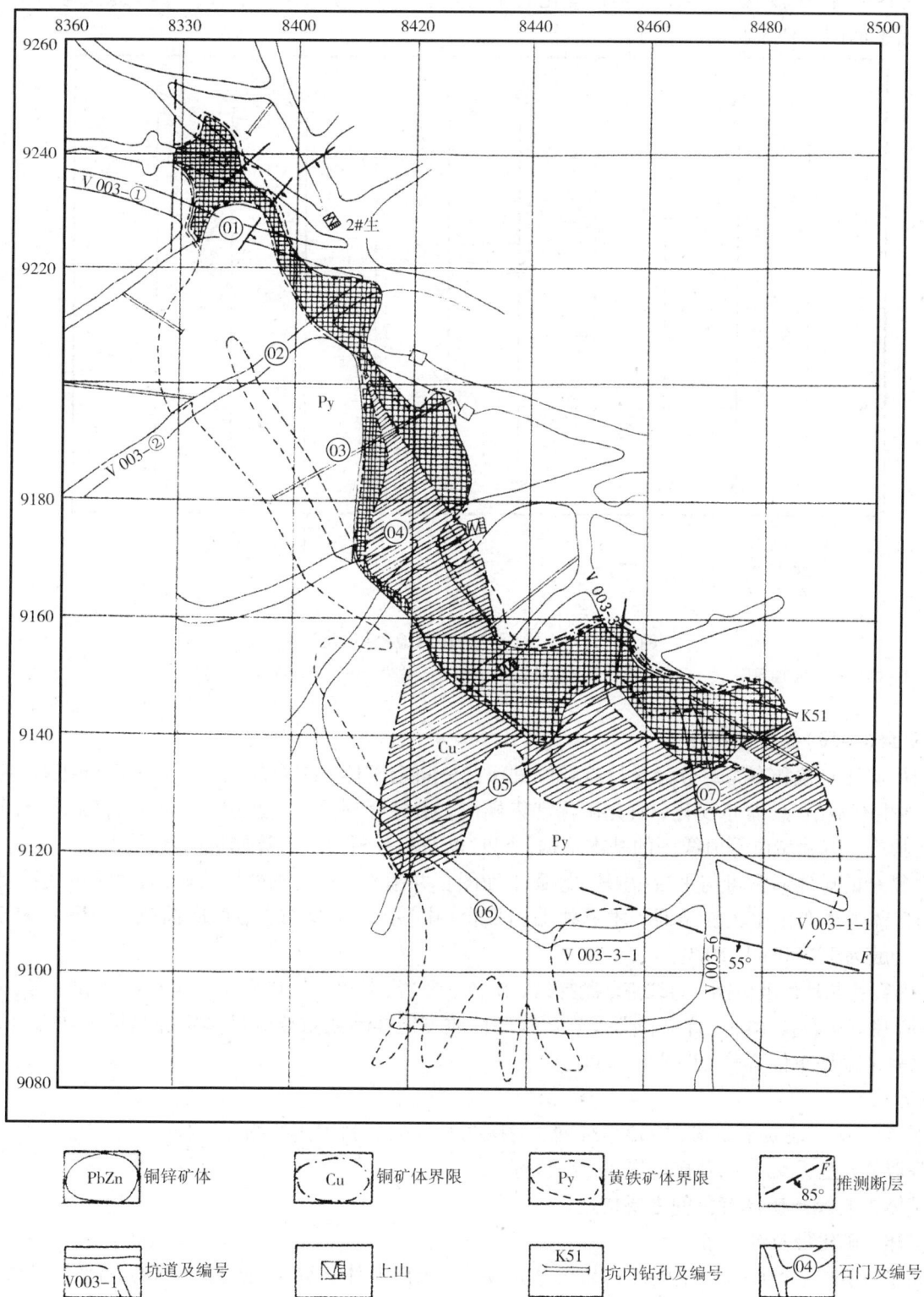

图 5 − 26   鸭公塘矿带 V 中段 No.1 矿体地质平面图

（2）平台（中段）预测地质平面图：是在平台（中段）未开拓前，按预计或设计高程将各勘探线剖面图中揭露和推断的各种地质界线按比例尺移绘在相应位置上，并依据上一平台（中段）实测地质平面图和其他实际资料编制的预测性地质平面图，目的是用于指导生产勘探和开拓设计。编图方法及步骤与实测地质平面图基本相同。

（3）多平台（多中段）复合地质平面图：有时为了分析研究矿体三度空间变化，常以矿区统一坐标网为基础，利用透视关系将矿区上下相邻的两个或多个平台（中段）同时重叠投影在一张平面图上，用不同的线条或颜色加以区分，以反映各平台（中段）矿体及地质构造变化的相互关系，为开拓下一个平台（中段）提供地质依据。编制方法与实测地质平面图相似（见图5-27）。

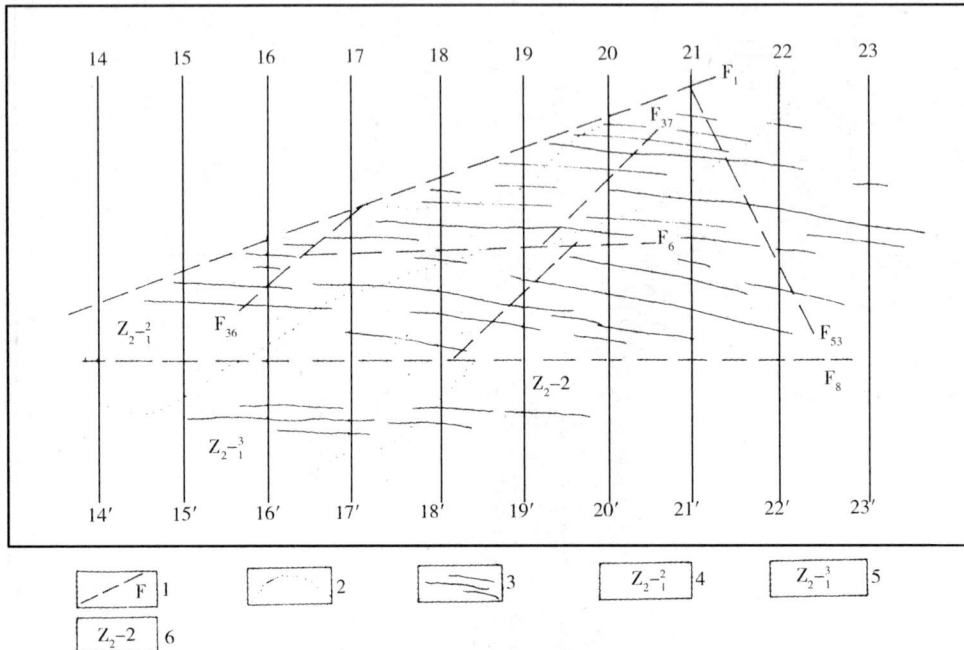

图5-27　中段（平台）预测地质平面图

1—断层；2—地层界限；3—预测矿脉位置及延伸；4—云母石英片岩；5—云母石英片岩夹砂岩；6—石英砂岩

5.2.8　平台（中段）品位分布图

该图是表征矿体有益和有害组分分布特点的图件。它是圈定矿体、矿石品级，划分表内外矿石界线，研究有用组分（含伴生有益组分）含量变化，研究矿化富集规律，指导合理采矿、选矿，均衡矿石质量，计算矿石储量及开采贫化损失，编制品位等值线图的基本依据。同时也是水平断面法计算储量的基本图件。

一般不太复杂的矿体通常可与平台（中段）地质平面图合并编绘。较规则的层状矿体，可用矿层柱状对比图代替。只有当矿体地质变化比较复杂时，才单独编制平台（中段）品位分布图，但应简化与储量计算无关的内容。其比例尺一般为1:200~1:1000。

（1）图件内容：主要有坐标网、导线点、勘探线；矿体、围岩、构造；探矿和采掘工程位置和编号；取样位置及编号；矿体厚度、矿石技术加工样品位置及岩矿物理性质测定样品或重要岩矿鉴定样品位置和编号及化学分析样品分析化验结果展布位置等（见图5-28）。

（2）编图方法

1）参照平台（中段）地质平面图、投绘坐标网、勘探线及各类控制矿体的勘探工程。

2）标定各取样位置及编号以及矿体厚度、品位等。

3）投绘矿体围岩及与矿体有关的主要构造。

4）圈定矿体、矿化带及蚀变带。

5）用于储量计算时，还应圈画不同矿石品级分界线，表示出矿体不同工程的分段厚度和平均品位；标出储量块段边界及块段编号、储量级别、平均厚度、平均品位、截面面积、矿石量和金属量等。

6）标示图名、比例尺、图例、接图位置及编号以及责任表等。

在一些厚大矿体（层）如矽卡岩型金属矿床、沉积变质铁矿床和厚大脉带型矿床中，常利用炮孔或钻孔采集

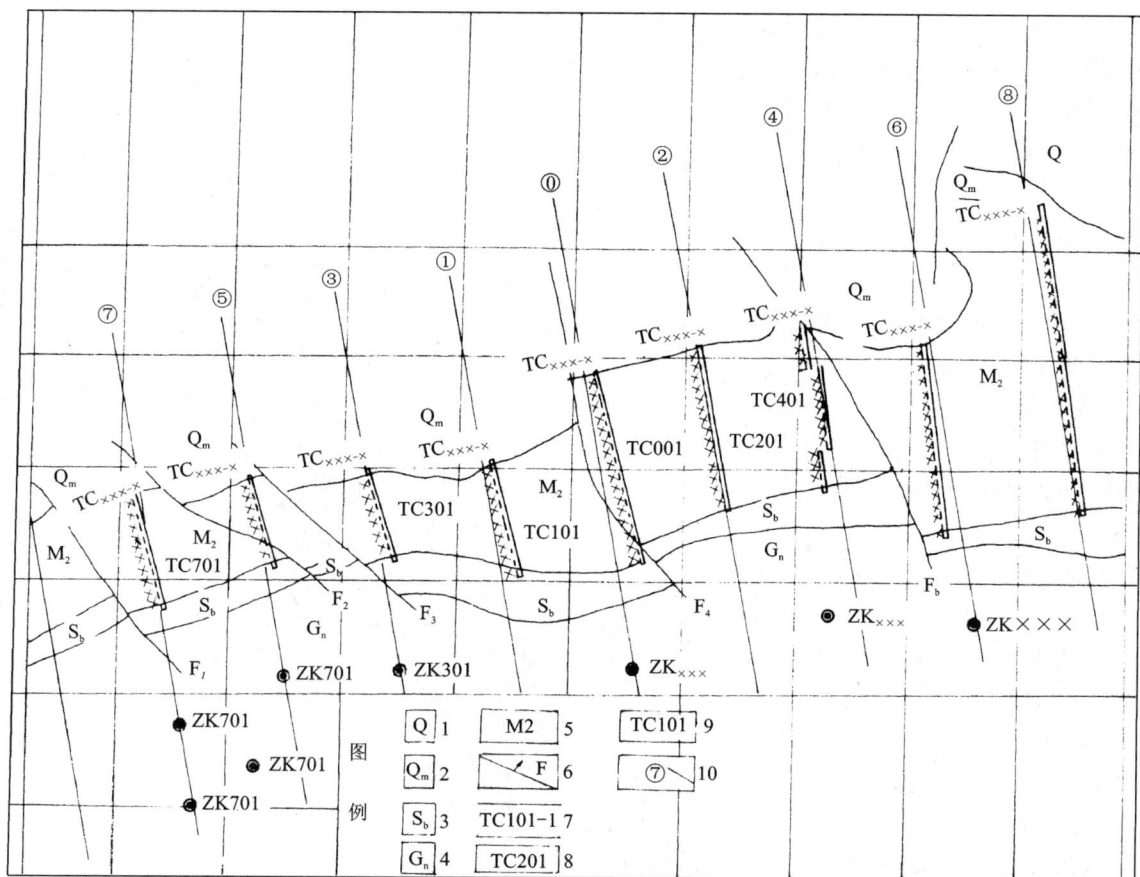

图 5-28 某铁矿床平台品位分布图

1—砾岩；2—石英岩；3—板岩；4—片麻岩；5—矿体及编号；6—断层及编号；7—探槽及编号；8—采样位置及编号；9—钻孔及编号；10—勘探线

矿粉或矿心作为化学分析样品，因此尚需编制露天开采爆破孔或坑内钻孔取样分布图。

5.2.9 顶(底)板等高线图

矿体顶(底)板等高线图，是反映缓倾斜、似层状矿体及与成矿有关岩体不同部位顶(底)板在垂直方向上形态起伏变化及其高程的基本地质图件。根据矿体或岩体顶(底)板等高线形态变化，可反映矿体和岩体产状变化及构造形态特征，划分断层无矿带或重叠带。对于某些在成因上与岩体关系密切、矿体形态受岩体形态控制的矿床，把矿床赋存位置与岩体顶(底)板等高线同时绘于一张图上，则可明显看出矿体赋存特点与岩体起伏形态的相互关系。因此，该图又是这类矿山进行整体设计，储量计算和综合地质研究的必备图件和主要依据。对于砂矿床来说，底板等高线图(见图 5-29)对于了解砂矿富集规律、指导开采是很重要的图件。

矿床顶板及底板等高线图通常分别编制，有时也可合并为一图，用不同线条分别代表顶、底板，有时也可只编制其中一种。其比例尺一般为 1∶500~1∶2000。

(1)图件内容：有坐标网、勘探线及编号、矿体露头线、勘探工程及编号、工程截取矿体顶(底)板标高及等高线、主要地质构造如断层、破碎带等。用于储量计算时，还应有见矿厚度、矿心采取率、化验分析结果及储量级别、块段界线。

(2)编图方法：常用的有两种，测点法和剖面法。

1)用测点法编制矿体顶(底)板等高线图，步骤如下：

①在投影平面图上投绘坐标网。

②投绘见矿工程位置，标明见矿顶(底)板标高和矿心采取率及见矿厚度。在工程控制较差的区间，可根据地质规律，用插入法推测矿体顶(底)板标高。

③填绘矿体露头线。

④填绘破坏矿体的断层、破碎带等主要地质构造。

⑤用插入法将相邻辅助线上标高相等各点用线联结起来,使之圆滑。所连各线,即为顶(底)板标高等高线。一般每五条等高线标一整数标高值。断层带两旁等高线不能相连。

2)用剖面法编制矿体顶(底)板等高线图:

①以矿体各中段复合地质平面图为底图。底图上应具备的内容除没有标高测点及相应的标高值外,其余与测点法相同。

②在勘探线剖面图上按等高距作一系列平行标高线穿切矿体顶(底)板,并将各穿切点移绘于多中段复合平面图上,并注明标高值。

③将相邻两勘探线间同标高点连接成线,使之圆滑,即为顶(底)板等高线图,如图5-29所示。

5.2.10　矿石品位等值线图

矿石品位(或有害组分)等值线图是表征矿体沿平面或剖面投影的矿石品位(或有害组分)值分布特征的图件。根据品位等值线形态变化,可了解有用(或有害)组分在矿体中的空间分布及富集位置,推断深部及边部矿化远景。它是研究矿体矿化规律、圈定矿体、指导勘探及采掘工程布置、合理进行矿石质量均衡的主要依据。其比例尺一般为1:500~1:1000。

(1)图件内容:相应坐标;探采高程及编号;围岩、岩体、构造;取样位置及编号;有益(或有害)组分化验品位值及与矿化有关的地质情况以及等值线等。

(2)编图方法

1)在投影平面上展绘坐标网,多数矿山则以储量计算图、品位分布图或矿体投影图为底图。

2)将取样点的位置投绘到图上,并标注品位数值、编号。对于取样点较稀疏地段,采用内插法补点推测该点矿石品位。

3)填绘破坏矿体的断层、破碎带等主要构造。

4)将品位变化区间从高到低划分为几个等级,用圆滑曲线联结各相同等级点。

5)根据地质规律,对等值线做适当修改,以便更准确地反映品位变化规律。对几种有益(有害)组分的等值线,可用不同符号或颜色表示之(见图5-30)。

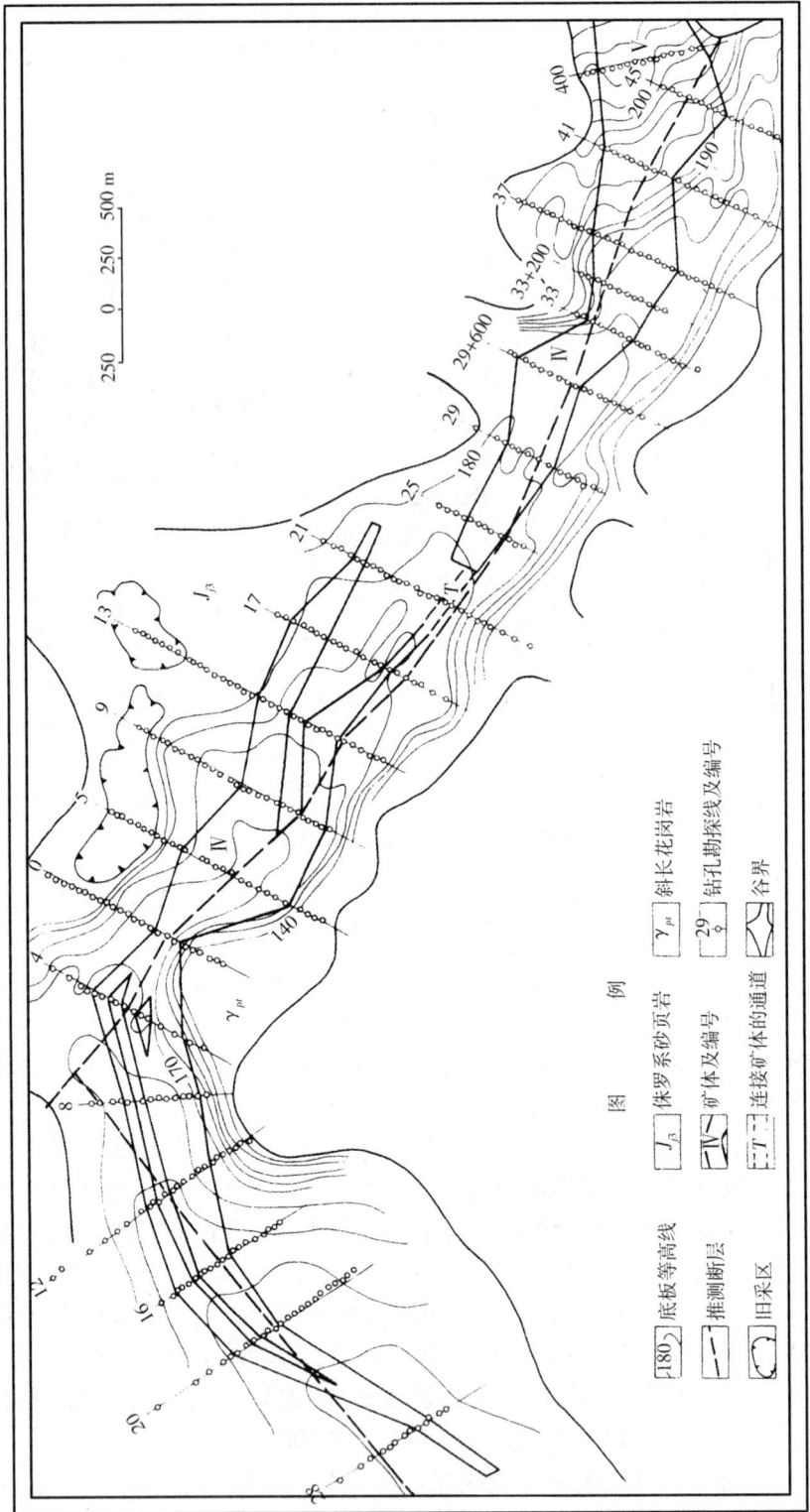

图5-29　黑龙江桦南砂金底板等高线及基岩地质图

图　例

J_3 侏罗系砂页岩	$\gamma_{\pi l}$ 斜长花岗岩
Ⅳ 矿体及编号	29 钻孔勘探线及编号
连接矿体的通道	谷界
180 底板等高线	
推测断层	旧采区

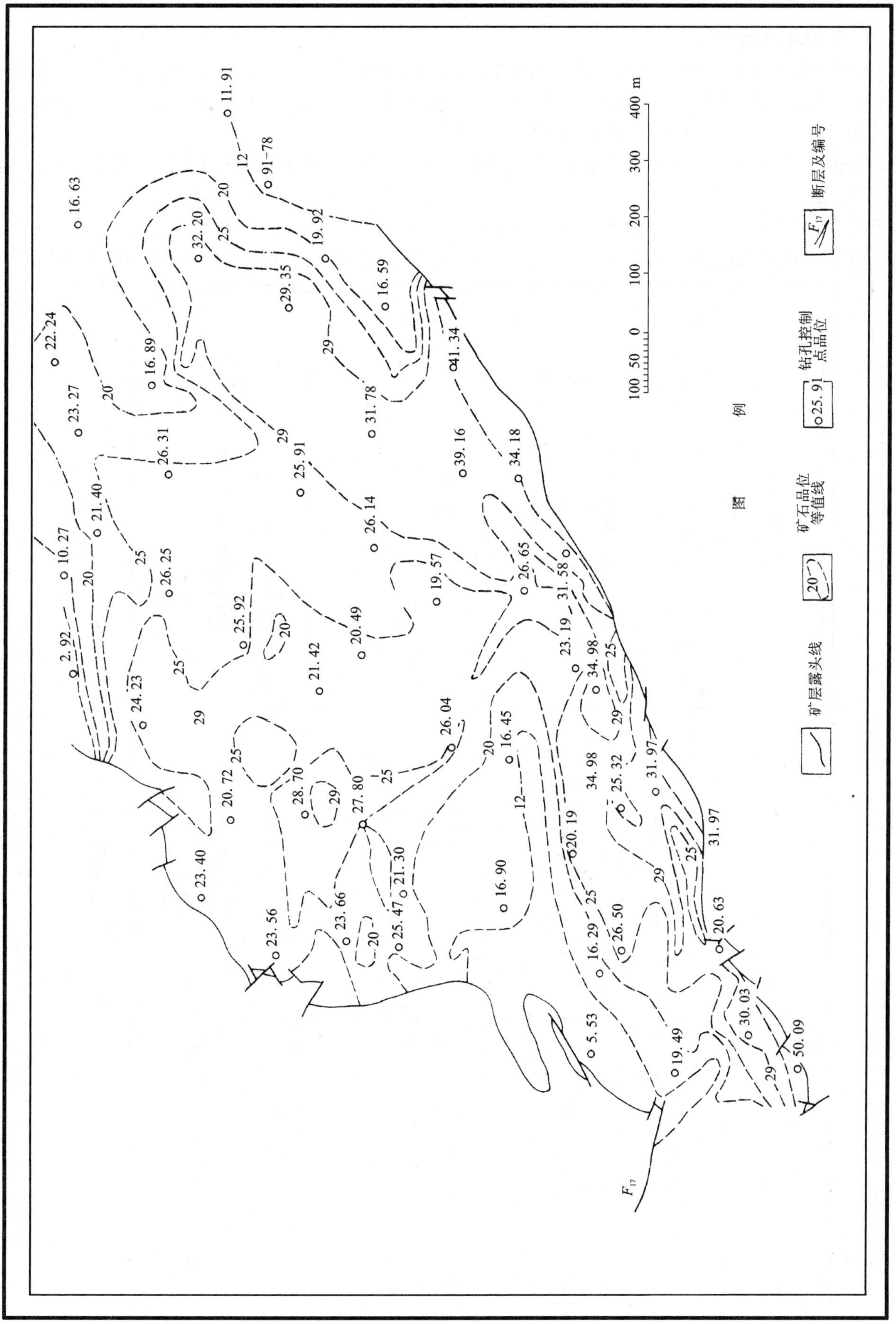

图5-30 云南斗南锰矿Ⅰ矿段Ⅴ₁矿层矿石品位等值线图

露天矿山为满足矿石质量均衡需要,一般根据平台品位分布图、爆破孔品位分布图,专门编制平台品位等值线图。

5.2.11 矿体等厚线图

矿体等厚线图是表示矿体相同厚度值在空间二维方向分布状况的图件。它是研究矿体厚度变化规律、反映矿体形态变化特征的依据。缓倾斜及似层状矿体的矿层等厚线图,可按矿体厚度指标圈定矿体,划分非工业矿石地段。

（1）比例尺:一般采用1:500,1:1000,1:2000比例尺。

（2）图件内容:坐标;探矿工程及其编号;各工程中矿体厚度值;与矿体厚度有关的地质现象(围岩、构造)以及厚度等值线等。

（3）编图方法:以矿体投影图为底图,将矿体各控矿工程中实际厚度点(或取样实测厚度点)投绘在底图上,并注记矿体厚度值;根据厚度变化规律,用插入法进行补点;将相同厚度点连接成圆滑曲线;整饰成图(见图5-31)。

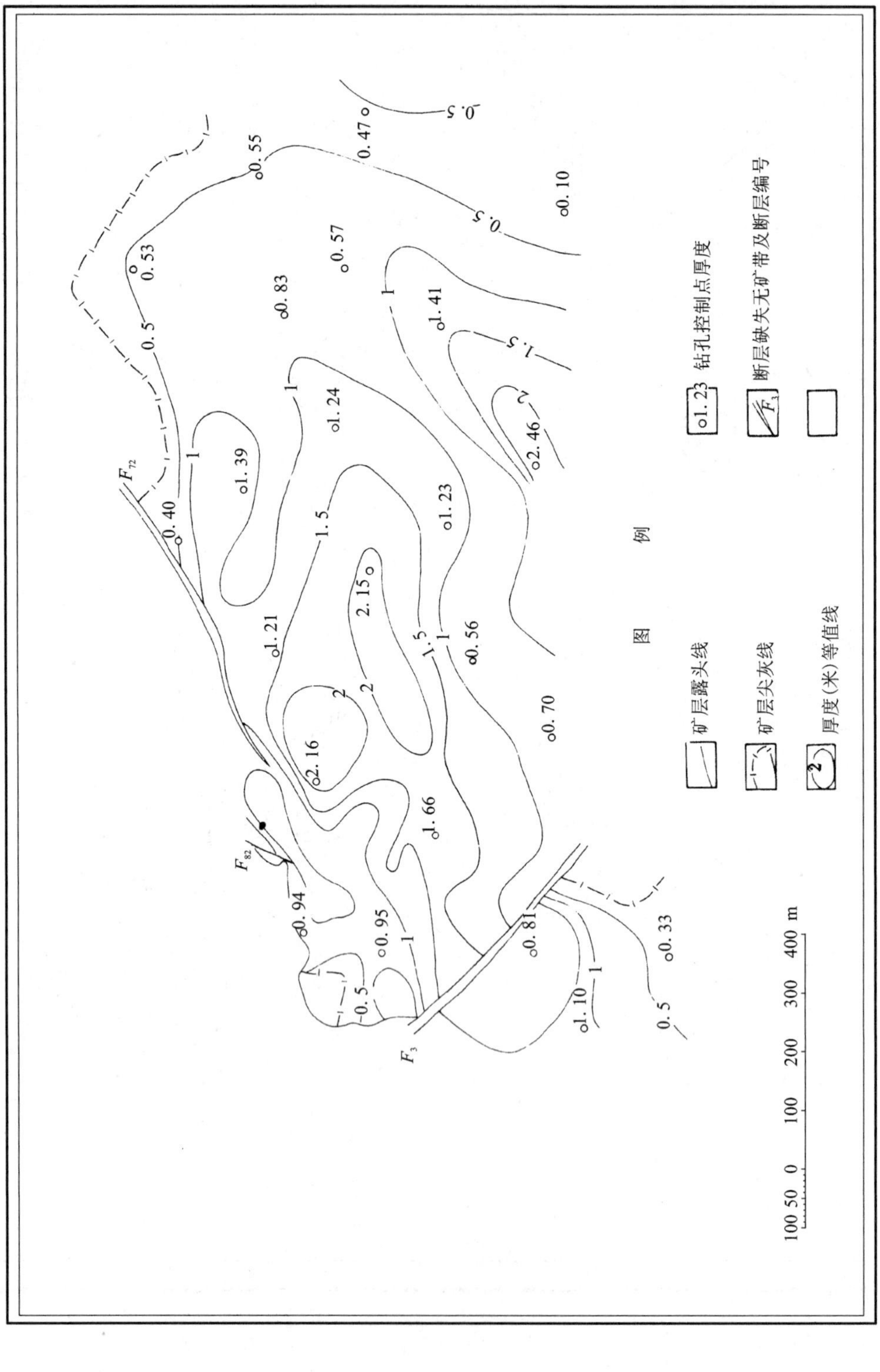

图5-31 云南斗南锰矿II矿段V_8矿层厚度等值线图

5.2.12　与专题研究有关的图件

矿山地质研究内容十分丰富，与这些研究成果有关的图件也十分繁多。除了前面介绍的主要地质图件之外，经常用到的还有：矿石品级（类型）图、探采对比图、成矿规律及成矿预测图、地压地质图等。

5.2.12.1　矿石品级（类型）分布图

它是表征矿体中不同品级（类型）的矿石空间分布状况的图件，是矿床综合评价、矿产资源合理利用、采选工艺设计的基础资料。特别是对某些矿石品级或类型比较复杂的矿床，具有更重要的意义。

该图常以地质平面图、剖面图、品位分布图为底图，在各工程取样位置上划分品级（类型）界线点，将同一品级（类型）点连线成图。如铁矿山的矿石磁性铁占有率分布图（见图5-32）；铝土矿石 $SiO_2:Al_2O_3$ 比值分布图等。

5.2.12.2　探采对比图

它是将矿体开采过程中获得的成果资料（储量、矿体边界、形态等）与地质勘探提交的资料进行对比分析，并计算其误差的一种图件，是总结探矿经验、评价勘探程度、指导生产探矿、提高探矿效果的重要依据。常见的图件有：平面和剖面对比图、误差曲线图等。

（1）平（剖）面对比图：以矿山生产阶段编制的平（剖）面图为底图，先将所对比的内容（如储量、矿体边界、形态等）表示出来，再根据地质勘探时提交的平（剖）面图资料，按同一比例尺将其转绘到底图上，用不同符号或线条表示之（见图5-33）。

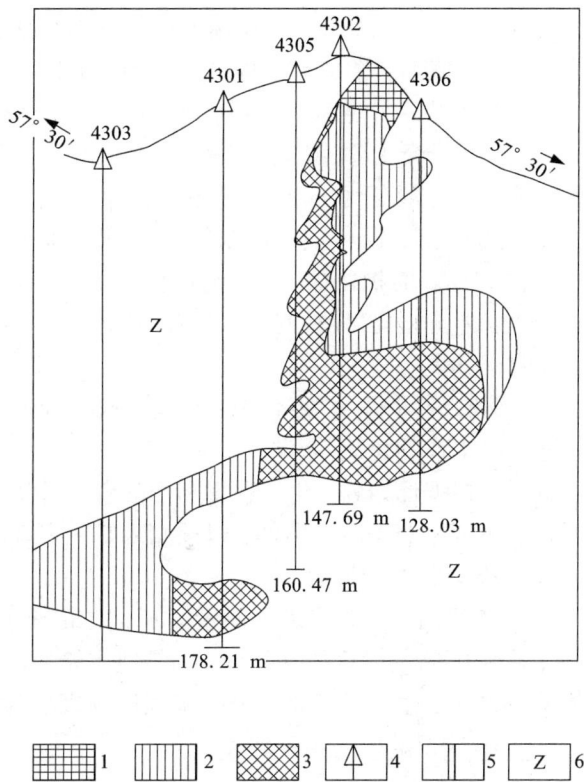

图5-32　某铁矿床矿石品级分布图

1—磁性铁占有率≤15%（氧化矿石）；
2—磁性铁占有率85%～15%（混合矿石）；
3—磁性铁占有率≥85%（未氧化矿石）；
4—钻孔；5—样品分布；6—震旦系地层

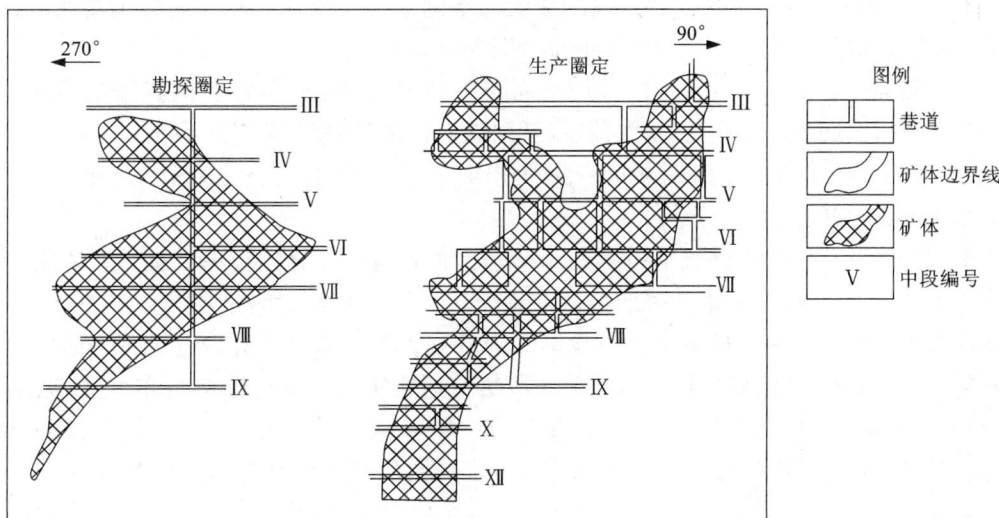

图5-33　水口山铅锌矿老鸦巢4号矿体探采对比图

（2）误差曲线图：该图是利用误差曲线，系统表征矿体探矿与开采时变化程度的图件。其方法是，根据各对比平（剖）面图确定对比参数（储量、面积、体积等），编制表格；分别将地质勘探和生产阶段获得的各种参数填绘在坐标图上，用不同的线条分别连绘成图。

5.2.12.3　成矿规律和成矿预测图

成矿规律和成矿预测图，是总结矿床在空间和时间上分布规律和形成条件，圈定成矿有利地带和远景区域，预测可能出现的新矿田、矿床和矿体的综合研究图件。编制步骤如下：

（1）以区域地质图或矿区地形地质图为底图，添加物化探、金属量测量、重砂、遥感、科研等成果资料，标绘出各类异常点、异常带及已知矿床、矿点、矿化带和标志带的具体位置。

（2）分析研究主要控矿地质因素和异常点、异常带及已知矿床、矿点、标志带等特点，圈划出预测区类型和范围。预测区一般分为三类：第一类为成矿条件十分有利，有较好的工业矿化现象，有充分的资料依据和较大的资源潜力；第二类为有明显成矿有利条件、有矿化现象，有一定的资料依据和资源潜力；第三类为具有成矿地质条件或较好的物化探异常，但矿化不明显，是值得探索的地区。

（3）分析矿化规律（或趋势），编制矿体主体结构图及在地质特征和矿床规律方面有代表性的纵（横）剖面图，并附于其上。

（4）编制说明书。内容包括：概况，成矿地质条件及成矿规律分析；预测区圈定范围及依据；矿产远景评价；进一步工作的建议等。

此外，根据原始物、化探数据和样品资料等进行趋势面分析、判别分析和因子分析，与已知矿床、矿点、矿段对比，还可编制相应的图件，以预测未知区可能埋藏的矿床、矿种。

5.2.13　储量计算图

它是专门用来计算和表示储量级别、数量与分布的图件。

生产矿山储量计算图有两种：一是地质储量图；二是生产矿量图。地质储量是根据探矿工程控制圈定计算和推测的储量：生产矿量是受采掘工程控制直接为生产利用的储量，两者应分别编绘。

5.2.13.1　地质储量计算图

由于矿产种类、矿床类型、矿体形态产状以及勘探方法、勘探程度不同，计算图的种类也很多，主要有储量计算断面图及储量计算投影图两种。图件比例尺一般为 1：500～1：2000。

（1）图件内容：通常有坐标线、勘探线、剖面线、标高线、地形线、探采工程、主要断层、矿体编号、矿体厚度、矿石类型、品位、品级圈定线和块段编号、储量级别划分和储量计算参数等。

（2）编图方法：储量计算断面图是用断面法计算储量时必需的图件。通常有储量计算垂直断面图和水平断面图两种：

1）储量计算垂直断（剖）面图：一般以勘探线剖面图为基础添加储量计算有关内容编制而成，适用于用勘探线法勘探产状水平或缓倾斜的层状、似层状矿体时储量计算。

2）储量计算水平断面图：是以平台或中段地质平面图为基础，添加储量计算内容编制而成。适用于用水平工程进行探矿时产状较陡的透镜状、柱状、厚大脉状及层状矿体的储量计算。

（3）储量计算投影图：是在与矿体延长方向平行的投影面上表示矿体总的分布轮廓和储量计算内容的图件。根据矿体（脉）倾角大小，通常有两种：

1）储量计算水平投影图：是以矿体水平投影图为基础，加上储量计算内容编绘而成。适用于矿体倾角小于45°的缓倾斜矿体的储量计算，特别是用开采块段法或地质块段法计算储量时常用。

2）储量计算垂直纵投影图：是以矿体垂直纵投影图为基础，添加储量计算内容而成。适用于矿体倾角大于45°（特别是倾角在在80°以上）急倾斜矿体，用开采块段法或地质块段法计算储量时亦常用（见图5-34）。

此外，储量计算顶（底）板等高线图，在煤矿储量计算中常普遍使用。该图是以矿体顶（底）板等高线图添加储量计算内容编绘而成，适宜于中等倾斜和厚度稳定、工程较密的其他层状矿体的储量计算。

5.2.13.2　生产矿量计算图

是在地质储量计算图基础上，根据矿山生产准备程度，按生产矿块划分标准进行编制的。通常利用地质储量计算底图，在可利用的矿产储量块段上，用不同线条或色块表示生产矿量的级别、编号，标示计算参数和结果。形态简单，结构清晰。开采单一的小矿体时，生产矿量计算图可与地质储量计算图合并。

5.2.14　矿床立体图

是运用透视或轴视投影原理，在平面上展示矿床和其他地质体在三维空间中的形态、产状及地质特征的图件。它是研究矿床空间展布规律、进行成矿预测、设计探采工程的依据。

矿床立体图，按投影方法不同，分透视立体图和轴视立体图两大类。根据主题内容又可分岩相立体图、矿

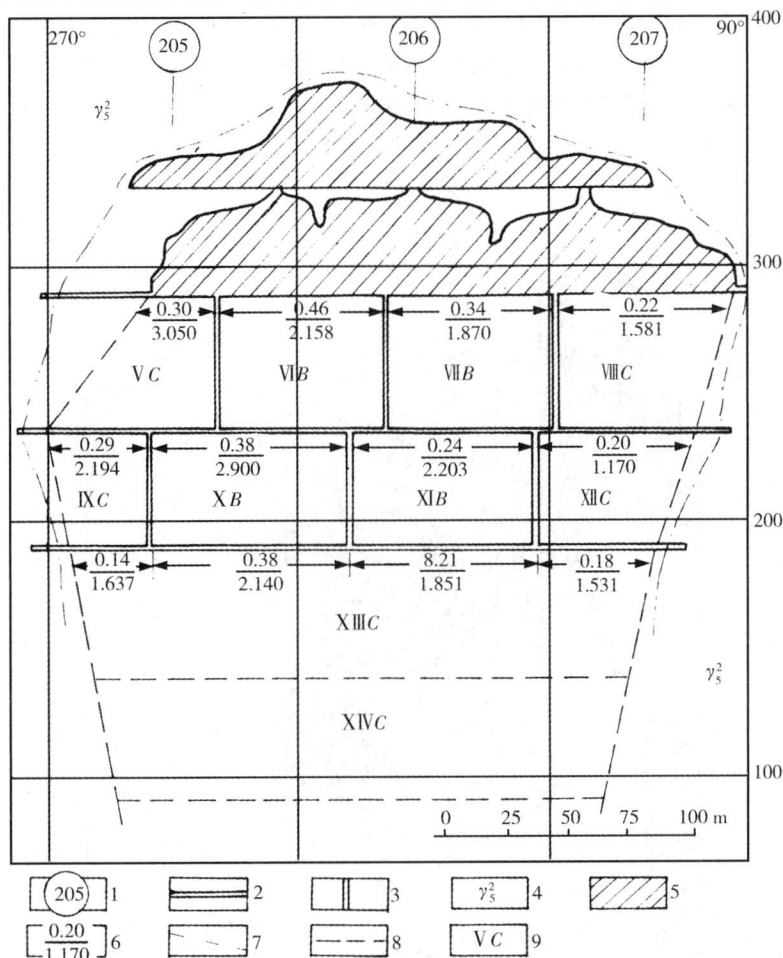

图 5 – 34 江西浒坑钨矿 V2 号矿脉储量计算垂直纵投影图
比例尺 1:××××
1—勘探线号；2—坑道；3—天井；4—燕山期花岗岩；5—采空区；
6—脉宽(m)/品位(%)；7—矿脉边界线；8—矿块界线；9—块段编号及储量级别

体立体图、剖视立体图和组合立体图等(见表 5 – 16)。

表 5 – 16 矿床立体图分类表

按投影特征分类	按投影特征与投影面关系分类	按投影轴比例分类
透视立体图	透视斜投影立体图	
	透视正投影立体图	
轴视立体图	轴视斜投影立体图	等度轴视斜投影立体图
		二度轴视正投影立体图
	轴视正投影立体图	等度轴视正投影立体图
		二度轴视正投影立体图
		三度轴视正投影立体图

　　为突出主题内容，有时将与主题无关的内容删去。例如岩相立体图重点显示岩相变化；矿体立体图，着重显现矿体空间分布状态，使之更加形象化；组合立体图，用若干个立体图组合在一起，展示矿床不同地质历史阶段空间特征；剖视立体图，利用剖视多层次地显露矿体不同区段(或深度)地质特征演化规律。

　　编制步骤：

（1）按投影原理,在投影图中绘出辅助格网和主体轮廓。

（2）将地质图中特征点投影到立体图上,并联结各相应点成图。

（3）填绘图名、图例、符号,并适当修饰(见图5－35)。

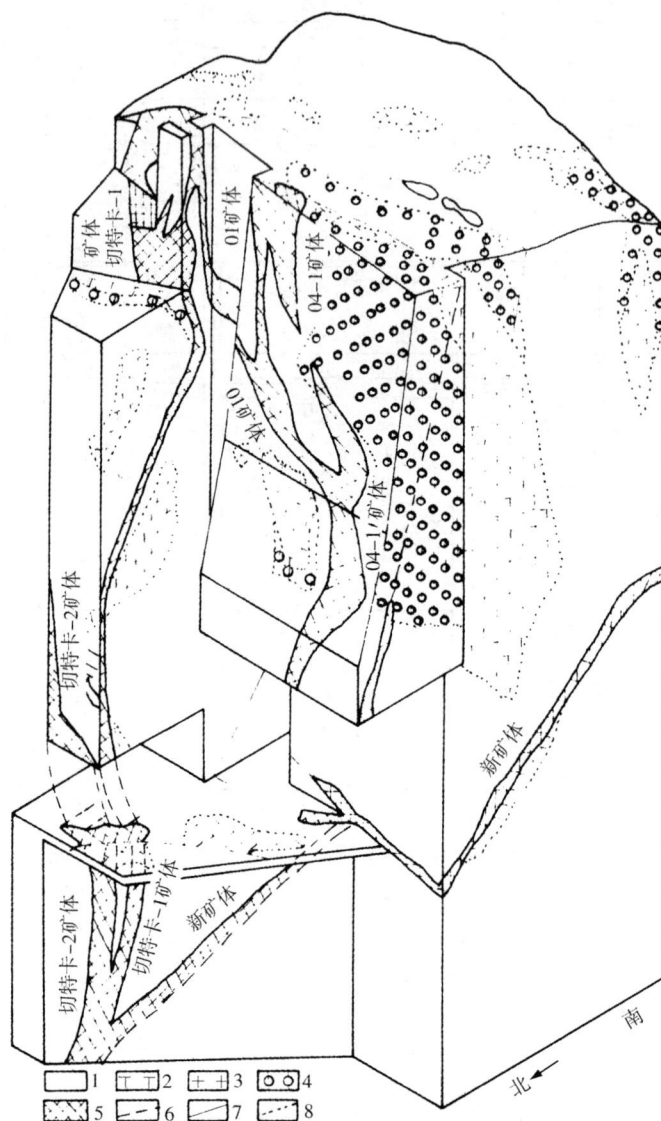

图5－35　矿床立体图

1—灰岩；2—正长岩；3—花岗闪长斑岩；4—金云母矽卡岩；5—硫化矿体；
6—矿体在空间上部位；7—断层；8—岩石界线

此外,也可制作矿床立体模型,取代矿床立体图,可更直观显现矿床地质规律。

5.2.15　采场综合地质资料

采场综合资料是反映与开采块段(采场)有关的测量、地质、采矿等各种图纸、表格、计算成果以及文字说明资料。它是开采块段(采场)测量验收、地质、采矿资料的综合汇集,能及时反映采场矿体形态、内部结构、矿石质量变化、矿块开采情况及贫化损失状况,以便指导采场施工、生产探矿和资源合理利用。在中段结束时,又是编写闭坑报告的重要依据。

一般来说,块段(采场)开采前须编制设计地质资料,内容包括：设计块段上下中段地质平面图、天井地质图、纵剖面图、开采块段(采场)与相邻块段(采场)之间关系图以及块段(采场)品位、储量、矿体赋存条件和块段(采场)技术经济评价资料等。块段(采场)开采过程中,要逐层编绘切割巷道地质平面图、采场分层地质平面图及剖面图,并记录、填写采场取样化验结果,落矿数量和贫化损失资料,展示矿体产状、构造、品位及采场参数的空间变化特征。采场结束时，要综合采场所有资料，编制采场最终地质图（平、剖面图）、储量计算图、储量级别分布图、探采对比图、矿层顶（底）板等高线图、矿体等厚线图、品位曲线图等，并汇总采场测量验收、贫化损失计算表格。编写文字说明，综合整理存档。

露天矿山，还须编制掌子面边坡、开采平台、槽（井）探、钻探等原始编录采场地质图及爆破块段地质图、平台等值线图、平台生产管理资料等，以反映开采活动之全貌。

露天砂矿床，还须重点编制 1:100 的砂矿采区底盘岩石地质图，以展示底层岩石性质、构造、蚀变、矿化及残留砂矿分布状况，圈定基岩出露等高线，核实砂矿储量，计算砂矿损失，并指导寻找原生矿体。

5.2.16 综合地质资料整理与保管

综合地质编录资料整理，是对所有综合图件资料、文字资料、计算资料的归类、登记、编号、整理入档。资料入档前应进行归类，划分密级，编写资料目录和索引。资料入档要门类清楚，放置规格。资料存放要有专门房间、柜子、箱子，要有较好的通风环境，有防潮、防虫蛀、防霉变设施，要有专人保管。资料送存、借阅、复制要有一定手续和制度，资料销毁要登记造册，列出清单，并履行审查、批准手续。

在此附带指出，当代计算机技术的发展，已为综合地质编录及资料管理（数据库管理）提供了有力的手段，详见本卷第 14 章。

6　生产矿山储量计算

　　任何一个生产矿山,由于对矿床不断进行生产勘探,矿石不断被采出,矿山保有的地质储量和生产矿量都经常处于变动状态之中。它随着探矿与采矿工作的进展而变化,同时也伴随不同时期矿冶工艺水平对矿石工业要求的不同而变化。为了满足矿山开采设计和矿山生产工作的需要,就必须经常进行储量估算与管理。

　　生产矿山进行储量估算与管理,不仅是为国家有关部门提供矿产储量变动资料,掌握全国资源情况和编制国民经济发展规划,更是为了给矿山开采设计计划的编制及矿山生产管理提供必要的资源与资料依据。

6.1　生产矿山储量的构成

　　生产矿山的保有储量由矿产储量和生产矿量构成。在矿山设计与生产实际工作中,人们习惯于将矿产储量称为地质储量,以区别于生产矿量。

6.1.1　矿产储量(地质储量)

　　矿产资源是指由地质作用形成于地壳内或地表的自然富集物,根据其产出形式(形态、产状、空间分布)、数量和质量可以预期最终开采在技术上是可行的、经济上是合理的,即具有现实和潜在经济价值的物质。其位置、数量、质量/品位、地质特征是根据特定的地质依据和地质知识计算和估算的。对矿产资源所估算的数量称为矿产资源量。按照地质工作程度,可分为查明资源和潜在矿产资源。查明资源是指经勘查工作已发现的矿产资源总和;潜在矿产资源是指根据地质依据和物化探异常预测而未经查证的那部分矿产资源。

　　目前,综合考虑地质可靠程度、可行性评价和经济意义三个方面技术和经济的因素,将矿产资源分为储量、基础储量、资源量三大类,共十六种类型(见表6-1)。

表6-1　固体矿产资源/储量分类表

分类类型 地质可靠程度 经济意义	查明矿产资源		潜在矿产资源	
	探明的	控制的	推断的	预测的
经济的	可采储量(111)			
	基础储量(111b)			
	预可采储量(121)	预可采储量(122)		
	基础储量(121b)	基础储量(122b)		
边际经济的	基础储量(2M11)			
	基础储量(2M21)	基础储量(21M122)		
次边际经济的	资源量(2S11)			
	资源量(2S21)	资源量(2S22)		
内蕴经济的	资源量(331)	资源量(332)	资源量(333)	资源量(334)?

说明:表中所用编码(111-334),第1位数表示经济意义:1=经济的,2M=边际经济的,2S=次边际经济的,3=内蕴经济的,?=经济意义未定的;第2位数表示可行性评价阶段:1=可行性研究,2=预可行性研究,3=概略研究;第3位数表示地质可靠程度:1=探明的,2=控制的,3=推断的,4=预测的;b=未扣除设计、采矿损失的可采储量。

6.1.1.1　储量

　　储量是指基础储量中的经济可采部分。在预可行性研究或编制年度采掘计划时,经过了对经济、开采、选冶、环境、法律、市场、社会和政府等诸因素的研究及相应修改，表明在当时是经济可采或已经开采的部分。用扣除了设计、采矿损失的可实际开采数量表述。依据地质可靠程度和可行性评价阶段不同，又可分为可采储量和预可采储量，包括三种类型（111、121 和 122）。

6.1.1.2　基础储量

基础储量是查明矿产资源的一部分。它能满足现行采矿和生产所需的指标要求（包括品位、质量、厚度等），是经详查、勘探所获控制的、探明的并通过可行性研究、预可行性研究，认为属于经济的、边际经济的部分，用未扣除设计、采矿损失的数量表达。包括经济的基础储量和边际经济的基础储量两大类，进一步划分成六种类型。

其中经济的基础储量（111b、121b、122b）是指矿床内部技术经济条件和水、电、运输、配套工业、市场产销等外部条件，当前工业综合开发利用，技术上可行，经济上合理，符合资源合理开发利用和环境保护要求及国家政策允许开发的近期可开发利用的矿产储量。边际经济的基础储量（2M11、2M21、2M22）是指矿床内部技术经济条件符合我国当前工业生产技术经济条件和资源合理开发利用、环境保护等要求，国家政策允许开发，只因外部条件很难合理解决；或开采加工工艺复杂，需要特殊技术措施，成本较高，工业综合开发利用在经济上不合理；或因国家政策，目前暂不准开发；或经济上虽然合理，但由于外部设施投资过大，国家和地方目前的经济条件尚无力开发等；随着国家经济发展和外部条件的改善，边际经济的基础储量必然可转变为经济的基础储量。

6.1.1.3　资源量

资源量是指查明的矿产资源的一部分和潜在矿产资源，包括经可行性研究或预可行性研究证实为次边际经济的矿产资源，经过勘查而未进行可行性研究或预可行性研究的内蕴经济的矿产资源，以及经过预查后预测的矿产资源，包括次边际经济的资源量和内蕴经济的资源量，它进一步划分为七种类型（2S11、2S21、2S22、331、332、333 和 334）。

6.1.2　生产矿量

生产矿量是指在经济的基础储量（111b、121b、122b）中，按照设计要求，完成相应采矿阶段的准备工作，根据生产技术经济指标要求，计算相应采矿准备工程系统内的可采矿量（111、121、122），它是编制矿山采掘（剥）切割设计和生产计划的依据。

根据不同采矿方法的相应开采设施和工程准备程度，可将生产矿量划分为开拓矿量、采准矿量、备采矿量三级生产矿量，或开拓矿量、备采矿量二级生产矿量。

开拓矿量是指在勘探程度达到相应级别的经济的基础储量（111b、121b、122b）中，完成设计所规定的开拓系统工程范围内及其所开采的邻近矿体，所计算的除永久性矿柱和暂不回采的矿柱外、所有能利用的已有开拓工程进行采准的生产矿量（111、121、122）。

采准矿量是指在勘探程度达到相应级别的经济的基础储量（111b、121b、122b）和开拓矿量的基础上，完成设计所规定的全部采准工程和辅助工程系统的范围内，所计算的除永久性矿柱、不同时回采的矿柱和开采条件复杂、技术经济无法开采的矿量，以及不符合回采顺序的块段外，所有能利用已有采准工程系统进行备采的生产矿量（111、121），它是开拓矿量的一部分。

备采矿量是指按照采矿方法要求的顺序，做好全面回采、切割等采矿准备工作，所计算的、除没有回采切割工程的矿柱及未有措施解决开采条件复杂的采场外的、所有能利用已采矿准备工程进行回采的生产矿量（111），它是采准矿量的一部分。

生产矿量中的三级矿量关系与地质储量中的五级储量关系，前者是包容关系，而后者则是矿产储量的接续关系。

矿产储量与生产矿量的划分标志、构成不同，其作用也不相同。在生产矿山，矿产储量的级别是衡量矿床勘查程度及经济意义的标志；而生产矿量的级别则是衡量采掘（剥）生产准备程度的标志。两者在概念上和划分标准上，既有区别又有联系。矿产储量是编制矿山采掘计划的基础，矿产储量的获得与级别的提高为三级生产矿量的获得提供了条件与依据；同时，采矿准备程度的提高，采矿准备工程的增加与施工又增加了对矿块地质条件的了解，从而提高了对矿床（矿体或矿块）的控制研究程度及其储量级别。生产矿量与矿产储量对比关系见表 6 - 2。

表6-2　生产矿量与矿产储量对比关系表

类别			查明矿产资源(储量/矿量)			潜在矿产资源
			探明的	控制的	推断的	预测的
经济的	可采量	生产矿量	备采矿量			预测资源
			采准矿量			
			开拓矿量			
		储量	111、121	122		
	基础储量		111b、121b	122b		
			经济的基础储量			
边际经济的	基础储量		2M11、2M21	2M22		
			边经济的基础储量			
次边际经济的	资源量		2S11、2S21	2S22		
			次边经济的基础储量			
内蕴经济的			331	332	333	334?

生产矿山的矿产储量除上述两大分类系统外，还有根据矿产统计工作的需要，从而划分为矿山的总储量、可采储量、保有储量和新增储量等。

矿山的总储量：一般是指矿山基建设计初期，由地质勘探部门提交给矿山的累积探明储量。在实际工作中，人们常将其称为矿山原地质总储量。

可采储量：是指在当前工业生产采矿技术经济条件下，能够从经济的基础储量和边际经济的基础储量中采出的部分。某些矿种需要计算采选冶加工后的金属、矿物、石材等产品可采收的部分，称为产品可采收储量。其计算公式为

$$探明可采储量 = 探明储量 \times 采矿回收率(\%)$$
$$探明可采收储量 = 探明储量 \times 采矿回收率(\%) \times 选冶加工回收率$$

保有储量：是指探明的矿产储量扣除开采和损失量后的实有储量、它反映矿山矿产资源的现实状况。

新增和升级储量：新增储量是指矿山生产建设中相对以往年度新探明的矿产储量；升级储量是指在原探明储量级别的基础上，经进一步生产勘探和研究后，储量级别升高的储量。它们反映矿山年度之间的成果变动情况。

6.2　矿产（地质）储量估算

6.2.1　概述

6.2.1.1　生产矿山矿产（地质）储量估算的目的与要求

生产矿山进行矿产储量估算的目的：一是为国家有关部门提供矿山储量变动的统计资料，使国家和地方掌握矿山矿产资源勘查、开采、利用和损失情况，为编制经济建设发展规划和制定有关技术经济政策提供依据；二是为矿山开采设计、采掘计划的编制及生产管理提供必要的资料。

矿山矿产储量估算的要求：储量估算采用的工业指标必须符合本矿山的实际；矿体圈定、参数计算和储量估算方法的选择要正确合理，依据充分，数据可靠；块段的划分不仅要按不同储量级别、不同矿石类型、品级划分，而且要按照各采矿中段、各矿块、各种矿柱划分，分别较精确地估算储量；地质储量与生产矿量的级别，须按有关规范标准进行计算；地质储量的勘探研究程度、生产矿量的开拓或准备工作程度达不到相应级别要求时，不能掺入相应级别中进行计算；各种储量估算成果，都需编制系统完整的计算参数表册；有关图纸、计算图应满足有关参数测定的精度要求并反映计算的储量统计台账和成果，其比例尺应满足矿山生产的需要。

6.2.1.2　储量估算的一般程序

无论是采用传统的几何法还是使用近代的储量估算方法,储量估算的一般程序是:确定储量估算的工业指标;依据工业指标圈定矿体或划分储量估算块段;在储量估算图上测定被圈定矿体或块段的面积(S),计算平均参数[厚度(H)、体重(D)、品位(C)];计算各矿体或矿段的体积(V);计算矿体或块段的矿石量(Q);计算有用组分的储量(P)。

6.2.2　储量估算工业指标及修订

6.2.2.1　矿床工业指标的概念及意义

矿床工业指标,指在当前技术经济条件下,对矿产质量和开采条件的综合要求。它是在可行性评价的基础上认真分析国内外矿产品的供求形势、技术水平和经济条件,经过技术经济论证制订的,是划分矿与非矿的标准,是圈定矿体、估算储量和评价矿床工业价值的依据。矿床工业指标是以矿床地质自然参数为基础,与矿山企业开采、选冶、加工技术水平有着密切的函数关系,与国家对资源的需求程度和经济政策有着制约关系。

矿床工业指标不仅关系到矿产资源的利用程度和矿产勘查工作的部署,而且关系到矿山设计建设以及生产期间的经营和管理,不仅直接影响到工业矿体的圈定、矿产在质量和数量上的评价,而且影响到对矿床经济价值的认识。在通常情况下,工业指标的改变将导致矿体形态、产状、规模以及储量的改变,甚至影响到采矿方法、选矿工艺等重大方案的变更。当矿体形态、产状、规模因工业指标改变而发生显著改变时,将造成矿床勘探类型,以及相应勘探手段和工程间距的改变。

矿床工业指标应制订得合理适当,指标过高时虽然可以使平均品位提高,但使大量的工业矿体被圈定为边际经济的基础储量和次边际经济的资源量或废石,并把本来形状规则、连续性好的厚大矿体圈定为形状复杂、连续性差的薄小矿体,这样不仅会损失相当数量的有用组分,使储量减少,造成资源的浪费,而且会增加采矿的难度,导致圈出的矿体难以开采,或使采矿成本提高,从而造成经济上的不合理;指标过低时虽然可使储量增加,但导致质量下降,使圈出的矿体失去其工业利用价值。因此,合理确定工业指标是极为严肃而重要的工作。只有制订出合理的矿床工业指标,才能正确地指导地质工作,评价矿床工业价值和进行矿山建设设计工作。

6.2.2.2　制订工业指标的原则

制订矿床工业指标必须遵循以下原则。

(1)合法原则。认真贯彻执行国家现行的各项有关法律法规和方针政策,充分考虑国家建设对某种矿产的需要程度,同时也要考虑国际市场的供求状况和价格趋势。

(2)实事求是原则。制订矿床工业指标必须从矿床地质特征和我国当前技术经济的实际情况出发,实事求是,在当前的技术经济条件下,最大限度地充分利用地下矿产资源,对不同自然类型的矿石,如需要分别加工时,应分别制订矿床工业指标。

(3)综合原则。贯彻矿产资源保护和充分利用的方针,强调矿产资源综合勘查、综合评价、综合开发、综合利用的原则,保证矿产资源的规划、管理、保护和合理利用。

(4)动态原则。重视矿床工业指标的"动态性"和"针对性",随着时间、政治、经济、技术以及资源条件、市场需求等诸因素的变化,应定期或不定期即时调整或修订矿床工业指标,使其能真正适应市场经济的需要。

(5)合理原则。确保矿体圈定的合理性、完整性和矿业开发的可行性,力求形态简单、矿体完整,以便最大限度地提高资源利用率。在制订矿床工业指标时,要充分考虑矿床地质特征和开采技术条件,选取的指标应尽量保持矿体的自然形态和矿化连续性,以利于开采和提高资源利用率。

(6)效益原则。保证矿山生产在采、选技术上可行和矿山建设与生产有较好的经济效益;贯彻维护生态平衡、保护环境和重要人文景观等的原则,高度重视社会效益。制订矿床工业指标,应在重视资源和经济效益的同时,把社会效益提高到应有的高度予以足够的重视,充分考虑矿区所在地域的生态平衡和环境保护方面的要求。

上述的几项原则之间常常是互相矛盾的。如提高工业品位可使企业获得更大的经济效益,但采富弃贫都要丢失大量矿产资源而资源效益不好;提高工业品位可增加矿山企业产量,但也可因矿体形态的复杂化而影响生产能力的发挥。因此,在研究与制订工业指标时必须综合考虑,全面权衡,以便取得总体优化。

6.2.2.3　矿床工业指标的内容及其应用

由于不同矿种的工业用途、加工生产方式及使用价值各不相同，因此，评价其矿产工业利用价值的条件或标准也不一样。目前，我国广泛应用的矿床工业指标主要包括两大类，一是对矿产质量方面的要求标准（矿石质量指标），二是对矿床开采技术条件的要求标准（矿床开采技术条件指标）。

（1）矿石质量指标。矿石质量指标包括矿石品位和矿石（或矿物）物理技术性能方面的内容。对金属矿产来说，主要有边界品位、最低工业品位、伴生有益组分最低允许含量、有害杂质的最大允许含量，以及矿石类型和矿石品级划分指标等；对某些非金属矿产来说，还有矿物物理性质指标。

1）边界品位：是用以圈定矿体的单个样品中有用组分含量的最低标准，是划分矿与非矿界限的最低品位。在使用中均以单个样品来衡量，即圈定的矿体中，除去可不剔除的非矿夹石外，每个样品的品位都必须大于或等于规定的边界品位。

边界品位的使用，一般是在见矿工程中对每个样品用边界品位进行衡量，将大于和等于边界品位的样品圈定为矿体，但必须保证工程平均品位达到最低工业品位要求。如达不到，则需将矿体边部或中间连续出现的、品位介于边界品位与最低工业品位之间的样品，圈定为表外（边际经济的基础储量和次边际经济的资源量）矿石，直到工程或样品段的平均品位等于最低工业品位时为止。这样做的目的是为了在保证每个见矿工程的平均品位达到或超过最低工业品位的前提下，尽可能扩大资源利用率，并使矿体圈定趋于简单而有利于开采，使得矿山企业生产时不会因为过多地开采和处理过低品位的矿化物质而影响其经济效益。所以，拟定边界品位的基本原则是其值既不能低于当前处理该类矿石的尾矿品位又要保证所圈定的矿体或开采矿段的平均品位不低于最低工业品位。

2）最低工业品位：一般是指工业上可以利用的矿石（矿物）按单个工程或块段（矿体）计算的最低平均品位。从经济意义上讲，它是保证圈定的工业矿体的平均品位能够等于或大于工业部门所要求的质量或利润标准的品位。

单工程（或块段）最低工业品位，是圈定矿体、划分经济的、边际经济的基础储量的依据，是根据现有采、选、冶工艺技术水平、矿化特征和经济的合理性而确定的。该指标是以单个勘探工程中连续分段平均品位为衡量单位，对于品位变化较大的矿脉，以块段为衡量单位。

矿体（或开采矿段）的最低工业品位，此项指标是针对矿化极不均匀的矿床，考虑矿体（或矿段）分别开采时的经济合理性而提出的。它是对全矿体或某一开采矿段参加矿体圈定的所有大于边界品位的试样的有用组分平均含量的最低要求，它是矿山企业据以生产能够获得所期望的基准投资收益率的品位值。此项指标在一般金属矿床工业指标制定中，可作为选取指标方案的重要依据，但不下达该项指标要求。而对黄金、汞等品位极不均匀的矿床，则作为工业指标的一项主要内容下达。

3）矿区（床）平均品位：是全矿区（床）工业矿石的总平均品位，用以衡量全矿区（床）矿石的贫富程度和整个矿床的工业价值，是衡量矿床在当前是否值得开发建设和开发后能否获得预期经济效益的一项标准。

4）综合工业品位：当矿床中含有两种或两种以上矿产，其中任何一种都达不到各自单独的工业品位要求，但其品位都在边界品位之上，技术上又可以回收时，则应按等价原则，将其折算为某一主组分的等价品位，或是按几种矿产品的综合价格制定综合工业品位，并据此确定相应的综合边界品位。

5）矿石类型、品级：矿石类型可分为自然类型和工业类型，前者根据矿石的物质组分、结构、构造划分，后者是在自然类型的基础上，根据工业利用时矿石选、冶加工方法和工艺流程不同而划分的矿石类型；矿石品级是指对某一自然类型或工业类型的矿石或矿物，根据其有用和有害组分的含量、物理技术性能的差异，以及不同的用途或要求等所划分的等级，该指标对综合利用资源、降低成本和能源消耗、提高产品质量极为重要。

6）伴生有用组分和有益组分含量：伴生有用组分含量是指在矿床中与主要有用组分相伴生、不具备单独开采价值，但在对主要有用组分进行采、选、冶加工过程中，可以同时回收，并具有单独的产品或产值的组分含量的最低要求；伴生有益组分含量是指那些在矿石中有利于主要有用组分进行选、冶加工，或在主要组分进行加工时能提高其产品质量的组分含量。

7）有害组分平均允许含量：是指对矿石在采、选、冶加工过程中有不良影响，甚至影响产品质量的组分所规定的最大平均允许含量，是衡量矿石质量和利用性能的重要标准。

8）矿石或矿物的物理技术性能方面的要求：在评价某些矿产时，需对矿石或矿物的物理技术性能进行测定，并提出不同的特殊质量要求，作为矿产质量评价的一项重要指标，特别是对一些直接利用其矿石或矿物的非金属矿产，这是一项十分重要的质量指标。例如：各种宝石的颜色、晶形、粒度、光泽、折射率等；压电石英的压电性；云母的剥开性、面积和绝缘性；蛭石的膨胀率、导热性；石棉的长度、韧性；膨润土、高岭土（石）的特殊要求等。

（2）矿床开采技术条件指标。矿床开采技术条件指标，主要有最低可采厚度、最大允许夹石厚度等。有时为了矿山设计、建设和生产需要，确定或制定勘探最大深度、剥离比或剥采比等指标。

1）最低可采厚度：是指当矿石质量达到要求时，在当前技术经济条件下，可以开采利用的单个矿体的最小厚度要求。小于这一厚度的矿体，一般情况下由于无法开采而不能圈入矿体内。

2）最大允许夹石厚度：是指矿体或矿层内的非矿夹层、矿体（层）内的岩层或达不到边界品位的矿化夹层（夹石）的最大允许厚度。厚度大于该指标时，作为夹石予以剔除，反之，则圈入矿体，参与储量估算。

3）最低工业米百分值：简称米百分率，也称米克吨值，指最低可采厚度与最低工业品位的乘积值，是对工业利用价值比较高的矿产所提出的一项综合指标，仅用于圈定厚度小于最小可采厚度而品位大于最低工业品位的矿体。当矿体厚度与矿石品位的乘积大于或等于该指标时，可将其圈入矿体，参与储量估算。

4）最低可采宽度：一般是指用机械采掘（如用采金船开采砂金）矿体的最小开采宽度。它是根据矿体的可采厚度、矿石品位、采掘方法等因素确定的，小于这个宽度要求的，则不宜于机械化开采。对露天开采的矿床，有时对露天采坑底界的宽度，也做出相应的规定。

5）矿床开采最终坡角：是指露天采矿场中，由最下一个阶段的坡底线与最上一个阶段的坡顶线相连构成的假想斜面与水平面的夹角，仅用于适合露天开采的矿床。

6）剥采比：也称剥离比，指露天开采的矿床或矿体，开采时需剥离的覆盖物（包括矿体的夹层和开拓安全角范围内的剥离物）的体积（或重量）与矿石体积（或重量）的比值，等于或小于该比值的矿床可以露天开采，一般限用于适合露天开采的矿床。

7）勘探深度：是根据当前开采技术水平能够开采到的深度所确定的探矿工程控制矿体估算储量的最大深度。随着开采技术水平和钻探水平的提高，勘探深度会越来越大。

6.2.2.4 制定矿床工业指标的方法

制定矿床工业指标的方法较多，由于各工业指标的性质与作用不同，其研究与确定的方法也有很大的差异。现将各类指标中几种目前国内常用的确定方法简述如下：

（1）确定边界品位和最低工业品位的方法：主要有类比法、地质方案法、综合方案法、统计法、价格法、收支平衡法和副产品回收法等。

1）类比法：也称经验法，根据矿床的矿化特征、矿石加工技术特性、矿体开采技术条件等，与已开采的类似矿山（或本矿山的生产区段）进行比较，参考其指标或国内现行的一般工业要求，制定本矿的工业指标。如边界品位往往参考尾矿品位，取尾矿品位的 1~2 倍。

此法没有复杂的技术经济计算，简单易行，但科学性差，且难以完全适合矿床本身的具体情况。类比法一般适宜在矿床普查阶段拟定临时性的参考工业指标；适于矿石性质简单的小型矿床，或在确定大中型矿床的参考指标时，作暂用指标使用；许多老矿山的深部延伸区，或生产矿山的外围矿段亦常用此法。

2）地质方案法（资源对比法）：它是根据经验与矿床类比，通常拟定二到四组工业指标方案，选择有代表性地段，分别圈定矿体，估算储量，从矿体形态复杂程度、矿化连续性、矿体规模及其完整性和储量的变化等方面进行对比分析。选择矿体形态简单、矿化连续性较好，具有一定品位和规模、储量较多的方案。此法优点是突出了资源的合理利用和形态对比，计算工作量不太大。但因缺乏技术经济论证，具有一定的局限性，故一般不宜单独使用，常与价格法联合使用或作为综合方案法的一部分。

3）综合方案法（技术经济全面比较法）：是根据矿化特征和品位分布，参照类似矿山经验，提出几组工业指标方案，分别计算品位和储量，绘出相应的矿体形态图，然后从资源利用程度，生产规模，采、选、冶技术经济指标及经济效益等方面进行方案对比，从中推荐资源利用率高、投资效果好的工业指标。此法的优点是考虑全面，成果较可靠，是目前在确定正式指标时应用最广的一种方法，缺点是计算工作量较大，要求有较完善的基础资料。

4）统计法：通过研究单个样品主要有用组分品位的频率分布，找出分布曲线的突变点，结合矿区其他地质条件、选矿尾矿品位进行综合分析，作为确定边界品位和最低工业品位的参考。该法的优点是简单，缺点是仅研究了有用组分的含量特征,对于矿石的加工技术性能、矿山开采的内外部条件、矿山企业的经营管理水平等均未作综合分析计算。因此,该法只能作为综合分析法的一种辅助手段,用以初步选取品位指标,作为经济论证对比分析的品位指标方案。

5)价格法:它的依据是从矿石中提取一吨最终产品(精矿或冶炼产品)的生产成本不高于该产品的国家价格或市场价格的原则,计算出经济临界品位(收支平衡品位),此指标不等于最低工业品位,它比最低工业品位偏高,所以,价格法所计算出的收支平衡品位仅作为检验不同指标方案所圈定的矿体或矿段是否能盈利的标准。显然,高于该品位则盈利,反之,则亏损。它并不是圈定矿体所用的工程平均品位,而是对全矿床(或矿体)的平均品位要求。此法在工业指标制定中不宜单独使用,而只作为其他方法的补充和验证。

A. 矿石边界品位的计算,

当最终产品为精矿时

$$\alpha_b = \frac{\beta_j(C_c + C_x + C_w)}{(1-\gamma)\varepsilon_j D_j} \tag{6-1}$$

当最终产品为冶炼产品时

$$\alpha_b = \frac{\beta_y(C_c + C_x + C_y + C_w)}{(1-\gamma)\varepsilon_j \varepsilon_y D_y} \tag{6-2}$$

B. 矿石最低工业品位计算,

当最终产品为精矿时

$$\alpha_g = \frac{\beta_j(C_c + C_x + C_w + K_p)}{(1-\gamma)\varepsilon_j D_j} \tag{6-3}$$

当最终产品为冶炼产品时

$$\alpha_g = \frac{\beta_y(C_c + C_x + C_y + C_w + K_p)}{(1-\gamma)\varepsilon_j \varepsilon_y D_y} \tag{6-4}$$

式中:α_b 为矿石边界品位,%;α_g 为矿石最低工业品位,%;γ 为采矿贫化率,%;β_j 为精矿品位,% 或 g/t;β_y 为冶炼产品品位,% 或 g/t;ε_j 为精矿选矿回收率,%;ε_y 为冶炼金属回收率,%;C_c 为矿石开采成本,元/t;C_x 为矿石选矿加工费,元/t;C_y 为冶炼加工费,元/t;C_w 为矿山生产过程中的外部效益,元/t,包括对外界产生积极影响的外部经济性,负值,相对外界产生消极影响的外部不经济性,正值;D_j 为精矿价格,元/t;D_y 为冶炼(金属)产品价格,元/t;K_p 为工业部门要求的盈利指标,元/t。

C. 计算实例

以云南某金矿为例,说明当最终产品为冶炼产品时最低工业品位的算法。该金矿为原生硫化矿,采用的是全泥氰化—碳浆工艺,对露天氧化矿采用的是堆浸工艺,公式中由选矿回收率和冶炼回收率构成的综合回收率相当于其工艺中的浸出率、吸附率、解析率、电解率和冶炼率组成的综合回收率。根据该金矿 1997 年技术经济指标统计,其各项指标为(露天采矿的经济技术指标为 1999 年的数据):浸出率 66.47%(坑采)、71%(露采),吸附率 96%,解吸率 90%,电解率 98%,冶炼率 99.01%,精矿品位 β_y 为 97.5%。

$D_y = 95000$ 元/kg(1997 年),75000 元/kg(1999 年)。

$C_c + C_x + C_t = 234.662$ 元/t(其中:坑采为 238.53 元/t,露采为 29 元/t)。

$\gamma = 15.4\%$(其中:坑采为 15.27%,露采为 5%)。

由于该金矿可以直接生产到金属,因此其冶炼部门要求的盈利指标可以视为零。该金矿在生产时,没有计算外部经济效益,因此暂视为零。

据以上数据,利用最终产品为金属(黄金)时的公式进行计算,得到该金矿原生矿的最低工业品位为 5.28 g/t。1 t 露天矿石的总成本为 28.5 元/t,包括:采矿成本 6 元/t,运输成本 2 元/t,筑堆翻堆成本 2.5 元/t,资源补偿费和管理费用 7 元/t,水电费用 1 元/t,NaCN 费用 6 元/t,碳吸附、解吸、电解、冶炼费用 3 元/t,折旧费用 1 元/t。

通过最终产品为金属(黄金)时的公式,计算得到该金矿露采氧化矿的最低工业品位为 0.658g/t(堆浸工艺)。

从计算中可以看出,该法的实质是以产品的价格为标准来衡量矿产资源的价值,当生产成本与产品价格相等时,就可反算出该种矿石不赔不赚的品位值。其优点是能够反映出矿产品的生产成本与销售价格之间的关系,缺点是计算过程中对各项参数的选取很大程度带有主观性和假定性,而且反映不出生产成本与基建投资的效益关系。此外,用生产成本等于金属价格来确定矿石的边界品位,对于某些金属矿床来说要求过严,有可能将一些本来可以利用的低品位矿石人为地圈定为废石,不利于矿产资源的合理利用。

6)收支平衡法：价格法按收支平衡原则确定的最低工业品位存在着投资无法偿还的问题，该方法在反映投入与产出相平衡的原则时忽略了在投入中将投资包括进去。为此，本方法将收支平衡与投资返本结合在一起考虑，这样确定的最低工业品位较为完善。

当最终产品为精矿时

$$\alpha_g = \frac{\beta_j(C_c + C_w + KR_1)}{(1-\gamma)\varepsilon_j D_j} \qquad (6-5)$$

当最终产品为金属时

$$\alpha_g = \frac{\beta_j(C_c + C_w + KR_3)}{(1-\gamma)\varepsilon_j \varepsilon_y D_y} \qquad (6-6)$$

式中：K 为静态投资收益率(%)；R_1 为原矿采、选投资费用(元/t)；R_3 为原矿采、选、冶投资费用(元/t)；其他符号同前。

7)副产品回收法：

当最终产品为精矿时

$$\alpha_g = \frac{\beta_j(C_x + C_1 + C_w + KR_2)}{(1-\gamma)\varepsilon_j D_j} \qquad (6-7)$$

当最终产品为金属时

$$\alpha_g = \frac{\beta_j(C_y - C_2 + C_w + KR_4)}{(1-\gamma)\varepsilon_j \varepsilon_y D_y} \qquad (6-8)$$

式中：C_x 为矿石采、选综合生产成本，元/t；C_y 为矿石采、选、冶综合生产成本，元/t；C_1 为原矿石采、选过程中副产品回收价格，元/t；C_2 为原矿在采、选冶过程中回收副产品的全部价值，元/t；R_2 为原矿采、选投资加副产品回收增加的投资，元/t，如副产品回收不需增加投资，则 $R_2 = R_1$；R_4 为原矿采、选、冶投资加副产品回收增加的投资，元/t，如副产品回收不需增加投资，则 $R_4 = R_3$；其他符号同前。

(2)综合工业品位指标的制订方法。当矿床中同时存在几种有用组分，但每一种组分均不能单独达到工业利用的要求，而它们在矿石中的含量又高于技术上的可选品位(一般指尾矿品位)时，该矿床的工业价值，就不能只用一种有用组分的价值来衡量，而必须按技术上可以回收的几种有用组分的综合价值进行考虑。这种按照两种或两种以上有用组分的综合价值所制订的工业指标，叫做综合指标。可见综合指标的意义在于全面地评价矿床的经济意义，以便充分、合理地利用矿产资源。一般地说，综合指标主要适用于品位较贫、有用组分密切共生的多金属矿床。

制定综合指标较制订单一组分工业指标复杂，必须具备以下条件：对矿石质量有较深入研究，产品方案已基本确定，各有用组分在选冶中的回收可能性、回收方式和实收率已经了解。

目前，综合品位指标的制订方法和相应的表达形式可归结为两种：一是制订综合工业品位和品位折算系数；二是仍以主组分工业指标下达，但考虑了与其共生或伴生组分的经济价值而相应降低主组分最低工业品位。

1)综合工业品位的制订：综合工业品位是多组分矿床单项工程(或块段)综合品位的最低要求。它是按加工处理多金属组分矿石全部生产成本计算，以主组分表达的经济上的临界品位，由下式计算求得

$$\alpha_z = \frac{\beta_d \cdot C_d}{(1-\gamma)\varepsilon_0 \varepsilon_1 D_d} \qquad (6-9)$$

式中：α_z 为综合工业品位(%)；C_d 为处理单位多组分矿石的全部生产成本(元/t)；β_d 为精矿品位(%)；D_d 为主组分产品的精矿调拨价格(元/t)；γ 为采矿贫化率(%)；ε_0，ε_1 为主组分选矿、主组分精矿运输回收率(%)。

综合工业品位是矿石综合经济价值的衡量标准，因而，在意义上和数值上与主组分的最低工业品位并不相同，应该严格区分开来。

为了圈定工业矿体和评价矿床的工业意义需要将次要共生(伴生)组分按等值的原则折算为主组分品位。主组分与某一伴生组分品位的比值，称为该伴生组分的折算系数，而主组分品位及伴生组分折算为主组分品位的总和，称为综合品位。列式表示为

$$\alpha_z = \alpha_0 + \sum_{i=1}^{n} K_i \alpha_i \qquad (6-10)$$

式中：α_z 为综合品位；α_0 为主产元素品位(%)；α_i 为第 i 种伴生组分品位(%)；n 为具有综合利用价值的伴生元素种类；K_i 为第 i 种伴生组分折算系数。

圈定矿体时，按单个工程(或块段)将伴生组分品位折算为主组分品位，而得出该工程(或块段)的综合品位，当此综合品位大于或等于综合工业品位时，则属经济的基础储量。折算系数的计算常有以下几种方法：

A.产值法：以主要组分、伴生组分产品产值的比值作为折算系数，即

$$K_i = \frac{\varepsilon_i \cdot D_i}{\varepsilon_0 \cdot D_0} \tag{6-11}$$

式中:ε_0,ε_i 为主元素、伴生元素回收率(%);D_0,D_i 为主元素、伴生元素最终产品价格。

B. 价格法:以主元素与伴生组分最终产品(精矿或金属产品)的价格之比,作为折算系数,其公式为

$$K_i = \frac{D_i}{D_0} \tag{6-12}$$

C. 盈利法:按主要组分、伴生组分产品盈利相比的原则进行折算系数的计算,其公式为

$$K_i = \frac{(D_i - C_i)\varepsilon_i}{(D_0 - C_0)\varepsilon_0} \tag{6-13}$$

式中:C_0,C_i 为主元素、伴生元素最终产品成本(元/t)。

综合来看,价格法计算比较简单,但它仅考虑了主要组分、伴生组分产品的价格,而未考虑回收程度和加工费用不同带来的影响,因而带有一定的虚假性,对某些价格较高的金属伴生组分,易导致错误的结论,故一般较少应用。盈利法虽考虑因素比较全面,但实践中存在一些困难,如主元素与伴生组分某些共同发生的费用难以分开,故二者成本难以分别计算,也就很难确切计算利润;矿山企业利润与矿石品位密切相关,本应考虑品位因素,但工业指标确定以前,矿石品位也是不确定的。此外,当公式中 $D_i = C_i$ 时,$K = 0$,说明伴生组分无折算意义,但这是不合适的,因为这并不能说明不具有综合利用价值。此时,虽然回收伴生组分对本企业"不赔不赚",但为社会提供了矿产品原料,充分利用了地下资源,具有一定的社会效益。产值法所得出的 K 值,实际上也是以综合全成本计算的主伴生组分临界品位的比值,故这一公式较为完善。但应该指出,公式中并未考虑主伴生组分加工费用不同的影响。此外,品位的变化也会造成选矿实收率的改变,从而产生实际上并不完全等值的情况。

应当说明的是,用折算系数求取综合品位,主要适合于几种有用组分回收工艺过程不同、实收率和产品价格相差又较悬殊的情况。对密切共生且回收工艺过程相同、产品价格又大致相近的两种组分,可以近似地将折算系数定为1。此时可直接下达合计型综合品位,即为两种组分的品位之和。如河南某铌钽矿工业品性为(Ta + Nb)≥0.02%,湖南某钨锡矿最低工业指标为(WO₃ + Sn)≥0.2%。

采用综合工业品位时,参与折算的组分在目前技术经济条件下必须具有回收价值。如其含量过低,在加工过程中难以回收或回收率低,就不能参与折算,否则可能导致矿床经济评价的失误。因此,有必要确定伴生组分的折算起点。只有在有用组分品位高于或等于其折算起点时才能进行折算。

折算起点主要从有用组分加工工艺性质和回收情况考虑。一般以选矿试验尾矿品位的 1~2 倍作为折算起点,也可以用该有用组分的边界品位作为折算起点。

2)成本冲抵法:本方法的实质是按主元素和伴生组分的产值分别占总生产费用的比例,进行成本分摊;根据伴生组分在矿体中的平均品位、选矿回收率、分摊成本及产品销售价,计算出伴生组分的利润。用此利润减去主元素分摊的成本,用"冲抵"后的主元素生产成本进行经济评价计算和方案比较。由于主元素的生产成本因伴生组分的"冲抵"而可采用较低的工业指标,有利于资源的充分利用。此时推荐的工业指标是以主元素作为单元素形式出现,但已考虑了伴生元素的回收价值。当然由于工业指标制定以前,伴生组分的平均品位是不确定的,相应的回收率取值也受影响,故"冲抵"的量带有一定的误差。本方法是平均意义上的冲抵,即是以全矿区或某一类型的矿床(段)进行平均计算,虽方法较简单,但较粗略,且有上述不完善之处。一般适用于伴生组分较低但可综合利用的矿床,或在推荐暂用指标时采用。

有关综合指标的制订,目前在我国还处于探索研究阶段,其表达形式、制订方法等都还很不成熟。在工业指标方案对比中,要应用某些技术经济指标。这些指标的选取决定于矿体的形态、产状和矿石质量等因素,而矿体的形态、产状和矿石品位又受工业指标所制约。在这些正反因素相互影响下,合理选择计算参数是值得进一步深入研究与探讨的。

(3)最小可采厚度的确定方法。最小可采厚度一般根据矿体规模、产状、矿床开采技术条件、开采方式、采矿方法、矿石的经济价值等因素制定,常采用经验对比法,参考指标见表 6 - 3。

表6-3 最小可采厚度参考表 （单位:m）

开采方式	有色金属		贵金属		铝土矿
	陡倾斜	缓倾斜	陡倾斜	缓倾斜	
地下	1	2	0.5~0.8	2	0.8
露天	1	2			0.5

(4)夹石剔除厚度的确定方法。夹石剔除厚度决定于开采方式、采矿方法、采掘设备以及矿石加工过程中对废石的剔除程度。通常,采用大型设备的露天矿或采用深孔采矿法的井下矿,选用较大的夹石剔除厚度;采用浅孔采矿法、小型采掘设备的井下矿山,夹石剔除厚度要小。一般情况下,地下开采时为2m,露采为4m。

6.2.2.5 矿床工业指标的修订与管理

(1)矿床工业指标的修订。矿山生产过程中矿体不断被工程揭露,对矿床(矿体)地质条件有了确切的了解,要根据新的条件与新认识,修订工业指标;由于矿山生产技术水平的提高,如低品位矿石处理新方法出现,生产成本降低,或矿石中某些伴生组分的综合利用,矿产品价格的上涨等原因,均可以使工业指标进一步降低;矿山投入生产后,采、选、冶生产条件已定型,生产成本和矿山经营参数(采矿损失率、贫化率和选矿回收率)都可以比较精确地计算。因此,生产矿山可根据实际生产条件和生产成本及比较可靠的经营参数,重新考虑寻求符合自身情况的合理工业指标。

(2)矿床工业指标的管理。在市场经济体制下,为了保障矿产资源得到合理、充分的利用,政府职能部门要根据当前的技术、经济条件和国内、外矿产资源的供需形势,指导行业制定、发布和及时修订各类矿产的工业指标,凡矿业权人以低于发布的工业指标要求评价和利用矿产资源(意味着充分利用矿产资源)的,政府不但不应干预,而且应给予优惠的政策进行鼓励。反之,则应对其技术经济评价、论证过程加强监督和控制,防止矿产资源的破坏和浪费。

6.2.3 矿体边界线及其圈定

储量估算中所必须划分的矿体边界线有多种,如零点边界线、可采边界线、暂不能开采边界线、储量级别边界线及矿石类型和矿石品级边界线等。无论采用何种方法圈定矿体,都应对矿体赋存的地质条件进行认真的分析研究,在对地质条件取得正确认识的基础上,进行圈定和连图,才能为储量估算取得可靠的基础资料。在圈定矿体及连图时必须注意下列问题。

6.2.3.1 反复对比矿体的垂直断面图与水平断面图

矿体断面图上,如果出现多个矿体,必须注意矿体间对应问题。不能单凭一组断面进行对应连接,必须研究另一组与其相垂直断面图上的地质条件,而后进行矿体的对应和圈定。如图6-1所示,如果仅从垂直断面上考虑矿体的圈定,很可能将两断面上的厚矿体看成是一个矿体,导致储量估算的错误,如果结合水平断面图进行对比,便可得出正确结论。

6.2.3.2 注意成矿的构造控制

必须弄清成矿作用是受断裂、褶曲控制,还是受岩层层面、不整合面等控制,同时必须弄清这些构造的产状。如图6-2所示为某铜矿地质勘探资料与生产揭露资料的对比,由于地质勘探中忽视了该矿体的构造控制,连图结果完全歪曲了矿体的形态。后经生产勘探和开采揭露,发现矿体的形状和产状都与最初圈定的情况有很大出入,从而给矿山生产造成很大的影响。

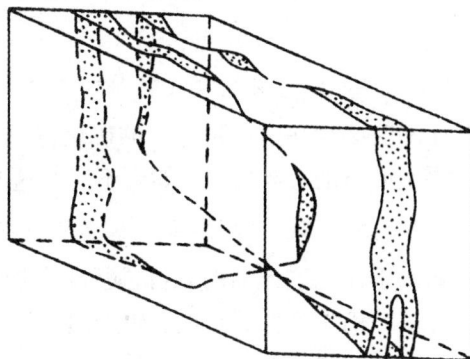

图6-1 矿体平、剖面对应示意图

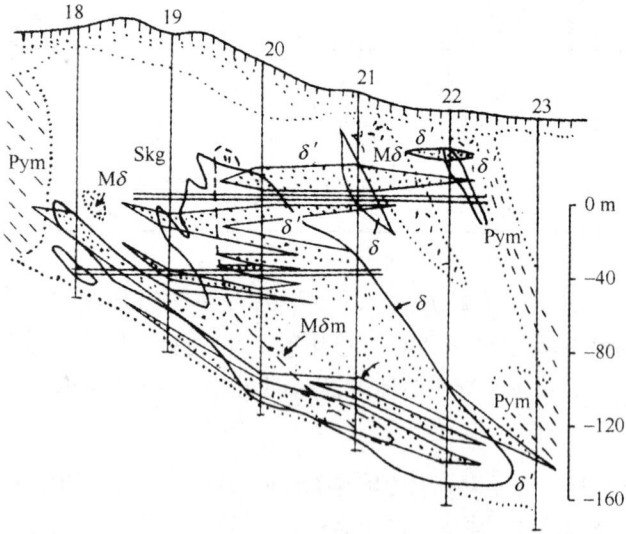

图 6 - 2　TGS 铜矿地质勘探与生产勘探矿体形态对比

Pym—碳质页岩；Skg—石榴子石矽卡岩；Mδ—闪长岩；

Mδm—旁侧矿体界限；δ—生产揭露界线；δ′—地质勘探矿体界线

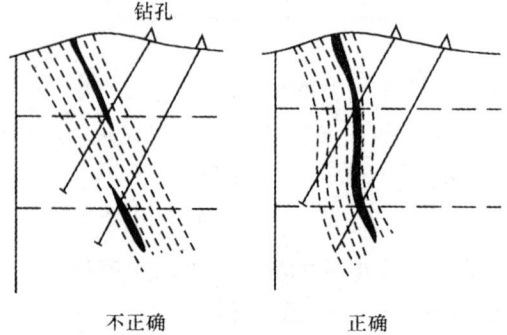

图 6 - 3　未研究地层产状变化可能出现的错误

6.2.3.3　注意成矿后构造变形

在圈定矿体时，必须注意研究和分析控制成矿岩层的产状变化及成矿后的构造形迹，否则容易产生错误。如图 6 - 3 所示，忽视控制成矿岩层的产状变化，有可能把一个矿体连成两个矿体。又如图 6 - 4 所示，由于未注意分析褶曲构造变形，可能会将褶曲矿体误连为透镜状矿体。再如图 6 - 5 所示，由于未注意分析断层构造，可能会将断层造成的矿体重复地段误连为矿体膨胀地段。

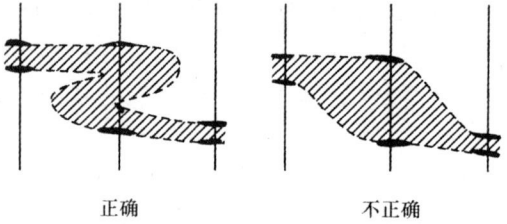

图 6 - 4　未研究褶皱构造影响可能出现错误

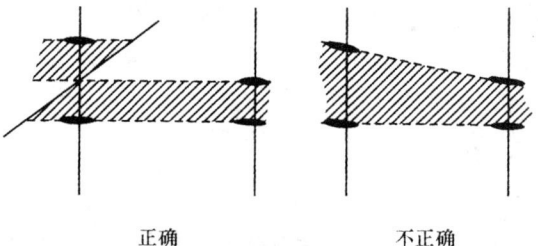

图 6 - 5　未研究断裂构造影响可能出现错误

6.2.3.4　注意分析矿化特征

连图时必须注意分析矿体的矿化特点，是充填成矿还是交代成矿，不同矿石类型的矿化顺序，以及氧化矿石与原生矿石的分布关系。如果不注意这些矿化特点，也易导致错误连图。

6.2.3.5　注意分析后期侵入体的破坏

如果不注意这方面的分析，也容易导致矿体圈定与连图的错误。

许多矿山生产实践证明，矿产储量的最大误差是地质误差，而地质误差中最大的是矿体圈定误差，产生矿体圈定误差的根本原因是对矿体赋存规律与控矿条件研究不够。

6.2.4　平均品位的计算

矿产资源/储量估算时，一般要求分矿体或分块段进行，同时还需按储量级别、矿种、矿石类型、工业品级分别统计计算其平均值。在勘查过程中，测定的品位参数值多数分布在工程中，因而需要分别计算出单个工程的线平均品位(线品位)、剖面或平面平均品位(面品位)、整个矿块或矿体平均品位(体品位)乃至整个矿床平均品位。平均品位的计算常用算术平均和加权平均两种方法。

算术平均法：此法适用于矿体品位参数变化较小、测点分布较均匀(采样间距和长度基本相等或接近)，或品位参数与其他参数无任何相关关系的情况。其实质是把每一个测点观测值所起的作用看作是同等的，也就是将所有观测值求和再除以观测点数得出的平均值。

加权平均法：当矿体品位参数变化较大，且测点分布不均（采样间距和长度不等）或品位参数与某一因素有相关关系，则应以这一因素为权数，以加权平均法来确定品位平均值，即每一个测点所起的作用不能等同看待。如取样结果发现品位与厚度间有一定相关关系，且厚度变化较大时，则应以厚度为权，加权平均计算平均品位。当工程分布很不均匀时，可根据影响长度或面积加权。同理，也可用样品控制长度加权，甚至以样品控制长度和厚度两参数之乘积联合加权。

根据工程中参数平均值，加权平均（如以工程采样长度或工程揭露矿体长度为权）可以求得断面上参数平均值；根据断面参数平均值，进行加权平均（如以断面面积为权），可以进一步求得矿块参数平均值。

一般是先计算各单工程内矿体的平均品位，然后再计算由单个工程组成的块段的平均品位，最后在此基础上计算矿体的平均品位。对于断面法估算储量，当单个工程平均品位计算后，还要计算由几个工程组成的剖面的平均品位，再计算相邻断面之间块段的平均品位。

6.2.4.1 单个工程的平均品位计算（线加权）

1）当采样间距大致相等，而矿体品位变化与厚度的变化具有一定关系时，用各采样点的厚度进行加权，计算公式为

$$\overline{C} = \frac{C_1 m_1 + C_2 m_2 + C_3 m_3 + \cdots + C_n m_n}{m_1 + m_2 + m_3 + \cdots + m_n} \tag{6-14}$$

式中：$\overline{C}$ 为平均品位；C_1，C_2，$\cdots$，C_n 为单个样品矿石品位；m_1，m_2，$\cdots$，m_n 为单个采样点矿体的厚度。

2）如果采样间距不等，而品位变化较大与厚度无明显关系，可用每个样品的控制距离进行加权平均，其公式为

$$\overline{C} = \frac{C_1 L_1 + C_2 L_2 + C_3 L_3 + \cdots + C_n L_n}{L_1 + L_2 + L_3 + \cdots + L_n} \tag{6-15}$$

式中：$\overline{C}$ 为平均品位；L_1，L_2，$\cdots$，L_n 为每个样品控制距离（一般为相邻两个样品距离的一半之和）；C_1，C_2，$\cdots$，C_n 为每个样品的品位。

3）当矿体厚度和采样间距都不等，且它们与品位有成正反比关系时，用每个样品控制长度和矿体厚度加权计算，其公式为

$$\overline{C} = \frac{C_1 L_1 m_1 + C_2 L_2 m_2 + C_3 L_3 m_3 + \cdots + C_n L_n m_n}{L_1 m_1 + L_2 m_2 + L_3 m_3 + \cdots + L_n m_n} \tag{6-16}$$

式中：$\overline{C}$ 为平均品位；L_1，L_2，$\cdots$，L_n 为每个样品影响长度；m_1，m_2，$\cdots$，m_n 为每个采样点矿体厚度。

4）钻孔中取样长度不等时，则按各样品的长度进行加权求得平均品位。计算公式为

$$\overline{C} = \frac{C_1 l_1 + C_2 l_2 + C_3 l_3 + \cdots + C_n l_n}{l_1 + l_2 + l_3 + \cdots + l_n} \tag{6-17}$$

式中：$\overline{C}$ 为平均品位；l_1，l_2，$\cdots$，l_n 为单个样品长度；C_1，C_2，$\cdots$，C_n 为单个样品品位。

6.2.4.2 断面平均品位的计算（面加权）

根据工程的平均品位计算断面平均品位，计算时如各工程的取样长度相差很大，则可用各工程内矿体的采样长度进行加权平均，计算公式为

$$\overline{C} = \frac{C_1 L_1 + C_2 L_2 + C_3 L_3 + \cdots + C_n L_n}{L_1 + L_2 + L_3 + \cdots + L_n} \tag{6-18}$$

式中：$\overline{C}$ 为断面的平均品位；C_1，C_2，$\cdots$，C_n 为各工程的平均品位；L_1，L_2，$\cdots$，L_n 为各工程工业矿体长度。

6.2.4.3 块段或矿体平均品位的计算（体加权）

1）根据断面的平均品位计算块段的平均品位。计算时如两断面的面积相差甚大，则可用断面面积加权平均，计算公式为

$$\overline{C} = \frac{C_1 S_1 + C_2 S_2}{S_1 + S_2} \tag{6-19}$$

式中:$\overline{C}$ 为块段平均品位;C_1,C_2 为断面平均品位;S_1,S_2 为断面面积。

2)根据体积加权,计算公式为

$$\overline{C} = \frac{C_1 V_1 + C_2 V_2 + \cdots + C_n V_n}{V_1 + V_2 + \cdots + V_n} \qquad (6-20)$$

式中:$\overline{C}$ 为矿体中各储量级别、矿石类型和工业品级的平均品位;C_1,C_2,$\cdots$,C_n 为矿体中各计算块段的各储量级别、矿石类型和工业品级的平均品位;V_1,V_2,$\cdots$,V_n 为 C_1,C_2,$\cdots$,C_n 相应代表的体积。

3)根据矿量加权,计算公式为

$$\overline{C} = \frac{C_1 Q_1 + C_2 Q_2 + \cdots + C_n Q_n}{Q_1 + Q_2 + \cdots + Q_n} \qquad (6-21)$$

式中:$\overline{C}$ 为矿体平均品位;C_1,C_2,$\cdots$,C_n 为矿体中各储量级别、矿石类型和工业品级的平均品位;Q_1,Q_2,$\cdots$,Q_n 为 C_1,C_2,$\cdots$,C_n 相应代表的矿石储量。

6.2.5 储量估算方法

就固体矿产而言,其储量估算方法较多,已达数十种,国内用得最广的是几何法和统计分析法。

几何法(或传统法):是 20 世纪 50 年代从苏联引入的一套较为简单的矿产资源/储量估算方法,一直沿用至今。鉴于自然界绝大多数矿体的形状都是复杂的,在目前勘查技术条件下,要想很准确地确定矿体的形状和体积,几乎是不可能的。因此,各种传统矿产资源/储量估算方法都遵循一个基本原则,即把形状复杂的矿体简化成与该矿体体积大致相等的简单几何形体,并将矿化复杂状态变为在影响范围内的均匀化状态,以便采用简单的数学公式计算其体积和储量。传统法的显著优点在于简便易于掌握,特别是当工程数很少、只对矿产资源/储量进行概略估算时,或勘查初级阶段对储量精度要求不甚高时,采用此法是可行的,且非常方便灵活;当矿体形态简单或品位变化不大或工程数很多且控制程度相当高时,该法也是可行的。这种方法的最大缺点是可靠性差,其结果常出现不可预测的误差,特别是当矿体形态和矿化复杂、工程控制不是特别密集时,想用传统几何法计算得到高精度的储量是相当困难的,甚至是不可能的。常用的传统几何法有断面法、块段法、算术平均法、多角形法等。

尽管传统几何法具有直观、简便、实用等许多优点,由于方法本身存在的难以克服的弱点,使得它已不能适应现代矿山生产发展的要求。因此,从根本上改革和发展传统矿产资源/储量估算方法十分必要。

随着地质勘探、采矿工业的发展以及计算机的广泛应用,矿产资源/储量估算方法有了很大发展,特别是近些年来发展速度更快,一些现代矿产资源/储量估算统计分析方法相继出现,如距离加权法、相关分析法、统计学分析法、克里格法和 SD 法等。

现将其中目前常用的几种几何法和现代统计分析法简要介绍如下。

6.2.5.1 断面法

在已勘查的矿床中,当矿体被一系列勘查断面(勘探线剖面或中段水平断面)横切截为若干块段,就以这些断面图为基础,估算相邻两断面间的矿块储量以及整个矿床的储量,这种方法称之为断面法或剖面法。由于断面有垂直、水平之分,故断面法又可分为垂直断面法和水平断面法,这两种方法的原理是相同的,因此,仅以垂直断面法为例进行介绍。

(1)体积计算。首先在资源/储量估算勘探剖面图上测定矿体断面面积,然后再计算相邻断面间各块段的体积。其体积计算必须根据相邻两断面矿体面积形态和相对面积差的大小来分别选择不同公式进行,通常有以下几种情况:

1)当相邻两断面的矿体形状相似,且其相对面积差 $[(S_1 - S_2)/S_1]$ 小于 40% 时(见图 5-6),用梯形体积公式,即

$$V = \frac{L}{2}(S_1 + S_2) \qquad (6-22)$$

式中:V 为两断面间矿体体积,m^3;L 为相邻两剖面间距离,m;S_1、S_2 为相邻两断面上矿体面积,m^2。

2)当相邻两断面的矿体形状相似且其相对面积差大于 40% 时(见图 5-7),选用截锥体积公式,即

$$V = \frac{L}{3}(S_1 + S_2 + \sqrt{S_1 \cdot S_2}) \qquad (6-23)$$

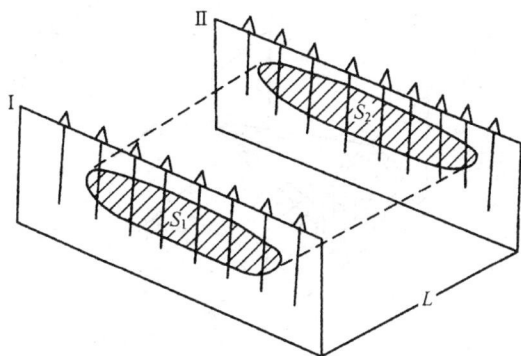

图 6-6 梯形块段

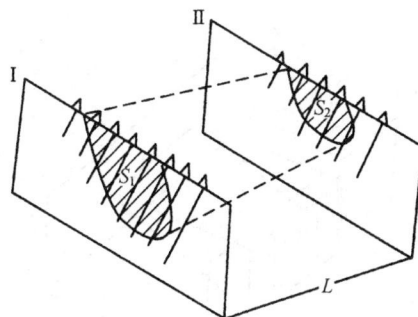

图 6-7 截锥形块段

式中各符号意义同前。

3) 当相邻两断面矿体形状不同，不论面积相差多少，除有一对应边相等时(长度或厚度)，可用梯形体积公式外，其余均应选用似角柱体(辛浦生)公式，即

$$V = \frac{L}{3}\left(\frac{S_1 + S_2}{2} + 2S_m\right) = \frac{L}{6}(S_1 + S_2 + 4S_m) \tag{6-24}$$

式中：S_m 为似角柱体的平均断面面积(m^2)；其他符号意义同前。

平均断面(中间断面)面积的计算，可用一张透明方格纸平行坐标方向盖在其中一张剖面图上，使矿体居于图纸中，描出该剖面矿体的边界，如图 5-8(a)中实线 *abcd*，然后再将该透明纸按同一方向盖在另一张剖面图上，并使这个剖面的矿体位置也在图纸中央，用不同颜色描出其矿体边界，如图 5-8(a)中实线 *efghi* 所示。用直线(图中虚线)连接两个剖面上矿体边界的对应点，并找出各连线的中点，如图 5-8(a)中 1、2、3、4、5、6、7、8 各点，将这些点相连得一多角形，此即平均断面。中间断面用几何图形法测出其面积即为 S_m。如果两剖面矿体边界为圆滑曲线，则可在画出两边界后，按等高线内插法绘出中间断面边界，如见图 5-8(b)所示。

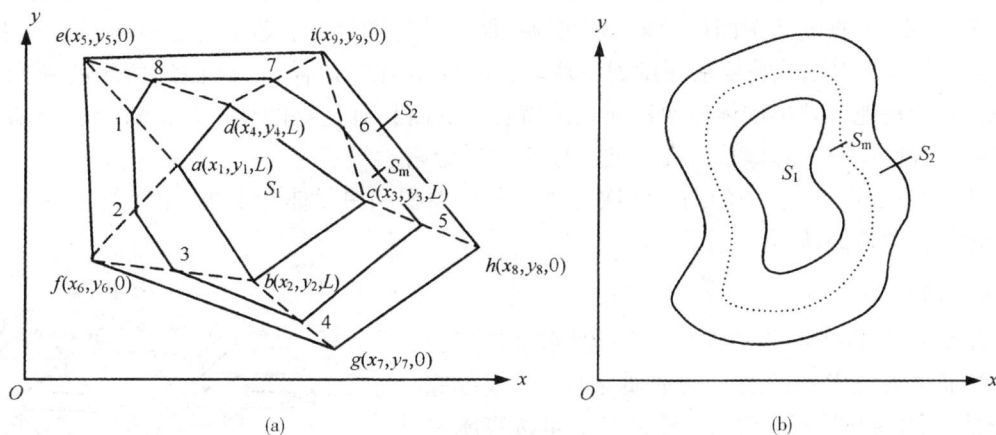

(a)

(b)

图 6-8 似角柱体中间断面之求法

(a)三角形断面；(b)圆滑曲线断面

4) 当在相邻的两剖面中只有一个剖面有面积，而另一剖面上矿体已尖灭，或矿体两端边缘部分的块段，只有一个断面控制时，其体积计算可根据剖面上矿体面积形状或矿体尖灭特点不同选择不同公式。

A. 当矿体呈楔形尖灭时(见图 6-9)，块段体积用楔形公式计算：

$$V = \frac{L}{2} \cdot S \tag{6-25}$$

式中：S 为剖面上矿体面积；L 为两剖面间距离，或剖面到尖灭点间距离。

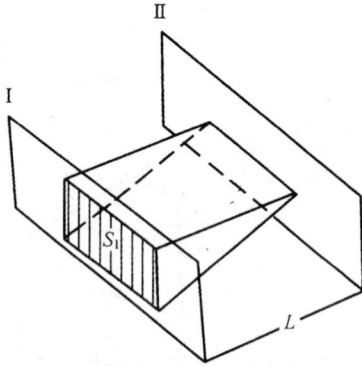

图 6 - 9　楔形体积

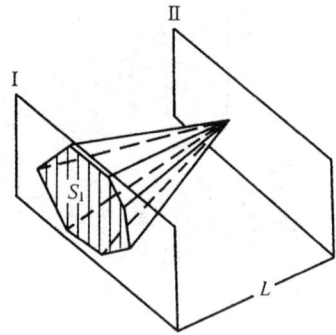

图 6 - 10　锥形体积

B. 当矿体呈锥形尖灭时(见图 6 - 10),块段体积可用锥形公式计算:

$$V = \frac{L}{3} \cdot S \qquad (6-26)$$

式中符号意义同前。

(2)计算块段的矿石储量:计算公式为

$$Q = V \cdot \bar{d} \qquad (6-27)$$

式中: Q 为块段矿石储量; V 为块段的矿体体积; d 为块段矿石平均体重。

(3)计算各相邻两剖面间块段的金属储量　计算公式为

$$P = Q \cdot \bar{C} \qquad (5-28)$$

式中: P 为块段金属储量; $\bar{C}$ 为块段矿石平均品位。

最后将所有块段的体积、矿石量、金属量各自相加计算出整个矿体的体积、矿石量和金属储量。

目前,断面法最易被人们接受,且用得最广。主要是由于断面法在很多方面具有其他方法难以比拟的优点。只要勘查工程是大致沿直线或水平面有系统的布置,能编出一系列断面图时,均可采用断面法,因而断面法几乎适用于任何类型矿床。勘查断面图即可用来作为资源/储量估算图件,不必编制更多的计算图件,计算过程简便,工作量也不大,同时可根据分类要求任意划分块段,具有相当的灵活性。断面法所用的断面图能保持矿体断面的真实形态,并清楚地反映出矿体断面地质构造特征,从而具有足够的准确性。断面法与断面地质图能很好地结合,它们的一致性使得估算储量灵活方便且便于地质分析。

断面法的实质是把断面上工程中的品位依次外延到断面面积和块段体积上去,因而有外延误差,这是难以克服的缺点,对此须有清楚的认识。

6.2.5.2　块段法

块段法是根据矿床地质特点和条件(如矿石品级、自然类型、储量类别、矿床开采技术条件及水文地质条件等)或勘查工程把矿体划分成不同的小块段,对每一个块段,可按算术平均法估算储量。这样一来,矿体就变成若干厚度不等内部质量均匀、紧密相连的板状体(见图 6 - 11 所示)。

在平面图上将矿体划分成若干块段,每一块段的面积可直接测定,其厚度、品位和矿石体重等参数均用算术平均法计算求得。某一块段的体积(V_i)、矿石量(Q_i)及金属量(P_i)按下式计算:

$$V_i = S_i - \overline{m}_i \qquad (6-29)$$

$$Q_m = V_i - \overline{d}_i \qquad (6-30)$$

$$P_i = Q_i - \overline{C}_i \qquad (6-31)$$

式中: S_i 为某一块段的平面面积; $\overline{m}_i$, $\overline{d}_i$, $\overline{C}_i$ 分别为某块段的厚

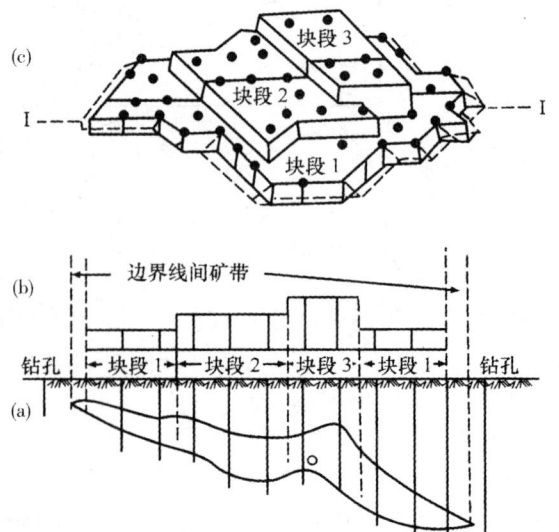

图 6 - 11　块段法把矿体变成大小不等的块段

度、体重和品位的平均值。

地质块段法用在勘查工程较密而且分布较均匀的情况下，各块段估算矿产资源/储量平均参数的原始数据越多时，则估算结果越精确，因此，每个块段必须有足够数量的勘查工程。这种方法适用于任何形状和产状的矿体，矿体的大小及勘查工程布置，对其没有影响，此法更适用于矿体品位和厚度变化很小，且其间无相关关系的情形。故地质块段法仍是目前矿产资源/储量估算的重要方法之一。

地质块段法具有算术平均法的所有优点，即计算简单，不需作复杂的图纸，同时弥补了算术平均法的缺点，能较迅速地分块段计算出矿石量和金属量。不足之处是当勘查工程密度不大，且分布不均匀，特别是有用组分变化较大的情况下，计算结果误差较大。

6.2.5.3　克里格法

克里格法是由南非采矿工程师 D·G·克里格于 20 世纪 50 年代在研究金矿时首次提出的，故得此名。克里格法也称克里金(Kriging)法，它是一种无偏的、误差最小的、最优化的现代矿产资源/储量估算方法。在矿产资源/储量估算中，它把矿床地质参数(如品位)看成区域化变量，以较严谨的数学方法——变异函数为工具来处理地质参数的空间结构关系，在充分考虑样品形状、大小及与待估块段相互位置和品位变量空间结构的基础上，根据一个块段内外若干样品数据，给每个样品赋予一定的权，利用加权平均来对该块段品位作出最优估计，并且可得到一个相应的估计误差。

(1)基本原理。在此仅将最基本的普通克里格法作简单介绍。用区域化变量 $Z(x)$ 表示品位，在大小(体积、面积或长度)为 V 的几何域内其平均品位(块段、盘区、整个矿体)，是该几何域 v 内承载(support)品位的集合，即 $Z_v = E\{Z_v(x)\}$ 或 $Z_V = \frac{1}{V}\int_V Z_V(x)\,\mathrm{d}x$，而承载 v 的品位 $Z_v(x)$ 又是点品位 $Z(x_i)$ 的集合，$Z_v(x) = \frac{1}{v}\int_v Z(x_i)\,\mathrm{d}x$。但矿床未开采前，点品位 $Z(x_i)$、v 承载品位 $Z_v(x)$ 都无从知道。Z_v 只能用勘探、开采前取样所获得的品位进行估计。一般由于样品的体积相对很小，可以看成点承载，则 Z_v 的线性估计量为 Z_v^*，即

$$Z_v^* = \lambda_1 Z(x_1) + \lambda_2 Z(x_2) + \cdots + \lambda_n Z(x_n) = \sum_{i=1}^{n} \lambda_i Z(x_I) \tag{6-32}$$

其估计误差的方差必然存在，且为

$$\sigma^2 = E\{Z_V - Z_v^*\} = E\{Z_v^2\} - 2E\{Z_V \cdot Z_v^*\} + E\{Z_v^{*2}\} = 2\,\overline{\gamma}(V, v) - \overline{\gamma}(V, V) - \overline{\gamma}(v, v)$$

$$= 2\sum_{i=1}^{n} \lambda_i\,\overline{\gamma}(V, x_i) - \overline{\gamma}(V, V) - \sum_{i=1}^{n}\sum_{j=1}^{n} \lambda_i\lambda_y\,\overline{\gamma}(x_i, x_j) \tag{6-33}$$

式中：$\overline{\gamma}(V,V)$ 为待估块段本身平均变异函数；$\overline{\gamma}(V, x_i)$ 为第 i 样品和待估块段本身的平均变异函数；$\overline{\gamma}(x_i, x_j)$ 为第 i 样品和第 j 样品间的平均变异函数；n 为样品点数。

克里格法就是要获得最佳无偏线性估计值。所谓无偏，即要求 $E\{Z_V - Z_v^*\} = 0$，或 $E\{Z_V\} = E\{Z_v^*\} = m$，由此可导出众所周知的约束 $\sum\lambda_i = 1$ 为无偏条件；所谓最佳，即估计方差必须最小，即相当于寻找一组权系数 λ_i，使得估计方差 σ^2 在无偏条件($\sum\lambda_i = 1$)下达到最小。显然这是一个条件极值问题。如果利用拉格朗日乘法求条件极小值，令 $F = \sigma^2 - 2\mu(\sum\lambda_i - 1)$ 对 n 个未知的 λ_i 和拉格朗日系数 μ 的偏导数为零，便有

$$\frac{\partial F}{\partial \lambda_i} = 2\,\overline{\gamma}(V, x_i) - 2\sum_{j=1}^{n} \lambda_j\,\overline{\gamma}(x_i, x_j) - 2\mu = 0 \tag{6-34}$$

式中：$i = 1, 2, \cdots, n$。

这里 n 个方程组，将它与无偏条件联立，即

$$\begin{cases} \sum_{j=1}^{n} \lambda_j\,\overline{\gamma}(x_i, x_j) + \mu = \overline{\gamma}(x_i, V) & i = 1, 2, \cdots, n \\ \sum_{i=1}^{n} \lambda_i = 1 \end{cases} \tag{6-35}$$

这是一个由 $n+1$ 个方程组成的 $n+1$ 个未知元(n 个 λ_i 和 1 个 μ)的方程组，从中可以解出普通克里格权系数 λ_i。由此进一步求得克里格方差：

$$\sigma^2 = \sum_{i=1}^{n} \lambda_i\,\overline{\gamma}(x_i, V) - \overline{\gamma}(V, V) + \mu \tag{6-36}$$

为了直观和计算方便,克里格方程组可用矩阵形式表示,若令

$$K = \begin{bmatrix} \overline{\gamma}(x_1, x_1) & \overline{\gamma}(x_2, x_2) & \cdots & \overline{\gamma}(x_1, x_n) & 1 \\ \overline{\gamma}(x_2, x_1) & \overline{\gamma}(x_2, x_2) & \cdots & \overline{\gamma}(x_2, x_n) & 1 \\ \vdots & \vdots & & \vdots & \vdots \\ \overline{\gamma}(x_n, x_1) & \overline{\gamma}(x_n, x_2) & \cdots & \overline{\gamma}(x_n, x_n) & 1 \\ 1 & 1 & 1 & 1 & 0 \end{bmatrix}$$

$$M = \begin{bmatrix} \overline{\gamma}(x_1, V) \\ \overline{\gamma}(x_2, V) \\ \vdots \\ \overline{\gamma}(x_n, V) \end{bmatrix} \quad \lambda = \begin{bmatrix} \lambda_1 \\ \lambda_2 \\ \vdots \\ \lambda_n \\ \mu \end{bmatrix}$$

则式(6 - 35)可表示为

$$K \cdot \lambda = M \qquad\qquad (6-37)$$

类似地式(6 - 36)可表示为

$$\sigma^2 = \lambda M - \overline{\gamma}(V, V) \qquad\qquad (6-38)$$

(2)克里格法计算举例。克里格法的计算过程非常简单,现仅以矿床品位的点估计为例说明之。

1)准备样品资料:设有一层状矿床,在平面上 S_1、S_2、S_3、S_4 处取了4个样品,品位值分别为 Z_1、Z_2、Z_3、Z_4(见图6 - 12),据此估计 S_0 点处的品位 Z_0。

2)建立变异函数:设品位的变异函数为球状模型,在平面上具各向同性,模型参数 $C_0 = 2$, $a = 200$, $C = 20$。有

$$\gamma(h) = \begin{cases} 0 & h = 0 \\ 2 + 20\left[\dfrac{3}{2}\left(\dfrac{h}{200}\right) - \dfrac{1}{2}\left(\dfrac{h}{200}\right)^2\right] & 0 < h \leq 200 \quad (6-39) \\ 22 & h > 200 \end{cases}$$

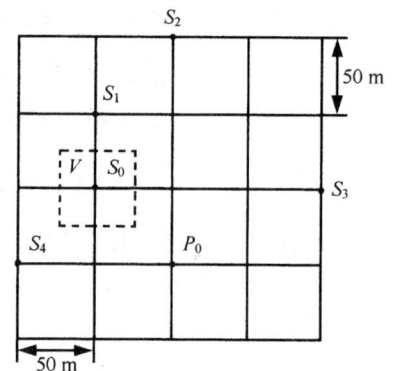

图 6 - 12　样品位置

3)确定克里格方程组:设 Z_0 的估计量为 $Z_0^* = \sum\limits_{i=1}^{n} \lambda_i Z_i$,则克里格方程组的矩阵为

$$\begin{bmatrix} \gamma_{11} & \gamma_{12} & \gamma_{13} & \gamma_{14} & 1 \\ \gamma_{21} & \gamma_{22} & \gamma_{23} & \gamma_{24} & 1 \\ \gamma_{31} & \gamma_{32} & \gamma_{33} & \gamma_{34} & 1 \\ \gamma_{41} & \gamma_{42} & \gamma_{43} & \gamma_{44} & 1 \\ 1 & 1 & 1 & 1 & 0 \end{bmatrix} \begin{bmatrix} \lambda_1 \\ \lambda_2 \\ \lambda_3 \\ \lambda_4 \\ \mu \end{bmatrix} = \begin{bmatrix} \gamma_{01} \\ \gamma_{02} \\ \gamma_{03} \\ \gamma_{04} \\ 1 \end{bmatrix} \qquad (6-40)$$

4)计算这些样品的变异函数:任意两样品点 S_i 和 S_j 的间隔 $h_{ij} = |S_i - S_j|$,于是由式(6 - 39)可以算出

$$\gamma_{11} = \gamma_{22} = \gamma_{33} = \gamma_{44} = \gamma(0) = 0$$

$$\gamma_{12} = \gamma_{21} = \gamma_{04} = \gamma(50\sqrt{2}) = 2 + 20\left[\frac{3}{2}\left(\frac{50\sqrt{2}}{200}\right) - \frac{1}{2}\left(\frac{50\sqrt{2}}{200}\right)^3\right] = 12.16$$

$$\gamma_{13} = \gamma_{31} = \gamma(\sqrt{150^2 + 50^2}) = 20.78$$

$$\gamma_{23} = \gamma_{32} = \gamma(\sqrt{100^2 + 100^2}) = 19.68$$

$$\gamma_{24} = \gamma_{42} = \gamma(\sqrt{150^2 + 100^2}) = 21.72$$

$$\gamma_{34} = \gamma_{43} = \gamma(\sqrt{200^2 + 50^2}) = 22$$

$$\gamma_{01} = \gamma(50) = 9.43$$

$$\gamma_{03} = \gamma(150) = 20.28$$

5）列出变异函数矩阵，解线性方程组：将上述数值代入式（6 – 40），得

$$\begin{bmatrix} 0 & 12.16 & 20.78 & 17.02 & 1 \\ 12.16 & 0 & 19.68 & 21.72 & 1 \\ 20.78 & 19.68 & 0 & 22 & 1 \\ 17.02 & 21.72 & 22 & 0 & 1 \\ 1 & 1 & 1 & 1 & 0 \end{bmatrix} \begin{bmatrix} \lambda_1 \\ \lambda_2 \\ \lambda_3 \\ \lambda_4 \\ \mu \end{bmatrix} = \begin{bmatrix} 9.34 \\ 17.02 \\ 20.28 \\ 12.16 \\ 1 \end{bmatrix}$$

于是解出 M，其中：

$$\lambda_1 = 0.5248, \quad \lambda_2 = 0.0233, \quad \lambda_3 = 0.0583, \quad \lambda_4 = 0.3936$$

6）计算估计品位：用上述这组权数乘以所利用的样品品位得到要估计的品位，即：

$$Z_0^* = 0.5248Z_1 + 0.0233Z_2 + 0.0583Z_3 + 0.3936Z_4$$

代入具体的 Z_1、Z_2、Z_3、Z_4 品位值，就可得出 S_0 点处的平均品位估计值。

同理，如在图 6 – 12 研究范围内估计另外一点 P_0 的品位，由于 S_1、S_2、S_3、S_4 的相对位置不变，故矩阵 K 亦不变，此时只需重新计算 M，即可按上述方法求得 P_0 点的平均品位。

如果研究的不是一个点而是一个块段的平均品位，矩阵 K 仍不变，唯 M 的计算要复杂得多，需用计算机计算，但是方法原理与点估计是一样的，在此不详述。

（3）克里格法的特点及应用条件。克里格法与传统方法相比具有明显的优点。它能最科学、最大限度地利用勘查工程所提供的一切信息，使所估算的矿石品位和矿石储量精确得多；它可以分别估算矿床中所有最小开采块段的品位和储量，从而更好地满足矿山设计要求；在估值的同时还给出了估计精度，而且是无偏的、估计方差最小的（最优）估计，为储量的评价和利用提供了依据。这里虽然强调克里格法的优点，但并不完全否定传统法，传统法仍有自己的应用领域：

与其他方法一样，克里格法的应用也是有条件的。地质变量的二重性是克里格法估算储量的最重要的条件，如果矿床参数是纯随机的或非常规则的，就不宜或不必用克里格法。由于克里格法的计算量十分庞大，所以它还是以计算机的应用为前提。克里格法虽可最大限度地利用勘查工程所提供的信息，但在勘查资料不理想的情况下，如工程数或取样点过少，运用此法信息量就不足，就很难得到可靠的估计。

6.2.5.4 SD 法

SD 法全称是最佳结构曲线断面积分储量估算及储量审定计算法。20 世纪 80 年代，我国科技人员在继承和改造传统方法基础上，创立了独具中国特色的系列矿产资源／储量估算方法 ——SD 储量估算法，简称 SD 法。

SD 法立足于传统储量估算法，吸取了地质统计学中关于地质变量具有随机性和规律性的双重性思想，及距离加权法在考虑变量空间相关权时，权数与距离成反比的思想以及"一条龙法"中提出的由直线改曲线的思想，对传统断面法进行了深入系统的改造，克服了该法计算粗略、不准确、可靠性差以及由于缺乏自检功能而给地质工作带来的盲目性等种种弊端和不足，使断面法更加科学化。

SD 法的主要内容包括结构地质变量、断面构形理论、资源／储量估算及 SD 精度法等。

（1）基本原理：包括结构地质变量和断面构形理论。

1）结构地质变量：为了克服表现矿体复杂性的地质变量随机因素的干扰，SD 法引入了结构地质变量的概念。所谓结构地质变量是指仅反映出某种地质特征的空间结构及其规律性变化的地质变量，简称结构量。它既与所在的空间位置有关，亦与它周围的地质变量大小和距离有关，它们在一定空间范围相互影响。结构地质变量是 SD 法估算矿产储量及其精度的基础变量。对地质变量进行具体统计分析时，SD 法不是去寻求统计规律，而是用数据稳健处理方法（权尺化）将原始数据处理成有规律数据，将离散型变量转换成连续型变量。结构地质变量的求得，仅仅为资源／储量估算提供了可靠基础数据，SD 法储量估算还需要通过结构变量曲线来实现。所谓结构变量曲线就是在工程坐标或断面坐标上根据已知的以结构地质变量为点列所作的光滑曲线，简称结构量曲线。它们的形态反映了地质变量在空间的变化规律。构造出结构地质变量曲线，是 SD 法资源／储量估算中第二个重要课题。求出结构地质变量的点列曲线，是数学拟合问题。既然地质变量是自然光滑曲线，我们就可以采用三次样条函数学（Spline）拟合。

2）断面构形理论：众所周知地质体的空间构形均可用断面来表示，地质变量的空间结构也可用断面来表

示。这种以断面构形代替空间构形的思想是 SD 法立足于传统法的核心思想,故 SD 法也是一种断面法资源/储量估算法。在圈定矿体时,SD 法一般不考虑样品中是否有达到最低工业品位的样品,而笼统地只用边界品位、夹石剔除厚度和可采厚度为指标在断面上圈定矿体。另外考虑到矿体的连续性、完整性和计算的准确性,SD 法对那些不同于零值(无矿化)工程,而低于边界品位又高于背景值的工程圈出了矿化体(零值工程、矿化工程和矿体工程在储量估算中起着同等信息作用)。然后根据工程取样提供的数据信息经过处理,直接用数学模型估算储量,而不是根据图上绘成的矿体面积估算储量,即不是直接用它的形态,而是用几何变形后的形态(见图 6 – 13)。

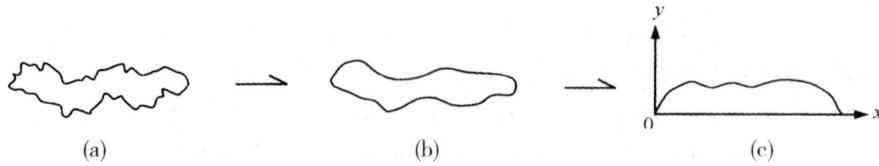

图 6 – 13　矿体形态的几何变化过程
(a) 矿体原始形态;(b) 边界圆滑后的形态;(c) 几何变形后的形态

　　研究者认为对矿体的不同认识会有不同的矿体连接,即出现不同的矿体形态,不同矿体形态只反映作图人对矿体这一客观实体的认识深度,并不是矿体的真实形态。矿体矿化空间具有连续性,那么它的地质变量(厚度、品位)的变化就应满足一定的曲线关系。这样便可绘制适合 SD 法计算的矿体厚度坐标曲线图(施行几何形变后的形态)。

　　(2) 储量估算。SD 法在对传统断面法改造时,仍沿用其基本公式,必须求取体积、体重和品位这三个参数(变量),不过 SD 法的求取方式与传统法不同。对于矿体诸地质变量都可以转化为点、线、面体结构量,对于点、线量,可沿用传统法的加权法求得,再将求得的结果处理成点、线结构变量,对结构变量及结构变量曲线积分可得到面、体结构量,一次积分得到面结构量,二次积分得到体结构量。对矿体施行几何形变,即将矿体地质变量进行空间积分的直观表示,只是为了数学运算的需要和便于理解。参数积分表达式除矿体厚度积分的面积、体积具有物理意义外,其他则无。

　　1) 参数积分表达式:如图 6 – 14 所示,将矿体置于直角坐标系中分析,设垂直矿体厚度的投影面(LOl)上矿体面积为 S,此投影面上有 m 条断面线,每条线上有 n 个工程。L 为矿体长度方向,l 为矿体宽度方向,其矿体宽度函数为 $f(L)$,厚度函数为 $f(L, l)$,$f(L, l)$ 是表示厚度和品位乘积的函数,D 表示矿石体重。则矿体几何空间、矿石量、金属量、品位等参数的求取过程可用下列积分式表达:

A. 矿体几何空间

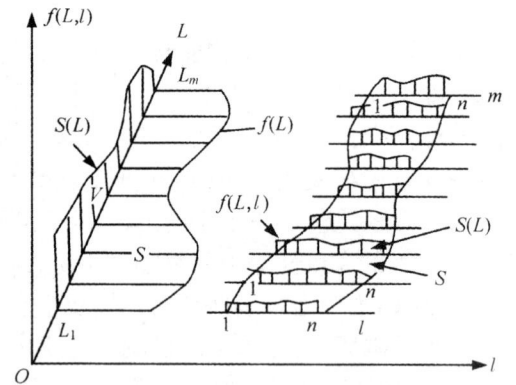

图 6 – 14　参数积分关系图

$$断面面积 \qquad S(L) = \int_{l_1}^{h} f(L, l)\,\mathrm{d}l \qquad (6 - 41)$$

$$投影面积 \qquad S = \int_{L_1}^{lm} f(L)\,\mathrm{d}L \qquad (6 - 42)$$

$$体积 \qquad V = \int_{L_1}^{lm} S(L)\,\mathrm{d}L \qquad (6 - 43)$$

$$断面平均厚度 \qquad H_S = S(L)/(l_n - l_1) \qquad (6 - 44)$$

$$体平均厚度 \qquad H_V = V/S \qquad (6 - 45)$$

B. 矿石量 Q

$$Q = DV = D\int_{L_1}^{lm} S(L)\,\mathrm{d}L \qquad (6 - 46)$$

C. 金属量

$$P(L) = \int_{l_1}^{ln} F(L, l)\,\mathrm{d}L$$

$$面金属量 P_S \qquad P_S = DP(L) \qquad (6 - 47)$$

$$体金属量 P \qquad P = P_V = D\int_{L_1}^{lm} P(L)\,\mathrm{d}L \qquad (6 - 48)$$

D.品位

面平均品位 C_s 　　　　　　　　　　　$C_s = P(L)/S(L)$ 　　　　　　　　　　　　（6 - 49）

体平均品位 C 　　　　　　　　　　　$C = C_v = P/Q$ 　　　　　　　　　　　　　（6 - 50）

由于勘查过程中一般只采取少量体重样,加之同矿体同类型矿石体重较稳定,因此,体重参数用算术平均或数理统计的方法即可求取。

分段连续的样条函数能恰当地给出结构地质变量曲线的函数表达式,故上述积分公式中函数完全可用三次样条函数代入进行积分。

2)SD 资源/储量估算方法:具体的 SD 资源/储量估算法有普通 SD 法、SD 搜索法和 SD 递进法等三种。

普通 SD 法,亦称样条函数储量估算法。它主要适用于形态简单,矿化连续性较好的矿体的总体资源/储量估算;SD 搜索法适用于矿化和矿体形态变化较大的不同网度的总体资源/储量估算,它能满足几个工业指标条件灵活计算,能将其中满足工业指标的属于矿体部分的资源/储量估算出来,而舍去非矿部分;SD 递进法是随着观测点数递增依次利用提供的信息进行相应的资源/储量估算,用众多的有序计算值作出科学估计,以便比较接近真量,它适用于台阶储量和多品级动态储量以及为制定合理的工业指标提供基础数据的计算。

SD 精度法,SD 法在解决计量精度这个问题时,引入了分数维的概念,对估算储量能作出成功的精度预测,定量表征了估算储量的精确程度和控制程度,为储量级别的勘查程度的定量确定提供了可靠依据。

（3）特点及应用条件。SD 法具有动态审定一体化估算储量之功能,不仅灵活多用,而且计算结果精确可靠。所估算储量的实际精度要比其他一些方法高,且能作出成功的精度预测;只需勘探范围内取样的原始数据,便可准确计算任意形态、大小的块段储量;可同时在多种不同工业指标条件下,自动圈定矿体,计算各类资源/储量。具有一套适用的 SD 法软件系统,使计算过程全部实现计算机化。

SD 法主要适用于内生、外生金属矿产和一般非金属矿产,不适于某些特殊非金属矿产(如石棉、云母、冰洲石等);适于以勘探线为主的矿区,勘探线平行与否均可,断面是垂直、是水平不限,但要求最少有两条勘探线,每条线上至少有两个工程,预测估算精度时则要加倍;与克里格法相比 SD 法对工程数并不苛求,一般只要有数十个至百余个钻孔就能取得较好效果,当工程数较多时,其效果更好,而且计算量不会增加很多。可见,从详查到生产勘探以至矿山开采各个阶段,SD 法均适用。

6.3　生产矿量的计算与管理

6.3.1　地下开采矿山生产矿量的划分和计算

前已叙及,生产矿山的保有储量由地质储量和生产矿量组成。地质储量按照矿床勘查研究程度不同进行分级计算,表明探明储量的可靠程度;而生产矿量则按照采矿工作的准备程度不同进行分级计算,两者之间既有内在的联系,又有构成内容和划分标志上的区别。生产矿量的计算是在地质储量的基础上进行的,属于地质储量的一部分。

6.3.1.1　开拓矿量的划分与计算

按照矿山设计的规定,地下开拓系统的井巷工程已开凿完毕,形成完整的运输、通风、排水、供水、压风、电力、照明系统(充填法尚有充填系统),并可以在此基础上布置采准工程,分布在此开拓水平以上的储量(包括可采和预可采储量),称为开拓矿量。在勘探程度上,开拓矿量视具体条件应达到探明的(111 级、121 级)或控制的(122 级)储量标准。

凡是为了保护地表河流、建筑物、运输线路以及地下重要工程(如竖井、斜井、溜矿井)等所划定的永久性矿柱矿量,应单独计算。只有排除为上述被保护物预留的永久矿柱或允许进行回采的保安矿柱,方可划入开拓矿量。

6.3.1.2　采准矿量的划分与计算

在已经开拓的矿体范围内,按照设计的采矿方法完成了规定的采准工程,形成了采区外形,分布在这些采区范围内的矿量,称为采准矿量,在勘探程度上,采准矿量一般应达到探明的(111 级或 121 级)储量标准。采准矿量是开拓矿量的一部分。

采准工程随采矿方法不同而有不同的规定,一般指沿脉辅助运输平巷、穿脉采区天井、切割巷道及上山、耙矿巷道、格筛硐室、溜矿井、充填井等。顶柱、底柱、中间矿柱所占的矿量,只有在完成矿柱回采方法规定的采准工作不违反开采顺序及采矿安全要求,且预计矿房回采结束后,相邻矿柱在一年左右能够回采时,才能列入采准矿量。

6.3.1.3　备采矿量的划分与计算

在做好采准工程的采区(块段)内,按采矿方法的规定,完成了各种切割工程,可以立即进行回采的矿量,称为备采矿量,又称回采矿量。备采矿量一般均应达到探明的(111级)储量标准。它是采准矿量的一部分。

顶底柱及中间矿柱的矿量,只有按设计矿柱回采方法的规定,完成了切割工程,且采矿安全条件允许进行回采时,才能列入备采矿量。如果有的采场由于违反采矿顺序不允许回采,或因事故、地压活动等原因停产,而短期内不能恢复生产时,则此采场的矿量不能列入备采矿量。切割工程因采矿方法不同而有不同的规定,一般是指切割层、槽、井、拉底层、扩漏斗(又称劈漏)及形成正规采矿工作面等。地下开采三级矿量划分及分布范围如图6-15、图6-16所示。

图6-15　水平分层充填法三级矿量范围(垂直纵投影)

6.3.2　露天开采矿山生产矿量的划分

6.3.2.1　开拓矿量

在计划露天开采的范围内,覆盖在矿体上的岩石(或表土)已剥掉,露出矿体表面,并完成了通往开采阶段(台阶)规定的工程和完整的运输系统,则分布在此阶段水平以上的矿量,称为露天开采的开拓矿量。规定的工程是指堑沟、边坡及放矿、排土、防水工程等。开拓矿量一般应达到探明的(121级)或控制的(122级)储量标准。

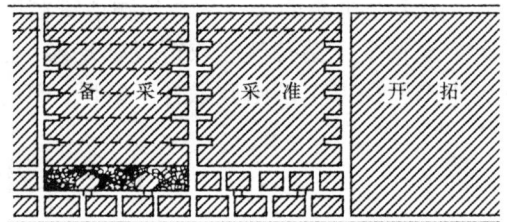

图6-16　深孔崩落法三级矿量范围(垂直纵投影)

保安矿柱内的矿量,在未废除其上部被保护物时,不能列入开拓矿量。利用地形在露天采场底部用溜井、平硐工程开拓的采场,只有在完成溜井及平硐运输系统并达到上述剥离要求时,才能列入开拓矿量。

6.3.2.2　备采矿量

在露天采场正常采矿阶段范围内,矿体的上部和侧面均被揭露出来,并完成了运输线路架设、清理了废石、残渣,则自上台阶边坡底线算起的安全工作平台最小宽度(机械化开采一般为30m左右)以外,可供立即回采的矿量,称备采矿量。

积压在保安矿柱和固定线路之下的矿量,不能列入备采矿量。备采矿量一般应达到探明的(111级或121级)储量标准。它是开拓矿量的一部分。

如图6-17所示,a为备采矿量,a+b为开拓矿量。某些露采矿山仍划分为三级矿量,则其"采准矿量"为a+b,开拓矿量为a+b+c。

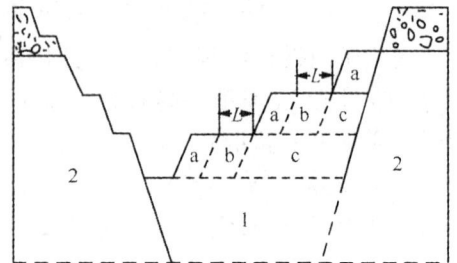

图6-17　露天采场生产矿量划分

1—矿体;2—围岩。L—安全工作平台宽度

6.3.3　生产矿量保有期的确定与计算

6.3.3.1　影响确定生产矿量保有期限的因素

生产矿山的生产矿量常处于变动状态,为了贯彻"采掘(剥)并举,掘进先行"的方针,坚持合理的采掘顺序,进行正规的采掘作业,要求矿山保有的各类矿产储量及生产矿量大致平衡。如果保有储量过多,会造成资金积压,影响周转,增加了采掘工程的维护费用;如果保有储量不足,在生产中就缺乏必要的矿量储备,造成三级矿量不足的被动局面,使矿山不能持续生产,影响国家下达任务的完成。因此,矿山保有的"三级生产矿量"必须有一定的保有期限指标。

确定生产矿量保有期限时,须考虑下列因素:

(1)矿床开采方式。露天开采因其采矿技术条件较好,增加储备矿量容易,周期较短,故生产矿量保有期限较地下开采的短些。但若为多类型、多品级矿石时,则应以保证主要类型、品级的生产衔接为准,备采矿量保有期限应高些。

(2)生产能力与生产效率的高低。矿山总的生产能力一定时,若采用低效率的采矿方法,由于采场生产效率低,需较多同时回采的采场和备用采场,则保有备采矿量数较多,保有期较长;反之则较短些。

(3)矿床地质条件。矿床地质条件较复杂,则勘探程度准备较困难、采掘工程施工亦困难,要求的备用采场多些,保有期指标应高些。

(4)坑道掘进速度。若坑道掘进速度较高,采掘生产准备较易,生产矿量保有指标可以低些;反之则应高些。

(5)坑道工程维护的难易程度　若坑道穿过的围岩或采场顶底板围岩不稳固,或由于构造破坏、地压较强,容易产生片帮冒顶及坑道变形,维护困难,则保有指标在保证生产衔接需要的前提下,应尽可能低些。

6.3.3.2　矿山储量保有期限的一般规定指标

矿山地质储量(指122b级以上的工业储量)保有期限根据矿山实际情况研究确定,一般最少应在10～15a以上。到矿山生产后期,当其达不到一定标准时,被称为危机矿山(见表6-4)。

表6-4　矿山资源危机标准

矿产种类	生产能力/(t·d⁻¹)	地质储量保有期限/a
有色金属	<500	<3
	500～3000	<5
	>3000	<8
黑色金属	中小型	<5
	大型	<10

生产矿量的合理保有期限,实际上相当于生产勘探伴随着开拓工作超前于采准工作,采准工作超前于切割回采工作,即从矿山实际出发,保证各工序(开拓、采准、切割、回采及相应的探矿)正常衔接的各级矿量所必需的规定时间。一般规定标准见表6-5,通常备采、采准、开拓三级矿量的保有期限应大致保持1:2:(4～6)的比例关系。

表6-5　生产矿山保有期限的一般规定

类别	开拓矿量/a	采准矿量/a	备采矿量/月
地下开采	>3	>1	>6
露天开采	>1	—	4～6
露天砂矿	>1	—	3～6

6.3.3.3　矿山储量实际保有期限的计算

（1）工业储量实际保有期限（T）（单位为年）按下式计算：

$$T = \frac{Q(1 - \varphi)}{A(1 - \rho)}　　　　　　　　　　　　　　（6 - 51）$$

式中：Q 为矿山实际保有工业储量，t；φ 为采矿总损失率，%；$(1 - \varphi)$ 为总采收率，%；A 为矿山年生产能力，或选厂年处理矿石能力，t/a；ρ 为开采总贫化率，%。

（2）生产矿量的实际保有期限，包括以下三种期限：

1）开拓矿量实际保有期限（T_k），单位为年：

$$T_k = \frac{Q_k(1 - \varphi)}{A(1 - \rho)}　　　　　　　　　　　　　　（6 - 52）$$

式中：Q_k 为计算期末结存的开拓矿量，t，其他符号意义同上。

2）采准矿量实际保有期限（T_c），单位为月：

$$T_c = \frac{Q_c(1 - \varphi) \times 12}{A(1 - \rho)}　　　　　　　　　　　（6 - 53）$$

式中：Q_c 为计算期末结存的采准矿量，t，其他符号意义同上。

3）备采矿量实际保有期限（T_b），单位为月：

$$T_b = \frac{Q_b(1 - \varphi) \times 12}{A(1 - \rho)}　　　　　　　　　　　（6 - 54）$$

式中：Q_b 为计算期末结存的备采矿量，t，其他符号意义同上。

6.3.3.4　生产矿量应有保有期限的确定

生产矿量应有保有期限是指为保证采掘生产的正常衔接计划的生产矿量合理保有指标。在确定应有保有期限时，总是按先备采、后采准、再开拓三级矿量保有期限的顺序进行研究计算。

（1）地下开采矿山确定生产矿量应有保有期限的具体步骤：

1）根据矿山正常生产的矿石年产量，计算其计划日产量（G，一年按300天计），然后求出满足日产量的正常放矿采场数 F（单位为个），有

$$F = \frac{G}{a}　　　　　　　　　　　　　　　　（6 - 55）$$

式中：a 为单个采场计划日平均放矿量，t。

2）计算满足日计划产量时，处于正常回采采场的保有备采矿量。由于各放矿采场的回采程度总体上应处于一个理想的"阶梯状"，故其保有备采矿量大致相当于放矿采场原有总矿量的一半，即

$$Q_s = \frac{1}{2}q \cdot F　　　　　　　　　　　　　　（6 - 56）$$

式中：Q_s 为正常回采采场总保有备采矿量，t；q 为一个新采场平均备采矿量，t。

3）为保持矿山正常出矿能力，常需保有一定数量的预备采场，以接替一旦发生事故而丧失出矿能力的采场。预备采场数依具体情况确定，一般相当于正常回采采场数的20% ~ 30%（亦有50% 左右的〉，即备用系数为1.2 ~ 1.3；其矿量属该应该保有备采矿量的一部分。

4）计划月平均产量（Q_s）可由年计划产量求得；也可用采场（块段）矿体总面积与采矿强度[吨/（月·米³）]乘积求得，则备采矿量应有保有期限（T_b）（单位为月）可用下式计算：

$$T_b = \frac{(Q_s + Q_m)(1 - \varphi)}{Q_s(1 - \rho)}　　　　　　　　　　（6 - 57）$$

式中：Q_m 预备采场的矿量，t。

5）依据采矿工作顺序，除了根据三级矿量保有期限指标的经验比例关系计算采准与开拓矿量应有保有期限外，按其衔接关系，则采准矿量应有的保有期限 T_c（单位为年）为

$$T_c = \frac{T_b + T_p}{12}　　　　　　　　　　　　　（6 - 58）$$

式中: T_p 为按采矿方法进行采准与切割一个块段所需的时间(月)。

开拓矿量应有的保有期限 T_k(单位为年) 为

$$T_k = T_c + T_q \tag{6-59}$$

式中: T_q 为开拓一个块段需要的时间,a。

(2)露天开采矿山生产矿量应有保有期限的确定分为以下几种情况:

1)备采矿量应有保有期限(单位为月):

$$T_b = \frac{R \cdot E \cdot W \cdot D(1-\varphi)}{Q_s(1-\rho)} \tag{6-60}$$

式中: R 为开采矿石工作线总长度,m。当矿山生产能力一定时,可视为一常数。可据电铲台数与每台电铲所占工作线长度乘积;或用工作台阶数与矿体平均长度(工作线平行矿体走向)或平均水平宽度(工作线垂直矿体走向)的乘积计算; E 为爆破带宽度,m; W 为一台阶(阶段)高度,m; D 为矿石平均体重,t/m³; Q_s 为采场计划月平均矿石产量,t/月; φ 为采场总损失率,%; ρ 为采场总贫化率,%。

2)开拓矿量应有保有期限(单位为年):

$$T_k = \frac{n \cdot h \cdot L \cdot W \cdot D(1-\varphi)}{12Q_s(1-\rho)} \tag{6-61}$$

式中: n 为计划正常作业所需采矿台阶数; h 为平台合理宽度,即爆破带宽度与安全工作平台最小宽度之和,m; L 为矿体平均长度,或平均水平宽度,m。

3)当露天开采矿山亦划分三级矿量时,则以上计算的"开拓矿量应有保有期"为采准矿量应有保有期限;其开拓矿量应有保有期限则以最低堑沟水平以上所有台阶圈定矿体范围的总矿量数参加计算。其计算公式从略。

7　矿山地质技术管理

7.1　储量变动的统计及储量管理

7.1.1　矿山储量变动的统计

矿山储量变动统计的目的既是为矿山计划、地质与生产部门及时掌握矿山储量的增减情况,进行储量的审批和报销,又是为了掌握开采的准备程度,使开拓、采准工作能与回采、勘探之间保持平衡和协调,为保证矿山正常生产及未来发展对矿产资源的需要提供依据。

矿山储量变动统计的资料来源包括:地质勘探与生产勘探储量估算资料,生产矿量计算资料,采场产量资料,采矿贫化与损失的计算资料等。

储量变动统计一般要求分期、分阶段、按单位分别统计。月统计采场(块段),季度或半年统计矿体、中段(台阶),年度统计全矿区(井田或露天采场)的储量变动情况。同时要求按不同的地质储量与生产矿量级别,不同的自然类型与工业品级,并按矿种分保有、已采、副产、矿房、矿柱、损失、存窿和储备的各种矿量分别进行统计,建立相应的储量统计台账。

在以上矿山储量增减和级别变动的动态统计基础上,定期填写储量统计表。一般要求每年七八月份统计上半年并预报下半年及次年的储量变动;年终填写储量统计表参加储量审批与报销;年初填写专门的储量统计表上报储量管理委员会备案。地质储量与生产矿量统计表(原称储量平衡表)的格式和内容见表7－1与表7－2。

表7－1　20××年度地质储量平衡表

矿种:

计算单位:矿石量:10^4 t
金属量:t
品位:%
保有期限:年

矿区或中段	储量级别	项目	20　年1月1日保有		开采量	损失量	因勘探增(+)减(−)	因重算增(+)减(−)	20　年1月1日保有		备注
			表内	表外					表内	表外	
1	2	3	4	5	6	7	8	9	10	11	12
	331＋332	矿石量									
		品位									
		金属量									
		保有期限									
	333	矿石量									
		品位									
		金属量									
		保有期限									
	331＋332＋333	矿石量									
		品位									
		金属量									
		保有期限									
	334	矿石量									
		品位									
		金属量									
		保有期限									

表 7 - 2　20××年度生产矿量平衡表

矿种：　　　　　　　　　　　　　　　　　　　　　　　　　　计算单位：矿石量：10^4t

金属量：t

品位：%

保有期限：开拓及采准（年）

备采（月）

矿区或中段	项目	20　年度实际保有						本期开采量			本期损失量			本期因掘进增(+)减(-)			本期因重算增(+)减(-)			20　年度实际保有						存窿(堆场)
		开拓		采准		备采		开拓	采准	备采	开拓	采准	备采	开拓	采准	备采	开拓	采准	备采	开拓		采准		备采		
		总量	其中矿柱	总量	其中矿柱	总量	其中矿柱													总量	其中矿柱	总量	其中矿柱	总量	其中矿柱	
1	2	3	4	5	6	7	8	9	10	11	12	13	14	15	16	17	18	19	20	21	22	23	24	25	26	27

7.1.2　储量的审批与报销

主管部门每年末均要对所属矿山的储量保有和变动情况进行审批，这是为了加强对国家矿产资源勘查与开发的宏观调控和计划管理；其直接目的在于了解各矿山储量的保有与变动情况，弄清"家底"，作为矿山建设部署和下达年度生产任务的依据；发现矿产储量管理中存在的问题，及时制订或完善管理措施；适时进行储量报销。

储量审批具有矿山会审的性质。矿山应做好准备工作，如根据全矿山储量统计计算资料，填写报表；编制专门图件，用以表明矿山储量的数量、种类、分布、性质及级别结构的变化；编制年度储量变动说明书，其内容有：地质储量与生产矿量计算及统计方式、方法、资料来源、储量变动及原因分析，矿山生产情况，备用采场数量，采掘（剥）进度情况，计算地段地质构造条件和矿石质量情况。对于生产矿量尚应增加采矿贫化与损失、矿量储备情况及提高回采率、降低贫化率等措施。

储量审批程序和内容：各矿山介绍情况和阅读资料，审查储量估算图件和报表，全面了解矿山储量保有量、类型、级别、分布及变动情况；审查矿山采矿方针政策的执行情况，开采顺序、采掘（剥）比例及贫富、大小、难易、远近矿体兼采情况；审查地质储量分级与生产矿量划分是否符合规定标准；审查开采的贫化与损失情况，过高时要查明原因；审查各类、各级储量的平衡情况，检查是否达到保有指标，若不平衡或"欠账"，要查明原因；矿山地质人员应对储量的增加、减少、采出、损失，按井区、中段、矿体等分别作出说明；了解历年对矿山储量的审批意见和处理情况；经过会议审查批准，进行储量报销。

储量报销是指在经过储量审批后，把由于开采或其他原因耗损或减少的储量从原储量统计表中核销或减去。主要包括以下几种情况：经地州部门验收，证明确已采出的储量；与采矿方法有关的开采损失量和受采矿技术及地质条件限制而不能回采的矿量；经补充地质勘探或生产勘探，用经论证修订的合理工业指标重新圈定矿体、估算储量，查明矿产储量确实减少者，均应随年度上报审批一次核销。由于自然原因、矿床地质构造或采矿技术管理等原因造成损失的矿量，且确实不能开采者，属于报废性质的报销。处理方法是：一类属开采设计的正常损失，随年度储量上报并一次核销；另一类由于地质、安全条件，作业不正规，技术管理不善和事故等原因造成的非正常开采损失，应在中段或平台结束前六个月提出书面报告，损失量十万吨以下者，由省主管局批准报销；损失十万吨以上者，报主管部门批准报销。

7.1.3　储量管理工作

矿山储量管理工作由矿山地质、测量与采矿部门共同负责，对矿产储量的数量和质量实行全面管理，亦属矿山保护范畴，其中心问题是"开源"与"节流"，一般每季、每年召开生产矿量与地质储量分析会，研究矿山储量保有情况及存在问题，制定储量管理的有效措施：建立储量变动统计台账，作好储量估算图表，坚持储量报表与报销制度，按规定指标平衡与管理矿山储量。除此以外，还应做到：加强矿山找矿与地质勘探工作，扩大矿产储量，延长矿山服务年限；加强矿产综合利用研究，增加新矿种，兼采和兼用伴生矿产，使矿山资源得到最大限度的综合开发利用；改进采矿方法，优化选冶工艺流程，降低采矿贫化与损失，设法回收残矿、矿柱及表外贫矿(边际经济的基础储量和次边际经济的资源量);加强掘进、采矿、放矿及配矿的各工序质量管理,努力提高回采率与选冶回收率;坚决贯彻有关的方针政策,坚持合理的采掘(剥)顺序,加强生产勘探和生产地质指导,使生产矿量及时达到规定标准,并使矿山保持高效益地持续均衡生产。

7.2　采掘计划编制中的地质工作

7.2.1　采掘计划编制的主要内容

采掘计划由文字、表格、图纸三部分组成。

7.2.1.1　文字部分的主要内容

(1) 上年度采掘计划完成及执行情况的简要分析;

(2) 下年度采掘计划编制的主要依据,主导思想及产品产量、质量,主要采掘(剥)工程布局、进度安排,人员劳动组织,设备安排,期末三(二)级矿量储备程度,主要技术经济指标;

(3) 完成下年度采掘计划的有利条件及存在的主要问题,采取的相应措施及预期效果;

(4) 需向上级领导机关反映和要求解决的主要问题等。

7.2.1.2　表格部分的主要内容

(1) 计划汇总表;

(2) 主要技术经济指标计划表;

(3) 地质储量及矿量保有计划表;

(4) 探矿工程计划表;

(5) 采选平衡计划表;

(6) 阶段采掘(剥)及设备配备计划表;

(7) 采出矿石质量计划表;

(8) 成品矿石质量表;

(9) 主要设备大修计划表;

(10) 维简工程计划表;

(11) 露天剥离欠债还账计划表;

(12) 选矿主要技术经济指标计划表,等等。

7.2.1.3　图纸部分主要内容

(1) 矿区总平面布置图(可一次性提交);

(2) 矿体垂直纵投影图;

(3) 采掘(剥)工程布置平面图(用红、绿、黄、蓝代表1、2、3、4季度);

(4) 开采范围内有代表性的纵横剖面图;

(5) 阶段地质平面图;

(6) 重点工程单体设计图;

(7) 选矿原则流程图(可一次性提供);

(8) 坑下通风系统图;

(9) 充填系统图等。

7.2.2　采掘计划编制中的地质工作

7.2.2.1　地质工作任务

采掘(剥)计划编制中地质工作的主要任务是:为采掘计划的编制提供可靠、准确的地质资料;指导、监督矿产资源的合理利用和生产准备矿量合理储备;积极贯彻执行各项采掘技术方针政策,促进矿山达到最佳社会效益及经济效益。

7.2.2.2　地质工作原则

在采掘计划编制过程中,地测部门必须坚持与遵循下列原则:

（1）贯彻执行矿山生产有关政策法规及各项规程、规范。坚持采掘（剥）并举，掘进（剥离）先行和贫富、大小、厚薄、难易兼采的方针，严格进行贫化损失管理。

（2）坚持先探后采，地质先行的原则。生产勘探必须做到合理超前，确保不同阶段的采掘工程设计建立在可靠的地质资料基础上。

（3）遵循矿山生产规律，坚持开采顺序，保证生产准备矿量的合理储备。

（4）坚持质量第一，对工程质量、产品质量实行监督管理，保证企业最佳的经济效益。

7.2.2.3　地质工作的主要内容

（1）及时提供开采范围内有关地质文字资料，主要包括：

1）矿体的空间分布、形状变化特征；

2）矿石分级储量，矿石质量及伴生有益、有害元素含量；

3）矿石性质、物质组成，嵌布粒度，选冶性能；

4）水文地质条件，含水层分布，厚度、富水、涌水情况和有害气体、元素及浓度；

5）矿床开采技术条件，如矿石、围岩的稳定性及对井下、露天边坡稳定性的影响程度等；

6）矿区构造及其对矿体围岩的破坏程度等；

（2）提供开采范围内有关图纸资料。为采掘计划编制提供的图纸资料应是经过生产勘探后，综合整理修改的最新资料，具体图件参阅7.2.1.3。

（3）编制和提供开采范围内的有关计划资料：

1）矿区地质储量变动计划；

2）年末生产准备矿量储备计划；

3）矿石贫化，损失计划；

4）矿石质量和质量均衡计划；

5）编制和提供矿山地质勘探和生产勘探设计及勘探工程计划等。

（4）配合采矿、安全等部门编制的设计与计划有：技术改造、重点措施工程、安全、环保计划，地下水防治，矿山地压活动，岩石移动，露天边坡及排土场的安全稳定性防治工作等。

7.3　矿石质量管理

7.3.1　矿石质量管理的任务与内容

7.3.1.1　矿石质量管理的任务

（1）进行质量教育，树立质量第一、用户第一的思想；

（2）编制质量计划，制定实施方案；

（3）严格进行贫化、损失管理，合理利用矿产资源；

（4）积极贯彻各项质量政策，加强质量监督、检查。

7.3.1.2　矿石质量管理的内容

（1）掌握生产采掘计划执行情况；监督、检查质量计划的实施；

（2）进行采场矿石质量调查、质量鉴定和质量编录；

（3）严格控制岩石混入矿石中，采取措施努力降低矿石的贫化（详见本章7.4.3贫化损失监督管理）；

（4）进行矿石质量中和，严格控制采出品位，保证输出矿石质量均衡、稳定；

（5）及时掌握采场质量动态，对用户实行质量预报；

（6）及时进行矿石质量指标完成情况的统计、计算、分析和信息反馈工作。

7.3.2　矿石质量计划编制

7.3.2.1　质量计划编制的基本原则

（1）质量计划是生产采掘计划的一个组成部分，矿石质量计划的编制必须与生产计划同步进行；

（2）质量计划的编制，要充分考虑矿石的工业类型、品种及工业品级的质量平衡条件；

（3）质量计划要为矿石质量均衡创造条件，必须留有适当数量的后备生产工作面；

（4）要有实现质量指标的可行措施。

7.3.2.2 矿石质量计划编制的内容及计算

（1）矿石质量计划应具备的主要资料：

1）生产采掘计划图，主要内容包括采矿部位、采掘进度线、采矿顺序、计划采出矿石量及地质情况；

2）采场地质平面图，主要内容包括矿石类型、矿体形态，矿岩接触关系；

3）采场地质剖面图，主要内容包括矿石类型、矿体形态及矿岩接触关系；

4）矿石类型、品级、品位分布图和生产地质取样分析资料等。

（2）矿石质量指标的计算与确定：

1）矿石平均地质品位：按矿石工业类型及开采阶段（中段）、爆破区，进行加权计算，其计算公式如下：

$$C_0 = \frac{\sum_{i=1}^{n} C_i Q_i}{\sum_{i=1}^{n} Q_i} \qquad (7-13)$$

式中：C_0 为计划开采范围的平均地质品位；C_i 为各计划开采块段的地质品位，%；Q_i 为各计划开采块段的地质矿量，t。

2）矿石贫化率、损失率：按计划开采块段内的矿岩接触部位和岩石夹层及表外矿石的分布、厚度、产状等和采取措施后的实际采矿技术状况，计算、预计岩石混入率和矿石损失率。应分别按矿石类型、品级、开采部位进行计算。其计算公式如下

$$H_r = \frac{QH_r}{Q_n + QH_r} \times 100\% \qquad (7-14)$$

当围岩含品位时，以间接法计算

即
$$H_r = \frac{C_d - C_n}{C_d - C_W} \times 100\% \qquad (7-15)$$

如果矿山具备岩石挑选工序或条件时：

$$H_r = \frac{QH_r \cdot (1-T)}{Q_n + QH_r - B} \times 100\% \qquad (7-16)$$

$$T = \frac{B}{QH_r} \times 100\% \qquad (7-17)$$

式中：H_r 为预计岩石混入率，%；QH_r 为预计岩石混入量，t；Q_n 为计划采出矿石量，t；C_d 为平均地质品位，%；C_n 为计划采出品位，%；C_w 为围岩、夹石中有益组分平均品位，%；T 为预计岩石挑选率，%；B 为预计可能挑选量，t。

3）预计矿石损失率参见式（7-23）、式（7-24）计算。

4）计划采出品位按下式计算：

$$C_n = C_d(1-H_r) + C_W \cdot H_r \qquad (7-18)$$

7.3.2.3 矿石质量预告

按照年、季、月、旬及日（班）所编制的矿石质量计划确定的质量指标，要及时向采矿生产部门和矿石加工利用部门，提出矿石质量预告。其内容包括：

（1）计划开采矿块中，不同矿石类型、不同工业品级的矿石计划采出量；

（2）计划输出矿石的有益、有害组分含量。

（3）预计岩石混入率。

7.3.3 采矿生产过程中的矿石质量管理

生产过程中矿石质量管理是保证输出矿石质量的关键环节。质量管理工作要与生产部门紧密配合，认真实现生产过程所采取的质量保证措施；严格贯彻执行采掘方针和各项技术政策；切实做好质量计划执行情况的监督、检查和质量均衡工作。

7.3.3.1　穿、爆过程的质量管理

（1）在爆破设计时，应向生产部门及时提供开采地段有关的最新地质资料，作为布置爆破孔和矿、岩分穿、分爆的依据。

（2）要充分考虑质量中和能力和出矿条件。

（3）对具有分穿、分爆条件的矿、岩分布及不同矿石类型的接触地段，不能混爆。

（4）采用崩落法采矿时，要严格按中深孔设计的深度与角度要求进行打孔。对通过验收不符合设计要求的炮孔，应在采取补救措施后再进行爆破。

7.3.3.2　采装过程的矿石质量管理

采装过程的质量管理，是矿石质量保证体系的重要环节。要在采装过程中采取措施，努力降低贫化、损失，做好质量中和，保证输出矿石质量均衡、稳定，故应做好以下几个方面的工作：

（1）露天矿山：

1）对爆破区要进行矿石质量鉴定，并对不同品级的矿石及矿、岩混杂地段的混杂程度，设置质量标志；

2）电铲采装时，为防止矿石中大量混入岩石，应进行矿、岩挑选工作；

3）要做好电铲的监装工作。对不同品级、不同类型矿石不能混装，输出矿石必须达到产品质量标准；

4）对各个出矿部位要进行质量控制，按质量均衡计划控制出矿量；

5）当出矿工作面的矿石质量发生变化或由于电铲故障不能采装时，应采用同一矿石质量的后备工作面继续出矿。如果条件不具备，应调整配矿比，再进行生产。

（2）地下矿山

1）应按矿床地质条件，选择合理的采矿方法，按采矿设计回采顺序进行开采；

2）切实做好均衡放矿，严格控制出矿截止品位，尽力减少矿石的贫化与损失；

3）对矿层顶、底板的松软岩层，要采取掏顶、护顶等技术措施；

4）使用铲运机出矿时，要正确掌握出矿方式和铲装顺序，防止矿石中混入岩石；

5）矿石与岩石应各自使用其专用溜井放出，严禁矿岩混放。当改变矿石或岩石所规定的溜井时，应彻底清理后再行使用；

6）对采矿周期长的工作面或在老采区放矿时，要经地质人员检查认定符合矿石质量标准后再放矿。

7.3.3.3　运输过程的矿石质量管理

在运输过程中，要做好以下几项工作：

（1）应防止对运输条件顺利的出矿部位超采超运，要保持均衡生产；

（2）同一组车的矿石、岩石或不同品级与类型的矿石不得混运；

（3）运输车辆在改变装运种类之前，应彻底清理车底。并应采取防止黏车措施；

（4）要按质量管理规定，分别按不同品位、品级和配矿要求的指定地点进行卸矿，杜绝岩石翻入矿槽中。露天采场的运输公路或铁路，要按矿石或岩石地段，分别使用垫料，避免岩石与矿石混垫。

7.3.4　矿石质量均衡

7.3.4.1　质量均衡原则

（1）质量均衡应达到最优的质量指标。质量指标是国家当前技术、经济条件下的一项多目标决策的体现。它应在采矿、选、冶加工，企业和社会经济效益及资源利用，近期与长远等诸方面达到最优的综合效果。

（2）不同类型、不同品级、不同产品用途和对物理性能有特殊要求的矿石不得进行质量均衡。

7.3.4.2　质量均衡方法

矿石质量均衡，是在生产过程中实现的。按其过程可分为设计、计划、生产、运输和储存等阶段的均衡。

（1）设计阶段的质量均衡：主要根据矿石质量分布特点及其质量均衡条件，确定出矿顺序，控制出矿量。

（2）采掘（剥）计划阶段的质量均衡：是在编制年、季、月的采掘计划时，有针对性地安排采矿部位、爆破顺序、出矿顺序及出矿比例。

（3）生产过程中的各工序质量均衡：

爆破均衡。按矿石类型合理安排不同品位矿块的爆破顺序，使不同品位的开采矿块均具有出矿能力；

出矿均衡。按爆破顺序、质量均衡计划等所控制的出矿量组织出矿；

栈桥均衡。在栈桥卸矿过程中，根据矿石质量情况，有计划按比例进行；

储矿槽质量均衡。利用储矿的移动式皮带和卸矿台车的往复移动，对储矿槽进行均匀的配矿；

储矿槽矿石输出的质量均衡。在成品矿输出时，按储矿槽中不同质量的矿石，按配矿计划比例进行装车，使输出矿石达到矿石产品的质量标准。

（4）有条件的矿山应考虑矿石中和料场，通过"横铺竖切"的方式达到输出矿石的质量均衡。

7.3.4.3　质量均衡计算

质量均衡的计算目的是保证输出产品的质量标准。计算方法如下：

（1）不同品位矿石的质量均衡计算公式：

$$F_{n_i} = Q_{n_i}(C_{n_i} - C) \tag{7-19}$$

式中：Q_{n_i} 为第 i 个坑口（阶段、采场、台阶、块段）计划采出矿石量，t；C_{n_i} 为第 i 个坑口（阶段、采场、台阶、块段）计划采出矿石平均品位，%；C 为要求质量均衡后达到的平均品位指标；F_{n_i} 为第 i 个坑口（阶段、采场、台阶、块段）的质量均衡能力。

当 F_{n_i} 为正值时，则可搭配一部分低品位的矿石。

当 F_{n_i} 为负值时，则需要搭配一部分高品位的矿石。

最终必须使各坑口（阶段、采场、台阶、块段）的均衡能力之和，满足下式要求：

$$\sum_{i=1}^{n} F_{n_i} \geq 0 \tag{7-20}$$

式中：n 为坑口（阶段、采场、台阶、块段）的数目。其他符号同上。

如果不能满足上式均衡能力的要求时，则必须调整其中一些采区、阶段或采矿块段的矿石产量。

（2）采场输出矿石的质量均衡计算：

输出矿石的质量均衡是一项比较复杂的系统工程。在出矿部位少、只有一种有益（有害）元素进行配矿的条件下，可采用以下两种均衡计算方法：一是已知待配的高品位矿石量（$Q_{g_i} - Q_{g_n}$），求需要与之搭配的低品位（C_d）的矿石量，见公式（7-21）；二是已知待配的低品位矿石量（$Q_{d_i} - Q_{d_n}$），求需要与之搭配的高品位（C_g）的矿石量见公式（7-22）。出矿部位多、配矿情况复杂时，可采用线性规划进行质量均衡。

$$Q_{d_x} = \frac{\sum_{i=1}^{n} Q_{q_i}(C_{q_i} - C)}{C - C_d} \tag{7-21}$$

$$Q_{g_x} = \frac{\sum_{i=1}^{n} Q_{d_i}(C - C_{d_i})}{C_g - C} \tag{7-22}$$

式中：Q_{d_x} 为可能搭配的低品位矿石量，t；Q_{q_i} 为第 i 出矿部位计划采出的高于计划品位的矿石量，t；C_{q_i} 为第 i 出矿部位计划采出的高于计划品位的矿石平均品位，%；C_d 为低于计划品位的矿石量的平均品位，%；C 为要求质量均衡后，达到的平均品位指标（简称计划指标），%；Q_{g_x} 为可能搭配的高品位矿石量，t；C_{d_i} 为第 i 出矿部位计划采出低于计划品位矿石的平均品位，%；C_g 为高于计划品位的矿石量的平均品位，%。

（3）应用线性规划编制质量均衡的基本方法：

线性规划适用于出矿部位比较多的矿山的质量均衡。其基本方法如下：

线性规划问题的数学模型的一般形式是求一组变量，即 $X_i(i = 1, 2, \cdots, n)$ 的值，使它能够满足一个约束条件：

$$约束条件：\begin{cases} \sum_{i=1}^{n} a_{ij} < b_i（或 > b_i 或 = b_i）(i = 1, 2, \cdots, n) \\ X_j > 0(j = 1, 2, \cdots, n) \end{cases}$$

并使目标函数 $S = \sum_{i=1}^{n} C_i X_i$ 的最小值（或最大值）其中 a_{ij}、b_i、$c_j(i = 1, 2, \cdots, m, J = 1, 2, \cdots, n)$ 为已知量。

（4）编制矿石质量均衡的具体方法：

1）确定采掘计划的预计采出矿石量及其质量分布情况。按出矿部位、采出矿石量及相应采矿块段的平均品位，分列如下：

出矿部位	预计采出矿石量	平均品位
X_1	Q_1	C_1
X_2	Q_2	C_2
X_3	Q_3	C_3
$\vdots$	$\vdots$	$\vdots$
X_n	Q_n	C_n

按中和配矿能力为：

$$X_n(C_n - C) = \pm F_n$$

式中：X_n 为各部位计划出矿量（t）；C_n 为各出矿部位平均品位（%）；C 为计划采出品位指标（%）。

即

$$(C_1 - C)X_1 + (C_2 - C)X_2 + \cdots + (C_n - C)X_n = 0$$

2）建立数学模型：

设 X 为各种不同质量矿石出矿量。

各采出部位的出矿平均品位约束条件为

$$A = C_1 \cdot X_1 + C_2 \cdot X_2 + \cdots + C_n \cdot X_n$$
$$B = X_1 + X_2 + \cdots + X_n$$

根据输出矿石品位指标的要求：

$$计划采出品位 = \frac{A}{B}$$

经整理得：

$$\pm C_1 X_1 \pm C_2 X_2 \pm \cdots \pm C_n X_n = 0$$

配矿计划数学模型如下：

求 $X = (X_1 X_2 \cdots \cdots X_n)$ 满足

$$\begin{cases} X < Q_1 \\ X < Q_2 \\ \vdots \\ \vdots \\ X_n < Q_n \\ \pm C_1 X_1 \pm C_2 X_2 \pm \cdots \pm C_n X_n = 0 \\ X_j > 0 (j = 1, 2, 3, \cdots, n) \end{cases}$$

使得 $f(X) = X_1 + X_2 + \cdots + X_n = \sum\limits_{j=1}^{x_n}$

X_j 取最大

3）必须满足输出矿石质量的约束条件：

① 输出品位；

② 采出矿石量；

③ 废石混入率的控制指标；

④ 矿石回采率控制指标；

⑤ 输出矿石质量合格率指标要求；

⑥ 质量计划执行率控制指标。

（5）编制求解单纯形法计算机程序：

当配矿数学模型建立后，因其变量和约束方程多，需采用求解线性规划的一般方程 —— 单纯形求解。

引入松弛变量和人工变量，将配矿数学模型化为标准形式，其约束方程的系数矩阵中，前（$m = 1$）个方程含有$(m-1)$阶单体阵，后面的约束方程的系数矩阵中不含单体阵。因此属于混合型。故具体应用二阶段单纯形方法求解。

（6）调整计划使达到配矿指标的要求：

应用线性规划编制的配矿计划，其特点是既满足矿石输出的品位指标，又能最大限度地促进生产获得最多的合格产品，增加企业的经济效益。当原制定的采掘计划不能满足各项约束条件时，必须采取下列调整措施：

1）变动采掘计划，调整某部位采出矿石量；

2）加强采场管理，减少岩石混入量；

3）改变输出矿石质量指标。

7.4　矿石损失、贫化的监督管理

7.4.1　矿石损失、贫化的分类

7.4.1.1　矿石损失的分类

矿石损失包括开采损失和非开采损失两部分。

（1）开采损失：包括采下损失和未采下损失。

1）采下损失包括：

① 在采掘过程中，有用矿石混入到废石中被舍弃而造成的损失；

② 由于矿体中的岩脉、夹石及围岩等，在采矿过程中大量混入矿石中，导致贫化率超标，使其失去工业利用价值而被舍弃；

③ 在放矿、运输等过程中，由于管理不善所造成的矿石损失；

④ 储矿场地及倒装场，因受二次贫化使大量废石混入，造成超贫化形成的矿石损失；

⑤ 矿石经采出后，因暂时不能利用而储存。由于长期无回收利用条件或其他原因，作为一次性矿量报销所造成的损失。

2）未采下损失包括：

① 按设计规定应回采的矿量，由于管理不当等不能回采，被永久留在地下所造成的矿石损失；

② 由于进路及其他工程质量差、管理不善，带来地压、岩移的影响，造成无安全生产条件或因采矿方法不合理，使一部分矿体不能回采而损失；

③ 多层或薄层矿体，由于采矿条件限制不能回采而造成的部分矿量损失；

④ 露天开采矿山，在设计境界内为保护边坡的稳定，所造成的压矿损失。

（2）非开采损失：系指与采矿方法，生产技术管理等原因无关的其他原因所造成的损失，大体包括以下几方面：

1）由于矿床地质勘探程度不足，矿体边界控制不准以及地质构造、地应力、水文等原因所造成无法回采的矿量；

2）为了保护井筒、地面建筑、铁路、河流及其他地面设施的永久性安全矿柱；

3）设计境界内无开采坐标的小矿体或因设计变更，而无法回采的局部矿体。

（3）合理损失与不合理损失：有些矿山按矿石损失的性质，将矿石损失分为合理损失和不合理损失两部分。

1）合理损失是指按设计的规定留在地下不能采出的矿石损失。

2）不合理损失是指在采矿过程中能够避免的矿石损失，但由于采矿方法及生产技术管理不当等原因，所造成的不应有损失。

7.4.1.2　矿石贫化分类

（1）贫化按其与采矿工艺关系可分为：

1）凿岩爆破时，由于矿岩界限不清或管理不善而将围岩、夹石、非工业矿石与工业矿石一并采下所造成的贫化；

2）在放矿过程中，由于围岩不稳定或管理不当，使围岩下落造成的贫化；

3）在二次破碎、放矿、运输过程中，由于围岩或充填料混入及高品位粉矿丢失引起贫化。

（2）贫化按其性质可分为合理与不合理两种贫化：

1）合理贫化是指在开采过程中允许的贫化，又称不可避免的贫化，亦称设计贫化。

2）不合理贫化是指在开采中可以避免的贫化，亦称可避免贫化。

7.4.2　开采设计中的监督管理

矿山在采、选设计时，应考虑充分利用和保护矿产资源，在设计中要体现以下原则和要求：

（1）要实行贫富、大小、难易兼采原则；

（2）在综合考虑经济、资源回收、能耗和生产条件的基础上，选取合理的损失率和贫化率指标；

（3）对于目前技术经济条件下尚难利用的矿产资源，而又必须采出的矿石，设计中应安排有储矿场地和设施：

（4）对矿石类型复杂及有用金属含量变化较大的矿产资源，应考虑设置质量中和料场，保证矿产资源特别是低品位矿石的合理利用：

（5）开采多元素、多品级的矿床时，应选择合理的采、选、冶生产工艺，提高矿产资源综合利用程度；

（6）对矿山排岩场、选矿尾矿池、永久性铁路及其大型建筑的选址，要有可靠的地质调查资料，防止因压矿造成资源损失。

7.4.3　开采过程中的监督管理

矿石贫化率、损失率要作为生产的重要经济考核指标，在开采中必须加强监督管理，建立定期检查分析制度，制定措施，提高资源回采率，降低损失率。切实做好露天与地下开采的贫化损失管理工作。

7.4.3.1　露天矿山开采过程中的矿石损失、贫化监督管理

（1）通过生产地质勘探，准确控制矿体边界、产状、形态、矿岩接触界线及矿石质量、脉石分布状况；

（2）在矿岩接触部位，实行分爆、分装、分运和清理平台浮渣，防止矿岩混杂；

（3）在矿岩混杂部位要组织挑岩、挑矿工作，减少贫化损失；

（4）加强路渣管理，采场内公路（铁路）要按矿石、岩石段分别用矿石，岩石垫路，防止混垫。

7.4.3.2　地下矿山的矿石贫化损失管理

（1）生产地质勘探要超前进行，及时为生产设计提供详细的可靠地质资料；

（2）要选择合理的采矿方法，提高资源利用程度，防止采富弃贫，单纯追求效益的不正规采矿；

（3）加强采矿工艺管理，确保矿块的合理布置及底部结构的质量和合理性，防止因工艺不完善和盲目开拓造成矿产资源的损失；

（4）要准确控制矿体空间分布与矿石质量变化规律，确定合理的开采顺序；

（5）提高凿岩爆破操作水平，保证炮孔角度和深度的要求，做到矿岩分爆；

（6）加强放矿管理，对以矿石自重放矿的各种采矿方法，必须控制均匀放矿，防止矿岩溜井混用；

（7）要保证掘进工程质量，对采用中深孔崩落的采场，应通过采准、切割工程进行矿体二次圈定，为回采设计提供准确的地质资料；

采用有底柱崩落法的采场，应保证底部巷道的施工质量，使矿房中的矿石能够全部放出；

采用充填法的采场，采场的拉底、回采，要达到矿体边界，其充填面应平整，四壁残矿要扩帮采完，充分回收矿石；

采用留矿法的采场，对薄层矿体要严格控制采幅，择优确定回采方法。

（8）矿房开采结束要进行验收，及时回收矿柱和处理采空区，对矿房残矿要尽力组织回收。

7.4.4　运输及贮存中的监督管理

7.4.4.1　矿石运输管理

在运输过程中，对不同品级、不同类型的矿石要分别装车，分别运出。铁路运输矿山，一列车中矿石与岩石不能混合编组。矿岩要按单列分别输出，排放指定地点。矿、岩要固定车组。当列车变换矿岩运输时，应做好清理车底工作。

7.4.4.2　矿石储存管理

对储存矿石要加强管理.防止造成不应有的损失。

（1）应选择交通方便、储存条件好，有长期储存和回收条件的矿石储矿场地。储矿场与废石场保持适当

距离;

（2）对不同类型、不同性质的矿石,要分别储存,防止不同类型、性质的矿石混杂;

（3）要建立储矿台账和相应的管理制度;

（4）对储存矿石要妥善保管,未经上级矿管部门审批,不得报废。

7.4.5　矿石损失率与贫化率的计算

7.4.5.1　矿石损失率的计算

矿石损失率计算包括开采损失率和总损失率。通常只计算采场开采过程中的损失率。一般计算到矿石运出坑口或采场为止。

矿石损失应包括开采过程中的采下损失和未采下损失两部分。

根据矿山的开采方法、地质条件及生产管理等,选定合理的计算公式,正确反映矿山在开采过程中,矿石的损失程度。分别按采区（采场）、阶段（中段）、台阶计算后再统计矿区总损失率。计算方法（以矿块为计算单元,下同）:

（1）直接法公式

$$S = \frac{Q_{S_1} + Q_{S_2}}{Q_d} \times 100\% \qquad (7-23)$$

式中: S 为矿石损失率,%; Q_d 为矿块地质矿量,t; Q_{S_1} 为采下矿石损失量,t; Q_{S_2} 为未采下矿石损失量,t。

（2）间接法计算公式

1）围岩、夹石含有益组分:

$$S = \frac{Q_t(C - C_w)}{Q_d(C_d - C_w)} \times 100\% \qquad (7-24)$$

式中: Q_t 为开采矿块运出矿石量,t; C_d 为开采矿块平均地质品位,%; C 为开采矿块运出矿石平均品位,%; C_w 为围岩、夹石有益组分平均含量,%。其他符号同上。

2）围岩、夹层不含有益组分:

$$S = 1 - \frac{Q_t \times C}{Q_d C_d} \times 100\% \qquad (7-25)$$

式中符号同公式（7-24）。

（3）计算参数的确定

1）消耗地质矿量是指开采矿块的地质矿量的消耗量。亦称应采出矿石量。露天矿山可按开采部位（矿块）验收测量计算求得;地下开采矿山可按回采进度实际控制的矿块开采部分验收量。

2）运出矿石量是开采矿块的采场出矿量。矿山如有计量设施,应以计量数据为准;若无计量设施则采用测量验收计算数据。

3）矿石损失量,有些矿山是以采矿工作面出矿测量验收计算确定。如果不具备这些条件,以采场舍弃矿石中进行取样拣选测定采下矿石损失率,计算矿石损失量。未采下矿石损失可通过采场地质图计算其损失量。

4）开采块段平均地质品位,以开采块段的地质勘探和生产勘探资料计算其平均品位。

5）运出矿石的平均品位,可通过实际取样加权平均计算确定。

6）围岩平均有益组分以块段的探采工程揭露的围岩样品资料计算求得。当矿山具有干选工序时,可直接测量干选尾矿中围岩样品的平均值。对铁矿山当围岩 TFe 品位小于3% 时,可视为不含有益组分考虑。

7.4.5.2　矿石贫化率的计算

矿石贫化率要根据矿山生产工序的条件选择合理的计算方法。各项计算参数的取值应有代表性,能够正确反映矿山生产的实际情况。贫化率计算方法:

（1）直接法计算公式

$$P = \frac{Q_H}{Q_t} \times 100\% \qquad (7-26)$$

式中: P 为矿石贫化率（岩石混入率）,%; Q_H 为运出矿石中的岩石混入量,t; Q_t 为运出矿石量（工作面出矿量）,t。

（2）间接法计算公式：

1）围岩含有用组分时：

$$P = \frac{C_d - C}{C_d - C_w} \times 100\% \qquad (7-27)$$

2）围岩中不含有用组分时：

$$P = \frac{C_d - C}{C_d} \times 100\% \qquad (7-28)$$

式中：C_d 为开采矿块平均地质品位，%；C 为运出矿石的平均品位，%；C_w 为围岩中有用组分的平均品位，%。

地质品位降低率亦称贫化率，计算公式同公式（7-28）。

（3）参数的确定

岩石混入量可通过实际检测方法，在输出矿石中选取有代表性的样品或采用随机取样，取样后称其样品重量，再分别将其矿岩拣选。并称其岩石重量，然后以样品中岩石重量除以样品的总重量。以样品分别测定的平均值确定为岩石混入率。再以岩石混入率与运出矿石量的乘积，计算其岩石混入量。其余参数的确定方法与损失率参数相同。

7.5　探采地质资料验证对比

7.5.1　探采对比工作的目的与任务

7.5.1.1　探采对比工作的目的

探采对比是探采地质资料验证对比的简称，它是在矿床（体）开采结束或基本结束后，选择具有代表该矿床地质特征、勘探控制及研究程度的地段或全部，利用矿山在生产实践中揭露出来的真实、可靠的地质资料和矿山历年生产技术、经济活动中所积累的有关资料，与原矿床详细地质勘探阶段、基建勘探阶段、矿山生产勘探阶段所获得的地质资料进行对比，并计算出各勘探阶段所获得的地质资料和技术经济参数与实际间的误差，剖析这些误差对矿山设计、建设及生产的影响程度，并找出这些误差产生的原因。主要目的是：

（1）利用探采对比方法，总结矿床地质勘探工作正反两个方面的经验教训。

（2）探索合理的勘探控制程度与研究程度、合理的勘探工作准则与工作模式。

（3）指导同类型矿床地质勘探及矿山开采设计工作，提高地质勘探与矿山开采设计的水平。

（4）为国家和领导机关制定和修改有关技术政策、规程、规范，提供可靠的依据。

7.5.1.2　探采对比工作的主要任务

（1）检验原勘探阶段对矿床勘探控制、研究及勘探工作的合理程度，以及为矿山开采设计及矿山各生产准备阶段提供的地质资料的准确和可靠程度。如矿山建设范围内，矿体总的分布、矿体产状、形态及空间位置，含矿层位与矿化特征、矿体个数与矿石储量等的准确和可靠程度，具体测算出矿体边界、形态、走向、倾向、厚度方向及空间上的变化程度；矿体两端、顶部埋深、矿体尖灭深度位置的变化程度；矿体倾向及底板位移的变化程度；矿体被构造破坏程度；首采地段具有的工业价值，可利用同一开拓系统开采的小矿体勘探控制程度等。

（2）检验原勘探阶段对矿体内部结构和矿石质量特征的研究程度。详细验证矿体边界范围内的矿石物质组成、结构构造、矿石嵌布粒度及其变化情况；矿石自然类型，工业品级划分的合理程度及准确程度，矿石质量及伴生有益有害组分含量的变化程度，夹石的形态、规模和空间分布及化学成分变化特征；对某些利用其物理特性、化学组分的矿产，对原加工技术性能试验结果，如熔烧、成型、剥分、吸附等进行验证。

（3）检验原勘探阶段对矿床开采技术条件及构造地质条件的研究和控制程度。如矿石及围岩的物理力学性质、安息角、矿石硬度、体重、湿度、松散性、胶结性、可塑性、可缩性、耐磨性、可钻性、粉化性、放射性、游离二氧化硅、易燃性、天然气、瓦斯及其他气体（如硫化物、汞）等，以及与构造地质条件有关的矿、岩物质组成，结构构造、断裂、褶曲、挤压破碎节理、风化蚀变程度，各种软弱夹层的岩性、厚度及其变化规律，含水层的分布，含水层厚度，矿区补给、径流、排泄条件、各开采水平涌水量的计算，老窿、溶洞、泥石流、滑坡对矿岩层稳定性的影响程度等。

（4）检验原勘探阶段对矿床控矿地质条件和成矿规律的研究程度。如控矿地质条件、矿床地质特征、矿体空间分布规律、构造对成矿的控制与破坏作用等。

（5）检验原勘探阶段的勘探工程质量对矿床勘探研究和控制程度以及地质资料准确程度的影响。查明由于勘探工作质量低劣，对矿体的空间位置、矿石储量、质量、矿体形态的影响程度。

（6）检验原勘探阶段的勘探工作本身的合理性。如矿床勘探类型的划分，勘探方法和勘探网度及勘探手段的选择，基建勘探和生产勘探时间选择的合理性；工业指标的确定以及采样与技术加工方法的合理性；储量计算方法及高级储量占有比例和空间分布的合理性等等。

7.5.2　探采对比所需的有关资料

7.5.2.1　探采对比前的资料搜集

探采对比工作的质量很大程度上取决于探采对比原始资料的准确、可靠和完整程度。为此，在探采对比之前，应广泛搜集矿山设计、基建及生产实践所揭露的地质问题及有关资料，并对搜集的资料进行筛选和系统地综合整理。搜集的原始资料必须真实、全面、系统和具有代表性及对应性。

7.5.2.2　探采对比应具备的主要资料

探采对比，自始至终围绕矿床地质勘探研究程度、控制程度能否满足矿山建设和矿山生产需要这个主题开展工作。由于矿种、矿床成因类型、矿床勘探类型、开采方式、采矿方法不同，相应地对矿床的地质研究程度和控制程度的要求也不完全一样，探采对比所需的资料，不宜强行一致，应在掌握矿山勘探、设计、开采基本情况以后，根据探采对比内容决定。一般应具备的主要资料有：

文字部分：

（1）矿床详细地质勘探报告；

（2）矿床基建地质勘探报告；

（3）矿床生产地质勘探报告；

（4）矿床开采初步设计；

（5）矿床闭坑报告或某开采单元采矿工作总结报告；

（6）矿床或某开采单元矿山地测工作总结；

（7）不同阶段或不同深度的选矿试验报告；

（8）地压与边坡稳定性研究工作报告；

（9）工程地质勘探报告；

（10）矿床水文地质工作总结等等。

图纸部分：

矿床勘探阶段提交的与矿床开采结束后相对应的图纸：

（1）矿区地形地质图；

（2）矿床构造地质图；

（3）矿床探矿工程分布图；

（4）含矿地层柱状对比图及矿层柱状对比图；

（5）水平断面图，各平台地质图；

（6）勘探线地质剖面图，勘探线储量计算图；

（7）矿体（层）垂直纵投影图，矿体（层）水平投影图；

（8）矿体（层）顶底板等值线图；

（9）矿区（床）水文地质图；

（10）矿石品位分布图等。

表格部分：

包括各勘探阶段与矿床开采结束后，各阶段矿块等相对应的有关表格和计算资料：

（1）各开采阶段矿块储量统计表；

（2）各开采阶段矿块地质品位计算表；

（3）各矿块储量计算面积计算表；

（4）各阶段矿块有益、有害组分含量计算表，伴生矿产储量计算表；

（5）勘探工程量统计表；

（6）矿产储量变动统计表；

（7）开采矿量统计表、采出品位统计表；

（8）贫化、损失率统计台账、报销地质矿量统计台账；

（9）矿山主要技术经济指标统计表、矿山财务统计报表；

（10）选厂主要技术经济指标及财务统计报表；

（11）历年的三（二）级矿量统计台账等。

7.5.3 探采对比的基本工作方法

7.5.3.1 探采对比地段的选择

探采对比地段的选择，应满足以下基本条件：

（1）选择具有代表该矿床地质特征、矿床勘探类型、勘探控制程度、研究程度、矿石质量特征、水文工程地质特征的地段；

（2）对比地段必须开采结束或基本结束，在矿床开采活动中，积累了比较系统、全面的地质资料和矿山技术经济指标资料；

（3）对比地段基本经历了地质勘探、矿山开采设计、基建（包括基建勘探）、开采（包括生产勘探）几个阶段。各阶段都具备或基本具备相互对应的地质资料，矿床开采及有关验收资料；

（4）对比区段的地质储量（矿石量、金属量、矿物量）应占整个矿床的绝大部分，各级储量所占的比例和分布基本与全矿床的分级储量占有比例相适应；

（5）对比区段伴生有益有害元素的含量与全矿床伴生有益有害元素的含量基本一致；

（6）对比区段的开采方式和主体采矿方法与工艺在该矿床中应具有代表性；

（7）对比区段矿石加工工艺及选矿工艺流程，必须是该矿床的主体工艺与流程。

7.5.3.2 探采对比基数的确定

在确定探采对比基数时，是选择地质勘探资料作为对比基数还是以生产实际资料作为对比基数，应根据具体情况和需要确定。对比公式本身和对比实质，最终均为反映各勘探阶段所获得的地质资料与实际资料的误差。为了解误差的需要，尚可将对比基数相互换算，达到对比和说明问题的目的。

7.5.3.3 探采对比内容

探采对比内容的确定，主要依据矿山生产实践，揭露出对矿山生产建设影响较大的地质问题，来确定探采对比内容，多侧重于下列几个方面：

（1）矿体形态误差：包括矿体（块）面积总体误差（平面、剖面）、面积重叠率（平面、剖面）、矿体形态歪曲率（平面、剖面）、矿化连续性误差、矿体边界模数、矿体狭缩系数、矿体厚度变化系数。

（2）矿体产状及其控制可靠程度：包括矿体走向长度及两端部位置、倾向延伸、矿体厚度误差、出露标高及尖灭位置误差、矿体顶底板位移误差等。

（3）矿石储量及矿石质量误差：包括各级储量（矿石量、金属量、矿物量）及矿石品位误差，可供工业利用共生矿产及伴生有益组分的储量及品位误差。

（4）各级储量勘探网度的验证对比。

（5）构造地质条件的验证对比，尤其是对控矿构造及破矿构造空间分布、构造性质、特征以及矿体破坏程度的研究对比。

（6）矿床地质特征、矿体赋存规律、研究程度验证对比。

（7）矿床开采技术条件、水文地质条件、矿石加工工艺和选冶条件及技术参数等方面的验证对比。

（8）储量计算工业指标确定的合理性验证对比。

（9）勘探工程质量以及影响地质资料准确程度的验证对比。

7.5.3.4　探采对比一般计算公式

（1）面积总体误差公式

1）绝对误差：
$$S_\sigma = S_c - S_u \qquad\qquad (7-29)$$

2）相对误差：
$$S_r = \frac{S_c - S_u}{S_c} \times 100\% \qquad\qquad (7-30)$$

式中：S_u 为开采揭露的矿体面积，m^2；S_c 为勘探圈定的矿体面积，m^2。

（2）面积重合率（平面与剖面）公式
$$D_r = \frac{S_d}{S_c} \qquad\qquad (7-31)$$

式中：S_d 为勘探与开采矿体面积重合部分，m^2；
其他符号同上式。

（3）矿体形态歪曲误差（平面、剖面）公式

1）绝对误差：
$$W_\sigma = \sum (S_n + S_p) \qquad\qquad (7-32)$$

2）相对误差：
$$W_r = \frac{\sum (S_n + S_p)}{S_c} \times 100\% \qquad\qquad (7-33)$$

式中：S_n 为以勘探圈定矿体面积衡量开采实际增加的矿体面积，m^2，$S = S_u - S_{di}$；S_p 为以勘探圈定面积衡量开采实际减少的面积，m^2，$S_P = S_c - S_d$。

（4）矿体连续性误差公式

1）绝对误差：
$$K_\sigma = K_c - K_u \qquad\qquad (7-34)$$

2）相对误差：
$$K_r = \frac{K_c - K_u}{K_c} \times 100\% \qquad\qquad (7-35)$$

式中：K_u 为开采资料计算的面积含矿系数，$K_u = \dfrac{S_u}{S_o}$；K_c 为勘探资料计算的面积含矿系数，$K_c = \dfrac{S_u}{S_o}$；S_o 为含矿层（带）内包括矿体夹层，无矿包体在内矿化总面积，m^2；S_o 为勘探圈定的矿体面积，m^2。

另外，含矿系数的计算①，也可用线含矿系数或体积含矿系数计算。

1）线含矿系数公式：
$$K_L = \frac{I}{L} \qquad\qquad (7-36)$$

式中：I 为所有勘探工程穿过工业矿体长度，m；L 为所有勘探工程穿过矿化带长度，m。

2）体积含矿系数公式：
$$K_v = \frac{V_1}{V} \qquad\qquad (7-37)$$

式中：K_v 为体积含矿系数；V_1 为含矿带所有工业矿体体积，m^3；含矿系数的计算均以一个矿化带为计算单元（下同）；V 为含矿带体积，m^3。

（5）矿体厚度误差公式

1）绝对误差：
$$M_\sigma = M_c - M_u \qquad\qquad (7-38)$$

2）相对误差：
$$M_r = \frac{M_c - M_u}{M_c} \times 100\% \qquad\qquad (7-39)$$

式中：M_c 为勘探圈定的矿体平均厚度，m；M_u 为开采（或生产勘探）圈定的矿体平均厚度，m。

（6）矿体顶、底板位移

测量矿体顶（底）板位移，一般有两种方法。

一种方法是沿矿体走向，每 20 ~ 25m 间距（可根据情况适当增减），量取勘探圈定的矿体（底）顶板与生产实际圈定的矿体底（顶）板间距离来表示偏移的距离，向顶板方向偏移为正，向底板方向为负，分别计算平均位

---

① 含矿系数的计算以一个矿化带为计算单元（下同）。

移和最大值。另一种方法是以勘探和开采矿体底板(或顶板)线构成的位移面积,除以矿体底板(顶板)直线长度,求得平均位移距离,并测量最大位移值。

(7) 矿体下盘倾角变化

一般计算方法,可在剖面图上直接量取,也可以根据地质勘探和矿山生产所揭露的矿体下盘边界用公式求得,如图 7 - 1。

$$\beta = \alpha - \arctan \frac{h}{\frac{h}{\tan\alpha} + (a - b)} \qquad (7 - 40)$$

式中: β 为矿体下盘倾角变化的角度,(°); a 为矿体上阶段位移的距离,m; b 为矿体下阶段位移的距离,m; h 为上下阶段的垂直距离,m; α 为勘探探求的矿体下盘倾角,(°)。

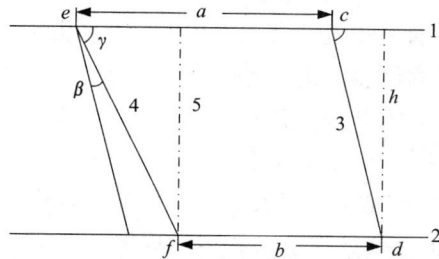

图 7 - 1　矿体下盘倾角变化计算示意图
1—上阶段开采水平;2—下阶段开采水平;3—勘探控制的矿体下盘边界;4—生产实际揭露的矿体下盘边界;5—上下开采阶段的垂直高度

(8) 矿体边界模数公式

矿体边界模数是表示矿体弯曲程度的一个技术参数,实质,是研究矿体断面上的边界线总长与该矿体面积之间(或矩形面积)周长之比。比值愈大,矿体形态和弯曲愈复杂。

$$U_k = \frac{L_k}{L_o} = \frac{L_k}{2\pi \sqrt{\frac{S_p}{\pi}}} \qquad (7 - 41)$$

或

$$U_k = \frac{L_k}{2(I + \frac{S_p}{I})} \qquad (7 - 42)$$

式中: U_k 为断面上矿体边界线总长,m; L_o 为圆的周长,m; S_p 为矿体断面面积,m²; I 为矿体在剖面上的延深,m。

(9) 矿石储量误差公式

1) 绝对误差:

$$Q_\sigma = Q_c - Q_u \qquad (7 - 44)$$

2) 相对误差:

$$Q_r = \frac{Q_c - Q_u}{Q_c} \times 100\% \qquad (7 - 44)$$

式中: Q_c 为勘探资料圈定计算的矿石储量,t; Q_u 为开采(或生勘)资料圈定计算矿石储量,t。

(10) 金属(或矿物)储量误差公式

1) 绝对误差:

$$P_\sigma = P_c - P_u \qquad (7 - 45)$$

2) 相对误差:

$$P_r = \frac{P_c - P_u}{P_c} \times 100\% \qquad (7 - 46)$$

式中: P_c 为用勘探资料计算的金属量(或矿物量),t; P_u 为用开采资料计算的金属量或矿物量,t。

(11) 矿石品位误差公式

1) 绝对误差:

$$C_\sigma = C_c - C_u \qquad (7 - 47)$$

2) 相对误差:

$$C_r = \frac{C_c - C_u}{C_c} \times 100\% \qquad (7 - 48)$$

式中: C_c 为勘探资料计算的矿石品位,%; C_u 为开采资料计算的矿石品位,%。

有些探采对比误差,不易用公式计算表达,例如对矿体分布规律研究认识程度,断裂构造分布规律,破矿构造对矿体的破坏程度等等,可利用文字或数字说明。

7.5.3.5　探采对比工作方法

探采对比工作是一项复杂的系统工程,为了提高探采对比工作效率、减少劳动强度,目前,我国已将电子计算机、自动绘图仪应用于制图、计算、误差分析等方面,将数理统计学、数学地质、矿产经济理论用于探采对比工作中,取得了较好的效果。

7.5.4　探采对比误差

7.5.4.1　探采对比误差标准的确定

（1）探采对比误差标准确定原则

1）符合国家颁发的有关地质勘探、矿山地质、矿山开采规范、规程的规定；

2）确定的误差标准，要求技术上可行，经济上合理；

3）满足矿山开采设计和矿山生产关于对地质资料的准确程度、可靠程度的要求。

（2）探采对比误差标准

由于矿床的地质条件复杂程度、开采方式和方法各异，其探采对比误差尚未形成统一标准。

7.5.4.2　探采对比误差原因分析

探采对比误差分析的目的，在于找出由于地质因素及勘探工作本身和决策的失误影响矿床勘探控制程度与研究程度及矿床开采、矿山综合经济效益和安全生产的原因，它是地质勘探工作的全面总结，其目的在于为同类型矿床地质勘探提供借鉴。误差分析重点有以下几个方面：

（1）矿床（体）勘探控制程度误差原因分析；

（2）矿床（体）勘探研究程度误差原因分析；

（3）矿石地质储量（金属量、矿物量）矿石品位误差原因分析；

（4）矿床勘探类型的划分及勘探网度选择等不合理的原因分析；

（5）勘探工程质量对矿床勘探控制研究影响程度的误差分析；

（6）对矿床开采技术条件，选、冶条件研究程度误差原因分析；

（7）对矿床基建勘探、生产勘探时间选择，地质资料提交时间的效果原因分析。

7.6　矿区及采掘单元停产与关闭的地质工作

7.6.1　矿区及采掘单元停产与关闭的原因

7.6.1.1　停产原因

生产矿山发生下列情况之一时，将出现采场、阶段、采区以至整个矿山的暂时停产。

（1）因故需对矿山采掘顺序进行较大的调整；

（2）因社会需求量的下降，需对矿山产量作较大的调整；

（3）因安全上的原因，需采取特殊的技术措施。

7.6.1.2　关闭原因

当出现下列情况之一时，将进行采场、阶段、采区以至整个矿山的关闭。

（1）按照开采设计，全部可采储量已回采结束，其生产工程及设施已无利用价值；

（2）发生水灾、火灾、大面积岩石移动等重大事故，引起采掘工程及有关设施的报废；

（3）经开采实践证明，由于矿床地质条件的变化，已不具备开采价值；

（4）因其经济价值和使用价值发生重大变化，不能继续开采；

（5）因对周围环境产生严重污染，不宜继续开采。

7.6.2　矿区及采掘单元停产与关闭的地质工作

7.6.2.1　采场与阶段停产中的地质工作

（1）对采场与阶段停产前的采掘进度进行实地测绘；

（2）整理或填绘采场与阶段地质图；

（3）计算停产采场或阶段结存的地质储量、生产准备矿量；

（4）整理停产采场或阶段的原始地质测量资料。

7.6.2.2　大型采区或矿山总体停产的地质工作

（1）测绘采区或矿山采掘状况、工业设施并成图；

（2）整理或填绘出采区或矿山各开采阶段地质图；

（3）计算结存的地质储量与生产准备矿量；

（4）系统整理出矿山的综合地质、测绘图纸及其他文字图表资料。

在上述工作基础上编写停产地质报告。停产地质报告的主要内容：①采区（或矿山）的矿床地质条件；②停产时的采掘状况及所处地质条件；③历年的开采量及结存的储量；④已建立的地质测量资料；⑤开采技术条件；⑥矿床远景地质评价。

7.6.2.3 采场关闭的地质工作

采场（井下）回采结束，经有关技术管理部门检查确认达到开采边界，即可报废。此时地测部门应：①核算采场原始储量；②统计开采量与损失量、损失率与贫化率；③整理各种地质资料。

上述工作结束后，资料归档存查。

若属因严重事故，经技术鉴定，无法恢复生产，地测部门要做好：①尽可能测绘出已有采掘进度线；②计算残存矿量；③统计开采量、损失量、损失率和贫化率；④整理采场各项地测资料；⑤适当时候履行储量报销手续。

7.6.2.4 开采阶段闭坑的地质工作

开采阶段同样存在正常回采结束及事故报废两种情况，需进行的地质工作有：

（1）对积累的地质资料进行系统核对和整理；

（2）统计本阶段实际开采量及损失量；

（3）进行阶段设计储量与实际开采量的对比；

（4）进行开采前后的地质条件的对比；

（5）计算需报销的残存储量。

上述资料应登记存档。

7.6.2.5 大型采区或矿区整体闭坑（矿）的地质工作

大型采区或矿区的关闭经有关主管机关审查同意后，地测部门要编制矿山闭坑（或闭矿）地质报告书。报告书的主要内容如下：

（1）矿床地质：包括地层与地质构造、矿体、矿石与围岩等方面的论述；

（2）矿床地质勘探及其成果：包括地质勘探网度、勘探程度、历次地质工作投入工作量、获得的各级储量、矿床的地质评价等；

（3）矿床开采概况：包括设计开采境界、境界内设计开采量、设计规模及服务年限、采矿方法、实际开采年限及历年产量、设计回采率及实际回采率、开采形成的空区及充填情况；

（4）矿山地质测量工作：包括生产勘探、矿产取样、综合地质图件的建立、矿产资源综合利用、地质综合研究、矿区控制网的建立、矿区地形图的测绘、重大测量工程、测量图件等方面的论述；

（5）矿床地质综合评价：包括对地质勘探程度的评价；成矿规律的总结；矿区构造发育规律的总结；矿山地质工作及矿体产状、规模、形态、矿石质量、矿产储量等方面的探采对比资料；

（6）储量报销：包括矿山开采期间的采出量、损失量；设计境界内残存储量、境界外的储量。

并附整套各阶段地质平面图及地质剖面图。

闭坑报告书及附图，除报送主管机关外，还应送省级及国家地质资料局。

7.6.3 闭坑的审批手续

正常开采结束的矿山，闭坑的审批手续是：

（1）闭坑前一定时间（如一年）矿山企业向主管机关提出闭坑申请报告，阐明闭坑的理由（应附必要的图件），由主管机关组织审查，确定是否关闭、提出审查意见。

（2）闭坑申请报告得到审查枇准后，应立即开展闭坑工作和编写闭坑总结报告书。

（3）闭坑总结报告由矿山企业主管机关报请国家有关单位审枇。

8　矿山水文地质工作

8.1　矿山水文地质工作的任务

矿山水文地质工作的任务主要有:

(1) 研究矿区水文地质条件,查明影响矿山正常生产和建设的水文地质因素;

(2) 分析矿区充水条件,预测核实矿坑涌水量,并提出矿山防治水方案预处理措施;

(3) 研究和解决矿区供水水源以及矿坑水的综合利用;

(4) 研究矿区地下水的动态并及时预报,保证矿山生产不受地下水害的威胁,实现安全生产;

(5) 加强矿区地下水水质动态观测,保护水资源环境;

(6) 通过采取有效的、合理的防治水方法,保护地下水资源,避免地下水开采的盲目性;

(7) 系统地搜集矿区水文地质资料,做到规范化、标准化;

(8) 提供矿山生产和建设所必需的水文地质及工程地质资料。

8.2　矿坑充水条件的分析

8.2.1　充水因素

影响矿坑充水的因素包括自然因素和人为因素。

8.2.1.1　自然因素

(1) 气候以降水为主时,降水量的多寡决定补给矿坑水动储量的多少;

(2) 地形对地表水的汇集和渗入是否有利,矿体埋藏于侵蚀基准面以上或以下,地下水天然排泄和水动力条件不同,充水程度亦不同;

(3) 矿体与围岩的组合形式,矿体充水与埋藏条件密切相关,其充水决定于含水层的赋存条件,含水层类型、水量、水压以及充水方式(顶板或底板来水);

(4) 地质构造形态与规模决定了地下水天然储量的大小。不同的构造部位富水性有差异,充水程度不同,断裂发育程度影响含水层之间、与地表水之间的水力联系,促使矿坑充水条件复杂化;

(5) 地表水是充水的重要水源之一,矿坑距离地表水体远近不同(垂直与水平方向距离),影响充水程度,矿坑水与地表水发生水力联系时,一般充水条件复杂,动储量大。

8.2.1.2　人为因素

(1) 开拓方式:与揭露含水层的程度有关;

(2) 采矿方法:采矿方法不同,对上覆岩层的破坏程度不同,矿坑充水程度也不同;

(3) 疏干方法:合理的疏干方法能有效地减少水量,降低水压,保证安全生产。反之,可以改变地下水水动力条件,引进新水源,增加矿坑涌水量。

8.2.2　充水水源

8.2.2.1　矿体围岩中的地下水

(1) 孔隙水　含水层松散未经胶结,属孔隙潜水或承压水,水量的大小取决于含水层的成因类型、岩性结构、颗粒成分、厚度和分布面积。当井筒施工通过第四系松散含水层或开采接近含水层底板,出现涌水、涌砂、片帮;当第四系含水层与矿体上覆基岩含水层有水力联系时,成为矿坑充水的主要水源。

(2) 裂隙水

1) 层状裂隙水:赋存于基岩裸露区和被第四系沉积物覆盖的基岩风化壳中。多为潜水,局部为承压水。呈层状（或似层状）分布，风化裂隙带厚度一般为30~60 m。随深度增加裂隙发育减弱，含水性也相应减弱；富水性与岩性、风化程度、地貌条件等有关。揭露时经常涌水，但水量不大，雨季有显著增加。一般可以疏干。

2）层间裂隙水：分布于沉积岩、喷出岩和变质岩的一定层位中，多数是承压水，局部为潜水。呈层状分布。含水性与岩性、区域性裂隙、成岩裂隙的发育程度有关；不同构造部位富水性有明显的变化。揭露时一般水量不大（在无其他水源补给时），经过长期排水可以逐渐被疏干。水压往往较大，可能发生突水。

3）带状裂隙水：赋存于各类脆性岩石的构造破碎带中，多为承压水，呈带状，沿一定方向分布。含水性与构造破碎带的规模大小、力学性质、充填情况、补给条件等有关；断层破碎带的不同部位因裂隙发育不均一，富水性有很大差别。破碎带本身含水量有限，可以疏干。但当沟通上、下含水层或地表水体时会导致严重的突水事故。不仅瞬时涌水量大，动水量也十分充沛，甚至造成淹井。

（3）岩溶水

1）浅埋型岩溶地下水。

① 裸露型岩溶区地下水：岩溶裂隙潜水赋存于弱岩溶的白云岩、薄层灰岩以及不纯的碳酸岩类地区。岩溶不发育，分布不均一，埋藏浅，属潜水。地下水运动一般无压，呈层流渗流运动，动态变化大。揭露时涌水量不大，但雨季显著增加；地下暗河水分布于气候湿润、均质厚层灰岩分布区，尤其是产状平缓、构造破碎的地段。岩溶发育，分布极不均一。强烈的差异溶蚀形成地下岩溶通道，构成地下河。地下水流速大，一般作无压紊流运动，局部为有压流、层流，动态变化幅度很大。矿坑涌水量随季节不同变化悬殊，暴雨后涌水量猛增，对矿坑造成严重威胁，大幅度疏干可能引起排水暗河的河水倒灌。

② 覆盖型岩溶地下水：脉状岩溶裂隙水，多赋存于第四纪沉积物和岩溶岩层接触面附近或断层带中。岩溶不发育，分布不均一，埋藏浅，属承压水，但水压不大。地下水一般为层流渗流运动，水位变化幅度不大。矿坑涌水量一般不大，季节性变化不如裸露区明显；强烈排水可引起漏斗范围内地面塌陷；强径流带地下水，赋存在不均一的碳酸岩岩层的断裂带及其两侧裂隙中，或均一厚层灰岩岩溶发育地段。岩溶发育段集中，不均一，埋藏较深，属承压水。地下水层流与紊流取决于通道情况，水位变化幅度小。地下径流带为富水性强的地段，涌水量大且稳定，不易疏干。在强径流带排水疏干也会引起地面塌陷，塌陷带沿径流带分布，尤其是雨季会增大矿坑涌水量。

2）深埋型岩溶地下水。

① 层间裂隙岩溶水分布在上覆或下伏非岩溶岩层所限制的岩溶岩层中，岩溶发育较均一，埋藏深，但有随深度减弱的趋势，属承压水，水压一般较大。地下水多做层流运动，动态稳定。揭露时有时突水量和水压较大（尤其是厚层灰岩），动水量也较稳定。

② 脉状裂隙岩溶水赋存于很厚的碳酸盐岩岩石的构造破碎带中，呈条带状分布。岩溶发育较均一，埋藏深，有时形成深部水循环，属承压水，地下水为层流渗流运动，动态稳定，涌水量大小取决于补给源情况，来源充足时，涌水量大且稳定。

8.2.2.2 地表水源

地表水源主要为河、湖、海、水库、水塘等。其充水的途径主要为：洪水冲毁井口围堤直接灌入；通过地表水体下松散岩层、基岩含水层露头再渗入矿坑；通过采后顶板冒落带，地面塌陷裂缝渗入；通过构造破碎带直接渗入。

8.2.2.3 大气降水的渗入

大气降水作为充水水源主要指降雨和融雪，其充水方式分直接渗入和经含水层渗入两种。

（1）直接渗入：充水途径为通过采后顶板冒落带贯通地表塌陷裂缝渗入；通过地表裂隙、溶洞渗入。

（2）经含水层渗入：作为被揭露的含水层补给源再渗入矿坑。

8.2.3 涌水通道

涌水通道分自然通道和人为造成的通道。

8.2.3.1 自然通道

（1）孔隙通道：多见于松散沉积层内，透水性取决于沉积物颗粒大小、形状、分选程度和排列方式等。粗粒、均匀者，透水性大，反之则小。在采掘工作面揭露时其涌水特征：全面渗水、淋水或涌水；出水点多，水量较小,流速慢,水流喷出时压力已显著下降;降压漏斗扩展较慢;突水威胁较小。

(2)裂隙通道:主要存在于坚硬脆性岩石、风化壳、构造破碎带内,岩体透水性取决于裂隙的成因、大小、密度、充填情况以及相互的连通性。裂隙发育,而又未充填者,透水性好。

(3)岩溶(溶隙)通道:只存在于可溶性岩层或被可溶性物质胶结的碎屑岩中,为地下水沿裂隙、节理溶蚀扩展而成。岩体透水性取决于岩溶率及岩溶发育的均一性,就单个溶隙而言,则取决于溶隙大小、充填情况和连通性。岩溶发育且充填率低者,透水性强。岩溶通道被采掘工作面揭露时,涌水、突水最为常见。突水时水压大,传递快,降压漏斗扩展迅速,瞬时涌水量大,对矿坑危害最严重。

(4)透水断裂带:透水断裂带属张性、张扭性断裂居多,当与一侧强含水层对接,或沟通上部强含水层、地表水体时,断层突水量大,水量稳定,不易疏干。

8.2.3.2 人为造成的通道

(1)未封闭或封闭质量差的钻孔:这种钻孔可沟通上下几个含水层,坑道揭露时可以形成涌水通道。

(2)回采后顶板冒落或底板鼓胀裂隙:冒落裂隙沟通地表,无地表水体时,矿坑涌水量增加与雨季、融雪期有关。冒落带裂隙沟通强含水层或地表水体,水压、水量与隔水层厚度和底板岩石的力学性质有关。水压大的强含水层突破底板,成为涌水通道,易发生淹井事故。

(3)矿井排水后因潜蚀、掏空产生的疏通裂隙和地面塌陷:

1)矿井长期排水后,使岩溶裂隙通道疏通,增加连通性,引起大量涌水、涌砂,造成淹井事故;

2)岩溶含水层大量排水,引起覆盖岩溶区地面严重塌陷,大量地表水渗入矿坑,造成严重后果。

8.3 矿山水文地质补充勘探

8.3.1 目的、任务和工程布置原则

水文地质补充勘探是在矿山基建过程中或已经投产的情况下,为了解决某一项或若干项水文地质问题而进行的专门性水文地质勘探。这种勘探一般是在以往水文地质勘探的基础上进行的,因为矿山水文地质勘探程度不同,需要解决的专门性问题不同,水文地质勘探的目的也不相同。

8.3.1.1 勘探的目的、任务

(1)查明矿区延深水平或矿区范围扩大地段的水文地质条件,预测矿坑涌水量;

(2)查明新采区接近地表水体或含水松散岩层的充水性;

(3)查明新采区接近断层、破碎带的富水性和导水性;

(4)为取得深部含水层参数需进行坑内放水试验;

(5)查明水体下开采时矿坑充水或溃砂的可能性;

(6)查明断层和地表水体或强含水层之间的水力联系。

(7)增加供水量,扩大或寻找新水源地;

(8)布置地下水动态观测网;

(9)为注浆选择帷幕位置,为堵截地下水源查清充水通道和集中径流地段;

(10)查明隔水层的位置和分布规律,确保带水压采矿的安全。

8.3.1.2 勘探工程的布置原则

勘探工程的布置应从实际需要解决的问题出发,结合具体的水文地质条件综合分析。一般情况下,应在以下地段布置勘探工程。

(1)含水层、隔水层的赋存条件、厚度、岩性、含水性及其他水文地质参数资料尚不够清楚的地段;

(2)导水性不明的断层破碎带附近和不同导水性地段;

(3)与地下水有联系的地表水或其他水源附近;

(4)岩溶和裂隙发育的富水地段;

(5)先期开采的地段;

(6)配合坑内放水、注浆堵水和地下水动态观测等工程布置;

（7）勘探钻孔尽量构成勘探剖面线，其布置要平行或垂直地下水的主要径流方向；

（8）勘探工程的位置应尽量揭穿主要含水层底板或穿过岩溶裂隙带。

8.3.2 水文地质钻探

8.3.2.1 水文地质钻孔的类型

水文地质钻孔的主要类型有地质 — 水文地质结合孔、抽水试验孔、水文地质观测孔、探采结合孔、探放水孔。

8.3.2.2 水文地质钻孔的结构与设计

（1）钻孔结构：钻孔结构包括孔深、开孔直径、井壁管和滤水管直径、终孔直径等项。

1）孔深。钻孔的深度应根据钻孔的目的并结合钻探技术条件而确定：地质、水文地质结合钻孔应揭穿当地主要含水层；探放水钻孔应钻进到影响矿井生产的直接充水含水层的富水段；抽水试验孔应揭穿直接或间接充水含水层的富水段或富水构造带；水文地质观测孔应揭穿预定观测的含水层或含水构造带；探采结合孔的成孔（井）深度应根据水文地质资料，结合预计涌水量的大小、要求来确定；岩溶区的水文地质钻孔深度应超过当地地下水位以下的当地岩溶最发育的深度。

2）终孔直径。应根据水文地质钻孔的类型、井管与滤水管的类型、外径、填砾厚度等来确定。不用沉淀管而直接由裸露孔壁段作沉淀的终孔直径较滤水管的外径小一级，用沉淀管则与工作管同径或小一级。

3）井管内径。地质 — 水文地质结合孔、观测孔、井下探放水钻孔应大于70 mm；抽水试验孔及探采结合孔应根据预计的出水量大小，推算出排水泵泵体外径后确定，一般比排水泵外径大50mm以上；

4）井管外的钻孔直径。根据选用井管的材质、外径、接箍外径和滤水管的类型、外径及需要填砾的厚度等来确定。一般井管外直径应比下入孔内井管、滤水管中最大外径大一级。应考虑下管的深度，因钻孔歪斜、弯曲、孔壁垮落、缩径及井壁本身允许的扁度和弯曲等因素均随孔深加大而影响严重。为了使井管顺利下至设计深度，除采取探孔等措施外，应根据具体情况适当加大井壁管外的钻孔直径。

5）开孔直径。孔口管应比井管外钻孔直径大一级以上；开孔直径应根据孔口管的材质、接箍外径并考虑止水物有足够的充填空间等来确定。

（2）水文地质钻孔的施工设计：钻孔施工设计书应由水文地质人员提出，其内容包括以下几个方面。

1）孔号、位置、坐标、标高。

2）钻孔目的，预计孔深及可能遇到的地层，并估计其埋深和层厚。

3）提出开孔孔径、井管直径及连接、终孔直径。

4）确定分层止水的层段位置、止水用井管直径及需要测定稳定水位的层段。

5）提出钻进的关键性层段和遇到困难时的注意事项，对施工中可能遇到的水文地质问题应提出处理措施。

6）除钻孔基本技术要求外，若有特殊要求必须提出。

7）应准确标明孔位附近下面的巷道位置，避开巷道或因开采造成的岩层破碎地段。

8）提出坑内钻孔孔口防水闸阀的安装要求和抗水压的强度要求。

9）提出封孔方法或留作长期观测孔、探采结合孔的成井（孔）要求。

10）附预想柱状图、钻孔结构图，必要时附地质剖面图。

8.3.2.3 岩心编录与描述

（1）岩心编录程序：核对班报表的回次进尺和有关水文地质现象的记录，整理岩心，检查上下顺序，核对岩心长度和回次岩心票；核对钻探判层记录，鉴定岩性，确定分层位置，作鉴定记录；填写分层标签，按设计要求取分层手标本和分层岩样，岩心箱编号；与终孔测井对照后，按设计要求对岩心进行缩分保存；终孔丈量钻具后校正孔深，有关层位进行合理平差。

（2）岩心观察描述：水文地质钻孔岩心观察描述与地质孔基本一致，但应着重对地下水赋存、运动条件有关的内容，如裂隙、溶蚀现象、充填情况等，仔细观察描述。

1）裂隙描述：主要区别裂隙性质（开张或闭合、溶蚀或构造裂隙等）和地下水活动的痕迹，记录裂隙出现的深度、数量、长度与岩心轴的夹角，裂隙面附着物的性质（铁质、钙质、泥质等），按不同深度统计岩心裂隙率。

2）溶蚀现象的描述：包括岩心中溶洞的各种形态（如针孔状、蜂窝状、海绵状、小溶孔等），溶蚀的规模和发育部位的岩性。若钻进遇溶洞时，应观察溶洞顶底板的溶蚀面，记录其出现的深度、溶洞位置。

3）溶洞充填情况描述：包括溶洞充填物成分、充填程度、结构、胶结程度以及起止深度和计算充填率。

8.3.2.4　简易水文地质观测

简易水文地质观测项目一般包括地下水水位、水温、冲洗液消耗量、钻孔涌水（或漏水）量和位置、岩心采取率以及钻进情况等。

8.3.2.5　含水层层位的判断

下列现象中的一项或几项可判断钻孔遇到含水层：

（1）孔内发生涌水现象或泥浆冲洗液被严重破坏。

（2）冲洗液大量漏失，水位突升或突降。

（3）岩心破碎裂隙发育，采取率低，冲洗液漏失。

（4）岩心有水蚀、氧化锈斑、溶蚀孔洞和次生矿物充填等现象。

（5）扩散法测井出现井液电阻率升高。

（6）根据分段压水的压力和水量判断含水层位置也是行之有效的。

8.3.2.6　成孔（井）

主要包括下管、填砾、止水和洗孔（井）等项。

8.3.2.7　孔口保护装置

（1）长期观测孔应设置孔口保护装置，即孔口混凝土座。

（2）孔口管应设置孔口盖或专门的保护装置。

（3）井下放水、探水孔应设置孔口闸阀或安装压力表。孔口管长度 5 ~ 10m，用水泥固定在完整岩石上。

8.3.3　钻孔抽水试验

抽水试验可以获得含水层的水文地质参数，评价含水层的富水性，确定影响半径和了解地表水与地下水以及不同含水层之间的水力联系。这些资料是查明水文地质条件、评价地下水资源、预测矿坑涌水量和确定疏干排水方案的重要依据。

8.3.3.1　试验类型

水文地质试验类型按抽水孔与观测孔的数量可分为单孔抽水试验、多孔抽水试验和群孔抽水试验。按试段含水层的多少可分为分层抽水试验、分段抽水试验和混合抽水试验。

8.3.3.2　试验设备

根据钻孔出水量的大小和地下水水位埋深不同选用适当抽水设备。主要抽水设备有深井泵、深井潜水泵、空气压缩机。

8.3.3.3　抽水试验技术要求

（1）抽水试验段的划分原则　　抽水试验段的划分应根据试验目的和精度的要求，结合钻孔揭露的含水层厚度而定。下列情况一般需进行分段抽水。

1）钻孔揭露的各主要含水层；

2）潜水和承压水；

3）第四系和基岩含水层；

4）淡水和咸水或水质类型差别较大的含水层；

5）厚度较大的岩溶裂隙含水层、垂直分带规律明显的和有可能分段疏干带水压采矿的。

（2）落程和降深值

1）当钻孔单位涌水量 $q > 0.01$ L/s·m 时，一般进行三个落程观测。勘探精度不高的地区，也可用两个落程代替。最小降深值 S_1 不得小于 1 m，最大降深值 S_3 在潜水中等于 $\left(\frac{1}{3} \sim \frac{1}{2}\right) H$（$H$ 为从含水层底板算起的水柱高度，不完整井从井底算起的水柱高度）。承压含水层尽可能降至含水层顶板，且 $S \approx \frac{1}{3} S_3$，$S_2 \approx \frac{2}{3} S_3$。

2）当钻孔单位涌水量 $q < 0.001$ L/(s·m) 时，可作一个落程观测。降深值应达到最大降深的要求

（3）水位、流量观测要求

1）静水位观测要求：一般地区，每小时测定一次，三次测得的数据相同或 4 小时内水位差小于 2 cm，可认为是静止水位；受潮汐影响地区，需测出两个潮汐日周期（不小于 25 h）的最高、最低和平均水位资料。如高低水位变幅 < 0.5 m 时，取高低水位平均值为静止水位。

2）动水位及流量观测要求：稳定流计算参数，抽水孔观测的间隔时间视水位、流量的波动情况而定，水位波动大，5 ~ 10 min 观测一次，较稳定后改为 15 ~ 30 min 测一次。非稳定流计算参数，应保持定流量（或定水位）。前后两次观测值差应小于 5%。观测间隔时间主要满足绘制各种曲线，特别是对数曲线的要求。开始抽水时尽量增加观测次数，以后逐渐减少，如间隔时间为：1，2，2，5，5，5，5，5，10，10，10，10，10，20，20，20，30，30，30…，(min)。带有观测孔的多孔抽水试验，观测孔的水位观测应与主孔同时进行，较远的观测孔可在开泵后推迟适当时间开始观测。

3）水温、气温的观测要求：一般每 2 ~ 4 h 观测一次，同时记录地下水的其他物理性质的变化。在抽水试验过程中，分别在第一、第三落程各取水样一次，以了解水质的变化情况。

（4）试验稳定标准和延续时间

1）稳定标准。抽水过程中水位和水量的过程曲线不能有逐渐增大或减小的趋势；在稳定时间内，当降深小于 10 m 时，水位波动值不应超过 3 ~ 5 cm（用空压机抽水时，水位波动值不应超过 10 ~ 20 cm）。观测孔水位波动值不应超过 2 ~ 3 cm。当降深超过 10 m 时，主孔水位波动值不应超过水位降低值的 1%；多孔抽水时，以矿区边界内最远的观测孔水位达到稳定为准。主孔、观测孔的水位虽然波动值较大，但与区域地下水水位变化趋势及幅度基本一致，亦可视为稳定；涌水量的波动值不超过正常流量的 5%，当涌水量很小时，可适当放宽。

2）延续时间。抽水试验时间的延续，应根据勘探目的要求和水文地质条件复杂程度而定。按稳定流公式计算参数时，稳定时间延续的具体要求参照表 8-1；按非稳定流公式计算参数时，非稳定状态要延续至 $S-\lg t$（S 为抽水降深，t 为抽水时间曲线呈直线延展，其水平投影在 $\lg t$ 轴的数值，（单位为秒或分）不少于两个对数周期。

表 8-1　稳定流抽水试验最大降深延续时间参考表

勘探目的 含水层性		区域水文地质普查 /h	厂矿城镇供水 /h	矿区疏干排水 /h	开采性抽水 /h	备注
松散岩层地区	粗颗粒含水层	不少于 4 ~ 8	4 ~ 8	8 ~ 16	16 ~ 24	水位、涌水量持续下降，抽水时间应增长或改为非稳定流抽水
	细颗粒含水层		8 ~ 16	8 ~ 16	24 ~ 36	
基岩地区	裂隙含水层	8 ~ 12	6 ~ 24	6 ~ 24	24 ~ 48	
	岩溶含水层		8 ~ 16	8 ~ 16	16 ~ 36	

（5）观测孔布置原则　进行多孔抽水试验时，观测孔布置和使用取决于抽水试验的目的和要求。计算水文地质参数，观测孔的布置应能同时适合多种公式的计算要求。了解边界条件，应在预定的边界两侧布置观测孔。确定含水层的水力联系，要在同一观测孔中能观测到两层以上含水层水位的变化。抽水试验的主要目的是为了确定水文地质参数时，观测孔的布置应考虑以下原则。

1）观测孔的布置方向。对于均匀无限边界含水层，宜垂直或平行地下水流向布置，但以垂直布置为宜；对于水平方向非均质无限含水层，亦宜垂直或平行地下水流向布置，或沿含水层变化最大方向布置。

2）观测孔数量。按稳定流公式计算水文地质参数，至少布置一排观测孔，其数量不少于 2 个；按非稳定流公式计算水文地质参数，如利用 $S-\lg t$ 关系时，布置一个观测孔即可。利用 $S-\lg r$ 关系时，观测孔不宜少于 3 个。

3）观测孔距离。对于承压含水层，观测孔至抽水孔的距离，按下述原则布置：

$r_1 = M$

$r_2 = 1.5$ m（或其对数值介于 $\lg r_1$ 和 $\lg r_3$ 之间）。

$r_3 < 0.178R$

式中:M 为承压含水层厚度,m;R 为影响半径或引用补给半径,m;r_1、r_2、r_3 为抽水孔至观测孔1、2、3的距离,m。

对于潜水含水层,在下降漏斗曲面坡度小于0.25的范围内,上述布置距离亦适用。观测孔的距离,离抽水孔由近而远由密到疏。岩溶发育地区,需考虑岩溶发育方向和主要来水方向,最远观测孔应能控制主要来水方向上的扩展半径,距主孔的距离可远些,有的可在1 km之外。用非稳定流公式计算,观测孔的距离在数轴上需分配均匀(大致相等)。观测孔的布置距离可参阅表8-2。

表8-2 观测孔布置距离

含水层的岩性	渗透系数 $K/(m \cdot d^{-1})$	地下水类型	主孔与观测孔的距离/m			备 注
			第一孔	第二孔	第三孔	
裂隙发育的岩层	> 70	承压水	15 ~ 20	30 ~ 40	60 ~ 80	如主孔水位下降大于8 m时,距离值应增1.5 ~ 1.7倍
		潜水	10 ~ 15	20 ~ 30	40 ~ 60	
没有充填的砂层、卵石层,均匀的粗砂和中砂	> 70	承压水	8 ~ 10	15 ~ 20	30 ~ 40	
		潜水	4 ~ 6	10 ~ 15	20 ~ 25	
稍有裂隙的岩层	20 ~ 70	承压水	6 ~ 8	10 ~ 15	20 ~ 30	
		潜水	5 ~ 7	8 ~ 12	15 ~ 20	
含大量细粒充填物的砾石、卵石层	20 ~ 70	承压水	5 ~ 7	8 ~ 12	15 ~ 20	
		潜水	3 ~ 5	6 ~ 8	10 ~ 15	
不均匀的中粗混合砂及细砂	5 ~ 20	承压水	3 ~ 5	6 ~ 8	10 ~ 15	
		潜水	2 ~ 3	4 ~ 6	8 ~ 12	

8.3.3.4 资料整理

(1)现场资料整理 进行抽水试验时,需要在现场随时整理和编制图表,以便及时了解试验进行情况,发现和纠正错误,并为室内资料整理打下基础。

1)按稳定流计算时需整理如下资料并编制图表。

①$Q-t$、$S-t$ 过程曲线,有观测孔时,需绘制主孔与各观测孔水位下降过程曲线;②$Q=f(S)$ 关系曲线;③$q=f(S)$ 关系曲线,Q、q、S 说明见公式(8-1)。

2)按非稳定流计算时需整理如下资料并编制图表:$S-t$ 过程曲线;$S-\lg t$ 过程曲线;观测孔水位降低数值与主孔距离对数关系曲线。

(2)室内资料整理

1)绘制钻孔抽水试验综合图表;

2)计算水文地质参数;

3)编写抽水试验工作总结。内容包括:试验目的、要求;试验方法、过程;试验主要成果;试验过程中异常现象及处理;质量评价和结论等。

8.3.4 钻孔压水试验

矿山生产中压水试验的主要目的在于测定矿层顶底板岩层及构造破碎带的透水性及变化,为矿山注浆堵水、帷幕截流及划分含水层与隔水层提供依据。

8.3.4.1 试验类型

按止水塞堵塞钻孔的情况分为分段压水和综合压水两类。

(1)分段压水 有两种方式,自上而下分段压水,随着钻孔的钻进分段进行;自下而上分段压水,则在钻孔结束后自下而上分段止水后进行。

(2)综合压水 在钻孔中进行统一压水,试验结果为全孔综合值。

8.3.4.2 试验要求

（1）试验段的长度　　分段压水，一般规定试段长度为 5 m，如岩心完好、岩石透水性很小时（单位吸水量 < 0.01 L/min）可适当加长试段，但不宜大于 10 m；对于岩石破碎、裂隙密集地段，可根据具体情况确定试验长度。

（2）压力阶段和压力值

每一段的压水试验，一般按三个压力阶段进行。三个压力阶段的压力值可根据实际需要而定，当漏水量很大不能达到规定的压力时，可按水泵的最大供水能力所能达到的压力进行试验。压力值的计算见表 8 - 3。

表 8 - 3　压力值计算表

试段内地下水状况	压力计算零点示意图	压力值	备　注
地下水位位于试段以下	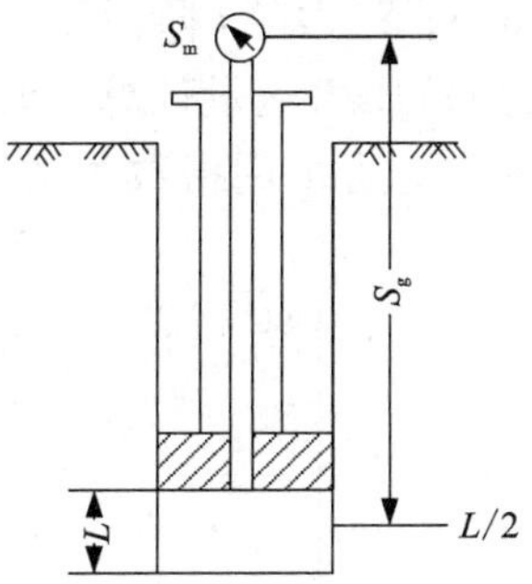	$S = S_m + S_g$	1. 压力表读数的精度要求达到 0.001MPa，指针摆动时，取其平均值； 2. 使用压力表时，其压力值应在极限压力值 1/3 ~ 3/4 范围内，在特殊情况下，才可使用小于极限压力值 1/3 的刻度值； 3. 如果使用单管止水塞压水时应从总压力值中扣除实际测定的压力损失； 4. 符号意义 　S 为总压力值(m)； 　S_m 为压力表上读数(m)； 　S_g 为水柱压力值(m)； 　L 为试段长度(m)； 　L' 为试段内地下水位以上长度(m)
地下水位位于试段内	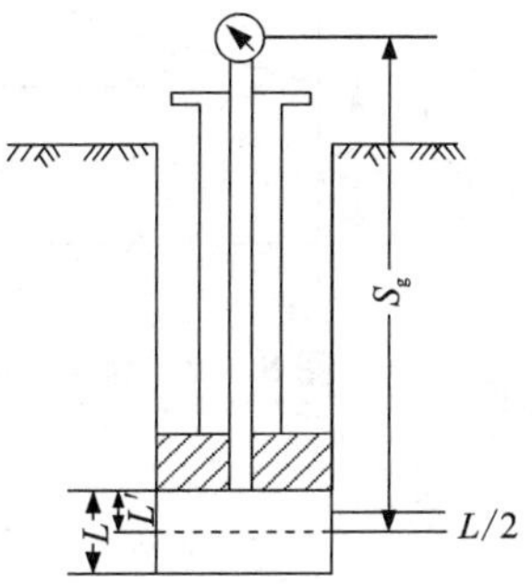	$S = S_m + S_g$	
地下水位位于试段以上，且属试段所在含水层时	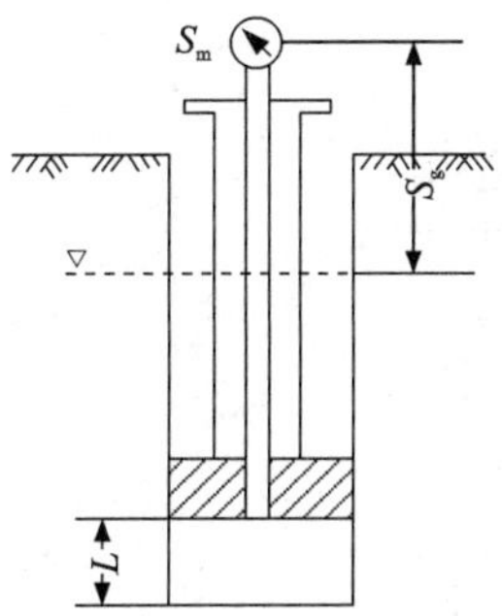	$S = S_m + S_g$	

（3）试段的隔离　　常用的试段隔离方法为橡胶塞止水法，当自上而下随钻进钻孔分段压水时，只在压水段上部止水；钻孔结束后由下而上分段压水时，则在试段的上部和下部均下入止水栓，这种止水栓操作比较复杂。止水栓下入预定孔段封闭后，采用试验最大的压力进行试验。同时测定管内外水位，检查止水效果。

（4）压力和流量观测　　压力和流量应同时观测，一般每隔 10 min 记录一次。压力要保持不变，流量连续四次最大和最小之差小于平均值的 10% 时，即可结束。重要的试验，稳定延续时间要超过 2 h 以上。

（5）试验钻孔质量　　试验的钻孔要求清水钻进（坍塌严重，亦可用泥浆，孔壁保持平直完整。试验前，必须清洗钻孔,达到回水清洁,孔底无沉淀。

(6)地下水位观测   试验前,观测孔段内的地下水位,以确定压力计算零点。每10分钟观测一次,当连续3次的变幅小于8 cm时,即视为稳定。

8.3.4.3   资料整理

(1)绘制 $S = f(Q)$ 曲线图

(2)计算单位压力流量

1)$S = f(S)$ 图为一直线,可根据直线关系 $Q = q \cdot S$ 计算单位压力流量。

$$q = \frac{\sum_{i=1}^{n} Q_i}{\sum_{i=1}^{n} S_i} \tag{8-1}$$

式中:q 为单位压力流量,L/min·m;Q_i 为第 i 阶段的流量,L/min;S_i 为第 i 阶段的压力,m;n 为压力阶段数。

2)$S = f(Q)$ 图为一曲线(见图8-1),可分三种情况选择单位压力流量计算公式:

① 当 $S = f(Q)$ 曲线能在对数坐标上展成直线时(见图8-2),可采用指数关系计算单位压力流量:

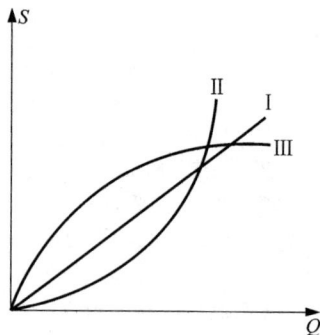

图 8-1   压水试验曲线类型
Ⅰ、Ⅱ 正确,Ⅲ 错误

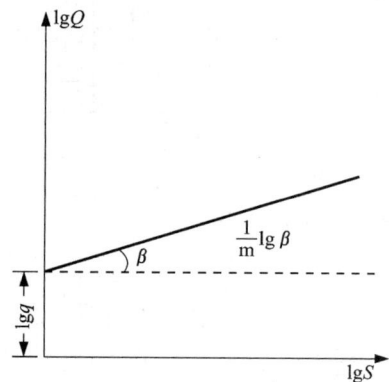

图 8-2   lg$Q$ - lg$S$ 关系曲线图

$$Q = q \sqrt[m]{S} \tag{8-2}$$

$$\lg Q = \lg q + \frac{1}{m} \lg S \tag{8-3}$$

lg$q$ 值可由图8-2中直接量出,或按下式计算

$$\lg q = \frac{\sum_{i=1}^{n} \lg Q_i - \frac{1}{m} \sum_{i=1}^{n} \lg S_i}{n} \tag{8-4}$$

式中:m 值可以直接从图8-2中量出,也可以根据下式计算

$$m = \frac{\lg S_2 - \lg S_1}{\lg Q_2 - \lg Q_1} \tag{8-5}$$

上式需满足 $1 < m \leq 2$,得 lg$q$ 即可查出 q 值。

② 当 $S = f(Q)$ 曲线能在图8-3坐标上展成直线时,可采用抛物线关系式计算单位压力流量

$$q = \frac{\sqrt{a^2 + 4bS} - a}{2bS} \tag{8-6}$$

式中 a、b 值可以从图8-3中量得,也可用下列公式计算

$$b = \frac{Q_1 S_2 - Q_2 S_1}{Q_1 Q_2 (Q_2 - Q_1)} \tag{8-7}$$

$$a = \frac{S}{Q} - bQ \qquad (8-8)$$

求 a 所用的 Q、S 值，可采用任一压力阶段的数值，但两者必须属于同一压力阶段。

③ 当 $S = f(Q)$ 曲线能在半对数坐标上展成直线（见图 8-4）且 $m > 2$ 时，单位压力流量 q 值可由图 8-4 中量出，或按半对数关系式算出。

$$q = \frac{\sum_{i=1}^{n} Q_i - b \sum_{i=1}^{n} \lg S_i}{n} \qquad (8-9)$$

式中 b 值可以从图 8-4 中直接量得，也可以用下式计算：

$$b = \frac{Q_2 - Q_1}{\lg S_2 - \lg S_1} \qquad (8-10)$$

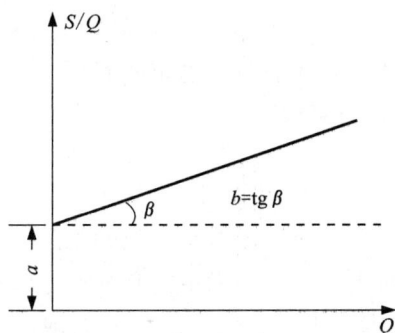

图 8-3　$S/Q - Q$ 关系曲线图　　　　　图 8-4　$\lg S - Q$ 关系曲线图

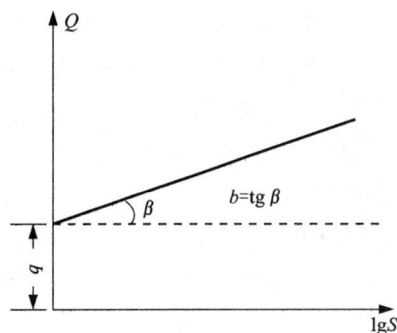

（3）计算单位吸水量　　根据以上各式求出单位压力流量后，再按下式求取单位吸水量。

$$W = \frac{q}{L} \qquad (8-11)$$

式中：W 为单位吸水量，$\mathrm{L/(min \cdot m^2)}$；$q$ 意义为同前；L 为试段长度，m。

（4）计算渗透系数　　计算出单位吸水量后，可近似地计算岩层渗透系数 K。

1）当试段底部距隔水层之厚度大于试段长度时：

$$K = 0.525 W \lg \frac{0.66L}{r} \qquad (8-12)$$

2）当试段底部距隔水层之厚度小于试段长度时：

$$K = 0.525 W \lg \frac{1.32L}{r} \qquad (8-12)$$

8.3.5　坑道疏干放水试验

8.3.5.1　试验目的

（1）水文地质勘探　　已进行过水文地质勘探的矿床，在基建过程中发现新的问题，需要进行补充勘探。此时，水泵房已建成，可以把工程布置在坑内，以坑道放水试验代替地面水文地质勘探计算矿坑涌水量。

（2）生产疏干　　以矿床地下水疏干为主要防治水方法，矿床水文地质条件比较复杂时，在疏干工程正式投产前，选择先期开采地段或具有代表性的地段，进行放水试验，了解疏干时间、疏干效果，核实矿坑涌水量。

8.3.5.2　放水试验工作

（1）工程布置

1）以水文地质勘探为目的的放水试验，主要根据勘探目的布置工程，选取具有代表性的地段，工程可布置在矿一个水平或两个以上的水平坑道中，规模较大的放水试验，地面要设置观测孔，坑内设置压力观测孔。

2）以生产疏干为目的的放水试验，工程布置结合疏干进行，主要在先期开采地段，选取一个开采水平进行试验。坑内设压力观测孔，地面也要布置观测孔。

（2）放水孔的技术要求

1）孔径。孔径的大小与含水层含水性、孔深、井下排水能力、钻机性能、设计的放水量等有关系。一般终孔直径不小于 89 mm。开孔孔径可根据终孔直径扩大级数。

2）孔口止水与安全装置。坑内放水试验大都是在高压水头下进行的，因此一般都要下孔口套管和安装孔口安全装置，以便有效地控制水量。孔口管的长度为 5 ~ 10 m。孔口管壁外要用水泥封固，必要时进行打压试验，水平孔如遇破碎岩石要在巷道迎头砌筑防水墙并注浆加固。

（3）试验工作

1）放水试验的落程。一般情况下进行三个落程，最大降深 S_3 等于 $\frac{1}{3}$ ~ $\frac{3}{4}H$（H 为放水孔孔口至放水前稳定水位的水柱高度），或等于最大放水量时的降深，且 $S_2 \approx \frac{2}{3}S_3$，$S_1 \approx \frac{1}{3}S_3$，落程的变换主要靠控制放水量调节。

2）稳定延续时间。稳定延续时间的确定，通常当 $Q—S$ 的历时过程曲线都有规律的变化（均趋于相对稳定）时，作为终止放水试验的标准。大致需要 20 天左右的时间，在实际工作中应注意：小区域或局部放水试验时，稳定延续时间可以短些；矿山模拟疏干试验时，稳定时间应长一些；补给量充沛时，稳定时间可短些；受降水影响明显时，放水稳定时间应长些；岩溶通道随放水疏通时，放水稳定时间应长些。

3）稳定标准，与抽水试验相同，参阅 8.3.3。

（4）试验观测工作

1）放水试验前静止水位、水压的观测。在放水前，地面所有观测孔都应进行静止水位的观测。一般地区每小时观测一次，当三次观测数字相同或 4 小时内水位差小于 2 ~ 4 cm 时，可视为稳定。坑内压力观测孔水头压力要同地面观测孔水位一样作相应的观测，并将两者观测结果进行对比或校核。受潮汐影响的地区，需测出两个潮汐日周期（不少于 25 h）的最高、最低和平均水位资料。如高低水位变幅小于 0.5 m 时，取两者平均值为稳定水位。

2）涌水量观测。流量的观测可以采用堰测法、流速仪法或水表记录水量。水量观测时间间隔，由密到疏，开始每 5 ~ 10 min 测量一次，然后根据稳定程度改为 15 min 或 30 min 测量一次，基本稳定后，改为 1 h、2 h、4 h、8 h 一次。

3）动水位观测。放水中心孔动水位（压）和中心地段水位反应灵敏的观测孔水位的观测次数与涌水量同时观测。

4）水温观测。井下水温一般变化不大，放水开始时，每 2 h 测一次，后期可与涌水量同时观测。

5）恢复水位观测。放水结束后，必须进行恢复水位、水压全过程观测。开始时，中心孔每 1、3、5、10、15、30，…，(min) 观测一次，待基本稳定后，每 1，2，4，8 h 观测一次，直至完全恢复为止。其他观测孔可根据放水时水位下降灵敏程度分别确定。

（5）资料整理

1）编制放水试验成果表（水位值换算标高、验算涌水量等）；

2）绘制放水试验工程平面图；

3）绘制放水钻孔水文地质综合图表；

4）绘制放水试验降落漏斗图；

5）绘制 Q、$S - t$ 过程曲线；

6）绘制 $Q = f(S)$ 关系曲线图；

7）计算矿坑涌水量，编写放水试验总结报告。

8.3.6 连通试验

8.3.6.1 连通试验的目的

（1）查明断层带的隔水性，证实断层两盘含水层有无水力联系；

（2）查明断层带的导水性，证实断层同一盘的不同含水层之间有无水力联系；

（3）查明地表可疑的泉、井、地表水体、地面潜蚀带等同地下水或矿坑出水点有无水力联系；

（4）查明河床中的明流转暗流的去向及其与矿坑出水点有无水力联系；

（5）检查注浆堵水效果并研究岩溶地下水系的下述问题：

1）补给范围、地下水的分水岭、补给速度、补给量与相邻地下水系的关系；

2）径流特征，实测地下水流速、流向、流量；

3）与地下水的转化、补给等关系；

4）配合抽水试验等，确定水文地质参数，为合理布置供水井提供设计依据；

5）查明渗漏途径、渗漏量及洞穴规模、延伸方向以及为截流成库、排洪引水等工程提供依据。

8.3.6.2 试验段(点)的选择原则

（1）断层两侧含水层对接相距最近的部位；

（2）根据水文地质调查或勘探资料分析，认为有连通性的地段(点)。

（3）针对专门的需要进行水力连通试验的地段(点)。

8.3.6.3 连通试验的方法和要求

连通试验除水位传递法和气体传递方法外，常用的主要方法是对地下水的示踪，即将已选择好的示踪物投放到一定层位或部位的地下水（或地表水体）中，让它跟随地下水共同运动，然后在预定接收点或观测点取样检测，从示踪物的异常及出现的时间和动态变化，了解水力连通情况和其他有关问题。

示踪法主要包括染色示踪法、化学剂示踪法、放射性同位素示踪法、环境同位素法，可用于断层带连通试验、矿坑涌水点连通试验，以及岩溶地区地下水系连通，实测流向、流速、流量、地表水与地下水的转化等，见表8-4、表8-5、表8-6。

表8-4 染色示踪剂用量表

示踪剂名称	适用条件	每流10m路径需投放的干颜料/g				投放方法	检测方法及仪器
		黏土岩	砂质岩	裂隙岩	岩溶化岩石		
荧光红	碱性水，防止混浊	5~20	2~10	2~20	2~10	投放方法有两种：（1）将装有示踪剂溶液圆桶放入预定深度，松开筒底活门注入；（2）将带两个孔的圆桶（圆桶上部小孔接胶管至地面）放到预定深度沿胶管注入	用荧光比色计或荧光分光光度计比色，确定染料的存在及其浓度或自配不同浓度的溶液装入比色管，进行比色测定
荧光黄		5~20	2~10	2~20	2~10		
伊红		5~20	2~10	2~20	2~10		
原藻色红	弱酸性水，防止混浊	10~40	10~30	10~40	10~40		
刚果红		20~80	20~60	20~80	20~80		
亚甲基蓝		20~80	20~60	20~80	20~80		
苯胺蓝		20~80	20~60	20~80	20~80		
猩猩红		10~40	10~30	10~40	10~40		

表8-5 化学示踪剂用置表

原理	示踪剂			检查方法	备注
	名称	投放孔与观测孔间距/m	投放重量		
通过化学分析确定盐分在观测孔出现的时间及其浓度的变化	氯化钠	>5	1000~1500 kg	容量法和电化学法	投放示踪剂的方法同前表。硝酸盐示踪剂灵敏度高，具有一定毒性。氯化铵要防止吸附。氯化钠只用于低矿化水
	氯化铵	<3	3~5kg	比色法或电化学法	
	亚硝酸钠	>5	使水中含NO_2^-<1 mg/L	比色法	
	硝酸钠	>5	使水中含NO_3^-<50 mg/L	比色法	

表 8 - 6　放射性同位素示踪剂用量表

原理	示踪剂			基本操作方法	鉴别方法
	名称	投放孔与观测孔距离/m	投放数量/mCi*		
利用仪器检测确定示踪剂通过观测孔的时间	氚(^{3}H)碘(^{131}I)溴(^{82}Br)钠(^{24}Na)硫(^{35}S)	流速为 10^{-2} ~ 10^{-5} cm/s 时，间距为 1 ~ 50 m 供水地区不能用	一般应使放射源强度达到 10 ~ 15 mCi^{131}I	将示踪剂投入中心孔，然后在观测孔用由一组 Cr - M 计数管作为探头和标定器（或计数率计）组成的探测设备，定期将放射性计数记录下来	以放射源强度随时间变化曲线最高值在时间坐标上的投影为示踪剂通过观测孔的时间

*1 Ci = 3.7×10^{10} Bq

8.3.6.4　资料整理

（1）绘制试验段（点）的水位、水温、水量和示踪剂浓度变化历时曲线。

（2）对曲线的各种形态和现象，结合区域或矿床水文地质资料进行合理的水文地质解释与定量计算。

（3）绘制试验得出的地下连通平面图或岩溶地下水系分布图。

（4）绘制试验段投放孔（点）至矿坑涌水点之间的水文地质剖面图。

（5）简要文字报告（或总结），其内容包括：试验目的和任务，试验段（点）平面位置的选择，试验段（点）的水文地质条件，试验采用的方法，对试验结果的评述，经验教训及对试验成果利用的建议等。

8.3.7　水文地质物探

8.3.7.1　视电阻率法

视电阻率法按其着眼于对象的方式和观测方式的不同，分为电测深法和电测剖面法两大类。

（1）电测深法原理：在图 8 - 5(a) 的剖面上，对固定的测点 O 铺设电极装置。若逐次改变极距 L 作多次观测，则每一个极距得一相应的 ρ_s（视电阻率）。以 $\lg L$ 为横坐标，以 ρ_s 为纵坐标，将各数据投在双对数纸上并连成光滑曲线，如图 8 - 5(b) 所示，此曲线叫该测点的电测深曲线。

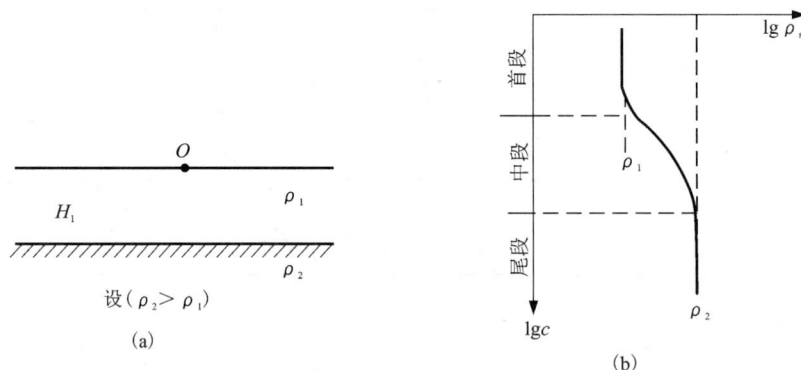

图 8 - 5　电测深原理
(a) 地电剖面；(b) 电测深曲线

1）曲线首段，$L \ll H_1$ 电场集中在 ρ_1 层内，与"遥远"的 ρ_2 层无关。观测似在均匀无限 ρ_1 层中进行，见图 8 - 6(a)，故 ρ_s—ρ_1 曲线在 ρ_1 渐近线附近。

2）曲线中段，L 与 H_1 可相比拟：随 L 增大和电场加深，H_1（相对 L）不断变薄，电场进入 ρ_2 层的分量相对增加［见图 8 - 6(b)］，ρ_s 便随 L 先是接近 ρ_1，然后趋向 ρ_2，曲线中段上升。

3）曲线尾段，$L \gg H_1$，H_1 如"薄膜"可以忽略，观测似在均匀 ρ_2 层中进行［见图 8 - 6(c)］，$\rho_2 \approx \rho_2$，曲线向 ρ_2 渐近。

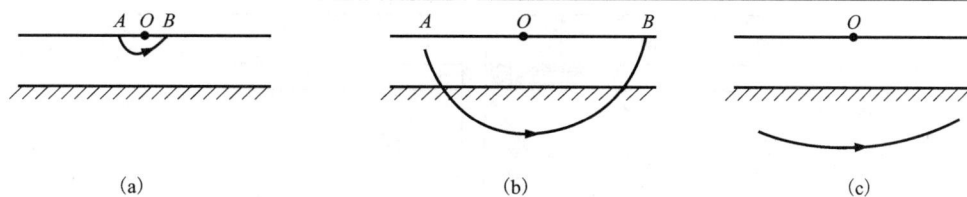

图 8 - 6 观测极距与勘探深度及视电阻率的关系

(a)$L \ll H_1$ 观察孔仅与ρ_1 相关,$\rho_s \approx \rho_1$；(b)L 与H_1 相当,观测与ρ_1、ρ_2 同时

有关,ρ_s 在ρ_1、ρ_2 之间变化；(c)$L \gg H_1$,观测仅与ρ_2 有关,$\rho_s \approx \rho_2$

4）曲线首段的长度与剖面上的厚度 H_1 相应,曲线中段的陡度与 ρ_2/ρ_2 相应。

上例表明,ρ_s 随 L 的变化,反映了测点下岩层电性及构造随深度的变化,因此,对同一测点,以逐次改变电极距观测 ρ_s 变化来间接了解剖面沿纵深变化的方法,称电测深法。

（2）电剖面法的原理：在图 8 - 7 下侧的剖面上,若选定极距 L,沿测线整体挪动装置逐点观测,则每测一点得一 ρ_s。以测线为横坐标,ρ_s 为纵坐标,将数据投在各测点上方连成折线（见图 8 - 7 上侧）,称该曲线为（以特定 L 为极距的）视电阻率剖面（或电剖面）。设其为一个具有直立分界面的剖面,上下剖面（电剖面与地质剖面）有如下对应规律：

1）曲线左段。装置位于 ρ_1 层上且 $L \ll \overline{OP}$ 时：因 ρ_2 层离电场（装置）尚远,观测似在均匀无限 ρ_1 层中进行。故曲线在 $\rho_s \approx \rho_1$ 附近。

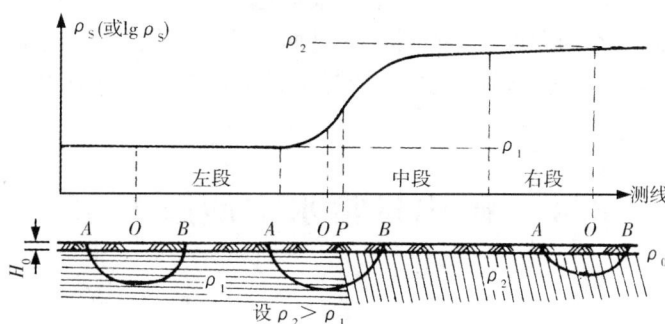

图 8 - 7 电剖面原理

2）曲线中段。装置位于 ρ_1、ρ_2 分界面附近时,随装置自左至右移动,电场从 ρ_1 层移往 ρ_2 层,相应 ρ_s（粗略地说）将从接近 ρ_1 之值趋向 ρ_2 之值,故曲线向右上升（设 $\rho_2 > \rho_1$）。

3）曲线右段,装置位于 ρ_2 层上,且 $L \ll \overline{OP}$ 时,因 ρ_1 层已远离电场,观测似在均匀无限 ρ_2 层中进行。故曲线以 $\rho_s \approx \rho_2$ 渐近线而趋向 ρ_2。

4）曲线拐点与 ρ_1、ρ_2 分界面位置相对应。

上述表明,ρ_s 沿测线的变化,反映了（与 L 相应的）某深度以上,岩石电性及构造沿测线的变化。因此,用固定电极装置,以逐点观测 ρ_s 变化来间接了解地质剖面沿测线变化的方法称为电剖面法。

8.3.7.2 充电法

在条件适合的地方,用充电法可以测定地下水的流向、流速,如图 8 - 8 所示当钻孔揭露了某一含水层时,若要测定地下水的流向与流速,可在钻孔中放下一个带孔的食盐口袋,食盐将不断地被地下水溶解而带入含水层,于是在钻孔周围的含水层中便形成一个沿水流方向延伸的电解质低阻带。这个低阻带的前缘随着地下水不断地向前推移,而移动的速度和水流速度大致相等。如果在放食盐的同时,放入一个供电电极 A,另一个供电电极 B 放在"无穷远"处（与钻孔的距离等于含水层深度的 10 ～ 20 倍）,通电后电流便从 A 穿过电解质低阻带流向大地。因电流流过电解质低阻带时不产生电位降,故低电阻带在电场中呈一等位体。而体内的电位与 A 相等,而体外的电位则随距低阻带的距离增加而下降。在地面上观测等位线随时间的位移,然后根据其位移的方向判定地下水的流向,根据其位移的速度计算地下水的流速。

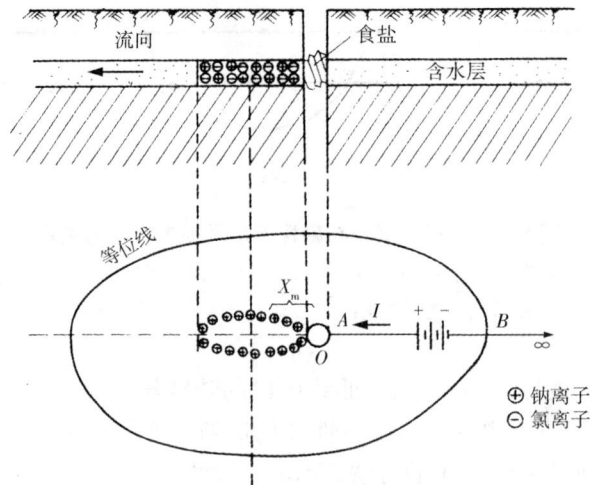

图 8 - 8　电剖面原理

上：充电前剖面图，良导区呈中性，空间无电场

下：充电时平面图，地面上形成椭圆形等电位线

8.3.7.3　流量测井法

根据水动力学原理，对孔（井）抽水或注水时，可使所揭露的含水层涌水（吸水）状态发生变化，这种变化必然会使孔（井）内的水沿钻孔作垂向运动，流量测井就是根据这一原理用一种可以自由转动的、能够产生电讯号的计数仪器（叶轮）放在孔内测量不同深度位置的流速，进而计算其流量。因为水的流速和叶轮单位时间内旋转的次数成正比，因此根据叶轮单位时间旋转的次数和通过井径测量求得的钻孔截面积，就可获得钻孔内任一截面水的流量值。

8.4　矿山日常水文地质工作

8.4.1　气象观测

矿山附近有气象站可定期向气象站收集必要的气象资料。收集的主要内容有：年降水量，历年月降水量，历年的日、1 h 和 10 min 最大降水量，一次连续最大降雨量和一次连续最长的降雨时间及其降雨量；蒸发量、气压、气温、相对湿度和风向、风速。

矿区水文地质条件复杂，受气候影响较大，附近无气象站可以提供资料时，要建立简易气象站。气象站场地选择在四周空旷、平坦而不受局部地物影响的地方。仪器与四周障碍物的距离应大于仪器口与障碍物相对高差的两倍。观测场地面积不少于 4×6 m² 为宜，避免建站于房顶、山顶、陡坡或洼地内。

观测项目的选择要考虑矿山发展的需要，常用的项目主要有降雨量与气温的观测；其次是蒸发量、相（绝）对湿度、气压和风速、风向等。

8.4.1.1　降雨量观测

（1）降雨量观测尽可能采用自记雨量计，月降雨量计量以每日早 8 时为日分界。

（2）降雨量记录精度精确至 0.1 mm，不足 0.05 mm 的降水不作记载。

（3）资料整理：每月要统计、登记月降水量、降水日数、一日最大降水量，每年编制日降水量直方图、日降水量统计表，并提供有代表性的不同历时暴雨过程曲线、降雨强度、暴雨频率等资料。

8.4.1.2　蒸发量观测

一般矿区不必开展这项工作，但在露采矿山或受气象条件影响较大的矿山要作蒸发量观测。为了采用水均衡场的方法校核涌水量，作水量均衡研究时，在矿山基建阶段矿区要进行蒸发强度的观测。

（1）观测仪器：矿山一般使用口径 80 cm 的蒸发器为宜，仪器安装时器口保持水平，安放位置高出地面 0.7 m，附近无遮挡物。

（2）观测方法：蒸发量测量可用容量法或称量法，测定工作通常在每日上午8时进行，蒸发用水要保持清洁。观测精度需测量至0.1 mm为宜。

（3）资料整理：以80 cm蒸发器的测量结果，按下式计算日蒸发量（E）

$$E = (h_\lambda - h_出) - P \tag{8-14}$$

式中：P为每日的累计降水量，mm；h_λ为加入的水深，mm；$h_出$为吸出的水深mm；

当蒸发量出现负值时，一律作"0"处理。

8.4.1.3　气温观测

（1）观测仪器：一般采用DWJ型双金属温度计较为方便。

（2）观测要求：仪器要放在小型百叶箱内，以防止阳光直接照射；为了避免双金属温度计记录失真，需用标准温度计（精度达0.2℃）定期进行校核。精度要求一般达到±1℃。

（3）资料整理：记录每日最高、最低温度，求算日平均温度，并标记在"矿区水文地质动态变化曲线图"上。

8.4.1.4　相（绝）对湿度观测

一般配合矿区蒸发量进行测量，仪器以DHJ1-1型湿度计为宜，观测精度应达到±5%。

8.4.2　水文观测

8.4.2.1　水文现测站的建立及要求

（1）对矿坑充水有密切补给关系，对矿山开采有直接影响或供水排水有关的山溪、河流、湖泊或水库，需建站进行长期水文观测工作。

（2）测站的数量以满足控制矿区或塌陷渗漏区流入量和流出量的要求为原则。

8.4.2.2　测站位置的选择

（1）需作径流流量观测的水流，对于小流域的矿区，测站应选择在地质构造有利于地下径流泄流的河段后，对于汇流面积广、流量大或地面积水多的矿区，测站可根据防渗的要求布置。

（2）用河床断面流速法测量流量的河段，要求河道顺直，河床稳定，控制条件良好，无阻流杂物，水流集中而无回水现象，水位与流量关系稳定，有利于简化观测工作。在用水堰测定流量的河段，要求来水流速不大于0.5m/s，且有形成非淹没式自由流所需的落差条件。

（3）需进行水位观测的湖泊、水库及河流，测站应选择在岸坡稳定、水位有代表性且便于观测的地方。

（4）测站应埋设断面标志桩、断面桩、基线桩及固定水尺。水尺的零点或校核水位基准点的标高，应作不低于三等水准测量。

8.4.2.3　水文观测的方法和要求

（1）径流流量观测

1）测量方法有流速仪法、浮标法或水堰测量法等。

2）主要观测仪器有L_s25-1型旋浆式流速仪及L_s68-2型旋杯式低流速仪。前者适用于常年径流量较大的河段，后者适用于断面宽、流速小的河段。条件允许的测站尽可能构筑薄壁堰、实用堰或宽顶堰。

3）观测次数应根据控制水流历时变化特征的需要来确定。对水位与流量已有稳定函数关系的测站，每年观测不小于15次。对于每次较大的洪水过程，观测次数不少于3~5次。

4）测量成果包括：测站实测成果统计表，垂直流速分布曲线图，水道断面和流速横向分布图，年流量变化曲线图及渗漏对比测站流量变化曲线。

（2）水位观测

1）水位观测可用水尺或自记水位计观测。

2）观测精度要求达到0.01 m。用水尺测量时，每日要在同一时间观测，用自记水位计测量时，每周要检查一次。

3）整理观测结果时，对记录要进行订正，然后对全月没有代表性的日水位变化进行摘录。统计平均水位、推算流量工作，并编制年水位变化历时曲线图和计算测站间的水位比降。

（3）水质观测：地表水水质长期观测的目的在于监测矿区的生活和工业供水水源的水质变化情况，研究和处理矿山开采后的废水废渣对地表水系和环境污染问题。

水质分析项目,应根据矿区实际需要确定。作水质背景调查时应采用全分析;正常观测时可在简分析的基础上结合矿区实际情况增加特殊项目。

8.4.3 泉动态观测

对矿区范围内或矿区附近分布的泉水出露,若与矿区地下水有水力联系,应进行泉动态观测。定期测量水位、水温、水量和取水样进行水化学分析。

水位观测可在泉边设置观测孔,采用电测水位记或自计水位计观测。

(1)水量观测

1)流速仪法:在泉水出水口有明渠时,选择顺直的渠段,用流速仪测量断面上各点流速,计算流量。

$$Q = \Sigma f_i V_i \qquad (8-15)$$

式中:f_i 为测流断面分割的面积,由相邻测深线的平均值与其间水平距离相乘而得;V_i 为相应部分的平均流速。

2)浮标法:泉水出水口有明渠时,选择顺直的渠段投掷浮标,径向观测后按下式计算水流量 Q

$$Q = K \cdot A \cdot V \qquad (8-16)$$

式中:K 为浮标系数;A 为水流断面积(m^2);V 为水面流速(m/s)。

$$V = \frac{L}{t} \qquad (8-17)$$

式中:L 为上下断面的距离,m;t 为浮标流经上下断面的历时。

一般河道 $K = 0.8 \sim 0.9$,普通渠道水深为 $0.3 \sim 1.0$ m 时,$K = 0.55 \sim 0.75$,长满草的土渠中,$K = 0.45 \sim 0.65$。

8.4.4 地下水位动态观测

地下水位观测点,应以水文地质观测孔为准,并尽量利用已淹没的废井筒、不常用的水井、与含水层有水力联系的岩溶落水洞和落水井等。

8.4.4.1 观测点的布置

观测点的分布须满足矿区观测网的设计要求,一般情况下其布置应满足如下要求:

(1)组织矿区观测网的观测剖面一般呈放射状布置,观测网至少有 2 ~ 3 条剖面。每条剖面上的观测孔至少有 3 个。

(2)剖面上的观测孔孔位可分为四类。

1)采区边缘孔。钻孔布置于相距开采边界为 50 m 的地段以内,分期开采或露采阶段下降时,可利用上部坑道或露采的台阶重新布孔,使边缘孔不致远离深部矿体的开采边界。当采区与不均匀含水层接触的边界较长时,除在观测剖面上设计边缘孔外,还需沿边界加密钻孔。

2)中圈孔孔位布置在勘探或设计所预测的疏干漏斗水力坡度发生转折的地段,以便掌握漏斗形态的变化情况和补给方向的改变情况。

3)外围孔分布于补给边界和影响边界附近,以掌握降落漏斗扩展方向及预测塌陷区的扩展范围。

4)安全监测孔的孔位可根据塌陷区的安全问题,不稳定的补给区和起阻水作用的重要构造、岩脉、岩层等隔水边界的分布状况来确定。

8.4.4.2 观测孔和观测点的质量要求

(1)孔内水位的水头压力传导应是灵敏的,通常可以利用抽水试验和压水实验检验。钻孔抽水单位涌水量大于 0.1 L/(s·m),注水单位吸水量大于 0.5 L/(s·m)或注水水头提高 1 m 后,水位能在 2 小时内完全恢复的孔(井)才能作为长期观测孔(点)。

(2)观测孔必须保证所揭露的漏水、涌水位置低于疏干期最大水位降深。靠近疏干钻孔泄水点的观测孔,必须保证在泄水点的标高以下,仍揭露出透水性良好的岩溶、裂隙等漏水段。

(3)观测孔孔斜每 100 m 不大于 2°。

8.4.4.3 水位观测的装备和观测要求

(1)有条件的矿山,对重要观测点尽量采用自记水位计进行观测;一般观测点采用电测水位计。测水导线宜采用伸缩性较小的钢铜绞合聚乙烯绝缘电线(如 HWJV4/0.3 型野外通讯线等)。

(2)水位观测自记站每半月实测水位和走时校核误差一次;人工观测可根据实际情况安排观测次数。

8.4.4.4 地下水位观测资料的整理

(1)原始记录资料的整理:分别建立每个测点的观测记录本,系统登记水位、埋深及标高、水位变化幅度及该站出现的各种事件。

(2)水位观测提交的资料有:钻孔水位变化曲线图、矿区地下水等水位线图、疏干漏斗剖面图等。

8.4.5 地下水流量动态观测

(1)涌水量较大的矿区或矿坑水对自然环境造成严重污染的矿区,应进行矿坑排水流量或矿坑总涌水量的长期观测。采用多组水泵排水,流量大于 500 m^3/h 的矿井,尽量采用自动记录的测站进行连续观测。对于流量较小的矿井,可采用水泵排量法统计矿坑涌水量,对水泵的排量要定期测定。

(2)矿区采掘范围内的涌水,均需进行涌水点流量观测。流量小于 0.5 L/s 的涌水点,可在矿区汇流地段合流测量。根据涌水点流量的稳定情况,观测工作分为短期观测和长期观测两类。

1)短期观测:各项采掘工程施工中新出现的突水点、雨季时涌水量剧增和重现的旧涌水点,以及地层岩性不稳固而未搞好安全处理的涌水点等,要进行短期观测,以便确定其补给状况和发展的趋向。观测期限一般 5～10 天。对于严重威胁矿井安全的涌水点,在安全措施尚未生效以前,应加密观测。15 天后涌水量无明显减少时,转为长期观测。短期观测要填写涌水点登记卡,详细记录出水点位置,出水原因,水量历时变化情况及处理措施等;

2)长期观测:凡采掘和井下钻探工程中的重要涌水点,各中段水仓入口,水砂充填区的析水汇流点、全坑总排水出口,应设长期观测站。

(3)矿坑涌水量观测方法:长期观测站尽量采用固定的薄壁堰进行观测,短期观测点使用流动堰槽或容量法、射程法、浮标法等进行观测。

(4)流量观测站及主要出水点的位置需编号上图,并建立台账,登记其位置、层位、发生涌水的日期、涌水方式、初始流态特征、水量变化情况、测流方法、测量工具的规格和其他有关事项等。测站、涌水点干涸或废除,应说明原因,并作好记录。

8.4.6 地下水化学成分动态观测

8.4.6.1 矿区地下水化学成分动态观测的任务

地下水化学成分动态观测是为了研究矿床开采时人为因素对地下水化学成分的影响。观测工作的项目和任务要根据矿山的水化学特征和生产的具体要求而定。其主要任务有:

(1)研究各种水源对矿坑充水的补给关系,查明补给水源和补给途径的变化,为矿坑防治水提供设计依据。

(2)研究矿坑水的侵蚀作用,为井巷建筑物、机械设备等的防蚀工作提供资料。

(3)观测矿区供水水源水质变化,为保护水资源提供资料。

(4)研究地下水中有用组分和有害组分的含量变化情况,为矿坑水的综合利用或防止环境污染提供依据。

8.4.6.2 水质观测网测点的选择

主要取决于井下涌水点的分布,地面钻孔、井、泉的位置,以及它们所代表的含水层的层位。构成观测网的水样采集点应包括下列位置:

(1)矿坑排水管的总出口;

(2)涌水量达到全矿坑涌水量5% 以上的长期涌水点,采样布置力求均匀分布;若矿坑涌水点过于分散,所揭露的主要含水层内,至少布置 3 个取样点,次要含水层则可布 1～2 个取样点;

(3)水砂充填和水力采矿场的汇流水沟;

(4)有异常的涌水点和地热异常涌水点;

(5)位于矿坑充水主要径流方向上的地面钻孔;

(6)矿坑内疏干钻孔,矿内用于供水的专用水源。

8.4.6.3 水样采取

(1)采取钻孔水样时,必须抽出或排放孔内积水,待含水层的水进入钻孔后再取。采取井水样时,要取当时开泵抽出的新鲜水。采取泉水样时，应在泉口外采集。

（2）一般情况下采集量为：简分析500～1000 mL；全分析2000～3000 mL；综合特殊项目分析5000 mL；细菌检验500 mL。

（3）盛水容器的选择，盛水容器最好选用无色带磨口塞的硬质玻璃细口瓶，某些单项金属元素分析水样其盛水器皿可采用聚氯乙烯塑料桶。水中有多量油类或其他有机物时，选择玻璃瓶为宜，测定微量金属离子时，绝不可用金属瓶。细菌检验的盛水容器，应进行灭菌处理。

（4）水样取好后，立即用石蜡封好瓶口，贴好标签。标签内容包括：取样单位、取样编号、取样地点、取样时间、取样种类、取样时的水温、气温、颜色、气味、口味、分析项目、取样人姓名。标签上涂一层石蜡，防止字迹褪色。

8.4.6.4　水质分析项目

根据生产需要而定，在长期水质观测中，分析项目要保持稳定，一般要求分析的种类有：

（1）全分析：水色、水温、气味、口味、浑浊度或透明度、pH；K^+、Na^+、Ca^{2+}、Mg^{2+}、NH_4^+、Fe^{2+}、Fe^{3+}、Pb^{2+}、Zn^{2+}、Cu^{2+}、Mn^{2+}、Cd、As、Al^{3+}、Hg、Bi、Se、放射性U、Ra、Rn；Cl^-、SO_4^{2-}、CO_3^{2-}、HCO_3^-、NO_2^-、NO_3^-；游离CO_2、侵蚀CO_2、总硬度、永久硬度、暂时硬度、可溶性SiO_2、耗氧量、干固残余物。

（2）简分析：水色、水温、气味、口味、浑浊度或透明度，pH；K^+、Na^+、Ca^{2+}、Mg^{2+}、Cl^-、SO_4^{2-}、HCO_3^-、CO_3^{2-}；游离CO_2、耗氧量、总硬度、碱度、永久硬度、侵蚀CO_2、总矿化度。

生活用水：水色、水温、口味、气味、浑浊度或透明度、pH、肉眼可见物；Fe、Mn、Cu、Pb、As、Se、Hg、Cd、Cr（六价）、氟化物、氰化物、放射性物质；Cl^-、SO_4^{2-}、HCO_3^-、CO_3^{2-}、NO_2^-；挥发酚类、农药（DDT、乐果等）、阴离子合成洗涤剂、游离性余氯；耗氧量、溶解氧、细菌总数、大肠菌类。

（4）工程用水：pH、重碳酸盐碱度、游离CO_2、Ca^{2+}、Mg^{2+}、Cl^-、SO_4^{2-}、总硬度、暂时硬度、永久硬度。

（5）特殊项目分析：能反映矿区地下水化学特征的某项元素或多项元素组合的项目，需根据矿区变化规律确定。

8.4.6.5　资料整理

（1）将分析结果填入水质分析报告书，每个观测站的报告书要按站点分类，按年装订成册。

（2）每次分析结果应评定出它的水质物理化学类型，并编成卡片。

（3）观测网的水质分析成果表示方法要统一，通常采用"库尔洛夫式"表示。

（4）每次分析结果应按主要离子成分编绘出水化学玫瑰图。

（5）每年按测点（站）分析结果编制测点水化学成分变化曲线图。

（6）每个测点周期按长期观测网和观测剖面作1:2000～1:10000的矿区水化学特征分布图，水化学剖面图及标志元素含量等值线异常变化分布图。

（7）每年度应提交矿区水化学观测报告书。

8.4.7　矿坑突水的预报和预防

8.4.7.1　矿坑水害的类型

常发生的矿井水害基本上有以下几种类型：

（1）地表水溃入矿坑：位于矿区地表的江河、湖泊、水库、沟渠、坑塘、池沼等地表水体，一旦有通道渗漏补给矿体顶底板含水层或直接流入矿坑，都会造成重大的危害矿井安全的水害事故。

（2）冲积层水害：矿层被含水的流砂层、砂层、砾石层等第四系松散层所覆盖。通过构造破碎带，钻孔等溃入矿坑，造成水害。

（3）岩溶水水害：北方矽卡岩型磁铁矿床大都以奥陶系石灰岩为顶板，南方茅口灰岩也常为矿床顶底板，往往岩溶都很发育，含水丰富，一旦岩溶水突入井下，就会出现严重的矿坑水害。此外南方还有破坏性很大的岩溶塌陷。

（4）断层带水害：一般的断层带含水所造成的水害事故危害较小，但断层沟通地表水体或奥陶系灰岩、茅口灰岩等强含水层时，往往会造成淹井事故。

（5）钻孔水害：因钻孔封孔质量不佳，钻孔穿过了数个含水层，当采矿工作面揭露这种钻孔时，造成大量涌水，危害矿坑安全。

8.4.7.2　水害预报

所谓水害预报就是矿山水文地质专业人员树立以防为主的指导思想。根据年、季、月采掘计划，按地点进行水害因素的分析和研究，认真检查水害项目，按"及时、全面、可靠"六字标准，预先提出水害预报和处理措施报有关部门，并按时督促防治水害措施的实施。

8.4.7.3　水害预防

（1）防钻孔水害：查阅穿过强透水层、矿层的钻孔封孔报告、资料，判定钻孔封孔质量的可靠性。对封孔不良的钻孔，要建立台账，并在回采前采取措施进行处理。在地表重新套孔、扫封。井下揭露的钻孔要及时封堵。

（2）防断层水：查清断层产状、断层性质和破碎带的范围，分析断层带的充水条件。作地质剖面图，分析采掘工作面和断层带在空间上的相互关系。坚持有疑必探，先探后掘。当井巷穿过可能导水的断层时，要及时砌碹灌浆。

（3）超前探水放水：矿区范围内有含水断层、含水层以及封孔不良的充水钻孔等，当采掘工作接近这些水体时，可能发生地下水突然涌入矿坑的事故。为消除隐患，要求在采掘过程中采取超前探水放水的方法，探明情况，根据水量大小有控制地将水放出，然后进行采掘以保证安全生产。在以下情况下需要进行超前探水：

1）采掘工作面接近老空区或老采区积水时；

2）巷道接近含水断层时；

3）巷道掘进接近或需要穿过强含水层时；

4）采掘工作接近未封或封闭不良的导水钻孔时；

5）采掘工作面有明显的出水征兆情况等。

8.4.8　水文地质现场调查与填图

矿山水文地质调查是直接为矿山防治水服务的，是防治水的基础工作，也是矿山水文地质日常工作的主要内容。

8.4.8.1　采掘过程中的水文地质调查

随着采掘工程的进展，对所暴露的含水层、隔水层、断层、岩溶及与工程地质有关的现象进行调查、记录和填图。

（1）断层及其水文地质特征的调查：断层的产状要素、宽度；断层的力学性质；两盘岩性特别是含水层的岩性、厚度、破碎程度、压力水头及水理性质；断层带充填物的含水性、导水性及隔水性；断层带与地表水体或强含水层沟通情况、出水情况和出水方式、出水部位；水的物理、化学性质；断层水的实测流量及变化趋势；对断层水水源的初步判断等，并对各项调查结果应一一记录和填图。

（2）出水点（突水点）的调查

出水时间要填写年、月、日、时、分；详细记录出水点的位置、出水层位、出水点水压、标高、出水形式；记录初始水量、最大水量、稳定水量，对出水量要定期观测；要对水源作出分析。一些出水点特别是代表性的出水点或水源不清的出水点，应取水样进行水质分析；出水点的水文地质剖面图和简易地质柱状图应将含水层、隔水层以及出水前的水位加以标注；出水前的征兆以及相关因素的变化应如实记录，并根据记录的内容，进行综合分析。

8.4.8.2　岩溶现象的调查

我国岩溶类矿床很多，而这些岩溶类矿床的岩溶现象是多种多样的，诸如岩溶泉、溶沟溶槽、漏斗、岩溶洼地、暗河以及井下常见的溶洞、溶蚀裂隙及岩溶出水点等。在调查过程中应注意以下各项：如岩溶现象名称、标高、方位、所处岩石层位及上下层情况、岩溶与构造关系、岩溶充填情况以及其他水文地质特征。如条件具备，对某些现象应摄影记录。如条件限制，采用素描图方法。每张素描图绘制后应将岩层层位、方向、比例尺、图名、地点、图例写全，必要时应再加标记和说明。

8.4.9　水文地质图

矿山水文地质图是一套反映矿山水文地质特征、为矿山防治水工作服务的图系，大致可归纳为两大类型，即通常情况下，各个矿山必须编制的基本图纸和为不同目的编制的专用图纸。

8.4.9.1　矿山水文地质基本图纸

（1）矿山综合水文地质图：矿区综合水文地质图是一张全面反映矿区水文地质条件的综合性图纸，是分析矿区充水因素、研究矿区防治水工作的主要依据。矿区综合水文地质图内容包括：矿区边界范围，矿区范围内的地表水体，与地下水赋存条件密切相关的构造，地下水露头，主要含水层露头，地形等高线，勘探线位置，附综合水文地质柱状图和典型的水文地质剖面图。

（2）矿区实际材料图：编制该图的目的是将矿区全部水文地质资料以及防排水设施等反映在图上，以便为分析矿井充水规律、采掘工作面水害分析预报等提供依据。实际材料图反映的内容：揭露含水层的地点、标高及面积、出水点的位置、水量、水温、水质和出水特征，放水钻孔、水闸门的位置，排水设施的分布情况、数量及排水能力，水的流动路线、涌水量观测站的位置，曾发生突水的地点、日期、水量、水位及水温，充水构造等。

（3）矿井涌水量与各种因素相关分析曲线图：① 矿坑涌水量与开采量关系曲线图；② 矿坑涌水量与主巷道开掘长度关系曲线图；③ 矿坑涌水量与采空区面积关系曲线图；④ 矿坑涌水量与降雨量关系曲线图。

（4）矿区各主要含水层（组）等水位（压）线图：该图是了解矿区各主要含水层（组）地下水的赋存状态、分析矿井充水条件、拟定矿区防治水措施的主要依据之一。通常对非承压含水层编制等水位线图，对承压含水层编制等水压线图。

在编制等水位（压）线图时，通常都是在地形图或地质图上标出有关的水文地质点及其相应水位（压）标高值，然后勾画等值线。

8.4.9.2　矿区水文地质专用图纸

（1）用于带压开采的图件：① 开采矿体的底板等高线图；② 矿体底板以下主要含水层的等水压线图；③ 有效保护层等厚线图；④ 突水系数等值线图：

（2）用于疏水降压的图件：① 区域水文地质图；② 矿区水文地质图；③ 矿区底板等高线图；④ 含水层等厚线图；⑤ 主要含水层等水位（压）线图；⑥ 矿坑涌水量与疏降含水层泄水量关系曲线图；⑦ 主要含水层动态曲线图；⑧ 疏降工程布置图；⑨ 疏降钻孔结构图。

（3）用于注浆堵水的图件：① 井上下对照图；② 出水点平面位置图；③ 注浆地段水文地质剖面图；④ 注浆地段含水层岩溶裂隙透视立体图；⑤ 地下水流速及富水段电测曲线图；⑥ 排水试验曲线图；⑦ 注浆孔结构图；⑧ 注浆施工系统平面图；⑨ 注浆工艺流程图；⑩ 止水器；⑪ 注浆孔孔底落点投影图；⑫ 注浆前后水位变化曲线图；⑬ 注浆孔浆液散范围及效果分析图等。

（4）用于分析矿区水化学特征的图件：① 水化学分区图；② 水化学剖面图；③ 各种离子含量等值线图；④ 微量元素（含放射性元素）含量分布图；⑤ 总矿化度分布图等。

8.5　矿坑涌水量预测

8.5.1　预测方法概述

矿坑涌水量计算是矿山水文地质工作的重要任务之一。其计算方法很多，归纳起来大致可分为三类，即水动力学法、统计法和模型模拟法，而每一类还可以进一步细分为若干种方法。由于各种方法的适用条件不尽相同，因而在解决具体问题时，应当根据水文地质条件的复杂程度、实际资料情况以及经济合理性等因素综合考虑，选择一种较好的方法，也可以同时选用几种方法以便互相验证对比。目前常用的计算方法如下：

8.5.1.1　水动力学法

（1）解析法：适用于边界条件简单的含水层；均匀各向同性介质；一维、二维稳定或非稳定问题；承压流动或满足裴布衣假设的无压流动、承压与无压并存的流动。

（2）数值法：适用于边界条件简单或复杂的含水层；一维、二维、三维稳定或非稳定问题；承压流动、无压流动或承压与无压同时并存的流动；均质或非均质的各向同性介质或各向异性介质。

8.5.1.2　统计法

（1）$Q - S$ 曲线法：适用于具备三个或三个以上的稳定阶梯流量和与其对应的降深资料，一般只能在小范围内下推流量或降深。

（2）水文地质比拟法：只能用于水文地质条件相类似的矿区。

（3）相关分析法：需较多的相关变量数据。

（4）均衡法：只能用来粗略估算水量，一般作为辅助方法。

8.5.1.3 模型模拟法

（1）砂槽模型：主要用于研究井流，观测流动现象，验证理论公式。

（2）水电模拟：适用于边界条件简单或复杂的含水层；主要是均质各向同性介质；一维承压稳定问题或无压非稳定问题；二维承压稳定问题。

（3）电力积分仪：适用于边界条件简单或复杂的含水层；均质或非均质各向同性或各向异性介质；一维、二维、三维稳定或非稳定问题，承压或无压流动。

（4）水力积分仪：适用于边界条件简单或复杂的含水层；均质或非均质的各向同性或各向异性介质；一维、二维稳定或非稳定问题；承压或无压流动。

8.5.2 解析法简述

8.5.2.1 原理

解析法系根据地下水动力学原理，以数学解析方法求解描述地下水运动规律的偏微分方程，对各种特定模式（指一定的边值和初始条件下）的地下水运动模型建立其解析公式，达到在各种不同条件下预测矿坑涌水量的目的。

（1）稳定井流解析法的基本原理：在矿床疏干过程中，当矿坑的涌水量，包括其周围的水位降低（仅随季节变化作一定范围的波动）呈现相对稳定状态时，即可以认为以矿坑为中心形成的地下水辐射流场，基本满足稳定井流的条件，从而可以近似地应用裘布衣的稳定井流基本方程。如以势函数 φ 表示内外边界的水头，则

$$Q = 2\pi(\varphi_R - \varphi_{r_0})/\ln\frac{R}{r_0} \qquad (8-18)$$

式中：Q 为涌水量；φ_R 为外补给边界（R）处的势函数，在无压时，$\varphi_R = \frac{1}{2}Kh_R^2$，在承压时，$\varphi_R = KMh_R$；$\varphi_{r_0}$ 为矿坑内边界（r_0）处的势函数，在无压时，$\varphi_{r_0} = \frac{1}{2}Kh_{r_0}^2$，在承压时，$\varphi_{r_0} = KMh_{r_0}$；$R$ 为外补给边界；r_0 为矿坑内边界；K 为含水层渗透系数；M 为承压水含水层厚度；h 为地下水动水位（从下伏隔水层算起）；h_R 外边界地下水动水位（从下伏隔水层算起）；h_{r_0} 为内边界地下水动水位（从下伏隔水层算起）。

分析上式，若参数 K、m、h 为一定时，则矿坑涌水量 Q 是坑道壁水位降低（$S = h_R - h_{r_0}$）的函数，换言之，流场内任何一点的水位降低也是矿坑涌水量的函数，即

$$\varphi_R - \varphi_{r_0} = \frac{Q}{2\pi}\ln\frac{R}{r_0} \qquad (8-19)$$

因此，稳定井流的矿坑涌水量计算可概括为两个方面：1）在已知开采水平最大水位降深的条件下，预测矿坑总涌水量；2）在给定疏干排水能力的前提下，计算区域的水位降深（或压力降低）值。

（2）非稳定井流解析法的基本原理：在矿床疏干过程中，若矿坑涌水量及疏干漏斗不断扩展，则以矿坑为中心的地下水辐射流场是不稳定的。在已知初始条件和边界条件的前提下，流场内任何时间任一点的水头，均可按泰斯解，用水头函数表示：

$$U_{(r,t)} = \frac{Q}{4\pi k}W(u) = \frac{Q}{4\pi K}[-E_i(-u)] \qquad (8-20)$$

式中：$W(u)$ 为井函数；$U_{(r,t)}$ 在无压水时，为 $\frac{1}{2}(H^2 - h^2)$，承压水时，为 $M(H-h)$，承压转无压时，为 $\frac{1}{2}[(2H-M)\cdot M - h^2]$；$u = \frac{\mu r_0^2}{4Tt}$，其中 μ 根据含水层的水力性质，或为弹性给水度（承压水），或为重力给水度（无压水）；T 为导水系数；t 为抽水时间；H 为下伏隔水底板算起的地下水天然水位。

分析上述非稳定流基本方程：在定流量的疏干条件下，流场内任一点水位降深（$H-h=S$）是时间 t 的函数；作定降深疏干时，则流量 Q 是时间 t 的函数：

$$Q = \frac{4\pi KU}{W(\mu r_0^2/4\pi t)} \qquad (8-21)$$

换言之,时间 t 又可以认为是疏干过程中流量或水位降深的函数:

$$t = \frac{\pi r_0^2}{4T} \cdot \frac{1}{W^{-1}\left(\dfrac{4\pi KU}{Q}\right)} \tag{8-22}$$

式中: W^{-1} 为反井函数。其他符号同前。

因此,当参数 T、μ 等为一定时,任何非稳定流的矿坑涌水量预测,其实质都是在研究 Q、S 和 t 三个变量间的关系,其内容不外乎:

1)已知 S、t 求 Q,即要求在一定时间段内(通常在两个雨季之间),完成某开采水平的疏干任务,而选择合理的疏干量;或者当疏干达到开采深度后,预测矿坑涌水量随时间(季节)的变化规律,以获得雨季的涌水量及其出现的时间。

2)已知 Q、S 求 t:即根据排水能力,计算达到某疏干水平所需的时间;或者进一步预测疏干漏斗扩展到某重要外边界的时间。这种扩展可能导致严重恶果,如泉水的枯竭,海水的倒灌,供水水源地的破坏等,需要加以防治。

3)已知 Q、t 求 S:即按排水能力的大小,研究开采地段地下水疏干降压漏斗的形成与扩展,计算漏斗范围内各点水头随时间变化的规律,以规划回采顺序、速度及其他开采措施等。

在勘探阶段,矿坑涌水量预测的非稳定计算,以选择疏干量和预报最大涌水量为主。

8.5.2.2　计算方法

使用解析法预测矿坑涌水量时,关键问题是如何在查清水文地质条件的前提下根据解析法计算模型的特点将复杂的水文地质条件理想化,这就是我们所称的矿床水文地质条件的概化,也就是把实际问题通过建立物理模型(即水文地质模型)抽象成为数学问题的过程,它可概括为三个步骤:分析疏干流场的水力特征,确定边界条件和确定各项参数。

(1)分析疏干流场的水力特征

1)区分与确定非稳定流与(相对)稳定流。矿山开采初期(开拓阶段),坑道线的位置及边缘轮廓不断变化,疏干漏斗内外边界迅速向外扩展,矿坑涌水量以消耗含水层储存量为主,并随着开拓面积的扩大成比例地增长。因此,该阶段疏干流场主要受矿山开拓工程发展所控制,为非稳定流;矿山开采后期(回采阶段),由于矿山开拓工程已基本结束,坑道轮廓基本固定,此阶段疏干流量主要受流场外边界的补给条件所控制。在补给条件不充分的矿区,疏干流场以消耗含水层储存量为主,流场外边界随时间不断扩展,直至达到阻水边界为止,矿坑涌水量逐步变小,流场特征仍然为非稳定流。但是,在补给条件充足的矿区,即具定水头补给边界的矿区,流场外边界由于坑道轮廓的固定而迅速稳定,此时矿坑涌水量被流场定水头供水边界的补给量所平衡,流场特征除受气候的季节变化影响外,出现相对的稳定流。只有在这种条件下,矿坑涌水量预测才能以稳定井流理论为基础。

2)区分与确定层流与混合流。依据抽水试验资料,常用单位涌水量法判断流态,公式如下:

承压水

$$q_i \cong \frac{Q_1}{S_1} \cong \frac{Q_2}{S_2} \cong \frac{Q_3}{S_3} \tag{8-23}$$

潜水

$$q_i \cong \frac{Q_1}{(2H-S_1)S_1} \cong \frac{Q_2}{(2H-S_2)S_2} \cong \frac{Q_3}{(2H-S_3)S_3} \tag{8-24}$$

q_i 为一常数或接近常数,则地下水为层流运动,否则为混合流或紊流。

3)区分与确定平面流与空间流。疏干流场的地下水运动形式,受坑道类型控制,在宏观上可简化为流向完整井巷的平面流和流向非完整井巷的空间流。

4)区分与确定潜水与承压水。

(2)确定边界类型

1)侧向边界类型的概化及其计算。

①边界进水类型的划分:根据解析法计算模型的要求,边界进水类型应简化为隔水和供水两类。

②边界形态的简化：解析法计算模型要求将不规则的边界形态简化为一些理想的几何图式，如半无限直线边界，直交边界，斜交边界和平行边界等。

③各种边界类型的计算方法，常用的有两种：

第一种是映射法，即在边界的另一边实际疏干区相对称的位置上，虚设一个与实际疏干强度等量的注水区（源点）或疏干区（汇点），用以代替定水头的补给作用或隔水作用。将两个区的势函数用代数方法迭加，以获得矿坑涌水量预测中描述各种特定条件下的解析解，一般形式为

稳定流
$$Q = \frac{2\pi(\varphi_R - \varphi_{r_0})}{R_r} \qquad (8-25)$$

非稳定流
$$Q = \frac{4\pi KU}{R_n} \qquad (8-26)$$

式中：R_r 和 R_n 为稳定流和非稳定流的边界类型条件系数，用汇点、源点的映射法原理和水流迭加规则求得，各种理想化边界类型条件系数见表 8-7。

第二种方法是分区法（即卡明斯基辐射法），即从研究流网入手，根据疏干渗流场的特点，沿流面和等水压面将其分割为若干条件不同的若干扇形分流区。每个扇形分流区内其地下水流都是辐射状的，其沿流面分割所得的扇形区新边界为阻水边界，而沿等水压面分割所得的扇形新边界为等水头边界，目前常用的卡明斯基辐射流公式，首先分别计算各扇形分区的涌水量 Q_i：

潜水
$$Q_i = K\frac{(b_1 - b_2)}{\ln b_1 - \ln b_2} \cdot \frac{h_1^2 - h_2^2}{2L} \qquad (8-27)$$

承压水
$$Q_i = K\frac{(b_1 - b_2)}{\ln b_1 - \ln b_2} \cdot \frac{M(h_1 - h_2)}{L} \qquad (8-28)$$

式中：b_1、b_2 为辐射状水流上下游断面上的宽度；h_1、h_2 为 b_1 和 b_2 断面隔水底板上的水头高度；L 为 b_1 和 b_2 断面之间的距离，然后，按下式取各分区涌水量之和。

$$Q = \Sigma Q_i = Q_1 + Q_2 + Q_3 + \cdots Q_n \qquad (8-29)$$

每个扇形区内的下游断面，是以直接靠近井巷疏干漏斗的等水头线的一部分为准；而上游断面则以远离井巷供水边界上的等水头线的一部分为准。

表 8-7　各种理想化边界类型条件系数

边界类型	图　式	R_r $(Q = 2\pi(\varphi_R - \varphi_{r_0})/R_r)$	R_n $(Q = 4\pi KU/R_n)$
直线隔水		$\ln\dfrac{R^2}{2br_0}$	$2\ln\dfrac{1.12at}{r_0 b}$
直线供水		$\ln\dfrac{2b}{r_0}$	$2\ln\dfrac{2b}{r_0}$
直交隔水		$\ln\dfrac{R^4}{8r_0 b_1 b_2 \sqrt{b_1^2 + b_2^2}}$	$2\ln\dfrac{(2.25at)^2}{8r_0 b_1 b_2 \sqrt{b_1^2 + b_2^2}}$
直交供水		$\ln\dfrac{2b_1 b_2}{r_0 \sqrt{b_1^2 + b_2^2}}$	$2\ln\dfrac{2b_1 b_2}{r_0 \sqrt{b_1^2 + b_2^2}}$
直交供水隔水		$\ln\dfrac{2b_2 \sqrt{b_1^2 + b_2^2}}{r_0 b_1}$	$\ln\dfrac{2b_2 \sqrt{b_1^2 + b_2^2}}{r_0 b_1}$

续表 8 - 7

边界类型	图　　式	R_r $(Q = 2\pi(\varphi_R - \varphi_{r_0})/R_r)$	R_n $(Q = 4\pi KU/R_n)$
平行隔水		$\ln\left(\dfrac{b}{\pi r_0} + \dfrac{\pi R}{2B}\right)$	$\dfrac{7.1\sqrt{at}}{B} + 2\ln\dfrac{0.16B}{r_0\sin\dfrac{\pi b}{B}}$
平行供水		$\ln\left(\dfrac{2B}{\pi r_0}\sin\dfrac{\pi b}{B}\right)$	$2\ln\left(\dfrac{2B}{\pi r_0}\sin\dfrac{\pi b}{B}\right)$
平行 隔水供水		$\ln\left(\dfrac{4B}{\pi r_0}\cot\dfrac{\pi b}{B}\right)$	$2\ln\left(\dfrac{4B}{\pi r_0}\cot\dfrac{\pi b}{B}\right)$

2）垂向越流补给边界类型的确定及其计算。当疏干含水层的顶底板为弱透水层时，其垂向相邻含水层就会通过弱透水层对疏干层产生越流补给，出现所谓的越流补给边界。越流补给边界分定水头和变水头两类，用解析法主要解决前者。计算产生定水头垂向越流补给的矿坑涌水量公式：

稳定状态时
$$Q = \frac{2\pi KMS}{K_0}\left(\frac{r_0}{B}\right) \tag{8-30}$$

非稳定状态时
$$Q = \frac{4\pi TS}{W}\left(u \cdot \frac{r_0}{B}\right) \tag{8-31}$$

式中：$\dfrac{1}{W}\left(u \cdot \dfrac{r_0}{B}\right)$ 为定流量越流补给井函数；B 为越流因数，$B = \sqrt{\dfrac{TM'}{K'}}$；$K'$ 为垂向弱透水层渗透系数；M' 为垂向弱透水层厚度；K_0 为零阶二类修正贝塞尔函数。

（3）确定各项参数

1）岩层的渗透系数（K）。解析法的公式大多是适用于均质含水层的，而我国的矿床多产于非均质的裂隙、岩溶岩层中，只能求得平均渗透系数后，视为均质层计算，常用的方法有：

① 加权平均法。根据含水层的特点，又可分为厚度平均法、面积平均法、方向平均法等。以厚度平均法为例，其表示形式如下：

$$K_m = \frac{\sum\limits_{i=1}^{n} M_i(H_i)K_i}{\sum\limits_{i=1}^{n} M_i(H_i)} \tag{8-32}$$

式中：$M_i(H_i)$ 为承压水或潜水含水层各垂向分段的厚度。

② 流场分析法。用一张根据抽（放）水试验资料绘制的较为可靠的等水位线图，或根据流场的总体特征，或将其分割为若干具不同特点的区段。前者称闭合等值线法；后者称分区法。

闭合等值线法根据达西定律知：

$$Q = -KM\frac{\Delta h}{\Delta r}L$$

$$K_m = -\frac{2Q}{M_m(L_1 + L_2)\dfrac{\Delta h}{\Delta r}} \tag{8-33}$$

式中：L_1、L_2 为任意两条闭合等值线的长度；Δr 为两条闭合等值线的平均距离；Δh 为两条闭合等值线的水位差。

分区法为

$$K_m = \frac{Q}{\sum\limits_{i=1}^{n} \left[\frac{(b_1 - b_2)}{\ln b_1 - \ln b_2} \cdot \frac{h_1^2 - h_2^2}{2L} \right]} \tag{8-34}$$

2）含水层的给水度（μ）

① 根据裂隙、岩溶率求 μ。由于裂隙、岩溶化岩石持水性很弱，其给水度可近似用裂隙和岩溶率代替。因此，对钻孔和井巷的裂隙、岩溶率进行统计，是矿床水文地质计算中普遍采用的求给水度的方法。统计资料应以加权平均法处理。

② 利用抽（放）水试验资料求 μ。

③ 根据动态观测资料求 μ，即利用无补给季节的动态资料，以有限差分方程计算：

$$\mu = \frac{K\Delta t}{(L_{上} + L_{下})(H_n - h_n)} \left(\frac{h_{上}^2 - h_n^2}{L_{上}} - \frac{h_n^2 - h_{下}^2}{L_{下}} \right) \tag{8-35}$$

式中：$h_{上}$、$h_{下}$、h_n 为各断面经 Δt 时段后的含水层厚度；$L_{上}$、$L_{下}$ 为 n 断面与上下断面间的距离；H_n 为 n 断面初始时段的含水层厚度；Δt 为计算时段。

以上三种方法均对无压含水层的重力给水度而言，对于承压含水层的弹性给水度贮水系数 μ_e 只能用抽水试验资料反求，或采用经验数据。

3）含水层厚度（M）值：正确确定含水层厚度，对矿坑涌水量预测关系重大，这是一项复杂而细致的工作，尤其是水文地质条件复杂的矿区，除了要依靠大量的岩心鉴定和地质钻探中水文地质观测资料外，还应配合水文物探测井、钻孔分段抽（注）水资料（有条件的矿区还进行分段压水试验）来确定含水层厚度。矿区平均含水层厚度的计算如式（8-36）所示：

$$M_m(H_m) = \frac{\sum\limits_{i=1}^{n} F_i M_i(H_i)}{\sum\limits_{i=1}^{n} F_i} \tag{8-36}$$

4）大井的半径（r_0）值：矿坑的形状不规则，尤其是坑道（井巷）系统，分布范围大，形状千变万化，在理论上可将形状复杂的坑道系统看成是一个理想的"大井"，用"大井"的引用半径 r_0 计算坑道系统涌水量。

$$r_0 = \sqrt{\frac{F}{\pi}} = 0.564 \sqrt{F} \tag{8-37}$$

5）影响半径（R）和影响带宽度（L）值：用"大井"法预测矿坑涌水量时，其影响半径应从"大井"中心算起，即 $R_0 = R + r_0$。由于矿区含水层的结构构造是非均质的，边界条件复杂，加上矿坑的形状又是不规则的，因此疏干漏斗的形状不可能是对称的。为了满足解析法计算模型的要求，用"引用半径"（R_a）来表征它。同样，影响带的"引用宽度"（L_a）对于狭长的水平坑道也适用。确定影响半径和影响带宽度的方法很多，如：① 经验、半经验公式。常用的如库萨金公式和奚哈脱公式等，矿坑涌水量预测的实践证明，这类公式一般精度不高，故不赘述。② 塞罗瓦特科公式，对于复杂坑道系统的影响半径，应根据坑道边缘轮廓线与天然水文地质边界线之间距离的加权平均值计算，即：

$$R_a = r_0 + \frac{\sum b_a L}{\sum L} \tag{8-38}$$

式中 r_0 为坑道系统的"大井"的引用半径；b_a 为坑道轮廓线与各不同类型水文地质边界之间的平均距离；L 为各种类型水文地质边界的宽度。

③ 外推法。根据多落程的抽水试验资料，确定 R 与 S 或 R 与 Q 的线性关系，外推某疏干水平或某疏干量的相应疏干半径值。例如：

$$R = \alpha S^{\frac{1}{m}} \tag{8-39}$$

或

$$R = \alpha Q^{\frac{1}{m}} \tag{8-40}$$

式中：α 为比例系数。

6）最大水位降深值（S_{max}）：关于矿坑涌水量预测的最大水位降深问题，至今在理论和实际上均未解决。它包含两个方面的问题。一个是矿床疏干时最大可能水位降深问题。爱尔别尔格尔在实验中取得的潜水最大水位降深等于潜水含水层一半的结论,即 $S_{\max} = \dfrac{1}{2}H$(扩大应用到承压水含水层时,$S = H - \dfrac{1}{2}M$),一直是水文地质计算遵循的概念。近年来我国通过渗流槽及野外抽水试验,证明这一概念是保守的,$S_{\max}$ 可以超过 $0.8H$。在矿坑涌水量预测计算中,通常不考虑这一概念。据观测,在长期疏干条件下的大截面井巷系统外缘,h 值一般不超过 $1\sim2\mathrm{m}$,它所引起的涌水量计算偏大值一般为 $0.5\%\sim1\%$。因此,矿坑涌水量预测时,一般均取 $S_{\max} = H$;另一个是最大水位降深 $S_{\max} = H$ 时的最大疏干量计算问题。众所周知,当 $S_{\max} = H$ 时,裘布衣公式在理论上就会"失真",这正是稳定井流理论的最大缺陷之一;而泰斯公式则是为承压水流建立起来的,扩大到无压水流使用时(作最大水位降深疏干时,承压水流均转换为无压水流),常把随时间变化的含水层厚度作线性化处理,即取不变的平均值,这种线性化处理必然带来误差。据研究当降深超过含水层厚度的 30% 时,非稳定井流公式就要偏离实际情况,出现明显误差,更不用说作最大水位降深计算了。综上所述,不难看出矿坑涌水量预测时,作最大水位降深的最大疏干量计算,对解析法来说是不适宜的。

8.5.3　数值法简介

数值法是随着电子计算机的出现而迅速发展起来的一种近似计算方法。用它来求解描述疏干流场的数学模型时,有两种途径,即有限单元法和有限差方法。下面仅以有限单元法为例,对数值法预测矿坑涌水量作一简介。

8.5.3.1　有限元法的原理和应用条件

有限单元法是目前解地下水运动偏微分方程最常用的数值法中的一种。描述地下水运动的二维偏微分方程(泛定方程)的建立,应遵循两条基本原理,即质量守恒与能量守恒及转换定律,具体来讲就是水均衡原理和达西定律。这里仅仅是为了简化计算,以体积守恒代替质量守恒,因为地下水密度一般变化很小,且接近于 1。如描述非均质二维非稳定疏干流场渗流地下水运动的偏微分方程为:

$$\frac{\partial}{\partial x}\left(T_x\frac{\partial h}{\partial x}\right) + \frac{\partial}{\partial y}\left(T_y\frac{\partial h}{\partial y}\right) + Q - \mu^*\frac{\partial h}{\partial t} = 0 \qquad (8-41)$$

式中:T 为导水系数 $= \begin{cases} KM(\text{承压水}); \\ K(h-H_0)(\text{潜水}); \end{cases}$ μ^* 为贮水系数(承压水)(潜水为 μ);h 为水位标高;H_D 为含水层底板标高;Q 为单位时间、单位面积上的垂向补给量和排泄量。

有限单元法和有限差分法一样,在分割近似原理的指导下,将一个反映实际疏干流场渗流运动的光滑连续曲面,用一个彼此衔接无缝不重叠的有限三角形拼凑起来的连续但不光滑的折面代替,从而可以使复杂的非线性问题简化为线性问题。根据质量守恒原理建立起来的上述偏微分方程加定解条件(即一定的边值和初始条件),就可以离散为对应有限三角形单元体组成的网络状节点的数值公式(线性代数方程)。若用矩阵表示,则为:

$$\left[\frac{A_{m\times m}}{2} + \frac{D_{m\times m}}{2\Delta t}\right]H_m(t) = \frac{Q(t)}{2}L - \left[\frac{A_{n\times n}}{2} - \frac{D_{n\times n}}{2\Delta t}\right]\cdot H_n(0) - \overline{Q}_m - \left[\frac{A_{m(n-m)}}{2} - \frac{D_{m(n-m)}}{2\Delta t}\right]H_{(n-m)}(t) \quad (8-42)$$

式中:m 为内节点及 II 类节点之和;n 为节点总数;Δt 为时段长度;A、D 为由导水系数 T 和贮水系数 μ 组成的系数矩阵,A 为渗透矩阵;D 为释放矩阵;$H_n(0)$ 为外矩阵,节点初始水位;$Q(t)$ 为 t 时刻 II 类边界侧向流入(或流出)的单宽流量;L 为列矩阵,II 类边界的宽度;$\overline{Q}$ 为列矩阵,垂向补给量和井的单位时间抽(注)水量平均值之和;$H_{(n-m)}(t)$ 为 t 时刻 I 类边界点的水位;$H_m(t)$ 为 t 时刻计算节点的水位。

这样把求解非线性偏微分方程的问题,转化为求解上列线性代数方程组问题,从而摆脱了解析法求解微分方程时种种严格理想化要求,使数值法能灵活地适应各种非均质地质结构和复杂边界条件下的矿坑涌水量计算。

用有限单元法预测矿坑涌水量,能够解决的问题有:(1) 反求水文地质参数,验证边界条件,进行各种状态下水文地质模型的识别;(2) 模拟地下水疏干过程,预报地下水位及疏干量。计算中,对于偏微分方程的求解来说,给出定解条件以及参数 $T\cdot\mu^*$ 和疏干量,求解水头 $h_{(x,y,t)}$ 的问题,称为正演计算;反之,已知某一时段内的水头 $h_{(x,y,t)}$,反求参数 $T\cdot\mu^*$ 问题,称为反演计算。从广泛的意义来说,验证边界条件和计算疏干量的问题,也都是属于反演计算之列。

8.5.3.2 计算步骤与方法

（1）建立数学计算模型

1）数学模型及其地质含意：数学模型实质上是一个在地质上反映疏干流场水量平衡关系的水均衡方法，由如下几部分组成。

① 均衡基本项（T、μ^* 项），系方程中带有水头函数（h）的偏导项。它表征渗流场内各均衡单元内及其相互间水量分配与交换，构成均衡方程的基本均衡条件。它由两个基本项组成，一是含 T 值（导水系数）的水量渗透基本项——是指渗流场水量的侧向交换条件，反映了含水层的空间几何形态特征和渗透介质的渗透性（非均质性和各向异性），以及渗流运动状态；二是含 μ^* 值（贮水系数）的水量储存释放基本项——指渗流场水量的储存与消耗。

② 水量附加项（W 项），系数学模型中不带水头（h）的已知水量函数，它在渗流场中属于源（或汇）的作用，在水文地质模型中，除抽（注）水量外，也可包括各种垂向的面状补给与排泄。其强度在求解水头函数的数学模型中，是一个给定的已知函数 $W_{(x,y,t)}$。因此，它可以作为水量附加项列入方程，也可给出作为二类边界条件。

③ 扩充项（E 项），是根据水文地质模型的特点和需要解决的问题，还可以把尚未包括的内容以扩充项形式列入数学模型中。如计算层通过顶底板弱透水层，在垂向上与相邻含水层发生补给关系时，其越流补给强度 E（在不考虑越流层的弹性释放水量时）取决于顶底板弱透水层的越流系数（$\eta = \dfrac{K_z}{d_z}$，其中 K_z 为越流层垂向渗透系数，d_z 为越流层厚度），以及相邻含水层和计算层的水头差（$h_2 - h_1$）。其关系式为：

$$E = \eta(h_2 - h_1) \qquad (8-43)$$

上面讲的附加项（W）和扩充项（E），在（8-41）式内都包括在 Q 项之中。

④ 初始条件：指排水初始条件下的地下水水头（为已知）：

$$h_{(x,y,t)} \mid_{t_0} = h_{0(x,y)} \qquad (8-44)$$

⑤ 边界条件。当为已知水头变化规律的边界时：

$$h_{(x,y,t)} \mid_{\Gamma_1} = h_{1(x,y,t)} \qquad (8-45)$$

当为具有无限补给能力的定水头变化规律的边界时：

$$h_{(x,y,t)} \mid_{\Gamma_1} = H$$

当含水层为无限大时，视远离疏干井巷处的水位降深为零，则该处的动水位 h 等于天然水位 H，即作为定水头边界处理。

当为已知补给量变化规律的边界，其补给强度以单位宽度流量 Q 表示：

$$T_x \frac{\partial h}{\partial x}\cos(\vec{n}, x) + T\frac{\partial h}{\partial y}\cos(\vec{n}, y) \mid_{\Gamma_2} = -Q_{(x,y,t)} \qquad (8-46)$$

若取 n 为外法向，且 $T_x = T_y$，则可简化为：

$$T \cdot \frac{\partial h}{\partial x} \mid_{\Gamma_2} = -Q_{(x,y,t)} \qquad (8-47)$$

当边界为隔水边界时：

$$\frac{\partial h}{\partial x} \mid_{\Gamma_2} = 0 \qquad (8-48)$$

归纳以上情况，可将数学模型中的边界条件（称边值）分为三类，即已知水位的 Ⅰ 类边界称一边值问题，已知侧向补给量的 Ⅱ 类边界称二类边值问题；由Ⅰ类边界和 Ⅱ 类边界组成的混合边界称混合边值问题。

这样，描述某一特定疏干矿区的平面非稳定流数学模型可写成：

$$\mu^* \frac{\partial h}{\partial t} = \frac{\partial}{\partial x}\left(T_x \frac{\partial h}{\partial x}\right) + \frac{\partial}{\partial y}\left(T_y \frac{\partial h}{\partial y}\right) + W + E \quad (x,y) \in G \quad t > t_0 \qquad (8-49)$$

$$h_{(x,y,t)} \mid_{t=0} = h_{0(x,y)} \quad (x,y) \in G \quad t = t_0$$

$$h_{(x,y,t)} \mid_{\Gamma_1} = h_{1(x,y,t)} \quad (x,y) \in \Gamma_1 \quad t > t_0$$

$$T\frac{\partial h}{\partial n} \mid_{\Gamma_2} = Q_{(x,y,t)} \quad (x,y) \in \Gamma_2 \quad t > t_0$$

式中 $\in$ 读作属于；G 为计算域。

2)水文地质模型的概化

①含水层结构的概化。含水层空间形态,双重介质延迟滞后给水现象的影响可以不考虑,但在反演求参法,应给出剖分后,任一节点(数学模型的离散点)的空间位置(x,y)上的含水层厚度值,承压水含水层以M表示,潜水含水层以含水层水位h减底界面标高H_D即$(h-H_D)$表示,达到较细致地在地质模型上反映出含水层厚度变化规律。

在含水层的物理特征上,它根据含水层的K(或$T)\mu^*$和主渗透方向在空间上的变化规律,达到非均质分区就能较真实地描述含水层的非均质性和各向异性特征。

由于构造的分割作用,造成含水层在平面分布上被抬起或深陷,使上述垂向分带规律转化为平面上的分区特征,这种特征就是赖以进行非均质分区的地质依据。

此外,根据抽水试验所暴露的渗流场长短轴的分布方向、区域裂隙、岩溶发育方向的统计,对抽水过程中出现的水位降深具有同方向同步等幅和不同方向同步异幅等现象的分析,表明其导水性具各向异性特征。它与区域构造特征相吻合,显示出构造控水作用。这就是进行各向异性概化的地质依据。

在处理计算层与相邻含水层存在的水力联系上,一般要求地质模型给出与相邻含水层的连接位置(坐标),连接方式,是断层接触还是通过弱透水层的越流补给,属于哪一类的越流补给系统。

②地下水流态的概化。疏干流场的地下水流态比天然流场复杂得多,常常出现各种复杂的流态。但是这些复杂的流态仅仅出现在井巷的周围,对于大面积来说仍然保持与天然状态相似的特点。因此,水文地质模型必须根据疏干流场的具体情况作出概化,并阐述其依据。

③边界条件的概化。计算时要求:根据含水层空间形态的概化,确定侧向垂向边界,给出边界的坐标位置;确定边界性质,有无水量交换(隔水、供水或排泄)及交换方式;根据动态观测及抽(放)水资料,用数理统计的方法概化出边界水位或流量的变化规律,并按不同时段给出边界节点水位或单宽流量。

(2)反求参数与验证边界

1)数值法求参数的地质意义:数值法求参数能起到对地质模型(内部结构和边界条件)进行验证和判别的效果。因为求参数的数学模型是以勘探工程控制的地质模型为依据建立的。它反映在抽水试验条件下,地下水量的交换与均衡。因此,反求参数在数学上的含义是利用水头函数解算地下水均衡方程,而水头函数是一个多元函数,它是均衡场地质条件和均衡条件的表征。所以解算均衡方程,也就是在已知水头函数的条件下,对组成均衡场的各要素进行判别。这种判别在地质上的含义,可以理解为是对矿区水文地质条件(包括边界条件)的一次全面验证,其结果可以导致对条件的重新认识。

2)基本方法:分直接求参和间接求参两种。

①直接求参,将水头函数作为已知量,将模型中的方程参数$T\cdot\mu^*(\mu)$等看作未知数直接解出。由于这种方法对观测数据和观测点数量要求很高,在观测点较少的情况下往往不能保证结果的合理性。因此,目前较少采用。

②间接求参,即试算法。计算时给出参数初值及范围,用正演计算求解水头函数,将计算结果和实测值作曲线进行拟合比较,通过不断调整参数初值,反复多次的正演计算,使计算曲线与实测曲线符合拟合要求。即拟合误差小于规定值。因此,反演计算问题实质是曲线的拟合问题。这种计算过程可由计算机自动执行,也可由人工和机器配合进行。

机器自动优选参数时,通常是建立一个目标函数,作为粗选参数的识别标志:

$$E(K_1,K_2,K_3\cdots K_n)=\sum_m\sum_n W_{m,n}[h_{m,n}^p-h_{m,n}^c]^2 \qquad (8-50)$$

式中:E为方差目标函数,为计算水头与观测水头拟合程度的变量;K为待求参数;n为时段数;m为观测点数;h^p、h^c为实测和计算的水头值;$W_{m,n}$为权因子。

(3)预测矿坑涌水量:用数值法预测矿坑涌水量一般可以求得:

1)有效疏干量:指在所选定的疏干时间内,将井巷边缘的地下水位降低至某一设计标高所需的最低限度的排水强度,它和矿坑涌水量是两个不同的概念,后者是客观存在的,而前者是人为的。因为有效疏干量是对应疏干时间而存在的。因此,需要通过对一组疏干时间及其相应的疏干水量的数据,进行经济技术的对比后,才能作出最后的选择。

计算时，先根据设计开采水平的水位降深，给出不同的疏干量（Q_1、Q_2，…，Q_n），算出相对应的疏干时间（t_1，t_2，…，t_n），然后作出该水平的 $Q_i = f(t_i)$ 曲线，作为选择有效疏干量的依据。

2）稳定流量：在求出有效疏干量后，将疏干坑道以定水头 I 类边界标定，求出稳定流场，计算进入坑道的稳定流量。

3）最大流量：根据地下水动态的分析，找出雨季地下水位回升速度。计算时，疏干坑道仍以 I 类定水头边界处理，在稳定流场的基础上，按雨季地下水位的回升速度标定边界及节点水头，求出雨季末期或水位回升速度最大时期疏干坑道的涌水量。

8.5.4 其他方法简介

类比外推法，利用数理统计的方法，研究矿床疏干时反映地下水系统某些特征的两个或两个以上变量之间关系，从而建立一个变量与另一个或几个变量之间关系的数学表达式。然后利用这种表达式对某个变量的变化规律进行预测 —— 类比外推计算，以达到预测矿坑涌水量的目的。仅就常用的 $Q - S$ 曲线方程法、水文地质比拟法、相关分析法作一简单介绍。

8.5.4.1 $Q - S$ 曲线方程法

采用 $Q - S$ 曲线方程法，必须重视试验的技术条件，一般要求将试验井孔布置在未来开采疏干地段；试验井孔的类型应符合未来开采条件；尽可能采用大口径结构；力争大降深以减少或缩短推断范围；尽可能增加抽水时间；同时，尽量排除试验过程中一切自然和人为影响所造成的误差等。

采用 $Q - S$ 曲线方程进行外推计算时，其步骤如下：

（1）建立各类型 $Q - S$ 曲线方程：$Q - S$ 曲线类型可以归纳为四种类型（见图8 – 9），均可建立一个相应的数学方程式：

1）直线型：
$$Q = qS \qquad (8 - 51)$$

2）抛物线型：$S = aQ + bQ^2 \left(令 \dfrac{S}{Q} = S_0，则 S_0 = a + bQ\right)$ $\qquad (8 - 52)$

3）幂曲线型：
$$Q = a\sqrt[b]{S}\left(\lg Q = \lg a + \frac{1}{b}\lg S\right) \qquad (8 - 53)$$

4）对数曲线型：
$$Q = a + b\lg S \qquad (8 - 54)$$

5）抽水资料不可靠。

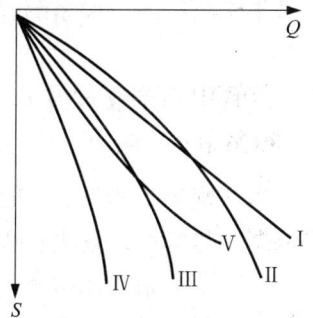

图 8 – 9 $Q - S$ 曲线图

（2）鉴别 $Q - S$ 曲线类型，其方法有两种：

1）伸直法：将曲线方程以直线关系式表示，并以直线关系式中两个相对应的变量建立坐标系，把抽水试验取得的涌水量和相对应的水位降深资料，放到表征各直线关系式的不同直角坐标中去，进行伸直判别。如其在 $Q - \lg S$ 直角坐标中伸直了，则表明抽水试验结果的 $Q - S$ 关系符合对数曲线类型，余此类推。

2）曲度法：用曲度 n 值进行鉴别，其形式如下：
$$n = \frac{\lg S_2 - \lg S_1}{\lg Q_2 - \lg Q_1} \qquad (8 - 55)$$

当 $n = 1$ 时为直线；$1 < n < 2$ 时为幂曲线；$n = 2$ 时为抛物线；$n > 2$ 时为对数曲线。如果 $n < 1$ 则抽水资料有误。

3）确定方程参数 a、b；外推预测设计降深时的涌水量，方法有二：

1）图解法　利用相对应的直角坐标系中直线在纵坐标上所切的截距线段；及直角坐标系中直线水平倾角的正切。

2）最小二乘法：

抛物线方程：
$$\left.\begin{array}{l} b = \dfrac{N\Sigma S - \Sigma S \Sigma Q}{N\Sigma Q^2 - (\Sigma Q)^2} \\[4mm] a = \dfrac{\Sigma S - b\Sigma Q}{N} \end{array}\right\} \qquad (8 - 56)$$

抛物线方程：

$$b = \frac{N\sum \lg Q \lg S - \sum \lg q \sum \lg s}{N\sum (\lg S)^2 - (\sum \lg S)^2} \left.\begin{array}{l} \\ \\ \end{array}\right\}$$

$$\lg a = \frac{\sum \lg Q - b \sum \lg S}{N}$$

（8 – 57）

对数曲线方程：

$$b = \frac{N\sum Q \lg S - \sum Q \sum \lg S}{N\sum (\lg S)^2 - (\sum \lg S)^2} \left.\begin{array}{l} \\ \\ \end{array}\right\}$$

$$a = \frac{\sum Q - b \sum \lg S}{N}$$

（5 – 58）

式中：N 为降深次数。

求出方程参数后，将其同设计水位降深值代入原方程式，即可求得预测涌水量。

（4）换算井径。由于抽水试验时钻孔的孔径远比开采井筒直径小，为消除井径对涌水量的影响，需进行井径的换算。现有换算公式是以井流的水动力条件为依据热传导出来的，如：

地下水呈层流时

$$Q_w = Q_d \left(\frac{\lg R_d - \lg r_d}{\lg R_w - \lg r_w} \right)$$

（5 – 59）

地下水呈紊流时

$$Q_w = Q_d \sqrt{\frac{r_w}{r_d}}$$

（8 – 60）

实践表明，井径对涌水量的影响一般要比对数关系大，而较平方根关系小。故有人提出用二次或二次以上不同井径的抽水试验资料建立如下井径 d 换算的涌水量经验公式：

$$Q = md^n$$

（8 – 61）

方程中的参数 m 及 n 值，可用最小二乘法等方法求得。

8.5.4.2 水文地质比拟法

水文地质比拟法，一般是在整理生产矿井排水资料的基础上，求得某些真实的矿井水文地质指标作为计算的依据。有富水系数法、单位涌水量法等。

（1）富水系数比拟法：系根据矿井涌水量随开采量的增加而增大的规律建立的。富水系统是指：一定时期内从矿井排出的总水量（Q_0）与同时期内的开采量（P_0）之比，以 K_p 表示：

$$K_p = \frac{Q_0}{P_0}$$

（8 – 62）

预测时，将生产矿井的 K_p 值乘同时期新矿井的设计开采量 P，即得设计矿井的涌水量 Q：

$$Q = K_p \cdot P$$

（8 – 63）

富水系数不仅取决于矿井的自然条件，而且与开采条件有关，在高速开掘的矿山中，K_p 值可以显著变小。故采用此法时，要充分考虑生产条件。为了排除生产条件的影响，人们对该法作了修正，提出了采空面积（F_0）富水系数 $K_F = \frac{Q_0}{F_0}$，采掘长度富水系数 $K_L = \frac{Q_0}{L_0}$ 等新概念。预测时，一般以上述各富水系数的综合平均值为比拟依据。

（2）单位涌水量比拟法：疏干面积（F_0）和水位降深（S_0）通常是矿井涌水量（Q_0）增大的两个主要影响因素。根据相似矿井有关资料求得的单位涌水量平均值（q_0），常作为预测新矿井在某个 F 和 S 条件下的涌水量（Q）的依据。单位涌水量的理想公式，是根据两种典型条件建立的，即地下水符合层流状态时，以裘布依公式的形式表示：

$$q_0 = \frac{Q_0}{F_0 S_0}$$

（8 – 64）

则比拟式

$$Q = q_0 FS = Q_0 \left(\frac{FS}{F_0 S_0} \right)$$

（8 – 65）

地下水符合紊流状态时，则以哲才 — 克拉斯诺波里斯基公式的形式表示：

$$q_0 = \frac{Q_0}{F_0 \sqrt{S_0}}$$

（8 – 66）

则比拟式

$$Q = q_0 F \sqrt{S} = Q_0 \frac{F}{F_0} \sqrt{\frac{S}{S_0}} \qquad (8-67)$$

预测时，根据经验选择的公式中，涌水量与水位降深或开采面积呈现的线性关系往往出现偏大的结果。近年来，我国许多矿区根据矿井涌水量随生产条件变化的实际增长规律，建立适宜本矿床条件的涌水量比拟公式，取得了较好的效果。

（3）相关分析法

1）利用抽水资料外推计算，通常在勘探阶段，利用群孔抽水试验的成果，通过数理统计方法，建立涌水量 Q 依水位降深 S 和井径 r 的回归方程，即可用于推算未来开采水平（或开采地段）的涌水量。如预测矿坑涌水量的三元复相关曲线型回归方程：

$$q = qr^{\frac{1}{n}} S^{\frac{1}{m}} \qquad (8-68)$$

公式（8-68）为经验涌水量方程，式中涌水量（Q）与井径（r）水位、降深（S）呈幂函数关系。若改变坐标系，则可以简化为直线型回归方程。将（8-68）取对数，则

$$\lg Q = \lg q + \frac{1}{n}\lg r + \frac{1}{m}\lg S \qquad (8-69)$$

令：

$$\lg Q = z;\ \lg r = x;\ \lg S = y;\ \lg q = a;\ \frac{1}{n} = b;\ \frac{1}{m} = c \qquad (8-69)$$

得

$$z = a + bx + cy$$

计算时，首先用抽水成果进行参数计算，再根据参数计算结果确定方程的具体形式。然后，根据未来矿山开采的各个水平及其面积，即可进行矿坑涌水量预测计算。

2）利用矿山资料的比拟计算，依据相关分析进行的比拟计算，可以充分考虑矿坑涌水量的增长与各生产因素之间的关系，并根据其密切程度建立涌水量方程。因此可以提高涌水量预测的精度。

8.6　岩溶矿区塌陷问题

8.6.1　塌陷对矿床开采的危害

岩溶塌陷指岩溶矿区由于采矿活动破坏顶板岩层或疏干排水地下水位大幅度下降，导致岩溶盖层或岩溶本身发生突然的塌陷、塌裂和沉降的现象。岩溶塌陷对矿床开采造成严重危害：

（1）破坏矿区及周围建筑物，毁坏农田、道路等。

（2）引起地表水回灌，地下水位升高，增大矿坑涌水量，增加了排水费用，提高了采矿成本，甚至造成淹井事故。

（3）吸收地表污水，使供水水源受到污染，破坏水资源环境。

（4）导致地表严重缺水，破坏矿区自然环境等。

8.6.2　塌陷的防治

8.6.2.1　岩溶塌陷的成因

由于地下水运动发生潜蚀作用，造成岩溶塌陷。除此原因外，近年来关于岩溶塌陷的成因理论还有浮力消失、渗透减阻、动水压力液化和真空吸蚀等。

8.6.2.2　岩溶塌陷的防治方法

治理由于地下水位下降引起的岩溶塌陷，比较多的是采用"回填密封法"，近年来还有一种根据真空吸蚀作用提出的既能防塌也能治塌的新方法，即自然充气防塌。

（1）回填密封法

1）理论根据及作用。根据地下水潜蚀作用致塌理论，增强盖层阻力，防止地下水渗透作用。

2）应用条件。只能用于发生的塌陷防止再塌，不能用以预防新区的塌陷。

3）水文地质作用。再次密闭岩溶洞口，减少地表水渗入量。

4）施工方法。用大块石和水泥浆灌注密封基岩洞口，再用黏土回填压实；采用混凝土板密封基岩洞口，再用黏土回填。

（2）自然充气防塌法

1)理论根据与作用:根据真空吸蚀作用致塌理论,以实验为基础提出来的;充气原理建立在伯努利的高气压向低气压自行运动的能量守恒原理基础上,缓慢释放真空;主要是消除水位下降时在岩溶盖层与岩溶腔内水面之间的岩溶真空,以防真空吸蚀造成塌陷。

2)应用条件:可以预防新区不塌陷,保持地面完整性和稳定性;可以用于已陷地段防止再塌。

3)水文地质作用:可以消除局部岩溶真空地质环境,以防真空吸蚀的机械扩容作用,有利于地下水自行升降运动;可以消除因岩溶水击作用造成塌陷。

4)充气防塌法简述

钻孔自然充气法,利用事先打入在岩溶盖层底面的孔管消除真空吸盘,防止有压水转无压水形成真空腔。适用于岩溶盖层透气性不良、密封程度较高的地带,溶洞、裂隙口朝天发育的地段。方法:充气管底部的充气口置于初始真空吸盘下 10 cm 至 20 cm 深处,地表下 40 cm 至 50 cm 处,埋设固定孔夹,充气孔地表留 0.6 ~ 1.5 m 高度。

水位调压法:人为控制地下水位的下降速度,即当有压水头转无压时排水量要变小,防止水位突然下降或快速下降,目的是促使初始真空吸盘慢慢脱离盖层底面,即借助于水位逐渐下降时所形成的真空与来自盖层或岩溶内部的气体平衡。适用条件:岩溶盖层透气性较好密封程度不高的地带;岩溶地下水不丰富的地带;以裂隙为特点的地带。使用该方法应控制岩溶腔内水面下降形成真空的体积与岩溶裂隙盖层和地下水中释放出的气体体积总和 $\Sigma V_\text{大}$ 达到平衡,即 $V_\text{真} = \Sigma V_\text{大}$。

充气 - 调压法:既充气又要结合一定的调压来消除岩溶真空。适用条件:溶洞口或裂隙口不易确定;城建、民建、工业区密集地带;地下水不丰富的地带;岩溶盖层透气性良好,盖层土质较坚硬地带。施工时降落漏斗中部以水位调压为主,边缘地带以充气为主。

回填 - 充气法:在回填密封塌陷坑的同时,在坑的中央放置一根充气管,消除密封后形成的岩溶真空。适用条件:塌陷体再次自行回填密封洞口以及多次复活的塌陷坑。施工时埋没无腿塔式进气口充气管、带腿眼式进气口充气管。

洞口自然充气法:塌陷的基岩洞口既不回填密封,也不进行人工充气,使其暴露的洞口自然充气。^适用条件:回填多次不易稳定的塌陷坑;溶洞、裂隙在近地表处连通性良好;旋吸作用造成的地表水体下的塌陷。施工措施:地表水体下塌陷基岩洞口自然充气及围截地表水;无地表水体情况下洞口自然充气及围截地表流水措施。

(3)利用人工双层水位条件,深层局部疏干带水压采矿防止地面塌陷。改变全面疏干的方法,利用人工双层水位条件,只进行深层局部疏干。厚层灰岩裂隙岩溶含水层的渗透性具有各向异性的特点,在一定深度以下局部疏干开采,使得原来具有统一水力联系的含水层在垂向上分为两段,上部水位降低幅度远远小于下部,形成上部水位高下部水位低,水位相差悬殊,仅下层局部疏干,这样既保证了矿井正常生产,大大减少了排水量,同时避免了地面塌陷。这种方法已初步获得成功,为预防地面塌陷、保护水文地质环境开辟了一条新途径。

8.7　矿坑水害的治理

8.7.1　矿区地面防水措施

矿区地面防水工程是防止降雨汇水和地表水涌入露天采矿场和坑内开采塌陷区、保障采矿安全的技术措施。

8.7.1.1　截水沟(防洪沟、排水沟)

为防止坡面降雨汇水涌入露天采场、地下开采崩落区和排水影响所造成的塌陷区,在这些地区外围应建立截水沟。在有利的地形条件下,内涝积水区也可使用排水沟将积水导出矿区。截水沟平面布置应注意以下几点:

(1)截水沟设计要与采矿场排水设计统筹考虑,应最大限度地减少采矿场、崩落区、塌陷区的汇水面积,截水沟距露天采矿场的距离要考虑防止渗透和滑坡等因素。

(2)制定截水沟布置方案时,要通过技术经济比较,在满足矿山生产要求的前提下,应遵循分期、分批建设,近期与长远相结合的原则。

(3)设计的截水沟应注意防止其对下游村庄、农田、水利等方面产生不良影响。

(4)截水沟出口与河沟交汇时,其交汇角对下游方向应大于90°,并形成弧形,沟出口底部标高,最好在河沟相应频率的洪水位以上,一般应在常水位以上,尽量避免在常水位以下。

(5)截水沟通过坡度较大地段并对下游建筑物或其地面设施有不利影响时,应根据具体地形条件,设置跌水或陡槽,但不应设在沟的转弯处。

（6）为避免水沟淤塞和冲刷，水沟转弯时，其转角不宜大于45°，其最小容许半径一般不应小于沟内水平宽度的2.5倍。

8.7.1.2 河道移设

（1）当采掘工作遇到下列情况之一时，应考虑河道移设：

1）河流直接在矿体上方流过，对地下开采的矿床，采用保留矿柱或充填法采矿仍不能保证安全或经济上合理；

2）河流穿越露天境界或坑内开采崩落区，或排水影响的塌陷区；

3）河流虽位于上述范围之外，但因断裂等构造贯通使河水大量渗入采区，对边坡或开采有严重不良影响，而又不利于采用防渗措施时。

（2）在满足采矿工程对防洪要求的前提下，改河线路的选择应注意：新河道线路长度要最短；避免走斜坡，尽量穿越洼地；尽可能避开不稳定土层或渗漏严重的地层。

（3）改河线路的起点、终点的确定，应注意起点要顺河势，不要逼使水流急转进入新河道，要选在河床不易冲刷的地段，若有多余落差通常放在入口处，改河终点应放在原河道稳定的地段；在改河段终点，改河与原河的交角不宜过大，以免造成下游河道的不稳。

表8-8 截水沟和河流改道工程设计洪水频率表

频率类别		截水沟		河流改道	
设计	校核	露天矿	坑内矿	露天矿	坑内矿
1:100	1:200				大型
1:50	1:100		大型	大型	中型
1:20	1:50	大型	中型	中型	小型
1:10	1:20	中、小型	小型	小型	

注：（1）表内频率不是国家标准，在设计中可根据汇水面积大小及淹没后造成的损失程度等具体情况加以修正；

（2）设计频率为砌护高度标准，校核标准为确定工程标高的依据；

（3）设计中通过频率计算确定的水位标高，如低于当地相应频率的历史最高洪水水位时，则设计应采用相应频率的历史最高洪水水位作为防洪工程设计的依据；

（4）表内所列坑内矿，系指由于矿床开采引起地面严重破坏，地表水流经过塌陷区有可能造成淹没坑道者。

8.7.1.3 水库拦洪

当露天采场、坑内开采崩落区或抽水塌陷区横断小型河流时，在地形、地质条件不宜采用河道移设或虽可采用但技术经济不合理的情况下，可考虑采用水库调洪措施，调洪水库应设排洪平洞或排洪渠道泄洪，以达到保护矿坑安全的目的。调洪水库设计频率可参考表8-9。

表8-9 防洪水库设计洪水频率

水库蓄洪容积/万·m³		<100	100~1000
频率类别	设计	1:20	1:50
	校核	1:100	1:200

注：同表8-8。

采用调洪水库来防治地表水的矿山，应加强气象观测与预报工作，以便准确安排防洪计划。

8.7.2 矿区地下水疏干

8.7.2.1 矿床地下水预先疏干的一般原则

矿床疏干是借助巷道、疏水孔、明沟等各种疏水构筑物，在基建以前或基建过程中，预先降低开采区的地下水位，以保证采掘工作正常和安全进行的一种措施。

（1）采用预先疏干的原则。在下列任何一种情况下应考虑预先疏干。

1）矿体及其顶底板含水层的涌水，对矿山生产工艺和设备效率有严重影响，不进行预先疏干，无法保证采掘工作正常与安全进行。

2）矿床虽赋存于隔水层或弱含水层中，但在下述情况下，亦应考虑预先疏干：矿体顶底板岩层中存在有含水丰富或水头很大的含水层，矿体顶板的含水层虽然含水不丰富，水头也不大，但属于流砂层，若不进行预先疏干，在采掘过程中有突然涌水、涌砂的危险。

3）露天开采时，由于地下水的作用，使被揭露的岩土物理力学性质变坏，造成露天边坡不稳定。

（2）疏干方案选择的原则。

矿床疏干方案选择，主要取决于矿区水文地质、工程地质条件、矿床开采方法以及采掘工程对疏干的要求，通过综合的技术经济比较确定。不论采用何种方案，其疏干方法在技术上必须满足以下要求：

1）采用的疏干方法，需与矿区水文地质条件相适应，并能保证有效降低地下水位，形成稳定降落漏斗。

2）应使地下水所形成的降落曲线低于相应时期的采掘工作标高或获得允许的剩余水头值。

3）疏干工程的施工进度和时间，需要满足矿床开拓、开采计划的要求。

应该指出：采用疏干措施预防地下水对矿床开采的危害，不是唯一的方法。近年来采用防渗帷幕注浆堵水治理地下水害已有成功的实例。利用巨厚灰岩中人工双层水位的特异水文地质现象，采用下层局部疏干法，已在实践中应用，并取得了良好效果。在适宜的矿床水文地质条件下，采用上述方法可以取得比传统疏干方法更理想的经济效益。

8.7.2.2　常用的疏干方法

（1）深井泵疏干法：深井泵疏干法亦称地表疏干法，它是在需要疏干的地段，在地表施工大口径钻孔，安装深井泵或深井潜水泵，依靠孔内水泵工作而降低地下水位的一种方法。

1）适用条件：适用于疏干渗透性好、含水丰富的含水层；疏干深度一般不宜超过国产水泵的最大扬程；设置水泵的地面，深井抽水后不发生塌陷或沉降。

2）优缺点：优点是施工简单，施工期限短；因在地面施工，劳动和安全条件好；疏干工程布置灵活性强，可以根据水位降低的要求，分期施工降水孔或灵活地移动疏水设备。缺点：受疏干深度和含水层渗透性等条件的限制，使用上有较大的局限性；深井泵运转的可靠性比矿山用其他水泵差，效率一般也比较低。同时运转中的管理、维修也比较复杂；如供电发生故障，疏干效果受到影响。

3）深井系统的布置：深井系统布置的形式主要取决于矿区地质、水文地质条件、疏干地段的轮廓等因素。最常用的布置形式有单直线孔排、单环形孔群、任意排列的孔群。

（2）巷道疏干法：巷道疏干法亦称地下疏干法。它是利用巷道直接或通过各种类型的疏水钻孔降低地下水位的疏干方法。疏干巷道根据它与含水层的相对位置有：巷道直接掘进在含水层中，巷道直接起疏干作用，一般在基岩含水层中使用；巷道掘进在隔水层中，巷道仅起引水作用，而通过放水孔对含水层进行疏干。地下水由钻孔中自流进入巷道.再排出地表。这种方法一般在涌水量较大的含水层中采用。

1）巷道疏干法的优点（相对于深井泵疏干法）：适用于本疏干方法的地质、水文地质条件比较广泛；疏干强度大，比较彻底，特别是位于含水层中的疏干巷道此优点更加突出；排水设备运转的可靠性强，检修和管理比较方便，效率比深井泵高，在有利的地形条件下地下水可以自流排出地表；从排水设备正常运转角度出发，不受地表沉降限制；水仓能容纳一定量地下水，暂时停电，水仓可起缓冲作用，对疏干影响不大。

2）巷道疏干法的缺点：由于疏干工程在井下施工，因此，劳动和安全条件差，当巷道在含水层中掘进时，施工更加困难；有时要施工很长的专用巷道，施工期限较长，基建投资大。

3）疏干巷道的布置原则：在满足采掘对疏干降落漏斗曲线要求的前提下，疏干巷道的布置应遵循：专用的疏干巷道，一般应垂直矿床地下水的补给方向布置；要充分利用有利地形，使地下水的全部或一部分自流排出地表；疏干巷道布置应与采矿工程密切结合。坑内开采时，必须尽可利用开拓和采准巷道，只有不能满足疏干要求时，才布置专用的疏干巷道；对于先露天后转坑内开采的矿床，疏干要与排水相结合，并应使疏干巷道为后期坑内开采所能利用；专用的疏干巷道，应尽量延长其服务年限。对坑内开采的矿床，在可能的情况下，应当尽量利用有利的地质条件，使巷道在较长的时期内甚至永久地截住某一层位的地下水，而不使它逐中段下流；露天开采时，主要起截流作用的疏干巷道，一般布置在露天最终境界线以外，并且愈靠近露天境界疏干效果愈好。但必须注意避免疏干巷道涌泥砂而造成对露天边坡和地面建筑物的破坏。

（3）疏水钻孔：掘进在隔水层中的疏干巷道，仅能起引水作用，因此，必须同时施工各种疏水钻孔。疏干巷道通过这些疏水钻孔使顶、底板含水层中的地下水以自流方式进入巷道。

1）丛状放水孔。适用于基岩含水层，布置在疏干巷道或疏干洞室内，成丛状，孔径75～110mm，孔口装置分带闸阀和不带闸阀两种。从节能、安全便于管理的角度出发，带孔口闸阀比不带孔口闸阀具有较大的优越性。

2）直通式放水钻孔。它是由地表施工在垂直方向穿过含水层，而与井下疏干巷道旁侧的放水洞室相贯通的垂直放水钻孔。

3）打入式过滤器。它是直径不大、顶端为尖形的筛管，向巷道的顶、底板或两侧打入含水层中，使地下水位降低的一种疏水孔。它只适用于疏干距巷道不超过5～8m的松散含水层。

（4）明沟疏干法：在地表或露天矿台阶上开挖明沟以拦截流入采矿场的地下水的一种疏干方法。地下水进入明沟后，或以自流方式排出矿区，或汇集于集水池用水泵排出矿区。这种疏干方法一般只用于露天开采的矿区。地下开采时，为了防止覆盖层的地下水流入，也可使用明沟减少一部分地下水。明沟疏干法在矿床疏干中，很少以单一形式出现，它经常以辅助疏干手段与其他疏干方法配合使用，当它呈单一形式出现时，一般只适用于疏干埋藏不深、厚度不大、透水性较好、底板有稳定隔水层的松散含水层。与其他疏干方法配合使用时，则不受含水层埋深和厚度的限制。明沟结构形式简单，节省材料，施工速度快，投资省。缺点是使用的局限性大。

（5）联合疏干法：在矿区水文地质工程地质条件复杂，使用单一的疏干方法不能满足要求或不经济时，采用联合疏干方法。在一个矿区，可以同时使用两种以上疏干方法，也可以在不同阶段接替使用。一般有下列情况之一者，应考虑采用联合疏干方法：

1）矿区存在多个互相无水力联系的含水层，这些含水层都妨碍采掘的正常进行；

2）由于深井设备扬程的限制，或由于深井长期排水的不合理，在疏干的后一阶段不得不用其他的疏干方法来接替；

3）由于露天矿区边坡稳定性要求，对某些含水层的疏干，如采用上述方法效果不佳时，可采用其他特殊疏干方法。

8.7.3　注浆堵水

注浆堵水是防治水害的有效方法之一。它已广泛应用于井筒掘凿前的预注浆、成井后的壁后注浆、堵突水点恢复被淹矿井、截源堵水减少矿坑涌水、井巷堵水通过含水层或导水断层。其优点是：减轻矿坑排水负担；不破坏或少破坏地下水的动态平衡，有利于保护水源和合理开发利用；改善采掘工程的劳动条件，创造打干井、打干巷的条件，提高工效和质量；加固薄弱地带，减少突水机率；避免地下水对工程设备的浸泡腐蚀，延长使用年限。

8.7.3.1　注浆施工

注浆堵水据工程性质、使用材料、注入方式的不同，有各种分类和名称，按时间分，有预注浆和后注浆，按材料分有水泥、黏土、化学浆；按注入方式分，有单管压入的单液注浆和双管路孔口或孔内混合的双液注浆；按工程性质分，有突水点动水注浆、帷幕截流注浆，上述各类注浆施工有许多共同点，施工工艺流程大同小异。施工工艺流程一般为下列程序：注浆前期进行水文地质补充勘探，分析历史资料与打试探检查孔；制定方案设计；注浆孔施工；建立注浆站；冲洗注浆孔，下好止浆塞；注浆系统试运转并作耐压试验；对注浆段作简易或正规压水试验；正式造浆压注；观测、记录与情况分析；注后压水；关孔口阀，拆洗孔外注浆系统；打开孔口阀，提取止浆塞或再次注浆；封孔；分析检查注浆效果。

8.7.3.2　注浆材料

用于注浆堵水的材料种类繁多。当前常用的有单液水泥浆、水泥掺附加剂浆、水泥水玻璃双液浆、化学浆。化学浆分为水玻璃类、铬木素类、丙烯酰胺类、脲醛树脂类、糠醛树脂类和聚氨酯类。

8.7.3.3　注浆设备

注浆中需要的主要设备有注浆泵、搅拌机、止浆塞、混合器、输浆管路及相应的闸阀和接头、压力表及流量计等。

8.7.4　堵漏水钻孔

地面施工的各类勘探钻孔一般进行了封孔。少数封孔质量不高的钻孔在坑内开采时被揭露，造成涌水，这些垂直钻孔在某些地方穿过数个含水层，涌水量可达数 km³/日，危及矿井生产安全。坑内施工的钻探孔或已完成任务的放水孔，这些钻孔的涌水增加了排水费用，必须进行封堵。

8.7.4.1　地面钻孔的封堵

地面钻孔由于封孔质量不佳，造成向坑内涌水，当坑内已经揭露，可在坑内已揭露出的钻孔底部下入止水塞堵住涌水，再向孔内注入水泥浆，或水泥水玻璃双液浆。输浆管应超出止浆塞一定高度，以免浆液堵管达不到预期效果。注浆压力无需太高，否则浆液流散过远，增加材料消耗，只要能达到堵住涌水的目的就可以。需要注浆堵漏时，止浆塞要用橡皮球止水塞。当钻孔涌水量过大不宜向孔内下入橡皮球止水塞时，可以用牛皮筋缠绕的止水器。

当漏水孔未被巷道揭露，顺岩石裂隙涌水时，可以采用坑内巷道寻找钻孔法和地面寻找钻孔法，找到漏水孔，然后下入止水器，注浆堵水。在地面找到的漏水孔，止水方法可以用橡皮球、海带、黄豆、牛皮筋止水塞，当水被止住后，用泵向孔内送入水泥浆，或水泥、水玻璃双液浆。

8.7.4.2　坑内漏水钻孔封堵

坑内施工的勘探孔、已完成疏干任务的放水孔，其漏水增加了排水费用，应该进行封堵。这些钻孔已不再使用，可考虑永久性封堵。首先孔内下入止水器，然后注入水泥浆或水泥水玻璃双液浆。注浆结束后，立即关闭孔口闸阀，待水泥凝固后打开水门检查，如无水流出即结束。

8.7.5　矿坑水侵蚀性的评价

一般说来，矿坑都属于中性或弱碱性水，pH 在 7～8 之间。某些含硫较高的矿床如硫铁矿床，由于金属硫化物的氧化和水解，矿坑水中硫酸铁含量的增加以及游离硫酸的出现，使矿坑水的 pH 降低，酸性增强。酸性矿坑水一般为硫酸盐水，大部分矿坑酸性水的 pH 在 2～3 之间，也有小于 2 的，个别地区可能接近 1。

8.7.5.1　矿坑酸性水的危害

（1）对金属的腐蚀：矿坑酸性水使水泵、水管等排水设备和铁轨、钢丝绳等金属制品遭受严重损害。当 pH 小于 4 时，井下铁轨、钢丝绳等在这种水中浸渍几天或十几天就损坏得不能再用；高速运转中的水泵叶轮腐蚀损坏得更快，铁质水泵往往只能连续排水十余小时，衬以合金修制的水泵，也只能运转百余小时。熟铁排水管只能使用 1、2 个月。

（2）对混凝土的侵蚀：因为水中的 SO_4^{2-} 能与水泥中某些成分相互作用，生成含水硫酸盐结晶，如通常被称为"水泥细菌"的铝硫酸钙（$3Ca \cdot Al_2O_3 \cdot 3CaSO_4 \cdot 2H_2O$）。这些盐类生成时体积胀大，因而使水泥结构疏松破坏。在生成 $CaSO_4 \cdot 2H_2O$ 时，其体积增大一倍；在形成 $MgSO_4 \cdot 7H_2O$ 时，其体积增大 430%；而生成 $Al_2(SO_4)_3 \cdot 18H_2O$ 时，其体积则增大 1400%。

（3）对环境的污染：矿坑酸性水中所含大量的酸和硫酸盐（特别是硫酸铁和硫酸铝）直接污染了矿区地下水和地表水。

8.7.5.2　矿坑酸性水的防治与处理

（1）防治措施：尽量缩短矿井排除酸性水的年限；留够浅部矿柱，减少大气降水沿矿体露头渗入矿井；避免不同水源的混合。

（2）处理措施：

1）提高排水设备的耐腐蚀性能：用合金或有色金属代替黑色金属；用非金属材料代替金属材料（如塑料、陶瓷、耐酸岩石等）；用金属镀层（如镀锌、镀铬）或非金属涂料（如喷涂油漆、塑料、橡胶、树脂等）保护金属设备；使用阴极保护法来防止井下金属设备遭受酸性水的腐蚀。

2）改进排水方法：设立专门排水系统，在有条件的矿井可以集中排出酸性水；采用分级排水，尽量降低水泵扬程。

3）中和酸性水：生石灰加水搅拌成石灰浆，在酸性矿坑水流入水仓之前，将石灰浆均匀地放入进水水沟内，使其与酸性水充分作用，可降低或消除酸性。也可以用熟石灰（$Ca(OH)_2$）、纯碱（Na_2CO_3）或烧碱（$NaOH$）等代替生石灰作中和剂。

8.8 矿区地下水的利用

8.8.1 地下水的保护与利用

矿床地下水作为一种资源,用于工业、生活用水和农田灌溉,进行综合利用是很有前途的。矿床地下水绝大部分是淡水,如果不考虑综合利用是不合理的。矿坑水在不经过污染的条件下可用于居民生活用水,一般采用专用供水洞室和涌水钻孔,用专门的泵站和管路排至地面泵站,至水塔。矿坑水用作凿岩、压气、充填、选矿等工业用水已较普遍,用作农田灌溉要与水利工程配套,避免盲目性和无组织状态,防止灌溉时争水,而非灌溉季节让水白白流走。开展人工回灌也是提高地下水位、合理利用地下水的措施之一。

地下水作为一种资源决不能盲目开采,尤其矿山开采,深度大,开采量大,对地下水资源的破坏尤为严重。保护地下水是矿山水文地质工作者义不容辞的义务和责任。采用合理的防治水方法是保护地下水的最有利的措施。如利用隔水层带压采矿,进行局部疏干;采用帷幕注浆堵截地下水源,使其不进入开采区;在坑内封堵那些不具备疏干任务的放水孔、漏水钻孔、出水点,必须排出的地下水也要做到综合利用。

8.8.2 矿区供水水源

地下开采的矿山,在地下水符合生活供水水质标准时,采用坑下揭露含水层作为供水水源在技术经济上是合理的,服务年限长,稳定可靠。

查明揭露的含水层其水质水量是否符合供水要求,选择合理的标高和地点在井下打专门的供水孔,或利用疏干孔和人工控制的出水点作供水水源,设置专门的泵站和供水管路排至地面供水系统。利用矿坑排水系统排至地面后,导入过滤设施,经过净化过滤、沉淀和化学处理,达到饮用水水质标准。

工业用水可以利用矿内排水系统排出的地下水作为供水水源,如选矿用水,冷却用水等。

8.8.3 水质评价

8.8.3.1 生活饮用水水质标准(见表8-10)

表8-10 生活饮用水水质标准

编 号	项 目	标 准
	感官性状指标	
1	色	色度不超过15度,并不得呈现其他异色
2	浑浊度	不超过5度
3	臭和味	不得有异臭异味
4	肉眼可见物	不得含有
	化学指标	
5	pH	6.5 ~ 8.5
6	总硬度(以碳酸钙计)	不超过450mg/L
7	铁	不得超过0.3mg/L
8	锰	不得超过0.1mg/L
9	铜	不得超过1.0mg/L
10	锌	不得超过1.0mg/L
11	挥发酚	不得超过0.002mg/L
12	阴离子合成洗涤剂	不得超过0.3mg/L
	毒理学指标	
13	氟化物	不得超过1.0mg/L
14	氰化物	不得超过0.05mg/L
15	砷	不得超过0.05mg/L
16	硒	不得超过0.01mg/L

续表 8 - 10

编 号	项 目	标 准
17	汞	不得超过 0.001mg/L
18	镉	不得超过 0.01mg/L
19	铬(六价)	不得超过 0.05mg/L
20	铅	不得超过 0.05mg/L
	细菌学指标	
21	细菌总数	1mL 不超过 100 个
22	大肠菌群	1L 水中不超过 3 个
23	游离性余氯	在接触30 min 后不低于0.3mg/L, 集中式给水除出厂水应符合上述要求外, 管网末梢不低于0.05mg/L

8.8.3.2 矿区生产用水水质标准与水质评价

锅炉用水水质标准与水质评价(表8 - 11、8 - 12)。

表 8 - 11 蒸气锅炉用水水质要求

项 目	限 度
非碳酸盐硬度	0.9mmol/L
总硬度	4.5mg/L
蒸发残渣	500mg/L
悬浮物	600mg/L
含氯量	100mg/L

表 8 - 12 一般锅炉用水水质评价指标

成垢作用				起泡作用		腐蚀作用	
按锅垢总量(H_0)		按锅垢系数(K_n)		按起泡系数(F)		按腐蚀系数(K_n)	
指标	水质类型	指标	水质类型	指标	水质类型	指标	水质类型
< 125	锅垢很少的水	< 0.25	具有软沉淀物的水	< 60	不起泡的水	> 0	腐蚀性水
125 ~ 250	锅垢少的水	0.25 ~ 0.5	具有中等沉淀物的水	60 ~ 200	半起泡的水	< 0, 但 K_K + 0.0503Ca^{2+} > 0	半腐蚀性水
250 ~ 500	锅垢多的水	> 0.5	具有硬沉淀物的水	> 200	起泡的水	K_K + 0.0503Ca^{2+} < 0	非腐蚀性水
> 500	锅垢很多的水						

$H_0 = S + C + 36rFe^{2+} + 17rAl^{3+} + 20rMg^{2+} + 59rCa^{2+}$; H_0 为锅垢总重量, mg/L; S 为水中悬浮物含量, mg/L; C 为胶体(SiO_2 + Fe_2O_3 + Al_2O_3)含量, mg/L

$K_K = \dfrac{H_n}{H_0}$

H_n = SiO_2 + 20rMg^{2+} + 68(rCl^- + rSO_4^{2-} + rNa^+ - rK^+) 括号内若为负值可略去不计; H_n——硬锅垢重量, mg/L; SiO_2——硅酸的含量, mg/L

$F = 62rNa^+ + 78rK^+$

酸性水

$K_K = 1.008(rH^+ + rAl^{3+} + rFe^{2+} + rMg^{2+} - rCl^- - rHCO_3^{-1})$

碱性水

$K_K = 1.008(rMg^{2+} - rHCO_3^-)$

注: rFe^{2+}、rMg^{2+}、rCa^{2+}… 为各种离子含量(m mol/L); Ca^{2+} 为 Ca 离子含量(mg/L)。

(2)冷却用水水质要求

表 8 – 13 压缩空气站冷却用水要求

项　目	指　标
pH	不小于 6.5，呈中性
浑浊度	（100 ~ 150）mg/L
暂时硬度	一般不小于 12°，当进水温度较低时，硬度允许适当增加
含油量	5 mg/L
有机物含量	25 mg/L
进出水温差	不超过 10 ~ 25℃
排出水温	不超过 40℃
水压	1.5 ~ 3.0 大气压

表 8 – 14 冷却用水中 CO_2 含量不同时允许的硬度

游离碳酸的含量 $w(CO_2)/(mg \cdot L^{-1})$	不同温度时冷却用水中允许的碳酸盐硬度					
	20°	30°	40°	50°	60°	70°
10	11	8.3	7.6	6.9	6.4	5.8
20	11.3	10.4	9.5	8.7	8.0	7.3
30	13.2	12.0	10.9	10.0	9.2	8.3
40	14.5	13.2	12.0	11.0	10.1	9.1
50	15.6	14.2	12.9	11.8	10.9	9.8
60	16.6	15.1	13.7	12.6	11.6	10.5
80	18.3	16.6	15.1	13.8	12.6	11.5
100	19.7	17.9	16.3	14.9	13.8	12.4

9　矿山工程地质

矿山开发，是人类工程活动与地质环境之间相互影响和相互制约的过程。使矿山工程安全运营，并妥善保护矿山环境，是矿山工程地质的基本任务。为此，应对矿山工程活动所涉及的地质环境，进行深入调查。进而研究工程活动与地质环境相互制约的一些主要形式，或称为主要工程地质问题。分析这些问题产生的地质条件、力学机制及其发展演化规律，以便正确评价和有效防治，确保矿山正常运营。

9.1　矿山工程地质的主要内容

9.1.1　已有矿山工程地质资料分析

我国矿山工程地质尚未引起人们的足够重视。在矿床地质勘探报告中，至今未见到有工程地质的专门论述。仅大、中型矿山在规划、设计阶段，对矿区内重要的地表工程，如选厂、尾矿坝、大型建筑群的地基，做过一些工程地质勘察。因此，一般矿山直接可利用的工程地质资料很少。但地质勘探报告书中，对矿区地层岩性、地质构造、地貌、水文地质等有详尽的描述；岩石物理力学性质、物理地质现象等也有不同程度的描述。这些资料正是矿区工程地质的基础资料，对研究工程地质条件，以及在不同工程地质条件下可能出现的工程地质问题很有裨益。

在综合分析已有地质资料的基础上，应编写出工程地质综合评价和有关图件。

9.1.1.1　区域工程地质评价

影响区域地质环境的基本因素：区域地壳稳定性、岩性地层及其组合、区域水文地质结构及水动力特征、地形切割及坡度、易变地质单元、地表物质移动等。区域地壳稳定性应着重研究区域内大断裂的基本特征。

（1）大断裂的空间分布，是指沿断裂纵向发育、横向变化以及相互交接关系，特别是断裂的端点、拐点和交接点。

（2）大断裂的形成与发展。由于构造运动的多期性，断裂形成后又经多次活动，构造应力场交替变化，其断裂的力学性质具有多样性。

（3）大断裂近期活动性，活断层控制区域稳定性、不良地质现象的区域性展布规律。活断层的存在可以通过地貌、第四系沉积物类型和厚度变化、近代火山活动、地热异常以及地形变化和地应力测量等予以论证。近期地壳运动往往导致古老构造的再活动，近期构造应力场对矿山地下工程的总体布局有决定性的影响。

区域性大断裂不同程度地控制着区域内地质发展历史及其地质构造特征。区域地质结构既限定了不同地质构造单元的地貌景观及其形成和发展过程，又决定了区域水文地质结构和水动力特征，控制着地质资源及易变性地质单元的类别和空间分布。这些因素综合决定着各种物理地质现象的发生及发展的时间、空间和强度。因此，区域地质结构是区域工程地质评价的基础。评价中要充分考虑岩性地层及组合特征，并且要进行工程地质岩组划分、区域性断裂构造特征及其空间分布的研究。区域地质结构的研究深度决定区域工程地质评价的可靠程度。

9.1.1.2　矿区工程地质评价

（1）山体稳定性评价：矿山工程的合理布局，应在矿山所辖较大范围内，根据已有矿区地质资料，对山体地质结构作初步分析，并对山体稳定性作初步评价。山体稳定性评价的重点应抓住组成山体的不同工程地质岩组的空间分布，尤其是软弱岩层、软弱夹层、风化岩组、构造岩组和岩溶地段的工程地质特征和空间组合状态，以及断裂结构面的空间展布和断裂带特征。软弱夹层、断裂结构面不仅是山体失稳的边界，而且控制着山体变形破坏的形式和规律。

地下水的运动规律受山体水文地质结构和区域水文地质条件控制。山体稳定性评价时，应论证含水层和隔水层的空间分布及地下水运动特征。其重要意义不仅对软弱岩组、软弱结构面的软化和泥化研究；而且对涌水、渗流和渗透压力所引起的渗透稳定性研究也是十分重要的。

山体稳定性评价，除上述因素外，也要综合考虑其他影响因素，结合矿山工程特点，确定工程合理布局。

（2）工程岩体稳定性评价：工程岩体稳定性关系到矿山正常运营。一般根据岩体结构类型、结构面的规模、形态、结合状况、延展性、贯通性、组数、产状以及地下水、地应力、地热所产生的力学效应等方面来进行工程岩体稳定性评价。

（3）矿区内物理地质现象的分析：根据已有地质资料分析矿区内是否会发生斜坡滑移、崩塌、泥石流、岩溶、潜蚀、流砂等物理地质现象；并找出其可能发生的规模、危害程度，提出进一步研究的途径、方法，为有效控制和治理奠定基础。

9.1.1.3 工程地质草图的编制

国内外工程地质图编图原则、方法还不统一，所以编制出的图件各不相同。目前国内编制的工程地质图，按其内容和用途有如下一些主要图件。

（1）按图的内容：可分为工程地质分析图、综合工程地质图、工程地质分区图、工程地质综合分区图。

（2）按图的用途：可分为通用工程地质图、专用工程地质图。

矿山工程地质图和矿山地质图件相对应，有反映地表工程地质条件和分区的矿区综合工程地质分区图；有反映阶段平面工程地质条件和分区的阶段平面工程地质分区图；有反映剖面工程地质条件和分区的横剖面或纵剖面工程地质分区图。根据实际需要，可以编制专用的矿山工程地质图。例如，矿区地下水赋存状态图、矿区岩溶分布图、自然斜坡变形图等。

工程地质草图的编制，一般是根据矿区地形地质图、勘探线剖面图等进行必要的补充和删改，绘制成矿区工程地质草图，并在后期工程地质勘察中不断补充和修改，成为矿区最终的工程地质图件。

9.1.2 矿山工程地质条件和主要工程地质问题

9.1.2.1 矿山工程地质条件

矿山工程地质条件是指与矿山工程有关的地质要素的综合，即矿区内地形地貌条件、岩土类型及其工程地质性质、地质结构、水文地质条件、物理地质现象等地质要素的综合。

矿山工程地质的基本任务就是查清矿区内工程地质条件，为分析和处理可能出现的工程地质问题提供基础地质资料。

9.1.2.2 矿山工程地质问题

矿山工程地质问题有区域稳定性问题、岩（土）体稳定问题、与地下水渗流有关的问题、常见矿山地质灾害问题等。

（1）区域稳定性问题：是在区域内特定的地质条件下所产生的，包括活断层、地震、诱发地震、地震砂土液化、地表变形和沉降，以及区域构造应力场强度、主应力方向等。它直接影响到矿区岩（土）体稳定。研究区域稳定性条件问题，对矿山规划设计中重要地表建筑工程的选址、采矿方式和方法的选择具有重要意义。

（2）矿区岩（土）体稳定问题：露天矿边坡、地下坑道和采场、天然斜坡、重要地面建筑地基等岩（土）体产生严重变形破坏，称为失稳。若不发生显著变形破坏则为稳定的。失稳和稳定是相对的，有些矿山工程允许发生一定程度的变形破坏以及一些小规模的岩（土）体崩塌和滑移；但有些矿山工程不允许发生明显的变形及岩（土）体崩塌和滑移。矿区岩（土）体稳定问题是关系到矿山能否正常运营，也是矿山最重要的工程地质问题。

（3）与地下水渗流有关的工程地质问题：主要是在岩溶发育的矿山所产生的岩溶渗透，以及由于渗流作用下的土体失稳。这类工程地质问题给矿山正常生产造成危害。

（4）常见矿山地质灾害问题：由物理地质现象或由人类活动使地质环境改变而产生的地质灾害，如天然泥石流、人工泥石流、岩爆、岩堆移动、流砂等。

9.2 岩土工程地质性质

9.2.1 不同类型土的工程地质特征

自然界的土，由于形成的年代、作用和环境不同，以及形成后经历的变化过程不同，各具有不同的物质组成、结构特征和工程地质性质。

9.2.1.1　土的物质组成

土的固体颗粒（土粒）大小通常以其直径表示，称粒径。根据土粒特性与其粒径变化的关系，按粒径大小划分为若干组，称粒组或粒级。在同一粒组中，土的性质大致相同，不同粒组则性质有差异。目前，我国通用的粒组划分见表 9－1。

表 9－1　土的粒组

颗粒名称		粒径/mm
漂石（浑圆或圆棱）或块石（尖棱）	大	＞800
	中	800～400
	小	400～200
卵石（浑圆或圆棱）或碎石（尖棱）	大	200～60
	中	60～40
	小	40～20
砾石（浑圆或圆棱）或角砾（尖棱）	大	20～10
	中	10～4
	小	4～2
砂　粒	粗	2～0.5
	中	0.5～0.25
	细	0.25～0.05
粉　粒		0.05～0.005
黏　粒		＜0.005

9.2.1.2　土样采取和试验

凡建筑物的天然地基、露天边坡、天然地层均应采取原状土作土样；凡路堤、桥头、地基基础回填均应采取扰动土作土样；若工程对象既属天然斜坡稳定，又作土方调配为填料，除采取所需原状土外，还需满足扰动土要求取样数量。如果只要求进行土的分类，可只采取扰动土。

土样可在试坑、平洞、导坑、竖井、天然地面及钻孔中采取。取原状土样时，应使其受扰动程度最小，保持其原状结构及天然湿度。

为便于分析土的物理力学性质与地质时代、成因、地层的相互关系以及资料整理时的土样划分，送样单必须认真准确填明有关地质资料的符号及说明。

土样采取数量应满足所要求进行的试验项目和试验方法的需要。

9.2.1.3　一般土的工程地质特征

一般土均按照土的粒度划分类型，根据土与水的相互作用所表现的联结力，又可分为黏性土和无黏性土两大类。

（1）砾石类土引起的主要工程地质问题，是由其透水性极强而发生渗漏和涌水。例如坝基、渠道、水库的渗漏，基坑及地下坑道的涌水等。该类土的野外鉴别方法见表 9－2。

表 9－2　砾石类土密实度野外鉴定

密实度	骨架颗粒及充填物状态	开挖情况	钻探情况
密实	骨架颗粒含量大于总重的70%，呈交错排列接触，或虽只有部分骨架颗粒连续接触，但充填物呈密实状态	锹镐挖掘困难，用撬棍方能松动，井壁一般较稳定	钻进极困难，冲击钻探时，钻杆、吊锤跳动剧烈，孔壁较稳定

续表 9 - 2

密实度	骨架颗粒及充填物状态	开挖情况	钻探情况
中密	骨架颗粒交错排列，部分连续接触，充填物包裹骨架颗粒，且呈中密状态	锹镐可挖掘，井壁有掉块现象，从井壁取出大颗粒处，能保持颗粒凹面形状	钻进较难，冲击钻探时，钻杆、吊锤跳动不剧烈。孔壁有坍塌现象
稍密	骨架颗粒含量小于总重的60%，排列混乱，大部分不接触，充填物包裹大部分骨架颗粒，且呈疏松状态或未填满	锹可以挖掘，井壁易坍塌。从井壁取出大颗粒后，砂性土立即塌落	钻进较容易，冲击钻探时，钻杆稍有跳动，孔壁易坍塌

（2）砂类土作为坝基或渠道会产生较严重的渗漏问题。粗中砂土可为优良的混凝土骨料。细、极细砂土在渗透压力作用下易于流动，形成流砂，给工程带来危害。在振动作用下，会发生突然液化，造成建筑物的极大破坏。该类土的野外鉴别方法见表 9 - 3。

表 9 - 3 砂类土野外鉴别方法

鉴别方法 \ 砂土种类	砾砂土	粗砂土	中砂土	细砂土	粉砂土（极细砂）
土粒粗细	约有四分之一以上的土粒比荞麦或高粱粒（2 mm）大	约有一半以上的土粒比小米（0.5 mm）大	约有一半土粒大小和砂糖或白菜籽（>0.25 mm）相似	大部分土粒与粗玉米粉（>0.1 mm）相似	土粒大部分与小米粉相似或较精盐稍细
干燥时状态	土粒完全分散	土粒完全分散，仅个别有胶结	土粒基本分散，部分胶结，但一触就散	大部分分散，少量胶结，稍碰撞后即分散	土粒少部分分散，大部分胶结，稍加压后分散
湿润时用手拍后的状态	表面无变化	表面无变化	表面偶有水印	表面有水印（翻浆）	表面有显著翻浆现象
黏着程度	无黏着感	无黏着感	无黏着感	偶有轻微黏着感	有轻微黏着感

（3）黏性土的工程地质性质主要取决于联结力和密实度。作为地基土时，必须根据其黏粒含量、稠度、孔隙比等予以评价。其微弱透水性或隔水性常被用于防渗，也可取作为土料，修建土石坝的心墙或斜墙，及防渗齿墙，坝前水平铺盖等。野外鉴别方法见表 9 - 4。

表 9 - 4 黏性土野外鉴别方法

鉴别方法 \ 土名	亚砂土	亚黏土	黏土
湿润时用刀切	无光滑面，切面比较粗糙	稍有光滑面，切面比较规则	切面非常光滑，有黏腻的阻力
用手捻摸时的感觉	感觉有细颗粒存在或感觉粗糙，有轻微黏滞感或无黏滞感	仔细捻摸感觉到有少量细颗粒，稍有滑腻感，有黏滞感	湿土用手捻摸有滑腻感，当水分较大时极为黏手，感觉不到有颗粒的存在
黏着程度	一般不黏着物体，干燥后一碰就掉	能黏着物体，干燥后较易剥掉	湿土极易黏着物体（包括金属与玻璃），干燥后不易剥去，用水反复洗才能去掉
湿土搓条情况	能搓成2~3 mm的土条	能搓成0.5~20 mm的土条	能提成小于0.5 mm的土条（长度不短于手掌）手持一端不致断裂

9.2.1.4 特殊土的工程地质特征

特殊土是指具有某些特殊性质的土体，如黄土具湿陷性，膨胀土具胀缩性等。某些特殊土则显示了地域分布特征，如华南的红土，黄河中游的黄土，高纬度及高山区的冻土等。

（1）黄土：为第四纪特殊的陆相疏松堆积物。不同黄土的主要特征及物理力学性质见表 9 - 5 和表 9 - 6。

表 9 - 5 不同黄土主要特征

特征 / 年代		颜色	土层特征	姜石及包含物	古土壤层	沉积环境及层位	开挖情况
近代堆积黄土 Q₄²		浅至深褐色,暗黄或灰黄等	多虫孔及植物根孔,混碳酸盐结晶似粉状,结构松软成蜂窝状	少量小砾石及小姜石,有时混有人类活动遗物	无	山前、山脚坡积洪积扇表层,古河道及已堵塞的湖塘、沟谷和河流泛溢区	开挖极为容易,进度很快
新黄土	次生黄土 Q₄¹	褐黄至黄褐等	具大孔性,有虫孔及植物根孔,土质较均匀,稍密至中密	少量小姜石及砾石和人类活动遗物	有埋藏土,呈浅灰色或无	河流两岸阶地沉积	锹挖容易,但进度较慢
新黄土	马兰黄土 Q₃	浅黄至灰黄等	具大孔性,有虫孔及植物根孔,铅直节理发育,土质较均匀,易产生陷穴和天然桥,结构较疏松,稍密至中密	少量细小姜石,零星分布	浅部有埋藏土,一般为浅灰色	阶地、塬坡表部及其过渡地带,其下为 Q₂ 黄土	锹挖较容易
老黄土	离石黄土 Q₂	深黄、棕黄及微红等	少量大孔或无,土质紧密,块状节理发育,抗蚀力强,土质较均匀,不见层理,下部有砂砾等粗颗粒	上部有姜石,少而小,古土壤层下姜石粒径5~20cm,成层分布或呈钙质胶结	有数层至十余层,上部间距3~4m,下部1~2m,每层厚约1m	下部为 Q₁ 黄土	用镐锹开挖较费力
老黄土	午城黄土 Q₁	微红及橙红等	不具大孔性,土质紧密至坚硬,颗粒均匀,柱状节理发育,不见层理,有时夹砂砾石等粗颗粒	姜石含量较Q₂少,成层及零星分布于土层内,粒径1~3cm	古土壤层不多,呈棕红及褐色	下与第三纪红黏土或砂砾层接触	用镐锹开挖很困难

表 9 - 6 黄土的物理力学性质指标

指标 / 地区	含水量 W /%	容重 γ /(g·cm⁻³)	干容重 γ_d /(g/cm⁻³)	孔隙比 e	饱和度 S_r /%	液限 W_L /%	塑限 W_P /%	塑性指数 I_P	压缩系数 a_{1-3} /(cm³·kg⁻¹)	湿陷系数 δ_s
兰 州	12.4	1.51	1.32	1.058	35.9	27	17.3	9.9	0.031	0.070
西 宁	1~17	1.5~1.8	1.4~1.6	0.838~0.950				8~11	0.025~0.045	0.030~0.061
太 原	15	1.59	1.38	0.96	43.8	27.3	16.7	10.6	0.044	0.046
关中台原	17	1.50	1.31	1.10	41	31	18.3	12.5	0.036	0.073
西 安	19	1.63	1.36	1.00	52	30.4	18.4	12.0	0.041	0.054
豫西高阶地	13	1.62	1.43	0.87	40	27	18	9	0.040	0.040
豫西Ⅰ-Ⅱ级阶地	21	1.67	1.41	0.904	55.6	20.1	18.5	11.6	0.023	0.032
武 山	17.9	1.61		0.975	49.6	23.7		7.3	0.062	0.050

黄土在一定压力作用下受水浸蚀后,结构迅速破坏产生显著附加沉陷的性能,称湿陷性,为黄土独特的工程地质性质。具此特性的黄土称为湿陷性黄土;反之,则为非湿陷性黄土。前者又可分为自重湿陷性和非自重湿陷性两类。黄土湿陷的表征见表9-7、表9-8。

表 9 - 7 湿陷作用强烈程度

土层平均湿陷系数 δ_s	强 烈 程 度
$\delta_s \leqslant 0.03$	轻微湿陷性的
$0.03 < \delta_s \leqslant 0.07$	中等湿陷性的
$\delta_s > 0.07$	强烈湿陷性的

表9-8　湿陷性黄土地基的湿陷等级

分级湿陷 湿陷等级	分级湿陷量 Δs/cm	
	非自重湿陷性黄土场地	自重湿陷性黄土场地
I	$\Delta s \leqslant 15$	$\Delta s \leqslant 15$
II	$15 < \Delta s \leqslant 35$	$15 < \Delta s \leqslant 40$
III	$\Delta s > 35$	$\Delta s > 40$

（2）盐渍土：埋藏在地表以下115m内，平均易溶盐含量大于0.5%的土层，称为盐渍土。主要分布于苏、冀、豫、鲁及松辽平原。按所含盐类可分为氯盐、硫酸盐、碳酸盐等盐渍土，见表9-9。其工程地质性质取决于盐的种类和数量。土中含盐愈高，其液塑限愈低，夯实最佳密度愈小。强度和变形与含水量有关，通常干燥状态的盐渍土具有较高的强度和较小的变形。水浸后，因盐分溶解．土被溶蚀，致使土的强度降低，压缩变形增大。

表9-9　按含盐成分比值和含盐量的盐渍土分类表

按含盐成分比值的分类		按平均含盐量（%）的分类				路堤填料允许含盐量 /%
	$\left(\dfrac{Cl^-}{SO_4^{2-}}\right)$	弱盐渍土	中盐渍土	强盐渍土	超盐渍土	
氯盐渍土	> 2	0.5 ~ 1	1 ~ 5	5 ~ 8	> 8	5 ~ 8
亚氯盐渍土	1 ~ 2	0.5 ~ 1	1 ~ 5	5 ~ 8	> 8	5（其中硫酸盐 < 2）
亚硫酸盐渍土	0.3 ~ 1	0.3 ~ 0.5	0.5 ~ 2	2 ~ 5	> 5	5（其中硫酸盐 < 2）
硫酸盐渍土	< 0.3	0.3 ~ 0.5	0.5 ~ 2	2 ~ 5	> 5	2.5（其中硫酸盐 < 2）
碳酸盐渍土 〔碱性，含 $CO_3^{2-} + HCO_3^-$〕		< 0.5	0.5 ~ 1	1 ~ 2	> 2	2（其中易溶碳酸盐 < 0.5）

（3）冻土：系温度低于零度并含有固态水的土。可分为永久冻土、多年冻土和季节冻土。冻土由土粒、冰、水和气体四相构成复杂的综合体。比三相土具有更复杂的工程地质性质。冻结时，土体增大，土层隆起；融化时，土体缩小，土层沉降。故隆起和沉降引起建筑物的变形和破坏。按土质及冻土中含水状况，可将多年冻土划分为四类，见表9-10。

表9-10　冻土分类

冻土名称	土 的 类 别	总含水量 W/%	融化后潮湿程度		融沉性分级
少冰冻土	粉、黏粒含量 ≤15%（或 <0.1毫米的颗粒 ≤25%，以下同）的粗粒土（其中包括碎石土、砾砂土、精砂土、中砂土，以下同）	$W \leqslant 12$	潮湿		不融沉
	粉、黏粒含量 >15% 的粗粒土、细砂土、粉砂土		稍湿		
	黏性土		半干硬		
多冰冻土	粉、黏粒含量 ≤15% 的粗粒土	$12 < W \leqslant 18$	饱和		弱融沉
	粉、黏粒含量 >15% 的粗粒土、细砂土、粉砂土		潮湿		
	黏性土		硬塑		
富冰冻土	粉、黏粒含量 ≤15% 的粗粒土	$18 < W \leqslant 25$	饱和出水，出水量 < 10%		弱融沉
	粉、黏粒含量 >15% 的粗粒土、细砂土、粉砂土		饱和		
	黏性土	$W_P + 7 < W \leqslant W_P + 15$	软塑		
饱冰冻土	粉、黏粒含量 ≤15% 的粗粒土	$25 < W \leqslant 44$	饱和出水	出水量10% ~ 20%	弱融沉
	粉、黏粒含量 >15% 的粗粒土、细砂土、粉砂土			出水量 < 10%	
	黏性土	$W_P + 15 < W \leqslant W_P + (36 ~ 48)$		流塑	
含冰冻土	粉、黏粒含量 ≤15% 的粗粒土	$W > 44$	饱和出水	出水量 > 20%	
	粉、黏粒含量 >15% 的粗粒土、细砂土、粉砂土			出水量 > 10%	
	黏性土	$W > W_P + (36 ~ 48)$		流塑	

（4）软土：又称湖泥土或有机土。指静水或缓慢流水环境中有微生物参与作用的条件下沉积形成的，含有较多的有机质，天然含水量大于液限，天然孔隙比大于1，结构疏松软弱，染手、味嗅的淤泥质和腐殖质的黏性土。因其形成环境、物质组成和结构特殊，因而具有独特的工程地质性质，如含水量高、孔隙比大、透水性弱、压缩性好、抗剪强度低等，见表9－11。

表9－11　我国不同类型淤泥类土的物理力学性指标

成因类型	地区	土层埋深/m	含水量/%	容重/(g·cm⁻³)	孔隙比	液限/%	塑性指数	液性指数	压缩系数 a_{1-2}/(kg·cm⁻²)	内摩擦角(固快)/(°)	凝聚力(固快)/(kg·cm⁻²)
泻湖相	温州	1~35	68	1.62	1.79	53	30	1.50	0.193	12	0.05
	宁波	2~12	56	1.70	1.58	46	19	1.53	0.250	1	0.10
		12~23	38	1.86	1.08	36	15	1.13	0.072		
溺谷相	福州	3~19	68	1.50	1.87	54	29	1.48	0.205	11	0.05
		1~3 19~25	42	1.71	1.17	41	21	1.05	0.070	16	0.10
滨海相	塘沽	8~17	47	1.77	1.31	42	22	1.23	0.097	4	0.17
		0~8 17~24	39	1.81	1.07	34	15	1.33	0.065		
	新港	18以上	58	1.65	1.66	56	26	1.08	0.088	2	0.13
三角洲相	上海	6~17	50	1.72	1.37	43	20	1.35	0.124	15	0.05
		<6 >20	37	1.79	1.05	34	13	1.23	0.072	18	0.06
	杭州	3~9	47	1.73	1.34	41	19	1.34	0.130	14	0.06
		9~19	35	1.84	1.04	33	15	1.13	0.117		
	广州	0.5~10	75	1.60	1.82	46	19		0.118		
湖相	昆明		68	1.62	1.56	60	18	1.44	0.090	12	0.22
			42	1.85	0.95	34	12	1.68	0.040	19	0.15
河漫滩相	南京		40~50	1.72~1.80	0.93~1.32	35~44	17~20	1.10~1.60	0.050~0.080	4~10	0.02~0.18
牛轭湖相	苏北		48	1.74	1.31	39	16	1.50	0.109	5	0.11
山地湖沼相	贵州		91	1.47	2.30	77	34	1.40	0.214	13	0.09
			83	1.47	2.16	75	32	1.22	0.225	2	0.09
山地坡洪积相	贵州		78	1.54	2.04	74	33	1.12	0.144	10	0.11
			75	1.54	1.89	61	28	1.23	0.120	12	0.16
山地冲积相	贵州		81	1.49	2.06	78	32	1.09	0.144	19.5	0.23
			55	1.64	1.62	58	22	0.86	0.124		0.12

软土因其强度低，过于软弱，作为地基容许承载能力一般低于1.0 kg/cm²，房建规模稍大，就会发生过大沉陷，甚至地基土挤出。作为铁路路堤，不仅高度受限，而且易于产生侧向滑移和在机车振动下产生结构力学强度破坏。因此，工程上遇到软土时，必须进行人工处理。

（5）膨胀土又称胀缩土：指因含水量增加而膨胀，含水量减少而收缩的黏性土。我国膨胀土按其成因和特征分为三类，见表9－12。

表 9 – 12 膨胀土分类表

类别	地貌	典型地层	岩 性	矿物成分（<2μm）	含水量/%	孔隙比	液限/%	塑性指数	分布的典型地区
一类	分布于盆地边缘与丘陵地	晚期第三纪至第四纪湖相沉积及其第四纪风化层	以灰白、灰绿等杂色黏土为主（包括半成岩的岩石），裂隙特别发育，常有光滑面与擦痕	蒙脱石为主	20 ~ 37	0.6 ~ 1.7	45 ~ 90	21 ~ 48	云南蒙自、鸡街，广西宁明，河北邯郸，河南平顶山，湖北襄樊
二类	分布于河流阶地	第四纪冲积、冲洪积、坡洪积层（包括少量冰水沉积）	以灰褐、褐黄、红、黄色黏土为主、裂隙很发育，有光滑面与擦痕	伊利石为主	18 ~ 23	0.5 ~ 0.8	36 ~ 54	18 ~ 30	安徽合肥，四川成都，湖北枝江、郧县，山东临沂
三类	分布于岩溶地区准平原、谷地	碳酸盐类岩石的残积、坡积及洪积层	以红棕、棕黄色高塑性黏土为主，裂隙发育，有光滑面与擦痕		27 ~ 38	0.9 ~ 1.4	50 ~ 110	20 ~ 45	广西贵县、来宾、武宣

9.2.2 岩石的工程地质性质

岩石的工程地质性质包括物理性质、水理性质和力学性质。

9.2.2.1 岩石的物理性质

（1）岩石的比重：指单位体积岩石固体部分的重量与同体积水的重量（4℃）之比。常见岩石的比重见表 9 – 13。岩石比重的大小，反映其力学性能的好坏，如表 9 – 14 所示。

表 9 – 13 常见岩石的比重

岩石名称	比重/(g·cm⁻³)	岩石名称	比重/(g·cm⁻³)	岩石名称	比重/(g·cm⁻³)
花岗岩	2.5 ~ 2.8	砾 岩	2.0 ~ 2.7	片麻岩	2.5 ~ 2.7
流纹岩	2.65 左右	砂 岩	2.6 ~ 2.75	石英岩	2.6 ~ 2.8
凝灰岩	2.5 ~ 2.7	细砂岩	2.7 左右	石英片岩	2.6 ~ 2.8
闪长岩	2.6 ~ 3.1	黏土质砂岩	2.68	绿泥石英片岩	2.8 ~ 2.9
玢 岩	2.9 ~ 3.1	砂质页岩	2.72	角闪片麻岩	3.07 左右
安山岩	2.6 ~ 2.9	页 岩	2.4 ~ 2.8	板 岩	2.7 ~ 2.9
辉长岩	2.7 ~ 3.2	泥质灰岩	2.7 ~ 2.8	花岗片麻岩	2.6 ~ 2.9
辉绿岩	2.6 ~ 3.1	石灰岩	2.4 ~ 2.8	大理岩	2.7 ~ 2.9
玄武岩	2.5 ~ 3.3	白云岩	2.7 ~ 2.9	蛇纹岩	2.5 ~ 2.3
橄榄岩	2.9 ~ 3.4	石 膏	2.2 ~ 2.3	煤	1.98

表 9 – 14 岩石比重与抗压强度关系表

石灰岩		砂 岩	
比重/(g·cm⁻³)	抗压强度/(kg·cm⁻²)	比重/(g·cm⁻³)	抗压强度/(kg·cm⁻²)
2.10	200	1.87	150
2.25	300	1.95	200
2.35	400	2.05	300
2.45	600	2.10	400
2.60	1000	2.20	600
2.67	1400	2.30	700
2.70	1800	2.57	900

（2）岩石的容重：指单位体积岩石的重量。自然界多数岩石的容重在2.3～3.1 g/cm³之间，如表9-15所示。

表9-15　常见岩石的天然容重值

岩石名称	天然容重 /(g·cm⁻³)	岩石名称	天然容重 /(g·cm⁻³)	岩石名称	天然容重 /(g·cm⁻³)
花岗岩	2.30～2.80	钙质胶结的砾岩	2.30	灰　岩	2.30～2.77
正长岩	2.40～2.85	胶结不好的砾岩	2.20	新鲜花岗片麻岩	2.90～3.30
闪长岩	2.52～2.96	砾　岩	2.40～2.66	强风化花岗片麻岩	2.30～2.50
辉长岩	2.55～2.98	石英砂岩	2.61～2.70	角闪片麻岩	2.76～3.05
斑　岩	2.70～2.74	硅质胶结砂岩	2.50	混合片麻岩	2.40～2.63
正长斑岩	2.20～2.74	泥质胶结砂岩	2.20	片麻岩	2.30～3.00
玢　岩	2.40～2.86	砂　岩	2.20～2.71	片　岩	2.90～2.92
辉绿岩	2.53～2.97	坚固的页岩	2.80	特别坚硬的石英岩	3.00～3.30
粗面岩	2.30～2.67	砂质页岩	2.60	坚硬细粒石英岩	2.80
安山岩	2.30～2.70	砂质钙质页岩	2.50	片状石英岩	2.80～2.90
玄武岩	2.50～3.10	页　岩	2.30～2.62	风化的片状石英岩	2.70
凝灰岩	2.29～2.50	硅质灰岩	2.81～2.90	大理岩	2.60～2.70
火山凝灰岩	1.60～1.95	白云质灰岩	2.80	白云岩	2.10～2.70
凝灰角砾岩	2.20～2.90	坚硬致密灰岩	2.70	板　岩	2.31～2.75
含岩浆岩卵石的砾岩	2.90	致密灰岩	2.50	蛇纹岩	2.60
		泥质灰岩	2.30		

（3）岩石的空隙性：空隙性是岩石孔隙性和裂隙性的统称，常用空隙率表示，即岩石空隙体积与岩石总体积的百分比。

岩石空隙率变化很大，可以从小于百分之一到百分之十。新鲜结晶岩石空隙率较低，很少大于3%；沉积岩空隙率较高，一般小于10%，但部分砾岩和充填胶结较差的岩石，空隙率可达10%～20%。风化程度加剧，空隙率相应增加，可达30%。岩石的空隙率见表9-16。

表9-16　常见岩石的空隙率值

岩石名称	空隙率/%	岩石名称	空隙率/%	岩石名称	空隙率/%
花岗岩	0.5～4.0	砾岩	0.8～10.0	石英片岩 及角闪片岩	0.7～3.0
闪长岩	0.18～5.0	砂岩	1.6～28.0		
辉长岩	0.29～4.0	泥岩	3.0～7.0	云母片岩 及绿泥石片岩	0.8～2.1
辉绿岩	0.29～5.0	页岩	0.4～10.0		
玢岩	2.1～5.0	石灰岩	0.5～27.0	千枚岩	0.4～3.6
安山岩	1.1～4.5	泥灰岩	1.0～10.0	板岩	0.1～0.45
玄武岩	0.5～7.2	白云岩	0.3～25.0	大理岩	0.1～6.0
火山集块岩	2.2～7.0	片麻岩	0.7～2.2	石英岩	0.1～8.7
火山角砾岩	4.4～11.2	花岗片麻岩	0.3～2.4	蛇纹岩	0.1～2.5
凝灰岩	1.5～7.5				

9.2.2.2　岩石的水理性质

岩石的水理性质是指岩石在水的作用下所表现的性质，包括岩石的吸水性、透水性、软化性和抗冻性等。

吸水性：指岩石在一定试验条件下的吸水性能，它取决于岩石空隙大小、数量、开闭程度和分布状况。表征岩石吸水性的指标有吸水率、饱水率和饱水系数，如表9－17所示。

表 9 - 17　几种岩石吸水性指标值

岩石名称	吸水率/%	饱水率/%	饱水系数
花岗岩	0.46	0.84	0.55
石英闪长岩	0.32	0.54	0.59
玄武岩	0.27	0.39	0.69
基性斑岩	0.35	0.42	0.83
云母片岩	0.13	1.31	0.10
砂岩	7.01	11.99	0.60
石灰岩	0.09	0.25	0.36
白云质灰岩	0.74	0.92	0.80

（2）透水性：指岩石能被水透过的性能。岩石透水性大小可用渗透系数衡量，如表9－18所示。它主要取决于岩石空隙的大小、数量、及其连通情况。

表 9 - 18　几种常见岩石渗透系数值

岩石名称	空隙情况	渗透系数 $K/(\mathrm{cm \cdot s^{-1}})$
花岗岩	较致密、微裂隙	$1.1 \times 10^{-12} \sim 6 \times 10^{-11}$
	含微裂隙	$1.1 \times 10^{-11} \sim 3 \times 10^{-11}$
	微裂隙及部分粗裂隙	$2.8 \times 10^{-9} \sim 7 \times 10^{-8}$
石灰岩	致密	$3 \times 10^{-12} \sim 6 \times 10^{-10}$
	微裂隙、孔隙空间较发育	$2 \times 10^{-9} \sim 3 \times 10^{-8}$
		$9 \times 10^{-5} \sim 3 \times 10^{-4}$
片麻岩	致密	$< 10^{-12}$
	微裂隙	$9 \times 10^{-8} \sim 4 \times 10^{-7}$
	微裂隙发育	$2 \times 10^{-8} \sim 3 \times 10^{-8}$
辉绿岩玄武岩	致密	$< 10^{-13}$
砂岩	较致密	$19^{-13} \sim 2.5 \times 10^{-18}$
	空隙较发育	5.5×10^{-6}
页岩	微裂隙发育	$2 \times 10^{-10} \sim 2 \times 10^{-9}$
片岩	微裂隙发育	$10^{-9} \sim 5 \times 10^{-8}$
石英岩	微裂隙	$1.2 \sim 1.8 \times 10^{-10}$

（3）软化性：指岩石浸水后强度降低的性能。岩石软化性与岩石空隙性、矿物成分、胶结物质有关。岩石软化性能用软化系数（K_d）衡量：

$$K_d = \frac{R_w}{R_d} \tag{9 - 1}$$

式中：R_w 为岩石饱水状态的抗压强度；R_d 为岩石干燥状态的抗压强度。

K_d 值愈小，岩石软化性愈大。通常认为 $K_d > 0.75$，软化性弱，抗水、抗风化和抗冻性能强；$K_d < 0.75$，则工程地质性质较差。

9.2.2.3　岩石的力学性质

（1）岩石的主要力学性质指标，见表9－19。

表 9 - 19　岩石主要力学性质指标

项　目		定　义	单位	表示式
抗压强度	干抗压	在干燥状态下岩石抵抗单轴压缩破坏的能力，数值上等于达到破坏时最大压应力	MPa	$R_c = \dfrac{P}{F}$
	饱和抗压	在饱和状态下岩石抵抗压缩破坏的能力	MPa	$R_g = \dfrac{P}{F}$
	软化系数	在饱水状态下抗压强度与在干燥状态下的抗压强度的比值		$K_d = \dfrac{R_w}{R_d}$
	抗冻系数	岩石冻融试验后干抗压强度与试验前干抗压强度之比值	%	$K_c = \dfrac{R_d}{R_g}$
抗拉强度		岩石在瞬时载荷作用下，导致岩石黏性破坏的极限压力	MPa	$\sigma_T = \dfrac{2P}{\pi \cdot D \cdot l}$ （劈裂法试验）
抗剪强度	抗剪断	岩块在法向压力作用下，岩石剪断时剪破面上的最大剪应力	MPa	$\tau_c = \sigma \cdot \tan\alpha + \beta$
	抗剪	岩石与岩石间沿着某一个面的摩擦力	MPa	$\tau = \sigma\tan\varphi + c$
	抗切	没有法向压应力作用下，岩石剪断时剪破面上的最大剪应力	MPa	$\tau_c = c$
变形	弹性模量	岩石受压变形时，应力与弹性应变之比值	MPa	$E = \dfrac{\sigma}{\varepsilon_e}$
	变形模量	岩石受压变形时，应力与全应变之比值	MPa	$E_0 = \dfrac{\sigma}{\varepsilon_0}$
	泊桑比	岩石在单向荷载作用下横向应变与纵向应变之比值		$\mu = \dfrac{\varepsilon_横}{\varepsilon_纵}$
	剪切弹性模量	岩石受剪切作用，剪应力与剪应变之比值	MPa	$G = \dfrac{\tau}{\gamma}$
	刚度（法向）系数（切向）		MPa	$\lambda_n e = \dfrac{E}{e}$ $\lambda_s = \dfrac{G}{e}$
	弹性抗力系数	承受内水压力洞室，岩体沿经向产生一个单位长度变形时所需施加的压力	MPa	$K = \dfrac{\sigma}{y}$
	单位抗力系数	半径为 100 cm 的隧洞的围岩的抗力系数	MPa	$K_e = \dfrac{\lambda}{100}, K$

（2）一些岩石的力学性质

1）岩石的抗压强度，见表 9 - 20。

表 9 - 20　某些岩石的极限抗压强度范围表

极限抗压强度/MPa	岩　石　名　称
小于 20	胶结不良的砾岩、各种不坚固的页岩、硅藻岩、石膏
20 ~ 40	中等坚硬的泥灰岩、凝灰岩、浮岩、页岩，软而有裂缝的石灰岩、贝壳石灰岩
40 ~ 60	钙质胶结的砾岩、裂隙发育的泥质砂岩、坚固的页岩、泥灰岩
60 ~ 80	硬石膏、泥灰质石灰岩、云母及砂质页岩、泥质砂岩、角砾状花岗岩
80 ~ 100	微裂隙发育的花岗岩、片麻岩、正长岩、蛇纹岩、致密灰岩、带有沉积岩卵石的硅质胶结的砾岩、砂岩、砂质石灰质页岩、菱铁矿、菱镁矿
100 ~ 120	白云岩、坚固石灰岩，大理岩、石灰质胶结的致密砂岩、坚固的砂质页岩
120 ~ 140	粗粒花岗岩、非常坚固的白云岩、蛇纹岩、含有岩浆岩卵石的石灰质胶结的砾岩、硅质胶结的坚硬砂岩，粗粒正长岩
140 ~ 160	微风化安山岩和玄武岩、片麻岩、非常坚固的石灰岩、含有岩浆岩卵石的硅质胶结的砾岩、粗面岩
160 ~ 180	中粒花岗岩、坚固的片麻岩、辉绿岩、玢岩、坚固的粗面岩、中粒正长岩
180 ~ 200	非常坚固的细粒花岗岩、花岗片麻岩、闪长岩、最坚固的石灰岩、坚固的玢岩
200 ~ 250	安山岩、玄武岩、最坚固的辉绿岩、闪长岩、坚固的辉长岩和石英岩
大于 250	钙钠斜长石的橄榄玄武岩(拉长石橄榄玄武岩)、特别坚固的辉绿辉长岩、石英岩及玢岩

2）几种岩石抗拉强度，见表9-21。

表9-21 几种岩石的极限抗拉强度值

岩石名称	极限抗拉强度/MPa		岩石名称	极限抗拉强度/MPa
	平行层理	垂直层理		
砂岩	2～5.5	4～6	致密灰岩	3.2
砂质页岩	3～4	3.2～3.5	石灰岩	5～1.5
页岩	1.3	2～3	花岗岩	2～10

3）几种岩石的抗剪断、抗剪、抗切强度见表9-22、表9-23、表9-24。

表9-22 几种岩石的抗剪断强度表

岩石名称	抗剪断强度/MPa	岩石名称	抗剪断强度/MPa
花岗岩	20.8	硬砂岩	29.6
斑岩	38.1	石灰岩（Ⅰ）	15.6
安山岩（Ⅰ）	15.0	石灰岩（Ⅱ）	16.9
安山岩（Ⅱ）	40.7	大理岩	9.1
凝灰岩	6.2	石炭	1.6
砂岩	12.7	混凝土	15.9

表9-23 几种岩石的抗剪强度

岩石名称	剪切面积/m²	最大垂直压力/MPa	凝聚力 C/MPa	摩擦系数 $f = \tan\varphi$
花岗岩	0.7×0.7		1.3	1.9
安山凝灰岩	0.5×0.5	4.5	4.4	1.6
片麻岩		0.07	0.6	1.0
云母片岩	0.8×0.8	1.1	0.2	0.68
石英砂岩	0.5×0.5		1.3	1.74
砂岩	0.5×0.5		2.6	1.45
页岩	0.7×0.7		0.2	2.6
石灰岩	28×18	25	0.7	0.85

表9-24 几种岩石的抗切强度

岩石名称	$\tau_c = c$ /MPa	岩石名称	$\tau_c = c$ /MPa
伟晶岩	14.2	砂岩（平行于层理）	1.56
辉绿岩	7.9	细砂岩	1.85
闪长玢岩	4.1	泥质砂岩	2.43
片麻岩	10.9～17.2	泥岩	0.61
砂岩（垂直于层理）	10.1		

9.3 岩体工程地质性质

9.3.1 岩体结构

由一定岩石组成的、具有一定结构、赋存于一定地质和物理环境中的地质体,当其作为力学研究对象时,称为岩体。岩体在漫长的地质历史中形成,且在内外力地质作用下变形、破坏并部分裸露于地表面进一步改造,形成极为复杂的岩体结构。岩体结构是岩体在长期成岩和形变过程中的产物,它包括结构面和结构体两个基本要素。

9.3.1.1 结构面

结构面是地质发展历史中,尤其是构造变形过程中,在岩体内形成具有一定方向,延展较大、厚度较小的两维面状地质界面。包括物质分界面和不连续面,如层面、片理、节理、断层面等。

(1)结构面类型及特征:结构面对岩体的变形、强度、渗透、各向异性、力学连续性和应力分布等具有显著影响。按结构面的成因,可将其划分为原生结构面、构造结构面和次生结构面三大类型,其特征见表9-25。

表9-25 结构面类型及其特征

成因类型	地质类型	主要特征			工程地质评价
		产 状	分 布	性 质	
沉积岩结构面	1.层理层面 2.软弱夹层 3.不整合面、假整合面 4.沉积间断面	一般与岩层产状一致,为层间结构面	海相岩层中此类结构面分布稳定,陆相岩层中呈交错状,易尖灭	层面、软弱夹层等结构面较为平整;不整合面及沉积间断面多由碎屑、泥质物构成,且不平整	国内外较大的坝基滑动及滑坡很多由此类结构面所造成,如奥斯青,圣佛连西、马尔巴赛坝的破坏,瓦扬坝的巨大滑坡
火成岩结构面	1.侵入体与围岩接触面 2.岩脉、岩墙接触面 3.原生冷凝节理	岩脉受构造结构面控制,而原生节理受岩体接触面控制	接触面延伸较远,比较稳定,而原生节理往往短小密集	接触面具熔合及破裂两种不同的特征;原生节理一般为张裂面,较粗糙不平	一般不造成大规模的岩体破坏,但有时与构造断裂配合,也可形成岩体的滑移,如弗莱瑞拱坝坝肩安山岩的局部滑移
变质岩结构面	1.片理 2.片岩软弱夹层	产状与岩层或构造线方向一致	片理短小,分布极密,片岩软弱夹层延展较远,具固定层次	结构面光滑平直,片理在岩体深部往往闭合成隐闭结构面,片岩软弱夹层含片状矿物,呈鳞片状	变质程度较浅的沉积变质岩,如千枚岩等路堑边坡常见塌方。片岩夹层有时对工程及地下硐室稳定也有影响
构造结构面	1.节理(X型节理、张节理) 2.断层(冲断层、逆掩断层、横断层,剪切断裂) 3.层间错动面 4.羽状裂隙、劈理	产状与构造线呈一定关系,层间错动与岩层一致	张性断裂较短小;剪切断裂延展较远;压性断裂(如冲断层、逆掩断层)规模巨大,但有时为横断层切割成不连续状	张性断裂不平整,具次生充填,呈锯齿状,剪切断裂较平直,具羽状裂隙;压性断层具多种构造岩成带状分布,往往含断层泥、糜棱岩	对岩体稳定影响很大,在上述许多岩体破坏过程中,大都有构造结构面的配合作用。此外常构成边坡及地下工程的塌方、冒顶
次生结构面	1.卸荷裂隙 2.风化裂隙 3.风化夹层 4.泥化夹层 5.次生夹泥层	受地形及原结构面控制	分布上往往呈不连续状,透镜体,延展性差,且主要在地表风化带内发育	一般为泥质物充填,水理性质很差	在天然及人工边坡上造成危害,有时对坝基、坝肩及浅埋隧洞等工程亦有影响,但一般在施工中予以清基处理

(2)结构面分级及其特征:结构面规模大小对岩体力学性质有很大的影响。结构面分级及其特征见表9-26。

表 9 - 26　结构面分级及其特征

级序	分级依据	力学效应	力学属性	地质构造特征
Ⅰ级	结构面延展长，几公里至几十公里以上，贯通岩体，破碎带宽达数米至数十米	1. 形成岩体力学作用边界 2. 岩体变形和破坏的控制条件 3. 构成独立的力学介质单元	1. 属于软弱结构面 2. 构成独立的力学模型——软弱夹层	较大的断层
Ⅱ级	延展规模与研究的岩体相同，破碎带比较窄，从几厘米至数米	1. 形成块裂体边界 2. 控制岩体变形和破坏方式 3. 构成次级应力场的边界	属于软弱结构面	断层 层间错动面
Ⅲ级	延展长度短，从十几米至几十米，无破碎带，面内不夹泥，有的具泥膜	1. 参与块裂岩体切割 2. 划分Ⅱ级岩体结构类型的重要依据 3. 构成次级应力场的边界	多数属于硬性结构面，少数的属于软弱结构面	节理 夹泥的小断层 开裂的层面
Ⅳ级	延展短、未错动、不夹泥、有的呈弱结合状态	1. 划分Ⅱ级岩体结构类型的基本依据 2. 是岩体力学性质、结构效应的基础 3. 有的为次级应力场的边界	硬性结构面	节理 劈理 层面 次生裂隙
Ⅴ级	结构面小，且连续性差	1. 岩体内形成应力集中 2. 岩块力学性质结构效应基础	硬性结构面	不连续的小节理 隐节理 层面 片理面

（3）软弱夹层：结构面内充填有软弱物质者称软弱结构面，无充填物质者称硬性结构面。当结构面成为具有一定厚度的相对软弱的层状地质体时，便构成软弱夹层。软弱夹层实际上是具有一定厚度的结构面，是结构面的一种特殊类型。按软弱夹层的成因，可划分为原生软弱夹层、构造软弱夹层和次生软弱夹层。

软弱夹层中，最常见的危害较大的是泥化夹层。泥化夹层对工程岩体影响较大，主要特征是：原岩结构改变，形成泥质散状结构或泥质定向结构；黏泥含量较原岩增多；含水量接近或超过塑限。干容重比原岩小；具有一定的膨胀性；力学强度大为降低，压缩性增大，结构松散，抗压强度低，在渗透水流作用下可产生渗透变形。

9.3.1.2　结构体

岩体中被各类各级结构面切割并包围的岩石块体及岩块集合体，通称为结构体。结构体大小不同、形状各异，所具有的力学性质也不同。

（1）结构体基本形态：结构体形态复杂，可归纳为五种基本形态——锥形、楔形、菱形、方形和聚合形。由于岩体遭受强烈变形破坏及次生演化，也可形成片状、碎块状和碎屑状。岩体的力学特性和应力状态，与结构体的形态和排列组合密切相关。

（2）结构体分级：结构面规模不同，其空间展布和组合关系的差异及其切割包围的结构体大小也不同。这些大小悬殊的结构体，对工程岩体稳定性所起的作用差别很大。对应于各级结构面的组合关系，结构体分为四级：Ⅰ级结构体——断块体、Ⅱ级结构体——山体、Ⅲ级结构体——块体、Ⅳ级结构体——岩块。

9.3.1.3　岩体结构类型

岩体结构包括结构面和结构体两个基本要素，以结构面、结构体的性状及其组合特征进行岩体结构类型的划分，能反映出岩体的力学本质。岩体结构类型及其工程地质特征，见表 9 - 27。

9 - 27　岩体结构类型及其工程地质特征

结构类型 代号	结构类型 名称	亚类 代号	亚类 名称	力学介质类型	岩体变形破坏的特征	工程地质评价要点
Ⅰ	整体块状结构	Ⅰ₁	整体结构	连续介质	硬脆岩石中的深埋地下工程可能出现岩爆，即脆性破裂，一般是沿裂隙端部产生。在半坚硬岩层中可能产生微弱的塑性变形	埋深大或高地应力区的地下工程的围岩中，初始应力大，可能产生岩爆
		Ⅰ₂	块状结构	连续或不连续介质	压缩变形微量，主要决定于结构面的规模、数量和方位以及结构体的强度。剪切滑移受结构面抗剪强度及岩块刚度、形状、大小所制约，部分岩石抗剪断强度可以发挥作用，滑移面多迁就已有结构面	结构面的分布与特性，尤其是Ⅱ、Ⅲ级结构面的存在及其组合的块体的规模、形状和方位；深埋或地震危险区，在地下开拓时，岩体中隐微裂隙的存在，可导致岩爆

续表 9 - 27

结构类型		亚类		力学介质类型	岩体变形破坏的特征	工程地质评价要点
代号	名称	代号	名称			
II	层状结构	II₁	层状结构	不连续介质	变形受岩石组合、结构面所控制。压缩变形取决于岩性、岩层变位程度、结构面发育情况,缓倾和陡立岩层在拱顶和边墙可能出现弯曲拗折现象。剪切滑移受软弱面尤其是层面及软弱夹层的抗剪强度及其方位所制约	岩石组合;层面特性及其结合力,岩层的产状;要特别注意软弱夹层、层间错动的存在和 II、III 级结构面的组合;水文地质结构和水动力条件
		II₂	薄层结构		岩体的变形破坏受整体特性所控制,特别是软弱破碎岩层可能出现压缩、挤出、底鼓等现象。洞室顶部、边墙易产生拗折现象。剪切滑移受结构面抗剪强度和薄板体的强度所控制	层间结合状态、软弱岩层的褶曲和坚硬岩层的破裂及其变化情况;地下水对软弱破碎岩层的软化和泥化;块体及组合块体的存在及其稳定性
III	碎裂结构	III₁	镶嵌结构	似连续介质	压缩变形量直接与结构体的大小、形态、强度有关。结构面的抗剪强度、结构体彼此镶嵌能力,在岩体变形破坏过程中起决定性作用。崩落坍塌是由表及里逐渐发展的,若及时喷锚即可改善表层的应力状态,防止变形的发展	结构面发育的组数及其特性;地下水的渗透特性以及工程岩体所处的振动、风化条件;II、III 级结构面的存在及其组合关系,这些软弱结构面的特性以及块体、组合块体的稳定性
		III₂	层状碎裂结构	不连续介质	岩体的变形破坏受软弱破碎带所控制,具备坍塌、滑移的条件,还有压缩变形的可能	控制性软弱破碎带的方位、规模、组成物质的特性及其抗剪强度;相对完整岩体的骨架作用;地下水的赋存条件及其对岩体稳定性所起的作用
		III₃	碎裂结构	不连续介质、连续介质	整体强度低,坍塌、滑移、压缩变形均可产生。岩体塑性强,变形时间效应明显。岩体的变形破坏受软弱结构面的规模、数量、特性及其组合特征所决定	软弱结构面的方位、规模、数量、特性及其组合特征;结构面软弱物质的水理性以及地下水的赋存条件和作用;岩体变形的时间效应;组合块体对变形初始阶段的控制作用
IV	散体结构			似连续介质	是岩体中工程地质特性最坏的部位,近松散介质,具显著的塑性特征,变形时间明显。基础的压缩沉降、边坡的塑性挤出、坍塌滑移、洞室的坍塌、鼓胀无不产生。其变形、破坏受破碎带的物质组成及其强度所控制	构造岩、风化岩的破碎特性:物质组成、物理 - 力学性质、水理特性;注意断层破碎带的多期活动性和新构造应力场

9.3.2　工程岩体分级

工程岩体是指受工程影响的岩体,包括地下工程岩体、工业和民用建筑地基、大坝基岩、边坡岩体等。针对不同类型岩石工程的特点,根据影响岩体稳定性的各种地质条件和岩石物理力学特性,将工程岩体分成稳定程度不同的若干级别,以此为标尺作为评价岩体稳定性的依据,这是岩体稳定性评价的一种简易快速方法。所谓稳定性,是指在工程服务期间,工程岩体不发生破坏或无有碍使用的大变形。

自 20 世纪 50 ~ 60 年代以来,国外提出了许多工程岩体的分级方法,其中有些在我国有广泛的影响,得到了不同程度的应用。但是,至今还没有一个权威机构制定并受到广泛认可的岩体分级标准。我国 1991 年制定了《工程岩体分级标准》GB(送审稿),对工程岩体进行了较为系统的科学分级。

9.3.2.1　岩体基本质量的分级因素

(1)分级因素及其确定方法

1)分级因素。岩体基本质量分级因素为岩石坚硬程度和岩体完整程度。

2)确定方法。岩石坚硬程度和岩体完整程度,采用定性划分和定量指标两种方法来确定。

（2）岩石坚硬程度的确定方法

1）岩石坚硬程度的定性划分，可按表9－28进行定性划分。

表9－28　岩石坚硬程度的定性划分

名　称		定　性　鉴　定	代　表　性　岩　石
硬质岩	极坚硬岩和坚硬岩	锤击声清脆，有回弹，震手，难击碎；浸水后，大多无吸水反应	未风化～微风化的：花岗岩、正长岩、闪长岩，辉绿岩、玄武岩、安山岩、片麻岩、石英片岩、硅质板岩、石英岩、硅质胶结的砾岩、石英砂岩、硅质石灰岩等
	较坚硬岩	锤击声较清脆，有轻微回弹，稍震手，较难击碎；浸水后，有轻微吸水反应	1.弱风化的极坚硬岩、坚硬岩；2.未风化～微风化的：熔结凝灰岩、大理岩、板岩、白云岩、石灰岩、钙质胶结的砂岩等
软质岩	较软岩	锤击声不清脆，无回弹，较易击碎；浸水后，指甲可刻出印痕	1.强风化的极坚硬岩、坚硬岩；2.弱风化的较坚硬岩；3.未风化的～微风化的：凝灰岩、千枚岩、砂质泥岩、泥灰岩、泥质砂岩、粉砂岩、页岩等
	软岩	锤击声哑，无回弹，有凹痕，易击碎；浸水后，手可掰开	1.强风化的极坚硬岩、坚硬岩；2.弱风化～强风化的较坚硬岩；3.弱风化的较软岩；4.未风化的泥岩等
	极软岩	锤击声哑，无回弹，有较深凹痕，手可捏碎；浸水后，可捏成团	1.全风化的各种岩石；2.各种半生岩

表9－28中岩石风化程度是岩石坚硬程度的主要影响因素，应根据其风化特征，按表9－29进行划分。

表9－29　岩石风化程度的划分

名称	风　化　特　征
未风化	岩质新鲜，结构构造未变
微风化	结构构造未变，沿节理面有铁锰质渲染，矿物色泽基本未变，无松散物质
弱风化	结构构造基本未变，矿物色泽稍嫌变化，裂隙面风化较强，出现风化矿物，张开裂隙中有少量松散物质
强风化	结构构造部分破坏，长石、云母等多风化成次生矿物，色泽明显变化，张开裂隙中有较多松散物质
全风化	结构构造大部分破坏，矿物成分除石英外，大部分风化成土状，基本不含坚硬块体

2）岩石坚硬程度的定量指标划分。岩石坚硬程度的定量指标是以岩石单轴饱和抗压强度R_C来表征，R_C应采用实测值。

岩石单轴饱和抗压强度R_C与定性划分的岩石坚硬程度的对应关系，可参照表9－30。

表9－30　R_C与定性划分的岩石坚硬程度的对应关系

R_C/MPa	＞120	120～70	70～30	30～15	15～5	＜5
坚硬程度	极坚硬岩	坚硬岩	较坚硬岩	较软岩	软岩	极软岩

（3）岩体完整程度的确定方法

1）岩体完整程度的定性划分，可按表9－31进行定性划分。

表 9 - 31　岩体完整程度的定性划分

名称	结构面发育程度		主要结构面的结合程度	主要结构面类型	相应结构类型
	组数	平均间距 /m			
完整	1 ~ 2	> 1.0	结合好	节理、裂隙	整体状或巨厚层状结构
较完整	2 ~ 3	1.0 ~ 0.4	结合好	节理、裂隙	块状或厚层状结构
较破碎	≥ 3	0.4 ~ 0.2	结合好	构造节理、小断层	镶嵌碎裂结构
			结合一般		中、薄层状结构
破碎	> 3	≥ 0.2	结合差	构造断裂包括小断层、构造节理、软弱层面等	裂隙块状结构
		< 0.2			碎裂结构
极破碎			结合很差		散体状结构

注：平均间距指各组结构面平均间距的总平均值。

表 9 - 31 中主要结构面的结合程度，可根据结构面特征，按表 9 - 32 来确定。

表 9 - 32　结构面结合程度的划分

名称	结 构 面 特 征
结合好	张开度小于 1 mm，无充填物； 张开度 1 ~ 3 mm，为硅质或铁质胶结； 张开度大于 3 mm，结构面粗糙，为硅质胶结
结合一般	张开度 1 ~ 3 mm，为钙质或泥质胶结； 张开度大于 3 mm，结构面粗糙，为铁质或钙质胶结
结合差	张开度 1 ~ 3 mm，结构面平直，为泥质或钙质胶结； 张开度大于 3 mm，多为泥质、钙质胶结或充填岩屑
结合很差	泥质充填或泥夹岩屑充填，充填物厚度大于起伏差

2）岩体完整程度的定量指标划分，应采用岩体完整性系数 K_V（岩体声波纵波速度与岩石声波纵波速度之比的平方）。K_V 应采用实测值，实测时应针对不同的工程地质岩组或岩性段，选择有代表性的点、段。测定岩体纵波速度，并在同一岩体取样测定岩石纵波速度。当无条件取得实测 K_V 值时，也可用岩体体积节理数 J_V，按表 9 - 33 确定相应的 K_V 值。

表 9 - 33　J_V 与 K_V 对照表

J_V/（条·m^{-3}）	< 3	3 ~ 10	10 ~ 20	20 ~ 35	> 35
K_V	> 0.75	0.75 ~ 0.55	0.55 ~ 0.35	0.35 ~ 0.15	< 0.15

岩体体积节理数 J_V 的测定，应针对不同的工程地质岩组或岩性段，选择有代表性的露头或开挖面进行节理（结构面）统计。除成组节理外，对延伸长度大于 1 m 的分散节理亦应予以统计。对已为硅质、铁质、钙质充填再胶结的节理不予统计。每一测点的统计面积，不应小于 2 m × 5 m。岩体 J_V 值，应根据节理统计结果，按下面公式计算：

$$J_V = S_1 + S_2 + \cdots + S_n + S_k \tag{9 - 2}$$

式中：J_V 为岩体体积节理数（条 /m^3）；S_n 为第 n 组节理每米长的条数；S_k 为每 m^3 岩体非成组节理条数。

岩体完整性系数 K_V 与定性划分的岩体完整程度的对应关系，参照表 9 - 34。

表 9 - 34　K_V 与定性划分的岩体完整程度的对应关系

K_V	> 0.75	0.75 ~ 0.55	0.55 ~ 0.35	0.35 ~ 0.15	< 0.15
完整程度	完整	较完整	较破碎	破碎	极破碎

9.3.2.2 岩体基本质量分级

（1）岩体基本质量的定性特征和基本质量指标

1）岩体基本质量的定性特征，由表 9 - 28 和表 9 - 31 所确定的岩石坚硬程度和岩体完整程度来确定。

2）岩体基本质量指标 Q 值，应根据分级因素的定量指标 R_C（MPa）和 K_V，按下面公式计算：

$$Q = 93 + 3R_C + 250K_V \tag{9-3}$$

（2）岩体基本质量级别的确定

1）岩体基本质量级别，应根据岩体基本质量的定性特征和岩体基本质量指标 Q 值，两者相结合，按表 9 - 35 进行确定。

表 9 - 35　岩体基本质量分级

基本质量级别	岩体基本质量的定性特征	岩体基本质量指标（Q）
I	岩石极坚硬 — 坚硬，岩体完整	> 550
II	岩石极坚硬 — 坚硬，岩体较完整； 岩石较坚硬，岩体完整	550 ~ 450
III	岩石极坚硬 — 坚硬，岩体较破碎； 岩石较坚硬或软硬岩互层，岩体较完整； 岩石为较软岩，岩体完整	450 ~ 350
IV	岩石极坚硬 — 坚硬，岩体破碎； 岩石较坚硬，岩体较破碎 — 破碎； 岩石为较软岩或软硬岩互层，软岩为主，岩体较完整 — 较破碎； 岩石为软岩，岩体完整 — 较完整	350 ~ 250
V	岩石为较软岩，岩体破碎； 岩石为软岩，岩体较破碎 — 破碎； 全部极软岩及全部极破碎岩	< 250

2）当根据基本质量定性特征和基本质量指标 Q 确定的级别不一致时，应采用根据基本质量指标 Q 确定的级别，但相差超过一级时，必须对岩体的定性划分和 Q 值进行复核，并重新确定级别。

9.3.2.3 工程岩体级别的确定

（1）初步定级：矿山地下工程岩体以及露天边坡岩体，初步定级时，可采用表 9 - 35 规定的岩体基本质量级别。

1）初步定级一般是在可行性研究和初步设计阶段，勘察资料不全，工作还不够深入，各项修正因素尚难以确定时可暂用基本质量的级别作为工程岩体的级别。

2）对于小型或不太重要的工程，可直接采用基本质量的级别作为工程岩体的级别。

（2）详细定级：矿山地下工程岩体以及露天边坡岩体，其影响工程岩体稳定性的诸因素中，岩石坚硬程度和岩体完整程度是岩体的基本属性，独立于各种岩石工程类型，反映了岩体质量的基本特征，但它们远不是影响岩体稳定性的全部重要因素。地下水状态、初始应力状态、工程轴线或走向线的方位与主要软弱结构面产状的组合关系等，也都是影响岩体稳定性的重要因素。这些因素对不同类型的岩石工程，其影响程度往往是不一样的。因此，在详细定级时，应结合不同类型工程的特点，综合考虑这些因素。对于矿山边坡岩体，还应考虑地表水的影响。

在矿山工程地质勘察中，随着工作的深入，资料不断丰富，应结合不同类型工程的特点、边界条件、所受荷载（含初始应力）情况和应用条件等，引入影响岩体稳定性的主要修正因素，对矿山工程岩体作详细定级。

（3）岩体初始应力场评估：岩体初始应力或称地应力，是在天然状态下，存在于岩体内部的应力，是客观存在的确定的物理量，是岩石工程的基本外荷载之一。岩体初始应力是三维应力状态，一般为压应力。初始应力场受多种因素的影响，主要影响因素依次为埋深、构造运动、地形地貌、地壳剥蚀程度等。但在不同地方这个主次关系可能有改变。

1）岩体初始应力场的特点，在其他影响因素不显著的情况下，初始应力场为自重应力场，上覆岩体的重量是垂直向主应力，沿深度按直线分布增加。历次发生的地质构造运动，常影响并改变自重应力场，国内外大量实测资料表明，垂向应力值（σ_v）往往大于岩体自重（νH）。国内外实测水平应力，普遍大于泊松效应产生的值 $\left(\dfrac{\mu}{1-\mu}\right) \cdot \nu H$，且大于或接近实测垂直应力。实测资料还表明，水平应力并不总是占优势的，到达一定深度以后，水平应力逐渐趋向等于或略小于垂直应力，即趋向静水应力场；这个转变点的深度，即临界深度，经实测资料统计，大约在 1000～1500 m 之间。

2）确定初始应力的方向，这是一个极为复杂的问题。一般采用地质力学分析法，分析历次构造运动，特别是晚近期以来的构造运动，确定最新构造体系，根据构造线确定应力场主轴方向。根据地质构造和岩石强度理论，一般认为自重应力是主应力之一，另一主应力与断裂构造体系正交。对于正断层，σ_v 为最大主应力，即 σ_1 = νH，最小主应力 σ_3 与断层带正交；对于逆断层，σ_v 为最小主应力，即 $\sigma_3 = \nu H$，σ_1 与断层带正交；对于平移断层，σ_v 是中间主应力，即 $\sigma_2 = \nu H$，σ_1 与断层面成 30°～45° 的交角，且 σ_1 与 σ_3 均为水平方向。

3）高初始应力区的评估。许多地下工程实践证实，岩爆和岩心饼化产生的共同条件是高初始应力。一般情况下，岩爆发生在岩石坚硬岩体完整或较完整的地区，岩心饼化发生在中等强度以下的岩体。一定的初始应力值，对不同岩性的岩体，影响其稳定性的程度不同。为此，用岩石单轴饱和抗压强度 R_c 与最大主应力 σ_1 的比值，作为评价岩爆和岩心饼化发生的条件，进而评价初始应力对工程岩体稳定性影响的指标。

4）岩体初始应力值，最有效的方法是进行现场测试而获得准确值。对大型矿山重点工程或特殊工程，宜现场实测岩体初始应力，以取得其定量数据；对一般矿山工程，有岩体初始应力实测数据者，应采用实测值；无实测资料时，可根据勘探资料，对初始应力场进行评估。

9.4　矿山工程地质测绘及工程地质图的编制

工程地质测绘是工程地质勘察中一项基础工作。它是运用地质、工程地质理论对矿山工程建设有关的各种地质现象进行详细观察和描述，以查明矿区内工程地质条件的空间分布和各要素之间的内在联系，并按照精度要求反映在一定比例尺的地形底图上。配合工程地质勘探、试验等所取得的资料编制成工程地质图，作为工程地质勘察的重要成果，提供给矿山规划、设计和施工时使用。

9.4.1　工程地质测绘内容

工程地质测绘内容是研究与矿山工程规划、设计和施工有关的各种地质条件，分析其性质和规律、预测矿山工程活动与地质环境之间的相互作用。

9.4.1.1　基岩地层、岩性的研究

地层、岩性是研究各种地质现象的基础。应查明各类岩层的岩性、岩相、厚度、层序、接触关系及其分布变化规律、测定岩石的工程地质特征，确定地层时代和填图单位。

（1）沉积岩地区：应着重查明 ′泥质岩类的成分、结构、层面构造、泥化和崩解特性等。尤其是应弄清软弱夹层的厚度、层位、接触关系、分布情况和工程地质特征。碳酸盐类岩石发育的矿山要注意查明岩溶分布及发育情况。

（2）岩浆岩地区：应查明侵入岩的接触面、侵入体产状（岩床、岩墙、岩株、岩脉）、原生节理，以及风化壳的发育、分布、分带情况；易风化软弱矿物富集带；查明喷出岩的喷发间断面、凝灰岩及其泥化情况、玄武岩中的熔碴和气孔等。

（3）变质岩地区：应查明各类变质岩的变质程度。特别是软弱带、夹层（云母片麻岩、云母片岩、绿泥石片岩、石墨片岩、滑石片岩等）及穿插的岩脉特征。弄清泥质片岩的风化、泥化和失水崩裂现象，以及千枚岩、板岩、片岩等软弱夹层的特性和软化、泥化情况。

工程地质测绘中地层单元的划分，随比例尺不同而异，一般和同比例尺的地质图相同。

9.4.1.2　地质构造的研究

地质构造的发育情况是评价矿山工程岩体及区域稳定性的首要因素。在工程地质测绘中应结合矿区地质条

件与工程的关系注意研究：

（1）褶曲发育或软硬岩层互层地区，应注意层间错动、层间破碎带、小褶曲和岩层塑流现象。在紧闭倒转褶皱地区，应注意缓倾角迭瓦式断裂存在的可能性。

（2）脆性岩层应注意局部地段断裂的变化（变窄、变宽、尖灭、再现等）。

（3）塑性岩层中，应区别岩体蠕动与构造形成的褶曲。

（4）研究结构面的组合形式与各矿山工程轴线的关系，查明不稳定岩体的边界条件，分析对工程岩体稳定性的影响。

（5）对晚近构造应着重调查其活动性质、展布规律、延伸范围和破坏特征。注意矿区内的反常地貌现象（如阶地异常等）、明显差异性地形（如瀑布、山地和平原突然接邻等），分析其是否与活断层有关。

（6）矿区小构造研究，尤其是与矿山工程地质问题有关的节理要进行系统的研究。在矿区内选择有代表性的地点（视地形、岩性、构造复杂程度、矿山工程要求而定），详细地统计节理。节理裂隙统计的内容为组数、产状、延展情况、在不同岩性中变化情况、发育程度、节理面形态特征、宽度、充填物性质，并要求鉴定各组节理的力学性质、成因以及各节理组的切割关系和组合形式。

9.4.1.3 地貌的研究

矿山工程地质测绘中查明地貌特征有重要意义。地貌是岩性、地质构造、新构造运动和外动力地质作用的综合结果。相同地貌单元不仅地形特征相似，其表层地质结构、水文地质条件也常一致。因此，地貌可作为工程地质分区的基础。

工程地质测绘中应主要研究地貌形态特征、成因类型、展布情况；地貌与第四纪地质、岩性、构造的关系；地貌与地表水、地下水的关系；以及矿区内河谷地貌和岩溶地貌发育史等。若进行大比例尺工程地质测绘，应着重矿区内微地貌的研究，这与矿山工程的布局及防治矿山常见的物理地质灾害有密切关系。

9.4.1.4 第四纪地质的研究

工程地质测绘中第四纪地质研究对矿山工程有重要意义，尤其是露天开采矿山。研究的主要内容有：

（1）第四系沉积层年代的确定。必须确定第四系沉积层的相对年代或绝对年代，分析沉积层在空间、时间上的分布规律。一般情况下，较老的沉积层压密固结程度较高，其工程地质性质要优于较新的沉积层。

（2）成因类型和相的研究。成因类型研究包括第四系沉积层成因类型的划分、不同成因类型的工程地质性质。大比例尺工程地质测绘中还必须注意相的变化及其工程地质性质的研究，例如冲积层必须划出河床相、河漫滩相和牛轭湖相等。

（3）工程地质单元的划分。大比例尺工程地质测绘还要求将第四系沉积层划分为若干工程地质单元，一般是先以沉积层中不同粒度成分划分土的类型，再依据同一类型土的不同物理力学指标，进一步划分单元。

9.4.1.5 水文地质条件的研究

应着重从岩性特征和地下水的分布、埋藏、类型、运动、水质、水量等入手，必须与物理地质现象对矿山工程的影响联系起来。研究地下水与地表水的活动规律，便于判断滑坡的成因；研究岩溶水的循环交替条件，便于判断岩溶的发育程度；研究地下水的埋深、赋存条件、类型等，以便判断对露天边坡、地下井巷和采空场围岩稳定性的影响。

9.4.1.6 物理地质现象的研究

着重研究物理地质现象的空间分布、形态、规模、类型和发育规律。根据矿山地层岩性、地质构造、地貌、水文地质和气候等因素，分析物理地质现象的成因、规律和发展趋势；评价物理地质现象对各种矿山工程的影响程度。

9.4.2 工程地质测绘范围、比例尺和精度

9.4.2.1 工程地质测绘范围的确定

工程地质测绘范围的确定原则是既能满足分析工程地质问题和设计的需要，又不浪费工作量。因此，应根据矿山规划、设计的工程需要以及矿区内工程地质条件的复杂程度和研究程度进行确定。

矿山工程类型、规模大小不同，则它与物理地质环境相互作用的影响范围、规模和强度也不同；矿山开发

不同阶段工程地质测绘范围不同，早期用的小比例尺范围大，随着比例尺增大测绘阶段提高，范围则逐渐缩小。

9.4.2.2　工程地质测绘比例尺的确定

比例尺的确定主要取决于设计阶段、地质条件的复杂程度和工程的重要性。常采用的比例尺有以下几种：

（1）踏勘及路线测绘：比例尺一般选为 1:20 万 ~ 1:10 万，目的是查明区域工程地质概况，初步估计对矿山工程及地表建筑可能发生的影响。研究区域内已有测绘、地质资料及航卫照片，以这种比例尺进行路线测绘、检查验证。

（2）小比例尺测绘：比例尺 1:10 万 ~ 1:5 万，查明规划区内的工程地质条件，初步分析区域稳定性等主要工程地质问题，为合理选择建筑、工程区提供地质依据。

（3）中比例尺测绘：比例尺 1:2.5 万 ~ 1:1 万，目的是查明矿山工程、建筑区的工程地质条件、初步分析存在的工程地质问题。为工业场地的初步确定提供地质资料。

（4）大比例尺测绘：比例尺 1:5000 ~ 1:1000，一般是在工业场地选定后才进行这种大比例尺的工程地质测绘或矿山在生产中进行某专门工程地质研究时需进行的工程地质测绘，以便详细查明场地内的工程地质条件，提供准确的地质资料。在矿山施工中地质编录和对专门性问题研究，常采用更大比例尺。

9.4.2.3　工程地质测绘精度

工程地质测绘精度是指测绘中观察、描绘工程地质条件的详细程度和精确程度，即工程地质条件在工程地质图上标示的详细程度和精确程度。

（1）观察、描绘的详细程度，是以单位面积上的观察点数目、观察线长度来控制。但点不应是均布的，复杂地段多些，尽可能布置在关键地点，如各地质单元的界线点、泉点、物理地质现象或工程地质现象点等。

（2）工程地质图件的详细程度，要求工程地质条件单元的划分与图件比例尺相适应，比例尺愈大，划分的单元愈小，每单元内的均一性愈高。为了保证精度，要求任何比例尺的图上界线误差不得超过 0.5 mm。例如，1:2000 比例尺图上实地界线误差不得超过 1 m。

9.4.3　工程地质测绘的方法和程序

9.4.3.1　工程地质测绘的方法

和地质填图的方法相同，即沿一定的观察路线沿途观察，关键点要进行详细观察和描述。观察线的布置应能以最短的路线观察到最多的工程地质现象，一般以穿越岩层走向、地貌和物理地质现象单元来布置观察路线，必要时应与追索地质界线的方法相结合布置。在工程地质测绘过程中，最重要的是把点与点、线与线之间所观察到的现象联系起来，同时还要将工程地质条件和拟进行的矿山工程活动的特点联系起来，以便能准确地预测工程地质问题的性质和规模。

9.4.3.2　工程地质测绘的程序

和地质填图相同，先收集已有的地质资料，进行航卫片的解译，对区域工程地质条件作出初步的总体评价，判明工程地质条件各因素的一些标志，制定出需要研究的重点问题和工作计划；进而进行现场踏勘选定测制标准剖面的位置；测制地质剖面，掌握岩层层序、岩性特征、接触关系以及各类岩土的工程地质特征，确定分层原则、单位、标准层；测定地貌剖面划分出地貌单元和各单元的特征。最后才能进行矿区内的工程地质测绘工作。

9.4.4　工程地质图的编绘

矿区工程地质图是综合反映矿区工程地质条件并给予综合评价的图面资料。由于一般矿区缺乏系统的工程地质勘察工作，往往是在矿山运营中出现工程地质问题时，补做一些专门性的研究工作，主要是通过工程地质测绘和少量的勘探、试验得到的资料进行编图。

工程地质图的编绘内容、形式、原则、方法等国内外还很不统一。1968 年国际工程地质协会（IAEG）成立了工程地质编图委员会，并于 1976 年出版了《工程地质图及其编制指南》一书，介绍了图的分类、内容、分区原则、编图的技术方法等，与我国沿用的有相似之处。

9.4.4.1　工程地质图类型

（1）按图的内容可分为下列四种：

1）工程地质分析图，一般是对矿山地表重要建筑有决定意义的工程地质条件的某一因素或岩土的某一指标变化规律等进行分析的图件。只有高级勘察阶段才能编制出该图件，是工程地质图的主要附图。

2）综合工程地质图，表示矿区内各种工程地质条件。如地形地貌、地层岩性、地质构造、水文地质、物理地质现象等；并提出工程地质条件总评价，但不分区。当分区有困难时，常采用这种图件。实际生产中，这种图编制较多。

3）工程地质分区图，按照工程地质条件相似程度，把矿区分成若干个工程地质区。图上只有分区界线和各区的代号，没有表示工程地质条件的实际资料。常列表说明各区的工程地质特征，作出评价。一般与工程地质综合图并用，以便相互印证。

4）工程地质综合分区图，图上有说明工程地质条件的综合资料，又有分区，并对各区的工程建筑适宜性作出评价。一般所指的工程地质图属此，是矿山生产中最常见的图。

（2）按图的用途可分为下列两种：

1）通用工程地质图，这种图对矿山各工程都适用，内容上主要反映工程地质条件，也可以进行一般性的评价。它多属于规划应用的小比例尺图。

2）专用工程地质图，这种图专为某一种矿山工程使用，具有专门的工程性质。图上所反映的工程地质条件和作出的评价，都要求与该矿山工程密切结合。这种图的内容既要全面反映出工程地质条件，更要针对某一矿山工程的需要和存在的主要工程地质问题选择资料，突出重点。这种图按其表示的内容和比例尺又可分为三种：小比例尺专用工程地质图、中等比例尺专用工程地质图、大比例尺专用工程地质图。在矿山从事某项工程地质专门研究时，常编制大比例尺的专用工程地质图。

9.4.4.2　编制工程地质图的一般原则

编制工程地质图的基本原则，一要充分地、符合实际地反映工程地质条件；二要易于为设计人员所理解、清晰易读。

图上反映的工程地质条件，是产生动力地质作用的物质基础，分析这些作用的发育条件，并预测某类矿山工程产生这些作用的可能性及其性质、规模；可为采取防治措施提供必要的资料。

为使图清晰易读，应有选择地反映工程地质条件。图的比例尺愈大精度愈高，反映的内容愈多愈具体。因此，在矿山从事某项专门研究，最好编制专用工程地质图，使图面不致过分复杂。图上符号过杂或物理力学性质指标数字过多，也不易阅读，应简化符号和只标综合性指标，以便使图面更为简明实用。

9.4.4.3　工程地质图表示的内容及其分区

不同类型的工程地质图所表示的内容有所差异，工程地质图都应有工程地质条件的综合表现，主要内容为：

（1）地形地貌对矿山工程方案比较、工业场地选址及合理配置、施工条件及工程造价都有重要意义。图上应划分出地貌单元和地貌形态的等级，大比例尺图上应有小型地貌形态甚至微地貌单元的划分。

（2）岩土类型单元的划分及其工程地质特征、厚度变化的表示，先划出基岩和疏松土。基岩应按时代、岩相、岩性等划分，大比例尺图上可按岩体结构类型划分；疏松土按成因类型和工程地质类型划分。

（3）地质构造，应把地层产状、褶曲和断层分别用产状符号、褶曲轴线、断层线表示，尤其是活动性断层应特别表示。小比例尺图上应划分出构造单元；大比例尺图上小断层及重要的大型裂隙应标明其实际位置和延伸长度、典型地点的裂隙率等。

（4）水文地质条件，主要表示地下水位、井泉位置、岩石含水性及富水性、隔水层和透水层的分布情况、地下水的化学成分及侵蚀性等，可用符号或等值线表示。

（5）物理地质现象，目前还没有统一成熟的表示方法。一般应根据其类型、形态、发育强度的等级及其活动性，按主次关系把各种物理地质现象，如滑坡、岩溶、特殊岩类、地震烈度等表示出来。

工程地质分区，在矿区范围内按其工程地质条件及其对矿山工程的适宜性，划分为不同的区段，表示在图上。但目前尚未有统一的分区标志，应根据实际经验以不同矿山的具体工程地质条件为基础，找出矿区内不同地段工程地质条件的变化规律。

9.4.4.4　工程地质图的附件及其编绘

工程地质图是由一套图组成的，除了上述的主图之外，还有附图。附图能使主图的内容更易理解，更能充

分反映矿区工程地质条件,说明分区的特征。主要附图有:

(1)岩土单元综合柱状图。该图与地质图上的地层综合柱状图基本相同,不同之处不按地层划分,而是按工程地质单元划分,各单元的物理力学性质指标应在图边列表说明。柱状图内单元体按时代依次排列,每一单元体给一代号和岩性符号,统一使用于各种图件的编绘。

(2)工程地质剖面图。该图绘制方法与地质剖面图基本相同,但按工程地质单元分层,还应将地下水、地貌单元和工程地质分区界线与代号表示在图上。工程地质剖面图能够反映沿勘探线方向的地下地质结构,与平面图配合使用可获得对矿区工程地质条件的深入了解,是主要的附图之一。

(3)水平切面图。用以表示地下某一高程的地质结构的平面图。地下开采矿山,这类图和中段地质平面图相一致;露天开采矿山,和平台地质平面图相一致。只是工程地质水平切面图是以反映工程地质条件为主要内容。

(4)立体投影图。这种图能够清楚地表示矿山经济合理的防治工程措施,以保证矿山工程在运营期间不致发生灾害性变形破坏。

9.5　矿山斜坡稳定性分析

斜坡包括天然斜坡和人工开挖的边坡,它具有一定的坡度和高度。例如自然的山坡、谷壁、河岸等,矿山人工开挖的路堑边坡、房屋基坑边帮、露天矿坑的边坡等。

斜坡的形成,使岩土体内部原有应力状态发生变化,出现坡体应力重新分布,使斜坡岩土体发生不同形式、程度的变形破坏。不稳定的天然斜坡和人工边坡,在岩土体重力、水和震动力以及其他因素作用下,常常发生灾害性的变形破坏。因此,矿山斜坡稳定性分析,在于阐明矿山工程地段天然斜坡是否可能产生灾害性的变形破坏,论证其变形破坏的形式、方向、规模;设计稳定而又经济合理的人工边坡,提出维护并加大其稳定性而采取经济合理的防治工程措施,以保证矿山斜坡在工程运营期间不致发生灾害性的变形破坏。

9.5.1　斜坡变形与破坏

斜坡形成过程中,其原始应力重新分布使岩土体原有平衡状态发生变化,坡体将发生程度不同的局部或整体变形与破坏。斜坡从形成开始,坡体便不断发展变化。首先变形,逐渐发展为破坏。天然斜坡变形与破坏的发展过程可以是漫长的,人工边坡变形与破坏的发展过程一般较为短暂。斜坡变形与破坏是其演化的两大形式,变形以坡体中未出现贯通性破坏面为特点;破坏是坡体中已产生贯通性破坏面,并以一定速度发生位移为标志。变形与破坏是一个连续发展过程,其间存在着量与质的转化关系。岩体破坏机制及蠕变理论研究,已充分揭示了变形与破坏之间所存在的规律性。

9.5.1.1　斜坡变形

斜坡变形以坡体未出现贯通性破坏面为特点,但坡体的局部也可能出现一定程度的破裂与错动,从整体看没有产生滑动破坏,变形主要表现为坡体松动和蠕动。

(1)松动:斜坡形成初始阶段,坡体表部会出现一系列与坡向近于平行的陡倾斜张性裂隙,被这种裂隙切割的岩体向临空面方向松开、移动。这一过程和现象称为松动,是由斜坡卸荷回弹所引起的。因此,常把有松动裂隙发育的坡体部位,称为斜坡卸荷带,也称斜坡松动带。其深度是以坡面线与松动带内侧界线之间的水平间距来度量。斜坡松动带的深度,除与坡体的岩体结构有关外,主要受坡形和坡体原始应力状态控制。坡高愈大,坡角愈陡,地应力愈强,斜坡松动裂隙愈发育,深度愈大。

斜坡松动使坡体强度降低,又使各种营力因素更易深入坡体,加大坡体内变形程度。斜坡松动是斜坡变形与破坏的初始表现。因此,划分松动带(卸荷带)、确定松动带范围、研究松动带内岩体特征,对论证斜坡稳定性,为确定开挖深度与灌浆范围具有重要意义。

(2)蠕动:斜坡岩土体在以自重应力为主的坡体应力长期作用下,向临空面方向缓慢而持续的变形,称为斜坡蠕动。研究表明,蠕动的形成机制是岩土的粒间滑动(塑性变形),或沿岩石裂纹微错。岩体中一系列扩展所致。

斜坡蠕动可分为表层蠕动和深层蠕动两种基本类型。表层蠕动是斜坡浅部岩土体在重力的长期作用下,向临空面方向缓慢变形构成一剪变带，其位移由坡面向坡体内部逐渐降低直至消失，破碎的岩质斜坡及疏松的土质斜坡易产生表层蠕动。深层蠕动主要发育在斜坡下部或坡体内部；按其形成机制特点，深层蠕动有软弱基座蠕动和坡体蠕动两类。

9.5.1.2 斜坡破坏

斜坡中出现与临空面贯通的连续破裂面，被分割的坡体便以一定加速度滑移、崩落而脱离母体，称为斜坡破坏。斜坡破坏的形式很多，如崩塌、散落、座落、滑塌、倾倒、滑坡等。矿山斜坡破坏性最大的是滑坡、崩塌和滑塌。

（1）滑坡：滑坡是山区一大地质灾害。随着工农业生产的不断发展和山区的开发建设，尤其是大型矿山的建设，滑坡的危害也更为突出。

1）滑坡的分类。根据滑体的物质组成、形成原因、滑动形式等，滑坡可分为各种类型，对于矿山工程，常按成因对滑坡分类：

① 工程滑坡。指由矿山工程开挖山体引起的滑坡。又可细分为：工程新滑坡，是由于开挖山体所形成的滑坡；工程复活古滑坡，是指早已存在的天然滑坡，由于开挖山体引起重新活动的滑坡。

② 天然滑坡。指由自然地质作用产生的滑坡。按其发生相对时代又分为：古滑坡，形成时间已久，坡体上有高大树木，残留部分环谷、断壁擦痕；新滑坡一般外貌清晰，断壁新鲜。

2）滑坡要素。一个发育完全的滑坡，一般具有下列要素：

① 滑床面。也称滑动面或滑面，指与临空面贯通的连续破坏面，即滑坡体和滑坡床的分界面，其厚度较大时可形成滑动带。

② 滑坡体。指滑坡的整个滑动部分，即依附于滑床面下滑的岩土体。它常可保持原始结构，内部相对位置基本不变。

③ 滑坡床。滑床面下伏未动的岩土体，它完全保持原有的结构，但在滑动周边处可出现不同性质的裂隙。

④ 滑坡台阶。滑坡体因各段下滑的速度、幅度的差异形成一些错台，出现数个陡坡和高程不同的台面，形成滑坡台阶。

⑤ 滑坡舌。滑坡体前缘伸出部分，常呈舌状，也称滑坡头。

⑥ 滑坡裂隙。滑坡体在滑动过程中因各部分受力性质和移动速度不同，而产生不同力学属性的裂隙系统。

3）滑坡形成机制。滑坡的形成受很多因素的控制，如坡体的岩土性质，地形地貌、气候条件、地表水作用、地下水作用、地震、爆破和机械振动、人为因素等。但是滑坡的发生和发展，主要受滑床面（滑动面）形成机制的制约。滑床面的形成有三种情况。

① 不受已有结构面的控制。均质完整坡体或虽有结构面尚不成为滑动控制面的坡体中，滑床面的形成主要受控于最大剪应力面。这些滑床面多出现在土质、半岩质（如泥岩、泥灰岩、凝灰岩）或强风化的岩质坡体之中，均由表层蠕动发展而来，一般呈圆弧形。

② 受已有结构面控制。坡体中已存在的结构面强度较低，并构成一些有利于滑动的组合形式时，它将代替最大剪应力面而成为滑动控制面。岩质斜坡的破坏大都沿着斜坡内已有的软弱结构面而发生、发展。滑床面可以是单一的互相平行的结构面，也可以是两组以上的结构面组合而成。

③ 受软弱基座的控制。受软弱基座控制的滑床面是由软弱基座的蠕动发展而来的。软弱基座中的滑面一般受最大剪应力面控制。

（2）崩塌：斜坡前缘的部分岩体，被陡倾结构面分割，并以突然的方式脱离母体，翻滚而下，岩块互相冲撞、破坏，最后堆积于坡脚而形成岩堆，这一过程和现象称为崩塌。其规模相差悬殊，大到山崩，小至块石塌落。崩塌一般发生在60°以上的陡坡前缘处，高陡斜坡和陡倾裂隙，或由斜坡前缘的裂隙卸荷发展而来，或由于基座蠕动造成的斜坡解体形成。这些裂隙在表层蠕动作用下，进一步加深裂宽，并促使坡脚应力增强，或坡体蠕动进一步加剧，下部支撑力减弱，引起崩塌。巨型崩塌常发生在巨厚层状和块状岩体中；软硬相间层状岩体以局部崩塌为主。

（3）滑塌：由松散岩土构成的斜坡的坡角大于它的内摩擦角时，因表层蠕动进一步发展，使它沿着剪变带表现为以顺坡滑移、滚动与坐落方式，重新达到稳定坡脚的斜坡破坏过程与现象，称为滑塌，或叫崩滑。滑塌主要是一种松散岩体或岩土混合体的浅层破坏形式,与风化作用、人工开挖坡角及振动作用等密切相关。

9.5.2　影响斜坡稳定的因素

斜坡变形与破坏的发生和发展是很复杂的。影响斜坡稳定的因素也较多,概括起来分为两类:一类为内在因素,即岩土性质、岩体结构等;另一类是外在因素,主要为地下水、风化作用、爆破和机械振动、人类活动等。

9.5.2.1　岩土性质

岩土的成因、矿物成分、颗粒大小、结构不同,其物理力学性质有很大的差别。岩土的物理力学性质指标一般能说明岩土的固有特性。与斜坡稳定有关的岩土物理力学性质指标有容重、比重、吸水率、孔隙率、抗压强度、抗剪强度、软化系数、内摩擦角等。

9.5.2.2　岩体结构

岩质斜坡的稳定性,岩体结构是重要控制因素,岩体中各种成因的结构面类型、产状、性质、规模及其组合关系与斜坡稳定性关系十分密切。斜坡变形和破坏主要表现为结构体的位移变形,而结构体的位移一般是沿着阻力最小,即抗剪强度最小的结构面发生和发展的。因此,结构面的存在是斜坡变形与破坏的首要条件。

9.5.2.3　地下水作用

地下水对斜坡稳定性的影响,主要表现为:

(1)静水压力和浮托力:地下水在岩体孔隙和裂隙中,对裂隙两壁产生一定的静水压力;减少裂壁面上的摩擦力,对裂隙中地下水水面以下的结构体产生浮托力,致使软弱结构面上的正压力减小,降低斜坡的稳定性。

(2)动水压力:当地下水在岩土体孔隙、裂隙中流动时,水对矿物颗粒、碎裂块和岩块施以作用力称为动水压力。动水压力作用在斜坡的软弱结构面上,则是滑坡体移动的推动力。

(3)水的软化与泥化作用:水对岩体中的软弱结构面、层间软弱夹层的软化和泥化,使其抗剪强度大大降低,加速斜坡的变形与破坏。

9.5.2.4　风化作用

组成斜坡的岩土体受到水文、气象、生物等作用,产生物理和化学风化,降低斜坡的稳定性。

(1)风化作用破坏斜坡岩土体结构,降低其强度,使之松动脱落。

(2)风化作用使岩土体空隙度增大,含水量增多,加速亲水矿物软化。寒冷地区的冻融作用,加剧岩土体的机械破坏能力。

(3)风化作用使岩土体的构造裂隙扩大,再产生风化裂隙,增大岩土体透水性。

(4)长石、绿泥石、云母等易风化矿物在风化作用下变成水铝硅酸盐新矿物,改变了岩土原有特征。

9.5.2.5　地震

地震是斜坡失稳的触发因素,强震中心会造成斜坡大型山崩坍落,地震波及区由于震动冲击使原处于极限状态的斜坡,增加外荷载而触发斜坡失稳。例如,1976年7月唐山地震时,距震中150 km的6度地区,矿山的边坡产生坍落。地震引起的斜坡变形与破坏有崩塌、塌落、滑坡和裂纹等,其中以滑坡和裂纹最多。

9.5.2.6　地应力

地应力对斜坡稳定性的影响,目前尚有争论,但已引起工程地质界的注意。斜坡形成前,岩土体中应力场为初始应力状态。开挖成坡后,坡体质点便向坡面方向移动,应力重新调整,产生明显应力重新分布现象,可见重力场对斜坡应力状态有明显的影响,表现为:坡体中主应力方向发生明显偏转;坡体中产生应力集中现象,一般在坡脚附近形成明显的应力集中带,坡角愈陡应力集中愈明显。

露天采场愈来愈深,构造应力的影响也愈明显,在挤压构造带附近坚硬岩体内产生岩爆、卸荷、回弹、鼓突,软弱岩体以蠕变方式释放,产生岩层弯曲倾倒现象。

9.5.2.7　地形地貌

地形地貌对斜坡稳定性的影响,主要有下列几方面:

(1)临空面是斜坡失稳的基本条件,山体临空面数量愈多,斜坡的稳定性愈差。由于河流、支沟切割,其斜坡走向、高度、坡度对斜坡稳定性影响很大。

（2）地貌单元：山区的陡坡、陡崖、阶地前缘，河流凹岸等地带，斜坡稳定性差。斜坡形态：斜坡形态有凸形、凹形、直线型、阶梯型，表面有平整的也有起伏的。不同的斜坡形态其稳定性也不一样。

9.5.2.8　人类活动

人类活动对斜坡稳定性的影响：

（1）开挖爆破影响，人工边坡施工爆破震动造成岩体破坏，松动，裂隙扩大，降低其稳定性。

（2）人工削坡角设计不合理，使其坡角被掏，或超过结构面天然坡角，增加附加荷重，以致边坡失稳。

（3）人工水补给，由于大量施工用水或排水设施不合理，使地下水位增高，泥化软弱岩层引起边坡变形。

9.5.3　斜坡稳定性分析

研究斜坡的稳定性应从发展变化的观点出发，把斜坡与周围自然环境联系起来，特别应与工程修建后的可能变化的环境联系起来，阐明其演变过程。既要论证它当前的"瞬时"稳定状况，又要预测它稳定性的发展趋势，还要判明促使它发生演变的主导因素。只有这样，才能正确地得出斜坡稳定性的结论，制定和设计出合理的措施来防止斜坡稳定性的降低。

斜坡稳定性分析的方法很多，目前仍处在研究探索阶段，基本思路是从三个方面入手：一是自然历史分析，二是力学分析，三是工程地质比拟。目前国内外对露天矿边坡稳定性分析做了大量的研究，最常用的分析方法有：岩体结构分析、图解法、图表法、工程地质比拟法、极限平衡计算法、模拟实验、有限单元计算等。

9.5.3.1　岩体结构分析法

岩体结构分析是以岩体结构特征入手研究工程岩体的稳定性，分析工程岩体中结构体间相互依存、相互制约的关系。因此，应通过野外大量观察和岩石力学试验，按斜坡变形与破坏机制，确定坡体中控制结构面，进行岩体结构分类，见表9-36。

表9-36　坡体结构分类表

类　型		基　本　特　征	变形与破坏特征	备　注
Ⅰ 匀质斜坡		无明显结构面或已有结构面不起控制作用，多为土质或半岩质斜坡	以拟圆弧形滑面滑坡为主要特征。疏松堆积物斜坡产生滑塌，滑动面似平面。滑坡前，因表层蠕动可使坡面开裂	
Ⅱ 受已有结构面控制的斜坡	Ⅱ₁ 层状斜坡	单一或一组结构面控制的斜坡：土质岩体中覆盖层与基岩接触面、黏土夹层、古滑动面、地下水活跃带等；岩质斜坡中的层面、软弱夹层、原生节理、断裂、古滑动面等	结构面倾向与坡面一致，但倾角较缓，以顺层滑坡为主要特征，后缘可与陡立结构面或切层弧面相截，破坏面前后缘（切口）可出现裂缝和破碎，滑坡可以是突发的	随结构面与坡面走向交角增大，稳定性变高；直交时，已不起控制作用
			结构面倾向与坡面一致但倾角较陡，可因表层蠕动发展导致滑坡	
			结构面倾向与坡面相反，可因表层蠕动发展导致滑坡、斜坡前缘易崩塌	
	Ⅱ₂ 层状斜坡	两组以上结构面控制的斜坡，多见于岩质斜坡，常见为构造变动强烈地区各种性质的断裂面、层面、原生节理面构成一些特定的多边形岩体（锥、楔、棱槽形），剖面上滑面为直线或多为折线形	破坏形式多为崩滑、崩塌，滑面为折线形时，转折处通常经过张性羽裂、切角滑移、次级剪面形成阶段，逐步发展导致破坏	
Ⅲ 软弱基座斜坡		软弱基座由较厚黏土、淤泥、泥岩、页岩、煤炭等构成，也可由断裂破碎带、挤压破碎带和易风化岩层构成	通常由基座蠕动导致上覆坡体逐渐被解体，发展形成崩塌、滑坡	
Ⅳ 破碎斜坡		多组密集的不同产状结构切割的斜坡，随切割密度加大，岩体整体强度显著削弱，结构面控制作用已不明显	特点介于均质斜坡（Ⅰ）与结构面控制的斜坡（Ⅱ）之间，随切割密度加大，变形和破坏与均质斜坡相似	

岩体结构分析的步骤：

（1）失稳边界的确定：坡体破坏必须有临空面、切割面、滑动面。关键是从岩体结构特征、地貌条件及工程部位进行分析,找出坡体失稳的切割面和滑动面。

(2)岩体受力条件的确定:工程作用力可依据边坡设计资料选取,天然应力状况是重力场为主还是以构造应力场为主,并考虑地下水的静水压力、扬压力、动水压力和浮托力。最后确定坡体的受力状况、合力的方向和相对大小。

(3)基本力学参数的确定:根据岩体结构及变形破坏特征,结合工程部位及稳定性计算的要求,制订力学试验方案,进行现场和室内测试工作。既要取得岩石的基本力学参数,更重要的是获得岩体的力学参数,尤其是岩体中控制性结构面的力学参数。

(4)岩体变形破坏方式的判断:在一定荷载下,岩体结构对岩体变形破坏起控制作用。因此,岩体结构类型不同,岩体变形破坏的方式亦不同;对于同一种变形破坏方式,因工程类型不同表现形式不一。一般情况下,是在岩体结构及其受力条件分析的基础上,结合模拟试验判断岩体变形破坏的可能方式。

(5)建立工程地质力学模型:以工程岩体的结构特征、软弱结构面的组合关系、工程对岩体作用的荷载及外界环境的影响,建立符合实际的工程地质力学模型。

(6)数值分析:当工程地质力学模型确定后,选择合适的计算方法,例如刚体极限平衡法、应力平衡法、有限单元法等。

(7)稳定性综合评价:数值计算所得安全系数若小于1,说明岩体受力后处于不稳定状态,需要改变设计或对岩体加以处理;若安全系数大于1,一般认为是稳定的。由于影响岩体失稳的因素很多,数值计算虽然能得出定量结果,有时也只能作为半定量甚至定性分析的依据。因此,对数值计算的结果的可靠性要作全面衡量,进行综合评价:一是要考虑工程的重要性;二是要考虑勘察和试验的精度;三是要考虑工程运营期间工程地质条件的变化,尤其是岩体结构的演化以及施工过程中岩体强度的降低等。

9.5.3.2　工程岩体分级法

国内外对岩石斜坡稳定性的研究,大多侧重于对工程岩体变形破坏机制、破坏类型以及影响其稳定性的因素进行的。对工程岩体分级研究甚少。

斜坡工程岩体分级法,按照我国《工程岩体分级标准》,应按下面步骤进行:

(1)岩体基本质量分级

1)由表9-28和表9-31确定岩石坚硬程度和岩体的完整程度,获得岩体基本质量的定性特征。

2)根据分级因素的定量指标 R_C(MPa)和 K_v,求出岩体基本质量指标 Q 值。

3)由表9-35进行岩体基本质量分级。

(2)工程岩体级别的确定

1)初步定级时以岩体基本质量级别作为工程岩体的级别。

2)详细定级时,在岩体基本质量分级的基础上,应考虑地下水、地表水、初始应力场、结构面间的组合及结构面的产状与斜坡面间的关系等修正因素;而这些因素对斜坡工程岩体级别的影响,应另做专门研究。当仅一组结构面起主要作用,且结构面倾向与斜坡面倾向同向时,它对斜坡工程岩体稳定性的影响,可按表9-37确定。

表9-37　结构面产状对边坡岩体稳定性的影响

边坡坡角(α)与结构面倾角(β)关系 ＼ 边坡面走向线与结构走向线夹角(°)	< 20	20 ~ 45	> 45
$\alpha > \beta$	很不利	不利	一般 - 不利
$\alpha = \beta$	一般 - 不利	一般	一般 - 有利
$\alpha < \beta$	一般	一般 - 有利	有利 ~ 很有利

9.5.3.3　图解法

在斜坡稳定性分析中,常使用各种图解法,它属于定性分析方法。其优点是简单、直观、快速;缺点是带有一定的经验性。目前常用的有斜坡稳定玫瑰图分析、赤平极射投影分析、用节理统计的极点图和等密度图分析、实体比例投影分析和平面投影分析。其中应用最广泛的是赤平极射投影 - 实体比例投影分析。

（1）斜坡稳定玫瑰图分析：斜坡稳定玫瑰图又称斜坡扇形图，是将影响斜坡稳定的各种结构面特征，如岩层产状、断层产状、节理产状、软弱夹层产状等用线条、符号、颜色分别表示。分析时主要看结构面与斜坡走向线的关系，结构面倾角与斜坡扇形的关系。

（2）赤平极射投影分析：赤平极射投影是解析平面和直线的空间图解方法。它是以一个圆球作为投影工具（称投影球），以圆球的中心作为比较物的几何要素（点、线、面）的方向和角距的原点，并通过球心的水平面（赤平面）作为投影面，赤平面上的圆周称基圆。在基圆内表示各种产状的直线和平面的投影，就构成了一幅赤平极射投影图。

斜坡稳定性分析就是利用赤平极射投影图来表示岩体中的结构面、临空面、切割面等，在图上简便地确定它们之间的夹角和组合关系，确定岩体的结构特征。工程作用力、岩块阻抗力和坡体滑移方向等，都是具有一定方向的向量，也可以投影到赤平面上。因此，利用赤平极射投影可以把岩体变形边界条件、受力条件、强度参数纳入一个统一的投影体系中分析斜坡稳定性。

（3）极点图和等密度图分析：把现场实测的大量节理用赤平极射投影方法作出极点图或等密度图，根据极点图和等密度图中节理分布及疏密情况，结合坡面倾向、走向来分析斜坡稳定性。

（4）实体比例投影分析：是应用垂直投影原理和方法，以现场实测资料按一定的比例作图，得出结构面的组合交线、组合平面，以及结构体的几何形状、尺寸、空间位置和方向等，完全将立体结构化为平面表示。

由于实体比例投影具有方向性，所以它的作图及表示方法和一般垂直投影有所不同。实体比例投影能反映出结构体的面和线的实际空间方向（包括走向、倾向、倾角），便于对坡体作稳定性分析。

（5）赤平极射投影 — 实体比例投影分析：赤平极射投影和实体比例投影相结合，可以求出结构体在工程岩体中的具体分布位置、几何形状、尺寸、体积和重量；并能确定滑动方向、滑动面及其面积；还可以用于空间共点力系的合成和分解，对坡体在自重力和工程力作用下的稳定性进行计算分析等。因此，这一方法目前已得到广泛的应用。

如图9-1所示，其中（a）图为边坡的立体透视图，（b）图为边坡面、结构面及其组合交成的赤平极射投影图，（c）图为边坡实体比例投影图。

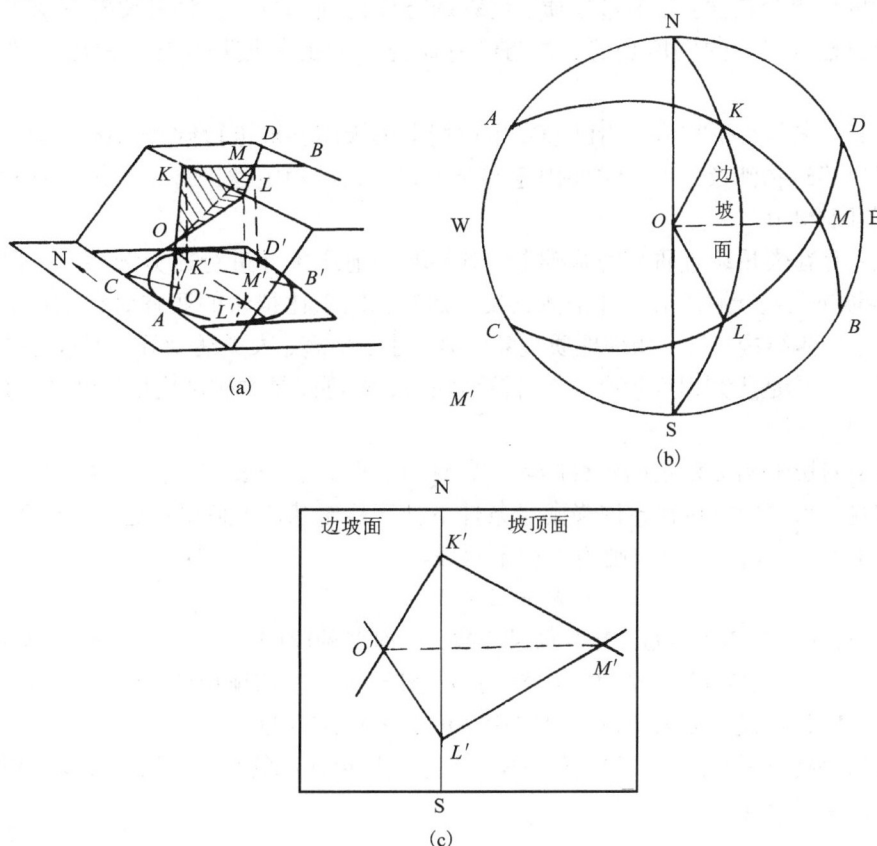

图9-1 斜坡赤平极射投影 — 实体比例投影图

根据垂直投影原理，由图 9 - 1(a)、(c) 求出块体 KMLO 的体积：

$$V = \frac{1}{3}S\triangle K'M'L' \cdot h \tag{9-4}$$

以此确定不稳定块体 KMLO 的重量。

由（b）图可以确定组合交线从 MO 的倾向、倾角大小，不稳定块体滑移方向等。

（b）、（c）图结合起来，可以计算不稳定块体 KMLO 的下滑力、阻抗力、安全系数等，分析块体 KMLO 的稳定程度。

（6）平面投影分析：将斜坡中各类不同结构面的走向线，按一定高度的截距投影在同一平面上而得出各类结构面的组合特征，用以分析坡体的稳定性。

平面投影法又分为两种：正投影法是由高平面向低平面投影，投影线落在结构面倾向线的相反方向上；反投影法，由低平面向高平面投影，投影线落在结构面倾斜方向上。

9.5.3.4 图表法

图表法实际上是以计算公式为依据，根据一定的条件将计算结果绘成图表，便于对照查阅。这样可以简化计算手续，避免了复杂繁琐的计算过程。因此是一种简便、快速的方法。目前根据用途不同，图表法有：圆弧图表法、摩擦圆图表法、对数螺旋线形滑面图表法、斜坡极限高度图表法、正应力图表法等。但目前已有的图表法，只适用均质土层和单一层状结构的岩石斜坡类型，而且只考虑重力因素。对于两组或两组以上结构面切割的岩质斜坡或其他复杂类型的斜坡，则因计算复杂，尚无合适的图表可查。而且地震、地下水等对斜坡稳定性的影响在图表上无法表示，只能在分析中加以考虑。

9.5.3.5 工程地质比拟法

工程地质比拟法又称工程地质类比法，是最常用的传统方法之一，属于定性分析法。其优点是综合考虑各种斜坡稳定性的影响因素，迅速地对斜坡稳定性及其发展趋势作出估计和预测；缺点是类比条件因地而异，经验性强，没有数量界限。工程地质比拟法可分为：

（1）斜坡稳定性的历史分析法：是通过地质、地貌调查或访问的方法，对斜坡发育历史进行全面的调查分析，从斜坡的演变历史推测未来的发展趋势，并与已有研究资料的斜坡相比较，得出有关斜坡稳定性的评价资料。

（2）类型比拟法：首先是对研究地区内已经发生过坍滑的天然斜坡进行调查，分析发生坍滑的因素和条件，并进行分类，据此对比建筑物涉及的斜坡主要因素和条件，对斜坡稳定性进行工程地质评价，这一方法可用于方法天然斜坡较多的山区矿山。

（3）因素比拟法：是在大量调查研究的基础上，对斜坡的地质条件进行充分分析，根据分析结果与其已有研究资料且类似的斜坡进行稳定性对比，并推测其发展趋势。因素比拟法的调查研究的内容包括：斜坡发展的历史情况、地貌类型、岩体结构特征、物理地质现象、地下水、地震、人类活动等。因素比拟法是目前较为常用的方法，一般被比拟的斜坡是研究程度较高、资料较为完备，它可以是本矿区内的，也可以是其他地区的，工程地质条件需要类似才能比拟。

（4）斜坡评比法：对影响斜坡稳定的各种因素进行评分，根据总分数和允许日降雨量必须的标准分数作比较，分析斜坡的稳定性。为了使斜坡在允许降雨量条件下处于稳定状态，必须满足：$K > P$。

当 $K \approx P$ 时，为临界斜坡；$K < P$，则为不稳定斜坡。

$$K = C + N + F + Y \tag{9-5}$$

式中：K 为斜坡总评分数；C 为基本分数；N 为原因分数，根据多种原因评定分数之和；F 为防护分数，根据地面防护设施类型确定的分数；Y 为判断分数，根据当地实际情况，除上述影响因素之外的其他因素，由防护工程负责人评定修正分数；P 为工程设计年限内概率日降雨量的必要标准分数。

这一方法在日本铁路路堑斜坡评价中得到很好的应用。斜坡评比法的基本思想可以发展到模糊综合评判法。

9.5.3.6 极限平衡计算法

斜坡稳定的极限平衡计算是力学计算的一种，目前应用较广泛，它可以得出定量的结果，常为工程设计所采用。极限平衡计算通常是建立在静力平衡基础上，按不同边界条件去考虑力的组合，主要是计算滑动力和抗滑力两部分。滑动力包括滑动岩土体的重量沿滑动方向的分力、动水压力、浮托力、地震力、爆破震动力等；抗滑力包括滑动面上的凝聚力、抗剪强度、侧向摩擦力等。滑动力与抗滑力之比，即为滑动稳定系数。按照稳定系数评价，一般以稳定系数 1 作为临界状态。

目前在计算中，一般只考虑滑体重量，有时加地震力，其他受力条件如地应力、动应力、渗透压力、温度应力均很少考虑。

（1）土质斜坡稳定计算方法

1）极限平衡法：不同的计算条件稳定系数 K_c 的计算公式见表 9 - 38。

表 9 - 38　土质斜坡稳定系数 K_c 值计算公式

图　式	计算条件	公　式	代号说明
	砂砾松散层不计凝聚力	$K_c = \dfrac{Q\cos\beta \cdot \tan\varphi}{Q\sin\beta} = \dfrac{\tan\varphi}{\tan\beta}$	
	黏性土	$K_c = \dfrac{\tan\varphi}{\tan\alpha} + \dfrac{2c \cdot \sin\beta}{\gamma \cdot h \cdot \sin(\beta - \alpha)\sin\alpha}$	
	均质土、滑面为圆弧形、坡高 > 10m	$K_c = \dfrac{\sum N \cdot \tan\varphi + \sum c \cdot L + \sum R}{\sum T}$	φ 为土层内摩擦角；β 为边坡坡角；α 为滑面倾角；L 为滑面长度；R 为抗滑力；γ 为滑体容重；γ_s 为土的饱和容重；h_0 为地下水下滑体厚度；c 为土的凝聚力
	土层中有平缓滑面无地下水	$K_c = \cot\alpha \cdot \tan\varphi + \dfrac{2c}{\gamma \cdot h \cdot \sin\alpha}$	
	土层中平缓滑面，部分地下水饱和	$K_c = \dfrac{[\gamma \cdot h + (\gamma_s - \gamma - 1)h_0] \cdot \cot\alpha \cdot \tan\varphi + \dfrac{2c}{\sin 2\alpha}}{\gamma \cdot h + (\gamma_s - \gamma)h_0}$	
	土层中平缓滑面全部为地下水饱和，考虑动水压	$K_c = \dfrac{(\gamma_s - 1)\cos\alpha \left[\tan\varphi + \dfrac{c}{(\gamma_s - 1)h \cdot \cos^2\alpha}\right]}{\gamma_s \cdot \sin\alpha}$	
	滑面为折线	$K_c = \dfrac{(Q_1 \cdot \tan\varphi \cdot \cos\alpha_1 + cl_1) + (Q_2\tan\varphi \cdot \cos\alpha_2 + cL_2)}{Q_1\sin\alpha_1 + Q_2\sin\alpha_2}$	
	均质土滑弧前缓后陡	$K_c = \dfrac{\sum Q \cdot \cos^2\alpha + \tan\varphi + \sum cl \cdot \cos\alpha}{\sum Q\sin\alpha \cdot \cos\alpha}$	

2）条分法：条分法计算时取横剖面上 1m 宽土条作为计算的基本断面，其两侧摩擦阻力不计。每个单元土条计算其滑动力与抗滑力，不计侧向约束力和土条间相互挤压作用，见图 9 - 2。

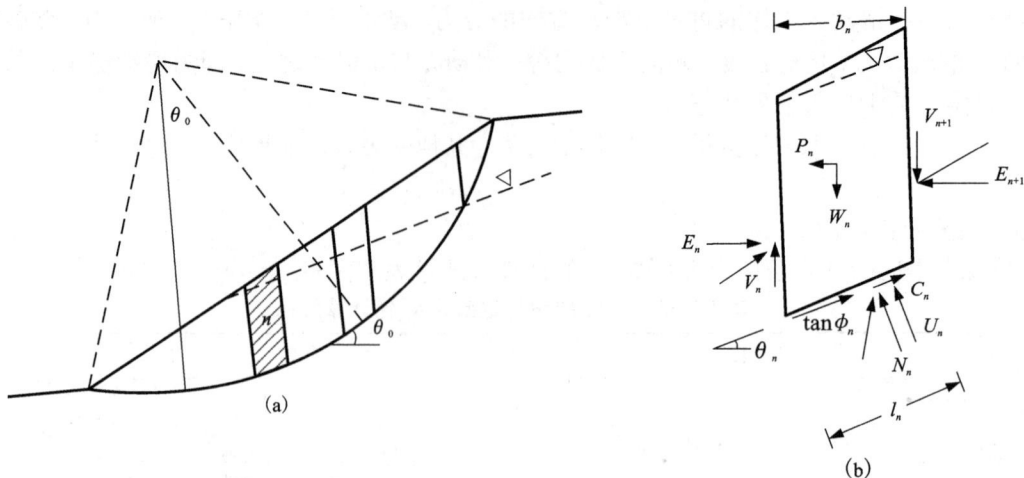

图 9 - 2 　条块上的作用力示意图

计算时, 先假定滑弧中心, 利用试算法求出最危险的滑弧中心点, 如图 9 - 2(a) 所示, 假定滑动土体所有条块的抗滑稳定系数都相同, 则

$$K_c = \dfrac{\displaystyle\sum_{i=1}^{m} \left[C_n + (W_n + V_{n+1} - V_n - U_n)\tan\varphi_n \right] \dfrac{\sec^2\theta_n}{1 + \dfrac{\tan\theta_n \cdot \tan\varphi_n}{K}}}{\displaystyle\sum_{i=1}^{m} \left[(W_n + V_{n+1} - V_n)\tan\theta_n + P_i \right]} \tag{9-6}$$

式中: W_n 为土条自重; C_n 为凝聚力; $\tan\varphi_n$ 为摩擦系数; U_n 为孔隙压力; P_i 为水平向地震力; V_{n+1} 为上侧条块垂直分力(平行侧面); V_n 为下侧条块垂直分力(平行侧面)。

3) 综合 C 值法: 假定把滑坡纵剖面恢复到滑动瞬间的原地面线, 即极限平衡状态, $K_c = 1$ 时, 反演求出滑面综合凝聚力 C 值, 将 C 值代入滑动后的纵剖面上, 求出稳定系数, 如图 9 - 3 所示。

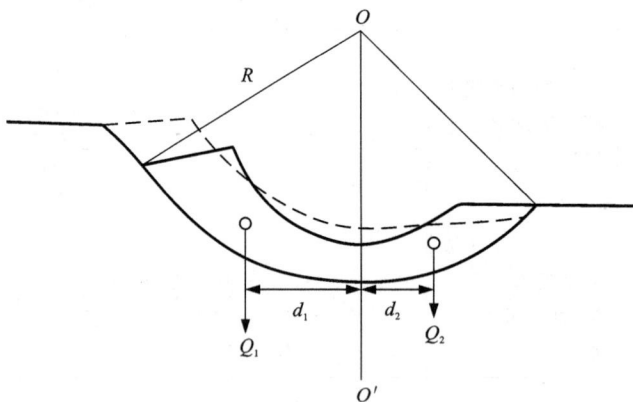

图 9 - 3 　滑动后纵剖面示意图

设 OO' 为通过滑动圆心的铅直线, 则公式为:

$$K_c = \dfrac{Q_2 d_2 + C_{综} \cdot L \cdot R}{Q_1 d_1} \tag{9-7}$$

式中: L 为滑动圆弧长度; R 为滑动圆弧半径。

当滑面为折线形时, 则

$$K_c = \dfrac{\sum T_{抗} + C_{综} \cdot \sum l}{\sum T_{滑}} \tag{9-8}$$

式中：$\sum T_{抗}$ 为抗滑段的总抗滑力；$\sum T_{滑}$ 为下滑段的总滑动力。

以上公式适用于黏性土，且滑坡在孔隙水压作用下，或滑带土的内摩擦角接近于零。

当滑带以碎屑土为主时，C 接近 0，此时可采用反求综合 $\tan\varphi$ 值，验算其稳定性

$$K_c = \frac{\sum Q_{抗}\sin\alpha + \sum Q\cos\alpha \cdot \tan\varphi_{综}}{\sum Q_{滑}\sin\alpha} \tag{9-9}$$

（2）岩质斜坡稳定计算：岩质斜坡的稳定性主要受岩体结构控制，可分为以下两种情况：

1）斜坡上一组结构面滑动的计算，见表 9-39。

表 9-39　一组结构面岩体斜坡稳定系数 K_c 计算公式

图　式	计算条件	公　式
	不计凝聚力	$K_c = \dfrac{N\tan\varphi}{T} = \dfrac{Q\cos\alpha \cdot \tan\varphi}{Q\sin\alpha} = \dfrac{\tan\varphi}{\tan\alpha}$
	计算凝聚力	$K_c = \dfrac{\tan\varphi}{\tan\alpha} + \dfrac{c \cdot L}{Q\sin\alpha} = \dfrac{\tan\varphi}{\tan\alpha} + \dfrac{4c}{\gamma \cdot h \cdot \sin2\alpha}$
	沿软弱面滑动、后缘有裂隙	$K_c = \dfrac{\tan\varphi}{\tan\alpha} + \dfrac{c_1 L + c_2 h}{Q\sin\alpha}$
	考虑侧向阻滑力	$K_c = \dfrac{Q\cos\alpha \cdot \tan\varphi + cA + \tau_{ck}(A_1 + A_2)}{Q\sin\alpha}$
		$K_c = \dfrac{Q\cos\alpha\tan\varphi_1 + Q\sin\beta \cdot \tan\varphi_2 + \dfrac{1}{3}c_2 A}{Q \cdot \sin\alpha}$

2）两组结构面切割的斜坡稳定计算：岩质斜坡两组结构面切割，在坡体上形成楔形体，其滑动方向常与结构面组合交线的倾向一致。组合交线产状的确定有多种方法，常用的计算公式为：

组合交线方位角

$$\alpha = \tan^{-1}\frac{\cos\alpha_2 + \tan\beta_2 - \cos\alpha_1\beta_1}{\sin\alpha_1 + \tan\beta_1 - \sin\alpha_2\tan\beta_2} \tag{9-10}$$

组合交线倾角

$$\beta = \tan^{-1}[\cos(\alpha - \alpha_1)\tan\beta_1] = \tan^{-1}[\cos(\alpha - \alpha_1)\tan\alpha_2] \tag{9-11}$$

或组合交线倾向的方位角

$$\tan\omega = \frac{\tan\beta_1 - \tan\beta_2 \cdot \cos\theta}{\tan\beta_2 \cdot \sin\theta} \tag{9-12}$$

组合交线倾角

$$\tan\beta = \tan\beta_1 \cdot \cos\omega \tag{9-13}$$

式中：α_1、α_2 为两结构面倾向方位角；β_1、β_2 为两结构面倾角；θ 为两结构面倾向线间夹角。

求出组合交线倾向和倾角后（组合交线倾向和倾角最好用赤平极射线投影作图求出，更为简便），然后按表 9-40 公式求斜坡稳定性系数。

表 9 - 40　两组结构面组合时稳定系数 K_c 计算公式

图　式	计算条件	公　式	代号说明
	两组结构面的摩擦系数相同,不考虑滑动面的倾角	$K_c = \dfrac{Q\cos\beta \cdot \tan\varphi + c_1 A_1 + c_2 A_2}{Q\sin\beta}$	A_1, A_2— 两组结构面面积; Q— 岩体重量; $\tan\varphi_1$, $\tan\varphi_2$— 两组结构面摩擦系数;
	两组结构面倾斜、摩擦系数和凝聚力不同	$K_c = \dfrac{Q\tan\varphi_1\cos\beta_1 + Q\tan\varphi_2\cos\beta_2 + c_1 A_1 + c_2 A_2}{Q\sin\beta}$	c_1, c_2— 两组结构面凝聚力; β— 交线倾角; β_1, β_2— 结构面倾角;
	沿结构面交线下滑,结构面倾角不同,摩擦系数和凝聚力不同	$K_c = \dfrac{N_1\tan\varphi_1 + N_2\tan\varphi_2 + c_1 A_1 + c_2 A_2}{Q\sin\beta}$	$N_1 = Q\cos\beta \cdot \dfrac{\sin\beta_4}{\sin(\beta_3 + \beta_4)}$;
	两组结构面构成的直立坡	$K_c = \dfrac{\tan\varphi}{\tan\alpha} + \dfrac{3L(c_1 L_1 + c_2 L_2)}{\gamma \cdot b \cdot h \cdot h_0 \sin\alpha}$ $H_v = \dfrac{3L(c_1 L_1 + c_2 L_2)}{\gamma \cdot b \cdot h_0\cos\alpha(\tan\alpha - \tan\varphi)}$	$N_2 = Q\cos\beta \cdot \dfrac{\sin\beta_3}{\sin(\beta_3 + \beta_4)}$; $\beta_3 = \tan^{-1} \cdot$ $\sqrt{\tan^2\beta_1 - \tan^2\beta} \cdot \cos\beta$
	一组直立与另一组倾斜结构面相交	$K_c = \dfrac{\tan\varphi}{\tan\alpha} + \dfrac{b(c_1 + c_2\sin\alpha \cdot \tan\delta)}{\gamma \cdot h \cdot \sin 2\alpha} \cdot \dfrac{\sin\beta \cdot \cos\alpha}{\sin(\beta - \alpha)}$ $H_v = \dfrac{3(c_1 + c_2\sin\alpha \cdot \tan\delta)}{\gamma\cos^2\alpha(\tan\alpha - \tan\varphi)} \cdot \dfrac{\sin\beta \cdot \cos\alpha}{\sin(\beta - \alpha)}$	$\beta_4 = \tan^{-1} \cdot$ $\sqrt{\tan^2\beta_2 - \tan^2\beta} \cdot \cos\beta$

9.5.3.7　模拟试验法

为了探讨斜坡变形破坏机理、破坏规模和影响、验证计算成果,对大型的不稳定或失稳的露天开挖边坡需要进行模拟试验。模拟试验是用一定的物理模型代替实际的斜坡岩体,让模型受相似的力而发生变形与破坏,得出斜坡稳定性的直观结果。模拟实验方法很多,目前已有自重力模拟试验、底摩擦模拟试验、光弹模拟试验、激光光弹模拟试验、相似材料镶拟试验等。

(1)相似材料模拟试验:是根据斜坡的结构和力学介质特征,利用相似材料制作成按比例缩小的模型,然后施加按比例缩小的力,观测模型的变形破坏过程。

相似材料模拟其相似程度不同分为两种:一是定性模拟(也称原理模拟或机制模拟),不要求严格相似,而只须满足主要的相似常数;二是定量模拟,要求主要的物理量都尽量满足相似常数与相似判据。

对于露天边坡相似材料模拟应要求几何相似、物理性质相似、初始状态相似、边界条件相似。其中物理性质相似是以相似材料的选取来确定,一般对于完整岩体用石膏、铁粉、重晶石粉、铅丹作为骨料,散体结构岩体用砂子作为骨料,软弱夹层用滑石粉、云母、润滑油、酒精、清漆等。

(2)光弹模拟试验:利用透明材料,如玻璃、赛珞璐、环氧树脂板等(具有暂时性双折射现象)按一定的比例制作成斜坡模型,然后施加一定的工程作用力,通过光弹仪观测模型中各个部位的干涉图像,根据干涉条纹图的特征判断实际斜坡岩体中应力分布特征,分析斜坡的稳定状况。这一方法所耗材料少、试验简单,在露天边坡稳定性研究中,广泛应用作定性分析。

(3)底摩擦模拟实验:这是一种简易的定性模拟,可以作为探索机理的一个有力工具,也可以为定量模拟提供设计依据。试验装置简单，将试验模型安放在一个活动砂纸带（或帆布带、塑料带）上面，砂纸带装在匣中间，用电机带动或摇动砂纸带，模型底面与砂纸带接触的每一点形成摩擦力。若摩擦系数不变，则模型材料愈重，摩擦力也愈大。因此，用不同容重或不同摩擦系数的模型材料，可以得到不同大小的模型自重力，这种试验可以简便模拟露天边坡变形破坏机制和变形的动力特征。

9.5.3.8　有限元计算法

用假想的线将研究对象划分为许多小的单元，单元数量为有限多，单元大小为有限大，因而称为"有限元"。一般采用三角形或四边形单元，把斜坡岩体分割成有限个单元体，假定每个单元体内的应力与外力都只通过单元的节点传递，并且各个单元之间保持着协调的变形；然后，建立单元体的位移函数和确定应变状态，根据静力学的等效原理把作用在单元集合体上的各种力都移到相应节点上，建立整个单元集合体的平衡方程，利用电子计算机解这个方程，求出全部节点的位移，并利用材料力学性质解出每个单元的应力状态。

目前建立斜坡岩体结构要素的有限元模型有：无厚度结构面的有限元模型、有厚度结构面的有限元模型、结构体的有限元模型、流变模型、三维有限元模型等。应用有限元计算分析斜坡稳定性问题，最重要的是根据岩体结构来确定问题的性质、力学模型和分析方法。尽管岩体的地质因素和历史背景复杂，但从其结构性能出发，可以划分为五种典型结构，要求分别采用各具特色的有限元分析，包括断续节理岩体的结构面分析、遍布节理岩体的剪切破坏滑动分析、层状岩体的弯折破坏分析、碎裂结构岩体的弹塑性变形分析、块体结构的失稳滑动分析。

9.5.4　斜坡失稳的防治

矿山斜坡失稳造成事故时有发生，尤其是露天开采的边坡的治理是很重要的矿山地质工作。

9.5.4.1　斜坡失稳防治的原则

（1）查清不利工程地质条件，找出影响斜坡稳定性的主要因素；
（2）针对影响斜坡稳定的主要因素采取防治措施，但不能忽视次要因素，要全面综合考虑；
（3）以防为主，对将要产生破坏的斜坡及时进行处理。

9.5.4.2　斜坡失稳防治方法

斜坡失稳防治方法，一般应考虑三个方面：排除不利外因，如地表水渗入等；改善力学条件，如削坡减重、支撑、排水；提高或保持滑动面的力学强度，如锚固等。

（1）地表水和地下水治理：对那些确因地表水大量渗入和地下水影响而不稳定的斜坡，采用疏干排水的方法：

1）地表排水：在斜坡岩体外面修筑排水沟，防止地表水流入斜坡体张裂隙中，排水沟要有一定的坡度，底部不能漏水。

2）水平疏干孔：钻入坡面的水平疏干孔对于降低裂隙底部或潜在结构面附近的积水是有效的。钻孔一般应垂直坡体中的结构面布置，孔径10～15cm、深度为30～60m，间距10～20m不等。

3）垂直疏干井：在坡顶部钻凿竖直小井，井中装配深井泵或排水泵，排除斜坡内裂隙中的地下积水。这一方法对于水力联系好的岩溶水地区很有效。

4）地下疏干坑道：是在斜坡后部或深部开挖永久性水平排水坑道，该法优点多、排水量大，一般是自流排水，便于长期使用，对地下水涌水量大的露天矿很适用。

（2）增大斜坡坡体强度和人工加固法：目前国内外较为普遍使用抗滑桩、金属锚杆、压力灌浆、混凝土护坡和喷浆防渗加固等。

1）抗滑桩：一般多用钢筋混凝土桩加固斜坡，大断面混凝土桩多用于碎裂、散体结构的岩质斜坡的加固；小断面的混凝土桩多用于块状、层状结构岩质斜坡的加固。在露天开挖边坡加固是在平台上钻孔，在孔中放入钢轨、钢管和钢筋等，然后再浇灌混凝土将钻孔内的空隙填满或用压力灌浆。由于抗滑桩加固布置灵活、施工工艺简单、工效高、抗滑承受能力大，因此，该方法在国内外露天矿山被广泛应用。

2）锚杆（索）加固斜坡：这一方法在国内外使用时间不很长，但在露天矿已得到广泛使用。由钢筋锚杆和钢绳索加固边坡，虽然施工比抗滑桩复杂，但可以锚固潜在滑动面很深的边坡，锚杆（索）的安装深度已由几m到100m不等。若给锚杆和锚索施加一定的预应力，还能改善边坡的受力状态，增大其稳定程度。对于一个特定的

滑坡体,其体积大小、潜在滑面的内摩擦角、凝聚力及倾角均为常数。此时锚杆(索)对滑坡体产生的锚固力由下式计算:

$$P = \frac{\omega(\eta \cdot \sin\beta - f \cdot \cos\beta) - cL}{\cos\alpha + f\sin\alpha} \qquad (9-14)$$

式中:η 为斜坡稳定系数或安全系数;ω 为根锚杆(索)所锚固的岩体自重力;L 为滑面长度;β 为滑面倾角;f 为滑面内摩擦系数;c 为滑面内聚力;α 为锚固力或锚固方向与滑面的夹角,即 $\alpha = \beta \pm \delta$;$\delta$ 为锚固力与水平面夹角。

为提高加固效果,在两根锚杆(索)之间布设钢筋混凝土横梁,并在锚头和横梁上挂设钢丝网,然后在钢丝网上喷上水泥浆,以防止斜坡碎石滚落和风化,并使斜坡构成一个与锚杆(索)加固的完整系统,加强了斜坡的稳定性。

3)注浆法:使用注浆管在一定的压力作用下,使浆液进入斜坡岩体裂隙中。浆液材料主要是水泥浆(水和水泥配比2:1),也可选用化学浆液。该法能使裂隙和碎裂岩体固结,并能堵塞地下水的通道。注浆前必须准确了解斜坡失稳的潜在滑动面的形状和埋深,注浆管必须下到滑面以下一定深度,注浆管可安装在钻孔中,也可直接打入。

(3)控制爆破震动:在大型露天开采矿山控制爆破对维护边坡的稳定性很有效。

1)将每次延发爆破的炸药量减少到最小限度,使爆破冲击波的振幅保持在最小范围内。

2)保护最终边坡面,一般是在最终坡面附近采用预裂爆破,爆破后形成一条破碎槽,将爆破引起的冲击波发射出去,使最终坡面免遭破坏。

3)缓冲爆破,一般在预裂爆破与正常生产爆破之间采用缓冲爆破,形成一个爆破冲击波的吸收区,使之起缓冲作用,减弱了通过预裂爆破带传至坡面的冲击波,使坡面岩石保持完好状态,维护了坡体的稳定性。

(4)支撑:对小型不稳定斜坡,在坡脚砌挡墙,起支撑作用,挡墙可采用钢筋混凝土或浆砌石。岩质斜坡一般采用钢性墙,必要时可加锚杆联合使用;松散坡体可用钢性墙,也可用堆石砌墙,挡墙墙基要求置于滑动面下的稳定岩体中。

9.6　地下开采矿山工程地质问题的研究

9.6.1　地下开采矿山主要岩体工程地质问题

地下开采矿山岩体工程地质问题可分为两类:

(1)地表工程建筑地基稳定性问题:大、中型矿山地表有许多重要工程设施,如选厂、尾矿坝、水库、发电厂、变电站、仓库等。地基岩体的稳定性直接影响这些设施的安全。例如选厂一般建在山坡上,呈阶梯状排列。则斜坡是否稳定直接影响选厂的安全,由于斜坡变形、开裂、滑动造成选厂严重破坏的事例时有发生。又如尾矿坝基岩体不稳定,造成尾矿坝溃块、倒塌等事故在我国也不少见。

(2)地下工程岩体稳定性问题:矿山地下工程在开挖之前,岩体处于一定的应力平衡状态;开挖使井巷、采场周边围岩发生卸荷回弹和应力重新分布。如果围岩有足够的强度,不会因此而发生显著的变形和破坏;但有些围岩强度较低,适应不了卸荷回弹变形和应力重新分布的作用将失去其稳定性。

1)地下硐室围岩稳定性问题,地下开采矿山,各种巷道、竖井、斜井、材料库、变电房等都属于地下硐室。如果硐室周边的围岩强度不足以承受作用在它上面的荷载,将向硐室内发生变形和位移,以致失稳导致硐内塌落、滑落、冒顶、片帮等。

2)采场周边围岩稳定性问题,采场空间形状复杂、空场体积大,其周边围岩变形破坏较复杂,变形程度比地下硐室大。采场围岩稳定性问题又可分为:回采期(包括储矿、放矿过程)围岩稳定性问题;回采完毕后采空区的围岩稳定性问题。

3)山体稳定性问题,地下开采的硐室、采空区数量多,形状复杂,空区体积大,形成整个山体架空结构,在一定地应力和地下水环境中,由山体地质结构所控制产生整个山体变形破坏,如山体地表开裂、塌陷、下沉等。

9.6.2　地下开采矿山岩体变形破坏方式和类型

矿山地下工程开挖后,形成了许多地下自由空间,并破坏了原岩中应力平衡状态,原来处于挤压状态的围岩,由于解除约束而向硐室和采空场回弹变形。当这种变形超过了围岩所能承受的能力时则发生破坏,如分离、脱落、坍塌、滑动、隆破等。

矿山地下工程岩体变形破坏方式主要有以下五种:

(1)脆性破裂:整体状结构及块状结构体,其岩性坚硬,在一般工程开挖条件下是稳定的,仅产生局部掉块;但在高应力地区,工程周边围岩应力集中可引起岩爆,属于脆性破裂。

(2)块体运动:当块状或层状结构岩体由软弱结构面所切割,形成数量有限的块体,其受自重力或围岩应力的作用有向临空面移动的趋势,块体运动包括块体塌落、滑动、转动和倾倒等。通常情况下,当块体产生一定位移后,逐渐脱离与母岩的联系,以自重力继续滑动或塌落。矿山地下工程有大量的采空场,为块体移动提供了自由空间。

(3)弯曲折断破坏:层状岩体由于层间结合力差易于滑动;层状岩体抗弯能力差,在洞顶的岩层受重力作用下沉弯曲,进而张裂、折断,形成塌落体;在侧向水平应力作用下,岩层弯曲变形也可产生对坑道两帮衬砌的压力;陡倾斜的层状岩体在边墙上则可能出现弯曲倾倒或弯曲鼓出变形。

(4)塑性变形和剪切破坏:松散结构岩体或碎裂结构岩体中含有较多的软弱结构面,在开挖中易产生塑性变形和剪切破坏。主要表现为塌方、底鼓、塑性挤入、洞壁围岩收缩等。

(5)松动解脱:碎裂结构岩体可视为碎块的组合,在张力、单轴压力及振动力作用下容易松动,解脱(溃散)成为碎块散开或脱落,例如,坑道顶板常见的碎块崩塌、两帮碎块滑塌、崩塌等。

9.6.3 地下开采矿山围岩稳定性分析方法和步骤

地下开采的井巷,采空场数量大,形状复杂,往往形成山体的架空结构;地下开采通常是由上而下,由矿体两侧向中心地段、或由中心地段向两侧推进,其开挖过程有一定的顺序,使岩体的应力状态受到多次反复的扰动。加之地下工程所切割的围岩不是单一的岩体结构类型,地下水变化较大;深部开采还会遇到较强的残余构造应力的影响。因此,矿山地下工程岩体稳定性分析较为复杂,研究的问题主要有两个方面:一是地下硐室围岩稳定性分析,二是采空区围岩稳定性分析。

9.6.3.1 稳定性分析方法

由于不同结构类型的岩体变形和失稳的机制不同,不同类型的工程岩体对稳定性的要求不同,岩体稳定性分析和评价的方法多种多样。当前地下开采矿山围岩稳定性分析方法有下列几种:

(1)地质分析法:是从影响岩体稳定性的工程地质因素着手,根据经验作出定性的评价。地质分析法包括工程地质类比法和地质力学分析法。前者是以研究待建矿区的工程地质条件、岩体特性和动态观测资料,与具有类似的已建矿山工程进行比较,其适用条件是两比较矿山具有相似的工程地质特征。后者是地质力学分析方法在工程岩体稳定性评价中的应用,首先以破裂结构面的力学成因来评价结构面的工程地质特性;其次以构造体系的建立为确定结构面的空间组合、结构体类型等提供基础;并以构造配套恢复区域构造应力场,为分析矿山工程区域内天然应力状态提供依据。

(2)岩体结构分析法:岩体结构对地下工程岩体的变形破坏起控制作用。岩体结构分析法是在岩体结构及其特性研究的基础上,考虑工程力作用方式,借助于赤平极射投影、实体比例投影和块体结构坐标投影等进行图解分析,初步判断岩体的稳定性,属于定性或半定量分析。随着计算技术的发展,在深入研究岩体结构特征的基础上建立地质力学模型,以有限单元法或边界元法计算,得出工程岩体稳定性的定量指标,是以计算围岩应力和位移值与围岩强度和允许值进行比较,判断岩体的稳定性。

(3)地下工程岩体分级法:地下工程岩体分级,以往多称为围岩分类。工程岩体质量明显体现了量的概念,有好坏之分,是有序的。

国内外学者对地下工程岩体分级,做了大量的探索和研究工作,根据我国国家标准《工程岩体分级标准》(送审稿),对地下工程岩体分级应按下面程序进行。

1)地下工程岩体基本质量分级:参阅本章9.5.3.2。

2)地下工程岩体级别的确定:以基本质量级别作为工程岩体级别初步定级的依据。详细确定地下工程岩体级别时应综合考虑另外几项主要影响因素,即地下水、主要软弱结构面与硐室轴线的组合关系,高初始应力作为修正因素。

① 地下水是影响地下工程岩体稳定的重要因素之一。水的作用主要表现为溶蚀岩石和结构面中易溶胶结

物、潜蚀充填物中的细小颗粒,使岩石软化、疏松、充填物泥化,强度降低,增加动、静水压力等。这些作用对岩体质量的影响,有的可在基本质量中反映出来,如对岩石的软化作用,采用了单轴饱和抗压强度。水的其他作用在基本质量中得不到反映,需采用修正系数值。目前国内外在岩体分级中,考虑水的影响主要有四种方法:修正法、降级法、限制法等。国家标准采用修正法,不仅考虑了出水状态,还考虑了岩体基本质量级别。这是由于水对岩石质量的影响,不仅与水的赋存状态有关,还与岩石性质和岩体完整程度有关。岩石愈致密,强度愈高,完整性愈好,则水的影响愈小。反之,水的不利影响愈大。

②软弱结构面是影响地下工程岩体稳定的另一个重要因素,起控制作用的软弱结构面,是指成层岩体的泥化层面、一组很发育的裂隙、次生泥化夹层、含断层泥、糜棱岩的小断层等。由于结构面产状不同,与硐室轴线的组合关系不同,对地下工程岩体稳定性的影响程度亦不同。如成层岩体,层面性状较差,为陡倾角且走向与硐室轴线夹角很大时,对岩体稳定性无不利影响。反之,倾角较缓且走向与硐室轴线夹角很小时,就容易发生沿层面的过大变形,甚至发生拱顶坍塌或侧壁滑移。为了反映这种组合关系对稳定性的影响,应对基本质量进行修正,其修正系数取值应根据试验并参考表9-41确定。

表9-41　　国内对结构面影响的修正情况

代表性分级	修正系数幅度
水利水电工程地质勘察规范	0 ~ 0.6
水工隧硐设计规范	限制法
国防工程锚喷支护技术暂行规定	0 ~ 0.5
坑道工程围岩分类	0 ~ 0.5
大型水电站地下硐室围岩分类	0 ~ 0.6
铁路隧道工程岩体(围岩)分级建议	0 ~ 0.6
节理化岩体地质力学分类	0 ~ 0.6
岩石结构评价	0 ~ 0.6
工程岩体分级标准	0 ~ 0.6

③岩体初始应力对地下工程岩体稳定性的影响是明显的,尤其是高初始应力地区。岩石强度与初始应力之比(R_c/σ_{max})大于一定值时,对硐室岩体稳定不起控制作用;当这个比值小于一定值时,再加上硐室周边应力集中的结果,对岩体稳定性或变形破坏的影响就表现得显著;尤其是当岩石强度接近初始应力值时,这种现象更为突出。初始应力方向与硐室轴线关系不同,对地下工程岩体稳定性的影响也不同。采用R_c/σ_{max}尺比值来评价它的影响程度,并以此对岩体基本质量进行修正。高初始应力对工程岩体质量的影响,由于工程实践和资料所限,目前不能细分。为了使用方便划分为极高应力($R_c/\sigma_{max} < 4$)和高应力($R_c/\sigma_{max} = 4 ~ 7$)两种应力情况。

(4)力学计算分析法:工程岩体稳定性分析的力学计算有两类:一是以极限平衡理论为基础,计算破裂面上的破坏力与抗破坏力是否处于平衡状态;另一种是以应力应变理论为基础,利用有限单元法或边界元法计算岩体中各部分的应力与位移值进行比较分析。

(5)模拟试验法:是在岩体结构和岩体力学性质研究的基础上,考虑外力作用特点,通过物理模拟和数学模拟方法,研究岩体变形破坏的条件和过程,由此得出直观结果。模拟试验法有相似材料模拟和光弹性模拟。有限单元法和边界元法数值计算,是通过电子计算机来实施的,故可称计算机模拟,它不是实体模拟,而是数值模拟,通过调整各种力学参数来分析岩体可能失稳的条件。

(6)图解分析法:利用各种投影方法求出不稳定体的几何特征,分析其在一定的工程作用力下的稳定情况。图解法最常用的有赤平极射投影、实体比例投影、坐标投影作图法和工程图解法。

9.6.3.2　稳定性分析步骤

由于影响围岩稳定性的因素很多,应根据具体矿山实际情况,抓住主要因素,进行综合分析。稳定性分析步骤基本上同9.5.3.1所述。但各矿山工程地质条件不同,地下工程岩体稳定性分析步骤也各异,根据实际情况而定。

9.6.4　地下开采矿山围岩失稳控制方法

地下开采矿山围岩失稳的控制，首先应从保护和改善岩体性质入手。为了保护原岩性质，要严格遵循三条原则：一是合理的开采顺序，二是合理的开采方法，三是及时支护衬砌。

（1）地下硐室围岩失稳的控制：矿山地下开采各种巷道、竖井、斜井、材料库、变电房等都属于地下硐室，其周边围岩失稳的控制，主要是采取支护和加固措施。为了使支护能够有效地阻止硐室周边围岩过度变形，避免原岩性质恶化，一是支护必须要快速，二是支护必须能够阻止因开挖引起的局部过度变形的发生。目前广泛采用喷射混凝土、锚杆支护或喷锚支护。

（2）采场围岩失稳的控制：采场围岩失稳即所谓采场地压问题，所研究范围可归纳为：回采期间采场稳定问题；回采完毕后采空区的处理问题。目前采空区处理主要有：

1）"崩落"法。由爆破（或其他手段）的方法把空区上方的岩体崩落下来充塞空区。其实质是将采空场顶板围岩崩落形成陷落区，以便消除支承压力区，属于卸载。

2）"充填"法。用充填物（如碎石、尾矿、水砂、混凝土等）将采空区充满，以消除和减少岩移的自由空间来减轻地压影响程度。以充填体所选用的材料可分为：松散充填体，是用碎石、砂、尾砂、炉渣等作材料；胶结充填体是以低标号混凝土作材料。

3）"支撑"法。利用矿柱或支架将空区撑起来，防止围岩发生危险变形。实践证明，此法效果差，但由于施工较简单，目前仍广泛使用。

4）"封闭"法。对于单独的孤立的小空区可采用封闭法。将它与其他采场的通道隔绝，防止该空区崩塌时对其他采场的影响。

上述空区处理的四种方法，主要是充填和崩落法两种。空区处理所要解决的主要问题：研究空区围岩失稳的条件；研究充填体对维护空区稳定的作用，充填体的强度与工作性能的关系；研究围岩崩落和移动规律，松散体的压力等。

采场围岩失稳的控制除上述采空场处理外，在开挖中要注意改善围岩的应力状态，其主要方式有：

1）合理的开采顺序，例如赣南钨矿（急倾斜薄矿脉群），其合理的开采顺序是先上盘后下盘，贫富兼采。

2）合理的回采顺序，由于矿体赋存条件不同，采用前进式或后退式回采，其地压显现各异。要根据矿山实际情况，采用合理的回采顺序，使之采场地压显现不明显。

3）合理的断面形状，围岩应力分布与岩体中空间的几何形状有关，应遵循的原则仍然是使最大主应力方向与采场断面的长轴方向一致。

9.6.5　地下开采矿山围岩失稳的监测

地下开采矿山围岩失稳的监测方法很多，主要有岩体变形的监测、声发射法、岩体中应力变化测定、岩体中初始应力量测等。

（1）岩体变形的监测：为监测岩体的变形或位移，当前国内广泛采用人工测点——裂隙张开速度及其上下盘相对位移的测量；测量仪器——水准测量仪，观测岩体的垂直位移和水平位移。

1）裂隙人工观测点，当岩体发生破坏时，必然在其中产生裂缝，或沿原有结构面张开滑动，观察这些裂隙发展过程，便可圈定岩移范围和发展趋势。为此布设观测点，可用黄泥、铅油涂抹裂缝或用木楔插入缝中塞紧，或将玻璃条用水泥固定在裂缝上；也可在裂缝两侧标示测点，定时用钢卷尺测量其宽度、水平错距和高差，以便分析裂隙变化速度和移动趋势。

2）围岩相对位移的监测，观测围岩相对位移，可以了解顶板下沉量和下沉速度，这是判断采场和巷道稳定与否的最直接、最有效的方法。目前矿山最常用的方法有：伸缩位移测杆、多点位移计、GDZ - Ⅱ高精度大位移测试仪、两点式位移计、电感式位移计（YJL - 岩石位移测定仪和 YCW - 80 差动变压器位移计）等。在我国金属矿山广泛使用与伸缩式位移测杆具有相同作用的木滑尺。

3）应用声发射观测岩体的变形破坏程度，目前我国金属矿山广泛应用由人耳直接听取岩石在原位变形破坏所发生的声响来判断地压活动的程度，所应用的仪器为地音仪，由探头、放大器及耳机所组成。

4）声波法监测，弹性波在岩体中的传播速度，与岩体的岩质、孔隙率、密度、弹性常数及岩体的完整程度等有一定的关系；声速比与应力应变有关，即声速比变化与应力应变全过程曲线的变化特点是一致的。声波在岩体中遇到不同介质界面或裂隙面会发生反射、折射，同时改变其传播路线发生绕射，致使其传播速度及振幅均有所改变。利用声波这些特点可以监测岩体中裂隙分布情况，岩体所处应力状态等。目前矿山中常用于测定岩体中声速的仪器为 Syc – 2 型和 Syc – 3 型，它们是既可测速度又可测振幅的声波监测仪。

5）测量仪器量测，一般以精密水准仪为主，可辅以应用激光测距、测线偏距、偏角测量、精密导线、边角交会、激光三角高程等方法，在岩移范围内，自地表到井下系统布置测线，定期进行观测，得出岩体垂直位移和水平位移变化规律。

（2）岩体中应力变化监测：为了观测采空场围岩或矿柱中应力变化，我国金属矿山广泛利用光应力计进行测定，这是以光应力计中出现的光干涉条纹图案的形状及其变化来判断围岩中应力随时间变化的相对变化情况。尤其是围岩中应力集中部位，可对岩体变形破坏过程起监测作用。

10　矿山环境地质调查

10.1　环境地质的基本概念

10.1.1　环境

环境是人类赖以生存的物质空间。人类的环境可以分为社会环境和自然环境两种。前者是指人们生活的社会经济制度和上层建筑的环境条件。是人类在物质资料生产过程中，共同进行生产而结合起来的生产关系的总和。人不能离开社会而单独生活，即人类生活在社会环境之中。后者则是人们赖以生存和发展的必要物质条件，是人类周围各种自然因素的总和。目前，环境科学所要讨论的环境问题，主要指的是自然环境。

人类活动的范围即生物圈的范围，主要限于地壳表层和围绕它的大气层的一部分，包括最大深度为11 033 m的海洋（马利亚纳深海沟）和最大高度的为8 848 m的珠穆朗玛峰、海岛以及高出海平面12 000 m的大气层。它是地壳表面全部有机体及与之发生相互作用的其他自然因素的总称。《中华人民共和国环境保护法》指出："本法所称环境是指：大气、水、土地、矿藏、森林、草原、野生动物、野生植物、水生生物、名胜古迹、风景游览区、温泉疗养区、自然保护区、生活居住区等"。这是与人类关系最密切的，必须加以保护的那一部分自然环境。包括未被人类改造和已被人类改造过的自然环境。

环境是一个非常复杂的系统，在环境科学中，以人或人类作为主体，其他的生命物体和非生命物质都被视为客体 —— 环境要素。人与环境密切相关，如人体通过新陈代谢和周围环境进行物质交换，吸入氧，呼出二氧化碳，摄取水和各类营养物质来维持人体的发育、成长和遗传，使人体的物质组成与环境的物质组成具有高度的统一性。也就是说，人类和其他生物不仅是环境发展到一定阶段的产物，而且它们的物质组成也是和环境的物质组成保持相对平衡，破坏这种平衡，就会对人体健康造成危害。环境污染或公害问题，主要就是环境中的物质组成同人类的生存不相适应的问题。

环境中的各种资源同环境的主体 —— 人类，处于动态平衡之中，在不同生产水平的各个时期，环境对人口的承载量具有一个平衡值或最佳点，如果越出这个平衡值，则必然会使环境质量下降或者使人类生活水平下降。所以，人类在改造环境中，必须使自身同环境保持动态平衡。

10.1.2　环境污染

因人类活动所引起的环境质量下降，而有害于人类及其他生物的正常生存和发展的现象，称为环境污染。因自然界的变异（如火山爆发、山崩、海啸、地震、台风等）所引起的现象，则称为自然灾害。两者均会使生态平衡遭受破坏。

环境污染的产生，有一个从量变到质变的发展过程。当某种可能造成污染的物质浓度或其总量超过环境的自净能力时，就会对环境的主、客体造成危害。就生产矿山而言，环境污染产生的原因是资源的不合理的开发与使用，从而使废石中有害物质进入环境，或使有用的资源变为废物进入环境而造成危害。以煤为例，由于陈旧的设备和炉灶中沿用落后的技术直接燃烧使用，使燃煤成为我国大气污染严重的主要根源。燃煤排放的主要大气污染物有粉尘、CO、CO_2、SO_2、CH_4、NO等，其总量约占整个燃料燃烧排放量的96%。

表10 - 1为我国和国外一些大城市的大气污染情况

表10 - 1　我国一些大城市的大气污染情况和国外的比较

地　点	SO_2 /($\mu g \cdot m^{-3}$)	飘尘 /($\mu g \cdot m^{-3}$)	NO /($\mu g \cdot m^{-3}$)	降尘 /[$t \cdot (km^2 \cdot m)^{-1}$]
北京(1979)夏季	40	470	110	21.2
冬季	160	598	135	35.8
沈阳(1978)夏季	70	550	37	43.03
冬季	160	1093	52	

续表 10 – 1

地　点	SO$_2$ /($\mu g \cdot m^{-3}$)	飘尘 /($\mu g \cdot m^{-3}$)	NO /($\mu g \cdot m^{-3}$)	降尘 /[$t \cdot (km^2 \cdot m)^{-1}$]
上海(1978)	130	400		33.7
兰州(1979)冬季	219	1350		35.9
重庆(1979)	780	1860		103
郑州(1978)夏季	58	423		
冬季	90	778		
伦敦(1978)	118	47	52	2.12
东京(1978)	93	140	78	
洛杉矶(1973)	—	114	125	

20 世纪 50 年代以来,由于工业迅速发展,在世界一些地区先后发生了重大环境污染事件,如 1952 年伦敦烟雾事件,四天中死亡人数较常年同期约多 4000 人。1961 年日本四日事件,引发哮喘病,至 1972 年全市共确认哮喘病患者达 817 人,死亡 10 余人,从而引起了人们对环境污染的普遍关注。

环境污染的类型:

(1) 按环境要素可分为大气污染、水体污染、土壤污染等;

(2) 按污染物质可分为生物污染、化学污染、物理污染等;

(3) 按污染物的形态可分为废气污染、废水污染、固体废物污染以及噪声污染、辐射污染;

(4) 按污染产生的原因可以分为生产(工业、农业、交通)污染和生活污染;

(5) 按污染物的分布范围可分为全球性污染、区域性污染、局部性污染。

10.1.3　环境地质学

环境地质点是应用地质学原理,研究人类工程 — 经济活动与地质环境之间的相互作用,预测自然和人为因素引起环境地质问题的发生、发展规律,从而制定改造、利用和保护地质环境的规划、措施和方案,达到预防或减轻地质灾害、保护和改善地质环境的一门综合性地质学科。

环境地质学主要研究人类活动和地质环境的相互关系,主要研究内容包括:

(1) 由地质因素引起的环境问题。如火山、地震、滑坡、泥石流等现代地质过程引起的人类环境灾害,以及因地壳表面化学元素分布不均引起的使某些地区某一元素严重不足或过剩引起的动物、植物和人体的生物地球化学地方病等。

(2) 由人类活动引起的环境地质问题,如化学污染引起的环境地质问题,大型工程和资源开发引起的环境地质问题(诱发地震、废弃矿床的处理等),以及城市化引起的环境地质问题(地下水水质的恶化,地下水超采和高层建筑引起的地面沉降)等。

环境地质一词,始于 20 世纪 60 年代初。随着工业和城市的发展,环境问题变得日益突出,对于防止和减少地质灾害与环境污染,改善土质、矿产和水资源的利用等方面的要求更加迫切。近二三十年环境地质学迅速地为各国科学界所接受,但尚未形成严谨和完整的学科体系。综合各家看法,其内容应包括:城市地质学、环境工程地质学、环境水文地质学、军事地质学、医学地质学和环境矿物学、环境地球化学和环境生物地球化学等,而环境地质制图是该科学的重要基础工作之一。

10.1.4　矿山环境地质

矿山环境地质是环境与矿山地质、水文地质、工程地质之间的边缘学科。主要研究地质体对矿山生产环境和生活环境的污染问题。

矿山环境污染有两大来源,同时产生两大环境问题:

由区域地质、成矿地质作用和矿区地球化学特征等天然因素引起,某些地区因原生环境特点与人类生存之间的不平衡导致地方疾病,即某种元素在地质环境中的含量,有导致人体器官组织病变的可能性。

由于人类活动或生产活动,使无机物质、有机物质或其他污染源扩散、转移引起环境污染、改变地壳面貌,破坏生态平衡。

矿山环境污染主要表现为:矿山废气污染、矿山废水污染、废石及尾矿污染、热污染、放射性污染和噪声污染等，但噪声污染不属环境地质问题。

上述矿山环境地质污染对环境危害极大，必须大力加强矿山环境地质工作，其主要研究内容有：

（1）矿区地质构造对区域地貌的形成和地质体分异的控制作用；

（2）岩体和矿体的物质组成与地球化学特征；

（3）第四纪沉积物的成因与分布，土壤的化学组成与背景，土壤与基岩化学背景的相关性；

（4）岩石与岩体的物理力学性质、构造作用与风化作用对岩体稳定的影响；

（5）矿山开发可能引起的滑坡、塌陷、泥石流、地面沉降和流砂等现象；

（6）矿山工业"三废"中的毒性物质在环境介质中迁移、转化、富集的机理，对环境的污染现状，对生态平衡及对人体的危害；

（7）评价环境介质的自净能力和环境容量，预测环境的发展趋势；

（8）从环境地质出发，提出规划防治污染的措施与控制污染的途径。

10.1.5 环境工程学

环境工程学是在人类同环境污染作斗争，保护和改善生存环境的过程中形成的。是环境科学的一门分支，是研究运用工程技术和有关学科的原理和方法，保护和利用自然资源、防治环境污染、以改善环境质量的学科。

环境工程学研究的主要内容包括：

10.1.5.1 大气污染防治工程

目前对大气造成污染的污染物和可能对大气造成污染而引起人们注意的物质有数百种之多，其中影响面广、对环境危害严重的主要有硫氧化物、氮氧化物、氟化物、碳氧化物、碳氢化合物等有害气体，以及飘浮在大气中、含有多种有害物质的颗粒物和气溶胶等。

由人类生产活动排放的有害气体治理和工业废气中颗粒物的去除原理和方法是大气污染防治工程的主要任务。

10.1.5.2 水污染防治工程

人类生产和生活消费活动排出的废水，尤其是工业废水和城市污水等大量进入水体，造成水体污染。采用物理处理法、化学处理法、生物处理法和物理化学处理法等进行治理，以及充分利用环境自净能力，以防止、减轻直至消除水体污染，改善和保持水环境质量，制定废水排放标准，合理利用水资源，加强水资源管理，是水污染防治工程的主要任务。

10.1.5.3 固体废物的处理和利用

随着人类生产的发展和生活水平的提高，固体废物的排放量日益增加，最终进入环境，污染水体、土壤和大气。然而，固体废物具有两重性，对于某一生产或消费过程来说是废弃物，但对于另一过程来说往往是有使用价值的原料。因此固体废物处理和利用既要对暂时不能利用的废物进行无害化处理，如对城市垃圾采取填埋、焚化等方法予以处理，又要对固体废物采取管理或工艺措施，实现固体废物资源化，如利用矿业固体废物、工业固体废物制造建筑材料，利用农业固体废物制取沼气等。

10.1.5.4 环境污染综合治理

控制环境污染必须根据当地的自然条件，弄清污染物产生、迁移和转化的规律，对环境问题进行系统分析，采取经济、管理和工程技术手段相结合的综合防治措施，改革生产工艺和设备，开发和利用无污染能源，利用自然净化能力等，以取得环境污染防治的最佳效果。

10.1.5.5 环境系统工程

环境工程往往具有区域性特点。利用系统工程的原理和方法，对区域性的环境问题和防治技术措施进行整体的系统分析，以求得最优化的治理方案，是环境系统工程的主要任务。

10.1.6 污染源

造成环境污染的污染物发生源，称污染源。通常指向环境排放有害物质或对环境产生有害影响的场所、设备和装置。按污染物的来源，可分为天然污染源和人为污染源。

天然污染源系指自然界自行向环境排放有害物质或造成有害影响的场所，如仍在活动的火山、地震以及矿、岩地质体中赋含的有害元素或化合物,通过各种自然机理向环境释放的有害物质超过自然本底值时即引起环境污染。

人为污染源系指人类生产及生活等活动所形成的污染源,如采、选、冶过程中所产生的固体废物(废石、尾矿、矿渣)等,是目前矿山环保工作研究和控制的主要对象。

人为污染源按排放污染物的种类,可分为无机污染源、有机污染源、热污染源、噪声污染源、放射性污染源、病原体污染源和同时排放多种污染物的混合污染源等。按污染的主要对象又可分为大气污染源、水体污染源和土壤污染源。目前最常用的则是按人类社会活动功能划分为工业污染源、农业污染源、交通污染源和生活污染源。

矿产资源的勘探与矿山开发过程中,对矿产地周围环境的改变及其污染,属工业污染中的点污染源。随着地下矿藏的大量开采,或把原来深埋地下的物质带到地表,从而破坏了地球上物质循环的平衡,改变了该地区的生态环境。采矿带来的重金属矿和各种难溶的有机物质,在人类生活环境中循环、富集、对人体健康构成长期威胁;废石、尾矿、矿渣长期经受风雨侵蚀,其中有害物质渗入地下,使地下水和地表水体被污染,使环境污染问题更加严重。

矿山污染源的调查,是矿山环境地质评价的重要组成部分,也是矿山环保工作的基础,查明导致矿山环境污染的原因,了解污染物对环境的影响及危害程度,预测环境污染的发展趋势,制定综合防治措施,是矿山工作者责无旁贷的任务。

10.1.7　环境地质污染类型

由地质环境的变化而产生的环境地质问题,可按污染物发生源的不同,分为自然地质污染型和资源开发污染型。

10.1.7.1　自然地质污染

主要指地质体(岩体、矿体、水体等)通过各种自然机理作用,向环境释放的有害物质含量超过自然本底值时造成的环境污染和现代火山、地震、山崩、滑坡、泥石流、海啸等所造成的自然灾害。

10.1.7.2　资源开发污染

矿产资源开发过程对人体和环境的影响主要有:

(1)对土地资源的破坏:开采过程中产生的废石、尾矿大量堆积,占用大量土地,废石堆、尾矿库中的有害物质还将通过大气、水体、土壤扩散、转移,导致矿区及其周围环境严重污染。

(2)采矿引起岩石和顶板的块体移动:由采空区和因石油抽出引起的崩塌、陷落和地面沉降,以及由采矿或废石堆积引起的滑坡、泥石流等,都会造成对土地资源的破坏和对人类的威胁。

(3)对地表水和地下水的影响:由采矿造成的土壤、岩石裸露可加速侵蚀,使泥沙入河,淤塞河道;由矿区和尾矿库渗出的酸性水或其他污水会造成对水体的污染。

(4)对大气的污染:煤和硫化物矿石自燃所产生的大量有害气体也是造成大气污染的原因。

10.1.8　污染物间的相互作用

环境污染是各种污染物相互之间,以及污染物与其他环境因素之间相互作用的总和。因此,了解污染物的综合效应及其对人类生态的影响程度,是制定环境保护措施、加强环境管理的重要依据之一。

污染物间的相互作用主要有以下两类。

10.1.8.1　协同作用

是指两种或两种以上的污染物,在一定环境中,其所产生的危害作用,等于或大于各污染物单独存在时作用的总和。当等于其危害的总和时,称相加作用,如二氧化硫和其他硫的氧化物同时存在时所产生的作用;当大于其危害的总和时,称增强作用(又名相乘作用),如氮氧化物和一氧化碳同时存在时所产生的作用。

10.1.8.2　拮抗作用

在某一特定环境中,当两种或两种以上的污染物共同存在时,对机体的毒害作用和对环境的危害程度,彼此抵消一部分或大部分时,称为拮抗作用。实验证明,当食物中含甲基汞为 30×10^{-6} 时,若同时存在 12×10^{-6} 的硒,可以抑制甲基汞的毒性,而不至出现甲基汞中毒现象。大气中同时存在氨和二氧化硫时,它们对植物叶片的危害作用,比同浓度的氨或二氧化硫单独对叶片的危害作用小。

实际上，环境污染造成的危害，由单一污染物作用的结果很少，往往都是多种污染物联合作用的结果。因此，在研究环境质量时，除了应用环境标准和自然背景作为评价污染的尺度外，还需要考虑污染物之间的综合效应。

10.1.9　环境自净作用

环境受到污染后，在物理、化学和生物的作用下，逐步消除污染物达到自然净化的过程，称自净作用，环境自净按其发生的机理可分为如下几方面。

10.1.9.1　物理净化

环境自净的物理作用有稀释、扩散、冲洗、挥发和沉降等。如工业废气可通过气流扩散、降水淋洗和重力沉降等作用得到净化。物理净化能力的强弱取决于环境的物理条件和污染物本身的物理性质，前者包括温度、风速、雨量，后者包括比重、形态和粒度等。温度升高可促进污染物的挥发，风速增大利于污染物的扩散，水体中所含黏土矿物则利于吸附和沉淀。此外，净化能力还受地形、地貌和水文条件的影响。

10.1.9.2　化学净化

环境自净的化学反应有氧化、还原、化合、分解、吸附、凝聚、交换、络合等。如某些有机污染物经氧化还原作用最终生成 H_2O 和 CO_2；水中 Cu、Pb、Zn、Gd、Hg 等金属离子与硫离子化合，生成难溶的硫化物沉淀；铁、锰、铝的水合物、黏土矿物、腐殖酸等对重金属离子的化学吸附和凝聚作用等均属环境的化学净化。影响化学净化的环境因素有酸碱度、氧化还原电位、温度和化学组分等。温度升高可加速化学反应进程.所以温热环境的自净能力比寒冷环境的自净能力强；有害金属离子在酸性环境中活性强而有利于迁移，在碱性环境中则易形成氢氧化物沉淀而有利于净化。一般情况下，环境中的化学反应若生成沉淀物、水和气体则有利于环境净化，若生成可溶性盐，则有利于迁移，造成大面积污染。

10.1.9.3　生物净化

生物的吸收和降解作用使环境污染的浓度和毒性降低或消失。如绿色植物可以吸收二氧化碳，放出氧气；凤眼莲可以吸收水中的汞、镉、砷等化学污染物，从而净化水体。影响生物净化的因素有生物的科属、环境的水热条件和供氧状况。在温湿气候、养料充足、供氧良好的环境中，植物吸收净化能力较强，不同种属的生物，其净化能力差异很大。有机污染物的净化主要是依靠微生物的降解作用。如在温度 20～40℃、pH 为 6～9、养料充分、空气充足的条件下，喜氧微生物大量繁殖，能将水中的各种有机物迅速分解、氧化、^转化为二氧化碳、水、氨和硫酸盐、磷酸盐等。厌氧微生物在缺氧条件下，能把各种有机污染物分解成甲烷、二氧化碳和硫化氢等植物对污染物的净化主要是通过光合作用。因此，城市和工矿区的绿化，对净化空气有着明显的效果。

10.1.10　环境容量

在人类生存和自然生态不致受到危害的前提下，某一环境所能容纳的污染物的最大负荷量，称为环境容量。在环境管理上，我国实行污染物排放总量控制法（亦需考虑浓度控制标准），即把各个污染源排入某一环境的污染物总量限制在一定的数值之内。

一个特定的环境，对污染物的容纳量是有限的，其容量的大小与环境空间的大小、各环境要素的特性、污染物本身的物理化学性质有关。环境空间越大，环境对污染物的净化能力越强，环境容量也就越大。对某种污染物而言，其物理和化学性质越不稳定，环境对它的容量也就愈大。环境容量包括上面两个方面。

10.1.10.1　绝对容量（W_Q）

是指某一环境所容纳某种污染物的最大负荷量，它不受时间限制，仅由环境标准的规定值和环境背景值决定。其数学表达式有二：

浓度单位表达式：

$$W_Q = W_g - B$$

式中：W_Q 为绝对容量（其单位为 10^{-6}）；W_g 为环境标准规定值；B 为环境背景值。

重量单位表达式：

$$W_Q = M(W_g - B)$$

式中：M 为环境空间介质的重量（其单位为 t）；

其他符号同上式。

10.1.10.2　年容量（W_a）

是指某一环境在污染物的积累浓度不超过环境标准规定的最大容许值的情况下，每年所能容纳的某污染物的最大负荷量。年容量的大小除了同环境标准规定值和环境背景值有关外，还同环境对污染物的净化能力有关。若某污染物对环境的输入量为A（单位负荷量），经过一年后，被净化的量为A'，则$(A'/A) \times 100\% = K$，称为某污染物在某一环境中的年净化率。

以浓度单位表示的环境容量计算公式为：

$$W_a = K(W_g - B)$$

以重量单位表示的环境年容量计算公式为：

$$W_a = K \cdot M(W_g - B)$$

年容量与绝对容量的关系为：

$$W_a = K \cdot W_Q$$

环境容量主要应用于环境质量控制，并作为工农业规划的依据之一。任一环境，其环境容量越大，可接纳的污染物就越多，反之则少。污染物的排放，必须与环境容量相适应。如果超出环境容量应采取适当措施，如降低排放浓度，减少排放量，或增加环保设施等。使污染物的排放与环境的净化速率保持平衡，达到有效地消除或减少污染危害。

10.1.11　环境质量评价

环境质量是指环境要素受到污染影响的程度。环境质量评价是指对环境要素优劣的定量描述。通过环境质量评价，查明区域环境质量的历史和现状，确定影响环境质量的主要污染源和主要污染物，掌握区域环境质量变化的规律，预测其未来的发展趋势，为制定区域环境质量标准、污染物排放标准和区域社会经济发展规划及加强综合防治等提供科学依据。

10.1.11.1　环境质量评价的类型

环境质量评价的内容非常广泛，包括时间、空间和要素等方面，其评价类型见表10 – 2。

表10 – 2　环境质量评价类型表

按发展阶段（时间）分	环境质量回顾评价；环境质量现状评价；环境影响评价
按环境要素分	大气质量评价；水体质量评价；土壤质量评价；生物质量评价；环境噪声评价；多要素的环境质量综合评价
按区域类型（空间）分	城市环境质量评价；流域环境质量评价；海域环境质量评价；工程建设区环境质量评价；风景区环境质量评价

从目前国内外所进行的环境质量评价来看，主要是大气污染评价、水污染评价、城市环境质量综合评价和环境影响评价四种类型。评价的基本内容有：污染源的调查、环境污染现状的调查、环境自净能力的确定、对人体健康（与生态系统）的影响以及环境经济学的评价等。

10.1.11.2　环境质量评价的步骤及程序

环境质量评价的步骤可概括为：环境监测数据和调查资料的收集与整理；根据评价目的确定环境质量评价的要素及评价参数的选择；选择评价方法或建立评价的数学模型，制定环境质量系数或指数；利用选择的评价方法或环境质量系数（指数），对环境质量进行等级或类型划分以及绘制环境质量图以表示空间分布规律；提出环境质量评价的结论，回答进行评价的目的和要求。

环境质量评价的工作程序随评价的目的和要求的不同而不同，环境质量的现状评价和影响评价的基本程序见框图10 – 1、图10 – 2。

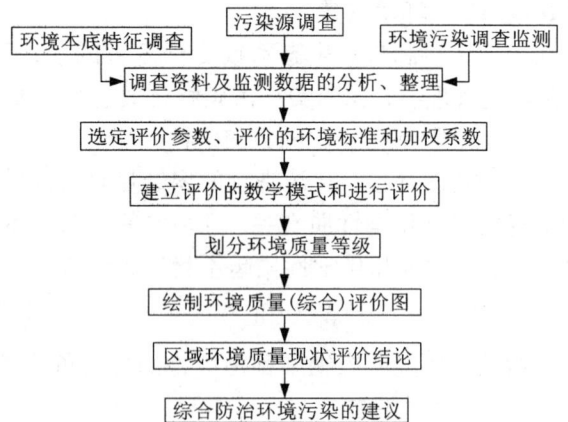

图10 – 1　环境质量现状评价工作程序

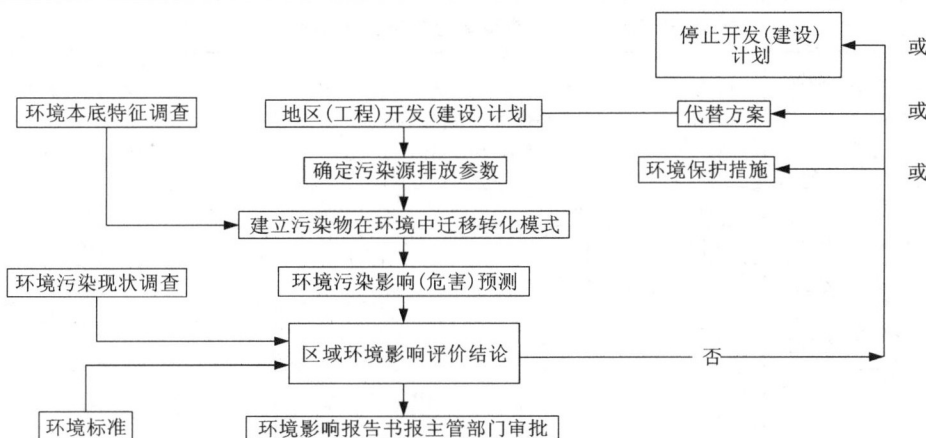

图 10 - 2　环境影响评价工作程序

10.1.12　环境监测

间断或连续地测定环境中污染物的浓度，观察分析其变化和对环境影响的过程，叫做环境监测。监测是环境保护技术的重要组成部分，是弄清污染物来源、性质、数量和分布的主要手段，环境监测是在环境分析（即以基本化学物质为单位，进行定性和定量分析）的基础上发展起来的，是代表环境质量的各种标准的数据测定过程。

10.1.12.1　环境监测的任务

监测的任务主要有以下五个方面：

（1）确定污染物浓度的分布现状、发展趋势和速度，为掌握污染物作用于大气、水体、土壤和生态系统的规律性，以及分析污染物的污染途径和对污染物管理的对策提供依据；

（2）判断污染源造成的污染影响，为确定控制和防治的对策并评价防治措施的效果提供依据；

（3）为研究污染扩散模式，以便作出新污染源对环境污染影响的判断评价以及环境污染的预测预报，提供数据资料；

（4）检验和判断环境质量是否合乎国家规定的环境质量标准，定期提出环境质量报告；

（5）积累环境本底和长期监测资料，为制定和不断修改环境标准提供依据。

10.1.12.2　环境监测内容

按监测目的的不同可分为研究性监测、监视性监测和事故性监测；按监测对象的不同可分为大气污染监测、水质污染监测、土壤污染监测和生物污染监测等；按污染物的性质不同可分为化学毒物监测、卫生监测、热污染监测、噪声污染监测、电磁波污染监测、放射性污染监测和富营养化监测等。

10.1.12.3　环境监测方法

监测工作中所采用的方法和应用的技术，对监测数据的正确性和反映污染状况的及时性有重要的关系。目前采用的定期间断性采样方法，不能全面反映污染的连续变化情况，而且人工操作的化学分析法需花费较大的人力和较长的时间，而所得数据却不能及时用于控制环境的污染。因此，近年来监测技术多朝快速、灵敏、连续自动的监测网络化方向发展，由间断测定改为连续测定，从人工操作变为自动化仪器分析。甚至应用激光雷达、红外线照相、地球监测卫星等进行环境监测工作。

但就目前情况而论，现有的分析方法在环境监测工作中，仍然占有重要地位。表 10 - 3 列出的分析方法及其特征，可供选择参考。

由于环境污染物成分复杂，而且常常有许多种同时存在，彼此之间可能出现相互干扰而使毒性减小的拮抗作用，或使毒性增大的协同作用。单独采用上述物理、化学分析方法，有时难以确定其真实的毒性和污染的真实程度。目前多采用生物监测的方法以补其不足。利用生物对环境中污染物的反应，即利用生物在各种污染环境中所产生的各种信息，来判断环境污染程度，它可以反应出环境污染急性和慢性的结果。如许多植物对大气污染极为灵敏，可用作监测污染的指示器；藻类、鱼类可作水质污染的指示生物。因此，生物监测已成为环境监测的一个重要组成部分。

表 10 - 3　一些重要分析方法及其特征

方法	中子活化	原子吸收	比色法	火焰光谱	荧光法	质谱法	容量法	X荧光法	极谱法	电弧发射光谱
灵敏度(容)	$10^{-6} \sim 10^{-13}$	$10^{-6} \sim 10^{-12}$	10^{-6}	10^{-6}	$10^{-6} \sim 10^{-9}$	10^{-9}	$10^{-6} \sim 10^{-9}$	10^{-6}	$10^{-6} \sim 10^{-9}$	10^{-6}
最小取样量	10mg	50mg	1g	20mg	1g	$10\mu g$	1g	1g	1g	1mg
准确度	好	好	中	好	好	中	好	中	中	差
精密度	好	好	中	好	好	中	好	好	好	差
常见分析范围	宽	金属元素	宽	金属元素	窄	宽	Ca、Cl、K、N	Z < Ne的元素	窄	金属元素
每次分析元素数目	30 ~ 50	1	1	1	1	70	1	50	1 ~ 4	50
干扰情况	少	有	有	有	有	可能有	有	有	有	严重
污染情况	无	有	有	有	有	有	有	无	有	有
分析速度	从秒到几周	分	小时	分	小时	分	小时	小时	小时	小时

注：Z 为原子序数。

10.2　地热的地质调查

10.2.1　地热及其对矿山环境的影响

地热是指来自地表以下的、地球内部因放射性元素蜕变或其他原因而产生的热量。地球内部空间各点温度值各不相同，各层带某一瞬间的温度分布状态称地热场或温度场。地球场内各点温度随时间变化的称为非稳定温度场，如变温带；不随时间变化的称为稳定温度场，如增温带。

表征热场的重要物理量称大地热流，是以热传导的方式由地球内部传递到地面的热量，也是地壳表层唯一能直接测量到的、能反映地壳深部热状况的重要物理量，全球热流平均值约为 1.47HFU。

岩石的热物理性质，包括热导率、比热和导温系数，对矿区地热的评价和坑内空气与围岩进行热交换的计算十分重要。常见岩石和材料的热物理性质见表 10 - 4。

表 10 - 4　常见岩石及材料的热物理性质

物质名称	测试温度 /℃	热导率 K /[kJ·(m·h·K)$^{-1}$]	热阻 R = 1/K /[(m·h·k)·kJ^{-1}]	比热 C /[cal·(kg·℃)$^{-1}$]	密度 D /(g·cm^{-3})	导温系数 λ /(m^2·h^{-1}×10^3)
铁	0 ~ 30	50 ~ 63.3	0.020 ~ 0.016	0.13	7.87	48.9 ~ 61.9
铝		175	0.0057	0.22	2.67	298.13
烟煤		0.083 ~ 0.15	12.0 ~ 6.7	0.31	1.2 ~ 1.5	0.20 ~ 0.38
无烟煤		0.18 ~ 0.24	5.56 ~ 4.17	0.217	1.3 ~ 1.4	0.61 ~ 0.82
泥岩	17	0.50 ~ 1.01	2.00 ~ 0.99			
泥岩		2.41($K_{//}$)	0.41			
		1.40($K_{\perp}$)	0.71			
云母		2.52($K_{//}$)	0.40			
层状砂岩		1.73($K_{\perp}$)	0.58			
石英岩		4.95($K_{//}$)	0.20			
		4.71($K_{\perp}$)	0.21			
砂岩		1.1 ~ 2.6	0.91 ~ 0.38	0.2	2.6	2.15 ~ 5.00
砾岩	50	1.80	0.5			
致密灰岩		1.80 ~ 2.88	0.56 ~ 0.35	0.21	2.5 ~ 2.8	3.24 ~ 5.18
白云质灰岩	130	1.40	0.71			
普通灰岩	30	1.88	0.53	0.24	2.12 ~ 2.26	3.49
花岗片麻岩		2.67($K_{//}$)	0.37			
	0	1.86($K_{\perp}$)	0.54			
空气	20	0.022	45.45	0.248		
水	20	0.515	1.94	0.999	0.998	0.517
冰	0	1.50 ~ 1.98	0.67 ~ 0	0.49	0.88 ~ 0.92	3.40 ~ 4.49
碳素钢		39.6 ~ 43.2	0.25 ~ 0.023	0.12	7.6 ~ 7.9	42.6 ~ 46.5

随着矿山开采深度的增大，井下温度逐步升高，目前已出现一批超规程的高温矿井。

井下高温、高湿的条件，导致矿山环境的恶化，从而使矿山劳动生产率下降、事故率上升、开采成本增加、危及井下作业人员身体健康，已成为矿山严重的热害。为此，矿山地质人员应尽可能掌握地热的变化规律，以便在矿山开采中采取适当的措施，避免它的危害；同时，又要尽可能设法利用它为生产或生活服务。

10.2.2 地壳浅部的温度场

地球为一巨大的热体，自地球内部散发到太空的总热量为 2.45×10^{20} J/a，地球表面接受太阳辐射的总能量为 5.6×10^{23} J/a。由于散热和吸热之间的平衡关系，决定了地壳浅部的温度场。这一温度场从地表向下大致可分为三带：变温带（外热带）、常温带（恒温带或中性层）和增温带（内热带）。三者之间的相互关系见图 10-3。

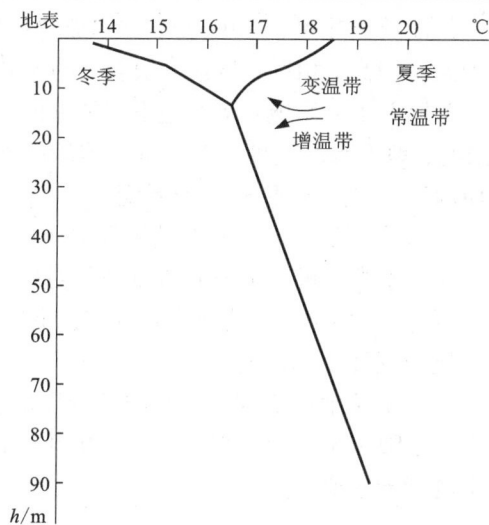

图 10-3 变温带、常温带和增温带的关系
（平顶山 101 孔）

10.2.2.1 变温带

处于地壳最上部，是太阳辐射热与地球内部热相互作用而形成的，以太阳热的日变化和年变化起主导作用。变温带内温度的变化大体与正弦曲线相当，温度变化幅度随深度增加而减小。位相依次滞后，地表温度日变化影响深度约 1～2 m，年变化影响深度可达 20～40 m。

10.2.2.2 常温带

是指地表温度年变化对地下温度消失的层带。

这个带内，太阳辐射热的影响逐渐减弱，故温度相对保持恒定。在实际工作中，年温度变化幅度小于观测精度的埋藏深度（仪器精度为 ±0.1℃）。常温带一般很薄，有时可视为一个面。

常温带的深度和其相应的温度在一定程度上反映了一个地区近地表处浅层的热状况和热历史。它对矿山地温场的评价及深部地温的预测、地热资源的普查与勘探都是十分重要的参数。

10.2.2.3 增温带

处于常温带之下，其温度状况主要受地球内热的控制。增温带的温度随深度的增加而增高，但不能将地壳浅部的温度变化规律看作可无限延伸。其范围仅限于地质结构相似、岩性一致的浅部，到一定深度后，增温的速度将逐渐减缓。

10.2.3 地热增温率

研究矿区的地热增温率，对预测坑内岩石的温度有着十分重要的意义。

地热增温率又称地温梯度，它是增温带中温度随深度增加的比率，其数学表达式为 $G = \mathrm{d}l/\mathrm{d}H$，其单位为 ℃/100 m 或 ℃/km。其倒数 $S = 1/G$，称地热增温级，单位为 m/℃。

增温带内任一点的温度可根据当地实测平均增温梯度（$G_平$）来推算，即

$$t = t_常 + G_平(H - H_常) \tag{10-1}$$

式中：t 为待求温度；$t_常$ 为当地常温带温度；$G_平$ 为当地实测平均增温梯度；H 为该点深度；$H_常$ 为当地常温带的深度。

对于常温带以下的某一点来说，其地温梯度值是常年不变的，但不同地区的地温梯度值确有不同，这主要与当地的地质条件有关，并受其影响。

（1）岩石的热导率：岩石的热导率主要取决于岩石的成分和结构构造，同时也与岩石的天然含水量有关。具层状构造的岩石，平行层理方向的热导率 $K_{//}$ 均大于垂直层理方向的热导率 $K_\perp$（见表 10-4）。多孔岩石含水后，其热导率可以提高，热导率高的岩石，其内部热量易于传导，温度易趋均匀，单位距离的温差较小，地热增温率的数值亦较小。

（2）岩石或矿石的化学反应：坑内某些岩石或矿石在其发生化学反应时将放出热，如煤和硫铁矿在其发生

氧化时就能放出热量(见10.3)。这一放热反应势必使其内部温度升高,使之与近地表的岩石的温差加大,因而地热增温率增高;相反,与其下伏岩石的温差减小,地热增温率亦相对减小。

(3)地下水的影响:热的地下水能使岩石的温度升高,冷的地下水甚至在相当的深度下亦能降低岩石的温度,因此,地下水的温度能改变局部地区的地热温度及地热增温率的变化。

10.2.4 地热变化规律的调查

矿区地热场是当地长时期地质发展历史的产物。在研究矿区地热状况时,应详细研究影响矿区地热状况的主要因素,才能分析各种地质背景条件对地热的影响,并掌握该区地热变化的规律。影响矿区地热状况的主要地质因素详见表10－5。地热变化规律的调查,实际上就是对表列影响因素的调查。其主要方法是钻孔测温和进行岩石热物理性质的测定。

中国科学院地质研究所以我国部分煤矿、金属矿和非金属矿的资料为依据,拟定了矿区地温类型的初步划分方案(表10－6)。该方案突出了影响矿区地温场的主要因素。对地温变化规律的研究和制订热害防治措施具有一定的指导意义。

表10－5　矿区地温场的影响因素

影响因素	简　要　说　明
矿区所在大地构造单元及其活动性强弱	在地壳强烈活动区,如新生代造山区、火山、地震、岩浆活动强烈及高温热泉广泛分布地区,区内地温梯度大、热流值也大;但在古老的地盾和地台区,地温状况相反。
矿区地层的岩石性质	岩性对地温场的影响,实质上是岩石热物理性质对热传导的影响,在一范围不太大的、地质条件较均一的地区内,热流值可视为一个常数。不同的岩石,其热导率不同。钻孔中不同岩性地段的增温梯度也会有相应的变化,所以钻孔的温度曲线随岩性的变化表现为一条折线,其转折点所对应的正是不同岩层的分界面。
矿区的沉积基底及构造形态	在基底隆起区,由于基底岩系比相邻凹陷区的岩系更为致密,热导率较高,热流向热阻较小的隆起区集中,致使来自深部的均匀热流出现再分配现象,所以在隆起区内,热流值、地温和增温梯度要比凹陷区高。在褶皱地区,由于沉积岩的导热率 $K_\parallel > K_\perp$,向斜地区的地热流向背斜区,致使背斜区的热流、增温梯度和地温较相邻的向斜区高
矿区邻近深大断裂	深大断裂是深部炽热物质上升的通道,它们可能是断裂两侧含煤盆地地温偏高的原因,由于地下炽热物质沿断裂上升的具体情况有所不同,故断裂两侧并非到处都出现热异常。
地下水活动	地下水的活动方式对地温场影响很大,常有三种情况:1)地下水活动强烈,水温小于岩温;地下水起降温作用,形成低温、低梯度的地温特征。2)大型自流盆地,水温等于岩温;这类矿区的地温及增温梯度正常,G 值一般为 2～3℃/100m。3)上升的深循环热水,水温大于岩温;在热水通道周围形成热异常。如果进入矿区,散热增温能力强,危害严重。 处于大规模(影响范围的直径大于深度)热水活动带上方的岩层,通过传导被加温的温度异常与热水温度有如下关系: $$\Delta T = Z\left(\frac{T_W - T_0}{Z_W} \cdot \frac{di}{dH}\right)$$ 式中:ΔT 为温度异常值;Z 为所测温度的深度;T_W 为热水地下水面的温度;Z_W 为热水地下水面的深度;T_0 为当地地面年平均气温;$\frac{di}{dH}$ 为热异常区外的正常地温梯度。 在有地下热水的矿区,研究断裂构造、热水化学成分、热通道的温度场均具有重要意义。
局部热源影响	(1)近期岩浆侵入的余热:岩浆余热是否对现代热场仍有影响,决定于侵入时间、侵入体的大小、形状、初始温度、围岩的原始地温场和物理性质,但关键是侵入时间,近地表的侵入体,其年龄超过50万年,一般不考虑其对现代地温场的影响。 (2)放射性元素的富集:放射性元素的衰变虽然是整个地球内热的主要热源;但在地壳浅部的放射性元素富集成矿床,其所产生的热量很小,在开采中并无明显的热异常。 (3)硫化矿床的氧化热:近地表的硫化矿床,因氧化生热是一个不可忽视的局部热源。在硫化矿床中,1 mol 黄铁矿充分氧化可产生 5400 kJ 热量。但这类矿床只要过了氧化带,再向深部,地温可恢复正常。

表 10 - 6　矿区地温类型及其特征

类型	地质特点	地温状况	所属矿区	矿井致热因素	热害防治措施
基底抬高型	一般位于稳定台块的逢起区，或基底断裂显著，沉积盖层发生褶皱断裂的地区，以及在与其他活动带，如中、新生代褶皱带沉降带相毗邻的部位，古老的结晶基底与下古生界岩系和其上的盖层岩石热导率差异较大，热流向热阻小的基底抬高部分集中	热流值偏高，如平顶山矿区为 1.7H·F·u，地温普遍较高，梯度值较大，C、P、Q 地层的平均地温梯度达到 3.1 ~ 4.5℃/100 m，500 m 深温度达到 30 ~ 36℃，1000 m 深可达 45 ~ 50℃	以平顶山矿区为代表许昌铁矿可能属之	岩温高，局部地段煤层下伏太原群及张夏灰岩的承压水顶托渗透或沿断裂上升涌入矿井可加重矿井热害	宜采用综合性降温措施，必要时实行人工制冷降温，防治热水涌入矿井，疏干热水等
基底凹陷型	位于稳定台块的大、中型沉降区，结晶基底较深，其上形成古生界或中、新生界沉积盆地。地下水交替不强烈，水温 = 岩温为其特征，由于基底和盖层热导率的差异，热流自凹陷中心向外散发	热流值正常或略偏低，新汶矿区平均地温梯度为：2.1 ~ 3℃/100 m，局部可达到3.5℃/100 m	以新汶、兖州煤田为代表，淮南、淮北煤田属之	深度小于500 m ~ 600 m 的矿井，一般不出现热害。更深的矿井岩温高可出现热害，但发展缓慢有可能涌出与岩温一致的热水，造成或加重矿井热害	以通风降温为主，注意防止热水涌入矿区，疏干热水
深大断裂型	在稳定台块或台块内部的断块结合带上，岩浆活动频繁，构造变形剧烈，多为中、新生代地堑式断陷盆地。热阻高的沉积物直接盖于结晶基底之上。某些地段地壳较薄。上地幔电导层位置高	热流值较高，罗河铁矿为 1.84H·F·u，矿区地温高，梯度大	以沂沭地堑为代表，罗河铁矿、抚顺煤矿可能属之	岩温高，可能有热水涌出	综合性降温措施
地下水活动强烈型	以岩溶裂隙发育的下古生界碳酸盐建造铺底的矿区，由于地下水的补给、径流、排泄条件好，水的交替强烈，水温小于岩温，对围岩及其以上地层起冷却作用	地温普遍低，1000 m 深度以内，一般不超过28℃，地温梯度值 < 2.0℃/100 m	开滦、京西、峰峰、鹤壁、焦作、淄博等矿区属之	1000 m 以内的矿井一般无热害	局部过深的采掘工作面，可有轻度热害，加强通风即可降温
深循环热水型	岩浆活动、断裂错动发育的地区，地下水沿断裂系统渗入地下，被岩温加热，在有利的条件下，热水涌至浅部或出露于地表，上涌途中水温 > 岩温	局部热异常，其分布范围和形态特征，与构造断裂的性质规模、活动强度及分布方向有关，一般面积不大，属脉状水或裂隙脉状水	韦岗铁矿、岫岩铅矿、东风萤石矿及 711 矿属之	35 ~ 50℃ 的高温热水涌出	超前疏放热水，加强井下热水管理；必要时采用人工制冷降温措施
硫化物氧化型	位于浅部的富硫矿床	在富硫矿带的浅部和构造破碎带，由于硫化物氧化生热，造成局部热异常；有的温度极高	铜官山、松树山铜矿、向山、潭山硫铁矿	化学反应放热，岩温高，矿石可能自燃发火	综合性降温措施，脉外开拓，采用密闭大风量通风与强掘快采等

10.2.5　矿山坑道初始温度的预测

矿区地温测量的主要目的之一是为深部水平的开拓、开采设计提供矿山坑道初始温度进行预测，以便采取措施克服高温对矿山生产的影响。深部岩矿温度的预测，可根据常温带的深度、温度和增温率计算。

10.2.5.1　常温带深度和温度的确定

确定矿区常温带深度和温度，可选择数个能代表矿区一般地质条件且远离人工热源和天然水体的钻孔，进行不同深度、不同时期的地温观测，孔深不小于 50 m，如果没有钻孔，也可在不同深度的坑道中测量。观测次数每年每季度观测一次。

观测结果绘制出常温带深度和温度变化曲线（见图 10-4）。并在曲线上找出地温变化的拐点，即常温点（或常温带），从而得出常温带的深度和温度。

一年中数次所测地温曲线，不一定交于一点，可能在一个不大的范围内变化，可取其平均值。偏离平均值太远的，应分析原因，并予以重测。

如果一个地区没有测温资料，可利用当地气象资料按下列公式估算：

$$H_常 = 19.1 H_日 \tag{10-2}$$

$$t_常 = t_{1.6\sim3.2} \pm 0.006H \tag{10-3}$$

式中：$H_常$ 为常温带深度；$t_常$ 为常温带温度；$H_日$ 为地表温度日变化影响深度；$t_{1.6\sim3.2}$ 为深 $1.6\sim3.2$m 处的多年平均温度；H 为所求常温点与当地气象台站观测 $1.6\sim3.2$m 处温度观测点的高差（前者高于后者取负）。

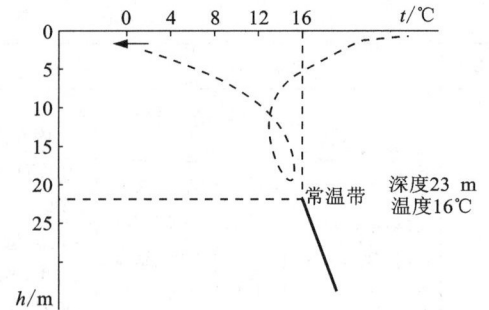

图 10-4　常温带观测的 $H-t$ 示意图
1—1978.1.14 观测；2—1978.7.24 观测

10.2.5.2　地热增温率的确定

根据地面钻孔或井下测温资料，用第 10.2.3 节述公式 $G = \mathrm{d}i/\mathrm{d}H$ 进行计算。

（1）利用井下测温资料计算不同深度的增温率：

$$G = \frac{T - T_常}{H - H_常} \tag{10-4}$$

式中：H、T 为测温点的深度和温度；$H_常$、$T_常$ 为常温点的深度和温度。

（2）利用准稳态测温资料，按常温点和井底（或中性点）的温度和深度计算钻孔的平均增温率：

$$G_{平均} = \left(\frac{T_A - T_常}{H_A - H_常}\right) \times 100\% \tag{10-5}$$

$$G_{平均} = \left(\frac{T_B - T_常}{H_B - H_常}\right) \times 100\% \tag{10-6}$$

式中：H_A、T_A 为井底实测的深度和温度；H_B、T_B 为中性点的深度和温度。

（3）利用稳态测温资料，分别计算不同深度或不同岩层的增温率：

$$G = \left(\frac{T_上 - T_下}{H_上 - H_下}\right) \times 100\% \tag{10-7}$$

式中：$H_上$、$T_上$ 为测温点的深度和温度；$H_下$、$T_下$ 为下部测温点的深度和温度。

10.2.5.3　矿山深部坑道初始温度的预测

增温带内，深部坑道开始温度可按下式计算：

$$T = T_常 + G(H - H_常) \tag{10-8}$$

式中：T 为预测中段的温度；H 为预测中段的深度。

一个地区温度场受许多因素控制和影响，在选择向深井外推用的平均梯度值（G）时，应具体分析，并作相应调整。若预测深度内，岩体热物理性质及其他影响地温的地质因素与上部已测地段近似，则可认为上下两段增温率相同。用上述计算法或将温度曲线直接向下延伸，即可求得预测深度的近似温度值；若预测深度内上、下两段岩体热物理性质相差悬殊，则可根据本地区同一构造部位的相邻钻孔、相同岩性的增温率推算下段岩体的温度。

10.2.6　矿山地热的利用

地热（包括地下热水）是矿山灾害之一。随着采深加大，其危害将愈加突出，但在一定条件下，地热又可作为能源加以利用。

我国北方冬季气温极低，当井筒内有淋帮水时，往往发生冰冻，造成卡罐、坠罐、落冰伤人和管道冻裂事故。为防止进风井冬季结冰，可采用对进风预热的办法，保持冷热混合的温度经常在 2℃ 以上。

矿山调热大多利用废旧井巷和采空区，使冷空气先从废旧井巷和采空区与围岩进行热交换，升温后再进入矿井。这种预热方式投资少、营建费用低、施工简单方便、风温稳定，值得推广。

如果选用的调热巷道长度不足时，在其他有利条件下，可考虑利用矿井水的热量。即把矿井涌出的热水，通过安装在调热巷道中的热交换器（暖气片）来加热进风，水量大小应以保证进风温度不低于 2℃ 为宜。

现将我国部分矿山利用地温预热空气的实例，列于表 10-7，供参考。

表10-7 我国部分矿山利用地温预热空气实例

矿山名称	矿山地理位置	气象条件	调热巷道			岩石种类	预热效果		预热风量 /(m³·s⁻¹)	预热1m³空气至2℃所需调热巷道面积/m²	应用调整巷道预热空气需增加的设备	原用蒸汽锅炉采暖所需设备及燃料消耗	开始采用调热巷道的年份
			长度/m	面积/m²	周长/m		起/℃	止/℃					
青城子铅矿二道沟	辽宁凤城县	全年冰期4~5个月。最低气温-30℃	500	4000	8.0	白云岩	-13	2	15.5	260	70BL-21-NO-18型190kW的辅扇一台	5M-15K型锅炉2台50kW风机一台,煤耗每天8t	1967
青城子铅矿二道沟	辽宁凤城县		950	10450	6.7 8.4	白云岩	-23	4.1	20	300	风量45~55m³/s,风压215mm水柱的辅扇一台	煤耗:冬季750t	1966
临江铜矿	吉林省东部	最低气温-31~-33℃	645	4780	7.4	花岗岩闪长岩	-21.5	4	8	283	11kW局扇4台并联		
佰仁铝矿	辽宁本溪市	全年冰冻期5个月最低气温-30℃	760	6490	8.55								1964
柴河铅矿红旗坑	辽宁铁岭市		820	6640	8.1	白云岩	-17.8	2	25.7	260			
红透山铜矿红旗坑口	辽宁清源县	最低气温-30℃以下	3800				-20.4	5.6	13.9		6台总风量20m³/s局扇并联		1975
五龙金矿二号坑	辽宁丹东市	一月份最低气温-16℃	900	6840	7.6		-16	8.6	24.5		9台总风量30m³/s局部并联11kW局扇5台		
华铜铜矿	辽宁盖县	全年冰冻期4~5个月,最低气温-27℃	400~500	3000~3750	7.5		-6	11~14	19	198	单翼对角式通风时增设辅扇一台		1956
石嘴子铜矿	吉林省	最低气温在-30℃以下	800~900	3200~3600	4	大理岩石灰岩	-20	9	16.7		辅扇一台	煤耗,冬季3500t	1965

江苏韦岗铁矿还将坑下排出的温水用于人工养殖河鳗，获得成功。

除此之外，地热作为一种很有前景的能源，已受到国内外的普遍重视。意大利于 1913 年建成第一个 25 kW 的地热发电站；我国广东丰顺、河北怀来等地也于 1971 年、1972 年相继利用地热发电；天津地区将 30 ～ 50℃ 的地下热水直接用于锅炉和冬季取暖；湖北、天津等地利用地下热水调节稻田水温、解决春寒早稻的灌溉和烂秧等问题，都取得了成功的经验。因此，加强地热的综合利用，既可补充能源的不足，又可减少对环境的污染。

10.3　矿石（或围岩）自燃的调查

10.3.1　矿石（或围岩）自燃及其对矿山环境的影响

某些矿床中，矿石或围岩的氧化性能极强，特别是当其成为松散状态时，可在强烈的氧化作用下引起自燃。矿石或围岩的自燃现象以煤的自燃最为典型，其次是金属硫化物矿石。

导致矿石或围岩发生自燃的根本原因在于其本身的化学成分、物理性质和矿床赋存特点。其次是采矿技术，诸如采矿方法、通风方式、矿石损失状况、矿石堆放方式和堆放时间等。煤和硫铁矿采落后，若不及时运出坑外，散堆放的矿石经强烈的氧化作用，不断聚集热量，在不良的通风条件下，当矿石温度超过温升加速点（即当温度升到一定程度后，可出现自热的转折点）后，氧化自热速度急剧加快，终于到达燃点，从而发生自燃现象。

矿石或围岩的自燃，不仅可以引起坑内火灾，损坏设备，危害作业安全，造成矿产资源的重大损失，而且对自然生态环境带来极大的危害。如煤（及矸石）在自燃过程中，吸收 O_2，放出 CO、SO_2、CO_2、H_2O 和大量的热，一方面使坑内空气中 CO 含量增加至 100×10^{-6} 以上（国标规定 $< 24 \times 10^{-6}$ 以上），而出现井下作业人员中毒；另一方面因燃烧所释放的热量使坑内温度上升，超过允许最高温度（26℃）而成为热害。硫化矿物自燃过程中，释放出 CO、SO_2 硫酸蒸气和大量的热，一方面影响坑内环境，另一方面转入大气，形成酸雨，对农作物、建筑物产生危害，以至造成整个矿区的环境污染。

10.3.2　预防矿石（或围岩）自燃的地质调查

预防矿石或围岩自燃必须注意两个方面的问题，一是从地质因素入手，查明可能产生自燃危险的地段，为生产和安全技术部门制订预防措施提供科学依据。二是在开采过程中采取防止自燃措施，如灌浆隔氧、阻化隔氧、快速切割、快速回采、提高回收率、少留矿柱和及时封闭等。

在矿山地质工作中，为预防自燃应调查下列因素或条件。

（1）矿石成分及结构构造：矿石成分和结构构造是决定其是否产生自燃的基本因素。矿石中不同的硫化矿物其氧化活性和自燃倾向均不相同。以安徽某铜矿为例，该铜矿石中，黄铁矿的自燃倾向性大于磁黄铁矿、黄铜矿等其他硫化矿物；而胶状黄铁矿的氧化活性和自燃倾向又比海绵状或块状黄铁矿大。

（2）断裂构造发育程度：构造裂隙，特别是新构造裂隙的存在，可以促进矿石的氧化和自燃。因此，对矿床中各区段的构造裂隙发育程度和分布规律应进行详细的调查研究。

（3）围岩及矿石的热参数：实验证明，当岩石及矿石的导热系数较小时，矿石氧化所产生的热量逸散少而易于引起自燃。因此，调查围岩及矿石的热参数，可以使我们在一定程度上判断矿石自燃是否发生和蔓延。热参数的调查成果还可供矿山安全技术部门作为采取预防自燃措施的参考。

（4）矿床水文地质条件：地下水的不同分带类型，含氧程度不同，对矿石的自燃亦有不同的影响。一般情况下，垂直流动带，含氧量高，具有最强的氧化能力；水平流动带及停滞水带则几乎不具氧化能力；但由于矿山开采过程中的排放、疏干，地下水的垂直流动带可下降至硫化矿物所占位置，加之开采坑道引入大量空气，而使水平流动带或停滞水带逐渐富氧而导致硫化矿物自燃。因此，查清矿床的水文地质条件，有助于对矿石自燃采取预防措施。

（5）矿床的埋藏条件。实践证明，硫化物矿石的自燃多发生在一定的深度，如硫化矿物的次生富集带及其附近。此外，与各矿体间的相互关系和矿体产状有关。若矿体间互不相连，其间隔则可形成天然隔离区，有利于防止自燃的蔓延；当矿体倾角较陡，放顶后假顶的残矿和坑木集中压在开采地段上，积压愈多，时间愈长，则越易引起自燃。

上述调查结果应综合反应在相关的地质图件上，并划分出产生自燃的危险区，作为采取预防矿石自燃措施的参考。

10.3.3　识别初期自燃火灾及扑灭自燃火灾中的地质调查

目前，识别初期自燃火灾的方法有：空气成分分析法，即测定空气中 O_2、CO、CO_2 的含量，计算出火灾指数；辅助指标测定法，即测定风流、温度、矿岩温度、分析地下水的酸性成分；此外尚有红外线火源探测法和人们的主观感觉等。许多自燃火灾标志属于地质现象，因此，矿山地质人员应对其现象进行详细调查，以协助安全部门预测火灾发生的可能性，圈定火区的范围及蔓延或熄灭的方向。其地质方法有：

10.3.3.1　坑内地下水分析法

硫化物矿床火区（自燃区）里流出来的地下水中 Cu、Fe、SO_4^{2-} 的浓度有显著增高的趋势，显示了水中硫化物与空气中氧的相互作用后的初期生成物。如某硫化物矿床，火区外水中铜含量仅千分之几 g/L，而从火区流出的水中铜含量可增至 5 ~ 10 g/L，铁含量从 0.05 g/L 增至 8 ~ 15 g/L，硫酸（包括游离状态和化合物）含量从 0.05 g/L 增至 30 ~ 50 g/L。所以，系统分析坑内各地段涌水的成分，在一定条件下可以查明矿石自燃是否发生以及发生的地段。

10.3.3.2　矿物学 — 地球化学法

在强烈的氧化条件下，矿体中的化学反应能够生成一些特殊矿物，如胆矾、铁矾等。这些伴生矿物按其成因可专门构成一类，即所谓"地下火灾矿物"，火灾的不同阶段都因生成不同的伴生矿物而区别于其他阶段。利用这一特殊的地球化学作用过程及其产物，地质人员便可对已知火区及其附的再生矿物进行系统研究，掌握其矿物种类和分布规律，以用于对未知火区进行预测。

10.3.3.3　利用地层等温线圈划火源法

为确定火区界限，应在强烈氧化区（自燃区）的范围内，沿长度和宽度方向，每隔 5 ~ 10 m 设一测点测量岩矿的温度，把各测点温度填写到采区垂直剖面图和水平断面图中，作成等温线图。根据该等温线图即能查明区内有无危险性升温现象；确定升温地带的边界；研究初期火灾在时间上的演化过程及其在某过程中火灾加剧或减弱的原因；确定火灾在不同范围内蔓延的方向和速度。

10.3.4　硫化物矿床内炸药自爆问题的地质调查

某些硫化物矿床，在爆破过程中，有时发生药包自动爆炸的现象。其特点是：响炮前有大量 NO_2 气体从药包处冒出，随后不久就响炮。试验研究表明，这种自爆现象与地质因素及环境条件相关。其中最主要的是黄铁矿的存在及其氧化状况，即局部地段含量颇高的黄铁矿和水常是引起药包自爆的主要物质。当它们与硝铵炸药接触时，能够降低炸药的燃爆点，并使其在低温条件下分解产生二氧化氮。其化学反应过程如下：

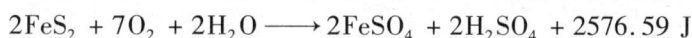

$$2FeS_2 + 7O_2 + 2H_2O \longrightarrow 2FeSO_4 + 2H_2SO_4 + 2576.59 \text{ J}$$

硫酸亚铁不稳定，进一步氧化成硫酸铁：

$$12FeSO_4 + 6H_2O + 3O_2 \longrightarrow 4Fe(OH)_3 + 4Fe_2(SO_4)_3$$

硫酸铁作为氧化剂又与黄铁矿反应：

$$FeS_2 + Fe_2(SO_4)_3 + 2H_2O + 3O_2 \longrightarrow 3FeSO_4 + 2H_2SO_4$$

上述反应生成的 H_2SO_4 和硝酸铵反应生成 HNO_3，而 HNO_3 再与黄铁矿作用产生 NO_2，其反应过程如下：

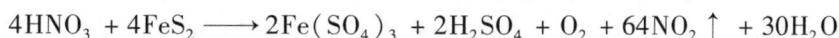

$$H_2SO_4 + NH_4NO_3 \longrightarrow (NH_4)_2SO_4 + 2HNO_3$$

$$4HNO_3 + 4FeS_2 \longrightarrow 2Fe(SO_4)_3 + 2H_2SO_4 + O_2 + 64NO_2\uparrow + 30H_2O$$

生成硫酸铁的反应能促进黄铁矿的氧化反应，而黄铁矿氧化反应的产物 —— 硫酸，进一步加速了最后两段反应式的进行，上述反应相互促进的结果，最终导致炸药燃爆。

为防止自爆事故，地质人员必须注意调查可能引起炸药自爆的地质条件，不同矿床的条件有所差别，据某硫化物矿床出现过自爆的矿山的研究表明：矿石中黄铁矿的含量，一般大于 30%；硫酸亚铁和硫酸铁的铁离子之和一般高于 0.3%；矿石中含有 3% ~ 14% 的水分。这些地质条件的调查可与原始地质编录和矿产取样工作结合进行。

10.4　矿山污染源的地质调查

矿山既是矿物原料的集中产地，又是产生有害物质、造成环境污染的重要发生源。矿山污染源根据矿山污染的起因和性质,分为天然污染源和开发污染源。

天然污染源是指具有污染性质的地质体;开发污染源是指在矿山生产过程中产生的开发废物,如废石、尾矿、冶炼矿渣等。两者成了整个矿山及其周围地域的环境污染系统。

矿山污染源的地质调查,是矿山环境地质评价的重要组成部分,也是矿山环保工作的基础,矿山地质部门必须予以高度重视。

10.4.1　天然污染源的地质调查

10.4.1.1　天然污染源及其对环境的污染

天然污染源指含有有害元素或化合物的矿床、围岩等地质体,通过各种自然机理作用向环境释放的有害物质量超过自然本底值就会造成环境污染,其污染途径有两种:

(1)通过空气污染:如硫化物矿体经风化作用产生的 SO_2、H_2O,铀及其伴生铀矿床蜕变产生的氡气等,经大气传播引起矿区空气污染。

(2)通过水污染:包括物理风化过程中产生的碎屑物质,被流水冲刷、搬运到某些地段造成的污染和化学风化过程中形成某些可溶性水化物或重金属离子经地表水或地下水搬运,在水体或土壤中扩散而造成的水土污染。

10.4.1.2　天然污染源地质调查的内容

(1)矿床的地质条件:包括矿床规模、空间分布、埋藏条件、矿体和围岩风化情况、矿石类型、矿物成分、结构构造、物理化学性质和有用组分及伴生组分的种类和含量等。

(2)与元素污染扩散有关的地质条件:如矿区地形、地貌特征、地质构造发育状况、水文地质条件等。

(3)地质体污染状况:包括地质体内有害成分及其在矿区不同地段的实测含量、矿区周围地域的自然本底含量;污染途径及范围;污染所造成的影响及危害。

调查方法一般包括现场调查、地质编录、取样化验及资料综合整理等。

10.4.2　废石污染的地质调查

10.4.2.1　废石及其对环境的污染

废石指采矿过程中产生的固体废弃物。据统计,我国黑色金属矿山每年排弃废石3.2亿吨,有色金属矿山排弃4000多万吨,煤矸石约1.3亿吨,仅开滦煤矿矸石山堆积量已超过3000万立方米,占地4500亩。废石不仅侵占土地,破坏自然景观,而且其成分复杂,有可能含一种或多种有害成分,甚至放射性物质,可污染矿区及周围环境,构成严重的社会公害。废石对环境的污染途径有:

(1)通过空气污染:废石堆中的硫化矿物与空气接触,可因强烈氧化而释放出 SO_2、CO、H_2S、NO 等有害气体,经过空气传播污染环境。

(2)通过水的污染:废石细粒碎屑受大气降水和地表水的冲刷,搬运到异地,造成水土污染;部分废石以化学作用,形成富含有害重金属离子及其化合物的水渗漏到地表水及地下水中,造成水土污染。

(3)通过废石堆放的污染:废石堆放的不稳定引起岩堆移动和泥石流等灾害。

10.4.2.2　废石污染地质调查的内容

(1)矿床围岩及夹石调查:包括围岩及夹石的构成及其污染物含量;年采掘量或采剥比等。

(2)废石堆放场地的调查:包括废石堆积量、占地面积;堆积形态及分布范围;堆积场地的地形、地貌、水文及工程地质条件;与废石堆放场地有关的采矿工程设计方案及开采历史等。

(3)废石污染状况的调查:包括废石对环境的污染途径;迁移扩散与富集部位及影响范围;废石堆放所侵占土地、山村、水系情况及其造成的危害;废石污染造成矿山及周围地域水质和土壤环境质量下降情况。

(4)废石污染控制效果的调查:包括合理堆放方式与稳固措施;土地复原及再植情况;废石堆污水和净化处理措施;废石综合利用所取得的效果等。

调查的方法是通过对废石产生量的统计,废石堆的取样、分析及调查资料的综合整理,绘制废石污染分布图或在矿山污染图件上圈出废石堆放及污染界线。

10.4.3 尾矿污染的地质调查

10.4.3.1 尾矿及其对环境的污染

尾矿是选矿中排放出的废弃物。据统计，我国黑色金属矿山尾矿年排出量约 3 亿吨，有色金属矿山尾矿年排出量 7500 万吨。尾矿大量排放，严重破坏了土地资源的自然生态环境，特别是近年来新建地方小选厂，大多没有正规尾矿坝，尾矿砂多沿沟谷、河流、洼地任其自流，加剧了对矿区环境的污染。尾矿对环境的污染途径有：

（1）通过空气污染：粒径极细（< 10 μm）的尾矿干燥后会随风飘扬形成飘尘，污染大气，严重时可造成周围环境被矿化微尘污染。

（2）通过水的污染：尾矿随水搬运，可淤塞河道，损害农田；选矿酸性废水（有时是碱性）含有大量有害的重金属离子及其化合物，连同选矿所用的有毒药剂（氰化物和亚硫酸钠等），严重污染周围水系及土壤，危害人体健康，影响农作物、森林、禽畜和鱼类的生长。

（3）通过尾矿堆放的污染：尾矿堆放侵占土地，破坏自然景观，特别是尾矿的任意排放和坝址的不合理布置，对环境危害更大。

10.4.3.2 尾矿污染地质调查的内容

（1）尾矿排放堆放状况的调查：包括尾矿的排放方式、年排放量及累计排放总量；坝址的布局和占地面积；尾矿坝或堆放场地的地形、地貌、水文地质及工程地质条件；与尾矿坝址有关的选矿工程设计，矿山总体设计、选矿产品结构与生产历史等。

（2）尾矿污染状况的调查：包括尾矿对环境的污染途径、扩散影响范围；尾矿侵占土地、水系、土地砂化和破坏自然景观情况，尾矿化学污染及其造成的危害。

（3）尾矿污染控制效果的调查：参考废石污染控制效果调查的有关内容。

调查方法是通过对尾矿产生的数量统计，尾矿的取样分析和调查资料的综合整理，并绘制尾矿污染分布图，或在矿山环境污染图件上圈出尾矿堆放及污染界线。

10.4.4 矿渣污染的地质调查

10.4.4.1 矿渣及其对环境的污染

矿渣即炉渣，其成分十分复杂，许多矿渣具毒性、腐蚀及放射性等有害性质。

矿渣的大量排放，严重污染大气、水和土壤，亦可危害人体健康，已成为社会一大公害。现将几种主要矿渣的物质成分及年排放量列于表 10 - 8。

矿渣对环境污染途径亦是通过空气、水及矿渣本身，污染过程与尾矿极为相似，只是矿渣在燃烧过程中，会逸出有毒气体，污染大气。此外，矿渣深埋处理时，若池底封闭不严，将导致地下水的污染。

表 10 - 8 几种主要矿渣成分及年排出量

矿渣种类	主要物质成分	我国年排出量／万 t	美国年排出量／万 t
高炉渣	Ca、Si、Al、Mg、Mn、S 的氧化物	2100	2700
钢渣	Ca、Fe、Si、Mg、Al、Mn、P 的氧化物	600	1700
氧化铝渣（赤泥）	Ca、Si、Al、Fe 的氧化物	205	> 1000
煤灰渣	Si、Al、Fe 的氧化物及少量硫化物	3700	6500
铜铅锌渣	Ca、Si、Al、Fe 的氧化物	300	

10.4.4.2 矿渣污染地质调查的内容

（1）企业生产概况的调查：查明企业规模、冶炼炉等设备类型、产品及产量。

（2）矿渣排放状况的调查：包括矿渣所处位置和分布，历年累计堆积量和占地面积，排放方式（堆放位置或直接排入河道），排放规律（连续排放或间歇排放）、排放强度（即单位时间内的排放量）。

冶金矿渣产生量可按下式计算：

$$Z = G \cdot q \tag{10-9}$$

式中:Z 为矿渣产生量,t/a;G 为铁或钢产量,t/a;q 为渣铁比(可在0.3～0.9内取值),或渣钢比(平炉为0.25,转炉为0.2～0.25,电炉为0.1～0.2)。

（3）矿渣污染状况的调查与尾矿内容相同。

（4）矿渣污染控制效果调查与尾矿内容相同。

（5）调查方法亦与尾矿类似。

10.5　矿山水土污染的地质调查及质量评价

10.5.1　造成矿山水土污染的有害成分

造成矿山水土污染的物质成分极为复杂、多样,直接或间接来自地质体的有铜、钼、铅、锌、铬、锰、镉、汞、氟、硫及放射元素等。按元素的性质及其对人体的危害程度可分三类:

10.5.1.1　生物毒性极强的元素

包括汞、镉、铅、铍、砷和放射性元素。常导致人体内肝、肾和心血管器质性病变、如水俣病、骨痛病、蛤蟆病、黑脚病以及破坏遗传基因、致畸、致癌。

10.5.1.2　具有一定毒性但又为生物所需要的元素

包括钼、锌、铜、硫、锰、铬、氟等。这些元素在水土中的含量过低或过高都会导致人体发生病变。如环境中钼含量过低会出现地区性的水土病;钼含量过高又可能发生骨质损伤病变。

10.5.1.3　负污染元素

包括碘、钙、镁、硒、锗等。这些元素在水土中含量过低会导致人体病变。如硒是人体、动物和部分植物必需的微量元素。硒对环境中致癌物质有解毒效应,亚硒酸钠对克山病有较好的预防效果。

10.5.2　矿山水土污染及其危害

10.5.2.1　矿山水土污染及其原因

天然水体和土壤对排入其中的某些污染物质有一定的容纳限度,在限度范围内,它能通过自净作用,使污染物浓度降低,最终恢复到原洁净状态。但当污染物的排入量超过水、土的自净能力时,则水土受到污染,从而影响水的有效利用,使土壤自然正常功能失调,恶化水土质量,破坏人类及其他生物赖以生存的自然环境。导致矿山水土污染的因素有:

（1）自然因素:因元素的地球化学性质和成矿地质作用的影响在矿床周围常形成某些元素的自然扩散,以及风化作用导致的元素迁移,均可引起矿区水土质量的变化。由自然因素所造成的环境污染,称原生环境污染。

（2）人为因素:因矿山生产活动所产生的矿业"三废"导致的矿区水土污染,称次生环境污染。特别是矿山废水,多酸度高、悬浮物浓度大、并含有有毒重金属离子,若不经处理直接排入水土,将造成严重污染。

生产矿山所产生的水土污染多是上述两者的结合。

10.5.2.2　矿山水土污染及其危害

矿山水土污染所造成的危害是多方面的,就其对人体健康的影响而论,有如下几种情况:

（1）元素含量失调引起的病变:人体血液中多数元素的平均含量与克拉克值有着明显的一致性,证明人类最适于生活在正常的或与克拉克值相近的地质环境中。反之,当环境中某些元素被人体摄入过多或不足,都将引起体内器官组织的病变。如某地区水土中缺乏人体所需要的碘含量时,会导致当地居民患甲状腺肿大。地方性氟中毒亦系该地区水土中氟含量过高所致。

（2）矿物元素剧毒性造成的危害:具生物毒性的元素,在水土中化学性质稳定,难为微生物所降解,易在底泥、土壤及作物中富集,通过食物链进入人体,并在某些器官蓄积造成危害。其特点是:1)微量浓度即可产生毒性效应;如饮用水中铅含量超过0.1～1 mg/L,即可引起铅中毒。2)使人体遭受器质性破坏,难以彻底治愈;3)中毒范围大,可在短期内大面积人群中发生,如日本的汞、镉中毒事件。

（3）放射性物质内辐射对人体的危害:放射性物质通过饮用水和食物链等途径进入人体,在某些器官内逐渐积累，多种射线引起的内辐射(主要 α 射线辐射)损害人体器官，甚至致癌。

此外，水土污染还可对农业、渔业造成危害。例如，某些矿坑水污染可引起土壤酸化或盐渍化；积累在土壤中的某些元素被植物吸收富集到达一定限度时，可使植物中毒，损害农作物的根系功能，妨碍发育生长，影响产量。据日本调查表明(见表 10-9)，土壤含铜量与水稻产量呈负相关消长。又如，水中有害元素含量过高将恶化水生生物生存环境，若淡水中铜含量超过 0.01～0.02 mg/L，锌含量超过 0.15～0.7 mg/L 时，可使鱼类致死。

表 10-9　土壤含铜量与水稻产量的关系

土壤含铜量/%	0	0.001	0.025	0.05	0.1
水稻产量/%	100	76.7	42.7	17.4	0

10.5.3　矿山原始环境地质调查和质量评价

10.5.3.1　矿山原始环境地质调查

该项工作应作为矿床地质调查的一部分在建矿前的地质勘探阶段进行。其目的在于查明尚未采掘的地质体是否可能成为污染源及可能污染的程度，为矿山开采后控制环境污染提供地质依据。其调查内容包括：

(1)原始环境地质条件的调查：包括对矿区原生及风化岩(矿)石进行取样，查明地质体可能造成污染的有害物质种类、赋存状态、含量及分布规律；在可能产生污染的矿山应圈出污染源分布范围，如矿床污染或地热污染源等，并填绘在矿区地形地质图上；对矿区地表水体和地下水进行水质取样，查明可能存在的有害物质的种类及浓度，了解自然污染状况；将水质分析与岩(矿)分析结果进行对比，查明元素流失及与污染扩散有关的水文地质条件。

(2)矿区及其周围水土病的调查：查明水土病与原始地质环境及水文地质条件的联系，如高氟病发区与存在高氟水文地质条件的联系。

10.5.3.2　矿区及其原始环境地质质量评价

该评价是在矿山原始环境地质调查工作基础上进行的，主要包括两个方面的内容：

(1)原始环境地质条件的评价：对地质体中的有害物质种类及含量，可能对环境造成污染的危害程度和影响范围进行分析与评价，并对采后废石、尾矿和矿坑水中有害物质的可能含量进行概略预测。

(2)原始环境污染状况的评价：一般只做单个环境要素(如水、土壤等)的质量评价，为便于与地质勘探过程中的水文地质调查工作相结合，建议做水环境质量评价为宜，它是以国家颁布的环境质量标准或区域环境背景作为评价标准，根据环境要素中有害物质的平均含量超过评价标准的程度，来评定矿山原始环境质量，并可根据计算出的环境质量指数(第 10.5.4 节)划分污染等级。

10.5.4　矿山水土污染现状的环境地质调查和质量评价

10.5.4.1　矿山水土污染现状的环境地质调查

该项调查是在矿山原始环境地质调查的基础上进行的，其任务在于查明矿区水土中的有害物质及其来源、污染程度及所造成的危害，以便控制污染，保护人体健康，保护生态环境。其调查内容包括：

(1)水土中主要有害物质及其来源的调查：查明水土中可能造成污染的有害物质及含量；弄清水土中有害物质是来自自然污染源或来自开发污染源；特别需要注意矿业"三废"与水土污染之间的关系，为有针对性控制污染，要分别对以废石堆、尾矿库中流出的水流及矿坑排水、选矿废水等进行短期取样分析，并将分析结果与原始水流成分和数量(根据水流上游监测结果)对比，确定造成污染的主要原因。

(2)水土污染程度及所造成危害的调查：根据水土中有害物质浓度与评价标准进行比较，查明污染的超标情况，了解污染等级；配合有关部门在矿区一定范围内对开采前后及开采的不同时期发生的地方病变进行调查，了解疾病种类、起因、危害程度和影响范围。对因矿业"三废"引起的疾病，应查明致病元素迁移变化规律，为疾病防治提供依据；查明水土污染对矿区农业及渔业所造成的危害。

10.5.4.2　矿山水土污染现状的环境地质质量评价

是通过矿区水土监测资料的分析与环境质量标准进行对比和数学模拟确定的。

(1) 水土环境质量评价标准:对矿山水土环境质量的评价以国家颁布的环境质量标准或环境背景值作为依据。

水质污染评价:水质评价应以我国颁布的水质标准为依据。本文仅将生产饮用水中某些毒性显著的元素的最大允许浓度列于表 10 - 10。

表 10 - 10　饮用水中部分元素的最大允许浓度

元素	最大允许浓度 /(mg·L⁻¹)	元素	最大允许浓度 /(mg·L⁻¹)	元素	最大允许浓度 /(mg·L⁻¹)	元素	最大允许浓度 /(mg·L⁻¹)
铜	1	硒	0.01	铬(六价)	0.05	氟化物	1
锌	1	汞	0.001		0.05		
砷	0.05	镉	0.01	银	0.05		

土壤污染评价:由于矿山所处区域环境特点各有不同,按统一标准进行评价困难较大,一般以区域土壤环境背景值作为评价标准。

(2) 水土环境质量评价方法:环境质量评价目前还处于探索研究阶段,通用的有两种方法,可供矿山水土环境质量评价工作选用。一种是将监测结果与环境质量标准比较,确定监测结果的超标情况,以超标率、检出率作为评价环境质量的依据;另一种是根据污染物的实测数据,选择影响最大的几种污染物作为参数,按各污染物的相对危害程度进行加权组合成单值,以环境质量指数或模式作为评价环境质量的依据。

水土环境质量可用各单个要素的环境质量指数(EQI)和综合环境质量指数($\sum EQI$)表示,每单个要素的 EQI 又由单一污染物的分指数组成。其计算方法有两种:

1) 均值法:以各污染物分指数的加权均值组成综合指数(K),即:

$$K = \frac{1}{n} \sum_{i=1}^{n} W_i I_i \tag{10 - 10}$$

$$I_i = \frac{C_i}{S_i} \tag{10 - 11}$$

式中:n 为污染物种类;W_i 为某污染物权重值;I_i 为某污染物分指数;C_i 为某污染物实测浓度;S_i 为某污染物评价标准。

2) 梅罗水质综合指数法:该法不仅考虑了各种重金属污染分指数的平均状态,而且考虑了其中污染最严重的重金属污染分指数。

$$P = \sqrt{\frac{\text{最大}(C_i/S_i)^2 + \text{平均}(C_i/S_i)^2}{2}} \tag{10 - 12}$$

式中:P 为水质指数;其他符号同前。

根据计算所得的综合指数,可将矿山水土污染状况分为清洁、轻污染、中污染和重污染四个等级。

(3) 评价的基本要求:合理布置监测网点,监测数据必须准确、可靠;污染参数选择要有代表性并能为常规监测仪所监测;确定合理的环境质量评价标准,建立能反映区域背景特征的"环境本底值"。

10.5.5　矿山环境地质监测

环境地质监测多采用监测网在设置的测点上定期收集数据,用以了解污染物的成分、含量、污染程度、影响范围和控制污染所取得的效果,从而确定矿山的环境污染状况。

10.5.5.1　监测项目

就水质监测而言,包括水的理化性质(水温、溶解度、酸碱度、硬度、浑浊度、悬浮固体、溶解氧等);常见的污染物(各种有害元素及其化合物、氯化物、氰化物和有机毒物等);水文、气象(流量、流速、水深、风向、风速、空气温度等)条件等。

10.5.5.2　监测方法

主要采用物理测定和化学分析方法。要求仪器具有较高的精度,能测到痕量(1 μg 到 1 mμg)甚至更低。此外，也常利用生物对环境的反映作为辅助物及测定的手段。

10.5.5.3 监测点的设置

监测网点应分别布置在污染发源地、可能产生污染的地带和未受污染或轻微污染的地区。按一定间距设点，水样采取深度一般在水面以下 30 cm 处。

10.5.5.4 监测数据的统计及资料的综合整理

将监测所得数据分别统计，绘成图表，在分别研究的基础上编写成监测报告。

10.6 矿山空气污染的地质调查

10.6.1 有害气体的污染与危害

10.6.1.1 空气中的有害气体及其来源

矿山生产过程中所产生的有害气体有一氧化碳、氮氧化物、二氧化碳、硫化氢、氡气及其子体等，来源如下：

（1）岩矿爆破产生的炮烟：爆破所用炸药由碳、氢、氧、氮四种元素组成。由于爆破过程中岩矿的某些组分参与了炸药的化学反应，或起了某种触媒作用，所以有害气体的生成量除与炸药成分、浓度有关外，亦与岩矿石类型有关。

（2）硫化矿石的氧化、自燃和水解可产生大量的二氧化硫和硫化氢气体。

（3）放射性元素蜕变：含铀矿床在铀镭衰变过程中可转化成氡气及其子体（镭 A、镭 B、镭 C 和镭 D），氡气主要通过岩石裂隙、爆落岩石及地下水向外逸出。

在一些老矿山，由于崩落区较多，采空区中积聚的氡气也会成为氡的主要来源。

10.6.1.2 有害气体造成的污染及危害

有害气体的污染及其对人体的危害见表 10 – 11。除此之外，尚可腐蚀设备、建筑物，影响矿区周围地域的空气和水的环境质量，危害动植物的生长，破坏生态平衡。

10.6.1.3 有害气体污染的地质调查

（1）查明有害气体来源、逸出地点、运移途径，进行采样，测定其成分及浓度；

（2）查明有害气体产生的地质条件，包括岩矿石物质成分、氧化程度、地质构造及与有害气体运移扩散有关的其他地质因素；

（3）对有害气体的污染程度及所造成的危害性进行调查与评价。

表 10 – 11 矿山主要有害气体及其对人体的危害

有害气体	性 质	危 害 性 及 中 毒 症 状
一氧化碳 CO	无色、无味、无臭、微溶于水，对空气比重为 0.97	剧毒，浓度达到 0.1% 以上，使人体缺氧和血液中毒，耳鸣、头痛、心跳，可发生窒息和死亡，浓度达 13% ~ 75% 能引起爆炸
二氧化氮 NO_2	棕红色，有强烈窒息性恶臭，易溶于水，对空气比重为 1.57	剧毒，能与水生成硝酸，对眼、鼻、呼吸道及肺有强烈腐蚀破坏作用，轻者引起咳嗽、胸痛，重者引起支气管炎和肺气肿。特别是与 SO_3 及飘尘共存时，容易侵袭肺部组织，发生病变，甚至肺癌
二氧化硫 SO_2	无色，有强烈刺激性，易溶于水，对空气比重为 2.2	与眼及呼吸道的湿表面接触后，能形成硫酸，对眼和呼吸道有强烈腐蚀作用，特别在湿度大的空气中，易形成硫酸雾，对人体危害更大。浓度达 0.02% 时，引起眼红肿、咳嗽、喉痛；浓度达 0.05%，引起急性气管炎，肺气肿，甚至死亡
硫化氢 H_2S	无色，浓度达 0.0001% 时，可嗅到臭鸡蛋味，容易溶于水，对空气比重为 1.19	剧毒。可使血液中毒，浓度达 0.002% 时，出现头晕，恶心、呼吸困难，甚至抽筋；浓度达 0.1 时，发生窒息、死亡。当与空气混合，浓度达到 4.3% ~ 5.5% 时，有燃烧爆炸的危险
氡气 Rn	无色、无味、具放射性、溶于水、油类及其他液体，能为固体物质所吸附	氡气进入肺部时，大部分子体以固体状态沉积于上呼吸道，造成内辐射，侵袭支气管上皮基底细胞核，易发生肺癌

10.6.2 有害粉尘的污染与危害

10.6.2.1 矿山空气中粉尘的分类

按颗粒大小可分为三种类型:

可见粉尘:粒径大于 10 μm,肉眼可见;

显微粉尘:粒径 0.25 ~ 10 μm,普通显微镜可以观察到;

超显微粉尘:粒径小于 0.25 μm,需用高倍显微镜才能观察到。

粉尘粒度不同,对人体的危害程度亦不同。粒径在 0.5 ~ 5 μm 的粉尘,最易吸入肺部,称为呼吸性粉尘,在肺泡内沉积率最高,随血液输送到全身,对人体危害最大。大于 5 μm 的粉尘,因惯性作用,被鼻腔及咽喉黏液挡住而随之排出。粒径过小的粉尘,进入呼吸道后,又易随气流呼出。

矿山粉尘按其物质成分及物理化学性质可分为硅尘、石棉尘、氟尘、煤尘、金属矿物尘、放射性矿物尘及有机物粉尘等,多是在有限的井巷空间中产生的,据估计,凿岩 30 min,粉尘浓度可达 250 mg/m³,作业 3 h,可达 800 mg/m³。爆破时,瞬时产生的粉尘浓度更高,每立方米空气中可达几千到几万毫克,其中 5 μm 以下的粉尘占 98% 左右。此外,装岩及破碎过程中亦可产生高浓度的粉尘。因此,有害粉尘是矿山空气中的严重污染物。

10.6.2.2 有害粉尘污染造成的危害

其危害主要表现在以下三个方面:

(1) 严重危害人体健康:矿山粉尘对人体健康和危害性见表 10 - 12。

(2) 影响安全生产:悬浮在井巷或车间中的高浓度粉尘,使作业面能见度降低,影响操作,易发生事故。沉落的粉尘,造成机器部件磨损、脏污、影响使用寿命,且沉落的粉尘可以再度吹扬污染空气。煤尘在强氧化条件下可发生燃烧和爆炸。

(3) 恶化自然生态环境:坑内排出的粉尘以及露天矿场产生的粉尘,在大气风流搬运扩散下,会造成矿区附近及周围大面积地域的大气污染,危害山林及农作物的生长,恶化自然生态环境。

10.6.2.3 有害粉尘污染的地质调查

(1) 采样及测定:配合安全环保部门在坑道不同作业地点及破碎车间系统采集粉尘样品,测定其浓度,特别是游离二氧化硅的含量。

(2) 粉尘物相鉴定:查明粉尘的矿物成分、粒度、形状,并统计不同粒级的含量,以评价其危害性。

表 10 - 12   主要有害粉尘对人体的危害

粉尘种类	元素或矿物、岩石类型	主 要 危 害
矿尘	石英、玉髓、燧石、硅藻土、蛋白石、长石、黑云母、金云母等矿物;花岗岩、花岗闪长岩、石英砂岩、砂岩等岩石	造成矽肺、肺结核
石棉尘	温石棉、铁石棉、青石棉及直闪石等	造成石棉尘肺、肺癌、肠胃癌、胸膜和腹膜髓质瘤等疾病
煤尘	无烟煤、烟煤、石英质矿物,含硫质矿物杂质	造成煤肺、矽炭肺、肺结核等
氟尘	萤石	造成氟肺、肺水肿及其他呼吸道疾病
金属矿尘	含铍、镉、汞、铅、铬、镍等金属矿物及砷等	多为有毒粉尘,吸入后易引起慢性中毒、严重者发生肺癌
放射性矿尘	含铀、钍的矿物如沥青铀矿、晶质铀矿、钙铀云母、方钍石、独居石及伴生砷矿石	造成内辐射危害

(3) 矿区岩(矿)石鉴定:查明所含有害物质的成分及含量,并与相应地段采集的粉尘样品鉴定结果进行比较,以确定易于产生有害粉尘的岩石和矿石。

(4) 对有害粉尘所造成的危害性进行调查。

10.6.3 矿山空气环境的地质质量评价

10.6.3.1 评价标准

目前环保部门把我国矿山安全规程规定中的有害气体和有害粉尘最高允许浓度(见表 10 - 13)作为矿山空

气环境质量评价的标准。

表 10 – 13 部分有害成分的最高允许浓度

有害成分	允许浓度/(mg·m⁻³)	有害成分	允许浓度/(mg·m⁻³)
一氧化碳	30	岩尘(含有 10% 以上的游离 SiO₂)	2
氮氧化物(NO₂)	5	岩尘(含有 10% 以下的游离 SiO₂)	10
二氧化硫	15	铅尘	0.01
硫化氢	10	铬尘	0.01
氟化物(换算成 F)	1	砷尘	0.3
氡气	1×10^{-10} C/L(1 爱曼)	锰尘	0.3

10.6.3.2 评价方法

采用环境质量指数(EQI)计算法。

(1)加法:美国 L·R·白勃考 1970 年提出以飘尘、二氧化硫、氮氧化物、一氧化碳及氧化剂(臭氧)五项污染物为参数叠加计算大气污染综合指数(PI):

$$PI = I_{PM} + I_{SO_2} + I_{NO_2} + I_{CO} + I_{O_3} \tag{10 – 13}$$

式中:I_{PM} 为漂尘污染分指数;I_{SO_2} 为二氧化硫污染分指数;I_{NO_2} 为氮氧化物污染分指数;I_{CO} 为氧化碳污染分指数;I_{O_3} 为臭氧污染分指数。

(2)指数计算法:污染物对环境影响呈指数相关,美国橡树岭空气质量指数(API)公式如下:

$$API = 0.2 \times (30.5C + 126S)^{1.35} \tag{10 – 14}$$

式中:C 为烟雾系数;S 为 SO_2 浓度。

(3)均方值总和方根法:它是五项污染物分指数综合计算的结果,如美国密特大气质量指数($MAQI$),计算公式如下:

$$MAQI = I_{CO}^2 + I_{SO_2}^2 + I_{PM}^2 + I_{NO_2}^2 + I_{O_3}^2 \tag{10 – 15}$$

式中符号与叠加法相同。

(4)最高值和平均值的几何均值法:姚志麒等人提出用大气质量指数(I)计算如下:

$$I = \left(\max \left| \frac{C_1}{S_1}, \frac{C_2}{S_2}, \cdots, \frac{C_k}{S_k} \right. \right) \cdot \left(\frac{1}{K} \sum_{i=1}^{k} \frac{C_r}{S_i} \right) \tag{10 – 16}$$

式中:C_i 为某污染物实测浓度;S_i 为某污染物评价标准。

11 矿产资源综合利用的地质研究与评价

矿产是不可再生的资源,从这个意义上看,矿产资源是一种有限的资源,矿产资源绝大部分是综合性资源,开展矿产资源综合利用不仅可以增加矿产品种、产量,而且可使开发矿产资源过程中产生的废料得到充分的利用,以满足国家建设对矿产资源日益增多的需求,提高矿山企业的经济效益、社会效益和环境效益。矿产资源的综合利用,一是在选、冶过程中的综合回收;二是对采、选过程中产生的废料进行利用。

11.1 矿石综合回收的地质评价

11.1.1 矿石综合回收地质评价的意义

矿石综合回收有着广阔的前景。矿产资源综合利用的可能性和途径的研究正在逐步扩大,金属与非金属矿床的界限,已不再是非常明显的了。从非金属矿石中可回收金属,如从某些磷矿床中回收铁精矿。而从金属矿石中也可回收非金属,如从某些矽卡岩矿床中回收石青棉、硫精矿,又如从程潮铁矿中回收石膏等。有的矿床本身就是综合性的。总之,随着科学技术和国民经济的迅速发展,矿产资源的综合利用具有重大的意义,可以达到以下几个目的:

(1)充分合理地利用矿产资源:据不完全统计,我国铁矿中共生或伴生有19种元素,铜矿中有20种,铅锌矿中有12种,钨矿中有19种,共生或伴生元素相当可观,综合回收大有前景。如云南某铂矿,原矿品位为1.25g/t,低于最低工业品位2g/t,如单纯提取铂元素,则经济上无效益,开展综合利用,从含铂矿石中先提制钙镁磷肥,在炉渣中铂、钯含量得到富集,品位比原矿提高12倍,成为富矿。不仅可回收大量的铂、钯、铱、钌、铑、锇和金、银,而且经济效益可明显增加,仅钙镁磷肥和镍这两项经济收入就等于全部采、冶费用。

(2)为满足对稀缺矿种的需要开辟了广阔的前景:据统计,在60几种有色金属中,有一半以上可以通过矿石的综合利用来解决。而一部分有色和绝大多数的稀有和分散元素,如Co、Ag、Bi、Re、Cd、Se、Te、Ca、Ge、In、Tl、V、Hf和某些铂族元素,几乎全靠综合回收获得。

(3)综合利用是提高劳动生产率、降低生产成本、延长矿山服务年限的手段:由于矿产的综合回收利用,可减少单独开采和加工一种矿产的劳动量,因而,可降低采矿、选矿和冶炼的成本,增加企业的总收入。如某砂锡矿在采、选锡矿时,企业效益逐年下降,开展了矿石的综合利用后,先后回收了独居石、锆英石、钛铁矿、磷钇矿等多种金属副产品,仅副产品的产值就超过锡矿的产值,使企业经济效益大大增加。

(4)综合利用可以减少废石及尾矿的数量:可少占农田,减少污染,有助于环境的改善,保护人体健康,促进生产的发展。

各种类型矿床中可被综合回收的组分见表11-1。

11.1.2 矿石综合回收地质评价的主要内容

(1)查明共生或伴生组分的种类和含量:为了全面了解矿床(石)中共生或伴生组分的种类和大致含量,首先必须确定矿体、矿石类型,进行一定数量的光谱分析和化学全分析;然后对其中可利用的含量较高的组分,进一步系统地作组合分析,以确定每个矿体、每种矿石类型中伴生组分的种类、含量和分布。

(2)查明共生或伴生组分的赋存状态:在鉴定矿石的矿物组成的基础上,确定可能被利用组分的赋存状态。矿石中组分常见的赋存状态,有四种形式:

1)矿石中的组分以单矿物的形式存在;
2)以类质同象混入物存在于其他矿物中;
3)以固溶体或固溶体分离状态存在于其他矿物中;
4)以离子或络阴离子的形式被吸附于主要矿物的表面。

由于矿石中伴生组分赋存的状态不同,所采用的综合回收的方法也不同。以单矿物状态存在的组分,可用机械选矿方法回收;而以分散状态的组分只有当其在精矿产品中得到富集后,才能在冶炼过程中回收或用化学方法回收。因此，必须通过岩矿鉴定来查明伴生组分的赋存状态，以单矿物形式存在的要查明是何种矿物、颗粒大小及嵌布特征等；以分散状态的，要查明赋存于哪些矿物中，是以类质同象状态存在，还是以其他杂质形式，如包裹体、胶体等存在。

（3）查明共生或伴生组分的分布情况：在一个矿床的不同地段，不同矿石类型和不同矿物中伴生组分的含量往往差别很大，分布不均匀需要通过各种分析和综合研究来摸清其分布情况，查明其分布规律。具体要求如下：

1）查明矿床（石）中共生或伴生组分含量与主要有用组分含量之间的关系以及其空间上的分布特点。

2）查明共生或伴生组分在不同矿石类型中的分布情况以及不同类型中的种类和含量。

3）查明共生或伴生组分在不同矿物中的分布情况。

4）查明共生或伴生组分在选矿精矿和尾矿中的分布和含量情况。

（4）研究矿石的结构和构造特征、矿物的粒级以及含量等，以便确定选矿中的磨矿粒度等加工工艺中要考虑的矿石特点。

（5）研究其生成伴生组分综合回收利用的可能性：矿床（石）中的组分是否具有工业价值，不仅看其含量的高低，更重要的是在选、冶过程中能否回收，经济上是否合算。以单矿物形式存在的伴生组分，应通过选矿试验研究其综合回收利用的可能性，了解用何种选矿方法能够使之分离、富集，得到合格产品，其回收率如何；对以分散状态存在的组分，应了解在选矿产品中能否得到一定程度的富集，在精矿和尾矿中的含量如何；当矿床（石）中以分散状态存在的共生或伴生组分含量高且储量大时，还应进行冶炼试验，以了解从冶炼中回收利用的可能性。

（6）用包括主要有用组分和共、伴生组分的综合品位圈定矿体并进行储量计算。

11.1.3 几种主要金属、非金属矿石的综合回收

11.1.3.1 铁矿石

铁矿石中除含有大量铁以外，还伴生有锰、铬、钒、钛、钴、钨、钼等有益成分。这些元素在冶炼时有的可以进入生铁或钢中，它们能提高钢的机械性能。当矿石中某种元素的含量达到它的工业要求或能单独回收时，则应单独计算储量。铁矿石类型很多，不同类型铁矿中的有用组分不同：

（1）钒钛磁铁矿石：除含铁、钛、钒外，有时还含有磷、硫、铬、铜、锰、钴、镍、铂、钯、镓、硒、碲、稀土元素等，如我国攀枝花钒钛磁铁矿。

（2）矽卡岩型磁铁矿石：除含铁外，还含有硫、铜、铅、锌、钴、铋、金、银、镉、铟、硒、碲等。当钨、锡、硼、铍、铌等在某些矿石中含量较高时，也可综合回收。

（3）沉积变质铁矿石：有时伴生有一定数量的锗，是主要的综合回收对象；此外，锰、铬、镓、钴、镍、钼、铜、银、铯、锶、锡等元素也可能多少不等地存在矿石中。

铁矿石中伴生的有益组分的含量达到表 11 - 1 所示指标或低于此指标时，经过试验，选矿回收效果好时，均应考虑综合回收。

表 11 - 1 铁矿石中伴生有益组分评价参考表

伴生组分	综合利用指标 n/%	伴生组分	综合利用指标 n/%	伴生组分	综合利用指标 n/%
钴	> 0.02	锌	> 0.5	钒	> 0.2
镍（硫化镍）	> 0.2	钼	> 0.02	锗	> 0.001
铜	> 0.2	锡	> 0.1	镓	> 0.001
铅	> 0.2	钛	> 5.0	磷	> 0.8

11.1.3.2 铜矿石

铜矿石可综合回收的伴生组分很多，常见的有铁、钴、镍、铅、锌、银、金、铂、钼、锑、砷、硫和锗、镓、铟、镉、铊、硒、碲、铼等稀有分散元素。不同类型的铜矿石，能综合回收的元素也各不相同。

（1）斑岩型铜矿石：是铜的主要来源，也是钼和铼的重要来源。此外还可以从中提取一定量的银和金以及

钛、铟、镓等。

（2）含铜黄铁矿型矿石：除含铜、锌、铁和硫外，尚有铅、金、银、镉等元素。从矿石中选矿所获黄铁矿精矿含硫45%～48%，铁39%～42%。据报道，制取硫酸时，100吨精矿可得到72吨含铁55%～60%以上的硫酸渣，可与铁精矿适当配矿以烧制烧结矿；此外，渣中含有铜0.4%～0.5%，锌0.4～0.9%，钴150～250 g/t，金1～2 g/t和银16～20 g/t，这些均可从湿法冶炼过程中回收。

（3）岩浆型铜镍硫化物矿石：除铜、镍外，矿石中常有含铂、钯等的硫、砷、锑、碲化合物或与铂金属共生矿物，如钯铂矿等。此类矿石中可利用的元素有镍、铜、钴、铂、钯、钌、金、银、铋、钼、碲、硒等。矿石中常形成乳滴状、网状等固溶体分离结构。这类矿石含铜品位不高，而以提取镍为主，铜作为有益元素综合回收。

（4）矽卡岩型铜矿石：矿物成分复杂。某些铜矿已知有工业意义的元素有铜、硫、铁、金、银、钴、铋、钼、硒和锌等十多种。据计算，每产一万吨粗铜，平均可获得黄金9600两，银6000 kg，此外，尚可回收钴、钼、镓等有价值的元素。

当铜矿床中的伴生组分达到表11-2中所列含量时，要认真进行取样分析研究，作出综合评价。

表11-2 铜矿床中伴生有益组分评价参考表

元素或组分	铅	锌	钼	钴	钨	锡	镍	铋		
含量/%	0.2	0.4	0.01	0.01	0.05	0.05	0.1	0.05		
元素或组分	金	银	镉	硒	碲	镓	锗	铼	铟	铊
含量	0.1g/t	1g/t	>0.001%							

11.1.3.3 铅锌矿石

在铅锌矿床中常伴生多种具有综合回收价值的组分，如铜、钨、锡、铋、砷、汞、钴、镍、金、银、铂、稀有金属、稀散元素、铀以及硫铁矿、萤石、天青石、重晶石等，应注意综合评价，参考表11-3。

表11-3 铅锌矿床中伴生组分综合评价参考表

伴生组分	铜	氧化钨	锡	钼	铋	硫	锑	萤石	金	砷
矿石品位/%	0.06	0.06	0.08	0.02	0.02	4	0.4	5	>0.1 g/t	0.2
伴生组分	银	镉	铟	镓	锗	硒	碲	铊	汞	铀
矿石品位/%	2 g/t	0.01	0.001	0.001	0.001	0.001	0.001	0.001	0.005	0.02

11.1.3.4 钨矿石

我国一些钨矿石中含有锡、钼、铋、铍、铜、铅、锌、锑、金、银、镉、钪、铌、钽、锂、砷、硫、磷、稀土、压电水晶和熔炼水晶、萤石等。但它们大多数组分对钨的冶炼工艺和钨制品为有害杂质。经选、冶富集综合回收，则可成为有用组分。

据我国目前生产技术经济水平，当钨矿床中伴生组分达到表11-4中所列的含量时，应注意综合评价。

表11-4 钨矿床中伴生组分综合评价参考表

元素或组分	含量/%	元素或组分	含量/%
Cu	0.05	Ta_2O_3	0.01
Zn	0.5	Nb_2O_3	0.08
Pb	0.2～0.3	Sb	0.5
Co	0.01	Li_2O	0.3
Sn	0.03	TR_2O_3	0.03
Mo	0.01	BeO	0.03
Bi	0.03	S	2

11.1.3.5　锡矿石

原生锡矿中常伴生铅、锌、铜、锑、铌、钽、铍、铋等，有时还有硫、砷和铁。砂锡矿石中常有白铅矿、闪锌矿、黄铜矿、方铅矿等有用矿物；还可有自然金、黑钨矿、白钨矿、独居石、金红石以及铌、钽等稀有元素，应注意综合评价。

11.1.3.6　硫铁矿

硫铁矿为制取硫酸原料，但要注意其中其他有用组分。

（1）硫铁矿矿物的主要共生或伴生元素：硫铁矿常与铜、铅、锌等硫化物矿床共生。在硫铁矿床中还常含有金、钴、镍、铂及稀有、分散元素等，应注意综合勘探，综合评价，综合开发利用。

硫铁矿矿物及其氧化矿物内的主要伴生元素及其大致含量见表 11 − 5。

表 11 − 5　硫铁矿中及其氧化物内的主要伴生元素及其大致含量

载体矿物	元素	Ce	Se	Te	Tl	Cd	In	Ga	Au	Ag	Ni	Co
硫铁矿	黄铁矿	1~2 (50)	5~200 (3000)	5~100 (1000)	1~50 (3800)	2~200 (600)	1~5 (100)	1~10 (100)	0.1~3	10~20 (100~200)	3~20 (525)	1~30 (287100)
	白铁矿		1~30 (100)		1~100 (3000)			1~30				
	硫黄铁矿		1~70 (150)	5~10 (50)	(1000)	100~40	200	5~10 (100)			28~33	215~263
硫铁矿的氧化矿物	褐铁矿		10~70 (200)	5~15 (1100)								
	黄钾铁矾	1~5	10~100 (3300)	10~50	100			5~10	10			

注：伴生元素品位：g/t（10^{-6}），表中括号内为大致含量。

（2）硫铁矿矿物主要共生或伴生元素的赋存状态：钴、镍、硒、锗、银、镓等主要以等价类质同象状态赋存于硫铁矿中。镉、铟等很可能以类质同象分离（固熔体分离）状态存在。金、银多呈极细小的自然矿物或银金矿、金银矿存在，铊、铷、铼、铌、钽、碲等含量甚微。

在实际工作中有时会发现硫铁矿石含有较多量的共生或伴生元素。但是，并不等于伴生元素必定赋存在硫化物中。有些单一的硫铁矿床富含铊，主要以类质同象赋存在绢云母和钾长石等含钾矿物内；而镓则主要赋存在黏土矿物内，镉常常赋存于闪锌矿中。

11.1.3.7　磷矿石

在磷矿中常伴生有氟、碘、稀土元素、放射性元素以及锰、含钒钛磁铁矿、钛铁矿、石墨、蛭石等有用组分。当磷矿石中的伴生元素含量达到：铀在 0.02% ~ 0.03% 及以上，碘在 0.04% ~ 0.005% 及以上，可综合回收。铁的综合利用指标有的矿区采用全铁 TFe > 12%。

11.2　矿山补充资源综合利用的地质研究及评价

矿山补充资源系指矿山主要生产对象之外的未经充分开发或已开发遗弃但尚具重复开发利用的自然资源。在生产矿山这类资源一般都是在开发过程中产生的，且具有一定的潜在经济价值。例如，矿山表外矿、超贫矿、残矿、废石、尾矿以及矿坑水和古炉渣等。所涉及的范围，将随着生产的发展、技术与经济水平的提高而有所扩大。

这类资源的综合利用，其共同特点是一般都不需要增加较大的投资和设备，即可以达到既可充分利用与回收资源，又可增加矿山经济效益和改善生态环境的目的。

11.2.1　矿山表外矿和超贫矿合理利用的地质研究

表外矿通常是指介于边界品位与工业品位之间，被列为工业上暂时不能利用的矿石；超贫矿是指有用组分虽有一定含量，但品位低于边界品位的矿石。此外，矿体厚度小于可采厚度的薄矿体中的矿石也可视为表外矿石。

11.2.1.1　表外矿与超贫矿利用的前提和条件

矿山的表外矿与超贫矿并非全部都能利用，它们的合理利用是有条件的。这些条件是：

（1）表外矿与超贫矿必须分布在开采境界范围之内，这样则无需增加剥离、运输等费用，而只需要相应增加选矿等后续生产费用。

（2）表外矿、超贫矿应具有较好的选矿性能。

（3）矿山具备的设备、设施条件允许，例如选厂生产能力尚有潜力，尾矿池有足够的容积等。若尾矿池原容积或其他设施能力不够，而需扩建或新建时，则必须经过技术、经济等方面的权衡、比较，才能对表外矿等利用问题作出决定。

11.2.1.2　表外矿、超贫矿合理利用的研究与评价

表外矿与超贫矿在进行利用前，须对其进行必要的分析研究，并在此基础上作出结论性的评价。这些分析研究的问题有下列几方面：

（1）矿石性质的研究：这要求对表外矿、超贫矿的矿物组成及其变化特征和品位变化规律以及矿石的结构、构造等方面都进行详细研究，以取得有关矿石性质方面的资料。

（2）选矿试验：应按不同品位段分别试验，以便较好地反映出不同品位段矿石的可选性能。在需要的情况下也可将表外矿与超贫矿按一定比例与表内矿混合进行选矿试验。

（3）技术经济分析：确定表外矿或超贫矿能否利用与确定合理利用工业指标（可采品位等）密切相关。在考虑对表外矿或超贫矿进行利用时，应注意采用综合评价的方法，以考虑回收其中伴生的有用组分，其关键是综合品位的确定。

这方面精确的分析，最好以矿床的经济评价为手段，以便确定其能否利用和利用的工业指标，再按不同开发地段和不同工业指标列出不同方案，而后分别进行经济评价以择其优。在经济评价中可同时使用计时和不计时评价法，再根据其他方面的综合分析作出最后抉择。当前，在计时评价中可采用动态投资收益率法进行分析计算，对同一矿山则可以比较动态投资收益率的大小以选择较好方案，保证矿山取得最高的贴现总利润。

通过经济分析以及由此而得出的评价，可以得到经济效益方面的结论。这对于表外矿、超贫矿能否被利用，十分重要，但也不能忽视其他方面的问题。

（4）国家对资源需求程度的分析：对国家紧缺资源的表外矿、超贫矿的回收利用，即使没有太大的经济效益甚至无经济效益可言，也应尽可能回收利用，至于政策性的允许亏损程度如何，则需要具体分析。

（5）能源情况分析：在考虑利用开采境界内的表外矿、超贫矿问题时，应对开采、选、冶等工序中可节省的与因其品位偏低而需增加消耗的能源，作出对比分析。同时，还应对本地区能源的供求状况进行全面考虑，以作为表外矿、超贫矿能否可回收利用的决策因素之一。

（6）环境保护因素的分析：环境效益也是考虑表外矿、超贫矿可否回收利用的一个重要因素。堆放表外矿、超贫矿以及其他废石而占用土地，将会对环境造成污染，尤其是对于其中含有有害成分的表外矿、超贫矿，则更应重点考虑。

（7）社会效益等其他因素分析：根据我国的社会性质，不仅要考虑本矿山企业的经济效益，也要注意社会效益。如在确定可采品位等矿床工业指标时，要考虑其他同类矿山的动态投资收益率，从而达到使本单位经济上受益又使国家更多地回收矿产资源。

此外，还应综合分析本矿山主要生产设备等固定资产和人员潜力的情况。这决定了矿山的生产发展的潜力和利用这类补充资源的潜力。

对于综合利用补充资源的矿山，还应注意加强矿石的质量管理，努力降低矿石的贫化损失。为了保证精矿产品的质量稳定，还必须加强矿石的质量均衡（即矿石质量中和）工作。

随着生产的发展，技术、经济水平的提高，各项技术经济指标的变动，在适当时期还应修订和调整工业指标。

至于矿山通常所说的残矿、呆矿，情况则有所不同。前者主要是采矿方法不当而遗留下的部分或因矿体地质因素等具体原因不便继续开采的矿体；后者则往往因矿石工艺性能或开采条件不佳不能利用而成呆矿。它们的利用问题，应从改进采矿工艺入手去研究，并从研究矿石工艺性质方面考虑。

综上所述，关于表外矿与超贫矿的利用，只要其本身有可利用的条件，一般并不需要增加较大的投资与设备。当它们与工业矿石一并或可能一并采出时，其分离或选矿成本一般都不会太高，甚至还可能低于难采矿石。在这种前提下，表外矿、超贫矿的综合利用完全是可能的。

探索利用的新途径，实行预选抛废，提高入选品位，使夹在入选矿石中的废石不得进入选矿过程是一个较好的处理措施，如对含铁石英岩可破碎到 40mm，用磁滑轮抛废，可抛丢 50% 以上的废石；多金属矿石破碎到 50mm，用重介质选矿法预选抛废，可丢掉 30% 的废石。此外，还可用辐射选矿、跳汰选矿法进行预选抛废。

近几年来发展起来的地质工艺采矿法。用化学或生物化学方法处理表外矿、超贫矿（或矿山废料），将其中有用组分变为液体或气体回收，也是表外矿、超贫矿利用的新途径。

实例：石人沟铁矿对超贫矿、表外矿的利用。

该矿属鞍山式铁矿，1975 年投产，露采，因废石场难以扩充，致使剥离量受到限制，选厂生产能力也不能充分发挥。从 1982 年起开始回收利用开采境界以内的表外矿与原指标下不可采的薄矿体，而剥离总量不变，采矿不增加费用，达到了增加产量、解决选大于采的矛盾和提高经济效益的目的，同时还减少对废石场的压力，该矿在利用这类资源时，对原有矿床工业指标的适当修订，是一个值得重视的经验。

11.2.2 废石及尾矿综合利用的地质研究

11.2.2.1 废石综合利用的地质研究

（1）废石的定义：主要指矿山生产过程中为揭露矿体进行掘进或剥离而排弃的岩石。我国废石的排放量很大，占用土地很广，既造成矿产资源的大量损失，又造成了环境污染。由于矿山生产环境复杂，矿山废石还包括一些不同来源：

1）采下的矿石由于混入了废石而贫化，从而低于出矿品位者，或剥岩中的矿石混入岩石中者，皆被视为废石。

2）采、选中抛弃的脉石。

3）因采选等技术条件限制，使矿石、夹石及围岩中的有用组分未被查明，或由于工业指标所限制，有的有用组分未能回收而遭丢弃的部分。

（2）对废石进行综合利用的地质研究内容：在对矿山废石进行综合利用前，必须对本矿山废石的特点进行较全面的地质调查和研究，结合本矿山的生产条件确定有无利用的价值与可能。具体研究内容为：

1）矿床（体）地质调查研究：在对矿床地质进行全面调查的基础上，着重调查开采地区（中段或平台）有用组分的含量、分布、开采利用的情况以及采下矿石的损失情况等。

2）对选矿方面的调查研究：在这方面应对入选矿石的有用组分及其含量、选矿回收情况以及尾矿中有用组分及其含量等进行调查研究。

3）对废石及其堆放现场的调查研究：包括对废石的种类、数量及利用前景的分析等。还应针对下列几种情况进行研究：废石中如含有用组分则应有目的地对废石堆进行系统调查、取样（可用类比法确定取样间距），根据分析结果、查明质量并确定再次开采回收的地段和计算废石中可回收的矿石量；废石中如含有可利用的某种矿物（如宝石、彩石等观赏矿物、工艺矿物或矿物颜料、研磨材料、陶瓷原料等），则应对废石中此种矿物的特点、质量（适用性）及其在废石中的含量与可选性进行研究；如废石本身有可能被利用（作冶金熔剂、铸石、玻璃陶瓷原料及公路建筑碎石、铁路道渣等）则应对废石中的成分及其比例、废石的适用性等所有质量方面的要求进行研究、同时应注意对废石场的位置选择是否适当、废石堆放的特点、形式等进行调查研究。

进行再开发利用时，还应对矿山原有生产设备的能力、能源的状况以及经济效益等进行调查研究，全面考虑。在衡量从废石堆中开发矿产资源的成本与经济效益时，可参考采用下列反映价值与成本的关系式（据任邦生）：

$$C = \frac{F}{\varepsilon \cdot a} K \qquad\qquad (11-1)$$

式中：C 为矿石品位，%；ε 为选矿回收率，%；a 为产品现行价格，元／吨精矿；F 为采选总成本，元／吨；K 为利润系数。

11.2.2.2　尾矿综合利用的地质研究

尾矿是矿石回收有用组分后，所排出的矿物废砂。我国矿山尾矿的排放量十分庞大，不仅影响到不能充分利用矿产资源，而且危害环境。随着科技的进步，经再次采、选、冶等工艺，可使其中有价金属或其他有用物质得以回收利用。

矿山尾矿能否利用，取决于对其进行的调查、分析、研究以及对其再利用可行性的论证。对尾矿再利用可行性论证所需进行的地质方面的调查研究内容有：

（1）入选矿石的类型、矿物成分、品位及矿石结构、构造特点相应的选矿工艺流程的特点和选别效果等。

（2）各类尾矿的矿物组成及其相互间的关系、尾矿的品位及其变化规律。

（3）尾矿中矿物的粒度、次生变化特点、含泥量、黏性大小和固结程度，以及选别的难易程度。

（4）尾矿堆放的形式和特点及其粒级、品位之间的分布规律。

（5）尾矿体重和湿度的测定以及其储量计算，对不同阶段所能利用的尾矿应作出规划，并反映在相应的图纸上。

在对尾矿进行调查研究中不应忽视对尾矿坝（库）地质条件以及工程本身情况等方面的调查研究。对尾矿再利用可行性的论证，也不能忽视对原生产设备的能力进行分析和必要的实验与经济分析。

11.2.2.3　废石和尾矿综合利用的途径及地质评价

由于国家建设的需要，对矿产资源的需求规模也日益扩大，因此如何综合利用矿山采、选、冶过程中产生的大量废石、尾矿等补充矿产资源，就成为大规模开发矿产资源中的一个重要方面。其主要利用途径及地质评价中应注意的事项如下：

（1）从废石或尾矿中再回收主金属或伴生金属：无论黑色或有色金属矿山都可考虑对过去的废石或尾矿再次采、选以回收其中的有价金属及有用组分。

1）黑色金属矿山：混入废石中的矿石（如铁矿石），可根据矿物的颜色、光性和荧光性、磁性、导电性（硫化物）、自然或人工放射性、吸收中子的性能等，就地选别回收。如漓渚铁矿就根据矿石的物理性质从废石堆中回收铁矿石上百万吨。

对废石（或围岩）中存在的可回收的伴生组分，应重新采、选回收。如凹山铁矿其围岩黄铁矿化强烈，对其中够品位的黄铁矿，可作为副产品进行采选回收。

黑色金属矿山，特别是磁铁矿等矿种，其尾矿常可再选回收或经细磨再选回收其中主金属；对尾矿中的其他有用组分则应选用新的选矿工艺回收。例如白云鄂博铁矿的尾矿中含有铁、硫及氟碳酸盐、萤石、稀土元素等，实际上是一个大型稀土多金属矿床。

2）有色金属矿山：有色金属矿床矿物成分复杂，其废石、尾矿也是如此。以往矿山设计仅利用主要组分，对其他含量较低，但仍可利用的元素则常忽略，因此经过重新评价，常可回收更多的有用组分。如八家子矿原仅回收铅、锌、硫，后来增加回收铜、银等；白银公司由于铜矿山相继进入后期开采，铜硫产量降低，黄金便成为主产品之一。

我国一些生产历史悠久的老矿山，废石、尾矿不仅数量大，而且其中有价金属等可重新利用的资源极为丰富。如云锡公司的锡尾矿，锡平均品位在 0.13% ～ 0.17% 左右，并伴生有铅、锌、铟、铁、铋、铜、砷等多种成分，形成一个新的以锡为主的多金属矿床。

应该指出，在工艺上研究从尾矿中回收金属的新方法是十分重要的。例如，铜浮选尾矿的火法冶炼，可把铜回收率提高到 73%，铅 51%，锌 61.5%，而采用单一浮选流程，铜、铅、锌的回收率就低得多。对铜矿的浮选尾矿，还可经旋流器分级，将矿砂再磨再选，可提高铜、银回收率，并回收金。镍矿的浮选尾矿，可采用磁选方法回收镍。

国外对这类有色金属补充资源的利用日趋重视，补充资源占资源消费量比重越来越大。尾矿中金属提取率也在不断增高。例如，近年来美国从铜、铅、锌、锡、黄铁矿的尾矿提取率最高可达 Cu36% ～ 89%，PbZn28% ～ 33%，Sn20% ～ 30%，Au51% ～ 94%。

有色金属矿山废石、尾矿的地质评价的重点在于研究其中矿物成分、赋存状态及其变化特点，有用组分的含量及其变化规律，废石或尾矿的工艺特性和它们的堆放情况等方面。从废石、尾矿中回收有用组分，还可以用溶浸（浸出）的方式回收某些金属矿（如铜矿、铀矿以及锰矿、钴矿等）中的有价金属。金属矿的溶浸作用分为化学作用与细菌作用两种。溶浸作用可用于矿山废石堆、废旧采场、超贫矿体以及尾矿中。用于浸出的化学溶液有：无机酸溶液、苏打溶液、细菌浸出时的硫酸铁溶液、溶解盐层的水溶液和氰化钠溶液等。废石中铜的溶浸流程如图 11－1 所示。

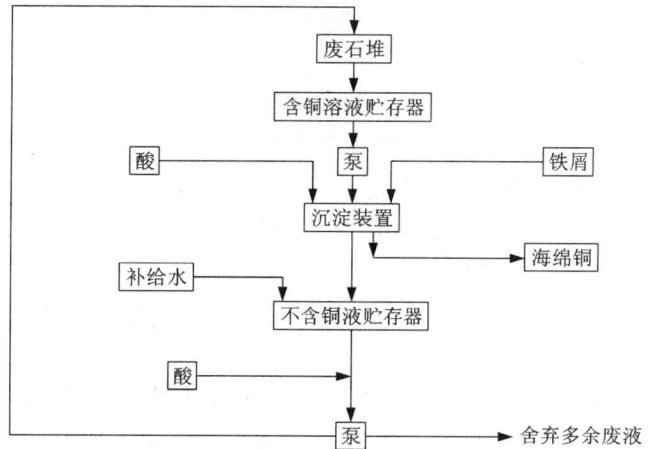

图 11－1　废石堆溶浸原则流程

而铜的细菌溶浸、浸出铜的微生物天然存在的需氧菌有，氧化硫杆菌和氧化铁硫杆菌，其浸出功能是将硫化物氧化成硫酸盐及将二价铁氧化成三价铁，氧化的金属和生物活化引起酸度增高，两者结合起来导致矿物的加速浸出。

铀的细菌浸出，原理上与上相似，只要铀的极贫矿石或废石中有黄铁矿等硫化物存在，细菌可使其氧化，生成硫酸及硫酸亚铁，氧化硫杆菌又将其氧化成硫酸铁，由于酸的作用而浸出铀等有用组分，使之成为可溶性金属离子，便可用离子交换法处理回收铀。

评价废石、尾矿、超贫矿石等能否用溶浸回收，重点是研究其中有用矿物和脉石矿物的组成、品位、矿物的溶解度、耗酸的脉石矿物量以及周围的地质条件。一般情况下要求有用矿物主要为硫化物或脉石矿物中有一定量的硫化物（如黄铁矿），以便形成硫酸和硫酸盐，而脉石矿物中不能有大量方解石等碳酸盐矿物，以免硫酸大量消耗。

从废石、尾矿中回收金属（伴生金属）组分，非金属矿山也是有潜力的。例如，利用石棉废料可生产回收金属镁等。

不论黑色和有色金属矿山还是其他矿山，都应编制本企业现存的废石、尾矿等固体废料的综合资料存档和尽可能编制对这类固体废料综合利用以及防止其污染环境的工艺规程。

（2）废石及尾矿在农肥方面的利用：生产矿山的废石（包含围岩）可作为矿物肥料者或者其中含有某些矿物经选出后可作为矿物肥料者有：钾长石（产于伟晶岩脉、斑状或似斑状花岗岩、钾长石化花岗岩之中）、明矾石、白榴石和云母类矿物等都可作为钾肥原料；其他废石若为绿豆岩（富钾火山凝灰岩）、含钾砂页岩、含钾水云母黏土岩、霞石正长岩、粗玄岩、粗面岩等经过选别也可考虑作为钾肥原料。

岩浆矿床中某些基性、超基性岩废石中的蛇纹石、橄榄石和辉石等，可作为钙镁磷肥原料并可回收镍。对某些难选的含氧化镁高的金属矿石，可通过生产钙镁磷肥富集其中的金属。

矿床（如火山岩矿床等）的矿石中含有磷灰石，或某些高磷岩石可直接磨成磷矿粉作为磷肥原料利用，也可直接利用含磷矿石的尾矿作为磷肥原料。

作为农用矿物肥料的矿物其地质评价的重点是矿物中有益、有害成分的含量和变化特点以及农业上相应的要求。例如从地质角度评价这类磷肥原料。除上述的成分含量外，还需检查其磷灰石的结晶程度，以非晶质磷灰石中速效磷含量高者为佳。

综合利用生产矿山的废石或尾矿作为微量元素肥料的前景是广阔的，凡富含 Cu、Mn、Mo、Zn、Cl、Na、B、V、Co、Li、Cr 的废石或尾矿均可予以考虑。例如，锰矿床的废石和尾矿，因其中的锰往往以 MnO_2 状态存在，可促使土壤中的有机物迅速氧化，进而使有机物中所含的营养物迅速析出，变成易被吸收的状态，所以是极好的锰肥；若其中还含有磷酐、氧离子、硫酸盐离子以及氯化镁、氧化钙等成分，实际上便成了一种优良的综合肥料；一些以废石状态存在的基性岩、超基性岩、碱性岩（如黑云母辉长岩、蚀变角闪岩、辉石岩、橄榄岩、玄武岩、角闪黑云粗面岩等），其中 Cu、Cr、Ni、V 等元素较高，也可作为微肥原料；金刚石矿的尾矿可作为长效无机复合化肥的原料等等。

对于废石或尾矿能否可综合利用作为微肥原料。其地质评价主要有下列几方面：

1）确定废石或尾矿中可做微肥的元素种类及含量；

2）确定微肥元素的赋存状态，对这些元素的要求是：易溶、易分解化合物、易被植物吸收；

3）确定废石或尾矿中对动植物的有害元素的含量及赋存状态。如果含有有害元素(含量超过允许范围)，且呈易被植物吸收的状态，则不管有益元素如何，都不能利用。

（3）废石及尾矿作水泥原料方面的利用：矿山废石、尾矿是可以开发利用成为水泥原料的一个重要途径。例如甘井子石灰石矿，每年约废弃50多万吨尾矿，其中大多适合作水泥原料。此外，该矿剥离的钙质或泥质页岩夹层还可作为建材石料进行加工。

对于作为水泥原料的废石及尾矿的地质评价可分以下几个方面：

1）基本原料

① 石灰质原料：石灰岩、大理岩或泥灰岩废石或相应成分的尾矿均可作为原料。对其进行地质评价的指标是：CaO 含量高于 45%；MgO 的含量要求可适当放宽。

② 黏土质原料：废石中的某些页岩、板岩及黏土矿中含铁高的不合格矿石可作为此原料。对其进行地质评价的指标是：$w(SiO_2) > 65\%$，$w(Al_2O_3) > 13\%$。

③ 石膏：$w(SO_3) > 30\%$，$w(H_2O) < 13\%$。

2）混合材料

① 活性混合材料：废石或尾矿中含玻璃质较多的火山岩，如沸石凝灰岩、浮岩等都可作为原料。对其进行地质评价时，主要是确定其"活性"的大小。确定方法有两种：一是玻璃质鉴定法，即通过岩石薄片在镜下鉴定，确定其中玻璃质含量的多少，玻璃质愈多，活性愈大；二是石灰吸收法，其实质是测定岩石对石灰吸收值的大小以评定其活性大小。能作为活性材料的凝灰岩和浮岩的石灰吸收值应大于 50 mg/g，粗面凝灰岩则应大于 60 mg/g。低于此数值者不能作为活性混合材料，但仍可作为充填性材料。高炉水渣、电厂粉煤灰亦可作为活性混合材料。

② 填充性混合材料：可作此材料的废石很多，如花岗岩、闪长岩、辉绿岩、玄武岩、安山岩等岩浆岩和砂岩、石灰岩、白云岩等沉积岩均可作为填充性材料。尤其是尾矿更是大可利用的原料(多数无需再粉磨)，成本更低。如以角闪石为主的尾矿即是优质填充性材料。作为此种材料的地质评价一般是要求硫化物和硫酸盐的总含量(以硫酐 SO_3 计)不超过 3%。

3）校正原料：包括铁质校正原料和硅质校正原料。前者可用铁矿石或硫铁矿渣、铜矿渣、铅锌矿渣等工业废料；后者可用废石中的砂岩或石英岩等。对硅质校正原料进行地质评价的指标一般是：SiO_2 的含量最好能达到 70% ~ 90%，碱性物质的含量不超过 4%。

若基本原料中同时缺铁和硅，则某些高硅铁矿石(如鞍山式铁矿)的尾矿或表外矿就能作为铁质和硅质的综合校正原料加以利用。

4）矿化剂：常用的有石膏和萤石，两者可组成复合矿化剂，相应的尾矿也可利用。

（4）废石及尾矿在制砖、加气混凝土或其他建材方面的利用

1）尾矿制砖：矿山尾矿或废矿粉(如石灰石加工中产生的矿粉)可综合利用作为制砖原料。尾矿砖是以尾矿粉为主要原料(占整个成分约 65%)，以粉煤灰(15% ~ 20%)、磨细石灰(8% ~ 12%)、石膏(3%)为激发剂，经搅拌、轮辗、成型、蒸汽养护制成砖；也可掺以黄泥焙烧成砖。在黑色、有色、化工等部门的矿山中都存在这种综合利用的可能性。如锦屏磷矿利用尾矿加黏合剂冲压成型制砖，抗压强度达到或超过国家标准，并可防腐。利用尾矿制砖，还可减少尾矿池的压力，节省投资和占地面积，减少因制砖而挖泥破坏农田的现象。对其地质评价重点是鉴定尾矿或废矿粉的矿物组成，协助选择合理的制砖工艺。例如尾矿或废矿粉中含有大量的方解石，则不宜采用通常的焙烧制砖工艺，而应采用碳化制砖工艺。

2）尾矿粉加气混凝土：是一种轻质多孔的建筑材料。是以尾矿粉、水泥、水渣等为原料，与加气剂按比例配制，经蒸汽养护等工序制成。这方面对尾矿的地质评价与制砖尾矿相似。

有的尾矿粉可制成加釉贴面砖；废石中的大理岩、蛇纹石化大理岩、蛇纹岩、花岗岩、花岗闪长岩等可作装饰面材。

（5）废石及尾矿在玻璃原料方面的利用：以生产量最大的平板玻璃而论，主要原料包括：

1）硅质原料：这类原料可从某些矿山废石及尾矿中得到。如金属砂矿床的副产品硅砂；钨、锡、金等热液

充填型矿床的脉石矿物石英以及很多矿床的围岩(砂岩等)。只要满足 SiO_2 含量在 90% 以上,杂质不超过允许范围等指标的要求,都可作为此类原料。在对硅质原料进行评价时,还应进行重砂检查,要求不含铬铁矿、铬尖晶石、角闪石和电气石等高熔点的难熔矿物。

2)铝质原料:可作为这类原料的矿物有:长石、叶蜡石等。

长石主要是正长石、钾微斜长石和钠长石,多产于伟晶岩矿床或花岗岩中的稀有元素矿床等在废石或尾矿中可加以回收。其地质评价的重点主要是物质成分方面,要求成分稳定,$w(Al_2O_3) > 18\%$,$w(SiO_2) < 70\%$,$w(Fe_2O_3) < 0.20\%$,此外、钙长石还可用以制造特殊性能的玻璃纤维,也应注意回收利用。其他成分要求的指标是 $w(Al_2O_3) > 15\%$,$w(K_2O + Na_2O) < 0.5\%$,$w(Fe_2O_3) < 0.5\%$。

叶蜡石是某些热液矿床围岩蚀变的产物,可从这类矿床的废石中回收利用,也可作为铝质原料。

霞石已可代替长石作为玻璃原料的新资源,亦应注意从废石或尾矿中回收利用。

3)钙质及镁质原料:废石中的石灰岩、白云岩或大理岩等可作为原料。对白云岩要求 $w(MgO) > 19\%$,$w(Fe_2O_3) < 0.20\%$;而对石灰岩则要求成分稳定,$w(CaO) > 47\%$,$w(Fe_2O_3) < 0.3\%$;大理岩因其成分稳定,颗粒均匀,常常钙高而铁低,是一种较理想的原料。白云质灰岩常因成分不稳定影响到它的利用问题。

至于对原料要求还不如平板玻璃严格的瓶罐玻璃,废石、尾矿更有发展潜力。

(6)废石及尾矿在陶瓷原料方面的利用:矿山废石或尾矿中的石英、长石、黏土、绢云母等都可综合利用作为陶瓷原料(地质评价与作为平板玻璃原料相似)。此外,硅灰石也是一种良好的原料,有些硅灰石常伴生少量石榴石和透辉石,在烧成时还将起良好的矿化剂作用,有助于陶瓷成品质量的提高。

其他如矽卡岩矿床的废石或尾矿中常出现的透辉石、透闪石等,它们和硅灰石一样都可作为低温快烧节能的新型陶瓷原料以及塑料、涂料等工业填料。

对这类原料进行地质评价时,按应用对象不同,其要求也有不同,纯度越高,应用范围也就越广泛。一般允许杂质含量是:$w(Fe_2O_3) < 1\%$,$w(Al_2O_3) < 1\%$,$w(MgO) < 1\%$,$w(MnO_2) < 0.5\%$,$w(TiO_2) < 0.05\%$,$w(CuO) < 0.05$,灼减 $< 1\%$。但是,由于硅灰石常具纤维状结晶,易于用机械方法从粒状物料中选出长针形结晶体,因此,原矿石中虽含较多杂质也尚有应用的可能。

(7)废石及尾矿在保温、隔热、隔音材料方面的利用:

1)膨胀珍珠岩:主要利用珍珠岩以及松脂岩、黑曜岩等火山玻璃岩为原料,矿山废石(或围岩)中如有这类岩石可加以利用。

地质上可从三方面评价某种火山岩能否作为膨胀珍珠岩原料:

①地质年代:火山玻璃岩以形成年代较新(受变质作用等的影响较少)者为好,一般以中生代或新生代产出的火山玻璃岩为佳。

②光学性质:用偏光显微镜可对火山玻璃岩的膨胀性能作定性划分为下面三类:即膨胀性能优良、中等和低劣三类。以玻璃质无色、透明,不含或少含原生斑晶、微晶,未经脱玻化作用或脱玻化作用轻微者为上乘。而以玻璃质透明度不好,含大量雏晶、微晶、脱玻化强烈者为低劣。

③膨胀性能简易试验:将火山玻璃岩碎至 2.5 ~ 5 mm,取一毫升左右,迅速投入烧至 1100 ~ 1200℃ 的坩埚中,保持温度 20 s 左右取出。如样品膨胀后体积增大至原来的 4 ~ 8 倍或更多,则属优质原料,胀大仅 2 ~ 3 倍者质量较差。

2)矿(岩)棉:其原料有冶金炉渣和天然岩石两种。后者可通过配料以保证原料成分的稳定,可作为矿(岩)棉原料的岩石组合是:

① 黏土掺加白云岩或白云质灰岩;

② 石英岩或砂岩掺加白云岩;

③ 镁质泥灰岩;

④ 65% ~ 70% 的花岗岩配加 30% ~ 35% 的白云质灰岩;

⑤ 40% 的花岗岩,40% 的白云岩,掺加 20% 的黏土;

⑥ 正长岩掺加少量白云岩;

⑦ 辉长岩掺加石灰岩等。

评价废石或尾矿可否作为矿棉原料。可用酸度系数来衡量、酸度系数(M)是指原料中 SiO_2 及 Al_2O_3 之和与

CaO 及 MgO 之和的比值。

即

$$M = \frac{w(SiO_2) + w(Al_2O_3)}{w(CaO) + w(MgO)}$$

当岩石中主要存在上述四种成分时，一种岩石（或几种岩石的组合）的 M 值是 1 或稍大于 1，则可作为矿（岩）棉原料；但当岩石中其他组分含量很高时，M 值就会失去意义，而必须用饱和系数来衡量，饱和系数（K）为：

$$K = \frac{w(SiO_2) + w(Al_2O_3)}{w(CaO) + w(MgO) + w(R_2O) + w(Fe_2O_3) + w(FeO) + w(MnO)}$$

K 值应比 1 稍大才适合做矿（岩）棉原料。如果一种岩石不能满足此要求，可用几种岩石搭配以满足要求。

在评价矿（岩）棉原料时，有害组分允许含量是：$w(FeO) < 15\%$；$w(MnO) < 2.5\%$；硫化物 $< 0.5\%$。由于 Na_2O 和 K_2O 将成为矿（岩）棉中主要的夹杂物，故应尽量低一些。

（8）废石及尾矿在铸石原料方面的利用：生产铸石的天然原料及其地质评价指标：

1）主要原料：凡是在化学成分上与铸石制品比较接近的任何天然岩石或工业废渣，都可作为生产铸石的原料。主要是玄武岩、辉绿岩、角闪岩以及某些尾矿。对于生产铸石的玄武岩等原料，一般无严格要求，但最好是其化学成分接近铸石成品成分，以减少附加原料的种类和数量。

2）附加原料：

① 白云石、角闪石、蛇纹石、石灰岩或石英岩等，为补充主要原料中镁、钙或硅等含量的不足。

② 萤石，主要做助熔剂。

③ 铬铁矿或钛铁矿：主要作为结晶促进剂（为节约原料与成本，可用铬渣代替铬铁矿）。

最近锦州铸石厂从波兰引进一条铸石生产线、其特点是采用单一玄武岩为原料、这种玄武岩，其酸度值 $K = 1.5 \sim 2.0$，计算公式如下：

$$K = \frac{w(SiO_2) + w(TiO_2) + w(Al_2O_3)}{w(CaO) + w(MgO) + w(K_2O) + w(Na_2O) + w(FeO)}$$

锦州的上齐台玄武岩和北镇玄武岩就符合这种要求。

用天然岩石作原料生产铸石的同时、可兼而回收超基性岩中的铂、钯、钴等金属。这也是综合利用的一个新途径。

（9）废石及尾矿在铸造砂原料方面的利用：作为铸造用砂的矿物很多、有橄榄石、刚玉、高铝矾土、石英、石灰石等。其中"七〇砂"就是石灰岩和大理岩经人工破碎、筛分加工后所成的铸造用砂，具有优良的工艺效果，相应的废石或尾矿可以加工利用。

作为"七〇砂"原料的石灰岩或大理岩的地质评价有以下几方面：

1）岩石品种：除泥灰岩、碳质灰岩、沥青灰岩.硅质灰岩、硅化灰岩与硅化大理岩等不适用以外，其他品种的石灰岩、大理岩大多可适用。

2）化学成分：一般最低指标为 $w(CaO) \geqslant 48\%$，$w(SiO_2 + Al_2O_3 + Fe_2O_3) < 10\%$（其中 SiO_2 最好小于 5%），$w(MgO) \leqslant 4\%$。

3）出砂率：一般多在 50% ~ 60% 左右，愈高愈好。

4）砂粒形状：一般要求砂粒多数近似圆形或多角形，而尖角状、片状、长条状的形状不好。

（10）废石（或围岩）在宝石、彩石、颜料原料方面的利用：某些矿山废石（围岩、脉岩）或矿石可以综合利用为宝石、彩石的原料。例如稀有金属矿床中的绿柱石、电气石、石榴石、蔷薇石英；铜矿床中的孔雀石；钨矿床中的电气石、绿柱石、黄玉；矽卡岩矿床中的萤石、蛇纹石、软玉、蛇纹石化大理岩；铁矿中的碧玉岩；锰矿中的蔷薇辉石以及硅石矿中的彩色石英岩等都可能在这些矿床的废石或在不合格的矿石中出现，可以回收利用。

对于宝石、彩石的地质评价：化学性质方面要求在常态下无毒、稳定（不起化学变化不分解、不水解）；物理性质方面要求硬度高（一般要求 6 度以上，石料彩石在 4 度以上，蛇纹石与叶蜡石等个别品种可稍低），透明度佳（宝石要求透明至半透明，玉料、石料无明确要求），颜色好（鲜艳纯正、光彩夺目者为上品、具花纹、晕色和变彩者价值更高）韧性大（要求致密而韧性大），光泽悦目（其优劣顺序为金刚光泽、脂肪光泽、玻璃光泽等），水性优（水性是光泽、透明度和抛光性能相结合的特性、以既有透明感、光泽柔和而又油亮者为好）。此外，解理、裂隙的多少，粒（块）度的大小，包裹体的种类及断口的形状等都是评价时不可缺少的因素。

矿山可综合回收的矿物颜料有：石青（蓝铜矿）、石绿（孔雀石）、鸡冠石（雄黄）、柠檬黄（雌黄）、石黄（铅黄）、章丹（铅丹）、朱砂（辰砂）、赭石（赤铁矿）等。其地质评价主要是注意矿物颜色和质量，主要观察条痕色，要求质纯色深，无杂色，如含少量杂质，可在加工中剔除，至于块度则无限制。

（11）废石及尾矿在复地或充填材料方面的利用：生产矿山从保护环境出发，应在生产期间不断地恢复土地，以消除各种污染的危害，保持良好环境。废石及尾矿在这方面也可得到综合利用。

1）采空区复地：利用废石及尾矿充填露天矿采空区，然后铺上表土、使之恢复成有用土地。或直接用页岩、片岩等易风化的废石填入空区，也可达到复垦之效。

2）充填料：利用废石、尾矿和水泥胶结作地下采空区的充填料。充填的尾矿要求粒径在 0.02 mm 以下者含量不超过 10% ~ 15%；0.074 mm 以下者不超过 50%。

3）尾矿池复地：利用采矿剥离的废石覆盖尾矿池（场），可作为复田后植物生长的介质，不但为复田再种提供了条件，而且还可加固尾矿坝，防止其倒塌。在尾矿池复田中，废石还可改善尾矿池表层的土质和结构。如可采用石灰石碎块以中和酸性尾矿，采用白云石碎块以中和碱性尾矿，并可起到松散表层土壤的作用。

其他还可利用废石、尾矿填沟造田、平整土地、筑坝围栏等。

（12）废石及尾矿在耐火材料方面的利用：按性能差异可分为硅质耐火材料（硅砖）；黏土质及高铝质耐火材料（半硅砖、黏土砖、高铝砖）；铬镁质及镁质耐火材料（铬镁砖、镁砖）等。

硅砖以石英为主要原料（含量不少于 93% ~ 95%），其他成分为 CaO、Fe_2O_3 与少量的 MgO、Al_2O_3、TiO_2、K_2O、Na_2O 等。石英砂岩、脉石英等废石以及鞍山式铁矿的尾矿石英砂可作为综合利用的原料。以纯度越高越好。要求耐火度一般不低于 1710 ℃ ~ 1730 ℃，而荷重软化点在 1650 ℃ 以上，耐压强度为 200 kg/cm²。

半硅砖 — 黏土砖 — 高铝砖系列，主要是根据 Al_2O_3 与 SiO_2 含量比例的变化而区分的，主要原料为耐火黏土、铝土矿，再加石灰等接合剂在高温下烧制而成，其 Al_2O_3 的含量可从 10% ~ 15% 的半硅砖开始，一直变动到 Al_2O_3 为 99% 的高铝砖为止，矿山含石英杂质的黏土岩废石，耐火黏土、铝土矿、高岭土或含铁石英岩等选矿的尾矿均可为原料。工业上对耐火度有一定要求。

铬铁矿与烧结镁石（多系菱镁矿煅烧而成），混合烧成的铬镁砖与主要由烧结镁石制成的镁砖。橄榄岩、菱镁矿、铬铁矿的废石与尾矿可作为原料。在尾矿中也应注意回收蓝晶石、硅线石和红柱石。

（13）废石及尾矿的其他综合利用途径：

1）大理岩废石不仅可作为建材、工艺原料，而且磨细后还可作为工业填料。

2）许多页岩废石可烧制页岩陶粒（人造轻质骨料），用于配制各种陶粒混凝土。

3）尾矿或部分废石（如沸石），可用于处理污水。沸石除可消除水中污染物外，还可作为吸附剂，以吸附回收多种金属，也可作为防止空气污染的净化剂和作为吸水的干燥剂等。

4）二长花岗岩、石英二长岩等废石可作麦饭石原料。评价重点应进行岩矿鉴定和对其营养成分与有害成分的定性与定量分析以及溶出试验结果的分析。

5）废石和尾矿在饲料领域的应用：沸石、膨润土、海泡石、硅藻土等可作为饲料的抗结块剂和制粒剂，以改善饲料的加工工艺和提高饲料的质量；石灰石、磷灰石可作禽畜鱼的微量元素的调节剂；蛇纹石、大理岩可作禽畜鱼除虫灭病的药剂。其他如海绿石、石盐等在这方面都有广泛的用途，其中要特别注意沸石的开发与利用。地质评价的重点是对矿物饲料进行营养成分和氟、汞、铅、砷等有害成分的研究与定性、定量分析。

11.2.2.4 废石、尾矿按其中非金属矿物应用的分类

由上可见，废石及尾矿的综合利用是多方面的，而且应用的领域，随着科学技术的进步逐渐扩大，几乎可以应用到非金属材料的各个领域。为了探索这些材料的内在规律，促进各不同材料领域之间的相互渗透和交流，近年来中国硅酸盐学会工艺岩石学专业委员会不少专家多次在全国性的学术会议上倡导和推广根据材料的生产工艺与天然岩石成因类比的分类，这种分类使材料的物质成分和生产工艺达到了有机的统一。这种分类的根据在于：种类不同的矿物都是物质成分在不同的物理化学条件下形成的产物，而各种非金属材料也是在一定

的物理化学条件下生产的。材料的生产过程就是一个矿物成分发生、发展、运动、变化的过程，因此我们可以用岩石学的理论和方法来研究非金属矿物材料。

岩石按其形成的地质作用，（即岩浆作用、变质作用和沉积作用）不同，相应地形成三大类岩石、即岩浆岩、变质岩和沉积岩。而非金属材料的生产也有类似的作用，可以对应地将非金属材料分为熔浆型材料、烧结型材料和胶凝型材料。

上述的每一种类型的材料所生产的不同产品，都有其类似的生产工艺和内在规律。

这样就可将繁多的非金属材料，按其生产工艺过程，归并为三大类。即：

（1）熔浆型材料：是将原料经过高温熔融，然后冷凝成结晶态或非晶态的材料，如高温炉渣、电熔刚玉、电熔莫来石、电熔尖晶石、电熔镁石、碳化钙(电石)、铸石、仿微晶炉渣铸石、玻璃、微晶玻璃、泡沫玻璃、矿棉、矿珠、岩棉等。这类材料的形成过程，表现为熔体的结晶作用。相当于岩浆结晶作用而形成的岩浆岩。因而可以应用结晶作用的理论来阐述熔浆型材料的规律，其关键的生产设备是各种高温的熔化炉，其产品也具有岩浆岩类似的结构、构造特点。可见岩浆岩的理论和方法，对于促进熔浆型材料的开发和研究具有重大意义，而熔浆型材料的实践和生产，也使岩浆岩的理论得到补充和深化。

（2）烧结型材料：原料经过配料、加工、成型等工艺，在高温窑炉中经过固相反应而形成的材料。如陶瓷、耐火材料、水泥熟料、烧结矿、球团矿、烧结铸石、烧结砂轮、轻烧陶瓷等。这种固相反应的过程可以用变质岩的重结晶作用的理论和方法来研究，其关键的生产设备是保证固相反应充分进行的各种高温窑炉，其产品也具有变质岩相似的结构、构造特点。在烧结型材料的生产中，液相(玻璃相)的出现和作用，在固相反应中是十分重要的，这就是各种矿化剂的采用。这在变质岩的成岩作用里也是不乏实例的。

（3）胶凝型材料：原料经过配料、加工、在常温常压下通过水化作用和硬化作用而形成的材料。即便是采用蒸养、蒸压的工艺，其温度也只有200 ℃以下，压力在8 ~ 15 kg/cm²，如水泥制品、水泥混凝土、加气混凝土、石膏制品以及微孔硅酸钙等。正因为如此，这类材料的生产过程就可以用沉积岩的水化作用和硬化作用的理论和方法来研究，其产品也具有类似沉积岩的结构、构造特点。

可见，对于非金属材料的分类采用与岩石类比的方法进行分类，不仅有其共同的形成条件和规律，而且也有其共同的理论基础和研究方法。

鉴于材料科学的发展，常应另辟一类即复合型材料。不仅上述三类材料可以构成复合材料，而且还可以和金属材料、高分子材料构成更加复杂的复合型材料，这在岩石学中也是不乏实例的。

以上的分类充分利用了岩石学的理论和方法，来研究和阐述非金属材料的规律和本质。这就是当前人们提倡的矿物材料学。这一新兴的学科是从物质成分的微观上，去把握材料生产和使用过程中矿物成分发生、发展、运动、变化的规律。这一点对于我们广大的地质工作者是熟悉的，但其意义远非如此。只要我们注意观察，就一定可以从各种岩石的形成作用中受到启发，得到灵感，去发展和创造更多的新的非金属材料。如果说当今科学技术领域，"仿生学"受到重视，得到发展，那么不久的明天"仿地学"一定会脱颖而出，使材料科学大放光彩。从这一点上讲材料科学和地质科学是相通的。

在现代材料的生产中，对原料的加工提出了更高的要求，即精加工，当前主要是高纯、超细和改性，这在废石和尾矿的深加工上大有文章好做，也是一个主要的发展方向。另外建筑石料和石材的发展也是一个不可忽视的方面。这些认识和原理，对未来矿山废石和尾矿的开发利用，揭示了一个崭新的方向和技术思路。矿山地质面向21世纪，矿石、废石和尾矿的综合利用是大有可为的。

11.3　矿坑水利用的地质研究

矿坑水主要系指流经矿体从坑道中排出的水体。这里把从矿(废)石堆等堆放场地所渗淋出的水体，也包括在本节论述的范围之内。

11.3.1　矿坑水的类型及其特点

（1）矿坑水从性质上分为酸性废水和碱性废水两大类。前者较为普遍，强碱性废水在矿坑自然水中是少见的，往往只是在处理酸性水时，如果碱性中和物质过多，则有可能形成矿山碱性废水。

矿坑水中的"酸"主要是由矿物氧化而成。一般在下列条件下均可形成酸性矿坑水：

1）矿石、岩石中含有一定数量的硫化物（特别是黄铁矿）。

2）采下的黄铁矿石或含黄铁矿的岩石被随意抛弃。

3）矿岩中没有足够数量的中和酸的碳酸盐或它种碱性物质。

（2）矿坑水水质复杂，一般都含有金属或非金属离子，其水质与矿床的矿物成分、含量，矿床埋藏条件、涌水量以及开采条件和采矿方法等因素有关。矿坑水中虽可含多种金属或非金属离子，但各离子含量差别较大，超标元素往往不多。

（3）矿坑水之水量不受生产制约，主要取决于涌水量等水文条件和降雨量等当地气候因素。

（4）矿坑水在水质符合要求的情况下，仍可作工农业的用水。

11.3.2 与综合利用有关的矿坑水处理方法

矿坑水随意排放是有害的，因此排放前，都应进行处理，而在处理过程中完全可以开展综合利用，这种对矿坑水的综合利用本身也是对废水的一种处理方式。有关矿坑水的处理方法有：

11.3.2.1 中和法

含重金属的酸性废水多用石灰和石灰石进行中和处理并回收其中有价元素。具体方式可分两类，一是用石灰一次中和至 pH 值为 9 ~ 10，使所有能水解的金属离子均生成氢氧化物沉淀下来；二是先加石灰使 pH 至 2 ~ 3，以水解沉淀铁，再加石灰沉淀石膏，然后再中和至 pH7 以上，以沉淀铜、锌、铅、镉等。某矿排水量为 130 m^3/h，pH = 2.6，含铜 50 mg/L，二价铁 340 mg/L，三价铁 380 mg/L，采用石灰石—硫化钠—石灰组合处理流程，以回收铜（可回收品位为 50% 的硫化铜）。

丁家山矿含铜铁酸性水，pH = 2 ~ 3，含 Cu^{2+}、Fe^{2+}、Fe^{3+}、SO_4^{2-}，处理时加石灰中和，同时回收海绵铜。

11.3.2.2 离子交换法

这是一种处理含重金属放射性物质矿坑水的重要方法。使废水中要除去的阳离子或阴离子与树脂上钠离子、氢阳离子或 OH^-、Cl^-、$HClO_3^-$ 等阴离子相互交换。以清除水中所含 Cd 为例，可用下式表示：

$$\boxed{废水}\,Cd^{2+} + \boxed{树脂}_{H+}^{H+} \longrightarrow \boxed{废水}_{H+}^{H+}\,\boxed{树脂}^{2+}$$

在上面的过程中，金属便可得到回收，树脂还可再生复用。这种具有选择吸附能力的离子交换树脂可分为天然的（如沸石、多孔高岭土、伊利石和蒙脱石等）和人工的（有机合成树脂）两类。

11.3.2.3 还原法

有还原剂还原与金属还原两类。还原剂有 H_2S、$FeSO_4$，常用 Fe^{2+} 将 Cr^{6+} 还原成 Cr^{3+}。金属还原是用金属粉（屑）将废水中重金属离子还原成低价金属离子或金属，这对有色矿山含汞的矿坑水的处理效果较好。凡是具有比汞还原电位大的金属，均能从废水中把汞还原为金属析出。汞的最好还原剂是铁、锌、铜等。如用铜屑过滤含汞（Hg^{2+}）废水，可得金属汞（Hg）。

对一些铜矿或多金属矿含铜离子较高的矿坑水中的铜以及对废石中的铜（利用酸性废水浸出时）均可用铁屑等先行置换回收铜，再中和处理废水或用其他还原法加以回收。

11.3.2.4 其他方法

如用经过碱处理的木粉作为吸附剂以回收废水中的重金属；用酸性矿坑废水代替硫酸，用于选硫生产，可提高选硫效率；用酸性废水作洗矿水，可有效地将矿石中可溶性铜盐洗去，以改善选矿条件；用选矿碱性废水中和酸性废水等。

11.3.3 矿坑水综合利用的地质研究与评价

矿坑水地质研究与评价的主要方面是矿床类型、矿石和围岩的类型及其矿物成分、水理性质等；废水在化学成分上的特点以及与岩矿之间相互关系和变化规律等的研究。

11.4 古炉渣利用的地质研究

我国采矿、冶金历史悠久，很多矿山都遗留了大量古代炉渣，由于当时技术水平的限制，炉渣中有用成分的含量都相当高。例如，古代炼银的炉渣中不仅含有银，而且铅、锌含量超过了现今铅、锌矿石的品位、完全可以作为铅锌、银矿再次开发利用。例如，澜沧老厂铅矿利用这种炉渣二次炼铅已有多年历史，获得了较好的效益。

对古炉渣的利用，除了从中回收有用成分外，现代炉渣的一些用途也都可以考虑。

有关古炉渣利用的地质研究有下列几方面：

11.4.1　古炉渣化学成分的研究

主要是通过取样和化学分析的手段，确定炉渣中各种成分的含量和变化规律。

11.4.2　古炉渣的矿物组成与结构、构造的研究

从古炉渣矿物组成特点可了解古代冶炼的矿石及其成分特点。这方面的研究多用显微镜鉴定，以及利用 X 射线分析。

11.4.3　古炉渣堆放区的地质环境调查

在调查中对污染环境的作用不能忽视，并配合和参与古炉渣再利用的有关实验工作，从地质角度对再次开发利用古炉渣提出意见。

12 矿山综合地质研究

12.1 矿山综合地质研究概述

矿山地质部门综合地质研究的主要任务：

（1）在地质勘探的基础上，进行矿岩化学成分、矿物学及岩石学研究，进一步查明矿岩物质成分，为矿区研究地质构造条件、成矿规律，以及改善矿石加工工艺技术提高选、冶工作效能与效率，开展综合利用，提高矿产资源利用率提供基础资料和依据。

（2）随生产发展和紧密结合生产地质工作进一步查明矿区及采区地质构造条件和矿体产状、形状特征，直接指导采掘、采剥生产，提高地质工作质量。

（3）不断总结矿体空间赋存及内外部变化特征，建立矿床定性或定量模型，为勘探、开发的规划与决策，为勘探方法的选择提供依据。

（4）总结矿区矿化富集规律、成矿控制因素及成矿规律，为矿区成矿预测，矿床深、边部及矿区外围找矿提供方向与资料。

（5）为验证原地质勘探提供资料及结论的正确性，进行矿床探采资料验证对比和矿山闭坑提供结论性地质资料。

基于上述任务，本手册将着重介绍下述矿山综合地质研究工作：矿岩物质成分研究；矿区构造和矿体产状、形态的研究以及成矿控制因素和成矿规律研究。

生产矿山对矿床的彻底揭露，为矿山综合地质研究提供了极其有利的条件。考虑到这项工作对保证生产正常持续进行、地质科学理论的发展具有很大的重要性，任何矿山都必须重视综合地质研究工作。

12.2 矿岩物质成分研究

12.2.1 矿岩化学成分研究

12.2.1.1 矿石化学成分研究

（1）系统取样的分析研究：对已查明并已回收的具有工业价值且已列入基本分析的矿石有用组分，应随生产的进行继续系统取样分析研究。这不仅是生产工作的组成部分，同时也是深入查明其分布、富集、变化规律的研究性工作。系统取样见本书第 4 章。

（2）矿石共生及伴生组分的查定研究：随采矿生产的发展和开展综合利用，对矿床中尚未查定或新出现的共生及伴生组分应进行系统查定研究。其研究分两个步骤：一是查定，证实共生及伴生组分的存在，查明其赋存状态和富集程度；二是评价，选定可供综合利用的共生组分，进行系统取样分析，查明它们在矿体中的分布规律，计算其储量，进行选、冶回收试验，评定其回收的经济价值。

共生及伴生组分查定的依据资料为：1）区域及矿区、矿床地质条件资料，说明共生及伴生组分形成、分布的地质作用背景；2）矿床成矿地质条件、成矿控制因素、矿床成因及成矿过程等的调查、分析资料，说明共生及伴生组分存在的可能性；3）区域及矿区地球化学条件资料，包括各类地层、岩体、岩石、近期风化与沉积物、土壤中气体及近地表大气、地表及地下水，与成矿元素运移有关的生物等的地球化学勘测分析资料，说明共生及伴生组分存在及迁移、富集规律的地球化学背景；4）矿石或相关岩石的光谱全分析资料，检验共生及伴生组分存在的种类与大致含量。

收集上述资料的目的在于确定共生、伴生组分在矿床中的存在情况，这是查定工作中确定工作对象的基本依据。我国矿床勘查已积累了大量这方面的经验与资料，今据有关文献综合列入表 12-1。查定矿石中共生及伴生组分一方面是为了开展综合利用，另一方面也是为了提高矿石选、冶工艺技术水平，故表中将影响加工的有害组分也列出，供工作参考。

表 12 – 1　主要矿产矿石共生及伴生组分存在情况表

矿产	主要矿床类型	共生及伴生组分	共生及伴生有害组分
铁	岩浆晚期矿床	Ti、V、Cr、Cu、Ni、Co、Pt、Pd、Se、Te、Sc、Ca、Mn、P、S	S、P、SiO_2、Cu、Pb、Zn、As、Sn、F
	矽卡岩型矿床	Cu、Pb、Zn、Ni、Co、W、Sn、Mo、Bi、Sb、Au、Ag、Pt、Pd、Rh、Be、Rb、In、Ca、Cd、Se、Te、S	
	火山 – 侵入型矿床	Mn、V、Ni、Co、Mo、Be、P	
	沉积矿床	Mn、V、Ni、Co、Pb、Zn、Ge、S、P	
	热液或复成铁 – 氟 – 稀土矿床	Mn、Nb、Ta、Ge、铈族稀土、F、S、P	
	受变质矿床	Mn、Cu、Pb、Zn、Co、Ge	
	风化淋滤型矿床	Mn、Cr、Ti、V、Al、Sc	
锰	海相沉积矿床	Cu、Ni、Co、Fe、P	P、S
	沉积受变质矿床	Fe、S	
	风化堆积矿床	Cu、Ni、Co、Pb、Zn、Au、Ag、S	
铬	与超基性 – 基性岩有关的矿床	Fe、V、Pt、Ir、Os	
	与超基性（斜长岩）有关的矿床	Fe、Ti、Au、Pt	
铜	层状矿床	Fe、V、Al、Pb、Zn、Ni、Co、Mo、Au、Ag、Pt、Pd、Ge、Tl、Re、Cd、Se、Te、U、Th、S	As、F、Zn、Mg
	斑岩型矿床	W、Sn、Mo、Au、Ag、In、Ge、Tl、Re、Cd、Se、Te、S	
	矽卡岩型矿床	Fe、Mg、Pb、Zn、Co、W、Sn、Mo、Bi、Au、Ag、Pe、Pd、Os、In、Ga、Ge、Re、Cd、Se、Te、U、S	
	铜镍型矿床	Fe、Ni、Co、Au、Ag、Pt、Pd、Rh、Ru、Ga、Ge、Tl、Se、Te、S	
	黄铁矿型矿床	Zn、Pb、Au、Ag、In、Ga、Ge、Cd、Se、Te、S	
	含铜砂岩	Au、Ag、S、U	
铅锌	矽卡岩型矿床	Cu、Mg、Ni、Co、Mo、Bi、Au、Ag、In、Ga、Ge、Tl、Cd、Se、Te、U、S	Cu、As、MgO、Al_2O_3、Fe、SiO_2、F
	层控型矿床	Cu、Au、Sb、In、Ga、Ge、Cd、S	
	热液脉状矿床	Cu、Au、Sb、In、Ga、Ge、Cd、S	
钼	斑岩型矿床	Cu、W、S、Re	Cu、Pb、Sn、As、P、Ca、SiO_2
	矽卡岩型矿床	Cu、W、Pb、Zn、Bi、Au、Ag、As、Re、S	
	沉积矿床	V、U、Ni、Cu、Pb、Zn、Co、Ge、Se、Re、P、Fe	
钨锡	高温热液脉状矿床	Cu、Pb、Zn、Mo、Bi、Sb、Au、Ag、Li、Be、Nb、Ta、Sr、铈族及钇族稀土、Sc、U、S、As、F	炼锡：As、Bi、Cu、Fe、Pb、Sb 炼钨：As、S、Cu、P、Sn、Mo、Ca、Mn、Sb、Bi、Pb、Zn
	矽卡岩型矿床	Cu、Pb、Zn、Mo、Bi、Mg、Mn、Sb、Be、Au、Ag、Nb、Ta、As、S、F	
	砂矿床	Ti、Zr、Au、钇族稀土、Nb、Ta、Th	
镍	岩浆矿床	Os、Is、Fe、Cu、Cr、Ni、Co、Au、Ag、Pe、Pb、Rh、Ru、Ga、Ge、Tl、Se、Te、S	Pb、Zn、As、F、Cr、Cu、Mn、Sb、Bi
	沉积矿床	Mo、U、Pt、Au、Ag、V、Cu、Pb、Zn、Co、As、Re、S	
	风化矿床	Fe、Mn、Mg、SiO_2	
铝土	沉积矿床	Fe、Ca	Fe_2O_3、S
	风化堆积矿床	Fe、Ga、SiO_2	
汞、锑	低温热液层控矿床	Se、Te、As、S、Sc	S

续表 12 - 1

矿产	主要矿床类型	共生及伴生组分	共生及伴生有害组分
稀有稀土	岩浆型钽矿床	Be、Nb、Rb、Tl、铈族稀土	
	伟晶岩型矿床	Cs、Rb、Sr、Se、Li、Be、Nb、Ta	
	气成热液综合矿床	Li、Be、Nb、Ta、Cs、铈及钇族稀土、F	
	外生或热液型矿床	Cs、Rb、Sr、Ga、Sc、Se、Te、铈及钇族稀土	
金	石英脉型矿床	Cu、Pb、Zn、Cd、In、Ga、Ge	
	蚀变岩型矿床	Ag、Cu、Pb、Zn	
	砂矿床	Ti、Zr、W、Sn、Nb、Ta、Sb、As、Th、金刚石	
铀	花岗岩型矿床	Ti、V、La、Ce	
	火山岩型矿床	Mo、Ag、Cu、Pb、Zn、Th、S、P	
	沉积矿床	V、Cu、Pb、Zn、Cr、P、S、煤	
	岩浆型含磷矿床	Cr、V、Al、Pt、铈及钇族稀土、Ga、Se、Te	
磷	沉积磷块岩矿床	V、U、I、Ni、Mo、K、TR、石煤、Sr	Fe_2O_3、Al_2O_3、MgO、CaO、CO_2、SiO_2
	沉积变质磷灰石矿床	Mn、U、Fe	
	岩浆磷灰岩矿床	Fe、Co、Zr、Ti、K、La、Y、Ce、Ta、Hg、Ho、Tm、Lu、蛭石	
硫铁	火山岩矿床	Fe、Cu、Se、Ga、CO	制硫酸：As、F、Pb、Zn、C、Ca、Mg
	沉积矿床(煤系)	煤、油页岩、耐火黏土、Al、Ga、Fe	
	沉积变质矿床	Fe、Tl	
石膏及硬石膏	海相沉积矿床	Sr、B、S、盐类	
	湖相沉积矿床	盐类、S	
	后生矿床	S	
玻璃硅质原料	岩石类矿床		Fe_2O_3、TiO_2、Cr_2O_3
	砂矿床	Ti、TR、Zr、W、Sn、Nb、Ta、Au	
耐火黏土	沉积矿床	Fe、Al、SiO_2、Ti、煤、Zr	K_2O、Na_2O、MnO_2、TiO_2、Fe
		Fe、Al、SiO_2	
	残积矿床	Fe、Al、SiO_2	
萤石	硅酸盐岩中脉状矿床	SiO_2	冶金：S、P、SiO_2 化学：SiO_2、S
	碳酸盐岩中充填交代矿床	重晶石	
	碳酸盐岩层状矿床		
石墨	晶质矿床	Zr、P、S、V、Sr、蓝晶石	Fe、S、SiO_2、Al_2O_3、Fe_2O_3、CaO、MgO
	非晶质矿床	Ge、瓷土	
盐类	海相沉积矿床	Br、I、B、Li、Sr、Rb、Cs、Ga、Ge、CO_2、He、N	As、Fe、Mg、F、Ba、Cu、Pb、Zn
	湖相沉积矿床		
	卤水矿床		

注：本表所指共生及伴生组分大部分为元素成分，少数也指共生矿产。

矿石共生及伴生组分查定研究的步骤是：

1）取样：光谱分析样：在有代表性地段及按矿石类型采取，金矿床或每类型取 1 ~ 3 个，或利用组合副样。原地质勘探光谱分析结果可供利用，但对新发现矿床、矿体或新矿石类型应重新取样。

多元素分析样、在光谱分析已检验出共生及伴生组分的基础上，为确定组合分析项目而专门进行的取样。其具体方法和要求见本书第 4 章。

组合分析样：用于系统确定矿石共生及伴生组分含量及分布，为圈定矿体及计算储量提供依据，具体方法及要求见本书第 4 章。

人工重砂大样：用于研究元素的赋存状态、工艺性质；稀少矿物鉴定和分离单矿物，进行元素配分。采样按矿体及矿石类型进行，小型矿床取主矿体，也可配合可选性样品同时采取。样品重量视元素种类和含量而定，一般不应少于 100kg。样品数量视具体情况而定。在研究稀有、分散元素及贵金属时，为获取较多量独立矿物，可在品位富集部位采取。

单矿物分离样:用于分解单矿物,了解共生或伴生组分在各类、各世代矿物中的含量、分布。样品按不同地段及矿石类型采取。也可利用组合样或取组合样的1/4合并组成,合并时破碎至2 mm再分样合并。样品数量依矿石类型在空间的变化复杂程度而定,每种单矿物一般不应少于5个。

2)计算及研究:元素相关分析研究:用定量解决元素之间的相关关系,结合镜下观察还可查明伴生元素与一定矿物的相关性。利用偏相关系数可以排除其他元素干扰,客观反映元素间的相关关系。

元素赋存状态研究:共生及伴生元素在矿石中呈独立矿物、类质同象和表面吸附三种形式赋存,赋存形式不同,对它们的分离工艺技术和评价也不相同。因此,元素赋存状态研究是矿山开展共生、伴生元素综合利用的重要研究内容。研究方法甚多,主要有:显微镜法,物相分析或选择性溶解,电渗析,离子交换,电子探针分析,X射线分析,红外吸收光谱,电子顺磁共振,核子共振等,经常是多种方法共用,才能得到比较正确的结论。研究方法不仅涉及矿石化学成分鉴定,而且涉及矿物鉴定(详见12.2.2节)。又由于须利用一定高、精、新技术,本项研究常与科研单位或高等院校协作进行。

元素配分计算:是指确定某一有益共生、伴生元素在矿石各个矿物中所占的比例,了解该元素分散与集中状况,为选矿试验提供可最大限度的合理回收指标。若设矿石中某矿物含量为 A,某矿物中某元素分析品位为 B,则该矿物中某元素的配分量为

$$C_i = A \cdot B \tag{12-1}$$

又设 $\sum_{i=1}^{n} C_i$,为矿石中各矿物某元素配分量的总和,则某元素配分到某矿物中的配分比为

$$d_i = \frac{C_i}{\sum_{i=1}^{n} C_i} \tag{12-2}$$

如因研究程度不同无法进行矿物定量,则可计算矿石中某元素的相对分散系数 e 及相对集中系数 f

$$e = \frac{C_n}{C_n + C_m} \times 100\% \tag{12-3}$$

$$f = \frac{C_m}{C_n + C_m} \times 100\% \tag{12-4}$$

式中:C_n 为某元素的总分散量(在脉石矿物或尾矿中的总含量);C_m 为某元素的总集中量(在各种矿石矿物中的总含量)。

理论上,$\sum_{i=1}^{n} C_i$ 应等于矿石中某元素的含量,由于工作及分析误差,两者往往不符,此时应进行配分误差系数 V 的计算

$$V = \frac{C - \sum_{i=1}^{n} C_i}{C} \times 100\% \tag{12-5}$$

式中:C 为某元素在矿石(矿样)中的含量。

一般认为 V 值在±10%以内便算合格。

元素品位比值分析:比值分析是研究矿石中分散元素在矿石矿物中的集中或分散的情况,也是确定其回收方式的一项指标。设矿石中分散元素品位与主元素品位的比值为 a,某矿石矿物中分散元素品位与主元素品位比值为 b,则该分散元素与某主元素品位的比值系数 K 为

$$K = \frac{b}{a} \tag{12-6}$$

如果 $a \approx b$,$K \approx 1$,说明分散元素赋存于一种矿物中;如果 $a > b$,$K < 1$,说明分散元素赋存于两种以上的矿物中。分散元素与各主元素品位的比值系数之和应接近1。一个样品的 b 值反映分散元素在该样品中的富集程度;各样品 b 值的均方差则反映分散元素在矿物含量中的不均匀性。K 值则常接近分散元素在有关主元素精矿中的回收率。因此,很有研究价值。

(3)矿化元素分布变化规律与特征的研究。这是矿山综合地质研究工作中的经常性研究项目,即研究各类与矿化有关的元素(主要、次要或微量的)在空间上的分布变化规律或总的变化特征,以说明成矿特征的若干问

题或者指导矿山地质勘查及生产勘探、采掘等工作。研究方法有计算法及图示法二类。计算法一般有平均品位计算，品位变化系数、相关系数、矿化强度指数、变异函数及多元统计分析的许多计算，见本册14，常用的基本图示法见表 12 – 2。

表 12 – 2　矿石化学成分研究的基本图示法

名称	类型	构图特征	实用意义	基　本　图　示			
品位变化曲线图	单组分	坐标图 x：距离 y：品位	表示矿化沿一个方向变化程度与特征				
	多组分	坐标图 x：距离 y：品位	表示多种元素的相关关系				
品位等值线图	单组分	平面图标测取样点，据品位值插入等值线	表示矿化在空间的分布富集规律				
散点图	双组分	坐标图 x：甲元素品位 y：乙元素品位	表示元素间的相关关系				
频率统计分布图（一）	直方图	坐标图 x：品位间隔 y：频数	表示元素频率分布特征				
频率统计分布图（二）	频率曲线图	坐标图 x：品位间隔 y：频率	表示矿化总体统计特征				
		坐标图 x：品位间隔 y：频率	表示矿化多期叠加特征				
变异函数曲线图		坐标图 h：样品间隔 $y(h)$：变异函数	表示矿化特征及成矿作用特点				b75

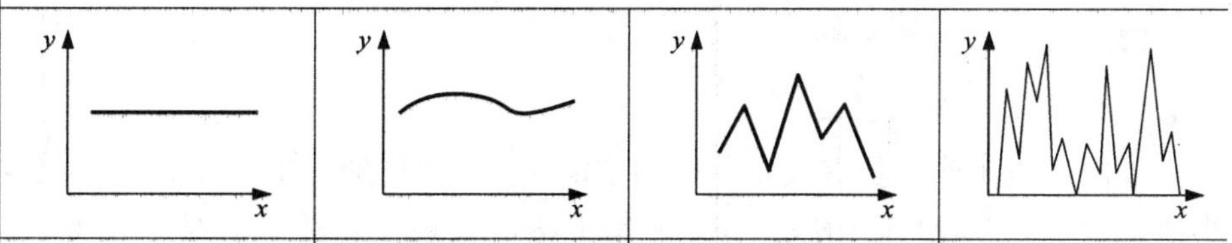

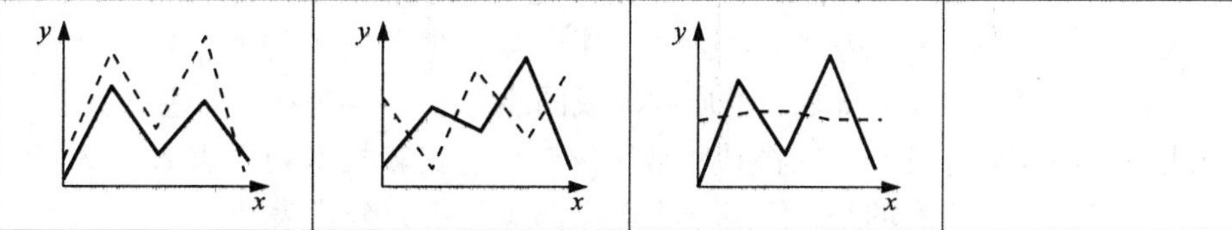

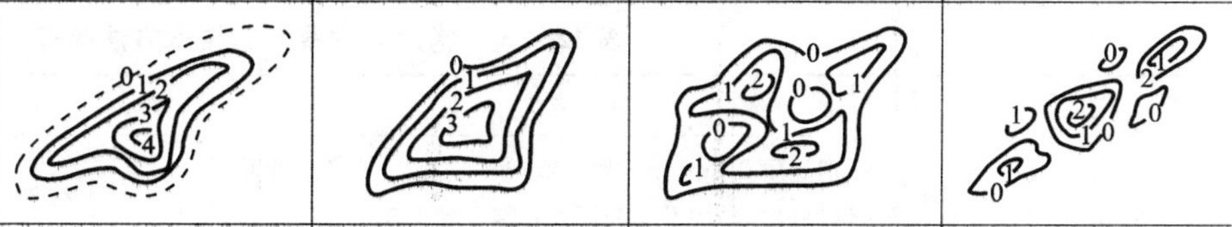

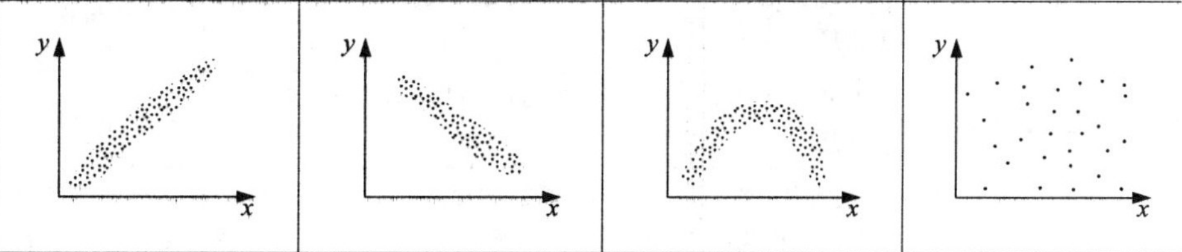

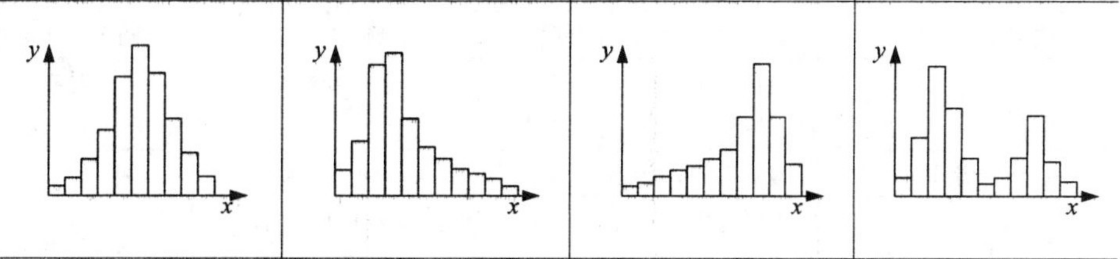

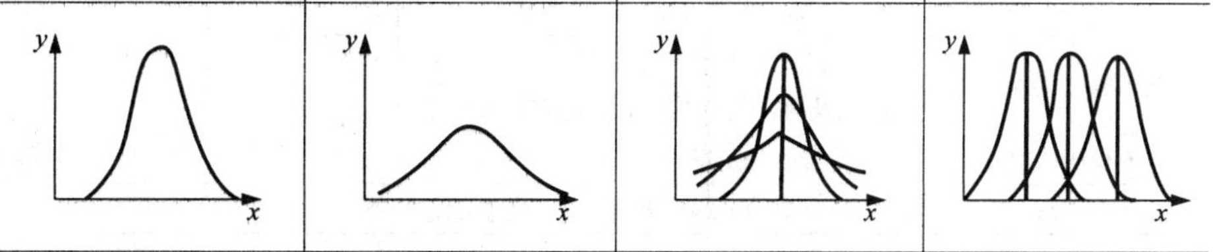

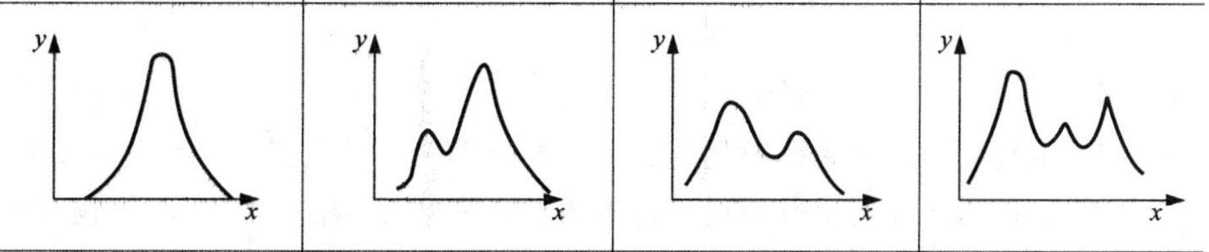

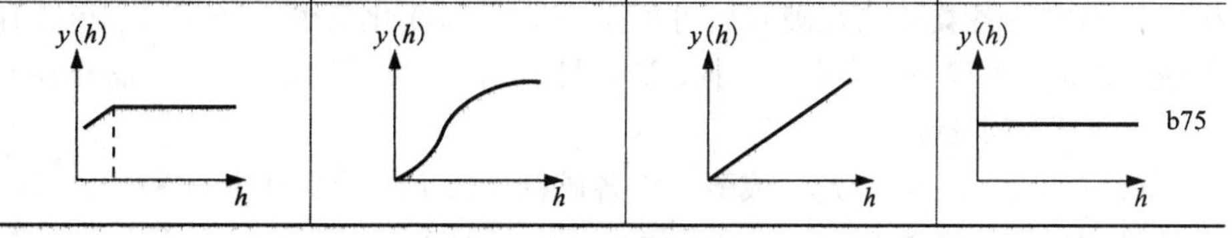

12.2.1.2　矿物化学成分研究

挑取矿物样（见 12.2.2）进行化学成分分析，主要用于解决：（1）确定矿物的化学成分并正确定名；（2）矿物定量；（3）确定矿物标型特征；（4）了解矿物中元素共生关系；（5）了解矿物形成环境，确定矿物成因，从而进一步了解成矿规律及成矿特征。

12.2.1.3 岩石化学成分研究

对矿区岩体、围岩、蚀变围岩等取样进行化学成分分析,主要用于解决:(1)划分岩石类型,对某些岩石正确分类命名;(2)表示岩浆岩的岩石化学特征,从而分析研究岩石成因;(3)对变质岩划分变质岩相及关系;(4)查明矿区微量元素及同位素含量和分布规律,研究矿区地球化学背景及成岩、成矿作用间的关系。

12.2.2 矿物学研究

12.2.2.1 矿物鉴定

矿山地质工作人员有大量的矿物鉴定任务。现场地质工作主要是肉眼鉴定,但这远远不够,特别是颗粒细小或稀少矿物。因此矿山应具有岩矿镜下鉴定设备,主要用于测定矿物结晶形态、光学性质和其他物理性质。矿区难于鉴定的颗粒特别细小或稀少矿物,或需要鉴定矿物的某些特殊性质,如矿物标型特征,矿物相及矿物中元素赋存状态,同质异象、类质同象或同质多象等,应采用某些高、精、新技术,这类研究工作必须与有关科研或高等院校协作进行。现将某些常用的矿物鉴定新技术列入表12-3,列出各类方法的实用意义和选样要求,供工作参考。须注意的是,任何方法送样都应具备充分代表性。

表12-3　常用矿物鉴定新技术方法简表

方法名称	实用意义	送样要求
X射线分析	区别晶质及非晶质矿物;鉴定矿物相及元素赋存状态;区别同质异象及类质同象;鉴定黏土矿物;确定矿物形成温度	晶体对称程度高,粒度200目左右;对称程度低则325目左右;重量0.2~0.5 g
透射电子显微镜法	鉴定黏土矿物及细分散多矿物集合体;鉴定瓷器产品	粉末及光、薄片均可
电子探针	确定斜长石环带构造;矿物赋存状态,矿物分子式及某些矿物的工艺性质	样品导电性好,且表面抛光。粒度:金属矿物<1~20 cm,也可送光,薄片及重砂
扫描电子显微镜法	鉴定宝石,评定石英质量;鉴定新矿物	同上。研究岩石及金属矿物结构,表面不一定平滑
差热分析	鉴定黏土矿物及宝石;研究同质多象,变生矿物的晶化温度,鉴定矿物内部结构	必须是有热效应的矿物,粒度0.1~0.25 mm,重0.5~1.0 g,天平分析则2~5g
红外光谱分析	鉴定矿物,确定同质多象变体及类质同象置换	
穆斯堡尔谱法	确定地质体的热历史,矿物分类,矿物标型特征;区别多相混合物及非晶质	重100 mg,可以是单晶;多相粉晶,细分散体
电子顺磁共振谱法	确定元素类质同象代换;研究矿物标型特征,矿物颜色及对矿物中微量元素的定性和定量分析	单晶2~9 mg,也可以是粉末多晶
原子吸收光谱	元素成分定量	纯矿物几到几十毫克,不纯时几到几十克,粒度-200目
激光显微镜	研究矿物成因,化学成分,元素赋存状态	固体需抛光,液体粉末要作特殊处理

12.2.2.2 单矿物研究

(1)取样:为进行单矿物研究,可以采取人工重砂大样或单矿物分离样,要求见12.2.1。

(2)矿物分离:对重砂或已破碎的人工重砂采用淘洗法,可以比较简单地分离出比重较大的单矿物。原生矿石样品中的各类矿物在破碎后可视矿物的物理或化学性质分别采用专门的选矿方法予以分离:摇床、跳汰、重液、磁选、电磁选、介电、浮选、选择性溶解等。分离出的单矿物需要在双目镜下提纯。

(3)矿物定量。

1)面积法: 假定光片或薄片中各矿物所占面积比等于其体积比。用网格目镜测定各矿物所占面积。要求样品具代表性且矿物含量>5%,每种矿物须测20~30件光、薄片。公式为:

$$V = \frac{\Sigma P}{N \cdot P} \times 100\% \tag{12-7}$$

式中:V为所测矿物的体积百分数;N为测定视域总数;P为每个视域包含的格子数;ΣP为所测矿物占格子的总数。

2）计点法：　假定观测各种矿物的点子数之比等于矿物面积或体积之比。用网格目镜测定各矿物在网格上的交点，应测 1500 ~ 2000 点可保证精度。公式为：

$$V = \frac{m}{\sum M} \times 100\%　\qquad (12-9)$$

式中：m 为所测定矿物所占的点子数；$\sum M$ 为全部点子数。

3）直线法　假定矿物的体积比与矿物的直线长度或直径成正比。本法所需光片与薄片数同于面积法，测得的数据代入下式：

$$V = \frac{L_1 + L_2 + L_3 + \cdots + L_n}{N \cdot L} \times 100\%　\qquad (12-9)$$

式中：N 为测定视域总数；L 为目镜测微尺的刻度值，通常为 100；$L_1, L_2, L_2, \cdots, L_n$ 为所测矿物在 n 个视域中的刻度值。

上述三种方法求得的值 V 代表矿物体积比，还须乘以矿物比重，换算为重量百分数。这些方法的缺点是需薄片数太多，操作繁杂，且当矿物含量 < 5% 又分布不均匀时，缺少代表性。为此，可采取有代表性大样，破碎至 2 ~ 3 mm，拌匀按 $Q = KD^2$ 公式缩减，然后磨制为砂光（薄）片，用面积法或直线法定量。据经验，矿物含量 < 1% 时，只需统计 3 ~ 5 块片子即可保证精度。

4）重量法：　将原矿样称重量、破碎、分级，各级再称重量后，取一定数量的矿样分离各种有用矿物，在双目镜下挑纯，在精密天平上称重量，代入下式：

$$Q = \frac{g \cdot Q_r}{g_r}　\qquad (12-10)$$

式中：Q 为某粒级某矿物重量；Q_r 为某粒级实际参加定量矿样中某一矿物的重量；g 为某粒级矿样重量；g_r 为某粒级实际参加定量矿样的重量。

由各级产品中某一矿物的重量之和再计算该矿物在原样中的含量，公式为：

$$A = \frac{W_a}{W_r} \times 100\%　\qquad (12-11)$$

式中：A 为某一矿物含量；W_a 为某一矿物在各粒级的总重量；W_r 为矿样中各单矿物重量之和。

此法应注意避免加工损耗，计算损耗率 η：

$$\eta = \frac{Q - \sum Q_i}{Q} \times 100\%　\qquad (12-12)$$

式中：Q 为原矿样重量；$\sum Q_i$ 为 i 个单矿物重量之和。

一般要求 $\eta < 10\%$。

5）数粒法：　从矿物分离最终产品中均匀地取出待测矿物，制成砂光（薄）片在镜下数粒定量（每种矿物数 1500 ~ 2000），换算为矿物重量比。设最终产品的各种矿物为 $A, B, C, \cdots, N$；各矿物粒数为 $a, b, c, \cdots, n$；各矿物比重为 $\alpha, \beta, \gamma, \cdots, \varphi$。各矿物的重量比为：

$$A = \frac{\alpha \cdot a}{a \cdot \alpha + b \cdot \beta + c \cdot \gamma + \cdots + n \cdot \varphi} \times 100\%　\qquad (12-13)$$

6）化学成分计算法　如果只测 2 ~ 4 种有限矿物，则可利用矿样或单矿物的化学分析资料代入下述联立方程式计算：

$$a_1 x + a_2 y + a_3 z + \cdots = a　\qquad (12-14)$$
$$b_1 x + b_2 y + b_3 z + \cdots = b　\qquad (12-15)$$
$$c_1 x + c_2 y + c_3 z + \cdots = c　\qquad (12-16)$$
$$\cdots\cdots \quad \cdots\cdots \quad \cdots\cdots$$

式中：$a_1, a_2, a_3, \cdots$ 为单矿物中主成分化学分析结果；$b_1, b_2, b_3, \cdots$ 及 $c_1, c_2, c_3, \cdots$ 为单矿物中伴生成分化学分析结果；

$a, b, c, \cdots$ 为矿样中相应主要及伴生成分的化学分析结果；

$x, y, z, \cdots$ 为待测矿物的矿物量。

12.2.2.3 矿物共生组合研究

查明矿物共生组合规律，有助于查明矿石物质成分构成及结构构造特征，为开展成矿规律研究及综合利用提供依据。

（1）野外观察及取样：在现场进行系统观察，结合编录查明矿物成分分布规律，共生组合的一般特征，分清主要及次要矿物，矿物的形成阶段及世代，然后按矿物共生组合的具体情况在矿物成分比较复杂的有代表性地段系统地采集矿物鉴定标本。

（2）室内光、薄片鉴定：将采集的标本制成光、薄片，观察矿石的矿物组成，结构构造关系，矿物间的交代或动力作用叠加现象等，准确划分矿物形成阶段及各阶段的矿物共生组合规律。

（3）绘制共生矿物图解：据矿物鉴定、矿物的化学分析资料等绘制共生矿物关系图解，表示矿物共生与矿石化学成分变化间的关系，配合有关计算表示矿物共生与成岩、成矿间的物理化学条件的变化关系，最后作出相应的地质推断与解释。

12.2.2.4 矿物标型研究

矿物标型包括标型组合、标型矿物及标型特征三大内容，主要用来分析矿物形成条件，从而进一步查明成矿规律，指导找矿工作。某些矿物的标型特征也是找矿的直接标志。在进行矿床深、边部及矿区外围找矿的矿山，须开展矿物标型的研究。

矿物标型的三大研究内容中，标型组合指在特定地质条件下所具有的专属性矿物共生组合，用于分析成矿的特定地质条件；标型矿物则指只有一种成因产状的矿物；标型特征指能标志矿物的某种形成条件的成因信息，最有实用价值。因此，三者之中以标型特征的研究最为重要。现将其研究内容及实用意义列入表12-4，供工作参考。

表12-4 矿物标型特征及其实用意义综合表

名称	类型	研究内容	实用意义
形态标型	集合体形态	集合体的晶簇，颗粒稳定形态	研究晶簇、平行集合体、球粒集合体成因；研究集合体同生作用、成岩后生作用及变质作用
	双晶形态	双晶种类形态及其形成因素	判断成矿温度、压力
	单体形态	单晶粒度、晶体习性、晶面花纹、晶面微形态、整晶形态	判断成矿温度、压力、介质浓度及原岩类型；找矿标志
成分标型	类质同象	影响因素及其成分	判断成矿温度、压力；是矿物成因、氧化还原、酸碱度的标志
	共存相间元素分配	元素在矿物间的重新分配	判断元素平衡、温度及压力、成矿历史；找矿标志
	矿物中稳定同位素	变化幅度与范围	判断成矿物质来源
	矿物包体成分	包体相及成分，形成时的温度、压力	判断成矿温度、压力、成矿物质来源及方向，成矿过程及矿化空间分布规律；找盲矿体的标志
晶体结构标型	多型	晶体的多种层状结构	判断成矿温度、压力；判断剥蚀深度
	晶胞参数	测定晶胞参数，研究参数大小变化和影响因素	判断成矿温度、压力，变质程度，矿物与微量元素关系，判断矿床成因
	特征面网间距	晶体内部面网间距及其变化	判断成矿温度、压力
	离子的配布	元素离子的配位位置	研究长石有序无序、温度、分带；花岗岩类型、演化标志；年代标志
物性标型	颜色	颜色产生及变化原因	判断成矿温度、溶液成分、酸碱度、氧化还原
	折射率	折射率产生、变化原因	判断溶液成分
	比重与硬度	决定矿物比重与硬度的因素	判断矿物成分、结构变化
	热发光	热发光类型及变化特征	划分矿物世代；找矿标志
	电学性质	热电系数、介电系数、压电系数	判断氧化还原、酸碱度及矿床成因；判断剥蚀深度、成矿阶段；找矿标志

续表12-4

名称	类型	研究内容	实用意义
谱学标型	红外吸收光谱	测定红外吸收光谱并解释	判断矿物含量，地质年龄
	穆斯堡尔效应	测定穆斯堡尔谱并解释	测定同位素；判断成矿温度、压力
	核磁共振	测定核磁共振信号强度并解释	研究质子结构位置、原子结构；判断矿物成因，有序无序；含矿性质评价
	顺磁共振	测定顺进共振谱线并解释	测定元素赋存状态、离子价态；判断矿物有序无序、颜色及矿物成因；含矿性质评价

　　可在多种成因条件下形成的标型矿物称"贯通性矿物"，贯通性矿物的标型特征对判断矿物成因和指导找矿更有意义。现将常见贯通性矿物及其常用标型特征列入表12-5。

表12-5　常见"贯通性矿物"的常用标型特征表

矿物	常用标型特征
磁铁矿	常量及微量元素、晶胞大小、显微硬度
石英	微量元素(Al、Li 等)、比重、颜色、热发光、X 射线发光、介电系数
石榴子石	常量及微量元素、比重、颜色、晶胞大小
角闪石	常量及微量元素、晶体习性、断面、颜色(多色性)离子占位
云母类	常量元素、单位晶胞、多型、光学性质
长石	常量元素、结构有序度(Al 占位)及缺陷、光性、热发光
萤石	稀土元素、放射性元素、结构缺陷、颜色、晶形
方解石	常量及微量元素、晶疤、颜色、热发光
黄铁矿	常量及微量元素、比重、硬度、反射率、晶胞大小、热电系数、形态

12.2.3　岩石学研究

12.2.3.1　岩浆岩研究

（1）岩浆岩一般特征：

1）化学成分：见表12-6、表12-7。

表12-6　按 SiO_2 及 $Na_2O + K_2O$ 含量的岩浆岩基本分类

岩类＼化学成分	超基性岩	基性岩	中性岩	酸性岩	超酸性岩	碱性岩
SiO_2/%	< 45	45 ~ 52	52 ~ 65	65 ~ 75	> 75	< 55
$Na_2O + K_2O$/%	2 ±	3 ±	6 ±	7 ~ 8	-	> 13

表12-7　常见岩浆岩平均化学成分(%)

岩类＼化学成分	碱性花岗岩	花岗闪长岩	石英闪长岩	安山岩	玄武岩	碱性橄榄玄武岩	橄榄岩	霞石正长岩
SiO_2	73.86	66.88	66.15	54.20	50.83	45.78	43,54	55.38
TiO_2	0.20	0.57	0.62	1.31	2.03	2.63	0.81	0.66
Al_2O_3	13.75	15.66	15.56	17.17	14.07	14.64	3.99	21.30
Fe_2O_3	0.78	1.33	1.36	3.48	2.88	3.16	2.51	2.42
FeO	1.13	2.59	3.42	5.49	9.06	8.73	9.84	2.00
MnO	0.05	0.07	0.08	0.15	0.18	0.20	0.21	0.19
MgO	0.26	1.57	1.94	4.36	6.34	9.39	34.02	0.57
CaO	0.72	3.56	4.65	7.92	10.42	10.74	3.46	1.98
Na_2O	3.51	3.84	3.90	3.67	2.23	2.63	0.028	8.84
K_2O	5.13	3.07	1.42	1.11	0.82	0.95	0.005	5.34
P_2O_5	0.14	0.21	0.21	0.28	0.23	0.39	0.05	0.19
H_2O	0.47	0.65	0.69	0.86	0.91	0.76	0,76	0.96

　　2）矿物成分：见表12-8。

表12 - 8　常见岩浆岩平均矿物成分表(%)

矿物种类＼岩类	花岗岩	正长岩	花岗闪长岩	石英闪长岩	闪长岩	辉长岩	橄榄辉绿岩	辉绿岩	纯橄榄岩
石英	25		21	20	2				
正长石及微斜长石	40	72	15	6	3				
更长石	26	12							
中长石			46	56	64				
拉长石						65	63	62	
黑云母	5	2	3	4	5	1		1	
角闪石	1	7	13	8	12	3		1	
斜方辉石				1	3	6		2	
单斜辉石		4		3	8	14	21	29	
橄榄石						7	12	3	95
磁铁矿	2	2	1	2	2	2	2	2	3
钛铁矿	1	1				2	2	2	
磷灰石	微迹	微迹	微迹	微迹	微迹				
榍石	微迹	微迹	1	微迹	微迹				
色率	9	16	18	18	30	35	37	38	98

3) 结构构造: 见表12 - 9、表12 - 10。

表12 - 9　岩浆岩主要结构特征

划分依据	结构类型	主要特征	代表岩石
结晶程度	全晶质	全部物质由晶体组成	花岗岩
	半晶质	部分物质结晶,部分未结晶	流纹岩
	隐晶质	晶粒微小,肉眼不能分辨	玄武岩
	玻璃质	全部物质未结晶	黑曜岩
矿物颗粒绝对大小(晶粒直径)	巨粒	> 10mm	伟晶岩
	粗粒	5 ~ 10mm	花岗岩
	中粒	< 1 ~ 5mm	闪长岩
	细粒	1 ~ 0.1mm	细晶岩
	微粒	0.1 ~ 0.05mm	辉绿岩
	极微粒	< 0.05mm	玄武岩
	等粒	同种矿物大小均等	花岗岩
	不等粒	同种矿物大小不等	闪长岩
	斑状	大的晶体(斑晶)被隐晶、玻璃质(不基)包围	流纹岩
	似斑状	大的晶体(斑晶)被较细晶体(不基)包围	斑状花岗岩
矿物自形程度	全自形	矿物晶体发育完整	橄榄岩
	半自形	矿物部分晶面发育	辉长岩
	他形	矿物形态不规则,无完整晶面	细晶岩

表12 - 10　岩浆岩主要构造特征

构造类型	主要特征	代表岩石
块状构造	矿物分布均匀,排列无定向、无层序	花岗岩
流纹构造	不同颜色的条纹及拉长气孔定向排列,显示熔岩流动方向	流纹岩
流面构造	片状矿物、板状矿物、析离体、捕虏体平行平面排列	片麻状花岗岩
流线构造	柱状矿物或析离体定向平行排列	流纹岩
气孔构造	岩石中有圆形、椭圆形、长管形气孔	气孔状玄武岩
杏仁构造	岩石中气孔被后期矿物充填	杏仁状玄武岩

(2) 岩浆岩分类:总的分类见表12 - 11。分类图解可参见各类岩浆岩石学教科书及专著。国际地科联(IUGS)推荐的火成岩最新国际分类见文献。

表12-11　主要岩浆岩分类及鉴定特征

产状／结构 特征	黑或绿黑	灰黑或深灰	深灰或灰	浅灰至灰	肉红或灰白	肉红或灰黄	肉红、灰或灰绿
颜色	黑或绿黑	灰黑或深灰	深灰或灰	浅灰至灰	肉红或灰白	肉红或灰黄	肉红、灰或灰绿
矿物成分（长石）	无长石或极少	基性斜长石 60%～40%	中性斜长石 80%～60%	中性斜长石＞钾长石	酸性斜长石＜钾长石	碱性长石	碱性长石、霞石
石英	无石英	石英 0～5%	石英 0～5%	石英 15%～25%	石英＞20%	石英 0～5%	无石英
暗色矿物	橄榄石＞辉石（角闪石）95%	辉石（橄榄石）40%～60%	角闪石（黑云母）辉石 20%～40%	黑云母、角闪石 15%～20%	黑云母（角闪石）＜15%	角闪石、黑云母、辉石 10%～20%	碱性辉石、碱性角闪石 10%～20%
构造		块状、流纹状、气孔及杏仁状（火山岩）；块状（脉岩、浅成岩）；块状局部流面、流线（深成岩）					
火山岩（玻璃质）	玻基橄榄岩	玄武黑曜岩	安山黑曜岩	黑曜岩、珍珠岩、松脂岩或浮岩			
火山岩（隐晶质、微晶、细晶或隐斑状）	苦橄岩、苦橄玢岩	玄武岩	安山岩	英安岩	流纹岩	粗面岩	响岩
浅成岩未分（全晶质、细粒、等粒或斑状）	苦橄玢岩、金伯利岩	辉绿岩、辉长玢岩、微晶辉长岩	闪长玢岩、微晶闪长岩	花岗闪长斑（玢）岩、微晶花岗闪长岩	花岗斑岩、微晶花岗岩	正长斑岩、微晶正长岩	霞石正长斑岩、微晶霞石正长岩
脉岩二分（细晶或伟晶）	细晶岩及伟晶岩						
脉岩二分（隐晶、细晶或斑状）	拉辉煌斑岩		闪斜煌斑岩、云斜煌斑岩		煌斑岩类	云煌岩、辉正煌岩	
深成岩（全晶质中粗粒、等粒或似斑状）	（纯）橄榄岩、橄榄岩、辉岩（角闪岩）	辉长岩	闪长岩	花岗闪长岩	花岗岩	正长岩	霞石正长岩
SiO_2 百分含量	＜45%	45%～52%	52%～65%	＞65%	52%～65%	52%～65%	
SiO_2 饱和程度	不饱和	饱和—不饱和	饱和	过饱和	过饱和	饱和	不饱和
含碱度	钙碱性				钙碱性或碱性		碱性
	超基性	基性	中性	中酸性	酸性	中性（半碱性）	碱性
岩类	橄榄—苦橄岩	辉长—玄武岩	闪长—安山岩	花岗闪长岩—英安岩	花岗—流纹岩	正长—粗面岩	霞石正长岩—响岩

（3）岩浆岩的观测:

1）岩性肉眼鉴定:在现场或观察采集的标本,确定岩石的颜色及色调、矿物成分及主次成分含量比例、岩石的结构构造。按主要矿物成分及含量确定岩石在表12-11中纵行位置;按岩石结构构造及产状,确定岩石在表中横行位置,初步确定岩石分类及命名。

2）岩体现场观测:记录及填绘岩体延展范围、大小、形态和产状特征,岩体与围岩的接触关系与性质,判断岩体形成时代、活动顺序和总体构造特征。

3）判断岩相:据岩体特征确定岩浆活动环境条件,属深成、浅成、次火山或火山岩相,划分相带及确定其产出分布规律。

4）研究岩体与成矿的关系。

5）室内岩石鉴定:采用一定手段最终确定岩石分类及命名,进行岩石化学特征值(尼格里值或查氏值等)计算,作专门的岩体地质图及其他分析图解。

12.2.3.2　沉积岩研究

（1）沉积岩的一般特性:对沉积岩分类命名和描述最有意义的特征为颜色、结构、层理构造等,列入表12-12、表12-13、表12-14,供工作参考。

表12-12　沉积岩颜色的成因分类

颜色分类	颜色成因	分布特征
继承色	取决于碎屑物颜色,在某种程度上继承原岩颜色,常见于碎屑岩	颜色较均匀,分布面积广,常与层理吻合
原生色	由沉积及成岩阶段原生矿物构成的颜色,常见于化学岩	颜色均匀,沿走向稳定,与层理一致
次生色	岩石形成后,由于后生作用的影响,使原来成分发生变化,形成次生矿物,引起颜色改变	颜色不均匀,常呈斑点状,沿层面、裂隙面、空洞分布,分布范围小

表12-13　沉积岩主要结构类型

岩石类型	结构类型			特征
碎屑岩	碎屑粒度	砾状	巨砾	颗粒直径 > 1000mm
			粗砾	颗粒直径 1000 ~ 100mm
			中砾	颗粒直径 100 ~ 10mm
			细砾	颗粒直径 10 ~ 2mm
		砂状	粗砂	颗粒直径 2 ~ 0.5mm
			中砂	颗粒直径 0.5 ~ 0.25mm
			细砂	颗粒直径 0.25 ~ 0.1mm
		粉砂状	粗粉砂	颗粒直径 0.1 ~ 0.05mm
			细粉砂	颗粒直径 0.05 ~ 0.01mm
	分选度	分选好		主要粒级百分含量 > 75%
		分选中等		主要粒级百分含量 75% ~ 50%
		分选差		主要粒级百分含量 < 50%
	圆度	棱角状		颗粒具有尖锐棱角
		次圆状或次棱角状		颗粒棱角已受磨蚀
		圆状		颗粒棱角全部磨圆
	胶结类型	基底胶结		胶结物含量多、颗粒互不接触,呈游离状
		孔隙胶结		胶结物含量较少,充填于颗粒间孔隙中
		接触胶结		胶结物很少、分布于颗粒接触地方

续表 12 – 13

岩石类型	结构类型			特征
黏土岩	粉砂质泥质			黏土含量 > 50% , 粉砂含量 25% ~ 50%
	砂质泥质			黏土含量 > 50% , 砂含量 25% ~ 50%
	泥质			黏土含量 > 95% , 粉砂或砂含量 < 5%
	鲕状泥质			泥质鲕粒直径 < 2 mm
	豆状泥质			泥质豆状直径 > 2 mm
	砾状或角砾状泥质			由形状不规则的泥质砾或角砾组成, 直径 > 2 mm
化学岩和生物化学岩	粒屑结构	内碎屑结构	砾屑	颗粒直径 > 2 mm
			砂屑	颗粒直径 2 ~ 0.1 mm
			粉砂屑	颗粒直径 0.1 ~ 0.01 mm
			泥屑	颗粒直径 < 0.01 mm
		管屑结构		生物碎屑有磨圆和分选现象
		圆粒结构		三种结构粒级介于粉砂屑与砂屑之间, 在肉眼条件下很难和砂屑区别
		圆块结构		
		鲕粒结构		
	化学结构	非晶质结构		致密均一, 断口呈贝壳状
		隐晶质结构		较为致密均一
		显晶质	粗晶	颗粒直径 > 2 mm
			中晶	颗粒直径 2 ~ 0.1 mm
			细晶	颗粒直径 0.1 ~ 0.01 mm
			微晶	颗粒直径 < 0.01 mm
		生物结构		由造礁生物骨骼组成

表 12 – 14　层理的形态分类

层理类型		特征及成因	
水平层理		层面呈直线互相平行, 形成于水介质平静环境, 如深水带、闭塞海湾、泻湖、沼泽	
波状层理		层呈波状, 总方向平行层面, 形成于水介质呈波浪运动环境, 如浅水带、河漫滩、海湾、泻湖	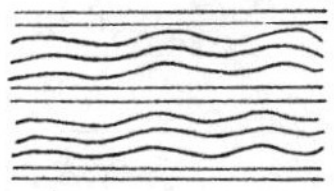
斜层理	斜交层理	由一系列与层系面斜交的层组成, 形成于水介质动荡环境	层倾向相同, 层系面呈水平或倾斜状, 组成水平层系物质较倾斜层系细, 单向斜层理代表流向, 在河流及激流下形成	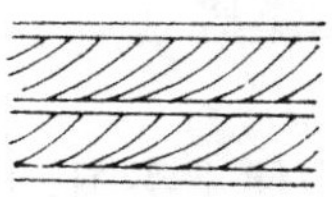
	交错层理	同上, 在动力条件下形成	层系面交错、切割、倾向、倾角有变化, 在水介质处于定向运动下形成, 如三角洲、滨岸带	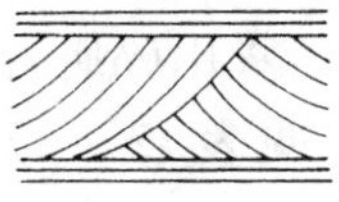
斜波状层理		层系面呈波状, 细层与层系斜交, 形成于介质运动强度较弱环境, 且沿走向流动, 如河漫滩内洪水期沉积	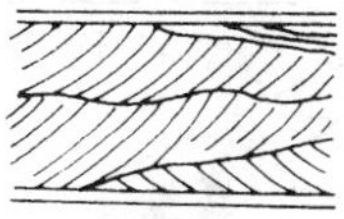
透镜状层理		由不同成分的波状层系重叠而成, 粗细物质相间呈小透镜体。成因同于波状层理, 但物质成分有变化, 出现于有波浪的浅水地带	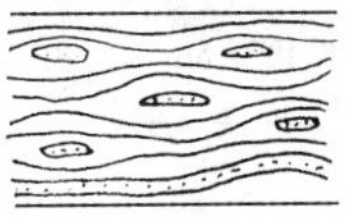

构成层理的最小单位是"层",成分、结构、厚度、形态相似的层组成"层系",岩层的单层厚度通常指层系厚度,是沉积岩观察描述的重要内容之一。层系厚度一般作如下划分:

巨厚层或块状层　　> 2 m;

厚　　　　层　　2.0 ～ 0.5 m;

中　　厚　　层　　0.5 ～ 0.1 m;

薄　　　　层　　0.1 ～ 0.01 m;

微　　　　层　　0.01 ～ 0.001 m;

显　微　层　　< 0.001 m。

（2）沉积岩分类:沉积岩主要类型见表12 - 15。

表 12 - 15　沉积岩的主要类型

火山碎屑岩 （按粒度细分）	正常沉积碎屑岩 （按粒度细分）	黏土岩 （按成分细分）	化学岩及生物化学岩 （按成分细分）
集块岩 火山角砾岩 凝灰岩	粗碎屑岩 （砾岩、角砾岩） 中碎屑岩 （砂岩） 细碎屑岩 （粉砂岩）	高岭石黏土岩 蒙脱石黏土岩 水云母黏土岩及 其后生作用变种 （页岩类）	碳酸盐岩 硅质岩 铁质岩 磷质岩 铝质岩 锰质岩 盐岩 可燃性有机岩

沉积岩中常有两成分混积,我国命名标准已通用,如表12 - 16所示。据该表,某一成分含量在50% 以上即构成基本名称;另一成分含量在50% ～ 25% 之间,以"质"表示;25% ～ 5% 之间,以"含"表示;< 5% 不参加命名。

表 12 - 16　两成分混积岩命名标准

岩石名称	A 成分含量/%	B 成分含量/%
A 岩	100 ～ 95	0 ～ 5
含 B 的 A 岩	95 ～ 75	5 ～ 25
B 质 A 岩	75 ～ 50	25 ～ 50
A 质 B 岩	50 ～ 25	50 ～ 75
含 A 的 B 岩	25 ～ 5	75 ～ 95
B 岩	5 ～ 0	95 ～ 100

为便于实用,四大类沉积岩尚需细分:

1）火山碎屑岩:据火山碎屑、熔岩及沉积物质三者的相对含量、碎屑粒度组合关系、原始岩浆成分进一步分类,见表12 - 17。

表 12 - 17　火山碎屑岩分类

岩石类型 火山碎屑含量/% 碎屑粒度/mm	火山碎屑熔岩类（熔岩胶结）	熔结火山碎屑岩类（熔结）	火山碎屑岩类（压结或化学胶结）	沉积火山碎屑岩类（化学、黏土及火山碎屑胶结）	火山碎屑沉积岩类（化学、黏土及火山碎屑胶结）
	10 ～ 90	50 ～ 90	> 90	90 ～ 50	50 ～ 10
> 100	集块熔岩	熔结集块岩	集块岩	层火山集块岩	凝灰质巨砾（角砾）岩

续表 12 - 17

火山碎屑含量/% 碎屑粒度/mm 岩石类型		火山碎屑熔岩类(熔岩胶结)	熔结火山碎屑岩类(熔结)	火山碎屑岩类(压结或化学胶结)	沉积火山碎屑岩类(化学、黏土及火山碎屑胶结)	火山碎屑沉积岩类(化学、黏土及火山碎屑胶结)
		10 ~ 90	50 ~ 90	> 90	90 ~ 50	50 ~ 10
100 ~ 2	100 ~ 20	角砾熔岩	熔结角砾岩	粗火山角砾岩	层火山角砾岩	凝灰质砾(角砾)岩
	20 ~ 2			细火山角砾岩		
< 2	2 ~ 0.5	凝灰熔岩	熔结凝灰岩	粗粒凝灰岩 细粒凝灰岩	层凝灰岩 粗屑凝灰岩	凝灰质粗砂岩
	0.5 ~ 0.1				细屑凝灰岩	凝灰质细砂岩
	0.1 ~ 0.01				粉屑凝灰岩	凝灰质粉砂岩
	< 0.1				微屑凝灰岩	凝灰质泥岩

2) 正常沉积碎屑岩: 粗碎屑岩按砾石大小(mm)由 > 1000、1000 ~ 100、100 ~ 10、10 ~ 2 等分为巨粒、粗粒、中粒、细粒砾岩(角砾岩)四类。中碎屑岩(砂岩)及细碎屑岩(粉砂岩)按碎屑粒度(表 12 - 13)划分。考虑碎屑矿物成分时,砂岩的细分见表 12 - 18。

表 12 - 18 砂岩碎屑矿物成分分类表

大类名称	编号	小类名称	主要碎屑矿物成分含量/%		
			石英	长石	岩屑
石英砂岩	1	石英砂岩	80 ~ 100	0 ~ 10	0 ~ 10
	2	长石质石英砂岩	65 ~ 90	10 ~ 25	< 10
	3	岩屑质石英砂岩	65 ~ 90	< 10	10 ~ 25
	4	长石岩屑质石英砂岩	50 ~ 80	10 ~ 25	10 ~ 25
长石砂岩	5	长石砂岩	0 ~ 75	> 25	< 10
	6	岩屑质长石砂岩	0 ~ 65	> 25	10 ~ 25
岩屑砂岩	7	岩屑砂岩	0 ~ 75	< 10	> 25
	8	长石质岩屑砂岩	0 ~ 65	10 ~ 25	> 25
	9	混杂砂岩	< 50	25 ~ 75	25 ~ 75

3) 黏土岩: 根据成因、矿物成分、固结程度、粒度成分和工业用途细分,如表 12 - 19。

表 12 - 19 黏土岩的主要类型及鉴定特征

分类依据	岩石名称	鉴定特征
成因	残积黏土	残留原岩上部及附近,含多种杂质
	沉积黏土	呈层状或透镜状产出,常夹于碎屑岩及化学岩中
矿物成分	高岭石黏土岩	以高岭石为主,遇水不膨胀,胶结性好
	胶岭石黏土岩	以胶岭石为主,吸附性好,吸水后膨胀
	水云母黏土岩	以水云母为主,遇水不膨胀,有页理
固结程度	黏土	未固结成岩
	泥岩	具块状构造,无页理,有固结
	页岩	固结好,页理发育
	泥板岩	页理不明显,板状构造,黏土矿物重结晶占半数

续表 12 - 19

分类依据	岩石名称	鉴 定 特 征					
粒度成分	黏土岩 含粉砂质黏土岩 粉砂质黏土岩 含砂质黏土岩 砂质黏土岩	黏土 质含 量(%)	> 90 > 70 > 50 > 70 > 50	粉砂 质含量 (%)	< 5 5 ~ 25 25 ~ 50 < 5 < 5	砂质 含量 (%)	< 5 < 5 < 5 5 ~ 25 25 ~ 50
工业用途	耐火度	易熔黏土 难熔黏土 耐火黏土	耐火度 < 1350℃ 耐火度 1350 ~ 1580℃ 耐火度 > 1580℃				
	可塑性	软质黏土 半软质黏土 硬质黏土	在水中变软,具强可塑性 在水中部分变软,具弱可塑性 在水中不变软,不具可塑性				

　　4)化学岩及生物化学岩:根据岩石颜色、矿物成分、结构构造等特征将本类岩石分为八类,其中碳酸盐类岩石分布最广,详见表 12 - 20。

表 12 - 20　常见化学岩和生物化学岩主要特征

类　型		颜　色	矿物成分	结　构	构　造	其他特征
铝质岩		灰、红、棕、黄、白等色	三水铝石 一水铝石 一水硬铝石	泥质结构 内碎屑结构 鲕状结构 豆状结构	块状构造 粒度分选 层理	致密坚硬、贝壳状断口、比重及硬度大于黏土岩。当 Al_2O_3 > 40%,Al_2O_3/SiO_2 > 2.1 时称铝土矿
铁质岩		红色 棕色 褐色	赤铁矿、针铁矿、水赤铁矿、菱铁矿、黄铁矿	鲕状结构 豆状结构 肾状结构	块状构造	比重大
锰质岩		黑色 灰黑色 褐色	软锰矿、水锰矿、硬锰矿、菱锰矿	土状、 多孔状、鲕状、结核状等	块状构造	染手,土状,粒状断口
硅质岩	燧石岩	黑、灰、白等色	蛋白石、玉髓、自生石英	非晶质及隐晶质	条带状、层状,结核状	致密、坚硬、贝壳状断口
	硅藻土	灰、浅灰、黄等色	蛋白石	生物结构	层理	疏松多孔、比重小,吸附性强
磷质岩		黑、灰、白、砖红等色	磷灰石 胶磷矿	碎屑、泥质、鲕状、豆状、生物等结构	层理、条带状、结核状	风化后表面有蓝灰色薄膜,或呈白色土状,硬度小于5,与钼酸铵及硝酸作用有黄色沉淀
碳酸盐岩	石灰岩	浅灰到深灰等色	方解石 > 50% 黏土矿物 < 25%	结晶粒状、碎屑、鲕状等结构	层理、块状及层面构造	遇冷盐酸起泡
	白云岩	灰白、浅灰等色	白云石 > 50% 方解石、黏土	结晶粒状、碎屑、鲕状等结构	层理、块状及层面构造	遇冷盐酸不起泡或有微弱反应
	泥灰岩	灰、黄褐、棕红等色	方解石 > 50%,土矿物 > 25%	隐晶结构	薄层状	遇冷盐酸起泡,有泥质残余物
盐岩		白、灰、蓝、红等色及无色透明	天然碱、石盐、石膏及硬石膏、光卤石、钾盐、芒硝等	晶质	块状、层状	可溶于水(石膏类则弱),比重小,有特殊味觉

（3）沉积岩的观测

1）现场观察：描述岩石颜色、色调；矿物成分，碎屑岩按胶结顺序描述，碳酸盐用5%的稀盐酸区别方解石及白云石；结构构造，碎屑岩着重碎屑的形状、大小、圆度、分选度及排列方向、胶结物类型、胶结程度、岩石的致密程度，化学岩着重结构类型；岩石的层理构造、层面特征、单层厚度；岩层产状、分布；产出化石特征；岩层接触关系；野外初步肉眼鉴定命名。

2）室内鉴定：岩石最终分类、命名。

3）室内研究分析：分析岩石成因、岩相，编制岩性分布图及岩相古地理图。

12.2.3.3　变质岩

（1）研究变质岩的一般特征

1）化学成分：是研究变质成因和分类的主要依据。在没有交代作用的条件下，正、副变质岩特征如表12-21。

表 12 - 21　正、副变质岩化学成分特征

名称 \ 成分/%	SiO_2	Al_2O_2	$FeO + Fe_2O_3$	MgO	CaO	K_2O/Na_2O
正变质岩	37 ~ 88	0.86 ~ 28	3 ~ 15	< 30	< 17	< 1
副变质岩	80 ~ 0	17 ~ 40	不定	可达47.0	可达56	> 1

2）矿物成分：变质岩特征矿物与其他两大类岩石的对比见表12-22。

表 12 - 22　沉积岩、岩浆岩及变质岩中常见矿物分布

在沉积岩中出现	在岩浆岩中出现	在变质岩中出现	在三大类岩石中都出现
蛋白石、玉髓、黏土矿物、海绿石、水铝石、褐铁矿、石膏、盐类矿物、煤	鳞石英、透长石、歪长石、霞石、黄长石、白榴石、方钠石、方沸石、蓝方石、黝方石、霓石、玄武闪石	钠云母、帘石类、符山石、方柱石、透闪石、阳起石、硅灰石、蓝闪石、软玉、硬玉、硬绿泥石、红柱石、硅线石、蓝晶石、刚玉、堇青石、十字石、方镁石、硅镁石、蛇纹石、滑石、叶蜡石、硬柱石、镁橄榄石、钙铝榴石	石英、钾长石、白云母、金云母、黑云母、斜长石类、角闪石类、辉石类、橄榄石类、磷灰石、榍石、锆英石、金红石、菱铁矿、赤铁矿、钛铁矿、磁铁矿

变质岩特征矿物与原岩化学成分有密切关系，见表12-23。但变质矿物的出现还取决于其他物理化学因素，能指示变质作用的性质和强度的特征矿物称临界矿物，常形成一定共生组合：

低温低压矿物组合：蓝闪石、硬柱石、硬玉等；

高温低压矿物组合：红柱石、堇青石、硅灰石等；

高温高压矿物组合：辉石及透辉石的绿色变种、镁铝榴石等。

表 12 - 23　变质矿物与原岩化学成分关系

原岩性质	化学成分主要特点	变质后主要常见矿物	变质后可能出现的特征矿物
黏土质及粉砂质	Al_2O_3 较高，CaO 较低	绢云母、白云母、石英、钾长石、中性斜长石等	红柱石、硅线石、蓝晶石、十字石、堇青石、铁铝榴石、硬绿泥石、紫苏辉石
碳酸盐类	以 Ca、Mg 碳酸盐为主，可含一定量的 SiO_2、Al_2O_3	方解石　白云石	硅灰石、方柱石、透闪石、钙铝榴石、透辉石、符山石等
泥灰质及基性岩浆岩	MgO、FeO、CaO 较高，SiO_2、Na_2O、K_2O 较低	绿泥石、阳起石、普通闪石、黑云母	绿帘石、铁铝榴石、透辉石、蓝闪石
镁质碳酸盐类及超基性岩浆岩	MgO 很高，SiO_2、Al_2O_3、Na_2O、K_2O 较低	白云母、方解石、金云母、菱镁矿	滑石、蛇纹石、硅镁石、方镁石、镁橄榄石
硅质及长英质	SiO_2 为主，有少量其他杂质	石英、磁铁矿	

3）变质岩结构一般有四种：

变余结构：如变余砾状、砂状、粉砂状和泥质结构；变余花岗、辉绿和斑状结构等；

变晶结构：如粗粒（>3 mm）、中粒（1~3 mm）、细粒（<1 mm）及显微变晶结构；等粒及斑状变晶结构；角页岩（显微等粒变晶）、鳞片、纤维变晶和变晶包含（嵌晶）结构；

交代结构：如融蚀、蠕虫、网格状等结构；

碎裂结构：如碎裂、碎斑、糜棱等结构。

4）变质岩构造，一般有两类：

变余构造：如残余带状构造，变余气孔、杏仁、流纹、斑杂状及原生条带状构造；变成构造：如劈理、板状、斑点状、千枚状、片状、片麻状、条带状、条痕状、块状和线理构造等。

（2）变质岩分类：按变质作用一般将变质岩分为五种主要类型，即气成热液变质岩、接触变质岩、动力变质岩、区域变质岩和混合岩。各类变质岩又依据矿物成分、变质程度、结构构造特征分为许多不同的岩石。

1）气成热液变质岩类：为岩浆及其成矿活动的围岩蚀变，对内生矿床的矿山地质工作比较重要，是地质编录需研究的内容之一。气成热液变质的主要类型见表12-24。

表12-24　气成热液变质岩主要类型

蚀变类型	原岩性质	蚀变矿物共生组合		有关矿化	蚀变性质及产出特征
		主要的	次要的		
蛇纹岩化	超基性岩为主，有时为白云岩类	纤维蛇纹石、叶蛇纹石	滑石、碳酸盐类、磁铁矿、透闪石、纤闪石、绿泥石、水镁石	铬铁矿、镍矿、石棉、滑石、菱镁矿	沿侵入体边缘分布
滑石菱镁片岩化	超基性岩及蛇纹岩	滑石、菱镁矿、方解石、石英、白云石	白云母、铬云母、赤铁矿、绿泥石、钠长石	同上	蛇纹岩在碳酸溶液影响下形成
绿泥石化	中-基性及部分中-酸性岩	绿泥石	绿帘石、绢云母、电气石、石英、黑云母、碳酸盐	近裂隙蚀变时常与硫化矿床有关	为自变质或近空隙交代，有时发育于构造错动带
方柱石化	中-基性岩	方柱石	磷灰石、次闪石	钛铁矿、磷灰石	一般自变质
细碧角斑岩化	玄武岩或安山岩	钠长石	绿泥石、绿帘石、次闪石、碳酸盐	可与黄铁矿型铜矿有关	产于海底喷发中-基性岩，形成细碧岩、角斑岩、石英角斑岩
青盘岩化（变安山岩化）	安山岩及部分玄武岩	钠长石、绿帘石、阳起石、绿泥石	碳酸盐、绢云母、冰长石、葡萄石、绿纤石、重晶石、石英、沸石	与中低温热液矿化伴生	自变质或区域性岩浆期后交代作用，常大片出现
石英岩化	花岗岩类为主，次为砂岩、页岩、片麻岩	石英、白云母或含锂云母（黑鳞云母、铁锂云母、锂云母）	电气石、黄玉、萤石、绿泥石	钨、锡、铍、钼及稀有金属、砷、铜	产于酸性侵入体顶部、内外接触带，石英脉壁附近
钠长石化	花岗岩、正长岩、伟晶岩为主	钠长石	石英、含锂云母、天河石、萤石、微斜长石、黄玉	铍、铌、钽、铀矿化有关	产于较小型酸、碱性侵入体中或大型岩体边、顶部
黄铁细晶岩化	细晶、花岗斑岩	绢云母、白云母、石英	黄铁矿、绿泥石、铁白云石	黄铁矿及金矿化	非自变质，产于石英脉两侧
钾长石化	火山岩及其他岩石	正长石、冰长石、石英	绢云母	斑岩铜矿、钨、锡、稀土矿化	发育于火成岩或呈脉状充填交代
绢云母化	花岗岩及成分相似岩石	绢云母及相似黏土矿物	石英、绿泥石、绿帘石、碳酸盐、黄铁矿、钠长石	与有色金属硫化物生成有关	可为自变质或其他热液交代，裂隙充填

续表 12 – 24

蚀变类型		原岩性质	蚀变矿物共生组合		有关矿化	蚀变性质及产出特征
			主要的	次要的		
次生石英岩化		中 – 酸性喷出岩	石英、绢云母	明矾石、叶蜡石、迪开石、红柱石、硬水铝矿、蓝线石、黄玉、刚玉、赛黄晶、电气石、金红石	与有色金属硫化物生成有关	可为自变质，也可与后期花岗岩侵入接触变质有关
硅化		酸性侵入岩、火山岩及碳酸盐岩	石英、玉髓、蛋白石	绢云母、萤石、方解石、重晶石、高岭土	与多金属矿床、汞锑矿化形成有关	近矿围岩中发育，构造错动中常见
碳酸盐化	方解石化	与碳酸盐矿化有关围岩中及中、基性火山岩	方解石	绿泥石、石英	与多金属矿床成矿有关	多产于近矿围岩中
	白云石化	石灰岩、含泥质砂质石灰岩	白云石			
重晶石化		硅铝酸盐岩石及碳酸盐岩石	重晶石	毒重石、萤石、石英、方解石、白云石、铁锰碳酸盐、石膏、天青石	锌、汞、锑、金、银矿化	近矿围岩中发育，与矿石呈脉状充填
高岭石化		铝硅酸质岩石	高岭石	石英、绢云母、玉髓	黏土及多金属矿化	同上
电气石化		酸性火成岩及砂页岩	电气石、石英、白云母或含锂云母	绢云母、斧石、硅硼钙石、金红石、黄玉、萤石、赛黄晶	锡、金、毒砂及黄铁矿化	酸性侵入体外接触带，石英脉壁围岩中
黄玉化		同上	石英、白云母、黄玉	萤石、含氟磷灰石、绢云母、电气石	钨、锡矿化	同上
萤石化		硅铝酸盐及碳酸盐岩石	萤石	石英、重晶石、黄玉、电气石	钨、锡、锑、汞及稀有金属	同上
明矾石化		酸性岩浆岩	明矾石、石英	高岭石、绢云母、长石、黄铁矿	金、铜、黄铁矿化	近矿围岩中发育
黑云母化		中酸性岩	黑云母	钠长石、石英	金、铜、磁黄铁矿化	近矿围岩中发育
赤铁矿化		中酸性岩、硅化岩	赤铁矿	黄铁矿、褐铁矿、紫色萤石、方解石	铀矿化	近矿围岩中发育或脉状充填

2) 接触变质岩类：热变质岩主要类型及特征见表 12 – 25。

表 12 – 25 热变质岩主要类型及特征

原岩	变质程度	温度与压力	特征矿物			结构	构造	代表岩石
			Si + Al	Si + Al + K	Si + Al + Mg + Fe			
黏土岩	低	低温低压	红柱石	绢云母	绿泥石	变余泥状、隐晶质、筛状	斑点状、板状（片状）	斑点板岩、瘤状板岩
	中	中温中压	红柱石	白云母	黑云母、铁铝榴石、堇青石	角页岩状、斑状变晶、花岗变晶	块状片状	角页岩片岩
	高	高温高压	硅线石	钾长石	黑云母、紫苏辉石	角页岩状、花岗变晶	块状片状	角页岩片麻岩

续表 12 - 25

原岩	变质程度	温度与压力	特征矿物					结构	构造	代表岩石
			Ca	Mg	Si + Ca	Si + Mg	Si + Al + Ca + Mg + Fe			
碳酸盐岩	低	低温低压	白云石		石英 方解石 透闪石	蛇纹石 滑石 阳起石	绿帘石	花岗变晶 斑状变晶	块状	大理岩及含杂质大理岩
			方解石	水镁石						
	中	中温中压	方解石	水镁石	透闪石 阳起石		绿帘石 钙铝榴石	花岗变晶、柱状、纤状、斑状变晶	块状	透闪石 金云母 阳起石 } 大理岩
	高	高温高压	方解石	水镁石	透辉石 硅灰石	镁橄榄石	斜长石 钙铝榴石 符山石	花岗斑晶、斑状变晶、角页岩状	块状	透辉石 硅灰石 镁橄榄石 } 大理岩

接触交代作用的岩石即矽卡岩,矽卡岩可分镁质及钙质两大类。钙质矽卡岩系交代石灰岩形成,分布最广。主要含石榴石、辉石,有时有相当数量的符山石、硅灰石、方柱石、透闪石、绿帘石、磁铁矿、碳酸盐类矿物和石英。据矿物组合可进一步划分为柘榴子石矽卡岩、柘榴子石 - 透辉石矽卡岩、透辉石矽卡岩、柘榴子石 - 绿帘石及绿帘石矽卡岩、柘榴子石 - 符山石及符山石矽卡岩等。这类矽卡岩与铁、铜、铅、锌、钼、钨、锡、铋、铍等矿化有密切关系。镁质矽卡岩系由交代白云岩或白云质灰岩而成,分布不广。主要含镁橄榄石、尖晶石、金云母、硅镁石、蛇纹石、透闪石、硼镁铁矿、磁铁矿、白云石和方解石等矿物。据矿物组合主要形成透辉石矽卡岩、镁橄榄石透辉石矽卡岩、金云母透辉石矽卡岩、硅镁透辉石矽卡岩等。这类矽卡岩与磷、硼、铁、铜等矿化有关。

3) 动力变质岩类:产生于大断裂带内及其两侧,主要类型有:① 构造角砾岩;② 碎裂岩,具碎裂、碎斑结构,有时形成片理构造,常发生晶面、解理面、双晶结合面的弯曲,片状、柱状矿物的扭折;③ 糜棱岩,由极细（< 0.2 ~ 0.5 mm）颗粒组成,有时具眼球状原岩残留体,镜下晶体呈波状消光,双晶及解理纹弯曲,颗粒边缘呈锯齿状,岩石致密坚硬,似硅质士,大部具条带状构造,似流纹岩;④ 千糜岩。矿物成分及结构构造与千枚岩相似,但磨细矿物大部分已重结晶,形成绢云母、绿泥石、钠长石、绿帘石等新生矿物及很多重结晶的石英、长石微粒,片理发育;⑤ 玻状岩（玻化岩）,因剧烈错动产生高温而局部熔化,冷却成玻璃质岩石,色深暗,常呈透镜状产于糜棱岩中。

4) 区域变质岩类

区域变质作用可分为浅、中、深三带,特征见表 12 - 26。

表 12 - 26　变质带划分及其特征矿物

变质带	等级	温度	静压力	应力	常见特征矿物	主要构造
浅带	低级	中	不大	强	绢云母、绿泥石、硬绿泥石、钠长石、蛇纹石、滑石、氢氧镁石、白云石	板状、千枚状、片状为主
中带	中级	高	较大	较强	白云母、黑云母、铁铝榴石、十字石、蓝晶石、透闪石、阳起石、绿帘石、角闪石、酸性斜长石	片状、片麻状为主
深带	高级	很高	很大	极弱	硅线石、董青石、紫苏辉石、黑云母、碱性长石、基性斜长石、透辉石、橄榄石等	片麻状、眼球状、块状等

常见区域变质岩分类见表 12 - 27。

表 12 - 27　常见区域变质岩分类

岩石类型	原岩及化学特征	低级变质岩	中级变质岩	高级变质岩
千枚岩 - 云母片岩类(泥质变质岩)	黏土岩、泥岩、黏土质粉砂岩,富 Al_2O_3 贫 CaO,一般 K_2O > Na_2O、FeO、MgO 不定	板岩、千枚岩、钠长绿泥绢云片岩	白云母片岩、黑云母片岩、二云母片岩、石英云母片岩(可含铁铝榴石、十字石、硬绿泥石、董青石、红柱石、蓝晶石)	黑云母片岩、黑云母麻岩(可含石榴子石、硅线石、董青石)
斜长片麻岩 - 变粒岩 - 石英岩类(长英质变质岩)	各种砂岩、粉砂岩及部分页岩,中酸性火山岩及火山碎屑岩	变质砂岩、粉砂岩,砂质板岩、片理化硬砂岩、变质流纹岩、英安岩、凝灰岩、石英绢云母千枚岩(片岩)、钠长绿泥石绢云母片岩、石英岩	黑云母变粒岩及少量细粒黑云母片麻岩(可含石榴石)、黑云母斜长片麻岩、角闪黑云母斜长片麻岩、云母石英片岩、斜长云母片麻岩、黑云母石英片岩、石英岩、长石石英岩、各种浅粒岩	含黑云母或角闪石的片麻岩及变粒岩(浅色麻粒岩)、黑云母石英片岩及石英岩(可含石榴子石、董青石等)
大理岩 - 钙镁硅酸盐类(钙镁质变质岩)	各种碳酸盐类沉积岩(包括泥灰岩、钙质页岩),富含 CaO、MgO	大理岩(可含石英、绿泥石、蛇纹石、滑石等)、钙质千枚岩	方柱石大理岩、透闪石大理岩、白云质大理岩、含钙铝榴石、符山石、绿帘石及云母等的大理岩,钙质云母片岩、含透辉石、阳起石、透闪石、云母等的钙镁硅酸盐变粒岩	金云母透辉石大理岩、镁橄榄石大理岩、钙质片麻岩(含透辉石、方柱石及基性斜长石等)、辉闪斜长变粒岩
绿片岩 - 斜长角闪岩类(基性变质岩)	基性火山岩、凝灰岩、多杂质白云质灰岩,FeO、MgO、CaO 高、SiO_2 较低、Na_2O > K_2O	钠长绿泥石片岩、绿帘绿泥片岩、钙质钠长绿泥片岩、阳起石片岩、绢云母绿泥片岩等	斜长角闪岩(可含绿帘石、透辉石、铁铝榴石)、角闪石英片岩、角闪片岩、钙质角闪片岩	斜长角闪岩、角闪石岩、角闪片岩、各种辉石麻粒岩、紫苏麻粒岩、榴辉岩及榴闪岩
滑石 - 蛇纹石片岩类(镁质变质岩)	超基性岩及部分不纯白云岩、富 MgO	蛇纹石片岩、滑石片岩、滑石菱镁片岩、直闪绿泥片岩	(片状)角闪石英岩、直闪片岩及榴闪片岩	辉石岩、角闪石岩、橄榄石岩

5) 混合岩类:据混合岩化作用的成因特点和强度,将混合岩分为三大类。

① 混合质片麻岩:亦称注入混合岩,原岩成分结构大部保留,长石石英脉体与基体间界限比较明显。它又可分为眼球状、条带状混合质片麻岩或注入混合岩。

② 混合岩:混合岩化强烈,残留体占次要地位,基体与脉体之间无明显界限。混合岩成分与花岗岩相似,又称混合片麻岩。

③ 混合花岗岩:外貌似花岗岩,保留一定原岩结构阴影或片麻状构造。

(3) 变质岩的观测

1) 现场观察:首先观察颜色和色调、矿物成分、结构构造、岩石断口形态、光泽、细脉穿插及小褶皱、风化程度等,用肉眼初步鉴定命名。

2) 室内鉴定:最终分类和命名。

3) 室内分析研究:划分变质带和划分变质相,作有关图解和变质带、变质相分布图。结合野外产出特征判明原岩性质及变质条件与过程。

12.3　矿区构造研究

12.3.1　矿区构造研究概述

矿区构造研究是矿山综合地质研究的基础内容之一。研究构造对成矿的控制作用,可帮助指导矿山找矿勘查;构造对矿体错失的研究,有助于指导采掘、采剥的正确方向;矿区各类构造,特别是小型构造的研究,有助于解决矿区水文地质、工程地质和环境地质等有关的各种问题。矿区构造研究的主要内容为:

(1)系统分析整理矿山在原地质勘查或前阶段开发中历年积累的大量构造资料,作为进一步研究的基础依据。

(2)随矿山地质及生产勘探、采掘及采剥生产的发展,通过工程的原始地质编录,详细观察、分析判断、描述及测绘各类构造,进行构造力学性质鉴别。编制专门的构造图或构造统计图,必要时进行矿区构造填图。

(3)在上述工作的基础上,对矿区地表与地下、本部与外围所揭露的构造进行综合分析研究,确定构造活动的阶段与分期,活动的时空分布及继承性规律;确定构造在空间上的组合关系、分级与类型,应力场分布,掌握整个矿区的构造分布特征与活动规律。

(4)分析研究矿区构造与成矿的相互关系,以详细了解矿区的成矿构造控制因素及成矿后构造对矿床、矿体破坏的特征与规律。

研究矿区构造时,应住意下述几个问题:

(1)点和面的研究相结合:构造研究应由个别的点入手,最后推广到面。

(2)各级构造研究相结合:矿区构造研究的重点在坑口及矿体,在于小型构造,但亦不应忽略矿床及矿田构造的研究。

(3)构造与成矿的时空关系研究相结合:首先是构造与成矿在时间上的相互关系,划分为成矿前、成矿时与成矿后构造。对于内生矿床,成矿前及成矿时构造的研究比较重要,是成矿的构造控制因素;对于层状、似层状、脉状矿床或构造破坏变形较为复杂的其他矿床则成矿后构造的研究较为重要。其次是对成矿前、成矿时构造的研究还要进一步分析构造与成矿在空间上的相互关系,划分出导矿、配矿及容矿构造,分别研究它们的特征与规律。

(4)构造研究与生产工作相结合:研究构造对矿山生产的影响,做到与生产工作相结合,着重解决与生产直接有关的各种问题。

(5)构造研究还须与其他成矿控制因素,其他地质科学研究有机地结合起来。

12.3.2　成矿前构造研究

12.3.2.1　成矿前构造类型

对沉积和沉积变质矿床,成矿前构造主要表现为控制沉积盆地及盆地边缘的断裂。对于内生矿床,成矿前构造有五类:

(1)控制岩浆 – 矿化活动的区域性褶皱与断裂构造。

(2)成矿前地层中的原生成层构造。

(3)成矿前深成侵入体及次火山岩体的原生构造。

(4)成矿前脉岩所充填的断裂裂隙以及成矿前脉岩中的冷却裂隙。

(5)矿化前的断裂裂隙。

12.3.2.2　成矿前构造特征及识别标志

(1)成矿前深成侵入体及次火山岩体

1)同位素年龄早于成矿时代;

2)岩体内有矿化或近矿蚀变;

3)岩体的接触带控矿;

4)矿化或蚀变有以岩体为中心向外的分带现象;

5)岩体中没有矿石俘虏体或岩体切过矿体的现象。

(2)成矿前脉岩

1)脉岩中有矿化或矿化细脉穿入;

2)脉岩遭受矿化作用前或同时的蚀变;

3)矿脉受阻于岩脉,两侧矿体不具对应性;

4)脉岩中不具矿石角砾。

（3）成矿前断裂

1）沿断裂带或带中发育热液蚀变或矿化，断层泥遭蚀变；

2）矿体分布在断裂中或矿体及蚀变常切过断裂带（见图12 - 1a）。

3）断层角砾被原生矿石矿物或与成矿有关的脉石矿物胶结（见图12 - 1b）；

4）断裂带看不到新鲜的断层泥或成矿期后的滑动面。若有滑动面亦遭蚀变与矿化，且愈近滑动面矿化愈强，离开则逐渐变弱（见图12 - 1c）；

5）断裂带及围岩内热液蚀变没有明显的界线，两者蚀变程度可以不同，但性质一致。由围岩至断裂中，结晶矿物粒度和矿石结构构造的变化有一定对称性（见图12 - 1d）；

6）围岩蚀变严格地受断裂控制（见图12 - 1e）；

7）断裂带内矿石矿物呈脉状产出（见图12 - 1f）；

8）断裂带内未见矿石角砾，却有矿化及蚀变交代角砾现象，边部交代强而角砾中心弱，具环带构造（见图12 - 1g）；

9）成矿元素的原生晕沿断裂带分布；

10）断裂带上、下盘找不到任何成矿后活动的遗迹。如果断裂带上盘（或下盘）有透水性差、轻微蚀变的断层泥，而下盘（或上盘）围岩蚀变比上盘（或下盘）强，这种断裂是成矿前的（见图12 - 1h）；

11）成矿前断裂两侧矿脉的数目、厚度常不一致（见图12 - 1i）；

12）矿脉被成矿前断裂所阻，交切处矿脉呈喇叭形，另一侧无对应矿脉（见图12 - 1j）。

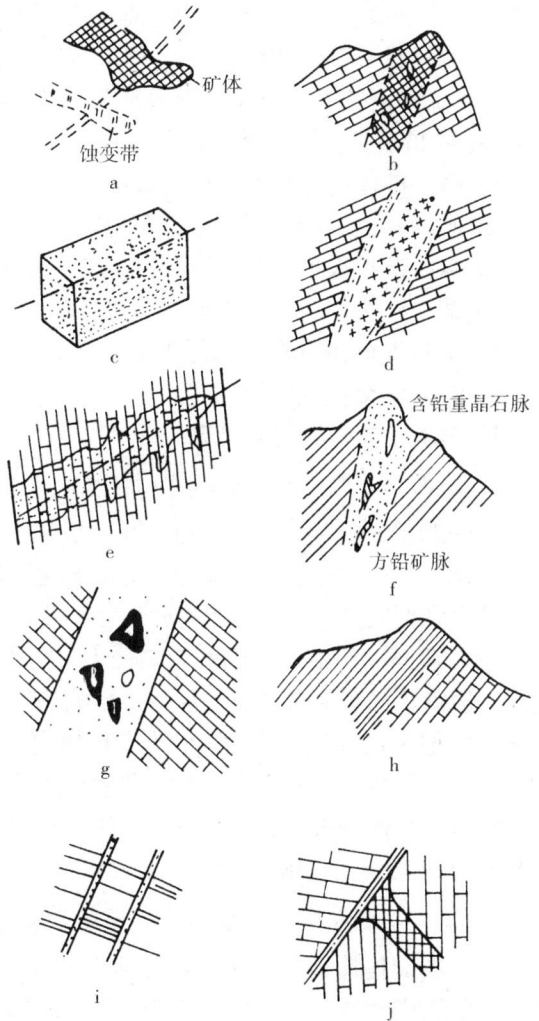

图12 - 1　成矿前断裂辨认标志示意图

（据池三川，1979）

12.3.2.3　成矿前构造对成矿的控制作用

（1）导矿构造：导矿构造是成矿溶液活动的通道，常由矿区规模较大的断裂或褶皱带中的透水层组成，本身不含矿体，只有某些蚀变及矿化痕迹，但矿田内矿床、矿体的分布常受导矿构造控制。因此对它的研究可指出找矿方向。

（2）配矿构造：配矿构造是矿液由导矿构造向成矿地段转移的构造，常是导矿构造派生或伴生的次级断裂或透水层。配矿构造本身亦无矿体，只有一定蚀变及矿化迹象。配矿构造的研究可指示容矿构造位置。

（3）容矿构造：容矿构造是成矿溶液沉淀、矿体定位的构造，常由低级或低序次的断裂、层间剥离、侵入体接触带等构造组成，也可以是各种构造的复杂组合。容矿构造不仅控制矿体的空间位置、决定其空间分布规律，而且还决定矿体的形态、产状、大小及矿石组构特征，是矿山地质工作者的重点研究对象。

12.3.3　成矿时构造研究

成矿时构造是成矿溶液运移和沉淀过程中所发生的各种构造变动。它的研究对矿山地质工作有多方面的意义。

（1）有助于了解构造性质、产状、活动特征及各成矿期断裂的组合关系，便于预测矿体的分布、形态和产状。

（2）成矿时构造活动导致成矿前构造继承性活动或构造多次活动，使矿液呈脉动式运动，造成矿体内部结构的复杂性，对成矿时构造的研究就有助于阐明矿体内部复杂结构产生的原因。

（3）矿液的脉动现象随时间的推移在空间上也有所转移，形成矿床、矿体的脉动分带。脉动分带的研究有助于认识分带产生的原因、物质成分构成上的多样性和复杂性，这对矿岩物质成分的综合利用和指导找矿都有重要意义。

（4）研究成矿时构造有助于了解矿化富集的空间分布规律，帮助确定富矿体分布位置，这对于富矿体找矿和划分开采块段,制订采矿生产计划都有实际意义。

(5)对层控矿床及叠生矿床,研究成矿时构造可以帮助查明矿源层,查明原生沉积矿体被改造和叠加过程。

(6)成矿时构造是整个矿床地质发展史的一部分,因此研究成矿时构造有助于认识矿床的发展史。成矿时构造(主要指断裂)的识别标志主要有:

1)同一矿体内存在着不同阶段的矿石或矿脉穿插交错,存在多种矿石结构构造。

2)矿物共生组合的不一致或不协调。

3)某些矿物被另一些矿物切割,较低温矿物被较高温矿物切割,说明脉动构造活动的存在。

4)某一矿物作为另一些矿物包裹体出现或早阶段矿石破碎后又为较晚阶段矿石胶结。

5)矿脉中存在对称带状构造。

6)明显的交代蚀变作用。

12.3.4　成矿后构造研究

12.3.4.1　成矿后构造研究的意义

褶皱构造对沉积、沉积变质矿床的成矿后变化起着重要作用,常表现为一系列褶皱和相应的劈理、牵引褶曲等变动,使矿体形态、产状发生明显变化。强烈的褶皱常使平展分布的矿层相对集中,利于勘探与开采;相反,强烈多次级褶皱,也可能使开采复杂化。

成矿后断裂构造对矿体的影响最大,在所有成因类型的矿床中都有反应,但以厚度较小的层状、似层状、脉状、透镜状矿床为最明显,其主要影响为:改变矿体产状,大量的切割使矿体产状复杂化;改变矿体厚度,可以使矿体厚度局部变薄或加厚;改变矿体内部结构,许多难采的粉末状矿石即由强烈断裂变动造成;改变矿体的连续性,形成断层重叠带或缺失带。矿体错失的判断常是矿山地质指导掘进、剥离及矿石回采的重要研究内容。矿体连续性的破坏,也使采矿工作增加困难,造成采矿的贫化与损失;矿区及采区断裂构造的发育常造成矿床水文地质及工程地质条件的复杂化,极大地影响了正常采矿生产。

12.3.4.2　成矿后断裂构造对矿体错失的判断

(1)断裂构造错失矿体追索的标志与方法:在坑道或采场中遇见断裂构造错失矿体时,主要确定断层类型、性质;断层产状要素;断裂位移方向与距离等,以帮助追索出被错失的部分矿体。追索的主要标志为:

1)据断裂两旁次级的羽毛状裂隙或劈理产状,指示断裂位移方向(见图12-2a,右为剪裂,左为张裂)。

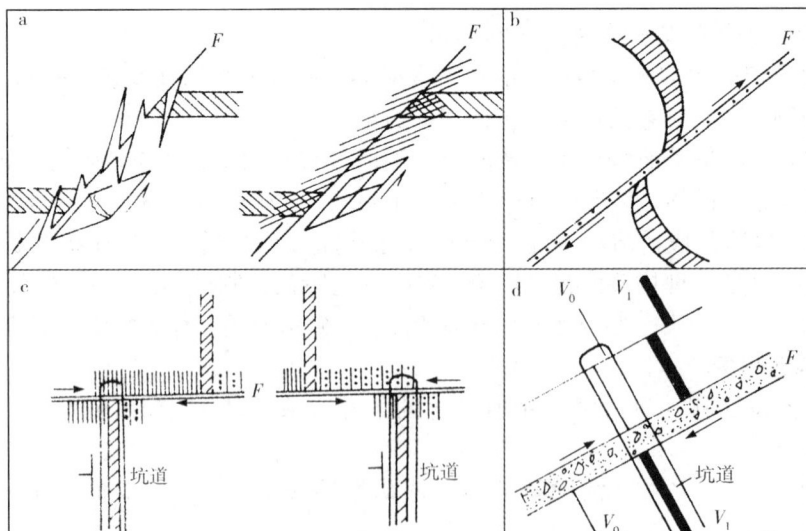

图12-2　断裂构造错失矿体追索的标志示意图

2)据断裂两旁岩层或矿体的牵引现象,判断断裂位移方向(见图12-2b)。

3)沉积层状矿床据矿层顶底盘的标志层以判断断裂位移方向和距离,如图12-2c所示。某些层控型内生矿床也可以使用标志层追索矿体。

4）据平行主要矿脉的小脉判断错失方向（见图 12 - 2d）。

5）有时断层泥、断层角砾及断层面的某些特征对帮助确定断层类型、断层产状及断裂位移方向和距离有一定意义。

在性质较均一的围岩中，断层泥的厚度被认为与断距成正比，断层泥中发育的片理或劈理与壁相交锐角方向可指示断裂位移方向。断层角砾粒度不一，胶结较松，后期充填物较多，孔洞或晶洞较多，有地下水活动或次生氧化活动明显，多属正断层，反之可能属逆断层。

为追索被断层错失的矿体，熊秉信[10] 将断层分为两类。第一类断层由宽大的破碎带组成，无明显断层面，断层角砾发育，断层两壁为岩性均一围岩；第二类断层有明显的断层面，两壁常为薄层状岩石，标志明显，破碎带狭窄或不发育。断层面上有擦痕及滑动镜面，两侧有牵引现象。在坑道中遇到第一类断层时，首先应研究断层角砾的组成及胶结程度，判断是属于正断层还是逆断层，其次是用工程切穿破碎带，观察两壁角砾成分，有矿石角砾的一壁即指示断裂位移方向，可沿此方向布置工程追索矿体。在坑道中遇到第二类断层时，首先应据断层面上的擦痕判断位移方向，然后测出一系列断层产状要素，断层的性质将由断层倾角 α，断层滑向与走向在断层面上的夹角 β，滑向倾角 θ 以及滑向水平投影与断层走向水平夹角 φ 来决定，见图 12 - 3。并用图 12 - 4 所示的符号表

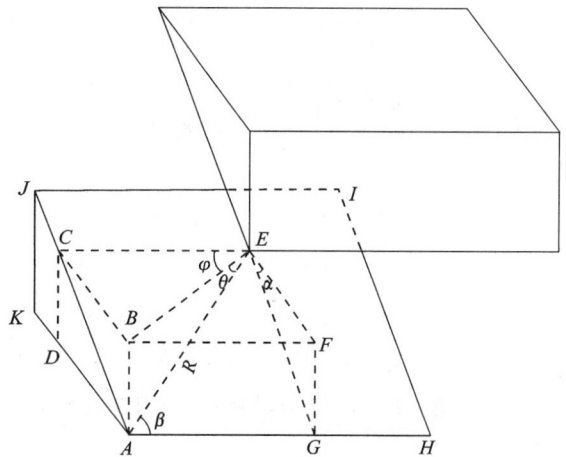

图 12 - 3　断层产状关系示意图（据熊秉信）
AHIJ— 断层面；CE— 断层走向；
CB— 断层倾向及水平错开；
AE— 滑向（R）及总断距；
AG— 水平走向断距；AB— 垂直断距

示断层产状，如该图 b 所示断层倾角 65°，滑向倾角 30°，φ 及断层走向在图中按实际角度画出。如果令断层上盘下移为正，上移为逆；右移为正，左移为负，则断层类型见表 12 - 28。

表 12 - 28　断层类型及其符号

符号	断层类型	φ 角情况	符号	断层类型	φ 角情况
	正断层	$\varphi = 90°$		逆断层	$\varphi = 270°$
	正断正斜断层	$90° < \varphi < 180°$		逆断负斜断层	$270° < \varphi < 360°$
	正向平移断层	$\varphi = 180°$		负向平移断层	$\varphi = 360°$ 或 $0°$
	逆断正斜断层	$180° < \varphi < 270°$		正断负斜断层	$0° < \varphi < 90°$

由表 12 - 28 可见，只需确定 α、θ、γ 即可判断断层性质和推断断裂位移方向。但在实际工作中，φ 及 θ 较难测定，而据擦痕测定 α 及 β 却较易，可据此算出 θ 及 φ

即

$$\sin\theta = \sin\alpha\sin\beta \qquad (12 - 17)$$

$$\tan\theta = \tan\beta\cos\alpha \qquad (12 - 18)$$

求得 φ 并按其角度在平面图上画出滑向线 R（见图 12 - 5），通过 R 切剖面图，按 θ 角画出断层面切线，即可布置工程追索矿体。

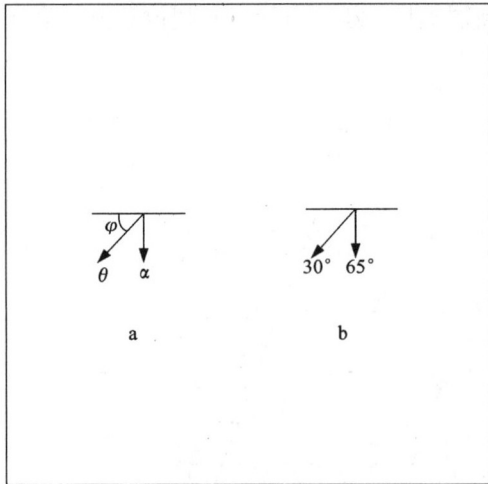

图 12 – 4　断层符号实例 a 及实例 b

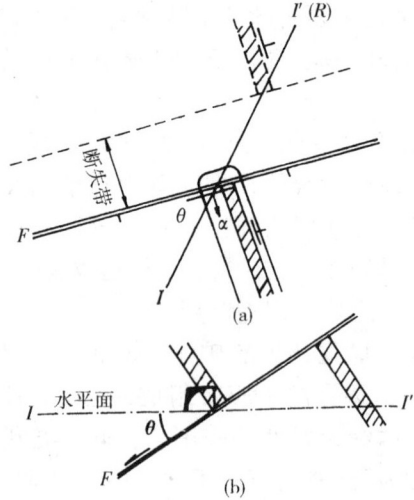

图 12 – 5　错失矿体的追索

（a）平面图；（b）剖面图

（2）用图解法确定断层错失矿体，以图 12 – 6 为例说明如下：

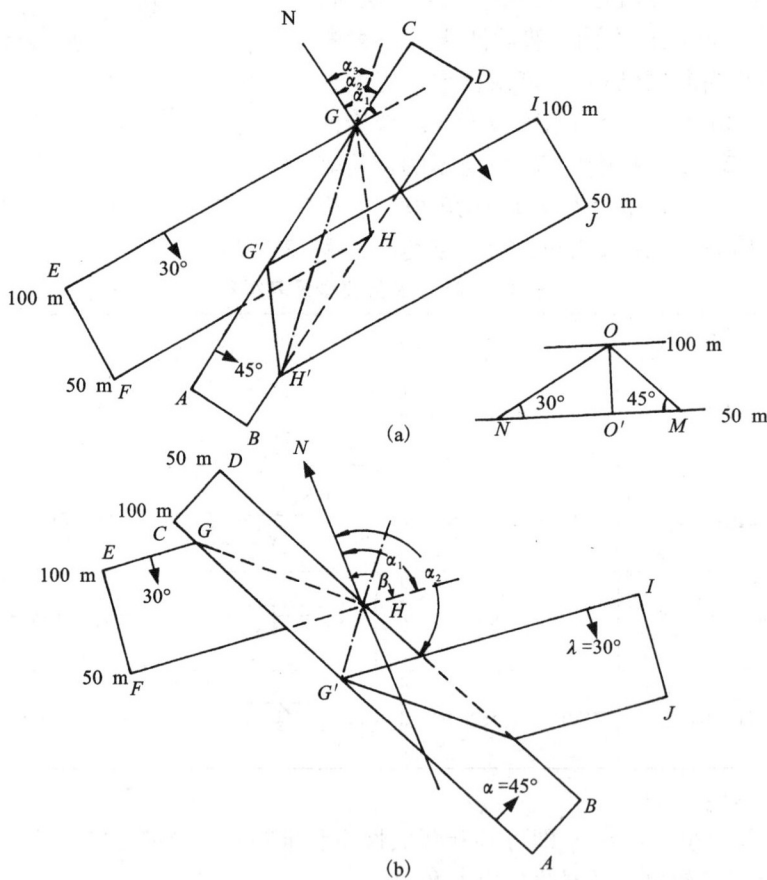

图 12 – 6　用两个水平切面图解法分析断层构造

（a）正断负斜断层；（b）逆断负斜断层

$\alpha_1 = 90°$，$\lambda = 30°$；$\alpha_2 = 56°30'$；$\beta = 40°$；$\alpha = 45°$

1）在 a 图上据矿层走向 $\alpha_1 = $ NE90°，断层走向 $\alpha_2 = $ NE56°30′ 绘出断层走向 AC 和矿层走向 EG，求得交点 G 作为上层巷道中断层和矿层的水平切面图。

2）据矿层倾角 $\lambda = 30°$，断层倾角 $\alpha = 45°$，两水平巷道高差 $OO' = 50$ mm,求得 $O'M = 50$ m，作为断层走

向线 AC 与 BD 间的平距，绘于图上，则 BD 代表在下一巷道水平面上断层的走向线，FE 代表下水平矿层走向线。

3）把上层坑道中矿层与断层的交会点 G 与下层坑道中矿层与断层交会点 H 相连，GH 即矿层和断层交切线的水平投影。

4）在正断层擦痕方向 α_3 = NE40° 的情况下，通过 G 点，按此角度画一直线和 BD 相交，得 H' 点。然后通过 H' 点平行 GH 作 GH'，则 $G'H'$ 即矿层失落翼与断层面的交线。平行 FG 作 $H'J$，平行 EG 作 $G'I$ 即得到矿层失落翼的相对位置，从而图解出错失部分矿体的位置。

逆断层的图解与此相似，但擦痕方向线应以 H 为起点，找出它与 AC 的交点，连接两点得断层与矿层失落翼的交线，其他方法同上。

12.3.4.3　断层预测

在进行探、采工程布置时，常须预先推测断层在未来工程中可能出露的位置。在同中段的相邻坑道或同一剖面相邻工程中，如果断层已在一定工程中揭露，只需在中段平面图或剖面图上按产状趋势延长断层线，即可预测断层的可能出露点。当需要从上中段预测下中段断层出露点时，如图 12 - 7(a) 据断层等高线（虚线）找出下中段等标高断层面的出露点；也可如图 12 - 7(b)，使 OB 等于中段高，$\angle DBO$ = 90° - 断层倾角 α，得 D 并过 D 作 OB 的平行线相交下中段设计坑道于 E，即为预测断层出露点。

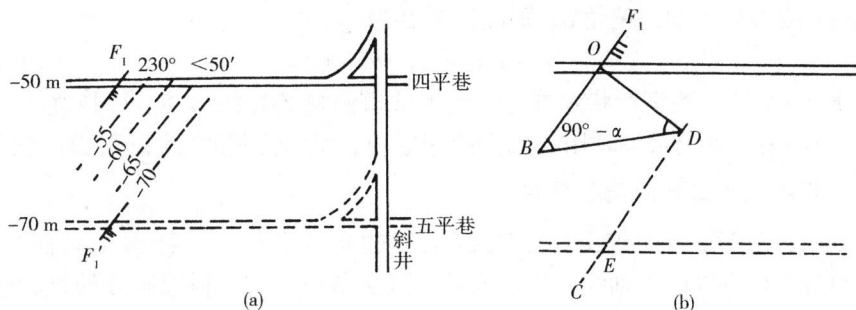

图 12 - 7　用图解法预测断层出露点

层状、似层状矿床断层发育的采区，预测断层时应掌握该地段断层发育总的规律。如图12 - 8所示，上山 I 及中段平巷 II 掘进各遇断层 F_A 及 F_B，该采区中小型断层发育，多属正断层，断层在采区内延伸交于 C 点，则待掘进的上山 II 遇见断层的情况如图中 $p - p'$ 剖面。

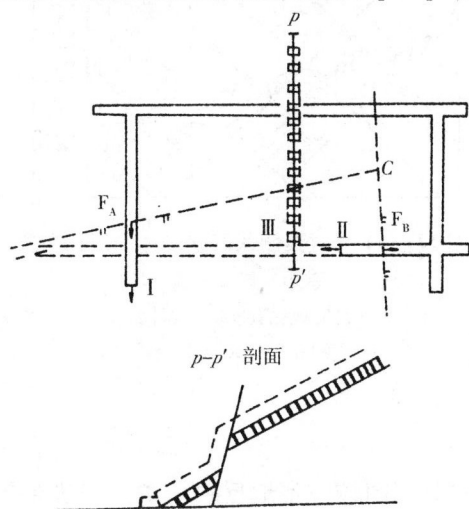

图 12 - 8　采区中断层构造预测示意图

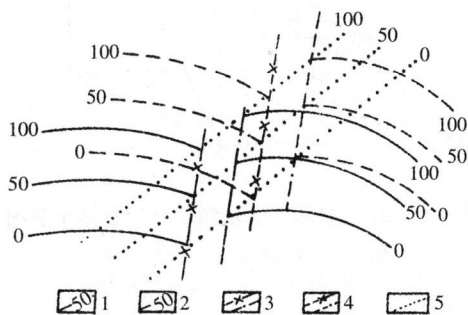

图 12 - 9　利用矿层底板等高线图预测下中段断层位置

1—上矿层底板等高线；2—下矿层底板等高线；
3—上矿层与断层交线；4—下矿层与断层交线；
5—断层面等高线

断层预测中，经常使用矿层底板等高线图，图 12 - 9 所示为某矿区断层预测情况。

12.4 矿体产状及形态的研究

12.4.1 矿体产状及形态研究的意义

矿体的产状、形态共同组成矿体的主要外部特征,其研究将影响矿山地质勘查与生产勘探工程、网度的正确选择和勘探工程的正确布置;影响矿体的正确圈定与连接及品位和储量计算的正确性;影响开采方式、开拓范围、开拓方案和采矿方法、采准方案的正确选择。矿体产状、形态的研究也是成矿规律研究的主要内容之一。

12.4.2 矿体产状的研究

12.4.2.1 矿体产状要素的测定

矿体产状要素的正确测定是矿山地质的日常工作内容,一般用罗盘测定矿体走向、倾向及倾角。脉状、透镜状、柱状矿体具有侧伏及倾伏产状,其产状要素关系见图12－10。设矿区中段高为 a(见图中 OE),两中段中心点连线在倾向上的水平投影为 b(见图中 OC),则矿体倾伏角 γ 为

$$\tan\gamma = \frac{a}{b}$$

在矿体水平投影图上测得矿体轴向偏角 δ,则侧伏角 β 为

$$\cos\beta = \cos\gamma \cdot \cos\delta$$

磁性矿体或岩体分布区,罗盘测定产状失准,可利用坑道测量的导线方位,以拉绳方法测量岩层面、矿体面与测线的夹角,再进行换算。露天采场利用太阳光投影定位,使用特制的"太阳射影产状测量仪"。

12.4.2.2 矿体产状对地质工作的指导作用

利用矿体侧伏及倾伏产状可指导矿山深部勘探工程的布置和施工。特别是具侧伏产状的矿体,如图12－11,地质及生产勘探工程应以矿体轴线为中心布置,减少落空工程。利用矿体的这种侧伏产状,亦可预测矿区深部找矿方向。如某矿区矿体均向 SW 侧状,每下降一个中段,主矿体向 SW 延长约 50 m,因此确定矿区SW 深部是找矿远景区后经工程证实,使保有储量增加 50%。

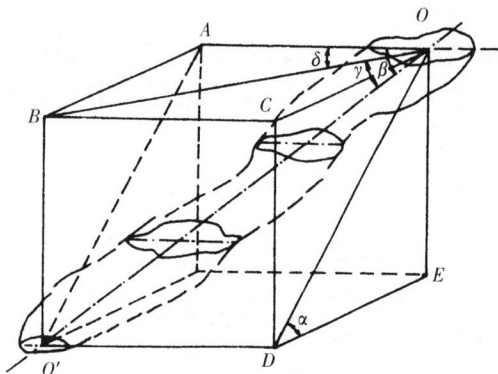

图 12 - 10 矿体侧伏及倾伏产状立体示意图

OO'— 矿体轴线;AO— 矿体走向;

OC— 矿体倾向;OB— 矿体侧伏方向;

α — 矿体倾角;β — 矿体侧伏角;

γ — 矿体倾伏角;δ — 矿体轴向偏角

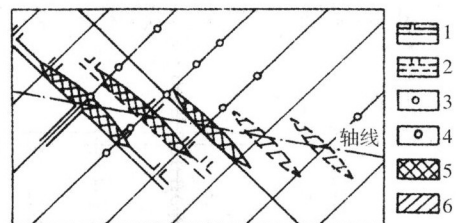

图 12 - 11 对具侧伏产状矿体的工程布置

1—已完成坑道;2—设计坑道;

3—已完成钻孔;4—设计钻孔;

5—实际矿体;6—预测矿体

为指导生产勘探工程布置与施工,某矿区介绍了一种矿体产状分割图较完整地反映了矿体产状在空间的变化规律。该图在矿体纵投影图的基础上编制,分为走向分割图及倾向分割图两种。图12－12表示某矿区东西向矿带0、4、8号矿体的走向产状分割图。在图上根据中段平面图的资料按矿体走向方位角的大小划分段落,用一定线条将产状不同的地段分割开.据分割线向深部延伸趋势推断未来开拓地段的矿体产状变化规律,以指导工程布置。

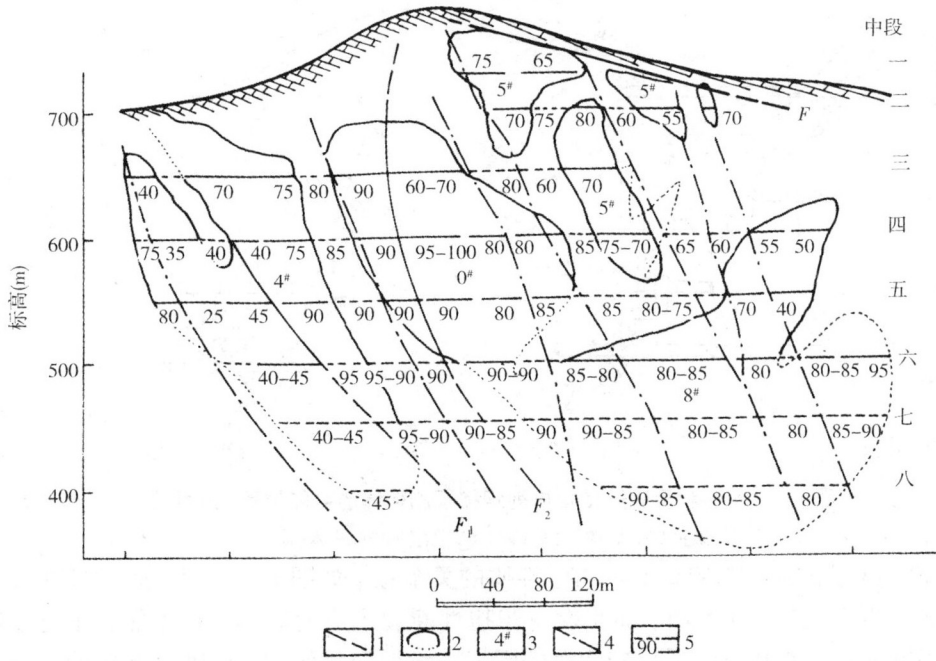

图 12 - 12 某矿区东西矿带矿体走向产状分割图

1— 断层线及编号；2— 矿体实测及推测边界；3— 矿体编号；4— 矿体产状分割线；5— 矿体走向及延长线

12.4.3 矿体的空间排列规律研究

矿体在空间的排列规律可归入到广义的矿体产状范围，这种研究同样对深部找矿和指导工程布置及施工有重要意义。

脉状及透镜状成群产出的矿体，其空间分布常受剪性或张剪性裂隙的制约，形成一定规律交替排列：平面上有左行、右行，剖面上有前列、后列，综合性的平行、侧幕式排列等，见图 12 - 13。利用这种矿体的排列规律指导工程布置的实例，如图 12 - 14 所示，图中(a)为某铜矿利用前列规律预测已知矿体的中间部分可能存在的盲矿体；图(b)为某铀矿利用后列规律在探明矿体 A 的基础上推断上部还可能有盲矿体存在，通过钻探相继证实 B、C、D 矿体。

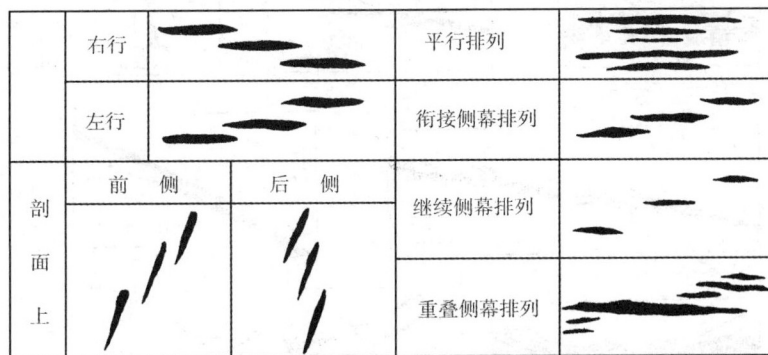

图 12 - 13 群脉交替排列类型

坑道掘进时，广泛利用矿体侧幕排列规律指导工程施工方向。

12.4.4 矿体形态特征的研究

12.4.4.1 矿体形态特征的影响因素

矿体形态特征系矿体外形(形状)及内部结构形状的总称，它是矿体最重要的外部特征，常影响勘探及开采方法的正确选择，影响矿体的正确圈定与连图，影响探采工程的正确布置。矿体的形态特征受一系列成矿地质因素的制约，如受成矿裂隙控制的充填或交代矿床，矿体形态特征与容矿裂隙的力学性质有密切关系。我国南

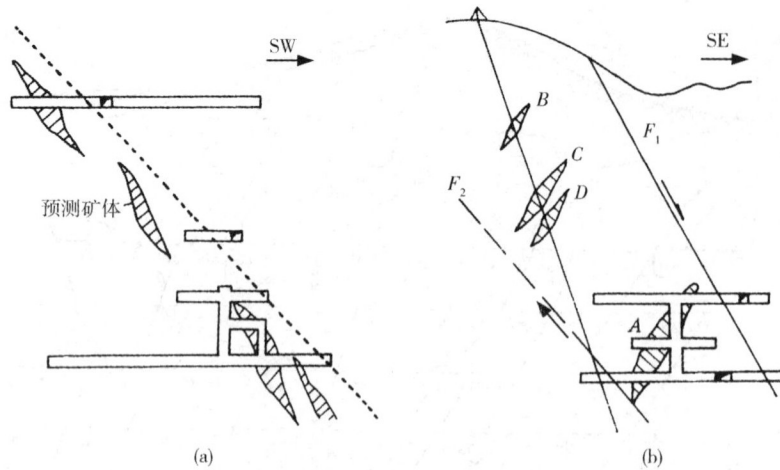

图 12 – 14   利用矿体交替排列规律预测矿体的可能位置(剖面图)

(a) 某铜矿的矿体前列排列;(b) 某铀矿的矿体后列排列

岭一带黑钨石英脉状矿床矿体形态与容矿裂隙力学性质的关系总结如图 12 – 15 所示。据该图,压性、压扭性及扭性断裂形成的矿体,形态比较简单平直,而张性及张扭性断裂形成的矿体,矿体形态十分复杂。矿体形态亦受围岩物理化学性质的影响。在化学性质比较活泼的围岩中发生交代作用,矿体形态比较复杂;在化学性质比较稳定的围岩中则常发生充填作用,矿体形态相对比较简单。矿体总的形态特征常取决于矿床成因及成矿控制因素的复杂程度。沉积成因的矿床,矿体形态相对比较简单,内生成因的矿床,矿体形态相对比较复杂。矿床形成年代愈老,遭受后期构造变动可能性愈大,矿体形态亦多比较复杂。

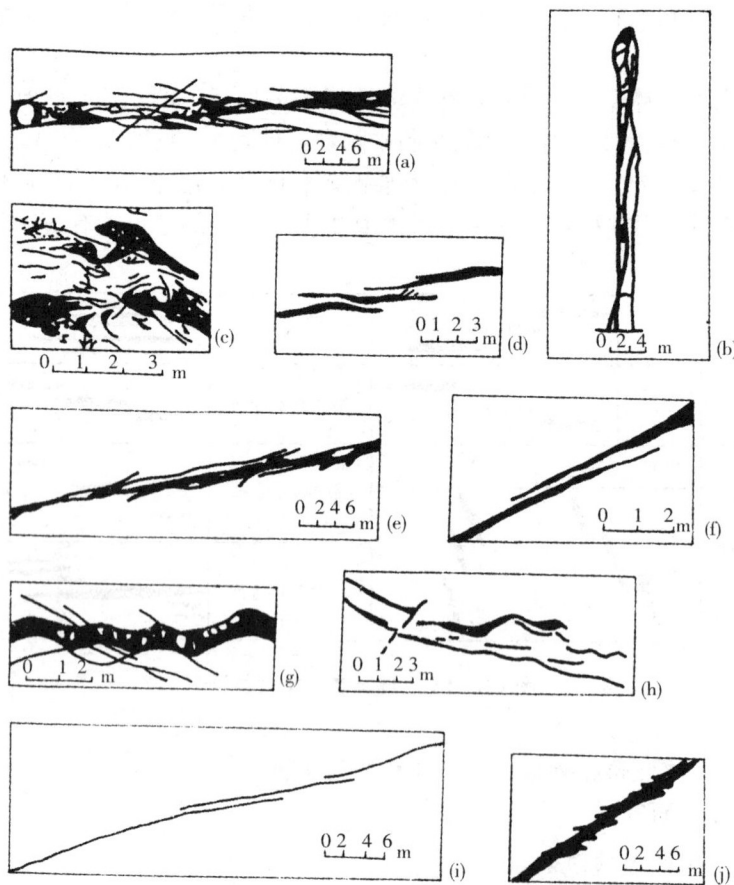

图 12 – 15   脉状矿体形态与含矿裂隙力学性质的关系(据柳志青,1978)

(a)、(b) 压性;(c)、(d) 张扭性;(e)、(f) 压扭性;

(g)、(h) 张性;(i)、(j) 扭性

12.4.4.2 矿体形状的分类

按矿体断面的形状常分为脉状、豆荚状、透镜状、柱状、管状等形状。按矿体在三度空间的比例，分为柱状、板状（脉状、层状）和等轴状三大类，以下再据其他因素分若干亚类，见图 12 - 16 及 N·A·舍赫特曼等对内生矿床分类表，他依据矿体与围岩产状关系将矿体分为三大类和若干小类，见表 12 - 29。

表 12 - 29　矿体形状分类综合表（据 N. A. 舍赫特曼等）

矿体类型		矿体的形状				
矿体产状	矿体脉壁形状	板状	透镜状	条状	管状	巢状
整合的	微波状	矿层	矿层透镜体	矿条	条石状	矿巢
	外套状矿层（在背斜中）	穹形矿层	鞭状矿层			
	外套状矿层（在向斜中）	楔状矿层	槽状、挠曲状矿层			
切穿的	平坦的	矿脉、片理化带	矿饼、透镜体	矿柱、线状网脉	致密矿筒	矿株
	弯曲的	脉带、脉系	鞭状脉、矿槽、杯状脉		环管、曲管	网脉体
组合的			梳状矿体	丁字形矿体	蘑菇状矿体	

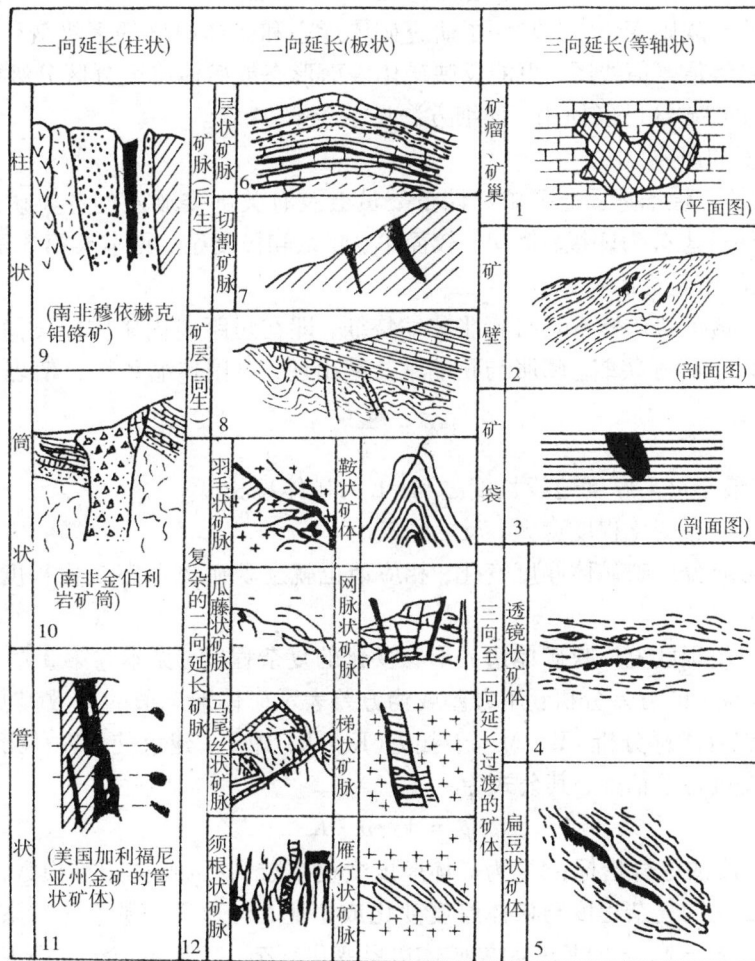

图 12 - 16　矿体形状分类综合示意图

（据 N·A·舍赫特曼等）

12.4.4.3 矿体形态特征的研究方法

（1）矿体形态变化性质的研究

1）矿体厚度变化曲线图：反映矿体形状沿一定方向的变化性质。

2）矿体厚度等值线图：全面反映矿体投影面上矿体形态变化特征与性质。

3）矿体顶、底板等高线图：表示矿体顶板或底板的形态起伏变化，有助于查明变化性质，常用于层状及似层状矿体。

4）矿体等距离线图：急倾斜产出的矿体，常以矿体轴线至某一垂直基准剖面的距离作等距离线图，反映矿体形态变化。

5）矿体主体图：按相似投影、轴测投影或透视投影原理编制，可以是井巷组合、剖面组合或地形组合的立体图，以反映矿体形态的整体特征和有关地质构造条件。

6）矿体模型：制作矿床或矿体的立体模型，是研究矿体形态特征的最直观手段。模型制作方式有多种，最常见的是以有机玻璃为原料的装配模型，可以升降启闭，便于形态观察研究；也可以用木、石膏等制作雕塑模型，便于反映形态极其复杂的单个矿体。

7）矿体形态的统计分析法：研究矿体形态特征的统计分析法有多种。一种是统计某些特征值(厚度平均值、厚度方差、标高离差及厚度在某一区间出现的概率)的分布规律，以此反映矿体形态标志特征；另一种是用变异函数统计分析矿体厚度或厚度与品位的乘积来反映矿体形态的空间变化性质；用趋势分析法研究矿体形态变化性质也是常用的方法，可用一维、二维或三维趋势分析。趋势值用坐标值作为自变量的多项式求得，多项式次数随研究目的而异。需要突出规律性变化时，次数要高，拟合度要高；需要突出局部变化时，次数及拟合度适中即可。利用趋势值等值线图，可判断矿体形态总体变化，即规律性变化；利用剩余值等值线图，则反映矿体形态的局部变化，即随机性的不规则变化。有时为了研究矿体形态和矿体厚度的多级变化规律，可将剩余值进行多次趋势分析，编绘多级趋势值等值线图，更能反映矿体表面形态或矿体厚度分区分级的变化特征。

上述统计分析在许多生产矿区已经使用，详细方法见本卷第 14 章。

（2）矿体形态变化程度的研究

1）矿体形态变化程度的定性描述：全国矿产储量委员会及有关部委颁发的各类矿产《地质勘探规范》中，将矿体形态变化程度按定性标志分为四级：简单、较简单、复杂和极复杂，见本卷第 3 章。

2）矿体形态变化程度的定量标志：

矿体狭缩系数：脉状及透镜状矿体常具有膨胀狭缩特征，即在短距离内矿体厚度急剧增大或缩小，当厚度缩小到低于最小可采厚度以下时称狭缩。膨胀与狭缩常交替出现，可用狭缩系数 λ 值表示，

$$\lambda = \frac{\Sigma l}{L} \qquad (12 - 19)$$

式中：Σl 为矿体厚度低于最小可采厚度地段长度之和；L 为矿体总长度。

狭缩系数值愈大，矿体形态变化程度愈大；反之则较小。

矿体厚度变化系数：可充分反映矿体厚度变化，相应地也就反映矿体形态变化程度，亦如形态变化一样可分为四级。

矿体边界模数：可在一定程度上反映矿体边界形状变化的复杂程度，见本卷第 3 章。

矿体形态标志值(如厚度)的方差分析：用方差或均方差表示矿体形态值的离散程度，见本卷第 14 章。

矿体形态复杂程度的综合指标分析：B·M·卡扎克(Kazak，1962)建议使用矿体形态复杂程度综合指标分析法，对矿体形态复杂程度进行总估计，其公式为

$$\varphi = V_m/\mu \cdot K \qquad (12 - 20)$$

式中：φ 为矿体形态复杂程度的综合指标；V_m 为矿体厚度变化系数；μ 为矿体边界模数；K 为矿体含矿系数。

上式表明，矿体形态变化的复杂程度与矿体厚度变化成正比，与边界模数、含矿系数成反比。如果矿体边界变化简单、矿化连续，$\mu \cdot K = 1$，$\varphi = V_m$；如果矿体边界变化复杂，矿化不连续，$\mu \cdot K$ 逐渐变小，φ 与 V_m 的偏离度愈大，这时用矿体厚度变化系数估计矿体形态的复杂程度误差愈大，必须对 V_m 值加以校正，即

$$V'_m = V_m \cdot \frac{1}{\mu \cdot K} \qquad (12 - 21)$$

12.5　成矿控制因素研究

12.5.1　成矿控制因素研究的意义

成矿控制因素研究是成矿规律研究的基础，因而也是矿区成矿预测及开展矿山找矿的基础性工作。每个生

产矿区都必须结合生产，充分利用矿床揭露的有利条件，逐步开展这一项工作，以期取得对矿床认识及找矿上的突破。

成矿控制因素研究包括岩浆因素、构造因素、岩性因素、地层岩相－古地理因素、变质作用因素、风化作用及地貌因素、地球化学条件因素等。对不同类型的矿床，成矿控制因素的重要性有很大区别。对于内生矿床，岩浆、岩性及构造因素最为重要；沉积或沉积变质矿床，地层和岩相－古地理因素比较重要；风化矿床及砂矿床更应侧重风化作用及地貌因素；变质矿床侧重变质作用因素；多成因、多阶段复成矿床要考虑多种因素的综合作用，如内生兼层控型矿床，除岩浆、岩性及构造因素外，地层因素亦不能忽视。

成矿控制因素研究具很强的综合性，须借助多种高、精、新手段，一般生产矿山可与有关科研或高等院校协作进行。

12.5.2 岩浆控矿因素研究

12.5.2.1 岩浆岩的成矿专属性

较早期的概念认为一定类型的岩浆建造会形成一定类型的矿床，反映了成矿元素在一个地区地质发展历史中从岩浆的发生到分化活动的总和。各类岩浆岩成矿专属性是有条件和有差别的。基性及超基性岩的成矿专属性与橄榄岩有关的铂矿床；与斜长岩、辉长岩有关的钒钛铁矿床；与金伯利岩有关的金刚石矿床。酸性岩石由花岗岩至流纹岩系列的成矿专属性表现为与钨、锡、钼、铋、锂、铍、锆、铀、钍等矿床有关。中性及中酸性岩类的成矿专属性不十分明显。

近年对花岗岩的成矿专属性研究表明，岩浆岩化学成分也与成矿专属性有关。碱过饱和（$K_2O + N_2O > Al_2O_3$）岩浆常与矽卡岩型铜矿、钨锡矿床有关；铝过饱和（$Al_2O_3 > CaO + Na_2O + K_2O$）岩浆在交代成因花岗岩中居多，多与稀土、钍、锆的富集有关；如为重熔型花岗岩，则对钨、锡、铍、铌、钽、稀土、铀成矿有利。对基性和超基性岩以氧化镁、氧化铁含量比值分析其含矿性。与铬、铂有关的是镁质超基性岩；而与铜、镍、钴硫化物矿床及铂、钯砷化物矿床有关的是铁质超基性岩。

12.5.2.2 岩体的成矿元素和伴生元素含量

为了评价矿区内岩浆岩体的含矿性，应取样分析岩体的成矿元素及其有关的伴生元素含量。研究证明，成矿元素含量较高的岩体，具有较大的成矿可能性。如华南与钨、锡矿化有关的岩体，其钨含量达$(20 \sim 30) \times 10^{-6}$、锡含量$(30 \sim 40) \times 10^{-6}$；赣东北与铜矿化有关的岩体，其铜含量的丰度普遍高于同类正常岩体平均值的$5 \sim 20$倍。

岩体中伴生微量元素的种类、含量亦与岩体的含矿性有关，如钨锡矿床中伴生的碱金属元素及锂、铷、铯丰度一般偏高，与斑岩铜矿有关的伴生钼高于正常值几十倍。

12.5.2.3 岩浆活动与成矿作用的时间关系

（1）不同时代的岩浆岩有不同的成矿作用：我国前震旦纪岩浆岩，主要矿化是与火山作用有关的铁、铜、金矿床和部分伟晶岩矿床。古生代岩浆岩与铬、镍、铜、钴、锌矿化有关，见于我国西北地区。中生代及以后的大量中酸性岩浆岩，分布于我国东部，形成有色、稀有金属矿床。新生代岩浆岩分布于我国西南和东南沿海，常与铜、锡、铀矿化有关。

（2）同一时代在不同阶段形成的岩浆岩亦有不同的成矿作用。

（3）同一阶段不同期次的岩浆活动成矿作用会有差别。

（4）岩浆岩形成时期与矿化在时间上亦有关系。一般情况是两者形成期比较接近，矿化稍晚于岩体。

上述（2）～（4）项，各矿区应进行专门研究，得到具体的结论。

12.5.2.4 岩浆活动与成矿作用的空间关系

（1）产于岩浆岩体内部的矿床，大多数为与基性和超基性岩有关的铬、铂、铜、镍、钛、铁、钒等岩浆矿床。碱性岩中的铌、钽、锆、稀土，部分基性火山岩中的铜、铁矿床亦产在岩体内。

（2）产于岩浆岩与围岩接触带及其附近的矿床，包括各类伟晶岩型、接触交代型及高温热液型矿床。

（3）远离侵入体的矿床，与岩浆活动无直接联系，多被认为属中、低温热液矿床。

此外，对中酸性岩，不少矿床常围绕岩体呈带状分布；岩体产状和形状不同，成矿作用亦异；岩体被剥蚀的深度不同，找到矿床的可能性不一样，剥蚀尚浅，未及岩体顶部，地表出现矿化细脉，有可能找到中、低温热液矿床;剥蚀中等,岩体在地面呈岛状分布,蚀变表现较强,寻找矽卡岩及各种热液矿床希望最大;剥蚀已深,岩体大面积出露,找到矿床的可能性减少。

12.5.2.5　岩浆活动的物理化学条件

岩浆活动的物理化学条件,与一定地质构造背景有联系。由活动的物理化学条件决定的岩体形态、大小、岩浆形成深度、侵位和冷凝深度、分异程度、内部构造及接触带构造,对指出成矿有利部位均有意义。

产于岩体内部与分异程度有关的岩浆矿床,大岩体底部有利于分异和矿质聚积;而各类接触交代及汽化热液矿床,大岩体对成矿不利,多出现于中小型岩体,且常集中在岩浆侵入的前缘地带。与次火山岩有关的矿床,在相对封闭条件下挥发分易于集聚,因而在爆破角砾岩中成矿。

岩浆的形成深度和侵位、冷凝深度不同,成矿物理化学条件亦不同。深度过大,成矿可能性小,多为超变质的非金属矿床;深度减小,可能形成成分较简单的矿床;比较浅的岩浆成分复杂,蚀变及交代作用发育,形成大量金属矿床;侵位很浅的岩浆常形成火山热液矿床。

12.5.2.6　岩浆活动与矿化的成因联系

当岩体与成矿在时间上接近,矿化与岩体同处于构造环境,矿区中的矿物成分在岩体中呈造岩矿物或副矿物出现,两者某些微量元素相同,某些元素同位素组成相似,矿化围绕岩体呈带状分布时,说明岩体为矿化母岩,两者有成因上的联系。

12.5.3　构造控矿因素研究

12.5.3.1　褶皱构造控矿

褶皱构造对内生矿床的控制,首先是控制与矿化有关的岩浆活动,我国已知金属及稀有金属矿床85%以上与中酸性小型侵入体有关,而这些侵入体常产于背斜轴部。褶皱构造对外生矿床的控制,首先是控制沉积盆地的形成。

在背斜与向斜两类褶曲中,对内生矿床和外生油气矿床成矿,背斜较向斜有利,往往形成鞍状矿体,此时成矿的其他有利条件还有:层间剥离构造、易渗透的容矿岩层和不易渗透的造成封闭条件的"屏蔽"层,还有一定的断裂构造等条件的配合。

背斜构造中利于成矿的部位为:轴部、倾伏端或背斜轴线沿走向的转弯处、倒转背斜翼部、与背斜伴生的断裂和破碎带、开阔向斜中次一级背斜,背斜与其他有利构造或岩层交汇复合处。

褶皱构造对早先形成的沉积矿层的改造亦有利于成矿。如盐类、煤等易于塑变的矿层,往往造成厚度的变化,在背斜或向斜轴部高度集中,局部增厚形成厚矿段或矿柱。

12.5.3.2　断裂构造控矿

成矿前的断裂构造往往形成导矿、配矿及容矿构造,成矿后的断裂构造往往形成矿体破坏或变形,增加勘探及开采的难度,有关叙述见12.3。

断裂构造控矿与断裂的级别、规模有关。矿山地质工作与大地构造及区域性构造关系不大,主要研究矿田及矿床构造。

断裂构造控矿又与断裂的力学性质有关,综合列入表12－30。

表 12 － 30　断裂力学性质与控矿特点

力学性质	围岩受力情况	控　矿　特　点
张性	围岩处于膨胀状态,孔隙度较高	结构面不规则,延深较小,矿液易于通过。温度下降快,形成相对开放系统,以充填成矿为主,主要发生在浅部,多为其他构造的派生构造,矿体呈脉状或下向尖灭的透镜状
压性	围岩处于压缩状态,孔隙率、渗透率都小	呈舒缓波状,走向倾向延伸大,有尖灭再现特点。温度下降慢,形成相对封闭系统,一般认为对成矿相对不利
扭性	兼具张性压性的特点(压扭近压性,张扭近张性),孔隙度、渗透率介于二者之间)	产状平直,延伸大,有次级伴生断层与主断裂共生,对成矿有利,充填及交代作用均存在

实际工作中,研究断裂结构面特点和伴生构造岩性质,即可对断裂的主要力学性质作出结论。但具体情况可能较复杂,张性、压性断裂常伴有扭应力,形成压扭及张扭性断裂。压扭性结构面常是不透水面,在成矿过程

中起"屏蔽"作用。由于压扭性断裂封闭性较好，温度压力下降缓慢，在金伯利岩中的金刚石矿床，在压扭性断裂中含矿性较好，而在张性断裂中含矿性很差。在一个断裂系统中还要详细分析其局部应力的变化，如在压性或压扭性断裂中剖面上产状变化的地方，产生局部应力状态变化，形成局部矿化富集。同一矿区，不同力学性质的断裂其物理化学环境不同，造成矿物共生组合有差异，如广西某钨锡矿，在扭性断裂中的矿化是结晶好的黑钨矿、锡石、萤石、电气石等共生，而背斜轴部的纵张裂隙中的矿化，则为低温的铁钨矿、辉锑矿和石英组合，结晶很差。不同力学性质断裂派生构造亦有不同的矿化特点，有助于查明受控矿脉的尖灭再现、侧现与侧伏等规律。多个容矿裂隙或不同力学性质的裂隙归并复合，可以形成由细脉到大脉的不同类型矿体，我国黑钨脉状矿床的"五层楼"模式即与不同力学性质的断裂归并复合有关。控矿断裂力学性质的韵律性形成矿床的等距分布。而容矿断裂的力学性质差异常控制矿体的形态变化，如图 12 - 16 所示。

断裂构造控矿与断裂活动的时间有关。在一个地区往往存在不同时期的断裂构造，而矿化只与其中某一期或某几期断裂活动有关系。同一条断裂构造会有多次活动和力学性质的变化，前期构造往往是基础，后期构造成为主导控矿构造，成矿期构造又有继承性活动，造成多期矿化叠加。成矿后断裂不仅使原矿体改造变形，而且对找矿亦有指导意义。

断裂构造控矿现象极为常见，但工业矿体只出现于断裂的某些局部地段，因此确定有利成矿部位，是研究断裂构造控矿因素的重要任务。据经验总结，与断裂构造有关的有利成矿部位为：

（1）不同方向断裂交叉处，主干断裂与次级断裂分叉或复合处。

（2）断裂产状变化处，在平面上为断层走向发生转折、扭曲及转变，在剖面上则为断层倾向或倾角转折。由于转折处断裂张开，特别有利于形成富矿柱。这种断裂张开，对于压性或压扭性断裂一般是位于剖面上由陡变缓处；对于张性或张扭性断裂则位于剖面上由缓变陡处；对于扭性断裂，则位于左向平移断层的走向偏左处、右向平移断层的走向偏右处。

（3）断裂的局部膨大处或端部形成封闭及半封闭条件，如果有断层泥起"屏蔽"作用，则在断层下盘常有出现矿化富集。

（4）主断裂旁侧的羽状裂隙由于微裂隙甚多而出现矿化富集。

（5）断裂构造与有利岩层交汇或其他构造交切，当断裂切穿两种不同性质的岩层接触面时，接触面易张开而利于成矿。

各种节理、劈理也是断裂构造的一部分，往往形成重要的容矿构造。对内生矿床的矿山，应进行节理、劈理等裂隙构造的专门调查、统计、制图，利用航片、卫片及构造填图分析裂隙性质、产状、发育程度、频率及与矿化的时空关系，以指导成矿预测工作。

12.5.3.3 岩浆岩体构造控矿

侵入体构造控矿：侵入体与围岩的接触带也是构造上的软弱地带，是重要的成矿构造。接触带最有利于成矿的部位为：岩体凸出部位、凹入部位、对围岩的超复部位、接触带与围岩非整合面交汇地段。

侵入体内的原生构造亦有控矿作用。岩浆矿床中的矿体往往受流动构造的控制，据流动构造的分析即可预测矿体产状、形状。侵入体中的原生节理主要见于侵入体边部，局部延伸进入围岩。此种原生节理可以成为配矿或容矿构造。特别是发育在岩体顶部时形成各类脉状或细脉浸染型（斑岩型）矿床。

围绕侵入体平面或剖面上各类矿化、蚀变、成矿指示元素等呈同心带状分布，也是侵入体控矿的一种常见形式。

（2）火山岩构造控矿：火山颈及火山岩筒四周的构造隆起部位，裂隙发育，是良好的岩浆矿床的容矿部位，在爆发角砾岩中发育筒状矿体。火山喷发沉积矿床围绕火山口向外围分布。火山喷发后期的气成热液矿床，除受火山口控制外，还受火山口周围的环状或放射状断裂控制。在远离火山活动中心的大面积火山岩地区、次火山侵入活动和区域性低序次构造往往形成各类热液矿床，特别是萤石、叶蜡石、明矾石等非金属矿床。

12.5.3.4 环形构造控矿

卫星照片常提供环形构造存在的资料。这类构造实际上是褶皱、断裂、岩浆活动等综合作用的结果，它们往往具有明显的控矿作用。

（1）岩浆活动形成的环形构造：是地幔或地壳深处部分物质分布较集中的部位。在环形构造边缘，穿过环形构造的断裂中有金的矿化发生。

（2）片麻岩中的环形构造：核部往往是具混合岩化成因的花岗片麻岩，四周为绿片岩相变质岩，金属矿化多发生在环形构造内部或与其有关的断裂或片理化岩带及层间滑动破碎带中。

（3）褶皱及环状断裂分布地区的环形构造：环内由密集断裂构造组成，环外断裂较少。此类环形构造常控制金矿田的存在。

（4）石灰岩分布区古岩溶环形构造：在此类环形构造底部有金矿化，边缘存在铀、铜、铅、锌矿化。

（5）陨石形成的环形构造：由陨石或深部提供成矿物质来源可能形成有价值的金、金刚石、铜镍矿床。

12.5.4　岩性控矿因素研究

12.5.4.1　岩石化学性质

在内生成矿作用中，岩石化学成分可影响岩浆的混染同化作用，改变岩浆成分及分异作用速度和进程，利于成矿物质的分化与集聚。

化学性质活泼的围岩（如碳酸盐岩）利于交代作用而形成富的矿体，如与矽卡岩有关的铜、铁、多金属和硼矿床；而在化学性质比较稳定的围岩（如铝硅酸盐）中则形成充填矿体，如黑钨脉状矿床。但岩石的交代性能在成矿过程中是可以转化的，如碳酸盐岩利于交代成矿，但经早期汽化热液蚀变（矽卡岩化、硅化）后，交代性能减弱，形成裂隙充填矿化。

在成矿作用中，围岩的某些成分会参加到矿液中，从而改变成矿作用。如成矿溶液通过含铁岩层（如山西式铁矿等）吸收其中的铁而形成矽卡岩型铁矿。某地铍矿床，矿脉在花岗斑岩中形成黑钨矿，围岩石英岩化；矿脉在安山岩中形成绿柱石，围岩硅化。

12.5.4.2　岩石的物理力学性质

岩石的物理力学性质：孔隙度、渗透性、抗压强度等对矿化强度、矿石组构类型和矿体产状都有一定影响。孔隙度高的岩石，利于矿液运移和沉淀，如蚀变强烈的岩浆岩、多孔石灰岩（生物礁灰岩）和白云岩、砾岩，其孔隙度高达3%~10%；但孔隙度高不是唯一的条件，还有孔隙的大小及连通的程度，如页岩孔隙度高，但孔隙微小、连通性差，渗透性也差，往往形成"屏蔽"层。岩石的孔隙度又和岩石的抗压强度有关，抗压强度低的脆性岩石，如石英岩、砂岩、花岗岩，受力后易产生裂隙，形成容矿岩层（体）；抗压强度高的塑性岩石，如页岩、片岩、泥灰岩，受力后产生塑性变形，不易产生裂隙，只能形成"屏蔽"岩层。

12.5.4.3　岩性组合对成矿作用的影响

不同岩性的岩层交互产出，物理化学性质差别大时，对成矿有利。不同抗压强度的岩性互层，受力后变形不一，易形成层间剥离或层间滑动，产生层间破碎带和密集的节理裂隙，有利于成矿。不同孔隙度和渗透性岩层互层，则矿液受不透水层屏蔽，在渗透性好的岩石中聚集成矿。不同化学性质的岩石互层．有利交代的岩层形成层状或似层状矿体。

近年研究层控型矿床的最佳岩性成矿组合，即矿源层、容矿层及屏蔽层三者兼备。如果三者中某一条件不具备或较差，很难形成优质和大规模的矿床。

12.5.5　地层、岩相 — 古地理控矿因素研究

沉积岩及沉积变质岩发育地区，地层研究是查明区内褶皱与断裂构造、岩浆活动条件和变质作用条件的基础，相应地层划分、对比的研究也就成为研究整个成矿控制因素及成矿规律的基础工作。矿山地质工作中已有前人大量研究的基础，但仍须作一定补充或新发现地层的划分与对比。

各类沉积矿床均产于一定地层中，但不同的矿产其分布在时代上是极不平衡的，如世界外生铁矿床，前寒武纪成矿期占总储量的50%以上；锰以前寒武纪和第三纪最重要；铝土矿主要在石炭 — 二叠纪、侏罗 — 白垩纪、第三和第四纪；磷的成矿期是前震旦纪、震旦 — 寒武纪、二叠纪和第三纪；沉积铜矿集中在前震旦纪、二叠 — 三叠纪和侏罗 — 白垩纪；盐类矿床集中在泥盆纪、二叠纪和第三纪。我国主要沉积矿产的时代（地层）分布与全世界情况比较相似，但有自己的特殊性，详见图12 – 17。

内生矿床特别是层控型矿床成矿与地层也有一定关系。矿源层集中于一定地层中，容矿层也可能集中于某一个或某几个地层。

各类成矿作用在时间上还表现为一定周期性或旋回性，并往往与地壳运动有一定关系。外生沉积矿床的成矿期常处于两个造山期之间，内生矿床则与岩浆活动有联系而比较集中于造山期。

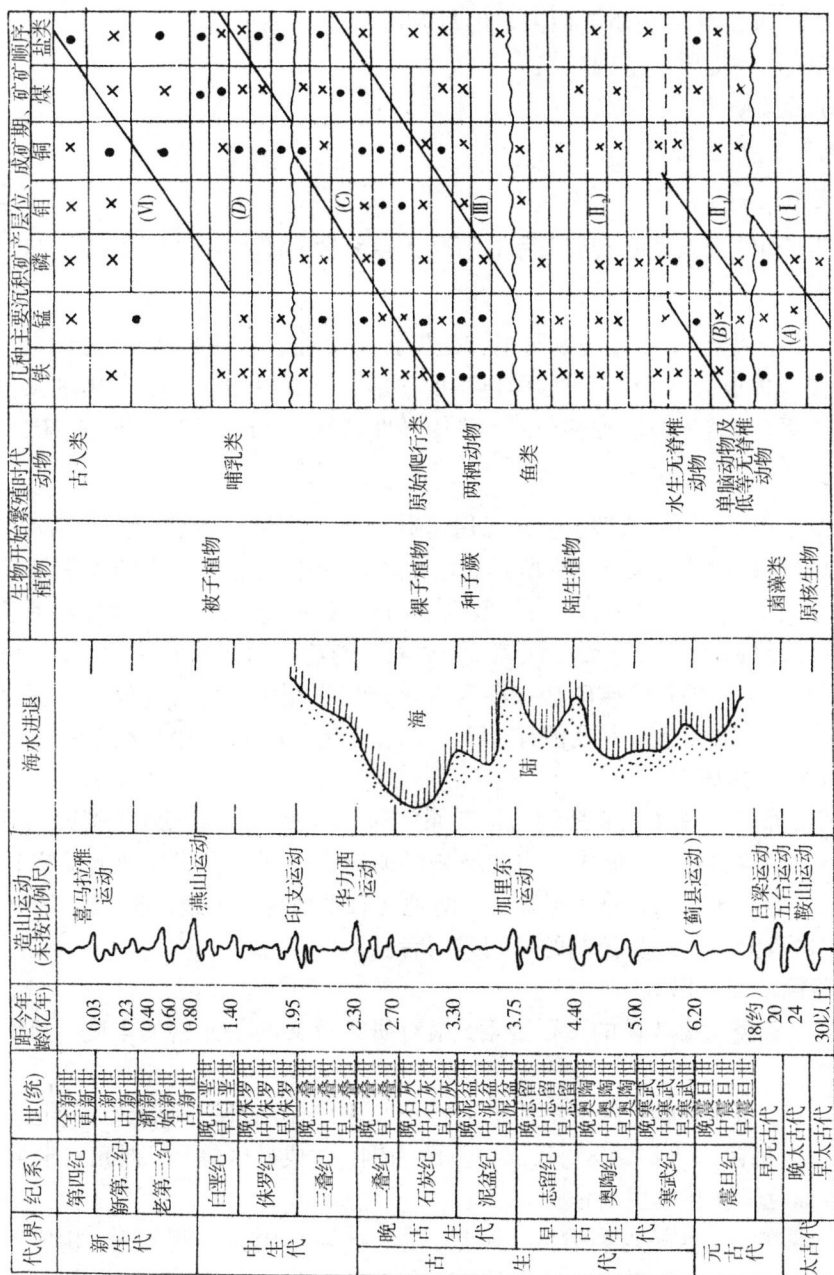

图12-17 我国主要沉积矿产的时代（地层）分布

（据叶连俊，1976）

沉积或火山－沉积矿床不仅产于一定地层，同时又受一定岩相－古地理条件的控制。通过地层对比和岩相－古地理分析，恢复识别古地理环境，从而指导成矿预测。因此地层、岩相与古地理控矿研究有不可分割的关系，其主要工作是编制岩相－古地理图。在编图的基础上分析下述控矿条件：

（1）划分沉积区与剥蚀区：主要外生矿产常产于两区的中间地带，如古陆边缘、滨海、浅海、泻湖、三角洲等。

（2）研究与古地理有关的古气候因素，主要分为温湿与干旱两大类，前者控制铁、锰、铝、磷成矿，后者控制盐类及含铜砂岩成矿。

（3）研究和划分海侵与海退层序。海侵层序有铁、锰、磷矿床，多分布于层序底部；海退层序有铜、盐类、铝土矿床。稳定阶段则形成石灰岩、硅藻土等非金属矿床。

（4）分析成矿的古地理环境. 划分出古陆、海盆；内陆盐湖和淡水湖盆：三角洲、古陆边缘、泻湖、滨海、浅海；古河谷、阶地；冰川、岩溶等单元，分别分析其成矿环境，评价其成矿远景。

（5）划分沉积岩相。例如沉积铁矿划分为氧化矿物相、硅酸盐矿物相、碳酸盐矿物相及硫化物相四个相带；锰可划分为软锰矿、水锰矿及碳酸盐矿三个相带；磷块岩从深海向海岸划分为暗色碳质页岩、磷块岩、燧石岩和几个碳酸盐相带；盐类则有石膏、岩盐、钾盐三个相带；铀矿床可划分为硅质、泥质及碳酸盐质三个相带，铀

多集中于泥质 – 硅质类白云岩和硅质 – 泥质类白云岩的过渡部位。

上述工作为沉积矿床成矿预测提供了基础依据。

12.5.6　变质作用控矿因素研究

不同的变质作用有不同的控矿意义。

12.5.6.1　气成热液变质

其控矿与蚀变的原岩性质和蚀变条件有密切关系,情况比较复杂,详见前面的表 12 – 24。

12.5.6.2　接触变质

其控矿作用取决于围岩原始成分,(如煤变成石墨,石灰岩变大理岩)、围岩的物理化学性质(如碳酸盐易于交代形成矽卡岩矿床)、侵入体成分和大小(与岩体供给的热能有关,中酸性岩基含热量大,易形成热变质矿床)、围岩与侵入体的接触关系(当岩体与层理斜交时,热传导性较好,易形成厚大变成矿床)。

12.5.6.3　区域变质及混合岩化作用

区域变质作用的控矿取决于大地构造条件、原岩沉积建造条件及次级小构造的发育情况等。在混合岩化作用发育地区,成矿作用与原岩含矿建造有关,原岩所具有的成矿物质在混合岩化作用下重结晶和局部富集,形成有工业价值的矿床,如云母、刚玉、石榴子石、石墨及磷灰石矿床等。混合岩化作用中亦有交代作用发生,长英质熔浆与原岩交代,形成白云母、绿柱石、铌钽铁矿、独居石、磷灰石的伟晶岩矿床。铁、镁质交代作用形成含铁石英岩建造中的富铁矿体。变质的钙镁碳酸盐在混合岩化交代作用中,白云母分解为菱镁矿、方镁石和水镁石,与说 SiO_2 交代形成滑石。砂铀、金、铜及稀有、稀土矿床与混合岩化的热液交代有关。

12.5.7　风化和地貌控矿因素研究

砂矿和风化矿床的形成分布与风化作用和地貌特征关系密切。两者均需长期风化剥蚀条件,砂矿还需要一定搬运和沉积条件。在地形切割微弱地区,形成残积和坡积砂矿床,亦利于形成风化壳矿床;在地形切割较强的低山或丘陵地区,形成河谷砂矿床或风化堆积矿床。岩溶地区长期风化、剥蚀,形成锰、铝土矿、压电石英的风化堆积物。层控型铅锌矿也有受岩溶地貌控制的堆积成因者。

12.5.8　地球化学条件控矿因素研究

区域地球化学条件是控制各类矿床成矿的重要因素,最有研究意义的是元素的丰度、元素在空间的分布规律和元素共生组合。

每一矿区均需依据元素丰度资料,联系区域地质构造特点及成矿作用进行地球化学分区。如我国南岭一带为钨、锡、稀有金属成矿区,云南南部为富锡区,长江中下游为铜、铁成矿区等。根据元素丰度在矿区(矿田)确定成矿元素原生异常,是地球化学找矿的主要依据。

元素的区域分布特点表现在一个区域内集中某些元素,另一区域集中另一些元素,构成所谓矿化集中区或成矿带,这与区域地质构造特点和地质发展史有密切关系。在我国南方,南岭地区有大片花岗岩分布,集中钨、锡、锂、铍、铌、钽矿床。而到湘中南,酸性侵入岩侵入于巨厚碳酸盐岩中,集中钨、锡、铅、锌矿床。而在湘西、黔东一带有大片碳酸盐分布,是汞、锑和钨、锑、金的富集区。这是元素区域分布极不平衡的典型实例。

元素迁移常成群出现,表现为特定的共生组合规律,这对矿区成矿预测、矿床综合评价、确定矿化标志及选择化探指示元素都有实际意义。

12.6　成矿规律研究

12.6.1　成矿规律研究概述

成矿规律研究是成矿预测的基础,也是指导矿山找矿的理论依据,任何矿区均应重视成矿规律研究。

所谓成矿规律,是指成矿的空间、时间关系,物质共生关系及成矿元素迁移、富集规律的总和,说明矿床的形成和分布并不是孤立现象,而是有规律可循,将矿床产出的地质条件同周围的地质、地球化学背景和构造环境联系起来进行研究,阐明矿床时空分布及形成规律,是成矿规律研究的主要内容和方向。

由于矿床是局部出现的复杂地质体,是成矿物质在一定地质发展历史阶段和构造环境中多次活动、长期演化、高度集聚的产物,因此要取得对成矿规律的正确认识,必须从物质来源、时间、空间、物质组成等方面综合分析研究,最后归结为各种类型与模式,才能得到较为正确的结论。

成矿规律的认识来自于生产实践,矿山地质工作及采矿生产为成矿规律的研究提供了最为有利的条件。成矿规律研究所得的规律性认识又必须回到生产实践中去,不断深化,接受检验。因此生产矿山的成矿规律研究应贯穿于生产的始终。

12.6.2 成矿物质来源规律研究

12.6.2.1 成矿物质的三大来源

(1)成矿物质来源于上地幔(幔源型):主要来源于莫霍面以下,甚至岩石圈以下的软流层,但也可能有一小部分源于地壳深部。所形成的矿床,包括深成岩浆结晶分异的铂、铬矿床;岩浆熔离铜、镍矿床;金伯利岩中的金刚石矿床;稀有元素碳酸盐矿床和安山、玄武岩中的磁铁矿床。

(2)成矿物质来源于地壳硅铝层(壳源型):主要来源于原始大陆地壳重熔,也可能源于陆壳多次花岗岩化、混合岩化,所形成的矿床包括碱性岩中的稀有 - 磷灰石伟晶岩矿床;斑岩铜钼矿;混合岩化、矽卡岩化及高、中、低温热液矿床;块状硫化物、硅铁和硅锰古沉积矿床;海下卤水矿床;磁铁石英岩中交代富矿;阿尔卑斯型矿脉;碳酸盐中层控铅、锌矿床。

(3)成矿物质来源于地壳表部(渗滤源):这类成矿活动与岩浆活动无关,与地下水活动有关。所形成的矿床包括深部热水成因的碳酸盐中的层状铅锌矿床和沉积矿床、风化矿床。

12.6.2.2 成矿物质来源的判别

(1)地球化学标志:当前广泛使用稳定同位素的种类、比例来判断成矿物质来源,用得最多的是硫同位素,其他还有氧、碳、氢、锶、铅等同位素,本卷仅介绍硫同位素。

硫有四种稳定同位素:^{32}S、^{33}S、^{34}S、^{36}S,研究成矿物质来源时通常用两个比值:$^{32}S/^{34}S$ 和 $\delta^{34}S‰$。

$$\delta^{34}S‰ = \frac{^{34}S/^{32}S(样品) - ^{34}S/^{32}S(标准)}{^{34}S/^{32}S(标准)} \times 1000 \qquad (12-22)$$

式中$^{34}S/^{32}S$(标准)采用国际公认的以美国亚利桑那州 Canyon Diablo 铁陨石中的陨硫铁(CD)$^{32}S/^{34}S = 22.220$ 或$^{34}S/^{32}S = 0.0450045$ 作为统一对比标准。各种地质体中硫同位素组成见图 12 - 18。我国某些类型硫化物矿床中硫同位素组成则见图 12 - 19。

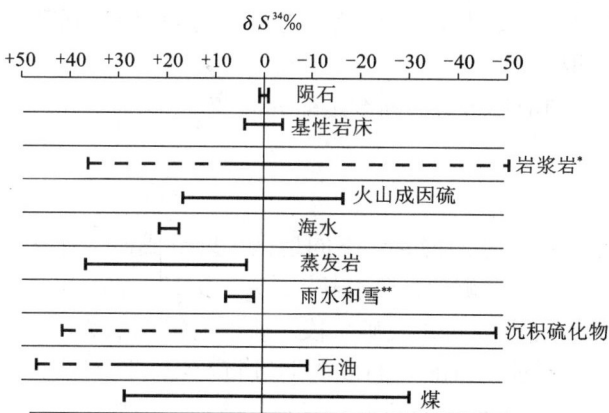

图 12 - 18 硫同位素在自然界中的分配

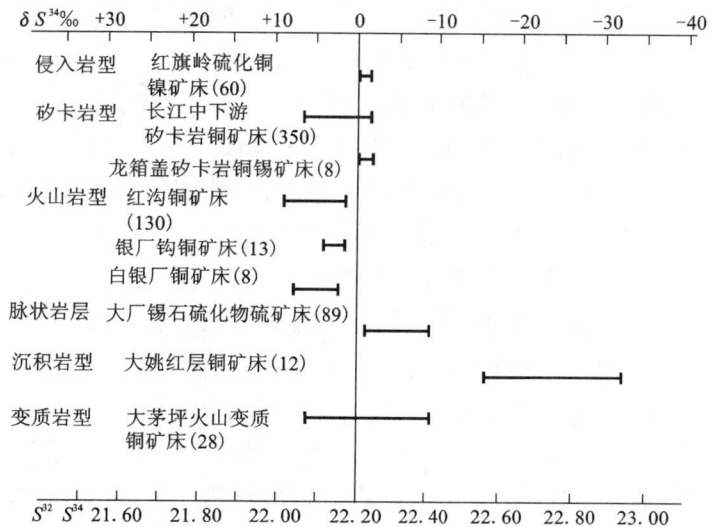

图 12 - 19 我国某些类型硫化物矿的硫同位素组成

(据桂林冶金地质研究所,1973)

据研究,陨石中陨硫铁的硫同位素组成最稳定,$^{32}S/^{34}S$ 比值变化范围仅在 ±0.015% ,占 $\delta^{34}S‰$ 不超过 $0 \pm 2‰$,它代表地幔中的硫同位素成分。基性或超基性岩中硫同位素组成亦在极窄的范围,非常接近陨石硫,因此认为来源于上地幔。各种花岗岩类侵入体中,硫同位素组成变化较大,这与花岗岩具不同成因有关。由原始岩浆形成的花岗岩,硫同位素组成都落在围绕陨石硫值的一个很小范围内;而由花岗岩化或重熔作用形成的花岗岩中,硫同位素组成则在一个非常宽广的范围内变化。海水硫酸盐及蒸发岩类的硫酸盐都以富^{34}S为特征,前者硫同位素组成比较固定,而后者在一定范围内变化。沉积岩中的硫化物及石油、煤中的硫,其同位素组成变化范围很大,多数样品中相对富含^{32}S,其$^{32}S/^{34}S > 22.30$,代表硫的生物成因。

应用硫同位素解决成矿物质来源问题,实际上是采用类比法,即把矿床中取样测得的硫同位素组成与标准样品比较,再结合地质条件进行判断。一般来说$\delta^{34}S$值在$0 \sim \pm 5‰$之间,代表陨石硫或原始硫,属幔源型;当样品中$\delta^{34}S$值在$\pm 10‰ \sim 20‰$之间,可以认为属壳源型,其中岩浆热液成因的硫多为正值,$\delta^{34}S$值变化最小,靠近零点;表生(渗滤)来源的硫,其$\delta^{34}S$值有很大波动幅度,由$+40‰ \sim -42‰$。如果矿床^{32}S富集,$\delta^{34}S$将为很大的负值,主要由生物硫组成。

除稳定同位素外,元素共生组合是确定成矿物质来源的参考标志,可与其他标志配合使用。可将成矿元素分为三类,即

地壳元素:Li、Be、Rb、Cs、Sn、Ta、TR、U、B 等;

贯通元素:Pb、Zn、W、Mo、Ba、Sr、Nb、F 等;

深部元素:V、Cr、Ni、Co、Ti、P 等。

它们可指明物质的大致来源。此外,元素之间的比例也可利用,若其比例与某种岩浆岩大体一致,说明与该类岩浆活动有成因联系。

(2)地质标志:利用岩浆岩的成矿专属性说明成矿物质来源见本卷12.5.2。

根据矿石和蚀变岩石中矿物的气液包裹体特征、蚀变类型及微量元素特征亦可说明成矿物质来源,此时需绘制温度、压力、含盐度及包体成分含量等值线图,以提供成矿物质来源信息。

根据导矿构造的规模和深度,帮助判断成矿物质来源的深浅。根据矿石中矿物物理性质,矿物标型特征,亦可判断成矿物质来源的可能性。

12.6.2.3　研究成矿物质来源应注意的问题

生产矿区研究成矿物质来源须注意下述问题:

(1)生产矿区研究成矿物质来源,其目的一是为了掌握矿床成因机制,二是指导成矿预测及矿山找矿,不要进行纯理论性研究。

(2)当代成矿理论研究的进展证明矿床的形成受多种因素制约,情况比较复杂,欲取得较为正确的研究结果,成矿物质来源研究就必须以"多源成矿论"作为指导。

(3)同位素研究时应注意取样的代表性。硫同位素样品取自含硫矿物,单矿物纯度不应低于98%,粒度不大于0.5 mm。样品的重量,硫化物为$0.2 \sim 1.0$ g,硫酸盐矿物$2 \sim 5$ g。样品的数量不能太少,至少应达到50 ~ 100个。采样时尽可能按矿物种类、世代、特征、组合等分别采取。

(4)注意今后的研究动向,如成矿理论的进展、新技术方法的应用等,不断改进研究工作。

12.6.3　成矿时间分布规律研究

12.6.3.1　成矿时代研究概述

无论内生或外生矿床的形成都具有三方面的特征:第一是在不同地质时期、不同地区,只要成矿控制条件具备,都有形成矿床的可能;第二是矿床的出现在时间分布上是极不均衡的,见本卷12.5.2及12.5.5;第三成矿时期与地壳运动和大地构造发展演化阶段有密切关系,可划分为成矿期和成矿阶段。基于上述三点,将全世界、一个国家、一个国家的某一地区或某一成矿带、矿田、矿床等划分为不同的成矿期进行研究,探讨成矿类型、性质、规模、分布及成矿过程在成矿时间上的规律性,是指导成矿预测及找矿的重要因素。生产矿区主要应研究有关矿田、矿床的成矿时代规律。

12.6.3.2　成矿时代研究方法

当前研究成矿时代的主要方法是同位素地质年龄测定。常用铅法、氩法和锶法,本节仅介绍铅法。

铅有四种同位素,^{204}Pb为非放射成因,地壳形成后其数量未发生过变化。而^{206}Pb、^{207}Pb、^{208}Pb的数量随放射性元素^{238}U、^{235}U和^{232}Th的衰变而不断增长。因此据$^{206}Pb/^{204}Pb$、$^{207}Pb/^{204}Pb$、$^{208}Pb/^{204}Pb$的组成,可以计算出矿床中矿物或岩石形成的绝对年龄,从而判断出成矿时代。计算的方法常用霍尔姆斯 – 豪特曼斯(Holms – Houtermans)公式为

$$\frac{y - b_0}{x - a_0} = \frac{1}{137.8} \frac{(e^{\lambda_2 t_0} - e^{\lambda_2 t})}{(e^{\lambda_1 t_0} - e^{\lambda_1 t})} = \varphi$$

式中：x、y 为矿物 $^{206}Pb/^{204}Pb$ 与 $^{207}Pb/^{204}Pb$ 测定比值；a_0、b_0 为原始铅 $^{206}Pb/^{204}Pb$ 与 $^{207}Pb/^{204}Pb$ 组成比值；λ_1、λ_2 为 ^{238}U 及 ^{235}U 的衰变常数；t_0 为地球年龄，常用 $4.5 \times 10^9 a$；t 为欲测矿物年龄。

式中 a_0 约 9.50，b_0 约 10.40，λ_1 约 $0.1537 \times 10^{-9} a^{-1}$，$\lambda_2$ 约 $0.9722 \times 10^{-9} a^{-1}$，只需测得 x、y 代入上式求出 φ 值，查表或图解求出该含铅矿物的绝对年龄[16]。

同位素年龄测定样品应采自新鲜矿石或岩石。当测岩石年龄时，岩石应未经矿化或蚀变。当测成矿年代时，样品可取自矿石本身，代表成矿年龄；紧靠矿体上下盘围岩，代表围岩年龄；蚀变围岩，代表蚀变年龄；疑为母岩的岩体，说明成岩与成矿关系。具体的采样要求：铅法取沥青铀矿、黑稀金矿、锆英石，单矿物重量 0.5 ~ 6.0 g 不等，年代愈老可愈少。取全岩样品重量 > 2 kg，破碎筛分至 0.2 ~ 0.40 mm，烘干，缩分至 150 ~ 200 g。氩法取云母、钾长石、海绿石、钾盐、角闪石、辉石，单矿物重量 7 ~ 35 g 不等，矿物含钾高可少一些。锶法取云母、钾长石、海绿石，重量略少于氩法。各种方法采样同时应提供矿岩薄片及标本。

12.6.3.3 成矿阶段及矿物沉淀顺序研究

矿床的形成要经历一个相当长的时间，一般可以划分为不同的矿化期和矿化阶段。

（1）矿化期研究：矿化期代表一个矿床形成、演化的整个过程，通常根据成矿及地质环境条件的变化划分为岩浆期、伟晶期、汽化热液期、沉积期、变质期和表生风化期等，一个矿床的形成，往往要经历一、二个矿化期。

（2）矿化阶段研究：矿化阶段代表一个较短的成矿作用过程，一个矿化期可以划分出一个或几个矿化阶段、每一矿化阶段代表一次矿液活动，也代表一个较短的时间间隔，同一阶段内成矿的物理化学条件变化不大。确定矿化阶段的标志有：

1）岩浆标志：据岩浆活动阶段判断。

2）矿石构造标志：脉状穿插构造、角砾状构造、交代残余构造都可以帮助判断矿化阶段。

3）矿物－地球化学标志：据不同的矿物共生组合、围岩蚀变类型、特有的稀有分散元素及不同元素共生组合判断成矿的不同的成矿物理化学条件，从而作为划分矿化阶段标志。

（3）矿物沉淀顺序和矿物世代研究：确定矿物沉淀顺序的标志有：矿物及矿物组合的彼此穿插、矿物的彼此交代、矿物的彼此包围，矿物的粒间位置，矿物假象的形成，矿体中的对称条带状构造关系。当矿物是同时生成时，则有固溶体分离结构、共边结构和重结晶现象。

矿物世代指同种矿物在同矿化阶段的先后多次析出。矿物世代据矿物粒度、晶形、结晶程度、晶体习性及矿物颜色、内部结构、包体特征、形成温度及微量元素含量之差异等因素划分。有时同种矿物有好几个世代。

（4）矿化期、阶段及矿物形成顺序图表的编制：为了说明矿床本身成矿的复杂性和时间规律，在上述研究的基础上应编制矿床矿化期、矿化阶段及矿物形成顺序图表。该图表用一定线条、表示矿床的一定矿化期、矿化阶段内各矿物、矿物标型、矿物世代、矿物共生组合、矿物沉淀量、围岩蚀变和矿化形成温度范围的相互关系。

12.6.4 成矿空间分布规律研究

12.6.4.1 成矿空间分布规律研究概述

无论内生或外生矿床在空间分布上都有如下规律：由于受诸多成矿因素的控制，矿床在空间分布上是很不均衡的，有的地区矿床密集，矿山众多；有的则甚稀少，形成贫矿区域。矿床的空间分布又具地区性特点，由于受地球化学成矿背景及大地构造环境的制约，不同的成矿区域会形成一定种类的矿产，或相反缺乏某一定种类的矿产。根据上述两方面的特点，全球、全国、某一地区可划分为不同级别、不同类型的成矿地带（区域）；

全球性成矿带（区域）：如环太平洋成矿带、地中海成矿带等。

大区域性成矿带（区域）：如我国的南岭、秦岭东西向成矿带，攀西、三江南北向成矿带，大陆大型含煤、油气、盐类、磷盆地，鞍本及冀东区域变质铁成矿带，昆仑山云母、玉石成矿带，长江中下游铜铁成矿带等。

小区域性成矿带（区）：如长江中下游铜铁成矿带中的鄂东南、九瑞、卢枞、宁芜等成矿区。

各类成矿带、区之下再划分矿田、矿床、矿体。

在矿田、矿床及矿体内部据各种地质矿化因素划分不同的分带。划分的依据有：成矿元素分布、地球化学标志、矿物及矿物组合、围岩蚀变、控矿构造的力学性质、矿体的内外部特征、沉积岩相与建造、变质建造等。这些分带有不同的成因和产出形式，有的是原生分带，有的是次生分带；原生分带可以有地热、脉动或沉淀分带以及沉积或沉积变质矿床的沉积分带等；从空间上看，可以有水平及垂直分带；从分带的形状看，可以有环状分带和矿体上下盘的平行分带;从成矿物质的形成顺序与分布关系看,可以有顺向及逆向分带等。

上述各类分带现象是成矿空间分布规律研究的主要内容,其次还有矿床、矿体分布的等距性、对称性等。

生产矿区一般不作区域性成矿空间分布规律研究,需要时可作为研究背景进行一般了解,矿田、矿床及矿体分带是矿山成矿空间分布规律的主要研究对象,重点在矿床本身。这项研究有助于指导矿山成矿预测及矿山找矿。预先指出工业矿化、富矿体或矿柱,隐伏矿床及盲矿体可能存在的部位是矿区成矿空间分布规律研究的主要任务。

12.6.4.2　矿田分带规律研究

矿田分带由一系列有成因联系的不同类型矿床在空间上呈规律性分布组成,可以见于内、外生矿床,特别是与花岗岩有关的内生金属矿田,矿床呈环状围绕岩体分布。南岭西华山钨矿田就是以西华山花岗岩体为中心,内部为 W、Be、Nb、Ta 矿化,向东北外依次变为 W、Sn、Mo 矿化、W、Sn 和硫化物多金属矿化;

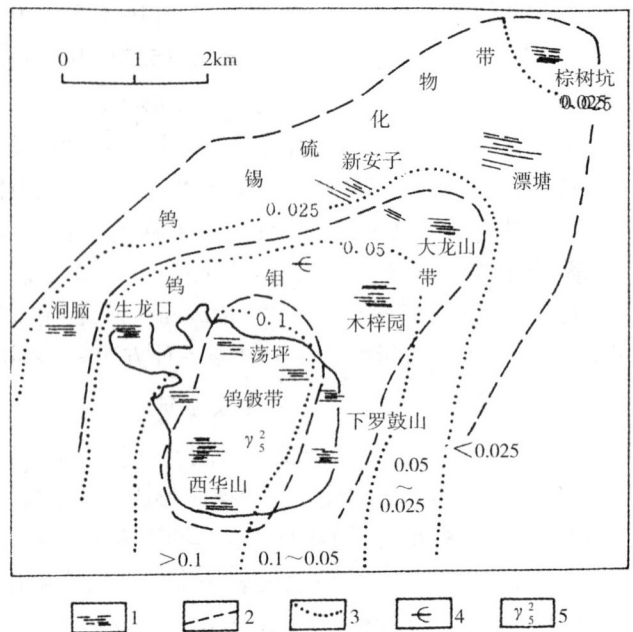

图 12-20　西华山矿田矿床的水平分带示意图(据江西有色二队)[2]
1—矿床内矿脉;2—黑钨矿中 Ta$_2$O$_5$ 含量区间线(%);
4—寒武系浅变质岩;5—燕山早期花岗岩

黑钨矿中 Nb$_2$O$_3$、Ta$_2$O$_5$ 含量也自岩体向外逐渐降低,呈明显的水平分带(见图 12-20)。

12.6.4.3　矿床及矿体分带规律研究

矿床及矿体内的分带现象以成因及表现形式多样化为特征。

成矿元素及其组合分带见于许多矿区,个旧锡矿床是原生金属分带的典型例子。其分带以黑云母花岗岩株为核心,沿东南方向自内向外分为五个水平和垂直分带,见图 12-21 及图 12-22。值得注意的是水平及垂直方向分带是互相吻合的。

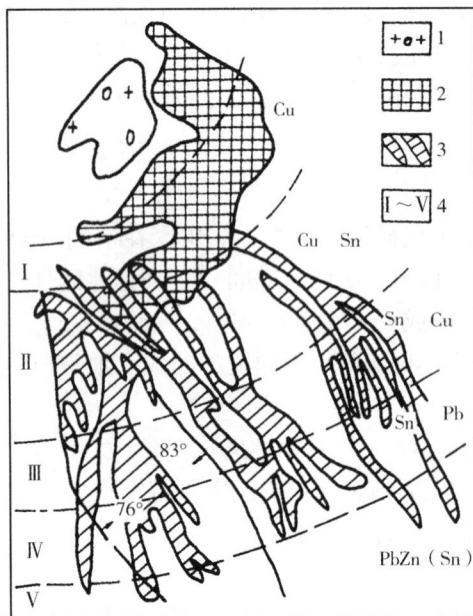

图 12-21　个旧锡矿金属原生分带示意图(据云冶一队)
1—斑状黑云母花岗岩;2—矽卡岩硫化矿;3—层间氧化矿;4—金属分带

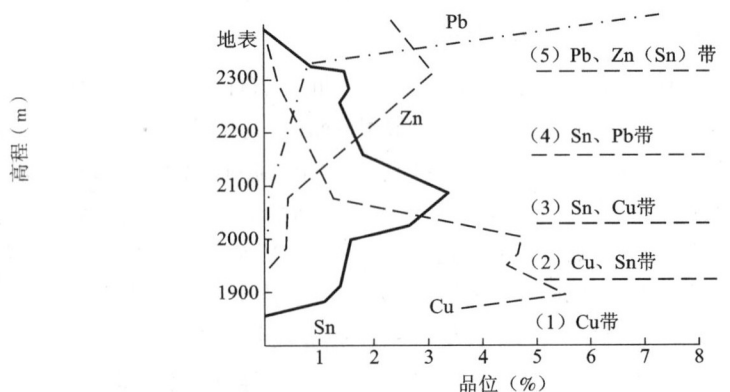

图 12-22　个旧锡矿床 22 号矿体
金属元素垂直分带

　　不同的矿物组合分带亦见于许多矿床。银山多金属矿床的矿物组合分带见表12－31。这类分带已经具有综合性质，矿物分带与围岩蚀变、矿化元素分布是彼此结合的。沉积矿床的岩相分带往往亦表现为矿物组合分带，滇中含铜砂岩六苴矿床从紫色砂岩到浅色砂岩分为四个带：赤铁矿、自然铜带；赤铁矿、辉铜矿带；斑铜矿、黄铜矿带和黄铁矿带。

表12－31　银山矿区的矿物组合分带

矿　带	矿　物　组　合		围岩蚀变
	金属矿物	脉石矿物	
铜矿带	黄铁矿、黄铜矿、黝铜矿	石英、绢云母	硅化、绢云母化
铜铅锌矿化带	黄铁矿、黄铜矿、黝铜矿、方铅矿、闪锌矿	石英、绢云母、绿泥石	硅化、绢云母化、碳酸盐化
铅锌矿化带	方铅矿、闪锌矿	绿泥石、绿帘石	碳酸盐化、绿泥石化
铅银矿化带	方铅矿、闪锌矿、自然银	重晶石、绿泥石	重晶石化、绿泥石化

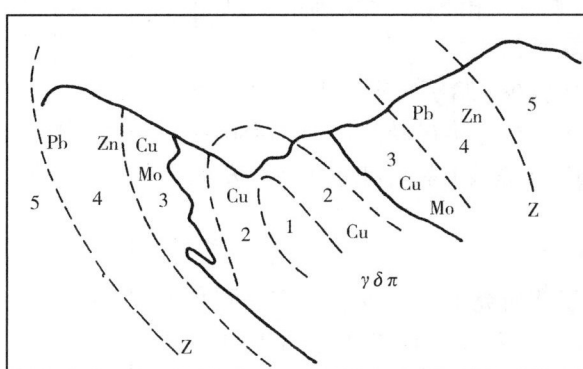

图12－23　富家坞矿区矿化－蚀变分带[2]

1—钾长石化带；2—石英、绢云母、水云母化带；3—石英、绢云母化带；4—水云母、伊利石化带；5—绿泥石、绿帘石化带；
γδπ—花岗闪长斑岩；Z—浅变质岩

　　围岩蚀变分带以斑岩铜矿为最典型，我国德兴铜矿富家坞矿区的矿化、蚀变分带见图12－23。成矿元素亦呈带状分布，与蚀变分带相一致。

　　矿床、矿体受成矿裂隙力学性质和其他因素控制形成的垂直分带见图12－24。该图显示黑钨脉状矿床的"五层楼"模式，在指导矿床深部找矿工作中起了显著作用。

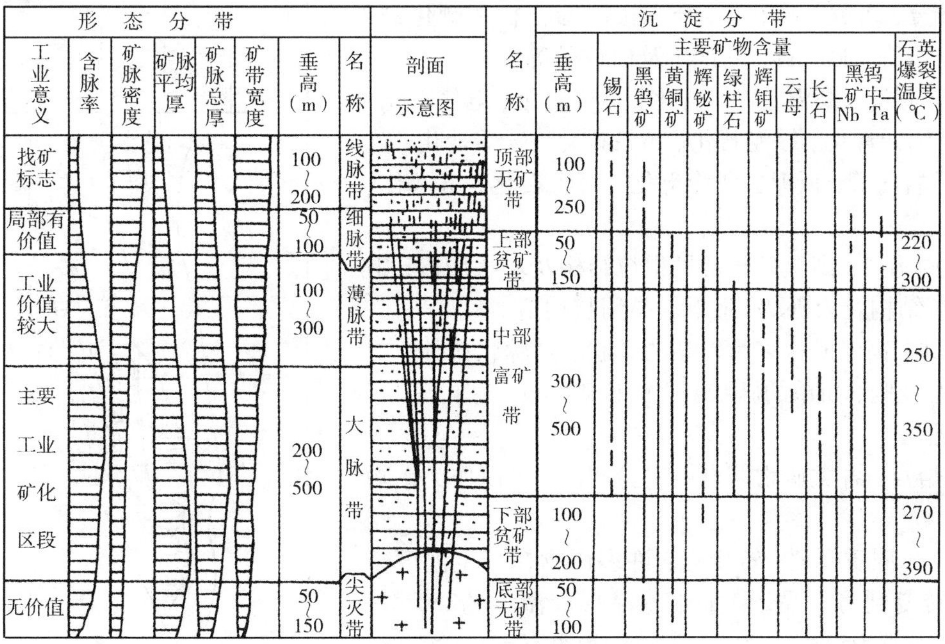

图12－24　石英脉型钨矿床垂直分带示意图（据冶金部南岭钨矿专题组）[14]

实际上矿床、矿体成矿分带都是综合性的，因此在研究时应将成矿地质控制因素及各种矿化标志、地球化学标志、矿体产出及形态特征等联系起来综合研究，以提供更多的找矿信息。我国大厂矿田长坡锡矿是这方面研究的典型实例，其综合成矿分带示意图见图12－25，图中反映了成矿元素、矿物组合、矿物标型特征、硫同位素组成、成矿温度、挥发分含量及矿体产出和形态特征，甚至还反映了时间规律。这样的研究成果有很高的理论和实用价值。

12.6.4.4 矿床、矿体分布的等距性与对称性

近30年来，矿床空间分布研究证明，不少矿床及矿体由于受成矿控制因素韵律性的影响而出现等距性特征。图12－20所示是矿田内矿床呈等距分布的实例，矿体间距为5～6km，矿田中木梓园矿床就是据等距性规律找到的。图12－26所示则是矿床内部矿体呈等距排列的实例。该矿矿化受F_{101}及F_{102}两条断层控制，其间发育14个含矿带，每一矿带又由侧幕式排列的矿脉组成，含铜矿脉以20～25m等距排列。

矿床内矿体呈对称排列的实例较少，哈萨克斯坦某稀有金属矿床具有这样的特征，见图12－27，矿床中矿脉韵律间距480～500m，170至146号脉之间的新矿脉（虚线）系据对称性规律发现的。

12.6.5 成矿的环境与过程研究

成矿环境与过程研究是成矿规律研究不可缺少的内容，本书主要简介成矿温度、深度及压力、矿液运移通道及方向等研究内容。

12.6.5.1 成矿温度研究

（1）地质测温法

1）据矿物共生组合：高温（＞300℃）：磁铁矿、赤铁矿、磁黄铁矿、锡石、黑钨矿、辉铋矿、辉钼矿、绿柱石、黄玉、石榴子石、金云母等；中温（300～200℃）：黄铜矿、方铅矿、闪锌矿、黝铜矿、绢云母、重晶石、方解石、白云石等；低温（＜200℃）：辉锑矿、辰砂、雄黄、雌黄、辉银矿、金和银的碲化物和硒化物、石髓、蛋白石、冰长石、明矾石、菱锰矿及白铁矿等。

2）据近矿围岩蚀变：高温：矽卡岩化、石英岩化、电气石化、黄玉化等；中温：绢云母化、绿泥石化、黄铁矿化、碳酸盐化、黄铁绢英岩化、青磐岩化等；低温：高岭土化、明矾石化、玉髓化、蛋白石化和沸石化等。

3）据矿石结构构造：高温矿床常见粗粒结构及块状构造；中低温矿床常见细粒结构及角砾状、胶状、晶洞状构造。

4）据矿体形状：高温矿床多为复杂的脉状、网脉状矿体；中低温矿床多为形态规则、简单的脉状、透镜状矿体。

（2）矿物测温法

1）据矿物的熔点：各类矿物熔点由实验测出，可以作为矿物形成温度的上限。

2）据多形矿物（同质异象）转变点：许多矿物在一定温度条件下由一种晶形转变到另一晶形。如烟水晶形成温度约250℃，α-石英转变为β-石英为573℃，β-石英转变为鳞石英870℃，鳞石英转变为方石英1470℃等。

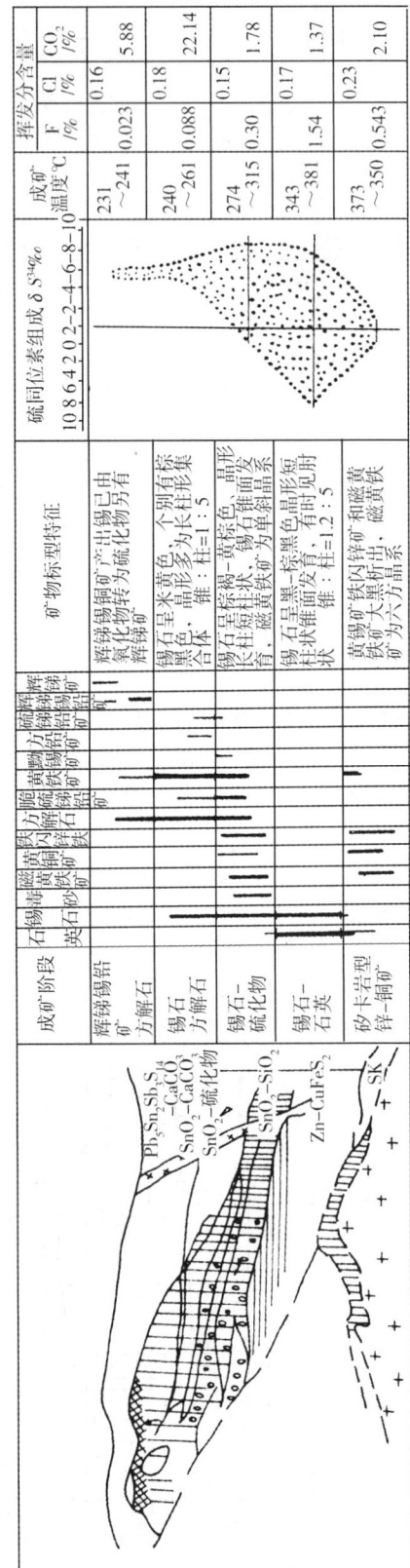

图12-25 大厂矿田长坡矿区成矿分带综合示意图（据广西215队）[2]

3）据矿物固溶体分解温度：如黄铜矿及磁黄铁矿固溶体分解温度为250℃，斑铜矿及黄铜矿固溶体分解温度为300℃，黄铜矿及辉铜矿固溶体分解温度为480℃等。

4）据矿物的标型特征：据形态样型如萤石在岩浆和伟晶岩矿床中为八面体，在高温热液矿床中为菱形十二面体，中低温热液矿床中为立方体等。

5）据矿物中微量元素含量：最典型的是闪锌矿，称闪锌矿为"地质温度计"。闪锌矿中FeS含量是温度的函数，在150个大气压时，含FeS18%的闪锌矿形成温度为500℃；含FeS12.5%时为390℃。但随压力增加，FeS含量相应减少。闪锌矿中Ga、In、Ge、Tl的含量也与形成温度有关。除闪锌矿外，黑云母（温度与钪含量存在函数关系）、磁铁矿（温度与TiO_2含量存在函数关系）、磁黄铁矿（温度与硫含量存在函数关系）、自然金（温度与含银的金的成色存在函数关系）等矿物亦可利用。

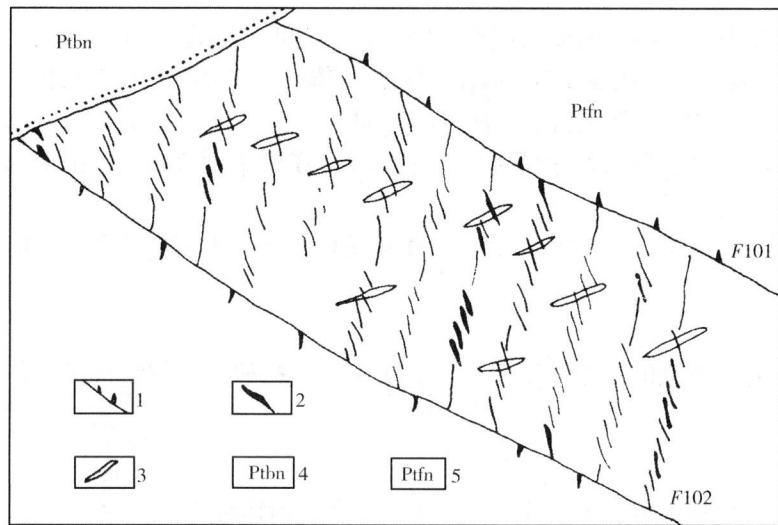

图 12 – 26 贵州某铜矿矿体的等距排列（据贵州工学院）[8]
1—张扭性断裂；2—张性断裂中的含铜矿脉；3—石英脉；
4—上板溪群；5—下板溪群

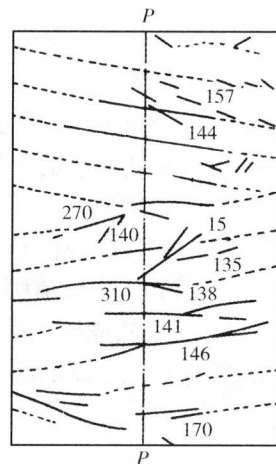

图 12 – 27 哈萨克斯坦共和国某矿床中矿脉的对称分布
P-P—对称面；点线—控矿构造的可能发育线；数字表示矿脉编号

（3）矿物气液包裹体测温法：矿物中原生气液包裹体是矿物形成过程中被捕获的成矿母液，用之测定矿物形成温度是比较直接和可靠的方法，一般有均一法和爆裂法两种。

均一法系将含包裹体的矿物薄片加热到一定温度，使包体中的气、液两相转变为均一相的温度，称均一温度，适于测定透明矿物。均一温度可作为矿物形成温度的下限。爆裂法亦将矿物加热，因温度升高而包体内压力加大，终于使包裹体破裂，发生响声而测得的温度，称爆裂温度，适于测定不透明矿物。爆裂温度可作为矿物形成温度的上限。

样品应采自新鲜矿石，最好在坑内，一个矿床十几个及几十个不等，采样点分布比较均匀，考虑对不同矿体、矿石品级和类型的代表性，采单矿物样。每一个取样点均一法需采取1～2块标本，爆裂法则要多一些。

12.6.5.2 成矿深度及压力研究

（1）地质测定法：只能间接判断成矿深度及压力。

1）据与成矿有成因联系的岩浆岩的形成深度：与浅成侵入体及层状火山岩有关的矿床，属浅成成因，矿石中常有大量硫盐及金、银的碲、硒化物，元素垂直分带不明显。与中深及深成侵入体有关的矿床属中深或深成成因，矿体延深大，垂直分带明显。

2）在地质研究程度高的地区，据矿床形成时的地层覆盖厚度、该地区剥蚀深度，推断矿床形成深度。

3）据矿物特征及矿物共生组合大致判断成矿深度和压力。如钙质矽卡岩中，石榴子石含Ca^{2+}占优势，反映矽卡岩形成压力较小，相当于0.5～1.0km深度；石榴子石含Mn^{2+}及Fe^{2+}，则成岩压力稍大，相当于1.0～2.0km深度；石榴子石含Mg^{2+}和Fe^{2+}，反映成岩压力较大，相当于2.0～2.5km深度。闪锌矿与六方磁黄铁矿、黄铁矿处于平衡时，闪锌矿中含量与形成压力有函数关系而与温度无关，可代入公式算出其形成压力，称闪锌矿为"地质压力计"。

（2）矿物气液包裹体测压法：利用含液态 CO_2 和水溶液同生的同源包裹体，确定 CO_2 的密度或浓度，再据均一温度的关系求出成矿压力。

12.6.5.3 矿液运移通道及方向研究

矿液运移通道及方向研究有助于指示找矿方向，但当前的研究基本是定性的和间接的，并需多方面综合研究判断。

（1）根据成矿构造的分析，确定导矿、配矿及容矿部位，并借此进行推断。

（2）根据成矿温度和压力变化，即温度由高到低，压力由大到小的方向指示矿液运移方向。

（3）根据成矿组分的分布规律，如钨锡矿床，矿液由高值的地方向低值地方流动；铅锌矿床，矿液由富锌地段向富铅地段流动等。

（4）根据矿化蚀变分带，矿液由标志高温蚀变带向低温方向流动或根据蚀变带形态指示通道方向。

（5）根据矿物结晶特征，如晶体不对称，晶面发育方向代表矿液来源方向；在晶体内生产环带中，生长快的晶面显示矿液补给方向；在主晶面上的平行连生小晶体，通常也指示矿液补给方向。

（6）根据矿液的浓度变化，即浓度由高到低（矿石由富到贫）指示矿液运移方向。矿液浓度或含盐度据矿物包裹体用冷冻法测定。

（7）根据矿石中同位素组分的变化规律，例如矿液运移，$\delta^{34}S$ 值呈有规律地递增，某些矿床的 $^{206}Pb/^{204}Pb$、$^{207}Pb/^{204}Pb$、$^{208}Pb/^{204}Pb$ 值顺矿液运移方向有增高趋势。

12.6.6 矿床成因、成矿系列和成矿模式研究

确定矿床成因、成矿系列和成矿模式是成矿规律研究的总结性工作，是指导成矿预测和矿山找矿的最终研究成果。

12.6.6.1 矿床成因研究

矿床成因研究的目的是确定矿床成因类型，以便指导该类型矿床的找矿方向。研究时应注意：

（1）需要综合考虑成矿控制因素的研究及成矿规律研究的各种成果，并进行大量综合分析研究判断。

（2）需要以正确的成矿理论作为研究的指导，特别是近年新出现的各种现代成矿理论。

（3）矿床成因类型的结论需要在生产实践及科研中不断得到检验、补充和修正。

12.6.6.2 成矿系列研究

在一定地质单元内，受一定地质作用制约，时间上多期演化，空间上复合共生，成因上具矿质多来源的一组矿床称为成矿系列。成矿系列研究有助于从各种类型矿床的关系中把握住区域成矿作用的总体及其发生发展过程，因而有助于根据已发现的一种或少数几种成矿类型去预测和发现其他矿床类型。程裕淇将成矿系列分为与岩浆作用沉积作用和变质作用有关的三大类，详见文献。

12.6.6.3 成矿模式研究

成矿模式是在成矿理论指导下，以实际矿床为原型，通过类比、推理而建立的理想地质客体，是对矿床地质特征、成因和分布规律的高度综合和概括。成矿模式常用一些简明图表表示。较典型的成矿模式有：

（1）斑岩型矿床的蚀变 - 矿化模式。

（2）密西西比河谷型矿床的古含水层成矿模式。

（3）沉积型层状铜矿的萨布哈模式。

（4）块状硫化物矿床的火山成因模式。

我国也建立了一些类型矿床的成矿模式，如华南黑钨脉状矿床的"五层楼"模式（见图 12 - 24），大厂矿田的分带模式（见图 12 - 25），宁芜玢岩铁矿模式，赣东北铜矿床的"多位一体"模式等。成矿模式研究正在发展中，各生产矿区应根据矿床地质特征和研究结果与典型成矿模式对比，建立本矿床有指导找矿意义的成矿模式。

13　生产矿区找矿勘探

13.1　生产矿区找矿勘探概述

13.1.1　生产矿区找矿勘探的任务

生产矿区找矿勘探的总任务是采用各种手段和方法在生产矿山的深部、周边和外围找寻并探明新矿体或新矿床以至新矿种，增加储量，为矿山制定长远规划、延长服务年限或扩大生产能力提供接替资源。具体任务有：

（1）开展生产矿区矿床地质综合研究：系统研究并查明矿区的成矿地质条件、矿化特征、找矿标志、矿体（特别是富矿体）分布规律及矿床成因；

（2）进行成矿预测：在上述研究的基础上，做出成矿规律图和成矿预测图，圈定出成矿最有利地段，从而进行成矿预测；

（3）找寻并初步评价新矿体：（根据预测结果）在较可靠地段选择合适的工程手段进行验证，发现新矿体后，再根据成矿地质条件，布置适当探矿工程继续查明新矿体的各种地质特征，并初步评价其工业价值；

（4）进行地质勘探：对原来已知矿体的深部和边部以及新发现的矿体，按地质勘探规范要求和矿山生产需要，进行生产地质勘探，并提交地质勘探报告；

（5）进行找矿勘探新方法和新技术的试验与研究：为了提高找矿勘探效果，应充分利用生产矿山对已知矿体揭露较为充分这一有利条件，进行多种找矿勘探方法（各种物化探与其他新方法）和找矿勘探技术（电子技术、统计分析及各种新仪器的使用）试验研究，为生产矿区选择效果好、成本低的找矿勘探手段和方法。

13.1.2　生产矿区找矿勘探的特点

生产矿区找矿勘探与生产前的普查找矿和地质勘探相比较，有如下特点。

（1）找矿勘探范围：生产矿区的找矿勘探常在下列地段进行。

1）开采范围内各坑道之间尚未被探采工程揭露的盲矿体。

2）正在开采矿床的周边地段尚未发现的盲矿体。

3）开采水平以下（深部）尚未发现的盲矿体。

4）与开采矿床不相连续的外围地区的新矿体或新矿床。

（2）找矿勘探程序：由于生产矿山的找矿勘探是在矿山生产过程中进行的，所以找矿与勘探两个阶段之间没有明显界线，通常是经过找矿验证工程发现矿体后，只需经过较简单的初步评价，即可转入地质勘探，有时甚至并列进行。

（3）找矿勘探的组织形式：通常可采用由矿山本身、专业地质勘探队或由两个部门共同完成等三种组织形式。具体采用哪一种组织形式，可根据生产矿山地质技术力量来确定。

（4）找矿勘探的不利因素：生产矿山找矿勘探的不利因素主要表现在两个方面：首先由于找矿勘探的对象都是盲矿体，所以难度较大；其次当找矿勘探在坑道或钻孔中进行时，由于范围较小，再加上坑道内已知矿体及各种设备的干扰，使得某些物化探方法的应用增加了难度。

（5）找矿勘探的有利因素

1）生产矿山找矿勘探对象虽然都是盲矿体，但大量的开采实践证明矿体（层）常常有成群成带分布的规律，加上对已知矿体丰富资料的掌握，所以在生产矿区找到新矿体或新矿床的可能性相当大。

2）可利用已有的探采工程进行找矿勘探。如根据某些矿化标志，估计沿走向可能有矿体重现或深部可能有盲矿体存在时，便可延伸已有的坑道或从坑道中打坑内钻孔或适当加深生产勘探钻孔找寻和勘探盲矿体；还可通过对生产矿山无矿地段工程进行原始地质编录，发现原来未被发现的矿化现象、找矿标志及成矿有利条件（如控矿构造），从而间接指导找矿。

3）可利用矿山某些已有的设备进行找矿勘探。如当某些矿山有大量密集平行矿脉或小矿体时，可利用深孔凿岩设备所凿出的深孔，并配合岩矿泥样品的化验或某种物理仪器(钻孔光电测脉仪、X 射线荧光分析仪、伽玛测孔仪等) 以发现新的盲矿体或确定矿体与围岩的界线。

(6) 找矿勘探工程手段的选择与布置

1) 工程手段的选择灵活多样，且与生产开采方式有关。露天开采矿山多用地表钻探，当矿体埋藏较浅时可用汽车钻，埋藏较深时采用大型钻机，露天采场边部还可使用剥土或槽井探；地下开采矿山多采用坑钻结合或扇形布置的坑下钻探。

2) 找矿勘探工程间距的确定，应充分考虑矿山已知最小工业矿体的走向长度和倾斜深度、生产勘探网度及采场结构参数。

3) 找矿勘探工程的布置应考虑原地质勘探、基建勘探和生产勘探时已有工程的总体布置格局(如勘探线方向、总体布置方式)，使其相互协调，以利综合图纸的整理和使用。

(7) 找矿勘探的经济效益：由于生产矿山找矿勘探所新增加的储量，常在靠近开采地段的深部和边部，可以较快地得到开发，并能充分发挥矿山的生产潜力，例如发挥原有的开拓工程和设备的作用，所以具有投资少、收效快的优点和明显的经济效益。

由于生产矿区找矿勘探中的勘探工作与一般勘探工作相似，所以本章着重介绍有关找矿方法，对于生产矿山地质勘探不做单独叙述，如需了解这方面知识，可参考一般地质勘探要求和本卷生产勘探有关部分。

13.2　生产矿区找矿的地质方法

13.2.1　生产矿区找矿的地质途径

通过对生产矿山各种探采工程所提供的大量地质信息(如已知矿体的各种地质特征) 进行综合分析，总结出矿床的成矿条件、分布规律、成因类型以及成矿模式，再应用从已知推断未知的方法，确定出成矿的有利地段，从而指导找寻新的盲矿体。大量找矿实践证明，这是一种行之有效的方法，具体可从如下几方面进行。

(1) 运用成矿规律指导找矿：从研究成矿地质条件着手，总结出矿床在空间上的分布规律，用以指导找矿。

1) 通过对岩浆岩的研究，查明侵入体的岩性、时代、规模、形态、产状等特征与内生矿床成矿的关系。大量研究成果表明内生矿床的形成与岩浆岩上述特征都有着密切关系。如内生矿床与成矿母岩的专属性，明显的表示出成矿与侵入体岩性的关系；又如矽卡岩型矿床常在侵入体的超覆地段和接触面弯曲度较大的地段富集厚大矿体(如湖北大冶铁矿和湖南七宝山铜矿等)。

2) 查明矿区各时代的地层、岩性和岩相古地理与沉积矿床、沉积变质矿床的成矿关系。如锦屏磷矿属沉积变质矿床，矿层沉积于浅海凹陷缓坡部位或边缘，这种岩相古地理环境下所形成的矿层，具有厚度较稳定、分布较广泛的特点，据此在矿山深部和边部成矿有利地段布置工程进行找矿勘探，结果发现并探明了 20 余个新矿段；又如某些沉积矿床，常严格地受到地层控制，且时代较为固定，如石炭纪是我国铝土矿最重要的成矿期，不仅规模大，质量好，且储量占了全国铝土矿总储量的 70% 以上，这一规律对于铝土矿床的寻找有着重要的意义。

3) 通过对构造的研究，查明构造类型、性质、规模、发育程度、空间组合规律与成矿的关系。矿床的形成与构造的关系是十分密切的，在找矿时要特别注意断层破碎带及其两侧的裂隙、褶曲轴部、构造的分叉和交汇部位、转折部位、层间破碎带等，因为它们常是富集成矿的有利地段。如五龙金矿就是在 NNE 与 NWW 两组断裂或花岗斑岩侵入体与 NW 断裂相交部位发现了较多的盲矿体。

(2) 运用成矿理论指导找矿：通过综合地质研究，确定矿床的成因类型，也可用于指导找矿。

1) 注意运用新的成矿理论，正确地确定成因类型以指导找矿。如凡口铅锌矿，原用岩浆期后低温热液成矿理论指导找矿，效果很差。后通过综合研究，并根据该矿区大部分铅锌矿体位于上泥盆统不纯碳酸盐岩地层之中这一事实，改用层控理论并结合岩相和断裂控矿规律指导找矿后，发现了新的盲矿体，增加了较多的储量。

2) 注意寻找多种成因类型的矿床。如杨家杖子钼矿区，原来仅注意寻找矽卡岩型钼矿床，所以只在花岗岩和石灰岩的接触带进行找矿，即使在岩浆岩体内见到了较强的矿化现象，也认为意义不大而放弃。后来注重了存在斑岩型钼矿床的可能性，在岩浆岩体内进行矿点评价时，发现了较大的蓝家沟斑岩型钼矿床。

(3) 运用成矿模式指导找矿：在综合地质研究的基础上，将成矿规律用图式或表格形式建立矿床的成矿模

式,用来预测盲矿体或隐伏矿床。这一方法在国外已广泛采用,我国也建立了一些较好的成矿模式,且正逐步用于找矿。例如:

1)玢岩铁矿成矿模式:该模式总结了宁芜地区围绕次火山岩体不同部位出现八种不同类型矿床的可能情况。

2)钨矿五层楼成矿模式:南岭地区钨矿床,按矿脉形态由上到下递变特征可分为五带:线脉带、细脉带、薄脉带、大脉带、消失带。如在坑道中发现不具工业价值的线脉或细脉,便可预测下部可能有盲矿体存在。

除上述两种较典型的成矿模式外,还有其他许多成矿模式。如个旧矿区控矿构造模式图、大厂矿田矿床组合模式图等。而且更多的成矿模式正在不断地总结中。

(4)运用成矿系列指导找矿:成矿系列又称之为多位一体。其基本原理是同一元素或相关的一组元素,可以多种成因类型在同一地区不同部位形成一系列矿床。如鄂东一带在斑岩体内有斑岩型钼矿床,接触带有矽卡岩型钼钨矿床,外带黄龙灰岩中往往形成铜、铅、锌矿床;赣东北城门山一带,斑岩体内有斑岩型铜矿床,接触带有矽卡岩型铜矿床,外带有层状和脉状热液型铜矿床,并往往有铅锌矿、黄铁矿共生。如在某地区已掌握成矿系列规律,便可用以指导找矿。

我国很多矿山运用上述地质分析方法,指导找寻盲矿体,都取得了较好的效果。

13.2.2 地质测量法

13.2.2.1 概述

地质测量是各种找矿方法的基础,无论在什么地质条件下找寻任何矿产,都必须进行地质测量,它是通过地质研究和填图来查明生产矿区的地质特征和控矿因素,以此指导找矿工作。此法广泛地用于普查找矿和生产矿区找矿工作中。

13.2.2.2 比例尺的确定与要求

(1)生产矿区地质测量的比例尺要求较大,由1:500 ~ 1:5000,具体确定时应考虑如下因素:

1)矿床的成因类型:内生矿床可地质测量比例尺用1:2000 ~ 1:1000,少数地质条件复杂的矿床(如伟晶岩矿床)可用1:500;沉积矿床和变质矿床可用1:5000;

2)地质填图单元:填图单元划分越细,比例尺要求越大,一般情况下最小单元在图纸上不能小于1 mm,如要求将2 m的地质体反映在图上,则比例尺不应小于1:2000。

(2)精度要求较高,除利用天然露头外,还应充分利用生产矿山探采工程所提供的资料,必要时对矿体和重要地质界线可适当投入一定数量的探矿工程,一般采用仪器测量。在生产矿山外围进行地质测量时,一般应测制相应比例尺的矿区地形图。

13.2.2.3 地质测量前的准备工作

(1)收集地质资料:系统收集生产矿山及其外围已有的全部地质资料,特别是生产期间各探采工程所得地质资料。如地层、构造、岩浆活动、矿化特征等有关资料。

(2)现场调查:通过现场检查,分析判断已有资料的质量和可供利用的程度,确定填图范围、比例尺、方法以及观测点和采样点的布置,提出观测点记录内容、岩矿分类与命名以及填图单位的统一要求。

(3)编写地质测量说明书:内容可根据矿区地质特征和要求来确定。

13.2.2.4 地质填图方法

(1)剖面法:通过测制若干条垂直矿带(体)或矿区地质构造走向的地质剖面来进行地质填图的一种方法。适用于地质构造比较简单,矿体和岩层走向变化不大的矿区。具体步骤如下:

1)用仪器测量法测出一条或数条平行矿体走向或构造线方向的基线;

2)垂直基线测出一系列平行剖面线,其间距根据比例尺大小和矿区地质构造复杂程度而定,一般原则是在相应比例尺的图纸上为3 ~ 5 cm;

3)沿剖面线进行地质观察,测出地质剖面图,其中各地质体界线及观测点应用仪器测绘在图纸上;

4)在剖面观测的基础上,对剖面之间的矿体和其他地质体在图纸上进行连线,绘制成地质图。

(2)追索法:通过追索矿层、标志层、主要岩层分界线和构造线进行填图的一种方法。适用于地质体界线清楚并有良好标志层的矿区。具体步骤如下:

1）首先查明岩层层序和岩体的岩相分带；

2）确定标志层、主要岩层、岩体界线及构造线，然后沿走向追索，并适当用剖面法补充；

3）在追索过程中，每隔适当距离在地质体发生变化的部位，布置观测点、记录和描述；

4）将观测点用仪器测绘在图纸上，并连接地质体界线，绘制成地质图。

（3）露头全面研究法：其实质是上述两种方法的综合，适用于地质构造比较复杂且基岩出露较少的矿区。具体步骤如下：

1）对测区所有天然露头或人工露头进行全面观察研究；

2）将各种地质体界线上的观测点用仪器测绘到图纸上，连接各地质界线，绘制成地质图。

13.2.2.5　观测点记录内容

点位、点性；样品和标本采集位置；蚀变和矿化特征；岩石或矿石类型、矿物成分、颜色、结构、构造及名称；构造特征：褶曲、断层、节理、劈理等构造的类型、规模、产状、性质及其与成矿的关系；特殊地段还应进行地质素描及照相。

13.2.2.6　资料综合整理

对原有和地质测量中所获得的各种地质资料，进行综合整理、分析与对比，编制出各种地质图件，如地质剖面图、综合柱状图、地层对比图、地形地质图或中段地质平面图等；同时还应编写出文字报告，指出找矿的最佳地段。

13.2.2.7　实例

通过矿区地质测量，找到新矿体（床）的实例很多。如弓长岭铁矿区外围的独木至八盘岭一带地表三个零星露头的混合岩中发现有铁矿层，后通过地质测量填图并结合物探磁力异常特点的分析，推测三个露头点可能是同一个向斜的局部出露，据此布置了验证钻孔，证实推断完全正确，从而找到了一个总储量为数亿吨的大铁矿。

13.2.3　重砂测量找矿法

重砂测量是一种经济、简便而有效的找矿方法，不仅得到了广泛的应用，而且现已列为找矿工作中的一种先行方法，即在地质填图前必须进行重砂测量。根据采样对象不同，又可分为自然重砂和人工重砂两种测量方法。

13.2.3.1　基本原理

通过对某些化学性质较稳定或比重较大的矿物在矿石或围岩中，或残积物、坡积物或冲积物中所形成的重砂矿物机械分散晕（流）的研究，达到追索某些砂矿床或原生矿床的目的。

13.2.3.2　适用条件和范围

自然重砂法应用十分广泛，区域地质调查、普查找矿、地质勘探和生产矿山外围找矿等工作中均可使用；最适用于矿石矿物比重较大或化学性质较稳定且只有疏松覆盖物的矿床；人工重砂法主要用于综合研究，间接指导找矿。

13.2.3.3　主要作用与可找矿种

（1）自然重砂测量可直接找寻如下矿种：金属矿床：金、铀、锡、钨、汞、钛、铬和铋；某些特殊条件下可找：铜、铅、锌；稀有及分散元素矿床：钽、铌、铍、锆、硒；非金属矿床：金刚石、刚玉、黄玉、磷灰石等。

如我国夹皮沟金矿、赣南钨矿、山东金刚石矿、四川、云南的锆英石矿都是用此法首先发现的。

（2）人工重砂法可以通过对矿物组合、成矿元素赋存状态、地层划分、岩体对比、剥蚀深度、矿床成因等问题的研究，间接指导找矿。

（3）当自然重砂测量圈定的异常范围缩小到基岩时，可采用人工重砂法来确定原生矿体的具体位置。

13.2.3.4　现场工作方法

（1）样品的采集：重砂取样的间距、采样点的具体位置以及取样方法，主要取决于比例尺的大小和地质条件复杂的程度，现根据我国目前找矿实践经验列成表13－1。

表 13 – 1　自然重砂测量取样要求表

取样对象	比例尺	网度/m		取样点数/km²	取样深度/cm	取样点具体部位
		线距	点距			
沿水系冲积物	1:20万	1000	500	0.6~2.5	砂砾层出露地段深20~40；河幔滩深15~20；沙咀深30；河床上有泥时采样深>50	河床突然变宽地段，河流拐弯的凸岸靠上游部位，支流汇入主流部位，浅滩头部，河流中障碍物后面，沙咀前缘，河床坡度由陡变缓地段
	1:10万	500	300	3~10		
	1:5万	400	200	10~50		
	1:2.5万	100		100~150		
阶地及宽河谷取样	1:20万	1500~2000	20~40		达到阶地沉积物底部或中间泥质隔挡层	被河水冲刷的阶地边缘地段
	1:5万	500~1000	20~40			
残坡积层	1:5万	200~500	250	8	残积层在基岩面以上，腐殖层以下；坡积层一般为1~2m深	残积层可在沿地形坡度局部出现下凹地段；坡积层选择干谷、洼地及谷底的坡积层中(山坡上应平行等高线布置)
	1:1万	100~200	50~100	60~200		
	1:2千	20~60	20~30	500~2500		

（2）样品的重量：原始样品的重量一般为 20～30 kg，原则上以淘洗后能获得 10～15 g 重砂矿物为宜，且同一矿区所有样品的重量应一致。

（3）取样方法：根据取样的对象和目的不同，通常可采用如下四种。

1）浅坑重砂取样：以冲积层、残坡积为对象，找寻原生矿床为目的用此法，取样时先将表面腐殖土去掉；

2）点多坑重砂取样：多用于水系沉积物取样。方法是在重砂易于富集地段的 20～30 m 范围内，按数个深度不同的坑，各采取适当重量，合并为一个样品；

3）浅井重砂取样：以冲积、残积、坡积、阶地为对象，以评价勘探现代或古代砂矿床为目的，多采用刻槽法或剥层法；

4）钻探重砂取样：将钻孔中所得岩心作为原始样品，并测量其体积和重量，主要用于砂矿床的找矿勘探中。

（4）原始样品的淘洗：因原始样品中含有大量泥土和砂砾，要想从中获得重砂矿物，必须在现场按流程进行粗淘。

（5）人工重砂取样：在矿床综合研究中（特别是生产矿山），采集新鲜岩石或矿石样品，破碎分选人工重砂，通过对人工重砂矿物组合特征或某些元素的赋存状态研究，帮助查明自然重砂来源，确定被找寻矿体的位置。人工重砂取样有关要求见表 13 – 2。

表 13 – 2　人工重砂取样要求简表

取样目的	取样对象	取样要求	样品重量/kg	注意事项
地质体对比研究	岩浆岩	每个岩相带分别取3~4个，或按岩体不同部位采样。还应采集岩矿鉴定标本	8~10	不宜在蚀变部位采样
	沉积岩	按剖面分层采取，同时采薄片鉴定标本	>15	不同剖面应在相同层位或岩性相近部位采样
	混合岩	按岩相及变质深度分别在基岩贯入物和不同形态混合物中系统取样	10~15	了解走向变化时，可按顺层方向系统采样
	风化至半风化岩石	在原岩结构清晰、暗色矿物尚未完全分解部位采样	5~10	不宜在风化过深部位采样
查明自然重砂来源	与成矿有关的各种地质体(矿化蚀变带、破碎带)	垂直构造带或矿化蚀变带系统采样	8~10	可用拣块法采样
查明元素赋存状态	与需查明元素有关的岩石或矿石	在已知物、化探异常区内或矿体上系统采取有代表性样品	8~15	应同时采集光谱和岩矿鉴定标本

13.2.3.5   室内分析与鉴定

分离方法：因野外淘洗过的重砂样品中，往往含有很多种不同矿物，且常常是轻矿物占绝大多数，故首先必须将重矿物从中分离出来。常用的分离方法有：精淘法、重液分离法、重熔分离法、浮选法、粒选法、光电效应分离法、导热性分离法等。

（2）鉴定方法：为了确定分离出来的重砂矿物名称、共生组合、标型特征、必须进行鉴定。常用的鉴定方法有：双目显微镜鉴定法、反光显微镜鉴定法、油浸法、微化分析法、光谱分析法、发光分析法等。对于一些难以鉴定或需详细研究的样品，可送专门实验室进行激光显微光谱分析、电子探针分析、X 射线粉晶分析和差热分析。

（3）定量方法：常用的重砂矿物定量方法有：重量法、颗粒统计法、目估法、体重法等。

13.2.3.6   重砂成果图的编制

重砂成果图是重砂找矿工作的最终成果，图上主要应表示出有用矿物的分布规律，用以指导找寻与重砂矿物有关矿床。常用的成果图有圈式重砂图、符号式重砂图、带式重砂图和重砂矿物含量等值线图等四种。

13.3   生产矿区找矿的地球化学方法

地球化学找矿法简称化探，具有速度快、成本低的优点，而且由于它是直接研究成矿元素或与成矿有关的微量元素的地球化学异常，故可直接发现和圈定新矿体。现对几种常用化探方法简介如下。

13.3.1   原生晕找矿法

13.3.1.1   基本原理

该法又称为地球化学找矿法或岩石测量法，它是通过对成矿元素或伴生元素在矿体周围岩石中所形成的岩石地球化学异常（原生晕）的强度、分布范围、形态特征、与矿体之间关系的研究，推断矿体空间位置，从而找寻新矿体或新矿床。

13.3.1.2   适用条件和范围

（1）区域地质填图、普查找矿、矿区评价、生产矿山找矿等各阶段均已得到广泛而有效的应用。

（2）所有内生矿床、沉积矿床、变质矿床均可使用，但目前应用比较成功的还是找寻各种热液矿床（包括矽卡岩型和斑岩型矿床），对于寻找其他类型的矿床尚处于研究和试验中。

（3）最适用于基岩出露点较多的条件下寻找盲矿体（床），这些出露点可以是天然的，也可以是人工的，如钻孔、坑道和采场，可见在生产矿山找矿中利用此法找矿是十分有利的。

13.3.1.3   主要作用

（1）可直接找寻不同深度的各种盲矿体，并大致确定矿体的规模。根据已有经验可找寻如下矿种：铜、铅、锌、钨、锡、钼、汞、锑、镍、铂、铬、金、银、钒、钽、铀等；此外，用以寻找铁和非金属矿床的方法正在试验中。

（2）在生产矿山可用来追索已知矿体向深部延伸情况。

（3）评价各种地质体（岩体、地层、断裂带、蚀变带）的含矿性。

（4）预测矿石的类型。

（5）根据元素比值大小及变化特征，可研究矿体或含矿岩体的剥蚀程度，间接指导找矿。

13.3.1.4   指示元素的确定

找出成矿元素或与成矿有关元素含量及其变化规律同矿床空间位置的关系，从而确定可提供找矿线索的有效指示元素，是提高原生晕法找矿效果的关键。它可以是某单一元素，也可以是多种元素的组合，还可以是某些元素的比值。

（1）确定方法：一般都是通过长剖面法进行试验研究来确定的，在生产矿山找矿时，应充分利用已知矿体的大量化验资料，进行整理分析，确定出有效指示元素。

（2）确定原则：为保证选择的指示元素具有较好的找矿效果，应遵循如下原则：

1）元素可形成清晰的异常，即有着较高的衬度值（异常值／背景值）；

2）在生产矿山找矿时所选择的指示元素，其异常范围应适中，因为小矿体不易发现，过大时又容易受坑道和采场已知矿体的干扰；

3）被选择的指示元素的分析方法应快速简便且灵敏度和精度均能达到要求；

4）异常的变化规律明显，如沿某一方向（走向或倾向）其浓度梯度有着明显的规律性。

（3）常用的指示元素：一般情况是主要成矿元素，在矿体中它们富集程度高，围岩中成晕清晰，指导作用明显，故主要成矿元素经常被用做直接指示元素；但某些矿床（如金矿床）因主要成矿元素分析灵敏度较低或分析费用很高，故常利用共生或伴生元素作为间接指示元素。现根据化探找矿实践经验，将几种常见矿床类型和矿种所选用的指示元素列于表13－3。

表 13 - 3　几种常见矿床类型与指示元素表

矿床类型	指示元素（近程指示元素）	探途元素（远程指示元素）
斑岩铜矿	Cu、Mo	Ag、W、Pb、Zn、Mn、As、Hg、Au
硫化物矿床	Zn、Cu、Ag、Au	Hg、S、As、Sb、Pb、Mn
矽卡岩矿床	Cu、Pb、Zn、W、Sn、Mo	Au、Ag、As、Bi、Mn、Hg、Sb、Ba
含金石英脉矿床	Au、Ag	As、Sb、Hg、Cu、Pb、Zn
多金属脉状矿床	Cu、Pb、Zn	Ag、As、Bi、Mo、Sn、Hg
石英脉型钨矿床	W、Sn	Bi、Mo、Be、Ag、As
脉状铀矿床	U	Cu、Bi、As、Co、Mo
裂隙充填汞矿床	Hg、Sb、As	Pb、Cu、Ba
萤石脉矿床	F	Y、Zn、Hg
热液型铁矿床	Cu、Zn、Pb、Mn	As、Co、V、Ni、Ag
伟晶岩矿床	Li、Rb、Cs	B、Ta、F
岩浆型磁铁矿床	Cr、Ni、Co、Y、Mn	Sc、Cu、As、Ba、Ti、Ca、Y

13.3.1.5　背景值与异常下限值的确定

背景值和异常下限值（即背景上限值）的合理确定，是正确圈定异常进行找矿的一项基本工作。比较简单的确定方法是用几何平均值、众数值或中位值作为背景值，而异常下限值可根据实际地质情况取背景值的若干倍，一般取2～3倍。具体确定的方法很多，如直方图解法、概率格纸图解法、公式计算法、趋势面分析法等。但在生产矿山，由于已知矿体揭露较充分，故通常采用较简单的长剖面法来确定，如图13－1所示。

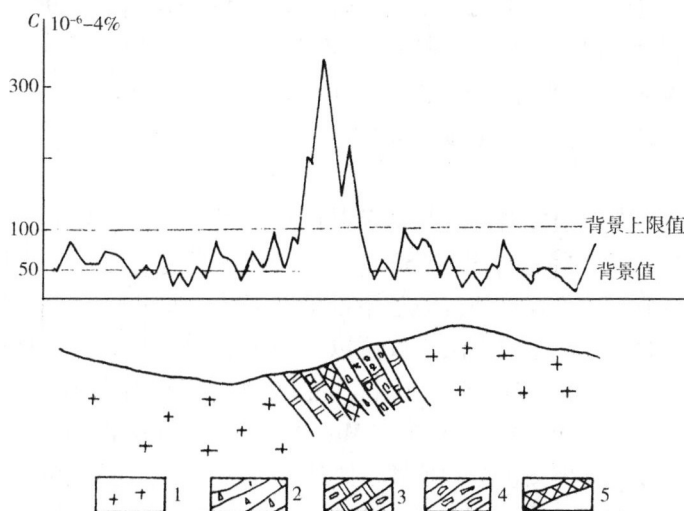

图 13 - 1　地球化学背景值和背景上限值确定示意图

1— 花岗岩；2— 大理岩；3— 矽卡岩化大理岩；4— 矽卡岩；5— 矿体

13.3.1.6 现场工作方法

在收集、整理、分析生产矿山已有地质资料和现场调查的基础上，确定合理的找矿范围和研究内容后，便可开始现场工作，其主要任务是按规定采集样品。

（1）采样点的布置形式：

1）规则测网：即采样点按一定网度均匀分布于测区范围内，现根据前人经验列表 13 – 4，供参考；

表 13 – 4 原生晕规则测网密度表

比例尺\网度	测网 /m		密度/（点数·km⁻²）	说 明
	线距	点距		
1:10000	100	50 ~ 100	200 ~ 500	（1）生产矿山确定测网时，可根据坑道间距采用灵活网度，但应尽量保持均匀
1:5000	50	20 ~ 10	1000 ~ 2000	
1:2000	20	10 ~ 5	5000 ~ 10000	（2）异常部位应加密采样点
1:1000	10	5 ~ 2	20000 ~ 50000	

2）不规则测网：根据测区具体地质条件和需要，如不必沿一定剖面方向进行研究时，可随机布点，其密度可参考表 13 – 4；

3）系统剖面：采样点布置在一系列的剖面上，剖面线间距无固定要求，也不一定平行，但应基本垂直异常，生产矿山应充分考虑坑道布置情况。

（2）采样要求：采样的对象是新鲜岩石或矿石，采样地点可在天然露头或人工露头。地下生产矿山在深部找矿时，主要在坑道、采场、钻孔中采样，采样方法，多用拣块法，一般是在 1 m² 范围内随机均匀采集 5 ~ 7 块合并成一个样品；在坑道内采样时为防止矿石粉尘对样品的污染，应将样品清洗干净；每个样品的重量一般为 100 ~ 200 g，并在现场将其加工到 2 ~ 10 mm 粒度；按规定做好取样点记录。

13.3.1.7 提高本法在生产矿山找矿效果的途径

（1）利用原生晕的分带特征：矿体周围岩石中各种指示元素所形成原生晕的含量、规模及空间分布均具有由矿体中心向外呈规律性变化（如含量降低），即原生晕的分带性，表现出垂直或水平分带，利用这一特征可确定侵蚀面与矿体相对位置及其被剥蚀的程度，从而找寻生产矿山已知矿体的深部或两侧尚未被发现的盲矿体。如：在坑道中发现前缘晕时，其下部可能有盲矿体；发现尾晕时，则矿体向下会很快尖灭；发现侧晕时，其两侧可能有盲矿体。

据统计结果表明：热液矿床中指示元素的原生晕分带（包括垂直和水平）序列是有规律的，其规模由大到小综合序列为：Ba—（Sb、As¹、Hg）—Cu¹—Cd—Ag—Pb—Zn—Sn¹—Au—Cu²—Bi—Ni—Co—Mo—U—Sn²—As²—B—W。该分带序列中 As、Cu、Sn 有两个位置，当 As、Cu 以毒砂、黄铜矿形式出现时，处于 As²、Cu² 位置，以砷黝铜矿和黝铜矿出现时，则处于 As¹、Cu¹ 位置；Sn 成锡石出现时处于 Sn² 位置，以黄锡矿出现时，则处于 Sn¹ 位置。

如湖北某矽卡岩型铜矿床，在坑道中对已知矿体及其四周取样分析结果发现：Bi 晕规模最小，分布范围与矿体一致；Cu 为前缘晕，可延续到矿体上部 40 ~ 50 m；Ag、Zn 晕可延续到矿体上部 200 m。利用这一规律，绘出各中段各指示元素原生晕异常图，不仅可找寻坑道下部的盲矿体，还可确定其大致深度。

（2）利用多种指示元素组合特点：这一方法不仅可以有效地找寻盲矿体，而且还可预测矿石类型。如长江中下游一带矿山便有这样规律：Cu、Ag、Mo 等元素组合的原生晕，表示有铜钼矿床存在；Cu、Ag、Bi 等元素组合的原生晕，表示有铜矿床的存在；Cu、Ag、As、Zn、Mo、Mn 等元素组合的原生晕，表示有铜铁矿床存在。

（3）利用元素对的比值：可大致预测矿体的位置。如某铅锌矿，指示元素 Pb、Zn 的原生晕范围相同，但二者比值大小与距矿体远近有明显规律：内带 Pb/Zn < 0.3；中带 Pb/Zn 为 0.3 ~ 1；外 Pb/Zn 带为 1 ~ 2。通过对该矿 Pb/Zn 比值的研究，可预测盲矿体及其大致位置。

（4）利用围岩内某些单矿物中某种元素含量的变化或有无来判断距矿体的远近。如某铀矿通过研究发现，在接近矿体时，方铅矿、黄铁矿、萤石中的 Ti、Zr 含量有所增加，且黄铁矿中出现 Ag、Y，方铅矿中出现 Be、Ga，萤石中出现 Mo，故深入研究与此类似的变化规律，有助于寻找盲矿体。

（5）利用原生晕的某些变化特征：如原生晕的形态和规模，在矿体上部和下部特点的差异以及它们与矿体之间的关系，均可用来判断矿体在空间的相对位置。

13.3.1.8 地球化学制图

为有效利用化探中所得大量数据，最好的方法是将资料进行整理并绘制成各种地球化学图件。常用的有如下图件。

（1）采样位置图：图上标明采样点线的位置及编号；

（2）原始数据图：在采样位置图中每个采样点旁标明元素含量；

（3）剖面图：是一种以曲线形式表示某一方向（如沿坑道或钻孔或测线）指示元素含量变化特点，并附上相应的地质剖面图；

（4）平面剖面图：将剖面图按其在平面图上的位置排列而成。

13.3.1.9 生产矿山利用原生晕找矿法实例

东北某金矿在生产找矿过程中，通过对已知矿体原生晕的研究，选用 Pb、Ag 作指示元素找寻深部盲矿体取得了较好效果。如在该矿第一中段沿 87 线的坑道中系统取样，对 Pb、Ag 进行化验并作出了沿坑道的剖面图。如图 13-2 所示，由图可见，除一个已知矿体上方有明显的异常外，在坑道的无矿地段还发现有 Pb、Ag 的两个原生晕

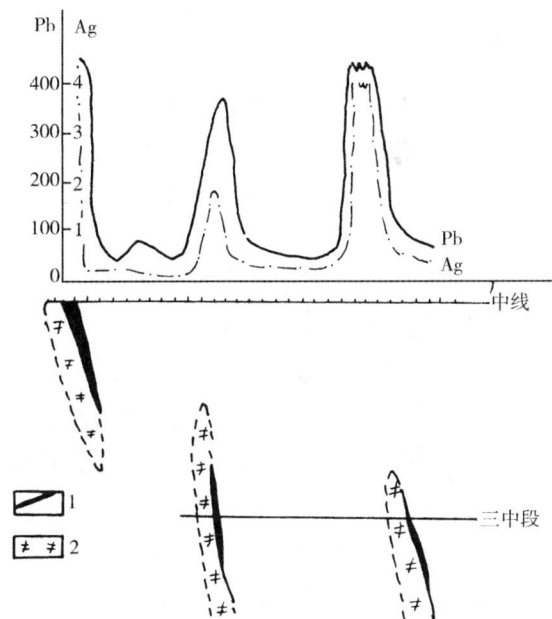

图 13-2 某金矿 87 线坑道原生晕剖面图
1— 矿体；2— 石英脉

异常，据此预测该中段下部应有相应的两个盲矿体，后在 50 m 以下的三中段相应位置布置探矿坑道，果然找到了两条新的金矿脉。

13.3.2 次生晕找矿法

13.3.2.1 基本原理

此法又称之为土壤地球化学法，是系统地采集土壤（残积物、坡积物、崩积物、冲积物）样品，通过化验分析，了解其中某些成矿元素、伴生元素含量变化与基岩中矿体的联系，总结出次生晕异常特征，从而发现疏松覆盖物下面的盲矿体。此法具有明显的效率高、成本低的优点。

13.3.2.2 适用条件和范围

（1）适用于残积物、坡积物、崩积物覆盖不很厚（5~20 m）的地区找矿；对于冲积物、坡积物及其他外来物质覆盖地区不很适宜。

（1）可直接找寻下列矿种：铜、铅、锌、砷、锑、汞、钨、锡、钼、镍、钴、金、银、铬、锰、钒、磷等盲矿体。

（2）可了解各种地质体（地层、岩体、断裂构造）的含矿性，从而指出含矿远景地段，指导探矿工程的布置。

（3）可判断矿体的空间位置、形态、产状和规模；还可大致地确定矿石类型和品位。

（4）在浮土掩盖区可圈定岩体分布范围和追索断裂构造。

13.3.2.4 现场工作方法

基本与原生晕法相似，现对有关问题简述于下。

（1）采样网度：无统一规定，一般原则要求是可圈出次生晕异常并不漏掉有工业意义的最小矿体；不管何种比例尺，在图上取线距为 1 cm 左右，点距为线距的 1/5~1/2。具体可参考表 13-5。

表 13 – 5　土壤测量测网密度表

比例尺	测网 /m		采样点数 /(点·km^{-2})
	线距	点距	
1:10000	100	40 ~ 20	500 ~ 1000
1:5000,	50	20 ~ 10	1000 ~ 2500
1:2000	25 ~ 20	10 ~ 5	4000 ~ 10000

（2）采样对象：由基岩风化而成，且位移不大的残积、坡积和崩积物。

（3）采样层位：原则上应穿过土壤的 A 层（腐殖层），在 B 层（淋积层）中采样，一般深度 20 ~ 30 cm。

（4）采样方法：浅层（< 50 cm）取样常用一点多坑法，锹镐挖坑，3 ~ 5 个坑组合为一个样；深层（> 50 cm）取样常用手摇钻。

（5）样品的粒度与重量：将原始样品晒干后粉碎并用 60 目尼龙筛分样，加工后采集 50 ~ 100 g 重的样品。

13.3.3　其他气体测量找矿法

13.3.3.1　基本原理

某些与成矿元素有关的微量元素或化合物，常以气体形式迁移，并在矿体周围或其上方土壤甚至地表空气中形成气体地球化学异常（气晕），本法即是通过对气晕特征的研究找寻盲矿体的一种找矿方法。

13.3.3.2　适用条件和范围

（1）地质填图、普查找矿、生产矿山深部及外围找矿等各阶段均可应用。

（2）被寻找的矿体必须有气晕存在。

（3）这种深度的盲矿体皆可运用，特别适用于找寻埋藏较深的盲矿体。

13.3.3.3　可找矿种

此法早期主要用于寻找放射性元素、石油和天然气矿床；近期随着微量测试技术的发展，扩大了找矿领域，具体如表 13 – 6 所示。

表 13 – 6　气体测量找矿法简表

方法种类与气体成分	气体来源	可找矿床	测定方法与仪器
汞蒸气测量法（Hg）	汞矿物或含汞矿物呈汞蒸气状态逸出，在矿体上方形成汞蒸气晕	隐伏较深的汞矿床；铜、铅、锌、钼的硫化物矿床；铁、钨、锡的氧化物矿床；金矿床；铀矿床；地热、油气田矿床	中子活化法、原子吸收光度计、金膜电阻、石英微天平
射气测量法（He、Ne、Ar、Kr、Xe、Rn）	铀、钍等放射性元素蜕变的产物	各种放射性矿床、汞 – 硫化物矿床、钾盐矿床	质谱仪、气相色谱、气体天平、射气仪
SO_2	硫化物受氧化作用的结果	硫化物矿床、汞矿床	比色法 相光光谱
H_2S	硫化物矿物在适当酸度和水的作用下形成	硫化物矿床	比色法、荧光法、气体、色层质谱法
CO_2	硫化物矿物氧化时形成硫酸再与围岩或矿石中的碳酸盐作用形成	汞矿床 氧化的硫化物矿床 多金属矿床	原子吸收光度计
卤化物测量法（F、Cl、Br、I）	含卤族元素的矿物经化学风化作用后逸出的气体	铅锌硫化物矿床 斑岩型铜矿床 金矿床 矽卡岩型矿床	极谱仪 质谱仪 荧光分析仪

13.3.3.4 现场工作方法

（1）采样点布置：多采用剖面系统法、由于样品分析成本高，故网度较稀。

（2）采样对象：矿体周围的地下水或地表水中，矿体上方的土壤中或靠近地表大气中采集气体样品。

（3）采样方式

1）主动式：采用人工抽取气体样品使气体浓集；

2）被动式：使气体与某种捕集剂（主要是贵金属）长时间接触而浓集。

（4）采样方法：在土壤中取气样的方法是预先在土壤中打三个 $0.5 \sim 1.5$ m 深的小孔，将取样管放入，并密封孔口（可用锥形木塞或带细螺纹的合金塞子或橡皮袋）以 1 L/min 的流量从三个孔内抽取 10 L 土壤中气即可；另一方法是用一种背负式光谱仪直接在野外进行气体测量，可在土壤钻孔中直接抽取气体样，也可安装在汽车或飞机上收集地表或空中的气体样。

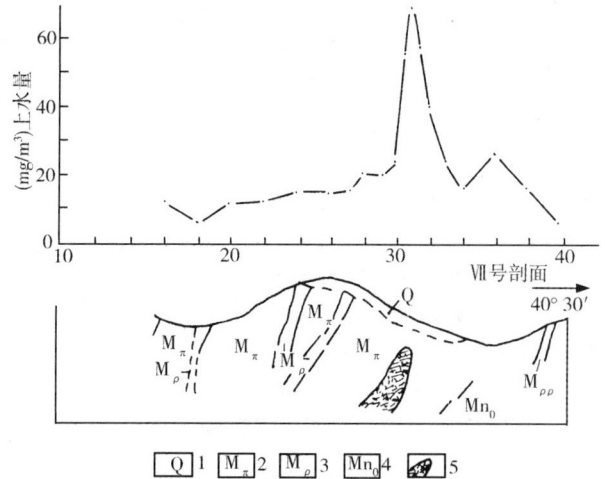

图 13 - 3　VII 号勘探线汞蒸气测量剖面图
1— 黄土；2— 石英角斑凝灰岩；
3— 石英钠长斑岩；4— 千枚岩；5— 矿体

此法由于采样、封闭、储存、运输、分析等各方面在技术上难度较大，且分析结果常常不稳定（重复性差），故目前使用尚不普遍，但由于它有多种指示元素、多种测试手段、多种工作方法，故潜力较大。

13.3.3.5　实例

甘肃某铜矿山，矿体位于短轴背斜轴部，地表黄土覆盖厚度为 $20 \sim 30$ m，在该矿山外围进行了 100 m × 50 m 网度汞蒸气测量，发现有一汞量明显增高的清晰异常带（汞蒸气背景值为 $3 \sim 12$ mg/m³），后经工程验证，发现了下部 40 m 深处有一铜矿体，如图 13 - 3 所示。

13.3.4　其他地球化学找矿法

上述几种化探找矿方法，在生产矿山深部、边部及外围的找矿工作中，均已得到不同程度的应用，特别是原生晕法得到了普遍而有效的运用。此外还有其他一些化探找矿方法，在生产矿山找矿工作中的运用也具有一定的前景，如表 13 - 7 所示。

表 13 - 7　部分化探找矿方法简介表

方法名称	基本原理	适用条件	可找矿种	工作方法
稳定同位素找矿法	自然界多数元素是由 2 ~ 5 种同位素组成，此法是利用稳定同位素比值的地球化学异常特征找寻盲矿体的一种找矿方法	可用于各找矿阶段（包括生产矿山找矿）找寻埋藏较深的（400 ~ 500 m）盲矿体。现已被利用的稳定同位素有：Pb、S、C、O、B 等	可通过对成矿物质来源、成矿温度、含矿溶液性质、矿床成因的研究，间接指导找寻有色金属矿床，非金属矿床、硫化物矿床	（1）取样对象：新鲜岩石或矿物的固体样或气体样；（2）分析方法：气体或易挥发的液体蒸气样可直接测定，固体样可先在真空炉加热使之气化，再以电子冲击使之离子化，然后进行分析；（3）分析器仪：种类很多，最适用于测定稳定同位素的是质谱仪
生物化学找矿法	矿体及分散晕风化后，某些成矿元素及伴生元素溶于水被矿体上部地表植物吸收，造成某些微量元素在植物体内含量增高，形成生物地球化学晕，在一定条件下，可作为找矿线索	适用于森林发育且疏松层厚度较大（>10 m）的地区；可用于普查找矿和生产矿山外围找矿工作中；效果较好的指示元素有：Cu、Pb、Zn、Mo、Au、Ag、U、Hg	可找寻如下矿种：钼、铬、铁、锰、铜、钨、钒、钴、锌、锡、铀、汞、金等	（1）取样对象：选择分布广、吸收能力强的植物，在离地表一定高度采集细枝，嫩叶和茎；（2）网度：每个矿区内布置 2 ~ 3 条剖面线，但线上点距应相同；（3）采样方法：每个测点应在 1 ~ 4 m² 范围内采集样品；（4）取样重量：150 ~ 200 g，灰化后为 1 ~ 3 g；（5）样品加工过程：干燥 — 研细 — 称重 — 灰化 — 称重；（6）分析方法：灰分样常用规则分析方法，但用原子吸收光谱分析效果最好

续表 13 - 7

方法名称	基本原理	适用条件	可找矿种	工作方法
水地球化学找矿法	通过对矿体周围水域中某些成矿元素所形成的水晕特征及变化规律的研究,达到找寻新矿体的一种找矿方法	适用于气候潮湿、地下水露头良好、水文网密度较大的地区;可用于普查找矿和生产矿山外围找矿	可找寻硫化物多金属矿床、盐类矿床、石油、天然气及铀矿床	(1)取样对象:在井、泉、钻孔、坑道中取地下水样;(2)取样方式:将容积为 500 ~ 1000 mL 的玻璃瓶先用待测地下水洗净,再取样;(3)取样重量:作简易分析时,样重 500 ~ 1000 mL,作全分析时样重 2000 ~ 30000 mL

13.3.5 化探方法找矿实例

福建某热液脉状铜矿床,矿体位于断裂带及两侧羽状裂隙中,从地表观察,矿区南部矿化强烈,可圈出长 550 m 的矿化富集带,如图 13 - 4 所示。该矿北部地表矿化微弱,故初步判断主矿体应分布在南部,但南部因经过长期开采,已是硐老山空。为寻找新的盲矿体,在该区范围内进行了岩石地球化学测量和土壤地球化学测量。利用生产矿山已知矿体的资料,选择 Sn 为近矿指示元素,Cu、Pb 为远矿指示元素,据此对该区进行原生晕测量结果显示:矿区南部 3 剖面线出现了近矿指示元素 Sn 的高含量异常,参照激电异常呈尖锋的特点,故判断南部剥蚀较深,高异常是埋藏较浅的小矿体所引起的;而矿区北部 14 剖面线所出现的远矿指示元素 Pb 的高含量异常,结合激电异常强度大而宽缓的特征,说明剥蚀深度较小,故推断深部可能有较大的盲矿体存在,后通过钻孔进行验证,果然在生产矿山外围的北部发现了较大的盲矿体,使老矿山焕发了青春,如图 13 - 5 所示。

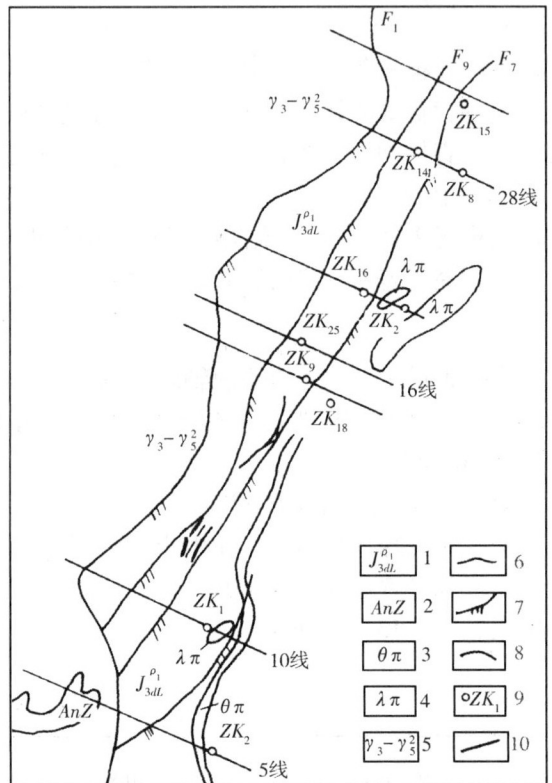

图 13 - 4 某铜矿床地质平面图

1— 流纹质晶屑凝灰熔岩;2— 云母石英片岩;3— 石英斑岩,4— 流纹斑岩;5— 白云母花岗岩;6— 地质界线;7— 压扭性断裂及编号;8— 地表矿体,9— 见矿钻孔及编号;10— 勘探线

13.4 生产矿区找矿的物探方法

13.4.1 磁法

生产矿区在已掌握的地质资料基础上进行大比例尺磁法勘探,可以用来寻找磁铁矿床,或寻找与磁性矿物共生的多金属矿床。如矽卡岩型铜铁矿床富含磁铁矿,可用磁法直接寻找磁铁矿异常来达到间接寻找铜矿的目的。当非金属矿与磁性矿物共生或伴生时,可以利用磁法间接寻找非金属矿物。例如磷矿有时与磁铁矿或钛磁铁矿共生。当石棉矿床的围岩具有可观测到的磁性时,也可用磁法寻找石棉矿(此时石棉矿床为负异常)。

对钻孔进行磁化率测孔时,可以确定孔内磁铁矿体矿石品位。当进行三分量磁测孔时,也可以发现远离钻孔的磁铁矿盲矿体。

对所获得的各种高、低或负异常,都要结合具体地质条件做出合理解释,必要时应用钻孔验证。

13.4.2 电法

电法勘探是以地壳中岩矿石的电学性质差异为基础,这种差异可以由自然的或人工建立起来的电场或电磁场中反映出来。电法勘探就是观测这种电场或电磁场的分布情况,查清地质构造和有用矿产的一种方法。

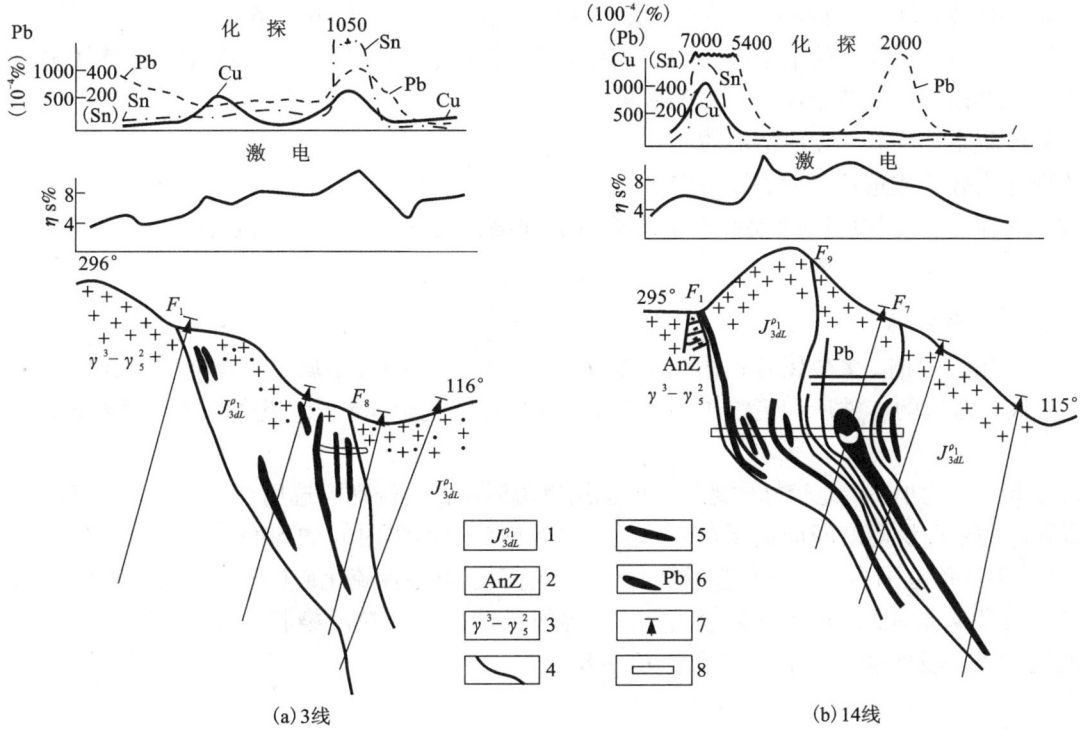

图 13 – 5　某铜矿床 3 线与 14 线地球化学剖面对比图

1— 流纹质晶屑凝灰熔岩；2— 云母石英片岩；3— 白云母花岗斑岩；4— 压扭性断裂及编号；5— 铜矿体；6— 铅锌矿体；7— 钻孔；8— 水平坑道

13.4.2.1　自然电场法

对自然电场的观测，一般常用来寻找埋藏不深的金属硫化物矿体。因为金属硫化物的电化学性质比较活泼，在一定的水文地质条件下，矿体的上下部位分别处于氧化与还原的环境中，就产生自然电流。在矿体附近就形成自然电场，在矿体顶部位置自然电场出现负极值。

13.4.2.2　对称剖面法

常用此法来了解浅部基岩起伏状况和寻找具有不同电阻率岩层接触带。为了使所测得对称剖面曲线能明显地反映出所要寻找的地质体，供电极距一般应选取地质体埋深的 4 ~ 6 倍。在了解浅部基岩起伏状况时，经常用双重四极对称剖面法。就是用两种不同的供电极距，分别供电，分别测量其视电阻率。这时大极距可选取为待测地质体埋深的 6 ~ 10 倍。小极距可选取其 4 ~ 6 倍。

13.4.2.3　联合剖面法

常用此法来寻找良导电体(如非浸染状金属硫化物矿体，或含水破碎带)。在这种情况下，联合剖面视电阻率曲线在良导电体顶部，出现明显的"正交点"。

13.4.2.4　中间梯度法

常用此法来寻找陡倾斜高阻岩脉。在高阻岩脉的顶部，中间梯度视电阻率曲线具有极大值。

13.4.2.5　电测深法

(1) 电测深法可解决下列问题：确定覆盖层的厚度；了解基岩和标准层的起伏状况及其埋藏深度；了解断裂构造；寻找煤层和含水层；在金属矿区可帮助解释磁异常的性质。

(2) 电测深法应满足下述条件：工作地区地形平缓，地形最大倾角不应大于 $15° ~ 20°$；被测地层基本上是水平的，并且延伸较大，一般应超过其埋深 10 倍以上，地层倾角不应超过 $20°$；相邻岩层的电阻率与被测层的电阻率要有明显的差异。

13.4.2.6　充电法

对已被揭露的良导电矿体直接充电，在地面上观测该电场分布情况，可以了解矿体的形态和范围。用此法

尚能解决两个露头矿体是否属于同一矿体的问题。采用充电法时,要满足下列条件:

(1)矿体的电阻率要比围岩的电阻率小很多。例如对黄铁矿、含铜黄铁矿、铅锌矿、磁黄铁矿和硫化锡矿等矿体采用充电法观测时,一般都能得到较好的效果。

(2)围岩的电阻率,基本上应是稳定的。

(3)矿体形状为脉状或透镜状时,效果较好。

(4)此方法的探测深度与矿体的大小有关。矿体的埋藏深度不超过矿体沿走向长度的三分之一时,效果较好。

13.4.2.7　激发极化法

此方法主要用来寻找铜、多金属硫化物矿床以及与它们相伴生的贵金属、稀有金属和其他矿床。也可用来寻找磁铁矿、有极化效应的赤铁矿和镜铁矿、锰矿以及镍矿等黑色金属矿床。此外,还可用来寻找石墨矿、煤和地下水。

在地形较平坦,干扰小,接地较好的地区,可选用直流激电法,否则应选用交流激电法。当选用直流激电法时,双极性短脉冲的单向供电时间应达到在矿体上充电到饱和值所需时间的50%左右。当选用交流激电法时,频差一般在10～100倍范围内,频段的选择与所寻矿种有关。当寻找硫化矿(黄铁矿、磁黄铁矿和方铅矿)、块状或颗粒大的浸染状矿体时,以选在低频段为宜。当寻找磁铁矿或细粒浸染状矿体时,以选在高频段为宜。此法各种装置所适用条件及所能解决的问题见表13－8。

表13－8　各种装置适用条件及解决问题简表

装置名称	适　用　条　件　及　所　能　解　决　的　问　题
中间梯度装置	对水平产状矿体反应灵敏,对陡倾斜良导电矿体反应不灵敏
偶极装置	适用于探测陡倾斜良导电极化体
测深装置	了解不同深度极化率变化情况,确定极化体的埋藏深度和倾斜方向。适用于详查或勘探阶段。其缺点是受水平方向分布的浅部极化体影响较大。本装置一般多用于直流激电法中
联合剖面装置	主要用来确定极化体顶部的位置及其倾斜方向。其缺点是勘探深度浅,受浅部极化体的影响大。本装置多用于直流激电法中
充电装置	多用于井中,圈定井旁盲矿体和确定矿体位置

13.4.3　放射性法

测量岩层中放射出来射线的强度和能谱,可以发现铀矿、钍矿和钾盐矿床以及在放射性方面与围岩有明显差异的其他矿产。目前多用来探测铀矿。

13.4.3.1　地面伽玛测量法

用地面放射性测量仪器在测区内按一定的网度测量γ射线强度。此方法生产效率高,但探测深度较浅,一般不超过1 m,适用于寻找出露地表或埋藏深度不超过1 m的矿体。如果矿体的分散晕出露地表,也可发现埋藏较深的放射性矿体。

13.4.3.2　射气测量

用射气仪在测区内按一定的网度,对土壤中射气浓度进行测量。此方法的探测深度可达10～15 m。

13.4.3.3　α径迹测量

将α探测装置(塑料杯口朝下,内悬胶片)按一定网度埋入测点下,使其接受α粒子的"轰击",经过15～30 d后,再收回这些探测装置并进行处理,使其能够显现被α粒子"轰击"的痕迹。根据每个探测装置上α径迹密度的大小来寻找放射性矿体。

本方法在野外阶段的工作效率较上述两种方法高,在室内阶段的工作效率则较低。但本方法的最大优点是探测深度较大,一般可达到150～200 m。适用于覆盖较厚的地区。

13.4.3.4　X射线荧光测量

X射线荧光测量是用激发源所放射出来的初级射线去照射待测元素,使之产生次级射线,根据次级射线的能量和强度来区分不同的元素和测定该元素的品位。本方法除找铀矿外,对原子序数从22到92的各元素均能测定。在国内用这种方法在地面进行找矿的矿种有铬、铁、铜、镍、锌、锶、砷、磷、钛、钒、钾、钙、硅、钼、锡、锑、钡、钨、铀和铅等元素。

13.4.3.5　伽玛测孔

在深部找铀矿和找钾盐矿的方法中,伽玛测孔是目前常用方法之一。用伽玛测孔仪或伽玛能谱测孔仪进行测孔,根据测得的结果可以确定放射性矿体上、下边界和放射性元素的品位。

13.4.3.6　伽玛取样

伽玛取样是在地表或在井巷工程中用伽玛取样仪进行测量。此方法多用于放射性矿床的勘探和开采过程中确定矿体的边界、厚度和矿石的品位。

13.4.4　无线电波透视法

13.4.4.1　基本原理

无线电波透视法是地球物理勘探方法中高频电法的一种。它是以用高导电性物体对电磁波具有强烈吸收和反射作用的性质为基础的。

13.4.4.2　测量方法

现场观测方法可分为"逐点法"和"同步法"两种。采用同步法观测时,是将发射机和接收机在两个工程(钻孔或坑道)中同时移动,观测并记录其结果,用此法可以较快地发现阴影区,并能确定阴影区的边界,但不能确定产生阴影的矿体在工程间的具体位置与形态;采用逐点法观测时,是将发射机固定在一个工程内各个发射点上,而在另一个工程内移动接收机进行测量并记录其结果,此法可以较准确地确定矿体在两个工程(平面或剖面上均可)之间的具体位置及其大致的形态。

根据"逐点法"观测结果圈定矿体的方法一般用"交会法"。它是将固定发射点(或接收点)与阴影区的两个边界点用直线连接起来,形成一个扇形区,矿体即在此扇形区内。对几个固定发射点进行测量时所形成的各扇形区交会位置,即为矿体所在位置,如图13-6所示。

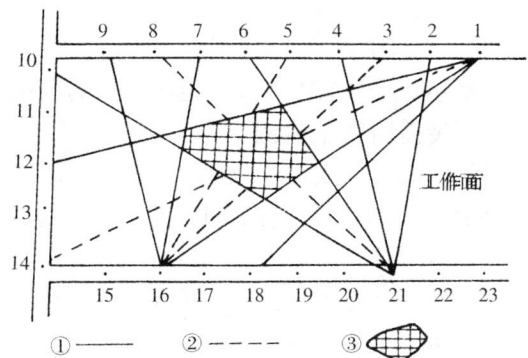

图 13 - 6　无线电波透视法示意图

①电进波能量未受到衰减的射线;
②电磁波能量受到衰减的屏蔽射线;
③地质异常"阴影区";1、16、21 发射点;1 ~ 23 接收点

13.4.4.3　适用条件

(1)此法可用于钻孔与钻孔之间的透视,钻孔与地面之间的透视,坑道与坑道之间的透视,坑道与地面之间的透视以及钻孔与坑道之间的透视。

(2)此法适用于围岩电阻率较均匀,而且与被探对象的电阻率相差悬殊时效果较好,故主要用来寻找良导电性矿体,如各种金属硫化物矿床。

(3)必须有两个或两个以上可供探矿用的工程,以便分别放置发射机和接收机进行测试。

(4)两工程之间距离不能太大,一般均在100 m以内,在地质条件很最合适的情况下,最大也不能超过500 m。

13.4.4.4　主要作用

(1)可找寻各种工程(钻孔或坑道)之间被遗漏的矿体,并可确定其大致的位置与形态。
(2)可确定已被单个工程揭露的矿体大致产状与位置,或解决两工程间矿体连接的疑难问题。
(3)可确定断层的分布范围与尖灭点位置。
(4)可发现并圈定老窿或溶洞的大致位置与形态。

13.4.4.5　干扰因素与排除方法

在矿山坑道中使用此法的主要问题是人工导体的干扰较大,具体有如下几种情况。

(1)金属支架:对电磁波有少量的屏蔽作用,但对透视效果一般影响不大。
(2)接地铁轨:对电磁波有一定的影响,经试验其影响范围在0.8 m以内,故在测量时只要将接收机天线环高出铁轨 1 m 时,其影响便可忽略不计。

（3）电缆:对电磁波影响较大,排除干扰的办法是将发射机尽量远离电缆或将悬挂的电缆放下,并将接收点附近的接线盒卸开。

（4）金属管道:各种金属管道(如水管和风管)对电磁波影响较强,经试验可采用将环形天线的中心高度与金属管道架设高度一致,并尽量远离管道的方法来排除其干扰。

（5）电机车架线:它对电磁波的干扰很大,可采用大容量电容接地的方法来消除其干扰。

上述各种干扰排除最有效的方法是赶在坑道刚掘成尚未安装各种人工导体前进行测量。

13.4.5　其他物探方法

13.4.5.1　地震勘探

地震勘探一般用来查清地下岩层起伏状态和寻找大破碎带的规模与位置。为了提高地震勘探的分辨力,在地质条件复杂地区,可采用高频地震勘探来寻找与地质构造有关的矿体。地震勘探常用的方法有反射法和折射法两种。

（1）反射法:使用反射法的地震地质前提是:待查岩层与围岩之间要有波阻抗(岩石密度与地震波在该种岩层中传播速度的乘积)分界面;待查岩层的倾角不应超过 40° ~ 50°。反射法的勘探深度从数百米到数千米。

（2）折射法:使用折射法的地震地质前提是:待查岩层的波速必须大于其上面覆盖地层中任一层的波速;待查岩层的倾角不应大于 10° ~ 15°。折射法的勘探深度从数米到 1500 ~ 2000 m。

13.4.5.2　重力勘探

重力勘探是用仪器测定各测点的重力差异来解决找矿的问题。当矿体与围岩之间在密度上有明显差异时,可用本方法找矿。若矿体埋深小于矿体厚度时,用本方法找矿可收到较好的效果。在实践中用重力勘探法找到的矿种有铁矿、铬铁矿、硫化金属矿和刚玉矿床。

13.4.5.3　地质雷达

（1）基本原理:当雷达天线定向发射的电磁波在介质中进行传播时,若在其传播路径上遇到不同介质的界面时,电磁波就会反射回来,被接收天线所接收,如能测算出发射波与脉冲之间的时间间隔和电磁波在介质中的传播速度,即可推算出反射界面的位置,如图 13 - 7 所示。

（2）适用条件与作用:此法适合在高电阻率层状介质中应用。在坑道中可用来探测距采矿工作面 30 余米附近的小断层、老窿以及溶洞的位置与分布范围;在地面上还可探测冰川与冻土带界面以及在水利工程建设中探测坝基。

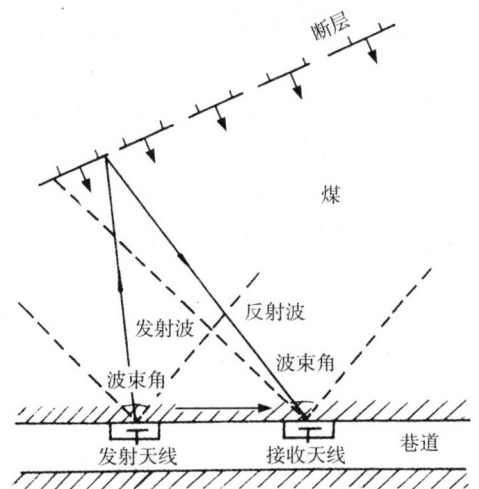

图 13 - 7　地质雷达原理示意图

13.5　生产矿区找矿的其他方法

13.5.1　蒸发晕法

13.5.1.1　基本原理

当含矿流体进入控矿构造后,就会发生热的扩散及溶液向外渗透并发生与围岩的交代和蚀变作用,这些作用形成的矿石或岩石的矿物中常含有大量包裹体。越靠近矿体,温度和压力越高,热液活动越强烈,单位体积岩石中保存的包裹体数量也越多,热液矿体的这种地质现象称之为"蒸发晕"。由于"蒸发晕"的分布范围远大于矿体分布范围,故可通过测量围岩矿物中包裹体数量发现矿体周围的"蒸发晕",指导找矿。

13.5.1.2　可找矿种与适用条件

此法适用于岩石出露较好的地段。可找寻钨、铅、锌、铁、金、锑、铀、铜、钼和水晶等矿床。

13.5.1.3　工作方法

首先根据找矿目的和要求按一定密度系统采样,再将样品破碎成 0.25 ~ 0.5 mm 的颗粒,并测出包裹体爆裂的脉冲数，单位重量样品脉冲数称爆裂活度，按其数值高低绘出蒸发晕曲线图或等值线图，指导找矿。

13.5.2　热晕法

13.5.2.1　基本原理

热晕是热液矿床围岩中受成矿溶液热力影响的范围。它可通过包裹体测温反映出来，并可用等温线来表示。一般离矿液活动中心越近，温度越高，越远温度越低。热液矿体位于热晕的中心或一定温度范围内。结合地质构造与矿液运移情况，分析有利成矿地段为寻找热液盲矿体提供依据。

13.5.2.2　温度的测定

包裹体气液测温有均化法和爆裂法两种。其内容可参见本卷 12.6.5.1。

有关矿床气液包裹体测温数据归纳如下：

典型热液矿床：均化温度一般为 150 ~ 300 ℃；

气成热液矿床：均化温度一般为 350 ~ 400 ℃；

伟晶岩矿床：均化温度一般为 300 ~ 500 ℃；

富铌钽花岗岩矿床：均化温度一般为 450 ~ 550 ℃。

一般说来，均化法和爆裂法测得的温度尚需进行压力校正，才能得出真正的成矿温度。

13.5.2.3　工作方法

热晕法工作方法是系统采集样品，测出均一温度和爆裂温度，作等温线图，即热晕图，结合地质情况进行分析，找出矿体存在的位置。

例如英国圣阿格纳斯 - 圣德地区曾用热晕找寻热液矿床的盲矿体，研究结果明显地显示出：一定矿种的矿床位于一定温度范围内：锡、钨矿在 300 ℃ 以上的范围内；铜矿在 200 ℃ 以上的范围内；铅矿则在 200 ℃ 以下的地段。

除蒸发晕和热晕法外，还可以通过对包裹体的盐度($NaCl$、KCl)和成分(CO_2 和水蒸气)与矿体空间关系的研究，用于指导找矿。如美国的一些斑岩铜矿常分布在包裹体的高盐度区；又如苏联研究得出，随着远离热液矿脉，气液包裹体中水的含量减少，CO_2 含量增加。

13.5.3　地植物学找矿法

地植物学是研究植物与地质体关系的科学。某些植物与一定的地质体相联系，这种植物叫做指示植物，可以指示某些特定的矿床、岩体或蚀变带。在植被发育地区，通过观测指示植物及其生态变异，推测地下盲矿体的位置。可用来找寻铜、钼、铅、锌、铀、铁、磷、银、金、锰、铬、钴、镍、钨和锡等矿床。

13.5.3.1　指示植物及群体特征

不同种类的矿床常有不同指示植物。如海州香薷常为铜矿床或铅锌矿床的指示植物；箭叶堇菜为铀矿指示植物；瞿麦为铅锌矿床的指示植物。单一指示植物指示意义不很确切，根据若干植物的共生关系，指示作用更为可靠。在长江中下游地区常根据多种指示植物组成的特殊群丛来找寻被疏松物所覆盖的矿体，如表 13 - 9 所示。

表 13 - 9　某些矿床的特殊植物群丛

矿种	特殊群丛
铜矿	海州香薷、绳子草、石竹、女娄菜、酸模
铜铁矿	海州香薷、女娄菜、酸模
铜钼矿	海州香薷、绳子草、瞿麦、女娄菜、酸模

13.5.3.2　几种主要金属的植物中毒症状

植物中某些元素的含量过高，可造成植物的中毒或生态发生变异，如：Al 使根粗短、叶焦黄、生锈斑；B 使叶发暗、老叶边焦黄、植株矮小、节变短、倒伏；Cr 使叶黄而脉绿；Co 使叶子上发生白色坏死斑块；Cu 使茎发紫，低处叶子发生坏死斑块，叶子黄而叶脉青，根系不发育，某些品种倒伏；Fe 使植物顶端发育受阻，根变粗；使叶发黄、叶边卷曲、坏死，叶脉混乱；Mo 使植株矮小，发黄；Ni 使叶子上发生白色坏死斑块，花褪色；Th、U 使植物整个外貌改观，各器官比例遭到破坏，果实形状异常；Zn 使叶发黄，叶脉发绿，白色低矮症，叶尖坏死，根短小。

有些症状是由两种不同元素引起的，不能作为判断某一金属的标志，但可反映土壤中某些金属的异常浓度。

13.5.3.3　实例

南非的纳米比亚及博茨瓦那,基岩全被钙质层或砂层所覆盖。找矿人员在遥感照片上发现有一明显条带,由乔木及灌木组成,从线状构造方向上看,推测与下伏基岩有关,可能为赞比亚含铜带向西延伸部位。地表检查.土壤含铜量不超过30×10^{-6},但发现局部地区有指示铜矿存在的植物群落,后穿过地表钙质层取样,铜含量达工业品位,最后在该地区发现了四个工业矿床。

利用动物和微生物找矿,国外也有研究。如训练狗来找含大量硫化物的矿床;又如在硫化物、砷化物、锑化物等矿物氧化并产生大量硫酸盐、砷酸盐的地方,一些特殊细菌大量繁殖,这一现象可以用来寻找贱金属、贵金属、铀和其他矿床。

13.6　大比例尺成矿预测

13.6.1　大比例尺成矿预测概述

13.6.1.1　概念

大比例尺成矿预测又称局部性成矿预测,是指在具有含矿远景区内局部地段或生产矿区深部、边部及外围进行比例尺为1:5万或更大的成矿预测工作。后者即为生产矿区成矿预测。

13.6.1.2　目的

是在一定的范围内(矿带、矿田或矿床),一般从几平方公里到几十平方公里,少数达百平方公里以上,通过综合地质研究,了解各种地质因素与成矿之间的关系,总结成矿规律,正确运用成矿理论,综合采用有效方法和手段,预测成矿有利地段,为寻找盲矿体或隐伏新矿床提供可靠依据。

13.6.1.3　方法

到目前为止,国内外进行大比例尺成矿预测所采用的方法,主要是地质预测法和统计预测法两类。地质预测法以定性为主,以定量为辅;统计预测法主要是定量预测。目前生产矿山成矿预测正朝着从单因素预测到多因素预测;从地质预测到地质、统计综合预测的方向发展。

13.6.2　成矿预测的一般程序

13.6.2.1　明确预测要求

明确预测的目的、任务、预测区范围、主要矿种、比例尺的大小与精度、原有工作程度、预计工作量及经费等。

13.6.2.2　全面收集地质资料

收集研究地区的各种地质报告和图件、物化探和重砂测量成果;并尽可能将进行矿产预测所必需的地层、构造、岩浆岩、矿床等各种地质资料,加以系统整理,使之条理化和图表化,为成矿预测打下基础。

13.6.2.3　研究成矿规律

综合分析地质资料,研究成矿规律,编制相应体现成矿规律的图件,建立成矿模式。在生产矿区预测中,由于地质资料比较详尽,可编制多种图件。

13.6.2.4　编制矿产预测图

通常以成矿规律图为底图,突出各种控矿地质因素和矿化信息。经过综合分析,找出成矿现象的本质,绘出矿产预测图,并划分出不同级别的远景地段。

13.6.2.5　重点工程验证

在上述基础上,拟定好预测方案,并在最有希望的远景地段,布置少量重点工程(一般以钻探为主)予以验证。

13.6.2.6　确定预测储量

根据预测阶段和比例尺的不同,预测储量可以分为不同的级别。

13.6.3　大比例尺成矿预测图的编绘

13.6.3.1　比例尺的选择

根据成矿预测的任务和目的,选择不同的比例尺。通常对矿带预测.采用1:50000 ~ 1:25000 比例尺;对矿田预测,采用 1∶10000 ~ 1∶5000 比例尺;对矿床预测,采用 1∶5000 ~ 1∶1000 比例尺;对矿体预测,采用 1∶1000 ~ 1∶500 或更大的比例尺。

13.6.3.2 收集资料

编制成矿预测图,根据比例尺不同,所需图件也不同。对 1∶10000 ~ 1∶50000 比例尺的成矿预测图,所需图件有:小一级比例尺的区域地质图;地形地质图;地质矿产研究程度图;构造纲要图;岩层等高线图;断裂裂隙分布图;岩浆岩体原生构造及顶面等高线图;岩相分布图;围岩蚀变及找矿标志图;矿产分布图;重砂分析及物化探异常图;成矿规律图等。对大于 1∶5000 比例尺的成矿预测图,所需图件有:小一级比例尺的地质图;地形地质图;中段地质图;各种纵横剖面图;矿化及蚀变分布图;构造纲要图;岩浆岩等深线图;矿床立体图(中段地质联系图或平行剖面联系图);成矿规律图等。针对预测地区的特点,上述图件中有些图件可减免。

13.6.3.3 编绘成矿规律图

编绘成矿预测图,先要编绘成矿规律图。成矿规律图是通过对区域地质构造、沉积环境、岩浆活动及矿产特点的综合研究,清楚地反映矿化与地质构造因素的关系,查明各种矿产在时间上与空间上的分布规律。成矿规律图常采用同比例尺的地质构造图或构造岩相图为底图。一般采取以下步骤:

(1) 按照矿床成因特点及其形成条件将预测区已知矿床和矿点划分为若干成因类型及亚型。在有些矿物成分复杂的矿区可进一步划出矿石建造。矿石建造是按岩石化学 - 矿物特点并考虑地质条件来划分的。

(2) 将矿床和矿点投在地质构造图或构造岩相图上,矿床成因类型用一定形状的符号表示;矿石建造或矿种用不同符号不同颜色表示;矿床规模(一般分为大、中、小型及矿点)分别用符号的大小表示。此外,作为矿化标志的热液蚀变带、接触变质带,物化探异常及重砂异常等也应重点地反映在图上。有条件时也应把矿体产状,矿石贫富等情况表示出来。

(3) 在图上投上矿床、矿点以后,控矿的各种地质因素与矿化间的关系,主要是空间关系就比较明朗了。控制成矿因素如地层、构造、岩性、岩浆岩、地球化学、变质作用等因素决定原生成矿的可能性,控制着矿床的分布。伴随成矿因素如热液蚀变带,原生分散晕、元素和矿物的共生或伴生情况等可作为有效的找矿标志。成矿后改造因素指出了矿床形成后的地质变化。查明这些因素的作用,有助于从本质上认识区域成矿规律。

(4) 通过上述工作,根据矿床及矿点有规律地分布及与其有关地质因素的联系,可以着手进行成矿区划,即在成矿规律图上划分若干含矿区段,按其大小和形状可分为成矿带(矿带)、成矿区(矿区)、矿田、矿床等。对这些成矿带、成矿区应进行命名和编号。

(5) 分析深部矿化规律(或趋势)。一般的平面成矿规律图难以反映矿床产状与地质因素在垂直方向上的相互关系,因此,要编制矿田的立体结构图。在资料较多的地方,可编制垂直方向的表示地质构造与矿化关系的综合剖面,以便清楚表明矿化规律。编制这些图件,需要详细研究矿山和已勘探矿区的岩心、坑道资料、专题研究成果和综合物化探资料。这些研究工作是与生产紧密结合的,一有成果即可被每年度或季度的地质勘探设计所采用。

13.6.3.4 编绘成矿预测图

根据成矿规律图编制成矿预测图、成矿预测图上应包括成矿规律图上的基本内容,并用不同符号或色线圈出成矿远景区。一般可分为如下三级:

(1) 最有远景的:地质条件有利,矿化标志广泛分布,邻近工业矿区或已知矿区的深部。

(2) 有远景的:地质条件比较有利,有矿化标志。

(3) 远景较小的:含矿岩石发育,偶有矿化标志。

远景区的级别在图上常以不同密度的横线表示。远景区应按级别分别编号登记。

在预测图的基础上,还应编制预测图说明书。预测图说明书包括以下内容:研究地区的自然地理及经济地理概况;地质研究简史(包括开采史);地层、岩浆岩、构造;成矿规律、成矿预测等内容。其中成矿规律和成矿预测部分是重点。

13.6.4 大比例尺成矿预测实例

豫西北地区夜长坪隐伏钼钨矿床的发现,是大比例尺成矿预测成功的一例。其预测工作步骤如下:

(1) 总结成矿规律:在野外详细观察的基础上,首先考虑的是构造因素,查明豫西位于秦岭的东西构造带和新华夏系第二隆起带相交部位，新华夏系是该区内生矿床分布的主要构造体系；其次是岩浆因素，与矿产关系密切的是燕山期多次中、酸性岩浆活动，主要分早、晚两个阶段，早期多为次火山岩小岩体岩相模式，有利成矿；再次是围岩因素，碳酸盐类岩石是最有利的成矿围岩。根据上述三个控矿因素，总结出本地区内生矿床分布规律如下：

1）方向性：岩浆岩体沿北东20°左右的方向呈串珠状排列，组成一系列平行的北北东向构造－岩浆岩带。

2）等距性：构造－岩浆岩带以18～20 km等间距排列，中、酸性小岩体在构造－岩浆岩带上以6 km等距离出现。

3）分带性：新华夏系构造和东西向构造复合控制，构成纵横等距的网格状分布。

4）对称性：矿体分布以某一构造线的方位为对称轴，矿体在两侧对称分布。

（2）编制内生矿产预测图：根据控矿因素、矿产分布规律及物化探资料，编制出本地区的内生矿产图，如图13－10所示。图中以字母A为编号者代表与花岗斑岩类有关的内生矿床预测带，以字母B为编号者代表与闪长岩类有关的内生矿床预测带。在地质工作程度较高的A_1、A_2两个预测带内划分了几个Ⅰ、Ⅱ级预测段。划分预测带和预测段的具体标准如下：

1）预测带的划分：以构造控矿条件为主要依据，与构造－岩浆岩带位置吻合，有部分已知小岩体出露以及矿床、矿点或物、化探异常分布，则划为预测带。

2）预测段的划分：在预测带内，按"等距性"规律，凡处于已知小岩体之间的空缺部位，又有较好的找矿标志，根据物探及化探异常解释有利成矿的地段，划为Ⅰ级预测段；符合"等距性"规律的位置，或因地质工作程度较低，或找矿标志较差，或缺少物、化探资料的区段，划为Ⅱ级预测段。

图13-10　豫西地区北部内生矿产预测示意图（据河南地质四队资料改编）

1—化探异常；2—航磁异常及编号；3—矿点；4—预测矿床；5—与花岗斑岩有关的矿产预测带；6—与闪长岩类有关的矿产预测带；7—有找矿远景的预测带；8—张扭性断裂；9—压扭性断裂；10—燕山期花岗岩；11—燕山期花岗斑岩；12—燕山期花岗闪长岩；13—中生代花岗闪长岩；14—第三纪沉积盆地

（3）预测的验证。以夜长坪－银家沟预测带（A_1）为例。该带南起夜长坪以南的长青，北至圪老湾、秦池、银家沟，为一北北东向构造－岩浆岩带。带内多字型断裂发育，原已知仅银家沟一个岩体，按"等距性"规律，

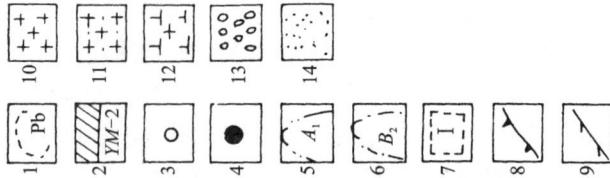

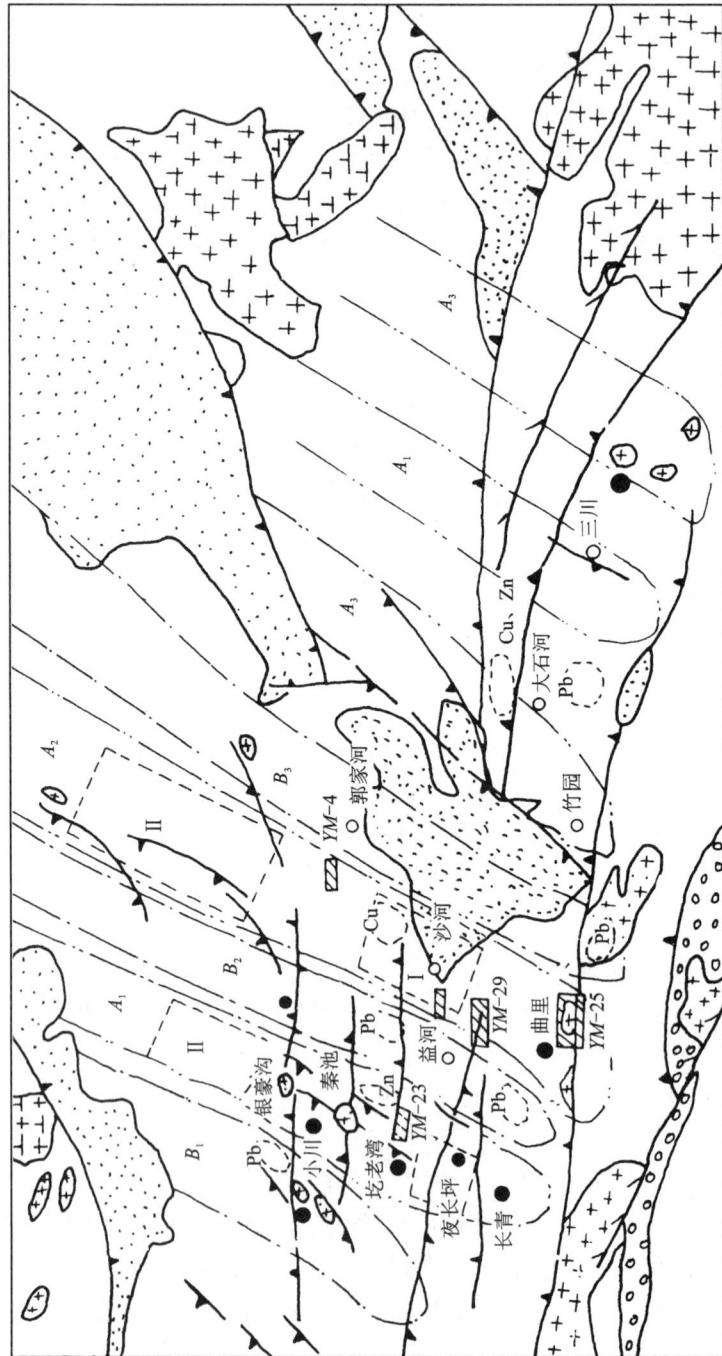

在它的南南西方向追索，先后在秦池、圪老湾找到了燕山期小岩体露头。银家沟—秦池—圪老湾三个岩体间距均在 6 km 左右，沿此方向继续追索，距圪老湾 6 km 处的夜长坪附近应有岩体出现。再根据"方向性""等距性"推断，夜长坪处于成矿有利的构造部位。为验证预测成果，又部署了比较详细的地面地质工作、物探测量和化探原生晕测量工作，发现夜长坪地区出露地层为震旦亚界白云岩等，是形成接触交代型矿床的有利围岩。还发现一片特殊的"震碎角砾岩"，推测是隐伏岩体侵位时，顶盖围岩遭受震动碎裂而成。通过夜长坪村附近的一条主要断裂，东西延长达数十公里，断裂带宽几十米，有正长岩脉侵入。地表具有围岩蚀变和矿化现象，可作为预测隐伏岩体和矿体的标志。

经地面磁测，在夜长坪村南圈出了一个形态完好的低缓异常，略呈等轴状，最高强度为 1100 伽玛，当地正长岩脉和安山玢岩均不能产生这样高的磁性异常。电法测量也有异常反映。

夜长坪化探异常以铅银为主，铅异常形态完整，银异常范围较大，具有一定的浓集中心。

根据上述地质及物化探异常特征，推测下部埋藏有略呈"入"字型的隐伏矿体，并推测最浅的部位可能在地表以下 150 m 处，深部可能超过 300 m，矿床类型可能是以铜铁为主同时伴生有多金属硫化物的综合性矿床。

最后经过钻探验证，在 A—B 线上打了四个钻孔，分别在 100～300 m 深处见矿。钻孔深度在 300～800 m 之间，见矿厚 100～300 m，还未打穿矿体底板，且整个矿体大致构成一个不太规则的"入"字型（见图 13－11），主要有用矿物为辉钼矿、白钨矿、磁铁矿。从而发现了一个大型的含铁钼钨矿床，证实了本区成矿预测是比较成功的。

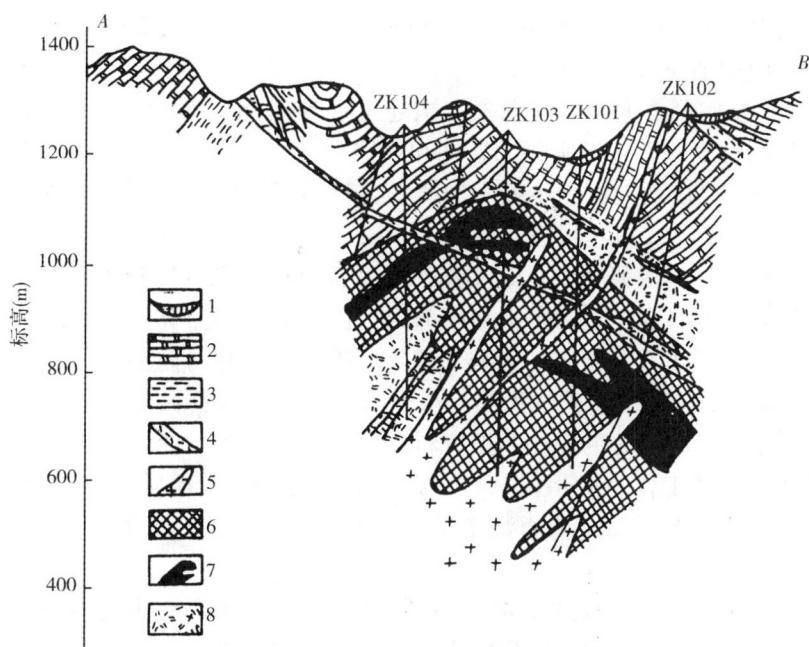

图 13－11　夜长坪 A—B 线地质剖面图
1— 第四系残积－冲积层；2— 白云岩，3— 绢云母钙质片岩；
4— 正长岩脉；5— 花岗斑岩；6— 钼钨矿体；7— 富矿体；8— 矽卡岩

14　数学地质及微机在矿山地质工作中的应用

14.1　矿山地质工作中应用数学地质及微机的必要性和有利条件

数学地质（又名地质数学）是地质学与数学相结合所产生的一门新的边缘学科，它是运用数学理论和方法研究各种地质现象的数量关系和地质体空间分布规律的地质学的分科。

马克思曾指出"科学仅当它成功地应用数学时，才算达到了真正完善的地步"。数学理论和方法在地质学中的应用，长期以来就是地质工作者们所追求的目标。从 19 世纪初期以来就不断有地质学者在古生物学、地层学、矿物学、岩石学、矿床学等领域进行了多方面的探索与尝试，并在某些方面取得一定成果。但由于缺少有效而快速的计算工具，这些方面的应用，也多局限于一元分析方面。直到 20 世纪 50 年代出现了电子计算机，才给地质学与数学的结合创造了有利的条件，这样到了 60 年代才真正诞生了"数学地质"这门新的学科。它的诞生，推动了地质学进一步的发展。主要表现为：

（1）地质学进一步从定性的描述向定量的描述和解释发展；

（2）在地质学的研究中，为了对地质现象进行更准确的解释，开始对地质现象建立数学模型，这样更有利于矿山开采等生产工作中应用地质研究的成果；

（3）在地质学研究中，从实测数据对地质现象的描述发展到在计算机上对地质作用的过程进行模拟实验，以找出地质现象和地质作用过程的更接近实际的条件和规律。

数学地质自从诞生以来，已广泛地应用于各个地质学分科的研究和各项具体地质工作，但是在我国矿山地质学的研究和具体矿山地质工作中，应用得还不广泛。

在矿山地质工作或矿山地质学的研究中，不仅有必要而且也最有条件广泛而深入地应用数学地质的方法。之所以说是必要的，这是由于矿山生产要求矿山地质部门提供比地质勘探资料更准确可靠的定量地质资料，尤其是由于矿山可行性研究和系统工程学研究的需要，还要求矿山地质部门提供矿体的模型，这都要求采用数学地质方法；之所以说最有条件，是指生产矿山积累有最丰富的地质数据资料，不仅有地质勘探阶段所取得的资料，而且还有矿山地质工作中所取得的更多的数据资料。

正如化学分析对于矿山地质工作是个手段一样，数学地质对于矿山地质工作来说也只是个手段而不是目的。所以矿山地质工作者不见得人人都要精通数学地质的理论及方法，但了解有关方法的基本概念和应用条件，却是基本的要求。

计算机是运用数学地质方法不可缺少的工具，随着微机的出现，生产矿山已有条件配备微机，许多大、中型矿山也已配备了微机。这不仅为矿山地质工作应用数学地质方法提供了可能，而且也为矿山建立地测数据处理系统（包括用微机建立数据库、作图、计算及编制报表等）创造了条件；而这些工作又是采矿技术部门利用计算机编制采掘（剥）计划，进行开采设计，实行科学管理等，实现矿山技术工作现代化所不可缺少的基础。

考虑到数学地质及计算机科学其本身均不属于矿山地质学范畴，而且目前又已有许多专著以及商品化的数学地质电算软件和其他数据处理电算软件，而这些软件都附有用户手册，很容易掌握其操作应用，故本书仅着重介绍有关概念和数学地质及电算技术在矿山地质工作中的应用。

14.2　数理统计方法在矿山地质工作中的应用

14.2.1　一些常用数理统计方法简介

14.2.1.1　相关分析

在观察自然现象时，可以看到变量之间的关系可分成两类。一类是确定性的关系，例如，在真空中运动的自由落体，如物体以零初速开始下落，则在此自由落体运动中，落下的距离与落下时间之间存在着确定的关系。

而另一类情况是变量之间既存在着密切的关系，但又存在统计关系；如矿石的体重与有用组分的品位之间的关系等。相关分析就是研究变量之间这种相关关系密切程度的数学方法。随机变量间的线性相关程度用二变量的相关系数 r 来描述。通过计算获得相关系数 r 的具体数据后，还必须进行显著性检验，以衡量其是否相关及相关的密切程度。

14.2.1.2　回归分析

相关分析只能解决变量间是否存在相关关系及相关的密切程度问题，但在实际工作中，有时还必须进一步解决统计相关变量之间，根据某个（或某几个）变量值以预测另一变量值的问题。回归分析就是解决这类问题的数学手段。

在回归分析中，如果各变量之间存在线性相关，并且影响因变量 Y 的自变量共有 m 个，即 x_1，x_2，$\cdots$，x_m 则在 Y 与 x_1，x_2，$\cdots$，x_m 之间可配成一线性关系式：

$$Y = b_0 + b_1 x_1 + b_2 x_2 + \cdots + b_i x_i + b_m x_m \tag{14-1}$$

式中：b_0 为常数项；b_i 为 x_i 对 Y 的偏回归系数，$i = 1, \cdots, m$。

计算时可将若干组已知数据代入上式，得到若干个以 b_0，b_1，b_2，$\cdots$，b_m 为未知数的方程，然后根据最小二乘法原理（为使观测点与趋势值之差的平方和为最小）解此方程组，求出上述方程中 b_0，b_1，b_2，$\cdots$，b_m 的具体数字。这样一来上述方程就成为一个具体的经验方程。

当在测定中已知 x_1，$x_2 \cdots$，x_m 的具体数值时，就可代入此方程以求得 Y。

当自变量只有一个 x_1 时称为一元回归方程，当自变量有两个或两个以上时则称为多元回归方程。

在多元回归方程中，通常是把所有 m 个自变量全部引入回归方程，但这样在实用中就可能产生一些问题. 因为可能在回归方程中包括了某些对因变量没有显著作用的自变量，这样既增加了无谓的计算工作量，又可能使回归效果变差。为了解决此问题，可采取逐步回归分析方法，把对 Y 值影响不显著的自变量逐步剔除掉。这样的回归分析就叫做逐步回归分析。

上述回归分析的自变量都是一次方，叫做线性回归分析，在进行回归分析前，一般先根据已知数据作统计值散点图，以便了解自变量与因变量间是否存在线性关系，当存在线性关系时才能进行线性回归分析计算；但是，从散点图上有时可发现，也有一些地质上的自变量与因变量之间不是线性关系，此时有可能要进行二阶、三阶，甚至更高阶的非线性回归分析。例如，当进行二元二次回归分析时，其方程应为：

$$Y = b_0 + b_1 x_1 + b_2 x_2 + b_3 x_1^2 + b_4 x_1 x_2 + b_5 x_1^2 \tag{14-2}$$

在求得回归方程后，尚应计算方程的拟合程度，以衡量此方程是否接近实际情况。

14.2.1.3　趋势面分析

在地质工作中往往要研究地质体中某种地质特征在空间中的分布和变化规律，例如品位、厚度、潜水位、某个标志层层面标高以及物探和化探所得某种数据等在空间的分布和变化规律。在传统的地质工作中，对此问题往往用各种等值线图加以表现。但是，在勾绘等值线时常用的是线性插值方法，当相邻点之间为非线性变化时（当观测点间距较大时往往如此）此法误差常较大；此外，等值线法常用一个点与周围最近点作线性插值，只能反映邻近点之间的相互关系，而未利用所有点彼此间的相互信息，因此不能反映区域性的变化和非线性变化，由于普通等值线法有上述缺点，所以数学地质上逐步发展了趋势面分析方法。

其实，等值线图中的许多等值线实际是代表着一个复杂的曲面，这个曲面是由许多实际测点勾绘出来的，如果测点的某个地质特征实测值（如品位、厚度等）用 Z 代表。而其坐标用 X、Y 代表，则此曲面包括了其坐标为 (X, Y, Z) 的一系列点。趋势面分析就是要找出一个光滑的几何曲面，而这个曲面应尽可能通过这一系列点，因此这个光滑曲面能集中概括区域内大范围的区域性变化，数学地质上把这个曲面叫做趋势面。它表示没有局部变化条件下，观测值随空间位置 (X, Y) 的变化。这样就可以将一个实际曲面分为趋势面和剩余曲面两个部分，即

$$实测值 = 趋势值 + 剩余值$$

这两个曲面具有不同性质，趋势面对应于一个确定性函数，而剩余曲面则对应于一个随机性函数。其结果：某观测点上的观测值 = 确定性函数的值 + 随机函数的值或用数学式表达则为

$$Z(X, Y) = \tau(X, Y) + e \tag{14-3}$$

对于物探和化探工作成果来说,这个剩余值包括局部异常值和随机分量。

通常的趋势面分析,多选择 X 和 Y 的代数多项式作为确定性函数;但当所研究的地质特征作有规律的周期性变化时,也可选用三角多项式(二元傅里叶级数)作为确定性函数,称为调和趋势面分析。

在多项式趋势面分析中,实际上就是用二元回归方程拟合趋势面,例如:

一次回归方程为:

$$\tau(X, Y) = a_0 + a_1 X + a_2 Y \tag{14-4}$$

二次回归方程为:

$$\tau(X, Y) = a_0 + a_1 X + a_2 Y + a_3 X^2 + a_4 XY + a_5 Y^2 \tag{14-5}$$

三次回归方程为:

$$\tau(X, Y) = a_0 + a_1 X + a_2 Y + a_3 X^2 + a_4 XY + a_5 Y^2 + a_6 X^3 + a_7 X^2 Y + a_8 XY^2 + a_9 Y^3 \tag{14-6}$$

式中: $\tau(X, Y)$ 为趋势值; $a_0, a_1, \cdots, a_i$ 为系数; X、Y 为坐标值。

实际分析中,可调整多项式的阶次,以使所求的回归方程适合问题的需要。在地质工作中常用的是二次或三次趋势面分析,但少数情况下也有采用更高次者。

在调和趋势面分析中,用以拟合趋势面的方程比上述方程更为复杂,读者可参看有关数学地质专著。

上述趋势面方程求解的方法和手段和前述回归分析是相似的。求解所得的具体方程可由电子计算机直接打印出数码图或勾绘出等值线图,这样更便于使用。

14.2.1.4　判别分析

在地质工作中,经常要对所研究的地质对象(如矿石、岩石、地层等)进行识别和确定其所属类别。一般情况下,是靠肉眼或某种仪器(如显微镜),凭直观来判断,然后根据经验定性地进行归类、在数学地质中现已发展了一些定量分类的方法,可以更客观地确定研究对象的所属类别,而判别分析就是定量分类方法之一。

由于地质的复杂性,在确定某个地质体的归类时,如果只利用该地质体的某一个地质特征作为变量(如某个化学组分的含量或某种矿物的含量)来确定其类别,往往不准确,尤其是当其存在过渡类型时,很可能难以判断或出现错误的判断,如果能同时利用多种地质特征作为变量来确定类别,则可能取得较好的效果,判别分析就是利用多个变量进行判断以提高正确判断的概率的一种数学方法。

与传统地质学方法比较,判别分析的优越性在于能定量地同时考虑多种变量,如几个甚至几十个变量,而在人工直观地进行鉴定判断时,对大量变量要同时进行考虑,就很困难,甚至是不可能的。

根据判断对象及要求的不同,判别分析有客种不同的方法,例如两组线性判别、两组非线性判别、多组判别和逐步判别等。实中以两组多元线性判别最常用。

在判别分沂中,关键要求出判别函数,求判别函数的方法也有多种,常用的有费歇尔准则和贝叶斯准则两种。这里以费歇准则下的两组样品的线性判别为例。

费歇尔准则下的判别式是以这样的设想为出发点,使两组样品的若干个变量经过线性组合形成一个新变量,这个新变量也就是判别函数 R

$$R = \lambda_a A + \lambda_b B + \lambda_c C + \cdots + \lambda_k K \tag{14-7}$$

式中: R 为判别函数(由若干个变童组合成的新变量); $\lambda_a, \lambda_b, \lambda_c, \cdots, \lambda_k$ 为变量 $A, B, C, \cdots, K$ 的系数; $A, B, C, \cdots, K$ 为变量。

在具体解此方程中,要求能使两组样品所组成的新变量的值区别得最好,而各组内离差平方和为最小。按此要求,再通过数学的计算使上式中 $\lambda_a, \lambda_b, \lambda_c, \cdots, \lambda_k$ 成为具体的数据;最后再求出两组样品判别函数的分界值 R_0 以作为判断的依据。求 R_0 的公式为:

$$R_0 = \frac{\lambda_a \left(\sum_{i=1}^{n_1} A_{1i} + \sum_{i=1}^{n_2} A_{2i} \right)}{n_1 + n_2} + \frac{\lambda_b \left(\sum_{i=1}^{n_1} B_{1i} + \sum_{i=1}^{n_2} B_{2i} \right)}{n_1 + n_2} + \cdots + \frac{\lambda_k \left(\sum_{i=1}^{n_1} K_{1i} + \sum_{i=1}^{n_2} K_{2i} \right)}{n_1 + n_2} \tag{14-8}$$

式中: n_1、n_2 为第1组和第2组样品的变量数目; A_{1i}、B_{1i}、K_{1i} 为第1组样品的第 i 个变量值; A_{2i}、B_{2i}、K_{2i} 为第2组样品的第 i 个变量值;

其他符号同式(14-7)。

根据上述情况,显然判别分析必须以事先已有若干个已知样品为前提,例如上述某种花岗岩与成矿有无关系的例子中，要判断某个新发现的花岗岩体是否可能是成矿的母岩，必须事先有已知与成矿有关的花岗岩样品若干个，而且每个样品必须有几个或十几个组分的含量的数据作为第 1 组样品的变量；同时还必须有已知其与成矿无关的花岗岩样品若干个，每个样品也必须有相应的组分含量的数据作为第 2 组样品的变量。在这个基础上才能通过数学计算求出上述判别函数公式中各个系数的具体数据，这样就可使式（14 - 7）变成具体的方程式。此时，再将已知的两组样品各个变量的平均值分别代入此方程，确定两组样品的判别值 R_1 和 R_2。比较 R_0、R_1 及 R_2，得 $R_1 < R_0 < R_2$ 或 $R_1 > R_0 > R_2$。然后，再把新发现的未知其归属的花岗岩的相应组分含量的数据作为上述判别函数公式中的变量代入公式。求得 R 的实际数据后，再把它与判别函数分界值 R_0 进行比较，以确定其属于已知两组样品中的哪一组。

上述只是利用费歇尔准则进行两组样品的线性判别分析的情况，如果是非线性判别分析或多组判别分析，情况就要更复杂。

至于逐步判别分析，也与逐步回归分析相似，是通过数学处理剔除对判别无效的变量，选留有用变量，以避免无效变量干扰准确的判别和增加无谓的计算工作量。

与回归分析相似，当已知数据组及各组变量数目较多时，判别分析的计算亦须借助于电子计算机。

14.2.1.5 聚类分析

这一分析方法又名群分析、点群分析、丛分析或簇分析。它主要用于对相似事物进行分类。

对研究对象进行分类是地质研究中经常要进行的工作。传统地质学中的分类大多数是定性的，主要根据分类对象的少量地质特征（变量）来确定，而聚类分析则可以根据分类对象的大量不同特征进行定量的分类，因而使分类更为精确、可靠。

前述的判别分析也是用于事物的分类，但是它是在事先已有若干个已知其类别的样品的情况下，用于判断新发现的未知样品的所属类别。而聚类分析则不然，它是用于对一些尚未进行分类的样品进行分类，所以它不受分类对象现有研究程度的限制。正由于如此，在地质勘探阶段，更多应用聚类分析方法，而在矿山地质工作阶段则更多应用判别分析方法。但在矿山地质工作中不是绝对不用聚类分析方法，因为随着地质工作的逐步深入，往往会出现一些新的研究对象，或要求进行更精细的分类，而且矿山地质工作所积累的更多实际资料也为这种分类创造了有利条件。一个好的分类系统正是在长期地质工作实践中，在所积累的大量丰富资料基础上，经过不断修改完善的。例如对矿石自然类型的划分，对矿床蚀变围岩的划分等。

聚类分析的基本思想与传统地质学中常用的图解分类法（如岩石分类中的三角形图解法）是相似的，但图解法分类所能考虑的地质特征数目是有限的（如岩石三角形图解分类中端元组分只能有三个），而聚类分析则不受地质特征数目的限制。聚类分析根据其研究对象的不同又分为两种：Q 型聚类分析和 R 型聚类分析。

Q 型聚类分析是根据样品的多种地质特征（变量），对样品进行分类。例如，有的矿区存在着各种各样的矽卡岩，这些矽卡岩中虽然都存在着几种不同的化学组分，但其含量却各不相同，因而有必要对其进行分类，以便进一步了解不同类型矽卡岩与矿化的关系，以指导进一步的探矿工作。此时，就可应用 Q 型聚类分析来研究这些矽卡岩的分类问题。

R 型聚类分析则是研究样品中各种地质特征（变量）本身的分类问题。例如，我国南方有些地区下古生代黑色页岩中存在有 Ni、Mo、V、P 等多元素矿床，有的单位曾对矿床中 120 块黑色页岩标本的 20 个元素进行光谱半定量分析，而后用 R 型聚类分析把这些元素划分为两大类，其中有一个大类又划分为三个小类，以便了解各种元素的共生组合和各类元素的生成环境。

前已述及聚类分析是根据样品间地质特征的相似性来进行分类的，因此在分析中，关键是要找到能衡量样品间地质特征相似程度的某种标准，这种标准就是相似统计量。它基本上可分为两类：

（1）距离系数：它是两样品间各变量之差的平方和平均值的开方，用公式表示为

$$d_{ik} = \sqrt{\frac{\sum_{j=1}^{n} (x_{ij} - x_{kj})^2}{u}} \qquad (14 - 9)$$

式中：d_{ik} 为第 i 个样品与第 k 个样品的距离系数；i、k 为样品的顺序号（$i, K = 1, 2, \cdots, n$，但 $i \neq k$）；u 为样品的地质特征（变量）数目；i 为地质特征（变量）的顺序号；x_{ij} 为第 i 个样品第 j 个变量的观测值；x_{kj} 为第 K 个样品第 j 个变量的观测值。

j 为样品的地质特征(变量)的顺序号;x_{ij} 为第 i 个样品,第 j 个变量的观测值;x_{kj} 为第 K 个样品,第 j 个变量的观测值。

这个公式,实质上是把每个样品看成是直角坐标系统中 u 维空间中的一个点,而 d_{ik} 则是每两个点之间的距离,所以它被称为距离系数。

将每两个样品的已知地质特征值(如上述的矽卡岩的分类研究中各种矽卡岩样品的化学组分数据),代入上述公式,即可得每两个样品之间的距离系数。每两个样品之间都要求出此距离系数。显然,距离系数愈小,则样品间差别愈小,有可能归入同一类;反之则可能归入其他类别。

距离系数只适用于变量之间不存在显著相关的条件下。

(2)相似系数

1)相关系数:即 14.2.1.1 中已介绍过的相关系数 r。显然,相关系数愈大,变量之间的关系愈密切,有可能归入同一类,相关系数多用于 R 型聚类分析,在分析中,要计算各样品中每两个变量之间的相关系数。

2)$\cos\theta$ 相似系数:它用下式表示

$$\cos\theta = \frac{\sum\limits_{j=1}^{n}(x_{ij})(x_{kj})}{\sqrt{\sum\limits_{j=1}^{n}(x_{ij})^2 \sum\limits_{j=1}^{n}(x_{kj})^2}} \tag{4-10}$$

式中:$\cos\theta_{ik}$ 为第 i 个样品与第 k 个样品的 $\cos\theta$ 相似系数;其他符号同前。

这个公式,实质上是把每个样品看成极坐标系中 u 维空间中的一个向量,θ_{ik} 是每两个向量之间的夹角。显然,如果 $\cos\theta$ 值趋近于 1,则两个样品差别小,有可能归入同一类;反之则可能归入其他类别。

在选定了一定的相似性统计量后,就可以通过数学的计算以建立枝状分类谱系图。建立起分类谱系图后,就可以根据研究问题的需要,按一定的相似水平进行分类。枝状分类谱系图可根据相关系数的大小进行分类。也可根据距离系数或 $\cos\theta$ 相似系数进行分类,只不过当采用距离系数作为相似统计量时,该系数小的反而能归成一类。

聚类分析不仅可用于样品有大量定量数据的条件,而且有时还可用于某些只能对样品进行定性描述的条件。在此情况下,可把定性描述的情况用数字表示后,再用聚类分析处理。例如,可用 1 代表无,2 代表有,3 代表少量,4 代表大量等等。

14.2.1.6　因子分析

在地质研究中,经常要对某些地质体关系复杂的大量因子(变量或样品)进行分析,以研究地质体的某些特征。但是,在地质体中有些因子是独立无关的,而有些因子间则存在着相关的关系。对于后者最好设法找出少数的几个综合因子(又称主因子)来代表原来众多的单个因子,而这些综合因子又能反映原来的信息。以碳酸盐岩石为例,组成此类岩石的元素有 C、O、Ca、Mg、Si 等;如果用这些元素的含量进行这类岩石的分类,效果并不好,因为这样隔断了各元素之间的内在联系。如果不用元素,而用这些元素组成的化合物 $CaCO_3$、SiO_2 的含量来分类,则更能反映出各种碳酸盐类岩石的本质,而且更有利于进行地质、化学或物理方面的解释。实际上过去岩石学中对碳酸盐类岩石的研究就是这样处理的。因子分析的作用与此相似,但其综合因子并不见得是上例中的化合物。

由于因子分析方法是根据研究对象的内在联系将变量进行综合,因而在地质研究中,可以利用它构成各种地质作用下的各种地质因素的自然组合或化学元素的自然共生组合,从而对地质、地球化学等现象进行成因分析,因此它对于研究矿床成因及其规律是很有用的数学方法。

因子分析的任务一方面是根据各种变量之间的关系,要从全部变量中综合、归纳出正确数目的公因子,另一方面还要将各个公因子用变量的线性方程加以表达。这是个很复杂的计算过程,但全部计算过程都可由已有的电算软件来实现,现仅概略介绍其分析步骤如下:

(1)收集研究对象的原始变量数据并对其进行标准化处理,即将原始变量转换成下列形式:

$$Z_{ji} = (x_{ji} - \bar{x}_j)/\sigma_j$$

式中:x_{ji} 为第 i 个样品的第 j 个原始变量的值($j = 1, 2, \cdots, n$,$i = 1, 2, \cdots, N$);

而

$$\bar{x}_j = \sum_{i=1}^{N} x_{ji}/N$$

$$\sigma_j^2 = \sum_{i=1}^{N} (x_{ji} - \bar{x}_j)^2/N$$

对于任何一个确定的 j，$Z_{ji}(j = 1, 2, \cdots, N)$ 所有值的集合称为标准化的统计变量 Z_j。

（2）建立因子模型：其通式是

$$Z_j = \alpha_{j1}F_1 + \alpha_{j2}F_2 + \cdots\cdots + \alpha_{jm}F_m + \alpha_j U_j \qquad (14-11)$$

式中：Z_j 为第 j 个标准化变量（$j = 1, 2, \cdots, n$）；α_{jp} 为公因子的系数，又名因子负荷（$p = 1, 2, \cdots, m$）；F_1，F_2，$\cdots$，F_m 为公因子；U_1，U，$\cdots$，U_n 为一唯一因子。

对于某特定个体 $i(i = 1, 2, \cdots, n)$，式（14-11）可写成：

$$Z_{ji} = \alpha_{ji}F_{1i} + \alpha_{j2}F_{2i} + \cdots + \alpha_{jm}F_m + \alpha_j U_{ji} \qquad (14-12)$$

对于具有 n 个变量的研究对象，（14-12）式可展开成下列形式：

$$\begin{cases} Z_1 = \alpha_{11}F_1 + \alpha_{12}F_2 + \cdots + \alpha_{1m}F_m + \alpha_1 U_1 \\ Z_2 = \alpha_{21}F_2 + \alpha_{22}F_2 + \cdots + \alpha_{2m}F_m + \alpha_2 U_2 \\ \vdots \qquad \vdots \qquad \vdots \qquad \qquad \vdots \qquad \quad \vdots \\ Z_n = \alpha_{n1}F_1 + \alpha_{n2}F_2 + \cdots, + \alpha_{nm}F_m + \alpha_n U_n \end{cases} \qquad (14-13)$$

为了便于运算，上述方程组也可写成矩阵方式。

在因子分析中，首先就是要确定出上述因子模型通式中 a_n 的具体数值，并筛选出公因子 F 的数目。这是个较复杂的分析计算过程，但已有的因子分析电算软件都可自动进行此种分析计算，其步骤包括：

1）求 n 个变量两两之间的相关系数矩阵 R；

2）求变量间相关矩阵的特征值及特征向量；

3）确定公因子个数，选出 P 个最大特征值，使它们之和占全部特征值的大部分；

4）计算因子负荷（α_{ji}）矩阵 A；

5）对 A 作正交或斜交旋转（必要时）以减少公因子数目。

（3）将公因子表达为变量的线性组合：

$$F_p = \beta_{p1}Z_1 + \beta_{p2}Z_2 + \cdots + \beta_{pn}Z_n(p = 1, 2, \cdots, m) \qquad (14-14)$$

式中：F_p 为因子计量；β_{pi} 为变量 Z_j 的系数，亦可由电算软件直接求出。

F_p 的作用是把某些单独变量的信息综合起来，以便更好地反映研究对象的本质和进行进一步的分析。实质上，这也是抓住事物主要矛盾的分析方法。

（4）将 F_p 作为一种新的变量以进一步进行趋势面分析、判别分析等统计分析。

与聚类分析相似，因子分析也分为 R 型及 Q 型两种类型。

14.2.2 常用数理统计方法在矿山地质工作中的应用

我国矿山地质工作中引用数理统计方法尚不普遍，但从发展趋势来看，几乎各个矿山地质工作领域都可应用数理统计方法。现仅就编者所掌握资料，列举其在矿山地质工作中的某些应用领域。至于更广泛的应用，尚有待于矿山地质工作者的共同探索。

14.2.2.1 在矿山生产前地质工作中的应用

在矿山投产前的基建过程中，矿山地质部门要对地质勘探报告中所介绍的地质条件进行复查，并采集矿区内的成套岩石和矿石标本进行进一步的鉴定与统一命名，以便在以后的编录工作中能做到对同一岩石或矿石统一命名。此时数学地质工作可用于以下情况：

（1）对于勘探时划分得不够详细的地层（例如某一大厚层碳酸盐岩石）、岩浆岩（例如某几种肉眼难以分辨的花岗岩）或蚀变岩层等，可采用聚类分析法进行进一步的分类。

（2）对于某些难以用肉眼区分也难以用单一化学组分区分的矿石类型，可采用判别分析方法，求得各类矿石的判别函数，以便在以后编录工作中更好地区分，这对于两类矿石过渡地段的编录工作尤为有用。

14.2.2.2 在生产勘探工作中的应用

数学地质方法在生产勘探工作中主要用于确定合理的勘探网度，指导探边摸底勘探以及进行成矿预测以指导盲矿体的寻找。后一项因与矿床地质综合研究工作不可分割,将在后面与其一起介绍。

(1)在确定合理生产勘探网度中的应用:可用于确定合理勘探网度的数学地质方法,除了地质统计学方法外,对于生产矿山来说,探采对比法仍然是有效而实用的方法,因为生产矿山已积累有大量开采中所揭露的地质条件的资料可用来对比。但过去此种对比法多是依靠较直观的误差的对比,现在已有一些单位探索在对比中应用数理统计方法,以便取得更科学和更严密的对比结果。例如广东英德硫铁矿就曾把数理统计中差异显著性检验等方法引用到品位和厚度等参数的对比工作中。这方面的探索虽刚开始,但却是值得重视的发展方向。

(2)在指导探边摸底勘探中的应用:对于大型而复杂的矿体,在地质勘探中,其深部及边部往往勘探程度较低,需要在矿山开发后通过探边摸底勘探进一步探清。此时数学地质方法也有助于指导探矿方向和探矿工程的布置,例如:

1)应用趋势面分析法掌握矿体厚度或品位变化趋势以外推指导探矿。

2)应用回归分析法分析矿体中多种组分变化与矿体延深之间的规律以指导深部探矿。

14.2.2.3 在矿床取样工作中的应用

(1)用于确定最优的取样方法、样品规格、样品加工流程或化验方法,例如,可利用方差分析等方法对不同的取样方法、样品规格、样品加工流程或化验方法的试验数据进行对比,以确定这方面工作中的系统误差和随机误差,并确定最优的方法、规格或流程。

(2)用于校正样品的分析误差:传统的校正系统误差的办法是把所有分析结果都乘上一个校正系数。但是此法过于简单化而不十分可靠。因此有人又提出用回归方程来校正系统误差,然而此种方法也只有在检查分析十分可靠时才能应用。有人提出了要根据分析品位及检查品位间的相关系数以及两者各自均方差进行校正等办法。总之,要进行更合理的系统误差的校正,还要更深入地应用某些数理统计方法。

(3)用于求某些样品测试仪器的工作曲线:某些用以测试样品的仪器,需要通过工作,曲线以确定分析数据。以往多用图解法求此曲线,而如果利用数理统计方法求此曲线的方程,则可取得更准确的结果。例如,现已有人用分段回归方程求 X 射线荧光分析仪的 Cu 校准曲线方程,取得良好效果。之所以要分段进行回归分析,是由于 Cu 品位在 2.5% 以上样品中含铁量较高,由于基体效应的结果,使荧光计数显著偏小。

14.2.2.4 在地质编录工作中的应用

主要用于综合地质编录工作中的以下两方面:

(1)应用趋势面分析法由计算机直接编绘品位、厚度等值线图;

(2)应用趋势面分析法由计算机直接编绘各种地质界面(如矿体顶底板)的等高线图。

用手工编绘上述图件工作量庞大,而且只有当各点数值间均为线性关系时才比较准确,而用上述方法成图,则可把数据直接输入微机来完成,而且当采用高次趋势面分析时,可以反映各点数据间的非线性关系。因此当微机配合绘图设备使用时,用上述方法编绘这类图纸是一种较好的手段。

14.2.2.5 在储量计算中的应用

(1)用于推断矿体边界线:确定矿体的边界线往往是储量计算的第一步。过去用以确定边界线的方法,除了直接法能达到准确圈定的要求外,其他的各种传统的推断方法都不大可靠。而数学地质方法在此工作中却能提高其精度。一般可用两种方法以确定边界线:

1)用趋势分析法作出矿体厚度(或品位)的趋势面等值线图,在图上可直接显示出矿体的零点边界,甚至还可圈定出矿体可采边界线。当然此种方法只能适用于矿体的大部分地段已有工程控制的条件下。此法所作等值线图多投绘于水平投影图(对缓倾斜矿体)上或垂直纵投影图上(对急倾斜矿体)。

2)用回归分析法确定矿体在垂直剖面图或水平断面图上的尖灭点,再在投影图上圈定矿体的零点边界线。此种方法比前一种方法简单,它适用于矿体部分尖灭点及其相邻地段已有工程控制,因此能用回归分析方法求得其尖灭的规律,此时即使矿体有较多地段尚未被工程所控制,此种方法也能应用。当然,使用此种方法最重要条件是矿体的尖灭必须是有一定的规律的,亦即或是厚度由大逐渐变小而逐渐尖灭,或是品位由高变低而逐渐尖灭。如果是由于断层错断等原因所造成的突然尖灭,那么此法是无能为力的。

(2)用于处理特高品位:长期以来,对于特高品位处理问题.许多地质工作者就尝试应用各种数理统计方法以确定特高品位的临界值或用以处理特高品位。而这方面问题的彻底解决终究还要靠数学地质的方法。

（3）用于计算体重：目前我国大部分矿山在储量计算中所采用的体重数据，多是按每一矿石品级（或类型）所求得的平均体重数据。在同一品级（或类型）矿石体重变化不大的情况下，这种办法是可行的，不会有很大的误差。但是，对于诸如铁矿、锰矿等矿石，甚至某些有色金属矿石，其同一品级或同一类型矿石中，体重却可以有很大的差别。例如，某些沉积铁矿床，其赤铁矿贫矿中品位较低者与品位较高者比较，体重相差可达 $0.6 \sim 0.7$ t/m^3，相差达20%；又如某矽卡岩型铁矿床，其磁铁矿富矿中品位较低者与品位较高者比较，体重相差可达 $0.7 \sim 0.8$ t/m^3，相差亦可达20%。这都说明，对于体重变化大的矿石采用同一平均体重数据进行储量计算是不合理的。这种情况对于生产矿山尤为突出，因为生产矿山的大量储量计算对象是采场或选别开采单元等较小的计算块段，在这些小块段中，矿石的体重往往与矿床的平均体重有较大差别；如以整个矿床的平均体重参加这种小块段的储量计算，必然会有较大的误差。为了解决此问题，可用回归分析方法求得某些变量与体重间相关的方程，再以此方程求出相应的体重。由于矿石中主要有用组分的含量往往与体重密切相关，而且在取样中又对主要有用组分的含量进行了化验，所以常可用主要有用组分的含量为自变量，以体重为因变量进行回归分析，以求得其相关方程。在储量计算中，当算出某个计算块段的主要有用组分的平均品位后，即可把它代入该方程以计算出该矿块的体重。

14.2.2.6　在矿床地质综合研究及生产找矿中的应用

生产矿山开展矿床地质综合研究的主要目的之一是为了指导生产找矿，因此两者有着不可分割的联系，在此合并说明。

在这个工作领域中，数学地质方法得到最广泛的应用。现仅择其一、二予以说明。

（1）用于矿床物质成分的综合研究，例如：

1）应用相关分析法研究矿床中某些组分间或某些矿物间的消长关系，以掌握其共生组合等规律，研究某种元素与某种矿物间的消长关系，以初步判断该种元素是否有可能赋存于该矿物中，研究某些组分（或矿物）与深度（或矿体厚度等）的消长关系，以掌握某种组分空间分布变化规律等。

2）应用趋势面分析法研究某些组分或矿物在空间上的分布变化规律，以指导探矿。

3）应用聚类分析中的 Q 型分析进一步划分矿石的自然类型，用其 R 型分析进行矿石中各组分的分组。以掌握其共生关系以及成矿过程中各种组分的进出迁移关系等。

（2）用于矿体形态变化规律的综合研究，例如：

1）用相关分析研究矿体厚度与品位、深度等的消长关系，以掌握厚度的变化规律。

2）用趋势面分析研究矿体厚度在空间上的变化规律。

3）用趋势面分析研究矿体顶、底板的起伏变化，以掌握矿体形态的变化复杂程度等。

（3）用于成矿岩浆控制因素的综合研究，例如：

1）用趋势面分析研究岩浆岩中成矿元素分布与其他地质条件的关系，以进行成矿预测。

2）用判别分析区分与成矿有关或无关的岩体。这特别适用于当这些岩体宏观上不易区分的情况。

（4）用于成矿围岩或沉积环境控制因素的研究，例如：

1）用判别分析区分宏观上不易区分的成矿有利围岩和成矿不利围岩，以指导成矿预测。

2）用聚类分析对宏观上不易区分的地层进行分类，或对其中所含组分进行分类以便进一步分析其沉积环境的有关问题。例如，我国南方有些地区下古生代地层中发育着黑色页岩，其中赋存有 Ni、V、Mo、P 等矿床。但这些黑色页岩不易区分，有的单位采取了大量样品对其中 20 种元素进行了分析，然后用聚类分析进行了分类，分成两大类和若干小类。通过这种分类，进一步分析了不同类别地屋的沉积环境及其与成矿的关系。

（5）用于成矿构造控制因素的研究，例如：

1）应用趋势面分析研究某标准层层面的起伏变化，以掌握矿区内与成矿有关的褶皱构造的形态变化；利用此种分析结果与已知矿体分布进行对比，可掌握成矿的有利构造部位，以指导成矿预测。

2）应用趋势面分析研究断层面的起伏变化，以掌握某些热液型充填式矿体或岩浆型贯入式矿体在断层中的分布规律，以进行成矿预测。

（6）用于围岩蚀变的研究，例如：

1）应用判别分析区分与成矿有关的蚀变围岩和与成矿无关蚀变围岩以指导找矿。

2）应用聚类分析对宏观上难以区分的蚀变围岩进行分类，或用以分析、解释、推断矿化蚀变围岩之间及其化学成分之间的关系以指导找矿。

（7）用于矿床成因的研究：例如应用因子分析研究矿床成因的有关问题。

（8）用于确定化探中指示元素组合和物、化探数据处理，例如：

1）用因子分析法确定化探中指示元素组合。

2）用趋势面分析处理物、化探异常数据。

以上所述多是通过与成矿有关的某种因素的研究以指导成矿预测和找矿方面的应用。至于利用地质图上所反映的大量地质特征、物化探异常等多因素，并把它们与已知矿床之间的关系综合进行数学处理后进行找矿的矿床统计预测法，在区域矿田成矿预测中已得到较多应用，目前国内外出现的立体矿床统计预测中的某些方法，例如通过研究最有利矿化标高和研究矿体垂向延深等方法，用于生产矿区探找盲矿体工作有很好的效果。因为，生产矿区所探找的矿体多埋藏于深部，只靠地表地质图所提供的地质变量来预测，往往难以奏效，同时，生产矿区已积累了大量矿区深部地质资料，这也为立体矿床统计预测创造了更有利的条件。

14.3　地质统计学在矿山地质工作中的应用

14.3.1　概述

地质研究的实践表明，把经典统计学的理论和方法简单地用于研究地质问题，存在着一定的缺点，例如，经典统计学研究的对象应是随机的变量，而且服从某种已知概率分布，它不考虑变量值的空间分布规律。为了适应地质体中某些变量的变化特点，就产生了地质统计学这一新学科。

地质统计学是数学地质的重要组成部分。它是以区域化变量理论为基础，以变异函数为基本工具，用以研究那些展布于空间并具有一定结构性和随机性地质变量的学科。它最初用于计算矿床的平均品位和储量，其基本方法是普通克立格法。

地质统计学产生 20 多年以来。随着研究的深入，又发展了许多新的方法及相应的理论，如泛克立格法，指示克立格法、析取克立格法、多元高斯法、概率克立格法、协同克立格法、因子克立格法和条件模拟等。

随着地质学及地质统计学的发展。许多地质学者意识到，由于地质中的许多变量都具有区域化变量的特征，因此既有可能也有必要把地质统计学方法扩大应用到其他（本书第 6 章已作介绍）地质研究领域，而不仅限于矿床平均品位和储量计算领域。

14.3.2　地质统计学在矿山地质工作中的应用

地质统计学最初是矿山地质工作者创造的，也最早用于矿山，理所当然在矿山地质工作中可以得到广泛的应用。

14.3.2.1　用于计算矿床的平均品位和储量以及建立矿床地质模型

本书第 6 章已述及，在计算矿床平均品位和储量工作中，地质统计学方法优于传统方法（如断面法等）之处是：它可以更充分地利用已知的地质信息（探矿中所获数据）；在计算中可以考虑变量间非线性的变化规律；可估计计算结果的误差范围，有助于确定储量的级别。不仅如此，其电算结果所构成的矿床地质模型，有助于进一步构成矿床经济模型，利用此模型可以较方便地用电算手段实现品位指标优化、开采境界圈定、采掘（剥）计划的编制以及矿石质量管理等工作。

但是必须指出，它也不是完美无缺的，它与传统储量计算尚存在一些匹配问题。

首先，对于矿体形态复杂，规模不大，而且矿岩分界不是逐渐过渡的矿床，其储量计算的精度有可能还不如传统的储量计算方法，这是目前国内外地质统计学界都尚未能妥善解决的问题，所以对于具有上述条件的矿山切勿勉强用它进行储量计算。

其次，我国绝大部分矿床储量计算中圈定矿体的品位指标都是采用双品位指标制，即边界品位及工业品位，而且还要考虑最小可采厚度和夹石剔除厚度两工业指标；而目前的克立格法还只适用于用边际品位一个指标来圈定矿体，而且其计算结果已包括了开采中所可能产生的损失和贫化。这样就造成了用克立格法的计算结果与传统方法计算结果无可比性，而难以编制有可比性的全国各矿种的储量平衡表，因为我们不可能将中华人民共和国成立 40 多年以来所勘探的全部矿床用克立格法重新进行一次储量计算。

但是，储量计算方面存在的问题并不妨碍把地质统计学方法用于矿山地质工作的其他方面。

14.3.2.2   用于确定生产勘探的工程网度

利用地质统计学方法所确定的品位和厚度的变程，可与探采对比法相结合以确定工程网度。

14.3.2.3   用于处理样品中的特高品位

除了某些克立格法（如指示克立格法、对数克立格法）具有处理特高品位的作用外，还有一些把地质统计的基本思想用于识别和处理特高品位的方法，如估计邻域法和影响系数法。在这种情况下，即使不用克立格法进行储量计算，也可以用其基本思想所提出的方法来解决特高品位问题。

14.3.2.4   用于生产找矿中物、化探数据的处理

随着物、化探技术和设备的发展，物、化探手段已不仅用于大面积范围的找矿，而且也可用于已知矿区小面积范围内的生产找矿。物探或化探中所取得的各种变量也都是典型的区域化变量，用地质统计学方法进行处理，可以获得比用多元统计法（如趋势面分析法）更好的效果，近年来，某些学者还把地质统计学与多元统计相结合，建立了因子克立格法，用于物、化探数据的处理效果更佳。生产矿山积累有更多的各种地质因素的分析资料，更有利于进行因子分析和应用因子克立格法。

14.3.2.5   用于矿山的工程地质研究

矿山工程地质条件是影响矿床开采的重要因素，如影响露天矿边坡稳定或地下矿、岩移动等。而工程地质条件又与各种岩石的力学性质、地质构造特点（如节理的密度、产状等）以及地应力等因素有关。这些因素显然亦属区域化变量，所以也可用地质统计学方法进行研究，并进一步对矿区不同地段的工程地质条件作出评价。

14.3.2.6   用于矿山环境地质的研究

矿区在地史上曾发生过的成矿作用，必然造成矿区某些元素的含量异常，如果对人类有害元素含量过高或有益元素含量过低，就会出现环境污染问题（后者可名为负污染）。因此，矿山环境地质的调查研究成为某些矿山地质工作中的重要课题。

无论研究对人体有益抑或有害元素在矿区的分布规律，地质统计学都是有效的技术方法。它不仅可以研究这些元素原始的自然分布，从而圈出自然污染源并作出本底环境质量评价图；而且由于矿床开发过程对水、土及大气污染的扩散也是有规律的，所以它也可用于研究开发后有害元素的扩散情况，圈出开发污染源并作出污染现状环境质量评价图，甚至还可作出污染趋势预测图。法国在 20 世纪 80 年代初曾利用地质统计学研究某工业区大气污染的预报问题，对于这种非地质污染源所造成的污染问题都可用它进行研究，显然把它用于研究地质污染就更适用了。

除以上六个方面的应用外，近年来也开始有人把地质统计学方法用于研究水文地质问题，这也是今后矿山水文地质研究中值得探索的方向。

14.4   模糊数学在矿山地质工作中的应用

14.4.1   有关模糊数学的基本概念

14.4.1.1   精确与模糊

在人类历史的发展过程中，人类对客观事物的认识，逐渐由"心中无数"到"心中有数"，由模糊趋向精确。以自然数的使用为起点，千百年来经典数学在描述自然的现象和规律方面，已取得惊人的成就。在人类历史的早期，模糊曾作为精确的对立面，代表着落后的生产力。

但是，随着人类社会生产力和科学技术的发展，人类所研究的对象愈来愈广泛，愈复杂，无数人类的实践证明：凡是复杂的事物很难精确化，精确性与复杂性往往是互相矛盾且互相排斥的。这就是许多科技工作者从实践中总结出来的所谓"不相容原理"（又名"互克性原理"），即："当一个系统复杂性增大时，人们使之精确化的能力将减少；在达到一定阈值（即限度）之上时，复杂性和精确性将相互排斥"。这是由于高度复杂的系统中，有很多复杂的因素在对系统产生影响，以致人们无法全部去实地进行考查，倘若我们抓住了这些因素中的主导因素（这是正确的做法），便会忽略次要因素，而导致使某些概念由精确变得模糊起来。

在我们日常生活和工作的过程中，模糊的概念（即没有确切的界限的事物及其表达形式）随时可见，例如美与丑，胖与瘦；地质工作中所遇到的矿化的优与劣，矿体形态的复杂与简单等等。两者虽然是完全相反的概念，

但在它们之间却没有截然可分的界限。由此可见,人类在社会生活、生产实践以及科技工作中,都少不了要与模糊概念打交道。

由于模糊概念是一种不规则逻辑,由此构成的信息也只能是含意模糊的信息,即所谓模糊信息。例如,要表达一个人衰老程度的信息。

要利用数字计算机判别一个概念,要求输入精确的信息,对于模糊信息过去是无能为力的。但是,人脑对于多么模糊的信息都具有高度的识别能力和判断水平。例如,我们对于十多年前的一个老同学或老朋友,尽管过去和现在我们都未对其身高、体重及语言、相貌等进行过精确的测定,尽管其面貌及胖瘦等在十多年中已有许多改变,但是一旦见面,还是能够马上认出他来,而这个认识过程要让电子计算机来做,那就得先测量所要认识人的身高、体重、及语言、相貌等一系列数据,再输入计算机与已存储于机内的许多数据进行对比才能加以判别;而且尽管进行精确的对比,仍然可能闹出"翻脸不认人"的笑话来,因为人体的各项数据不是恒定不变的,由人脑的判别过程可知,我们恰恰是在模糊中见到了光明。一定程度的模糊反而能使我们能较易地得出所见到的是什么人的精确结论,这就是精确与模糊之间的辩证法。所以,就人类对模糊信息的识别能力和判断水平而言,目前还是电子计算机所望尘莫及的。这是由于:人脑的思维活动能够处理大量的模糊性问题,而经典数学却无能为力,因而无法建立起适用于现有数字计算机的数学模型。

14.4.1.2 模糊数学的作用

生产力和科学的发展,不仅要求人们能够认识简单的自然现象和规律,而且还要求人们能够认识复杂的自然现象和规律以及复杂的社会现象和规律,从而要求从数学角度能解决模糊性的问题;而且也要求计算机能够处理模糊的信息,即具有人工的智能。在这种形势的要求下,模糊数学就应运而生了。

1965年美国查德(L. A. Zadeh)教授发表了《模糊集合》(Fyzzy Set)的论文,他第一次明确提出了从数学上解决事物模糊性的问题,并给出了模糊概念的定量表示法。模糊数学从此产生了。

查德在他的论文中引入了"隶属函数"这个概念,来描述差异中的过渡问题,这是精确性对模糊性的一种逼近,因而他首次成功地运用了数学方法描述模糊概念。

模糊数学是专门处理模糊概念、模糊信息的数学新分科。模糊概念、模糊信息所以被之引入数学领域,绝非以模糊代替精确,而是为了解决经典数学所不能进入或难以进入的禁区。数学是在不断地追求精确,但在追求精确的过程中,往往遇见难以精确的模糊,模糊数学由于打破了形而上学的束缚,既认识到事物"非此即彼"明晰性的一面,又认识到事物"亦此亦彼"过渡性的一面,因此它具有更强的适用性,并成为架在精确的经典数学与充满模糊性的现实世界之间的一座桥梁。

模糊数学的产生虽时间不长,但已显示出强大的生命力,例如,对于气象来说,不论是某种气象的概念和影响气象的因素都具有模糊性(如多云与少云就是模糊概念)。利用精确的经典数学方法进行天气预报,未必能得到最精确的结论,而我国气象学界把模糊数学用于天气预报,却提高了预报的可靠性,并在国际学术会议上获得好评。其他如医学、心理学、语言学、社会科学等凡属复杂系统而过去与数学似乎无缘领域的问题,模糊数学的应用都已取得显著成效。

此外,利用模糊数学构造的数学模型,来编制计算机程序,可以使计算机能更广泛、更深入地模拟人脑的思维活动,从而可提高计算机的"智力"。

14.4.1.3 隶属函数的概念

模糊数学不是让数学变成模模糊糊的东西,而是将数学打入有模糊现象、模糊概念的各知识领域,所以不能把模糊数学的"模糊"看成不要精确;相反,大量的事实表明,许多事物过分地追求精确反而会更模糊,而适当地模糊反而可以达到精确的目的。而其关键在于如何寻求适当的数学语言来描述事物的模糊性。这个数学语言即隶属函数。它在模糊数学中占有突出地位。

经典数学的集合论,实质上是扬弃了事物的模糊性而抽象出来的,是把思维过程绝对化,从而达到精确、严格的目的。一个集合可用特征函数 χ 来表示。它可表示某元素 x 是否属于集合 A。若 $x \in A$ 则 $\chi_A(x) = 1$;若 $\chi \notin A$,则 $\chi_A(x) = 0$。在模糊数学中模糊集合的特征函数称为隶属函数,记作 $\mu_A(x)$,它表示元素 x 属于模糊集合 A 的程度或"资格"。由于 μ 可在 $[0,1]$ 区间连续取值,所以很适合表现元素 x 属于某模糊集合的种种模糊状态。

例如,"老年人"在许多人脑子中是一个模糊的概念。有的学者企图用隶属函数加以表达。通过群众意见的

调查统计,提出了如下表达"老年人"的隶属函数:

$$\mu_{老年人}(x) = \frac{1}{5 + \left(\dfrac{1}{x-50}\right)^2} \quad (当 50 < x \leq 100 \text{ 时}) \qquad (14-15)$$

式中:x 为表示 50 岁以上的年龄。

由隶属函数计算所得到的数据称为隶属度。当有人其年龄分别为 55 岁、60 岁、70 岁时,根据上式,其隶属度分别为:

$\mu_{老年人}(55) = 0.5$

$\mu_{老年人}(60) = 0.8$

$\mu_{老年人}(70) = 0.94$

这表明 55 岁的人只能算是"半老",因他的隶属度(即属于老年人的"资格")只有 0.5,而 60 岁和 70 岁的人,属于老年人的隶属度分别为 0.8 和 0.94,可以说是基本上是老年人了。

必须说明的是,上述的这个隶属函数只是根据一般人从年龄角度考虑所建立的,仅能作为一个有关隶属函数的通俗例子。如果从生理学和医学角度出发,那么用以表达"老年人"这个模糊概念的隶属函数将是更为复杂的一个函数。

模糊数学中隶属函数通常是根据统计或经验来确定的。不同的事物的确定方法可不同,因此隶属函数往往成为进行模糊数学运算中的大难题。目前已出现几十种不同类型的隶属函数。

14.4.2　地质体的模糊性

自从地质学建立以来,许多地质学家都力图用数学方法来描述某些地质体(矿床、地层、构造、岩体等)的变化规律,但地质体是漫长地史发展中地质作用的复杂产物。正由于地质体的复杂性,所以长期以来虽然地质学家力图用数学来描述地质体的变化规律,却未能得出满意的结果。最初的地质学家曾经把地质体看成是具有确定性变化的事物,而运用相应的数学方法对其进行研究,结果效果很不理想;后来又有的地质学家把地质体看成是具有随机性变化的事物而运用数理统计的数学方法进行研究,得到了相对较好的效果。数学地质中的各种多元统计方法的运用即其具体成果。而地质统计学的产生,又进一步明确了地质体的变化性质往往具有双重性,即既具有确定性的一面,又有随机性的一面,而且找到了相应的处理方法,获得较好的效果。

但是,随着地质科学的发展,有些地质学家又开始感到,在地质体双重性的变化中,对于较复杂的地质体,在其不确定性变化中,又还有两重性,即既有随机性的一面,又有模糊性的另一面。这种现象有其必然性,因为有许多地质体都是在漫长的地史岁月中各种复杂地质作用的产物。愈是复杂的地质体,其模糊性将愈显著。

地质体的模糊性不仅表现在其本身特点上,而且也表现在其相互关系、影响其形成的因素、有关地质体的概念以及有关的地质工作经验等方面。

14.4.2.1　地质体本身特点的模糊性

例如某地质体形态的简单与复杂、规模的大与小、地质体物质成分的简单和复杂以及矿化的优与劣等。

14.4.2.2　地质体相互关系的模糊性

例如,岩浆岩中酸、中、基、超基性岩的划分、某些矿床成因类型的划分等,尽管已有某些地质学家为其规定了某些划分标准,而在实际工作中却往往发现有许多类型的划分,仍然存在着模糊界限或模糊不清的问题。

14.4.2.3　影响地质体形成因素方面的模糊性

例如,影响矿床或变质岩形成的温度方面,尽管过去某些地质学家为其规定了某些指标,而划分为高温、中温、低温等,但是实际上其间也存在着模糊性。

正由于地质体本身的模糊性,因而在地质学中所建立的某些有关地质体的概念也具有模糊性。

14.4.2.4　地质工作经验的模糊性

地质工作者在地质工作中所积累的经验方面,也往往具有模糊性。例如,地质工作者根据某地的地质环境以及以往工作经验,认为某地段深部可能存在矿体,但是往往也难以精确判断其储量;又如,根据许多地质经验所总结出来的矿床勘探类型及储量级别等,各类型、各级别划分标准也是模糊的。

正由于地质体上种种的模糊性的表现,所以我们认为将模糊数学引入地质学领域,将在地质工作及地质研究中注入新的血液，有可能使地质学取得某些突破性的进展。

14.4.3　模糊数学在矿山地质工作中的应用

14.4.3.1　在矿山地质工作中应用模糊数学的必要性

矿山地质工作应用模糊数学方法，较之找矿勘探工作更为必要，因为矿山地质工作是比找矿勘探工作更为复杂的工作。众所周知，矿山的开发与生产经营是一个极其复杂的大系统，它既包括自然系统（地质、地理等），又包括生产系统（采矿、选矿生产）、技术系统（地、测、采、选、安全、环保等技术工作）和管理系统。每个子系统中又包括更次一级的许多子系统。这些不同层次不同性质的子系统之间，存在着错综复杂的关系，而且由于矿山生产的特殊性（工作面和工作对象处于不断变化之中），要求整个大系统经常相互协调，保持动态的平衡，才能保证矿山生产经营的顺利进行。

矿山地质工作尽管只是整个大系统中的一个子系统，但它却与其他各子系统间存在着复杂的关系。因为矿山地质工作不仅要进行进一步探明矿体的生产勘探工作，还要对采矿生产和技术工作起到服务、指导和监督作用，还要参与三级矿量管理及损失贫化管理；还要参与矿山安全、环保工作，甚至还要通过矿石质量管理等工作，以保证所生产矿石的质量达到一定的要求。由此矿山地质工作是比找矿勘探工作更为复杂的工作。

前已述及，愈是复杂的事物，愈是需要借助于模糊数学来分析处理问题，才能得到相对更精确的结论。因此，在矿山地质工作中应用模糊数学方法是非常必要的。

14.4.3.2　可应用模糊数学的矿山地质工作领域

模糊数学目前尚处于发展的阶段，其应用领域也还在不断扩大之中，这里只能就目前所知，举例说明模糊数学可应用于矿山地质工作中的一些领域。

（1）模糊聚类分析方法：可用于进行矿石类型的合理划分；进行矿石或岩石按与采矿有关的物理力学性质（如稳固性、可钻性、爆破性等）的合理分类；进行不同围岩蚀变带的合理划分；根据已有矿化分布及其所处地质条件，进行矿化程度不同地段的合理划分；矿床勘探类型的合理划分等。

（2）模糊个体模式识别方法：可用于与成矿有关抑或无关的地层、构造或岩性的判别等。

（3）模糊群体模式识别方法：可用于矿床勘探类型的定量化确定；储量级别的定量化确定等。

在此必须指出，模糊聚类分析与模糊模式识别，虽然都是处理事物的分类问题，但是无论所处理的问题的性质还是处理的方法都是不相同的。后者是已知若干个模式，要求识别某新发现的对象应属于哪个模式；而前者则要求对一大群难以分类的对象，根据其各自特性，进行合理的分类。

（4）模糊综合评判方法：对于存在多种有害元素或有害因素的矿山，本法可用于矿山环境地质单元质量（重污染、中等污染、轻污染或无污染）的综合评价；或在矿区深部或外围的找矿中，根据各种成矿条件的综合评价，用以确定最优找矿地段或次优地段；此外，在需要进行较复杂的矿石质量均衡（配矿）的矿山，为了既保证配矿后矿石的质量满足选矿等加工部门的要求，又要使运输路程长短、各被配矿石生产地段生产能力的发挥以及经济效益等都处于相对最优状态，也可应用本法进行综合的优化。

当矿山需开展矿产经济问题的研究（如矿床工业指标、损失率、贫化率合理匹配等经营参数优化的研究）时，模糊综合评判更是实现兼顾经济效益和社会效益多目标决策的既简便又有效的方法。

（5）模糊关系方程方法：这是模糊综合评判的逆运算问题，最有利用于模仿专家的经验，以便使计算机具有某些方面的人工智能。此方法已成功地应用于"电脑医生"，以代替名医进行医疗诊断工作。

众所周知，在编绘各种矿山地质图件中，有丰富经验的地质工作者，能较正确进行地质界限点的连接，以取得符合客观实际的联图效果；而这个问题是利用计算机编绘地质图件的最大难题，因为计算机并不具备有经验地质工作者的智能。利用模糊数学方法，可使计算机"学习"到地质工作者的智能，从而进行地质图件的正确编绘。此外，在编制找矿专家系统时，也要用到模糊数学方法。

14.4.3.3　模糊数学方法应用实例

某铁矿应用模糊数学综合评判方法进行品位指标优化的多目标决策。在研究中按不同边界品位和工业品位的排列组合，共建立了66个对比方案。各方案都以总利润、净现值、精矿回收量及回收单位精矿能耗作为优化的目标函数。然后再确定各方案各目标函数的隶属度。在该研究中都采用线性隶属函数以确定隶属度。

对于总利润，净现值及精矿回收量三个目标函数，采用下列隶属函数：

$$\mu(u) = \begin{cases} 1 & u_{ij} \leqslant u_{jmax} \\ \dfrac{u_{ij} - u_{jmin}}{u_{jmax} - u_{jmin}} & u_{jmin} < u_{ij} < u_{jmax} \\ 0 & u_{ij} \geqslant u_{jmin} \end{cases} \tag{14-16}$$

式中：$\mu(u)$ 为隶属函数；u_{ij} 为第 i 方案第 j 个目标函数的值；u_{jmin} 为各方案中第 j 个目标函数的最小值；u_{jmax} 为各方案中第 j 个目标函数的最大值；对于回收单位精矿能耗这个目标函数，采用下列的隶属函数：

$$\mu(u) = \begin{cases} 1 & u_{ij} \leqslant u_{jmax} \\ 1 - \dfrac{u_{ij} - u_{jmin}}{u_{jmax} - u_{jmin}} & u_{jmin} < u_{ij} < u_{jmax} \\ 0 & u_{ij} \geqslant u_{jmin} \end{cases} \tag{14-17}$$

式中符号同前式。

最后，用德尔菲法确定各目标函数的权系数，再分别应用模糊综合评判的四种不同方法（∧ + 不均衡平均型，× + 加权型，∧∨ 主因素决定型及 ×∨ 主因素突出型）进行模糊综合评判的计算。由计算结果表明有三种方法的计算结果都出现了太多的峰值，意味这些方案好的程度差不多，说明这三种方法不大适用于本课题的研究。只有加权平均法计算结果出现最优方案较少（综合隶属度为 0.99），其中第 40 个方案（边界品位 24%，工业品位 25%），无论用四种方法中的哪种方法计算都属最优方案，而且也与用灰色系统方法计算结果相同，最后就选用了第 40 个方案作为最优方案。

14.5　灰色系统方法在矿山地质工作中的应用

14.5.1　灰色系统方法的基本概念

14.5.1.1　灰色系统

数学的一个新兴分科"灰色系统"是华中科技大学邓聚龙教授在 1982 年新提出的一种数学理论和方法。它最初用于未来学的研究，为未来学提供新的理论和方法，但目前已扩大应用到农业、工业、气象和经济等领域的研究，并引起国内外科技界较强烈的反响。

"灰色系统"是控制论的观点和方法延伸到社会、经济研究的产物，也是自动控制科学与运筹学的数学方法相结合的结果。其内容包括建模、预测、决策、控制等。

客观世界是物质世界，也是信息世界。既存在大量的已知信息，又存在不少未知信息和非确知信息。邓教授把已知信息称为白色的，把未知的及非确知的信息称为黑色的。系统中既含有已知信息又含有未知信息及非确知信息者称为灰色系统。通俗地说，这门数学新分科的任务就是实现灰色系统的"由灰变白"。

我们认为，矿产勘查的对象——矿床，在经过一定的地质工作后，无论是有待开发或正在勘探，都是一个典型的灰色系统。例如，矿床的品位，经过化验的样品的品位可视为已知信息，根据少量样品平均得到的平均品位可视为非确知信息，而矿床中尚未取样部位的品位则显然属未知信息；实际上在矿床的储量及各项埋藏条件方面也都存在着这三类信息。同样地，对于"矿床勘查及开发利用"这个大系统来说，也存在三种不同的信息。因此，我们进行矿山地质研究的对象的确也是个灰色系统，而应用"灰色系统"的数学方法对其进行研究是适用的。

前已述及，地质体以其复杂性而具有模糊性。我们认为，模糊性与"灰色"之间存在着一定的联系。因此对于地质体的研究，模糊数学和灰色系统两种方法都是适用的。

灰色系统方法目前已应用于矿产经济研究中的许多领域，如矿产资源形势预测、矿产资源经济评价分析以及某些有关矿产资源勘查、开发的决策领域。对于矿产经济研究来说，主要还是用于某些矿产经济研究的多目标优化决策；而在矿山地质工作中，也有应用前景。

"灰色系统"这门数学新分科，已建立了一系列独特的理论和方法。例如，在建模方法方面，常用数据累加的办法以弱化数据的随机性。有关"灰色系统"的系列理论和方法可参看邓聚龙教授的有关专著，本文仅重点介绍与多目标优化决策直接有关的效果测度的概念。

14.5.1.2　效果测度的概念

在灰色系统理论中,有个"效果测度"的概念,它在多目标决策中所起的作用与模糊数学中的隶属度相似。它们同样对决策起着关键的作用。

灰色系统理论认为,决策是事件、对策、效果三者的总称。决策必须是针对某一事件而言的,同时对这一事件的处理存在着多种对策,而每一种对策的效果是不同的,这三者统称为一个决策元。用公式可以形象地表示为:

$$决策元 = \frac{解决效果}{(事件,对策)}$$

灰色系统理论认为决策总是在众多的决策元中进行,多目标决策的目的就是优选效果最好的对策作为对付某一事件的办法,这一选中的决策元,称为最佳决策元。

上式中,关于"解决效果",灰色系统理论用"效果测度"的新概念来表示,即用"效果测度"来衡量采用一定的对策处理一定事件的效果。

"效果测度"是个无量纲的度量值,利用它正如利用模糊数学的隶属度那样,可以解决因不同目标函数量纲不同,而无可比性的问题。

灰色系统理论认为,从关联的角度看,效果测度可分为时间效果测度和单点效果测度。我们在矿产经济多目标决策研究中,用到的是后者。它又可细分为:上限效果测度、下限效果测度和中心效果测度。

在多目标决策中,当某个决策目标数值愈大意味着效果愈好时(如净现值,NPV),则以上限效果测度作为衡量方案相对优劣的指标;当某个决策目标数值愈小意味着效果愈好时(如单位产品能耗),则以下限效果测度作为衡量方案相对优劣的指标;此外,有的决策目标愈接近某个固定值则效果愈好,大于该值或小于该值效果都不好,而且偏离愈远效果愈差,则以中心效果测度作为衡量方案相对优劣的指标。例如,某露天矿山已建成的选厂,其年处理矿石能力为71万吨,在修订矿床品位指标或修改采剥计划而进行方案对比时,有可能出现年采出矿石量多于71万吨或少于71万吨的种种情况,此时若以采、选能力尽可能相匹配作为决策目标之一,则可以中心效果测度作为衡量方案相对优劣的指标。

各种效果测度的函数式如下:

$$\gamma_{上} = \frac{u_{ij}}{u_{j\max}},\ u_{ij} \leqslant u_{j\max} \tag{14-18}$$

式中:$\gamma_{上}$ 为上限效果测度;u_{ij} 为白化后第 j 个决策目标,第 i 个方案的目标函数的值;$u_{j\max}$ 为第 j 个决策目标各方案的最大值。

$$\gamma_{下} = \frac{u_{j\min}}{u_{ij}},\ u_{ij} \leqslant u_{j\min} \tag{14-19}$$

式中:$\gamma_{下}$ 为下限效果测度;$u_{j\min}$ 为第 j 个决策目标各方案的最小值;其他符号同前式。

$$\gamma_{中} = \frac{\min\{u_{ij} \cdot u_{j0}\}}{\max\{u_{ij} \cdot u_{j0}\}} \tag{14-20}$$

式中:$\gamma_{中}$ 为中心效果测度;U_{j0} 为第 j 个决策目标的最佳值,高于或低于该值则被认为效果都不好。

在多目标优化决策中,当求得各方案各目标函数的效果测度值后,可以再通过计算得出各方案的效果测度平均值,以确定出综合最佳方案,平均值最高者为最佳方案。

14.5.2　用灰色系统方法进行多目标决策的步骤及实例

14.5.2.1　步骤

(1)用累加法等方法建立经济分析中的各种数学模型;

(2)建立分析对比方案;

(3)计算各方案的目标函数;

(4)计算各方案各目标函数的效果测度;

(5)用德尔菲法确定各目标函数的权系数;

(6)对每个方案各目标函数的效果测度进行加权平均;

(7)选取效果测度加权平均值最高的方案为最优方案。

14.5.2.2 实例

亦以模糊数学中所举某铁矿为例。该铁矿在品位指标优化研究中，按不同边界品位和工业品位的排列组合，共建立了 66 个方案，各方案也以总利润、净现值、精矿回收量及回收单位精矿能耗作为优化的目标函数。

在应用灰色系统方法进行多目标决策中，对于前三个目标函数计算其上限效果测度，对最后一个目标函数计算其下限效果测度。在研究过程中，同样用德尔菲法确定各目标函数的权系数，而后再对各方案的各效果测度进行了加权平均及算术平均，优化结果表明：边界品位 24%，工业品位 25% 为最佳品位指标。

14.6 运筹学在矿山地质工作中的应用

运筹学是应用数学中的一个新分支。"运筹"就是运用筹划的意思，它是统筹兼顾，合理使用资源（人力、物力和财力），提供最优方案，以便在有限的资源条件下，取得最大的经济效益和社会效益。

随着运筹学在国民经济各个领域中的广泛应用，它也越来越多地被矿山地质工作者用作定量分析的重要理论基础和数学工具，在管理决策中起着重要作用。

运筹学的具体研究方法包括：线性规划、整数规划、非线性规划、动态规划、排队论、决策论、库存论等等。由于运筹学方法众多、内容丰富，限于本书篇幅，仅择要介绍其中一部分方法。

14.6.1 线性规划

14.6.1.1 线性规划的基本概念

线性规划问题是运筹学的一个重要分支，矿山地质工作中的许多问题都可以归纳成线性规划的数学模型。例如生产过程中的配矿问题，要想取得较好的配矿效益，就必须考虑许多影响因素，包括可配矿石的品级、品位和数量、工艺条件、生产能力、可选性、生产成本和销售价格等因素，这就可以归纳成为一个配矿的线性规划模型。由于各种线性规划模型的形式是相同的，因此一旦问题变成这个唯一的形式后，就可以应用相同的方法（一般为单纯形法）求得最优解，唯一的区别是不同的问题具有不同的系数矩阵。

线性规划主要研究两类问题：

（1）如何根据已有的人力、财力、物力、技术和时间资源，以期取得最大的经济效果（求最大值问题）；

（2）对已经给定的某项任务，如何统筹安排，才能以最少量的资源去完成该项任务（求最小值问题）。

14.6.1.2 线性规划的数学模型

线性规划是对满足一组由线性方程或线性不等式构成约束条件的系统进行规划，使得由线性形式表示的目标函数达到最大值或最小值的数学方法。

用线性规划方法解某类实际问题，首先要求这类问题是可以量化的；其次，要将它变换成数学模型，然后求得最优方案。

线性规划问题的数学模型可表示如下：在约束条件

$$a_{11}x_1 + a_{12}x_2 + \cdots + a_{1m}x_m \leqslant （或 =，\geqslant）b_1$$
$$a_{21}x_1 + a_{22}x_2 + \cdots + a_{2m}x_m \leqslant （或 =，\geqslant）b_2$$
$$\cdots\cdots\cdots\cdots\cdots\cdots\cdots\cdots\cdots\cdots\cdots\cdots\cdots$$
$$a_{n1}x_1 + a_{n2}x_2 + \cdots + a_{nm}x_m \leqslant （或 =，\geqslant）b_n \qquad (14-21)$$

求目标函数的最优值

$$\max Z（或 \min Z） = c_1x_1 + c_2x_2 + \cdots + c_mx_m \qquad (14-23)$$

式中：x_j 为决策变量（$j = 1，2，\cdots m$）；Z 为目标函数。

上述式子也可写成矩阵形式

$$Ax \leqslant （或 =，\geqslant）B \qquad (14-24)$$
$$X \geqslant 0 \qquad (14-25)$$
$$\max Z（或 \min Z） = CX \qquad (14-26)$$

式中

$$A = \begin{bmatrix} a_{11} & a_{12} & \cdots & a_{1m} \\ a_{21} & a_{22} & \cdots & a_{2m} \\ \vdots & \vdots & \vdots & \vdots \\ a_{n1} & a_{n2} & \cdots & a_{nm} \end{bmatrix}$$

$$X = \begin{bmatrix} x_1 \\ x_2 \\ \vdots \\ x_m \end{bmatrix} = (x_1, x_2 \cdots, x_m)^T$$

$$B = \begin{bmatrix} b_1 \\ b_2 \\ \vdots \\ b_n \end{bmatrix}$$

$$C = (c_1, c_2, \cdots, c_m)$$

14.6.1.3 线性规划标准模型的构成

在实际应用中,具体问题的线性规划模型是各式各样的,需要把它们化成标准型,并借助于标准型的求解方法进行求解。这种标准模型的特点是其线性方程组中各式均为等式。

要把前述式(14-21)的模型转换为标准模型,只要在各式中分别引入 n 个虚拟的变量 x_{m+1},x_{m+2},$\cdots$,x_{m+n},就可将不等式化为等式,即成为标准模型。此变量称为松弛变量。若原不等式中为"≤"号,则松弛变量前应为正号,反之则应为负号。

经过这样处理后,前述式(14-21)则变为下列等式约束条件,即

$$a_{11}x_1 + a_{12}x_2 + \cdots + a_{1m}x_m = b_1$$
$$a_{21}x_1 + a_{22}x_2 + \cdots + a_{2m}x_m = b_2$$
$$\cdots\cdots\cdots\cdots\cdots\cdots\cdots\cdots\cdots\cdots\cdots\cdots$$

$$a_{n1}x_1 + a_{n2}x_2 + \cdots + a_{nm}x_m = b_n \tag{14-27}$$

$$x_j \geq 0 (j = 1, 2, \cdots, m, m+1, \cdots, m+n) \tag{14-28}$$

$$Z = c_1x_1 + c_2x_2 + \cdots + c_mx_m + c_{m+1}x_{m+1} + \cdots + c_{m+n}x_{m+n}$$

其中 $c_{m+1} = c_{m+2} = \cdots = c_{m+n} = 0$

所以,实际上目标函数仍不变,仍为

$$Z = c_1x_1 + c_2x_2 + \cdots + c_mx_m \tag{14-29}$$

14.6.1.4 线性规划问题的解的基本概念及求解方法

(1)可行解:满足全部约束条件和非负条件的解叫可行解。所有可行解的集合称为可行域。

(2)基本解:基本解指满足约束条件且非零变量个数等于约束条件数的解;满足非负条件的基本解叫基本可行解。

(3)最优解:最优解指使目标函数达到最大值或最小值的可行解,它的值叫最优值。

(4)基变量:基变量指所有变量中构成单位阵的那些变量,此外的其他变量叫非基变量。

线性规划求解方法的实质是在可行解的基础上找基本解。再在基本解中寻找出最优解。如果用几何图解加以表示,就是在满足各约束条件的区域内寻找目标函数的最大值或最小值。

14.6.1.5 线性规划问题的求解方法

常用的方法有以下两种:

(1)图解法:适用于只有两个决策变量条件下,其步骤如下:

1)建立约束条件和目标函数的数学模型。

2)在平面坐标图上画出代表约束条件数模的直线。

3)确定图上可行解域。在该区域中的每个点都满足约束方程,是所有可行解的集合。

4）绘出目标函数的图形（是一组平行线）。

5）确定最优解。线性规划理论证明，最优解是在可行域内，并且是可行域边界线上的某拐点，因此在图上易于找到此点。

（2）计算机求解法：当研究课题的决策变量不止两个（甚至可达几十个）时，显然用上述图解法不可能求解，只能借助于更复杂的数学运算。尽管这种运算过程很复杂，但现在已经有解线性规划问题的通用电算软件，矿山地质工作者只要根据实际问题找出约束条件和确定目标函数，建立数模，按软件所附说明进行操作，就可很简便地获得答案。

14.6.2　目标规划

14.6.2.1　有关基本概念

（1）目标规划基本思路：目标规划法是20世纪60年代初，由美国科学家Charnes和Cooper提出和创立的，它是在线性规划基础上产生的，并得到了迅速发展和应用，尤其在解决多目标问题时，它不仅能够解决不同量纲归一化的问题，而且也能表示出轻重缓急的程度．它常被用来作社会、生产领域的经济评价。它的基本思路是：对每一个目标函数引进一个期望值（理想值），但由于种种条件的限制，这些期望值往往并不都能达到，从而对每一个目标函数再引进正、负偏差变量，然后对所有的目标函数建立约束方程，并入原来的约束条件中，组成新的约束条件（由原约束条件加上新并入的目标函数约束构成），在这组新的约束条件下，来寻找使各种决策者所希望的偏差为最小的方案，由于各个目标的重要程度不同，还可以引入目标的优先等级和权系数。

（2）目标函数的期望值：在应用目标规划以解决多目标决策问题时，首先要确定一个希望能达到的理想值 $e_i(i = 1, 2, \cdots, m)$，这些值的要求并不十分精确和严格，它可以根据以往的历史资料，或根据市场的需求、上级部门的布置等等来确定。显然，这样确定的目标期望值可能互相矛盾，而且一般不可能全部达到。但这无碍于问题的求解，只是利用这些暂定的期望值寻找某个可行解，使这些目标函数的期望值得到协调地更好地实现。

（3）正、负偏差变量 d_i^+，d_i^-：如上所述，各个目标函数的期望值 e_i 往往不可能全部都达到，为了从数量上描述各目标期望值未达到的程度，可对每个目标函数分别引入正、负偏差变量 d_i^+，d_i^-，且 d_i^+，$d_i^- \geqslant (i = 1, 2, \cdots, m)$。其中 d_i^+ 表示第 i 个目标超出期望值的数值，d_i^- 表示第 i 个目标未达到期望值的数值，d_i^- 与 d_i^+ 中至少一个为零。

经过以上两个过程，我们可将原目标函数建立起目标函数方程；

$$CX + D^- - D^+ = E \tag{14 - 30}$$

式中：E 为目标函数期望值；D^+ 为正偏差变量；D^- 为负偏差变量；X 为决策变量；C 为决策变量的系数。然后把它看成约束方程，并入原约束条件中。

（4）达成函数：对多目标模型中的各个目标函数，通过引入期望值和正、负偏差变量，再被引入了约束条件中，接着要考虑的就是如何选择一个可行的方案，使它的各目标函数值最接近于各自的期望值。也就是说，要使诸偏差达到最小值。为此，要构造一个新的目标函数，以求得有关偏差变量的最小值。它是一个单一的综合性目标，这样，就可以将一个多目标规划模型转化为一个单目标模型。这个新的目标函数称为达成函数，反映了原问题各目标函数期望值得以实现（达成）的情况。其形式为：

$$\min(d_i^- + d_i^+) \quad （一般形式）$$

（5）目标的权系数和优先级别：在多目标决策中，往往各目标的重要程度是不同的，目标规划允许根据目标的重要程度给每个目标以不同的权系数。同时，某些目标的实现往往是另一些目标的前提，决策中要在达到某最重要目标的前提下，再来解决次要的目标，乃至更次要的目标，这样可将不同目标排列成一定的级别，即优先等级。

14.6.2.2　应用目标规划实现多目标优化决策的步骤

其步骤如下：

（1）建立多目标线性规划模型：

1）设定决策变量；

2）建立各约束条件议程或不等式；

3）建立各个有关的目标函数。

（2）将多目标线性规划模型转化为目标模型：

1）对每个目标确定适当的期望值；

2）对每个目标引进正、负偏差变量，建立目标约束方程，将其并入约束条件中去；

3）建立达成函数，确定各目标的优先级别。

如此得到以下的标准目标规划模型：

$$\min f = \sum_{i=1}^{n} p_i \sum_{j=1}^{m} (\omega_{ij}^- d_i^- + \omega_{ij}^+ d_i^+) \tag{14-31}$$

约束条件

$$\sum_{i=1}^{n} c_{ij} x_j + d_i^- - d_i^+ = e_i$$

$$\sum_{j=1}^{n} a_{ij} x_j \leqslant (\text{或} \geqslant, \text{或} =) b_i$$

$$x_i \geqslant 0$$

$$d_i^-, d_i^+ \geqslant 0$$

$$(i = 1, 2, \cdots, n)$$

$$(i = 1, 2, \cdots, l)$$

$$(j = 1, 2, \cdots, n)$$

$$(j = 1, 2, \cdots, m)$$

其中有：n 个决策变量，m 个目标，$2m$ 个偏差变量，l 个约束条件

式中：x_j 为决策变量；c_{ij} 为在第 i 个目标中，x_j 的相应系数；e_i 为第 i 个目标的期望值；a_{ij} 为第 i 个约束条件中，x_j 的相应系数；b_i 为第 i 个约束条件的右端常数；d_i^- 为第 i 个目标低于期望值的负偏差变量；d_i^+ 为第 i 个目标高于期望值的正偏差变量；p_i 为目标的优先级别（共 k 级）；ω_{ij}^- 为 P_i 级目标中 d_j^- 的权系数；ω_{ij}^+ 为 P_i 级目标中 d_j^+ 的权系数。权系数 ω_{ij}^+、$\omega_{ij}^- \geqslant 0$

达成函数：

$$\min f = \sum_{i=1}^{k} p_i \sum_{j=1}^{m} (\omega_{ij}^- d_j^- + \omega_{ij}^+ d_j^+)$$

（3）解目标规划模型：其最优解即多目标优化结果。

14.6.2.3　用目标规划进行多目标决策的优缺点

（1）优点

1）便于实现较多决策变量的整体优化；

2）当生产经营中存在较多约束条件时，目标规划能全面予以考虑；

3）能区分决策目标的优先等级。

（2）缺点：只能得到唯一解，而在实际的生产经营中，决策者往往希望能有若干个可供选择的相对最优方案，以便根据经验进一步选择其中的某个方案，在这一点上，模糊数学的模糊综合评判方法则有一定的优越性。

14.6.1.4　用目标规划法优化某铁矿品位指标实例

该矿为一大型露天矿，分主矿和东矿两采区。两采区均有原生矿和氧化矿两类矿石，需分采分选。采用单品位指标圈定矿体。生产中有较多约束条件，要求通过多目标优化决策分别调整主矿和东矿两类矿石的可采品位指标。

（1）优化的步骤：

1）分别建立两采区两类矿石以可采品位为自变量求储量和求平均地质品位的数学模型。

2）建立以平均品位为自变量求体重的数学模型。

3）建立以入选品位为自变量求选矿比和精矿品位的数学模型。

4）根据课题的研究目的及特点，确定决策目标。所确定的主要决策目标为净现值、总利润和资源回收量。后者以同一开采范围内所能回收的精矿量衡量。

5）根据该矿近年生产中的基本技术、经济参数，如损失率、贫化率、生产的固定费用（企管费、车间经费等）、可变费用（随产量而变的各项生产直接费用）、精矿售价等以及上述所建数学模型，用 Lotus 1-2-3 软件建立综合技术经济模型。在该模型中，被优化的各可采品位与各决策目标可构成动态联系，即当变动每一个可采品位指标时立即可算出各目标函数的值。

6）设置两采区各两类矿石可采品位指标作种种不同排列组合的 25 个方案，并利用 Lotus 1-2-3 的 What If 功能计算出各方案的各决策目标值。

7）利用以上各步骤所得数据进行回归分析，以建立起各可采品位为自变量的种种回归方程，包括分别求总利润、净现值、精矿量的回归方程以及分别求两采区采出矿量，两类型矿石入选矿量的回归方程。

8）根据矿山实际生产条件确定约束条件，所确定的约束条件是两采区采出矿量约束条件，两类矿石入选矿量约束条件和可采品位指标的最高限、最低限的约束条件。

9）根据各决策目标的重要程度确定目标的优先级，第一优先级是精矿产量，因为满足冶炼厂对精矿的需求是首先必须满足的要求；第二级是净现值和总利润；再其次为年采出矿量和年入选矿量。该研究中净现值与总利润的权系数取等值。

10）给定各目标函数的期望值。研究中都以上述第 5）步计算所得数据的最高值作为期望值。

（2）建立目标规划模型：其模型如下：

$$\min f = p_1 d_3^- + p_2(d_1^- + d_2^-) + p_3[(d_4^- + d_4^+) + (d_5^- + d_5^+)]$$
$$+ p_4[(d_6^- + d_6^+) + (d_7^- - d_7^+)] \qquad \text{（达成函数）}$$

$$3492.505x_1 + 1232.3955x_2 - 1380.6986x_3 - 1995.7649x_4$$
$$+ d_1^- - d_1^+ = 31064.96 \qquad \text{（总利润模型）}$$

$$2255.297x_1 + 849.9208x_2 - 573.3995x_3 - 950.2112x_4$$
$$+ d_2^- + d_2^+ = 48036.95 \qquad \text{（净现值模型）}$$

$$13.05508x_1 + 7.61744x_2 + 27.88966x_3 + 45.25684x_4 + d_3^- + d_3^+ = 1770 \quad \text{（精矿量模型）}$$

$$5.9550551 + 12.96969x_3 + d_4^- - d_4^+ = 377.4688 \qquad \text{（东矿采出量）}$$

$$11.47606x_2 + 10.45365x_4 + d_5^- + d_5^+ = 435.2236 \qquad \text{（主矿采出量）}$$

$$11.47611x_1 + 5.955106x_2 + d_6^- + d_6^+ = 311.2236 \qquad \text{（氧化矿入选量）}$$

$$10.4536x_3 + 12.96919x_4 + d_7^- - d_7^+ = 871.45 \qquad \text{（原生矿入选量）}$$

$$x_i \geqslant 15 \quad x_i \leqslant 30 \quad i = 1, 2, 3, 4$$

式中：$\min f$ 为达成函数；P_i 为决策目标的优先级别；d_i^- 为第 i 个目标低于期望值的负偏差变量；d_i^+ 为第 i 个目标高于期望值的正偏差变量；x_1 为东矿氧化矿可采品位；x_2 为主矿氧化矿可采品位；x_3 为东矿原生矿可采品位；x_4 为主矿原生矿可采品位。

（4）解目标规划模型。解目标规划模型的方法有多种，该研究中采用单纯形解法。在利用该法求解中，将单纯形表中的目标函数行按优先等级分别列出，每一等级列一行，第一行为 P_1 级，第二行为 P_2 级，如此类推。这样在迭代运算中，可从 P_1 级目标行开始逐行检查最优条件，以最后求得整体最优。

经采用自编程序进行电算求解，所得最优解为：

$$x_1 = 25.21 \qquad d_1^- = 0 \qquad d_1^+ = 24479.02898$$
$$x_2 = 22.42 \qquad d_2^- = 0 \qquad d_2^+ = 780.84328$$
$$x_3 = 18.43 \qquad d_3^- = 26.16872 \qquad d_3^+ = 0$$
$$x_4 = 17.35 \qquad d_4^- = 11.24076 \qquad d_4^+ = 0$$
$$d_5^+ = 3.32573 \qquad d_5^- = 0$$
$$d_6^- = 0 \qquad d_6^+ = 111.36875$$
$$d_7^- = 0 \qquad d_7^+ = 453.77523$$

$$\min f = 26.16872p_1 + 25259.87226p_2 + 14.56649p_3 - 565.14398p_4$$

由此可得:

总利润: 594438.3 万元;净现值: 333957.2 万元;精矿量: 9791.5 万吨

将此结果代入原目标规划模型,能够满足检验,因而此结果是正确的。

14.6.3　动态规划

14.6.3.1　动态规划的基本概念

动态规划是运筹学的一个分支,是目前解决多阶段决策过程问题的基本理论和方法之一。

对矿山地质工作中的许多问题来说,时间经常是需要考虑的一个重要因素,这就要求我们研究系统动态过程的模型化和最优化。

动态系统的特征是其中包含有随时间变化的因素和变量。系统在某个时点的状态,往往要依某种形式受到过去某些决策的影响,而系统的当前状态和决策又会影响系统过程今后的发展。因此在寻求动态系统最优化时,重要的是不能仅仅从眼前局部利益出发,进行决策,而需要从系统所经过的整个期间的总效应出发,有预见性地进行动态决策,找到不同时点的最优决策以及整个过程的最优策略。例如我们在探矿过程中,总是根据设计展开工作,并把实际工作分为几个阶段进行;当一个或几个钻孔完工时,就要分析新的资料,以确定下一步工作是否要修改设计,以使勘探效果更佳。

动态规划问题就是将时间作为变量的决策问题。在动态决策中,系统所处的状态和时点都是进行决策的重要因素,因此,多次决策是动态问题决策的基本特点。

14.6.3.2　多阶段决策问题

所谓多阶段决策问题,是指一类活动过程,它可以分为若干相互联系的阶段,在每一个阶段都需要作出决策,并且一个阶段的决策确定以后,常影响下一个阶段的决策,从而影响整个过程的活动路线。各个阶段所确定的决策就构成一个决策序列,通常称为一个策略。由于每一阶段都有若干决策可供选择,因而就形成了许多策略。策略不同,效果也就不同。多阶段决策问题,就是要在这些可供选择的策略中,选择一个最优策略,使在预定目标下达到最好的效果。

在这类问题中,阶段往往可以用时段表示。在各个时间阶段,采取的不同决策是随时间而变动的,这就有"动态"的含义。它是在时间的推移过程中,要在每一段选择最恰当的决策,以期整体上达到最优。当然,只要人为地引进"时段"因素,动态规划在一定条件下也可以解决一些与时间无关的静态规划中的最优化问题,可把它变为一个多阶段决策问题。

多阶段决策问题很多,现以最短路线问题为例。

如图 14 - 1 所示,给出了一个线路网络,A 是起点,E 是终点,两点之间的连线称为弧,可以表示道路、管道、电路等,每一条弧根据问题的实际背景将对应于一个数值,称为距离。问题是选择一条从 A 到 E 的连通弧,使其总距离最小,从 A 到 E,可分为四个阶段。每一阶段都有一个起点和若干个终点。在起点上要进行决策,选择一个终点,这个终点又是下一个阶段的起点。各个阶段的决策不同,连通弧的路线就不同,很明显,当某段的始点给定时,它直接影响着后面各阶段的引进路线和整个路线的长度,而后面各个阶段的路线的发展不受这点以前各段路线的影响。

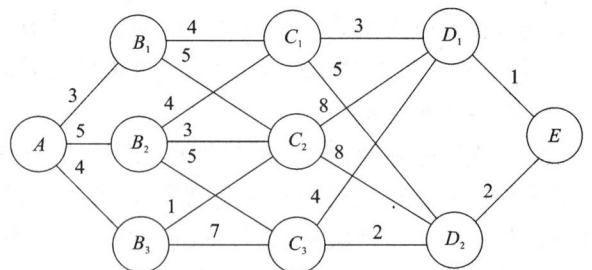

图 14 - 1　最短路线图

根据穷举法,共有 14 条路线,比较出最短的距离值,得出最短路线为 $A \to B_1 \to C_1 \to D_1 \to E$,最短距离 $S = 3 + 4 + 3 + 1 = 11$,显然用穷举法很繁琐。

14.6.3.3　多阶段决策的数模及其有关概念

(1)阶段:在多阶段决策过程中,首先要把所给问题的全过程,恰当地分为若干相互联系的阶段。通常阶段是按照决策进行的时间或空间上的先后顺序划分的,用阶段变量 K 表示。如上图,第一阶段为 AB_1、AB_2 和 AB_3 三条路线,以下阶段类推。阶段数等于多段决策过程中从开始到结束所需要作出决策的数目。上图为四阶段决策过程。

（2）状态：状态就是描述系统情况所必需的信息，表示某段的出发位置。它既是该段某支路的始点，同时也是前一段某支路的终点。通常一个阶段有几个始点就有几个状态。如图14-1所示第二阶段有3个状态$\{B_1, B_2, B_3\}$，描述过程状态的变量，称为状态变量。它可用一个数、一组数或一向量来描述。常用x_K表示第K阶段的某一状态。

（3）决策：决策就是确定系统过程发展的方案，即某阶段状态给定以后，从该状态演变到下一阶段某状态的选择，描述决策的变量，称为决策变量。常用$u_K(x_K)$表示第K段当状态处于x_K时的决策变量，以$D_K(x_K)$表示第K段的允许决策集合。如上图第二阶段的状态集合是$x_2 = \{B_1, B_2, B_3\}$，则从B_1出发，其允许决策的集合为$D_2(B_1) = \{C_1, C_2\}$，若选C_1点，则$u_K(B_1) = C_1$。决策序列也叫策略，在问题的全过程中，由每段的决策集合$U_i(X_i)(i = 1, 2, \cdots, n)$组成的决策函数序列就称为全过程策略，简称策略，记作P_1, n。

由第K段开始到终点过程（后部子过程）的决策函数序列称为子策略。

在实际问题中，可供选择的策略有一定的范围，此范围称为允许策略集合，从允许策略中找出达到最优效果的策略称为最优策略。

（4）状态转移方程：对于具有无后效性的多段决策过程，系统由阶段K到阶段$K+1$的状态转移方程是：

$$X_{k+1} = T_k(X_k U_k(X_k)) \tag{14-32}$$

即阶段$K+1$的状态X_{k+1}完全由阶段K的状态x_k和决策$u_k(X_k)$确定，与系统过去的状态$x_1, x_2, \cdots, x_{k-1}$及其决策$U_1(X_1), U_2(X_2), \cdots, U_{K-1}(X_{K-1})$无关。

$T_k(X_k, U_k)$称为变换函数，它可以分为确定型和随机型两类，据此形成确定型动态规划和随机型动态规划。

（5）阶段效应和目标函数：阶段效应就是执行阶段决策时所带来的目标函数值的增量，在具有无后效性的多段决策过程中，它完全由阶段K的状态x_K和决策U_k决定，与阶段K以前的状态和决策无关。表示为$r_k(X_k, U_k)$。

多阶段决策过程关于目标函数的总效应是由各阶段的阶段效应累积形成的。适于动态规划求解的问题的目标函数，必须具有关于阶段效应的可分离形式。K子过程的目标函数表示为：

$$R_k = R(x_k, u_k, X_{k+1}, U_{k+1}, \cdots, x_n, u_n)$$
$$= r_k(x_k, u_k) \odot r_{k+1}(x_{k+1}, U_{k+1}) \odot \cdots \odot r_n(X_n, U_n) \tag{14-33}$$

其中 $\odot$ 表示为某种运算，可以是加、减、乘、除、开方等。

（6）多阶段决策过程的数学模型：具有无后效性的多阶段决策过程问题的数学模型为：

$$\max_{u_1 \sim u_n}(\min) R = \sum_{k=1}^{n} r_k(X_k, U_k)$$
$$X_{k+1} = T_k(X_k, u_k)$$
$$x_k \in X_k \tag{14-34}$$
$$u_k \in U_k$$
$$K = 1 \sim n(K = 1, 2, \cdots, n)$$

多阶段决策过程问题就是要求出：

1）最优策略$\{u_1, u_2, \cdots, u_n\}$

2）最优路线$\{x_1, x_2, \cdots, x_n, x_{n+1}\}$

3）最优目标函数 $R = \sum_{i=1}^{n} r_k(x_k, u_n)$

其中 $T_k(x_k) = R$

14.6.3.4 动态规划的基本方程和基本思路

（1）最优化原理：最优化原理可表述为"多阶段决策过程的最优策略具有这样的性质，不论初始状态和初始决策如何，对于前面决策所造成的某一状态而言，其余的所有决策构成一个最优策略"。它在动态规划中起着核心作用。动态规划的方法是从终点逐段向始点方向寻找最短路线的一种方法。如图14-2所示。

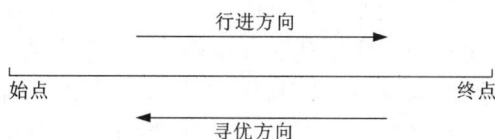

行进方向 →

始点　　　　　终点

← 寻优方向

图14-2　动态规划的思路示意图

（2）动态规划的基本方程：根据最优化原理，推导出动态规划的函数方程为：

$$\begin{cases} f_K(x_k) = \min_{u_k(x_k)} \{ d_k[x_k, u_k(x_k)] + f_{k+1}[u_k(x_k)] \} \\ f_{k+1}(X_{k+1}) = 0 \end{cases} \qquad (14-35)$$

表 14 - 1　　图 14 - 1 实例的计算结果

阶段	方　程　计　算	最短路线
$K = 5$	$f_5(E) = 0$	E
$K = 4$	$f_4(D_1) = \min\{d_4(D_1, E) + f_5(E)\} = 1$ $f_4(D_2) = \min\{d_4(D_2, E) + f_5(E)\} = 2$	$D_1 E$
$K = 3$	$f_3(C_1) = \min\begin{cases} d_3(C_1, D_1) + f_4(D_1) \\ d_3(C_1, D_2) + f_4(D_2) \end{cases} = \min\begin{cases} 3+1 \\ 5+2 \end{cases} = 4$	$C_1 D_1 E$
$K = 3$	$f_3(C_2) = \min\begin{cases} d_3(C_2, D_1) + f_4(D_1) \\ d_3(C_2, D_2) + f_4(D_2) \end{cases} = \min\begin{cases} 8+1 \\ 8+2 \end{cases} = 9$	$C_2 D_1 E$
$K = 3$	$f_3(C_3) = \min\begin{cases} d_3(C_3, D_1) + f_4(D_1) \\ d_3(C_3, D_3) + f_4(D_2) \end{cases} = \min\begin{cases} 4+1 \\ 2+2 \end{cases} = 4$	$C_3 D_2 E$
$K = 2$	$f_2(B_1) = \min\begin{cases} d_2(B_1, C_1) + f_3(C_1) \\ d_2(B_1, C_2) + f_3(C_2) \end{cases} = \min\begin{cases} 4+4 \\ 5+9 \end{cases} = 8$	$B_1 C_1 D_1 E$
$K = 2$	$f_2(B_2) = \min\begin{cases} d_2(B_2, C_1) + f_3(C_1) \\ d_2(B_2, C_2) + f_3(C_2) \\ d_2(B_2, C_3) + f_3(C_3) \end{cases} = \min\begin{cases} 4+4 \\ 3+9 \\ 5+4 \end{cases} = 8$	$B_2 C_1 D_1 E$
$K = 2$	$f_2(B_3) = \min\begin{cases} d_2(B_3, C_2) + f_3(C_2) \\ d_2(B_3, C_3) + f_3(C_3) \end{cases} = \min\begin{cases} 1+9 \\ 7+4 \end{cases} = 10$	$B_3 C_2 D_1 E$
$K = 1$	$f_1(A) = \min\begin{cases} d_1(A, B_1) + f_2(B_1) \\ d_1(A, B_2) + f_2(B_2) \\ d_1(A, B_3) + f_2(B_3) \end{cases} = \min\begin{cases} 3+8 \\ 5+8 \\ 4+10 \end{cases} = 11$	$AB_1 C_1 D_1 E$

　　该方程表达了 k 阶段与 $k+1$ 阶段之间的关系，以上图 14 - 1 例子计算见表 14 - 1。

　　求得最优（最短）路线为：

　　$A \rightarrow B_1 \rightarrow C_1 \rightarrow D_1 \rightarrow E$，最优目标函数值（距离）为 11。再按计算的顺序反推之，可得最优决策函数系列 $\{u_k\}$，即由 $u_1(A) = B$，$u_2(B_1) = C_1$，$u_3(C_1) = D_1$，$u_4(D_1) = E$ 组成一个最优策略集合。

　　这个例子的计算过程，也可用图形的标号法简明的表示，见图 14 - 3。

　　（3）动态规划的基本思路：通过上例，可看出动态规划的基本思路如下：

　　1）动态规划方法的关键：即用一个基本的递推关系式使过程连续的转移，求这类问题的解：要从终点开始逐段向起点方向寻找最优途径。动态规划方法的基本内容，实际上是把原问题分成许多相互联系的子问题，而每个子问题是一个比原问题简单得多的优化问题，且在每一个子问题的求解中，均利用它的一个后部子问题的最优化结果，依次进行，最后一个子问题所得的最优解，就是原问题的解。

　　2）分析函数方程：

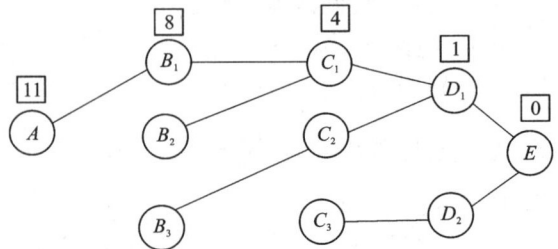

图 14 - 3　动态规划某实例的计算过程

$$f_k(x) = \min_{u_k(x_k)} \left[d_k(x, u_k(X)) + f_{k+1}(u_k(x)) \right] \qquad (14-36)$$

可以看出：在多阶段决策过程中，动态规划方法是把当前一段和未来各段分开，又把当前效益和未来效益相结合的一种最优化方法。

3）每个阶段的最优化决策都是该段的初始状态的函数。在求整个问题的最优策略时，由于初始状态 x_1 是已知的，所以最优策略所经过的各段状态便可逐次变换得到，从而确定了最优路线。以上最短路线问题是一个定期的多阶段决策过程，对于阶段不固定的最短路线问题，动态规划方法常用函数迭代法和策略迭代法求解。

对于常见的动态规划模型，已有现成的电算软件可供应用。

14.6.4 存贮论

14.6.4.1 存贮论的基本概念

在人们的生产活动和日常生活中存在着大量的存贮现象。我们往往发现存贮量的多少，直接影响着生产和流动资金的周转。库存量过少，可能使供需脱节，破坏生产的连续性，从而造成经济损失；库存量过多，则会造成积压，过早地占用流动资金。例如，在矿量管理工作中，我们必须保持合理的生产贮备矿量比例，如果开拓矿量过多，备采矿量过少，就要影响近期生产，如果开拓矿量过少，备采矿量过多，势必影响采矿的后续能力；这样都会带来资金使用的不合理性，造成采掘比例失调。生产贮备矿量中任何一级矿量过多都会造成资金积压，并增加工程的维护工作量；任何一级矿量不足，都会造成生产的不衔接。

存贮论就是专门研究存贮问题的运筹学方法。它涉及如下基本概念：

（1）存贮系统：广义的存贮系统包括存贮状态、补充和需求三个主要内容。

1）存贮状态：存贮状态是指某物品随时间推移而发生的盘点数量上的变化，其数量随需求过程而减少，又随补充过程而增加。例如随着生产的不断进展，生产贮备矿量不断发生变化：随着开采进度，回采矿量不断减少；随着开拓和采准工程的进展，开拓矿量和采准矿量又不断增加。

2）需求：需求就是系统的输出，存贮物的减少。需求有不同的形式，从输出的分布特点上可分为确定性需求和随机性需求；从输出的时间性上可分为间断式需求和连续性需求。在矿石开采过程中，对分散的各个矿区是间断式需求，对整个矿山来说又是连续性需求。矿石输出的分布特点一般为确定性需求，它主要受用户需求和矿体地质特征的影响，随着商品经济的发展，矿石的随机性需求将越来越多。

3）补充：补充就是存贮量的增加，即系统的输入。决定何时补充，补充多少数量的策略，称为补充策略，它是根据系统的目标和需求的方式来确定的。为了使货物（原料、矿石、机械备件）进入"存贮"，需要一定的时间，这段时间称为"拖后时间"。从另一角度看，需在某一时刻补充存贮，必须提前"订货"，那么这段时间称为"提前时间"。

矿山企业为了维持生产，必须不断地储存一些原料（包括矿石），把这些存贮物简称为存贮。生产中，需从存贮中取出一定数量的原料消耗掉，使存贮减少；到一定时候，又必须对存贮进行补充，维持生产的正常进行。存贮论所要解决的问题就是决定补充策略的问题。

（2）费用函数、存贮策略和经济批量公式：由于补充和需求的形式不同，存贮系统的模型也不同，一般地分为确定性和随机性两大类模型。在建立模型和求解的过程中，主要抓住三个环节，即费用函数、存贮策略和经济批量公式，这是解决存贮问题的基本步骤。

1）费用函数：衡量存贮策略的优劣标准是计算该策略所耗用的平均费用是多少，即使得存贮的总费用最小。费用函数就是将存贮策略中各个参数和费用之间的关系定量地表达出来。存贮分析时，一般考虑以下费用：

① 存贮费：指存贮被使用前与存贮有关的费用，包括使用仓库、保管货物以及货物损坏等支出的费用。在地下矿山中，对开拓矿量工程的井巷维护等亦属存贮费。

② 订货费：包括订购费用和货物的成本费用两项。订购费用与订货次数有关，而与订货数量无关；货物成本费用与货物数量有关，而与订货次数无关。

③ 生产费：补充存贮时，如不需要向外单位订货，由本企业自行生产所需要的费用；它包括准备费用（固定费用）和与生产产品的数量有关的费用（可变费用如进行开拓和采准工程所需的费用）。

④ 缺货损失费：当存贮供不应求时所引起的损失。如由于备采矿量不够所造成采矿停顿的损失费用。

2）存贮策略：由于需求过程和补充过程的形式不同，存贮的状态也是各式各样的。根据补充和需求这两个关键因素,可以有三种常见的存贮策略。

①T 循环策略:补充过程是每隔时间 T 补充存贮量 Q 一个批次。这种情况下,需求速度是固定不变的,而且补充时间为零;因此,当存贮量下降到零时正好补充下一批量。

②T、S 补充策略:每隔时间 T 盘点一次,并及时补充,每次补充到存贮水平 S。在这种情况下,每次补充量 Q_1 为一变量,同时需求速度是变化的,补充时间为零。

③T、s、S 策略:每隔时间 T 检查存贮量 x_i,当 $x_i > s$ 时不补充,s 为最低存贮限额;当 $x_i < s$ 时补充存贮量达到 S,即只有当实际存贮量小于或等于最低存贮限额水平时,才补充到定额水平 S。因此需求速度是变化的,并且补充量 $Q_i = S - x_i$,并且只有在 $x_i < s$ 时才进行补充,这种策略又称混合策略。

确定存贮策略时,首先要把实际问题抽象为数学模型,然后对模型用数学方法进行研究,得出数量的结论,并在实际应用中不断地修改和补充,以期符合实际情况,达到使存贮总费用最小、又可避免缺货影响生产的效果。

3)经济批量公式:当费用函数和存贮策略确定以后,就需要求出使费用最小情况下的订货批量 Q_0,即经济批量,经济批量公式是最佳批量 Q_0 的数学表达式,它是在费用函数的基础上进行优化而得出的。

经典的经济批量公式即 $E.O.Q$ 公式:

$$Q_0 = \sqrt{\frac{2C_3 R}{C_1}} = Rt_0 \qquad (14-37)$$

式中:R 为需求速度常数(单位时间需求量);t_0 为订货时间间隔;C_1 为单位存贮费用;C_3 为订购费。

因为货物单价 K 与 Q_0 和 t_0 无关,因此在费用函数中不考虑 KR 这项费用,从而导出最佳费用公式:

$$C_0 = C(t_0) = \sqrt{2C_1 C_3 R} = \min C(t) \qquad (14-38)$$

14.6.4.2 确定性存贮模型

这里我们主要讨论均匀需求时的情况,即需求是已知的,需求速度是均匀的,补充策略采取 T 循环策略。

(1)模型一 该模型不允许缺货,生产时间很短,它假设:

1)缺货费用无穷大,不允许缺货。

2)当存贮降至零时,可立即得到补充。

3)需求是连续均匀的,设需求速度 R 为常数,则 t 时间的需求量为 Rt。

4)每次订货量不变,订购费不变。

5)单位存贮不变。

该模型采用经典经济批量公式。现以实例说明。

例:某矿山为保证生产勘探钻机的正常生产,需定期地向探矿机械厂购买钻头。钻头平均月需量 36 个,每个钻头每月存贮费为 0.5 元,订购一次的费用为 100 元。假定不允许缺货,求经济批量 Q_0,订购间隔期 t_0 和最佳订购费 C_0,并假定订购后能及时供应。

该问题符合模型一条件,可直接应用 $E.O.Q$ 公式,已知:

$R = 36$ 个,$C_1 = 0.5$ 元/月,$C_3 = 100$ 元

解:

$$Q_0 = \sqrt{\frac{2C_3 R}{C_1}} = \sqrt{\frac{2 \times 100 \times 36}{0.5}} = 120 (\text{个})$$

$$t_0 = \frac{Q_0}{R} = 120 \div 36 = 3.3 (\text{月})$$

$$C_0 = \sqrt{2C_1 C_3 R} = \sqrt{2 \times 0.5 \times 100 \times 36} = 60 \text{元/月}$$

即每隔 3.3 月订购一次钻头,每次订购 120 个,最小费用为每月 60 元。

(2)模型二 该模型不允许缺货。生产需一定时间,其假设条件与模型一基本相同,但增加了生产一定时间的条件,并假设生产批量为 Q,所生产时间为 T,生产速度 $P = Q/T$,并且规定:

经济订购批量

$$Q_0 = \sqrt{\frac{2C_3 RP}{C_1(P-R)}} \qquad (14-39)$$

最佳周期 $$t_0 = \sqrt{\frac{2C_3P}{C_1R(P-R)}}$$ （14－40）

最佳生产周期 $$T_0 = \frac{Rt_0}{P} = \sqrt{\frac{2C_3R}{C_1P(P-R)}}$$ （14－41）

最佳费用 $$C_0 = \sqrt{2C_3RC_1\left(1-\frac{R}{P}\right)}$$ （14－42）

例：某矿山每月需 A 零件 400 件，如由自身生产，生产率为每月 800 件，每批生产准备费 100 元，每月每个零件存贮费为 0.5 元。现求经济批量、最佳费用、最佳周期和最佳生产时间。

该例问题符合模型二条件，可直接应用上述公式。已知 $C_3 = 100$ 元，$C_1 = 0.5$ 元，$P = 800$，$R = 400$。

解：经济批量 $$Q_0 = \sqrt{\frac{2C_3RP}{C_1(P-R)}} = \sqrt{\frac{2 \times 100 \times 400 \times 800}{0.5(800-400)}} = \sqrt{320000} \approx 566（件）$$

最佳周期 $$t_0 = \sqrt{\frac{2C_3P}{C_1R(P-R)}} = \sqrt{\frac{2 \times 100 \times 800}{0.5 \times 400 \times (800-400)}} = \sqrt{2} \approx 1.4（月）$$

最佳生产时间 $$T_0 = \frac{Rt_0}{P} = 400 \times 1.4/800 = 0.7（月）$$

最小费用 $$C_0 = \sqrt{2C_3RC_1\left(1-\frac{R}{P}\right)}$$

$$= \sqrt{2 \times 100 \times 400 \times 0.5 \times \left(1-\frac{400}{800}\right)} = \sqrt{20000}$$

$$\approx 141.4（元月）$$

即每次订购的经济批量为 566 件，如由本矿生产只需 0.7 个月时间，相隔的周期为 1.4 个月，最大的存贮水平 $Q_0\left(1-\frac{R}{P}\right) = 283$ 件，最小费用为每月 141.4 元。

（3）模型三   该模型允许缺货，生产时间很短，假设条件中除允许缺货外，其他均与模型一相同。

设单位存贮费用为 C_1，每次订购费为 C_3，缺货损失费为 C_2，需求速度为 R。在允许缺货条件下，t_0 时间订货一次，订货量为 Q，而存贮量只需达到 S_0，从而规定：

t_0 时间内的最大缺货量 $= Q_0 - S_0$，显然 $Q_0 > S$，而最佳存贮量为在允许缺货情况下，贮量只需达到 S_0，即：

$$S_0 = \sqrt{\frac{2RC_3C_2}{C_1(C_1+C_2)}}$$ （14－43）

另： $$Q_0 = \sqrt{\frac{2C_3R}{C_1}\left(\frac{C_2+C_1}{C_2}\right)}$$ （14－44）

则在 t_0 时间的最大缺货量为：

$$Q_0 - S_0 = \sqrt{\frac{2RC_3C_1}{C_2(C_1+C_2)}}$$ （14－45）

最小总平均费用为：

$$C_0 = \sqrt{\frac{2C_1C_3RC_2}{(C_1+C_2)}} = \min C(t,s)$$ （14－46）

例：已知需求速度 $R = 100$ 件，订购费 $C_3 = 5$ 元，单位存贮费 $C_1 = 0.4$ 元，允许缺货，缺货损失费为 $C_2 = 0.15$ 元，求最佳存贮量和单位时间最小费用。

解：利用上述公式即可计算

$$S_0 = \sqrt{\frac{2RC_3C_2}{C_1(C_1+C_2)}} = \frac{2 \times 100 \times 5 \times 0.15}{0.4 \times (0.4+0.15)} = \sqrt{\frac{150}{0.22}} \approx 26（件）$$

$$C_n = \sqrt{\frac{2C_1C_3RC_2}{(C_1+C_2)}} = \frac{2 \times 0.4 \times 5 \times 100 \times 0.15}{0.4+0.15} = \sqrt{\frac{60}{0.55}} \approx 10.44（元）$$

即最佳存贮量为 26 件,最小费用为 10.44 元。

(4)其他说明　　存贮控制问题是缺货的风险和存贮过多之间达成平衡的问题。从某种意义上讲,库存是闲置的资源(包括原材料、人、财等),但是任何矿山,为了维持正常的经济活动,都必须保持一定水平的备而暂时不用的闲置资源。存贮控制的职能在于决策这些资源的最适合的贮备水平,就像我们控制生产贮备矿量那样,始终要力求保持最合适的各级矿量比例和数量,以满足采矿的正常进行。

以上介绍的仅为确定性存贮问题的部分模型,而在实际工作中,我们所碰到的存贮问题,要比上述模型复杂得多。确定的条件是不多见的,其次对于需求量的估计也是一个问题,任何一个项目的需求量最多不过是一个粗略的估计。所以在实践中,常常遇到随机型的存贮模型和其他类型的存贮模型,那么上述 $E.O.Q$ 公式就不一定能适用,需要用概率论及其他运筹学方法来求解。

14.6.5　排队论

14.6.5.1　排队论的基本概念

排队论又称随机服务系统理论,它是研究系统拥挤现象和排队现象的统计规律性,并用以指导服务系统的最优设计和最优经营策略的一种科学管理方法。

在日常生活和工作中,排队现象是不可避免的,由于要求得到服务的对象(顾客)的到达和得到服务的时间是随机的,就会出现在某时刻要求服务的数量超过了服务机构的容量,从而产生排队现象。排队论就是为了解决排队现象,使顾客利益和服务机构的利益达到平衡,取得优化的运筹学方法。

(1)排队论研究的问题

1)性态问题:即研究各种排队系统的概率规律性,主要是研究队长分布、等待时间分布和忙期分布等,包括了瞬态和稳态两种情形。

2)最优化问题:最优化问题分为静态最优和动态最优,前者指最优设计,后者指现有排队系统的最优运行。

3)排队系统的统计推断:即判断一个给定的排队系统符合于哪种模型,以便根据排队理论进行分析研究。

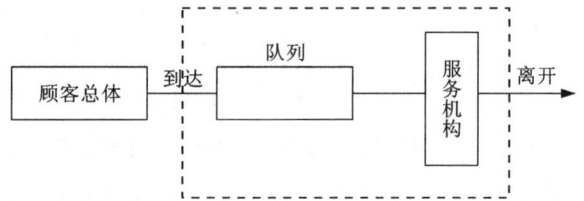

图 14 - 4　排队过程模型图

(2)排队过程的一般模型:可用图 14 - 4 表示。

顾客和服务机构的概念是广义的,它可以是人也可以是非生物,比如样品就是顾客,化验分析仪器就是服务机构;队列可以是具体的,也可以是无形的;顾客可走向服务机构,也可以反向离开服务机构,比如把岩心样品送往实验室进行分析,分析后又送回岩心库保存。

(3)排队系统的组成和特征:排队系统有三个组成部分,即输入过程、排队规则和服务机构。

1)输入过程:输入过程指顾客的到达。它的规律由一定时间内顾客到达数或相继到达的间隔时间来表示,分为确定型、随机型以及介于两者之间的中间型三种。

如实验室接受样品,每天的生产控制样是确定型的,而受外界因素控制的商品样则是随机型的。

排队论主要讨论随机型的输入过程。

随机型的输入,指在 t 时间内顾客到达数 $N(t)$ 的概率分布,一般它服从泊松分布,即:

$$P[N(t)] = n = \frac{(\lambda t)^n}{n!} e^{-\lambda t}, \ (n = 0, 1, 2, \cdots\cdots, n) \tag{14-47}$$

或相继到达的顾客的间隔时间 T 服从负指数分布,即:

$$P(T \leqslant t) = 1 - e^{-\lambda t} \tag{14-48}$$

式中:λ 为单位时间顾客平均期望到达人数,称为平均到达率;1/λ 为平均间隔时间;e 为常数。

2)排队规则:排队规则指到来的"顾客"是按怎样的规定次序接受服务的。例如剧院观众按到达先后买票,矿车按到达先后次序向矿槽卸矿。根据有无排队与等待,主要可分为两种情况:

① 损失制:当一个顾客到达时,若所有的服务机构被占用,该顾客就自动消失永不再来(这是一个数学上的假设,近似于实际问题)。例如在临下班时,矿车到达已装满的矿槽而不能卸矿,当班司机只好下班,这时"顾客"就消失了。

② 等待制:当顾客到达时,若所有的服务机构均被占用,顾客就排队等候服务。这种顾客被接受服务的方

式有以下几种：

先到先服务：矿车总是先到达矿槽的先卸矿。

后到先服务：已加工好的矿石露天堆放，堆在最外层的是最后生产的，但总是最先运走。

随机服务：如化验员内检时，就是随机抽取样品进行化验。

优先权服务：如急诊病人优先看病，特殊要求的样品优先化验分析。

强占服务：如执行任务的救护车和消防车可以闯红灯。

除以上两种情况外，还有一种混合制的情况。

③ 混合制：等待房间有限，系统只有 K 个房间，只能容纳 K 个顾客，当顾客到达时，队长小于 K，就排入队伍；若队长等于 K，顾客自动消失。

等待时间有限，顾客在系统中排队等待时间超过 T，就自动离去。

在系统中逗留时间有限，逗留时间为排队等待时间和服务时间的和。

3）服务机构：服务机构是在指同一时刻内有多少个服务设备可接纳顾客，对每一个顾客服务了多少时间。服务台的个数可以是一个或几个，服务的方式可以是单个服务，也可以是成批服务。服务时间也分为确定型、随机型和中间型三种。例如某露天矿山，采场内有三座储矿溜井可接纳不同采区的矿石，溜井接纳的矿石的时间就是对采场运矿车（顾客）服务的时间。服务时间与顾客到达时间分布一样。具有定长分布、负指数分布等（纯随机型的服务时间 V 的分布函数是负指数分布）。

负指数分布的公式是：

$$P(V \leq t) = 1 - e^{-\mu t} (t \geq 0) \tag{14-49}$$

式中：μ 为称为平均服务率；$1/\mu$ 为称为平均服务时间。

14.6.5.2　排队问题的求解

排队问题的求解主要是选择排队类型（模型）和确定排队系统的数量指标。

(1) 排队论采用的通用符号：排队论采用如下通用符号表示排队类型：

$$[1]/[2]/[3]/[4]$$

这四个符号含义如下：

1）表示输入流的分布类型；

2）表示服务时间分布类型；

3）表示服务设备台数；

4）表示等待房间的大小。

(2) 排队类型：可以用前三个符号来表示，也可以用四个符号表示。用前三个符号表示排队类型可有：

1）$M/M/1$：表示泊松输入分布，负指数服务时间分布，单个服务设备。

2）$M/M/C$：表示泊松输入分布，负指数服务时间分布，C 个服务设备。

对于损失制和混合制系统，则可用四个符号来表示。

(3) 排队系统中的数量指标：在排队论中，用以下指标来衡量排队系统的有效性：

1）队长：指在系统中的顾客（包括等待和正在接受服务的顾客），它的平均值记作 L_s。排队长：指在系统中排队等待服务的顾客数，它的平均值记作 L_g。

2）等待时间：指一个顾客在排队等待的时间，它的平均值记作 W_g；

逗留时间：指一个顾客在系统中停留的时间，它的平均值记作 W_s。

$$逗留时间 = 等待时间 + 服务时间$$

3）忙期：这是一个随机变量，指从顾客到达空闲服务机构起，到服务机构再次变为空闲止，服务机构连续工作的时间。

此外，顾客损失率、服务设备利用率等指标也都是很重要的指标。

4）系统空闲的概率 P_0：计算这些指标的基础是表达系统状态的概率，所谓系统的状态，指的是系统中的顾客数. 如有 n 个顾客，系统的状态就是 n。纯随机型排队系统的运行指标中，系统的顾客到达数服从泊松分布（平均到达率 λ），服务时间服从负指数分布（每台平均服务率 μ）。

(4) 单线服务系统的求解：单线服务系统即单线服务台系统 $M/M/1$ 模型，该模型的系统运行指标如下：

1）系统的闲置概率为

$$P_0 = 1 - P = 1 - \lambda/\mu \qquad (14-50)$$

式中：λ 为顾客平均到达率；μ 为平均服务率；以下各式 λ、μ 符号同此。

令 $\dfrac{\lambda}{\mu} = \eta$，$\eta$，可称为服务因子。

2）忙期概率为

$$P(N>0) = 1 - P_0 = P \qquad (14-51)$$

3）系统内顾客的平均人数为

$$L_s = \frac{\lambda}{\mu - \lambda} = \frac{\eta}{1 - \eta} \qquad (14-52)$$

4）系统内正在等待的平均人数为

$$L_g = \frac{\lambda^2}{\mu(\mu - \lambda)} = L_s \qquad (14-53)$$

5）系统内顾客的停留时间

$$W_s = \frac{1}{\mu - \lambda} \quad P = \frac{\lambda}{\mu} < 1 \qquad (14-54)$$

6）系统内顾客排队等待的时间

$$W_g = \frac{\lambda}{\mu(\mu - \lambda)} \qquad (14-55)$$

它们的相互关系如下：

$$L_s = \lambda W_s,\ L_g = \lambda W_g$$

$$W_s = W_g + \frac{1}{\mu},\ L_s = L_g + \frac{\lambda}{\mu} \qquad (14-56)$$

例：某矿山实验室每班8小时平均分析32个地质样品，每一样品需花费10分钟时间分析，分析设备每次仅能处理一个样品，排队程序描述如下：

样品到达率　$\lambda = \dfrac{32}{8} = 4(\text{个／小时})$

服务率　$\mu = (1/10) \times 60 = 6(\text{个／小时})$

服务因子（强度）　$\eta = \dfrac{\lambda}{\mu} = \dfrac{4}{6} = 2/3$

样品平均个数（队长）　$L_s = \dfrac{\eta}{1 - \eta} = 2(\text{个})$

正在分析的样品数 $S = \eta = 2/3(\text{个})$

排队等待的平均样品数 $L_g = L_s - S = 1\dfrac{1}{3}(\text{个})$

没有样品的时间（闲置）部分 $P_0 = 1 - \eta = 1/3$

样品逗留的时间 $W_s = \dfrac{1}{\mu - \lambda} = \dfrac{1}{6-4} = \dfrac{1}{2}(\text{小时})$

样品在等待时的时间 $W_g = \dfrac{\lambda}{\mu(\mu - \lambda)} = \dfrac{2}{3} \times \dfrac{1}{2} = \dfrac{1}{3}(\text{小时})$

忙期概率 $P(N>0) = 1 - P_0 = \dfrac{2}{3}$

根据上述计算，平均有 $1\dfrac{1}{3}$ 个样品必须排队等候化验。假定，按目前10分钟分析一个样品，需要成本10元；如缩短分析时间1分钟需多支出成本一元。我们希望平均等待样品数能从 $1\dfrac{1}{3}$ 个减少到 $\dfrac{1}{2}$ 个，问成本需增加多少？

解：我们的目标是使 $L_g = \dfrac{1}{2}$，解方程得

$$\eta = \frac{1}{2},\ \left(\text{其中 } L_g = \frac{\eta^2}{1-\eta}\right)$$

为达到目标，服务因子 $\eta = \dfrac{1}{2}$，代入 $\mu = \dfrac{\lambda}{\eta} = 4 \times 2 = 8$ 个／小时

故平均分析时间 $= \dfrac{1}{\mu} = \dfrac{1}{8} = 7.5$ 分钟

每样品缩短时间 $= 10 - 7.5 = 2.5$ 分钟

每样品缩短时间需增成本 $= 2.5 = 2.5$ 元

每班需增成本 $= 2.5 \times 32 = 80$ 元/班

无样品的时间部分 $= P_0 = 1 - \eta = 50\%$

除增加成本外，分析设备闲置的概率也提高了 $\dfrac{1}{2} - \dfrac{1}{3} = 16.7\%$。

（5）多线服务系统的求解：多线服务系统即多服务台系统，常用的标准模型为：

$$M/M/C$$

C 代表了服务台数目。

$M/M/C$ 模型的稳态概率的方程如下：

1）状态概率：

$$P_0 = \Big[\sum_{k=0}^{c=1} \frac{1}{k!}\Big(\frac{\lambda}{\mu}\Big)^k + \frac{1}{C!} \cdot \frac{1}{(1-p^*)}\Big(\frac{\lambda}{\mu}\Big)^c \Big]^{-1} \qquad (14-57)$$

$$P_n = \left\{ \begin{array}{l} \dfrac{1}{n!}\Big(\dfrac{\lambda}{\mu}\Big)^n P_0 \qquad (n \leqslant c) \\[3mm] \dfrac{1}{c!\,c^{n-c}}\Big(\dfrac{\lambda}{\mu}\Big)^n P_0 \qquad (n \leqslant c) \end{array} \right. \qquad (14-58)$$

式中：$\eta = \dfrac{\lambda}{\mu}$ 代表每一服务线的服务因子；$\eta^* = \dfrac{\eta}{c}$ 代表整个系统的服务因子；其他符号同前。

2）平均队长：

$$L_s = L_g + c\rho^* = L_g + \frac{\lambda}{\mu} \qquad (14-59)$$

$$L_g = \frac{(c\rho^*)^c \rho^*}{c!(1-\rho^*)^2} * P_0 = \frac{(P)^{c+1}}{c \cdot c!\Big(1-\dfrac{\eta}{c}\Big)^c} * P_0 \qquad (14-60)$$

3）平均等待时间和逗留时间：

$$W_g = \frac{L_g}{\lambda} \qquad (14-61)$$

$$W_s = W_g + \frac{1}{\mu} = \frac{L_s}{\lambda} \qquad (14-62)$$

另外我们规定各服务台工作是相互独立的，而且平均服务率相同，即：

$$\mu_1 = \mu_3 = \cdots\cdots = \mu_0$$

例：某矿山实验室有两组化验员，使用两套相同设备，已知样品平均每小时送来 12 个，分析时间服从负指数分布，平均每样需花费 6 分钟时间分析。其排队模型为 $M/M/2$，试求：

1）实验室空闲的概率 P_0；

2）在实验室逗留及等待分析的样品数各为多少？

3）平均每个样品在实验室逗留时间为多少？

解：已知服务台数为 2 个，$C = 2$；

到达率 $\lambda = 12$（个/小时）

线服务率 $1/\mu = 6/60 = 0.1$，$\mu = 10$

每线服务因子 $\eta = \dfrac{\lambda}{\mu} = \dfrac{12}{10} = 1.2$；

整个系统服务因子 $\eta^* = \dfrac{\eta}{c} = \dfrac{1.2}{2} = 0.6$

因此：

1）整个实验室的闲置概率为：

$$P_0 = \left[1 + \frac{12}{10} + (1.2)^2 / 2\left(1 - \frac{1}{2} \times 1.2\right)\right]^{-1} = [1 + 1.2 + 1.8]^{-1} = 0.25$$

2）在实验室逗留以及等待分样的样品数各为：

$$L_g = \frac{1.2^3 \times 0.25}{2 \times 2 \times (1 - 0.6)^2} = 0.675 \text{个}$$

$$L_s = 0.675 + 1.2 = 1.875 \text{个}$$

3）平均每个样品在化验室逗留时间为：$W_s = 1.875/12 = 0.156(\text{h}) = 9.36$ 分钟

以上介绍的仅是顾客流服从泊松分布、服务时间为负指数分布的标准排队模型，一般为等待制。在实际应用中，情况要复杂得多，在建立模型时，应注意抓住系统中以下三个主要特征：

1）相继顾客到达时间间隔的分布；

2）服务时间的分布；

3）服务台的数目。

这些一般都是预先计算出来的，编成各种表格，利用这些图表就比较容易求解问题，但是还有较多的问题需用模拟法来建立模型。

14.6.6　决策树方法

14.6.6.1　决策的基本概念

（1）决策的概念：决策是人们确定未来行动的目标，并从两个以上实现目标的行动方案中选择一个合理方案的分析判断过程，一般地说，人们总是力求最优抉择，这个决策中的"最优"原则，指的是在若干有关条件下得到的"相对最优"，而不是说要达到全部条件下的"绝对最优"。

（2）决策的程序：决策是一个提出问题、分析问题和解决问题的系统分析过程。因此，必须遵循正确的决策程序，才能取得有效决策。根据系统发展中的问题，进行系统分析，确定目标后，就要进一步收集信息，科学预测，提出各种可行方案进行评估，然后选定最佳方案，付诸实施，并在实施过程中，根据各种信息及时反馈控制，实现目标优化。矿山地质工作中的各种决策问题，就完全符合这样的系统分析过程。

决策程序示意图如图 14 - 5 所示。

（3）决策方法：决策的方法，主要分为定性决策和定量决策两类。

```
调查研究提出问题
↓
系统分析确定目标
↓
收集信息、科学预测
↓
制定方案、进行决策
↓
全面比较评价方案
↓
方案选优最后决策
↓
执行决策反馈控制
↓
实行决策目标优化
```

图 14 - 5　决策程序示意图

1）定性决策：定性决策就是依靠决策者的知识和经验、分析、判断能力来探索被决策事物的规律，以便作出科学的、合理的决策。

例如我们在圈定勘探区的过程中，总是利用矿区的地质普查资料（有的还包括地质勘探资料）和地质技术知识，结合矿床成因理论和已有的勘探工作经验，先进行判断分析、圈定见矿可能性最大的区域，进行最初的定性分析。

2）定量决策：定量决策就是将决策问题数量化，将决策变量与决策目标之间的关系用学关系表示出来，然后通过计算和比较，进行择优决策。

例如在生产配矿工作中，我们一般都是将矿石的品位、数量、开采成本、价格等决策变量与利润等决策目标用数学公式来表示它们之间的关系，通过计算来选择最优配矿比的。

定量决策的方法主要由行动方案、自然状态及决策变量三部分构成。根据性质不同，定量决策的方法分为四类：即确定型决策方法；随机型决策方法（又称风险型）；不确定型决策方法；敏感型决策方法。

定量决策的方法有盈亏分析法、线性规划、最大可能法、期望值法、决策树法、矩阵法、灵敏度分析、乐观法、悲观法、乐观系数法、等可能性法和后悔值法等。其中，决策树方法的应用比较普遍。

14.6.6.2　决策树方法

（1）决策树方法的应用条件：决策树方法多用于随机型决策，一般应符合如下条件：

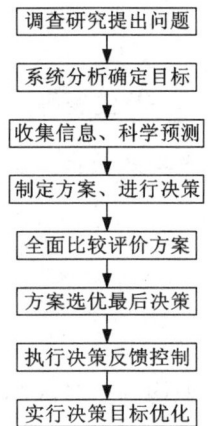

1）存在着决策人希望达到的目标（利益最大或损失最小）。

2）存在着可供决策者选择的两个以上的行动方案。

3）存在着决策者无法控制的两个或两个以上的自然状态。所谓自然状态是决策问题未来发生的各种可能情况。如勘探程度的好坏、产品的销路情况、投资效益的高低都是各自决策问题中的自然状态。

4）不同的行动方案在不同自然状态下的相应益损值（利益或损失），可以计算出来。

5）在几种不同的自然状态中，未来究竟出现哪一种，决策者不能肯定，但其出现的可能性（概率），决策人可以预先估计或计算出来。

（2）决策树的定义与模型：决策树方法是把方案的一连串因素，按它们的相互关系用树形图表示出来，再按决策的原则和程序进行选优决策。

决策树的一般模型如下图：

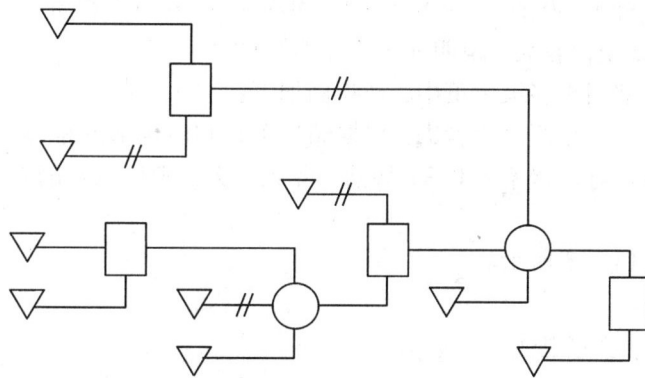

图 14 - 6　策树模型图

□—决策结点；△—决策终点；○—状态结点；∥—表示剪枝

图中的符号说明：

□：表示决策结点，从它引出的分枝叫方案分枝，分枝数反映可能的行动方案数；

△：表示决策终点，或叫结果结点，它反映每一方案在相应的自然状态下可能得到的益损。

○表示状态结点，每个结点上方一般写出表示该方案的效益期望值。从它引出的分枝叫概率枝，分枝上写明自然状态及其出现的概率，分枝数反映可能出现的自然状态数。

∥：表示剪枝，或称为舍弃不必要的方案。

（3）决策树方法的应用步骤；

1）画决策树：把某个决策问题未来发展情况的可能性和可能结果所做的预测或预计，用树形图表示出来。画决策树的过程实质上是拟定各种方案的过程。

2）预计可能发生事件的概率：概率数值的确定，可凭有关人员的估算或根据历史资料推算，或者用特定的预测方法计算。概率数值应力求符合实际情况，不能相差太远，否则就会使决策发生偏差而造成损失。画图时，应把概率值标在分枝上。

3）计算益损期望值：用益损值和概率值由右向左进行计算每个方案的益损期望值，并标注在结点上。

益损期望值根据实际情况可分为最大值（效益）和最小值（损失）两类，计算公式如下：

$$V_i = \sum_{j=1}^{k} B_j P(B_j) \tag{14 - 63}$$

式中：V_i 为 i 方案的加权平均期望值；B_j 为第 j 个事件（数量）；$P(B_j)$ 为第 j 个事件发生的概率。

在决策问题中，如包括两级以上的决策，叫做多级决策问题。决策树方法常用于多级决策问题中。

以下举例说明决策树的应用方法。

例：某矿山为开发新矿区，设计了两套方案，A 方案需投资 100 万元；B 方案需投资 40 万元。两套方案均可开采 10 年。根据储量资料和市场情况，效益好的概率为 0.7，各方案的益损值资料见表 14 - 2。

表14-2 某矿山开发新矿区两方案有关数据对比表

自然状态	概率	A方案年利润(万元)	B方案年利润(万元)
效益好	0.7	50	20
效益差	0.3	-30	-10
投资费用		100	40

要求对上述方案进行决策。

解：(1)画决策树如图14-7所示。

(2)计算各点益损期望值，在不考虑货币时间价值条件下：

点2：$0.7 \times 50 \times 10(年) + 0.3 \times (-30) \times 10(年) - 100(A方案投资) = 160(万元)$。

点3：$0.7 \times 20 \times 10(年) + 0.3 \times (-10) \times 10(年) - 40(B方案投资) = 70 万元$

(3)比较方案 点2的期望值较大，说明A方案是合理的。

上面为单级决策，决策树常用于多级决策中，现举例如下：

例：把上例分为前四年和后六年两阶段考虑。根据储量资料和市场情况推测，前四年效益好的概率为0.7；如前四年效益好，则后六年效益好的概率为0.8；如前四年效益差，则后六年的效益肯定差。请比较两个方案的优劣。

解：(1)画决策树：如图14-8所示。

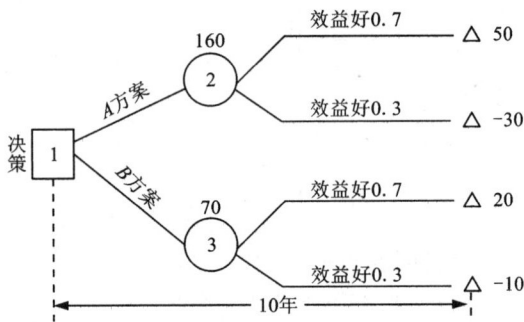

图14-7 决策树

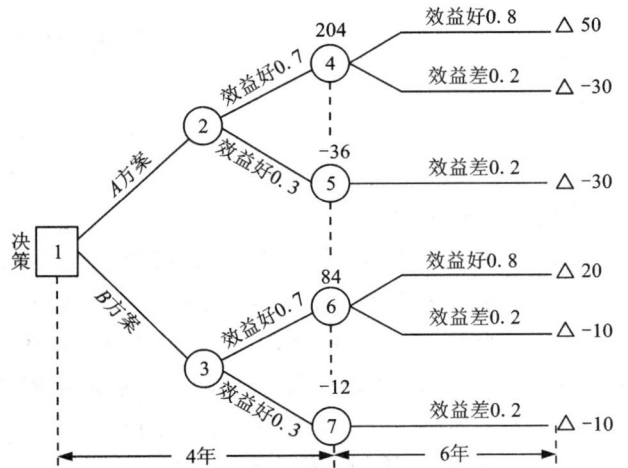

图14-8 决策树

(2)计算各点益损值：在不考虑货币时间价值条件下

点4：$0.8 \times 50 \times 6 + 0.2 \times (-30) \times 6 = 204(万元)$

点5：$0.2 \times (-30) \times 6 = -36(万元)$

点6：$0.8 \times 20 \times 6 + 0.2 \times (-10) \times 6 = 84(万元)$

点7：$0.2 \times (-10) \times 6 = -12(万元)$

点2：$0.7 \times 50 \times 4 + 0.7 \times 204 + 0.3 \times (-30) \times 4 + 0.3 \times (-36) - 100 = 136(万元)$

点3：$0.7 \times 20 \times 4 + 0.7 \times 84 + 0.3 \times (-10) \times 4 + 0.3 \times (-12) - 40 = 59.2(万元)$

(3)比较方案：显然点2期望值较大，A方案是合理的。

(4)决策树方法的优点：

1)决策树方法构成了一个简单的决策过程，使决策人有顺序有步骤地进行决策。

2)决策树比较直观，可以使决策人以科学的推理步骤去周密地思考各有关因素。

3)便于集体决策，对要决策的问题画一个决策树图挂在墙上，便于集体讨论。

4)对于比较复杂的决策问题，用决策树方法比较有效，特别对于多级决策来说尤为方便简捷。

14.6.7　矿山地质工作中可应用运筹学的领域

过去由于多数矿山地质工作者不熟悉运筹学或缺乏电算条件，目前运筹学的矿山地质工作中的应用尚处于萌芽状态，其可应用领域尚在不断探索和扩大之中，现仅举例介绍如下：

（1）线性规划的应用：可用于基建勘探或生产勘探工程选择和布置的优化；可用于矿石质量均衡（配矿）计划的优化等。

由线性规划发展而来的目标规划，还适用于矿山矿产经济研究中的多目标优化决策，特别是适用于具有多变量、多目标整体优化的研究，如矿山经营参数整体优化的研究。

（2）动态规划的应用：可用于协调由基建勘探转入生产勘探不同阶段探矿计划的安排；也可用于探矿工程施工顺序的合理安排；此外，矿山地质部门也要参与矿山矿量计划和质量计划的编制。本法可实现这两种计划的优化。

（3）存贮论的应用：可用于储量升级的合理安排；用于三级矿量合理储备指标的确定；也可用于探矿机械备品、备件合理库存量的确定等。

（4）排队论的应用：可用于探矿工程施工、地测配合作业以及采样、化验等工作中，人员、设备的合理组织安排等。

（5）决策论的应用：可用于选择最佳生产找矿手段的决策，如选择物探、化探、钻探、坑探或它们的组合的方案；可用于选择最佳生产勘探方案设计的决策；也可用于选择最佳探、采结合方案的决策等。

14.7　微机在矿山地质工作中的应用

自从 1946 年世界上第一台电子计算机诞生以来，计算机技术就以十分惊人的速度不断向前发展。特别是进入 20 世纪 70 年代以后，随着微电子技术的飞速进步，微型电子计算机（以下简称微机）更是发展迅猛，目前，64位高档微机已经普及。

微机又称电脑，它具有体积小，价格便宜、操作简便、运行可靠和功能越来越完善等优点，目前已广泛地应用于现代社会的各个领域。

矿山地质工作中积累有大量的地质数据，而且在工作中要分别调用其中某些数据，进行统计分析、计算并形成报表，还要利用其中某些数据绘制各种地质图件。过去这些工作全靠手工作业，已有实践表明，如应用微机来完成这些工作，将可使矿山地质工作者从繁琐的内业中解放出来，将成倍地提高工作效率，把精力投入更重要的成矿规律研究、生产找矿勘探优化设计以及矿产经济研究等工作，使矿山地质工作出现突破性的进展。

不仅如此，矿山地质数据处理及绘图的电算化，还将为矿山开采设计和管理等工作的电算化提供基础。而矿山地质工作和开采技术，管理工作的电算化，都是建设现代化矿山所不可缺少的。

14.7.1　微机硬件简介

目前国内外最流行的主流机种，是由美国 IBM 公司在 1981 年 8 月后先推出的各种 IBM 系列微机。由于其功能强，国内外许多厂家纷纷仿效，生产出与其兼容的许多兼容机以及相应的外部设备及软硬件，本书所介绍的软硬件，均以这类微机为主。微机主要由下列硬件组成。

14.7.1.1　主机

主机中的主要组件是中央处理器、存储器和各种输入／输出接口板。在主机箱上一般都安装有硬盘及软盘驱动器，近年还出现了激光盘驱动器。

IBM 系列的微机及其兼容机近年发展很快，由 20 世纪 80 年代初不带硬盘的 PC 机，先后发展出 PC/XT、PC/AT、286、386、486、586 等机型。我国国产的上述兼容机有联想系列微机、四通系列微机和长城系列微机等。

主机的性能主要取决于中央处理器及存储器，前者决定运转的速度，后者决定进入运转状态时所能容纳的程序及文件的字节（Byte）数量。

上述 286、386、486、586 等代表中央处理器的型号，例如 286 微机采用的是 80286CPU（即中央处理器 Central Processing Unit 的缩写符号）16 位芯片；而 386 微机采用的是 80386CPU32 位芯片，愈先进的芯片运转速度愈快。另一影响运转速度的是 CPU 的主频，目前常见的有 20 兆赫、25 兆赫、33 兆赫，……66 兆赫等主频。

存储器的内存容量，过去生产的微机一般都为 640KB（即千字节 Kilobyet）以下（如 PC/XT）；而现在生产 286 机一般为 1024KB，而 386 以上机型可达 4 兆字节以上。

主机箱中安装的硬盘的存储容量也是有关微机性能的一个指标，最低档的微机可能没有硬盘，如最早推出的 IBM PC 机或其兼容机；后来推出的 PC/XT 机至少有 10 兆字节的硬盘，而现在的高档微机可以有不只一个硬盘，而且其总存储容量可以达到上千兆字节。

所以，现在最先进的微机，其性能已可达到过去小型计算机的水平。

14.7.1.2　输入输出设备

包括有键盘、显示器、打印机、绘图机、数字化仪等。

（1）显示器：有单色显示器和彩色显示器两类，而每类又可有高、中、低分辨率之分。高分辨率的彩色显示器是高档的显示器。

（2）打印机：过去有 9×9 点阵和 16×16 点阵打印机，现在生产的多为 24×24 点阵的打印机，点阵的数据代表打印每个字节在横竖两个方向打印机针头所可打出的最多点数。近年来还出现有激光打印机和喷墨打印机等。

（3）绘图机：对于矿山地质工作来说，如果要用微机绘制地质图，这是重要设备。常用的绘图机分以下两类：

1）平台式绘图机：平台式绘图机在绘图时，横梁在导轨上作 X 方向运动，笔架在横梁上作 Y 方向运动。它因为移动惯性大，绘图速度较慢，但精度要比滚筒式绘图机高，比较适宜绘制复杂的图形。

2）滚筒式绘图机：滚筒式绘图机在绘图时，图纸卷复在滚筒上，滚筒在步进电机的传动下，在 X 方向上带动图纸来回移动，笔架则沿 Y 方向移动。这种绘图机结构简单，绘图速度快，在 X 方向上可连续绘制几十公尺长的图形，但必须用专用图纸，否则图纸易错位甚至损坏。

国内矿山常用的是 DMP 系列绘图机，它不仅可用于 AutoCAD 软件，也可在 BASIC 语言条件下直接使用；随绘图机带的 DM/PL 语言使用简便，易于编程。

（4）数字化仪：可以用于输入图件，也可代替键盘作为选择菜单使用，效率比键盘高。数字化仪分两类：

1）小数字化板：小数字化板又称图形输入板，它与键盘、图形显示器结合可作交互式（人机对话）绘图用，具有删除、作图、标点和指示菜单等功能。操作时符合人的习惯；分辨率一般在 0.25 ~ 0.0250 mm 之间，精度能满足绘图需要，使用较简便。

2）大型数字化仪：大型数字化仪主要用来输入复杂的图形，它可以把图形转换成坐标数据形式，储存在微机的磁盘上，也可以重新在图形显示器或绘图机上复制成图。它比小数字化板有效面积更大，精度也较高。在输入图形时，操作者把图纸放在面板上，使用带有若干按键和精密十字准线的盘状指示器跟踪图形线移动，就能完成读取图线的坐标数据工作。

14.7.1.3　其他硬件

为了使微机具有更多的功能，有时还要配备某些其他硬件。例如，为了实现两台微机间通过电话线的点对点通信，需要配置调制解调器（MODEM）或联想集团所研制的 PCFAX，后者不仅可具有 MODEM 的作用，如果再配以扫描器还可实现传真。又如，为了建立计算机网络系统。还需要各种联网所必需的硬件。

14.7.2　支持微机运行的基本软件简介

微机是种设备，它不能直接根据人的语言或文字的指示进行运行，为此首先必须有一定的软件支持其运行。这类软件最主要的有：

14.7.2.1　磁盘操作系统软件（Disk Operating Systen 简称 DOS）

此种软件原先只用于指挥磁盘（硬盘或软盘）中程序的运行，随着电算技术的发展，其版本不断更新，其具备的功能也愈来愈多。汉化的这种软件一般名为 CCDOS，也已有许多不同版本，其功能既有相同之处，也有不同之处，例如不同版本可支持不同的汉字输入方法。Windows 操作系统比 DOS 有更强的功能。

14.7.2.2　支持某种程序设计语言的软件

每种微机除必须配置 Windows 软件外，还要配置种种程序设计语言软件，以便能运行用户所编的程序，实现用户所要完成的具体任务。计算机的语言大致可分为四类：

（1）机器语言：所谓机器语言，是一种计算机能直接接受的语言。它是由一组二进制代码指挥计算机工作。机器语言的通用性极差，非计算机专业人员很难用它编写程序，所以它只用于编写操作系统和监控程序等。在过程控制或仪器仪表自动化控制等作业中也应用此类语言。

（2）汇编语言：为了解决机器语言编写程序的困难，可给机器语言的指令赋予具有相应意义英文缩写字母组成的代码，用这样的代码编写的程序就叫做汇编语言程序。但是，计算机不能识别汇编语言，还要把汇编语言编写的程序转换成机器语言，才能输入给计算机。所以要应用此类语言编程就必须先有软件（程序）的支持。

（3）通用的高级语言：它是用英文单词作为语言中的一条指令，记忆这些指令较容易，根据指令要求的格式编写程序，可以大大提高编程的效率。

现在应用较广泛的高级语言有 BASIC、FORTRAN、PASCAL、C、C++、COBOL 等语言以及由它们发展演化出来的各种变种版本。显然，这些语言所编程序都要在其各自软件支持下才能运行。

（4）用于编制专家系统的高级语言：某个领域的专家系统是一种储存有该领域大量的专门知识或专家经验的计算机程序，它不是主要通过数学的计算来求出答案，而是模仿专家的思维，主要通过判断、推理等逻辑分析（也可进行简单运算）来求解的计算机程序。显然，完成这种任务的过程有别于计算的过程，为此人们专门开发了一类专门用于编制专家系统的高级语言。最常用的是以 Lisp 和 Prolog 命名的两类语言以及由其发展演化出来的各种变种版本。显然，用这些语言编的应用程序，也需要其各自软件的支持。

14.7.3 较适用于矿山地质工作的某些通用软件简介

利用上述种种程序语言虽然可编制出适用于某项工作需要的应用程序，但是对于非计算机专业人员来说，这是一项既吃力又麻烦的工作。

随着电算技术的发展，发现不同专业领域在应用电算时，在某些方面有共同的要求，例如建立数据库，进行计算分析或绘图等等。为此，计算机专业人员就采用某种或某几种程序语言编制出具有一定通用功能的软件，这种软件往往由许多子程序组成，并在专门程序的"指挥"下运转。非计算机专业人员如需要利用电算完成某项工作，可以不必利用前述语言从头编写程序，只要选择对口的通用软件，进行二次开发（如输入公式、字符、数据或指令等），即可变成某项特定专业工作的应用程序。目前国内外已出现了大量具有不同功能的通用软件，其中较适用于矿山地质工作的有如下几种。

14.7.3.1 DBASEⅢ 数据库软件：

数据库管理系统 DBASEⅢ 是美国 Ashton – Tate 公司 1984 年 6 月在 DBASEⅡ 的基础上开发出来的微机通用软件，它主要用于 16 位微型机上。

DBASEⅢ 主要部分都是用 C 语言编写的，在 MS – DOS2.0 版或更高版本的操作系统支持下，它可在 IBM PC 系列微机或与其兼容的微机上运行。它比 DBASEⅡ 在功能和性能指标上，都有明显的改善和提高，功能有新的扩充，其汉化版本 C – DBASEⅢ 也已推出应用，是我国矿山地质工作中应用最普遍的微机通用应用软件。

（1）DBASEⅢ 的基本功能：DBASEⅢ 是一个小型关系型数据库管理系统，是建立矿山地质数据库的应用较成功的软件，可以有效地进行各类矿山地质数据的存贮、修改、分类、检索、统计和生产报表等项管理业务。它的基本功能有：

1）定义和修改数据库文件：在向数据库输入数据以前，DBASEⅢ 允许用户按照实际使用的要求，预先定义数据文件的结构，并允许修改数据库文件的结构。

2）输入和更新数据：DBASEⅢ 允许用户以字段或记录为单位向数据库文件输入数据，具有添加、插入、删除记录并替换记录中某些字段的内容等功能；同时，系统还提供了一组灵活的记录定位、编辑以及文字处理等功能的操作命令，可以方便地进行数据库文件的更新。

3）数据的操作：DBASEⅢ 具有对数据库文件中的数据进行检索、排序、统计、求和等事务管理的操作功能。

4）报表的生成：数据处理的结果可以在屏幕上显示出来，也可以新的文件形式存贮在数据库中，并能按用户设计的格式以报表形式打印出来。

5）开发应用程序：DBASEⅢ 的所有命令可以交互式（人机对话式）地使用，也可以通，过一组控制命令（语句）组织起来自动地或成批地进行，用户可以方便地开发 DBASEⅢ 的应用程序。

6）辅助功能：DBASEⅢ 还具有文件管理、计算器、联机求助和文件转换等功能。

（2）DBASEⅢ的基本内容和特点：

1）DBASEⅢ的系统容量：在实际应用中，DBASEⅢ的数据文件都存放在磁盘上，系统可以同时打开最多10个数据文件进行操作，对数据库文件的数量没有限制，每个文件最多可含有10亿个记录，每个记录最多可含有128个字段，这么大的系统足够矿山地质数据库使用。

2）DBASEⅢ的命令：DBASEⅢ提供了一组内容丰富的命令（在应用程序中称为语句），共10大类100多条，它的全部功能几乎都体现在这些命令上。它们既可会话式地以菜单命令方式直接执行，也可预先组织编制成为一个程序（名为命令文件），然后由Windous命令启动或调用执行。

3）DBASEⅢ的磁盘文件：DBASEⅢ通过九类专门格式的磁盘文件（数据库文件、数据库备注文件、索引文件、命令文件或应用程序文件、屏幕格式文件、标签格式文件、存贮变量文件、报表格式文件和文本文件等）存贮信息，对文件进行管理操作，它们都有特定的作用。DBASEⅢ对上述文件还提供了一些通用的文件管理操作功能，如列出文件目录、文件换名、删除文件、复制文件、编辑文件和打印文件等。

4）DBASEⅢ的求助与辅导功能：DBASEⅢ的一个显著特点是，用户可以在使用过程中，通过求助命令和辅助命令取得帮助。

①求助命令（HELP）的功能是以联机方式，采用自动执行、按需要求助和会话式三种方式，向用户提供有关DBASEⅢ的各种命令及其使用说明书（屏幕显示），帮助用户纠正操作时语法错误，系统地了解DBASEⅢ的一些基本概念、操作方法、命令和函数功能。

②辅助命令（ASSIST）的功能是使用户以菜单方式来使用DBASEⅢ的大部分命令，减轻用户记忆各种命令和不断查阅手册的负担。帮助用户正确地记住各种命令的格式和功能并熟练使用。

5）表达式的组成：DBASEⅢ与通常的程序设计语言一样，命令（语句）中的表达式由常数、字段变量、存贮变量和函数所组成。其中常量和变量有数值型、逻辑型、字符串型和日期型；并有256个存贮变量用来存放常数、中间结果和最终结果、控制应用程序的执行。函数有5类37种供选择，大大增强了DBASEⅢ命令的功能，符合地质数据具有多函数的特点。

总之DBASEⅢ数据库管理系统，是建立矿山地质数据库的一个较好的应用软件，但在本书付印时，本软件已有被FOXBASE及其所发展版本所取代的趋势，因FOXBASE功能更强，使用更方便，好在它与DBASE软件兼容，而且更易掌握应用。

14.7.3.2 Lotus 1-2-3 集成软件

在矿山地质工作中，往往需要微机完成多方面的任务，如计算、统计及制表、绘制统计图表和建立数据库等。有多种集成化软件可完成这些任务，其中Lotus 1-2-3是功能强而又易于掌握其操作方法的一种软件。

（1）概述：集成软件Lotus 1-2-3是美国Lotus Dovelopment公司于1982年为IBM PC系列微机开发的通用软件。自问世以来，版本不断更新，用户也不断增加，目前在世界上已拥有1千多万用户。目前已有该软件的汉化版本，并可在Windows下运行。

所谓集成软件就是把若干种单功能软件"集成"起来，组成一种多功能软件；它一般都兼顾有被集成的各种软件的功能和优点。Lotus 1-2-3就是表格软件、数据库管理系统和统计图表软件的功能集合体。

Lotus 1-2-3简称1-2-3、"1"代表表格处理，"2"代表数据库管理，"3"代表统计图绘制；它既有表格软件的简明性，又能像数据库管理系统那样方便地检索数据，同时还能绘制多种多样的高质量的统计图并得出统计结果。

（2）1-2-3的主要功能：1-2-3主要有三大功能：

1）表格处理：1-2-3可以完成普通表格软件的所有功能。该软件在微机上启动后，可以自动地在屏幕上显示出表格，让操作者通过一定的指令进行表格的设计、添加内容、删改表格及其内容，操作指令简便直观，直接面向用户。

1-2-3有较强的统计计算能力，对表格中的数值和公式可进行四则运算、逻辑运算、三角函数、对数、标准偏差、方差等各种运算。尤其可贵的是，它可根据表上各年净现金流量数据，直接计算净现值、内部投资收益率，或进行现值、连续定额值、未来值间的相互换算，这些功能对于开展矿山矿产经济的研究更为有用。新版本的1-2-3还可进行矩阵分析及回归分析等计算。

在计算过程中，可将公式直接存入某个表元（表中的格子），即可自动选取表中有关数据进行计算；并可通过简单的指令,对重复使用的公式在几十秒钟内完成几十或上百个公式的输入任务。

在编表过程中,它利用屏幕显示表格及内容,并随意改变显示的区域,以便随时审核、删改或补充。

编制完的表格,可以用打印机打印出表格、计算公式和计算结果,并可将结果长期保存。

2)数据库管理:1-2-3可用来收集和组织一定数量的数据,并可对这些数据进行查询和统计。它的数据库文件由若干记录组成,每个记录占表格中的一行,每行又由若干字段(表格单元)组成,其记录可多达8191个,每个记录最多可达32个字段(新版本可扩展)。1-2-3可以完成下列数据库管理任务:

① 按关键字段对记录进行排序,适用于细致的可行性研究或指标优化的研究工作,一目了然地对成百上千个对比方案查出最优方案。

② 进行查询、选择和删除等检索操作。

③ 进行频率分布的统计。

④ 对数据进行统计计算。

虽然所建数据库的某些功能不如DBASE Ⅲ所建数据库,但它的计算功能强,更直观,并且可与DBASE Ⅲ相互转换文件。

3)绘制统计图:1-2-3可把表格中的数据以统计图的形式高质量地绘制出来,其绘图系统使用简单。它的绘图功能包括:

① 绘制多种类型的统计图,如条形图、叠置条形图、扇形图、折线图和二维坐标趋势图。

② 画出二维坐标轴和标题。

③ 图形的比例变换和旋转变换。

④ 使用的绘图设备可以是图形显示器、点阵打印机或绘图仪,对硬件的要求不高。

此外,在某些作图功能中,还可给作好的图形加图名、图例及图注,并规定比例尺;如果一张图上要表现不同数据组的图形,还可以用不同颜色加以表示,作好的图形可显示在屏幕上或存入磁盘,还可打印在纸上。

(3)1-2-3的主要优缺点:

1)它的功能全面,把表格软件、数据库管理系统和统计图表软件集成在一起,特别适合矿山地质工作中表和图多的特点。

2)使用方法简单,命令采用层次结构,用户输入命令的方式为菜单方式,不要求使用人员有很高的电算能力,甚至不要求掌握算法语言和具备编程能力。它提供了会话式教学系统,指导用户学习、熟悉各类命令、排除障碍。

3)一次可处理的数据量较大,一张工作表格拥有256列×2048行=524288个表元(新版已增至256×8192)表元,每个表元最多可扩宽到70个字符。

4)处理速度比普通的表格软件快,并且计算准确效率高,只要输入的原始数据及公式正确,绝不会出差错。

5)提供了较强的联机求助的功能,采用菜单方式或下拉式窗口菜单(Windows下)工作,使用很方便。它利用一个文件转换程序可以和高级语言或其他应用软件交换数据文件,大大开拓了应用范围。

6)在使用时可由用户自行定义宏命令,用一个字母来代表经常要多次使用的一串命令。命令由一串1-2-3的命令及参数组成。

(4)1-2-3在矿山地质工作中的应用领域:

1)可用于建立矿山地质数据库:利用此软件建立矿山地质数据库,比应用DBASE Ⅲ更直观,也更易掌握建库技术,而且其计算功能比后者更强,一旦需应用DBASE Ⅲ的某些功能时,还可将其所建立的数据文件转换为适用于DBASE Ⅲ的文件。

2)可用于编制各种报表:可编制的表格包括原始资料表格(如取样及样品分析登记表),以及需要计算的各种表格(如储量报表、损失及贫化报表或三级矿量报表等)。采用此软件编报表的好处还有以下几点:

① 某些报表可直接转化为数据库,并可利用查询功能调出所需要的原始资料或计算后的综合资料。

② 对格式固定需要计算的报表,只要第一次建立时,已输入了公式,今后重复使用该表格时,只要输入原始数据,它就可自动完成计算工作。

③ 对于需要累加的报表,例如月报表累加为季报表,或季报表累加为年报表,都可以利用已有的报表给以

一定的指令，在短时间内就可完成累加任务，而不必重新建表和重新计算。

④ 已编成的有计算内容的报表，既可让其在显示屏幕上显示出计算结果数据，也可让其显示出计算公式。后者有利于检查所输入的计算公式是否正确。

⑤ 对于在不同条件下需要采用不同公式的计算，例如断面法储量计算中，当两断面面积相差大于40% 或小于40% 时，要分别采用不同公式计算，这时可利用其 IF 的功能，让表格在计算中自动选用不同的公式进行计算。

3）可用于绘制各种统计图表：该软件可以绘制多种矿山地质统计图表，如生产贮备矿量的变化、损失率与贫化率的对比、历年计划生产勘探工作量与已完成生产勘探工作量的对比以及品位频率分布图、各种回归方程的图形等。

4）可用于矿产经济分析研究：在这方面，此软件的优点更突出。无论是进行矿床经济评价或是进行矿床工业指标优化等技术经济分析研究，此软件都能执行各种所必需的计算分析。特别是它的 What If 分析功能，还善于进行大量方案的对比分析、敏感性分析或风险分析。

5）可用于进行某些数学地质的分析或计算：对于某些不太复杂的有关数学地质的分析或计算，此软件也能胜任。例如，有关品位的频率分布的统计分析、相关分析、回归分析、聚类分析等的计算工作、甚至模糊数学和灰色系统等数学方法的计算分析，都可通过此软件进行分析计算。

14.7.3.3　AutoCAD 绘图软件

20 世纪80 年代以来，国内外微机绘图软件的研制工作发展迅速，各种功能完善的绘图软件层出不穷。在矿山地质工作中目前应用较多的通用软件是 AutoCAD。

AutoCAD 绘图软件包最初是美国 Autodesk 公司为16 位微机研制的微机绘图与辅助设计软件包，于1982 年推出，目前已推出十几版，AutoCAD 软件包是一个强有力的绘图辅助工具，任何可用手工绘制的图形都可借助它更快更好地绘制，并且可绘出人工难以完成的图形，如矿体的三维形态图。它不仅可用于输图、画图、图形编辑及绘图，也可驱动多种数字化仪和绘图机。

（1）软硬件配置：AutoCAD 可在单屏幕和双屏幕两种方式下工作。在单屏幕方式下，显示图形及作为系统控制台共用一个屏幕，在双屏幕方式下，一个屏幕用于显示图形，另一个作为系统控制台，其标准配置如下：

IBM PC 系列微机或其兼容机，最好是386 档次以上的微机。必须有两个双面双密软盘驱动器和硬盘。输入输出设备主要有数字化仪、绘图机、打印机、显示器、鼠标器等。

不同版本的 AutoCAD 对 DOS 的版本有不同的要求。

AutoCAD 软件中有可执行文件、覆盖文件、设备驱动文件及系统形文件、支持文件、样本图形文件等，另外还包括用户手册、安装指南等文字资料。

（2）AutoCAD 软件的基本内容及特点：AutoCAD 提供了一组输入项用于构造图形，一个输入项便是一个图形，例如一条直线、一个圆、一段文字等。由输入命令通知 AutoCAD 需绘制什么输入项，命令可由键盘输入，也可用鼠标器从屏幕菜单上选择，还可由制作命令文件使其自动执行。然后屏幕显示出提示，请用户为所选输入项确定参数。这些参数通常包括输入项在图形中的位置坐标、大小、角度等数值。给出参数后，系统绘制该输入项，并在图形显示器上显示出来，借助图形显示器可在屏幕上看到绘图过程的每一步。

AutoCAD 提供了使用户可以修改图形的一些命令，输入项可被抹除、移位、旋转或拷贝以构成重复性图案；有些命令可用于改变图形在显示器上的"视图"，例如放大、缩小等；还有的命令可用于给出有关图形的线段长度、面积等信息；另外一些命令用于绘图辅助，如帮助用户将输入项精确定位等。最后可用一条简单的命令将图案硬拷贝到绘图机上。

AutoCAD 本身有近百条内部命令，新版又在原版基础上扩展了新的功能，如三维成图及消除隐藏线功能、多线段生成功能；增强的计算功能，增加了外部命令功能，使得 AutoCAD 更加灵活，功能更强，并可在 AutoCAD 内运行用户编制的其他语言程序。

AutoCAD 可以从三维空间的任一点观察一幅图形。从选择的观察点，可以加入新的图形元或删除、编辑可看见的图形元；多数标准的 AutoCAD 命令仍使用正常的二维提示序列，但可支持三维观察能力。

图形输出可通过绘图机和其具备图形功能的打印机实现。绘图机输出的图形精度高，可画大幅图画；打印机输出图形精度差，图幅小，但输出速度快。

AutoCAD 软件已汉化,而且由于它可与 DBASEⅢ 数据库及其他高级语言程序"通讯"的强有力功能,被我国的矿山地质工作者普遍用作基础绘图软件。

(3)AutoCAD 与高级语言的连接:AutoCAD 本身只是一个功能强的图形编辑程序,要使其真正起到计算机辅助设计的作用,就必须赋予它"参数制图"的能力。这实质上就是要求图形软件具有与高级语言联接的"接口",使用者给出参数(如品级线),经高级语言程序处理后,送给 AutoCAD 生成所要求的图形;在另一些场合,可通过这些接口,运用高级语言编制的程序来处理加工已由 AutoCAD 生成了的图形。

由于 AutoCAD 的图形数据库是以压缩的数据格式存贮的,用户所编写的高级语言应用程序几乎不可能直接去获取其中的信息。因此为实现 AutoCAD 与其他高级语言程序的图形交换,采用了一种用 ASCII 文本文件描述AutoCAD 图形的"图形交换文件",即 DXF 文件。AutoCAD 与其他高级语言程序连接时,首先将其内容的图形数据转换为 DXF 格式的文件,来让其他高级语言程序读取、加工处理 DXF 文件;经处理后的 DXF 文件如需送回AutoCAD 中去生成图形,也要事先转换为内部图形数据库格式文件。

一般在使用中,通过 BASIC、FORTRAN、PASCAL、C 或 C++ 语言等高级语言程序来实现对 AutoCAD 图形中信息的读取或生成 AutoCAD 的图形。

(4)AutoCAD 在应用中存在的问题:由于 AutoCAD 存在编程功能差和数据转换效率低等缺点. 在矿山地质工作的应用中还存在以下问题:

1)为了输图和绘图,要两次进入 AutoCAD 软件包,使用时是非常不方便的。

2)不能输入质量数据,必须选用 AutoCAD 输入取样点坐标,再用高级语言程序输入质量数据,用起来不方便又易出错。

3)国内许多矿山引用 AutoCAD 时,仅仅把它当作数字化仪和绘图机的驱动程序,还没有发挥它的真正作用。

14.7.4   矿山地质(或地测)数据处理系统及实例

在矿山地质的内业工作中,经常且大量的工作是:原始数据的登录造册、编制各类统计计算报表以及绘制各种地质图件。这些工作如能实现电算化,不仅将大大提高矿山地质工作的效率,更重要的是将为开采技术和管理工作的电算化提供基础。

为了达到这个目的,可利用前述的各种通用软件,结合各矿山的具体条件,进行二次开发,以分别实现各项工作的电算化。

但是,目前国内外的发展趋势,是把许多分别开发的单功能软件,进一步组合成"矿山地质(或地测)数据处理系统"。在此种系统中,可把各项原始数据输入数据库存放,再从数据库中调用有关原始数据进行计算、统计分析、编制各类报表和绘制各类图件。其中间及最终工作成果又可存入数据库。

现在,国内已有不少矿山与科研单位或高等院校合作开展了这类系统的研制工作,并已有些系统已投入生产应用。

目前,世界上一些发达国家相继开发出许多数字化矿山建设方面的专业软件,比较成熟的有 Datamine、Surpac、Micromine、MINCAD 等。我国三地曼公司自主研发的具有自主知识产权的 3DMine 矿业工程软件是为国内用户量身打造的三维矿业软件。它采用了 office AutoCAD 操作风格,与 AutoCAD、Surpac、MapGIS 等软件有超强的兼容性,能够实现与 Excel 等表格数据的无缝链接,实现了对真实地质情况的抽象、还原、高度模拟、准确验证,在三维模拟中已经取得了丰硕成果,现已广泛应用于矿山的地质、物探、化探、水文工程及采矿工程等各类领域,并已获得了很多成功应用的实例,可详见《矿山地质选集第六卷:3DMine 在矿山地质领域的研究和应用》。

15   工艺矿物学研究

工艺矿物学是矿物学的一个分支,它是矿物工程学和矿物学之间的边缘学科。它与生产紧密结合,直接服务于生产。所以,它的兴起和发展是人类社会生产实践和现代科学技术发展的结果,也是矿物学与其他自然科学相互渗透而产生,以解决矿物处理工艺和材料加工工艺过程中存在的矿物学课题。工艺矿物学是以工业矿物原料及其产品为研究对象、除普通矿物学研究的范畴外,还着重研究矿物的工艺性质及其与加工工艺之间的关系。所以工艺矿物学比普通矿物学研究的范围更广,研究的程度更深。工艺矿物学要研究工艺矿物的物理化学特性和工艺特性,矿石的矿物组成、含量、粒度大小、嵌布特性以及元素的赋存状态、元素的平衡分配等工艺性质或者研究矿物加工过程中相的组成、相的变化等基本规律以及与工业产品之间的关系,从而解释和预测工艺过程中的各种现象和可能采取的有效措施,保证、指导工艺研究和生产过程的正常进行。

工艺矿物学的发展、成长是与国民经济各部门对矿产资源的需求量越来越大、质量要求越来越高密切相关的。所以工艺矿物学在矿山地质、选矿、冶金、建材、陶瓷、化工、硅酸盐等工业部门具有十分重要的地位。特别是在矿山地质评价、矿产资源的开发和综合利用,选择合理的工艺流程、提高选冶生产指标和选、冶生产过程中的故障分析等方面起重要作用。

《矿山地质选集》第五卷专门收集了工艺矿物学研究有关论文,因此此卷中有关内容略,读者可参阅《矿山地质选集第五卷:工艺矿物学研究与矿山深部找矿》。

第 2 篇　矿山地质经济

16　矿山地质经济概述

马克思曾经把自然资源划分为两大类：其中一类叫"生活资料的自然富源"，如肥沃的土地、鱼产丰富的水体等；另一类叫"劳动资料的富源"，如奔腾的瀑布、可以航行的河流、森林、金属矿、非金属矿、石油和煤炭矿藏等。他还说："在文明初期，第一类自然富源具有决定性的意义；在较高的发展阶段，第二类自然富源具有决定性的意义。"列宁更进一步指出煤和铁是"真正创造生产资料的生产资料。"

一个国家的经济现代化过程中，一切地上资源如土地和水资源的进一步开发利用，也是与矿产资源的强化和深入利用是同步进行的。燃料也是由以柴草为主发展到以煤炭、石油、天然气和铀原子核能为主，电力的生产、输送和使用，房屋由砖木结构发展到钢筋混凝土结构和各种新型材料结构；劳力由用人力和畜力耕耘变为机械耕作和收获，农肥也从单纯用有机肥料发展为有机肥与化肥并重，交通也由坐骑、马车、帆船被汽车、火车、轮船和飞机所取代。所有这一切，比任何统计数字都更直观地说明这里有一个不可逆转的趋势，那就是矿产资源对人类平均生活水平和文化水平的提高有着越来越重要的作用。

16.1　矿产资源的特殊性

为了弄清矿产资源的特殊性，我们需要比较它与其他各类资源的异同。

所谓自然资源是一切不经人的劳动而自然存在的并且能够向人类提供其生活和生产所需要的空间、物质和能量的客观条件。土地、阳光、空气、水源、野生生物、矿藏、核能、潮汐能等，都是对人类有用的自然资源。在这些自然资源中，矿产资源有以下主要特点：

（1）矿产资源的地理分布极不均衡；

（2）各个矿区（或一个矿区的不同部位）的矿石质量和产品成本相差悬殊；

（3）矿产资源是有限的可消耗性资源；

（4）矿产勘查的风险性大于其他工作，但风险和机遇并存，矿产勘查的成功发现是人类认识深化的必然结果。

现对矿产资源的这些特点分述如下。

16.1.1　矿产资源的地理分布极不均衡

完全从自然地理学的观点来看，可耕地和矿产资源的分布都很不均衡，而且两者各有自身的形成条件和分布特征。在我国，百分之九十以上的耕地在国土东南部湿润半湿润季风区约占百分之四十的面积上，而绝大部分煤、铁蕴藏量则在北方和西南：河北、辽宁、四川三省的铁矿占全国总储量的一半；秦岭 — 大别山一线以北的煤蕴藏量占全国总储量的 80% 以上，其中山西、内蒙两省区的储量占全国总储量的一半以上。绝大部分磷矿则集中在西南和中南两地。石油、天然气、有色金属和多数化工矿产资源也只见于少数地区。然而这种不均匀性对社会的影响是不相同的。

为了满足社会主义工业化对矿产品的巨大需求，除了加强沿海诸省原有各个矿区的开发外，矿产资源的勘查和开发已指向内蒙、西北和西南的广大地区。这些地区的重要矿产资源，其服务对象主要不在当地，而是在人口的稠密区。1980年我国能源产品占铁路运力的43.3%，沿海货运的69.3%，长江水运的58.5%。"北煤南运"和"南粮北调"已成为口头禅。

这种物质上的互通有无不可避免地对交通运输业的发展起到了前所未有的促进作用。我国约80%的能源是煤炭、石油和天然气，它们都是矿产品。为什么交通要与能源并列为投资重点？这是因为凡大宗矿产品都要长途调运。从1984年起，投资重点除能源、交通外，又添了原材料。多数原材料由矿产品制成，所以它们也同样要长途调运（见表16-1）。1980年原煤、原油、钢材、矿物性建筑材料的日装车数已近60%，而粮食的日装车数则未超过2.6%。1980至1987年原煤、原油、钢材、建筑材料的日装车数仍保持60%不变。

表16-1　1952～1987年铁路平均日装车数

年份	合计	煤	石油	钢铁	矿物性建材	粮食
1952	12334	3911	116	450	1719	1251
1962	23893	11145	615	792	1795	1136
1970	42264	14685	2370	1912	5088	1249
1975	51789	17376	3685	2495	7595	1263
1980	61298	21627	3294	3399	8256	1590
1985	67228	25333	3448	3963	7765	2247
1987	70004	25874	3863	4376	7056	2649

资料来源：中国统计年鉴，1988年，第510页。

矿产资源在全国各地乃至世界各国的分布很不均匀，各地和各国原油、原煤和各种矿产品的产量和消耗量也很不均衡，而且这三种不均衡还很不一致。

战略性矿产在世界范围内的不均衡分布，也是国际上政治和军事斗争的一个焦点，所以正引起人们广泛的关注。

16.1.2　矿产资源是有限的可消耗性资源

人所共知，以人类历史（而不是地史）尺度来衡量，矿产资源是一种不可再生的可消耗性资源，采一吨少一吨。这固然是千真万确的，但我们还需要从这里作进一步的讨论。

矿产资源采一吨少一吨，这还只是一种物理意义上的表述，不等于作为劳动对象的矿产资源利用的经济规律。众所周知，自然状态的土地和有经济价值的可耕地是有区别的，前者是不变的，后者却会随耕作的变化而变化。同样道理，含矿地质体的某些部分会因开采而减少，但有经济价值的整个矿产资源却不一定如此。第一，由于地质工作者的努力，我国和整个地球上在册的可采矿量总的来说是在不断增加，不是在减少。据美国《科学》杂志报道，在过去十年中，世界已探明的天然气储量增加了一倍。石油开采量虽在增加，但储量未见减少。其次，由于科学技术的发展和社会需求的变化，过去的潜在资源甚至废石，现在可能变成矿了。因此，有经济价值的矿产资源是不至于枯竭的，"资源末日"之说并无根据。

但是，强调矿产资源不至于枯竭，并不等于不要求人们珍惜地下资源。

我们认为，要加倍珍惜地下资源，不但是为了子孙后代，同时也是因为这直接影响到当代人的现实利益。

由于矿山开发投资额极大，所以大型矿区的开采规模不大可能一次形成，一般都要由小到大逐渐成型。它的年产量由小到大，前一段是接替其他矿区消失的生产能力，到了鼎盛时期才可能有扩大本行业产品量的作用，以后本身能力的下降又要靠其他新矿区形成的能力来接替。所以，它的简单再生产和扩大再生产，只能从全行业来看。首先要力争一个地区的生产能力不下降，不得已时也要争取毗邻地区能调剂余缺，最后才是远距离的调运矿石和矿产品。采掘工业生产能力的布局，不能不与整个生产力的布局互相协调。只有对生产力的布局和各地区的发展规划做过深谋远虑，才能搞好采掘工业的扩大再生产规划，使它由纸上的东西成为客观的现实。

从矿产品的简单再生产和扩大再生产的这一规律看问题，我们才可能进一步理解某个矿区资源的不可再生性的全部含义以及珍惜地利用这种资源的重要意义。

16.1.3　矿产勘查的风险性大于其他工作

矿产勘查不同于其他多数生产条件相对稳定、市场状况可以相对准确预测的行业，它的风险性极大。一次找矿工作的成功与失败虽不完全是博弈中的随机事件，但风险和机遇并存，矿产勘查的成功发现，是人类认识深化的必然结果，也是矿山地质工作者的追求的主要目标之一。

16.2 矿山地质经济学的概念、内容和基本任务

16.2.1 矿山地质经济学的概念和内容

矿山地质工作是作为经济行为的矿业开发和生产的组成部分。因此，必须以提高整个矿业开发和生产的经济效益为目的来安排矿山地质工作。矿山地质经济学是矿产经济学的一个分支，它是研究矿山地质工作的方式、方法和方案与矿区开发的经济效益的相互关系的学科。

矿山地质经济学的特点取决于矿山地质工作在矿业开发中的特殊地位和作用。因此，弄清矿山地质工作的性质是必要的。本章的任务在于阐明它与矿山建设和生产的特殊关系。

矿业开发和生产的基本和主要的生产资料是未尽探明的地下资源，它的开发者只能在开采过程中为提高其工作成效步步深入和展开对资源利用前景的探索和认识。

对所谓"探明资源"的理解是相对的，常带有一定程度的任意性，但在讲求实效的开发者看来，唯有与所用开采方式和进度相匹配，并能保证最大限度地发掘资源经济潜力的矿山地质工作，才是对资源的"有效探明"。由此可见，没有矿山地质经济学的介入，就掌握不住矿山补充地质勘探和生产勘探工作的合理分寸，这将不利于提高矿山开采的效益。

尽管在我国各个矿区，目前要由专业地质工作部门完成一定矿产地质勘探任务之后才转到开采者手中，但毕竟是因为这种地质勘探工作的代价可以在开采中得到补偿才去做它。所以从实质上说，矿区一旦被肯定具有起码的开采价值后，不论按哪一层次的计划和用什么资金投入"基建勘探"，它们都属于广义的矿山地质工作，因而也都是矿山地质经济学的研究领域。

矿山地质工作者要深知运行中的矿山企业的进取能力和面临的经济压力，由此为增强企业经济实力或延长其寿命而指向潜在资源和在矿区内外去开辟新的资源。在矿区深部、附近或外围找矿要力求做得恰到好处，既不放过见矿机会，也避免操之过急致使企业难以承受。这种最佳探矿方案绝不是单纯的工作技术命题，它要求矿山地质工作者以企业当家人的自觉性和精明度来拟定和实施。矿山地质经济学应当成为他们的左右手。所以，矿山地质经济学的总任务是站在一个作为经济实体的矿山企业或矿业公司的立场上来引导矿山地质工作：一方面要为这个经济实体在向社会提供所需矿产品的过程中获取相应的社会收益，另一方面又要在保证社会效益的情况下为补偿企业可能的财务损失而出谋划策。

16.2.2 矿山地质经济学的基本任务

矿山地质经济学的基本任务，就是通过对矿产资源开发效果的预期评价来选定能促进这一效果的矿山地质工作和方案。因为矿山地质工作是多阶段、多层次的，所以矿山地质经济学的任务也要相应地分解为若干项。经常接触到的有以下几个方面：

16.2.2.1 矿产供需和矿产资源形势分析

为了帮助广大矿山地质工作者更好地做好矿山地质经济工作，我们将在第17章着重介绍矿产供需中的经济问题和对矿产需求的预测，对世界金属矿产原料的需求作了分析。对矿产品市场的种类、特点和作用，矿产市场的开拓与竞争，矿产品价格的制定，以及矿产的供应能力分析等作了简要的介绍；在第18章中，着重分析矿产资源的形势，对矿产资源分析工作的意义，以及国内外开展矿产资源分析工作概况，矿产资源分析工作的原则、分析的内容，应考虑的影响因素，对矿产资源进行分析的方法，以及世界主要的矿产资源及我国矿产资源作了简略的分析。在第19、20、21章中，对矿床、矿区的经济价值进行经济评价、综合利用评价和环境保护评价的意义、内容、原则和方法作了较为详细的介绍。

16.2.2.2 矿产资源的经济评价

矿产资源的评价原则上应归结为对这项资源开发利用效果的评价。开发矿产资源是整个矿业经济实体的经济活动，对其开发效果的关注本来是整个经济实体的事，但由于矿产资源是这个产业主要的和基本的生产资料，并且是开发效益大小的基本前提，因此能从这个实体的切身利益出发来探索资源潜力的莫过于矿山地质工作者了。也就是说，能设身处地评价矿产资源的往往就是矿山地质经济工作者。

　　从矿区的经济价值被肯定之日起,矿山地质经济学就要以弄清矿区近期、中期和远期的经济潜力为目的。

　　地下资源的面纱只能随着矿山开发工作的进行而被逐步揭开,人们又必须在当地、全国和国际上不断发展变化的经济背景下来评价资源.所以这里不可能有任何先见之明,只能由矿山地质经济学武装起来的勘探工作者自始至终地做下去,直到矿山工作结束。

　　一时被肯定了经济价值的矿区仍然会面对着前途未卜的命运。这个经济价值可能上升、下降、推迟实现或被长期搁置,这就会影响到矿区开发工作的进退去留。在这个可变的环境中,所要投入的开发方式和与之匹配的矿山地质勘探工作同样要随机应变而切忌墨守成规。没有矿山地质经济学的头脑,这种有应变力的开发工作以及为之尽一臂之力的矿山地质工作将无从谈起。关于矿产资源及其开发效果的经济评价,本卷第19、第20章中将有专门的论述。

16.2.2.3　矿块的取舍和品位指标的选定

　　为了便于计算储量,矿体虽然可能划分为水平或垂直断面间块段、棱柱形块段或其他各种形态的块段,但矿山地质工作者从开采过程的实际需要出发,必须改按采区、开拓、采准、回采块段的设计重新划分矿块和取舍矿块。这个取舍矿块的工作要通过矿山地质经济分析来完成。取舍的原则是:每一个不论大小和开发程度的开采单元的单位勘探、开采和矿石加工的待投费用或边际成本必须至少赢得等值的矿产品。这个原则同样适用于回采作业的每一个爆破回次,从而也决定着矿体的边界。

　　当开拓、采准、切割、回采和矿石加工作业单位成本和产品核算价格为已知时,这些开发程度不同的块段中有用成分的有效含量(品位与选别回收率的乘积)必须能保证上述原则得以实现。由此决定的各种开发程度的矿块的品位下限是一个有序的指标体系。有关的论述将在本卷第20章中展开。

　　因时因地制宜地确定和修订品位指标体系,并阐明其使用方法,是矿山地质经济学的另一项基本任务。

16.2.2.4　确定矿体和矿块的勘探程度和开采方式

　　矿体和矿块的勘探程度(即控制方法和勘探精度)虽然是开采工作的前提,但勘探程度与开采方式方法又必须相互衔接以适应资源条件,并使总的开发成本与开采所得处于最佳的比值中。也就是说,矿区、矿体和矿块的开发唯有通过矿山地质经济分析才能选定最佳方案。单纯按技术标准拟定勘探和开采方案,将不能保证取得最佳的开发效益。

16.2.2.5　确定矿块回采率和矿石贫化率的最佳标准

　　矿块回采率总的来说必须从目前的水平上显著提高以充分利用资源,但事实上也不是越高越好,因为这要引起开采成本的不断提高直到超过合理水平。

　　矿石的贫化率总的来说也必须从现有水平上显著降低以节约选矿费用,但同样也不是越低越好,因为这也要导致开采成本不断提高直到超过合理水平。而且,对大多数采矿法来说,回采率和贫化率间还存在着正相关的关系。

　　由于提高回采率和降低贫化率引起的经济效益变化与矿体和矿块的地质资源条件密切相关,所以,为取得最高效益来确定回采率和选矿回收率的合理标准必须列为矿山地质经济分析的任务。有关这方面的内容将在本卷第20章中详细介绍。

16.2.2.6　确定矿产资源综合利用的合理尺度

　　我国矿产资源综合利用程度有待进一步提高,其中包括利用与原采矿种共生的其他矿种(如煤层上下的铝土矿层)和矿石中与正在利用的成分伴生的其他有用成分(如硫化矿中与铜、铅、锌伴生的金和银等)。

　　与已在利用的矿种和成分并存的其他矿种和有用成分,往往要通过矿山地质工作来补充查明。然而,由于社会需求和资源条件在时间和空间上是不断变化的,以致这种勘探和查定工作将永无止境。

　　勘探共生矿种和查定伴生组分决不只是探索自然的技术性工作,它最终追求的资源应为能提供其产值超过探采选成本的矿产品。因此,在提出综合利用资源的目标的同时又掌握合理的分寸是十分重要的。

　　矿山地质经济分析的任务,就是在综合利用矿产的过程中为矿山地质工作者乃至矿山经营者提供一个客观的经济尺度,使综合利用工作做得既有进取精神同时也恰到好处。

17   矿产品供需的经济分析

矿产资源是进行矿业生产活动的物质基础，是保证矿产品供应的前提。作为国民经济发展和人们日常生活最基本的原材料，大多来自矿产品。随着科学技术的进步和国民经济的发展，人均国民收入将获得很大提高。人们也将随着生活水平的提高，而不断增加对矿产品在数量上和品种上的要求。作为生产矿产品的物质基础——矿产资源，由于其在地壳中的蕴藏量是有限的，在分布上是不均衡的。在其开发过程中，矿产资源又作为劳动对象而被消耗；而自然界矿产资源的形成，又需长达数百万年以至数亿年的时间，从而使矿产资源成为一种不可再生的资源。加上矿产资源在寻找过程中具有很大的探索性，在开发过程中又具有建设投资大，基建周期长，生产能力变化小等特点，以及其他一些社会经济政治因素，又常常影响到矿产品的稳定供应，并产生价格上的较大变动。为了保证社会上矿产品的长期稳定供应，力争避免矿产品在供需上出现不平衡，以保障社会经济的顺利发展和经济效益的不断提高，有必要对矿产品的供需问题作出经济预测和分析。

17.1   矿产品市场

在经济学中，矿产品是作为资本商品（Capital goods）来加以利用的，而资本商品则代表企业为进一步生产而生产的商品，这就要做到使这些商品能在一定的地方进行流通（交换），这些进行商品交换的场所，也就是所谓的商品市场。所谓矿产品市场，也就是进行各种矿物原料、矿产品的交易场所。

17.1.1   矿产品市场的种类、特点和作用

17.1.1.1   矿产品市场的种类

矿产品市场的种类总的来讲应包括矿产资源市场和真正的矿产品市场。

（1）矿产资源市场可分为两种：1）当探采分离时的专门的地质勘查部门或单位，在已寻找到或探明的矿产资源甚至已经进行综合分析和整理的资料，均可以通过矿产资源市场将其出售给有关的开发部门，或以股权形式与矿业公司合作开发矿产资源；2）是一些探采一体的矿业公司，对探得的一部分因某种原因而不能自行开采的矿产资源，经矿产资源市场卖给其他矿业公司开采。

（2）真正的矿产品市场是矿产品市场的主体。这些市场往往根据矿产品种类的不同，又可分为：

1）金属矿产品市场：包括铁、锰、铬、铜、铅、锌、铝、钨、锡、钼、汞、锑、镍及其他稀有、稀土元素等矿产品。这些矿产品有时也可以形成独立的单矿种的市场，有的也可以加入到总的矿产品市场或其他综合性交易市场中去进行交换（即出售）。

2）能源矿产品市场：主要包括石油、天然气和煤炭。随着核电技术的发展，目前核燃料也逐渐进入能源市场。这些能源矿产品，大多形成独立的统一的单矿种市场，如世界石油市场的"欧佩克"集团就几乎垄断了整个石油的出口市场。

3）化工和轻工矿产品市场：包括硫、磷、钾、食盐、碱、明矾石、芒硝、硼矿、镁盐等矿产品。对一些主要的产品及其加工产品，也常形成独立的矿产品市场，但大多数化工轻工矿产品是在统一的化工原料公司或化工商店中进行市场交换。

4）非金属及建筑材料市场：包括大理石、花岗石等建筑石料，石英砂、长石、石灰石、石墨、石膏、珍珠岩、膨润土、硅藻土、砾石、细砂、黏土、石棉等非金属及建筑原料矿产，它们构成一个庞大的非金属及建筑材料市场。

5）冶金辅助原料矿产品市场：包括萤石、菱镁矿、耐火黏土、高铝矿物原料、白云岩、石灰岩、硅石和铸型用砂和黏土，这些矿产品可以独立形成市场，也可与金属矿产市场组成统一的冶金原料市场。

6）其他矿产品市场：如宝石、玉石、彩石、玛瑙、水晶等一些特种非金属矿物原料，大多都是珠宝市场中的矿产品。

由于矿产品种类繁多，用途各异，参加市场交换的形式多样，以上分类也只能是一个粗略的分类。

17.1.1.2　矿产品市场的特点

由于其勘查与开发的特点，造成矿产品市场具有一些有别于其他市场的特点：

（1）从矿产品的供应特点看：由于找矿勘探和开发工作的探索性和长期性，以及生产能力上弹性系数小等特点，造成其短期供应能力受制于矿山和选厂的生产设计能力；其中期供应能力，则又受制于新建和扩建矿山和选厂的生产设计能力；其长期供应能力又大多受制于新矿床的发现、勘查和加工技术水平的提高。

（2）从矿产品的需求看，除要适应一般市场经济规律外，其消费量又取决于在某特定时期内实际用于最终产品的数量，在一定程度上是总经济趋势的函数。在做需求预测时还应考虑未来代用原料和新技术开发所带来的影响。

（3）从经营特点和购置方式看，因矿产开发的长期性，销售对象的专一性，且其买方大多为冶炼厂、制造商和大型企业集团，这就造成矿产品市场多以长期贸易活动为主，现货交易为次的市场经营和购买方式。

（4）从矿产品的价格看，一般受到资源本身自然丰度、资源开发过程中的采、选、冶技术水平和外部开发建设条件的影响。由于矿产资源勘查开发成本高低不一，造成市场需求及产品价格难以预测，故矿产资源价格一般采用供销双方协商定价的形式进行交易。

矿产品的价格：当进行现货交易时，其价格一般根据当时的生产成本和市场的供需状况进行定价；当进行长期订货时，供需双方则按开发投入产出的经济效益的分析及市场需求预测进行定价。并根据市场行情和经济效益及经营成本减少等，实行利益合理分享的原则，确定未来矿产品的供货价格，其供货量也在合同规定的范围内浮动，以后则根据市场情况的变化，供需双方在总的原则下再逐年确定矿产品价格。其供货量一般也允许有 10% ~ 15% 的变动。

我国由于长期采用计划经济模式，国内矿产品市场尚不健全。矿山多数隶属于冶炼加工企业，只起一个生产车间的作用。对于一些无矿山的加工企业，所需矿产品也大多按计划价格调拨。进入市场的矿产品，大多为一些地方群采矿山的产品。随着改革开放的深入和我国社会主义市场经济的完善，我国的矿产品市场必将获得更快的发展，并将积极参加国际矿产品市场的活动和竞争。

17.1.1.3　矿产品市场的作用

在商品经济的活动中，市场起着连接生产与消费的纽带作用。商品通过市场把生产者和消费者联系起来，形成销售与购买的关系。同时通过市场，又把各个互不相关的企业活动连成一个有机的整体。使他们的社会经济活动形成一个既有分工又有合作的合理的社会商品生产交换集团。并由市场来完成商品流通过程中的生产资料与消费资料的分配和再分配。在这个商品经济的活动中，任何企业都是商品的销售者和购买者，因而也都是矿产品市场的一分子。矿产品通过市场交易，就能合理地确定矿产品的需求、供应与价格，保证矿产品生产的顺利进行，从而达到优化劳动要素，促进生产力提高之目的。矿产品市场的建立，同样能够达到优化地质勘探，合理开发矿产资源和保证矿产品供应之目的，以促进社会经济的发展。

17.1.2　矿产品市场的开拓

为了能够达到企业的经营目标，提高产品的社会占有率和企业经济效益，企业必须根据企业的内部条件和外部环境，从多种经营的方案中，选择最有利的目标市场。以合理的利用资源。以最优的营销手段，去占有目标市场，这就是所谓的市场开拓。

17.1.2.1　矿产品市场开拓的必要性

一般来说，矿产品的市场是比较狭窄的，其服务对象不像一般生活用品那样广泛。但是随着科学技术的发展，人们对矿产资源中的伴生有用组分的查定能力有了很大的提高。同时对这些伴生有用组分及其伴生矿产的综合开发能力也有很大的增强。对矿产资源实行无废流程的综合开发利用，为矿产品市场的开拓提供了物质基础。我们就可以市场为中心，在市场上需求、经济上合理、技术上可行的条件下，积极开发新产品，开拓新市场。在需求、经济和技术三者之间，又应以市场需要为前提，以技术可能为手段，以经济合理为依据，积极开拓市场，提高矿产资源开发经济效益。当我们开发出市场需要，生产经济效益好的矿产品以后，做好矿产品的综合服务，是开拓矿产品市场的重要措施。它包括生产企业对消费者的全面服务，如对产品的性质、规格、质量标准的制定，应用条件的说明，运输和供应点的设立等等，以提高矿产品的销售量。

17.1.2.2　矿产品市场调查

矿山企业一般位于山区，对市场的变化了解较少。为了开拓矿产品市场，矿山企业应该收集、整理和分析各种矿产品市场的销售资料，以寻找销售机会，预测潜在的销售量，改进营销策略，开拓矿产品市场。调查的对象应是矿产品的用户，调查的内容应包括：

（1）矿产品用户的数量、规模、地理分布、购买力大小及其对口供应户。

（2）应调查其购买动机，购买行为，购买习惯，对各种矿产品的偏爱、满意程度、信赖程度、意见和要求等。

（3）调查用户所需矿产品标准的变化情况及趋势，以及对矿产品的要求。

（4）分析影响价格的因素，供求情况的变化，需求弹性的大小，以及替代产品的价格和新产品的定价等问题。

（5）研究销售渠道，制定营销策略。

17.1.3　矿产品市场的竞争

竞争是存在于市场经济活动中的普遍规律，只要存在着商品生产和商品流通，只要商品通过市场机制进行交换，竞争就必然存在，对于作为商品出现在市场上的矿产品而言，不言而喻也是存在着竞争的。

在矿产品进行交换的过程中，当存在几种同样的矿产品时，购买者总是要去购买那些价廉质好，能够满足要求的矿产品。这就能促使商品生产者尽量采用新的生产方式，以较便宜的生产费用组织生产，并用低于现有市场价格的办法来出售商品。这样一方面可以出售更多的商品，另一方面又能占领更大的市场。同时也迫使自己的竞争者采用生产费用较低的新的生产方式来促进社会生产力的提高，推动社会经济的发展。

就矿产品市场而言，虽然没有一般消费品市场发育得那么完善，但仍存在着激烈的竞争。为了提高矿产品的竞争能力，矿业生产者就会积极采用生产效率高、生产成本低且适合矿床开采条件的现代采矿选矿机械和新的工艺流程。注意寻找和开发规模大、埋藏浅、品位高、形态规整、矿石物质成分和结构易于选冶、矿床外部建设条件优越的矿床，从而减少开发矿床的投资，降低单位矿产品的生产费用（成本），并使销售价格得到降低。

对矿产品市场的竞争而言，其竞争的内容与手段与一般的市场竞争相同，关键还是保质、保量、低价、及时。同时还应做好综合开发，合理利用资源，积极开发新产品，来降低成本，扩大销售，提高效益。

17.1.4　矿产品价格的合理制定

产品的价格是产品价值的货币表现。产品的价值是由社会必要劳动量来决定的。产品价值的货币形态——产品价格包括产品的生产成本、销售费用、税金和利润等四个要素。这表明在给产品定价销售时，不仅要使产品的生产成本得到补偿，还应使企业得到必要的盈利，国家能够增加一定的积累。矿产品价格的合理制定同样也应遵循这一原则。

17.1.4.1　矿产品价格的职能和种类

（1）矿产品价格的职能：价格既是价值的反映，又是一个具有很强政策性的问题。矿产品价格的职能和各种产品的价格一样，可以用来保护先进企业，鞭策后进企业，调节国民经济各部门和各种矿业生产部门的比例，促进矿业生产和采选技术的发展；矿产品价格可以影响矿产品的供求关系，变动社会财富的分配比例，以调整部门、地区、国家、集体和个人之间的经济关系，并引导矿山生产活动的投资方向。由此可见，矿产品价格的政策性很强，对矿业的发展快慢具有很大的影响，其主要职能应是促进矿业的发展。

（2）矿产品价格的种类：矿产品的价格种类很多。在国际上有矿山选厂的出厂价格、长期贸易合同的期货价格、伦敦纽约等地交易所的自由价格，买卖双方协商的议定价格等等。如从我国的实际看，过去有国家统一规定的调拨价格，有由实行双轨制而出现的最高限制价格，目前有一些地方集体企业和个体采矿者销售的议定价格等，对一些大型联合企业内部，还存在矿产品的内部结算价格。目前比较通用的矿产品价格，在国际上多参考伦敦、纽约交易所价格，在国内则主要采用市场议价或国家制定的指导价格。随着我国改革开放政策的实行和社会主义市场经济的建立，国内交易市场的建立，市场价格正逐步向国际市场价格靠拢。

17.1.4.2　矿产品价格的制定原则和定价方法

矿产品的价格是由凝聚在矿产品中的社会必要劳动量决定的。一般商品的价格是按社会平均生产成本定额来确定的，并随市场的供求关系而产生波动。由于矿产品是由加工矿产资源而获得的，而矿产资源又是一种有限的不可再生的自然资源，它的开发工作又遵循着报酬递减规律。同时矿产资源在自然界的分布及各个矿床的自然丰度又存在着较大的差异,并将直接影响到人们对矿产资源开发工作的劳动成果。由于人们对自然资源的需求量是在不断地增长,为了满足人们不断增长的社会需要,这就将迫使人们不得不对劣等的矿产资源也进行开采。为了保证开发劣等矿产资源的企业也能获得合理的收益,在对矿产品进行定价时,就应该按劣等矿山的社会平均劳动消耗定额来确定。对优等矿产资源在开发中所获得的超额收益,国家则可以税金(或租金)加以回收。由于矿业生产活动还受到资源状况经常变动的影响,其生产活动常带有一定的冒险性,因此在对矿产品进行定价时,还应保证矿山企业有高于其他行业的资金利润率。

对矿产品的基本定价方法,原则上应与其他产品的定价方法一样。主要有以下两种方法:

(1)收支平衡定价法:该法又称盈亏平衡定价法或不亏不盈定价法。这种方法主要用于企业内部结算价格和国家调拨价格,以及产品市场潜力和企业生产潜力都很大的矿产品价格的制定上。用这种方法确定的矿产品价格,只能保持产品的收支(盈亏)平衡。对于协商议定价格而言,采用这种定价方法,企业在初期将无利可获,主要依靠以后产销量的扩大来降低产品成本而获利,但这种价格易被用户接受,有助于占领市场和扩大市场,而且能有效地阻止竞争者渗透到自己的市场中来。其定价公式如下

$$P_{B \cdot E} = \frac{F}{Q_0} + C_\gamma \qquad\qquad (17 - 1)$$

式中:$P_{B \cdot E}$ 为产品盈亏平衡价格,元/单位;F 为固定(总)成本,元/年;C 为单位产品变动成本,元/单位;Q_0 为目标产销量,单位/年。

(2)利润加成本定价法:这是产品定价最常用的方法,其计算公式为:

$$P = \frac{C_总 + I}{Q} \qquad\qquad (17 - 2)$$

式中:P 为单位产品的销售价格;$C_总$ 为总成本;I 为预期利润额;Q 为预计产品销售量。

预期总成本主要按劣等矿山极限费用,利润可按成本利润率计算(也可按资金利润率、双渠利润率或投资报酬率),再用下式来确定单位产品的价格。

$$P = \frac{C_总(1 + i)}{Q} \qquad\qquad (17 - 3)$$

或

$$P = \frac{C_总 + (Ei)}{Q} \qquad\qquad (17 - 4)$$

式中:E 为资金总额;i 为利润率。

此法的优点是制定价格比较容易,并且可接近利润价格,缺点是不能考虑在不同价格条件下的需求量变化的情况。解决这个问题可采用投资报酬定价法。这应由专门人员来进行,在此就不作介绍了。

17.1.4.3　矿产品价格的定价策略

矿山企业在确定矿产品的价格时,必须按照矿山企业的生产经营特点,从客观经济规律出发,结合国家的政策、法律、法规、法令和市场对矿产品的需求情况,同行之间的竞争情况,货币价值的变动情况,本企业矿产品在市场上的地位、矿产品的性质与质量,矿产品销售费用的高低,以及用户对矿产品的购买水平等因素,使所定价格既能保证矿产品迅速销售出去而不出现积压,又使价格定得合理,能获得较多的收益;使本企业的矿产品比其他企业的矿产品更能吸引用户,使用户能达到偏爱而只购买自己的矿产品;或采用薄利多销,价廉物美的方法,来吸引顾客,以提高自己的矿产品在市场上的占有率;当本企业产品的质量高、信誉好,而产量又不多,且供不应求时,还可以采取提高价格的办法来保证供应,提高效益。总之,矿山企业可以根据不同的情况,来采取不同的价格策略,以取得较好的经济效益。一般来说,有以下几种常用的定价策略:

(1)低价策略:当矿山开发出新产品时,虽然市场需求量大,但自己生产量很小,所以在生产过程不很复杂时,企业在开始定价时应采用薄利多销的原则,这样就可以达到保证本企业对该产品独占市场地位,并可以扩大生产而多获效益。此为防止潜在竞争对手,进入市场之良策。此外,当一些矿产资源充足而且丰富时,在低价情况下,能使矿产品销售量迅速增加,从而使企业能扩大生产降低成本,并能获得较多的利润时,也应采取低价策略。反之,如采取高价策略虽然一时获利较多,但当大家都进行生产时,则会出现生产过剩,产品降价、和企业亏损倒闭等不良结果。

（2）高价策略：可在以下情况下采取：

1）具有垄断性的矿产品，也就是本矿山独有，而其他矿山没有资源的矿产品，矿山企业可以将价格定得比较高些，以使企业能够获得较高的经济利益。

2）对新开发出来的，社会需求量较小，而且一时又不具备进行大规模生产和大量需求的矿产品，开始可以将价格定得高些，以求获得较好的经济效益。但应在销售量增长的情况下，相应地逐步降低矿产品的价格，以保证该矿产品的利润和在市场上的占有率。

3）对市场容量小，用户数量少，产品需求量不多的矿产品。企业可将该矿产品的价格定得高一些，这样既不会影响市场的需求量，又可以增加企业的收益。

4）当一些矿产品的价格变化后对市场销售量影响很小时，也即对市场需求弹性系数小的矿产品，对其矿产品的定价可以偏高一些。但对与国计民生有关的矿产品价格，必须按国家有关规定执行。

5）对一些供不应求的与国计民生无关的矿产品，在定价时可以采取高价策略，将价格定得偏高一些。

（3）统一价格策略：为了保持企业的信誉，在全国范围内实行统一价格，使企业能够打进国际的市场。

（4）渐降价格策略：企业对新产品的定价在开始时可以高些，以后可随销售量的扩大而逐步降低价格，以此来促进销售量的不断增加和效益的不断提高。

（5）炫耀价格策略：对一些宝石、彩石等稀贵矿产品，一般可以将价格定高些，以显示该矿产品的质量好，购买者的身份高。这样做有时非但不会减少销售量，反而会增加销售量和盈利。

17.1.5　矿产品市场分析

矿产品市场分析与其他商品一样，其分析原则与要素也一样，主要是供应、需求和价格诸因素之间关系的分析。矿产品的供应过程是寻找和开发矿产资源的过程。当找到的矿产资源被人们认为是需要的时候，人们就需努力去把它勘查清楚。当被勘查清楚的矿产资源，如果经过论证证明在进行开发时是有经济效益时，人们就会筹集资金对其进行开发，并将这些被开发出来的矿产品投入市场进行销售。而社会则会根据社会经济的发展需要和对原材料特别是矿产品不断增加的需要，促进矿业生产的发展。如以铁矿石为例，全世界在1955年的需求量仅为3.79亿吨，而到1980年时就增加到8.8亿吨，25年增长一倍多，到2000年增加到11～12亿吨。又如铝土矿在1950年时需求量仅为770万吨，而到1980年时就增加到7920万吨。30年就增长了10倍多。社会对矿产品需求量的不断增加，就必然会不断扩大矿产品的市场。

就矿产品的价格而言，矿产品的市场价格与其他商品一样，除了受其生产成本的影响外，其价格也受市场需求程度的影响；同时，矿产品价格又影响供应的数量，其关系如图17－1所示。矿产品在某特定时刻的价格，取决于供应与需求状况之间的相互关系。图中O点为供需平衡时的价格，又称均衡价格。而当市场价格高于平衡点时，市场供应量就将高于均衡点，但若市场需求大于供应时，这时的市场价格就会高于均衡价格。但不管市场价格是高于还是低于均衡价格，它们都是竞争市场价格，是销售矿产品的实际价格。例如国际市场铜的价格，1984—1986年为60～70美分／磅，1987年初为每磅70美分，后因需大于供，造成库存减少，年底最高价曾达每磅145.4美分。一般来说，当库存量超过年供应量10%时，价格就会下降，而不到10%时就会上涨，而1987年底铜的库存量却小于年供应量的5%。

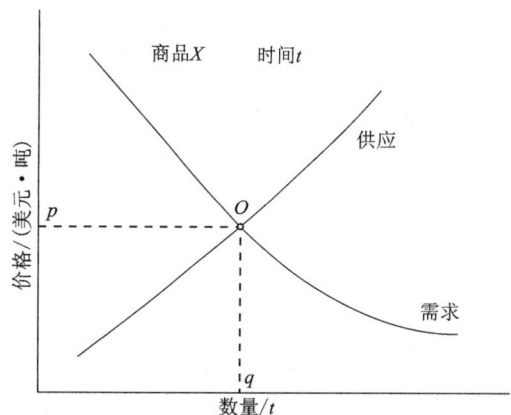

图17－1　价格对供应与需求状况的影响

尽管矿产品的供应曲线与需求曲线我们无法准确地描绘出来，但矿业经济人员的任务就是要根据矿产资源的现状与前景，人们对矿产资源开发加工技术水平的提高，社会未来对矿产品的可能需求量，其他代用品的开发状况，以及当时及未来的生产能力，政府及企业的资源储备政策和状况，市场库存量与销售量的状况，不断地预测矿产品的竞争市场价格，并用以指导生产与销售，为国家和企业谋取最佳的经济效益。从目前的情况看，近几十年来世界矿产品的价格从货币面值上看，是在上涨的。但如减去通货膨胀等因素的影响，从总体上讲还是下降的。这主要是因为一方面近几十年来虽然随着社会经济的发展，社会对矿产品的需求量猛增，但它也促进了人们矿产勘探和开发矿产资源的热情。使世界矿产资源的储量和产量都有更大的增长。另一方面也因为随1974 年能源危机以后出现的节约资源热，使单位矿产资源需求量减少，加上矿产品属于初级工业产品，世界上的先进工业国都力图压制初级产品价格，使先进的工业国能争取超额利润，在这样的政策占主导地位情况下，出现以上情况也就成其必然结果了。

附矿产品价格表(表 17 – 1、表 17 – 2、表 17 – 3、表 17 – 4)供参考。

表 17 – 1　1981—1992 年欧洲和日本市场铁矿石价格[单位：美元／(吨·度)(干量)，离岸价]

矿种	市场	来源	1981	1982	1983	1984	1985	1986	1987	1988	1989	1990	1991	1992.8.4
粉矿(包括精矿)	欧洲	多西河采矿公司(粉矿)	28.1	32.5	29.0	26.15	26.56	26.26	24.50	24.30	27.83	32.50	33.25	31.62
		南非钢铁公司	26.9	31.4	27.9	20.6	23.5	22.7						
		卡罗尔公司(精矿)	29.3	33.0	29.3	26.8	26.8	26.5	24.03	23.65	27	31.77	34.60	31.16
	日本	多西河采矿公司	26.9	30.5	27.5	24.27	24.63	23.66	22.24			29.81		
		南非钢铁公司(粉矿)	26.9	30.5	27.0	23.39	22.26	20.55	19.15	19.15	20.05	23.62	25.49	24.24
		哈默斯利公司	26.7	34.2	30.5	26.67	27.06	25.97	24.69					
块矿	欧洲	哈默斯利公司	42.45	44.75	38.15	36.15	38.48	36.2	33.15	36	43	43	50.25	48.28 (到岸价)
	日本	多西河采矿公司	26.9	30.5	27.9	24.27	24.65	23.66	22.24					
		哈默斯利公司	34.2	40.0	34.9	30.87	31.55	30.29	28.78	28.33	33.23	39.15	41.48	38.84
球团矿	欧洲	多西河采矿公司	43.1	47.5	39.0	36.0	36.0	35.6	36.7	40.35	47.33	51.60	52.06	48.47
		卡罗尔公司					36.5	36.5	37.15	39.95	48.35	52.67	53	49.35
	日本	多西河采矿公司	55.2	53.6	42.9	37.31	36.25	35.29	35.6					
		怒江铁矿公司	48.9	53.4		38.8	37.1	36.02	34.72	34.72	34.72	34.72	47.13	43.81

表 17 – 2　国际市场锰矿石价格变化(欧洲到岸价)

年份	美元／(吨·度)	含锰48%(美元／吨)
1980	1.63	78.34
1981	1.71	82.08
1982	1.64	78.72
1983	1.37	65.76
1984	1.47	70.56
1985	1.45	69.60
1986	1.38	66.24
1987	1.30	62.40
1988	1.80	86.40
1989	3.20	144.00
1990	3.5 ~ 4	
1991	3.95 ~ 4.05	
1992	2.95	澳大利亚肯希尔矿山公司出口日本、离岸价

表 17 – 3　铬铁矿矿石价格(美元／吨，离岸价)和铬铁合金价格(美元／磅)

品名	1987.4.	1988.4.	1989.4.	1990.4.	1991.4.
南非德兰士瓦:冶金级矿石 Cr$_2$O$_3$44%	40 ~ 46	40 ~ 46	55 ~ 65	55 ~ 65	55 ~ 65
化工级矿石 Cr$_2$O$_3$45%	40 ~ 45	57 ~ 60	65 ~ 70	70 ~ 75	70 ~ 75
南非德兰士瓦　铸造级矿石 Cr$_2$O$_3$45%	45 ~ 55	55 ~ 60	70 ~ 75	74 ~ 78	74 ~ 78
耐火级矿石 Cr$_2$O$_3$46%	65 ~ 75	65 ~ 90	100 ~ 115	85 ~ 90	85 ~ 95
土耳其冶金级矿石 Cr$_2$O$_3$48%	115 ~ 125	115 ~ 125	150 ~ 180	160 ~ 180	160 ~ 180
菲律宾耐火级矿石	100 ~ 120	100 ~ 120	100 ~ 120	100 ~ 120	100 ~ 120
高碳铬铁 Cr52%	0.39 ~ 0.42	0.58 ~ 0.60	0.96 ~ 1.01	0.43 ~ 0.45	0.45 ~ 0.47
低碳铬铁 Cr68 ~ 70% , C0.1%	0.91 ~ 0.95	1.00 ~ 1.10	1.10 ~ 1.15	0.95 ~ 1.05	0.95 ~ 1.07

表 17 - 4　伦教金属交易所和美国生产厂铜价

时间(年)	伦敦金属交易所现价(英镑／吨)			美国生产厂家价(美分／磅)		
	平均价	最高价	最低价	平均价	最高价	最低价
1975	556.81	626	498	63.251	68	61.728
1976	782.41	936.5	576.5	68.984	74	63
1977	750.25	903	638.5	66.206	74	60
1978	710.5	780.5	611.5	65.81	73.132	61.24
1979	934.08	1110	765	92.209	108.815	73.223
1980	941.75	1375	756	101.309	143.375	84.909
1981	865.55	1036	754	84.208	90.143	78.638
1982	846.14	933.5	684.5	72.802	79.585	66.366
1983	1048	1153	905	76.531	84	65.504
1984	1031.19	1140.5	942	66.854	71.363	60.274
1985	1103.02	1303	915	66.966	70.983	62.234
1986	965.07	1027.5	865	64.652	70.588	60.24
1987	1080.16	1720	869	81.097	149.37	62.987
1988	1460.13	2006	1120	119.106	166.657	93.618
1989	1734.89	2008	1471	129.534	162.3	105.056
1990	1496.71	1815	1256	121.764	139.016	100.571
1991	1325.11	1500	1149	107.927	121.22	99.33
1992		1502	1111		119.294	96.295

17.2　矿产品需求预测分析

矿产资源及矿产品作为商品，它与其他商品一样因存在着社会消费而产生社会对其需求的问题，以及对其需求量的预测问题。其预测的结果，将成为有关部门制定国民经济和各部门的长远发展规划和具体经济计划的重要依据之一。对每个矿山企业而言，矿产资源及其矿产品在未来社会需求方面的预测结果，也应成为指导地质勘查工作部署和矿山企业决定勘查方针和矿山开发计划的依据。

17.2.1　矿产品社会需求预测的作用、原理与要求

预测技术是最近几十年发展起来的一门综合性技术。它是运用已有资料和各种科学技术手段，探索某一事物在今后可能出现的发展趋势及结果，并作出可靠的估价，以指导自己的行动。

17.2.1.1　需求预测的作用

国家和企业为了使自己的发展规划和生产经营活动能够顺利地进行，使社会经济发展规划能够实现，使企业生产的产品能够更好地满足社会需要，并取得较好的经济效益，就必须对社会经济发展的趋势，可能达到的水平，企业生产的产品品种、类型，以及技术先进性和经济合理性等各个方面进行科学的预测。做好科学的预测，是顺利实施发展规划，防止出现宏观失控和发展不平衡的依据，也是企业制定经营计划的前提和依据。做好科学预测可以帮助人们更好地了解社会经济发展的过程与阶段，以便更好地掌握这些规律和发展趋势，从实际出发安排好资源勘查和开发工作，使矿山企业生产的产品能更好地符合社会的需求，并以此来提高企业生产经营活动的社会经济效益。

17.2.1.2　需求预测的原理

预测技术经过了世界各国政府、企业、科研和咨询公司几十年的努力，现已发展成为一门比较科学和完整的科学体系。它运用各种数学手段和统计方法，结合大量实际工作的经验，现已创造了数百种预测方法。但其应用的原理主要有：

（1）数理统计规律原理：根据预测对象过去和现在的统计资料，分析研究其发展变化的规律，以推测事物发展的趋势和可能出现的结果。

（2）择优选择原理：根据事物发展的趋势和可能出现的几个结果，采用专家调查，用德尔非法等以集中意见，选择最优方案。

（3）近似性分析原理：根据人们的经验，对一些缺少资料和数据的事物，可以按相类似事物的历史、现状和发展趋势来预测事物未来的发展趋势。

（4）相关分析原理：根据对与预测事物有同步发展趋势的事物的预测结果，来预测欲求解的事物的发展规律。

（5）类推分析原理：根据事物在某种条件下的发展规律，来预测该事物在另一种条件下的发展趋势。

（6）系统分析原理：根据事物发展的内部规律及外部条件的影响等诸多因素的综合分析，进行全面、系统的综合分析和预测。

此外，在需求预测中，还有根据可以替代本产品用途的产品未来生产的多少来预测产品的未来需求量的替代分析原理等。总之，随着科学技术的发展和预测问题的增多，还会有更多的预测原理应用到预测技术中来。

17.2.1.3　需求预测的要求

为了使需求预测的结果能够达到预期的目标，使预测结果能更符合客观实际，对预测的目标——预测对象的选择必须是正确的。对预测中所考虑的因素也必须是全面的。同时资料数据必须可靠，预测人员必须有一定实践经验、预测知识和预测技能水平。对预测中影响预测结果的各种因素也应作出分析，以确定其影响预测结果的程度，以及它们相互间的关系，使其成为一个整体系统来进行预测。

在进行预测时，要根据经营中的诸多问题，选择关键性的问题，并把这个关键性问题和设想作为预测的初始前提。要选择和确定一个理想的，符合实际的目标，选择能够解决这个目标的预测方法和预测手段。要根据预测方法和手段的要求，收集和分析资料，数据。去掉那些不具代表性的偶发事件和非正常状态下的资料数据，并进行必要的数据处理，使其能够真正反映客观实际。并用这些数据和资料，选择或建立合适的数学模型（对定性预测也可建立逻辑推理模型），并通过模型来进行预测。对预测的结果还应进行分析评价。对预测中涉及到的新因素，应把它们转化为数量概念，并分析其对未来发展的影响范围和程度，以及实际上可能出现的误差大小与原因。由于所建立的模型本身具有假设性和概括性，因此对模拟型的预测值还应加以修正，以便得出最佳的预测值供经营决策者和政策策略制定者使用。

17.2.2　矿产品社会需求预测的分类

预测工作是企业研究市场和开拓市场过程的重要环节，企业常常在市场调查的基础上做出各方面的预测，以作为改善企业生产经营活动和确定经营策略的重要依据。随着社会经济的发展，现代社会对社会需求预测的技术方法有了很大的发展。根据美国斯坦福研究所的统计，现已有一百五十多种预测方法，但最常用的方法也只有十多种。

尽管目前出现了很多预测类型，但归纳起来可以分以下几类：

（1）按预测性质分类：可分定性预测、定量预测和综合预测。

（2）按应用范围分类：可分政治预测（系指预测社会发展趋势、国家政治动向、方针、政策等对经济的影响）、经济发展预测、资源状况预测、社会需求预测、科学技术预测等。

（3）按预测期限分类：可分长期预测、中期预测和短期预测。

17.2.3　矿产资源需求量的预测方法

对矿产资源的需求进行预测是一个非常复杂的问题。如以有色金属矿产为例，要预测矿产资源的需求，就必须首先预测社会对有色金属的需求量。然后根据社会对有色金属的需求量，按供需平衡的原理，计算要获得所需的金属量时需要消耗的矿产资源量（计算时应考虑对矿产资源进行开发利用时的采、选、冶的回收率）。最后还需根据矿山生产的规模大小，开发条件及经济效益，确定合理的资源储备，进而确定目标年份的资源需求量。由此可见，对矿产资源的需求预测，必须经过以上三个阶段的分析预测，才能获得比较符合实际的预测结果（对一些非金属矿产而言也至少应该进行二个阶段的分析预测）。下面我们将简单地介绍三个阶段的预测方法。

17.2.3.1　社会对金属需求量的预测

在人们对矿产品的需求进行预测时，最终使用量分析是预测矿产品消费量的最具体而有效的方法。在实预测中，对煤、油及一些非金属建材矿产，大多采用矿产品的最终使用量来作预测。但对一些金属矿产，一般都需要冶炼成金属，才能成为可供普遍应用的商品，故一般需求的预测量都是指金属量，要把它变为矿产品，还需作相应的计算，这就是我们在做需求量预测时为什么多以金属矿产作为例子的原因。

社会对金属的需求预测，一般采用回归分析法、指数平滑法、弹性系数法、社会调查法和色钢比法等进行预测。它们既可用单独的一种方法进行预测，也可同时采用几种方法进行预测，最后综合分析各种方法的预测结果，确定较为符合实际的预测结果。

（1）回归分析预测法：回归分析是一种数理统计方法，也是一种因果分析方法。它是通过已知的一组预测对象与影响因素的数据，研究其间的因果关系和影响程度，并建立起数学模型进行预测的一种方法。它包括一元回归分析和多元线性回归分析。

1）一元回归分析：一元回归分析又分为一元线性和非线性回归分析两种，都是较常用的方法，都用于只有一个因素对某种金属需求量有主要影响的条件下；这个主要因素就成为预测模型中的自变量，可利用它来预测某种金属的需求量（因变量）。举例来说，这个自变量可以是某一时期的工农业生产总值、国民生产总值、国民收入、钢铁产量或发电量等。

当一元回归分析所得数模展绘在图上呈一直线时，则名为线性回归模型，否则为非线性回归模型。

一元线性回归模型的通式是：

$$Y = a + bX \tag{17-5}$$

式中：Y 为因变量（在此为所要预测的需求量）；a 为模型中的常数项，在图上为 Y 轴上的截距；b 为系数，在图上为直线的斜率；X 为自变量（影响预测对象的因素）。

当建立起上述模型的具体数学模型（即求得上述公式中的 a、b 值）后，还要计算模型的相关系数 r，以了解 X 与 Y 的相关程度。如果两者完全相关，则 $r = |1|$；完全不相关则 $r = 0$。实际应用中可通过查阅相关系数检验表（一般数理统计书附录中均有）以确定该数模能否投入使用。

此外，还要通过剩余标准离差的分析，以确定所建数模的精度，用以衡量预测值可能偏离实际值的情况。

有关确定一元线性回归分析中 a、b 值和进行检验的方法，目前在科学型计算器（Scientific Caculator）上即可进行此分析及检验，故此处不再赘述。

一元非线性回归模型展绘在图上成曲线，有很多种，例如可以有下列的一些模型：

$$Y = a + b\lg X \tag{17-6}$$

$$Y = ae^{\frac{b}{X}} \tag{17-7}$$

$$Y = \frac{1}{a + be^{-X}} \tag{17-8}$$

$$Y = ae^{bX} \tag{17-9}$$

$$Y = aX^b \tag{17-10}$$

$$\frac{1}{Y} = a + \frac{b}{X} \tag{17-11}$$

$$Y = a + a_1 X + a_2 X^2 + \cdots + a_m X^m \tag{17-12}$$

式中：a, b, a_0, a_1, $\cdots$, a_m 为回归系数；Y, X 符号同（17-5）式。

对于上述模型所建立的具体数学模型同样也要进行标准离差等的分析和检验。

同样，有关一元非线性分析的方法及检验，在数理统计书上均有阐述，而且目前已有商品化的计算软件，应用起来很简便；只要用户输入所有数据组，经过计算机计算后，便可输出各种线性和非线性数模及其检验值，最后还可确定出拟合最好的是哪个数学模型。

2）多元回归分析：如果进行预测时有两个或两个以上的主要影响因素（自变量），则需进行多元回归分析。同样也有线性和非线性之分，前者指在模型中各个项的自变量方次都仅为一次方，后者则其自变量或各项中自变量乘积可以有二次或二次以上的方次。

值得注意的是，当我们尚无把握确定应该把哪些影响因素作为自变量时，可以采用逐步回归分析的方法。在应用此种方法时，可以先把所有可能的影响因素都当作自变量输入计算机，通过运算后，逐步回归分析软件可逐步剔除与预测对象（需求量）关系不大的自变量。这种逐步回归分析方法，特别适用于矿产品的需求预测，因为过去这方面研究的经验不多,刚开始从事这种预测时,哪些因素会影响需求量,往往心中无数,应用这种数学方法,可以在开始时多输入些自变量,用数学方法来帮助我们选择有关的自变量,而剔除关系不大的自变量。

在所有回归分析中,都应注意要有足够的数据组数目,而且对其中异常数据要加以剔除。究竟要有多少数据组参加建模,视具体情况而定,根据经验至少要有近 20 个数据组才较可靠。

(2)指数平滑预测法:指数平滑法是时间外推法的一种,它将许多影响预测结果的因素综合成时间因素,以时间序列为依据,按时间的动态发展来外推和预测未来矿产品需求量的方法。由于它仅仅是依据过去消费水平,因此这种预测方法受历史因素的影响很大。这种方法,一般适用于中期的需求预测,例如未来十年或二十年的预测;而对于短期需求的预测,则不十分适用。一次、二次指数平滑的公式如下。

一次指数平滑公式:

$$S_{t+1}^{(1)} = \alpha X_{t+1} + (1 - \alpha) S_t^{(1)} \tag{17-13}$$

式中:t 为按历史数据计算的年序号;$S_{t+1}^{(1)}$ 为用一次指数平滑公式所预测的结果;α 代表平滑系数,一般取值在 0.01 到 0.3 之间;X_{t+1} 代表在 $t+1$ 时期的消费水平。

$S_t^{(1)}$ 代表预测的 t 时期的消费水平。

上述公式,又可改写为:

$$\begin{aligned} S_{t+1}^{(1)} &= S_t^{(1)} + \alpha(x_{t+1} - S_t^{(1)}) \\ &= S_t^{(1)} + \alpha et \end{aligned} \tag{17-14}$$

这里,et 实际上是预测的误差值,由此可见,$t+1$ 时期的需求预测值,是采用调整预测误差的办法来预测的。

二次指数平滑公式:

$$Y_{t+T} = a_t + b_t T \tag{17-15}$$

式中:Y_{t+T} 用二次指数平滑公式预测的结果;T 为代表按预测年份计算后的年序号(如若 1981 年为第一个预测年份,那么 1981 年为 1,1982 年为 2,1983 年为 3,……);a_t 和 b_t 均代表常数。

在建立预测模型时,必须首先确定 a_t 和 b_t,而这两个常数可按下列公式求得:

$$a_t = 2S_t^{(1)} - S_t^{(2)} \tag{17-16}$$

$$b_t = \frac{\alpha}{1 - \alpha}(S_t^{(1)} - S_t^{(2)}) \tag{17-17}$$

其中

$$S_t^{(2)} = \alpha S_t^{(1)} + (1 - \alpha) S_{t-1}^{(2)} \tag{17-18}$$

式中:$S_t^{(2)}$ 为二次指数平滑所得的 t 期的预测值;$S_{t-1}^{(2)}$ 为二次指数平滑所预测的第 $t-1$ 时期的需求量。

从以上公式可见,建立指数平滑的预测模型并不困难,但是要使预测结果比较可信就很不容易了。因为在建立预测模型时,有一个平滑系数 α 需要主观确定,而 α 的取值又十分灵活,从 0 到 1 之间都可能是它所要取的数值,而取值的偏高或偏低,又直接影响预测结果的可信度。因此,对 α 取值必须反复研究,慎重对待。如果 α 的取值成功了,那么整个预测工作也可以说完成了一半的任务。根据一些人用该方法进行预测的总结,认为 α 的取值范围应在 0.01 ~ 0.3 之间,但这个取值区仍是很大的,这就要求在进行预测时,必须通过已知前序列数据预测后序列已知数据试验确定。

下面举例说明该方法在预测中的实际应用。假定某一国家或地区对某金属的消费情况是:1975 年为 50 万吨,1976 年为 52 万吨,1977 年为 47 万吨,1978 年为 51 万吨,1979 年为 49 万吨。要求预测到 1990 年该国家或地区对某金属的需求量。

这里,首先要建立预测模型,在建立该预测模型中,假定我们通过分析,认为取平滑系数 α 为 0.3 比较合适。又按上述公式,首先对历史数据进行指数平滑。

这里,令 $S_t^{(1)} = X_1 = 50$,就可对历史数据进行预测,可直接代入公式:

$$\begin{aligned} S_1^{(1)} &= \alpha \cdot X_t + (1 - \alpha) S_{t-1}^{(1)} \\ &= 0.3 \times 50 + (1 - 0.3) \times 50 = 50 \end{aligned}$$

$$S_2^{(1)} = 0.3 \times 52 + 0.7 \times 50 = 50.6$$

如此类推可求 $S_3^{(1)}$, $S_4^{(1)}$

对 $S_5^{(1)}$ 同样有：

$$S_5^{(1)} = \alpha \cdot X_t + (1 - \alpha)S_{t-1}^{(1)} = 0.3X_5 + (1 - 0.3)S_4^{(1)}$$
$$= 0.3 \times 49 + 0.7 \times 49.96 = 49.67$$

在进行二次指数平滑时，同样令

$$S_0^{(2)} = S_0^{(1)} = 50$$
$$S_1^{(2)} = \alpha S_1^{(1)} + (1 + \alpha)S_0^{(2)}$$
$$= 0.3 \times 50 + 0.7 \times 50 = 50$$

同样有

$$S_5^{(1)} = \alpha S_5^{(1)} + (1 - \alpha)S_4^{(2)}$$
$$= 0.3 \times 49.69 + 0.7 \times 47.98 = 48.38$$

具体计算数值详见表17－5。有了表中的数字，我们就可以把它代入公式(17－16)和公式(17－17)中求出 a_t 和 b_t 的具体数值，下面就是对 at 和 bt 的计算。

表 17 - 5　对历史数字的指数平滑(单位：万吨)

年份	序号 t	实际消耗	理论消费	
			$S_t^{(1)}$	$S_t^{(2)}$
	0		50	50
1975	1	50	50	50
1976	2	52	50.6	50.18
1977	3	47	49.52	49.98
1978	4	51	49.96	47.98
1979	5	49	49.67	48.38

$$a_{t=5} = 2 \times S_5^{(1)} - S_5^{(2)} = 2 \times 49.67 - 48.38$$
$$= 50.96$$

$$b_{t=5} = \frac{\alpha}{1 - \alpha}(S_5^{(1)} - S_5^{(2)})$$
$$= \frac{0.3}{0.7}(49.67 - 48.38)$$
$$= 0.5528$$

这时，就可把预测模型写为：

$$Y_{t+T} = 50.96 + 0.5528T$$

依据该预测模型，就可预测到1990年该国家或地区某金属的需求量为：

$$Y_{t+T} = 50.96 + 0.5528 \times 11 = 57.04 \text{ 万吨}$$

（3）弹性系数预测法：弹性系数预测法是根据需求量对某种影响因素变化的反映程度，建立预测模型来进行预测的方法。影响需求变化的因素很多，如国民经济发展的速度、经济的产业结构变化、商品的价格等；这里着重介绍价格弹性系数预测法和国民收入弹性系数预测法。就是通过计算出矿产品价格对矿产品消费的弹性系数或国民收入对矿产品消费的弹性系数，从而对矿产品的需求量进行预测的方法。

1）价格弹性系数法：价格弹性系数预测法，在西方国家的矿产资源经济分析中，是比较常用的方法之一。这是因为在西方世界，矿产品的价格波动很大。而且随着价格的变化，又不时地给矿产资源的消费带来极大的影响。因此，人们十分重视矿产品的价格弹性系数，并据此来预测未来矿产品的需求量和安排矿业生产。

所谓需求的价格弹性，也就是需求量对价格变化的反映程度，实际上也是需求量和价格这两个变量变化的百分率的比。

在进行此法预测时，应首先计算出需求的价格弹性系数。其计算公式为：

$$需求的价格弹性系数 = \frac{需求量变化的百分比}{价格变化的百分比}$$

其数学表达式为:

$$E_P = \frac{\dfrac{Q_1 - Q_0}{Q_0}}{\dfrac{P_1 - P_0}{P_0}} \tag{17 - 19}$$

式中:E_P 为需求的价格弹性系数,简称需求弹性系数;Q_1 为变化后的需求量;Q_0 为基期需求量;P_1 为变化后的价格;P_0 为基期的价格。

一般来讲,需求量与价格是呈相反方向的变化,也即为负相关关系。为了避免弹性系数为负值,可在计算公式前规定加一个正号。

由公式可见,需求弹性系数的大小表示价格对需求量的影响程度。当需求弹性系数大于1时,则称需求弹性大,或称需求有弹性。即价格如有少量变化,就可以引起需求量的大幅度变化;当需求弹性等于1时,则表示为单一弹性,也就是说价格变动与需求量变化的幅度相等;若需求弹性系数小于1时,则说明需求弹性小,也就是说即使价格有较大的变化,也只能引起需求量的较小变化。当需求弹性系数等于零时,则说明价格无论怎么变化对需求量也没有影响。

需求弹性预测公式如下:

$$Q_t = Q_0 + \Delta Q \tag{17 - 20}$$

式中:Q_t 为预测需求量;Q_0 为基期需求量;ΔQ 为因价格变化而引起需求量变化的增加量。

当我们求得需求价格弹性系数 E_P 后,我们就可将其代入需求弹性预测公式(17 - 20),通过变换则可得如下需求弹性预测公式:

$$Q_t = Q_0 + \frac{E_P \cdot Q_0 \cdot \Delta P}{P_0} \tag{17 - 21}$$

式中:$\Delta P = P_1 - P_0$。

这个预测模型不但考虑了基期实际的需求量,而且还考虑了基期的价格水平,价格变化和需求弹性的影响,一般是比较可信的。但因需求弹性预测法是一种新的预测方法,在我国矿产品的价格弹性系数历史资料尚较缺乏的情况下,要准确地确定价格弹性系数还是很困难的,因此在做预测时必须做好调查工作,并积极积累有关资料。

2)消费弹性系数法:矿产品的消费量,在一定程度上是总的经济发展趋势的函数。这些趋势,包括工农业生产总值、国民生产总值、国民收入、人口等。所以人们在预测矿产品的社会需求时,常常采用消费弹性系数这一方法。

在利用消费弹性系数法进行需求预测时,一般要先求出该矿产品的消费弹性系数。其求法一般用该矿产品的消费增长率被社会经济增长率来除而得到。如以国民收入增长率作为社会经济增长率,我们就可以列出如下的关于国民收入弹性系数的计算公式:

$$E_1 = \frac{Q_2 - Q_1}{V_2 - V_1} \times \frac{V_1 + V_1}{Q_2 + Q_1} \tag{17 - 22}$$

式中:E_1 为某矿产品的国民收入弹性系数;Q_1 为前一年某矿产品的需求量;Q_2 为当年某矿产品的需求量;V_1 为前一年的国民收入;V_2 为当年的国民收入。

下面我们将举例说明该弹性系数的计算过程。例如,假定某国1985年国民收入为300亿美元,1986年国民收入为320亿美元,如1985年某金属的消费量为40万吨,1986年的消费量为44万吨,根据该国的经济发展规划,1987年的国民收入增长5.5%,那么如果要预测1987年该金属的消费量,用弹性系数法时,可按下列步骤进行预测。

首先,计算弹性系数

$$E_1 = \frac{Q_2 - Q_1}{V_0 - V_1} \times \frac{V_2 + V_1}{Q_2 + Q_1} = \frac{44 - 40}{320 - 300} \times \frac{320 + 300}{44 + 40}$$

$$= \frac{4}{20} \times \frac{620}{84} = 1.476$$

然后，计算 1987 年的需求增长率。由于弹性系数为 1.476。就说明当国民收入增长 1% 时，该矿产品的需求量增长 1.476%，由此可见，当国民收入增长 5.5% 时，那么需求增长应为：

$$5.5\% \times 1.476 = 8.1\%$$

那么该金属 1987 年的需求量应为：

$$44 \times (1 + 8.1\%) = 47.56 \ 万吨$$

通过上述计算可以看到该弹性系数预测方法用于短期预测是可行的。因而，弹性系数预测方法作为资源经济预测方法之一，在实际工作中是十分有用的。

（4）时间序列预测法：该法是利用按一定时间间隔顺序排列的历史数据，用数学方法分析、推测未来的变化趋势。这种方法只考虑时间因素，把时间作为一个综合因素建立预测对象与时间的函数关系模型，进而求得所要预测的值。此种函数模型一般可通过以时间作为自变量的回归分析求得，所以也可以说是回归分析中的一个特例。但也可用其他方法求得，例如用灰色系统论的累加建模法。

（5）先发指标预测法：该法是对所需预测物产品过去的主要应用部门，先用经验找出其动态系列，并据此预测某矿产品的需求量。例如铜的需求，就可以电力工业的预定发展计划来进行预测。这种预测有时可取一平均系数，有时也可用回归分析法。

（6）征询意见（商业调查）预测法：该法是对消费者发出调查卡片，以此来确定未来的需求量。

（7）堆积预测法：该法根据每吨社会物质产品所需要的矿产品数量，再乘以各种社会物质产品将来的需要量，即为将来的全部需求量。

（8）利用代替预测法：当某种矿产品可被可能的代用品所取代时，用此法可作为其他方法的补充。该法是根据总的需求量减去可以替代该种产品的可供量，来求得未来社会的需求量。

（9）德尔菲（Deiphi）法：该法是把内容相同的调查卡片送给许多有经验的人，以征求意见。然后再把卡片上的意见收集起来，通过综合再次征求意见。经过多次反复，使意见趋于集中，获得预测结果。

以上有选择地对矿产资源供方和需方经济预测的方法做了简要介绍，然而，在实际工作中远远不止这几种方法。就矿产资源需求的预测来说，还有投入产出法、色钢比法和消费强度法等。例如，就投入产出法来说，它是以国民经济各部门的相互联系来预测未来资源需求的。因此，它考虑的因素很多，预测结果就更为可信。就色钢比法来说，它是通过钢产量与有色金属的消费比例来预测未来有色金属需求的，也是十分有用的方法。此外，目前还在不断地出现各种新的预测方法（如情景分析法等），以适应种种不同条件下的预测，这里因篇幅所限，就不再一一介绍了。总之，通过以上介绍的几种方法，我们就可以预测出社会对各种矿产品的需求量。

17.2.3.2　矿产资源消耗量的预测

通过社会对金属材料需求量的预测，我们就能知道预测年份的社会对金属材料的需求量。但我们希望知道的是预测年份的矿产资源消耗量。要解决这一矛盾，首先应解决预测年份需要生产多少金属材料，然后才能解决需要消耗多少矿产资源量的问题。

（1）预测年份金属材料生产量的计算：首先应根据我国金属矿产资源的现状和前景分析，确定某种金属矿产资源是优势资源还是劣势资源或持平资源；是具产业优势资源还是具潜在优势资源。在预测期内国家建设矿山的能力（资金、能源、劳力和科技水平）怎样；国家准备采取的资源政策是进口政策、出口政策还是自给政策。并据此确定预测年份某金属材料的生产量。其计算公式为：

$$C_生 = C_需 - C_进 + C_出 - C_回 \tag{17 - 23}$$

式中：$C_生$ 为预测年份某种金属材料的生产量；$C_需$ 为预测年份某种金属材料的需求量；$C_进$ 为预测年份某种金属材料的进口量；$C_出$ 为预测年份某种金属材料的出口量；$C_回$ 为预测年份某种金属材料废杂物回收量。

（2）预测年份矿产资源消耗量的计算：预测年份矿产资源消耗量可根据该年某种金属材料的预测生产量 $C_生$、开采矿产资源的回采率、选矿回收率和冶炼回收率加以计算而获得。其计算公式为：

$$M_消 = C_生 / (F_采 \cdot F_选 \cdot F_冶) \tag{17 - 24}$$

式中：$M_消$ 为预测年份某种金属矿产资源的消耗量；$C_生$ 为预测年份某种金属材料的生产量；$F_采$ 为预测年份某种金属矿产资源的开采回收率；$F_选$ 为预测年份某种金属矿产资源的选矿回收率；$F_冶$ 为预测年份某种金属矿产资

源的冶炼回收率。

通过以上公式的计算,我们就可以获得当年的矿产资源消耗量。在此,最关键的是采、选、冶回收率的确定。一般这些数字都可以从生产报表中收集到历史和当今的数字。但在作为参数进行预测时,还必须对未来开采的矿产资源的性质、矿石类型、赋存状况、开发的技术水平和经济条件进行分析和预测,以确定正确的参数。只有这样,才能获得较为理想的预测结果。

17.2.3.3　未来矿产资源需求量的预测

由于矿业生产活动是一项消费矿产资源的活动,要使一个矿山或一个国家,甚至整个世界的资源开发活动能正常地、稳定地、持续地进行,未来矿产资源的需求量也就绝不会仅仅是预测年份矿产资源的消耗量。而矿山在开发矿产资源时,有一定的服务年限和一定的矿产资源储备的资源量。在求这个资源需求量时就应该考虑有一个资源的合理储采比和合理资源利用率(因为总有一部分资源暂时无条件开发)问题。据此,我们就可以建立以下未来矿产资源需求量的预测公式:

$$M_{预} = M_{消} \times S \times S_1 \qquad\qquad (17-25)$$

式中:$M_{预}$ 为预测的未来矿产资源的需求量(万吨);$M_{消}$ 为预测年份矿产资源的消耗量(万吨);S 为未来矿产资源的合理储采比,储采比一般以 30 ~ 50 为宜,如包括储备资源时则应达到 100 才能较为稳定;S_1 为未来矿产资源的资源利用率(可根据当时的资源经济条件而定)。

如果采取简化的形式,对未来矿产资源的总需求量,也可采用下列公式求得:

$$M_{总} = N \times Z \times S_1 \times t \qquad\qquad (17-26)$$

式中:$M_{总}$ 为矿产资源总需求量,万吨;N 为实际金属需求量,万吨;Z 为矿产资源综合回收率;t 为合理的资源服务年限。

社会对各种矿产资源的需求量,在不同发展阶段是不同的,因此其需求增长率也是变化的,这在我们进行需求预测时是应该加以考虑的。例如新的金属矿产的需求增长率就高,而一些老的金属则在没有开发出新的用途之前,且资源寻找和开发又较困难时,特别是在有新的替代资源出现时,其资源的需求增长率往往是比较低的,有时甚至会出现负增长的情况,这也是在做资源需求预测时应注意的问题。据美国矿业局某单位的分析,目前矿产资源需求增长率大致可划分为以下 5 类:

(1)需求减少出现负增长的资源:如云母、刚玉和铊等矿产。

(2)需求增长缓慢,年增长率在 3% 以下的资源:如铁、锰、汞、锑、锡、水泥、石膏等矿产资源。

(3)需求增长速度一般,年平均增长率在 3% ~ 5% 的矿产资源:如:铜、铬、铅、钼、镍、铂、钒、钛、钨、铝、锶、铌、钽、硼、碘、硅、硫、钾盐、长石、磷酸盐、石棉、金刚石等矿产资源。

(4)需求增长速度较快,年平均增长率在 5.1% ~ 10% 的矿产资源:如铝、铀、铌、钍、稀土等矿产资源。

(5)需求增长速度很快,年平均增长率在 10% 以上的矿产资源:如铯。

以上划分几种需求增长速度的办法,对我们分析资源的需求具有一定的参考价值。但随着科学技术的发展,各个矿种所处的地位也是会起变化的,如超导技术的发展,必将推动稀土资源需求量的增加,这对我们搞资源分析工作,特别是在进行资源需求预测时必须要考虑的。

17.2.4　资源需求、资源勘查与资源开发的关系

17.2.4.1　世界对金属原料的需求

如前所述矿产资源的需求取决于对金属的需求,以及代用品的使用和金属的使用效果(也就是金属原料的"使用程度"的高低)等因素。

美国物质政策委员会(NMPC)负责人威尔弗雷德·马伦劳姆(Wilfred Maleuraum)教授 1978 年在分析国民生产总值(GDP)时,计算了从 20 世纪 30 年代到 1975 年,各个地区国民生产总值的实际数字和年增长率,以此推算 2000 年的国民生产总值和年增长率。作者认为到 2000 年,世界的国民生产总值的年增长率将比 1951—1975 年的实际平均年增长率可能要下降 25% ~ 30%。按人口平均国民生产总值的年增长率则将比 1951—1975 年间实际增长水平可能低 40%。但是,尽管这样到 2000 年,全世界每人的国民生产总值也将比 1971—1975 年的实际数超过 50%。

作者在分析单位国民经济总产值时(如以 1 亿美元计)使用金属原料的数量(如以吨计),因代用品的使用

和金属的使用效率的提高等原因，金属原料的"使用程度"，在近十几年中除铝以外，其他金属的"使用程度"都有所下降，其中发达国家更为明显。作者认为：到2000年将比目前下降10%～20%。如铝在过去的几个五年中，平均年增长率分别为3.8%、4.7%、4.3%和2.3%，估计到2000年将为4.7%。从金属原料需要的年增长率看，在1951—1975年间是比较高的，大多数金属需要量的增长率高于国民生产总值的年增长率。而美国以外国家的年增长率又高于世界平均年增长率，例如铝比美国高50%，比其他金属高100%～200%。特别是发展中国家需要量的年增长率几乎比发达国家的年增长率高一倍。西欧、日本、苏联等国的年增长率，在1965—1975年间已开始下降。从使用金属原料的比重看，美国在下降，美国以外的国家则从20世纪50年代初期的50%～60%上升到70年代初期的75%。而发展中国家使用的金属原料，在50年代还不到世界需要量的5%，到1975年则超过了10%。由此可见，到20世纪末世界金属原料需要量的年增长率将下降，特别是发达国家更为明显，而发展中国家则仍将增长。1971—2000年世界金属原料的需要量和每人平均的需要量见表17-6。

表17-6　世界金属原料和每人平均的需要量

项目	全世界的需要量				每人平均的需要量			
	单位	1971—1975年平均	2000年	增加倍数	单位	1971—1975年平均	1985年	2000年
原钢	亿吨	6.42	13.01	2.0	公斤	166.9	182.8	204.6
铁矿石	亿吨	4.32	9.19	1	公斤	112.2	126.5	144.4
镍	万吨	61.8	131.4	2.1	克	161.0	184.0	206.0
锰矿石	万吨	2003	4672.6	2.3	公斤	5.3	6.1	7.6
铬矿石	万吨	694.1	1575.1	2.3	公斤	1.8	1	2.5
钴	t	23434	56720	2.4	克	6.1	7.4	8.9
钨	t	40182	92637	2.3	克	10.4	12.2	14.6
精铜	万吨	792.3	1683.9	1.1	公斤	1	2.3	2.7
精铝	万吨	1224.9	3651.6	3.0	公斤	3.2	4.2	5.7
铂	万金衡两	538.7	1403	2.6	金衡两/1000	1.4	1.8	2.2
锌	万吨	550.6	1202.2	2.2	公斤	1.4	1.7	1.9
锡	万吨	23.2	39.3	1.7	克	60.4	61.2	61.7

17.2.4.2　资源需求与资源勘查和开发的关系

对于资源需求与资源勘查和开发的关系问题，苏联B·B·伊凡诺夫（ИВАНОВ）等人曾作过研究。他们在统计了西方和发展中国家各种金属矿产储量、产量和消费量（特别是1958—1959年，1968—1971年和1975—1977年）资料的基础上，发现它们之间存在一定的关系。如以矿产储量与其年产量之间的比值为K_1，则得到的各种矿产的比值大多相当接近，而且其平均值K_1，还具有下降的趋势。如1959年约为1.73×10^2；1971年为1.65×10^2；1977年则降到1.39×10^2。而且各种金属组合的比值，在20世纪50年代较为分散，到70年代具有明显的接近趋势。如果用外延法推演到2000年，各种金属的K_1值将接近$(0.9 \sim 1.0) \times 10^2$。也就是说，如果开采速度不变，储量可以保证正常生产90年。

从这里也可以看出，随着科学技术的发展，探采计划性的加强和采矿规模的扩大，世界矿产资源的储采比将继续呈下降趋势。虽然伊凡诺夫将储采比定为90%，据推测其值还会下降。对一个矿山而言，其合理的储采比应为其合理的生产服务年限。

伊凡诺夫将矿产品的年产量与年需求量的比值定为K_2，则K_2也是在大体稳定的情况下稍有下降（从1.2降到1.1）。从理论上讲，世界矿产品的产量与消费量应该是平衡的，即K_2应该等于1。在正常的情况下，K_2值应随供需的条件变化，即在1的上下波动。但是实际上，常常由于有些矿产品可以循环使用，有些矿产品又因新的代用品出现,使其产量将小于消费量,从而使 K_2 值小于1,这时该矿产品的生产将会出现停滞,而有些矿产品则可能因用途的扩大,而出现产量大于消费量,从而使 K_2 值大于1。这时,该种矿产品的生产就会获得迅速的增长。根据这种分析的结果就可以用来制定资源的勘查和开发计划。

17.3　矿产的供应能力分析

在预测社会对矿产品需求的同时,也应研究社会提供矿产品的能力。这就要求我们进行矿产资源供应能力的分析。为此,应首先对矿产资源的开发条件进行分析。

17.3.1　矿产资源开发条件分析

矿产资源的开发条件,也就是生产矿产品的条件。一般来说,它应该包括矿产资源本身的条件、开发的技术经济条件(对产出品还需精选或冶炼后才能出售的金属矿产还应包括选冶条件),以及矿产品的销售条件三个方面。

17.3.1.1　矿产资源本身开发技术经济条件的分析

在进行矿产资源的开发和生产时,首先就会遇到所要开发的矿产资源的数量和质量问题。因为矿产资源的开发投资大,建设周期长;目前矿产资源的开发工作又常因矿产品多为初级产品而价格偏低,从而影响到矿产品的开发和开发生产的经济效益。为了提高开发矿产资源的经济效益,在分析时一方面要搞清矿产资源的数量和规模,尽量使矿资源的开发工作能够达到合理规模的经济水平和合理的服务年限;另一方面又应搞清矿产资源的矿石质量、贫富,矿体的形态、埋藏的深浅、矿区的水文地质条件、矿石的物质组成和结构等加工性能条件等,以便选择易采、易选、易冶的矿床,采用最佳的开发方案。

17.3.1.2　矿产资源开发外部技术经济条件分析

当开发的矿产资源其矿床本身具有较大的规模、较多的储量、埋藏浅、品位富,以及较好的矿石加工性能等有利技术经济因素而有开发利用的可能时,还需分析影响矿产资源开发的外部技术经济条件。如外部的运输条件,能源与电力的供应条件,劳动力及本区的自然经济条件对开发矿产资源的影响。当以上条件都好或基本可以时,才能对该矿床进行技术经济评价和开发的可行性研究,以确定该矿床进行资源开发的投资收益率、资金利税率。只有当其达到预期要求时,这样的矿产资源才算是具备开发条件的资源,才能进行生产矿产品的开发,生产所需的矿产品。

17.3.1.3　矿产资源销售条件分析

当已有较好的矿产资源,并具有良好的外部开发条件时,影响矿产资源开发、生产的决定性因素,将是未来社会对矿产品的需求量和需求程度。当未来社会对该矿产品需求量大、需求程度高、社会供应量又不足时,则就表明该矿产资源具有很好的开发、生产条件。反之,则不宜建设和生产。要解决未来的需求程度和需求量的问题,就应该进行社会调查和统计预测。在调查现今市场需求量和历史状况的基础上,结合国民经济的发展、国民收入的增加情况,以及相关产业发展对该矿产品需求量的预测,就可以确定未来社会的需求量。并在统计现有矿山、在建矿山和计划新建矿山的生产能力扩大与消失的基础上,预测未来该矿产品的供应能力。根据需求与供应的关系,就可以确定未来的需求程度。对市场需求量大,社会需求程度高的矿产,则可认为是销售条件好的矿产,应该积极进行开发,以获取较好的经济效益。在做好以上分析的基础上,还应对被选择建设生产的矿床进行建设条件的可行性研究,并与其他矿山进行对比,以确定开发该种矿产资源所生产产品的竞争能力。其竞争能力越大,则生产条件越好,也就应该积极开发。反之,则不宜建设。

17.3.2　矿产资源供应能力分析的分类

矿产资源供应能力,一般可分短期、中期和长期三类。简述如下。

17.3.2.1　矿产资源短期供应能力分析

短期供应能力分析,主要分析5～10年内矿产品的供应能力。这种分析,首先应进行现有矿山生产能力的统计,并对在建和正在扩建矿山历年可能增加的生产能力,以及生产矿山历年即将消失的能力加以统计和分析。根据矿山建设和生产的特点,估计近5年内矿产品的可能供应量。这种分析,实际上是矿山生产现状分析。它包括对现有生产、正在建设和扩建矿山的矿石储量、品位、矿体赋存状况(包括形态和埋藏深度)和开发技术经济条件等方面的分析，从而估计 5 ~ 10 年内矿山的生产能力和生产量。

17.3.2.2 矿产资源中期供应能力分析

中期生产能力的分析，主要分析 10 ~ 30 年内矿产品的供应能力。这种分析的对象，除了应该对现有生产矿山和在建矿山进行统计和分析以外，还应对规划矿山和现已探明的矿产储量进行统计和分析。

在进行中期供应能力分析时，除了按近期供应能力分析估计 5 年内矿山的生产能力和生产量外，还要根据对采选科学技术发展趋势的预测，现有矿产储量和可能探明的储量的质量，及其开发条件（包括矿山建设内部条件和外部条件）的分析，结合社会对矿产品需求量的预测，估计今后 10 ~ 15 年内社会对开发矿业可能提供的投资，统计规划矿山和未规划矿床进行矿山建设后可能提供的生产能力和生产量。

此外，还应分析若干未被利用的矿产资源不能利用的原因，论证其技术经济条件和应做哪些改善以后，才有可能供人们开发利用。

17.3.2.3 矿产资源长期供应能力分析

长期供应能力分析，主要分析 30 ~ 100 年内矿产品的供应能力，该分析主要是在中、近期分析的基础上，根据社会经济发展趋势、矿业科学技术发展趋势和矿产资源勘查发展趋势，分析矿产资源长期供应的能力。

在长期供应能力的分析中，其分析的重点是对矿产资源可能探明量的预测。要做出较为科学的预测，首先应预测科学技术的发展对矿业经济的影响，以及在可能的技术经济条件下人们对开发矿业的能力，并以这些条件为基础，进而采用地质条件类比法、区域价值估计法、自然丰度估计法、体积估计法、矿床模型法、主观概率法等方法进行矿产资源潜力的预测，从而估计今后能查明的矿产资源量。因此，我们就可以根据目前已查明的矿产资源和预测的资源潜力，估计矿产资源的长期供应能力。

应该指出，对矿产资源的潜力估计，目前国内外均处于研究阶段，加上技术经济条件的改变，对资源量将产生极大的影响。因此，对潜在资源的估计，只能按不同技术经济条件作参数、估计不同的潜力，从而能够获得进行矿产资源开发的能力。

17.3.3 矿产资源供应能力分析的方法

对矿产资源供应能力的分析，如前所述，可分短期、中期和长期三类。而短期分析实际上只要对现在生产、在建、扩建矿山和行将消失的矿山生产能力加以统计，并乘上开工系数就可以求得，故在此就不再详细阐述。对于长期供应能力的分析方法，实际上与矿产资源的前景分析方法相同，故在此也不再叙述。此处主要介绍一下矿产资源供应能力的中期预测方法中的专家调查法和逻辑曲线法两种。

17.3.3.1 专家调查法

这种方法是目前矿产资源经济分析中最常用的也是最有效的方法，它是由矿产资源经济分析人员专访各成矿区域内比较有经验的地质专家，以征求它们对该成矿区域内未来远景储量的意见和看法，通过把各位专家意见加以综合，就可对该区域的资源前景有了一定的估量。由于这些专家一般都常年工作在这一地区，对该地区的地质构造、成矿地质条件等都了如指掌，再加上长期野外工作的丰富经验，因而，他们所估计的远景储量，一般可信度较大。

矿产资源分析工作者通过对全国各个地区、各位专家的走访和调查，加之自己的判断，就可求得某一时期内，该矿产资源的预测结果。根据这一预测结果，再加上对现有生产矿山的储量以及现已探明的可采储量的综合分析，就可得出未来某一时期内，该矿山年生产能力的预测值。

由以上分析可见，矿产资源的这种经济预测方法，既简便可行，又有较高的可信度。因此在矿产资源经济分析中，它不失为矿产资源供方市场经济预测的良好方法。但我们知道，这种方法也有一定的使用范围。

17.3.3.2 逻辑曲线法

逻辑曲线法，是根据某区、某国或全世界在预测期内可能探得的总储量，按照生产增长的逻辑曲线速度，来预测未来矿业生产能力的一种方法。具体地讲，它对未来各年矿产品的开采量（或生产能力）的预测，是以这样的假设为依据的，即矿产量的增长，以零开始按逻辑曲线增长，但因产量的增长同时伴随着资源的消耗，所以增长到一定的时候就会逐渐递减，形成一条钟形曲线，钟形曲线下的面积，则代表某一时期内某矿体可能开采的最大累计产量。

用于矿产资源经济预测的公式如下:

$$Q = \frac{Q_\infty}{1 + e^{a+bt}} \tag{17 - 27}$$

式中:t 为时间,一般为一个时期,也可以是一年;Q_∞ 表示总的可采矿量,包括已采矿量,预测期内可能探明的矿量和非经济资源上升为储量的部分;Q 表示从零开始到 t 时期(年)的累计产量;a、b 均为常数。

若对(17 - 27)式求导,就可得出第 t 时期(年)的产量公式,这也正是绘制逻辑曲线的重要公式:

$$Q'_{(t)} = \frac{dQ}{dt} = -\frac{Q_\infty b e^{a+bt}}{(1 + e^{a+bt})^2} \tag{17 - 28}$$

在使用该公式绘制逻辑曲线时,若 t 表示的是年份,那么,$Q'_{(t)}$ 就是第 t 年的预测产量(生产能力),若 t 代表的是一个时期,那么,$Q'_{(t)}$ 就是第 t 时期的预测产量。依此就可以绘制出逻辑曲线来。

在绘制逻辑曲线时,必须要事先求出常数 a、b 和 $Q_\infty(Q < 0)$ 之值,这里 a,b 的确定,则要借助于下列公式:

$$a + bt = \ln\left(\frac{Q_\infty}{Q} - 1\right) \tag{17 - 29}$$

由公式(17 - 29)可知,由于已开采年份的累计产量 Q_∞ 是已知的,所以在已开采的年份内,根据各年的累计产量 Q,可求出各年的常数 a_i 和 b_i。这样,就可用已开采年份内 Q_i 的平均数作为常数 a,用 b_i 的平均数作为常数 b。关于 Q_∞ 的估值,主要参考该地区资源总量预测的结果,但也要对其他技术经济因素加以详细的考虑(具体计算方法详见《南非采矿与冶金学会杂志》1979 年第 2 期第 183 页)。

关于矿产资源预测的逻辑曲线方法,由于它本身建立在预估值 Q_∞ 的基础上的,而对 Q_∞ 的估值又十分困难。因此这里只作为一种方法提出,以供资源分析工作者参考。

17.3.4　金属供应能力分析

由于社会的最终需要供应的产品是金属,我们在做好矿产资源供应能力分析的基础上,还需计算出金属的供应能力和供应量。其计算公式如下:

$$R = y(M + S) \tag{17 - 30}$$

式中:R 为金属精炼生产量;y 为精炼回收率;M 为矿山矿产品金属总生产量;S 为精炼中所使用的金属废料。

$$R' = \frac{R}{n} \tag{17 - 31}$$

式中:R' 为金属精炼能力;n 为精炼厂开工率。

通过公式的计算,我们就可以求得社会对矿产资源的供应能力。

应该指出的是在作供应能力分析时,除了主要从矿产资源的供应出发进行分析外,由于社会需求和供应因素往往随着科学技术和社会经济条件的变化而变化。特别是再生废旧金属的回收量也越来越多,资源的替代因素和比例也越来越多和越大,因此在必要时还应进行这方面的调查研究和供需分析,以提高我们分析预测的可靠性。因此,在做这些分析时,必须考虑得全面一些,分析预测的方法也应多采用些,以求得较为满意的结果。

17.3.5　影响矿产资源开发能力的因素分析

影响矿产资源供应前景的决定性因素是未来人们对矿产资源的开发能力。而影响矿产资源开发能力的因素主要有:能源因素、成本因素、投资因素和资源因素。

17.3.5.1　能源对未来矿产资源开发的影响

随着石油危机的出现,世界能源的价格曾出现了猛涨。尽管目前人们采取了广泛的节能措施,使世界能源价格有所下降。但是,能源的消耗,在采掘工业中仍占有重要的地位。据美国矿物调查所统计,在 1940—1963 年间,美国矿山装配的电力,就增长了 50%。据美国商业部公布的数字,在 1963—1972 年间,美国开采每吨铜矿石的能源消耗增长了 33%,铁矿石能耗增长了 57%,铝土矿的能耗降低了 90%。泰纳(F. E. Tainer)按铜、铁、铝、钢、有色金属和煤等六种产品的估计,每年平均耗能费用增长了 3.95%。如再考虑其他特殊矿物生产的耗能情况,则年平均增长率达 4.4%。造成美国在 20 世纪 70 年代中期,用于矿物原料生产的能源消耗,就占美国能源消耗量的 16%(美国还是大量进口矿产品的国家)。因此科威特(Covett)指出,由于能耗和成本的增加,已使某些已知矿床因开采费用太大而停产。

随着采掘业机械化程度的提高，能耗也大幅度增加。例如美国，每增产 20% 的铁矿石，每吨矿石的能耗从 1946 年至 1972 年就几乎扩大 5 倍，由此可见，能源消耗的增长，严重地影响着对贫矿资源的开发。

17.3.5.2　成本因素对未来资源开发的影响

矿产资源的开发，除了受物质（使用价值）因素的影响外，从价值观点看还受到生产成本的影响。随着地质工作程度的提高，一些交通方便，易于寻找和开发的矿床大都已被发现，使今后找矿和开发难度不断增大，费用不断增加。例如，加拿大发现矿床的成本，在 1951—1970 年间，从占矿床价值的 0.6% 上升到 2%。1946—1971 年间，加拿大的勘查费用虽然增加了 5 倍，但每年发现矿床的产值自 1955 年以来一直没有增加，储量仅增加 5%。而发现每个矿床的成本却增加了 3 倍，单位矿石的成本增加了 1 倍。目前加拿大发现矿床的成本是矿床价值的 4%，而且以每年增长 4% 的速度上升。尽管发现矿床的成本占矿床价值的比例很小，但以这种速度上升，其成本每 18 年就要翻一番。美国在 1955—1969 年间，矿床的发现成本也由占矿床价值的 1% 上升到 2%。尽管在第三世界工作程度较低的地区，发现矿床的成本较低，但因外部建设条件往往较差，而未能吸引更多的投资者去进行资源勘查开发工作。由于新发现矿床的勘查和采矿条件的恶化，矿业生产的成本也都大幅度增加，使矿业生产投资效果逐年下降。例如美国在 1963－1977 年间，每年对矿山的投资增加 3%，但产量仅增加 38%。如果不算煤矿，则仅增长 33%。在我国十几年来单位矿产资源的勘查成本也成倍增加，有的矿产品的生产成本年增长率达到 10% 以上，这说明矿产资源的开发成本在不断上涨，对今后资源的开发和供应都会有一定的影响。

17.3.5.3　投资对未来矿产资源开发的影响

尽管未来矿业生产的成本将有较大的增长，开发矿产资源获利前景欠佳和矿业生产上经常出现周期性的供过于求，使矿业生产的投资条件恶化。但作为矿业主要投资者的国家，一般公司和专业采矿公司，由于矿业生产周期的漫长，人们仍在盼望经济新发展的到来，以期获取超额利润。加上 20 世纪 60 年代以来，发现了大量优质资源可供开发，以及一些国家为减少进口而只要求有一个较低的利润率即可的原因，从而对矿业进行了大量的投资。例如西方国家对铝、铜、铅、锌、铁矿石、镍、金、铀及其他金属，磷酸盐和其他非金属矿产，1980 年计划建设的项目就有 285 处，总投资达 667 亿美元。1981 年计划建设的项目就有 335 处，总投资达 755 亿美元。其中铜矿 1980 年规划的 49 个项目，投资 142.8 亿美元，1981 年则规划 72 个项目，投资达 182.2 亿美元。又如 1980—1984 年间，西方国家计划扩建的铜矿山就有 19 处，平均每吨年生产能力投资为 2500 美元，新建矿山 34 处，平均每吨年生产能力投资为 3570 美元。两者合计新建矿山 53 处，平均每吨年生产能力投资 3000 美元。据有关资料分析，到 2000 年世界铁矿石产量可达 12～13 亿吨，贸易量可增至 5 亿吨，完全可以保证世界对铁矿石 11～12 亿吨的需求。铜的情况也相同。

从西方国家的矿业投资来看，总的是呈增长趋势。由此可见，按目前情况看，在今后一段时期内，矿产资源的供应基本上将是有保障的。但是，我们也应看到，现在对矿业的投资，已不像 20 世纪 60 年代末至 70 年代初，人们大量集资去开发矿业那样。因此，如果在今后的年代中，世界经济获得迅速发展的话，那么，许多矿产品也许还会出现供应紧张，并出现一定时期的矿产品短缺和价格暴涨的情况。

17.3.5.4　矿产资源对未来矿产品供应的影响

从长远看，影响矿产品供应的主要因素是矿产资源。美国矿业局根据对 44 种矿产资源需求保证程度的分析认为，在 1978—2000 年间，矿产品累计需求量不到储量 20% 以下的有铁矿和铝、铬、铂、钒、铌、锂、铍、钍、铯、镁、硼、碘、磷酸盐、钾碱、长石、刚玉、稀土元素等 18 种，这 18 种矿产属资源丰富，是长期有保证的矿产；矿产品累计需求量占储量 20%～50% 的有锰、钴、锑、钼、镍、锆、锶、钽、钛、砷和碲等 11 种矿产，这 11 种矿产属资源较丰富、供应有保证的矿产；矿产品需求量占储量 50%～100% 的有铜、锗、铅、锡、镉、钨、铊、石膏等 8 种，这 8 种矿产属资源比较紧张的矿产；而累计需求量大于现有储量的有金、银、汞、锌、铋、硫和石棉等 7 种，这 7 种矿产属资源不足，存在缺口的矿产。应该指出，这也只是一个初步的分析，因为它还漏掉了不少已探明的矿产资源，而且新的矿产资源在今后仍将会有大量的发现。总的来说，我们认为矿产资源的供应问题，只要我们加强地质勘探工作，增加矿山建设投资，加速发展地质与采选科学技术，矿产资源前景仍然是会比较乐观的。

18　矿产资源形势分析

由于矿产资源对社会经济的发展具有很大的影响,人们都非常重视矿产资源的供应前景。尽管在地球上现已发现的岩石有350余种,其组成矿物达2000余种,但人们目前利用的岩石只有几十种,矿物也只有200～300种,构成的矿种也仅170种左右。如果再考虑到地球上矿产资源在分布上的不均衡性,以及其他政治经济因素的影响,更造成了人们对矿产资源有效供应的关切。特别是在1973年的"石油危机"以后,各国政府、各大公司、各大企业,为了确保矿产资源的供应,都加强了矿产资源的经济形势分析工作,并在资源分析的基础上,制定各自的资源勘查与开发的政策和策略。

当我们进行矿产资源的勘查与开发时,为了使矿产资源勘查工作与开发工作取得较好的经济效益,正确决定地质勘查方针和开发策略,就成为首先应该解决的问题。这就需要对当前和今后矿产资源的经济形势,作出正确的估计或预测。为此,就应该进行矿产资源的经济形势的分析。在这项分析工作中,首先应分析矿产资源的保有储量和资源量;矿产资源的需求现状与前景;矿产资源产品的再生率和替代资源对需求的影响;以及其他种种因素对资源供应前景的影响。当对以上各方面问题有了较清楚的认识以后,制订找矿勘探与开发的方针和策略就有了根据,就会取得较好的经济效果。考虑到我国在资源问题上也实行开放政策,因此,在做资源分析时就要立足国内,放眼世界。根据经济效益原则,对国内短缺,效益较差而从国外进口又有保证的矿产资源,可作适量进口。对国内资源丰富,自给有余,出口又有利可图的优势矿产资源,也可根据需要适量出口。在本章中,将从人类对矿产资源需求激增从而影响经济发展,以及矿产资源及其开发工作的特性出发,介绍矿产资源分析工作的意义,以及国内外矿产资源分析工作的概况。并对矿产资源分析工作的内容、原则和方法,以及我国和世界矿产资源经济形势作一概述。以使读者能概略地掌握矿产资源的形势分析工作。

18.1　矿产资源分析工作的意义及国内外资源分析工作概况

18.1.1　矿产资源分析工作的意义

随着社会经济的发展和世界人口的增加,人们对矿物原料的需求量也在急剧增加。从世界人口的增长情况看:公元1770年全世界仅有7亿人,到1800年大约也只有9亿人。但到了1900年,世界人口就迅速增加到17亿左右。现在,世界人口已超过60亿。世界对矿物原料的需求也有了成倍地增加。由于矿产资源在地球上的分布具有不均衡性,其数量具有限性。同时矿产资源又属不可再生资源。加上矿产资源在生产上具非弹力性,在找矿上具探索性,在开发上又具投资大、基建周期长、见效慢的特点。因此,矿产资源的长期稳定供应,比其他物资的供应更为困难。特别是在受到1973年石油危机的冲击后,矿产资源的供应前景问题,更引起了人们的关注。

由于矿产资源是现代工业发展所不可缺少的物质基础,在国民经济中又占有举足轻重的地位。因此,矿产资源的合理开发和有效供应,对国民经济的发展速度,有着极大的影响。为此,马克思曾把铁和煤称为"近代工业的大杠杆"。列宁也曾把煤、铁叫做"真正创造生产资源的生产资料",而有色金属更是发展现代工业及新技术所不可缺少的原材料。但在世界对矿产资料需求量日益增加的同时,优质矿产资源却日趋枯竭。怎样做到既积极开发矿产资源,以保障矿产资源的可靠供应,又做好矿产资源的保护和合理利用,以获取资源开发工作的最佳经济效益,就成为资源消费国和资源生产国,以及资源自给国都关心的问题。为了解决这个问题,世界各国相继开展了矿产资源的分析工作,并在矿产资源分析工作的基础上,制定本国的资源开发、资源保护及资源储备政策。

18.1.2　国外矿产资源分析工作概况

由于矿产资源对人们的生活和国家的经济发展,以及战略问题都具有极大的影响。例如1973年的"石油危机",就造成石油进口国的国际收支逆差达1000亿美元,使世界通货膨胀率达到30%以上,使资源问题成为一些国家的重要军事战略问题。为此,各国政府和一些大的公司、企业,都分别建立起各自的矿产资源分析机构。

对世界各国及世界的矿产资源保有量、需求量、供应前景和合理开发利用等问题开展研究工作。

18.1.2.1 美国的矿产资源分析工作

美国是世界上矿产资源消费量最大的国家，也是对矿产资源分析工作较为重视的国家。早在1965年，美国就颁布了国家战略物资储备法，规定一些重要矿山要由国家控制，只有在特殊情况下才批准开采，同时还储备一定数量的矿物原料。到1977年，美国储备的矿物原料已达90种。进入20世纪80年代又规定储备的矿种达104种。自1950年起，美国每5年出版一次有关矿产资源分析的综合研究报告。在1970年的国会上，还通过了《采矿与矿产政策法案》，规定内务部每年向国会的年度报告中，必须有国内外矿产资源形势分析的内容。在1971年还成立了由内务部长领导，有国务卿、商业部长参加的非燃料矿产政策协调委员会，研究国内外矿产资源供需关系和政府对策。自1973年"石油危机"后，政府拨专款建立各项数据库，组织各方面的专家，有针对性地对某些矿种进行地质、采矿、选冶和技术、经济、政治、社会等方面的研究。并出版单矿种的资源分析资料。

美国矿产资源分析工作的中心，是内务部地质调查所和内务部矿业局。其中地质调查所主要负责从地质条件、探矿技术、矿产资源现状和前景方面的研究工作。从地质上分析长期提供矿产资源的可能性，并进行研究和预测。同时就潜在矿种问题，以及需要采取的政策和技术措施等问题，向国会和政府提出建议。矿业局则主要根据地质调查所和其他有关（矿产和能源）部门的工矿企业提供的基本资料，对各种矿产的储量和采、选、冶、产、供、销的数据进行统计、分析和预测。并对影响矿物生产的技术、经济和社会政治因素进行分析和解释。在与地质调查所交流协调分析后，将各种矿产的储量和资源量的估计数字，以及综合研究的结果写进内务部长向国会所做的报告中。

美国的资源分析工作，除了做一般的统计分析以外，还根据矿产资源的急缺和重要程度，将一些急缺或重要的矿种，如银、铬、镍、钴、锰等列到优先地位。对其用途、可被替代程度、资源远景和对外依赖程度等做出评价。同时，通过建立电子计算机数据库，研究"矿产资源评价模式"、"矿产勘探模式"、"资源开发模式"和"急缺矿产的动态模式"等，借以提高分析的精度。

在美国，资源分析工作除了政府进行全国性、全球性、长远性和专门性的分析工作以外，一些大公司也对与本公司生产经营活动有关的几种矿物资源进行短期的或局部的预测工作。一些大学和研究机构，如斯坦福大学和美国东西方研究中心等，也都开展了矿产资源分析工作，并将分析研究工作的成果，作为向国家和企业提供咨询的依据。

18.1.2.2 其他国家的矿产资源分析工作

除美国外，其他国家也都根据各自的特点和需要，进行着不同内容和不同程度的资源分析工作。例如日本根据本国矿产资源贫乏，而对矿产资源需求量大的特点，除加强国内矿产资源的分析研究外，着重研究世界矿产资源的分布情况、资源潜力、供应前景等，为经济部门制定矿业政策和开展海外探矿及开发战略提供依据。菲律宾则建立自然资源管理中心，由战略研究处进行资源分析和预测。他们研究本国已规划利用的矿产资源的政策和监视国际上的资源动向，借以保护民族利益和捍卫国家主权。苏联则根据本国矿产资源丰富，自给有余的特点，除作一般资源分析借以指导计划外，还着重开展勘探远景规划与矿物资源的配套管理，以及在合理强化开采的前提下，进行地质勘探工作最佳超前程度的分析研究工作等。

18.1.3 我国矿产资源分析工作概况

进入20世纪90年代，随着我国社会主义商品经济的逐步建立，我国矿产资源形势分析工作逐步进入成熟期。为了满足我国经济长远发展的需要，国家计划委员会和国土资源部正在组织我国矿产资源对国民经济长远发展的保证程度分析工作。中国矿业协会也正式成立了矿产资源专业委员会，并已组织和开展矿产资源经济的分析研究工作。现各部门的地矿研究单位和咨询部门，以及有关大专院校也都先后开展矿产资源经济分析研究工作。我国的矿产资源经济形势分析工作，正在从实际应用工作逐步向提高其理论和方法方向发展。

18.2 矿产资源分析工作的原则、内容与应考虑的影响因素

在进行矿产资源形势分析时，首先就会遇到按照什么原则来分析的问题。从目前国内外进行的矿产资源分析材料看，大多数矿产资源形势分析的论文和资料，都是偏重于对某一方面或某个问题进行具体的论述。例如

对某个矿种的资源前景,对某一矿产品今后的需求,某些矿产品的生产形势及其供应前景等。通过这些文章,也可以看出它们具有各种互不相同的原则和方法。在此,作者主要根据自己在矿产资源分析工作中所取得的经验和教训,作一简要的介绍。

18.2.1　矿产资源经济形势分析的原则

为了做好矿产资源分析工作,必须坚持以下原则:

(1)全国与全球资源形势分析相结合原则:在进行矿产资源分析时,应从国家实行对外开放,对内搞活的方针出发,在进行国内资源分析的同时,必须考虑我国采取两种资源、两个市场、两种资金的政策,并据此进行必要的世界性的矿产资源分析工作。

(2)市场供需平衡原则:资源分析工作实质上是资源经济分析工作,因此在分析矿产资源本身状况的同时,还必须从商品经济的规律出发,进行矿产资源的市场分析,并以供需平衡为原则,分析矿产资源的保证程度和开发前景。

(3)全面性原则:矿产资源分析工作应根据我国和全世界的全面成矿地质条件、资源特点、开发效益,分析我国矿产资源的开发前景,并提出对矿产资源勘查开发和具体工作部署的建议。

(4)综合分析原则:由于矿产资源的经济分析,包括矿产资源的找矿勘探形势、开发形势和需求形势,以及未来勘查开发工作的经济效益等。因此,只有把这几方面情况结合起来作为一个整体来考虑,把探采、供销及其开发的经济效益作为一个整体加以分析时,才能得到正确的结论,过去探采分离,产销分割,常常在进行资源的找矿勘探前景分析时,认为资源前景很好很大,但相当大一部分资源开采起来困难重重,或无法进行开发而形成"呆矿",严重影响探采工作的经济效益。反之,有时矿产资源的地质前景并不明朗,但社会需求却急剧增加,而人们开发矿产资源的能力又在迅速提高,使一些原来较差的资源也能获得较大的开发效益。

(5)系统分析原则:由于我们的社会是由几个互相关联的部分组成的,他们之间既有区别,又互为存在条件,起着相互制约的作用。要使我们的分析工作能够获得正确的结果,就必须从系统工程的角度来研究问题,特别是作为一个社会主义国家,在分析矿产资源的经济形势时,更应根据实有的矿产资源,和整个社会的实际需要,按照一个总的建设计划进程的要求来进行分析,以使我们能够经济合理地使用矿产资源。这就要求我们从系统的观点来研究我们的矿产资源形势。例如矿产资源的量,实际上是受到地质成矿条件、人们的开发能力、不同价格条件和能耗因素、社会需要、代用品顶替的可能,以及地域和社会政治因素影响的控制。在我们作分析时,只有把以上各种因素作为一个系统,对以上种种因素进行系统分析,才能使分析结果可靠。

此外,为了保证研究成果的可靠性,在工作中必须选择可靠程度高、时间新的资料作为分析工作的基础,对一些具有战略意义的地区只靠资料不能解决问题时,还必须进行现场调查和专题研究。

18.2.2　矿产资源分析工作应考虑的因素

为了做好矿产资源分析工作,除了应坚持以上五项原则外,还应考虑下列诸因素:

(1)矿产资源的丰度与富集因素:从目前地质界对矿产资源形势分析的资料看,矿产资源量的前景,主要决定于该矿种的主成分元素在地壳中的丰度,及其在漫长的地质过程中是否容易迁移富集。从目前已查明的资源量看,一般来说,在地壳中丰度高的元素,其储量也都较多。例如铁、铝、锰、铬等矿产在地壳中丰度较高,其资源量也较多。反之,金、银、铂和稀有金属等在地壳中的丰度较低,其资源量也较少。此外,元素的迁移富集性能,对矿产资源的数量影响也较大。例如钍比铀的丰度高,但由于不容易富集,所以已探明的储量还没有铀多。又如锆的丰度比铅高十多倍,而其探明的储量却又比铅少。所有这些都取决于成矿地质条件与其在地壳中的丰度,因而元素的丰度和富集性能也就应成为矿产资源形势长期分析工作中必须考虑的重要因素。

(2)矿床的形态与赋存状况因素:矿床的形态与赋存条件直接影响着矿产资源的数量和开发工作的进行。以江西某钨矿为例,以含钨石英大脉圈定矿体,则为石英-黑钨矿脉型钨矿床,矿体形态复杂,埋藏较深,不宜露天开采,而且储量规模仅为中型。如以含钨石英大脉及其周围的含钨石英细脉和网脉一起合并圈定矿体,则矿体成带状或似带层状,矿床规模成为特大型,矿体形态简单,埋藏较浅,可供露天开采,开发效益也较好,类似的例子,在金矿和铜矿中也不少见。从国内外的一些矿床看,一些规模巨大,开发效益较好的矿床,也大多是一些埋藏较浅,形态简单,易于开发的层状、似层状矿床、风化淋滤矿床和斑岩型矿床。这些特点,在进行矿产资源分析时也是应该重视的因素。

(3)矿石的物质成分与结构因素:矿石的物质成分与结构,直接影响到矿石的选矿工艺流程和选冶的技术经济指标。因为元素及其赋存状态和矿石结构不同，人们开发和利用它们的难易程度可相差很大，有的很容易利用，有的则很难利用。这就要求我们对矿产资源的工艺特性进行分析，从而合理确定我们地质工作对象和矿床的合理工业指标。

如果以人们最常见的铁矿为例，对于一些埋藏较浅，规模较大的粗粒磁铁石英岩型（鞍山式）铁矿，尽管碎矿、磨矿较为困难。但因易于大规模开采，并可用简单的磁选方法获得高品位的铁精矿（品位可达到 65% ~ 68%，选矿回收率可达 80% 以上）。因此，采选成本也较低。早在 20 世纪 60 年代初，加拿大就大规模地开发品位在 25% 左右的铁燧岩，而且取得了较好的经济效果。我国首钢、本钢和鞍钢，利用这类易采易选的矿产资源，经济效果也很好。从目前的利用情况看，具备易采易选和可以大规模开发的这类铁矿，品位如能达到 25% 左右，就可以获得较好的经济效果。

如果其他条件都相同，当有用铁矿物不是磁铁矿而是赤铁矿和菱铁矿时，就会给选矿带来困难，需要增加浮选或焙烧磁选等手段才能选出相应的精矿品位，这时的选矿成本就会成倍地增加，从而造成具相同品位的铁矿石不能经济合理开发。对这类矿床，其矿石品位至少应在 30% 以上才有可能成为具有工业开发价值的矿床。

如果我们勘探的对象是鲕状铁矿。从目前国内外的矿床看，它们一般都厚度不大，矿石难选，即使含铁品位达到 40% 左右，其选后的精矿品位也很少有超过 60% 的。因选矿工艺复杂，选矿成本较高。因此，像这样的铁矿有的就不再具备工业开发的价值。例如，美国已将过去列为储量的克林顿式鲕状铁矿改为铁矿资源。

目前法国还在开采的洛林式鲕状铁矿，虽然各项采选条件与上述条件相似，品位一般在 35% 左右。但是因为洛林铁矿以褐铁矿、菱铁矿为主，焙烧后矿石品位可达 40% 以上，更主要的是因为洛林开采的主要是碱度达 1.35 左右的自熔性或碱性矿石，在炼铁时不需再加熔剂石灰石。相反，有时还可配入部分进口的高品位酸性矿石。这样使选矿工作只需简单地抛去开采时的废石，即可恢复地质品位，从而降低了选矿成本，使这些矿床具备了工业开发的价值。

在历史上，也曾因不懂矿石物质成分结构对选矿工艺的影响，错误地勘探和开发了含有大量石榴子石含铁量达 38% 的"铁矿石"。由于不能选出高品位的铁精矿，最终只好将矿山关闭。尽管可以说这是一种偶然现象，但在稀有金属矿床中，由于忽视矿石物质成分和矿石结构的工艺条件分析，而只简单地套用一般工业指标，其结果一方面使大量的探明"储量"不具备工业价值，另一方面却又可能使大批可供开采利用或综合回收的储量白白地被抛弃。

综上所述，对矿石的物质成分和结构的工艺分析，就是要在进行矿产资源分析时对开采、选矿和冶炼时的矿石条件进行分析。通过分析，使我们能够区分它们的优劣，为我们选择找矿勘探和矿床开发对象、合理估计我们的资源潜力提供科学的依据。因此，这也是我们矿产资源分析工作中应该考虑的因素。

（4）矿产资源的供需平衡因素：在分析资源形势时，矿产资源是以对它的需要作为存在的条件。这是因为如果没有社会的需求，矿产资源就会像荒山野林中的废石一样，对人们毫无价值，只有在人们需要时，它的价值才能具体体现出来。而其使用价值的大小，又完全取决于人们对其需求的程度。从这个意义来讲，研究资源形势，进行资源分析，首先就应研究资源的需求形势。在分析矿产资源形势时，矿产资源的供应与需求总是向着趋向平衡的方向发展，并且会越来越接近平衡。如社会上出现供过于求时，开发和探矿工作就会出现停滞，矿产储量也就不会增加。当某种矿产品可被其他东西（包括别的矿产品）代替时，由于需求量的下降，也将引起矿产储量和矿产品供应量的下降。当社会不需要时，这种矿产资源的开发和资源勘查就会停止，资源量也就不复存在。反之，当社会的需求量激增时，矿产资源的供应、开发与勘查工作就会发展，矿产储量和资源量也就会急剧增加，并使它们保持产储平衡。例如，20 世纪铝等资源量就因需求的增加而飞速地增加。因此，供需平衡的因素，在我们进行矿产资源形势分析时也应保持足够的重视。

（5）矿产资源开发的成本与能耗因素：在人们努力获得矿产品以满足自己需要的过程中，必然要投入大量的劳力和消耗大量的物资。而这些投入与消耗，就需要以成本和能耗来计算。要看所能创造出来的物质财富，是否能大于我们的投入与消耗。只有在产出大于投入的条件下，我们才能进行矿产资源的勘查与开发。但随着矿产资源需求量的日益增加和易找、易采、易选、易炼矿产资源储量的减少，人们就必须去开采那些品位较低、埋藏深度较大、开发利用条件较差的矿产资源。从而造成开发成本与能耗的上升，在分析成本上升的诸因素中，又以能源成本上升最多。据 F·E·泰内(Tainer)估计，美国每生产一吨矿物原料，其能源的成本每年可能增长 2% 以上。这种状况今后仍将继续，这样到 21 世纪成本就会增长 3 倍。如按 MIMIC 的资料，在考虑到与此相关的能源成本时，其成本就不是3倍而将是9倍，除非有新的廉价的大量能源出现才能改变这一状况。由于成本与能耗对资源勘查与开发的影响极大，因此将成本与能耗作为矿产资源形势分析的因素是很必要的。

（6）矿区的地域与环境因素：在我们进行矿产资源形势分析时，除了应考虑资源的潜在前景、资源的需求状况、资源开发的成本与能耗等因素外，矿产资源的地域与环境因素也是一个重要的问题。这是因为开发矿产资源，一方面受到开发条件的影响，另一方面又要影响自然环境。因此，在做资源分析时必须对此作出评价。例如，随着人们开发矿业能力的提高，我们已从开采地表矿产发展到开发地下矿产资源。从只开发陆地上矿产资源逐步转向开发海洋和深海矿产资源。但是，尽管我们的开发能力今后还会有很大的提高，但是人们的开发能力总是有限的，在一定的时期内，总还有一些海洋一些陆地高原、荒凉地域的矿产资源，由于开发的经济效益不好而不能被开发。即使在经济繁荣地区、虽然从开发条件看甚为优越，但因其对人们的生活环境将会造成很大危害时，这些矿产资源也将成为不可利用资源。因此，在做矿产资源的分析时，也就应该对矿产资源所处的地域和环境因素进行分析，并作出正确的经济评价。

（7）矿产资源开发供应工作中的政治因素：由于现实社会还是一个存在矛盾和动荡的世界。在阶级和阶级、国家和国家之间，既存在联合互助的关系，也存在着矛盾与斗争的关系。反映在矿产资源的开发与供应上，也存在联合与斗争的状况。例如，有些矿产资源，虽然就全社会而言是可以做到供需平衡的。但常因国家政治因素，使一些矿产资源不能得到开发，而某些矿产品则又往往因一些社会政治原因而被"禁运"或禁止出口和进口，从而造成供需不平衡。对此，各国政府也都各自采取不同的对策。对于这些因素，在我们作矿产资源形势的中短期分析时应该重点考虑。

（8）矿产资源开发中的环境及社会因素：由于矿产资源具有分布上的不均衡性，不可再生性，以及矿产资源在开发过程中又要破坏自然生态平衡和引起环境保护上的问题。因此，在我们作矿产资源分析时，除了要进行矿产资源的自然条件、经济条件、政治条件的分析外，还必须进行矿产资源的社会环境条件的分析。

此外，在做矿产资源分析时，我们还应该分析由于矿山企业的新建，给社会提供的就业机会，以及除矿产品本身的价值以外，可能给社会带来的收益，特别对那些急缺矿产品，其社会收益有时可能还大于其本身价值的数倍。例如一些需要进口的矿产品，其价值至少应等于到岸价格。而对一些处于战略禁运的国际稀缺矿产品，其价值还应远远超过价格。

18.2.3　矿产资源分析工作的内容

矿产资源分析工作的内容，大致包括以下几个方面。

（1）矿产资源的需求及预测：随着社会经济的发展和人们生活水平的提高，社会对矿产资源的需求量越来越多。但是这种需求的增长将以什么形式变化？在特定的时期内其需求量将达到多少？社会可能提供矿物原料的能力怎样？并由此产生的后果怎样？怎样去预测？所有这一切也都是人们所关心的问题，也是矿产资源供需分析所要研究的问题。

对实行社会主义市场经济的我国来说，在实行大力发展对外经济关系的条件下，为我们利用两种资源——国内资源与国外资源，开发两个市场——国内市场和国际市场提供了基础。要科学地制定国民经济发展规划和计划，就需要做好矿产资源的需求预测分析。并根据分析的结果来制定我们的矿产勘查方针，同时也为制定我国矿物原料的进出口政策提供依据。分析的具体内容应包括未来不同时期社会对金属原料、矿物原料和矿产资源的需求量及其发展趋势。其分析工作主要是在统计分析历史资料基础上，进行市场需求预测，研究新技术发展对矿产资源需求的影响。并根据国民经济发展或相关产品发展的预测，建立相应的数学模型，预测今后各种矿产品的需求量。这种分析，一般可作世界或全国两个层次的分析，这是关系到我国产品去向的大问题。同时也应看到，由于矿产资源分布的不均衡性，以及世界各国甚至各个地区也存在社会经济政治条件上的差异，也会出现就世界而言是资源过剩，而在某国或某地区则为短缺资源。反之，世界短缺的矿产资源，而在某些国家或地区则为资源过剩的状况。

（2）矿产资源现状及前景分析：从世界上矿产资源的分布情况看，几乎绝大部分储量都分布在3～5个国家和地区内，有的甚至是分布在1～2个国家内，例如铁矿石储量的78%分布在苏联、巴西、玻利维亚、澳大利亚和加拿大，锰矿储量的82%在南非和苏联，铬矿储量的96%在南非和罗得西亚，铜矿储量的59%在美国、智利和苏联，铝土矿的62%在几内亚、澳大利亚和牙买加，铅矿的52%在美国、加拿大和苏联，金矿的69%和钼矿的98%在南非和苏联，煤矿资源的80%在苏联和美国，石油储量的74%在中东和苏联。在我国也有类似的情况。其中钨矿主要集中在南岭地区,其储量大于国外钨矿储量的总和。

矿产资源在分布上的不均衡性,是由于地壳中有用元素要从高度分散状态中富集几十倍,甚至上千倍才能形成工业矿床。这就需要有特定的地质条件,并且需经过数百万年,甚至数亿年的时间才能形成。如果某地具有这个特定的地质条件,则往往能形成大批的矿床,并成群成带产出,构成一定的地区优势。例如美国密西西比的铅锌、澳大利亚哈默斯利和苏联伊尔库斯克的铁矿、南非的黄金和我国的钨、锑都是这样。由此可见,形成矿产资源的地质条件,包括地层、构造、火成岩等成矿因素的分析,既能确定找矿方向,提高找矿勘探工作的经济效益,又能为我们有效地预测矿产资源潜力提供依据。

如从矿石储量看,前寒武纪变质(鞍山式)铁矿,占世界铁矿石储量60%以上,其风化淋滤型富铁矿,占世界富铁矿储量的70%以上,产量占世界铁矿石产量的70%。其次为火山岩型铁矿,储量约占15%左右。而热液矽卡岩型铁矿,在国外几乎不占什么重要地位。但在我国,除鞍山式铁矿和火山岩型铁矿外,矽卡岩型铁矿也占有一定的地位。

由此可见,矿产资源状况及其前景分析,应在做好矿产资源区域规划和远景预测的基础上进行。一方面应对现已探明储量的矿种,按矿种、矿床规模、矿床类型、品位贫富、储量级别、地区分布、开发利用条件、开发利用状况分别进行统计分析,掌握目前已开发的矿产资源,可供开发利用和尚难开发利用的矿产资源的数量。另一方面还应根据成矿地质条件、矿床类型、资源分布等因素,确定目前矿产资源的利用程度及找矿前景,提出今后应注意加强找矿勘探工作的地区和应注意的矿床类型,为发挥资源优势,提高矿产资源勘查工作经济效益提供依据。

(3)矿产资源开发状况及开发经济效益分析:在进行矿产资源分析时,不但应该分析可能形成矿床的地质条件,而且应该分析各种类型矿床的经济意义。如以铁矿为例,不同类型的矿床,就有不同的经济价值。根据统计,如以不同类型铁矿的平均单位探矿费用为100单位的话,则鞍山式铁矿仅为54单位,有的地区甚至只有34单位。而火山岩型铁矿、矽卡岩型铁矿、宣龙式铁矿和热液脉状铁矿的单位探矿费用则分别为156、194、432和672单位。如以单位精矿生产成本计,如鞍山式铁矿为100单位,则矽卡岩铁矿、火山岩铁矿和鲕状铁矿,分别为128、211和252单位。由此可见,鞍山式(前寒武纪变质)铁矿不论从地质勘探角度,还是从开采利用角度看,都比其他类型铁矿具有更大的经济意义。

通过对现已开采矿山生产情况的调查,了解到各矿山资源利用率,开采回采率、选冶回收率、以及探矿、采矿和冶炼成本。根据矿产品的销售价格计算矿山生产的劳动生产率和资金利税率。在对尚未开采的矿床进行技术经济评价的基础上,探求各种矿产资源开发过程中的投资效益,分析出本区的优势矿产,以及建立优势产业的条件与可能性,并以此来指导做出找矿勘探和资源开发工作的决策。

(4)矿产资源保证程度及开发对策分析:矿产资源的保证程度,包括目前生产矿山的储量能保证矿山开采的和未来社会对矿产品需求时的资源保证程度。一般来讲,目前生产矿山的服务年限问题比较明显。各生产主管部门也经常对此作出分析,并要求地质部门,以加强那些处于资源危机和半危机矿山的地质勘探工作来保证矿山生产。但对地质勘查部门而言,更应注意未来社会对矿产资源的总需求保证程度的分析。这就应根据社会对矿产资源的需求预测来部署工作。但目前社会上所做的需求预测,一般是指矿产品或金属。因此,还需通过分析和计算将金属或矿物需求量换算成对矿产资源的需求量。并在考虑到现已探明或将被探明储量的基础上进行计算,从而求得各种矿产资源的保证程度。

开发对策分析是根据我们已经探明的矿产资源量及其找矿前景,结合开发过程中的经济效益及其开发前景,以及今后保证矿产品供应的程度,来分析哪些矿种应作优势产业来发展,并加强地质工作以提高我们资源勘查和开发工作的经济效益。通过这些分析比较,选择投资(即勘查和开发)方向(即矿种、地区和类型等),并根据社会需要和资源条件,确定合理投资比例,从而提高地质勘探和资源开发工作的决策水平。与此同时,还可以从这些分析中了解一系列影响优势发挥的因素,并提出相应的解决办法,以克服这些限制优势发挥的因素,使目前尚存在的潜在优势,甚至是劣势转化为优势,使资源勘查与开发事业获得更快的发展。

18.3　矿产资源经济形势分析方法

在基本了解矿产资源经济分析工作的意义、原则、内容以后,最关心的问题就是如何进行具体的分析工作。在此,将对资源的现状、前景、需求与供应(详见第17章矿产供需的经济分析)及其保证程度的分析方法,进行具体的介绍,以帮助从事矿产资源分析工作的同志们,能结合工作的实际开展矿产资源的经济分析工作。

18.3.1 矿产资源的现状分析方法

矿产资源的现状分析,就是要搞清资源的家底,并使各类矿产资源都能得到合理的利用,借以提高矿产资源开发利用的经济效益。进行具体分析时,主要是采取资料统计的方法,对各种矿床类型、规模、品位等级的储量所占的比例,以及各种利用条件下的储量分布情况进行统计分析,以了解矿产资源现状,为矿产资源的开发规划和开发工作取得良好的开发效果提供资料数据。

(1)探明储量在世界所占地位的分析:这项工作,主要是为了分析一个国家的资源实力,为制定国家或地区的资源政策服务。一个国家或地区可以根据分析的结果,对占世界主要地位的优势资源积极开发,以创造较高的经济效益。对那些短缺的劣势资源,则可采取对本国资源实行保护,并积极开发和进口国外矿产资源的政策。这项分析工作,主要采取收集国外有关政府和研究机关公布的世界矿产资源统计资料和分析文章,对各国的各种矿产资源进行初步排队。然后再收集世界各矿种的矿床地质资料的文献,还可收集有关单位对国外矿产资源的考查报告,对国外有关矿种储量进行核实,然后进行排队。第三,对国内相应的矿产资源进行统计分析,并确定其在世界的地位和所占的比例,利用同样的方法,也可分析各省、区矿产资源在国家的地位。如以铁矿为例,以1980年数字为基础,我国探明的铁矿石储量达437亿吨,仅次于苏联(1111亿吨)、巴西(800亿吨)和玻利维亚(480亿吨),居世界第四位,是世界上重要的铁矿资源国,为发展我国的钢铁工业提供了雄厚的资源基础。如以国内的铁矿资源看,主要分布在辽宁鞍本(占全国储量的22%)、冀东—晋北(占全国储量的21%)和四川西昌(占全国储量17%)。三区铁矿储量占全国总储量的60%,因此,鞍本、冀东—晋北和西昌地区,既是我国铁矿资源的主要基地,也必将成为我国钢铁工业的主要基地。

(2)矿床类型的分析:类型分析的目的是要了解各种矿床类型的储量的分布状况,借以寻找出对找矿勘探和资源开发有重大意义的主要矿床类型,并以此指导今后的勘查和开发工作。其工作方法可在某地区、某国和世界范围内,对已探明的矿床,将相同的矿床类型的储量分别加以累加,分别求出不同矿床类型的累计储量,以及它们分别占总储量的百分比。并根据它们所占百分比的大小,确定该类型矿床在这种矿产资源中的地位,如以铅锌为例,就世界范围而言,经过对各种矿床类型储量的统计,我们就可以得到当前世界铅锌资源主要赋存在各类层控型(含喷流沉积型)铅锌矿中,其储量约占世界铅锌矿储量的三分之二,是当前铅锌资源的主要开发对象,而其他类型矿床的储量仅占三分之一。如以成矿时代看,则主要在前寒武纪和古生代,储量占世界铅锌总储量的三分之二以上,详见表18-1。从以上的统计分析(含喷流沉积型),也可以看出今后世界铅锌资源的找矿勘探和开发工作的重点,应该是前寒武纪和古生代地层中的各种沉积型层控铅锌矿。按照这样的原则进行资源的勘查和开发工作,应该说从宏观上是可以取得较好的经济效果的。

表18-1　世界铅锌探明储量的分布类型和分布时代的比例　　　　单位(%)

矿产类型	前寒武纪	古生代	中生代	新生代	总计
同生沉积型 } 后生沉积型 }	6.5	24.5	4.9	—	34.9
火山沉积型	8.9	21.1	1.3	—	31.3
交代型	3.2	5.1	1.7	3.5	14.5
脉状型	4.1	1.7	1.2	6.3	13
矽卡岩型	1.0	1.4	1.9	1.7	6
总计	23.7	53.8	11.0	11.5	100

资料来源:地质部情报所编:"国外矿产资源概况",1980年。

(3)矿床的规模分析:在现代科学技术不断发展的今天,矿床开发的规模不断向大型化发展,一般大中型矿山的开发不但具有因产量多而成为矿业的骨干企业外,而且也因为具有较好的经济效益而日益受到人们的重视。从国内外的生产实际看,大中型矿床的比例,也影响着矿业发展的后劲。因此,对矿床规模的分析,也是资源现状分析的重要内容。其方法仍可采用统计分析的办法,根据采选设备能力的发展水平及矿床储量的分布状况,确定大中小的标准,然后分别累加,并计算其个数、储量和储量所占比例,以确定国家、地方(企业)和群众(集体)开发矿产资源的前景。如以铁矿为例,从世界看,其中10个大型矿区(带)的铁矿储量就达2595亿吨,占世界铁矿储量的74%。

（4）矿石的质量分析：矿石质量包括矿石的品位、矿石成分以及矿石的物质结构，它们都将影响矿石的选冶指标及资源开发的经济效益。例如高品位低硫磷的铁矿石，块矿可以直接入炉，可以经济合理地冶炼出合格的生铁。而低品位或品位虽高而硫、磷含量也高的铁矿石，就需经过选矿，以提高矿石品位，去除硫、磷等对冶炼有害的元素。同时，不同的矿石种类和结构，也会影响选矿的技术经济指标。例如铜、铅、锌、镍等的硫化矿石就较易选矿，而其氧化矿石的选矿技术经济指标就较差。同样对铁矿石而言，粗粒的磁铁矿石，用一般的磁法选矿就可取得较好的技术经济指标，而细粒或胶状、鲕状的赤铁矿、镜铁矿、褐铁矿和菱铁矿矿石，就需采用多种选矿方法进行选矿，不但会提高选矿费用，而且选矿的技术指标也不如磁铁矿。因此，我们可以根据选矿冶炼的技术经济条件，对已探明的矿石储量，按不同品位指标，不同的矿石类型分别进行统计分析，求出它们各自的数量及所占的比例。从而为制定我们的开发政策提供依据。例如，我国铁矿石储量虽然很丰富，但富矿仅占 5.5%，如除去含硫、磷高的富矿，可供直接入炉冶炼合格生铁的高炉富矿，仅占全国铁矿石总储量的1.8%。在我国采选技术及装备水平还较低，国家大量建设矿山在资金上尚有一定困难的条件下，在一定时期内，采取进口一定数量的铁矿石的政策，应该是可取的。

（5）矿产资源利用状况的分析：矿产资源利用状况分析是矿产资源现状分析的核心，通过对资源利用状况的分析，我们不但可以了解正在生产的矿山利用了多少储量，如果结合生产能力，还可了解生产矿山的资源保证程度及生产矿山发展生产的潜力，或矿山资源的危机程度。同时还应分析正在建设的矿山占有矿产资源的情况和可供利用资源的数量，以期了解矿业的发展前景。此外，还应分析尚难利用资源的数量及原因，用以指导开发研究工作的进行。

18.3.2 矿产资源的前景分析方法

所谓资源前景，也就是指未来可找到的潜在资源量。人们如能正确地对资源前景作出评价，就能对人类社会经济发展战略方针、政策的制定以及对社会经济发展规划的制定，起到极大的作用。但是各家在估计矿产资源的前景方面，不论在所选择的方法和计算参数上都各不相同，因此所获得的结果也往往存在较大的差别，但各家的分析方法和选择的参数也都是有一定根据的。因此，他们的做法和所取得的结果，也都具有一定的参考价值。在此着重介绍丰度法、积累法和类比法这三种矿产资源前景的预测方法。

18.3.2.1 丰度法

所谓"丰度法"，就是人们根据地质和地球化学的理论和方法，结合目前已掌握的地壳中的矿物、岩石、地球化学和矿化作用的实际资料，推算出一个界限量作为地壳上部可能存在的矿物资源量。由于这个预测方法主要是根据地壳中的各种元素的丰度，来预测资源的总量，故人们常把其称为丰度法。由于这个界限量是一个总价值，所以也有人把它叫做"大纲方式"的方法。

（1）丰度法预测资源前景的产生与发展：早在 1913 年就有人提出矿床区的概念。到 1960 年，麦凯维尔发现：在美国，已知矿产资源的可采储量，与地壳中的各种元素的丰度之间存在正相关关系，即 R（公吨）$= A(\%) \times (10^9 \sim 10^{10})$，（$R =$ 储量，$A =$ 丰度），并试图用这个规律来预测未来的矿产资源总量。1973 年埃里克森也指出：在美国，地壳深度 1 km 以内，历年勘探的铜、铅、金、银、钼等矿的可采储量，与用 $R = 2.45A \times 10^6$（A 为该元素在地壳中的丰度，单位为 $\times 10^{-6}$）计算出来的矿量相近。美国科学院（COMRATE）在 1975 年，根据这个公式，算出了一些金属的最大储量，详见表 18 - 2。

在此期间，布林克（Brink，1967，1972）、鲍考（Bau Chan，1971）等也进行了这方面的研究；塞基尼（1963）在日本也发现了相似的关系，$R = A \times (10^8 \sim 10^9)$。苏联的奥夫尼琴科夫 1971 年对全球资源进行估计时提出 $R = A \times 10^{10.9}$。戈维特（1970）认为这种关系的变化范围是 $R = A \times 10^{9.83}$ 到 $R = A \times 10^{11}$。此外，法国学者贝利索尼（Pelissonnier，1972，1975）也对世界铜、铅锌矿的资源进行了定量估计的研究。

表 18 - 2 某些金属的最大储量（据 COMRATE，1975 年）

元素	镍	铜	铌	铅	钍	钽	铀	锡	钼	钨	铂	汞	金
在大陆地壳中的平均丰度 $/10^{-6}$	72	58	20	10	5.8	2.4	1.6	1.5	1.2	1.0	0.005	0.002	0.002
从矿床中可采的最大储量 $/10^6$ t	1200	1000	340	170	100	40	27	25	20	17	0.084	0.034	0.034

注：这个计算从地表到深度为 10 公里的范围，包括大陆架，并假定可供开采和选矿的矿物仅占大陆地壳中金属总量的0.01%。

（2）立见辰雄的预测方法：1979 年，日本学者立见辰雄教授在总结前人工作的基础上，从元素在地壳中的丰度出发，根据地质情况和利用情况，把形成矿床的那一部分定为总矿床量，把将来能够利用的总矿床量定为总资源量。为此，他将某元素在地壳的某一范围内的全部质量定为 t_i 吨，与形成矿床后的富集量 r_i 吨之比，即 r_i/t_i，的值定义为元素 i 在该地壳范围内的矿化度。如果元素 i 在地壳上部的平均矿化度值为 F_i，并能用某些方法进行推算，那就可能用其数值推算出大陆地壳上部这种元素的总矿床量为 R_i 吨，其公式为：

$$R_i(t) = M(t) \times n \times A_i \times 10^{-6} \times F_i \tag{18-1}$$

式中：R_i 为元素 i 在大陆地壳上部的总矿床量；M 为大陆地壳的全部质量；n 为大陆地壳中可能开采和被推定的矿量所占的比例；A_i 为元素 i 在大陆地壳中的丰度；F_i 为元素 i 在大陆地壳上部的平均矿化度。

当采用 $10^{-4} \sim 10^{-5}$ 作为各种元素共同的矿化度，并以此来估算大陆地壳上部的总矿床量；如大陆地壳质量采用 16×10^{18} t(Tnrekian，1976)；将来固体矿床可采的深度为地下 $3 \sim 10$ km；各元素在大陆地壳中的丰度选用马索(Mason，1966) 的值；大陆地壳平均厚度假设为 35 公里，如选用大陆上部地壳全部质量的 20% ～ 30% 计，则相当于地表以下 $7 \sim 10.5$ km。如按公式 18-1 对大陆地壳上部各元素的总矿床进行估算，则可得以下四个公式：

$$R_i = 4.8A_i \times 10^8 \tag{18-2}$$
$$R_i = 3.2A_i \times 10^8 \tag{18-3}$$
$$R_i = 4.8A_i \times 10^7 \tag{18-4}$$
$$R_i = 3.2A_i \times 10^7 \tag{18-5}$$

立见辰雄教授据此计算的结果如表 18-5 和图 18-1 所示，其中公式（18-2）为估算的最大值，公式（18-5）为估算的最小值。应该指出的是，所考虑的条件大多是大致估计出的。因此，这里所得到的数值也只是大陆地壳上部总矿床量的估计值。

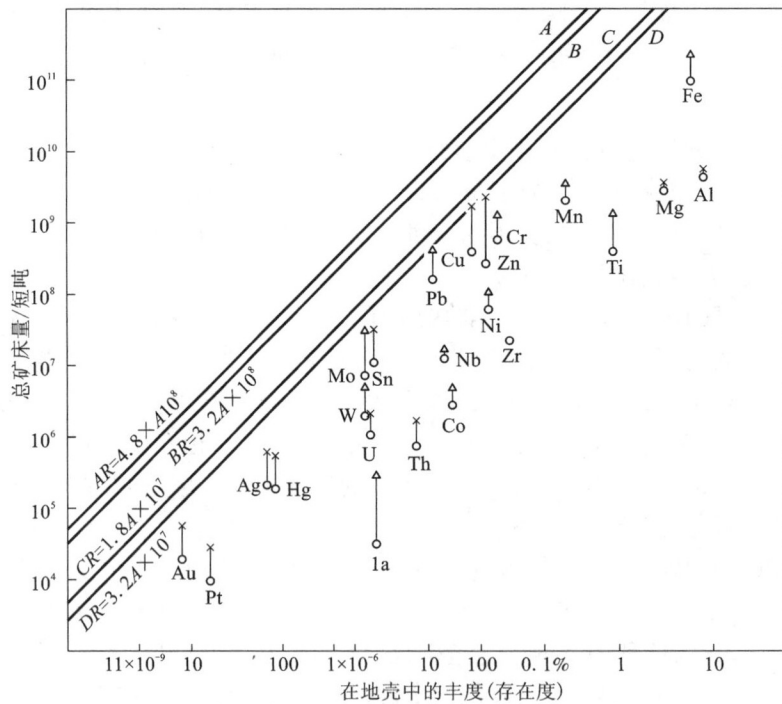

图 18-1　总矿床量和迄今知道的各种矿物资源量（USBM，1976）的关系

○— 埋藏矿量；△— 总查明资源量；×— 总资源量

A、B、C、D 各线分别对应文中的式（18-2）、式（18-3）、式（18-4）、式（18-5）

（1 短吨 = 0.91 吨）

（3）丰度法预测的方法步骤：丰度法预测要求首先应确定单位岩石类型和单位区域中需求预测元素的丰度，并在总的丰度内估计资源的数量与级别，以便将此矿化度外推到类似的岩石类型和区域中去预测资源远景。其具体做法是：

①确定测量面积，建立元素丰度值：对预测范围内的已知区和未知区或岩石类型进行面积测定，采取 20 ～ 50 个以上的样品编制和整理地球化学数据，以建立预测范围内地壳元素的丰度值。

②估计矿产吨数，建立丰度 — 储量关系模型：对已知区按资源级别估计矿产的吨数，以矿化度①建立丰度与特定级别的资源量（储量）之间的关系，构成丰度 — 储量关系模型。矿化度的计算公式如下：

$$r_R = T_R / (C_R \times D \times D_A \times S_G \times 10^3 + T_R) \quad\quad (18 - 6)$$

式中：r_R 为某特定资源级（R）的矿化度；T_R 为此资源级别（R）中该元素的吨数；C_R 为控制面积；C_A 为该元素的丰度；D 为单位深度；S_G 为控制区比重变化于 0 ～ 1 之间，当区域内资源远景增大时 r 值增高。

③对未知区的预测：用上式求得的矿化度 r_R 值，根据下式预测未知区某种矿产的可能资源量。

$$ET_R = \frac{r_R \times R_A \times A \times S_G \times D \times 10^3}{1 - r_R} (t) \quad\quad (18 - 7)$$

式中：ET_R 为资源级别为 R 时的预测资源量；R_A 为未知区面积（km^2）；S_G 为适当的比重；A 为区域内的元素丰度。

注：对控制区和未知区的 A 和 S_G 值一般都采取相同的值，但在有确切资料时，未知区与已知区可采用不同的值。

用丰度法预测资源前景的最大优点是，可以用较少的人力和时间，快速而全面地对资源前景做出评价。从我国学者对全国的铜矿资源的总量预测情况看，从宏观上对全国的某些大区域的预测还是可行的，而对一些矿区，小范围内的大比例尺预测结果，尚待探讨。应该指出的是，利用丰度法预测矿产资源前景（总量），对地壳上部各种元素共同的和特有的矿化度还有待进一步确定；地质学、矿床学的发展和各种测试仪器的进步，对一些新的矿床、资源类型对预测结果的影响，以及未来海水及海洋中矿产资源的利用对矿产资源总量预测的影响，也有待人们去进一步进行研究。

18.3.2.2 积累法

所谓积累法，就是把到现在为止已探明的矿产资源（包括将实际勘探到的储量和查明的现经济的矿产资源量累计相加），加上根据现有的地质成矿理论，预测未勘探地区可能存在的矿产资源量 —— 未查明资源量，然后进行累计相加，求出矿产资源的未来总量。由于此法是将已探查的和有待查明的矿产资源量积累起来相加而求资源总量的方法，所以人们也称其为"积累法"。这种预测方法也是目前人们预测未来矿产资源总量的一种最基本的方法。

这种方法的预测步骤大致如下：

（1）收集预测区内计划预测的各种矿产历年的开采矿量和现已探明的储量，并将其累计相加求出预测区内已采地段（区）的各种矿产资源的已开采的矿量（应包括开采损失量，因此该矿量实际为储量）和探明储量。

（2）根据现已收集到的地质、物化探和勘查工程的资料和数据，推测预测区内已勘查和开采地段（内）预测的各种矿产资源远景储量。

（3）对预测区内尚未进行勘查与开采地段（区）进行地质、物化探资料的分析研究，对比已勘查、已开采地段（区）的地质条件和资源总量（含已采矿量），预测未勘查开采地段（区）内各种矿产资源可能具有的矿产资源量。

（4）将已开采和已勘查地段（区）内的探明储量、远景储量与尚未勘查和开采地段内可能具有矿产资源量累加，就可获得预测区内各种预测矿产的资源前景。即预测区的矿产资源前景等于预测区内已探采地段（区）已探明储量和外推远景储量和未探采地段（区）预测的可能资源量之和。

18.3.2.3 类比法

矿产资源的形成，离不开成矿物质的来源。这些物质来源在有利于集中的条件下富集。从目前的矿产资源分布看，他们大都集中在一些成矿物质来源丰富，有利于成矿物质富集的外部环境中，成批、成群、成区、成带地形成地质特征相似的矿床。例如层控铅锌矿，斑岩铜矿和层控铜矿，前寒武系沉积变质铁矿及其风化淋滤型富铁矿，风化壳型铝土矿，均占这些矿产量的绝大部分。如果根据一些矿产的主要成矿类型，分析其矿体及构

---

① 矿化度也即浓度因子。

造特征,以及围岩环境对其形成过程的影响进行分析,建立成矿模式,并根据已探明的储量来推断未探查区的资源前景,就能获得较为可靠的预测结果。例如我们 1977 年对西和至成县铅锌矿带资源前景的预测,现已被证实并且获得了较理想的结果。1984 年我们扩展到对我国铅锌资源前景的预测,也取得了预期的结果。

该法的具体做法可分为以下三个步骤:

(1)收集预测区的地质图、矿点分布图、及其他地质、物化探资料,统计区内已查明矿床的探明储量及有可能形成为矿床的矿点和物化探异常的个数,并分析他们的地质特征。

(2)分析对比已探明储量与可能成为矿床的矿点和异常在地质构造、围岩环境,物质来源途径以及他们的规模大小后,推测他们各自可能具有的资源前景,并将其预测储量相加,构成预测区矿产资源的推测储量。

(3)综合分析预测区地质环境,成矿特征及成矿规模,并与国内和世界主要有相似条件的成矿区带的地质条件进行对比,分析预测区内可能具有的资源前景量。

以上推测储量和资源前景量,就是该预测区内预测矿种矿产资源总量的上下限值。它们一般可以作为资源规划的依据。该法也可以说是积累法预测的一个亚种。

因为有关的专著和文章不少,这里仅仅对资源前景预测的主要方法作一简单介绍,除以上三种常用的方法外,还有根据矿产资源的价值,进行单位体积内矿产资源价值的比较分析,结合地质条件,寻找相似地区进行区域矿产资源的价值评估,美国就曾利用这种方法预测过阿拉斯加州的资源潜力。此外,还有根据地壳中单位体积内矿产的平均含量乘以研究区内的总体积来预测资源前景的,例如煤矿资源的前景及石油资源前景就常采用这种体积估计法预测资源前景,但不管采用什么方法预测矿产资源前景,都只有牢牢掌握成矿地质条件及成矿规律,并结合科学技术经济条件分析的结果进行预测,才能获得比较满意的效果。

18.3.3 矿产资源保证程度的分析方法

矿产资源分析工作的全部内容,就是要通过矿产资源的现状、前景、需求和供应能力的分析,以确定矿产资源供应的短、中、长期的保证程度,确定矿产资源形势的优劣,从而为正确制定矿产资源的勘查、开发、保护、储备和资源替代政策提供依据,以保证长期稳定和经济合理地开发人类的宝贵财富 —— 矿产资源。

对矿产资源保证程度的分析,主要是根据矿产资源量与社会需求量之比来分;一般可以有紧松之分,其分析方法也有静态、动态和半动态之分。在生产部门还有生产能力分析、产量分析和资源消耗量分析等,我们将分别作简单介绍。

18.3.3.1 矿产资源保证程度的分类

对矿产资源的保证程度分类目前尚无统一的认识和标准,而且以定性的解释较多。美国内务部矿业局在对 2000 年世界矿业发展进行预测时,采用的保证程度分类方法体现了定量的概念,并将矿产资源的保证程度大致划分为富裕的、有保证的、较紧的和不足的四类。现简介如下。

(1)矿产资源量丰富,储量有富裕的矿产资源。指今后 20 年中矿产资源的累计需求量,小于探明(保有)储量 20% 的矿种。例如铁、铝、铬、铂、钒、铌、锂、钍、铍、铯、镁、硼、碘、磷酸盐、钾碱、长石、刚玉和稀土元素等矿产①。

(2)矿产资源较多,储量有保证的矿产资源。系指今后 20 年中矿产资源的累计需求量,占探明(保有)储量 20% ~ 50% 的矿种。例如锰、钴、锑、钼、镍、铝、锶、钽、钛、砷、碲等矿产。

(3)矿产资源比较少,储量供应紧张的矿产资源。系指今后 20 年中矿产资源的累计需求量,占探明(保有)储量 50% ~ 100% 的矿种。例如铜、锗、铅、锡、镉、钨、铊、石膏等矿产。

(4)矿产资源不足,储量存在缺口的矿产资源。系指今后 20 年中矿产资源的累计需求量,占探明(保有)储量 100% 以上的矿种。例如金、银、汞、锌、铋、硫、石棉等矿产。

其他采用较多的是根据矿产资源的储量与矿产资源的需求量(开采量)之比,确定矿产资源保证生产供应的年限,然后根据矿产资源的保证年限,划分矿产资源的保证程度,一般来说能保证 100 年以上者为矿产资源丰富,供应有富余的,能保证 40 ~ 100 年需要者为资源较多,供应有保证的,能保证 20 ~ 40 年需要者为资源较少,供应较紧张的,资源保证年限不到 20 年者为资源不足,存在缺口的。当然这个分析标准是对全球供应而言,

---

① 这里所列矿产指美国矿业局对世界资源保证程度的分析情况,各国的情况又将各不相同。

对各个国家和地区而言则可结合本国实际情况的分析，适当缩短资源保证年限。

18.3.3.2 矿产资源保证程度的分析方法

矿产资源保证程度的分析方法也可分为总量分析法和生产统计法两种。总量分析法：系指将总的矿产资源量与总的需求量之比，求出需求量占资源量的百分比，以确定矿产资源的保证程度。根据参加计算参数的变化与否，该法又可分为静态法、半动态法和动态法三种。

1）静态分析法：矿产资源保证程度的静态分析，也是最简单、最常用的方法之一，是将矿产的探明（保有）储量被除以当时的消费量，从而求得矿产资源的保证年限，以确定该矿种矿产资源的保证程度。由于该分析方法没有考虑矿产储量在预测期间的增长率和消费增长率，是一种静态条件下的分析，故称静态分析法。其计算公式如下：

$$C = \frac{A}{B} \tag{18-8}$$

式中：C 为矿产资源的保证年限；B 为矿产资源的消费量；A 为矿产资源的探明（保有）储量。

2）半动态分析法：该法的特点是在考虑到今后社会经济发展的情况，社会对矿产资源的需求不断增长的形势下，采取以目前已探明（保有）的矿产储量，被除以日益增加的社会对矿产资源的需求量，从而求得该矿产资源的保证年份及保证程度。由于该方法已考虑到需求的增加因素，故称为半动态分析。但因未考虑矿产资源的增长因素，故这种预测的结果一般偏保守。该法的计算公式如下：

$$C = \frac{A}{\sum_{1-t} (B+r)^t/t} \tag{18-9}$$

式中：t 为预测期的年份数，t 由 1 年到 t 年，但 t 必须小于 C；r 为矿产资源需求量的年平均增长率；

3）动态分析法：该法的特点是既考虑到今后社会经济发展对矿产资源需求量的增加，也考虑到找矿勘探工作的进行和使矿产资源增长的因素，是一种比较科学的方法。但该法的缺点是需求增长率与矿产资源的增加率较难确定，分析的工作量也较大，在条件不具备的情况下就很难进行工作并获得较好的分析结果。该法的计算公式如下：

$$C = \frac{\sum_{1-t} (A+r')^t}{\sum_{1-t} (B+r')^t} \tag{18-10}$$

式中：r' 为预测期内矿产资源量的年平均增加率，%；A、B、C、r、t 同公式（18-8）与式（18-9）。

（2）生产统计法：以上采取的总量分析法是一种广泛应用的方法，较适合矿产资源保证程度的中长期分析。但总量分析法也存在常把一些目前暂难利用的矿产资源也包括进去的缺点，使矿产资源的保证程度和服务年限无形地被提高，特别对一些中短期分析的结果影响更大。因此，结合我们过去所做分析的经验，采用生产统计法分析生产矿山的资源保证程度，并进而推广到矿产资源中短期保证程度的分析工作中去，也取得了较好的结果。从我们的做法看，生产统计法又可分生产能力分析法、生产开采量分析法和生产资源消耗量分析法三个亚类，简介如下：

1）生产能力分析法：该法的特点是将现有生产矿山分析矿种的生产能力进行列表累加，求出总的生产能力除其总的储量，即可获得其总的服务年限。如去除全部矿产资源，即可求得该矿种资源的保证年限和保证程度。如果考虑动态结果，也可以将今后矿山的扩建、新建规划的能力和行将消失的能力进行统计，求出今后一定时期的生产能力，并以此能力去除今后一定时期计划探明（保有）的矿产储量，即可求得资源的保证年限和保证程度。

应该指出的是，矿山生产能力分析法虽然结合矿山生产的发展和资源的保有状况进行的较符合生产实际的资源保证年限和保证程度的分析，但受矿山生产特点的影响，特别是矿山生产的初期和晚期的数年中，生产量一般都达不到生产能力的标准。在一些矿山生产不配套的情况下，矿山实际的生产能力与设计能力往往还存在较大的差距，这就更进一步影响到分析的可靠性。当这种情况存在时，一般可采用生产开采量分析法。

2）生产开采量分析法：该法的特点是对目前生产矿山分析矿种的实际生产开采量进行列表累加，求出矿山总的生产开采量。并以此生产开采量除其总储量，即可获得其总的服务年限。如除以该矿种的全部矿产资源量，即可求得该矿种的资源保证年限和资源保证程度。如求其动态结果，也可根据该矿产的计划（或预测）生产开采量除该矿产生产周期内的预测储量（或资源量），即可求得该矿产的资源保证年限和保证程度。

　　这种分析方法所获得结果，总的来讲已是比较可靠的。但也应指出该分析法并未包括矿产资源的损失问题（一般露天开采矿山的损失量较小，而坑采矿山的资源损失量较大），因此对一些开采损失量较大的矿种，以及一些开采损失量变化大的矿山群体，在做矿产资源保证程度分析时，还可以采取资源消耗分析法进行分析。

　　3）矿山资源消耗分析法：该法的特点是将目前生产矿山分析矿种的实际资源消耗量（含资源损失量和开采量）按矿山列表累加，求出各矿山总的资源消耗量，然后除以总的储量，即可获得其总的服务年限。如除以该矿种全部矿产资源量，即可求得该矿种的资源保证程度和保证年限。如求其动态结果，则可根据资源消耗量与资源开采量之比求出资源消耗系数。然后根据该矿产的计划（或预测）生产开采量乘以该矿产资源的资源消耗

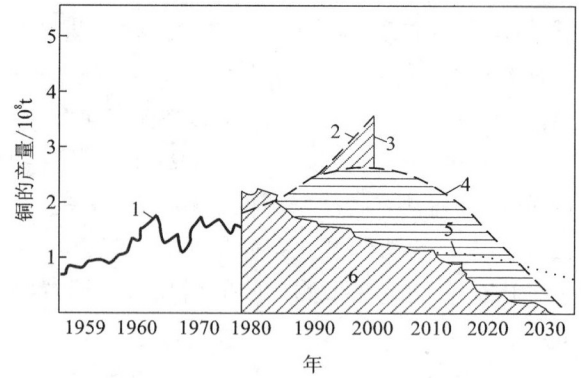

图 18 - 2　美国铜的生产能力与

铜需求的比较（1976—2030 年）

（据 D. Cox，1979 年的修正数）

1— 铜矿山的生产量；2— 预测的需求量；3— 需要新增
加的数量；4— 根据储量及资源量计算的生产能力；
5— 开采矿山深部及开发低品位矿可能形成的生产能
力；6— 根据储量计算美国将来的最低生产能力

系数，除以生产同期内的预测储量（或资源量），即可求得该矿产的资源保证年限和保证程度。这种方法分析的结果是较为可靠的。

　　（3）区域矿产资源保证程度分析：对区域矿产资源的保证程度分析，也是对区域矿产资源进行分析，该法的特点是可按矿床的类型进行区域划分，根据各种矿床类型制定出品位 — 储量模型，进而估计各种类型各品位条件下的资源前景。并从区域内各矿床的储量和生产能力出发，计算出每年矿床可能提供的生产量。若以此作出生产量曲线，并以此与需求的预测量进行比较，可分析资源的保证程度。在 1979 年，D. Cox 就从美国各矿床的储量和生产能力出发，计算了美国每年含铜矿床可能提供的生产量（见图 18 - 2）。从生产量曲线看，当达到某一高峰后，产量就会下降。图中的 2 表示预测的需求量。当已知矿床在将来的生产能力不能满足需求时，为了解决这一矛盾，就只能是增加已知矿床的生产能力、扩大开发新矿床和努力寻找新矿床，以保证生产供应的需要。

19　生产矿山外围地区矿产资源经济评价

矿产资源经济评价是矿产成矿预测的重要组成部分，是建筑在成矿远景区圈定和资源量估计基础之上。所以，本章先介绍生产矿山外围矿产资源量预测（包括远景区圈定和资源量估算），而后才阐述相应的经济评价。

19.1　生产矿山外围地区的范围划分

为了使预测评价工作的对象和目标具有针对性，实现评价的目的和要求，对生产矿山外围地区的范围应有一个明确的划分。外围地区评价空间的大小，取决于生产矿山的空间规模，如生产矿山为一个浅部矿床，其外围地区二维空间为包括生产矿山所有矿床在内的矿田范围，或包括该矿床在内的三维空间的深部范围；若生产矿山为一个矿田，则生产矿山的外围地区包括生产矿山所在矿田的矿带范围及其深部；如果生产矿山为一个主矿体，其生产矿山外围地区包括该矿体在内的三维空间"探边摸底"的预测和评价，其范围为矿床空间。由于本篇第20章为矿床经济评价，本章为生产矿山外围地区，只论述包括生产矿山在内的矿田或矿带及其深部范围的矿产资源量预测及其经济评价。

19.2　生产矿山外围地区矿产资源量预测及经济评价的意义

生产矿山外围地区的经济评价是建筑在矿山外围找矿的基础上，由于在某个地区一个矿床的产出与其周围地质环境有一定的内在联系，能够促使某类矿床形成的一些地质因素的出现，通常在空间上有一定广度和深度，而往往不会局限在一个较小的仅仅相当于一个矿床的范围之内，所以相似的矿床或成因上有联系的矿床，常常在一个地区内具有成群出现或成片分布的特点。因而，就矿找矿已成为多年来行之有效的一种惯用的找矿方法，也就是根据已经发现或探明的矿产形成与分布规律，在已知生产矿山所在的矿区、矿田或矿带内寻找尚未发现的同类矿床的一种方法。就矿找矿取得成功的实例已屡见不鲜，据统计全世界已探明的矿床80%分布在矿田范围内；统计还表明，国外20世纪70年代发现和扩大远景的18个重要矿区中有12个是属于老矿区扩大远景的，如美国的卡林金矿于80年代后期在矿区深部找到富品位的大型金矿；整个矿带已发现21个金矿床，总储量达900t。再如近20年的找矿表明，世界近1/4的铜矿床是在已知矿床的深部或旁侧发现的，如美国亚利桑那州一大批斑岩铜矿、智利的拉埃斯康迪达斑岩铜矿、印尼格拉斯伯格、巴布亚新几内亚弗里达和菲律宾远东南斑岩金铜矿的发现，以及印度马兰杰坎德斑岩铜矿的扩大都是突出的例子。中国这方面的实例也很多，如水口山铅锌矿外围找到的康家湾铅锌矿；德兴铜矿田先后发现的铜厂、富家坞、珠砂红三个矿床；攀枝花矿山外围红格、白马、太和地区的找矿；江西赣南大型石英脉黑钨矿床，自20世纪50年代随着矿山开采过程的追索，深部工业矿体的逐渐发现，扩大了远景，延长了矿山生产服务年限，提高了经济效益。

建筑在生产矿山外围地区找矿基础之上矿产资源经济评价的意义在于：(1)指导生产矿山矿产资源开发利用工作合理地进行；(2)指导区域矿产资源勘查开发工作的正确部署和实施；(3)为区域矿产资源综合勘查、择优勘查及开发提供信息和依据；(4)为国家、地区或部门制定有关矿产资源勘查、开发利用的矿业政策提供信息和依据等。

19.3　生产矿山外围地区矿产资源量预测方法

19.3.1　预测任务

生产矿山外围地区矿产资源量预测，属大比例尺成矿预测，是在工作程度较高和已知矿山所在地区，一般指矿山外围及已知矿床深部，通过总结已知矿床的成矿规律和找矿标志，在矿田内部预测新的矿床或矿体，其目的是为了扩大矿田内（或矿带）矿产储量，延长矿山寿命，以及作为进一步布置勘查工作的重要依据。预测比例尺一般为1:5万、1:1万或更大，预测范围一般为几至几十平方公里，要求查明该范围内矿产资源潜力。

其具体任务，按预测工作的不同阶段分述如下。

19.3.1.1　设计准备工作阶段

主要任务是充分研究前人成果，确定进行成矿预测研究的条件和选择合理的预测方法，提交设计。

（1）查阅及搜集国内外有关同类型矿床的研究现状及最新研究成果。

（2）收集有关工作区矿产及其分布规律、成矿条件和成矿区划的所有档案和出版材料。

（3）研究该区地质、遥感、航卫片、物探、化探、矿点评价、已知矿床的勘探和开采等资料，并对其成果进行合理分析和鉴别。

（4）据预测任务和要求，研究区经济开发程度初步分析进行成矿预测的条件，推测可能的矿化类型、规模、预测对象及其预测深度。预测深度取决于地区经济开发程度，一般预测在最近 15 ～ 20 年内可能被利用或准备开采的矿体。

（5）研制一套切实可行的预测方法，并初步确定工作顺序。

19.3.1.2　野外工作阶段

该阶段的主要任务是收集矿田地质资料，查明矿田范围内的成矿规律，已知矿床的控矿地质条件及矿床地质特征包括：

（1）研究区域（重点是 1/5 万）地层、构造、岩浆活动和变质作用特点，在成矿理论指导下综合解释地球物理、地球化学、遥感、航片、卫片等信息，从宏观上确定成矿地质环境、控矿地质条件及找矿标志，确定找矿方向。

（2）研究已知矿床的勘探、开采资料，了解已知矿床地质特征、及控制矿床、矿体的地质条件和找矿标志。

（3）对可能有远景的地段，补充野外工作：如构造岩性填图、采集必要的测试样品、补作必要的物探、化探工作等。

（4）检查和初步评价异常，重点区的个别验证钻孔的布置。

19.3.1.3　室内工作阶段

主要任务是对所有资料的综合分析整理，进行预测评价。包括：

（1）对野外工作取得的资料、所有测试分析数据进行计算机处理和综合研究。

（2）对物化探资料进行最终解释。

（3）以地质成矿理论为指导，以矿化信息为依据，在全面分析控矿因素及成矿规律基础上，分别建立控矿构造模式、矿床成因模式、物化探模型，最终在该区建立定性或定量找矿模型。

（4）利用找矿模型，圈定有利找矿地段，大致确定远景区，大致推断矿床（体）的可能规模、形态、分布范围和埋深，大致确定矿石质量及经济条件。

（5）进行定量评价，估算 334 级资源量，并指出可靠程度。

（6）提交验证靶区。

（7）提交报告及所必带的图件、表格。

19.3.2　预测方法与步骤

大比例尺成矿预测可采用的方法很多，当前国内外大比例尺成矿预测的途径和方法可分为四种：① 在立体填图基础上的立体预测；②模型法预测；③有效信息法预测；④综合法预测。现将这四种方法及步骤分述如下。

19.3.2.1　立体填图基础上的立体预测

我国地质矿产部在"七五"期间（1986—1990 年）选择湖北大冶铜录山及安徽铜陵地区，在矿田范围内进行了立体填图基础上的立体预测的试点工作。

其主要任务是采用航空、地面和井下的地质、钻探、物探、化探、遥感等技术手段，研究与成矿有关的隐伏地质体和深部构造，编制立体地质图，在三维空间查明控制矿体或矿化的分布、形状、规模、位置和边界特点等因素，建立立体预测模型进行三维立体预测，预测比例尺一般为 1∶1 万、1∶2.5 万或更大。

其具体步骤如下：

（1）确定预测区及比例尺后，选择和建立控制剖面（亦称基准剖面或主干剖面），剖面间距及条数视比例尺大小而定（一般 2 ～ 4 条剖面），剖面位置尽可能与已有勘探线剖面一致。控制剖面要求必须具有地质、化探、物探综合资料，为此，除收集已有勘探钻孔资料外，还要专门施工一定数量的填图钻孔、构造钻孔、物探参数钻孔,并采集各种标本和样品。最后编制综合剖面图,并进行推断解释。

(2)据已建立的综合推断剖面,结合航卫片解释结果和野外补充地质调查资料,编制相应比例尺的地表地质图。对于有大面积第四系覆盖的地区,要配合适当的浅钻揭露后编制基岩地质图。

(3)编制不同中段的地质平面图。中段垂距一般取200～250 m,一般作4个以上不同标高中段地质平面图,编制方法通常有两种:地质—几何法;地质—地球物理法。

(4)编制立体地质图。将地质剖面图、地表(或基岩)地质图和不同中段地质平面图,用透视图解方法编制剖面立体透视图及中段立体透视图,然后组合成立体地质图,以反映三维空间成矿地质环境和矿体的空间展布特征,从而作为建立立体模型的基础。

(5)编制立体成矿预测图。以立体地质图为基础,补充物化探信息和已知矿产资料,编成矿预测图。该图的内容要求突出对找矿有效的控矿地质条件和各种找矿标志的有利组合,如与矿化有关的各种地质条件、矿化显示、蚀变分带、物化探异常、岩石化学、矿物学、测量数据及有关图件等。从而确定预测指标,圈定三维空间有利找矿的空间位置,预测深部隐伏矿床或矿体。

(6)在立体成矿预测图上,划分单元选取变量,利用矿床模型法建立定量预测模型,估算远景区334级资源量,提交验证靶区。

该方法适用于基础地质研究程度和勘查工作程度很高,成矿地质条件好、找矿潜力大,已知矿床集中分布的地区;该区地质、物探、化探等资料丰富配套齐全,并已进行过较系统的整理和综合。一般是附近有大矿山的典型矿床所在的勘探矿区,结合勘探工作或矿山外围的探边摸底寻找盲矿体任务进行。该方法从预测结果上可信度较高,但从经济上投资太大,在我国目前财政资金十分困难的条件下,选用这种方法时应十分慎重。

19.3.2.2　矿床模型法预测

以美国、加拿大为代表的西方国家,在成矿预测中重点发展了矿床模型法。进入20世纪80年代以来,苏联在局部预测中亦加强了矿床模型法的应用,我国在各种比例尺尤其中大比例尺成矿预测中,广泛应用了矿床模型法。

普遍认为,矿床模型有四方面的作用:即作为类比标准、指导未来的观察、预测新的成矿地质环境、作为矿床成因解释的基础。

矿床模型的基本内容:①矿床形成的基本地质背景:大地构造位置、地层构造部位与岩浆活动的关系和成矿时代等;②矿床的内部特征:品位及其变化、化学成分、元素组合、矿物共生组合、矿石结构构造及类型、矿石品级、同位素特征、矿体内部结构等;③矿床外部特征:矿床规模、矿体形态和产状、围岩特征及蚀变特征等;④矿床成因特征:成矿物质来源、矿液来源、搬运方式、成矿元素富集的物化条件、温压条件以及介质性质等;⑤地质、地球物理、地球化学、遥感信息、卫星影像等各种找矿标志特征;⑥其他特征。

矿床模型法的基本步骤:①广泛收集单个已知矿床的资料;②对矿床进行分类;②将同类的一组矿床,按上述矿床模型的基本内容,建立该组矿床的定性描述模型(亦称地质概念模型);④据预测要求及数据水平,建立定量预测模型,该模型可以是包括控矿地质条件及找矿标志的综合模型,也可以是只有某一控矿因素的单因素模型,如用于预测的地球物理模型、地球化学模型、矿床的品位—吨位模型、矿床产出概率模型等;⑤将所建立的预测模型外推到研究区进行预测。圈定远景区、估算资源量,评价预测的可信度。

应用矿床模型法应该强调:①矿床的合理分类;②模型的尺度。所谓模型的尺度,是指在建立和应用模型时,应该确定类比的限度和类比标志的容量,预测对象的不同(矿床、矿段、矿体)模型的尺度有异;③模型的变化性。研究表明,很多矿田(或矿床)的矿床类型经常随深度的不同而变化。同一类型矿床,随着研究程度的不断提高,由于获取到新的认识,可以改变参与建立模型的成分。

在预测中,强调利用矿床模型的同时,应指出不能过分依赖矿床模型,因为:(1)由于受现有理论水平和所使用资料的限制,许多模型不可避免地具有很大的主观成分和地区的局限性;(2)建立矿床模型时是利用研究程度很高的矿床资料,而预测区不可能获得与此相对应的详细资料,这种不对等性使模型的应用受到限制;(3)现有的矿床模型用来预测同类型矿床有一定效果,但不能预测新类型矿床。

矿床模型法一般适用于相似成矿环境的矿带范围内有一定数量已探明的已知矿床分布,研究区工作程度及研究程度较高的条件。

19.3.2.3 有效信息法预测

以矿床地质为基础,合理应用物探、化探、重砂、标型矿物和航卫片解释资料,综合分析与找矿有关的各种标志,提取各种找矿信息,建立综合信息找矿模型,在中小比例尺预测中已广泛受到预测人员的重视。但是,在大比例尺成矿预测中情况是十分复杂的,除不同类型矿床所具有的特有成矿控矿地质因素及矿床特征外,矿床的埋藏深度、剥蚀深度、勘探程度、自然地理环境、植被覆盖条件等对矿床的各种找矿标志的显示影响极大,致使隐伏矿床一般具有信息弱、干扰大、多解性强的特点。因而,使本来从理论上认为能产生很有效的预测信息,变得无效或很弱。相反,也可能出现原认为对预测效果不甚突出的信息,由于其他信息相对减弱而变得重要,可能出现预想不到的预测及找矿效果。所以,对一个具体地区的预测来说,如何从众多的找矿信息中找到"有效信息"最佳组合,是大比例尺成矿预测中的关键之一。因此,"有效信息法"预测模型,不一定是信息越多越好的综合信息找矿模型,有时需要多信息参加预测模型,有时则单一信息或少信息即可达到较好的预测效果,甚至可能比多信息预测效果更好。

有效信息法适用范围较广,预测区可以是成矿地质条件研究程度较低,甚至矿床成因尚未搞清或存在较大分歧的地区,也可以是研究程度一般或较高的预测区;既可以预测已知类型的矿床,也可以预测新类型矿床(只要具有某种信息异常);可以是多信息也可以是少信息甚至单一信息。应用时强调,以求异理论为指导,对信息进行优化处理,有利于寻找有效信息组合。

19.3.2.4 综合法预测

所谓综合法,是强调以当代新的成矿理论和预测理论为指导,首先加强控矿地质条件的基础地质研究,其次强调广泛采用新技术新方法,以所获得的有效信息为依据,通过建立单个矿床(或矿田)的地质概念模型和定量预测模型,实现三维空间定量预测评价的目的。

方法要点:① 强调利用当代新的成矿控矿理论,大胆引进新的观点新的思路,反复研究控矿地质条件和找矿标志,探索和发现新现象、新规律,建立新的认识和新概念。实践证明,由于基础地质学科随着现代科学技术的飞速发展,客观上存在地质认识上的更新换代,所以即使在研究程度很高的地区,仍然存在对基础地质重新认识的问题。② 随着地质科学的观测技术和信息处理手段水平的大大提高,使地质工作者研究和处理复杂困难问题的能力显著增强。所以,要引进和充分利用新的找矿技术和地质研究方法,提供新的预测信息,通过对数据的优化处理,突出有效信息。③ 在上述工作基础上,建立预测区地质概念模型以及定量预测模型,圈定不同级别有利找矿地段或靶区,进行不同级别资源量估算和经济评价,以及精度和风险度评价。

该方法适合于矿田范围内已知矿床分布集中区,该区勘探程度及研究程度高,地质、物化探信息已经过常规方法处理,但存在信息弱、干扰大、多解性强、虽已建立地区性一般矿床模型,但又没有条件进行立体填图的矿区。

我们不可能设计出各种不同条件下的综合预测法的步骤,现将一般综合法预测工作概括示于图19-1。

(1)按上级下达的任务和要求,确定预测范围、对象(矿床类型、预测级别)及预测比例尺。并编写设计书。

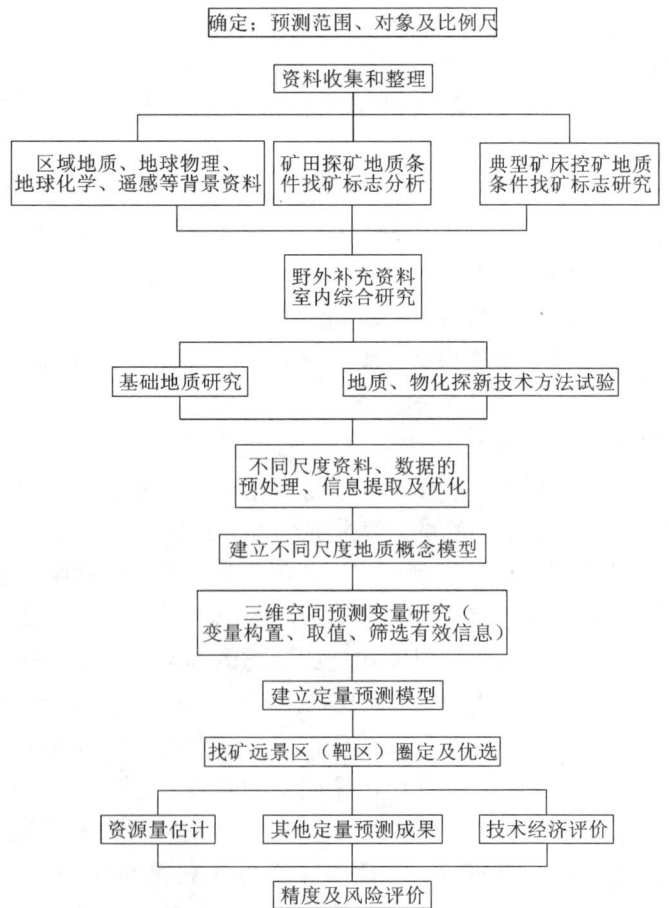

图19-1 综合法预测流程图

（2）广泛收集可用于类比的国内外研究资料和情报，注意成矿理论、预测理论及找矿新方法的有关成果。

大比例尺成矿预测，面临的研究对象一般是研究程度已相当高，已经经过十几年甚至几十年无数技术人员及各类专家的辛勤劳动和奋斗，要取得较大进展或重大突破，需要有新的成矿理论的指导和新的技术方法的应用。近年来，无数成功的实例都无可争辩地说明了这一点。例如南澳大利亚的奥林匹克坝特大型铜、铀、金、稀土矿床的发现，是通过改变矿源层的认识、运用构造分析法以及合理解释重、磁异常重合区的意义，进而圈定找矿靶区，才结束了勘查十几年耗资 1200 万美元找不到矿的局面，实现了找矿的重大突破。再如，世界闻名的有上千年开采历史的西班牙里奥廷托块状硫化物矿带，是近 20 年来随着地质研究程度的深入，导致矿床成因观点的改变，有力地指导了物探、钻探和地质工作方向，找到了矿，使原矿床储量翻了一番。澳大利亚钾镁煌斑岩型金刚石矿床的发现，也同样证明了要取得找矿的重大突破，不能立足于勘查工作中传统的饱和式勘探，而必须加强科学研究，增强预测意识。

（3）全面搜集研究区各种地质报告和图件；物探、化探，重砂测量、航卫影像等工作成果；现有矿山生产、典型矿床的资料。加以系统整理，使之条理化和图表化，从而总结出前人对不同尺度（矿田、矿床、矿体）控矿地质条件及找矿标志信息的认识，明确该区已有研究程度，对成矿控矿因素的各种认识，已有数据水平及薄弱环节，初步拟定研究重点及主攻目标。

（4）进行形成矿床的地质环境和已知矿床本身的识别特征的研究，建立地质概念模型。关键是控矿构造和矿床成因的研究，为此，重点抓好以下工作：

1）已有分析数据的信息提取和优化：大比例尺成矿预测中，研究区内前人已经作过大量的研究工作，一般已有相当数量的物化探及有关矿床地质方面的资料和数据，由于当时技术发展水平的限制，数据的利用程度一般比较低。所以，有必要对过去数据进行新方法的处理，即对数据的二次开发，有可能提供新的信息。由于各地区情况各异，为说明该项工作的重要性，仅举以下实例。

安徽某矿田原有 1/ 万地磁数据，通过化极、求导、延拓、反演等计算及计算机图像处理，突出了矿异常，为深部预测提供了依据。

2）补作必要的地质、物化探工作：在已有工作基础上，选择有利找矿区段作专题性研究工作是非常必要的。

安徽某矿田大比例尺（1:1 万）预测中，通过构造分析、矿床成因、岩体侵位方式等综合研究，提出了该区变质核杂岩体的存在，识别了该区变质固态流变构造和分层剪切变形的各种构造形迹。提出导岩是沿 NE 向构造岩浆带，而岩体是沿 EW 向剥离断层被动侵位，侵位方式属隐蔽涌动式的复式岩体，剥离断层—岩体—有利层位及岩性相互制约控制了矿田。在矿田范围内，不同构造部位控制了不同类型的矿床，剥离断层下盘深部岩体（最后一次侵位）与有利围岩岩性接触带，形成高温矿浆—热液型矿床，剥离断层上盘中深部位岩体内构造断片，形成高中温热液—矿浆型矿床，剥离断层上盘浅部褶皱形成中温热液交代型矿床，浅部早侵位岩体中裂隙形成中低温热液充填型矿床。所以，不同标高、不同构造部位、不同时间侵位岩体，在同一有利层位中，形成不同类型的矿床，为该区预测指明了方向，配合物探重磁剩余异常，即可圈出预测区。

在有利找矿区段内，开展第二代综合物探，从物理场特征发掘新的找矿信息，开拓新的找矿领域。目前常用的是以磁重结合为主，对航磁（ΔT）、地磁（ΔZ）、重力（G）异常综合解释，配合各类电法普查、电测深曲线、激电异常、自然电场和井中物探等。重点发展综合物探、深部找矿技术及异常评价技术是十分必要的。苏联曾用综合物探方法，在雅库特、哈萨克斯坦等十几个地区，发现一系列新矿床，扩大了已知矿床和矿带的远景。当然，方法的有效性与具体地区具体地质条件有关，其比例尺和精度要求要视具体情况而定。

大比例尺成矿预测中，尤其要注意各种微观标志的研究和利用，如元素分带、矿物标型特征、矿物组合和分带、蚀变分带、岩性岩相变异、构造样式排布及应变状态、构造演化与成矿作用的时空关系等，为此，需要进行深入的野外观察、镜下鉴定及各种必要的测试分析。

（5）建立定量预测模型。为此，必须进行预测变量的研究，找出参与预测模型的最佳标志组合。即不同深度各控矿地质条件和找矿标志的定性定量标志及其有利组合。

预测变量的研究过程，亦是深化地质认识的过程，如果建立描述性找矿模型（定性模型），只要搞清控矿地质条件和找矿标志（包括直接的和间接的）以及它们之间的内在联系（时间和空间），即可用文字或图表的形式加以表达。

如果要建立定量预测模型,预测变量的研究内容包括数据的预处理、变量的取值、变换和筛选。数据的预处理,是指在构置预测变量前,必须排除或压低原始数据中所包含的随机干扰(噪音),而突出数据中的有用信息,从而提高数据的可利用程度以及增加所构置预测变量的可靠性。通常包括对数据的各种变换、筛分、可疑观测值的识别和剔除、奇异值的稳健处理、缺失数据的补齐、过密数据的抽样、数据的网格化以及对不同时间不同技术水平条件下所获得的数据水平的不一致性的分析处理等。

变量的取值、变换和筛选,首先需对定性资料(文字、图表)定量化,其定量方法有两种:① 取值二态(0,1)或三态(-1,0,+1),利用数量化理论、逻辑信息法、特征分析法等可进行变量的筛选及直接建立定量预测模型;② 采用统计赋权、主观赋权及有利度等方法将定性数据定量化,参与其他类型的定量预测模型。对于定量数据,一般采用统计分析方法,如相关分析、因子分析、趋势分析、判别分析、聚类分析等等对数据进行优化处理,构置不同类型的变量(如乘积变量、比值变量、综合变量、推断变量等),参与找矿数学模型的计算。

无论是建立定性预测模型还是定量预测模型,预测变量的研究都是一项重要而又复杂的工作。要求所选的预测变量尽可能多地包含预测信息,但又要去掉重复,突出重要信息及其内在联系;要求变量符合成矿理论和客观实际,同时又便于在预测区获取;为了充分提取信息,注意变量的对等性。变量的对等性包括:不同类型不同层次的变量要对等;模型区与预测区之间变量的对等性;不同类型因素变量的对等性;研究范围研究比例尺度与变量尺度水平的对等性等。选取变量时,还要注意成矿的多期次、多阶段、多来源的特点,必要时加强对地质特征的空间变异度及不同期次控矿条件变化序列的合理推断。

研究变量,主要依靠成矿规律及成矿理论的研究与已知矿床的类比。其精度受预测区地质情况复杂程度、研究程度及资料可利用水平的影响。

(6)利用定量预测模型,在研究区范围内圈定有利找矿地段(即远景区),在远景区中估算不同级别的资源量,并提交验证靶区。

(7)编写资源总量预测报告。

19.4　远景区的圈定和资源量估算

19.4.1　远景区的圈定

远景区的圈定,是在充分占有第一性资料的基础上,总结成矿规律建立找矿模型,利用找矿模型,圈出成矿条件非常有利,矿化信息十分发育,找矿信息比较充分,技术经济可行的预测区。

远景区的圈定是在不确定条件下的一种决策,可能发生两类错误:一是漏圈有矿地段,二是误圈无矿地段为远景区。因此,必然承受失误和风险。其原则是在最少漏失矿体的前提下最大限度地进一步缩小靶区。为此,必须考虑对所圈定的远景区,按找矿的有利程度进行排序以及进行找矿优度评价。

远景区圈定的成果最终应体现在图上,为此,需要编制各种图件,这些图件除包括相应比例尺的各种必要的专题研究图件外,尤其要编一幅大比例尺预测图。

大比例尺预测图,上面要标出主要控矿因素、远景区和级别及预测资源量。对于深部隐伏矿的预测图,应编制不同中段的综合信息推断图及预测图,应附有一系列有不同针对性的剖面图,必要时还应附有立体图,预测的深度取决于工业部门的要求,以及有无钻探和物探的原始资料。

预测图比例尺的确定,要考虑地区的地质、地球物理和地球化学研究程度、原始资料的数量和质量,以及这些原始资料覆盖的均匀程度。

大比例尺预测图的编制,可参阅本卷13.6.3。

19.4.2　资源量的估算

19.4.2.1　资源量

大比例尺成矿预测资源量的估算,是在已圈定的找矿远景区范围内进行,以求334级为主。根据GB/T 17766-1999规定:依据区域地质研究成果、航空遥感地球物理、地球化学异常或极少数工程资料,确定具有矿化潜力的地区,并和已知矿床类比而估算的资源量,属于潜在矿产资源。

19.4.2.2　资源量估算方法

体积法:其实质是将某种矿产合理的平均含量估计值,外推到待预测的运算体积内。其具体做法主要有两大步骤：①根据已知矿床资料，求出单位体积内的平均含量；②论证预测远景区与已知矿床（矿体）地质成矿条件的相似性，确定预测区矿体体积，计算出资源量。该方法常用于石油、煤、磷灰石、钾盐、砂岩型铀矿床、铁矿等，目前亦用于多金属矿床。其基本公式为，已知矿床的平均含量 MC：

$$MC = \frac{r_f(P_p + P_r + i_r + if_r)}{V_f - V_x} \tag{19-1}$$

式中：r_f 为回采因子（采收率）；P_p 为过去的产量；P_r 为探明储量或证实储量；i_r 为推定储量，即未来可能增加的储量；if_r 为推断储量，即可能潜在的储量；V_f 为有利岩石体积；V_x 为无矿围岩体积。

预测区资源量 P_R：

$$P_R = M_C \times V_u \tag{19-2}$$

式中：V_u 为待估区体积；其他符号同上式。

用上式体积法基本公式，可扩大为物探体积法、化探体积法等。若研究区物探异常反演结果在已知区能反映出已知矿床（体）的体积和形态，即可求出已知区的单位体积内的矿量，然后对所圈出的远景区，用远景区物探异常反演结果计算出远景区体积，再乘以已知区单位体积矿量即为远景区资源量，称为物探体积法，应用条件是物探异常具有较好的找矿效果。同理，当化探异常圈定矿体有明显效果时，可用化探体积法估算资源量。深部预测时，可用浅部已开采矿量计算出单位体积矿量，乘以深部预测矿体体积估算其资源量。估算时为了减少误差可适当乘以校正系数。

丰度法（丰度模型法）：是把已知矿床的成矿元素的地壳丰度和探明的累计量作为已知参数，求出已知地区的该成矿元素在地壳中的富集系数，然后外推到成矿条件相似的预测远景区，估算远景区的资源量，其计算公式：

$$r_R = \frac{T_R}{C_R \times D \times C_A \times S_G \times 10^3 + T_R} \tag{19-3}$$

式中：r_R 为成矿元素的富集系数；T_R 为成矿元素的金属储量，t；C_R 为已知区的面积，km^2；D 为已知区的地壳深度，一般按当前的开采和勘探技术条件确定，km；C_A 为成矿元素的丰度（10^{-6}）；S_G 为含成矿元素岩石的平均体重。

$$E_{TR} = \frac{r_R \times R_A \times A \times S_G \times D \times 10^3}{1 - r_R} \tag{19-4}$$

式中：E_{TR} 为资源量级别为 R 的成矿元素的估计资源量，t；r_R 为富集系数；R_A 为待估区的面积；A 为待估区成矿元素的丰度；S_G 为待估区岩石的平均体重；D 为估算深度。

该方法多用于斑岩型及层控类型矿床的资源量估算。

回归分析法：是利用矿田中同类型已知矿床（必须具有一定数量，满足统计要求），建立矿床的储量（矿床值）与控矿地质因素和找矿标志之间的线性函数关系（回归模型），利用该模型对所预测的远景区进行资源量估计。其回归模型：

$$\hat{Y} = b_0 + \sum_{i=1}^{P} b_i X_i \ (i = 1, 2, \cdots, P) \tag{19-5}$$

式中：$\hat{y}$ 为因变量，矿床值（矿床值 = 矿量 × 价格／吨）的对数值的估计值；X_i 为自变量，控矿地质条件和找矿标志；b_0 为常数项；b_i 为系数。

即首先利用一定数量的已知矿床的矿床值与控矿地质因素和找矿标志（X_i，$i = 1, 2, \cdots, P$）建立回归模型，求解常数项（b_0）和系数（b_i），然后对远景区取 X_i 值代入回归模型，求出回归值 $\hat{y}$，利用已知矿床的 Y 及 $\hat{y}$ 值之间的关系，对远景区的 $\hat{y}$ 换算成资源量。

特征分析法和逻辑信息法，也是通过对已知矿床的控矿地质条件和找矿标志进行取值（二态或三态），经过数学运算筛选变量，建立数学模型，利用特征分析模型计算出预测远景区的关联系数（或称有利度），利用逻辑信息模型计算出预测远景区的对象权。然后考查已知矿床的关联系数或对象权与矿量之间的关系，将它们转换为矿量。

上述资源量估算方法，都有其应用条件，每种方法对数据都有其特有的要求，应用时应十分谨慎。

19.5   生产矿山外围地区矿产资源经济评价

19.5.1   经济评价的类型

为了使评价对象和目标更加明确，评价过程中所采取的措施和评价方法更有针对性，将生产矿山外围地区矿产经济评价划分为以下类型示于表 19 - 1。

表 19 - 1   生产矿山外围地区矿产资源经济评价类型

按对象的覆盖面	全面性评价		
	专门性评价	矿种评价 矿类评价 矿床评价	
按评价的详细程度	概括性评价		
	详细性评价		
按对象的工作程度	成矿远景区（带）评价		
	远景矿床（带）评价		
	工业矿床（带）评价		
按评价的目标	效益评价	社会效益	
		经济效益	勘查效益
			开发效益
	价值评价	远景价值	
		潜在价值	
		提取价值	
		工业价值	

19.5.2   经济评价影响因素

按照因素的属性、层次和变化特点等，归纳为几种不同类型的因素。

19.5.2.1   矿产地质因素

可分为探明储量和未探明储量的矿床地质因素，及外围地区区域矿产地质因素等三种类型。

（1）探明储量的矿床地质因素

探明储量的矿床地质因素，是指矿床技术经济评价中所考虑的矿床地质因素，一般包括：

1）矿床规模，包括矿床中能利用储量、暂不能利用储量、边部和深部远景储量等；

2）矿体厚度、形态、产状、埋藏深度及其空间分布和变化特点；

3）矿体数量、储量密度和矿床中储量集中程度（重心）；

4）矿石类型、品级、品位及其空间分布和变化特点；

5）矿石中有用组分、伴生有益组分及有害组分的含量，赋存状态及空间分布和变化特点；

6）矿石结构构造及空间变化特征；

7）矿床水文地质情况复杂程度，包括矿体与围岩的含水性、岩溶发育情况、地下水与地表水的联系、地下水位和水温、地表水系的洪水情况等；

8）矿床工程地质条件，包括矿石与围岩的各种力学性质、物理机械性质。

（2）未探明储量的矿床地质因素

未探明储量的矿床地质因素是指矿床成矿远景区的矿产地质因素，由于地质工作程度相对较低，所以对其进行经济评价时，所考虑的因素主要是定性因素和少量定量因素，与探明储量矿床地质因素相比，因素具有较

大的不确定性。主要有:

1)资源量(远景储量);

2)成矿控矿地质条件和矿化标志,特别是控矿地质构造特征、构造类型规模和复杂程度;

3)矿石类型、结构构造、品位及品级;

4)伴生矿产的可能性;

5)水文工程地质简况。

(3)外围地区区域矿产地质因素

外围地区区域矿产地质因素是从区域角度考察矿产资源经济评价的地质条件,除包括上述探明和未探明储量矿床地质因素外,还包括下列因素;

1)区域内某种矿产的成矿地质条件、矿化标志和有矿异常等;

2)区域某种矿产的资源总量;

3)区域某种矿产的矿床数量;

4)区域某种矿产的密度指数、规模指数、质量指数、伴生共生矿产指数、水文及工程地质条件指数等;

5)区域内各种主要矿产资源的成矿地质条件、矿化标志和有矿异常等;

6)区域内矿产资源产出的矿种数及配套程度指数;

7)区域内矿产资源总量水平;

8)区域内矿产资源密度指数、质量指数、规模指数、水文及工程地质指数等。

上述各种指数,是采用平均法(加权平均或算术平均)构置的综合性指标,如区域矿产资源的质量指数计算方法及公式:

$$q_i^{(k)} = \frac{\bar{C}_i^{(k)}}{C_i} \tag{19 - 6}$$

$$q_i = \frac{\sum_{k=1}^{m} q_i^{(k)} \times Q_i^{(k)}}{\sum_{k=1}^{m} Q_i^{(k)}} \tag{19 - 7}$$

式中:q_i 为第 i 种矿产资源质量指数;$q_i^{(k)}$ 为第 i 种矿的第 k 个矿床(点)的质量指数,$k = 1, 2, \cdots, m$ 为矿床数;$\bar{C}_i^{(k)}$ 为第 i 矿种第 k 矿床的有用组分平均含量;C_i 为第 i 矿种的工业指标(品位);$Q_i^{(k)}$ 为第 i 矿种第 k 矿床的储量。

$$q = \frac{\sum_{i=1}^{n} \sum_{k=1}^{m} q_i^{(k)} \times Q_i^{(k)} \times P_i}{\sum_{i=1}^{n} \sum_{k=1}^{m} Q_i^{(k)} \times P_i} \tag{19 - 8}$$

式中:q 为若干个矿产资源总的质量指数;P_i 为第 i 矿种的储量价格;$i = 1, 2, \cdots, n$ 为矿种数。

19.5.2.2   市场条件因素

主要包括矿产品市场、原材料市场、生活资料市场及其他资源等四方面因素。

(1)矿产品市场因素

按其范围和内容的不同分为:

1)生产矿山所在地区矿产品市场的生产量、供应量、需求量、消费量、储备量、价格等现状及其发展趋势,矿产地距矿产品消费中心的远近;

2)国家或地区矿产品市场的生产量、供应量、需求量、消费量、储备量、进出口量和价格等现状及发展趋势;

3)国家或地区工业布局,重点企业、尖端技术产业和国防工业与矿产资源之间的关系;

4)生产矿山维持开支的需求。

(2)原材料市场因素

1)燃料、动力市场因素,如燃料供应地、供电站等距离评价矿产地的远近和供应情况;

2）辅助原材料市场因素，如辅助原料、建筑材料及坑道用木材等辅助原材料产地距评价区远近和供应情况；

3）机械设备市场因素。

（3）生活资料市场因素

如职工生活必需的农副产品等产地远近及供应情况；

（4）其他，如工业用水、生活用水水源条件、劳动力来源等。

19.5.2.3　地理条件因素

（1）自然地理因素

主要为矿产地与山脉、河川、海岸线等自然要素的相对位置，如地形与地貌、气候、地震烈度等。

（2）经济地理因素

矿产地与城市、交通、消费区等的相对位置及其他。

19.5.2.4　社会经济因素主要指社会经济环境条件，包括：

（1）国家或地区有关矿产资源勘查、开发方面的矿业政策；

（2）矿产地及相邻相关地区的人口、结构、素质、民族、宗教习惯等；

（3）矿产地交通运输条件、能力和水平，与国防经济文化等重要设施之间的位置关系；

（4）矿产地及相邻相关地区的经济结构和水平；

（5）矿产资源勘查和开发利用的技术经济条件和水平，如新勘查技术、新开采技术、新选矿技术、矿产品新的功能开发技术、矿产品代用品开发和替代技术等；

（6）矿产资源在地下蕴藏量的丰富程度和国家经济建设需求程度之间的关系；

（7）生产矿山外围地区矿产资源与生产矿山的关系；

（8）国家或地区的经济结构和水平；

（9）国际政治、经济、军事等方面的气候变化对矿产资源的影响。

19.5.2.5　矿产资源勘查开发因素

包括勘查开发程度和勘查开发技术方案因素，这些因素随勘查开发过程的变化而变化。

（1）勘查开发程度因素，包括勘查阶段类型、不同级别储量的比例，开发阶段类型及不同开发阶段产品的比例。

（2）勘查开发技术方案因素

1）勘查技术方案及参数；

2）采矿技术方案（采矿方法、开拓方案、开采方式）及经济参数（采矿能力、贫化率、损失率、回收率、采矿效率）；

3）选矿工艺方法、工艺流程及技术经济参数（选矿规模、精矿品位、回收率、选矿品位、生产效率等）；

4）冶炼技术方案（方法和流程）及经济技术参数（冶炼能力、回收率、生产效率等）；

5）矿山开发规模方案；

6）矿山建设投资经济参数，如投资、成本、资金等参数；

7）矿产品运输方案及技术经济参数（运输成本、效率等）。

19.5.3　经济评价的指标

因生产矿山外围地区矿产资源经济评价的对象种类、范围大小及角度、层次和标准等不同，经济评价的指标有所侧重。为了对生产矿山外围地区矿产资源进行全面和系统的经济评价，必须有若干指标组成的指标体系作为评价的工具和手段。

19.5.3.1　价值指标

可分为工业矿床的价值指标、远景矿床的价值指标、成矿远景区的价值指标以及分矿产种类、不同区域和整个外围地区矿产资源的价值指标等六种类型。

（1）工业矿床的价值指标

在计算工业矿床的价值指标时，主要要考虑工业矿床的矿产资源的数量、质量、矿产品价格、提取水平、开发加工费用和货币的时间因素等六个方面的因素，根据考虑因素的范围不同，工业矿床的价值指标有潜在价值、提取价值、工业价值和贴现价值之分。工业矿床的价值指标与考虑因素之间的关系可概括成如图 19 - 2 所示。

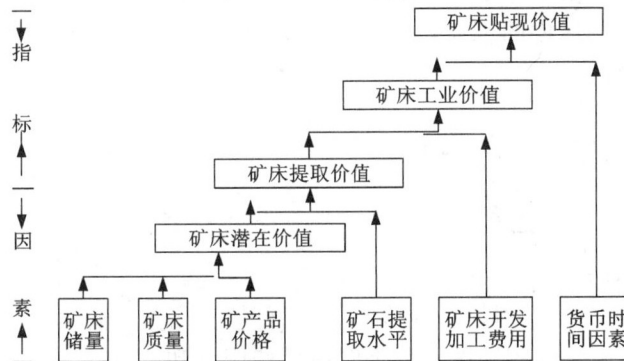

图 19 - 2　工业矿床价值指标与各因素之间的关系图

1）工业矿床的潜在价值：

$$LV_{ij(\text{工})}^{(k)} = \sum_{e=1}^{n} Q_{ij,\,l(\text{工})}^{(k)} \times C_{ij,\,l(\text{工})}^{(k)} \times Z_t \qquad (19-9)$$

式中：$LV_{ij(\text{工})}^{(k)}$ 为产在第 k 个分区内，属于第 j 个矿种的第 j 个工业矿床的潜在价值（元）；$Q_{ij,\,l(\text{工})}^{(k)}$ 为产在第 k 个分区内，属于第 j 个矿种的第 i 个工业矿床中第 l 有用组分的探明储量，（t）；$C_{ij,\,l(\text{工})}^{(k)}$ 为产在第 k 个分区内，属于第 j 个矿种的第 i 个工业矿床中第 l 有用组分的品位（%）；Z_l 为第 l 有用组分的矿产品价格（元／吨）。

2）工业矿床的提取价值指标：

$$EV_{ij(\text{工})}^{(k)} = \sum_{l=1}^{n} Q_{ij,\,l(\text{工})}^{(k)} \times C_{ij,\,l(\text{工})}^{(k)} \times Z_l \times K_{ij,\,l(\text{工})}^{(k)} \qquad (19-10)$$

式中：$EV_{ij(\text{工})}^{(k)}$ 为产在第 k 个分区内，属于第 j 个矿种的第 i 个工业矿床的提取价值指标；$K_{ij,\,l(\text{工})}^{(k)}$ 为第 l 有用组分的采选冶累计回收率（%）。

3）工业矿床的工业价值指标：

$$IV_{ij(\text{工})}^{(k)} = \sum_{l=1}^{n} Q_{ij,\,l(\text{工})}^{(k)} \times C_{ij,\,l(\text{工})}^{(k)} \times Z_t \times K_{ij,\,l(\text{工})}^{(k)} - S_{ij,\,m+d+s(\text{工})}^{(k)}$$
$$= EV_{ij(\text{工})}^{(k)} - S_{ij,\,m+d+s(\text{工})}^{(k)} \qquad (19-11)$$

式中：$IV_{ij(\text{工})}^{(k)}$ 为矿床提取价值与取得商品矿石的全部费用之差；$S_{ij,\,m+d+s(\text{工})}^{(k)}$ 为产在第 k 个分区内，属于第 j 个矿种的第 i 个工业矿床采选冶各个阶段的费用之和。

4）工业矿床的贴现价值

$$DV_{ij(\text{工})}^{(k)} = a_t \times \left(\sum_{l=1}^{n} Q_{ij,\,l(\text{工})}^{(k)} \times C_{ij,\,l(\text{工})}^{(k)} \times Z_l \times K_{ij,\,l(\text{工})}^{(k)} - S_{ij,\,m+d+s(\text{工})}^{(k)} \right)$$
$$= a_t \times \left(EV_{ij(\text{工})}^{(k)} - S_{ij,\,m+d+s(\text{工})}^{(k)} \right) = a_t \times IV_{ij(\text{工})}^{(k)} \qquad (19-12)$$

式中：a_t 为贴现系数；$DV_{ij(\text{工})}^{(k)}$ 为工业矿床考虑了货币时间因素的工业价值。

（2）远景矿床的价值指标

远景矿床的价值指标计算方法与工业矿床的价值指标的计算方法基本相同。不同的是远景矿区的储量是未探明的储量、预测储量或远景储量，要经过进一步的地质勘查工作，才能将远景储量转化为探明储量。因此在远景矿区价值指标计算时：① 根据远景矿区的远景储量，推测经过勘探工作后能够得到的探明储量数；② 考虑矿石开发加工费用时，应包括将远景储量升级为探明储量所必须花费的勘查工作费用。故远景矿区四个价值指标的计算方法和计算公式如下：

1）远景矿区的潜在价值指标：

$$LV_{ij(\text{远})}^{(k)} = \sum_{l=1}^{n} Q_{ij,\,l(\text{远})}^{k} \times C_{ij,\,l(\text{远})}^{k} \times Z_l \qquad (19-13)$$

其中
$$Q^k_{ij,\,l(远)} = b_l \times q^{(k)}_{ij,\,l(远)}$$

式中:$Q^k_{ij,\,l(远)}$ 为产在第 k 个分区内属于第 j 个矿床中第 i 个远景矿床中第 l 有用组分将来能探明的矿产储量;$q^{(k)}_{ij,\,l(远)}$ 为远景矿床第 l 有用组分的远景储量;b_l 为第 l 有用组分远景储量转化为探明储量的比例系数。它取决于远景矿床的成矿地质条件、远景矿床中的工业矿床的产出率。实际工作中可用远景矿床的产出风险系数等。

2)远景矿床的提取价值指标:

$$EV^{(k)}_{ij(远)} = \sum_{l=1}^{n} Q^k_{ij,\,l(远)} \times C^k_{ij,\,l(远)} \times Z_l \times K^k_{ij,\,l(远)}$$

$$= \sum_{l=1}^{n} b_t \times q^{(k)}_{ij,\,l(远)} \times C^{(k)}_{ij,\,l(远)} \times Z_l \times K^{(k)}_{ij,\,l(远)} \tag{19-14}$$

3)远景矿床的工业价值指标:

$$IV^{(k)}_{ij(远)} = EV^{(k)}_{ij(远)} - S^{(k)}_{ij,\,g+m+d+s(远)} \tag{19-15}$$

式中:$S^{(k)}_{ij,\,g+m+d+s(远)}$ 为第 i 个远景矿床的探采选冶各个阶段的费用之和。

4)远景矿床的贴现价值:

$$DV^{(k)}_{ij(远)} = a_t \times IV^{(k)}_{ij(远)} \tag{19-16}$$

(3)成矿远景区的价值指标

成矿远景区的地质勘查工作程度低,地质勘查工作的物质成果是根据初步地质矿产勘查工作的资料估算出来的资源量。成矿远景区的价值指标计算,就是对成矿远景区估算出来的资源量的经济价值进行推测。因此,在成矿远景区的价值指标计算时:1)根据成矿远景区的资源量,推测经过普查勘探工作能够得到的探明储量;2)考虑矿石加工开发费用时,应包括将成矿远景区资源量升级为远景矿床的远景储量的普查费用和将远景矿床的远景储量升级为工业矿床探明储量的勘探费用。因此,成矿远景区的四个价值指标的计算方法和计算公式如下:

1)成矿远景区潜在价值指标:

$$LV^{(k)}_{ij(成)} = \sum_{l=1}^{n} Q^k_{ij,\,l(成)} \times C^k_{ij(成)} \times Z_l \tag{19-17}$$

其中
$$Q^k_{ij,\,l(成)} = bl \cdot bl' \times q^{(k)}_{ij,\,l(成)} = b_l \cdot q^{(k)}_{ij,\,l(成)}$$

式中:$q^{(k)}_{ij,\,l(成)}$ 为产在第 k 个分区内属于第 j 个矿种的第 i 个成矿远景区的第 l 有用组分的资源量;$q^{(k)}_{ij,\,l(成)}$ 为第 l 个分区内属于第 j 个矿种的第 i 个成矿远景区的第 l 有用组分经过普查阶段可能得到的远景储量;$Q^{(k)}_{ij,\,l(成)}$ 为第 k 个分区内属于第 j 个矿种的第 j 个成矿远景区的第 l 有用组分在勘探阶段结束可能得到的探明储量;bl' 为第 l 有用组分的资源量转化远景储量的比例系数;bl 为第 l 有用组分的远景储量转化为探明储量的比例系数。

bl' 和 bl 取决于成矿远景区的成矿地质条件、成矿远景区中的远景矿床的产出率和远景矿床中的工业矿床的产出率,在实际工作中可用它们的风险系数来表示。

2)成矿远景区的提取价值指标:

$$EV^{(k)}_{ij(成)} = \sum_{l=1}^{n} Q^{(k)}_{ij,\,l(远)} \times C^{(k)}_{ij(成)} \times Z_l \times K^{(k)}_{ij(成)} \tag{19-18}$$

3)成矿远景区的工业价值指标

$$IV^{(k)}_{ij(成)} = EV^{(k)}_{ij(成)} - S^{(k)}_{ij,\,p+e+m+d+s(成)} \tag{19-18}$$

4)成矿远景区的贴现价值指标:

$$DV^{(k)}_{ij(成)} = a_T \times IV^{(k)}_{ij(成)} \tag{19-20}$$

(4)某一种类矿产的价值指标

进行某一种类矿产资源的价值指标计算时:1)要全面反映该种矿产三种类型产地的矿产资源价值;2)要把三种类型产地的地区勘查工作程度对其价值影响的差别考虑进去;3)要注意到全国矿产地在空间的分布特征,主要是矿产空间密度指数和集中程度指数等。

设 Ⅰ、Ⅱ、Ⅲ 分别代表工业矿床,远景矿床和成矿远景区三种不同类型的矿产地,则某一种类矿产的价值指标的计算方法和计算公式如下:

1)某一种类矿产的潜在价值指标:

$$LV_j^{(k)} = \sum_{m=1}^{\text{III}} \sum_{i=1}^{n(m)} a(m) \times LV_{ij}^{(k)}(m) \times \frac{d'}{d_0'} \times \frac{d''}{d_0''}$$

$$= \left[a_{(\text{I})} \times \sum_{i=1}^{n(\text{I})} LV_{ij(\text{I})}^{(k)} + a_{(\text{II})} \times \sum_{i=1}^{n(\text{II})} LV_{ij(\text{II})}^{(k)} \right.$$

$$\left. + a_{(\text{III})} \times \sum_{i=1}^{n(\text{III})} LV_{ij(\text{III})}^{(k)} \right] \times \frac{d'}{d_0'} \times \frac{d''}{d_0''} \qquad (19-21)$$

式中：$n_{(\text{I})}$、$n_{(\text{II})}$、$n_{(\text{III})}$ 分别为产在第 k 个分区内属于第 j 个矿种的工业矿床、远景矿床和成矿远景区的产地数；d'、d'' 为分别为产在第 k 个分区内第 j 个矿种的矿产地空间分布的密度指数和集中程度指数；d_0'、d_0'' 为分别为第 j 个矿种的矿产地空间分布的密度指数和集中程度指数的标准值，可用全省、全国该矿种或整个外围地区的所有矿种平均值代替；$a_{(\text{I})}$、$a_{(\text{II})}$、$a_{(\text{III})}$ 分别为产在第 k 个分区内属于第 j 个矿种的工业矿床、远景矿床和成矿远景区对该区域内第 j 个矿种的潜在经济价值贡献的重要程度系数。

2）某一类矿产的提取价值指标：

$$EV_j^{(k)} = \sum_{m=1}^{\text{III}} \sum_{i=1}^{n(m)} a(m) \times EV_{ij}^{(k)}(m) \times \frac{d'}{d_0'} \times \frac{d''}{d_0''} \qquad (19-22)$$

3）某一种类矿产的工业价值指标：

$$IV_j^{(k)} = \sum_{m=1}^{\text{III}} \sum_{i=1}^{n(m)} a(m) \times IV_{ij}^{(k)}(m) \times \frac{d'}{d_0'} \times \frac{d''}{d_0''} \qquad (19-23)$$

4）某一种类矿产的贴现价值指标：

$$DV_j^{(k)} = \sum_{m=1}^{\text{III}} \sum_{i=1}^{n(m)} a(m) \times DV_{ij}^{(k)}(m) \times \frac{d'}{d_0'} \times \frac{d''}{d_0''} \qquad (19-24)$$

（5）某一区域内（分区内）矿产的价值指标

某一区域内矿产资源价值指标计算时，应考虑：1）要把区域内所有矿种都考虑进去；2）要考虑矿种配套勘查开发的水平指数；3）考虑不同矿产种类的经济特性。从而使某一区域内矿产资源的价值指标计算是在区域内每个矿种矿产资源价值评价的基础上进行的。具体计算公式如下：

1）某一区域内矿产资源的潜在价值指标：

$$LV^{(k)} = \sum_{j=1}^{m} LV_j^{(k)} \times a_j^{(k)} \times e^{(k)} \qquad (19-25)$$

式中：$LV^{(k)}$ 为第 k 个分区内矿产资源的潜在价值指标；$LV_j^{(k)}$ 为产在第 k 个分区内第 j 个矿种的矿产资源的潜在价值；$a_j^{(k)}$ 为第 k 个分区内第 j 个矿种的经济特征系数，可按矿产在国民经济及人民生活中的重要程度，将矿产分为重要矿产、基本矿产和一般矿产三类，各类矿产的经济特征系数可定为 2.0、1.5 和 1.0；$e^{(k)}$ 为第 k 个分区内矿产资源产出的配套程度指数；$j = 1, 2, \cdots; m$ 为第 k 个分区内矿产产出种类数。

2）某一区域内矿产资源的提取价值指标：

$$EV^{(k)} = \sum_{j=1}^{m} EV_j^{(k)} \times a_j^{(k)} \times e^{(k)} \qquad (19-26)$$

式中：$EV^{(k)}$ 为第 k 个分区内矿产资源的提取价值；$EV_j^{(k)}$ 为产在第 k 个分区内第 j 个矿种的矿产资源的提取价值。

3）某一区域内矿产资源的工业价值指标：

$$IV^{(k)} = \sum_{j=1}^{m} IV_j^{(k)} \times \alpha_j^k \times e^{(k)} \qquad (19-27)$$

式中：$IV^{(k)}$ 为第 k 个分区内矿产资源工业价值；$IV_j^{(k)}$ 为产在第 k 个分区内第 j 个矿种的矿产资源的工业价值。

4）某一区域内矿产资源的贴现价值指标：

$$DV^{(k)} = \sum_{j=1}^{m} DV_j^{(k)} \times a_j^{(k)} \times e^{(k)} \qquad (19-28)$$

式中：$DV^{(k)}$ 为第 k 个分区内矿产资源的贴现价值；$DV_j^{(k)}$ 为产在第 k 个分区内第 j 个矿种的矿产资源的贴现价值。

（6）整个外围地区内矿产资源的价值指标：

整个外围地区内矿产资源的价值等于各个分区矿产资源的价值之和，其计算公式如下：

1) 潜在价值

$$LV = \sum_{k=1}^{p} LV^{(k)}$$ (19 - 29)

2) 提取价值

$$EV = \sum_{k=1}^{p} EV^{(k)}$$ (19 - 29)

3) 工业价值

$$IV = \sum_{k=1}^{p} IV^{(k)}$$ (19 - 29)

4) 贴现价值

$$DV = \sum_{k=1}^{p} DV^{(k)}$$ (19 - 29)

19.5.3.2　效益指标

主要是指生产矿山外围地区矿产资源勘查开发过程中的产出与投入的比较,按计算阶段不同又可分为勘查效益指标,开发效益指标两类。

(1) 勘查效益指标:勘查效益指标按评价对象和计算方式又可分为:

1) 成矿远景区普查投资远景储量比:

$$S_e = \frac{J_e}{Q_{(远)}}$$ (19 - 33)

式中: S_e 为成矿远景区普查投资远景储量比,元/吨; $Q_{(远)}$ 为成矿远景区经过普查阶段工作所能获得的远景储量,t; J_e 为成矿远景区普查投资或费用,元。

2) 成矿远景区普查投资远景储量价值比:

$$V_e = \frac{J_e}{\sum_{k=1}^{n} Q_{(远)}^{(k)} \times Z_{(远)}^{(k)}}$$ (19 - 34)

式中: V_e 为成矿远景区普查投资远景储量价值比,元/元; J_e 为成矿远景区普查投资或费用,元; $Q_{(远)}^{(k)}$ 为成矿远景区经过普查阶段工作所能获得的第 k 有用组分的远景储量,t; $k = 1, 2, \cdots n$ 为成矿远景区中能单独计算出远景储量的组分数。

3) 远景矿床勘探投资工业储量比:

$$S_p = \frac{J_p}{Q_{(工)}}$$ (19 - 35)

式中: S_p 为远景矿床勘探投资工业储量比,元/吨; J_p 为远景矿床勘探投资或费用,元; $Q_{(工)}$ 为远景矿床经过勘探阶段工作后所能获得的工业储量,t。

4) 远景矿床勘探投资工业储量价值比:

$$V_p = \frac{J_p}{\sum_{i=1}^{n} Q_{(工)}^{(k)} \times Z_{(工)}^{(k)}}$$ (19 - 36)

式中: V_p 为远景矿床勘探投资工业储量价值比,元/元; $Q_{(工)}^{(k)}$ 为远景矿床中经过勘探阶段所能获得的第 k 个有用组分的工业储量,t; $Z_{(工)}^{(k)}$ 为第 k 个有用组分单位工业储量价值,元/吨;其他符号同上式。

(2) 开发效益指标:开发效益指标主要是用来对生产矿山外围地区已获得工业储量的矿产地开发后的效益进行预测评价。开发效益指标体系可概括成如图 19 - 3 所示。

上述指标中常用指标的计算方法、公式和前提等参考本卷第 20 章。

19.5.3.3　能力指标

能力指标是指生产矿山外围地区的矿产资源的扩大远景储量能力、扩大工业储量能力、维持生产矿山持续生产能力和扩大矿山生产规模的能力等。

19.5.4　经济评价的方法

19.5.4.1　指标评价法

根据上述经济评价的指标对生产矿山外围地区矿产资源进行经济评价的方法,称为指标评价法,根据采用的指标不同又可将指标评价法分为若干类,如价值评价法、效益评价法等。

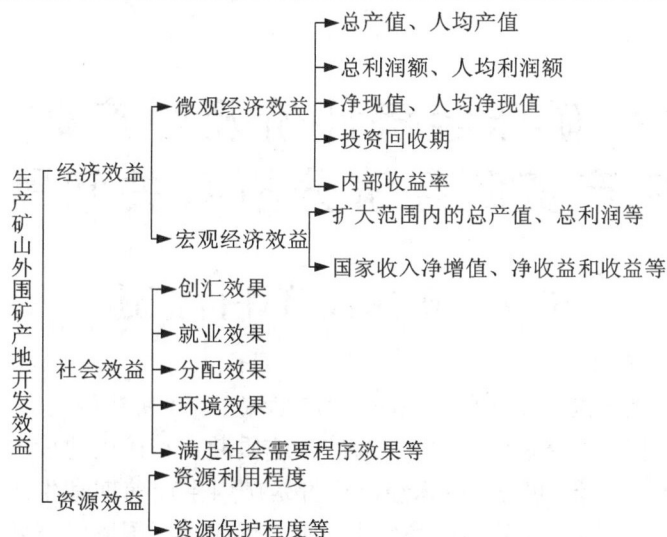

图 19 - 3　生产矿山外围地区矿产地开发效益指标体系图

19.5.4.2　综合评价法

生产矿山外围地区矿产资源的优劣好坏受其经济评价因素的影响，用生产矿山外围地区矿产资源的优度代表其优劣好坏的程度，则生产矿山外围地区矿产资源的优度是生产矿山外围矿床地质因素、市场条件因素、地理条件因素、社会经济因素和矿产资源开发因素等众多因素的函数值，可通过评分加权综合评价的方法进行计算，称为综合评价法。综合评价方法的步骤和过程如下：

（1）确定各评价因素评分标准；

（2）确定各评价因素权重；

（3）计算生产矿山外围地区矿产资源经济评价各因素的得分；

（4）计算生产矿山外围地区矿产资源的优度值；

（5）根据优度值的大小进行分析。

综合评价法的计算公式为：

$$FE = \sum_{k=1}^{n} a_k \times m_k \qquad (19-37)$$

式中：FE 为生产矿山外围地区矿产资源的优度；a_k 为各评价因素的权重，$0 \leqslant a_k \leqslant 1$，$\sum_{k=1}^{n} a_k = 1$；$m_k$ 为各评价因素得分值，采用统一评分标准，如 $0 \sim 5$ 分制、$0 \sim 10$ 分制等；$k = 1, 2, \cdots, n$ 为参与综合评价的因素。

20 矿床经济评价及生产矿山矿产资源经济分析有关问题

20.1 矿床经济评价概述

20.1.1 矿床经济评价的概念

矿床经济评价是根据矿产地质勘查工作(包括矿山生产勘探工作)所获得的资料,选取合理的评价参数,预估矿产未来开发利用的经济价值和经济、社会效益,为矿产地质勘查和矿山建设投资决策,乃至矿山生产综合效益的提高等,提供科学依据的工作。可见,矿床经济评价是矿山生产前期和生产过程中的重要工作内容,是促进决策科学化的基础性技术经济工作,它对提高矿山企业、行业乃至国民经济效益,实现我国经济发展战略目标具有重要意义。

矿产资源的开发程序,受制于矿山生产的各种技术经济条件,当赋存地质条件和市场需求条件有利时,这个活动将按照地质勘查、矿山建设、开采、选冶和矿产品销售等阶段循序渐进地进行,以满足市场的需要。因此,未来矿山生产的经济效益,便取决于各阶段生产活动的收益和成本之间的关系,也就是说评价每个阶段内部和阶段之间的投资决策,都是通过经济效益指标来实现。在矿产地质勘查和矿产开发阶段以现金流出量为主,故为负净现金流量,在采选生产阶段以现金流入量为主,故为正净现金流量。此外,在实现各阶段现金流出和流入的过程中,还必须注意矿床地质条件复杂性和多变性,如矿体的形态、产状、空间分布特征、埋藏深度、有用组分的含量和分布特性等对经济效益的影响;以及矿区社会经济地理条件如国民经济需求状况、自然地理、能源、水源供应、环境保护等,对经济、社会效益的影响,所以矿床经济评价是矿山地质人员的一项重要的工作,它要求矿山地质人员根据不断变化的条件和情况及时地重新进行评价。

20.1.2 矿床经济评价的原则

我国是社会主义国家,实行社会主义的市场经济,因此,在进行矿床经济评价时,在指导思想上应遵循以下基本原则,即正确处理好以下几个方面的关系:

(1)处理好宏观和微观经济效益的关系:宏观经济效益是微观经济效益的前提和保证,微观经济效益是宏观经济效益的基础,在社会主义条件下,微观经济效益与宏观经济效益通常是统一的,但又有矛盾的一面。因此每个矿山企业要有全局观念,使本企业的经济效益服从全社会的经济效益;同时,国家也要通过统一计划和采用经济手段或行政干预等办法,使其与整个国民经济活动衔接和协调起来。

(2)处理好当前和长远经济效益的关系:在对矿床进行经济评价时,应当十分重视矿产资源的合理开发利用和环境保护,因为,在一定科学技术水平条件下,能利用的矿产资源总量是有限的,滥采乱挖只顾眼前利益,不仅破坏了矿产资源和环境,而且破坏了人类生活的基本条件,其结果必然会损害今后长远的经济效益。

(3)处理好直接和间接经济效益的关系:国民经济是一个有机的统一整体,各部门、各企业之间是相互联系,相互制约的,它们之间的效益和费用都存在着直接和间接的关系。有些矿产品其本身的经济效益可能并不很大,但它们却能为其他部门或企业的发展或提高经济效益创造有利条件;相反,有些矿产品的经济效益虽然较好,但它们却妨碍了其他部门或企业的发展,因此,在进行矿床经济评价时必须全面考虑,才能得出正确的结论。

(4)处理好经济效益和社会效益的关系:社会主义国家的矿山生产活动,除了经济上的目的以外,往往还有社会方面的目的,因此在评价矿床开发利用的经济效益时,还要考虑社会效益;当然也不是只讲社会效益,而不顾经济效益,在进行多方案分析比较选择优化方案时,应当把它们恰当地结合起来,既采用资金利润率等经济效益指标,又采用矿产资源利用率、环境保护、能源消耗、劳动生产率、设备和土地占用等社会效益指标,进行全面综合评价。

此外,在进行经济评价时,还要贯彻我国有关政策、法令和条例,以使矿业生产的技术方案更好地贯彻党的方针政策,促进社会主义现代化建设的不断发展。

社会主义经济制度为我们进行矿床经济评价创造了优越的条件,我们不但要吸收国外方法中对我们有益的东西,同时还要结合我国国情,逐步建立和健全起具有我国特色的经济评价原则和指导思想,使我国矿床经济评价工作出现新的局面。

20.1.3　矿床经济评价的任务和特点

矿床经济评价总的任务是根据国民经济长远规划、地区规划和行业规划的要求,对新建、扩建、改建矿山投资以及矿产地质勘查,矿山正常生产,在技术和经济上是否合理和可行,进行综合分析和论证,做多方案比较,提出评价意见,从而为领导机关和主管部门决策,为编写和审批设计任务书,改进矿山生产和经营管理等提供科学依据。

矿床经济评价根据我国具体情况可以解决以下问题:

(1)为上级机关和主管部门提供确定矿山建设项目和编制、审批设计任务书的依据。

(2)可用作筹划或追加资金来源并根据设计投资作为银行贷款、拨款或自筹资金的参考。

(3)可以作为加强矿山企业生产管理,改善企业经营机制和策略,从而提高企业经济效益的手段。

(4)通过经济合理性,论证矿床开发方案和采选技术方法的可靠程度。

(5)矿床经济评价成果对合理使用资金,加快企业建设进度,提高企业的经济效益起着积极作用。特别是在矿山经营参数优化决策中,可作为方案对比的工具,通过经营参数不同方案的对比,找出最佳方案,以提高生产的效益。

(6)为税收和租赁招标提供依据。

(7)其他,可作为推广新技术及研制大型新设备规划的参考资料,也可作为转让或出租生产矿山的参考资料等。

此外,在进行矿床经济评价之前,还必须了解矿床经济评价工作的一些特点:

(1)随着矿山生产工作的进展,为了维持再生产,在整个生产期间有时还要增加新的投资而且生产成本也在逐年变化,所以在进行矿床经济评价时应逐年计算其投资和成本。因此各项生产技术经济参数和企业经济效益也都在不断发生变化。

(2)我国矿产品价格,特别是初级矿产品价格一般偏低,致使企业经济效益普遍偏低,同时也会造成联合企业内部矿山与加工、冶炼企业之间利润分配不平衡的情况,因此在进行矿床经济评价时可根据不同情况采用国际市场价格或将企业经济效益计算至精加工或冶炼产品等方法,以调整矿产品的内部调拨价。

(3)在矿山企业若干设计方案进行选优时,各方案之间必须做到满足需要可比、服务年限可比、价格可比、消耗指标可比、计算基础资料可比、经济计算方法可比、工作程度可比等等。否则,就不具备多方案优选的先决条件。

(4)矿产资源的有限性和不可再生性,决定了在进行矿床经济评价时,必须贯彻矿产资源保护和综合利用的方针,力求用尽可能少的劳动消耗,取得尽可能多的有用矿物产品。对矿山生产过程中产生的废水、废石、尾矿、煤矸石和地下水等,凡是具有利用条件,在经济上有利用价值的均应尽可能加以利用。

以上诸点对经济效益影响较大,在进行矿床经济评价时应给予充分重视。

20.1.4　矿床经济评价的内容和步骤

矿床经济评价应包括以下主要内容和步骤:

(1)审查评述地质勘探(包括生产勘探)报告,并指出存在的问题。

(2)根据用户对产品质量、数量、规格等的要求,安排逐年产量,编制采掘或采剥进度计划。

(3)确定开采范围内的矿石量、矿石品位、岩石量、分层矿岩量等。

(4)确定开采和选矿方法及其主要技术经济参数,包括其他有用组分的综合利用方案等。

(5)根据选矿厂和尾矿坝的具体条件,落实主要设备、辅助设备和产品生产所需要的辅助材料或原料数量,确定生活福利设施及工人建筑等。

(6)研究并落实环境保护措施。

(7)详细估算投资,包括运输、供水、供电、通讯等并研究资金筹措等。

(8)详细计算矿石及精矿成本。

(9)通过编制财务现金流量表、利润表、财务平衡表等,利用企业经济效益指标进行企业经济评价(详见后述)。

(10)进行国民经济评价。

（11）进行不确定性分析。

（12）进行综合评价，提出结论与建议以及存在的问题。

但是，对于已投入生产的矿山，在矿床经济评价时，有些内容可省略。

20.2　矿床经济评价方法和指标

论证和评价经济效益的方法，可分为企业经济评价和国民经济评价。

20.2.1　企业经济评价(或称财务评价)

企业经济评价是从企业角度出发，在现行价格和财税制度的基础上，分析测算开采矿床的经济效益和费用、获利能力、偿还贷款能力等。企业是基本的经济核算单位，企业经济评价的结论对企业生产经营的积极性和职工的利益关系极大。

企业经济评价常用的财务盈利性分析指标主要为财务内部收益率，投资回收期和固定资产投资借款偿还期。根据项目特点及实际需要，也可计算财务净现值，财务净现值率、利润总额、投资利润率、投资利税率等辅助指标，现分述如下。

20.2.1.1　财务内部收益率(FIRR)

财务内部收益率是指项目在计算期内各年净现金流量现值累计等于零时的贴现率，其表达式为：

$$\sum_{i=1}^{n} (CI - CO)_t \cdot (1 + FIRR)^{-t} = 0 \qquad (20-1)$$

式中：CI 为现金流入量；CO 为现金流出量；$(CI-CO)_t$ 为第 t 年的净现金流量；n 为计算期。

上述财务内部收益率(FIRR) 公式可用计算机求解，也可用内插计算公式求得：

$$FIRR = i_1 + \frac{|NPV(i_1)|}{|NPV(i_1)| + |NPV(i_2)|} (i_2 - i_1) \qquad (20-2)$$

式中：i_1 为较低的贴现率；i_2 为较高的贴现率；NPV 为某贴现率的净现金流量。

在企业经济评价中，求出的 $FIRR$ 应与部门或行业的基准收益率(i_c) 比较，当 $FIRR > i_c$ 时，应认为项目在财务上是可以考虑接受的。

20.2.1.2　投资回收期(或投资返本年限)(P_t)

投资回收期是以项目的净收益抵偿全部投资(包括固定资产投资和流动资金) 所需要的时间，它是反映项目财务上投资回收能力的重要指标。投资回收期自建设开始年算起，同时还应写明自投产开始年算起的投资回收期，投资回收期 P_t (以年表示) 的表达为：

$$\sum_{i=1}^{P_t} (CI - CO)_t = 0 \qquad (20-3)$$

式中：符号同前。

投资回收期可用财务现金流量表(表20-1) 累计净现金流量计算求得，详细计算公式为：

投资回收期 $P_t =$ 累计净现金流量开始出现正值年份数

$$-1 + \left(\frac{\text{上年累计净现金流量的绝对值}}{\text{当年净现金流量}} \right) \qquad (20-4)$$

项目评价求出的投资回收期(P_t) 与部门或行业的基准投资回收期(P_c) 比较，当 $P_t \leqslant P_c$ 时，应认为项目在财务上是可以考虑接受的。

20.2.1.3　财务净现值(FNPV)

财务净现值是反映项目在计算期内获利能力的动态评价指标，它是指项目按部门或行业的基准收益率(i_c) 或设定的贴现率(当未正式制定基准收益率时)，将各年的净现金流量贴现到建设起点(建设期初) 的现值之和，其表达式为：

$$FNPV = \sum_{i=1}^{n} (CI - CO)_t (1 + i_c)^{-t} \qquad (20-5)$$

式中:符号同前。

财务净现值可通过现金流量表(见表20-1)计算求得,财务净现值 ≥ 0 的项目是可以考虑接受的,在选择方案时,应选择净现值大的方案。

20.2.1.4　财务净现值率(FNPVR)

财务净现值率也是反映项目在计算期内获利能力的动态评价指标,它是指项目净现值与全部投资现值之比,亦即单位投资现值的净现值,其表达式为:

$$FNPVR = \frac{FNPV}{I_p} \tag{20-6}$$

式中: I_p 为投资(包括固定资产投资和流动资金)的现值;其他符号同前。

财务净现值率(FNPVR)也可通过现金流量表(见表20-1)计算求得,在选择方案时,当各方案投资额不同时,应选择净现值率大的方案。

表 20-1　财务现金流量表(全部投资)　　　　　　　　　　(单位:万元)

序号	年 份　　　　项　目	建设期		投产期		达到设计能力生产期				合　计
		1	2	3	4	5	6	…	n	
(一)	现金流入									
	1.产品销售(营业)收入									
	2.回收固定资产余值									
	3.回收流动资金									
	流入小计									
(二)	现金流出									
	1.固定资产投资									
	2.流动资金投入									
	3.经营成本									
	4.销售税金									
	5.技术转让费									
	6.资源税									
	7.营业外净支出									
	流出小计									
(三)	净现金流量[(一)-(二)]									
(四)	累计净现金流量									
	计算指标:财务内部收益率: 财务净现值(i_c = %) 财务净现值率 投资回收期									

注:(1) 根据需要可在现金流入和现金流出栏里增减项目。

(2) 生产期发生的更新改造投资作为现金流出单独列项或列入固定资产投资项中。

(3) 经营成本中不包括基本折旧、摊销费、流动资金利息。

(4) 对于某些项目,如合资企业或老厂改造项目需计算改造后效益的,必要时可以在建设期前另加一栏"建设起点",将建设期初以前发生的现金流出填写在该栏,计算净现值时不予折现。

(5) 技术转让费系指生产期支付的技术转让费。

上述财务内部收益率(FIRR)、投资回收期(P_t)和财务净现值(FNPV)、财务净现值率等财务盈利性分析动态评价指标,可利用财务现金流量表(见表20-1)计算求得,通过财务现金流量表可以反映项目计算期内各年的现金收支(现金流入和现金流出)情况,假定全部投资(包括固定资产投资和流动资金)均为自有资金,其表格形式见表20-1。

20.2.1.5　利润总额

利润总额是反映项目在计算期内获利能力的静态评价指标,它是指项目在生产期内各年利润总额之和,其

表达式为:

$$利润总额 = \sum_{t=1}^{n} 年利润总额_i \qquad (20-7)$$

式中:年利润总额 = 年产品销售收入 – 年总成本 – 年销售税金 – 年技术转让费 – 年资源税 – 年营业外净支出。

年销售税金 = 年产品税 + 年增值税 + 年营业税 + 年城市维护建设税 + 年教育费附加。

亦可利用利润表(表 20 – 2)求得。

表 20 – 2　利润表　　　　　　　　　　　　单位:万元

序号	年 份 项 目	建设期		投产期		达到设计能力生产期				合　计
		1	2	3	4	5	6	…	n	
(一)	产品销售(营业收入)									
(二)	总成本									
(三)	销售税金									
(四)	技术转让费									
(五)	销售利润 [(一) – (二) – (三) – (四)]									
(六)	资源税									
(七)	营业外净支出									
(八)	利润总额 [(五) – (六) – (七)]									

注:技术转让费是指生产期支付的技术转让费。

20.2.1.6　投资利润率

投资利润率一般是指项目达到设计生产能力后的一个正常生产年份的年利润总额与项目总投资的比率。对生产期内各年的利润总额变化幅度较大的项目,应计算生产期年平均利润总额与总投资的比率。其计算公式为:

$$投资利润率 = \frac{年利润总额或年平均利润总额}{总投资} \times 100\% \qquad (20-8)$$

式中:总投资 = 固定资产投资(不包括生产期更新改造投资) + 建设期利息 + 流动资金

20.2.1.7　投资利税率

投资利税率是指项目达到设计能力后的一个正常年份的年利、税总额或项目生产期内的年平均利、税总额与总投资的比率,其计算公式为:

$$投资利税率 = \frac{年利、税总额或年平均利、税总额}{总投资} \times 100\% \qquad (20-9)$$

式中:年利、税总额 = 年销售收入 – 年总成本 – 年技术转让费 – 年营业外净支出

20.2.1.8　固定资产投资借款偿还期(P_d)

固定资产投资借款偿还期是反映项目清偿能力的评价指标,它是指在国家财政规定及项目具体财务条件下,项目投产以后可用作还款的利润、折旧及其他收益额偿还固定资产投资借款本金和利息所需要的时间,其表达式为:

$$I_d = \sum_{t=1}^{P_d} (R_p + D' + R_0 - R_r)_t \qquad (20-10)$$

式中:I_d 为固定资产投资借款本金和利息之和;P_d 为借款偿还期(建设开始年计算。当从投产年算起时,应予注明);R_p 为年利润总额;D' 为年可用作偿还借款的折旧;R_0 为年可用作偿还借款的其他收益;R_r 为还款期间的年企业留利;$(R_p + D' + R_0 + R_r)_t$ 为第 t 年可用于还款的收益额。

借款偿还期可由财务分析表直接推算，以年表示，其表格形式见表20-3。

表20-3　财务分析表　　　　　　　　　　　　　　　　单位：万元

序号	年份 项目	建设期		投产期		达到设计能力生产期				合计
		1	2	3	4	5	6	…	n	
（一）	资金来源									
	1. 利润总额									
	2. 折旧费									
	其中：可作为归还借款的折旧									
	3. 固定资产投资借款									
	4. 流动资金借款									
	5. 企业自有资金									
	（1）用于固定资产投资									
	（2）用于流动资金									
	6. 回收固定资产余额									
	7. 回收自有流动资金									
	来源小计									
（二）	资金来源									
	1. 固定资产投资									
	2. 流动资金									
	3. 还款期间的企业留利									
	4. 企业留用的折旧									
	5. 自折旧中提取的能源交通基金									
	6. 固定资产投资借款利息偿还									
	7. 固定资产投资借款本金偿还									
	8. 所得税									
	9. 盈余资金（或资金短缺）									
	运用小计									

详细计算公式为：

$$借款偿还期 = 借款偿还后开始出现盈余年份数 - 1 + \left(\frac{当年应偿还借款额}{当年可用于还款的收益额} \right) \qquad (20-11)$$

20.2.1.9　其他指标

如涉及矿产品出口创汇及替代进口节汇的项目，应进行外汇效果分析，计算财务外汇净现值，换汇成本及节汇成本等指标。

（1）财务外汇净现值（FNPVF）：财务外汇净现值是分析、评价项目实施后对国家外汇状况影响的重要指标，用以衡量项目对国家外汇的净贡献（创汇）或净消耗（用汇）。其表达式为：

$$FNPVF = \sum_{i=1}^{n} (FI - FO)t \cdot (1 + i)^{-t} \qquad (20-12)$$

式中：FI 为外汇流入量；FO 为外汇流出量；$(FI - FO)_t$ 为第 t 年的净外汇流量；i 为贴现率，一般可取外汇贷款利率；n 为计算期。

当有矿产品替代进口时，可按净外汇效果计算外汇净现值。

（2）财务换汇成本：财务换汇成本是指换取1美元外汇所需要的人民币金额。其计算原则是项目计算期内生产出口矿产品所投入的国内资源的现值（即自出口矿产品总投入中扣除外汇花费后的现值）与生产出口矿产品的外汇净现值之比。其表达式为：

$$财务换汇成本 = \frac{\sum_{t=1}^{n} DR_t (1 + i)^{-t}}{\sum_{t=1}^{n} (FI - FO)_t (1 + i)^{-t}} \qquad (20-13)$$

式中：DR_t 为项目在第 t 年生产出口矿产品投入的国内资源（包括投资原材料、工资及其他投入）。

（3）财务节约成本：财务节约成本是指矿产品虽然内销，但经主管部门批准可按替代进口考虑的项目，即节约 1 美元外汇所需要的人民币金额，它等于项目计算期内生产替代进口矿产品所投入的国内资源的现值与生产替代进口矿产品的外汇净现值之比。

20.2.2　国民经济评价

国民经济评价是从国民经济全局出发，分析项目的效益和费用。项目的效益是指项目对国民经济所作的贡献，包括矿山生产的矿产品用影子价格或较合理价格（如修正的国内价格或调整后的国际市场价格）计算的经济价值和项目为社会做出的贡献、而项目本身并未得益的那部分效益。项目的费用是指国民经济为项目所付出的代价，包括用影子价格或较合理价格计算的固定资产投资、流动资金和费用的经济价值和社会为项目付出的代价、而项目本身并不需要支付的那部分费用。

我国国民经济评价的理论和方法尚不成熟，根据矿业生产的实际情况初步规定：凡矿产品出口或取代出口、借用外资、中外合资经营、补偿贸易及引进国外技术和设备等，以及属于大型矿山项目（包括重大技术改造项目），都必须做企业的国民经济评价。

当前国民经济评价主要是以经济内部收益率作为主要评价指标，根据项目特点和实际需要，也可计算经济净现值和经济净现值率等指标，项目初选时，也可采用投资净效益率等静态指标，现分述如下。

20.2.2.1　经济内部收益率（EIRR）

经济内部收益率是反映项目对国民经济所作贡献的相对经济效益的动态指标，它是使项目计算期内的经济净现值累计等于零时的贴现率，其表达式为：

$$\sum_{t=1}^{n} (CI - CO)_t \cdot (1 + EIRR)^{-t} = 0 \qquad (20-14)$$

式中：代号与前公式相同。

一般情况下，经济内部收益率大于或等于社会贴现率的项目，应认为是可以考虑接受的。

20.2.2.2　经济净现值

经济净现值是反映项目对国民经济所作贡献的绝对经济效益的动态指标。它是用社会贴现率将项目计算期内各年的净效益折算到建设起始点的现值之和，其表达式为：

$$ENPV = \sum_{t=1}^{n} (CI - CO)_t \cdot (1 + i_s)^{-t} \qquad (20-15)$$

式中：i_s 为社会贴现率；其他代号与前公式相同。

当经济净现值大于零时，表示国家为拟建项目付出代价后，除得到符合社会贴现率的社会盈余外，还可以得到以现值计算的超额社会盈余，一般情况下，经济净现值大于或等于零的项目，应认为是可以考虑接受的，在选择方案时，应选择经济净现值大的方案。

20.2.2.3　经济净现值率（ENPVR）

经济净现值率是反映项目单位投资为国民经济所作净贡献的相对经济效益的动态指标，它是经济净现值与投资现值之比，其表达式为：

$$ENPVR = \frac{ENPV}{I_p} \qquad (20-16)$$

式中：I_p 为投资（包括固定资产投资和流动资金）的现值。

一般情况下，当各方案投资额不同时，应选择经济净现值率大的方案。

20.2.2.4 投资净效益率

投资净效益率是指项目达到设计生产能力后的一个正常生产年份内，其年净效益与项目全部投资的比率，它是反映项目投产后单位投资对国民经济所作的年净贡献的静态指标，对在生产期内各年的净效益变化幅度较大的项目，应计算生产期年平均净效益与全部投资的比率。计算公式为：

$$投资净效益率 = \frac{年净效益或年平均净效益}{全部投资} \times 100\% \qquad (20-17)$$

式中：年净效益 = 年销售收入 + 年外部效益 − 年经营成本 − 年折旧费 − 年技术转让费 − 年外部费用。

一般情况下，投资净效益率，大于社会贴现率的项目，应认为是可以考虑接受的。

20.2.2.5 其他指标

如涉及矿产品出口创汇或替代进口节汇的项目，应进行外汇效果分析，计算经济外汇净现值、经济换汇成本、经济节汇成本等指标。国民经济评价的计算，亦可利用经济现金流量表，经济外汇流量表等。详见有关内容及参考材料，此处从略。

20.2.3 确定投资方案的不确定性分析和风险性分析

前述的经济评价方法和指标都是在假设完全确定的情况下求得的，特别对矿山生产项目由于储量和平均品位的估算，矿产需求与价格的预测，以及政策和经营方面的原因，都可能产生较其他工业大得多的不确定性，尽管有时每个因素的不确定性可能不大，但它们的累积影响往往很大，因此需要进行不确定性分析，以预测项目可能承担的风险，确定项目的可靠性。

不确定性分析包括盈亏平衡分析、敏感性分析和概率分析，前者主要用于企业经济评价，后两者可同时用于企业和国民经济评价，现简述如下：

20.2.3.1 盈亏平衡分析

盈亏平衡分析是通过盈亏平衡点，分析项目对市场需求变化适应能力的一种方法，盈亏平衡点通常是根据正常生产年份的产品产量或销售量、可变成本、固定成本、产品价格和销售税金等数据计算，用生产能力利用率或产量等表示。盈亏平衡点越低，表明项目适应市场变化的能力越大，抗风险能力越强，其计算公式可参考有关资料。

20.2.3.2 敏感性分析

敏感性分析是通过项目主要因素发生变化时对经济评价指标的影响，从而找出关键性因素，并确定其影响程度。通常是分析这些因素单独变化或多因素同时变化对内部收益率的影响，有时也可分析对静态投资回收期和借款偿还期的影响。项目对某种因素的敏感程度一般表示为该因素按一定比例变化时引起评价指标的变化幅度（列表表示）。也可以表示为评价指标达到临界点（如财务内部收益率等于财务基准收益率或经济内部收益率等于社会贴现率）时，允许某个因素变化的最大幅度，即极限变化，超过此限度，即认为项目不可能。

20.2.3.3 概率分析

概率分析是使用概率研究预测不确定因素和风险因素，对项目经济评价指标影响的一种定量分析方法。

主观概率分布方法是把期望概率分布作为变量，依靠最了解情况的专家取得期望值附近概率分布的客观估值，然后用这些估值再计算收益率的加权平均值，为项目决策提供依据。另一种方法是客观概率分布或称蒙特卡洛模拟法，这种方法的变量必须是随机分布的，这样就能利用随机数模求得期望概率的不确定性，将这些期望估值以及与其有关的不确定性程度相比就能根据期望收益和风险程度选择最佳项目。

20.2.4 综合评价

在矿床经济评价过程中，根据实际情况提出的技术方案，在经过筛选并进行企业和国民经济评价的基础上，结合社会效益诸因素详细论证和综合分析，最后做出决策。社会效益因素主要包括政治、国防、环保、矿产资源利用、能源消耗等各方面。因此综合评价实质上是一个多目标决策问题。

解决多目标决策的方法，过去多采用论证分析比较的定性方法。目前多采用将不同的计量单位转化为统一的计量单位，然后，将多目标转化为综合的单目标，再根据综合的单目标数值大小进行定量的综合评价方法。应该指出，这个综合的单目标是一个假定的综合目标，它便于进行综合的定量对比，但考虑定性的因素不够。

因此最好还是采用定性定量相结合的方法,例如应用专家决策支持系统(EDSS)进行对比。

20.3 矿床经济评价实例——某铝土矿矿床经济评价*

20.3.1 资源形势分析

铝土矿不仅是工业制铝的基本原料,也是耐火材料、电熔、刚玉、陶瓷材料等方面的原料,还是外贸出口换汇的重要物资。随着科学技术的发展,国民经济对铝的需求量与日俱增,铝已成为我国金属材料中的短线产品。据统计,自1966年至1980年的15年间,我国的铝工业的年平均增长速度为7.6%,大大低于9.7%的需求平均增长速度。缺口部分不得不依靠进口解决。自新中国成立初期至1983年底,我国累计生产铝锭527万吨,同期进口铝约262万吨,耗用外汇23亿美元,折合人民币约57.5亿元,超过同期国内铝工业累计投资总额6亿元。应该说明的是,这种情况还是在我国消费水平低、国家限制铝消费的条件下出现的,否则缺口更大。目前,我国人均原铝消费量为0.51kg/a,仅为世界20世纪70年代人均年消费量4kg的12.5%,和世界先进国家相比差距则更大,人均年消费量美国为26kg/(人·年),德国为19kg/(人·年)。

因此,优先发展铝是我国近期有色金属工业发展的重要指导方针。优先发展铝必须有丰富的矿产资源作保证。据初步预测,到2000年,我国对铝土矿的需求量将超过1000万吨,累计需求量将超过1亿吨,截止1982年底,我国保有储量××亿吨,其中工业储量×亿吨,占33.6%。这为铝工业的发展提供了一定程度的资源保证。但是,其中埋藏浅、品位富、建设条件好、易于开发的矿床却不多,探明储量的利用率很低,仅为20%。从铝工业基地的合理布局及考虑合理的储采比角度出发,尽快勘探评价出一批可供近期利用的、且开发利用经济效益好的优质铝土矿床,就显得十分重要。

××省是我国铝土矿主要产地之一,截止1982年底保有储量×亿吨,占全国总量的38%,其中44%的储量又集中分布在××地区。该区年生产能力50万吨的KE矿区仅能满足SX铝厂一期生产20万吨氧化铝/年的需要,SX铝厂"七五"期间生产能力将达20万吨/年,需要180万吨铝土矿石,亟待解决130万吨矿石的来源,XHD矿区距KE矿区仅3km,该矿的勘查和开发对SX铝基地的发展将产生巨大影响。

20.3.2 矿区概况

(1)矿区地理位置:矿区处于黄土丘陵地区,地形西北高东南低,最高标高为海拔1300m,最低标高为海拔1050m。区内沟谷发育,切割强烈,多为干谷,雨季山洪暴发河水猛涨,但雨后不久即干涸。矿区位于Ⅶ~Ⅷ级地震强度区。

(2)矿区气候:区内气候春季干旱多风,夏季炎热少雨,冬季干燥寒冷,11月至次年3月为冻结期,降雨集中在7、8、9三个月。

(3)区内经济发展状况:区内经济以农业为主,劳动力5800人,可耕地人均6亩,粮食自足外有少许外销。

东部工业较发达,有铝土矿、煤矿、铁矿、陶瓷厂等,铝土矿储量较多,有四个大型矿区,共计探明储量2.3亿吨,一旦开发利用对区内的经济将起着重要的影响。

(4)配套资源查明情况:熔剂灰岩是制取氧化铝不可少的辅助原料,其与铝土矿的比例为2:1,在SX铝厂附近有质量好的大型熔剂灰岩矿。现已探明储量1.87亿吨,可保证铝厂77~105年的需要量。

(5)矿床外部建设条件:

1)外部运输条件:矿区外部运输条件较好,距火车站仅6km,目前有简易公路相通,与SX铝厂矿石基地KE铝矿相距仅3km,与XW、SG、DC等矿区也相距不远。考虑将来相邻矿区的系统开发,可与其建成联合的运输系统。

2)供电供水条件:目前用电来自TY和HX供电系统,工业用电尚嫌不足,但电力工业的发展前景良好。JZ煤炭资源丰富,现有生产能力1500万吨。"七五"计划再建一批大型矿井,该区将成为我国十大煤炭基地之一,发展坑口电站极为有利。电厂计划"七五"期间建成240万千瓦容量的电厂,若与TY供电系统并网后,则矿区用电绰绰有余。供水条件比较紧张,勉强保证矿山生产和生活用水,但在当地建氧化铝厂不具备条件。

---

* 据前地矿部地质技术经济研究中心矿床经济评价研究室"铝土矿技术经济评价方法与标准研究"(1984)改写而成。

20.3.3　矿床地质条件和勘探、研究程度

（1）矿床地质特征：该矿床属泻湖－浅海相沉积型铝土矿床。铝土矿产于奥陶系中统侵蚀面之上，石炭系中统下部，煤矿产于石炭系上统和二叠系下统地层之中，铝土矿层之下产有 SX 式铁矿。

矿层走向 NNE—SSW，倾向 SE 或 NW，倾角 10°～20°。为较平缓的波状起伏背、向斜构造、断裂构造不发育，对矿体破坏较小，对矿床影响不大。

矿层产状与地层产状一致。矿体呈似层状、透镜状，长 1800 m，宽 1600 m，厚度变化较大，一般为 1.8～4.2 m，平均厚度为 3 m。矿体埋深一般为 25 m。可见，该矿体规模大、形态简单、完整、产状平缓、厚度变化较大、矿体埋深较浅，适合大规模露天开采。

矿石为一水硬铝石型。平均化学成分为：Al_2O_3 67.2%，SiO_2 10.39%，Fe_2O_3 3.15%，Al/Si 6.45，P 0.1% 以下。为高铝、高硅、中铝硅比和低硫型矿石，符合制氧化铝原料的要求。

矿石中平均含镓 0.0076%，符合工业指标的要求，可供综合利用。

与铝土矿共生的其他矿产有硬质耐火黏土。

（2）勘探程度和研究程度的评述：该矿床自 1960 年开始普查，1980 年转入详细普查，1981 年底提交"XHD 铝土矿区详细普查地质报告"。探明矿产储量如下：

铝土矿储量：C＋D 级 4609 万吨，其中 C 级 1568 万吨，占总储量的 34%，符合高铝耐火黏土工业指标的 D 级储量为 675 万吨；

硬质耐火黏土储量：C＋D 级 2633 亿吨，其中 C 级 540 万吨。

铁矿储量：D 级 1670 万吨。

矿石中伴生镓的储量：D 级 0.47 万吨。

投入普查与详查总费用为 93.94 万元。[*]

勘探类型为 Ⅰ 类型，勘探手段以钻探为主，结合使用槽井探，用 200 m × 200 m 网度求 C 级储量，400 m × 400 m 网度求 D 级储量，经网度验证，相对误差仅为 11.4%，故认为网度合理。钻探工程质量符合要求，矿心采取率达 80% 以上。储量计算可靠。通过初步勘探，对地表矿层进行了系统揭露，控制了矿层的深部变化情况和层位、层数，基本上查明矿床的规模、形态、产状和厚度变化规律。

20.3.4　矿床开采技术条件及其技术经济指标的确定

（1）矿床开采技术条件评述：矿体平均厚 3 m，夹石呈透镜体在水平方向延伸不远即尖灭，厚 0.2～2 m，不需单独剔除。经水文地质工作，该矿床水文地质条件为简单类型。经测定，矿层及其底板岩层稳定性较好，顶板稳固性较差，露采时要正确选择采矿边坡角，以免造成滑坡。

（2）开采方式确定：该矿床可采用露天开采方法。各地段的剥采比为 4.98～19.38，平均为 8.27。

露天采矿的采矿成本和剥岩成本均采用邻近的 KE 矿山的实际资料，地下采矿的生产成本则采用 SD 铝厂 HT 矿的指标，则：

$$经济合理剥采比 = \frac{52.95 - 1.80}{2.6} \approx 19.67$$

本矿各地段剥采比皆小于经济合理剥采比。

采矿技术经济指标的确定：

1）矿山年生产能力的确定：

可采储量为：　　　　　$Q_s = K \cdot Q = 0.6 \times 4609 = 2765（万吨）$

式中：K 为可采储量系数，取 0.6。

采出矿量为：　　　　　$Q' = Q_s \cdot \frac{K_m}{(1 - K_f)} = 2765 \times \frac{0.9}{(1 - 0.06)} \approx 2647（万吨）$

式中：K_m 为采矿回收率，取 90%；K_f 为采矿贫化率，取 6%。

因该矿床可采储量大于 1000 万吨，故矿山合理服务年限取 30 年

---

[*]　注：储量级别（C、D 级）均为 1991 年以前划分的，未按 GB 标准换算。——编者注

矿山生产能力为：

$$D_m = \frac{Q'}{T} = \frac{2647}{30} \approx 88.23（万吨／年）$$

最后选定该矿山生产能力为 85 万吨／年。

2）其他采矿技术经济指标的选定：参考附近 KE 矿山设计资料选取：

单位矿石基建投资（J_{u1}）：80 元／吨矿石

采矿综合成本（S_m）：16 元／吨矿石

20.3.5 矿石加工技术条件及其技术经济指标的确定

（1）矿石加工技术条件评述：矿石质量平均化学成分：Al_2O_3 67.2%，SiO_2 10.39%，Fe_2O_3 3.15%，Al/Si = 6.45。矿体上层硬质耐火黏土，其化学成分为：Al_2O_3 40%，SiO_2 40%，Fe_2O_3 1.5%，它是贫化矿石的主要围岩。若贫化率按 6% 计算，则采出矿石的化学成分为：

$$\begin{aligned}
C_{Al_2O_3} &= 67.02\% \times (1 - K_f) + 40\% \times K_f \\
&= 67.02\% \times (1 - 0.06) + 40\% \times 0.06 \\
&= 65.40\%
\end{aligned}$$

$$\begin{aligned}
C_{SiO_2} &= 10.39\% \times (1 - 0.06) + 40\% \times 0.06 \\
&= 12.17\%
\end{aligned}$$

$$\begin{aligned}
C_{Fe_2O_3} &= 31.5\% \times (1 - 0.06) + 1.5\% \times 0.06 \\
&= 3.05\%
\end{aligned}$$

则 Al/Si = $C_{Al_2O_3}/C_{SiO_2}$ = 0.6540/0.1217 = 5.37

由于采出矿石铝硅比为 5.37，故制取氧化铝的工艺用联合法。

（2）氧化铝厂生产能力的确定：

1）生产一吨氧化铝所需的矿石量：

$$\begin{aligned}
折合比 &= \frac{C_s}{C_{Al_2O_3} \cdot K_s} = \frac{98.6\%}{65.40\% \times 0.9} = 1.68 \\
&= 1.68 \text{ 吨矿石／吨氧化铝}
\end{aligned}$$

式中：C_s 为氧化铝产品中 Al_2O_3 的含量，按一级品考虑，取 98.6%；K_s 为联合法制取氧化铝的总回收率，取 90%。

2）氧化铝厂生产能力：

$$D_s = \frac{D_m}{1.68} = \frac{85}{1.68} = 50.59 \text{ 万吨／年}$$

（3）生产氧化铝其他技术经济指标的确定：

入厂矿石成本（S_i）为：

$$S_i = S_m + S_t = 16 + 3.6 = 19.6 \text{ 元／吨矿石}$$

式中：S_m 为采矿综合成本，前已提及取 16 元／吨矿石；S_t 为矿石自矿山至铝厂铁路运输成本，运距 340 km，取 3.6 元／吨矿石。

氧化铝综合成本（S）为：

$$\begin{aligned}
S &= S_s + S_i \times 1.68 \\
&= 200 + 19.6 \times 1.68 = 232.93（元／吨氧化铝）
\end{aligned}$$

式中：S_s 为氧化铝纯加工成本，取 200 元／吨氧化铝。

氧化铝产品售价（Z），按联合法生产一级品考虑，取 400 元／吨氧化铝。

单位氧化铝基建投资（J_{u2}）按联合法生产：取 950 元／吨氧化铝。

20.3.6 企业经济评价

当前我国铝土矿床的经济评价，一般均计算到氧化铝产品，矿床在全采期间按均衡生产考虑，矿山基建周期（P）为五年。

（1）企业总盈利额：可采用企业财务分析表进行计算，计算结果见表 20 - 4，建设资金采用国内贷款形式，贷款年利率为 3%。

1）矿床勘查投资：$J_e = 93.94$ 万元

2）基建投资及其分配：

矿山基建投资（J_m）：$J_m = J_{u1} \times D_m$

$$= 80 \times 85 = 6800 \text{ 万元}$$

氧化铝厂基建投资（J_s）：$J_s = J_{u2} + D_s$

$$= 950 \times 50.59$$

$$= 48060.50 \text{ 万元}$$

氧化铝厂基建投资（J）：$J = J_m + J_s$

$$= 6800 + 48060.5$$

$$= 54860.50 \text{ 万元}$$

设矿山建设期间基建投资均匀分配，则：

$$\text{每年基建投资额} = \frac{J}{P} = \frac{54860.50}{5} = 10972.1 \text{ 万元}$$

3）资本化利息：

①计算各年贷款的利息：地质勘查费用属建设前期发生的费用，假定也由国家贷款，列入建设期第0年，当年贷款付给一半利息，前期贷款按利率3%计算。建设期各年的利息计算如下：

第0年：$93.94 \times 3\% \times \frac{1}{2} = 1.41$ 万元

第1年：$93.94 \times 3\% + 10972.1 \times 3\% \times \frac{1}{2} = 167.40$ 万元

第2年：$93.94 \times 3\% + 10972.1 \times 3\% + 10972.1 \times 3\% \times \frac{1}{2} = 496.56$ 万元

第3年：$93.94 \times 3\% + 10972.1 \times 3\% + 10972.1 \times 3\% + 10972.1 \times 3\% \times \frac{1}{2} = 825.73$ 万元

第4年：$93.94 \times 3\% + 10972.1 \times 3\% + 10972.1 \times 3\% + 10972.1 \times 3\% + 10972.1 \times 3\% \times \frac{1}{2}$

$$= 1154.89 \text{ 万元}$$

第5年：$93.94 \times 3\% + 10972.1 \times 3\% + 10972.1 \times 3\% + 10972.1 \times 3\% + 10972.1 \times 3\% + 10972.1 \times 3\%$

$$\times \frac{1}{2} = 1484.05 \text{ 万元}$$

贷款利息总计 $= 1.41 + 167.40 + 496.56 + 825.73 + 1154.89 + 1484.05$

$$= 4130.04 \text{ 万元}$$

②计算贷款利息的利息：

第0年：$1.41 \times 3\% = 0.04$ 万元

第1年：$(1.41 + 167.40) \times 3\% = 5.06$ 万元

第2年：$(1.41 + 167.40 + 496.56) \times 3\% = 19.96$ 万元

第3年：$(1.41 + 167.40 + 496.56 + 825.75) \times 3\% = 44.73$ 万元

第4年：$(1.41 + 167.40 + 496.56 + 825.75 + 1154.89) \times 3\% = 79.38$ 万元

合计：$0.04 + 5.06 + 19.96 + 44.73 + 96.38 = 149.17$ 万元

③计算资本化利息：

$$4130.04 + 149.17 = 4279.21 \text{ 万元}$$

4）流动资金：流动资金按基建投资额的15%计算

$$54860.50 \times 15\% = 8221.08 \text{ 万元}$$

5）产品年销售收入：

$$\text{产品年销售收入} = \text{产品销售价格} \times \text{产品年销售量} = 400 \times 50.59 = 20236 \text{ 万元}$$

表 20 – 4　　企业财务分析表　　　　　　　　　　单位：万元

项目	建 设 年 份						
	0	1	2	3	4	5	合计
一、资金流入							
（一）建设资金							
1. 地质勘查费	93.94						93.94
2. 基建贷款		10972.1	10972.1	10972.1	10972.1	10972.1	54860.50
3. 资本化利息	1.45	172.46	516.52	870.46	1234.27	1484.05	4279.21
小计							59233.65
（二）流动资金							
二、计算利润							
（一）产品销售收入							
（二）产品销售成本							
（三）税金							
（四）实现利润							
（五）偿还建设资金利息							
（六）偿还流动资金利息							
（七）净利润							
三、偿还贷款							
（一）偿还贷款							
（二）结欠建设资金贷款							
（三）结欠流动资金贷款							
（四）年末结欠贷款							
四、企业年盈利							

续表20－4   单位：万元

项目	生 产 年 份												
	1	2	3	4	5	6	7	8	9	10	11	12	13～30
一、资金流入													
（一）建设资金													
1. 地质勘查费													
2. 基建贷款													
3. 资本化利息													
小计													
（二）流动资金	8229.08												
二、计算利润													
（一）产品销售收入	20236.00	20236.00	20236.00	20236.00	20236.00	20236.00	20236.00	20236.00	2023.00	2023100	20236.00	20236.00	20236.00
（二）产品销售成本	11783.93	11783.93	11783.93	11783.93	11783.93	11783.93	11783.93	11783.93	11783.93	11783.93	11783.93	11783.93	11783.93
（三）税金	1315.34	1315.34	1315.34	1315.34	1315.34	1315.34	1315.34	1315.34	1315.34	1315.34	1315.34	1315.34	1315.34
（四）实现利润	7136.73	7136.73	7136.73	7136.73	7136.73	7136.73	7136.73	7136.73	7136.73	7136.73	7136.73	7136.73	7136.73
（五）偿还建设资金利息	1777.01	1624.86	1468.14	1306.73	1140.47	969.22	792.83	611.16	424.03	231.29	32.77	0	0
（六）偿还流动资金利息	288.02	288.02	288.02	288.02	288.02	288.02	288.02	288.02	288.02	288.02	288.02	87.69	0
（七）净利润	5071.70	5223.85	5380.57	5541.98	5708.24	5879.49	6055.88	6237.55	6424.68	6617.42	6815.94	7049.04	7136.73
三、偿还贷款													
（一）偿还贷款	5071.70	5221.85	5380.57	5541.98	5708.24	5879.49	6055.88	6237.55	642.63	6617.42	6815.94	704104	0
（二）结欠建设资金贷款	54161.95	48938.10	43557.53	38015.55	32307.31	26127.82	20371.14	14131.39	7109.71	1092.29	0	0	0
（三）结欠流动资金贷款	8229.08	8229.08	8229.08	8229.08	8229.08	8229.08	8229.08	8229.08	8229.08	8229.08	2505.43	0	0
（四）年末结欠贷款	62391.03	57167.18	51786.61	46244.63	40536.39	34656.90	23601.02	22363.47	15938.79	9321.37	2505.43	0	0
四、企业年盈利												4543.61	7136.73

$\Sigma = 133004.75$

6）产品年销售成本：

产品年销售成本 = 吨氧化铝综合成本 × 产品年销售量 = 232.93 × 50.59 = 11783.93 万元

7）税金：

税金按年销售收入的 6.5% 计算，故：

$$每年的税金 = 20236 × 6.5\% = 1315.34 万元$$

8）实现利润：

$$年实现利润 = 年销售收入 - 年销售成本 - 年税金$$
$$= 20236 - 11783.93 - 1315.34$$
$$= 7136.73 万元$$

9）偿还建设资金利息：从生产年份开始，按建设资金总额的 3% 年利息率偿还。

第一年应偿还建设资金利息 = 59233.65 × 3%
$$= 1777.01 万元$$

第二年应偿还建设资金利息 =（建设资金总额 - 净利润）× 3%
$$=（59233.65 - 5071.70）× 3\%$$
$$= 1624.86 万元$$

依次类推得逐年偿还建设资金利息。

10）偿还流动资金利息：从生产年份开始，按流动资金总额的 3.5% 利率偿还，即：

$$8229.08 × 3.5\% = 288.02 万元$$

11）净利润：

第一年净利润 = 年实现利润 - 建设资金贷款利息 - 流动资金利息
$$= 7136.73 - 1777.01 - 288.02$$
$$= 5071.70 万元$$

第二年净利润 = 7136.73 - 1624.86 - 288.02
$$= 5223.85 万元$$

以后各年依次类推。

12）偿还贷款：每年的净利润全部用来偿还贷款。

13）结欠建设资金贷款：为上年末结欠建设资金贷款减去年度还贷款额。

第一年结欠建设资金贷款 = 59233.65 - 5071.70 = 54161.95 万元

第二年结欠建设资金贷款 = 54161.95 - 5223.85 = 48938.10 万元

以后各年依次类推。

14）结欠流动资金贷款额：在建设资金偿还完毕以后开始偿还。从财务分析表（见表 20 - 4）可以看出，第 11 年开始偿还，仅用一年多时间就全部偿还完了。

15）年末结欠贷款：为结欠建设资金贷款加结欠流动资金贷款。

16）企业最终全部盈利额：为第 12 年年末的盈利额加第 13 ~ 20 间的盈利额
$$= 4543.61 + 7136.73 × 18$$
$$= 4543.61 + 128461.14$$
$$= 133004.75 万元$$

17）上交税利：全部贷款偿还以后开始进行，实现利润的 55% 为上交的所得税，实现利润的 25% 为上交税后利润。

上交所得税 = 133004.75 × 55% = 73152.61 万元，

上交税后利润 = 133004.75 × 25% = 33251.19 万元

18）企业留利：

$$133004.75 -（73152.61 + 33251.19）$$
$$= 133004.75 - 106403.80$$
$$= 26600.95 万元$$

（2）静态投资偿还（回收）期：

从财务分析表可看出，仅用了11年多的时间就把全部建设资金贷款偿还完毕。

$$偿还期 = （全部偿还贷款的年份 - 1） + \frac{当年结欠贷款额}{当年净利润}$$

$$= （12 - 1） + \frac{2505.43}{67462.73} \approx 11.36 年$$

（3）静态投资利润率（从企业角度）：

$$投资利润率 = \frac{年实现利润}{总投资} = \frac{7136.73}{67462.73} \approx 10.58\%$$

（4）静态投资收益率（从国家角度）：

$$投资收益率 = \frac{氧化铝年销售收入 - 氧化铝年销售成本}{基建投资 + 流动资金 + 地质勘查费}$$

$$= （20236.00 - 11783.93）/63183.52$$

$$\approx 13.38\%$$

（5）财务净现值：设基准投资收益率为10%，计算净现值结果，见表20 - 5。

（6）财务内部收益率：采用线性内插法计算财务内部收益率，见表20 - 5。

当 $r_1 = 10\%$ 时，净现值 $NPV_1 = 2846.29$ 万元

当 $r_2 = 11\%$ 时，净现值 $NPV_2 = -1296.87$ 万元

表 20 - 5 内部收益率计算表 单位：万元

年份		基建投资	收入	支出	净现金流量	$r_2 = 11\%$ 时的贴现系数	净现值	$r_1 = 10\%$ 时的贴现系数	净现值
基建期	0	- 93.94			- 93.94	0.9069	- 84.63	0.9091	- 85.40
	1	- 10972.1			- 10972.1	0.8116	- 8904.96	0.8264	- 9067.34
	2	- 10972.1			- 10972.1	0.7312	- 8022.80	0.7513	- 8243.34
	3	- 10972.1			- 10972.1	0.6587	- 7227.32	0.6830	- 7493.94
	4	- 10972.1			- 10972.1	0.5935	- 6511.94	0.6209	- 6812.58
	5	- 10972.1			- 10972.1	0.5346	- 5865.68	0.5645	- 6194.75
生产期	6		20236	- 20013.01	222.99	0.4817	107.41	0.5132	114.43
	7		20236	- 11783.93	452.07	0.4339	3667.35	0.4665	3942.89
	8		20236	- 11783.93	452.07	0.3909	3303.91	0.4241	3584.52
	9		20236	- 11783.93	452.07	0.3522	2976.82	0.3855	3258.27
	10		20236	- 11783.93	452.07	0.3173	2681.84	0.3505	2962 丨 45
	11		20236	- 11783.93	452.07	0.2858	2415.60	0.3186	2692.83
	12		20236	- 11783.93	452.07	0.2575	2176.41	0.2897	2448.56
	13		20236	- 11783.93	452.07	0.2320	1960.88	0.2633	2225.43
	14		20236	- 11783.93	452.07	0.2090	1766.48	0.2394	2023.43
	15		20236	- 11783.93	452.07	0.1883	1591.52	0.2176	1839.17
	16		20236	- 11783.93	452.07	0.1696	1433.47	0.1978	1671.82
	17		20236	- 11783.93	452.07	0.1528	1291.48	0.1799	1520.53
	18		20236	- 11783.93	452.07	0.1377	1163.85	0.1635	1381.91
	19		20236	- 11783.93	452.07	0.1240	1048.06	0.1486	1255.98

续表 20 - 5

年份		基建投资	收入	支出	净现金流量	$r_2 = 11\%$ 时的贴现系数	净现值	$r_1 = 10\%$ 时的贴现系数	净现值
生产期	20		20236.00	-11783.93	8452.07	0.1177	944.10	0.1351	1141.87
	21		20236.00	-11783.93	8452.07	0.1007	851.12	0.1228	1037.91
	22		20236.00	-11783.93	8452.07	0.0907	766.60	0.1117	94110
	23		20236.00	-11783.93	8452.07	0.0817	690.52	0.1015	857.89
	24		20236.00	-11783.93	8452.07	0.0736	622.07	0.0923	780.13
	25		20236.00	-11783.93	8452.07	0.0663	560.37	0839	70113
	26		20236.00	-11783.93	8452.07	0.0597	5014.59	0.0763	644.89
	27		20236.00	-11783.93	8452.07	0.0538	454.72	0.0693	585.73
	28		20236.00	-11783.93	8452.07	0.0485	409.93	0.0630	532.48
	29		20236.00	-11783.93	8452.07	0437	369.36	0.0573	484.30
	30		20236.00	-11783.93	8452.07	0.0437	333.01	0.0521	440.35
	31		20236.00	-11783.93	8452.07	0.0355	300.05	0.0474	400.63
	32		20236.00	-11783.93	8452.07	0.0319	26162	0.0431	364.28
	33		20236.00	-11783.93	8452.07	0.0288	243.42	0.0391	330.48
	34		20236.00	-11783.93	8452.07	0.0259	218.91	0.0356	300.89
	35		20236.00	-11783.93	8452.07	0.0233	196.93	0.0323	273.00
合　计							-1296.87		2846.29

$$IRR = r_1 + \frac{\mid NPV_1 \mid}{\mid NPV_2 \mid + \mid NPV_1 \mid}(r_1 - r_2)$$

$$= 10\% + \frac{2846.29}{2846.29 + 1296.87}(11\% - 10\%)$$

$$= 10.69\%$$

当贴现率为 10% 时，矿山服务年限终了尚余净现值 2846.29 万元，说明投资开发该矿床在经济上是切实可行的。

内部投资收益率为 10.69%，介于我国暂定的标准投资收益率 0.1 ~ 0.15 之间，说明开发该矿床在经济上是可取的。

20.3.7　国民经济评价

评价矿床不仅要从微观，而且要从宏观上考虑其开发利用后的经济效益。不但考虑本部门的直接收入，还要考虑相关部门的间接收入。以国民收入净增值作为目标函数，采用多元指标进行考核。主要的相关部门有煤炭部门、电力部门、交通运输部门和熔剂灰岩部门，除涉外产品用国际市场价格外，其余均采用现行价格。

（1）国民收入净增值

$$\sum VA = \sum_{i=1}^{n} P_i + \sum_{i=1}^{n} W_i$$

式中：VA 为矿床开发后的国民收入净增值；$\sum_{i=1}^{n} P_i$ 为全采期本部门与相关部门利润总和；$\sum_{i=1}^{n} W_i$ 为全采期本部门与相关部门工资收入总和。

1）各部门利润计算：

①本部门利润（P_1）：

$$P_1 = P_{氧化铝} + P_{镓} + P_{硬} - (J_{氧化铝} + J_{矿山} + J_e)$$

式中：$P_{氧化铝}$ 为全采期氧化铝产品利润；$P_{镓}$ 为全采期回收伴生元素镓的利润；$P_{硬}$ 为全采期综合开发硬质耐火黏

土的利润。

$$P_{氧化铝} = D_d \cdot T \cdot (Z - S) = 50.59 \times 30 \times (400 - 232.93) = 253562.14 \text{万元}$$

$$P_{镓} = 0.6 \times 4609 \times 0.9 \times 0.0076 \times 0.3(1200000 - 700000) = 28375 \text{万元}$$

$$P_{硬} = 0.6 \times 2633 \times 0.9 \times (32 - 10) = 31284 \text{万元}$$

$$J_{矿山} = \left[D_m + \frac{Q_{硬} \cdot K \cdot K_m}{T(1 - K_f)} \right] \cdot J_{u_1} = \left[85 + \frac{2633 \times 0.6 \times 0.9}{30 \times (1 - 0.06)} \right] \times 80 = 10800 \text{万元}$$

$$J_{氧化铝厂} = 50.59 \times 950 = 48060.50 \text{万元}$$

$$J_e = 93.94 \text{万元}$$

于是　$P_1 = 253562.14 + 28375 + 31284 - 10800 - 48060.50 - 93.94$

$\qquad = 258525.56 \text{万元}$

②煤炭部门利润(P_2)：为了制取氧化铝，矿床开发期内要消耗各种燃料，评价时，根据各燃料的热值大小，均折合成标准煤，以达到从数量反映其大小。联合法制取一吨氧化铝需消耗0.448吨煤，0.023吨焦炭及0.12吨重油。按下式折合成标准煤(SC)：

$$SC = 0.448 + \frac{7000}{7500} \times 0.023 + \frac{7000}{9800} \times 0.12 = 0.56\text{t}$$

矿床全采期需标准煤量 = $50.59 \times 30 \times 0.56 = 850$（万吨）

煤的销售价格为40元／吨，生产成本为16元／吨，则煤炭部门利润为：

$$P_2 = (40 - 16) \times 850 = 20400 \text{万元}$$

③电力部门利润(P_3)：矿床全采期按开采一吨矿石需10度电，生产一吨氧化铝需430度电计算，共耗电为：$Q_{电} = 10 \times 85 \times 30 + 0.6 \times 2633 \times 0.9 \times 10 + 50.59 \times 430 \times 30 = 25500 + 14218 + 652611 = 692392$ 万千瓦·时（万度）

电力部门生产成本为0.04元／度，工业用电按0.07元／度计算，则电力部门在矿床全采期间的收入为：

$$P_3 = (0.07 - 0.4) \times 692329$$

$$= 20769.87 \text{万元}$$

矿区所在地区电力资源充裕，故不再计算基建投资。

④交通部门利润(P_4)：该矿床矿石流向340公里外的SX铝厂，全采期矿石总运输量为：

$$Q_{运} = 85 \times 30 \times 340 = 867000 \text{万吨公里}$$

已知铁路运输距离在320～350 km之间的运价率为3.7元／吨。吨公里成本为0.0075元，交通部门的收入为：

$$P_4 = \left(\frac{3.7}{340} - 0.0076 \right) \times 867000 = 2932.50 \text{万元}$$

⑤熔剂灰岩矿山的利润(P_5)：制取氧化铝的全过程中，铝矿石与熔剂灰岩的比例大致为1∶1.5，全采期需熔剂灰岩总量为：

$$Q_{熔} = 1.5 \times 85 \times 30 = 3825 \text{万吨}$$

熔剂灰岩生产成本为4元／吨，售价为8元／吨，则：

$$P_5 = (8 - 4) \times 3825 = 15300 \text{万元}$$

各部门利润总和为：

$$\sum_{i=1}^{5} P_i = P_1 + P_2 + P_3 + P_4 + P_5 = 258525.56 + 20400 + 20769.87 + 2932.50 + 15300 = 317927.93 \text{万元}$$

2）各部门工资总收入计算：

①各部门人员确定：本部门矿山及氧化铝厂人员确定：

设每人每年采0.12万吨矿，每人每年生产0.0251氧化铝。则：

$$M_1 = \frac{85 + \dfrac{0.6 \times 2633 \times 0.9}{30(1 - 0.06)}}{0.12} + \frac{50.59}{0.025} = 3148 \text{人}$$

煤炭部门就业人数确定：设每人每年生产煤524t，则：

$$M_2 = \frac{Q_煤}{30 \times 524} = \frac{850}{30 \times 524} \cdot 10^4 \approx 541 \text{ 人}$$

电力部门就业人数确定:

设每人每年生产 180 度电,则

$$M_3 = 692329/(30 \times 180) \approx 128 \text{ 人}$$

交通运输部门就业人数:

设每人每年运输 47.8 万吨公里,则:

$$M_4 = 867000/(30 \times 47.8) \approx 605 \text{ 人}$$

熔剂灰岩部门就业人数:

设每人每年采熔剂灰岩 1400 吨,则:

$$M_5 = (3825 \times 10^4)/(30 \times 1400) = 911 \text{ 人}$$

各部门就业人数总和为:

$$M = M_1 + M_2 + M_3 + M_4 + M_5$$
$$= 3148 + 541 + 128 + 605 + 911$$
$$= 5333(\text{人})$$

② 各部门年工资总收入,设每人年工资收入为 720 元,则:

$$\sum_{i=1}^{5} W_i = 5332 \times 720 \times 30 = 11517.28 \text{ 万元}$$

3) 国民收入净增值:

$$\sum VA = \sum_{i=1}^{5} P_i + \sum_{i=1}^{5} W_i = 317927.93 + 11517.12 = 329447.21 \text{ 万元}$$

(2) 国民收入净增值率

$$ENPVR = \frac{\sum VA}{J_矿 + J_铝 + J_流 + J_煤 + J_电 + J_交 + J_熔 + J_e} \times 100\%$$

$$= 329447.21/\{30 \times [10800 + 48060.5 + (10800 + 48060.5) \times 15\% + 93.94]\}$$

$$\approx 16.2\%$$

(3) 就业效果

投资就业系数 = 就业人数 / 总投资

$$= 5332/7783.515 \approx 0.079 \text{ 人 / 万元}$$

(4) 外汇效果

外汇效果包括外汇流量和取代进口效果两部分。取代进口效果是确认可以取代进口而节约的外汇价值。产品价格采用现行国际市场价格。

1) 铝锭的外汇效果:

设 2 t 氧化铝制取 1 t 铝锭,铝锭价格为 1300 美元 / 吨,则:

$$P(FE) = \frac{50.59 \times 30}{2} \times 1300 = 986505 \text{ 万美元}$$

全采期平均年外汇收入为:

$$P_年(FE) = \frac{P(FE)}{T} = \frac{986505}{30} = 32883.5 \text{ 万美元 / 年}$$

2) 伴生组分镓的外汇效果:镓的国际市场价格取 52.5 万美元 / 公斤,则:

$$P(FE) = 0.6 \times 4609 \times 0.0076\% \times 0.3 \times 52.5 \times 10^4$$
$$= 29791.65 \text{ 万美元}$$

全采期平均每年外汇收入为:

$$P_年(FE) = \frac{29791.65}{30} = 993.06 \text{ 万美元 / 年}$$

3) 总外汇效益:

986505 + 29791.65 = 1016296.65 万美元

（5）其他社会效果：氧化铝厂每年排出赤泥35万吨，若不利用则会造成环境污染，目前SD铝厂利用赤泥生产水泥，不仅经济效益好，而且还可减少或避免环境污染。按60万吨／年水泥厂计算，约需赤泥量25万吨，这样可综合利用赤泥总量的70%，该地区烧制水泥所用煤炭不成问题，剩余的赤泥还可生产硅钙复合肥料，从而使赤泥的污染减少到最低程度。

20.3.8　综合评价

（1）影响因素分析

1）矿石质量的影响：开采过程中应尽量将铝低硅高的致密状矿石划为耐火黏土矿分采分销。否则由于硅高使碱耗量剧增，生产的铝硅酸钠转入到赤泥中去。据统计，原矿中 SiO_2 再增加1%，则1 t矿石将损失8.6 kg的 Al_2O_3，另外还增加运输过程中的无功消耗。

2）产品流向及氧化铝厂址选择的合理性：该矿距 HJSX 铝厂340 km，使入厂矿石成本中运费比重很大（每吨矿石运到目的地3.6元），且又缺水，故建议在距该矿区西60 km，水、煤、熔剂灰岩资源丰富的LN处建设新铝厂。

（2）综合评价

1）铝土矿不仅用作制铝，也是耐火材料、电熔刚玉、陶瓷材料等方面的原料，还是外汇出口的重要物资。长期以来，我国铝工业的发展跟不上形势的需要，优先发展铝，尽快勘探评价出一批经济效益好，能尽快形成生产能力的优质铝土矿已刻不容缓。

2）该矿经过初步地质勘探，矿产资源较落实，储量可靠，可以作为进一步详细勘探的设计依据。

3）矿床储量较大，探明的 C + D 级储量是可供年产85万吨矿石的矿山生产30年。因此，该矿床可以长期、稳定地为 HJSX 铝厂或新建铝厂提供所需要的铝土矿石。

4）矿床赋存条件好，埋藏浅，覆盖层薄，剥离系数小，宜用露天开采；矿床水文及工程地质条件简单。外部建设及开发条件较好，距铁路干线仅6 km，只要修筑一段专用铁路线便可与外界接通、专用线投资较小，矿石外运方便，生产用电、用水等都容易解决。

5）矿石质量较好，采用联合法制取氧化铝，选别指标较好，加工费用较低。此外，伴生组分镓和共生矿产硬质耐火黏土可综合回收利用。

6）矿山所在地区经济较落后，矿山的建设对发展地区经济有促进作用。

7）可以就地利用和消化一部分煤田的煤炭资源，减轻了晋煤外运的负担。

8）矿山全采期间，企业开发铝土矿可获利26600.95 万元，国家可获利税145864.00 万元。投资回收期为11.36 年。企业的投资利润率可达10.58%，国家投资收益率可达13.385%，大于国内参考的基准投资收益率12%，动态内部收益率为10.69%，也是较好的指标。

综合开发共生矿产硬质耐火黏土可获利31284 万元，综合回收利用伴生组分镓可获利28375 万元。

国民收入总值可达33 亿元，资金产出率为16.2%。

直接出口收入外汇和减少进口节约的外汇可达101.6 亿美元。

综上所述，开发 XHD 铝土矿床不仅有必要和可能，而且有良好的经济效益和社会效益，应该尽早进行开发。

20.4　矿床工业指标的确定

20.4.1　矿床工业指标的内容

矿床工业指标是根据国家在一定时期内有关技术经济政策，采、选、冶技术发展水平和方向，矿产资源的地质特征以及国内外市场对矿产品的需求等因素而制定的。它是用于评价矿床的工业利用价值，圈定矿体和进行矿石储量计算的依据。

矿床工业指标一般包括以下几个方面的内容。

20.4.1.1　矿石质量方面的指标

品位——矿石中有用组分的单位含量（以 %、g/t、g/m³、g/L 等表示），是衡量矿石质量的主要标志，在我

国,对大多数金属和部分非金属矿产又可分为最低工业品位和边界品位,其他还有:

矿区平均品位 —— 整个矿区工业矿石的总平均品位。

伴生有益组分含量 —— 与主组分相伴生的在加工利用或开采过程中可以回收或对产品质量有益的成分。

有害杂质平均允许含量 —— 对矿产品质量和加工生产过程有不良影响的成分的最大平均允许含量。

矿石工艺(加工技术)性能 —— 是指矿石的选冶性能、选冶方法、矿石矿物的物理机械性能、加工方法和程序等。

20.4.1.2 矿体开采技术条件方面的指标

矿体最低可采厚度、夹石剔除厚度等,其他还有:含矿系数(含矿率);剥离比(剥采比、剥离率、剥离系数)等。

20.4.2 品位指标的确定

20.4.2.1 品位指标确定的原则和传统方法

(1)品位指标概述:品位指标:是指在当前技术经济条件下矿床能达到工业利用所规定的品位标准,一般分为最低工业品位和边界品位,关于它们的定义和概念,可参见本卷6.1节。

目前我国多使用两项品位指标(即最低工业品位和边界品位),特别适用于矿体形态复杂而且矿石和围岩逐渐过渡的情况,它的主要优点是可使圈定出来的矿体形态较完整,又可同时圈定出表外、表内矿石,但也存在一些缺点和不足之处。

1)介于两项品位之间的样品数目和其具体位置无法表示出来,因此当技术经济条件发生变化时,只能重新圈定矿体,手续复杂繁琐,在矿体内部和边部圈入大于边界品位样品的数量,往往因人而异。

2)用样品品位代表该样品影响范围内的矿石品位,不能真实反映矿化空间变化特点。

3)边界品位无确切的科学含义,也缺乏经济概念。

在西方国家,一般采用一项品位指标,即边际品位。它指的是块段的最低平均品位,因此大于它的是矿石,否则,整个块段便是废石。西方国家常把边际品位看作是变量,随开采过程的不同阶段和企业利润要求的不同,可方便而及时地加以调整。

(2)制定品位指标的原则和指导思想:

1)最大限度地利用矿产资源:凡是当前采选冶技术加工条件下,能够从矿石中回收利用的有用组分,都应制定相应的品位指标,尽可能地加以利用。

2)保证经济上的合理性:是指确定的品位指标能使矿山企业取得一定的利润水平,而不是片面追求超额利润的极大化。

技术上的可行性和经济上的合理性,往往是相互矛盾的两个方面,应当妥善处理好两者的关系。

3)充分反映矿床地质特征和矿山企业的生产情况:凡具有一定规模,又能单独分采、分选的有用组分和矿石工业类型,都应制定选别开采和综合利用的品位指标。

4)国家对矿产品的需求和合理的产品结构等。

5)制定品位指标的动态性:即随着经济状况,采选技术水平、市场供需、价格等因素的改变,品位指标应及时进行调整和修正。

6)合理确定最终产品的类型:如果是独立经营的矿山企业,可用精矿作为最终产品,否则应以金属冶炼产品作为经济计算的最终产品。

(3)我国生产矿山常用的确定品位指标的方法:常用的方法有类比法、统计法、价格法和方案法,前两种方法主要适用于矿山生产的初期阶段,而且有关书中已有详细论述,故此处只介绍后两种方法。

1)价格法(静态经济计算法):价格法是以收支平衡品位作为最低工业品位,因此用这种方法计算得出的品位指标,是矿山不赔不赚的品位指标。

① 最低工业品位的确定:设矿山最终产品为金属时:

$$S'_s \leqslant Z_s \qquad (20-18)$$

式中:S'_s 为生产 1 t 金属的探、采、选、冶生产成本,元／吨;Z_s 为生产 1 t 金属的价格,元／吨。

因为

$$S'_s = Sq'$$

且

$$q' = \frac{C_s}{C \cdot K_{d \cdot s}(1 - K_f)}$$

代入（20 – 18）公式，故

$$C_{\min} \geqslant \frac{C_s S}{Z_s(1 - K_f)K_{d \cdot s}}$$

式中：$C_{\min}$ 为最低工业品位，%；S 为 1 t 矿石的探、采、选、冶生产总成本（$S = S_t + S_m + S_d + S_s$），元/吨；$q'$ 为冶炼比，即冶炼 1 t 金属所需的矿石量，t；C 为矿石储量的平均品位，%；C_s 为金属平均品位，%；$K_{d \cdot s}$ 为选冶总回收率，%；K_f 为开采贫化率。

这里可以把 $C_{\min}$ 看作是工程或块段的平均品位（不赔不盈品位）而不是整个矿床的平均品位，那么以此为基础求出的整个矿床的平均品位必然高于 $C_{\min}$，也就是说按照高于 $C_{\min}$ 的平均品位在整个矿床开采以后，矿山企业能够取得一定的盈利。

然而，随着我国经济体制改革的推进，在一定期限内，企业不但要偿还银行贷款，并支付一定利息，而且也要取得一定的利润，因此用上述方法确定的不赔不盈的品位今后难以使用。怎样才能保证企业取得一定的定额利润呢？

假设某矿种基准投资收益率为 E，可表示为：

$$E = \frac{年平均利润（P_y）}{总投资（J）}$$

$$则每吨矿石的利润额 = \frac{年平均利润（P_y）}{年生产能力（D）} = \frac{E \cdot J}{D}$$

根据（20 – 19）公式，设保证企业取得基准投资收益率（E）的最低工业品位为 $C'_{\min}$，则：

$$C'_{\min} = \frac{C_s\left(S + \dfrac{E \cdot J}{D}\right)}{Z_s \cdot K_{d \cdot s}(1 - K_f)} \tag{20 – 20}$$

举例：我国辽宁复县某金伯利岩管含金刚石、矿床，国家原来规定金刚石调拨价为每克拉 200 元，品位指标为 30 mg/m³，由于该矿床品位指标订的偏低，以致有些没有开采价值的岩管，也进行了勘查和开发，浪费了大量人力、物力、财力和时间，下面尝试用价格法确定其合理品位指标，并探讨其经济合理性。

设某岩管采用露天开采，用价格法计算如下：

（a）金刚石生产成本的计算：已知每吨原矿（金伯利岩）剥、采、选、运生产成本（$S_m + S_d$）为 31.1 元/吨矿石，生产一克拉金刚石所耗的原矿量（q）：

$$q = \frac{r}{\dfrac{\bar{C}}{T}(1 - K_f)(1 - K_0) \cdot K_d} = \frac{2.7}{\dfrac{253}{200}(1 - 0.05)(1 - 0.01) \times 0.90} = 2.52\ 吨/克拉$$

式中：$\bar{C}$ 为粒度 > 0.5 mm 的平均地质品位，mg/m³；T 为金刚石重量换算值（1 克拉 = 200 mg）；K_0 为运输损失率；r 为矿石体重，t/m³；其他代号如 K_f、K_d，同前。

故生产一克拉金刚石的生产成本（S）为

$$S = (S_m + S_d) \cdot q = 31.10 \times 2.52 = 78.37\ 元/克拉$$

（b）平均地质品位（$\bar{C}$）与销售成本（S'）关系的探讨：生产一克拉金刚石销售成本（S'）= 生产一克拉金刚石的生产成本（S）加生产一克拉金刚石的销售税金（K），则：

$$S' = S + K$$

$$= \left[\frac{r}{\dfrac{\bar{C}}{T}(1 - K_f)(1 - K_0)K_d}\right](S_m + S_d) + K$$

$$= \left[\frac{2.7}{\dfrac{\bar{C}}{200}(1 - 0.05)(1 - 0.01)0.9}\right]31.10 + 200 \times 8\%$$

$$= 19839\frac{1}{\bar{C}} + 16$$

式中:K 为当时国家收购价格 × 税率 = 200 × 8% = 16 元 / 克拉。

将 S' 和 $\bar{C}$ 比值列表,用以表示销售成本(S')和平均地质品位($\bar{C}$)的对比关系。

表 20 - 6　平均地质品位($\bar{C}$)与销售成本(S')对比表

S'(元 / 克拉)	1339	677	413	321	255	214	189	157	149	129	115	107	82	66	56	49	44	41
$\bar{C}$(mg/m³)	15	30	50	65	83	100	115	141	149	175	200	217	300	400	500	600	700	800

还可用关系图表示,如图 20 - 1 所示。

从图 20 - 1 和表 20 - 6 中可以看出,平均地质品位($\bar{C}$)与销售成本(S')之间的反比关系,掌握了这一特征,可以帮助我们在曲线的中点,即地质品位 149 mg/m³,销售成本为 149 元 / 克拉附近,选定合理的品位指标,该点(曲线的最大拐点位置)既符合充分利用资源的原则,又使成本不致过高,符合经济原则,该点以左平均品位逐渐降低表示资源能得到充分利用,但销售成本却开始大幅度提高,经济又不合理,该点以右则恰相反。

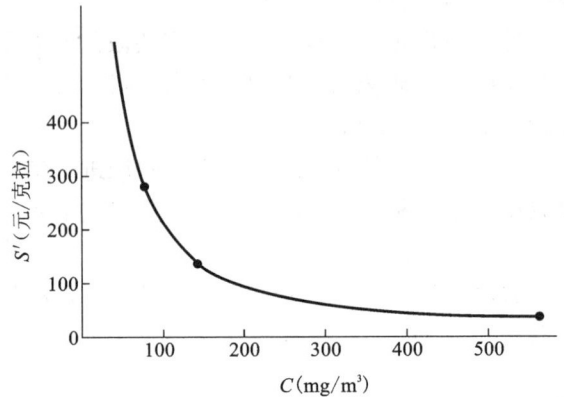

图 20 - 1　平均地质品位

($\bar{C}$)与销售成本(S')关系图

(c)平均地质品位($\bar{C}$)与岩管平均质量价值(Z)的关系:岩管质量的优劣表现为所含各工业品级金刚石的百分比,不同工业品级的金刚石,其调拨价格各不相同,可用"平均质量价值"这一概念,即以岩管中各工业品级金刚石所占百分率,与各该品级调拨价格的乘积,再求它们的加权平均值,作为岩管的质量标准。

我们可用产出品位(每立方米原矿产出金刚石的数量)与"平均质量价值"(Z)的乘积,称综合价值(Z'),作为岩管的价值。如果综合价值(Z')高于一立方米原矿的销售成本(S')则可盈利;反之将亏损;如果相等则不赔不赚,可用公式表示:

产出品位(即每立方米原矿产出金刚石数量)($\bar{C}$)× 平均质量价值(Z)

= 每立方米原矿销售成本(即每克拉金刚石销售成本(S')× 每立方米原矿产出金刚石数量($\bar{C}$)

故　　　　　　　　　　　　　　　　$\bar{C}Z \geqslant S' \cdot \bar{C}$

即　　　　　　　　　　　　　　　　$Z' \geqslant S'$

$$\geqslant 19839 \frac{1}{\bar{C}} + 16$$

或 $Z\bar{C} \geqslant 19839 + 16\bar{C}$

以曲线的纵坐标代表 Z,横坐标代表 $\bar{C}$,按此方程式即可绘出不赔不赚曲线,同理,可绘出每克拉盈利100元($Z + 100 = \frac{19893}{\bar{C}} + 16$)、200元、300元的曲线和亏本100元、200元、300元的曲线,这样只要知道本地区任何一个岩管的 Z 和 $\bar{C}$ 值,把它们投在图上(见图 20 - 2),就可以很快地看出其盈亏情况以及盈亏大致数字如何。

②边界品位的确定:最低工业品位确定以后,可用统计法,图解法或方案法等确定相应的边界品位。

(a)用作图法确定边界品位:由于边界品位没有严格的科学定义(大致高于尾矿 1 ~ 2 倍),一般只能概略地加以确定。

A·Π·普罗科菲耶夫在统计的基础上,利用已求得的最低工业品位,用作图方法(见图 20 - 3)确定边界品位的步骤如下:

步骤1:把所有样品按金属品位划分成若干等级,纵坐标为这一等级中组分的平均品位,横坐标为该等级以前样品总数加该等级中样品数,将样品总数与相应的平均品位相交成若干个点,将这些点相连便做成累积曲线。

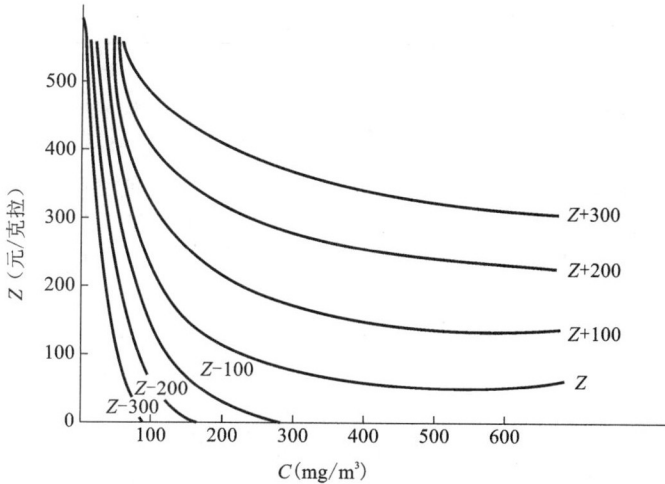

图 20 - 2　每克拉金刚石盈亏曲线图

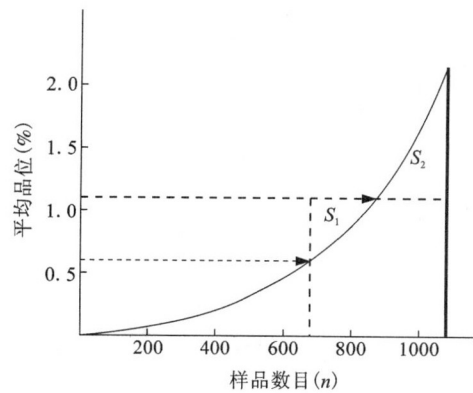

图 20 - 3　利用品位累计曲线图求
边界品位的作图法

步骤 2：在纵坐标相当于最低工业品位的位置，做一条平行横坐标的直线与累积曲线相交，这时可分为高于最低工业品位面积 S_1 和低于工业品位的面积 S_2。

步骤 3：为了保证最低工业品位的要求，需要把最低工业品位水平以上的面积 S_2，用这一水平以下的面积 S_1 加以均衡，当使 $S_1 = S_2$ 后，S_1 面积的最左边的纵坐标与累积曲线的交点，即为边界品位。

由图 20 - 3 可知，当最低工业品位 = 1.1% 时，边界品位 = 0.6%。

（b）用方案法确定边界品位：

举例：河北省青龙县星干河现代河流砂金矿采用三项品位指标体系，即边界品位、块段最低工业品位和矿床平均品位。他们的做法是先用价格法确定块段最低工业品位，然后再用方案法求出边界品位。其步骤如下：

先用价格法确定块段最低工业品位

$$C = \frac{2.36 \, 元/m^2（单位成本）}{32 \times (1 - 0.05) \times 0.8 \times 0.98} = 0.10 \, g/m^3$$

以上公式为基建期国家无偿投资时制定的，根据目前国家政策规定，基建投资应有偿占用，因此冶金部黑河采金船设计院推荐为 $0.12 \, g/m^3$。

块段最低工业品位确定以后再根据矿床特点，找出几组具有代表性的边界品位方案，并分别计算出各方案的储量，然后根据生产规模、采选技术条件和生产成本、投资效益等因素，进行综合分析比较，从中找出一个较合理的指标。

现仅以边界品位 $0.04 \, g/m^3$ 和 $0.06 \, g/m^3$ 与块段最低工业品位 $0.12 \, g/m^3$ 两个方案进行比较，如表 20 - 7 所示：

表 20 - 7　星干河砂金品位指标方案技术经济比较表

序号	指标名称	单位	方案 Ⅰ	方案 Ⅱ
1	边界品位	g/m³	0.04	0.06
2	块段最低工业品位	g/m³	0.12	0.12
3	矿砂储量	万 m³	591.36	462.52
4	砂金属储量	kg	1689.25	1651.48
5	平均品位	g/m³	0.2856	0.3571
6	砂金成色	‰	900	900
7	采金船规格	升	100 × 2	100 × 2
8	企业年采剥总量	万 m³	90	90
9	企业服务年限	年	6.5	5.1
10	采矿贫化率	%	5	5
11	采矿损失率	%	5	5
12	选矿综合回收率	%	80	80
13	冶炼回收率	%	98	98

续表 20 - 7

序号	指标名称	单位	方案 Ⅰ	方案 Ⅱ
14	企业年平均产金量	kg	172.3	215.4
15	企业总产金量	kg	1120.00	1098.54
16	企业年均产值	万元	551.36	689.28
17	企业总产值	万元	3584.00	3515.32
18	企业年生产成本	万元	165.16	165.16
19	企业总生产成本	万元	1073.54	842.32
20	企业年均销售利润	万元	386.20	542.12
21	企业总销售利润	万元	2510.30	2673.00
22	基建总投资	万元	561	561
23	企业总利税	万元	1949.30	2112.00
24	企业年均利税	万元	299.89	414.12

由上表可见,企业总产金量和总产值,方案 Ⅰ 略高于方案 Ⅱ;但经济效益方案 Ⅱ 明显优于方案 Ⅰ,故方案 Ⅱ 为较优方案。

该矿区边界品位确定后的矿床平均品位为 0.18 g/m³。

2)方案法(统计基础上的方案法):是根据矿床特点和样品分析资料,统计各品位区间样品分别占样品总数的百分数,即不同品级样品数目在矿体中的分布频率,从中选择几个占比例大而又有代表性的品位,拟定几组品位指标方案,再根据开采技术条件和采矿方法确定可采厚度和剔除夹石厚度,并按不同方案分别圈定矿体,计算出各方案矿石平均品位和储量,然后根据国家需要、资源利用程度、矿山生产能力、采矿和技术加工条件、总产值、生产成本、年利润及投资效果等因素,进行不同方案的综合分析和技术经济比较,从中找出一组较为合理的指标方案:

例如某金属砂矿床规模很大,地表覆盖很薄,开采条件好,适合水力开采,矿区中部品位较高,四周较贫,设计中参照国内外有关该种金属一般品位指标,并结合本矿床特点,选择了四组有代表性的品位方案进行比较,如表 20 - 8 所示。

表 20 - 8　不同品位方案技术经济效果对比情况

序号	指标名称	单位	方案 Ⅰ	方案 Ⅱ	方案 Ⅲ	方案 Ⅳ
1	边界品位	%	0.01	0.03	0.07	0.12
2	最低工业品位	%	0.02	0.05	0.10	0.15
3	矿石储量	万吨	1830	1650	1270	1100
4	平均品位	%	0.21	0.23	0.28	0.30
5	金属储量	万吨	3.85	3.8	55	3.30
6	矿山生产能力	万吨/年	50	50	50	50
7	矿山服务年限(3÷6)	年	37	33	25	22
8	采矿回采率	%	97	97	97	97
9	选矿回收率	%	52	56	59	61
10	采选回收率(8×9)	%	50.4	54.3	57.2	59.1
11	金属采选总回收量(5×10)	吨	19404	20634	20306	19503
12	资源利用率(金属储量与第 Ⅰ 方案比较)	%	100	98.7	92.2	85.7
13	资源利用率(精矿含金属与第 Ⅰ 方案金属储量比较)(10×12)	%	50.4	53.6	52.7	50.7
14	精矿品位	%	60	60	60	60
15	精矿含金属年产量[(11÷7)÷8]	吨/年	540	644	837	914
16	精矿含金属每吨金属需矿石量(6÷15)	吨/年	915.8	778.2	605.3	546.5
17	水力采矿成本	元/吨	1.2	1.2	1.4	1.4
18	选矿成本	元/吨	6.0	6.0	6.6	6.6
19	精矿含每吨金属采选成本[16(17+18)]	元/吨	6594	5603	4842	4372
20	精矿含每吨金属调拨价格	元/吨	6900	6900	6900	6900
21	采选联合企业基建投资	万元	1180	1180	1180	1180
22	年产每吨精矿含金属单位投资(21÷15)	万吨/年	16	1.83	1.43	5.29

由上表可见：方案Ⅰ储量多，平均品位低，选矿回收率亦低，精矿含金属年产量最少，故经济效益差，该方案不可取。

方案Ⅳ单位投资少，精矿含金属年产量高，但资源利用率低，浪费国家资源。故该方案亦不可取。

Ⅱ、Ⅲ方案相比，Ⅲ方案更好，故为较优方案。

20.4.2.2　品位指标的优化

（1）最佳品位的概念：西方国家认为用最大经济效益指标所确定的品位指标就是最佳品位指标，因为利用这个指标圈定矿体，计算储量能够保证矿山企业未来开发利用能够取得最佳的经济效益。

西方国家最早把收支平衡品位（不亏不赚品位），作为块段平均品位的下限（即边际品位），目的是使矿石经采、选、销售后，能够提供一个保证经营费用而且取得一定的利润。后来随着资本主义竞争的加剧，他们便采取提高边际品位的办法以赚取更多的超额利润，所以20世纪50年代他们就把边际品位称为获取超额利润的最低品位。60年代K·F·兰纳认为最佳边际品位，应随采、选、冶三个阶段的成本和极限生产能力的变化而浮动。70年代初H·K·泰勒发表了赞成兰纳的观点，进而把边际品位分为"开采前"的和"开采后"的两类，近年来，由于采用高强度采矿方法等新技术，收支平衡关系已难以保证，必要的利润也得不到保证，因此，要求边际品位随开采过程的不同阶段进行调整。比如在矿山生产初期，边际品位定得较高，到矿山生产中期要降低品位指标，到矿山生产后期很有可能将品位指标再次降低，可见他们把品位指标作为调节生产过程和生产能力，保证获得最大利润的一种有效手段。在资本主义国家，许多矿山公司为了获得最大利润还根据矿产品市场价格波动情况，不断调整边际品位。如某种矿物原料价格上涨就要降低边际品位，生产较贫的矿石，这样选别同样多的矿石量虽然得到较少的矿产品，但可从高价中得到补偿。相反，当市场价格下跌时，则提高边际品位，使选别同样多的矿石量，得到较多的矿产品，这样可以从产品数量增加来弥补削价所损失的利润。

我们对最佳品位概念的理解和西方国家不同，因为用最大经济效益所确定的品位指标，用来圈定矿体计算储量，会使当前尚有开采价值的储量，由于不适当地提高了品位指标，从而作为非工业矿石而被剔除掉，以致造成资源的浪费，不利于资源保护和合理利用。矿产资源的不可再生性，决定了充分利用矿产资源这一要求，因此，评定品位指标优劣的标准，就不应该只是最佳经济效益，而是矿产资源的充分利用和经济效益两个方面，亦即既要充分利用矿产资源，同时还要经济合理，力求用最少的劳动消耗取得尽可能多的矿产品，而不应该像资本主义国家那样，以经济效果指标的最大值作为唯一的标准。由于对评定品位指标的优劣标准产生了分歧，因此对最佳品位指标概念的理解自然也就不同了。

在确定品位指标时，最佳经济效果和最高资源利用程度是相互矛盾的两个方面，很难同时得兼，一般地说提高品位指标经济效果也会提高，但资源利用程度必然相对要低，反之，降低品位指标经济效果就会下降，但资源利用程度相对就会提高。所谓优化品位指标实际就是如何妥善处理好两者之间的关系问题。

提高矿产资源利用程度（常用精矿含金属量或提取金属量表示）是个相对的概念，目前还很难找到一个绝对的定量标准来表达利用程度的高低。比如，达到什么样的标准，才算是资源利用程度高？我们只有从经济效果指标方面想办法，即把它固定在一个合适的水平上（比如社会平均利润率，基准投资收益率），进而尽量提高矿产资源的利用程度，这样把两者有条件地结合起来。

（2）确定最佳品位指标的方法

1）动态概念的建立：品位指标本是矿床经济评价有关各因素的函数，随着这些因素的变化，品位指标亦应发生变化。但是我们过去往往不考虑矿床规模大小和采、选、冶技术加工条件的不同，矿床开发阶段和生产能力的差异以及矿产品价格和生产成本的变化等，却采用完全相同的品位指标，这种"以不变应万变"的做法，实在不合理，极应改变。

随着我国社会主义市场经济的建立，国家规定矿山企业基本建设资金和流动资金，由国家拨款方式改为银行贷款方式，这就产生了在一定时期内偿还贷款本息的问题。因此，长期以来把品位指标当作静态问题来对待，就不能满足各个时期生产上的需要了，应该根据确定品位指标诸因素的变化情况，不断地修订品位指标。

关于品位指标的动态意义，我们和西方国家应该是一致的。但是所谓动态也是相对的（不是绝对的），在我国必须当某些因素发生巨大变化，而且还要经过一定的审批手续才能实现，这又是和西方国家的不同之处。

2）动态经济计算方法：

根据上节所述，确定品位指标应采用动态经济计算的方法。

① 西方国家动态经济计算方法：一般是根据影响品位指标诸因素的可能变化范围，选定几个不同的品位指标方案，通过计算它们的企业经济效果，加以对比选优。

评价矿床企业经济效果常用的指标，有利润总额、财务净现值，还有投资回收期等，其中净现值较为常用，也就是用净现值极大化来确定品位指标。他们认为净现值概括了矿山生产的各种因素。因此，用最大净现值所确定的品位指标来圈定矿体计算储量，必然能保证矿山企业未来开发在经济上获得最好的经济效益。他们认为矿床经济效益的极大化和品位指标的最优化互为因果。

举例：1979 年美国福陆采矿金属公司对我国某铜矿如何以净现值极大来制定品位指标，介绍于后。

该公司采用的是动态价格法和方案法相结合的方法。为了确定最佳品位指标，他们首先选定了铜的五种边际品位方案，然后对各方案做了矿石储量、产量、产值、年投资支付贷款、总成本、现金流量和净现值的计算，最后通过对比，以净现值最大的方案，确定为最佳品位指标。其制定的方法和步骤如下。

（a）矿区可采储量与矿石日产量：见表 20 - 9。

表 20 - 9　某铜矿不同边际品位的地质储量、可采储量和日产量

边际品位（%）	地质储量/Mt	可采储量/Mt	矿石日产量/kt
0.2	2878	2382	333
0.25	2183	1809	253
0.30	1604	1332	186
0.35	1074	895	125
0.40	684	572	80

（b）精矿年产值：金属产品的价格是根据国际市场的行情和变化趋势拟定的，它反映了矿山服务期间的平均价格，各种金属的价格是：铜 1.98 美元／公斤，钼 13.22 美元／公斤，硫 0.018 美元／公斤，银 0.245 美元／克，金 8.015 美元／克。

根据化验资料得知，当铜的边际品位变化时，铜、钼、硫的平均品位也发生变化，金银与铜之间无相关关系，表 20 - 10 列出了各组分平均品位及选矿回收率。

表 20 - 10　某铜矿不同边际品位下的各组分平均品位及选矿回收率

边际品位/%	0.2	0.25	0.30	0.35	0.40	
金属组分	平均品位/%					选矿回收率/%
Cu/%	0.356	0.392	0.428	0.469	0.510	90
Mo/%	0.014	0.016	0.017	0.019	0.019	55
Au/(g·t^{-1})	0.14	0.14	0.14	0.14	0.14	45
Ag/(g·t^{-1})	1.76	1.76	1.76	1.76	1.76	60
S/%	2.18	2.13	2.10	03	2.02	40

精矿年产值 = 矿石平均品位 × 选矿回收率 × 矿石年产量 × （金属产品价格 - 0.66 美元／公斤的冶炼成本） × 10^3 元／吨

表 20 - 11　各种金属组分的精矿年产值（百万美元）

边际品位/% \ 金属组分	Cu	Mo	Au	Ag	S	合计
0.20	504.6	121.2	60.1	30.8	23.4	740.1
0.25	421.8	105.2	45.7	23.4	17.3	613.4
0.30	339.6	82.3	33.6	17.2	12.6	485.3
0.35	249.0	61.8	22.6	11.6	8.2	353.2
0.40	172.8	39.5	14.4	7.4	5.2	239.3

（c）年总成本：包括年采矿成本、选矿成本和年投资贷款支付额。

年采矿成本 ＝ 0.55 美元［（1 ＋ 1.5（剥采比）］× 日开采矿石吨数 × 年作业天数；

年选矿成本 ＝ 2.35 美元 × 日选矿石吨数 × 年作业天数；

年投资贷款支付额 ＝ 20.26 美元（所需投资）× 0.149

（估算投资 12 亿美元，利率 0.08，在 10 年内还清的投资回收系数）

年总成本见表 20 － 12。

表 20 － 12　某铜矿年总成本

边际品位/%	年份/年	采矿成本/百万美元	选矿成本/百万美元	年投资贷款支付额/百万美元	年总成本/百万美元
0.2	1 ～ 10	163.9	280.2	301.9	746.0
	11 ～ 20	163.9	280.2	0	444.1
0.25	1 ～ 10	124.5	212.8	242.3	579.6
	11 ～ 20	124.5	212.8	0	337.3
0.30	1 ～ 10	91.6	156.5	189.5	437.6
	11 ～ 20	91.6	156.5	0	248.1
0.35	1 ～ 10	61.5	105.2	137.9	304.6
	11 ～ 20	61.5	105.2	0	166.7
0.40	1 ～ 10	39.4	67.3	96.5	203.2
	11 ～ 20	39.4	67.3	0	106.7

（d）现金流量和净现值：计算结果见表 20 － 13。

表 20 － 13　某铜矿年净现金流量和净现值

边际品位%	年份/年	年总产值/百万美元	年总成本/百万美元	年现金流量/百万美元	20 年净现值/百万美元
0.20	1 ～ 10	740.1	746.0	－ 5.9	336.80
	11 ～ 20	740.1	444.1	296.0	
0.25	1 ～ 10	613.4	579.6	33.8	512.04
	11 ～ 20	613.4	337.3	276.1	
0.30	1 ～ 10	485.3	437.6	47.7	533.58
	11 ～ 20	485.3	248.1	237.2	
0.35	1 ～ 10	353.2	304.6	48.6	475.23
	11 ～ 20	353.2	166.7	186.5	
0.40	1 ～ 10	239.3	203.2	36.1	345.65
	11 ～ 20	239.3	106.7	132.6	

以上计算结果可以用不同的边际品位或相应的矿石日产量与净现值的关系，做出净现值曲线图（见图 20 － 4），用这种图可进行净现值分析，从而确定矿山在 20 年的服务期限内，哪一个方案能够取得最大的净现值。从图 20 － 4 的曲线中可以看出，边际品位 0.30% 的方案净现值最大（净现值可达 5.33 亿美元），故 0.3% 为最佳方案。

② 最佳品位指标的确定方法 —— 综合方法：在目前多数金属矿床采用两项品位指标（即边界品位和最低工业品位）的条件下，由于边界品位至今还没有准确的科学含义和严格的经济定义，所以一般的作法是首先利用容易量化的价格法（静态或动态）确定最低工业品位。

（a）用静态或动态价格法首先确定最低工业品位：

静态价格法：即利用传统的静态价格法公式（详见前述），要求其全部收入扣除经营成本后，其盈利额达到所期望的基准投资收益率水平。

动态价格法:这种方法不是以最佳经济效果作为确定矿石品位指标的依据,而是以达到基本经济效果(即满足国家所要求的经济效果指标,也就是社会平均利润率)为依据,此时的净现值应为零,故又称为零净现值法,其对应的品位指标认为是最佳品位指标,其关系可用图20-5表示。

当品位由 $\alpha_a \to \alpha_d \to \alpha_b$ 时,NPV 由 $(-) \to NPV_d(0) \to NPV_b(+)$。

当品位由 $\alpha_b \to \alpha_e \to \alpha_C$ 时,NPV 由 $NPV_b(+) \to NPV_e(0) \to NPV_c(-)$。

可见最佳品位在 $\alpha_a \to \alpha_b$ 区间。

当 $\alpha = \alpha_d$ 时,$NPV_d = 0$,表示这时矿山企业能获得社会平均利润率,即达到了国家的基本经济要求。所以 $NPV = 0$ 所对应的 α_d 便是最佳品位。

在 $< \alpha_d$ 区间,$NPV < 0$,表示企业获得的资金利润率均低于"社会平均利润率"。如果 α_m 为品位指标,此时的企业资金利润率为零,即企业不亏不赢,若品位再低 $< \alpha_m$,则企业出现亏损,反之,$\alpha_d \leqslant \alpha \geqslant \alpha_m$ 则略有盈余。α_m 可以理解为边界品位,α_d 可以理解为最低工业品位;在 $\alpha_m < \alpha < \alpha_d$ 之间的为表外矿石的品位。此时应为最佳经济效益指标的最优值。由静态和动态价格法确定出最低工业品位之后,再用类比法、统计分析法等加以验证,然后初步确定下来。

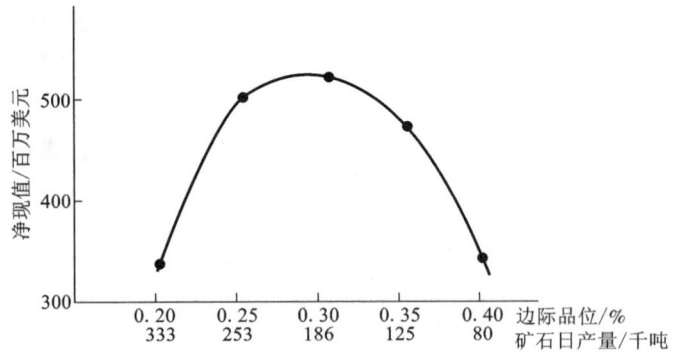

图20-4　某铜矿净现值曲线图

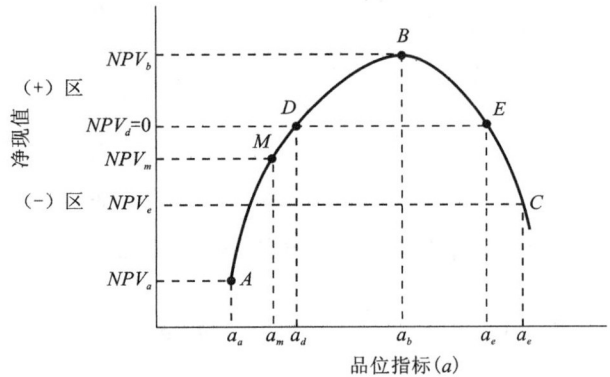

图20-5　净现值曲线图

(b)边界品位的确定:根据前面初步确定下来的最低工业品位,可采用类比法,或者利用尾矿或浸渣品位扩大1.5~2.0倍的方法,或者利用统计分析方法即按品位区间中样品频数变化的突跃界限,或者各种图解法(例如A·∏·普罗科菲耶夫方法)加以确定。一般来说,在初步确定边界品位指标时,最好多采用几种方法以便相互验证。

(c)各备选品位指标方案的拟定:用上述方法初步确定出来的最低工业品位和相应的边界品位,主要是从经济角度考虑的,也就是说运用这样的品位指标,只能保证矿床开发利用后能否盈利,然而一个矿床的开发利用不仅取决于经济效益,而且还要考虑资源效益,亦即在保证一定的经济效益前提下如何最大限度地回收利用矿产资源。根据我们前边谈到的妥善把两者关系有条件地统一起来的想法,可以用价格法初步确定的最低工业品位为基础,然后按一定的品位间距,使其向上或向下波动若干个档次,比如5~7个档次;边界品位也可相应地波动变化,比如3~5个档次,这样便可拟定出以原最低工业品位和边界品位为基础的若干个(比如15~35个)备选指标方案,总之,备选方案数目的确定,以尽量使其能够覆盖合理的最佳品位为原则,以供选优。

(d)各备选品位指标方案效益指标的计算:根据以上拟定的各备选品位指标方案,我们可以设法利用数学模型法分别求出其各自的表内矿石储量、矿石平均品位和表内金属储量,以及事先确定的各种采选技术经济参数,计算各方案的资源效益,以及企业和国民经济效益指标。经常用的指标有矿石资源利用率,如提取金属总量、精矿金属量等以及总利润额、净现值、净外汇效果和国际竞争能力等。

各备选品位指标方案效益指标的计算是一项十分复杂的工作,为此借助计算机,通过建立"品位指标方案效益指标系统"进行计算,该系统由数据文件子模块、指标计算子模块和数据表格输出子模块三个部分组成,见图20-6。

(e)多方案品位指标的优化:目前多采用现代数学方法,如灰色系统决策法、模糊综合评判法或图解方法,优化出企业和国民经济效益指标较好,资源利用程度较高的方案,作为较优的品位指标方案。这些优化方法的介绍,可参考有关的参考书,如《矿山经济学》(中国国际广播出版社,1992)。

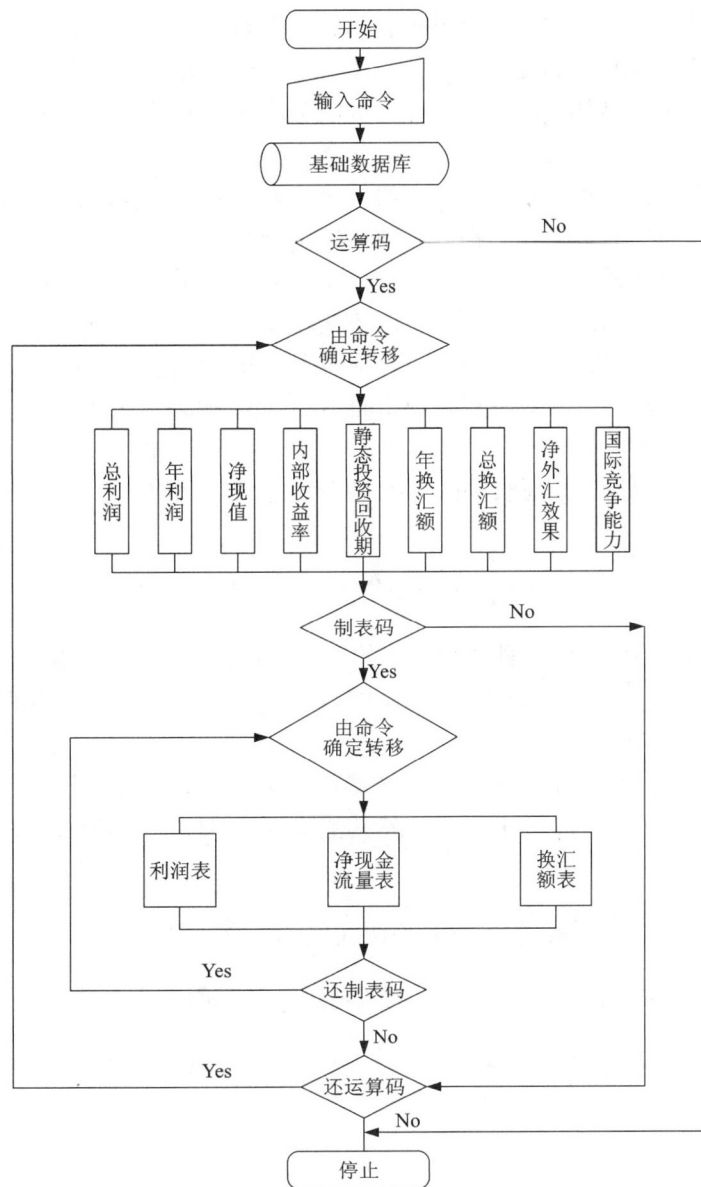

图 20 – 6   各备选品位指标方案经济效益指标的计算机程序框图

（f）最佳品位指标方案的最后确定：利用资源效益与经济效益相统一所确定的一个或几个较优的品位指标方案，在有代表性的剖面图和纵投影图上，利用以上所确定的最优和次优品位指标方案对矿体边界进行试圈，然后对矿体厚度、形态、夹石分布、矿化连续性和矿体完整性等进行对比分析，以便最后确定有利于开采技术条件的方案，这个方案即可视为最佳的品位指标方案。

北京科技大学研究开发的"金属矿山经营参数优化技术"，已列为国家级"国家科技成果重点推广计划"项目之一。其中"双品位指标异步滚动整体优化法"，其思路与综合法有的相似，但其技术不大相同，现已有成套的先进方法和电算软件，便于矿山推广应用。

20.4.2.3   综合矿石品位指标的确定

近年来，随着选冶技术加工水平的提高，发现几乎所有的金属矿床除了一种或几种主要组分以外，还有多种伴生组分可供综合利用。矿石的综合利用不仅是扩大矿产资源利用的途径，也是提高矿床经济价值的一个极其重要的方面。因此如何充分利用各种伴生组分，合理制定综合矿石的品位指标，便成为广大矿山地质工作者所关心的问题。然而，确定回收有用组分的合理范围，对绝大多数有用组分来说，在技术上都是可行的，而解决这一问题主要应该从经济上入手。

制定矿床的最低综合品位,必须是在查清了矿床中伴生有益组分的赋存状态、含量、富集和回收情况,以及产品的数量、用途、销路、价格等问题,并认定确有综合利用价值之后方能制定。

(1)综合矿石伴生组分利用范围的确定:首先,综合利用伴生组分的生产费用,可分为间接费用和各种产品的直接费用。间接费用又称共用费用,是指与各种提取组分有关的费用,如开采、运输和初始阶段的选冶费用等,直接费用是指在综合利用中,仅与提取某一种组分产品有关的费用。

目前,在评价综合利用伴生组分的范围时,主要的分歧是要不要将一部分提取加工伴生组分的间接费用计入伴生组分产品的生产费用中去。也就是说,提取某种伴生组分时,是只考虑它的直接费用还是也要计入一部分间接费用。很清楚,如果提取某种伴生组分的生产费用中计入了一部分间接费用,哪怕是很少的一部分,则利用它与产品收入及其超额利润之间的关系所确定的品位指标,将会不适当地提高。从而减少其储量数字,影响资源利用范围的扩大,因为实际情况是,不管是否利用伴生组分,在提取主要组分时,间接费用都已支付。所以,在判断伴生组分的利用范围时,只需考虑直接费用而不必考虑间接费用,而主组分应当抵偿采、选、冶的全部成本。

根据产品收入只抵偿其直接费用的原则,如果伴生组分产品为金属时,只有满足公式(20-21)的伴生组分的种类方能被利用。

$$S_{i直} \leqslant \frac{C_i K_{di} K_{si}(1-K_{fi})Z_{si}}{C_{si}} \qquad (20-21)$$

式中:$S_{i直}$ 为由1 t矿石储量提取回收i种伴生组分的直接费用;C_i 为矿石储量中伴生组分的平均品位(最低工业品位);K_{di},K_{si},K_{fi} 为矿石中伴生组分的选冶金属回收率和采矿贫化率;Z_{si} 为每吨伴生组分i的金属调拨价格;C_{si} 为金属中伴生组分i的平均品位。

为了全面评价矿石中各种有用组分的经济效果,还得进行整个收支平衡方案的计算,只有符合(20-22)式情况下,伴生组分的利用范围方能认为是合理的,当然其范围应该只限于符合前述要求的那几种伴生组分和主要组分。

$$S_{生} \leqslant \sum_{i=1}^{n} C_i \cdot K_{di} \cdot K_{si}(1-K_{fi})Z_{si} / \sum C_{si} \qquad (20-22)$$

式中:$S_{生}$ 为综合利用各种组分时,采、剥、运、选、冶每吨矿石储量的总生产费用,它由 $\sum S_{i值} + S_{i间}$ 组成;$S_{i间}$ 为由1 t矿石储量提取i种组分的间接费用;$\sum_{i=1}^{n}$ 为只限于符合公式(20-21)的那几种伴生组分和主要组分;其他代号含义见前。

(2)综合矿石主组分品位指标的确定方法:

1)主组分最低工业品位指标的确定:主组分最低工业品位是用主组分负担采、剥、运输、选矿、冶炼等全部前期共用费用和其直接费用的经济临界品位,其计算公式为(20-23)。

$$C_{主l} = \frac{(S-d) \cdot 100}{Z_{s主} \cdot K_{d主} \cdot K_{S主}(1-K_{f主})} \qquad (20-23)$$

式中:$C_{主l}$ 为主组分最低工业品位指标;S 为1 t矿石采矿、选矿加工和冶炼的全部费用(包括全部间接费用和主组分直接费用以及管理费、附加费、设备更新费等);$Z_{s主}$ 为主组分金属产品的价格;$K_{d主} \cdot K_{S主}$ 分别为主组分的选矿、冶炼回收率;$K_{f主}$ 主组分的采矿贫化率;d 为由于顺便回收伴生组分而得到的"附加收入"或产值(以1 t矿石计算)。

综合矿石中主组分最低工业品位($C_{主}$)也可以用公式(20-24)求出。

$$C_{主} = \frac{S \cdot 100}{Z_{s主} \cdot (1+K) \cdot K_{d主} \cdot K_{S主}(1-K_{f主})} \qquad (20-24)$$

式中:K 为估计矿石中一种或数种伴生组分价值与主要组分价值的比较系数;其他符号与公式(20-23)相同。

2)主组分边界品位的确定:一般情况下,边界品位不具经济含义,它的确定主要是考虑技术上是否可选,故有人主张高于选矿试验尾矿品位1.5~2倍,或取工程最低工业品位的50%~70%。

我们认为最好采用价格法,因此首先对边界品位应该赋与固定的经济含义。有人主张由主组分负担采选冶矿石的全部生产费用,其计算公式与确定主组分最低工业品位的公式相同,只是公式中的分子是由全部生产费用(即从全部成本中扣除车间和全厂的管理费、附加费和设备更新改造费等)代替全部成本,见公式(20-25)。

$$C_{主边} = \frac{(S_{生} - d) \cdot 100}{Z_{S主} \cdot K_{d主} \cdot K_{s主}(1 - K_{f主})} \quad (20-25)$$

式中：$C_{主边}$为主组分边界品位指标；$S_{生}$为1 t矿石采、选、冶的全部生产费用(即从全部成本中扣除管理费、附加费、设备更新改造费等,亦即全部直接费用和间接费用)；其他符号与公式(20-23)相同。

此外,还有人主张采用各种传统方法,或者图解法,或者数理统计法等,但都存在一定的问题。

(3)综合品位指标的确定方法

1)综合品位指标的种类：目前我国生产矿山经常使用的综合品位指标,可以分为两类：

一类是单组分品位指标体系,即对矿床中具有工业价值的各种有用组分,分别提出最低工业品位和边界品位的要求。利用这种品位指标体系,可以分别圈定矿体,计算储量,分别得到各种有用组分的金属储量。这种单组分品位指标体系,使用起来比较简单,但主要缺点是没有考虑有用组分之间的互相补充,故不利于综合利用。

另一类是从综合利用各种伴生组分角度出发,把某些按公式确定的某几种具有回收价值可以综合利用的伴生组分,分别按一定价格比率,换算成相当于主要组分的品位,然后相加使主要组分品位进一步提高,即为整个矿石的综合品位指标,以此与优化的主要组分的最低工业品位指标相比较,如果高于规定则表明有综合利用价值。利用这种指标圈定矿体计算储量,显然只能得到相当于某种主要组分的总金属储量,作为混采矿体的边界。这种综合品位指标适用于矿床中的几种有用组分品位均较贫,而且只有当主要组分达不到工业要求时,这种换算才有意义。但是,在选冶技术加工性能方面,首先必须符合以下全部条件：

① 矿石中的伴生组分可以划分出不同的矿石类型。

② 这些矿石类型可以单独开采或加工或冶炼。

③ 选、冶时,可以获得分选的精矿或金属。

④ 每种产品(精矿或金属)需要各自的补充费用(直接费用),不是顺便分选分冶。

⑤ 开采、运输、选矿加工、冶炼等前期费用,是一个统一的过程。

2)综合品位指标的确定方法：制定综合品位指标是件复杂的工作,这是因为诸组分中某种组分的最低工业品位决定于一定含量的所有其他组分,只要这些有用组分中有一种含量有变化,则该有用组分的最低工业品位就随之而改变,如果其他有用组分中任何一个含量降低则主组分的最低工业品位就会提高,反之亦然。

下面将主要介绍综合品位指标的确定步骤和公式。

① 主组分的选定。一般考虑的因素有：该有用组分的金属储量在矿床中占主导地位；具有较高的平均品位和产品价格；国家需求和价格增长速度较快等。

② 按公式确定出具有回收价值、可供综合利用伴生组分的种类。

③ 确定了有哪些伴生组分可以综合利用之后,将各种有用组分,按价格相等的原则(即所谓价格法)即利用主组分与伴生组分价格与选冶回收率乘积比值的方法,确定换算系数,用以换算成相当于主组分的品位,可以用公式表示：

$$k_i = \frac{Z_{si}K_{di}K_{si}}{Z_{s主}K_{d主}K_{s主}} \quad (20-26)$$

式中：k_i为各伴生组分对主组分的换算系数,$i = 1, 2, 3, \cdots, n$；Z_{si}和$Z_{s主}$分别为各伴生组分(i)和主组分的每吨金属产品价格；K_{di}和K_{si}为各伴生组分(i)的选冶回收率,它们的取值应随原主组分品位的变化而变化(详见选矿回收率与入选品位的回归方程式)；$K_{d主}$和$K_{s主}$为主组分的选冶回收率,它们的取值应随原主组分品位的变化而变化(同前)。

在计算K_i时,K_d、K_s等虽与$\bar{C}$有关,但为了简化计算,在同一个矿床中,K_d、K_s可取固定值,即取其平均值或根据选冶报告推荐的数值。

④ 利用换算系数计算相当于主组分的平均品位(或称综合品位),其表达式为：

$$C_{主综} = \bar{C}_{主} + \sum_{i=1}^{n} \cdot k_i \cdot \bar{C}_i \quad (20-27)$$

式中：$C_{主综}$为综合矿石中相当于主组分的平均品位(综合品位)；$\bar{C}_{主}$为矿石储量中主组分的平均品位(当达不到工业要求时)；$\bar{C}_i$为矿石储量中各种伴生组分(i)的平均品位；k_i为各种伴生组分(i)的换算系数。

　　将计算所得的 $C_{主综}$ 与优化的主要组分的最低工业品位指标相比较,如果高于该指标,则表明该矿石具有综合利用价值,为能利用储量;如果低于该指标,但高于主要组分边界品位指标则为暂不能利用储量。最后应该明确,当主组分品位超过主组分最低工业品位要求,或伴生组分达不到综合利用要求时,则根本无需进行换算,即可确定其是否符合工业要求。

　　值得说明的是,这样求出的综合品位指标,应该是全矿床经济平衡品位,而不是工程最低工业品位。

　　3)有关综合品位指标使用的几点意见:

　　① 根据每一样品主组分和各种伴生组分的化验结果,将主组分品位低于最低工业品位但高于边界品位,而伴生组分达到综合利用要求的样品,准备进行换算。

　　② 按公式(20 – 27)求出 $C_{主综}$ 之值,根据 $C_{主综}$ 之值与规范中主要组分的最低工业品位和边界品位指标相比较,确定在圈定矿体范围内为能利用或暂不能利用矿石以及非矿围岩的边界线。

　　③ 换算系数是一个随 K_{di}、K_{si} 变化而变化的变量,它与入选矿石平均品位之间的相关关系,可通过回归方程式求得,这样便可根据有用组分的不同入选品位,选择其相适应的 K_d 和 K_s,代入方程式计算换算系数。

　　④ 综合品位指标和换算系数的确定,只考虑到矿石的综合利用经济价值,采选冶生产成本等,而没有考虑各有用组分品位分布特点,因此对矿体圈定的完整性和资源利用程度等难以保证。

　　⑤ 关于综合品位指标的制定方法,除了(20 – 27)式的方法以外,还有考虑伴生组分的价值进一步使主组分最低工业品位降低的方法,这种方法虽然可以简化矿体的圈定,但是由于在品位指标未确定前,对伴生组分产值的计算带有一定的盲目性,因此也存在一些问题。

　　⑥ 至于确定品位指标的动态方法,涉及到矿山企业的经济效益分析,整个矿山生产期间内资金时间价值的合理估算和产品价格、生产成本的预测等一系列理论问题,在目前条件尚不具备的情况下,开展动态计算方法有时反而会更加歪曲经济规律,故暂未考虑。

　　(4)综合利用的经济效益:设以利润总额作为评价综合利用伴生组分经济效益的指标,则

$$
\begin{aligned}
利润总额 &= \sum_{i=1}^{n} \delta'\left[Z_{si} - (S_{i直} \cdot q')\right] - S_{i间} \\
&= \sum_{i=1}^{n} \frac{C_i \cdot K_{di}(1 - K_{fi})}{C_{si}}\left[Z_{si} - S_{i直}\frac{C_{si}}{C_i \cdot K_{di} \cdot K_{si}(1 - K_{fi})}\right] - S_{i间} \\
&= \sum_{i=1}^{n}\left[\frac{Z_{si} \cdot C_i \cdot K_{di} \cdot K_{si}(1 - K_{fi})}{C_{si}} - S_{i直}\right] - S_{i间} \\
&= \sum_{i=1}^{n}\frac{Z_{si} \cdot C_i \cdot K_{di} \cdot K_{si}(1 - K_{fi})}{C_{si}} - \sum_{i=1}^{n} S_{i直} - S_{i间}
\end{aligned}
\tag{20 – 28}
$$

式中:δ 为综合利用 i 组分的冶炼产率,为冶炼比 q' 的倒数;其他符号同前面公式。

　　上式中如果 $\sum \delta'\left[Z_{si} - (S_{i直} \cdot q')\right] < S_{i间}$;则利润总额为负值,表明没有经济效益,是不合算的,故 $S_{i间}$ 决定着综合利用总的经济效益,而不决定加深矿石的综合利用程度。如果 $\delta'\left[Z_{si} - (S_{i直} - q')\right] > 0$;则表明伴生组分能被综合利用;若要加深矿石的综合利用程度,更多地提取某一种组分,只有使 $\delta'\left[Z_{si} - (S_{i直} - q')\right]$ 不断扩大,这是提高其经济效益的唯一途径。可见当 Z_{si} 和直接费用稳定时,千方百计提高伴生组分产率 δ' 是不断提高经济效益的重要途径。

20.4.3　最低可采厚度和夹石剔除厚度指标的确定

　　(1)最低可采厚度的确定:矿体最低可采厚度过小,会给开采技术带来许多困难,使开采成本和贫化率增大,甚至经济上得不偿失;反之,矿体最低可采厚度过大,则会造成矿产资源的浪费。最低可采厚度的确定决定于矿产的种类和含量高低、矿体倾角的陡缓、采装设备情况等。

　　一般价值低廉、含量低的矿产要比价值高昂含量高的最低可采厚度要大;缓倾斜的矿体应比急倾斜的矿体最低可采厚度要大;露采比坑采的最低可采厚度要大;用大型采装设备的应比小型的最低可采厚度要大。

　　当矿体厚度小于最低可采厚度但品位较高时,可用工程米百分值来判定矿体是否具有开采价值。

　　以上的确定方法,主要是考虑开采技术条件及采矿工人的劳动环境大致加以确定,没有考虑开采的经济效益。这不符合当前形势发展的需要,为此,从企业财务评价角度提出最低可采厚度的确定公式如下:

其原则是寻求矿体最低可采厚度所获得的收益不得低于正常社会收益率水平。

$$Q_1 P = Q_2 \cdot (\omega - C' - C_B) \tag{20-29}$$

式中：Q_1 为单位时间内正常生产的产量（仅开采厚、中厚矿层）；P 为正常生产的社会平均收益率；Q_2 为单位时间内按矿体最低可采厚度生产的产量；ω 为矿石售价，元/t；C' 为销售税金（不含资源税）；C_B 为矿体按最低可采厚度开采的吨矿生产成本。

$$吨矿生产成本 = C_g + C_s + C_x + C_0 + C'_{Di}$$

式中：C_g 为矿体按最低可采厚度的工作面吨矿生产成本；C_s 为吨矿运输、通风排水费用；C_x 为吨矿维修费用；C_0 为其他可变费用；C'_{Di} 为分摊的固定成本。

据有关统计资料：工作面生产成本 C_g 与厚度 m 有以下关系：

$$C_g = a \cdot e^{\frac{b}{m}} \tag{20-30}$$

式中 a、b 系数可按实际资料拟合求值，e 为自然对数的底。若矿体开采效率与厚度成正比，则：

$$\frac{Q_1}{Q_2} = \lambda \cdot \frac{m_1}{m_2} \tag{20-31}$$

式中：λ 为效率系数（可根据两种矿体当已知 Q_1、Q_2、m_1、m_2 时求得）；Q_1 为开采中厚矿体的开采效率；Q_2 为开采薄矿体的开采效率；m_1 为开采中厚矿体的平均厚度；m_2 为开采薄矿体的平均厚度。

将式(20-30)和式(20-31)代入公式，则得

$$\frac{\lambda m_1 P}{m_2} = [(\omega - C_s - C_x - C_0 - C' - C'_{Di}) - a \cdot e^{\frac{b}{m}}]$$

令　　$E = \omega - C_s - C_x - C_0 - C' - C'_{Di}$（即除工作面成本以外的吨矿利润）。

则　　　　$$\frac{\lambda m_1 P}{m_2} \leqslant E - a e^{\frac{b}{m_2}}$$

设　　　　$$y_1 = \frac{\lambda \cdot m_1 P}{m_2}; \quad y_2 = E - a e^{\frac{b}{m_2}}$$

则 y_1 与 y_2 两条曲线的交点(M)即为最低可采厚度(m_0)（见图 20-7）。

（2）夹石剔除厚度的确定：夹石剔除厚度主要是依据成矿地质特征、矿化连续程度、矿石工业品级、矿体厚度和可能使用的采矿方法等，综合考虑加以确定，一般矿体厚度较大，矿石在加工过程中能较易选出的，采用露采方案和使用大型开采设备的，夹石剔除厚度应大些，反之应小些。

夹石剔除厚度确定的正确与否，直接关系到矿床的储量和贫化率的高低。夹石剔除厚度过大会使开采贫化增大，矿石品位降低，难以达到预计的出矿品位要求，反之会增加开采工作的困难。

确定夹石剔除厚度的方法可利用矿体主要部位的储量计算剖面图，其具体步骤如下：

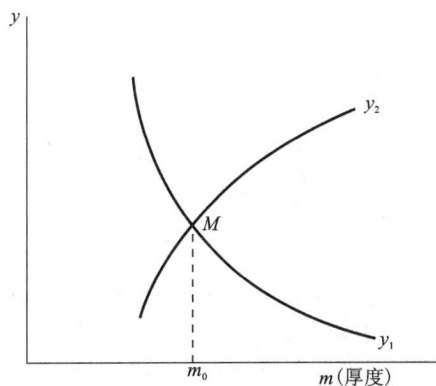

图 20-7　确定矿层最低可采厚度示意图

1）用不同的边界品位沿穿脉方向对矿体进行圈定，分别统计出夹石剔除厚度 >2 m 和 >4 m 的矿体内矿石样品总长度（或称矿石总样长）与矿体内夹石样品总长度（或称夹石总样长）。

2）根据夹石样品总长度与矿石样品总长度按下式求出矿体夹石率。

$$矿体夹石率 = \frac{夹石样品总长度}{夹石样品总长度 + 矿石样品总长度}$$

3）当边界品位为某值时，分别求出夹石剔除厚度（指标）为 2 m 和 4 m 时的矿体夹石率；当边界品位改变为另一值时，亦分别求出夹石剔除厚度为 2 m 和 4 m 时的矿体夹石率。对比不同边界品位夹石剔除厚度为 2 m 或 4 m 时夹石率的差值。如果它们的差值变化不大，说明改变夹石剔除厚度对矿体储量和形态变化影响都不大，反之，则应以夹石率小的指标较为合理。但应提出上述的 2 m 和 4 m 只是个例子，根据条件也可改变此两数据。

20.5 生产矿山矿产资源经济分析的内容和方法

20.5.1 表外矿石和超贫矿的合理利用

20.5.1.1 级差品位的确定

在矿床勘查、开拓、采准、回采直到出（放）矿的不同阶段，由于已经支付出不同的前序生产费用，所以应该采用不同的品位指标，它们构成递减的级差现象，这就是所谓级差品位的概念。这一概念的理论依据是"扣除前序生产费用理论"或名"回收待投费用理论"，该理论认为在经济分析中为了回收一定地段内开拓、采准、回采矿石或回收存窿贫化后的低品位矿石，在计算其生产费用时，只要考虑其后序的生产费用，再与其产值对比以重新确定其合理的品位指标，例如，在已完成开拓及采准的地段内，如存在表外矿，经过经济分析这些表外矿可能部分或全部加以利用，因为利用这部分矿石可以不再花费开拓及采准工程费用，开采成本可以适当降低，因此部分或全部表外矿就可能变成有开采价值而转化为表内矿，相应地就可以降低采准矿量的品位指标。这样可以在保证经济效益的前提下，尽量多回收矿产资源。当然如果划分的级别过多，会使矿山地质工作复杂化，故一般只划分开拓矿量、采准矿量和备采矿量三种级差品位指标。

建议采用以下计算公式（20-33）。

$$C_{\min} = \frac{C_d \cdot S}{Z_d \cdot K_d (1 - K_F)} \tag{20-33}$$

式中：Z_d、K_d、C_d 分别为精矿价格、回收率和平均品位；其他符号详见（20-19）公式。

设 C_1、C_2、C_3 分别为开拓矿量、采准矿量和备采矿量的品位（%）：

则

$$C_1 \geq \frac{C_d(C'_1) \cdot S_1}{K_d(C'_1)[1 - K_f(C'_1)](S + P)} \tag{20-34}$$

$$C_2 \geq \frac{C_d(C'_2) \cdot S_2}{K_d(C'_2)[1 - K_f(C'_2)](S + P)} \tag{20-35}$$

$$C_3 \geq \frac{C_d(C'_3) \cdot S_1}{K_d(C'_3)[1 - K_f(C'_3)](S + P)} \tag{20-36}$$

式中：S 为平均成本，元/吨精矿；P 为平均利润，元/吨精矿；C'_1、C'_2、C'_3 为与 C_1、C_2、C_3 相对应的平均入选品位，%；$C_d(C'_1)$、$C_d(C'_2)$、$C_d(C'_3)$ 为与 C_1、C_2、C_3 相对应的精矿品位，%；$K_d(C'_1)$、$K_d(C'_2)$、$K_d(C'_3)$ 为与 C_1、C_2、C_3 相对应的选矿回收率，%；$K_f(C'_1)$、$K_f(C'_2)$、$K_f(C'_3)$ 为与 C_1、C_2、C_3 相对应的平均采矿贫化率，%；S_1、S_2、S_3 为分别与 C_1、C_2、C_3 对应的后续生产工序的费用，元/吨矿。

20.5.1.2 露采条件下表外矿和超贫矿石的合理利用

表外矿石是指在当前技术经济条件下暂不能利用的矿石，导致造成表外矿石的原因，可能是由于矿石品位低于最低可采品位，或者是矿体厚度小于最低可采厚度，至于超贫矿是指低于边界品位的矿石。根据某些矿山的实践，当表外矿和超贫矿石处于露采境界以内时，由于它们在剥离或回采过程中总得要被采下来并运往废石场，因此只要回收其单位精矿的选矿成本及运矿石比运废石所增加运输费两者之和不高于精矿销售价格，利用这部分矿石在经济上就应该被认为是合理的。合理利用表外矿石不仅能使矿山收益增加，而且还可以更多地回收不可再生的矿产资源，有时还能取得其他社会效益，如减少废石场占地面积。

表外及/或超贫矿石可采品位确定的步骤如下：

（1）首先计算不同品位段和不同可采品位的表外和超贫矿矿石储量。可以采用传统的储量计算方法，也可根据品位频率统计结果用微积分方法计算不同可采品位的表外矿石储量，此处采用样长统计法：

1）确定分析的起始品位和终止品位：先参考原工业指标中的边界品位和最低工业品位，大致确定参与统计的起始品位（比如为15%）和终止品位（比如为25%），再按一定品位间距（比如为1%），分别统计各品位段（比如15.00% ～16.00% ～17.00%）的样长数（见表20-15第2列），并分别计算每个品位段样品的加权平均品位（见表20-15第3列）。

2）拟定不同可采品位指标（比如15.00%、16.00%）；把拟定的可采品位指标以上的各品位段的平均品位，以各品位段样长为权系数，进行加权平均，即可得到不同可采品位时表外矿的累计平均品位（见表20-15第4列）。

3）求每米样长所代表的体积系数（K）：利用过去计算的表外矿石总储量（比如为 102 万吨）和平均体重（比如为 3.2 t/m³），即可求得总体积（比如总体积 = 102 万吨/3.2 t·m⁻³ = 31.88 万 m³），又控制表外矿石的总样长（比如为 118.42 m），则每米样长所代表的体积系数（K） = 31.88 万 m³/118.42m = 2692.1m³/m。对于超贫矿亦可外延计算。

4）求各品位段的体积数：可由样长与体积系数相乘求得（见表 20 – 15 第 5 列）。

5）计算各品位段矿石体重：由于表外或超贫矿石储量缺少品位与体重试验的对应数据，故只好将表内矿石体重试验数据通过回归分析得出品位 – 体重回归方程外延使用（见表 20 – 14 第 6 列）。

比如其回归方程为体重 D = 2.4892 + 0.02742 × 品位（C）× 相关系数（r） = 0.92。

6）计算各品位段的储量：将每个品位段的体积与该品位段的体重（用以上回归方程求得的体重）相乘（见表 20 – 14 第 7 列）。

7）计算可采品位指标的累计储量：将各可采品位以上和原最低工业品位以下各品位段的储量相加求得（见表 20 – 14 第 8 列）。

表 20 – 14　表外或超贫矿石不同可采品位指标储量计算表

品位段 /%	样长 /m	品位段加权平均品位 /%	累计平均品位 /%	品位段体积 /m³	品位段矿石体重 /(t·m⁻³)	品位段储量 /万吨	累计储量 /万吨
1	2	3	4	5	6	7	8
> 25							
25.00 ~ 24.00							
24.00 ~ 23.00							
23.00 ~ 22.00							
21.00 ~ 21.00							
21.00 ~ 20.00							
⋮							
⋮							
16.00 ~ 15.00							
总计	118.42					30.55	94.29

（2）各项评价参数的确定

1）采矿费用的确定：采矿费和维简费可暂不考虑。

2）运输费用的确定：根据由采场至废石场与由采场至选厂的运输费之差确定，如果运往选厂的运矿费低于运岩费用，则回收利用表外矿或超贫矿时运输费可不计算；如果运矿费高于运岩费，则取其差值作为运输费。

3）表外矿或超贫矿入选矿石量的确定：据前面求出的表外矿累计总储量，利用表内矿、的生产年限可以计算出表外矿每年可供开采的储量。但由于采用了不同可采品位指标，故所求得的表外矿总储量是不同的，因此相应表外矿每年可供开采的储量也不同。将可供开采的储量，经开采损失和贫化处理后，即可求出表外矿入选矿石量。

4）入选品位的确定：

$$平均入选品位 = 平均地质品位 × (1 - K_f) \qquad (20 – 37)$$

式中：K_f 为开采贫化率。

5）选矿费用的确定：由于利用的表外矿是与表内矿石混合入选的，故表内、外矿石每入选一吨矿石的选矿费用，应该采取相同数值。

6）精矿售价的确定：应按国家调拨价格计算。

7）选矿指标的确定：选矿回收率和精矿品位：根据表外矿及／或超贫矿石选矿试验结果通过回归分析得出，一般可表示为以入选品位为自变量的线性方程，即

$$表外矿及／或超贫矿回收率或精矿品位 = a - b × 表外矿及／或超贫矿入选品位 \qquad (20 – 38)$$

式中：a、b 为回归方程的常数和系数。

凡表外矿及/或超贫矿单独入选的,可利用上面公式直接求得其选矿回收率和精矿品位。凡表内、外矿(及/或超贫矿)混合入选的,则应分别计算两者的选矿回收率和精矿品位,然后通过加权平均,进而求得混合入选后的选矿回收率和精矿品位。

8)开采损失率和贫化率:根据矿山实际生产经验确定,由于贫化率模型比较复杂,故一般采用平均贫化率计算。

(3)最佳可采品位的确定:一般说来,开采利用表外矿及/或超贫矿可以分为单独和混合开采两种情况,如果是单独开采时,可根据上节方法选定的各项评价参数和不同品位段储量分别计算表外矿各品位段的总利润,再求其累计总利润,最后根据拟定的、各不同可采品位方案累计总利润的最大值,确定为最佳可采品位,其经济效益指标也可采用净现值以及内部收益率等,计算方法见前。如果是混合开采时,对于各项评价参数的取得,应该根据矿山的实际情况合理地加以选取,至于最佳可采品位指标的确定和经济效益指标的计算,与前述方法相同。

当然,同一矿床表外入选矿石量假设也相等,按以上两种情况所确定的最佳可采品位是不相等的,一般若按单独开采利用表外矿时,由于入选品位较低,得到的精矿品位也较低,因此其售价也应降低,利润较少;若按混合开采利用表外矿时,由于表外矿混入量相对较少,精矿品位不致大幅度降低到影响售价,因此获得利润较多,这个问题决定于矿山实际生产中,究竟采取的是哪种开采利用的方案。

(4)合理利用表外矿的条件

1)表外矿或超贫矿必须分布在露采境界之内。因为这部分表外矿或超贫矿,即使不利用,也要花费剥离以及运往废石场的费用。

2)表外矿或超贫矿必须具有与表内矿近似的选矿性能,如选矿回收率和精矿品位等等。

3)选厂尚有富余的生产能力,因为只有在这种条件下,利用表外矿或超贫矿才可不必增加设备,又可增加精矿产量。

4)尾矿池尚有富余容量,利用表外矿或超贫矿可不必追加扩建或另建尾矿池的投资。

在一般情况下,前三条应该认为是关键条件。但是,应该认识到合理利用表外矿及/或超贫矿石虽然经济效益和资源效益都比较好,同时也应该注意到,由于开采表外矿及/或超贫矿石可以节省开采工序中的全部和部分能耗,然而也必然要增加选矿甚至冶炼的能耗,因为表外矿及/或超贫矿品位较低,从中选出 1 t 精矿要比从表内矿中选出 1 t 精矿消耗更多的能源,而且所选出的精矿品位往往也较低,也还会增加冶炼的能耗。总之,应该综合分析对比开采工序中可能节省的能耗与选冶加工过程中可能增加的能耗,如果后者大大超过前者,在某些能源紧张的情况下,尽管经济效益较好,有时也是不可取的。另外还应该注意到尾矿池对环境的污染等问题。

20.5.2　最佳出矿截止品位和存窿矿石最低极限品位的确定

这也是级差品位指标问题的一个特例。

20.5.2.1　最佳出矿截止品位的确定

计算最佳出矿截止品位的步骤如下:

(1)首先计算放出矿石的总收入(L):

可按截止出矿时累计放出矿石平均品位(C')与累计放出矿石数量(Q')计算:

$$即放出矿石的总收入(L) = \frac{Q' \cdot C' \cdot K_d \cdot Z_d}{C_d} \tag{20-39}$$

式中:K_d 为回收率;Z_d 为单位产品价格;C_d 为精矿品位。

也可按各当次放出矿石量($\Delta Q'$)与当次放出矿石品位($\Delta C'$)的乘积累加计算:

$$即放出矿石的总收入(L) = \frac{\sum (\Delta Q' \times \Delta C') K_d \cdot Z_d}{C_d}$$

式中:符号同前。

当 $\Delta Q' \to 0$ 时,将 $\sum (\Delta Q' \times \Delta C') = \int_0^{Q'} \Delta Q' \cdot dQ'$ 代入上式

$$则放出矿石的总收入(L) = \frac{Z_d}{C_d} \int_0^{Q'} \Delta C' (1 - \Delta K'_f) dQ' \cdot K_d \tag{20-40}$$

式中：$\Delta K'_f$ 为截止出矿时的当次贫化率；其他符号同前式。

（2）计算盈利总额

$$P = L - S(总费用) = \frac{Q' \cdot C' \cdot K_d \cdot Z_d}{C_d} - Q \cdot S_m - Q' \cdot S_d \tag{20-41}$$

$$= \frac{Z_d}{C_d} \int_0^{Q'} \Delta C (1 - \Delta K'_f) \cdot K_d \cdot dQ' - QS_m - Q' \cdot S_d$$

式中：Q 为矿石储量，吨；S_m 为采矿成本，元／吨（包括地勘费、开拓及采准费等）；S_d 为采出矿石的出矿、运输和选矿加工费，元／吨；其他符号同前。

（3）计算最佳出矿截止品位（$\Delta C'$）：由于盈利总额（P）最大时，相对应的当次放出矿石品位，便是最佳出矿截止品位。根据（20-41）式求导：

$$\frac{dP}{dQ} = \frac{\Delta C' \cdot K_d \cdot Z_d}{C'_d} - S_d = 0$$

故 P 值最大时的出矿截止品位为：

$$\Delta C' = \frac{S_d \cdot C_d}{K_d \cdot Z_d} \times 100\% \tag{20-41}$$

用这种方法确定的最佳出矿截止品位，既能满足经济合理要求，又能恰当地放出已崩落的回采矿石量。

截止放矿时的当次贫化率（$\Delta K'_f$）为

$$\Delta K'_f = \frac{\Delta Q' - \Delta C'}{\Delta Q'} \tag{20-43}$$

它们之间的关系.可以表示在盈利总额曲线图（见图20-8）上。

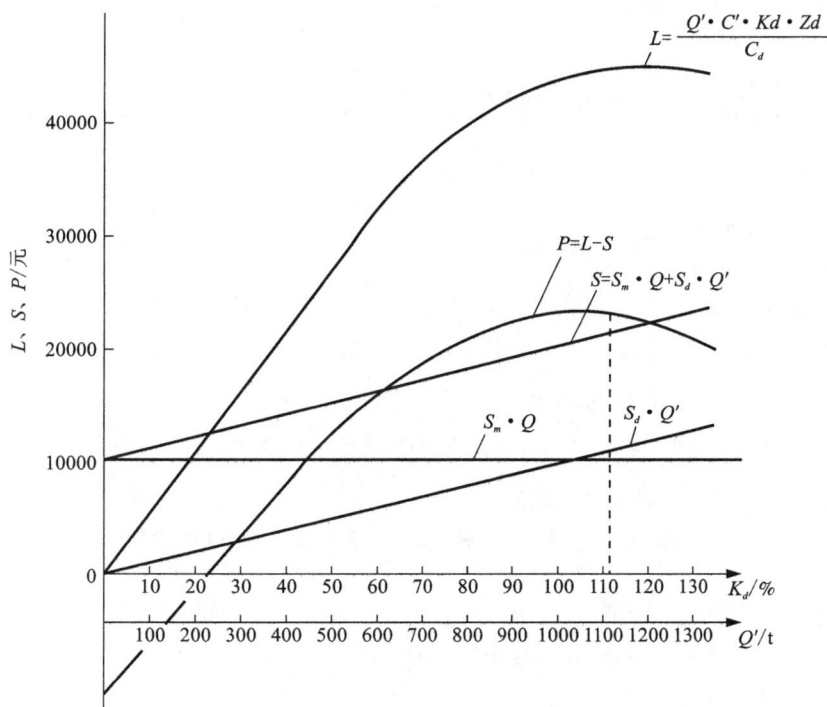

图 20-8   盈利总额曲线

S_m— 采场放矿前已支付费用每吨储量摊销额（元／吨）；S_d— 采场放矿和放矿后的各项费用每吨采出矿石摊销额（元／吨）；

Q— 工业矿量（t）；P— 盈利总额（元）；L— 放出矿石的总收入（元）

S— 总费用（元）；C_d— 精矿品位（%）；Q'— 放出矿石数量（t）；K_d— 选矿回收率（%）；C'— 放出矿石平均品位（%）

例如某铁矿实际选矿技术经济指标和经济参数如下：

每吨矿石回采进路出矿费、中段运输费、矿石运至选厂费和选矿加工处理费分别为0.685元、2.646元、5.5元和12.01元，共计20.841元；选矿金属回收率为73%；综合精矿品位为53%；每吨精矿企业内部调拨价格为

77.97 元，代入前式:

则
$$\Delta C' = \frac{S_d \times C_d}{K_d \times Z_d} = \frac{0.53 \times 20.841}{0.73 \times 77.97} \times 100\% = 19.41\%$$

故该矿山出矿截止品位应控制在 20% 较为合理。

又例如某矿山实际选矿技术经济指标及经济参数见表 20 - 15:

原矿石平均品位为 16%，精矿品位为 57%，尾矿品位为 7.27%；采矿贫化率为 0;

表 20 - 15　1983 年至 1986 年几项实际生产参数表

年份	采矿成本/(元·t⁻¹)	选矿加工及运输费/(元·t⁻¹)	精矿品位/%	销售价格/(元·t⁻¹)
1983	2.24	6.37	57.52	49.78
1984	2.32	6.41	57.23	55.19
1985	2.47	7.11	57.00	65.65
1986	2.59	8.52	57.34	66.11

试问出矿截止品位应该是多少时企业不会亏损?原圈定矿体的可采品位为 20% 是否合适?能否降低?

根据
$$K_d = \frac{C_d(C - C_f)}{C(C_d - C_f)}$$

$$= \frac{57(16 - 7.27)}{16(57 - 7.27)} = 62.64\%（取 60\%）$$

将以上各参数之值代入(20 - 38) 公式

则 $\Delta C'_{1983} = \dfrac{(2.24 + 6.37)57.52}{49.78 \times 60\%} = 16.58\%$

$\Delta C'_{1984} = \dfrac{(2.32 + 6.41)57.23}{55.19 \times 60\%} = 15.09\%$

$\Delta C'_{1985} = \dfrac{(2.47 + 7.11)57}{65.65 \times 60\%} = 13.86\%$

$\Delta C'_{1986} = \dfrac{(2.59 + 8.52)57.34}{66.11 \times 60\%} = 16.06\%$

以上表明出矿截止品位只要不低于 14%，企业就不会亏损。又 1983 ~ 1986 年出矿截止品位在 14% ~ 17% 之间，都低于原圈定矿体的 20%，说明原可采品位可以适合降低。

20.5.2.2　存窿矿石最低极限品位的确定

我们也可以把前式中的 $C_{\min}$ 视为存窿矿石的最低极限品位，所谓存窿矿石是指由于种种原因，采场放矿以后，残留在采场中未能放尽的矿石(残矿)。这种矿石有时品位还不低，它们特别对资源即将枯竭开采转向深部、矿石品位急剧下降的老矿山，起着很重要的作用，是一种不容忽视的有价资源。

存窿矿石具有以下优点:

(1) 不需再投入勘探、开拓和采矿掘进费用，故其成本低廉。

(2) 可以调节矿山生产、缓和生产中矿石紧张的矛盾。

(3) 有利于资源充分回收利用，延长矿山服务年限。

当然，同时也应该指出，利用这种矿石的难度较大，安全条件较差，且较费工时，有时还需要投入一定的巷道和采场整理费用，因此应该慎重行事，在开展利用之前应先进行调查研究，综合考查其技术可行性、安全可靠性和经济合理性。

存窿矿石由于所有的开拓、采矿、掘进费用等均已在采场回采过程中进行了分摊，故只需计算其放矿、运输及选矿加工成本、其经济效益的计算见下式:

$$P = \frac{C'K_d Z_d}{C_d} - S_d \tag{20 - 44}$$

式中: C' 为存窿矿石平均品位; S_d 为放矿、运输及选矿加工成本; P 为存窿矿石回收利用的经济效益; K_d、C_d、

Z_d 代表的含义与前相同。

当 $P = 0$ 时，如果 K_d、C_d、Z_d 均为不变值，则 $\dfrac{K_d \cdot Z_d}{C_d}$ 可视为常数 K。

故

$$C' = \frac{S}{K} \qquad (20-45)$$

此处 C' 为存窿矿石最低极限品位，式(20-44)表明 C' 与放矿、运输和选矿加工等费用成正比。

以上介绍的存窿矿石最低极限品位确定的方法比较简便，方法中都把每吨精矿售价、选矿金属回收率、采矿贫化率以及精矿品位等技术经济参数看成是固定不变的，这不符合矿山实际生产情况，为了更精确的进行计算，应按不同品位指标方案，选取相对应的精矿售价、选矿金属回收率、采矿贫化率和精矿品位等技术经济参数，以优选最佳方案。

20.5.3 主矿体附近孤立小矿体最低可采储量的确定

有的矿山在主矿体附近常有许多孤立的小矿体，它们虽然厚度和品位都达到了工业指标的要求，但是否都具有工业价值，还与小矿体距离主矿体的远近以及小矿体的储量多少有关，如果小矿体的储量较少，与主矿体又有一定距离，要开采它必须掘进专用的开拓工程，而这些工程所花费用又太大，可能就不值得开采。反之，如果距主矿体较近，开拓费用不需要太大，也可能就值得开采，所以这里有一个经济上是否合算的问题。现在国外有的矿山增加了"孤立小矿体的最低工业储量"的指标，作为衡量孤立小矿体是否值得开采的工业指标之一。

（1）孤立小矿体是否有开采价值，必须满足以下两个条件：

1）开采孤立小矿体的总费用不得高于开发利用全矿床相应储量的总费用，即：

$$\sum S \leqslant Q_m \frac{K_p}{1-K_f} \cdot S_u$$

即

$$Q_m \geqslant \frac{\sum S \cdot (1-K_f)}{K_p \cdot S_u} \qquad (20-46)$$

式中：Q_m 为孤立小矿体的最低地质储量，t；$\sum S$ 为开发利用孤立小矿体的总费用（包括从开拓到选矿的总费用），元；K_f 为孤立小矿体的采矿贫化率（混岩率），%；K_p 为孤立小矿体的采矿回收率，%；S_u 为开发利用全矿床的每吨矿石的平均总费用（包括从开拓到选矿的平均总费用），元。

当孤立小矿体采准及回采费用变化不大且与主要矿体距离较近时，$\sum S$ 的大小主要与开采该孤立小矿体而专门掘进的开拓巷道的长度有关，此时 $\sum S$ 可看作是以长度(L)为度量的函数，如小矿体的采准及回采费用有较大变化，则 $\sum S$ 的计算需根据实际开采设计而定。

2）开采孤立小矿体每吨矿石的产值不得低于开发利用全矿床的每吨矿石平均总费用，

即：

$$\frac{C' \cdot K_d}{C_d} Z_d \geqslant S_u$$

或者

$$C' \geqslant \frac{C_d}{K_d \cdot Z_d} S_u \qquad (20-47)$$

式中：C' 为孤立小矿体入选矿石最低平均品位，%；Z_d 为精矿售价，元/吨；K_d 为选矿回收率，%；C_d 为精矿品位，%；其他符号同上。

由 C' 即可求出孤立小矿体最低可采品位 C_0。

$$C_0 = \frac{C' - C'' \cdot K_f}{1-K_f}$$

式中：C'' 为混入废石的品位，%；K_f 为采矿贫化率（即混岩率），%。

将前式代入

则

$$C_0 = \frac{C_d S_u - K_d \cdot Z_\alpha \cdot C'' \cdot K_f}{K_d \cdot Z_d (1-K_f)} \qquad (20-48)$$

式中符号同前。

（2）孤立小矿体最低工业储量的计算：所谓孤立小矿体的最低工业储量，就是满足上述两个条件的最小有用组分的储量 Q_0，根据前面要求 Q_m 和 C_0 的公式

$$Q_0 = Q_m \cdot C_0$$

$$= \frac{\sum S(1 - K_f)}{K_p \cdot S_u} \times \frac{C_d \cdot S_u - K_d \cdot Z_d \cdot C'' \cdot K_f}{K_d \cdot Z_d(1 - K_f)}$$

$$= \frac{\sum SC_d \cdot S_u - K_d \cdot Z_d \cdot C'' \cdot K_f}{K_p \cdot S_u \cdot K_d \cdot Z_d} \tag{20-49}$$

在通常情况下，Q_0 在储量计算时都已计算出来，因此在确定孤立小矿体是否有开采价值时，即可通过用公式求出来的 Q_0 与实标计算出来的储量加以对比，如果实际计算的储量大于 Q_0 时，则为可采矿体，否则为不可采矿体。

20.5.4　矿石贫化和损失的经济分析

矿石的贫化和损失不仅是衡量矿山生产技术管理水平的高低，同时也是影响矿山企业经济效益的重要因素，因此研究和查明矿石贫化和损失的原因，探讨贫化和损失的确定和优化方法，对提高矿山企业的经济效益，扩大再生产，延长矿山服务年限，充分利用我国矿产资源，都具有极为重要的意义。

矿石贫化和损失通常与采矿方法的选择关系很大，一般说来采用贫化和损失较低的采矿方法，对充分开发利用矿产资源比较有利，但是会提高矿石的生产成本，不利于企业经济效益的提高，因此不能认为采用贫化和损失越低的采矿方法越好。当然有时也有这样的情况，采用贫化和损失较低的采矿方法，虽然会提高矿石的采矿成本，但精矿成本却可能降低，最终有利于企业经济效益的提高。所以矿石贫化和损失的最优化是一个涉及因素比较多的复杂问题，不能简单从事，必须根据具体矿山影响矿石贫化和损失的诸因素全面考虑综合研究，才能求得较好的结果。

关于矿石贫化和损失的确定，常用的有两种方法，一种是直接法，即直接测量采空区实际形状的方法，其计算公式和使用条件请参看本卷7.4.5节。

矿石贫化和损失是两项重要的采矿技术经济指标，常常用贫化率（K_f）和损失率（$1 - K_m$）来表示。它们的降低与提高直接影响着矿山企业经济效益的好坏，下面将从盈利和经济损失两个方面来进行分析，其计算方法和公式如下：

（1）由于降低贫化和损失，使企业盈利的计算公式。

按矿山产品为原矿和精矿，分别表示

1）如果矿山产品为原矿时：

$$P = (Z_m - S_m)Q\frac{K_m}{1 - K_f} \tag{20-50}$$

式中：P 为全矿床矿石工业储量盈利额，元／吨；Q 为矿石工业储量，t；K_m 为矿石回采率，%；K_f 为贫化率，%（废石混入率 = 岩石量／出矿量×100%）；Z_m 为矿石销售价格，元／吨；S_m 为采矿成本，元／吨（包括地勘费、开拓及采准费等）。

2）如果矿山产品为精矿时：

$$P = \left[Z_d \frac{C(1 - K_f) \cdot K_d}{C_d} - (S_m + S_d) \right] \cdot Q \cdot \frac{K_m}{1 - K_f} \tag{20-51}$$

式中：Z_d 为精矿销售价格，元／吨；C 为矿石工业储量平均品位，%；K_d 为选矿金属回收率，%；C_d 为精矿品位，%；S_d 为采出矿石的选矿加工费，元／吨；其他符号的说明与上式相同。

由公式（20-51）中可以看出全矿床矿石工业储量的盈利额（P）在 C、Z_d、S_m、S_d 和 K_d 比较稳定的情况下，当 K_m 越大时，则 P 越大。而当 K_f 发生变化时将直接影响着出矿品位[$C(1 - K_f)$]、K_d、S_d 和 Z_d；在 C 和 C_d 固定不变的情况下，如果 K_f 越大则 K_d 将降低，S_d 将增高，Z_d 将降低，最终 P 将越小。由此可见，为了选取最大的盈利额，可通过不同数值 K_m 和 K_f 的试算而求得，总之，在技术上可行的前提下，K_m 越大 K_f 越小，则企业的经济效益越好。

（2）由于贫化和损失造成经济损失的计算公式。

现按贫化和损失分别计算如下：

1）矿石贫化造成的经济损失，主要有两种，一种是由于采出岩石而增加采选费用所造成的经济损失；另一种是采出的岩石经选矿后变成尾矿而造成的经济损失。

① 由于增加采选费用而造成经济损失的公式

$$F_1 = Q \cdot \frac{K_m K_f}{1 - K_f}(S_m + S_d) \tag{20-52}$$

式中：F_1 为全矿床由于采出岩石而增加采选费用的经济损失，元；$Q \cdot \frac{K_m K_f}{1 - K_f}$ 为混入废石量；公式中其他代号的含义，见前说明。

② 由于变成尾矿而造成经济损失的公式

$$F_2 = Q \frac{K_m K_f C_f Z_d}{(1 - K_f) \cdot C_d} \tag{20-53}$$

式中：F_2 为全矿床由于采出的岩石变成尾矿后的经济损失，元；C_f 为尾矿品位；公式中其他代号的含义同前。

综合以上两种矿石贫化原因而造成的总经济损失（F），应为

$$\begin{aligned} F &= F_1 + F_2 \\ &= \frac{K_m K_f}{1 - K_f}(S_m + S_d) + Q \frac{K_m K_f C_f Z_d}{(1 - K_f) C_d} \\ &= Q \frac{K_m}{1 - K_f} K_f \left[S_m + S_d + \frac{C_f Z_d}{C_d} \right] \end{aligned} \tag{20-54}$$

2）矿石损失造成的经济损失也主要有两种，一种是由于采出矿石的损失从而使开采盈利减少所遭受的经济损失；另一种是由于工业矿石储量已支付费用所造成的经济损失

① 由于采出矿石的损失而造成经济损失的公式。

$$G_1 = Q(1 - K_m)\left(\frac{C \cdot K_d Z_d}{C_d} - S_m - S_d \right) \tag{20-55}$$

式中：G_1 为全矿床由于采出矿石的损失而使开采盈利减少的数额，元／吨；$Q(1 - K_m)$ 为工业矿石储量的损失量；其他代号含义同前。

G_1 也可以采用以下所谓级差地租方法求得：

$$G_1 = [Z_t - (S + S_a)]Q(1 - K_m) - M \tag{20-56}$$

式中：Z_t 为按边际费用计算的影子价格；S 为单位矿石经营成本，元／吨；S_a 为单位矿石分摊的基建投资（有时用折旧费代替）；$(S + S_a)$ 为实际生产总费用（元）；M 为多回收矿石而多支出的费用（若多回收矿石能减少经营费用，M 为负值）。

② 由于工业矿石储量已支付费用，如果这吨矿石储量不采则分摊给它的费用就白白浪费了，从而造成经济损失，即所谓无效费用损失的公式

$$G_2 = Q(1 - K_m) \cdot S_m \tag{20-57}$$

式中：G_2 为全矿床由于对工业矿石储量已支付费用的总摊销额，元／t；$Q(1 - K_m)$ 为工业矿石储量的损失量；其他代号含义同前。

举例：某矿井 1988 年损失储量 60 万 t（其中准备储量 20 万 t），基建费用 3.00 元／t，开拓费用 1.5 元／t，准备费用 3.24 元／t，勘探费用 0.68 元／t，求该矿井工业矿石储量的经济损失。

该矿井工业矿石储量的经济损失 = 40(0.68 + 3.00 + 1.50) + 20(0.68 + 3.00 + 1.50 + 3.24) = 375.6 万元

以上计算出来的结果，只能视为不开发矿床的沉入成本，但它不是衡量损失资源所造成的损失，显然当回收这部分资源增加的支出超过其售价时，这种放弃应该是合理的

③ 由于过量的损失，使矿山服务年限缩短 T 年，这就意味着矿山要提前 T 年结束，相当于损失了资本费用 $E \cdot I_n \cdot T$

故提前投产的经济损失：

$$G_3 = E \cdot I_n \cdot \frac{Q(1 - K_m)}{Q_l} \tag{20-58}$$

式中:E 为投资效果系数(资金利润率);I_n 为新矿山建设投资额;Q_l 为生产中每年消耗的表内储量;$Q(1-K_m)$ 为表内储量的开采损失量;$Q(1-K_m)/Q_l$ 为接替矿山提前投产的年限。

综合以上三种矿石损失原因而造成的总经济损失(G),则

$$G = G_1 + G_2 + G_3$$

$$= Q(1-K_m)\left[\left(Z_a\frac{C \cdot K_d}{C_d} - S_d\right) + \frac{EI_n}{Q_l}\right] \tag{20-59}$$

最后,矿石贫化与损失共同造成的经济损失应为:

$$F + G = Q\frac{K_m}{1-K_f}K_f\left[S_m + S_d + \frac{C_f \cdot Z_d}{C_d}\right] + Q(1-K_m)\left(\frac{C \cdot K_d}{C_d}Z_d - S_d + \frac{EI_n}{Q_l}\right) \tag{20-60}$$

由式(20-60)可见,在 C、C_f、C_d 和 Z_d、S_m、S_d 比较稳定的情况下,矿石贫化、损失所造成的经济损失与矿石贫化率(K_f)与矿石回采率(K_m)直接相关。当 K_f 越小时,则总经济损失越小;而当 K_m 越小时,则 F 越小,但 G 却越大。因此 K_m 发生变化时,对总经济效益的影响程度,需根据具体情况而定。由此可见,为了将总经济损失减少到最低限度,在技术可行的前提下,可通过不同 K_m 值进行试算而求得。

图 20-9 是根据某矿具体条件,用式(20-54)、式(20-59)、式(20-60)计算出的 ΔP、F、G、$F+G$ 之值而绘制的,ΔP_0 为 K_f、K_m 为零每吨工业矿石储量的盈利额。

在 C、C_d、K_d、Z_d、S_m 和 S_d 波动不大的情况下,ΔP_0 为一常数。

在图 20-9 中明显看出 ΔP 的最大盈利额与因矿石贫化损失造成的经济损失的最小摊销额是在同一横坐标上,即 $\Delta P_{\max}$ 与 $(F+G)_{\min}$ 同步,同时也可以看出 $\Delta P_0 = \Delta P + (F+G)$。

20.5.5　经济上可采储量的确定

所谓"经济上可采储量"是指在当前技术经济条件下的矿山开采该储量,具有国民经济效益。确定经济上的可采储量可以提高矿山企业的经济效益,有利于改善资源管理条件和实行矿产资源的有偿占用等。

影响确定经济上可采储量的因素是多方面的,诸如矿体的地质条件、矿石的质量、矿山所在地区的经济地理条件、经济因素以及矿山生产规模、技术装备水平等。

确定经济上可采储量的方法有两种:

(1)矿井实际费用评价法:是指采区内可采储量的吨矿生产成本,若低于该矿井的临界吨矿成本,则认为该储量就是经济可采储量。

所谓临界吨矿成本就是矿产品的国家调拨价格。

$$吨矿成本 C = \frac{1}{Q_1}(Z_1 + Z_2 + Z_3) + \frac{1}{Q_2}(Z_4 + Z_5 + Z_6) \tag{20-61}$$

式中:Z_1、Z_2、Z_3 分别为矿井地勘费、设计费、总折旧费(固定资产之和);Q_1 为矿井总可采储量;$Z_4 + Z_5 + Z_6$ 为采矿准备费、总回采直接费用、分摊间接费用(如企管费等);Q_2 为采矿可采储量。

(2)国民经济费用-效益综合分析法:这种方法是以国民经济效益作为评价依据,凡是当前开采具有国民经济效益(效益 ≥ 0)的储量均应开采,不得抛弃或以任何理由注销;因为在这种条件下,已经保证了企业的一定利润,其计算原则是:

回采可采储量单元的国民经济收益(WRe_i) ≥ 回采可采储量单元的国民经济费用($WR'c_i$)。

由于

$$WRe_i = Q_i \cdot P_i$$

式中:Q_i 为单元的可采矿石储量;P_i 为可采储量的影子价格。

且

$$WR'c_i = (\sum C_i + C'_{Di}) \cdot Q_i \tag{20-62}$$

式中:$\sum C_i$——包括回采费用、运输费用、通风排水费、维修和其他可变费用等(元/t);C_{Di} 为应分摊的车间管理费、准备工程费(包括采准、水平开拓、矿井基建费)和企业管理费总和(元/t)。

$$\therefore P_i \geq \sum C_i + C'_{Di} \tag{20-63}$$

经济上是否属于可采储量,在我国刚刚开始研究,许多问题诸如评价方法、审批办法等,还有待今后探讨和完善。

举例:如有两层矿,A 层条件好,B 层较差,如果仅采 A 层,设计能力为 60 万吨,吨矿基建投资 150 元,可采

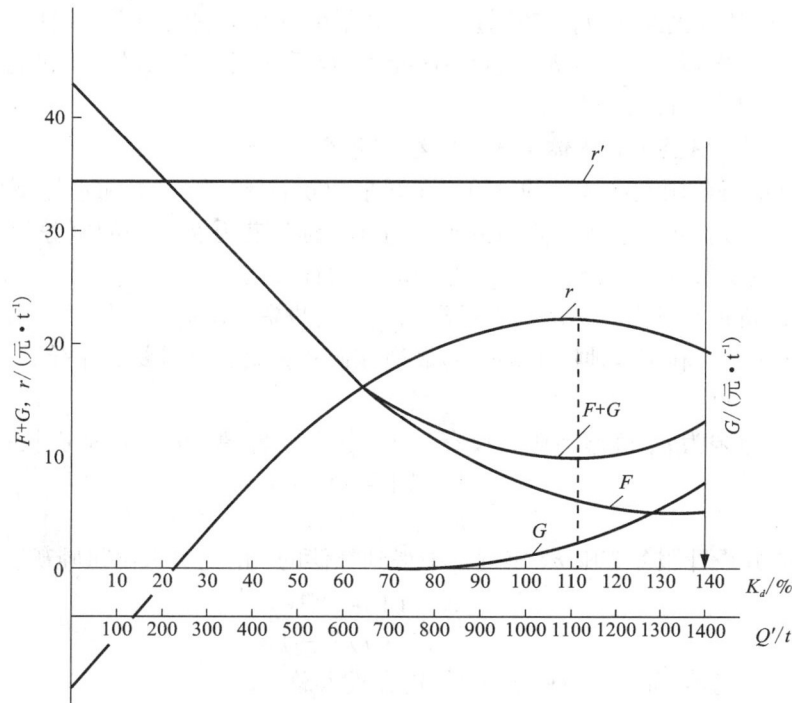

图 20 - 9　r、F 与 G 曲线图

r— 单位储量盈利额, 元 /t; F— 矿石贫化的经济损失每吨储量摊
销额, 元 /t; G— 矿石损失的经济损失每吨储量摊销额, 元 /t;
F + G— 矿石贫化损失造成的经济损失每吨储量摊销额, 元 /t

储量 2400 万吨(服务年限 40 年)。对此矿井可先后分成两个水平开采, 水平开采能力也是 60 万吨(服务年限 20 年), 其中每个水平又分成四个采区, 同时开采两个, 采区生产能力是 30 万吨, 服务年限 10 年, 水平开拓和采区准备的单位投入分别是 60 元和 25 元。又已知 B 层矿的可采储量为 600 吨, 假定开采 B 层矿完全可以利用原有的生产系统, 而不必增加专项工程, 但工作面回采费用为 A 层矿的 2.2 倍, 已知 A 层矿的回采费是 7.5 元 / 吨, 其他可变费用为 18.9 元 /t, 企业及车间管理费是 6.3 元 / 吨, 假设贴现率 r = 10%, 试分析开采 B 层矿储量的经济合理性。

解: 若均匀地开采 B 层矿, 每年开采 A、B 矿层的产量比为 4:1(储量为 2400 万 t 比 600 万 t)。因此矿井、水平、采区服务年限均将延长 1/4, 即分别为 50 年、25 年和 12.5 年, 每采区、水平和矿井开采 A 层矿的产量为 24 万 t、48 万 t 和 48 万 t; 开采 B 层矿的产量为 6 万 t、12 万 t 和 12 万 t。因此, 可计算出采 B 层矿应分摊的准备、开拓、基建投入费用为

应分摊的采区准备费用

$$= \frac{r}{6} \left[(30 \times 25 + 0) \frac{(1 + r)^{12.5}}{(1 + r)^{12.5} - 1} - \frac{30 \times 25 \times 24}{30} \times \frac{(1 + r)^{10}}{(1 + r)^{10} - 1} \right] = 1.68 \, 元 /t$$

应分摊的水平开拓费用

$$= \frac{r}{12} \left[60 \times 60 \times \frac{(1 + r)^{25}}{(1 + r)^{25} - 1} - \frac{60 \times 60 \times 48}{60} \times \frac{(1 + r)^{20}}{(1 + r)^{20} - 1} \right] = 4.86 \, 元 /t$$

应分摊的矿井基建费用

$$= \frac{r}{12} \left[60 \times 150 \times \frac{(1 + r)^{50}}{(1 + r)^{50} - 1} - \frac{60 \times 150 \times 48}{60} \times \frac{(1 + r)^{40}}{(1 + r)^{40} - 1} \right] = 14.29 \, 元 /t$$

故　　　　　　　　　$C'_{Di} = 6.3 + 1.68 + 4.86 + 14.29 = 27.13 \, 元 /t$

$$\sum C_i = 18.9 + 7.5 \times 2.2 = 35.40 \, 元 /t$$

单位生产总费用为 27.13 + 35.40 = 62.53 元 /t。

假设 B 层矿的影子价格经测算为 65.02 元 /t。

由此可见，开采 B 层矿从国民经济效益考虑还是经济的，虽然开采它的回采费用比 A 层矿提高了 9.0 元／吨（1.2×7.5 元／t），但节省了准备工程投入费用达 5.63 元／t（仅采 A 层矿投入的采区准备、水平开拓和矿井基建费用分别为 4.07 元／t、7.05 元／t、15.34 元／t）。

20.5.6　开采建筑物下、铁路下和水体下矿柱的经济评价

（1）延长巷道及矿井服务年限经济效益的计算：在开采建筑物下、铁路下和水体下面的矿柱时，一般借助于原有的巷道，因此其经济效益主要表现为降低巷道掘进率、延长巷道及矿井的服务年限，也就是节省了资金的投入及其利息。在计算资金投入总额时，可用静态和动态两种方法。

1）静态方法。可用建筑物等下面的采出矿石量乘以吨矿石投资，在企业评价中可用企业范围内最高的吨矿石投资，在国民经济评价中，可利用本地区可接受的最高吨矿石投资，但需要影子价格对投资中的某些项目进行修正。

2）动态方法：设建设年限为 p，静态吨矿石投资为 J'，则到矿井建设年的吨矿石投资额 J'' 为：

$$J'' = \frac{J'}{p} \cdot \frac{(1+i)^p - 1}{i} \tag{20-64}$$

吨矿石投资额是在矿井设计服务年限 n_2 年过程中得到补偿的，由此可求出每吨矿石的资本补偿费用 A 为

$$A = J'' \frac{i(1+i)^{n_2}}{(1+i)^{n_2} - 1} \tag{20-65}$$

于是得出由于开采建筑物等下面的矿柱所节省的资金投入总额 J 为

$$J = A \cdot \sum_{t=1}^{l} Q_t \frac{1}{(1+i)^{t-1}} \tag{20-66}$$

式中：Q_t 为 t 年开采建筑物等下面的矿量；l 为开采建筑物等下面的采矿延续年限；i 为贴现率。

（2）开采建筑物下等矿柱经济效益的计算

1）增加产量的收益：当矿井生产能力不饱和时，开采建筑物下的矿柱，可使矿井产量增加，从而增加企业的销售收入，可表示为 E

$$E = \sum_{t=1}^{l} \Delta D_t \cdot Z_t / (1+i)^{ti} \tag{20-67}$$

式中：ΔD_t 为由于在建筑物下采矿，在第 t 年增加的产量；l 为在建筑物下采矿所延续的年限；Z_t 为 t 年的吨矿售价。

当矿井生产能力饱和时，开采建筑物下的矿柱将影响其他正常巷道的采矿，则矿井不会增加产量，此项经济效益为零。如果造成减产时，则 E 将为负值。

2）增加的费用：可用 S 表示，包括：

① 增加支付地面建筑与井下设施费；

② 为进行开采建筑物下矿柱所增加的专项工程费用；

③ 当矿井生产能力饱和时，开采建筑物下矿柱较通常采矿所增加或减少的其他可变费用，如通风、排水、回采和维修费等。当矿井生产能力不饱和时，该费用即为全部日常生产费用。

④ 增加收益所附加的产品税和资源税。

⑤ 科研费。

（3）开采建筑物下矿柱的总经济效益 E_z 公式

$$E_z = J + E - \sum_{t=1}^{l} St \tag{20-68}$$

注意：由于 S 发生的时间不同，故计算时都应贴现到开采建筑物下矿柱开始的年份。

许多大型建筑物下的采矿工程，需要事先进行论证，根据论证结果对全矿未来开发方案进行布局。所以一般不只是用一个简单公式进行计算，为了优化决策，通常要分析论证以下问题。

① 开采建筑物下矿柱是否确实有利？采用什么技术方案最佳？

② 如果不开采建筑物下矿柱，矿山将采用何种方案来保证生产接替？

③ 对最佳接替方案与最佳开采矿柱方案进行对比，以便选择最优决策方案。

21 矿床综合利用及矿山环境保护经济评价

21.1 矿床综合利用经济评价

21.1.1 矿床综合利用经济评价的内容、意义及发展现状

21.1.1.1 矿床综合利用经济评价的概念

近几十年来，随着采矿、选矿、冶炼技术的发展，发现几乎所有的矿床都有综合利用的问题。即除一种或几种主要组分外，还有其他共生矿产或伴生有用组分可供利用。但在目前条件下又不是所有组分都能利用，这里就有一个到底哪些共生矿产和伴生组分可供综合利用的问题。为了解决这个问题，人们从技术经济观点出发，结合矿床及矿业生产的特殊性研究，采用一系列的经济评价方法，使矿产资源在技术上可行，经济上合理的前提下得到充分利用。这就是矿床综合利用经济评价的含义。它是地质技术经济范围内的一个研究课题，是人类科学地认识、开发利用矿产资源的一种方法。

21.1.1.2 矿床综合利用经济评价的内容

矿床综合利用经济评价工作贯穿整个矿业开发过程，直至矿山生产结束后的一段时间。从矿床的普查开始到矿床勘探阶段以查明矿床共生矿产和伴生组分为主要目的，同时要对其综合利用进行经济评价。在矿山设计阶段以研究落实综合利用的具体措施为主，包括采、选流程、设备选型、技术指标、经济概算、各方案的优选等。矿山生产随着内外部条件的改变和技术进步，有进一步加深综合利用矿产资源，扩大综合利用范围的任务。在矿山生产结束后废石及尾矿的利用，这些都是矿床综合利用经济评价的内容。

矿床综合利用经济评价在矿业开发的各个阶段研究的目的不同，内容重点也不尽相同。具体都要从以下三方面内容着手。

（1）评价因素：它包括矿床经济评价的全部因素（见第20章）但重点需要研究和确定的评价因素主要有：

1）共生矿产的种类、储量、品位、矿体形态、规模、赋存部位、可采条件等。

2）矿床中伴生组分的种类、赋存状态、分布规律、品位及指标、选冶及其他分离技术指标等。

3）主组分（矿种）开采、选冶的内部条件和外部条件等。

4）主矿种的采、选（冶）生产成本的构成及指标。

5）某种共生矿产或伴生组分回收的直接费用（包括增加投资）。

6）综合利用矿产或组分的国民经济需求情况。

7）市场要求的产品质量标准及价格。

（2）评价方法：目前国内外出现的矿床综合利用经济评价的方法基本上分为两大类。一是可供综合利用的共生矿产或伴生组分种类的确定；二是综合利用经济效益的评价。两种方法又相辅相成。

（3）综合利用经济评价结果的应用：对矿床综合利用经济评价的目的就是利用评价结果，指导矿产综合利用，使难以再生的矿产资源得到更充分、更合理的利用，提高矿业开发的社会和经济效益。

21.1.1.3 矿床综合利用经济评价的意义

（1）在普遍开展的矿床经济评价中，综合利用共生矿产和伴生有用组分的经济评价占有主要的地位。它是矿床经济评价不可分割的重要组成部分。根据我国矿产资源的特点和开发现状，可以说没有综合利用经济评价的矿床经济评价是不完全的，它不能反映出矿床的真实潜在价值。

（2）矿床综合利用经济评价是广开资源的途径。截止到1990年底全国已发现矿产162种，矿床和矿化点20多万个，其中有探明储量的矿产149种，矿区15000多处。是世界上少数几个矿产资源比较丰富、品种比较齐全的国家之一。但人均矿产资源占有量不及世界人均占有量的一半而居世界80多位。我国实际存在着资源短缺的问题。要解决资源短缺问题就需要广开矿源。除积极找矿外，综合利用经济评价是一个广开矿源的渠道。我国

的矿产资源的特点是贫矿多，难选矿多，综合矿多。有些矿产如钛、钒、银、稀有、稀土金属和分散元素储量很大，但大都为矿床的伴生组分，靠综合回收获得矿产品去满足国民经济的需要。目前我国广泛开展的综合利用研究，发现了很多有用组分而增加了资源量。但是还有大量未被发现的共生矿产和伴生有用组分，留待我们进一步研究。有的虽然已发现，而由于种种原因未被利用的情况也大量存在。还有自然界存在的某些岩石，就其中某种组分而言，都分别低于单矿种工业指标要求，不能称之为矿床（矿石）；而包含几种组分（矿物）的岩石，综合开发时人们有利可图，它将会变成"综合性矿床（矿石）"。

（3）我国综合利用水平与发达国家比较是低的。不论是矿产资源开发应用的深度和广度都不够，很多珍贵的有用组分大量丢失。通过对 1800 多个重要生产矿山调查，表明 70% 的有用组分得到综合利用的矿山仅占调查矿山总数的 2%；50% 有用组分得到综合开发利用的矿山只占 15%；而 75% 的矿山有用组分的回收利用小于25%。有的矿山甚至全部有用组分没有得到综合回收利用而白白丢失。通过矿床综合利用经济评价工作，可以提高人们对综合利用的认识从而提高矿产资源综合利用系数。

（4）矿床综合利用经济评价工作能促进矿山三废的利用，减少污染保护环境。

（5）矿床综合利用经济评价工作的深入广泛开展，是矿山企业增加经济效益的潜力。国内很多矿山企业的经验表明，单矿种开发的矿山经济效益不佳，由于受矿产品的价格因素影响，很多矿山企业亏损；而综合利用搞得好的企业盈利就较多。例如，大冶铁矿 16 年共回收黄金 19 万两，实际收益达 6700 多万元；大姚铜矿 1980年从铜精矿中回收银的价值达 380 万元；某铝土矿中镓的回收，全部开采期可创利 2.8 亿元；攀枝花铁矿床钒、钛的价值要比铁高 5～9 倍，如此等等。还有采矿的废石、选矿的尾矿、废水，都属于三废之列，既占地，又影响环境，现在有人开始开展这方面的研究，如果将其综合利用起来既减少了污染又能创造经济效益，何乐而不为。

21.1.1.4　矿床综合利用经济评价的现状

矿床综合开发利用问题的出现，同时也是综合利用经济评价的产生。人们要合理利用矿产资源中的共、伴生矿产或有用组分，必然要从经济上权衡利弊。这种权衡只不过在开始时没有科学的系统的方法，而只是粗略地估算。后来综合利用在矿业开发中比较多地开展，其经济评价也发展到与同类矿床进行类比。当然这也带有很大的臆断成分。到 20 世纪 70 年代末，80 年代初，随着采、选、冶技术的不断提高，综合利用问题几乎普遍存在于我国的各类矿床中，人们开始认识到综合利用经济评价工作的重要性和必要性。引起了国内的专家学者注意和重视，他们一方面介绍、引进国外的研究理论和方法，一方面与矿山生产单位结合，探索研究适合我国国情的评价方法。特别是 1985 年国务院转发国家经济委员会《关于开展资源综合利用若干问题的暂行规定》以后，除了强制性推行"综合勘探、综合评价、综合开发、综合利用"方针外，还对综合利用实行优惠政策。相应地矿床综合利用经济评价工作也得到迅速发展。通过对一部分矿床进行综合利用经济评价，取得了较满意的效果。受到矿山地质工作者和矿山企业经营者的重视。

尽管该项工作发展较快，终因开展时间短，很多方法还不完善，还存在一些问题有待解决。特别是由计划经济转为市场经济以后，很多观点需要转变。随着该项工作的深入研究和普及，矿床综合利用经济评价工作将会得到不断完善和发展。

21.1.2　矿床综合利用种类的确定原则

矿床中共生矿产、各种伴生组分、矿山生产中的废碴、尾矿、废水的利用都属综合利用范畴。但目前条件下又不是所有共生矿产、伴生组分、所有的固体废弃物和废水都能综合利用。然而应对哪些进行综合评价，这就有一个选择的问题。一般要综合考虑下列原则：

（1）充分利用矿产资源：在开发过程中可利用资源不局限一、二种，而是有多少种的就利用多少种。

（2）国民经济需求：综合利用种类应根据国民经济需求情况而定。急需的矿种和组分是综合利用评价的重点，相反需求量不大，国际国内市场滞销的产品，对其进行经济评价意义不大。可对其暂缓评价或不评价。

（3）技术上可行：对那些经过采、选、冶工艺流程试验或工业试验完全确认能回收、生产达到国家要求标准产品的共生矿产、伴生有用组分和废石、尾矿进行评价才是必要的。否则没有实际意义。

（4）效益原则：从经济效益出发，综合利用应该考虑的仅仅是能使矿山企业增加经济效益的部分。一般要符合产出大于投入的经济原则，即综合利用的产值大于其增加的生产费用和投资的总和。如果考虑间接经济效益，例如资源有偿占用时因利用系数低而支付的赔款、多占用土地款、环境污染罚款、赔款等。这时经济原则是综合利用产值与间接经济效益之和大于增加的生产费用与投资的总和。同时增加投资还必须要考虑投资效果问题。

上述经济效益只是效益的一个方面。还有社会效益的方面也是必须考虑的。它是关系到环境、关系到生态平衡、关系到子孙后代的问题。

21.1.3 综合利用经济评价计算方法

综合利用经济评价计算方法较多。本章按综合利用伴生组分评价计算方法；综合利用伴生矿产评价方法；综合利用废石、尾矿的评价方法的顺序分别介绍。

21.1.3.1 综合利用伴生组分评价计算方法

综合利用伴生组分经济效果的计算方法较多。各种方法都是首先计算回收某种伴生组分的经济效果，也就是根据计算认定回收该组分在经济上是否合算。只有经济上合理的伴生组分才能称之为伴生有用（有价）组分。在此基础上进行综合评价。可以计算回收某种伴生有用组分的经济效果，也可以计算综合回收所有伴生有用组分的经济效果。还可以和主要组分一起计算整个矿床的经济价值。

在计算回收某种或所有伴生有用组分的经济效果时，主要考虑产品的收入与生产费用的平衡关系。收入可用产品的售价乘产品产量求出，而生产费用可分为间接费用（或称共用费用）和各种矿产品的直接费用。间接费用是指与提取包括主组分在内的各种有用组分都有关系的费用。如开采、运输、初步加工费等。直接费用是指只与提取某种伴生组分有关的支出，如果不生产该产品就无需支付的费用。在进行评价计算时考虑哪种费用与收入的平衡问题上出现了两种不同的计算方法和公式。一种认为矿床开发中提取的所有组分的产品除考虑提取该组分的直接费用外都应分摊间接费用才是合理的。以 B·H·维诺格拉多夫方法为代表。另一种以 Φ·Д·拉瑞奇金和 G·A·累然柯夫方法为代表的，认为综合利用伴生有用组分产品的收入只需考虑与直接费用的平衡关系。国内很多企业利用"矿石中综合利用伴生组分最低工业指标"的方法进行评价。只要矿床中某种伴生组分达到参考工业指标的要求（当然技术上肯定是可行的）就进行综合利用经济评价。这里存在着一个综合利用品位参考指标的确定和优化的问题（其确定方法见第5章）。

在评价方法上还存在计时评价和不计时评价的两种方法。它们的基本思路是一致的。差别只在是否考虑货币的时间价值。计时评价比不计时评价更科学更符合实际。

计时评价和不计时评价计算中相差的只是现值换算系数。本章介绍的各种方法中的所有不计时评价法，都可以利用现值换算系数变成计时评价法。例如，总利润法属不计时评价。也可以分年度计算利润，再求出年净利润现值。最后求和得到净利润总现值，就变成了计时评价法。

（1）B·H·维诺格拉多夫法：B·H·维诺格拉多夫提出综合利用多种组分矿石时确定伴生组分最低工业品位的方法。他的原则是提取各种组分的费用必须由产品的价值来抵偿。他主张将一部分间接费用计入伴生组分的生产费用中去。下面他举例说明两种费用的关系及其计算方法。

设某多金属铜锌矿，按图 6-1 所示流程回收三种最终产品。

各流程费用的分配办法是：

直接费用应由所在程序的最终产品承担。而某些公用程序的费用，必须按所属程序产品的价值来分摊，公用程序所有的产品都是半成品，没有价格。因此必须用最终产品价值扣除后序费用来获得（Z_i）。

则 $Z_1 \sim Z_5$ 的价值为

$$Z_1 = Z_{Zn} - Su_{Zn} = D_{Zn}(年产量) \times \lambda_{Zn}(出厂价格) - SU_{Zn}$$

$$Z_2 = Z_{Cu} - Su_{Cu} = D_{Cu}\lambda_{Cu} - Su_{Cu}$$

$$Z_3 = Z_{FeS_2} - Su_{FeS_2} = D_{FeS_2}\lambda_{FeS_2} - Su_{FeS_2}$$

$$Z_4 = (Z_1 + Z_2) - S'_k = Z_{Zn} + Z_{Cu} - Su_{Zn} - Su_{Cu} - S'_k$$

$$Z_5 = (Z_3 + Z_4) - S''_k = Z_{Zn} + Z_{Cu} - Z_{FeS_2} - Su_{Zn} - Su_{Cu} - Su_{FeS_2} - S'_k - S''_k$$

因为企业中没有分段会计科目，从而使计算产生困难。但如果工艺流程能有 1~3 个月的稳定时间，便可根据原材料、水、电、工资、生产设备折旧和管理费等计算出单一程序的直接费用（Su）然后就可以计算公用程序个别产品的费用配分（S_k）。

第一公用程序间接费用由 Z_1，Z_2 的比例关系向各自产品来配分：

$$S'_{kZn} = \frac{Z_1}{Z_1 + Z_2} \cdot S'_k$$

铜-锌矿石(第五半成品)Z_5

磨矿 $S''_k = S''_{k3} + S''_{k4}$

黄矿石半成品Z_3（第三半成品）   黄铁矿浮选   混合精矿(第四半成品)Z_4

分选   磨细

浮选 Su_{FeS_2} 分级 $S'_k - S'_{kZn}$

尾矿(弃去)   干燥   优先浮选

含锌矿砂(第一半成品)Z_1

黄铁矿精矿Z_{FeS_2}

矿浆(含铜矿泥) (第三半成品)Z_2

抑制

分级

活化 Su_{Cu}

扫选

精选 Su_{Zn}

尾矿(弃去)

锌精矿Z_{Zn}

铜精矿Z_{Cu}

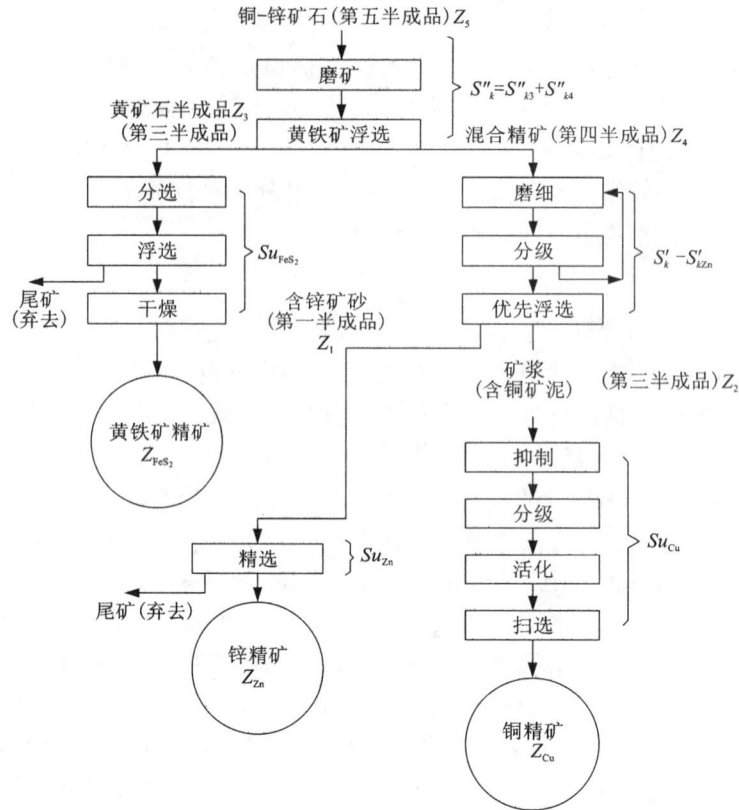

图 21 - 1   多金属铜锌矿的加工工艺流程和回收的最终产品图

Su_{FeS_2}，Su_{Zn}，Su_{Cu} 为分别为黄铁矿、锌、铜精矿的直接费用；S'_k，S''_k——分别为第一、第二共用流程间接费；

$Z_1 \sim Z_5$——第一到第五半成品的价值；Z_{Zn}，Z_{Cu}，Z_{FeS_2}——分别为锌、铜、黄铁矿精矿的价值

$$S'_{kCu} = \frac{Z_2}{Z_1 + Z_2} \cdot S'_k$$

同理第二公用流程的间接费用应由 Z_3、Z_4 的比例关系向各自的产品配分：

$$S''_{k4} = \frac{Z_4}{Z_3 + Z_4} \cdot S''_k$$

黄铁矿精矿分摊的间接费用(只有第二个共用流程)为：

$$S''_{kFeS_2} = \frac{Z_3}{Z_3 + Z_4} S''_k$$

精矿分摊的第二流程间接费为：

$$S''_{kZn} = \frac{Z_1}{Z_1 + Z_2} \cdot S''_{k4} = \frac{Z_1}{Z_1 + Z_2} \cdot \frac{Z_4}{Z_3 + Z_4} S''_k$$

$$S''_{kCu} = \frac{Z_2}{Z_1 + Z_2} \cdot S''_{k4} = \frac{Z_2}{Z_1 + Z_2} \cdot \frac{Z_4}{Z_3 + Z_4} S''_k$$

黄铁矿精矿全部选矿费(S_{FeS_2})为：

$$S_{FeS_2} = Su_{FeS_2} + \frac{Z_3}{Z_3 + Z_4} S''_k$$

锌精矿全部选矿费(S_{Zn})为：

$$S_{Zn} = Su_{Zn} + S'_k \cdot \frac{Z_1}{Z_1 + Z_2} + S''_k \frac{Z_1}{Z_1 + Z_2} \cdot \frac{Z_4}{Z_3 + Z_4}$$

铜精矿全部选矿费(S_{Cu})为：

$$S_{Cu} = Su_{Cu} + S'_k \cdot \frac{Z_2}{Z_1 + Z_2} + S''_k \frac{Z_2}{Z_1 + Z_2} \cdot \frac{Z_4}{Z_3 + Z_4}$$

在该锌铜矿石中,各组分工业利用价值(利润)计算锌精矿的工业价值(J_{Zn})为:

$$J_{Zn} = D_{Zn}\lambda_{Zn} - Su_{Zn} - \frac{Z_1}{Z_1 + Z_2}(S'_k + S''_k \frac{Z_4}{Z_3 + Z_4}) \qquad (21-1)$$

铜精矿的工业价值(J_{Cu})为:

$$J_{Cu} = D_{Cu}\lambda_{Cu} - Su_{Cu} - \frac{Z_2}{Z_1 + Z_2}(S'_k + S''_k \frac{Z_4}{Z_3 + Z_4}) \qquad (21-2)$$

黄铁矿的工业价值(J_{FeS_2})为:

$$J_{FeS_2} = D_{FeS_2}\lambda_{FeS_2} - S''_k \frac{Z_3}{Z_3 + Z_4}) \qquad (21-3)$$

综合矿石价值,可用各种精矿价值求和。该方法要求:

1)当分摊到某产品的全部生产费用(直接费用和间接费用)大于产品价值时前面流程的间接费就不应分摊了。

2)当某产品的价值,在计算总产品价值中所占比重不大(< 10%) 时,可不必计算其前面流程的间接费用。

关于固定资金的分配问题:

1)与生产直接有关的生产性固定资金,必须按各半成品内所含的有用组分的工业价值比重来配分。

2)辅助车间的固定资金,可按各流程的实物工作量(如吨、立方米或货币单位)来分摊。

3)属于主要车间的固定资金,可按各产品相应的工资额在全车间工资总额中的比重分配给各产品

关于流动资金,一般按生产某种产品的年产值占企业流动资金额的比例来配分。

这就是按个别最终产品分摊公用流程间接费用的计算方法。该方法计算复杂,且很多参数难于取准。而更主要的是因公式中不但计入直接费用,而且计入了一部分采矿和选矿初始阶段等的间接费用。而这部分间接费用往往不是由于增加某产品才产生的。因而夸大了提取某种伴生组分所需的费用。影响矿石综合利用程度。所以这样处理不尽合理。

(2)Ф·Д·拉瑞奇金法:Ф·Д·拉瑞奇金等于1977年提出(根据收入能抵偿直接费用的原则)确定提取矿石中任何一种组分的经济效果评价方法。

其公式为 $$S_{ui} \leqslant C_i \cdot K_i \cdot Z_i \qquad (21-4)$$

式中: S_{ui} 为是由1 t原矿中提取 I 组分时发生的直接费用; C_i 、 K_i 为分别为原矿中 i 组分的含量及其回收率; Z 为每吨 i 组分产品的价格。

持这种观点的理由是不管人们利用不利用伴生组分,在提取主组分时开采和初始阶段的选矿加工费等都已经支付。所以只考虑提取某种伴生组分的直接费用与产品收入的平衡关系。这样考虑符合权衡由一个方案过渡到另一方案时递增的经济效益与追加费用之间的关系,它能扩大资源利用范围,是比较合理的。

该方法认为确定提取矿石中某种组分的经济效果,并不等于证明综合利用多种组分矿石时整个收支平衡方案是可取的。因为他们主张不能只分别研究每种有用组分。而应综合考虑所有的有用组分。于是提出综合利用经济价值的评价公式:

$$S \leqslant \sum_{i=1}^{n} C_i \cdot K_i \cdot Z_i \qquad (21-5)$$

式中: S 为综合利用各种有用组分时,采、选每吨原矿的费用(包括各种直接费用和间接费用);其他代号同式。

用(21-5)式判断综合利用多组分矿石的经济效益时,应当只限于经济效益符合要求的那几种组分。

这种做法实质上是从单组分上,只用直接费用确定其经济价值,比较合理地解决了因为分摊间接费用而提高伴生组分品位指标使储量减少的问题,加深了综合利用程度。它从总体上考虑综合回收各有用组分的全部采选费用。这就保证了间接费用的偿还,不会使企业蒙受损失。

总之,它符合综合利用矿石的产品价值等于或大于直接和间接费用的原则。而且其中每种可供综合利用的组分的价值也不低于提取它的直接费用。所以这是一种合理的综合利用评价方法。

(3)H·A·累然柯夫法:H·A·累然柯夫等1978年对判断是否值得提取某些伴生组分时,也曾提出和Ф·D·拉瑞奇金等相同的观点。认为应当"只考虑直接成本,而不计入一般费用(间接费用)"。他主张一般费用只用来决定综合利用的总经济效益,而不决定加深矿石的综合利用程度。建议用下面公式评价综合利用伴生组分

总的经济效益：

$$R = \sum_{i=1}^{n} \delta_i (Z_i - S_{ui}) - S_k \qquad (21-6)$$

式中：R 为矿石综合利用的总经济效益（利润）；δ_i 为由 1 t 矿石中得到 i 伴生组分产品吨数。即 i 产品产率；Z_i 为社会允许的 i 产品成本极限，即产品价格；S_{ui} 为 1 ti 产品的直接费用；S_k 为综合利用 1 t 矿石的一般费用，即间接费用。

由上式可以看出如果产品总价值与直接费用总和的差值，不超过综合利用的一般费用，即 $\sum_{i=1}^{n} \delta_i (Z_i - S_{ui})$ $< S_k$，则说明这种方案是没有经济效益的，是不合算的。所以说一般费用决定着总的经济效果。

而某种组分能否被利用则取决于 $\delta_i (Z_i - S_{ui})$。当 $\delta_i (Z_i - S_{ui}) > 0$ 则表明 i 伴生组分能被综合利用。因此加深矿石综合利用程度，能更多地提取某种组分，提高经济效益的唯一途径是使 $\sum_{i=1}^{n} \delta_i (Z_i - S_{ui})$ 不断增大。当 Z_i 和 S_{ui} 稳定时，千方百计提高伴生组分的产率 δ_i 是不断提高经济效益的重要途径。当 $\delta_i (Z_i - S_{ui}) > 0$ 时 i 值的增大，即综合利用有用组分的种类越多经济效益越大。

从多组分矿石中提取某种伴生组分的合适度和最佳条件往往不单从利润方面考虑，这里同时存在一个合理程度问题。原则是 $S_{ui} = Z_i$ 是最佳条件。使资源得到充分合理的利用。当 $S_{ui} < Z_i$ 时说明有用组分提取不足、综合利用程度不够。当 $S_{ui} > Z_i$ 时，回收 i 种组分递增的直接费用大，在经济上不合理，说明该组分不宜回收。

（4）期望总利润法：我国矿床综合利用经济评价时使用期望总利润法较多。基本步骤是首先确定某种伴生组分综合利用是否合算。评价公式可分为不计时评价和计时评价两种。

1）不计时评价公式：

$$I = Z - S - J \geqslant 0 \qquad (21-7)$$

式中：I 为回收某种伴生组分期望总利润；Z 为回收某种伴生组分的产值；S 为回收某种伴生组分的直接生产费用；J 为追加的基建投资。

2）计时评价公式：

$$\Delta R = \sum_{i=1}^{n} (\Delta Z_i - \Delta S_i) \alpha_t - \Delta J \geqslant 0 \qquad (21-8)$$

式中：ΔR 为回收某种伴生组分贴现总利润；ΔZ_i 为相应年产值增量；ΔS_i 为相应年直接生产费用增量；ΔJ 为相应年基建投资增量；α_t 为现值换算系数；n 为回收年限。

使用式（21-7）或式（21-8）确定矿床中某些伴生组分的综合利用在经济上是否合理后，再用期望总利润评价矿床综合利用伴生组分的经济效果。也有人利用"矿石中综合回收伴生组分最低品位参考指标"（略）确定伴生组分回收种类。凡品位等于或高于参考指标的伴生组分且有一定数量就应进行全面综合评价。其计算公式是

$$I_{伴} = KQ_{主} \varepsilon_{采} \sum_{i=1}^{n} \beta_i \varepsilon_i (P_i - G_i) - R_{伴} \qquad (21-9)$$

式中：$I_{伴}$ 为全采期伴生元素综合利用期望总利润，万元；K 为可采储量系数；$Q_{主}$ 为地质探明主元素储量，万吨；$\varepsilon_{采}$ 为采矿回收率，%；n 为伴生有用元素个数；β_i 为伴生元素地质品位，%；ε_i 为伴生元素选、冶回收率，%；P_i 为伴生元素产品售价，元／吨；G_i 为伴生元素加工直接成本，元／吨；$R_{伴}$ 为回收伴生元素所增加的投资，万元。

5. 单位原矿盈利指标法：当综合利用伴生组分时投资不增加或增加很少情况，投资增量可以忽略不计，只计算原材料、人员工资等直接成本，可以用每吨原矿的盈利指标进行综合利用评价。设只生产单一产品每吨原矿盈利为 $I_{主}$（元／吨原矿）。综合利用后每吨原矿盈利为 $I_{综}$（元／吨原矿）。当综合利用是可取的。

$$I_{综} \geqslant I \quad 时， \qquad (21-10)$$

式（21-9）中利润指标可以计算到精矿，也可以计算到金属。

6. 投资收益率评价法：当综合利用伴生组分投资增量较大时，在考虑矿山企业利润时，还应当考虑投资收益率的问题。根据投资收益率的计算公式得到：

$$L_{i综} = \frac{I_{综}}{R_{综}} ; \quad L_i = \frac{I}{R} \qquad (21-11)$$

式中：$L_综$，L_i 分别为综合利用和单一产品矿山投资收益率，%；$I_综$、I 分别为综合利用和单一产品矿床经济效益（毛利润）；$R_综$，R 分别为综合利用和单一产品矿山投资。

$$L_综 \geq L_i \text{ 时矿床综合利用是可取的} \tag{6-10}$$

应用此法时应注意 $L_综$ 并非越大越好。应考虑到同行业平均投资收益率问题。

21.1.3.2 综合利用共生矿产经济评价

综合开发利用共生矿产，可利用总利润法计算其在全采期的期望总利润值，其公式为：

$$I_共 = K \sum_{j=1}^{n} Q_j \varepsilon_j (P_j - G_j) - R_共 \tag{21-12}$$

式中：$I_共$ 为全采期共生矿产开发利用的期望总利润，万元；K 为可采储量系数；n 为共生矿产种类；Q_j 为各种共生矿产储量，万吨；ε_j 为不同共生矿产采选冶回收率，%；P_j 为不同共生矿产的产品售价，元／吨；G_j 为不同共生矿产的单位综合成本，元／吨；$R_共$ 为共生矿产开发总投资。

用公式(21-12)可以计算包括主矿产在内的整个矿床综合开发的期望总利润。赋予符号不同的含义，也可以计算不包括主矿产的其余所有共生矿产的期望总利润。此时 G_j 表示不包括主矿产的其他共生矿产的单位综合成本。$R_共$ 中也减去开发主矿产的总投资。

当 $R_共$ 仅表示开发某种共生矿产的投资，G_j 表示开发某种共生矿产的单位成本时，公式(21-12)又可以计算开发某种共生矿产的期望利润。

公式(21-12)中存在着成本计算和投资分摊的问题。该类问题要根据不同矿床特点和开发阶段分情况处理。

(1) 两种以上矿产共生，赋存空间位置相同时进行勘探，无法分别开采，只有到选矿或冶炼阶段才能分离的矿床，计算各共生矿产总利润时，产品的成本 G_j 应包括直接生产费用和部分间接费用，间接费用可用各成品产值比重来配分。同时总投资也要分摊。此种情况就可用 B·H·维诺格拉多夫法计算。

(2) 两种以上共生矿产所处的空间位置不同。地勘阶段查明一种矿产时不能完全查清另一种矿产，开采某一矿产时亦不能完全采出另一矿产。此类共生矿产经济评价要分别评价。在矿山生产阶段以开采某矿产为主，为了综合利用另外的共生矿产进行经济评价时，可以不考虑间接费用的分摊和已发生的投资分摊问题。因为间接费用和已发生的投资并不是因为利用共生矿产所引起的。这将有利于共生矿产资源的开发利用。

(3) 两种以上共生矿产赋存位置不同，在地勘阶段勘探主矿产时，顺便查清其他共生矿产。在开采过程中，采主矿产时其共生矿产不管利用与否都要采出，例如矿床上部和旁侧的矿产，黏土矿、石英砂岩、石灰岩、矽卡岩等在露天开采时并未对其作为矿产开采。对这类共生矿产经济评价时只计后续成本而不应计入采矿成本。地勘费和矿山建设总投资都不必分摊。只计算追加的投资和加工成本对提高共生矿产的利用程度和增加矿山经济效益意义很大。

21.1.3.3 废石及尾矿利用的经济评价

矿业生产中产生大量的废石、土和尾矿堆放在矿山周围。占用大量土地。我国重点金属矿山每年剥离岩土约 2.2～2.6 亿吨。据 28 个重点露天矿调查，仅土、岩场占地即达 6.7 万亩。今后每年还要新占土地 6000 多亩。全国煤矿 1988 年统计有煤矸石山 730 多座，9 亿多吨，今后每年还要排放煤矸石 0.6 亿吨，将继续占用土地。除占地外、煤矸石和某些废石还可能发生自燃或诱发滑坡引起灾害。这些固体废异物影响自然景观，细颗粒随风积扬还会影响大气环境质量。更可惜的是这些固体废弃物，有很大一部分本身就是宝贵的矿产资源，所以废石、土及尾矿的利用势在必行。

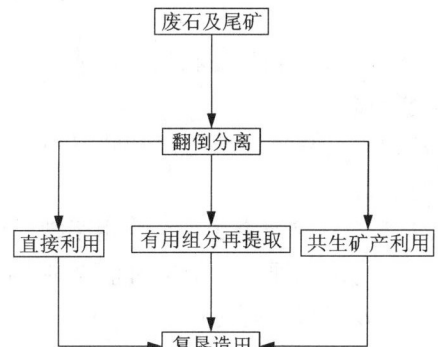

图 21-2 废石和尾矿利用流程图

目前国内已有很多人开始注意这方面的研究，在利用废石、土和尾矿方面取得了可喜成果。国内废石和尾矿利用的形式基本上分四种：有用组分的再提取；作为共生矿产利用；直接利用；复垦造田。其利用流程见图 21-2。

(1) 有用组分的再提取：我国矿产资源利用系数偏低，主组分和伴生有用组分作为资源混入废石、土或尾矿中被抛弃是主要原因之一。从废石、尾矿中再次回收利用这部分组分称之为有用组分的再提取。

中华人民共和国成立前，外国人对中国矿产资源掠夺式开采，新中国成立初期由于科技水平限制，很多当时认为是贫矿或无价值的伴生组分被埋没在废石和尾矿中。仅一个磁山铁矿，日伪时期作为废石堆积的贫矿就达十几万吨，后被午汲选矿厂利用 2 年，生产铁精粉达五万余吨。"大跃进"和"文化大革命"期间，乱采滥挖，损失贫化严重，造成相当大部分有用组分混入废石中被堆积在废石场。如邯邢矿山局四个露天采场的废石堆，最近几年矿山和周围农民从中捡出铁矿石 40 余万吨；可见在老矿山的废石和尾矿中确有数量可观的有用组分等待我们再提取。即使现代矿山，由于采矿工艺中一些薄矿层难于分采和机械化采矿的穿爆，在铲运过程中，不可避免地将一些矿石混入废石中。总之无论新老矿山，特别是露天矿的废石堆，都被周围农民视为"宝山"而争抢。可见其资源量之大和经济效益之好。

（2）作为共生矿产利用：矿山废石、土、尾矿中有些矿物本身就是矿床中的伴生矿产因某种原因未被评价，有些是在采矿过程中或选矿破碎磨矿后，因省去前序费用，使之变成共生矿产。例如废石中的石灰岩是烧石炭、做熔剂灰岩的矿产；含硅铝的岩石、土、尾矿是水泥、陶瓷、砖瓦原料；硅质尾砂是玻璃、陶瓷原料。对它们的利用是按共生矿产利用形式。对其评价可计算到矿石或半成品。

（3）直接利用：矿山的废石、土、尾矿不需加工或只稍做加工即能利用的部分。例如废石做建筑的毛石或料石；破碎后用于建筑、铺路的石子、石块，尾矿做建筑砂，废石、尾矿作充填料等。

（4）利用矿山产生的废石、土、尾矿造田复垦、绿化。

对矿山产生的废石、土、尾矿的评价，应作为一个独立系统。不因它们利用与否影响产生它们的费用，利用它们是将其视为非"物化"产品而不需分摊前序任何共同费用。利用它们除各种形式的直接费用外，所共同承担的是废石堆或尾矿库的翻倒和分离费用。该项费用应按各种利用形式的产值分摊。

有用组分再提取的评价可用下式

$$I_{再} = Z_{再} - S_{再} - J_{再} - S' \tag{21-13}$$

式中：$I_{再}$ 为有用组分再提取期望总利润；$Z_{再}$ 为有用组分再提取的产值；$S_{再}$ 为有用组分再提取直接生产费用；$J_{再}$ 为基建追加投资；S' 为有用组分再提取分摊的翻倒分离费。

当 $I \geqslant 0$ 时，这种利用形式是可取的；其中基建追加投资，除提取新发现有用组分外，往往不发生此项费用。

作为共生矿产形式利用的评价可用下式

$$I_{生} = \sum_{j=1}^{n} L_j \cdot (P_j - G_j) - S'' \tag{21-14}$$

式中：$I_{生}$ 为废石中共生矿产利用总利润；j 为废石中共生矿产利用种类（1，2，3，…）；L_j 为废石中提取某种共生矿产数量；P_j 为废石中某种共生矿产品售价，一般计算到矿石或半成品；G_j 为废石中某种共生矿产品的综合成本；S'' 为废石作为共生矿产利用分摊的翻倒分离费用。

直接利用废石的评价用下述公式

$$I_{直} = Z_{直} - S_{直} - S''' \tag{21-15}$$

式中：$I_{直}$ 为直接利用废石的总产值；$Z_{直}$ 为直接利用废石的简单加工费和销售费用；S''' 为直接利用废石应分摊的翻倒分离费。

利用废石复垦造田的评价见 21.2 节。此种利用形式对矿山企业效益评价往往是投入大于产出。注重的是社会环境效益。

21.1.4　矿产资源综合利用系数的计算方法简介

为了衡量和评价一个矿山企业对本矿区矿产资源综合利用程度的高低，一般采用"矿产资源综合利用系数（K）这一技术经济指标。

目前，关于矿产资源综合利用系数 K 的计算方法尚在探索之中，现将几种计算方法简介如下：

（1）价值法：前联学者提出矿产综合利用系数为被利用矿物的价值与矿石潜在价值的比值。即

$$K_{价值} = \frac{\Pi_{u3}}{\Pi_{入}} \tag{21-16}$$

式中：$K_{价值}$ 为按价值法计算的矿产资源综合利用系数；Π_{u3} 为已经回收的有益组分的价值；$\Pi_{入}$ 为矿石中所含全部有益组分价值或称矿石潜在价值。

该法认为矿产资源的综合利用，实质上是利用矿床中矿石的价值，K 值的大小，反映了对矿石价值利用率的高低。

（2）产率法：该法认为矿产资源综合利用系数为有益组分产品总重量与入选矿石的重量之比，即：

$$K_{产率} = \frac{q_1 + q_2 + \cdots + q_n}{Q}$$

式中：$K_{产率}$ 为按产率法计算的矿产资源综合利用系数；$q_1 \sim q_n$ 为各有益矿产品重量；Q 为入选矿石重量。

式（21 – 13）中因为 $q_i = r_i Q$（r_i 为有益产品产率）

所以
$$K_{产率} = r_1 + r_2 + \cdots + r_n \qquad (21 – 17)$$

式中：$r_1 \sim r_n$ 为各有益产品的产率。

故产率法实质上是认为矿产资源综合利用系数等于所选及的各矿产品的产率之和。使用此法必须注意产品质量达到利用标准和有销路。

（3）有用成分法（或有用矿物法）：该法认为矿产资源综合利用系数应是矿石中各有用成分（或有用矿物）在各自的精矿中的回收率的算术平均值。即

$$K_{有用成分} = \left(\frac{\gamma_1 \beta_1}{100\alpha_1} + \frac{\gamma_2 \beta_2}{100\alpha_2} + \cdots + \frac{\gamma_n \beta_n}{100\alpha_n} \right) \div n \qquad (21 – 18)$$

式中：$K_{有用成分}$ 为按有用成分计算的矿产资源综合利用系数；$\gamma_1 \sim \gamma_n$ 为各种精矿的产率；$\beta_1 \sim \beta_n$ 为各种精矿的品位；$\alpha_1 \sim \alpha_n$ 为参与计算的各成分在原矿中的含量；n 为综合回收有用成分的种数。

（4）盈利法，该法认为矿产资源综合利用系数应是矿床中矿石经过选矿后所得的实际盈利与入选矿石的理论盈利之比。即

$$K_{盈利} = \frac{(\gamma_1 \beta_1 + \gamma_2 B_2 + \cdots + \gamma_j B_j) - (C_{选} + C_{采})}{\left(\frac{\alpha_1}{\beta_1} B_1 + \frac{\alpha_2}{\beta_2} B_2 + \cdots + \frac{\alpha_{j+1}}{\beta_{j+1}} B_{j+1} + \cdots + \frac{\alpha_n}{\beta_n} B_n \right) - (C_{采} + C_{选} + C'_{选})} \qquad (21 – 19)$$

式中：$K_{盈利}$ 为按盈利法计算的矿产资源综合利用系数；$\alpha_1 \sim \alpha_{j+1} \sim \alpha_n$ 为入选矿石中各种有用成分的含量（%）；$\gamma_1 \sim \gamma_j$ 为已回收的各有用产品的产率；$\beta_1 \sim \beta_{j+1}$ 为回收的各种精矿中有用成分的含量（%）；$\beta_{j+1} \sim \beta_n$ 为暂未利用的有用成分允许选得的最低精矿品位（%）；$B_1 \sim B_j$ 为被回收的各种精矿售价（元／吨）；$B_{j+1} \sim B_n$ 为暂未利用的有用成分每吨精矿价格（元／吨）；$C_{采}$ 为每吨矿石的开采成本；$C_{选}$ 为每吨矿石的选矿加工费（元／吨）；$C'_{选}$ 为回收矿石中暂未利用的有用成分必须追加的选矿加工费（元／吨）；j 为已回收的有用成分或精矿的种数；n 为矿石中所含的有用成分的种数。

21.2 矿山环境保护经济评价

21.2.1 矿山环境保护经济评价内容

21.2.1.1 矿山开发中的环境影响

矿产资源是人类社会赖以生存和发展的重要物质基础。人类要利用矿产资源。在开发矿产资源过程中不可避免地会对自然环境产生影响。其主要存在的环境问题有：

（1）矿坑水造成的环境问题：

1）矿井突水威胁矿井和职工的生命安全；

2）疏干排水造成地面塌陷，破坏建筑物，危害农田，中断河流和交通；

3（沿海矿区疏干排水引起海水入侵；

4）使地表水和地下水资源枯竭，影响植物生长，人畜饮水发生困难；

5）能引起井下流砂、溃决等。

（2）采矿造成的环境问题：采矿造成的环境问题主要有露天矿山滑坡、地下矿的突水、瓦斯突出，地表塌陷、噪声、炮烟和粉尘等。

（3）矿山废石造成的环境问题：矿山产生的大量废石造成的环境问题主要表现在堆放占用大片土地、诱发滑坡、泥石流。细粒物质随风飘扬造成大气污染。另外可燃性废料的自燃，放射性物质的辐射等等。

（4）矿山排污造成的环境问题：包括矿坑排水、选矿废水、矿石和废石堆通过大气降水发生淋滤的淋滤水、生活区的废水。这些废水中有毒有害物质如酚、氰化物、硫化物、重金属铅、砷、汞、油脂类、悬浮物和其他盐类对下游农、林、渔、牧业造成危害而且直接影响人们的身体建康。其特点是污染物种类多、面积大、影响范围广。它是矿山生产的主要污染源。

（5）破坏自然景观：影响风景、文物古迹的旅游价值。

21.2.1.2　矿山环境保护技术

自1978年党的十一届三中全会以后，党和国家各级领导直至广大职工提高了环境保护意识，制定了环境保护法和一系列相配套的政策法规。加强了环境保护的法制建设。贯彻执行"防治结合，以防为主"，"管治并举，以管促活"，"综合利用，化害为利"，对新建和改造项目的环境保护实行"三同时"的规定。从而使我国矿山环境保护工作开始走向健康发展的道路。人们开始重视环境综合治理技术上的研究。

目前我国矿山环境保护技术是以"三废"治理为中心的技术研究。

（1）废石的治理。主要从三方面进行治理：

1）作"二次资源"综合利用。这是普遍受到重视的方面，以尽量减少矿山固体废弃物为方向。

2）废石堆、尾矿库的稳定技术，包括：物理方法喷水、覆盖石块、树皮、撒石灰粉，降低尾矿库的浸润线，对特殊废石的堆埋技术；化学方法包括喷射化学药剂使其表面结成稳定的外壳等。

3）利用废石复垦造田。通过植物覆盖，根须固结废石，同时有绿化环境和提高收益的作用。

（2）废水的治理。主要从下列方面进行研究：

1）废水的资源化技术，即废水中有用组分的回收技术，通过回收利用减少废水中的有毒有害成分，化害为利。

2）废水的净化技术，目前采用氯化法、离子交换法、加压上浮分离法，高梯度电磁等净化废水的方法。

3）废水的封闭循环使用，例如金矿选矿废水的"零排放"技术。这不仅可以节约水资源，而且可以控制污染。

4）目前国外广泛应用的"稳定塘"技术、"土地处理"技术、"排江排海"技术在矿山环境治理中都是比较成熟的方法。我国已开始这方面的研究。

（3）废气的治理：主要是治理炮烟、粉尘和烟筒烟。其防治技术主要通过稀释通风排烟，加高烟筒和限制在一定范围集中回收达到除尘除烟。如除尘器的使用，回收 SO_2 的技术等。

（4）噪声污染的防治：主要从声源、传播途径和接受者三方面研究。首先减少噪声，从设备改造，如加消声器等入手；对噪声传播采用阻断技术，如加隔音罩等；对接受者被动防护佩戴耳塞等。

（5）放射性污染的治理：矿山放射性污染主要指辐射造成的危害；我国的湖南、江西、广东等省及广西壮族自治区有色金属矿山中都不同程度存在放射性污染。主要是来自氡及其子体。治理途径一般采用减少氡的析出和密闭的方法，特别对一些放射性元素的矿山采用后者为主要方法，集中深井充填或深埋。以求减少污染。

21.2.1.3　矿山环境保护经济评价内容

矿山开发中产生的大量污染需要通过各种方法治理，怎样合理有效地治理矿山污染这是矿山环保经济评价的主要目的和任务。

矿山环境保护经济评价包括三个方面，即社会效益、环境效益、企业经济效益。

社会效益表现在人体健康水平的提高、发病率降低、寿命延长。

环境效益表现在保持自然生态平衡和自然景观，文物古迹的维护，人们劳动休息条件的改善等。

企业经济效益是指节约活劳动和物化劳动。表现在矿山开发建设中减少环境污染的经济损失和环境治理增加的经济效益两部分。

矿山环境保护经济评价的内容相当广泛。既有宏观经济影响的整体评价，也有对局部特定内容的评价。因为矿山环保经济评价涉及的问题非常广泛和复杂，而实际评价的研究尚属开端，对某些问题还不能准确地评价，例如社会效益和环境效益就很难定量表示。这些都是矿山环境保护经济评价的研究内容。

21.2.2　矿山环境保护经济评价的意义和原则

目前我国正处在大规模经济建设时期，矿产资源的需求和消耗速度比过去加大加快。虽然环境保护作为基本国策的地位已确立，环境保护法已通过并付诸实施，但许多地区盲目开矿不注意节约用地，废石及其他垃圾到处堆放，不注意综合回收治理，不注意复田，有害元素被带到环境中使环境遭受严重污染，威胁着人类的健康。这种情况至今未得到有效控制，更谈不上根本改变。引起上述现象的原因是某些矿山企业对贯彻环境保护法缺乏正确的认识，没有看到矿山环境污染直接制约着矿山企业发展乃至影响着整个社会经济的发展。矿山环境保护经济评价可以直观地体现社会效益、环境效益和企业经济效益，提高矿山企业的环境意识，促进环境保护法的贯彻落实，以及保护人类生存的环境。

根据环境保护法规"谁污染谁治理，谁开发谁保护"的原则，矿山企业的污染赔款、罚款数额是很大的。根据原中国有色金属工业总公司资料，仅1988年上缴排污费总额即达5100万元，污染赔款总额1600万元。随着科技进步、社会发展、人们对物质文明和精神文明程度的要求越来越高。一方面需要大量的矿产资源，另一方面对环境质量的要求越来越标准化。而目前某些矿山企业对污染损失存在的侥幸心理将会被无情的事实所冲破。矿山企业污染罚款和赔款的经济损失将远远地超过现在的数额。这就迫使矿山企业关注污染治理和环境保护工作。不但要从治理技术上进行研究，而且要注重治理的经济效益分析，否则矿山将会亏损，甚至有倒闭的危险。上述绝不是危言耸听。过去没有引起重视，反映出计划经济和矿山企业"吃大锅饭"的弊端。今后随着市场经济的发展和经营机制的改革。问题将很快摆在矿山企业的面前。

矿山环境保护经济评价直接影响矿山企业的经济效益。美国科罗拉多矿业学院1982年研究矿山环保经济效益时指出，环保是可望获得经济效益的。并强调如不支付环保费用矿山很可能就失去了生存的机会。

矿山环境保护经济评价作为矿山环保工作的重要环节必须进行。在进行矿山环保经济评价时必须遵循下列原则：

（1）防治环境污染，维护生态平衡，促进经济发展；保障人类生活幸福、生产发展、技术进步；造福子孙后代。这是基本原则。

（2）环境保护与社会经济协调发展；注重环境保护与经济发展的关系，环境保护必须以经济发展为基础。经济和技术的发展使环保得以实施。经济的发展带来了环境问题，也增加了解决环境问题的能力；环境问题的解决又创造了经济发展的条件。所以说二者的关系是"对立的统一"。

（3）以最小的经济投入获得最大治理效果。矿山环境保护经济评价不是以矿山企业的收益或盈利为主要目标，它是以社会效果评价为主要内容，所以它不能照搬部门经济学中的方法。而是在保证环境质量的基础上评价所采取的环保措施。就是说我国矿山环保经济评价是在保证社会效益的前提下，尽量提高经济效益。社会效益制约着经济效益，而不是经济效益控制社会效益。下面讨论的经济问题都是在保证社会效益和环境效益的条件下进行的。其经济原则是治理污染所消耗的费用最低，可用下式表示：

$$A = \sum_{i=1}^{n} (J_1 + J_i + E_i + S_i) \cdot \alpha_i \rightarrow 最小 \qquad (21-20)$$

式中：A 为环保总费用现值；J_1 为环保初始投资额；J_i 为第 i 年需要追加投资；E_i 为第 i 年设施运行费用；S_i 为第 i 年的经营费用；α_i 为费用现值折算系数；n 为环保实施年限。

21.2.3　矿山环境保护经济评价方法

21.2.3.1　矿山环境保护经济评价的一般程序

（1）环境本底调查：调查矿山开发前的自然地理和经济地理状况。包括气候、雨量、风速、风向、人口、土地、文物古迹、景观、水系、水质、大气质量等方面的调查。

（2）环境污染的调查和预测：矿山开发对环境影响的调查和预测。并要计算污染损失。

（3）选定环境标准：目前我国环境标准尚无统一的分类。但从1973年以来国务院和有关部门先后分别制定了部分环境标准。例如我国现有的水质标准有：工业废水最高容许排放浓度、地面水水质标准、地面水中有害物质的最高容许含量、生活饮用水水质标准、渔业水域水质标准、海水水质要求。大气环境质量标准有：废气排放标准、十三种有害物质排放标准、空气污染物三级标准浓度限值、居民区大气中有害物质的最高容许浓度等。噪声标准有：城市各类区域噪声标准、新建扩建企业噪声标准、放射性防护规定等。目前还正在组织专家制定新的标准。

在上述众多的标准中，根据矿山所处的区域类型、可能影响的程度和范围、自然地理经济、地理状况和经济技术条件，选定矿山环境应达到的标准。

（4）根据选定的环境标准，制定合理的治理措施，使污染物控制在标准以内。

（5）污染治理经济效益分析：确定污染治理方案的可行性和先进性，计算污染治理的经济效益等。

21.2.3.2　矿山污染治理经济效益分析的常用方法

（1）比较分析法：是环保初步经济评价经常使用的方法。

通过环保费用与矿山生产总值比较分析得出其比例（T_z）

$$T_z = \frac{T + Y + G}{G_E} \times 100\% \qquad (21-21)$$

式中：T 为环保投资；Y 为运行费用；G 为经营费用；G_E 为矿山开发生产总值。

通过环保费用与矿山基建投资比较分析得出其比例（T_J）

$$T_J = \frac{T + Y + G}{J_T} \times 100\% \qquad (21-22)$$

式中：J_T 为矿山基建总投资；其他符号同前。

通过环保费用与污染损失的比较分析，求出其比例（T_S）

$$T_S = \frac{T + Y + G}{W_S} \times 100\% \qquad (21-23)$$

式中：W_S 为环境污染总损失费用；其他符号同前。

污染总损失费用 W_S 的计算：

"三废"排放对环境污染所造成的经济损失大致可包括下述各方面：资源和能源流失量的价值（A）计算式是：

$$A = \sum_{i=1}^{n} Q_i P_i \qquad (21-24)$$

式中：Q_i 为"三废"排放物中 i 种资源或能源数量；P_i 为 i 种产品的售价；i 为资源和能源的种类。

污染物对周围环境中的生产、生活资料造成的损失费用（B）计算公式是：

$$B = \sum_{i=1}^{n} C_i W_i \qquad (21-25)$$

式中：C_i 为包括工业、农业、渔业、建筑物等生产、生活资料的损失量；W_i 为第 i 种生产、生活资料的售价；i 为污染影响的种类。

各种污染物对人体健康的影响及其造成劳动能力丧失的价值（C）的计算式是：

$$C = \sum_{i=1}^{n} (L_i + B_i + F_i) \qquad (21-26)$$

式中：L_i 为由于污染引起的疾病，劳动者在患病期间净产值的损失；B_i 为由于污染引起疾病和死亡从社会福利基金支付的补助或抚恤金；F_i 为疾病治疗的医药费、路费、住宿费等为防治污染而开支的研究和治理费用。

其他损失费用如游乐场所、文物古迹等方面的损失，一般不能定量计算，可通过调查等方法给出估计值。

污染治理措施的基建投资的总经济效益 Z_J

$$Z_J = \sum_{i=1}^{n} \sum_{j=1}^{m} \frac{J_{sij} - Y}{ZT} \qquad (12-27)$$

式中：J_{sij} 为环保投资 j 个项目（$j = 1、2、3、\cdots、m$）由于防止（减少）i 类（$i = 1、2、3、\cdots、n$）损失的经济效益，此项按上述不进行治理所造成的损失来计算；Z_J 为环保设施基建总投资。

矿山开发建设进行污染治理初步分析时可按上述四项计算做出分析比较。通过和 T_J 两项比例关系和国内外同行业进行比较（见表21-1），可反映出环保投资效益是否先进，通过的估算，可以看出环保投资是否必要，是否合理。

表 21-1　不同国家 T_J、T_Z、T_S 比例表

国家	T_J/%	T_Z/%	T_S/%	备注
日本	4.0	3.5 ~ 5		
美国	3.4	2 ~ 2.5	1:3	

续表 21 - 1

国家	$T_J/\%$	$T_Z/\%$	$T_S/\%$	备注
苏联			1.10	1970 年
荷兰	2.7			
瑞典	1.2			
德国	2.3	1.8		
挪威	0.5			
中国	3.4	1.54		某大型石化企业
发展合作与发展国家			12.5 ~ 3	

然后可按式(21 - 27)环境措施基建投资的总经济效益计算公式进行验算。

(2)费用收益分析法:费用收益分析主要是确定矿山环保投资额,着重费用和收益两方面的分析计算,互相比较最终评价污染治理方案的合理性和选优。所谓费用是指矿山环保措施的基建费用和辅助费用,一般包括基建投资、运行费和经常费用。

所谓收益是指矿山污染治理的经济效益,一般包括两部分即:

直接收益:在矿山"三废"治理中综合回收产品的产值

其计算式为

$$I = \sum_{i=1}^{n} D_i P_i \tag{21 - 28}$$

式中:I 为综合回收产品的产值;D_i 为回收产品的产量;P_i 为产品的售价;i 为回收产品种类。

从"三废"治理过程中回收副产品,投入已由环保费用支付,几乎不存在成本问题,其产值可视为收益(利润)。间接收益:减少污染造成的经济损失可视为环保的间接收益。利用费用和收益的计算结果,再按下式计算比值。

$$B_c = \sum_{t=1}^{n} \frac{B_t}{(1 + d)^t} / \sum_{t=1}^{n} \frac{C_t}{(1 + d)^t} \tag{21 - 29}$$

式中:B_c 为效益与费用的比值;B_t 为第 t 年的收益,元;C_t 为第 t 年的费用,元;d 为贴现率;n 为矿山污染治理年限。

当 $B_c \geq 1$ 时即收益大于费用时,此污染治理方案才是合理的。B_c 值最大,治理方案最佳,反之当 $B_c < 1$ 时,此时治理方案在经济上是不合理的。

(3)环境代价计算和分析法:环境代价是开发建设项目的环保投资和环境损失之和。

环境代价包括直接代价和间接代价两大部分。直接代价是指建设单位直接付出的赔款、罚款和用于消除污染影响付出的投资和经营费用;间接代价是指各有关部门付出的代价。

用公式表示如下:

$$C = C_d + C_{id}$$

$$C_d = \sum_{i=1}^{n} C_{dfi} + \sum_{j=1}^{m} C_{dej}$$

$$C_{id} = \sum_{k=1}^{R} C_{idk}$$

所以

$$C = \sum_{i=1}^{n} C_{dif} + \sum_{j=1}^{m} C_{dei} + \sum_{k=1}^{R} C_{idk} \tag{21 - 30}$$

式中:C 为开发项目的环境代价,元;C_d 为直接环境代价,元;C_{id} 为间接环境代价,元;C_{dfi} 为直接付出赔款、罚款,元;C_{dej} 为消除污染付出的投资和经营费用,元;C_{idk} 为有关部门付出的代价,元;n 为赔款、罚款种类;m 为消除污染种类;R 为环境影响的部门。

根据上式计算和调查,求得环境代价。再按矿山生产规模计算出单位产品的环境成本。然后进行比较分析。

计入环境成本单位产品成本比现在成本提高百分数($x\%$),如果不采取环保措施单位成本将比现在成本提高的百分数($y\%$)。采取防治措施与不采取防治措施相比较求出单位产品成本降低数。还可以求出万元环保投资的收益率。

罚款、赔款是这种代价的一种表现。但它带有较强的政府干预和人为性。不能反映其真正代价。

间接代价 C_{id} 的确定。需预测环境影响的类型、程度、范围。有些项目较易确定,如农作物减少、森林破坏等。而有些项目,如生态系统破坏,人体健康的影响,则难以确定。这些项目通常可以给出估计数或范围。

另外各项环境代价应当包括开发建设项目的全过程。例如铜矿的酸性影响,不但包括基建投产到服务期满后直至硬性影响停止的各个时期。

21.2.3.3 环境影响因素货币化技术

环境影响经济评价时最关键的步骤是用货币来表示环境影响的各种因素;同时,这也是最困难的工作之一。环境影响的因素包括物理、化学、生态、公共卫生、人体健康、社会福利、美学和文化等方面。这些因素有些是有市场价格的,有些是没有价格的。怎样用货币来表示这些因素,一直是环境经济学家们非常重视的问题。尤其是无价格因素的货币化便成了重要的研究内容。经过许多学者的共同努力。已取得鼓舞人心的进展。现就主要技术综述如下,供矿山环境保护经济评价时参考。

(1)有价格因素的货币化:有价格的环境因素货币化相对比较简单,这类因素常常是商品或者产品。环境影响商品或产品的市场价格(当市场价格能反映其真实价值时)或影子价格(当市场价格不能反映其真实价值时)乘其影响的量即可求出影响的货币值。

例如水污染对渔业的影响;可用减少的鱼产量乘以鱼的市场价格求得。矿山开发影响农业、林业可由减少的农产品和木材量乘以其市场价格来计算等。

(2)无价格因素的货币化:

1)市场替代法:市场替代法是用具有价格的商品或劳务代替无价格的环境因素,或以受到影响的财产价值的减低来表示环境影响的货币值。例如,空气污染可用受到影响的工资差和劳保补贴来代表这种影响的货币值;又如空气污染区的土地、房产的价值低于空气清洁区,可用这种价值差来近似地度量空气污染的经济损失。

2)预防费用法:预防费用法是以预防或消除某种污染影响的费用的投资作为这种影响因素的货币值。这种方法求出的是该有害影响损失的最少估值。例如机场噪声对附近居民的影响,可用这些居民为消除噪声而安装消声装置的费用作为噪声影响的货币度量。

3)旅游费用法:此法用来对公园、风景区和文化古迹等旅游区进行货币估值。

一是通过调查,根据以旅游点为圆心的各同心圆地带内在旅游方面的需求,计算出人们的旅游支出。作为旅游娱乐价值的间接计算方法。二是通过调查统计旅游区的年收入作为旅游价值。

4)直接调查法:是通过了解消费者的支付意愿或接受补偿意愿来估算公共性资源和具有美学、文化、生态、历史价值的环境资源的价值。

例如对泰国的曼谷城中一大型公园关闭后的社会福利损失计算时,研究者用"为了维持公园向公众开放,您愿意每年支付多少钱"的问题抽样调查了一批居民。从调查结果估算出该公园娱乐价值130 ~ 170 万美元。

5)人体健康货币化:

我国最早研究环境污染对人体健康影响造成经济损失的学者赵贵臣、何祥光等(1984 年)使用如下公式:

$$P_I = P_a + P_b + P_c + P_d \tag{21-31}$$

式中:P_I 为造成影响人体健康的经济损失;P_a 为人体致病后医药总费用;P_b 为人体致病后看病的差旅费、住宿费、困难补助费;P_c 为生命的经济补偿;P_d 为因为劳动生产率下降造成的损失。

22 矿产资源法规

22.1 矿产资源立法的意义和作用

22.1.1 矿产资源法规的概念

矿产资源法规是调整矿资源经济关系的法律规范，是调整各级政府主管部门、各种所有制矿业单位在矿产资源勘查和开发活动中经济关系的法律规范总和，是经济法律体系中一个重要组成部分。矿产资源法规包括国家《宪法》中的有关条款、《矿产资源法》，以及各级政府制定的有关条例、规定、办法等。

22.1.2 矿产资源立法的重要意义

（1）保护矿产资源得到合理开发利用，免遭破坏：矿产资源是宝贵的自然财富，是发展国民经济的重要物质基础，据有关资料介绍，在可预见的未来，95% 以上的能源、99% 以上的材料都要取自地下。矿产资源的特点是在地球亿万年发展演化过程中形成的，除盐湖等个别矿产资源外，绝大部分矿产资源是不可再生的。矿产资源立法，一方面可以促进矿产资源得到合理的、充分的开发利用；另一方面，可以保护矿产资源免遭破坏。

（2）促进矿产资源地质勘查与开发协调发展：地质勘查是探索性、服务性都很强的艰苦事业，勘查与开发分属于十几个行业，通过矿产资源立法，统一规划，可避免同水平的重复的地质勘查工作，可使地质勘查紧密结合开发的需要，既提高地质勘查的经济效益，又保证开发的实际需要。

（3）促进我国经济法律体系的健全：矿产资源法规是经济法律体系的重要组成部分，世界各国都把矿产资源法规作为矿产资源管理的重要手段。我国实行改革开放政策，社会主义市场经济，改革行政管理体制，更需要发挥法律手段。在矿产资源管理方面，需要把成功的改革政策和经验制度化、法律化来巩固改革成果，保障改革有秩序地进行。矿产资源法规在保证经济立法逐步完善和巩固地质勘查、矿产资源开发的改革成果方面有着十分重要的意义。

22.1.3 矿产资源法规的重要作用

（1）矿产资源法规是国家领导、组织和管理矿产资源勘查、开发、保护的法律依据。

（2）矿产资源法规是用法律手段和行政手段，按照合理分工的原则，通过编制统一的地质勘查计划、规划，可强制改变同水平的重复的地质勘查工作。

（3）矿产资源法规是用法律手段加强矿产资源综合勘查、综合评价、综合开采、综合利用，可提高矿产资源综合利用率、回采率和选矿、冶炼的回收率。

（4）矿产资源法规要求采矿企业依据法律办理采矿登记，在办理登记过程中，要求按科学程序进行采矿、选矿和冶炼，可保证安全生产，避免滥采乱挖，浪费资源。

（5）保障矿产资源属国家所有，对矿产资源实行有偿开发，对地质勘查成果实行有偿使用，促进矿产资源市场的形成。

（6）保障各种所有制企业对矿产资源勘查、开发投资的可靠性。

22.2 我国矿产资源法规沿革

22.2.1 中华人民共和国成立前的矿产资源法规

我国古代矿业大多为官办，或是民办官收、官督商办。秦汉到唐，是官营铁业，宋代设坑冶监主管矿业，元代官办矿场、洞冶，制定了条画（条例性质），明代规定民间铁业“民得自采炼，而岁给课程，每三十分取其二”，清代的铁冶业由民间经营，实际没有矿产资源法规。到了清朝末年，1898 年 6 月，清政府设铁路矿务总局，同年 10 月制订了《路矿章程》22 条；次年 6 月，又加修正款 4 条，这可以说是我国矿产资源法规的开始。《路矿章程》主要内容：（1）路矿事业分官办、商办、官民合办三种，国家奖励和保护商办；铁路公司得禀请开采沿线之矿产，矿业公司亦得筑自矿地至最近海口之运矿铁路；（3）明许路矿事业得召集洋股或举借洋债，惟本国资本至少须占十分之三，矿山管理权应归华商。1902年清政府外务部奏定《矿务章程》，仍持利用外资开矿之宗旨。1904年清政府商部奏定《暂行矿务章程》，主要规定：（1）探矿权期限一年，采矿权期限30年；（2）矿地需与地主议妥地价，或作地股；（3）矿区不得过30方里，每年按亩纳租；（4）华洋合办，洋股不得超过华股之数，华矿借洋股不得超过股额十分之三，中外矿商间如有纠葛，双方各举一人公断，如不能平，再参一公证人调停，两国政府不予干涉。1907年，农工商部、外务部联合奏准《大清矿务章程》，主要内容：（1）农工商部为主管机关；（2）华洋合办，洋股以十分之五为度；（3）明定地权、矿权之分别，矿权为国家所有，许地主分占利益，净利四分之一归地主，四分之一归国家，矿商仅得半数；（4）华洋合办，洋商只能有矿权，不能有地权；（5）矿区税及矿产税始分别确定，矿区税按每年每亩，矿产税按每矿产品产量缴纳。该章程次年又加以修改，由于辛亥革命爆发，实际未实施，但对后来研究制定矿产资源法规是有一定参考价值的。

1914年（民国三年），北洋政府以总统教令颁布了《矿业条例》。1930年（民国十九年）政府令公布《矿业法》，后经多次修订《矿业法》主要内容：（1）我国领域内之矿均为国有，非依本法取得矿业权不得探采；（2）探矿、采矿及其附属事业为矿业，探矿权、采矿权均为矿业权；（3）除规定国家自行探采的矿种和国家保留区以外，矿业公司允许外国人入股，但股份总额过半数应为中国所有，董事过半数应为中国人，董事长、总经理应为中国人充任；（4）探矿权以两年为限，采矿权不得过20年；（5）设小矿业权，为交通不便，矿量甚微、矿业不发达地区，小矿业权以采矿为限，不得加入外国资本；（6）因使用他人之土地，矿业权者应给予土地所有人及关系人以相当之偿金，土地之使用完竣，矿业权者应回复原状，应给予相当之偿金，（7）矿税分矿区税和矿产税；（8）实业部或省主管官署为矿业监督部门；（9）罚则，规定可处三年以下之有期徒刑或三千元以下之罚金。为配合矿业法，农矿部公布了《矿业法施行细则》、《矿场实施规则》。

22.2.2　中华人民共和国成立后的矿产资源法规

我们党一直重视矿产资源开发利用和保护，早在革命根据地时期，曾制定《矿山开采出租办法》。中华人民共和国成立后，1950年，政务院就公布《中华人民共和国矿业暂行条例》，主要内容：（1）全国矿藏均为国有；（2）燃料工业部、重工业部为主管部门；（3）公营者，发给探矿或采矿许可执照；私营者，发给探矿或采矿租用执照；（4）探矿以二年为限，采矿以30年为限，小矿区限于采矿，以10年为限；（5）凡依照1903年旧矿业法领有采矿执照之矿，要整理旧矿区；（6）探矿权或采矿权不得转租；（7）探矿或采矿人，应依照有关矿场安全，矿工卫生等各项规定办事；（8）探矿或采矿人使用他人土地时，应给予适当之报偿，土地所有人应给予使用之便利；（9）探矿或采矿人有缴纳矿区费及矿产税之义务。1965年，为了保护和合理利用矿产资源，纠正浪费和破坏矿产资源的现象，国务院颁发了《矿产资源保护试行条例》，主要内容：（1）地质勘探要贯彻综合勘探的方针；（2）生产矿山要贯彻综合利用的方针，降低贫化率，提高回采率；（3）加强地下水的管理等。

22.2.3　我国台湾省的矿产资源法规

1978年修正颁布的《矿业法》和1930年颁布的《矿业法》大致相同，主要区别：（1）矿产输出国外之数量及期限，必要时，政府得加以限制；（2）探矿权期满，申请展限只能一次，但不得超过二年；（3）国营矿业权可以出租，租期以二十年为限；（4）矿产税，按照矿产品价格，纳百分之二至百分之十，矿产品售价内至少提出百分之二专款存储，作为充实改善矿场安全设施之用等。

22.3　中华人民共和国矿产资源法

22.3.1　制定原则及主要内容

1986年3月19日第六届全国人民代表大会常务委员会第十五次会议审议通过的《中华人民共和国矿产资源法》，已于1986年10月1日正式实施。《矿产资源法》是我国矿产资源勘查、开发工作三十多年经验的总结。《矿产资源法》是根据中华人民共和国宪法第九条而制定的。第九条规定内容是："矿藏、水流、森林、山岭、草原、荒地、滩涂等自然资源，都属于国家所有，即全民所有"。"国家保障自然资源的合理利用，保护珍贵的动物和植物。禁止任何组织或者个人用任何手段侵占或者破坏自然资源"。矿藏即矿产资源，《矿产资源法》就是根据宪法的原则制定的法律。

《矿产资源法》共七章，五十条。主要规定有：

（1）矿产资源属于国家所有，地表或者地下的矿产资源的国家所有权，不因其所依附的土地的所有权或者使用权的不同而改变。

（2）对国营、集体、个体矿山的地位、作用以法律的形式加以明确。

（3）明确规定了各部门、各地方的监督管理职能。

（4）国家对矿产资源勘查实行统一的登记制度。

（5）国家对矿产资源开采实行审批和发证制度。

（6）国家对矿产资源的勘查、开采实行统一规划、合理布局、综合勘查、合理开采和合理利用的方针。

（7）国家对乡镇集体矿山企业和个体采矿实行积极扶持、合理规划、正确引导、加强管理的方针。

（8）国家对矿产资源实行有偿开采。开采矿产资源，必须按照国家有关规定，缴纳资源税和资源补偿费。

22.3.2　矿产资源勘查

（1）矿产资源勘查的统一登记：国家对矿产资源勘查实行统一的登记制度。凡在我国境内及管辖的海域内进行矿产资源勘查活动，必须依法登记，领取勘查许可证，否则不得进行勘查活动。

在勘查工作开展前，登记管理机关对勘查项目要进行审查，符合要求后，发给勘查许可证，即授予探矿权。勘查单位凭许可证进行勘查活动。

勘查单位获得探矿权后，其合法的探矿权便受到国家法律的保护，矿产资源管理部门、勘查单位的主管部门，以及勘查项目所在地人民政府依法共同维护勘查作业住地生产秩序和工作秩序不受影响和破坏。

矿产资源勘查登记工作由国家地质矿产部负责，石油、天然气及放射性矿产特定矿种的勘查登记工作，经国务院授权，由国家有关部门负责。

地质矿产部主管全国矿产资源勘查的监督管理工作，省、自治区、直辖市的地质矿产局、厅(海南省环境资源厅)主管本行政区域内矿产资源勘查的监督管理工作。国务院有关勘查主管部门和各省、自治区、直辖市有关主管部门协助同级地质矿产主管部门进行矿产资源勘查的监督管理工作。

勘查登记的具体办法和范围，国务院已在一九八七年发布的《矿产资源勘查登记管理暂行办法》中作详细的规定，将在下一节中介绍。

（2）矿产资源的综合勘查和储量审批：国家对矿产资源的勘查实行统一规划、合理布局、综合勘查。矿产普查在完成主要矿种普查任务的同时，应对工作区内包括共生或伴生矿产的成矿地质条件和矿床工业远景作出初步综合评价。

矿床勘探必须对矿区内具有工业价值的共生和伴生矿产进行综合评价，并计算其储量。未作综合评价的勘探报告不予批准。

地质勘探单位完成矿床勘探以后，需将其勘查报告交审查机关批准，国家矿产储量管理局或各省、自治区、直辖市矿产储量审批机构。负责审查批准供矿山建设设计使用的勘探报告。

（3）地质资料的管理：国家对矿产资源勘查成果档案资料和各类矿产储量的统计资料，实行统一的管理制度，按照国务院规定汇交或者填报。矿产资源勘查的原始地质编录和图表、岩矿心、测试样品和其他实物标本资料，各种勘查标志，按照有关规定保护和保存。

区域地质调查的报告和图件按照国家规定验收，提供有关部门使用。矿床勘探报告及其他有价值的勘查资料，按照国务院规定实行有偿使用。

22.3.3　矿产资源开采

（1）矿产资源的有偿开采：基于矿产资源属国家所有的性质，对矿产资源实行有偿使用，则是这一性质的最基本的体现。资源有偿使用的实现是通过对矿山企业按国家有关规定缴纳资源税和资源补偿费。征收范围是，凡在我国境内及管辖的海域内从事矿产资源开发的国营矿山企业、集体矿山企业、个体采矿者，同时也包括外资企业。

资源税的征收办法，一九八四年国务院发布的《中华人民共和国资源税条例》已对原油、天然气、煤炭、金属矿产品和其他非金属矿产品的征收办法做了规定，税额是以矿产品销售收入计算的，由国家税务机关负责征收，税款进入国家财政收入。其他矿产的税收办法待时机成熟后制定。

资源补偿费征收办法，目前还在制定当中，其征收原则是，按矿山企业所占有的矿产资源储量计算费用。

通过上述税、费的征收，一方面使得矿产资源的国有性质得到体现，另一方面也有利于矿产资源的综合利用与保护,促进矿山企业选择合理开发方案,充分利用资源。

(2) 矿产资源开采的审批:开办国营矿山企业,按其规模、矿山的重要程度(同时也考虑其他因素),分别由国务院、国务院有关主管部门和省、自治区、直辖市人民政府审查批准。开办乡镇集体矿山企业和个体采矿的审批机关,各省、自治区、直辖市的规定不尽相同,一般由县以上人民政府有关主管部门审查批准。如,有的是计、经委,工业主管部门,乡镇企业主管部门,也有的是矿产资源管理部门。

(3) 矿产资源开采的登记管理:国家对矿产资源开采实行统一登记制度,规定在我国领域及管辖的海域开采矿产资源必须按照法定程序向登记管理机关申请采矿登记,领取采矿许可证,取得采矿权。任何单位和个人未经登记取得合法的采矿权,不得进行一切采矿活动。

1) 登记管理机关:中华人民共和国地质矿产部为国务院地质矿产主管部门,负责国务院和国务院有关部门批准开发的国营矿山企业的采矿登记工作,负责其他矿山企业和集体、个体采矿的登记工作的监督检查和业务指导。

各省、自治区、直辖市地质矿产局、厅(海南省为环境资源厅)为本省、自治区、直辖市人民政府的地质矿产主管部门,负责本省、自治区、直辖市人民政府批准开办的国营矿山企业的采矿登记工作,负责集体、个体采矿登记工作的监督检查和业务指导。

乡镇集体矿山企业和个体采矿的登记工作根据各省、自治区、直辖市施行的乡镇矿业管理法规规定,由各地(市)、县级矿管机构负责办理。

石油、天然气及放射性矿产的特定矿种的采矿登记工作由国务院授权部门负责。

2) 登记发证程序:新建矿山企业,由登记管理机关,在项目批准前对其开采范围、综合利用方案等方面进行复核,并签署意见,送项目审批机关,作为项目批准的条件之一。项目批准之后,登记管理机关根据批准文件须发采矿许可证。

对采矿登记工作开展以前的生产、在建矿山企业,实行补办采矿登记。其办法是:登记管理机关会同矿山企业主管部门和矿山企业所在地的地方人民政府对矿山企业的矿区范围进行核定、划定,由矿山企业填报登计申请书,并按要求申报有关材料,登记管理机关审查合格后,补发采矿许可证。

矿山企业在开采过程中需变更开采范围,需报请原审批机关批准,批准后报原登记管理机关重新核发采矿许可证。

3) 采矿权的获得与保护:矿山企业一旦领取采矿许可证,便获得采矿权。矿山企业在采矿许可证指定的范围内从事采矿活动是合法的,受到法律的保护,国家将保障其生产矿区的生产秩序不受影响和破坏,任何单位和个人不得进入该矿区范围内从事一切采矿活动。

采矿权的保护工作,由各级矿产开发管理部门,矿山企业主管部门、矿山所在地各级人民政府以及公安、司法部门共同承担。

(4) 矿产资源开采需遵守的其他规定:

1) 非经国务院授权的有关主管部门批准,不得在下列地区开采矿产资源:

a.港口、机场、国防工程设施圈定地区以内;

b.重要工业区、大型水利工程设施、城镇市政工程设施附近一定距离以内;

c.铁路、重要公路两侧一定距离以内;

d.重要河流、堤坝两侧一定距离以内;

e.国家划定的自然保护区、重要风景区,国家重点保护的不能移动的历史文物和名胜古迹所在地;

f.国家规定不得开采矿产资源的其他地区。

2) 开采矿产资源,应遵守有关环境保护的法律规定,防止污染环境;应当节约用地,耕地、草原、林地因采矿受到破坏的,矿山企业应因地制宜地采取复垦利用、植树、种草或采取其他利用措施;给他人生产、生活造成损失的,应当负责赔偿,采取必要的补救措施。

3) 国家在民族自治地区开采矿产资源,应当照顾民族自治地方的利益,作出有利于民族自治地方经济建设的安排,照顾当地少数民族群众的生产和生活。民族自治地方的自治机关根据法律规定和国家统一规划,对可以由本地方开发的矿产资源,优先合理开发利用。

22.3.4　矿产资源的综合利用与保护

国家对矿产资源的勘查、开发工作，实行统一规划、合理布局、综合勘查、合理开采和综合利用，以保证矿产资源合理有效的利用。

规定，开采矿产资源应采取合理的开采顺序、开采方法和选矿工艺。矿山企业的开采回采率、采矿贫化率和选矿回收率应当达到设计要求，并接受监督管理机关对此的监督。

在开采主要矿产的同时，对具有工业价值的共生和伴生矿产应当统一规划，综合开采，综合回收利用，防止浪费；对暂时不能综合开采或者必须同时采出而暂时还不能综合利用的矿产，以及含有有用组分的尾矿，应当采取有效的保护措施，防止损失破坏。

勘查开发矿产资源要使用、推广先进技术，开展科学技术研究，提高科学技术水平。

国家对国家规划矿区、对国民经济具有重要价值的矿区和国家规划实行保护性开采的特定矿种，实行有计划的开采；未经国务院有关主管部门批准，任何单位和个人不得开采。

在建设铁路、工厂、水库、输油管道、输电线路和各种大型建筑物或者建筑群之前，建设单位必须向所在省、自治区、直辖市地质矿产主管部门了解拟建工程所在地区的矿产资源分布和开采情况，非经国务院授权部门批准，不得压覆重要矿床。对已经被压覆的矿床，经过经济、技术论证，可采取特殊采矿方法进行回采，或者将设施搬迁，易地后进行开采。

关闭矿山前，必须提出矿山闭坑报告及有关采掘工程、不安全隐患、土地复垦利用、环境保护等资料，报国家矿产资源管理部门审查批准，未批准的矿山不得关闭。

22.3.5　乡镇矿业管理

乡镇矿业包括乡镇集体采矿业和个体采矿业两部分。

乡镇矿业是20世纪80年代初发展起来的新的矿业组分，到80年代末，已发展成为我国矿业的重要组成部分，矿业产品产量已近我国矿业产品产量的一半。乡镇矿业已渗透到我国大部分矿产开发业中。其中主要有：煤炭、冶金、有色金属、建材、黄金以及其他一些非金属开发行业。

国家对乡镇集体矿山企业发展实行鼓励、指导和帮助；对个体采矿，通过行政、法律手段，指导、帮助和监督。对乡镇矿业的方针是：积极扶持，合理规划，正确引导，加强管理。

个体开采矿产资源的范围是：零星分散的资源和只能用作普通建筑材料的砂、石、黏土以及为生活自用采挖的少量矿产。

乡镇集体矿山企业和个体采矿者从事矿产资源开采活动，必须依法登记，申请办理采矿许可证，依法开采。其采矿登记办法全国人大已授权各省、自治区、直辖市人大或人大常委会制定并颁布实施。

国营矿山企业矿区范围内不允许乡镇集体矿山企业和个体采矿者进行采矿活动，但在国营矿山企业的统筹安排下，经国营矿山企业上级主管部门批准，按照规定申请办理采矿许可证，乡镇集体矿山企业可以开采该国营矿山企业矿区范围内的边缘零星矿产。

乡镇集体矿山企业和个体采矿应当提高技术水平，提高矿产资源回收率，禁止乱挖滥采，破坏矿产资源。乡镇集体矿山企业必须测绘井上、井下工程对照图。

县级以上人民政府应当指导、帮助乡镇集体矿山企业和个体采矿进行技术改革，改善经营管理，加强安全生产。

22.3.6　法律责任

法律责任共分九条，分别规定了责任人在矿产资源勘查、开发活动中因违法行为而应负的法律责任。对违法行为的处置分为行政处罚和刑事处罚两种。行政处罚按其内容分别由省、自治区、直辖市人民政府地质矿产主管部门，省、地、县级人民政府以及各级工商行政管理部门负责；刑事处罚由公安、司法部门负责。

违反法律规定，未取得采矿许可证擅自采矿的，擅自进入国家规划矿区、对国民经济具有重要价值的矿区和他人矿区范围采矿的，擅自开采国家规定实行保护性开采的特定矿种的，由所在地人民政府依法责令停止开采、赔偿损失，没收采出矿产品和违法所得，可以并处罚款；拒不停止开采，造成矿产资源破坏，依照《刑法》第一百五十六条的规定由司法部门对直接责任人员追究刑事责任。

超越批准的矿区范围采矿的，所在地人民政府责令退回本矿区范围内开采、赔偿损失，没收越界开采的矿产品和违法所得，可以并处罚款；拒不退回本矿区范围内开采，造成矿产资源破坏的，吊销采矿许可证，依照

《刑法》第一百五十六条的规定由司法部门对直接责任人员追究刑事责任。

违反法律规定,采取破坏性的开采方法开采矿产资源,造成矿产资源严重破坏的,由省、自治区、直辖市人民政府地质矿产主管部门责令赔偿损失,处以罚款;情节严重的,可以吊销采矿许可证。

买卖、出租或者以其他形式转让矿产资源的,所在地人民政府予以没收违法所得,处以罚款。买卖、出租采矿权或者将采矿权用作抵押的,所在地人民政府没收违法所得,处以罚款,吊销采矿许可证。

盗窃、抢夺矿山企业和勘查单位的矿产品和其他财物的,破坏采矿、勘查设施的,扰乱矿区和勘查作业区的生产秩序、工作秩序的,由司法部门依照《刑法》有关规定追究刑事责任;情节显著轻微的,依照《治安管理处罚条例》有关规定予以处罚。

违法收购和销售国家统一收购的矿产品的,由工商行政管理部门没收矿产品和违法所得,可以并处罚款;情节严重的,司法部门依照《刑法》第一百一十七条、第一百二十八条的规定,追究刑事责任。

当事人对行政处罚决定不服的,可以在收到处罚通知之日起十五日内,向人民法院起诉。对罚款和没收违法所得的行政处罚决定期满不起诉又不履行的,由作出处罚决定的机关申请人民法院强制执行。

矿山企业之间的矿区范围的争议,由当事人协商解决,协商不成的,由有关县级以上地方人民政府根据依法核定的矿区范围处理;跨省、自治区、直辖市的矿区范围的争议,由有关省、自治区、直辖市人民政府协商解决,协商不成的,由国务院处理。

22.4 实施《矿产资源法》的有关规定

22.4.1 矿产资源勘查登记管理办法

为加强对矿产资源勘查的管理,提高勘查效果和勘查工作的社会经济效益,保护合法的探矿权不受侵犯,根据《矿产资源法》的有关规定,国务院于一九八七年四月二十九日发布了《矿产资源勘查登记管理暂行办法》。该办法对矿产资源勘查登记范围、申请登记程序、项目的审核与协调及有关法律责任等作了较为全面的规定。

(1)矿产资源勘查登记申请范围:在我国领域及管辖海域内从事下列各项勘查工作,必须申请登记,取得探矿权。

1)1:20万和大于1:20万比例尺的区域地质调查。

2)金属矿产、非金属矿产、能源矿产的普查和勘探。

3)地下水、地热、矿泉水资源的勘查。

4)矿产的地球物理、地球化学的勘查。

5)航空遥感地质调查。

对于地质踏勘及不进行勘探工程施工的矿点检查工作以及矿山企业在划定或者核定的矿区范围内进行的生产勘探工作不需要进行登记。

(2)矿产资源勘查登记管理机关:地质矿产部和各省、自治区、直辖市地质矿产局是矿产资源勘查登记工作的管理机关。属于国家地质勘查计划的一、二类勘查项目和我国领海及其他管辖海域勘查项目的登记工作,由地质矿产部负责。其他勘查项目的登记工作,由各省、自治区、直辖市地质矿产局负责。

对于特定矿种如石油、天然气和放射性矿产的勘查登记、发证工作分别由国务院石油工业、核工业主管部门负责。

(3)矿产资源勘查登记的申请与注销:地质勘查单位在办理地质勘查登记时,凭批准的地质勘查计划或者承包合同的有关文件,按勘查项目填写勘查申请登记书,由该勘查单位或者由其主管部门,到登记管理机关办理登记手续,按规定缴纳费用,领取勘查许可证。

办理登记手续时,需要向登记管理机关提交下列文件和资料:

1)批准的地质勘查计划或者承包合同的有关文件;

2)勘查申请登记书;

3)以坐标标定的勘查工作区范围图。

登记管理机关对申请登记的勘查项目,按规定进行复核,如无特殊情况,应当在从办理登记手续之日起四十天内作出准予登记或者不予登记的决定。

勘查项目登记后，勘查单位应将有关文件和勘查许可证提送有关建设银行据以办理拨款或者贷款手续，未登记的勘查项目，银行不予拨款或者贷款。

在勘查项目工作过程中，如果要求变更勘查工作范围、工作对象或者工作阶段，均应向登记管理机关办理变更登记手续。

勘查许可证有效期以勘查项目工作期为准，但最长不超过五年。需要延长工作时间的，要在有效期满前三个月内办理延续登记手续。勘查单位因故要求撤销项目或者已经完成勘查项目任务的，应当向登记管理机关报告项目撤销原因或者填写项目完成报告，办理注销登记手续。

中外合资、合作的勘查项目以及外资企业在我国的勘查项目，在合同签订前，应当由勘查登记管理机关按照规定进行复核并签署意见，在签订合同后，由中方有关单位向登记管理机关办理登记手续。

（4）矿产资源勘查登记的审核与协调：登记管理机关在审核勘查项目时，对于在具有共生或者伴生矿产地区进行勘查的项目，应当遵循综合勘查的原则；对于已经做过同一勘查阶段或者相同比例尺工作的勘查项目，应当提出新的认识和科学依据，或者采用新的技术方法，并能够提高勘查程度；勘查项目的工作范围，应与勘查单位的技术、设备和资金等能力相适应。

两个或者两个以上单位申请登记同一地区的同一工作对象，登记管理机关根据下列原则进行审核，择优予以登记（横向联合或者协作的项目除外）：

1）国家地质勘查计划第一、二类项目；

2）以往在该地区做过勘查工作，掌握的实际资料较多，研究程度比较深入的；

3）较有利于建设和生产的项目；

4）勘查方案比较合理，投资少，预期效果好的项目；

5）申请登记在先的项目。

对于有争议的勘查项目，登记管理机关应当会同有关部门协商解决；协商无效的，报国家计委或者省、自治区、直辖市的计划部门裁决，由登记管理机关根据裁决执行。

（5）有关法律责任：国家保护取得勘查许可证的勘查单位合法的探矿权；对盗窃、抢夺勘查单位财物的，破坏勘查设施的，扰乱勘查作业区的生产秩序、工作秩序的，分别依照《刑法》有关规定追究刑事责任；情节显著轻微的，依照《治安管理处罚条例》有关规定予以处罚。

转让、冒用、擅自印制或者伪造勘查许可证的，由登记管理机关吊销其勘查许可证或者没收其印制、伪造的证件，并没收违法所得，可以并处违法所得 50% 以下的罚款，情节严重构成犯罪的，依法追究刑事责任。^

勘查单位违反前述有关规定：

1）未办理勘查登记手续擅自进行勘查；

2）擅自进入他人勘查工作区进行勘查；

3）不按规定报告有关情况或者虚报、瞒报；

4）已经登记的勘查项目，满六个月（高寒地区满八个月）未开始施工，或者施工后无故停止工作满六个月（高寒地区八个月）；

5）不按规定办理变更登记手续；

6）勘查许可证有效期满，不办理延续登记手续继续施工。

对于以上情况，登记管理机关可视情节轻重分别给予警告、金额为其自有资金三万元以下的罚款、通知银行停止拨款或者贷款、吊销勘查许可证的处罚。

当事人对行政处罚决定不服的，可以在收到处罚通知之日起 15 天之内，向人民法院起诉。对罚款和没收违法所得的处罚决定期满不起诉又不履行的，由作出处罚决定的机关申请人民法院强制执行。

22.4.2 全民所有制矿山企业采矿登记管理办法

为加强对全民所有制矿山企业开采矿产资源的管理，保护其合法的采矿权不受侵犯，1987 年 4 月 29 日，国务院发布了《全民所有制矿山企业采矿登记管理暂行办法》。根据实际执行情况，1990 年 11 月 22 日，国务院又对该办法的部分条款做了重要修改、完善。凡开采矿产资源的全民所有制矿山企业（以下简称矿山企业，包括有矿山的全民所有制单位），都必须办理采矿登记手续，并取得采矿权，未取得采矿权的不得进行采矿活动。

地质矿产部和各省、自治区、直辖市地质矿产局是矿山企业办理采矿登记手续的管理机关。属国务院和国务院有关主管部门批准开办的以及跨省、自治区、直辖市开办的矿山企业,由地质矿产部办理采矿登记手续,并颁发采矿许可证;省、自治区、直辖市人民政府批准开办的矿山企业,由省、自治区、直辖市地质矿产局办理采矿登记手续,并颁发采矿许可证。特定矿种石油、天然气、放射性矿产的采矿登记发证工作发别由国务院石油工业、核工业部门负责。

(1)采矿登记的申请:开办矿山企业的单位,在向有关主管部门报送计划任务书前,应向登记管理机关报送下列文件;

1)矿产储量审批机构对矿产地质勘探报告的正式批准文件;

2)矿山建设项目的可行性研究报告(对具有工业价值的共生、伴生矿产,可行性研究报告中应当有综合利用的专题论证内容)和主管部门的审查意见书。

登记管理机关在计划任务书批准之前,将签署意见转送有关主管部门,同时抄送原报送单位。

开办矿山企业的单位,凭批准的文件向登记管理机关填写采矿登记表,按规定缴纳费用,并领取采矿许可证。

申请在国家规划矿区和对国民经济具有重要价值的矿区采矿,或者申请开采国家规定实行保护性开采的特定矿种,必须经国务院有关主管部门批准,登记管理机关凭国务院有关主管部门的批准文件,颁发采矿许可证。实行保护性开采的特定矿种由国务院具体规定,并明令公布。

矿山企业凭采矿许可证和有关资料,按工商企业登记的有关规定,到工商行政管理部门核准登记,领取或者更换筹建许可证或营业执照。矿山企业在领取采矿许可证后,由有关主管部门会同省级登记管理机关具体标定矿区范围,并出具矿区范围图,书面通知矿山企业所在地的县级人民政府予以公告,由有关部门和地方人民政府负责埋设界桩或者设置地面标志。

采矿许可证有效期以国家批准的矿山设计服务年限为准,需延长服务年限的,应当在有效期满前三个月内向登记管理机关办理延续登记手续。矿山企业如要变更开采范围或矿区范围、变更开采矿种或开采方式以其要变更企业名称时,应经有关主管部门批准并向登记管理机关办理变更登记手续、换取采矿许可证。

对中外合资、合作开办的矿山企业和外国在我国投资开办的矿山企业,由中方有关单位按上述有关规定到登记管理机关办理采矿登记手续。

(2)在建生产矿山的补登记:正在建设和正在生产的矿山企业应当补办采矿登记手续。矿山企业在补办登记手续前,应当先按下列规定核定或者划定其矿区范围。

国务院和国务院有关部门批准开办并由国务院有关部门或其授权单位主管的矿山企业,由国务院有关主管部门提出核定或者划定矿区范围意见书,送矿山企业所在地的省、自治区、直辖市人民政府签署意见;矿区范围意见书涉及两个或者两个以上省、自治区、直辖市的,送有关省、自治区、直辖市人民政府签署意见;其他矿山企业,由矿山企业主管部门提出核定或者划定矿区范围意见书,按照矿区范围涉及的行政区划报所在地方县级以上(含县级)人民政府签署意见。

有关地方人民政府自收到矿山企业主管部门报送的矿区范围意见书之日起,应当于三十日内签署意见,对矿区范围发生争议的,应当于三十日内报送上一级人民政府裁决。逾期不签署意见又不上报的,视作同意该意见书,并由矿山企业主管部门报送上一级人民政府予以认可。国务院有关主管部门与省、自治区、直辖市人民政府对矿区范围的争议,省、自治区、直辖市人民政府之间对矿区范围的争议,由国务院地质矿产主管部门提出处理意见,报国务院批准。

核定或者划定矿区范围不涉及土地、森林、草原等权属问题。上述权属问题,应当按照国家有关规定另行处理。

在有全民所有制矿山企业和其他所有制采矿者共同采矿的地区,全民所有制矿山企业矿区范围核定或者划定之前,不得先行划定集体所有制矿山企业和个体采矿的开采范围;同时全民所有制矿山企业,应当首先核定或者划定国务院、国务院有关部门批准开办的矿山企业的矿区范围。

在核定或者划定矿区范围时对其他进入全民所有制矿山企业的矿区范围内采矿,并具有下列情况之一的,由当地人民政府责令其限期关闭或者搬迁:

1)不具备办矿的资格、条件的;

2)未经该全民所有制矿山企业主管部门批准的;

3）影响全民所有制矿山企业正常生产和建设发展的；

4）对全民所有制矿山企业构成威胁的；

5）《矿产资源法》公布之后擅自进入的。

对于应当关闭或者搬迁的矿山，按照下列规定处理：

1）先于全民所有制矿山企业建设开办的，由该全民所有制矿山建设单位参照其投资、固定资产净值、收益（按照其上缴所得税额计算的前三年平均利润补偿一至二年；开办不足两年的，酌情核减。）给予补偿，并妥善安置群众生活，也可以统筹安排，实行联合经营；有条件的，也可以划出矿区范围内的边缘零星资源，安排易地开采。

2）《矿产资源法》公布之前进入全民所有制矿山企业矿区范围内开采的，由地方人民政府和批准其进入的有关部门与该全民所有制矿山企业的主管部门共同协商，妥善安置。

3）《矿产资源法》公布之后，擅自进入在人民政权机关接收时或者国家批准的总体设计、初步设计或者改建、扩建的设计中已规定的及已经核定或者划定的全民所有制矿山企业矿区范围内开采的，一律无条件关闭，不予补偿。

正在建设和正在生产的矿山企业，在补办采矿登记手续时，应向登记管理机关报送下列资料：

1）按照上述有关规定要求的核定或者划定的矿区范围意见书；

2）以坐标标定的含崩落区的矿区范围图；

3）矿产资源开发利用的有关资料。

（3）采矿登记的审核与协调：登记管理机关对矿山企业报送的补办登记手续的资料进行复核后颁发采矿许可证。

登记管理机关对可行性研究报告按下列要求进行复核并签署意见：

1）开采范围的确定应当与企业开采能力、矿山服务年限相适应；

2）对具有工业价值的共生、伴生矿产，应当遵循综合开发、综合回收、综合利用的原则，对于暂不能利用的应当有必要的保护措施；

3）矿区范围应当明确，并妥善处理与毗邻者的权益关系。

核定矿山企业矿区范围，应根据：

1）人民政权机关正式接收时的矿区范围；

2）国家批准的总体设计、初步设计或者改建、扩建设计所确定的矿区范围。

划定矿山企业矿区范围，应本着尊重历史、照顾现状的原则，根据矿山企业的现有生产能力、服务年限、批准的发展规划、矿体自然界限和资源合理开采的情况来确定。

（4）有关法律责任：国家保护取得采矿许可证的矿山企业的合法采矿权。对擅自进入矿山企业矿区范围内采矿的，盗窃、抢夺矿山企业矿产品和其他财物的，破坏矿山企业采矿设施和生产秩序的，依照《矿产资源法》的有关规定处理，并可处以其违法所得 50% 以下的罚款。

除《矿产资源法》规定的有关部门和登记管理机关外，任何单位和个人都不得收缴或者吊销采矿许可证。有关部门和登记管理机关收缴或者吊销采矿许可证，应当通知工商行政管理部门。

对擅自破坏或者移动矿山企业矿区范围界桩或地面标志的，由当地人民政府或其授权的管理部门责令责任者限期恢复，并处以三千元以下的罚款。采矿许可证及采矿申请登记表，由国家地质矿产部统一印制，任何单位或者个人不得擅自印制或者伪造。对擅自印制、伪造采矿许可证的，由登记管理机关没收其印制、伪造证件和违法所得，并处以一万元以下的罚款，情节严重构成犯罪的，依法追究刑事责任。

矿山企业违反前述有关规定：

1）开办矿山企业，未办理采矿登记手续擅自开工的；

2）不按规定办理变更或者延续登记手续的；

3）领取采矿许可证满两年，无正当理由不进行建设或者生产的。

对于以上情况，登记管理机关应当根据不同情况，分别给予警告、罚款、通知银行停止拨款或者贷款或吊销采矿许可证。

当事人对行政处罚不服的，可以在收到处罚之日起十五日之内，向人民法院起诉。对罚款和没收违法所得的处罚决定期满不起诉又不履行的,由作出处罚决定的机关申请人民法院强制执行。

22.4.3　矿产资源监督管理办法

为了加强对矿山企业的矿产资源开发利用和保护工作的监督管理,根据《矿产资源法》的有关规定,国务院于 1987 年 4 月 29 日发布了《矿产资源监督管理暂行办法》。凡是在我国领域及管辖海域内从事采矿生产的矿山企业(包括有矿山的单位),都应遵循该办法。

(1)政府各部门的监督管理职责:

1)地质矿产部:

a.制定有关矿产资源开发利用与保护的监督管理规章;

b.监督、检查矿产资源管理法规的执行情况;

c.会同有关部门建立矿产资源合理开发利用的考核指标体系及定期报表制度;

d.会同有关主管部门负责大型矿山企业的非正常储量报销的审批工作;

e.组织或者参与矿产资源开发利用与保护工作的调查研究,总结交流经验。

2)各省、自治区、直辖市地质矿产局:

a.根据本办法和有关法规,对本地区矿山企业的矿产资源开发利用与保护工作进行监督管理和指导;

b.根据需要向重点矿山企业派出矿产督察员,向矿山企业集中的地区派出巡回矿产督察员;

3)国务院和各省、自治区、直辖市人民政府的有关主管部门:

a.制定本部门矿产资源开发利用和保护工作的规章、规定;

b.协助地质矿产主管部门对本部门矿山企业的矿产资源开发利用与保护工作进行监督管理;

c.负责所属矿山企业的矿产储量管理,严格执行矿产储量核减的审批规定;

d.总结和交流本部门矿山企业矿产资源合理开发利用和保护工作的经验。

(2)矿山企业地质测量机构的职责:矿山企业的地质测量机构是本企业的监督管理机构。应负以下职责:

1)做好生产勘探工作,提高矿产储量级别,为开采提供可靠的地质依据;

2)对矿产资源开采的损失、贫化以及矿产资源综合开采利用进行监督;

3)对矿山企业的矿产储量进行管理;

4)对违反矿产资源管理法规的行为及其责任者提出处理意见并可越级上报。

(3)对矿山企业生产管理要求:

1)矿山企业开发利用矿产资源,应加强开采管理,选择合理的采矿方法和选矿方法,推广先进工艺技术,提高矿产资源利用水平。

矿山企业在开采中必须加强对矿石损失、贫化的管理,建立定期检查制度,分析造成非正常损失、贫化的原因,制定措施,提高资源的回采率,降低贫化率。选矿(煤)厂应当根据设计要求,定期进行选矿流程考察;对选矿回收率和精矿(洗精煤)质量没有达到设计指标的,应当查明原因,提出改进措施。应将设计要求的回采率、采矿贫化率和选矿回收率作为考核矿山企业的重要年度计划指标。

2)矿山企业应当加强生产勘探,提高矿床勘探程度,为开采设计提供可靠依据,对具有工业价值的共生、伴生矿产应当系统查定和评价。矿山的开采设计应当在可靠地质资料基础上进行,中段(或阶段)开采应当有总体设计,块段开采应当有采矿设计。

矿山的开拓、采准、采矿工程及采矿,必须按开采设计进行施工和开采,应建立严格的施工验收和监督检查制度,严防资源丢失和不应有的开采损失。应向上级主管部门和地质矿产主管部门上报矿产资源开发利用情况报表。

3)在采、选主要矿产的同时,对具有工业价值的共生、伴生矿产,在技术可行、经济合理的条件下,必须综合回收,对暂不能综合回收利用的矿产,应当采取有效的保护措施。

矿山企业应加强对滞销矿石、粉矿、中矿、尾矿、废石和煤矸石的管理,积极研究其利用途径,暂时不能利用的,在节约土地的原则下,应妥善堆放保存,防止其流失及污染环境。

4)矿山企业自基建施工到矿山关闭的生产全过程中,都应加强矿产资源的保护工作。

(4)对矿山企业储量管理要求:

1)矿山企业对矿产储量的圈定、计算及开采,必须以批准的计算矿产储量的工业指标为依据,不得随意变动。需要变动的，应当上报实际资料，经主管部门审核同意后，报原审批单位批准。

2）报销矿产储量，应当经矿山企业地质测量机构检查鉴定后，向矿山企业主管部门提出申请，属正常报销的矿产储量由主管部门审批，属非正常报销和转出的矿产储量，由矿山企业主管部门会同同级地矿部门审批。同一采区报销的矿产储量，应一次申请，不得化整为零，分几次申请报销。

3）地下开采的中段（水平）或露天采矿场内尚有未采完的保有矿产储量，未经地质测量机构检查验收和报销申请尚未批准之前，不得擅自废除坑道和其他工程。

（5）处罚规定：矿山企业如因开采设计，采掘计划的决策错误，造成资源损失，或者开采回采率、采矿贫化率和选矿回收率长期达不到设计要求，造成资源破坏损失；或者违反本办法的有关规定，造成资源破坏损失，都应追究有关人员责任，或由地质矿产主管部门责令其限期改正，并处以相当于矿石损失 50% 以下的罚款，情节严重者，应当责令停产整顿或吊销采矿许可证。如当事人对行政处罚决定不服，可向人民法院起诉。

矿山企业上报的矿产资源开发利用资料数据必须准确可靠。虚报瞒报的，依照《中华人民共和国统计法》的有关规定追究责任，对保密资料，应按国家有关保密规定执行。

22.4.4　群众报矿奖励办法

为了调动广大群众找矿报矿的积极性，以利发现更多的矿产资源，国务院于 1980 年 4 月 24 日批准了《群众报矿奖励办法》，该办法规定：

（1）凡群众报矿、属首次发现的矿产地，应给予奖励，包括表扬、发给奖状、奖品、奖金等。

对所报矿点及其线索经有关部门地质队普查评价，属小型矿床的，发给奖金十至一百元，属中型矿床的，发给奖金一百至四百元，属大型矿床的，发给奖金四百至八百元。属国家当前急缺和贵重矿种的，可酌情提高奖金数额，其中大型矿床，发给奖金八百至五千元。报矿奖励费用，由普查评价单位在地质勘探费用支付。对所报矿石本身，经过鉴定，具有特高经济价值的，由接受部门酌情发给奖金。所报矿石对地质科学研究有重要意义的，也可酌情给予奖励。

（2）群众报矿，应报就近地质队，如附近无地质队，可函报省、市、自治区有关部门。在报矿时，应说明报矿人姓名、单位、职务、地址和矿点具体位置。报矿要有矿石标本，以便鉴定和研究。

（3）接受报矿单位应填写群众报矿登记表，及时进行实地调查，并将结果回复报矿人，给予奖励的，由进行普查评价的地质队填写群众报矿评价表，报上级组织备查或审批。

22.4.5　全国地质资料汇交管理办法

（1）地质资料汇交原则：国家投资取得的地质资料，其所有权属国家所有，国家对矿产资源勘查成果资料实行统一管理。在我国领域及管辖海域内从事地质工作的单位和个人，应按规定向国家汇交地质资料。汇交地质资料的单位和个人，依照国家有关规定拥有占有权、使用权、转让权和收益权，其合法权益受法律的保护。

我国投资在远洋、极地等地从事地质工作的单位或个人，也应按规定向国家汇交地质资料。

（2）地质资料管理机关：全国地质资料局和省、自治区、直辖市地质资料处（馆）是地质资料的管理机关，负责地质资料的收集、保护和提供使用，并对地方基层单位的地质资料的汇交工作进行检查、监督、指导。放射性矿产地质资料的汇交工作由核工业主管部门资料管理机构负责，全国地质资料局负责业务指导。

（3）地质资料汇交范围：

1）区域地质调查资料，包括：各种比例尺的区域地质调查报告及图件。

2）矿产地质资料，包括：矿产普查、详查、勘探和矿山开发勘探及闭坑地质报告。

3）石油、天然气地质资料，包括：

a.石油、天然气地质普查、详查、勘探报告，油（气）田开发阶段的地质总结报告及油（气）资源评价报告。

b.基准井、参数井、超过工作区探井平均深度 1000 米的超深井、新区重点探井、日产原油 500 万立方米和天然气 50 万立方米以上高产油、气井的完井地质报告，以及试油（气）总结报告。

4）海洋地质资料，包括：海洋（含远洋）地质矿产调查、地形地貌调查、海底地质调查、水文地质工程地质调查、物化探及海洋钻井（完井）地质报告。

5）水文地质、工程地质资料，包括：

a.区域的或国土整治、国土规划区的水文地质、工程地质调查报告和地下水资源评价、地下水动态监测报告。

b.大中城市、重要能源和工业基地、港口和县(旗)以上农田(牧区)的重要供水水源地的地质勘查报告。

c.铁路干线、大中型水库、水坝、大型水电站、火电站、核电站,重点工程的地下储库、洞室,主要江河的铁路、公路特大桥,地下铁道、三公里以上的长隧道,港口码头、航道、运河等国家重要工程的初步设计和技术设计阶段的水文地质、工程地质勘查报告。

d.单独编写的矿区水文地质、工程地质报告,地下热水、矿泉水等专门性水文地质报告以及岩湾地质报告。

e.重要的小型水文地质、工程地质勘察报告。

6)环境地质、灾害地质资料,包括:

a.地下水污染区域、地下水人工补给、地下水环境背景值、地方病区等水文地质调查报告。

b.地面沉降、地面塌陷、地面开裂及滑坡崩塌、泥石流等地质灾害调查报告。

c.建设工程引起的地质环境变化的专题调查报告,重大工程和经济区的环境地质调查评价报告等。

7)地震地质资料,包括:自然地震地质调查、宏观地质考察、地震裂度考察地质报告等。

8)物、化探和航空遥感地质资料,包括:区域物探、区域化探和物、化探普查、详查报告,航空遥感地质报告及与重要经济建设区、重点工程项目和与大中城市的水文、工程、环境地质工作有关的物、化探报告。

9)地质、矿产科学研究成果及综合分析资料,包括:

a.经国家和省一级成果登记的各类地质、矿产科研成果报告及各种区域性图件。

b.矿产产地资料汇编、矿产储量表、成矿远景区划、矿产资源总量预测、矿产资源分析以及地质志、矿产志、泉水志等综合资料。

10)其他地质资料,包括天体地质、深部地质、火山地质、极地地质、第四纪地质、新构造运动、冰川地质、黄土地质、冻土地质以及土壤、沼泽调查等地质报告。

(4)地质资料汇交要求:

1)汇交期限:地质资料从审查批准或者验收合格之日起,按下列期限汇交:

区域地质调查报告,区域水文地质、工程地质调查报告、区域物、化探和航空遥感地质报告以及大中型矿区的勘探报告,两年内汇交。除此之外的其他地质资料一年内汇交。

2)汇交份额要求:小型水文地质、工程地质资料一式二份,由勘查单位向地质工作所在省(区、市)地质资料处(馆)汇交。远洋地质、极地地质的地质资料,由勘查单位直接向全国地质资料馆汇交,一式二份。除此之外的属于汇交范围的其他地质资料向所在省(区、市)地质资料处(馆)汇交一式四份,其中二份由省(区、市)地质资料处(馆)转送全国地质资料馆。

合作项目形成的地质资料,由合同中约定的一方负责汇交;合同没有约定的,由从事主要工作的一方汇交。中外合作(合资)项目如果形成有不同文本的地质报告,均应按规定,各汇交一式四份。

3)资料的其他要求:

a.汇交资料应附有矿产储量委员会或者上级主管部门对地质资料审查批准的正式文件,或者委托单位对地质资料正式验收凭据。

b.资料要完整、齐全。经行政、技术负责人和编写人签名盖章,汇交单位盖章。

c.资料的正文及附件的规格为:长27厘米,宽19厘米,附图按同样规格进行折叠。

d.文字报告有页码,并印有章节、附图、附表及附件目录。附图、附表、附件应编有顺序号。

e.区域地质调查报告、区域水文地质、工程地质调查报告和区域物、化探报告等,文字、表格应当铅印或者胶印,图件应当胶印。

f.矿区详查、勘探报告以及石油地质、海洋地质、水文地质、工程地质、灾害地质、环境地质、地震地质、遥感地质和物化探普查、科研等成果的文字报告,应当铅印或者胶印,图件表格应当胶印或用其他利于长期保存的方法印制。

g.其他地质资料,包括计划外承包项目等地质资料,也要印制清晰,着墨牢固。

4)从事地质工作的单位,每年均应在规定的时间内,向开展地质工作所在地区的省(区、市)地质资料处(馆)报送资料汇交计划项目。各省(区、市)汇总后报全国地质资料局二份并通报省(区、市)有关主管部门。

5)全国地质资料馆和各省(区、市)地质资料处(馆),对汇交的地质资料验收合格后,各省(区、市)地质资料处(馆)务必在三个月内,全国地质资料馆务必在六个月内,提供借阅利用。

全国地质资料馆和各省（区、市）地质资料处（馆），每年都要将上年度新入库的地质资料进行编目，提供有关单位使用。

（5）地质资料的有偿使用：对下列各项地质资料实行有偿服务：

1）部门、地方政府、企业、事业单位和个人用于国家预算外项目所需的矿产地质、水文地质、工程地质、环境地质、海洋地质等可获得经济效益或者避免经济损失的普查、详查、勘探资料。

2）国务院地质矿产主管部门会同计划部门规定的其他有偿使用的地质资料。

为保护资料汇交单位或个人的合法权益，全国地质资料馆和各省（区、市）地质资料处（馆）只提供资料目录，由借阅者自行向原汇交单位或其主管部门洽谈有偿使用的具体事项。

但这些资料属于下列用途的资料，全国地质资料馆和各省（区、市）地质资料处（馆）应无偿提供借阅使用：

国家和省级政府部门为编制国土规划、经济和社会发展计划及制定方针政策等所需的；

为完成列入国家和省一级计划的地质工作、科学研究及院校教学等所需的；

为完成国家财政预算安排的基建项目所需的。

3）除上述规定以外的其他地质资料，全国地质资料馆和各省（区、市）地质资料处（馆）应无偿提供借阅使用。

（6）处罚：

1）违反有关规定，无正当理由不按期汇交地质资料的单位或个人，地质资料管理机关以书面形式催交。对不按期补交的可停止其在全国地质资料馆和各省（区、市）地质资料处（馆）借阅地质资料的权利，并令其在规定期限内补交。如逾期不交者，可酌情处以一万元以下的罚款，并继续停止其借阅资料的权利，直到补交为止。

2）擅自将全国地质资料馆或省（区、市）地质资料处（馆）馆藏的或借阅复制的有偿使用范围的地质资料，用于非法转让或其他营利活动的单位或个人，地质资料管理机关除责令其交回资料外，还应停止其借阅地质资料的权利一至三年，没收违法所得，并处以5万元以下的罚款：

违法收入在5万元（含5万元）以上的，酌情处以3～5万元的罚款；

违法收入在3～5万元（含3万元）的，酌情处以1～3万元的罚款；

违法收入在3万元以下的，酌情处以1万元以下的罚款；

情节严重构成犯罪的应依法追究其刑事责任。

3）各省（区、市）地质资料处对违法单位或个人作出的处罚决定，须向全国地质资料局备案。

22.4.6　矿产和地下水勘探报告审批办法

《矿产和地下水勘探报告审批办法》是国家计委、国家经委、全国矿产储量委员会依据《矿产资源法》共同制定，并于1986年6月6日发布实施的试行办法。

（1）储量审批机关：全国矿产储量委员会为国家的矿产储量审批机构，负责组织统一审批全国各种矿产和水源地建设设计使用的勘探报告。各省、自治区、直辖市矿产储量委员会为省、自治区、直辖市的矿产储量审批机构，负责组织统一审批本省、自治区、直辖市境内各种矿产和水源地建设设计使用的勘探报告。

全国矿产储量委员会在业务上领导各省、自治区、直辖市矿产储量委员会。

全国矿产储量委员会和省、自治区、直辖市矿产储量委员会审批储量报告的分工是：全国矿产储量委员会负责审批国家建设的大型重点矿山和大型重点地下水源地使用的勘探报告。省、自治区、直辖市矿产储量委员会负责审批本省、自治区、直辖市境内列为全国储委审批以外的勘探报告。

（2）审批范围：以下勘探报告均应送交全国储委或者省、自治区、直辖市储委审批。

1）可供建设设计使用的各种矿产勘探报告和地下水勘探报告。

2）已批准的勘探报告由于工业指标的改变或其他原因，引起矿产和地下水储量等重大变化而新编制的勘探报告。

3）供矿山、水源地改建、扩建设计使用的补充勘探报告。

（3）勘探报告的送审：

1）要求储委审批的报告，各地质勘探主管部门，应于每年11月底前，将下一年度要求审批的勘探报告送交计划，按全国储委规定的统一格式填表和说明，报所在省、自治区、直辖市储委汇总后报全国储委。经全国储委统一平衡安排，制定出审批计划，通知有关单位按计划执行。

2）送交储委审批的勘探报告必须是正式报告，各种资料必须齐全、质量符合有关规范要求。在送交报告的同时，还应送交以下附件：

a.勘探主管部门确认本报告可以提交储委审批的审查意见。意见中应阐明矿床的勘探研究程度，文字图表资料完备程度以及是否吻合，各项工作质量情况，各种原始资料数据是否正确。

b.国务院有关工业主管部门或省、自治区、直辖市有关工业主管部门批准的储量计算工业指标文件和确定指标时的技术经济研究论证报告。

c.有关矿区矿石选（冶）或加工技术性能试验研究报告。

d.其他对矿区开发建设有关突出问题的专门研究报告。

油、气和地下水勘探报告免交二、三附件。

3）有关勘探主管部门应督促和帮助勘探单位，根据储委确定的审批计划，按时按质提交报告。如果情况发生变化，要求改变报告提交时间，则应在原计划三个月前向储委申报请求变更计划。

（4）勘探报告的审批

1）审批勘探报告，必须按照全国储委统一颁发的或国家标准局颁发的有关规范、规定和要求进行。对尚未编制出勘探规范的矿种，可参照有关部门或联合颁发的金属、非金属地质勘探规范总则、规范、规定要求，并结合矿床和矿山建设设计的实际情况进行审批。

2）列入储委审批的报告，储委可派人提前到勘探单位或现场调查了解情况，检查勘探工作程度和工作质量等，有关单位应积极支持配合，并提供方便。

3）储委审查报告应确定主审人，并聘请评论员或评论组，认真进行审查，广泛听取有关方面的意见，提出审查意见书。并视需要召开审查会议，在审查意见书的基础上写出批准决议书，经储委主任或副主任签发后生效。

4）凡有下列情况之一者，报告不予批准，只发审查意见书：

a.除国务院计划部门另有规定的矿床勘探项目外，对矿区内具有工业价值的共生和伴生矿产，未作综合评价和计算储量的勘探报告。

b.矿床勘探研究程度不够，需要作补充勘探研究工作的报告。

c.勘探工作质量差，需补充工作者。

d.圈定矿体计算储量的工业指标有重大问题，需要进一步论证解决的报告。

e.需作重大修改补充，不能在储委规定期限内完成的报告。

5）经储委审查，认为报告中某些问题需要修改补充后方能批准报告时，应明确问题，限期修改。勘探单位应立即组织修改。按时将修改结果报储委，经过储委复核合格后，方能发出批准决议书。

6）储委收到报告后，要抓紧组织审批，从收到报告之日起，应在3至6个月内批复报送单位。

7）对实行有偿使用的勘探报告，可酌收审批费，其费用由"有偿"费中列支。对老、少、边、穷地区，可视情况减收或免收审批费。

8）进行审查报告的单位或个人，审查完毕后，应将报告资料及时退回送交单位，不得擅自复制送审的报告资料，进行有偿咨询或转让盈利活动。

9）任何单位或个人，不得对审批报告工作施加影响和压力，干扰对报告的审查处理。

10）未经批准的勘探报告，不得作为矿山建设的依据。

22.4.7　放射性矿产管理办法

根据《矿产资源法》对特定矿种的有关规定，国务院授权核工业主管部门负责放射性矿产的勘查、开采登记管理工作并协助进行资源监督工作。据此，原核工业部(现核工业总公司)于1987年先后颁布了《放射性矿山企业采矿登记管理暂行办法》和《放射性矿产资源监督管理暂行办法》。以上办法主要是结合放射性矿产在勘查、采矿及矿产监督管理工作的特点，总结我国多年来放射性矿产勘查、开采管理经验基础上制定的，主要强调了以下几个方面：

（1）由于铀矿（最主要的放射性矿产）资源是发展核工业的重要基础，它既是核电原料，又是生产核武器的基本原料，国际上对铀的进出口附加条件十分苛刻，并且必须接受严格的国际监督与双边监督，我国铀矿产品历来由国家统一经营，在国内不允许自由买卖，由核工业总公司(原核工业部)归口管理。因此，在三个暂行办法中，都强调由核工业部门统一管理，不允许个体开采放射性矿产，并要求作好放射性矿产资源的保密工作。

（2）放射性矿产对环境影响较大，要求放射性矿产在勘查、采、选、冶生产过程等各个环节要更加重视搞好辐射防护与环境保护工作。

（3）从我国已探明的铀矿资源来看，勘探类型复杂，矿体规模一般较小，大多数矿体小而薄，矿化不均匀，矿体形态复杂，铀矿山企业一般从开始建矿就需要作补充勘探与生产探矿。开采过程中由于攻深找盲，扩大两翼而改变开采范围的可能性很多，一个铀矿床由多个矿山企业进行开采显然是不合适的，故此规定了"一个矿床只由一个矿山企业进行开采。"

1）放射性矿产资源勘查登记管理暂行办法：该办法是在《矿产资源勘查登记管理暂行办法》的基础上，针对放射性矿产资源勘查工作的具体特点制定的。对放射性矿产资源勘查登记管理，除按《矿产资源勘查登记管理暂行办法》有关规定执行外，应特别注意以下几个方面：

登记管理机关：国务院核工业主管部门负责全国的放射性矿产资源勘查登记管理、颁发放射性矿产资源勘查许可证的工作，由两级登记管理机关履行勘查登记管理职责。

国家地质勘查计划的一、二类项目，中外合作的勘查项目、外国企业在我国领域及其管辖海域的勘查项目，其登记工作由核工业部地质局（现核工业总公司地质局）负责；其他勘查项目的登记工作，由核工业部（现核工业总公司）授权东北、西北、华东、华南、中南、西南地质勘探局负责，其地区范围：

东北地质勘探局：驻沈阳市，负责辽宁、吉林、黑龙江、河北、山东等省；

西北地质勘探局：驻西安市，负责陕西、内蒙古、宁夏、甘肃、青海、新疆等省（区）；

华东地质勘探局：驻南昌市，负责江西、浙江、安徽、江苏等省；

华南地质勘探局：驻韶关市，负责广东、海南、福建等省；

中南地质勘探局：驻长沙市，负责湖南、广西、湖北、河南等省（区）；

西南地质勘探局：驻广汉县，负责四川、贵州、云南、西藏等省（区）

放射性矿产资源勘查许可证和申请登记书由核工业总公司统一印刷。其他任何单位和个人不得印制、复制、倒卖和转让勘查许可证。

申请登记范围：凡从事大于1：20万（含1：20万）比例尺的放射性矿产区域地质调查及矿产普查、勘探和地球物理、地球化学、水化学勘查、航空测量与遥感地质调查等各项地质工作，都必须向放射性矿产登记管理机关申请登记，领取放射性矿产资源勘查许可证，取得探矿权。

勘查单位在进行放射性矿产勘查过程中，如果影响放射性矿产和其他矿产的合理开发利用或违反安全防护和环境保护的有关规定作业，超过允许剂量造成放射性污染的，必须限期改正，逾期不改的，登记机关可视情节轻重，分别给予警告、罚款、通知银行停止拨款或贷款、吊销勘查许可证等处罚。

勘查单位因故要求撤销项目或完成了勘查项目任务后，在办理注销登记手续时，除应向登记管理机关提交项目撤销报告或填报项目任务完成报告外，还应提交放射性环境评价报告。

2）放射性矿山企业采矿登记管理暂行办法：该办法在《全民所有制矿山企业采矿登记管理暂行办法》基础上，结合放射性矿产开采特点，特别要求以下几点：

登记管理机关：放射性矿山企业采矿许可证一律由核工业部（现核工业总公司）颁发，核工业部（现核工业总公司）矿冶局是放射性矿山企业办理采矿登记的管理机关。

放射性矿山企业采矿许可证及采矿登记申请登记表，由核工业部（现核工业总公司）统一印制和发放，任何单位和个人不得擅自印制或伪造。

采矿登记的申请与复核：开办放射性矿山企业的单位在向有关主管部门报送计划任务书前，向放射性矿山企业采矿登记管理机关报送的材料中，除包括《全民所有制矿山企业采矿登记管理暂行办法》规定的有关材料外，还应报送本底调查及环境影响评价报告，登记管理机关在对可行性研究报告进行复核时，也相应地要求其环境影响预评报告应符合国家有关规定。

中外合资及外商投资开办的放射性矿山企业，由中方有关单位按本办法的有关规定到登记管理机关办理采矿登记手续。

副产有放射性矿石的矿山企业采矿登记，根据《全民所有制矿山企业采矿登记管理暂行办法》报送地质矿产部或省、自治区、直辖市地质矿产部门有关资料时，应按上述要求报送核工业部（现核工业总公司），采矿许可证发放之前，主管登记部门应征得核工业部的同意。

放射性矿山企业的采矿，对于放射性矿产，一个矿床只能由一个矿山企业开采，不允许个体开采。

核工业部门所属放射性矿山企业暂不进行工商登记手续。其余放射性矿山企业，在领取采矿许可证后，应按工商企业登记的有关规定，凭采矿许可证和有关资料，到工商行政管理部门核准登记，领取或者更换筹建许可证或者营业执照。

放射性矿山企业采矿登记管理的其他有关规定按《全民所有制矿山企业采矿登记管理暂行办法》执行。

3）放射性矿产资源监督管理暂行办法：该办法是根据《矿产资源监督管理暂行办法》，针对放射性矿产开采特点而制定的，适用于领取采矿许可证的开采放射性矿产的矿山企业。它在《矿产资源监督管理暂行办法》的基础上，作了以下一些具体规定：

①明确核工业部放射性矿产资源管理委员会对放射性矿产资源开发、利用和保护的监督管理负有以下职责：

a.制定有关放射性矿产资源开发利用与保护的监督管理规章；

b.监督、检查放射性矿产资源管理法规的执行情况；

c.负责大中型放射性矿山企业的非正常储量注销的审批工作；

d.建立放射性矿产资源合理开发利用的考核指标体系及定期报表制度；

e.组织放射性矿产资源开发利用与保护工作的调查研究，总结交流经验；

f.根据需要向重点放射性矿山企业派出矿产督察员，向放射性矿山企业集中的地区派出巡回矿产督察员。所派督察员应执行全国矿产督察员管理办法有关规定。

②核工业部（现核工业总公司）在省、自治区的矿冶局（公司）负有以下职责：

a.对本地区矿山企业的放射性矿产资源开发利用与保护工作进行监督管理和指导；

b.根据国务院、核工业部的有关规定，制定本地区放射性矿山企业的放射性矿产资源开发利用与保护工作的规章、规定，并报核工业部放射性矿产资源管理委员会备案；

c.负责所属矿山企业的矿产储量管理，严格执行矿产储量核减的审批规定；

d.总结交流所属矿山企业的放射性矿产资源合理开发利用与保护工作的经验。

③对放射性矿山企业的生产与储量管理要求、放射矿山企业地质测量机构的职责及有关处罚规定与《矿产资源监督管理暂行办法》的有关规定一致。

22.5　矿山地质有关规定

22.5.1　地质工作程序与矿产勘查有关规定

矿山地质是指从矿山建设开始到开采结束所进行的地质工作，包括：基建地质、生产地质。为了论述矿山地质的地位和作用，根据国家经委、国家计委1964年印发的《矿山生产地质和测量工作暂行规定》和全国储委、国家计委、国家经委1987年3月31日联合颁发的《矿产勘查工作阶段划分的暂行规定》，介绍一下我国现行地质工作程序划分和矿山地质工作阶段前的矿产勘查各阶段的内容。

（1）现行矿产地质工作程序：大致如图22-1所示：

1）普查阶段：目的和任务是对已发现的矿点和地质、物化探等异常进行普查工作，查明是否有进一步工作的价值，提交普查报告，一般探求 $D+E$ 级储量，为是否进一步进行详查工作提供依据。一般要求是：

①大致查明普查区内地质、构造情况；

②对矿体（层）的形状、产状和分布情况、矿石品位、物质成分、结构构造、自然类型等的控制和研究程度，应达到探求相应储量级别的要求；

③对矿产的加工选冶性能进行对比和研究，做出是否可能作为工业原料的评价；

④大致了解矿床水文地质、工程地质和其他开采技术条件；

⑤对矿床进行概略的技术经济评价。

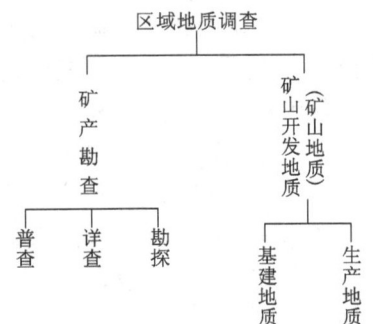

图22-1　矿产地质工作程序

2）详查阶段：目的和任务是对经过普查阶段工作证实具有进一步工作价值的矿床，做出是否具有工业价值的评价，提交详查报告，一般探求 C＋D 级储量，其中 C 储量，一般金属矿 10%～20%，非金属矿 20%～50%，为是否进行勘探阶段工作提供依据，并可提供矿山总体规划和作矿山项目建议书使用（未按 1999 年 GB 分类套算，后同）。一般要求是：

① 基本查明详查区内地质、构造情况；

② 对矿体（层）的形状、产状和空间位置，矿石的品位、物质成分、结构构造、工业类型和品级等的控制和研究程度，达到探求相应储量级别的要求；

③ 对矿产的加工选冶性能进行对比和研究，做出是否有工业价值的评价；

④ 基本查明矿床水文地质、工程地质和其他开采技术条件；

⑤ 对矿床进行初步的技术经济评价。

3）勘探阶段：目的和任务是对经过详查阶段工作证实具有工业价值，并拟近期开采利用的矿床进行勘探，按全国矿产储量委员会制定的有关规范探求各级储量，提交勘探报告、作为矿山建设可行性研究和设计的依据。一般要求是：

① 详细探明勘探区内的地质、构造情况；

② 对矿体（层）的形状、产状和空间位置，矿石的品位、结构构造和工业类型、品级的种类及其比例等的控制和研究程度，达到探求相应储量级别和矿山建设设计的要求；

③ 对矿产加工选冶性能进行研究，做出是否具有可供工业建设设计的评价；

④ 详细探明水文地质、工程地质和其他开采技术条件；

⑤ 对矿床进行详细的技术经济评价。

由详查转入勘探阶段，一般应与使用部门对口，应具有使用单位的委托书或与使用单位签订的承包合同书，或局级以上（含局级）矿产勘查主管部门下达的项目任务设计书。

（2）矿产勘查各阶段选冶试验程度要求：为进一步提高矿产勘查工作质量和效果，确保矿山的合理开发利用和提高矿山建设的经济社会效益，对需要进行选冶试验的矿产，各勘查阶段具有不同的试验程度要求。对上一阶段矿产选冶试验成果达不到相应要求时，一般不能转入下一阶段勘查工作，对具有工业价值的伴生或共生矿产，未进行综合勘查和选冶试验的，不能批准其报告。

矿产选冶试验程度分为五类，对可选（冶）性试验、实验室流程试验、实验室扩大连续试验一般由地质勘查单位进行，工业试验由工业部门负责进行，半工业试验由勘查单位与工业部门密切配合进行。

1）普查阶段：工业利用已成熟的易选矿产和工业利用尚成熟的一般矿产可以进行类比评价，不做选冶试验，对于组分复杂、矿物颗粒细、在国内工业利用尚无成熟经验的矿产，应进行可选（冶）性试验或实验室流程试验。

2）详查阶段：对生产矿山附近的，有类比条件的易选矿产，可进行类比评价，不做选冶试验，否则，应进行可选（冶）性试验。一般矿产进行可选（冶）性试验或实验室流程试验。难选矿产如属国家急需，经上级同意必须进行详查阶段工作，应进行实验室扩大连续试验。

3）勘探阶段：一般矿产进行实验室流程试验或实验室扩大连续试验。对生产矿山附近的、有类比条件的易选矿产进行可选（冶）性试验或实验室流程试验。难选矿产进行半工业试验。建设大型矿山必要时还要做工业试验。

对勘探阶段提交的矿产选冶试验研究成果，应当在我国当前条件下技术可行，经济合理，并可转为工业开发利用。

（3）矿产勘查各阶段矿床技术经济评价要求：矿床技术经济评价是在地质评价的基础上，根据矿床的技术条件和经济条件对探明的和预测的储量，在未来一定的时期内进行工业开发的经济效益所作的与各勘探阶段工作程度相适应的预估。矿床技术经济评价应贯穿于矿产勘查工作的全过程，在普查、详查和勘探三个阶段，均须进行相应的评价。

1）普查阶段：进行概略的矿床技术经济评价，对矿床有无进一步工作价值作出评价，为可否进行详查工作提供依据。

2）详查阶段：进行初步的矿床技术经济评价，对矿床有无工业价值作出评价，为可否进行勘探工作、编制矿山总体规划或矿山建设项目建议提供依据。

3）勘探阶段：进行详细的技术经济评价，对矿床工业开发时拟建矿山投入产出的总效益作出详细评价，主要为矿山建设可行性研究和确定设计任务提供依据。

22.5.2　矿山生产地质工作主要内容

一九六四年，原国家经委、国家计委经过大量调查研究，制定了《矿山生产地质和测量工作暂行规定》，该办法一直作为矿山地质规章的基础。各有关部门分别制定了适宜于本行业的矿山地质规定。《矿山生产地质和测量工作暂行规定》包括：总则、生产地质工作、测量工作、计划管理和技术管理、矿产储量管理工作、科学研究、组织机构和附则共八章34条，一个附件，即：《关于生产矿山地质勘探、基建地质、生产地质工作范围和资金来源的划分》。这个暂行规定中有关矿山地质工作的主要内容包括：

（1）生产地质工作与地质勘探、基建地质工作范围和界限。

1）地质勘探的目的和任务是对经过详查阶段工作证实具有工业价值，并拟近期开采利用的矿床进行勘探，按储委制定的有关规范探求各级储量，提交勘探报告，作为矿山建设可行性研究和设计的依据。在生产矿山中，凡具有下列条件之一者，属地质勘探工作范围，由地质勘探部门承担或委托生产矿山的生产地质单位承担。列入地质勘查计划，由地勘费开支：

①在生产矿区（井）及其外围普查勘探新的矿床（段）所进行的地质工作；

②生产矿山（井）进行扩建，从整体来看（即将原来的和需要扩大的部分合并起来看），原提交的地质勘探报告不能满足扩建的要求，为达到这一要求所进行的地质工作；

③在生产或基建开拓过程中，发现规模较大矿体，或重要伴生元素，或重大地质问题，导致原来的地质勘探报告达不到"矿产储量规范"的要求，需要重新勘探，或者重新提交地质勘探报告所进行的地质工作；

④为未经地质勘探即进行建设或生产的矿山（井）补做的地质勘探工作；

⑤一切因勘探程度不符合"矿产储量分类规范"要求而进行的补充勘探工作。

2）基建地质是从矿山（井）建设开始，到移交生产前为止，在基建开拓中所进行的地质工作，由建设单位承担，所需经费由基本建设投资开支，列入建设单位基本建设计划。

3）生产地质是指矿山（井）在移交生产后，在地质勘探和基建地质按照规范要求所达到的勘探程度上，为满足开采和继续开拓延深的需要所进行的地质工作，由生产矿山的生产地质单位进行。其所需费用，列入成本或由其他费用解决。具体划分，由各工业部按照国家财政制度的规定，自行制定划分办法。生产地质工作范围是：

①为满足开采和继续开拓延深的需要，进一步探明或确定矿体（层）形状、产状和质量特征以及储量升级所进行的地质工作；

②生产矿区（井）的深部，矿体（层）延深较深，矿化比较连续，但厚度和质量变化较大，在地质勘探阶段用钻探不能求得 C 级储量，将这样的生产矿区（井）深部的储量进行升级的地质工作；

③第四勘探类型矿床，当地质勘探阶段，按照 C 级网度也只能求得 D 级储量部分，为这部分 D 级储量升级所进行的地质工作；

④某些小型的、极复杂的矿床（田），地质勘探只能粗略估计储量，指出地质规律，这类矿山进入生产后的边采边探的地质工作；

⑤对地质勘探阶段未予探明的，以及在生产和开拓过程中发现的边部和深部的小型矿体（层）和矿角、矿边所进行的地质工作；

⑥查明生产矿区（井）内局部地质构造、水文地质、工程地质以及老窿清理、探放老窿积水等的地质工作；

⑦进一步查明生产矿区（井）伴生元素的质量、储量及其加工技术条件等的地质工作。

（2）生产地质和测量工作主要任务：矿山生产地质和测量是矿山企业生产的基础工作。矿山生产地质应与矿山开采保持适当的超前距离。其基本任务是在矿山生产过程中，进行深入、细致的地质工作，保证生产、掘进的正常进行，保证和监督矿产资源的合理开发，进行地质研究，尽可能延长矿山寿命和进行各项测量工作。具体任务主要是：

1）在地质勘探以及充分研究了现有井、巷及其他有关地质资料的基础上，进行生产地质工作，及时提供采掘设计所需地质资料，并参与编制开采设计、采矿计划工作。

2）在占有各类勘探资料、井巷坑道的地质资料的基础上，进行综合分析研究，掌握生产矿山的地质规律，定期补充或修改矿山的地质报告。

3）进行水文地质及工程地质工作，解决生产方面的水文地质和工程地质有关问题。

4）建立全矿区统一的、地面和井下的测量控制系统，建立基本矿山测量图及专门矿山测量图的原图，定期补充和修绘基本矿山测量图及专门矿山测量图，及时绘制生产矿区所需各种图纸。

5）及时正确地进行地面、井下各种测量工作；参与验收采掘作业量并监督采掘工程质量。

6）开展地表和岩层移动的观测工作，参与编制本矿区建筑物保护规程，经济合理地设计各类保护矿柱；协助进行建筑物及水体下开采矿体工作。

7）掌握矿山企业矿产资源的合理利用情况，对各级矿产储量、质量、贫化损失及三级矿量（开拓、采准或准备、备采或回采矿量），定期进行计算和分析，按照规定及时编制矿产储量平衡表及动态表等。

8）根据《矿产资源法》及有关技术政策，对矿产资源的开采，进行监督检查。

9）结合生产，开展矿山生产地质的科学研究工作。

（3）生产地质工作主要内容：

1）在原地质勘查的基础上，进一步搞清近期生产区段内的地质构造、矿体（层）形状、产状、厚度、矿石的品种、品级、质量、技术加工特性、瓦斯以及水文地质情况，在生产过程中，不断提高近期开采范围内矿产储量的级别，查清地质勘探阶段未探清的和在生产掘进中发现的边部深部的小型矿体（层）、矿角、矿边的地质情况。

2）及时进行采掘井、巷的现场素描和原始地质资料的编录工作，并根据不同矿产的要求，进行采样、加工、化验、岩矿鉴定等工作。

3）在各种勘探资料以及采掘（或采剥）井巷（或阶段）地质资料的基础上，进行综合分析研究工作，定期地补充或修改矿山地质报告，提交上级审查批准，并根据生产需要及时提供有关资料，并参与编制开采设计及生产计划工作。

4）在矿山开采将要完毕时，应着手根据矿山全部地质资料及开采工作进行情况，编写矿山开采完毕后的最后地质结论报告，随同申请矿山闭坑文件，一并上报审核。

（4）矿山生产地质和测量工作的管理和研究工作：

1）计划和技术管理：

① 矿山生产地质和测量工作，必须建立严格的计划管理和技术管理制度。

② 矿山生产地质和测量工作所需费用，应该专款专用，按有关经费渠道分别列入成本或由其他费用解决。

③ 矿山企业每年应编制生产地质工作的专业计划，施工前必须编制工作设计，根据单项工作费用的多少，由各工业部门自行规定分级审核的制度。

④ 矿山生产地质和测量工作，必须严格按照有关技术规范进行，以保证工作质量。凡不合规范规定要求的工作，要重新补做。

⑤ 矿山生产地质工作完成后，必须提出一定的地质资料并结合生产现有井巷及其他有关地质资料，定期补充地质报告。矿山测量工作完成后，必须提出成果图及相应的技术总结材料。

⑥ 要重视生产地质和测量的研究工作，主要研究解决生产中存在的技术关键问题。

2）矿产储量管理：

① 各矿山企业必须严格执行矿产资源法及有关法规，保证合理开发和利用各种矿产资源，积极提高回采率、降低贫化率、严格防止浪费。

② 各矿山企业应该在地质测量部门设置专人对矿产储量动态定期进行计算和统计分析。至少每年计算一次矿山保有储量，提交主管机关审批。并编制矿产储量平衡表及动态表，使之起到管理矿山资源的会计师作用，并对矿产资源的开采，有监督检查的权力。

③ 各矿山企业应根据矿产资源法的精神，具体规定生产地质测量部门对矿产资源监督检查的责任和权力。

④ 生产地质测量部门必须根据全部地质测量资料，包括地质勘探资料、生产地质资料以及测量图纸资料等，结合生产情况，对矿山各级储量及三级矿量，定期进行具体分析。根据分析结果，针对存在的问题，提出解决的措施，据以安排下一步有关工作。对三级矿量方面的问题，应向采矿部门提出相应解决问题的建议。

3)科学研究:矿山生产地质研究应以解决生产中存在的技术关键问题为主。例如水文地质、小型构造、夹层包体、损失贫化、岩层移动及露天边坡滑动规律、建筑物及水体下开采矿体、矿床赋存规律和成因等研究工作,并进行新技术的研究。各工业部门应该在本部门的科学研究单位设立矿山生产地质的专门研究机构,矿山企业有条件的亦应设立研究组织,有关高等院校也应积极开展这方面工作。

4)矿山生产地质和测量的组织机构:为了保证完成矿山生产地质和测量工作任务,使地质和测量工作更好为矿山生产服务,监督资源的合理开采,必须建立与健全各级生产地质测量的组织机构和生产地质队伍。

① 矿山(或矿)一级,应设立地质测量科(组),联合企业(或矿务局)一级,应设立地质测量处(科),中央各工业部门应在有关司、局及其所属大区或省管理局内设立地质测量处(科)。主要矿山(或矿)及联合企业(或矿务局),还应设立总地质师,相当于副总工程师,统管全部生产地质和测量工作。

② 各矿山企业原则上都应该建立生产地质队伍。队伍规模的大小根据单位经常性工作量而定。

22.5.3 黑色金属矿山地质工作规定

1978年6月,冶金工业部批准的《黑色金属矿山生产地质测量工作条例》,包括总则、生产勘探、生产地质、控制测量、生产测量、矿量管理、矿石质量管理、安全生产地测工作、地测监督、地测科学研究、地测资料与保管、地测组织机构等十二章,共65条。有关矿山地质的主要内容有:

(1)矿山地质和测量(简称地测)是矿山生产的基础工作,是从矿山建成,正式移交生产后开始,主要任务是保证生产的正常进行和资源的合理开发利用,并努力延长矿山寿命。具体任务是:

1)进行生产勘探和生产地质工作,及时提供采、掘(剥)计划和设计所需地测资料,并参与编制和审查工作;

2)进行综合分析研究,掌握地质规律,定期补充或修改矿山的地质报告;

3)进行水文地质及工程地质工作,解决生产方面的水文地质和工程地质有关问题;

4)建立全矿区统一的,地面和井下的测量控制系统;

5)建立矿区基本的与专门的地质测量原图,并定期进行补充和修绘。及时绘制生产所需的各种图纸;

6)开展地表及岩层移动的观测工作;

7)掌握矿山矿产资源的合理利用情况,对各级矿产储量、质量、贫化损失及三(二)级矿量定期进行计算和分析,及时编制矿产储量平衡表及动态表等;

8)对矿产资源的开发利用进行监督检查;

9)开展矿山地质和测量的科学技术研究工作。

(2)生产勘探主要任务:

1)准确的确定近期开采地段范围内的地质构造、矿体、夹层、包体的产状、形态、规模、空间位置和各品种品级的矿石质量及数量;

2)提高近期开采范围内的矿量级别,按矿山生产规模.经常保有B级以上的高级矿量3~5年,多品种品级生产的矿山,按稀缺品种品级保有2~3年,矿床类型复杂的矿山保有C级以上的矿量3~5年;

3)查清地质勘探阶段未探清的和在生产掘进中发现的边部深部的小型矿体(层)、矿角、矿边的地质情况;

4)定期编制提交生产勘探报告。

生产勘探为采掘(剥)设计提供的矿量级别,采准设计B级以上,回采设计A级。矿床类型复杂的矿山,采准设计为B+C级,回采设计为B级以上。措施性基建开拓和开拓井巷延深一般应达B+C级。

生产勘探网度:一般应在原地质勘探网度的基础上加密。应尽量利用采掘工程和采掘设备。生产勘探所需劳动力、材料等,单独计算,编入矿山生产计划,其所需费用应列入生产成本。

(3)生产地质①是在生产勘探基础上,随着采掘(剥)工程进展,进一步查清开采块段地质变化,为月(旬)采掘作业计划、单体设计和计算矿石开采损失贫化等提供可靠资料。主要任务:

1)露天矿山,应对各个爆破块段进行素描编录和采样化验分析,并编制爆破块叙地质说明书。坑内矿山,随着采矿掌子面及掘进工程推进,对所揭示的地质情况,及时进行素描、编录、采样、化验分析,并编制开采块

---

① "生产地质"工作:现在矿山地质工作者有两种不同理解,一种认为是泛指除基建地质工作外的所有矿山地质工作;另一种则认为专指生产中的地质工作(不包括生产勘探)。

段地质说明书；

2）随着采掘（剥）工程的进展，应对所揭露的矿体部分，以及露天的爆破矿石堆和坑内的采出矿石，均需按规定，及时进行采样和化验；

3）根据矿山生产建设的需要，随着采掘作业的延深，地质条件的变化，进行适量的岩矿物理机械性质（包括体重、假比重、松散系数、粉矿率、硬度等）的采样测定和技术加工样品的采取工作；

4）及时进行原始资料的收集整理和综合研究，每个生产块段应建立块段地质资料档案，每个中段（台阶）开采结束，要编制中段（台阶）地质总结；

5）编写矿山开采完毕后的最终地质报告。

（4）矿量管理，矿山地测部门要保证合理开发和综合利用各种矿产资源，积极提高回采率，降低贫化率，严格防止资源浪费。要对全矿区的矿产资源的矿量升级、增减、损失贫化、保有程度与报销等情况，分别按"地质矿量"和"三（二）级矿量"进行全面管理。

地质矿量管理，首先应研究本矿床的基建开采设计，研究该设计对各开采中段（台阶）计算的各品种品级矿石的地质矿量和质量等的正确程度，并和储委批准的矿量及地质报告资料的相应部分进行比较，超过规定误差范围时，应分别向储委及设计部门提出意见，报请修改。其次，应分别设计境界内外，表内外及按勘探程度分级进行管理。表内外地质矿量的划分以国家批准的工业指标为依据。如因开采加工等技术水平，一时尚难达到，出入悬殊或因技术经济条件改善，综合利用发展等原因超过工业指标很大时，均需补充修改原定工业指标，报请原批准单位批准后执行。地质矿量的分级条件，应根据国家储委颁发的相应规范执行。

三（二）级矿量的管理，详细研究基建开采设计所规定的开采顺序、采掘（剥）比、开拓和采准工程等布置是否合理，并对其不合理部分提出建议报上级有关部门。矿山地测部门应按期计算矿量的保有期限，而且还应按规定的矿量危急边缘的保有期限进行检查，当矿山保有地质矿量及三（二）级矿量接近危急边缘时，应及时向上级主管部门报告，请求进行增加矿量或准备接续基地。一般矿山矿量危急边缘的保有期限是：

	地质矿量（C级以上）	开拓矿量
大型矿区	10年	3～5年
中小型矿区	5年	2～3年

对矿石开采中产生的损失贫化管理：

1）应分别计算开采过程中及原矿加工、运输过程中的矿石贫化损失。有原矿加工的矿山，还要考虑粉矿与块矿的利用程度，计算表内矿量的矿石利用率；

2）按月、季、年计算各单项及全矿总的损失率与贫化率。单项计算包括：不同作业单元、不同作业地点、不同采矿方法、不同损失贫化原因；

3）一个作业单元开采结束履行报销手续时，应分别计算表内矿量的总损失量、废石混入量、损失率和贫化率，并进行原因分析；

4）分品种品级矿石生产时，应计算综合的及分品种品级的损失率和贫化率；

5）计算方法，一般采用直接法，不能用直接法时，可采用间接法。

当年开采矿量的报销，依全国地质资料局关于"矿产储量统计和编制平衡表规程"规定，于每年编制矿山地质储量平衡表时进行报销。其报销内容：当年采出量，批准报销的损失量，经生产勘探和生产地质查清重计算而减少的矿量。损失量中的超计划损失量的报销，应按规定具有上级机关和有关领导的批准文件，才能列入报销。报销时，地测部门应负责按批准的计划损失定额，分别结算计划损失和超计划损失量，编制损失量的矿量分布图纸，并由矿山企业主管生产的领导组织有关部门进行调查研究分析，提出报销的详细理由和根据，报请有关主管机关批准。

（5）矿石质量管理主要内容：

1）开采前的块段矿量的矿石质量鉴定；

2）按正规采掘部署和上级规定的矿石质量标准，编制采出矿石质量计划；

3）开采过程中，现场的矿石质量鉴定和检查工作；

4）开采后的矿石加工或直接输出时，成品矿石质量检查管理工作。矿石质量管理的所有质量资料，应由矿山地测部门统一归口掌握，并负责定期进行全面系统的分析，以便研究和改进矿产资源的充分利用及合理利用。

（6）安全生产方面地测部门主要工作：

1）设立专职或兼职人员开展矿床水文地质工作；

2）建立系统的岩石移动观测站；

3）积极弄清矿区范围内的采空区，凡可实测的都要实测；

4）凡工人直接在采场内进行作业的采矿方法，应结合掌子素描，弄清破碎带、断层、节理、脆弱夹层等赋存条件，对含有害元素和有害气体的矿床要为有关部门研究防护措施和工业卫生提供资料。

（7）地测部门监督职权：

1）对违反正规作业和保护资源原则的采掘（剥）计划和设计有权提出调整意见；

2）对矿山采掘（剥）比例失调，三(二)级矿量保有下降和矿石质量不能均衡完成计划的情况，有权提出监督意见，并报请领导，督促有关部门解块；

3）对无计划和设计、不按计划和设计施工的各项采、掘（剥）工程有权制止，不予验收；

4）对未按开采边界开采而产生丢矿的情况有权直接督促有关部门进行回采，有权停止招致矿石大量损失贫化的不正规采、掘作业，并报请领导责成有关部门采取措施处理；

5）对地测人员的合理监督意见遭到有关部门拒绝时的情况有责有权越级上报。

（8）地测科学研究应因矿制宜，围绕生产技术关键进行。在狠抓地测技术、方法、工具改进的同时，应注意有关矿床地质规律的研究。根据需要与可能设立地测研究组（或专职人员），负责地测科研工作。对矿山急需又无力进行的项目，可提出要求报部安排解决。

（9）地测资料与保管，各矿必须建立一套包括图纸、文字、标本、矿岩心等系统的地测资料。图纸一般包括：

地表地形地质图类(矿区总图，地形地质图，采区综合地质面图，控制网分布图，坑内外对照图等)；

2）各开采水平的地测图类；

3）横剖面图类；

4）纵投影图类；

5）通风、排水、管道、输电线路及开拓运输系统等专门图类。对岩矿心，化验副样等应建立岩心仓库妥善保管。对重要的地测图纸资料，除保有一套供日常使用外，还应复制一套放在具有防火、防水设施的图库中供备用。

（10）地测工作组织机构。各矿山要设置地质测量科，大型矿山还应设置总地质师和总测量师，相当于副总工程师，统管全矿地测工作。采区分散的矿山，地测科在采区设置地测组，负责采区地测工作。联合企业、矿山管理局和矿山公司应设置矿山地质测量处(所属矿山不多时，可设科)，省局可参照以上原则设置。联合企业、矿山管理局和矿山公司还应成立与所属矿山地测任务相适应的专业生产勘探队伍(包括测量队伍)，担负所属矿山的生产勘探和测绘工作。

22.5.4　有色金属矿山地质工作规定

为加强有色金属矿山企业管理，作好矿山地质工作，一九八〇年四月，原冶金工业部颁发了"有色金属矿山地质和测量工作条例（试行）"。在该条例中，对矿山地质工作基本任务及有关管理工作的要求作了具体规定。

（1）矿山地质工作任务与要求：该条例对矿山地质工作的任务不包括基建地质工作，但包括矿区外围或深部的地质勘探，其他与前内容相似。其主要要求如下：

1）矿山地质工作必须适当超前，其超前幅度视矿床地质条件、生产规模、开拓采准难易程度、中段下降速度及采矿强度等条件确定。一般要求大中型矿山保有地质储量达到八年以上；中小型矿山达到五年以上。要定期进行地质储量计算，经常分析储量动态和保有情况。当地质储量未达到保有期限时，即视为资源危机，应积极进行地质勘探工作，勘探结束后提交相应的地质报告。其资料汇交按"全国地质资料汇交办法"执行。

2）矿山地质勘探和生产勘探的方法和网度，根据矿床地质条件和开采技术条件进行选择。勘探网度应尽可能在原地质勘探网度基础上加密，以保持资料的一致性；勘探方法一般采用坑探和钻探相结合，尽可能做到"以钻代坑"；尽量利用开拓、采准工程进行探矿、实行"采探结合"；有条件的矿山应采用新技术，推广物化探等综合手段进行探矿，以达到投资少、速度快、效果好的目的。

3）矿山地质勘探和生产地质勘探的计划，是矿山采掘（剥）技术计划的重要组成部分，地质人员负责地质探矿和生产探矿的设计。探矿设计要有依据，计划要有严肃性，没有设计的工程不得施工。

4）要保证矿山地质勘探和生产勘探（包括槽探、井探、钻探、坑探等）工程质量。在施工过程中，应加强技术管理，如遇重大变化，应及时提出修改设计意见，并报请上级机关审批。

认真贯彻执行《矿产资源法》及有关矿山技术政策，对矿产的开采和利用实行检查监督。

5）随着采掘（剥）工程的进展，进一步查清采掘区段的地质条件，为采矿设计提供资料。通过采准、切割工程进一步做好矿体二次圈定。随着回采工作的进行，应及时检查采场可采边界，以便减少矿石的贫化和损失。

6）对所有采掘（剥）工程和钻探工程，要及时系统地进行原始地质编录，保证原始编录的质量达到规定要求；及时进行室内整理工作，编制各种不同比例尺的综合图件。地质技术负责人应对原始编录及综合图件质量经常检查。

对共生或伴生有益有害元素的质量和数量及其赋存规律进行综合查定和研究工作。

7）地质取样加工化验工作是研究矿物组分的质量、数量、分布规律及地质特征的重要手段，是正确圈定矿体，进行储量计算和指导采掘（剥）生产的主要依据。因此，矿山企业必须配备足够的人员和设备，及时进行取样加工化验工作。

配合出矿管理人员做好出矿取样和计量管理工作，以及掘进工程副产矿石的鉴别工作。

8）随着矿床开采要不断深入地进行综合研究，把地质勘探资料和开采资料进行"勘采对比"、总结勘探经验，研究矿床成因，掌握成矿规律，开展成矿预测。

矿床开采完毕，要会同有关部门编写闭坑报告，随同申请矿山报废文件一并报上级主管部门审批。

（2）矿山水文地质工作任务：各矿山（坑口）应视矿山水文地质条件的复杂程度和需要，开展矿山水文地质工作，为防水、治水、供水提供可靠的水文地质资料，其任务是：

1）长期进行水文地质观测，定期作水质检验工作；

2）对生产中遇到的水文地质异常现象和突然涌水（断层构造、岩溶水、老窿水等）进行预测预报。会同有关部门采取有效措施，以保证安全生产。

3）掌握地下水补给与矿坑排水关系；对地表陷落带和露天开采转井下开采的矿山要采取措施，防止矿井涌水。

配合有关部门进行水体下开采以及矿区井巷工程防水、治水技术措施的试验研究工作。

4）建立健全水文地质原始记录的各种综合台账，编制矿区水文地质图件。

开展矿区水文地质综合研究工作，逐步摸清地下水活动规律。当水文地质条件发生很大变化时，应及时向有关部门提供资料，以便修改设计，采取相应措施确保生产安全。

（3）科学研究要求：各矿山应结合生产及地质科研工作实际需要积极开展科学研究工作；引进和推广新技术和新设备，加强科技情报交流，奖励在科研工作有贡献的地质人员，努力提高冶金矿山地质科技水平。

矿山地质科研工作重点是改进矿山地质工作方法，提高矿山地质人员技术水平；搞好有益组分的综合评价和综合利用，成矿规律和成矿预测，勘探技术、取样方法和分析方法，以及水文地质和工程地质的研究工作，为本矿区找矿勘探，不断扩大地质资源服务。

各矿山企业应设立地质测量综合研究机构，负责地质测量科研工作。所需费用、仪器、设备纳入矿山年度科研计划，重大科研项目可与有关院校协作，报主管部门纳入国家计划统筹安排。

（4）矿山地质监督与验收：矿山地测部门是矿山采掘（剥）生产的技术监督验收部门。各矿山均应根据冶金部"有色金属矿山地质测量监督验收管理制度"，结合矿山具体情况制定相应的实施细则。在矿长、总工程师领导下依据《矿产资源法》及有关采掘技术政策，充分合理开采地下资源。对采掘（剥）质量进行监督验收。

矿山地测部门从采掘（剥）计划编制、设计审查到施工、执行监督验收任务：

1）编制采掘（剥）技术计划和设计，应贯彻"四个兼采"的原则，坚持由上到下，由远而近的合理开采顺序；要及时回收上部中段的残矿和矿柱，充分利用地下资源。

2）采掘（剥）计划要遵循"采掘（剥）并举，掘进先行"的方针；各级生产矿量要达到规定的保有标准，保证矿山持续生产。

3）开拓、采准及回采设计要符合矿体和矿块具体的地质条件及合理的开采顺序；选择合理的采矿方法，并有具体的降低矿石损失贫化的技术措施。

严格矿产资源的核销制度，对于不能回采的矿柱、矿壁、残矿和边角矿体，需要申请报销的矿量要认真查定，履行审批手续。

禁止滥采乱挖，搞不正规作业而造成矿产资源的大量损失和浪费。对目前暂不能开采利用的伴生组分或贵重金属，要进行综合查定和储量计算，并进行妥善保存。

地测部门对采掘（剥）作业量和质量情况定期进行验收；根据设计和验收标准可分别定为合格品、次品、可修品或废品；并依工程质量优劣向企业领导提供奖惩意见。矿山各项采掘作业量，一律以地测部门的验收数字为准。

矿山企业领导应积极支持地测人员的工作。当地测人员行使正常的监督职权遭到阻挠或受到打击报复时，可越级上报。

（5）储量管理：矿产资源是矿山建设和生产的重要物质基础，保证矿产资源的合理利用是国家的一项重要技术经济政策。各有色矿山企业必须按照《矿产资源法》及有关规定，认真做好储量管理及资源保护工作。

1）矿山企业要认真执行国家有关技术政策，严格遵守合理的回采顺序，选择合理的采矿方法，不断降低矿石损失率与贫化率。做好矿床伴生组分的综合回收，最大限度地回收地下资源。

2）矿长和总工程师全面负责矿产资源的保护和开发，定期组织有关部门对资源利用情况进行检查，采取有效措施不断提高回采率，降低贫化率。

3）矿山储量应建立台账，储量管理要有专人负责，并掌握储量的增长、消耗、变动及保有状况。对地质储量和生产矿量的保有情况提出平衡意见。

4）储量计算的工作指标应以国家批准下达的为准。如需变动工业指标时，应通过试算报请主管部门审批之后方可采用。

5）经过生产勘探证实地质勘探报告所提交的储量误差过大，足以影响矿山生产建设规模时，应向主管部门和审批部门提出报告。

当矿山地质储量危机时（大型矿山保有储量不足八年，中小型矿山不足五年），应向主管部门提出加快矿区外围和深部地质勘探的意见，以保证矿山持续生产。

矿山储量管理及储量报销的具体办法按冶金部"有色金属矿山储量管理制度"执行。

6）矿山地质资料管理：制图清绘工作是地质测量综合资料的最终成果，因此，矿山应配有受过训练的绘图人员。制图清绘人员应按有关技术规定完成各种地质图件的制图、清绘及复制工作，做到图件准确、整洁和美观。

矿山地测综合资料是反映矿床地质特征和采掘工程状态，指导采掘作业和科研工作的主要依据。各矿山地测部门要建立一套完整系统的地质测量资料（包括图件、文字资料、照片、标本及矿岩心等）。其具体规定按"有色金属矿山地质和测量资料管理制度"执行。

为了保证图件的精度，有利于长期使用保管，主要基本图件均应建立原图。地测原始记录和表册是编绘综合资料和矿山基本原图的主要依据，应按不同类别分别汇总成册，妥善保管，应建立岩矿心、化验副样仓库。

地质资料是国家重要技术档案，各矿山企业应按国家技术档案管理制度.对地测资料的使用、复制、借阅和保管作出明确规定，资料应有专人负责管理。

22.5.5　贵金属矿山地质工作有关规定

（1）岩金矿山地质工作条例：岩金矿床是金在固结岩石中的富集体，其富集程度和开采条件已达到现行的技术经济要求。由于岩金矿床类型繁多，矿床规模较小，矿体形态较复杂，矿石中金含量低，矿石颗粒微细而且分布不均匀。同时，其最终产品是国际通用货币，在矿产管理上国家制定了严格的法规。对岩金矿山地质工作，国家黄金管理局于1989年1月颁发了《岩金矿山地质与测量工作条例（试行）》其内容如下：

1）矿山地质工作任务：

①开展矿山基建勘探、生产勘探和矿山地质勘探工作。基建勘探和生产勘探必须保持适当的勘探超前。一

般矿山保有工业储量不应低于 3 年的服务年限；矿山地质勘探旨在扩大矿山新增储量，延长矿山服务年限，当保有地质储量低于 5 年服务年限时，视为储量危机、更应积极开展矿山地质勘探工作。

② 岩金矿山地质工作程度，依据《岩金地质勘探规范》、矿山建设初前设计、原地质勘探网度、矿山开拓方式和采矿方法以及结合矿山生产实际而具体确定。

努力推行勘探与采矿工程相结合的"探采结合"方法，积极推广找矿勘探的新方法、新技术，不断提高地质效果和经济效益。

③ 负责编制矿山基建勘探、生产勘探和矿山地质勘探的设计和计划，做好勘探工程施工的地质技术管理，以达到预期勘探目的。编制并上报年度勘探总结，以及编写最终勘探报告。

④ 根据《岩金矿山地质与测量编录规定》及时进行全部探采工程原始地质编录，通过室内整理、现场复查和综合研究，完成矿山必备的图纸、报表及文字等综合地质编录，为矿山生产及时提供所需要的地质资料。

⑤ 及时进行各种取样。样品加工、测试和分析成果的检验工作。研究矿石质量特征及技术加工性质，进行矿石物质成分的综合查定和综合评价。为进行储量计算和指导采、选生产提供依据。

⑥ 严格按工业指标和矿床地质特征进行矿体的圈定和连接，正确确定和求得储量计算的各项参数，定期进行金及共生、伴生矿产的储量计算，掌握储量的保有和变动状况。

随着采掘(剥)工程的进展，根据地质编录和地质取样成果，及时修改地质资料和勘探设计。开展采场二次圈定工作，做好地质技术管理，指导探采作业。

⑦ 会同有关专业进行矿产开采损失与贫化的计算和管理、分析并提出改进措施；有条件的矿山开展出矿计量和取样工作，以便计算、掌握落矿和出矿的综合损失与贫化状况，配合有关专业和部门进行采矿、出矿及副产矿石的质量管理工作。

对矿山合理利用资源和矿产开采损失与贫化进行检查监督，对非正常矿产损失会同有关专业尽快提出报告，报请上级主管部门和矿产管理部门予以审查核销。

⑧ 矿山必须严格执行《矿产资源法》，认真做好矿产资源的勘查、开发利用和保护工作。矿山应根据《岩金矿山储量管理规定》，结合矿山实际情况，分别制定地质储量计算及管理和生产矿量计算及管理细则，对矿体圈定、块段划分、储量分级、储量计算方法、计算参数和资源管理及对生产矿量分级标准和保有期限、计算和管理等作出具体规定。

2）矿床水文地质与开采技术条件的研究：根据矿床水文地质条件的复杂程度和矿山生产的需要，确定矿山水文地质工作及研究程度。

在水文地质条件复杂的矿山，应配备水文地质专业人员，进行矿坑水文地质长期观测，健全水文地质编录，开展综合研究。查明地下水的性质和运动规律，要进行矿坑涌水量预测，对地表地下可能发生的突然涌水隐患进行预测，并提出探水、防水、排水措施，以保证安全生产。水文地质条件简单的矿山，可以相对简化水文地质工作。

根据矿山生产建设的需要，进一步开展矿(岩)石物理机械性质、稳定性、岩体力学及工程地质方面的试验研究；会同有关部门进行露采边坡、坑采岩石移动观测和地压活动研究工作；开展安全与环境地质工作，为合理开采和安全生产提供观测资料。

3）科学研究：岩金矿山应结合生产和地质工作需要，积极开展地质科学研究工作。矿山领导要给予支持，奖励和推广地质科研的技术成果，尽快在生产中发挥效益。

矿山地质科研重点有以下几方面：

① 矿区成矿条件、成矿规律和大比例尺成矿预测的研究，为矿山地质勘探提供依据。

② 基建勘探、生产勘探和矿山地质勘探方法的研究，不断提高勘探的地质效果和经济效益。

③ 矿石物质成分、工艺矿物性质、赋存规律及选冶性质研究，对共生和伴生有益组分进行综合评价。

④ 矿床水文地质及开采技术条件的研究，为合理开采和安全生产提供地质信息。

⑤ 进行探采对比、地质经济及矿山地质工作方法的研究，不断提高矿山地质工作水平。为充分发挥矿山地质综合研究的作用，可配备必要的人员、仪器和装备，承担专题科研任务。要加强矿山地质科研信息交流，开展学术活动，推广先进经验，不断更新技术，提高矿山地质工作水平。

矿山地质科研所需要的仪器、装备和资金，应纳入矿山年度科研计划。

4）闭坑地质报告：生产矿山在闭矿、闭坑或闭段（中段或阶段）前，要及时整理地测资料，并编写最终地质报告。闭矿、闭坑及闭段地质报告编写应在闭矿前一年，闭坑前半年和闭段前三个月提出。闭矿及闭坑地质报告，应报请上级主管部门审批，未经审批前不得拆除生产设施。

闭矿、闭坑、闭段必须具备下列条件：

① 拟关闭地段的地质勘探和生产勘探已经结束，矿产资源已经查清。

② 拟关闭地段已探明的表内地质储量及共生矿产储量的采矿、出矿工作即将结束。

③ 因技术、经济和安全等原因而损失的矿量，已经有关部门批准核销。

④ 拟关闭地段地质测量资料的搜集与整理工作已结束。

闭矿、闭坑，闭段地测资料是编制最终地质报告和申请关闭矿山生产系统的基础资料和依据，必须严肃认真、实事求是的进行编制。编写内容按《岩金矿山闭矿、闭坑、闭段地测资料规定》编写。

（2）岩金地质勘探、工程设计和矿山建设三结合的办法：为加快我国黄金矿山建设速度，缩短建设周期，使地质勘探、工程设计和矿山建设紧密结合，提高经济效益和社会效益。一九八八年，国家制定了《岩金地质勘探、工程设计和矿山建设三结合试行办法》，对中小型岩金矿山的地质勘探、工程设计和矿山建设三结合（简称"三结合"）作了如下规定：

1）"三结合"的基本原则：从国家和全局利益出发，以缩短地质勘探和矿山建设周期为目的，力争做到投资少、见效快，促进地质勘探和黄金生产事业的共同发展。

2）"三结合"矿区的基本条件：作为"三结合"的矿区，必须有全国储委或省、自治区、直辖市储委审定的金矿详查地质报告，对矿床作出了具有工业价值的评价；必须是已列入金矿建设规划的矿山或黄金管理部门要求建设的矿山。

3）"三结合"的基本内容和要求：

① 矿山建设部门必须委托设计单位编制"三结合"可行性研究报告，按基本建设项目建议书审批权限规定，报有关部门批准。"三结合"可行性研究报告批准后，矿山建设单位和地质勘探、设计单位共同编制"三结合"设计，确定勘探工作和需要结合勘探而进行的矿山建设工程及其概算，按照地质勘查设计和基本建设工程初步设计审批权限，报有关部门批准后，分别列入基本建设计划和地质工作计划。

② 凡是经过批准的"三结合"矿区，由所在省、自治区、直辖市黄金领导小组或省计委（计经委）建立一个由三方参加的协调小组，负责地质勘探和矿山建设的协调工作。

③"三结合"的矿区，矿山建设部门负责支付为矿山建设开凿的竖井、斜井、石门和运输巷道，以及为生产所需扩大勘探坑道断面的部分费用；地质勘探单位负责支付为探矿所需的钻探和勘探坑道以及为提交地质报告所需槽探、井探、采样等费用。

④ 地质勘探单位负责"三结合"矿区全部工程的地质观察、采样、编录以及进行综合研究，编写并提交地质勘探报告。

⑤ 在"三结合"施工过程中形成的采空区，应分别表示在平面、剖面图上，单独计算储量，并可计入探明储量；采掘的金矿石，其销售收入按各自投资比例进行分配，并根据国家有关规定使用。

⑥"三结合"过程中，由于管理不善造成的工程报废损失，应由"三结合"协调小组视情况不同，由参加"三结合"的单位承担。

22.5.6　化学矿山生产地质工作有关规定

为加强化学矿山生产地质工作，统一工作内容和要求，适应生产发展的需要，1978年12月，化学工业部发布了《化学矿山生产地质工作规定》，针对化学矿山的特点，对生产地质工作作了具体规定。

（1）生产地质工作任务与要求：生产地质工作按采掘（剥）程序，井下划分为开拓地质、采准地质和回采地质三个时期；露天划分为开拓地质和回采地质两个时期。对各时期工作任务和要求为：

1）开拓地质：指自提供开拓延深工程初步设计资料起至开拓地质报告审核止的整个时期所进行的地质工作。主要任务是：

① 提供开拓工程设计资料和编制开拓探矿设计；

② 及时收集整理开拓时期的各项地质资料，指导开拓工程施工；

③ 编制开拓地质报告。

2）采准地质：是指自提供采准初步设计资料起至采准矿块地质说明书审核止的整个时期所进行的地质工作，主要任务是：

① 提供采准工程设计资料和编制采准探矿设计；

② 及时收集整理采准时期的各项地质资料，指导采准工程施工；

③ 编写采准矿块地质说明书。

3）回采地质：指自提供矿块（台阶）回采设计资料起至矿块（台阶）回采地质说明书审核止的整个时期所进行的地质工作，主要任务是：

① 提供矿块（台阶）回采设计资料，并及时收集矿块（台阶）采掘（剥）工程所揭露的地质资料，指导生产；

② 监督资源的充分合理利用；

③ 编制矿块（台阶）回采地质说明书。

在矿区、矿井或中段即将开采完毕时，地质测量部门应参与编写闭坑报告。

生产地质勘探应充分利用采掘（剥）已有工程，并使探矿工程尽量为今后采矿所利用。可根据矿床复杂程度、施工技术条件等，选用坑探、槽探、浅井探、钻探和深孔凿岩机等探矿方法。生产地质勘探网度的选择，按矿床地质特征和采矿方法的要求，尽可能在原有地质勘探网度的基础上加密，具体网度通过试验研究确定。

生产地质各个时期探明储量的级别要求为：一般井下开拓工程设计 C 级以上，采准工程设计 B 级，回采工程设计 A 级，露天开拓工程设计 B + C 级，回采工程设计 A 级。矿床类型复杂的，井下开拓工程设计 C + D 级，采准工程设计 B + C 级，回采工程设计 A + B 级，露天开拓工程设计 C 级，回采工程设计 B 级。在进行各级储量计算时，所用参数应以实测为准，储量计算的资料必须完整可靠，各矿可根据具体情况选择储量计算方法。

各矿山企业，都必须加强水文地质工作。进一步查明水文地质条件，详细观察和研究矿坑涌水（突水）现象，地表水与地下水的联系，岩溶分布规律和塌陷区大气降水的渗透规律，预计露天采场和坑道涌水量，以满足采掘（剥）工作的需要。

每个矿山企业都必须重视各类取样工作。化学样品的加工程序和样品的化验分析应按化工部颁布的标准进行。化学分析允许误差范围暂按原地质部《化学分析偶然误差（草案）》执行。

地质编录工作必须认真贯彻"边施工、边编录、边综合研究"的工作方法，在统一认识、统一方法、统一要求的基础上，各局（矿）结合具体情况，制订切实可行的编录规程，以保证编录质量。一切探矿、开拓、采准和切割工程、回采工作面，均应按规程要求进行素描编录，全面正确反映工程所揭露的地质现象。

（2）生产地质监督：生产地质监督工作内容包括：

1）资源监督：严格执行国家有关矿产资源方面的规定，坚持"大小、贫富、厚薄、难易兼采"的原则，对矿产资源的开采工作进行监督，防止乱采、乱掘、乱剥，减少资源损失。

2）三级矿量监督：坚持正常的采矿程序，根据"采掘（剥）并举，掘进（剥离）先行"的原则和三级（二级）矿量保有定额的要求，监督采掘（剥）平衡，促使三级（二级）矿量经常保持合理比例，以保证矿山稳产高产。

3）矿石质量监督：监督回采和放矿工作，减少废石混入，降低贫化，保证矿石质量和品位的相对稳定。

4）工程质量监督：监督采掘（剥）施工部门，严格按设计规定施工，对采掘（剥）工程进行定期检查验收。

5）矿产储量注销管理：年度开采量和正常开采损失量，每年随呈报年度储量报表，由主管部门审查一次核销。非正常损失量要严加管理，并履行必要的核销手续。凡一次损失矿量超过一个标准矿块矿量的，由主管部门（厅、局）审核后报化工部矿山局批准。一次损失矿量未超过一个标准矿块矿量的，由主管部门（厅、局）批准，报化工部矿山局备案。

矿山地质测量监督工作，是反映和处理矿山开采过程中存在的各种技术问题和管理问题的重要手段之一。各矿山企业，应根据具体情况制定本局（矿）的地质测量监督条例，明确监督任务、要求、职责分工以及地测人员的监督权限。对一切违反采矿程序、浪费矿产资源，不重视工程和产品质量的不良现象，地测部门有权制止，必要时可越级反映。

（3）科学研究：生产地质科学研究的主要任务是：

1）根据生产地质工作要求，进一步探索矿区地层、岩相、构造及岩石矿物特征等，提高对矿床赋存规律和成因的认识。

2）综合研究地质勘探、基建地质和生产勘探的地质资料，及时进行探采对比、验证地质勘探的控制程度和研究程度，研究适合本矿区地质特点的生产勘探网度、勘探手段、取样方法、储量计算方法等，为同类矿床选择合理的勘探方法提供资料。

3）查清矿床中共生矿产和伴生有益有害元素，提出对矿产资源的综合利用意见。随着采选技术水平的不断提高，及时研究原有储量计算工业指标，提出修改意见。

4）研究矿床水文地质规律，为矿床疏干、排水及防洪设计提供理论依据。

5）协同采矿专业进行各种安全保护矿柱的合理性、井下地压活动规律及露天边坡稳定条件等安全生产技术问题的研究。

6）开展生产地质专业的新方法、新技术的研究，不断提高生产地质工作技术水平。

7）密切配合有关院、校科研部门，共同完成国家下达的地质科研任务。

（4）计划管理和技术管理：矿山地测部门根据"探矿超前"的原则，在原有地质工作的基础上，编制生产地质勘探设计，由生产矿长或总工程师签署报请主管部门审批后执行。年、季、月的生产地质探矿工作计划，应根据生产勘探设计总体要求，充分考虑采掘（剥）工作的需要和可能，分别纳入年、季、月采掘（剥）技术计划中，作为其重要组成部分。

生产地质探矿工程的施工，要严格按照已批准的设计和计划进行，未经批准和没有施工设计的工程不准施工。每项工程的开工、停工变动和竣工验收要经单位主管技术负责人批准，并按规定办理手续。为加强生产探矿工程的施工管理，各矿山企业应结合本矿具体情况，建立健全施工管理规章制度。

生产地质勘探计划和技术管理，在生产矿长或总工程师领导下，由地质、测量、采矿三个专业的人员协同完成。具体分工范围：

1）地质专业：负责编制生产勘探设计和年、季、月生产探矿计划，槽、井、钻探工程的施工技术组织和管理，掌握探矿进度，检查和验收探矿工程质量，收集原始地质资料，编制综合地质成果资料。

2）测量专业：负责生产地质探矿工程的定点、给点、质量检查验收和竣工实测，并提供有关测量成果，以满足地质专业编制地质资料和探矿设计的需要。

3）采矿专业：根据探矿超前的原则，将生产探矿工程纳入采掘（剥）技术计划，负责探矿工程的施工技术组织和管理。

矿山企业地测部门应指令专人对矿产储量动态定期进行计算和统计分析，并按有关规定及时编报《矿产储量表》和《化学矿山生产地质专业报表》。各矿山企业应建立系统的地质技术资料档案（如岩石矿物标本，各种文字、图纸、表格、台账等技术资料），并指令专人负责管理。

22.5.7　放射性矿产矿山地质工作有关规定

（1）铀矿山生产探矿规程：为加强铀矿山生产探矿工作，指导、保证矿山生产的顺利进行，原核工业部（现中国核工业总公司）于1988年6月4日发布了《铀矿山生产探矿规程》，于1989年1月1日起实施。

1）生产探矿的工作任务与工作要求：生产探矿是指铀矿山（井）移交生产后，在矿床勘探程度达到《铀矿地质勘探规范》要求的基础上，为满足开采和继续开拓需要所进行的地质工作。工作任务主要为：

①进一步探明和确定矿山（井）内矿体（矿块）形态、产状和质量特征，使储量升级所进行的地质工作；

②在生产过程中进行的探边、摸底及找盲等地质工作；

③对复杂的小矿体进行边探边采的地质工作；

④进一步查明矿山（井）内的伴生有益组分的种类、质量、储量及其加工技术条件等的地质工作。

生产探矿中，应加强对成矿地质条件和矿体地质特征的研究，并要结合采矿方法特点和技术经济等因素，研究确定适合各自矿山（井）实际的生产探矿手段、方法和工程间距；必须做到坑钻结合、探采结合、探矿先行；凡达到综合利用（技术上可行、经济上合理）标准的伴生组分，必须同时探明，必要时，可根据实际需要专门布置一些探矿工程。

生产探矿工作应列入矿山采掘技术计划，它是考核矿山企业生产任务完成情况的指标之一。

2）生产探矿研究程度要求：

①生产探矿应在前人对矿区（矿田）成矿地质条件和矿床地质研究的基础上，加强综合研究，进一步总结成矿规律，探讨矿床、矿体赋存特征，指导探矿工作。

②详细查明矿石中的有益、有害组分及其含量，研究并确定其分布规律；详细查明矿石的结构、构造，成

铀的赋存形式,按矿石中的有用矿物含量、共生组合、脉石矿物种类、氧化特点等因素,划分矿石类型和品级。对与铀伴生的,并已达到综合利用指标的伴生组分,需进行基本分析。

③ 应加强对物探工作的研究,推广、应用新技术、新方法,以适应生产探矿对物探工作要快速准确、可靠的需要。

④ 生产探矿应在研究矿床水文地质条件的基础上,进一步研究探矿地段的水文地质特征。水文地质条件复杂的矿山(井),应详细查明构造破碎带、断裂带、岩溶的发育程度、含水性、导水性,老窿的分布、充填、积水情况,及其对开采的影响。

⑤ 生产探矿应对工程地质现象,如滑坡、塌陷、片帮、冒顶、掉块、地鼓、突水及流沙等进行观察记录;详细查明矿岩的岩性、成分、产状、软硬岩石的厚度和组合关系、风化程度、含湿量及其坚固性或稳定性;要详细查明断裂构造或破碎带的性质、规模、产状、胶结程度及富水性等;要详细查明风化层、流沙层、泥化层、软弱层的发育情况,以及这些工程地质现象对开采的影响,并需提出应采取的措施或建议。

⑥ 生产探矿的勘探程度,应详细控制矿体(矿块)形态、产状及空间变化,取得可靠的矿体(矿块)品位、厚度等有关储量计算和不同采矿方法的采准设计、施工所需的有关地质资料。

生产探矿应达到的储量级别:大中型矿的内部块段应达到 B 级要求,其边角块段应达到 C 级要求;较简单的小矿体应达到 C 级要求,极复杂的小矿体的储量级别不作要求。

3)生产探矿资料综合整理:资料综合整理是地质工作的一项重要内容。生产探矿资料综合整理要以各种原始编录为基础,结合各种分析、鉴定、取样和试验等资料,经过综合研究、加工提高,编制成各类地质综合图件或报告。地质综合图件应在矿山工程测量原图上编制。综合图上必须客观地、系统地反映出矿产的赋存情况,地质矿化特征及其规律。

资料综合整理前,应对所有原始编录和各种数据进行严格审查核实,确定无误后方可进行综合。综合整理的资料应保持原始资料的真实性,若遇有问题,应查找原始资料,找出原因,进行处理,不得任意修改原始资料。为便于检查和查阅各种地质综合图件的技术质量和工作质量,对主要原始资料必须整理清晰,装订成册,妥善保管。

矿山地质部门应按不同工作阶段分别编写矿体(矿块)或梯段生产探矿说明书、年度工作小结和中段探矿总结。

生产探矿后提供采准设计、施工使用的资料,需经矿审批后方可使用;生产探矿年度小结和中段探矿总结报矿审批。

4)基建探矿:基建探矿是指矿山(井)基建阶段,为满足投产的要求,在矿床达到《铀矿地质勘探规范》要求的基础上,在基建地段范围内进行的地质工作。

基建探矿的主要任务、工作内容、采用的手段、方法、工程间距、成果要求等,与生产探矿基本相同,但其所需费用由基本建设费中支付。基建探矿参照执行上述各项要求。

基建探矿作为一个独立的探矿阶段,建设单位在探矿工作结束后,应编写基建探矿工作报告,与该工程竣工验收报告同时提交,由上级主管部门审查验收。基建探矿成果经审查验收后,基建部门应将全部资料移交矿山。

(2)铀矿山补充地质勘探规程:

为加强铀矿山补充地质勘探工作,满足矿山(井)建设及生产的需要,原核工业部(现中国核工业总公司)于 1988 年 6 月 5 日,发布了《铀矿山补充地质勘探规程》,从 1989 年 1 月 1 日起实施。

1)补充地质勘探工作任务与要求:

补充地质勘探是指由矿山按地质勘探规范要求进行的,并应提交经各级储委或相当的权力机构审批的最终或阶段补充地质勘探报告的地质工作。主要开展以下几方面的工作:

① 在生产矿山(井)及其外围普查勘探新的矿床或矿段所进行的地质工作。

② 一切因矿床勘探程度未达到规范要求,或从总体看虽已达到规范要求,但在基建地段或扩建地段(原有部分加扩大部分)不能满足建设要求而需要进行的地质工作。

③ 在基建或生产过程中发现规模较大的矿体,或重要的伴生组分,或重大的地质问题(包括水文地质和工程地质问题),需要进行重新勘探或重新提交储量报告所进行的地质工作。

④ 未经地质勘探而又需要建设的矿床应补做的地质工作。

⑤ 为矿山（井）闭坑作结论而必须进行的地质工作。

⑥ 按需要而应专门进行的水文地质和工程地质勘探。

补充地质勘探工作必须使矿山建设和生产紧密配合，根据矿山建设和生产的发展，由浅而深，由近而远循序地适当超前。

补充地质勘探要充分利用已有勘探工程和矿山井巷工程所获得的地质资料，加强综合研究，进行综合勘探，综合评价。对具有工业价值的伴生组分，应据具体情况，专门布置一些工程，分别圈定矿体。

补充地质勘探工作分期、分地段地进行，并分别编制设计。

补充地质勘探所需费用，由核工业总公司矿冶局按批准的年度设计工程量及工程单价，从地质事业费中支付。

2）补充地质勘探研究程度要求：

① 补充地质勘探工作必须以成矿地质特点、矿化规律和矿体赋存特征为重点，对矿床（矿段）进行勘探和研究。要总结研究成矿规律、综合找矿标志，探讨矿床成因，明确找矿方向，并为合理连接、圈定矿体提供地质依据。

② 矿山（井）外围的新矿床或地段的补充地质勘探，应提供矿石的物质组分和技术加工性能的资料；划分矿石的自然类型、技术品级、工业类型及技术加工类型，并评述矿石的选冶加工性能。

③ 应按《铀矿地质勘探规范》的要求，研究铀镭平衡变化规律，做好换算系数、平衡系数、射气系数、矿石体重、湿度、有效原子序数和其他放射性干扰元素的检验和测定。

④ 应按《铀矿地质勘探规范》进一步查明矿区水文地质条件，划分矿床水文地质类型；查明矿床充水因素，预测矿坑涌水量，提出矿坑涌水的防治措施；提供防止污染、处理热害及综合利用方面的意见和建议。对水文地质条件简单的矿区，工作可适当减免。对发现有重大水文地质或工程地质问题的矿区，应进行专门的水文地质或工程地质补充勘探工作。

3）补充地质勘探对矿床（矿段）的控制程度要求：

① 从矿床（矿段）的实际出发，合理控制矿体的规模、形态、产状、空间位置和展布状况，取得有代表性的、可靠的品位、厚度和其他有关储量计算的资料。

② 控制补勘范围内矿体的总体分布范围和矿体边界。

③ 对主要矿体上、下盘具有工业价值的小矿体，应在勘探主矿体的同时进行勘探。必要时可适当加密勘探工程。

④ 适合露天开采的矿床或矿段，应详细控制边帮附近及底界以上的矿体边界和范围。

⑤ 对井田及采区划分，主要开拓工程和大中矿体有较大影响的断裂、岩体等，要有足够的工程进行控制并研究其分布规律。

⑥ 当矿床（矿段）的氧化带较发育时，应查明氧化矿石的界限。

4）对矿床（矿段）的勘探深度要求：在生产矿山，对延伸不大的小矿床可一次将其勘探完，而对埋深较大的矿床，则可分期进行。

对矿区外围新矿床（矿段）的补充地质勘探，其勘探深度一般为垂深 300 ～ 500 m。对埋藏过深的隐伏矿床和矿体，勘探深度据国家需要由主管部门决定。

5）各级储量比例要求：根据矿床（矿段）规模、勘探类型及建设条件等因素、一般要求为：

第一、二勘探类型矿床（矿段），B 级储量应占 5%，C 级储量应达到 45%，D 级储量不能大于 50%。

第三、四勘探类型矿床（矿段），C 级储量应大于 40%，D 级储量小于 60%。

第五勘探类型矿床（矿段），各级储量比例不做要求。

勘探深度以下的 D 级储量不参加比例计算。在生产矿山（井）的两端、两翼及深部的补充地质勘探，各级储量的比例要求可适当降低。

6）勘探工作质量要求：

① 凡能形成独立矿山（井）的矿床或矿段的补充地质勘探，应测绘 1:1000 ～ 1:2000 比例尺的地形地质图，矿体大小或复杂的矿床（矿段），其比例尺应为 1:500。

②放射性物探是铀矿勘探的基本手段。应做好各项勘探工程的放射性编录、取样、测井等工作，并及时进行检查测量，以确保获取数据准确无误。

③根据《铀矿床水文地质勘探工作规范》的要求，做好简易水文地质观测、坑道水文地质编录、生产矿井或老窿的水文地质调查。

④钻探工程按原核工业部地质局颁发的《岩心钻探规程》（1983年）要求执行。

⑤坑探工程按原核工业部矿冶局颁发的《矿山地质工程规程》（1973年）中的有关要求施工。

⑥应作好各种取样、分析和鉴定工作。工作质量按有关规定要求执行。

7）补充地质勘探报告的编制与审批：

①补充地质勘探储量报告应在补勘工作结束后的3～6个月内提交。报告要从矿床（矿段）的实际及补勘要求解决的问题出发，并按规范要求进行编制。

②进行补勘的矿山企业，每年应有补勘工作总结。

③补充地质勘探储量报告，应一式四份上报主管部门。铀金属储量达到大、中型规模的，应报全国储委放射性专业委员会审批；属小型的矿床（矿段），由核工业总公司矿冶局审批。

④凡能形成独立矿山（井）的矿床或矿段的补勘报告，未经批准不得提交设计或开采。

⑤在建或生产矿山（井）范围内进行的专门性的水文地质或工程地质补充勘探报告，应按有关专门规程要求编写，经原审批机关或核工业总公司矿冶局组织进行审批后，方可作为设计的依据。

附件一

石油及天然气勘查、开采登记管理办法

为了加强对石油、天然气资源勘查、开采的管理，促进石油工业的发展，作为特定矿种，依据《矿产资源法》及国务院矿产资源勘查、开采登记管理的有关规定，制定了《石油及天然气勘查、开采登记管理暂行办法》。该办法于1987年12月16日经国务院批准，1987年12月24日由原石油工业部发布实施。

凡在我国领域及管辖海域勘查、开采各项石油、天然气资源（包括石油、烃类天然气，含共生、伴生的非烃类天然气、油砂、沥青），都应依照该办法申请登记，取得探矿权或采矿权。登记管理工作由国务院石油工业主管部门负责。

（一）石油、天然气勘查、开采登记的申请

石油、天然气资源勘查、开采登记分为勘查登记、滚动勘探开发登记和采矿登记，登记工作实行一级管理。勘查申请登记者应为具有法人资格的单位，按项目提出申请，滚动开发和开采登记者应为有法人资格的企业按项目或单独开采的油气田为单元提出申请。申请者直接向登记管理机关办理手续，按规定缴纳费用，并领取许可证。

申请勘查登记，应向登记管理机关报送以下文件：

1）国务院有关主管部门或省、自治区、直辖市人民政府计划部门批准的项目建议书；

2）标有经纬度或者全国坐标系统的工作区和工区范围图；

3）勘查申请登记表。

申请滚动勘探开发登记，应报送以下文件：

1）国务院有关主管部门或省、自治区、直辖市人民政府计划部门批准的项目建议书；

2）由主管部门指令的地质研究单位认可的地质技术论证书；

3）经国家矿产储量审批机构批准或部、省级储量机构认可的不同级别的储量报告；

4）主管部门对滚动勘探开发项目总体规划方案的审查意见书。

新建油气田申请办理采矿登记，应报送以下文件：

1）国务院有关主管部门或省、自治区、直辖市计划部门批准的计划任务书；

2）国家矿产储量审批机构批准的石油、天然气储量报告；

3）油气田建设可行性研究报告（对具有工业价值的共生、伴生矿产，可行性研究报告中应当有综合利用的专题论证内容）；

4）有关主管部门对油气田开发建设设计方案的审查意见书。

登记管理机关在接到以上各项申请之日起，应在四十日内作出是否准予登记的决定。不予登记的，应向有关部门提出撤销或调整该项目的建议，并说明原因。

中外合资、合作勘查、开采石油和天然气资源,应在合同签订之前,由登记管理机关复核并签署意见,合同签订批准后,由中方国家石油公司向登记管理机关办理备案登记手续。

(二)项目登记申请工作阶段要求

石油、天然气勘查登记分为盆地(区域)评价勘查和区带工业勘探两个阶段。

盆地评价勘查,是指对一个盆地进行整体或大范围的调查和地球物理、地球化学勘查,以及少量的基准井或参数井钻探,并相应地开展综合研究。其目的是了解盆地石油及天然气基本的地质条件,初步查明有利的油气生成、储集地区,圈定有利的含油气区带,进行早期油气资源评价和估算。

区带工业勘探,是指在盆地评价时发现工业油气流后,对盆地评价过程中初步圈定有利的含油气区带,进行物探详查、精查以及各类工程钻探等。其目的是发现和探明油气田,获得控制储量、探明储量,为油气田开发建设提供资源依据。

一个地区的盆地评价可以有两个或者两个以上的单位申请登记,但工作区不得重复。一个地区的区带工业勘探或滚动勘探开发只允许一个单位登记。

申请滚动勘探开发登记应具备以下条件:

1)在盆地评价勘查过程中的某个地区获得工业油气流或已进入区带工业勘探;

2)有充分的勘查资料证实该地区是复杂断块、岩性或者裂缝性油气藏等复杂地质条件区域;

3)在该地区已获得一部分石油、天然气基本探明和控制储量。

在勘查活动中各类探井的试采应当有试采方案、试采期一般不超过一年。特殊高产井试采期不得超过半年。需延长试采时间的,应凭勘查许可证和有关文件,办理有效期不超过一年的采矿许可证。

滚动勘探开发许可证有效期限为十五年,但每三年应向登记管理机关申请验证一次,储量已探明的区块,应办理采矿许可证。滚动勘探区域视同矿区范围,其区域范围的划定或者核定,按照有关法规办理。

持有石油、天然气开采许可证的企业,可以划分一部分采区工作承包给其他单位,但要向登记管理机关备案。

(三)登记的管理与协调

国务院石油工业主管部门作为登记管理机关,负责对石油、天然气勘查、开采登记申请的审查和批准,对登记有关的工作和活动进行监督、检查和管理,对违反石油、天然气勘查、开采登记有关法规的行为实施行政处罚。

石油、天然气勘查、开采登记有争议的项目,由国务院石油工业主管部门会同有关部门或省、自治区、直辖市人民政府协商解决,协商无效的,报国家计委裁决。

对《石油及天然气勘查、开采登记管理暂行办法》未明确的事项和违反该办法规定的可以比照《矿产资源勘查登记管理暂行办法》和《全民所有制矿山企业采矿登记管理暂行办法》执行。

附件二

矿产资源税收有关规定

我国地域辽阔,矿产资源丰富多样。不同类型的矿产资源和位于不同地区的同类资源,其形成条件的优劣、开采难易程度差别很大,对资源质量好、开采条件优越的企业,成本低、收入大、利润水平高,反之则低。为调节由于自然因素而造成企业利润水平相差悬殊、苦乐不均,有效地保护国家资源,防止浪费,对在我国境内从事原油、天然气、煤炭、金属矿产品和其他非金属矿产品资源开发的单位和个人,要求缴纳资源税。

目前,国家前几年只对原油、天然气及煤炭征收资源税,对金属矿产品和其他非金属矿产品刚开始征收。

原油、天然气、煤炭的资源税征收办法,都实行以量定额征收。即按原油实际产量,天然气实际销量及原煤销量乘以单位定额标准,分期计算征收。具体征税范围是:

原油、包括凝析油,不包括以油母页岩等炼制的原油。

天然气,包括专门开采和采油过程中伴生的天然气。

煤炭:限于原煤,不包括以原煤加工的洗煤和选煤等。

定额标准本着资源条件好、盈利多的多征,资源条件差、盈利少的少征的原则,按油田和煤矿分别确定单位定额标准。

自1988年1月1日起,对石油、天然气储量实行有偿使用,按产量每吨原油提取储量有偿使用费五元,进入生产成本,天然气按产量每千立方米折合一吨原油计算提取储量有偿使用费。由该项资金建立油气勘探基金,用于加强油气资源的勘探。

自 1989 年 1 月 1 日起,对在我国内海、领海、大陆架及其他行使管辖权的海域内从事开采海洋石油资源的中国和外国企业,要求缴纳矿区使用费,矿区使用费按照每个油、气田日历年度原油或者天然气总产量计征,费率见表 22 - 1。

表 22 - 1 海洋油、气矿区使用费费率表

原 油		天 然 气	
年度原油总产量 (万吨／年)	矿区使用费费率 (%)	年度天然气总产量 (亿立方米／年)	矿区使用费费率 (%)
≤ 100	0	≤ 20	0
100 ~ 150	4	20 ~ 35	1
150 ~ 200	6	35 ~ 50	2
200 ~ 300	8	> 50	3
300 ~ 400	10		
> 400	12.5		

原油和天然气的矿区使用费,均用实物缴纳,按年计算,分次或分期预缴,年度终了后汇算清缴。由税务机关负责征收管理。中外合作油、气田的矿区使用费,由油、气田的作业者代扣,交由中国海洋石油总公司负责代缴。

附件三

国外矿产资源法规简介

(一)苏联和东欧国家的矿产资源法规

苏联于 1927 年颁布《苏联采矿条例》、1938 年颁布地质勘探工作规范、1946 年颁布固体矿产(黑色金属)储量分类规范、1968 年苏联部长会议批准"苏联地质部工作条例",规定苏联地质部负责全国地下资源的地质研究工作和全国地质勘探工作的国家监督、地下资源的保护。苏联部长会议还批准,"国家矿山技术监察委员会工作条例"。1970 年最高苏维埃颁布"苏联和各加盟共和国水法纲要",地质部批准"苏联国家地质监察规范",1975 年最高苏维埃会议通过"关于进一步加强地下资源保护和改进矿产利用的若干措施。"1975 年. 最高苏维埃批准《苏联和各加盟共和国地下资源法纲要》,地下资源包括矿产资源和与采矿无关的地下资源。主要内容:(1)苏联地下资源属国家所有,是全民的财产,属国家的统一储备;(2)调节矿业关系的权限分苏联和各加盟共和国两级,地下资源保护和利于国家管理,由苏联部长会议,各加盟共和国部长会议、自治共和国部长会议、地方劳动者代表苏维埃执委会及专门授权的国家机构;(3)地下资源的使用者可为国家,合作社、企业、个人;(4)地下资源的使用期限可分无期限(永久)的和临时的(不超过十年);(5)地下资源使用者必须保证:全面进行地质研究,合理地、综合地利用和保护地下资源、保证工作安全,大气、土地、森林、水、建筑和设施、自然保护区、文物古迹不受有害影响,破坏了的土地要恢复到适于经济利用的安全状态;(6)国家对地下资源地质研究工作实行登记和统计制度;(7)地下资源设计建设应在设计工作开始之前同地方劳动者代表苏维埃执行机关和管理机关、国家矿山监督机关、国家矿山监督机关和其他有关单位进行商定;(8)采矿企业、石油、天然气矿床开采规划和工程掘进计划,应由有关单位征得国家矿山监督机构同意后批准;(9)国家实行对利用和保护地下资源的监督和对地下资源地质研究的监督;(10)各企业、组织、机关和公民之间因使用地下资源引起的争端,由区(市)劳动者代表苏维埃执委会、国家矿山监督机关、国家地质监督机关及其他授权的国家机关按法律规定的程序解决。

匈牙利 1960 年颁布的矿产法,主要内容(1)采矿权属于国家,由国家设立的经营机构(公司、矿业托拉斯,简称矿业公司)行使矿产权,地方议会执行委员会的主管专业机构,经矿业部同意,可允许合作社(合作企业)或社会机构,进行辅助性质的露天采矿活动,土地所有者(主管者、使用者)为了满足个人或较小地区的需要,有权露天开采,地面上的石子、石头、砂和黏土;(2)在矿场内要指定一名事先征得矿业主管机关同意的技术负责和一名副手,负责监督执行法规;(3)有计划地进行勘探,并实行登记制度;(4)采矿必须获得矿业机关准许;(5)为了人生和财产安全,矿业企业必须制定经矿业主管机关批准的技术规章和工艺流程;(6)应力求避免或消除勘探和采矿所造成的损失,对矿业损失尽可能用实物赔偿,赔偿方式由部长会议决定;(7)矿业企业必

须及早(最迟到采矿活动结束时)把那些由于采矿活动而停止使用或使用受到极大限制的区域的地表逐步整治好,并使这一区域处于可以更新使用的状态;(8)由于矿工的繁重劳动和采矿在国家经济生活中所起的重要作用,从荣誉和物质上对矿工予以表扬,把每年九月的第一个星期日定为"矿工节";(9)全国性矿业主管机关为全国矿业技术总监察署,其署长或副署长由部长会议任命;(10)本法由国家机构同工会配合执行。

德意志民主共和国1969年颁发的《矿山法》,主要内容:(1)矿藏是指挥地壳中的固体、液体和气体状态的矿物原料集合体,含尾矿和矿渣。凡用于国民经济而具有重要意义的矿物原料与地产所有权无关,均为人民的财产;(2)勘探权,开采权和储存权原则上由国家机关或国营企业行使,只有在企业计划范围内,在国家计划指标基础上,才能进行勘探,开采和地下储存工作。不具有重要意义的矿物原料开采权,也可由国家机关转交给公私合营或私营的工业、手工业企业;(3)勘探工作的结果(矿藏量或储存容积)应加以计算,并取得国家机关的核准;(4)应最大限量地利用矿藏,保证矿山安全;(5)为把采矿纳入本地区的社会和经济发展,防止对社会的损害,应规定矿山保护区;(6)为使使用的土地在矿山使用完毕后立即保质和优先地重新用于农业,土地用于矿山之前应协同专区政府在投资准备和其他计划资料中规定重新利用的时间、规模、方式和目的;(7)矿山损害指因勘探、开采、地下储存、尾矿、矿渣或治理等工作而造成对人的生命健康的损害,必须赔偿;(8)国家矿山监督的重点是保护地表、人身和公共交通免受矿山的损害。

南斯拉夫塞尔维亚社会主义共和国1978年颁布的《矿业法》的主要内容:(1)地下和地面的矿藏都是社会财产;(2)凡具备规定条件的联合劳动基层组织(简称矿业组织)均可从事矿物原料的开采,根据主管机关的许可证取得在规定地区开采某些矿物原料的权利,无偿地使用开采出的矿物原料;(3)矿业组织有义务按地质勘探法勘探新的矿物原料储量;(4)开采区一般包括已经勘探过的矿物原料矿床的区域,并加上因为开采而崩陷的地带,如果在开采区范围内修建建筑物,建筑许可证必须事先得到主管矿业机关同意;(5)地方共同体、社会组织、公民法人、公民个人可开采制砖的黏土、陶土砾石、沙子和石料,批准书的有效期最长为一年,并且应规定可开采矿物的数量;(6)公民可以淘洗河沙中的贵重金属,但要经过所在区主管矿业机关批准,批准书只有在当年有效,并应每六个月向银行出售淘洗的全部贵重金属。

(二)西方国家的矿产资源法规

美国矿业法实质上是取得矿产资源的地产权,1866年颁布了租借矿区土地的第一个矿业法令,颁布了租借砂矿矿区土地的矿业法令,1920年颁布了矿产资源租借条例,1970年颁布了矿业法。矿业法条文繁长,好多是地方矿种、分地区的具体规定。美国政府对矿产资源的勘查和开发主要是由国际市场上的原料价格自行调节的。国家机关由内政部的三个机构负责:(1)美国地质调查所,1897年成立,任务是收集和处理有关地球及自然资源(包括矿产、水和土地)方面的资料,并根据合同监督私人企业在公有土地上的矿产勘查和开发活动。实际是发现符合当时所采用的评价标准的新矿床。(2)矿业局,1910年成立,任务是保护矿产资源,即以最符合社会利益的方式,鼓励私人公司保障国家所需的大部分矿产。是政府从事矿产统计和经济研究的主要机构,研究更先进的采矿技术,和可作为代用品的低品级矿石和能源,通过提高采选技术水平,改变矿床评价的条件和指标,增加已知矿床的可采储量,扩大矿物原料基地。(3)土地管理局,1946年成立,负责公有土地和大陆架的矿产资源,以及私人土地的地下资源。

加拿大矿业法,依据1950年的矿业法概要,加拿大,除印第安人保留地和国家公园外,各省一切公有土地的法定权利均归各该省政府所有,各省政府对本省的一切自然资源亦拥有行政管辖权。自治领域政府拥有并管辖国家公园和印第安人保留地、西北地区、育空地区。各省都有自己的矿业法,规定也不同,如:在纽芬兰,一切矿产均属王室财产;在新布伦瑞克,自1805年以来,一切矿山和矿产都作为脱离土地的财产;在安大略,1908年以来,除特别保留者以外,一切矿产属于地表者;在曼尼托巴、萨斯喀彻温、阿尔伯塔等自1930年以来,自然资源一直归省管辖。地面权通常按年度出租,每英亩年租金由50美分到1美元。

巴西矿业法,巴西第一个矿业法是1934年制定的,规定矿产谁发现谁开采,1967年颁发了《矿业法典》,规定矿开发办法分四种:(1)特许制:由联邦政府特许的法令确定;(2)批准和许可证制;由矿业能源部部长颁发的批准书和按当地行政规定颁发的许可证及在财政部的适当机构进行生产者登记确定;(3)注册制:只须由淘矿工人在矿区当地的联邦税收处注册登记;垄断制:根据特别法律,由联邦直接或间接执行。勘查批准只发给巴西人(自然人或法人),或采矿企业。矿业能源部部长的批准通过批复国家矿业生产局例行的审查报告颁布。开采是指为了工业性开发矿床,从采掘有用矿物质到加工这些矿物质而进行协调作业的总和,批准开采应向矿业能源部申请。

　　日本矿业法，根据 1978 年修订的版本，矿业包括探矿、开采及有关的选矿、冶炼和其他事业。矿业权是指进行开采取得的权利。矿区面积、煤、石油、沥青及可燃性天然气为 15 公顷，石灰石、白云石、硅石、长石、叶蜡石、滑石及耐火黏土为一公顷，其他矿物不得少于三公顷，但砂矿不在此限。矿权者资格规定，非日本国民和非日本国法人，不得成为矿权者。探矿权期限为两年，规定只能延长两次，每次为两年。

　　联邦德国矿业法，据 1980 年 8 月 20 日公布的矿业法，矿业法是找矿、开发的法律，目的是保护工业需要的矿产资源。矿产资源包括固体、液体、气体、陆地下的、海底的、海水里的所有有经济意义的矿产资源。矿业法规定所有矿产资源的寻找、开发都要经国家批准，大陆架资源由海洋公约确定。找矿权，按规定手续申请，国家批准。找矿费，是对登记找矿而未开展工作的罚款，第一年每平方公里 10 马克，第五年为 50 马克。开矿权，申请时要有：营业规划、足够的技术装备、合理开发期限（开始为五年，可延长三年），开矿权批准后，三年不开采即失效，国家收回。取得开矿权，方可申请矿业所有权。开矿要付开发费，按实际取出矿产品价值的 10% 逐年提取。州政府可提高取费标准，但不得超过四倍。

　　矿业所有权同财产所有权，宪法保护，有转让权，与土地所有权相同的是都要登记土地册，不同的是矿业所有权要向国家交费等。

　　矿业权册，审定开矿权需要提供的营业计划包括：营业安全、劳动安全、矿山土地保护、预防别的损失和合理的复原，环境污染、资源浪费、土地复原都是批准时要考虑的。闭矿规定，土地复原要做到州政府满意。

23　矿山地质经济管理

23.1　矿山企业管理体系与任务

23.1.1　矿山企业特点

简单地说，凡从事矿产资源开发利用（包括探、采选、冶、供销）活动并以生产矿产品为目的的独立经营核算的经济实体，即谓之矿山企业。按生产规模，矿山企业可分为大型、中型和小型。按经营性质，可分为初级矿产品企业（只经营采矿、选矿或烧结中的单项业务）和矿冶联合企业（探、采、选、冶兼营）。

从经营管理角度考察，矿山企业主要特点如下：

（1）矿山生产对象主要是深埋地下的矿产储量。矿山生产的目标就是把地下的"潜在商品"通过生产手段转化为现实的商品（简称矿产品）。

（2）矿山生产的矿产品大部分是允许市场自由流通的普通民用原料，少部分有战略性的是国家调配。因此，矿产品价格取决于市场需求，受到政治影响和制约，如因70年代出现能源危机等。

（3）矿山生产准备（基建）周期长，建设投资大，生产对象未知因素较多，经营风险也较大。一个大中型矿山从普查勘探到建矿投产一般要五年至十年或更长时间。

（4）矿山企业经营参数，如矿石最低工业品位、矿石损失和贫化率、采选回收率、矿山生产能力、矿山服务年限以及企业经济效益等均具有相当大的可变性，影响可变性的原因是：1）储量在开采过程中由于地质条件的偶然变化随时都会发生被否定的风险；2）随着开采深度的增加，开采难度增加；3）矿产资源具有不可再生和分布不均衡的特性，在生产过程中任何一个环节工作失误，造成的资源浪费损失，往往即使付出沉重代价也不易弥补。

23.1.2　矿山企业管理任务

矿山企业管理的目的，就是创造良好的生产环境和秩序，保证矿山生产和经营的顺利运转，谋求企业获得最佳经济效益。

一般情况下，矿山企业生产过程都具有二重性，即物质（商品）生产力的自然属性和生产关系的社会属性。所以矿山企业管理也须适应这种二重性。矿山企业管理，既要满足促进物质生产力发展的需要，又要适应社会生产关系协调的需要。在现代化矿山企业中，生产分工很细，工艺较复杂，生产程序化和连续性较高，所以要求企业管理必须实行科学化，即遵循自然规律、经济规律、生产技术规律、分工协作规律等，合理组织生产，集中统一指挥，才能满足促进生产力发展的要求。在社会主义初级阶段多种经济成分共存的情况下，生产关系错综复杂，矿山政策法令随时间、地点、条件、矿种和企业性质的不同而变化，故要求企业管理还要在实践上适应社会发展，社会经济环境和公共关系准则等非经营条件的变化。充分调动一切积极因素，发挥矿山全体职工的主动性，才能顺利发展。

现代矿山企业管理任务主要包括经营决策、计划管理、技术管理、生产管理、科技发展管理、劳动管理、设备管理、物资管理、质量管理、成本管理、财务管理、销售管理和生活福利管理等领域。每个领域都包括若干具体管理任务。现简介如下：

（1）经营决策：如矿山生产规模、技术经济指标、生产工艺流程、总体或局部设计方案、长远发展规划等，都属于经营决策选择确定的任务。决策的正确与否关系到企业经营成败，故决策必须以客观事实数据为基础，以科学态度为依据谨慎从事。现举一简单例子如下。

某新建矿山，据市场调查和预测，已计算出产品销路好、一般、差三种状况的概率分别为0.3、0.5、0.2，拟定大、中、小三种生产规模方案供决策选定（见表23-1），试确定最佳生产规模使该矿建成后获得效益最大。

表23 - 1　某矿生产规模决策表　　　　　　　　　　　　　　单位：百万元

方案	市场状态	矿产品销路		
		好	一般	差
	概率	0.3	0.5	0.2
Ⅰ 大型规模效益		20	10	7
Ⅱ 中型规模效益		15	15	9
Ⅲ 小型规模效益		10	11	10

注：据李万亨《地质技术经济学》例。

据表中所列资料，每种方案获得的效益值计算结果为：

Ⅰ 方案 $= 20 \times 0.3 + 10 \times 0.5 + 7 \times 0.2 = 12.4$ 百万元；

Ⅱ 方案 $= 15 \times 0.3 + 15 \times 0.5 + 9 \times 0.2 = 13.8$ 百万元；

Ⅲ 方案 $= 10 \times 0.3 + 11 \times 0.5 + 10 \times 0.2 = 10.8$ 百万元

故三个方案中，Ⅱ 方案使矿山获效益最大。

这只是简单的例子，实际上矿山经营决策的问题比这个例子复杂得多，所可能取得的经济效益和社会效益也比这个例子大，例如我国近年某些矿山所开展的经营参数优化研究即如此。

（2）计划管理：矿山经营及生产计划管理.可分为年度、季度、月度的总体计划和按专业分班组的分类作业计划。所有计划中，以年度矿山采掘技术计划的编制和管理最为重要，它将指导其他各类分时，分项计划的安排和实施。因此矿山年度采掘技术计划包括生产矿量平衡、主要技术经济指标、采掘剥离作业量、选矿作业量、生产勘探工作量、采空区处理、采掘比及探采比、材料消耗、设备更新、重点施工工程、劳动生产力、产值、产量、利润、劳保和环保等多种计划内容。

加强计划管理，就是为了确保优质、高产、低消耗、高效率完成矿山企业生产任务。

（3）技术管理：为了贯彻国家矿产资源法和有关矿业方针政策，保证矿产资源充分合理开发利用，就必须加强矿山生产过程中的技术管理。主要任务包括储量计算、采选工艺、矿石质量、损失贫化、技术资料、技术设计、技术信息、技术政策等多方面的技术管理。加强技术管理的目的主要是减少劳动强度，改善生产条件，使矿山生产结构由劳动密集型过渡到技术密集型，促进矿山企业生产经营走向现代化。

（4）生产管理：主要目的是加强生产的调度指挥，协调生产各部门的配合进程。主要任务包括采剥（掘）施工管理、回采作业及选矿作业管理、安全管理、贫化损失监督管理、三级矿量平衡管理、采场验收管理、原矿精矿质量检测管理、采场坑道地测编录管理等。

（5）科技发展管理：鉴于当前新技术、新方法、新工艺不断应用于矿山地测及采选工程中来，科技发展对振兴矿业的作用愈来愈明显，故除了日常技术管理工作之外，特别应放眼未来和长远目标加强科技发展管理。如引进试验推广新技术、新方法、新工艺改革矿山生产技术；有计划地调入或培训各类技术骨干，更新提高矿山技术水平；组织各种专题小组有针对性地加强科技发展课题研究（如矿区外围深部隐伏矿找矿预测及成矿规律、综合利用及矿产补充资源开发、工艺矿物研究及提高采选回收率途径、环保及矿山地质灾害预报等）。

（6）劳动管理：劳动管理是矿山企业管理的重要组成部分，其目的在于提高企业劳动生产力，提高职工技能、文化素质和生产积极性，合理分配职工岗位，因才施用，最有效地发挥职工专长。劳动管理任务很广泛，主要包括劳动定额的制定和管理，劳动编制和定员管理，劳动纪律制定和管理，劳动竞赛及评比奖惩管理，劳保安全措施管理，工资奖金福利待遇定额管理，招工退员管理，文化技术培训组织管理等。总之，通过劳动管理要使劳动者与生产手段之间、劳动者与生产对象之间以及劳动者与管理者之间得到最经济、最合理、最融洽、最有效的搭配组合状态，才能达到不断提高劳动生产率的目的。

（7）设备管理：设备管理的目的就是保证为矿山企业生产提供良好的作业环境和最佳的技术装备，使企业生产活动建立在良好的物质技术基础上。设备管理的任务主要包括设备选择与定购、设备安装调试、设备维修保养、设备检查与检修、设备改造与更新、设备卡片与档案、设备管理制度制定等。

（8）物资管理：物资管理就是准确及时按质按量保证矿山企业各工段车间生产所需原材料、燃料、动力及工具等生产资料的供应。具体任务包括物资消耗定额管理、物资分类管理、物资供应计划管理、物资储备采购管理、物资仓库管理、物资验收及发放制度管理、物资报废制度管理、废旧物资回收利用管理、物资浪费惩处及物资节约奖励制度制定等等。

(9) 质量管理：质量是企业的生命，所以一个合格的企业管理者总是把质量管理(特别是产品质量)摆在一切工作的首位。随着科学技术的发展，矿山企业质量管理，已经由"马后炮"式的事后质量检验抽查和质量统计的管理方式过渡到"预防性"的防患于未然的全面质量管理方式。

全面质量管理(Total Quality Control 简称 T. Q. C)是20世纪80年代初期才传入我国的新兴的科学管理方法。它的特点是全面性(在生产全过程实行质量管理)、全员性(全企业职工参加质量管理)、预防性(事先控制质量而不是事后检查质量)、服务性(提高产品质量为用户服务，上道工序提高质量为下道工序服务，下道工序也是上道工序的用户)和科学性(质量检测手段现代化、质量数据标准化、监控系统计算机化)。质量管理的目的就是使矿山产品达到预定质量标准，如国标(GB)、部标(YB - 冶金部部标、QB - 轻工部部标、DB - 地矿部部标)或企业标准等。

全面质量管理的具体任务包括三级矿量管理、贫化损失计算及质量监督管理、取样化验物检质量管理、检测仪器质量及数据可靠性管理、地测编录及综合资料质量管理、物资质量及计量质量管理、采矿方法和选矿工艺效果质量管理、探矿效果及储量计算质量管理、矿产综合利用质量管理、产品质量管理、用户反馈信息质量管理、经营管理人员素质管理以及各工段、各车间、各班组的各道工序的质量管理等。

(10) 成本管理：矿产品成本是反映矿山企业生产劳动消耗和矿山经营水平的综合指标，是评价矿山企业经济效益的重要参数。在矿产品年产量和价格相同的情况下，矿山企业的利润多少关键取决于矿产品成本的高低。而影响成本的因素则包括经营水平，矿床地质条件，开采方法和选矿工艺和技术经济指标。矿山企业成本管理结构如下：

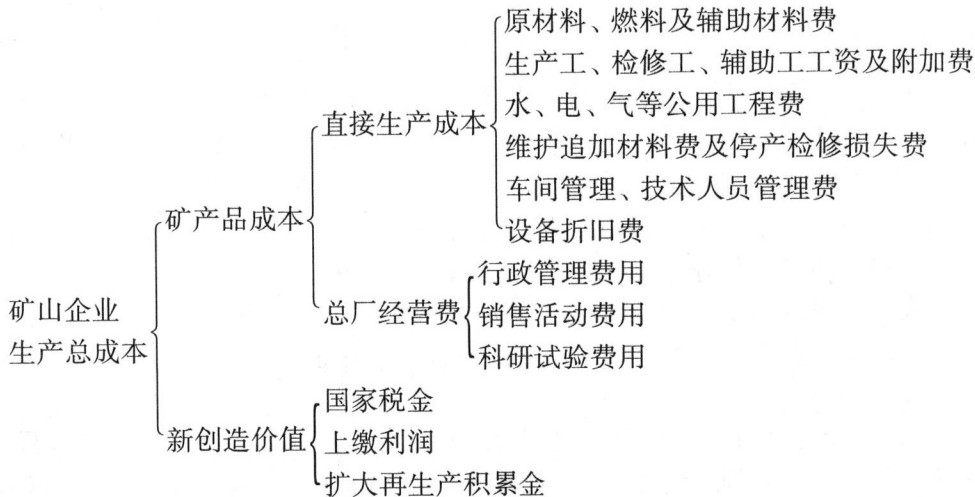

```
矿山企业
生产总成本
    ├─ 矿产品成本
    │      ├─ 直接生产成本
    │      │      ├─ 原材料、燃料及辅助材料费
    │      │      ├─ 生产工、检修工、辅助工工资及附加费
    │      │      ├─ 水、电、气等公用工程费
    │      │      ├─ 维护追加材料费及停产检修损失费
    │      │      ├─ 车间管理、技术人员管理费
    │      │      └─ 设备折旧费
    │      └─ 总厂经营费
    │             ├─ 行政管理费用
    │             ├─ 销售活动费用
    │             └─ 科研试验费用
    └─ 新创造价值
           ├─ 国家税金
           ├─ 上缴利润
           └─ 扩大再生产积累金
```

成本管理具体任务包括成本计划、成本核算、成本控制、成本分析、成本决算、成本预测等。

(11) 财务管理：在生产产品通过货币交换形式体现其劳动价值的时代，矿山生产经营活动同样也需要借助于货币资金的运动来实现企业的运转。而财务管理正是利用货币形式，对矿山企业各项生产活动的价值，用统一的货币价值的尺度加以平衡、分配、积存和对比进行综合经济管理，并以增加资金积累的形式体现促进企业生产的发展和成就。

财务管理的具体任务包括流动资金管理(从资金上保证企业生产经营合理需要，为发展生产服务)、财经纪律及财务监督管理(严格财经纪律和财务制度，杜绝一切不合理开支)，成本利润综合管理、固定资产管理(设备折旧费摊派及使用)、专用基金管理(如基建、技措、设备更新、新产品开发、专题科研、福利设施、扩建工程等专项基金)、经济核算管理(如价格核算、成本核算、销售核算、盈亏核算等)。

(12) 销售管理：当今社会商品经济高度发达，市场信息瞬息万变，故销售管理显得特别重要。企业产品畅销，则促进生产良性循环，企业产品一旦积压，则企业经济形势趋于疲软，长期产品积压则有使企业停产甚至倒闭的危险。销售管理的具体任务包括市场调查、销售预测、签订产销合同、广告推销、举办或参加交易会、提供优质包装运输送货服务、提供用户反馈信息，改进生产产品、提供产品咨询服务等。

（13）生活服务和福利管理：我国矿山企业除了担负生产经营任务外，还要做好矿区生活福利及其他服务性工作，这是我国矿山的特点，因此必须把这些管理纳入重要议事日程。

23.1.3 矿山企业技术经济指标

矿山企业技术经济指标是指矿产资源综合利用情况和各种矿产品质量等方面反映生产技术水平的各项指标的总称。对于一个综合经营的矿山来说，矿山生产系统是由矿山地质、采矿、选矿、经营等内容联合组成的，所以矿山企业技术经济指标，实际上是包括矿山地质、采矿、选矿、经营管理等有关生产、技术和经济管理在内的各项指标，现分类介绍如下：

（1）矿山地质方面的主要技术经济指标：

1）工业品位：即最低工业可采品位。是划分矿石工业品级和区分可采储量和不可采储量的依据。平均品位大于工业品位为工业储量。

2）边界品位：是划分矿石与围岩的最低品位界限和区别表内储量（平均品位大于工业品位）和表外储量（平均品位界于工业品位之下，边界品位之上）的技术经济指标。

3）可采厚度：即最小可采厚度。是在矿石符合工业品位的条件下，划分单矿体属可开采层（矿层大于可采厚度）或不可开采层（矿层小于可采厚度）的技术经济指标。其中可开采层属于表内储量，不可开采层属表外储量。

4）夹石剔除厚度：即最大允许夹石厚度。是在计算储量圈定矿体时，允许围岩厚度在矿体中的极限值。大于允许厚度的夹石应单独剔除圈定以便与矿体分开。小于允许厚度的夹石包含在矿体中圈定不予剔除，但储量品级仍以工业品位和边界品位划分。

5）探明储量利用系数：是衡量建矿前地质勘探储量在矿山生产设计中可利用程度的技术经济指标。表达式为：

$$\text{探明储量利用系数} = \frac{\text{开发利用储量}}{\text{探明储量}} \times 100\%$$

$$\text{或} \quad \text{探明储量利用系数} = 1 - \frac{\text{积压储量}}{\text{探明储量}} \times 100\%$$

6）矿床综合利用系数：是检验矿山企业对矿床伴生有用组分综合利用水平和实际效益的技术经济指标。表达式为：

$$\text{矿床综合利用系数} = \frac{\text{矿床提取价值（元）}}{\text{矿床潜在价值（元）}}$$

$$\text{或} \quad \text{矿床综合利用系数} = \frac{\sum_{i=1}^{n} Q_i \cdot C_i \cdot Z_i \cdot K_i}{\sum_{i=1}^{n} Q_i \cdot C_i \cdot Z_i} \tag{23-1}$$

式中：Q_i 为可回收组分矿量，t；C_i 为可回收组分品位，%；Z_i 为可回收组分产品价格，元/t；K 为可回收组分总回收率，%；i 为可回收组分种类及序号（$i = 1, 2, 3, \cdots, n$）。

7）生产矿量保有期限：又叫三级矿量平衡指标。为了保证矿山均衡、持续、稳定的生产局面，必须贯彻采掘并举，掘进先行的方针，协调采掘比，按比例保证三级矿量储备量满足生产需要。如中小型矿山要求开拓矿量保证三年以上；采准矿量保证一年以上，备采矿量保证四个月以上。大矿要求更高（参看矿山地质工作条例）。

8）探矿比：是衡量生产探矿效益的技术经济指标。表达式为：

$$\text{探矿比} = \frac{\text{生探工程量（m）}}{\text{采矿量（千吨或万吨）}}$$

（2）采矿主要技术经济指标：

1）采掘比：是衡量地下采矿与掘进保持均衡比例与否的技术经济指标。表达式为：

$$\text{采掘比} = \frac{\text{掘进量（m）}}{\text{采矿量（千吨或万吨）}}$$

2）剥采比：是衡量露天采矿与剥离保持均衡比例与否的技术经济指标。表达式为：

$$剥采比 = \frac{每采一吨矿石剥离废石量(t)}{开采一吨矿石量}$$

3）掘进量：即掘进总量。包括开拓、采准、切割等的掘进工程作业总量。是核算矿山企业综合作业掘进效率的技术经济指标。由计划指标和实际指标对比检验。

4）矿山服务年限：是根据矿床规模、矿石质量、经济核算和市场需求等因素正确处理矿山年生产能力的重要技术经济指标。当储量为已知数时，年生产能力过大，则缩短矿山寿命，提高单位矿石的基建费用。反之，如年生产能力过小，则开采费用增大，单位矿石成本提高。故须合理选择生产服务年限。

5）开采损失率：是检验矿山企业开采技术水平及有效利用矿产资源能力的技术经济指标。表达式为：

$$损失率 = \frac{损失矿石(金属)量(t)}{采场(区)矿石(金属)储量(t)} \times 100\%$$

6）采矿回收率：是反映采矿综合效益和检查残留矿柱剩余资源情况的技术经济指标，表达式为：

$$采矿回收率 = \frac{采出矿石(金属)总量(t)}{采场(区)矿石(金属)总储量(t)} \times 100\%$$

7）开采贫化率：是监督采矿质量，检验采矿方法是否合理的技术经济指标。因矿石贫化率高则影响选矿回收率和产量降低，并增加生产费用；如矿石贫化率太低或负值（富化）则表示资源浪费或"吃富弃贫"。表达式为：

$$采矿贫化率 = \frac{采下矿石品位平均降低值}{采场(区)工业储量平均品位} \times 100\%$$

8）出矿量：包括地下开采运到坑口的矿石和露天开采运到台阶的矿石总量。是检查矿山生产完成情况的技术经济指标。用吨 7 时间（年、月、日）表达。由出矿过磅统计数获得。

9）采矿品位：指采场采下矿石的平均品位。由取样化验获得。

10）出矿品位：是指出售原矿或入选原矿平均品位，即商品矿石之品位。与采场品位不同之点在于经过短途运输、手选、各采场矿石的混合。它是反映原矿质量的技术经济指标。由矿仓取样化验获得。

11）采矿劳动生产率；以吨／人·月表示。

12）采矿掌子面工效：以吨／工班表示。

13）掘进掌子面工效：以米／工班表示。

14）采矿台班工效：以吨／台班表示。

15）掘进台班工效：以米／台班表示。

16）采矿成本：以元／吨表示。

（3）选矿主要技术经济指标：

1）选矿产率：即选矿产品（一般指精矿）的重量占入选原矿重量的百分比。表达式为：

$$选矿(精矿)产率 = \frac{所得精矿重量}{原矿石重量} \times 100\%$$

2）选矿回收率：即选矿产品中某一有用成分（一般指金属量）的重量与入选原矿中同一有用成分重量的百分比。是衡量选矿对有用组分的回收效率。表达式为

$$选矿回收率 = \frac{精矿产率 \times 精矿品位}{原矿中同一有用成分的品位} \times 100\%$$

3）选矿比：是评价选矿方法及衡量选矿处理原矿量的技术经济指标。表达式为：

$$选矿比 = \frac{原矿石重量}{所得精矿重量}$$

即选一吨精矿所需原矿重量。显然，选矿比与选矿产率成倒数关系，而且选矿比太大则原矿处理量太大，选矿成本高。

4）原矿品位：指入选前矿石品位。

5）精矿品位：指选矿产品品位。

6）尾矿品位：指选矿废料品位。

7）选矿劳动生产率：以吨／（人·年）表示。

8）选矿成本：常以入选单位矿石量衡量，以元／吨表示。

（4）矿山经营主要技术经济指标：

1）矿山年生产能力：即矿山年产量。它根据矿山服务年限的选择和生产成本的平衡而制定，为反映矿山实际综合生产水平的指标。

2）矿山企业工业总产值：是以货币表达计划期内矿产品及其附产品生产总值。它是反映矿山企业生产规模的指标。表达式为：

$$矿山工业总产值 = 原矿或成品矿销售产值 + 附产品及其他产值$$

3）矿山企业工业净产值：是指计划期内从总产值中扣除全部开支后新创造的价值（国民收入增长净值）。表达式为：

$$矿山工业净产值 = 工业总产值（按现行价格） - 物质消耗价值（按现行价格）$$

其中物质消耗价格包括原材料、燃料、外购动力、外购零部件、折旧费及生产管理中其他一切物质消耗和工资、附加费等。

4）矿山利润指标：是反映矿山企业综合经济效益的指标。简单表达式为：

精矿产品利润（元/t） = 精矿国家调拨价或市场价（元/t） - 精矿采、选成本及管理费（元/t）；

矿山年利润（元／年） = 精矿年产量 × 精矿产品利润（元/t） + 其他净产值。

5）矿山全员劳动生产率：是反映全企业综合经营效率的技术经济指标。表达式为：

$$全员劳动生产率 = \frac{工业总产值（元）}{企业职工总数}$$

$$或全员劳动生产率 = \frac{矿山年生产能力（吨）}{企业职工总数}$$

6）生产设备完好率：是反映矿山生产技术条件和企业设备管理水平的指标。表达式为：

$$设备完好率（主要） = \frac{设备完全的台数}{企业拥有设备台数} \times 100\%$$

7）产品质量合格率：是衡量企业生产水平、技术管理和质量管理效果的综合技术经济指标。质量是企业的生命，如产品合格率低，则直接威胁企业经济效益。表达式为：

$$产品质量合格率 = \frac{合格产品数量（品种）}{产品问题（品种总量）} \times 100\%$$

23.2   矿山地质部门在矿山经营管理中的作用

23.2.1   经营管理的层次与分类

我国矿山企业管理的"层次"有三种形式：即大型矿山分为四层（或叫四级管理），即公司（矿务局）—矿级—坑口（车间）—工段（班组）。中型矿山分为三层（三级管理），即矿级—坑口（车间）—工区（班组）。小型矿山分为二层（两级管理），即矿级—工区（班组）。

矿山企业经营管理模式，则大致可以分为四类：

（1）直线型经营管理（行政型）：不设职能机构，实行垂直管理。各级行政负责人员兼负各种专业管理。一般适合小型企业。

（2）职能制经营管理（智能型）：在上层行政领导班子之下，按专业分工设立中层职能管理机构，各职能部门凭专业技能在各自职责范围内分兵把口，对下进行"自主"的业务管理。某些大企业常采用此法。企业领导要以统筹全局角度及时协调各专业管理，避免形成多头指挥。

（3）生产区域制经营管理（行政—智能型）：各级领导层按双轨制配备行政和专业两套人员，行政人员负责指挥管理，专业人员负责参谋制订计划。形成一条龙指挥。某些大企业也常采用此法。在发挥行政指挥人员主动性和责任心同时，增加专业人员积极性和智囊作用。

（4）承包制经营管理（权力下放型）：全企业由上层的指挥部（最高决策机构）、中层各部门（专业技术咨询设计机构）、基层经营部（按产品、地区、市场等划分各营业部势力范围）三部分组成。各经营部承包进行独立经营、独立核算，产、供、销、人、财自主。中层部门负责高科技、新工艺、新信息等开发研究和对经营部的技术专业指导咨询。现代国外各大企业多采用此法(如美国通用汽车、通用电器、杜邦等公司;日本三菱、东芝等公司等等)。优点是能发挥每个职工创造性的工作能力和自发的积极性。但是必须配备现代化管理设施和高水平的企业管理和科技人才,而不适宜于劳动密集型企业。

我国矿山地测工作,为附属于矿山生产部门的生产技术业务之一,多数是以作业部门或作业兼职能部门形式存在的。如果纳入上述企业管理层次和经营管理分类模式,也可以划分为以下几种类型:

1)单层型班组制:上层和中层无地测机构,只在基层(坑口)设地测组(属作业部门)。

2)两层型职能制:上层无编制,中层设职能机构(矿山地测科或处),基层(坑口)设地测组。

3)三层型混合制:上层设矿山地质总工程师(具管理和监督职权),中层设地测科或处(参谋职能机构)。基层设坑口地测组(作业部门兼执行上层下达的监督指令)。

23.2.2　矿山地测部门的经营管理职能

矿山地测工作在矿山企业经营管理中具有三重主要职能,这三重职能即生产技术管理职能、生产技术监督职能和地测专业日常作业职能(服务性工作)。因此,矿山地质部门在矿山经营管理中要发挥管理、监督和服务三重作用。现分述如下:

(1)矿山地测部门的管理职能:

1)储量管理:负责掌握地质储量和三级储量的增长、消耗、变动、平衡及保有状况。管理生产探矿设计和施工,不断扩大矿山储量远景,延长矿山服务年限。核实采矿损失矿量、残余矿量和采空矿量提出储量报销意见上报审批。

2)采掘技术计划管理:协助采矿部门编制采掘技术计划,降低损失贫化率,贯彻贫富、大小、厚薄、难易兼采原则,实行合理配矿,保证充分利用资源。

3)地测资料管理:地测资料是矿山设计、生产、科研重要依据。应有专人管理,包括图纸、文字、照片、标本、岩心、化验副样、研究资料、技术论文、交流信息等资料,要做到随时提供满足有关部门需要。

4)地测科研管理:负责引进有关矿山地测方面的新技术、新方法、新仪器设备加以试验推广。加强综合利用、成矿规律、检测方法、控矿技术、岩层移动、边坡稳定性等方面的新问题的研究的组织管理工作。组织矿区内外以至国内外技术情报交流等。

(2)矿山地测部门的技术监督职能:

1)监督采矿:为保护资源监督采矿部门在生产中贯彻"四个兼采"原则及由上而下,由远到近的合理开采顺序。尽量回收上、中部残矿和矿柱。充分利用资源,加强综合利用。

2)监督采掘工程施工:任何采掘工程,须经地测部门给点、设点后方可施工;采掘工程竣工后未经验收不得投产;无计划无设计工程一律不予验收;采矿场回采完毕后未经验收不得放矿;放矿后未经验收不得封斗及撤除生产设施;对破坏资源的乱挖乱采、进入禁区采矿及不安全的采掘工程,矿山地测部门有权制止施工并上报处理。

3)监督降低矿石损失贫化技术措施的落实:根据矿床地质特征和采矿方法,提出合理的损失、贫化率指标和降低损失贫化技术措施,要求采矿场加以执行。

4)监督矿山产品质量:定期对矿山开采原矿、入选原矿、选厂精矿、选矿尾矿进行取样分析,确保产品质量符合工业指标。

(3)矿山地测部门日常作业职能:

1)取样加工:包括化学分析样、矿物岩石标本样、物检技术样、工业试验样、砂矿和尾矿样等等。

2)地质编录:包括露头素描图、生探工程素描图、采场素描图、钻孔地质记录、钻孔柱状图、钻孔测斜投影图等等。

3)数据统计:包括化验、物检、试验结果登记表、三级矿量平衡表、损失贫化率计算、取样及标本登记表等等。

4)综合编图:包括矿区地形地质图修改补充、中段地质平面图编制、矿体纵投影图编制、矿体顶底板等高线图编制、采空区分布图编制、保有储量变动图编制、采场(平台)贫化损失计算图编制、成矿规律及成矿预测图编制及各种图件的文字说明或文字报告。

5)储量计算:随着生产的进程,随时进行采场、采空区、矿块、中段、矿体之储量计算。定期进行三级矿量平衡计算和全矿储量变动总计算。

6）贫化损失率计算：每个采场回采完毕，验收前均须进行贫化损失测量计算。

7）测量工作：包括矿区基本控制网的建立与国家三角网的连接、采掘工程设点和施工、各种比例尺的地形测量、井巷贯通工程施工、岩层移动观测、边坡稳定性和地压活动规律监测等。

8）矿区水文地质：如水文地质观测、水质检验、收集坑下涌水量资料以及治水、防水资料等等。

9）岩矿鉴定及工艺矿物研究：不断进行伴生有用矿物岩矿鉴定及选冶生产过程中工艺矿物研究。发现矿物赋存状态及生产中性变化规律的新问题，为综合利用及提高采选回收率提供情报。

10）环保地质：调查环境污染的地质原因，尾渣废水对污染的影响，了解滑坡、泥石流与山洪暴发规律，为改善矿山生活工作环境及预报地质灾害提供有关情报。

23.2.3 矿山地质手段与目标

生产矿山的矿山地质工作，既是地质勘探工作的继续，又是采矿工作的向导，具有上承下达，继往开来的作用。我国矿山地质机制尚不甚健全，手段（装备）也比较落后，人员少质量低与现代化矿山企业建设要求相比较，还有相当大的差距。现概述如下：

（1）矿山地质工作手段：

1）人员机构：矿山地质、测量技术人员是完成矿山地质工作起决定性作用的手段。因此要开展矿山地质工作，首先要根据矿山生产规模建立相应的矿山地质机构和配备经过训练的矿山地测技术人员。

2）仪器设备：是开展矿山地测工作的又一个重要手段。仪器设备越先进越齐全，开展矿山地质工作的条件越好，收效也越大。主要仪器设备如下：

① 地勘仪器设备：如 $300 \sim 500$ m 钻机、取样钻机、汽车钻机、罗盘、样品加工破碎设备、分析设备、制图晒图设备，照相打字设备、计算工具等。

② 测量仪器设备：如水准仪、经纬仪、平板仪、计算工具等。

③ 常规岩矿鉴定仪器设备：如立体显微镜、偏光显微镜、反光显微镜、金相显微镜、红外显微镜、发光设备、电磁仪、小型矿物分离（选矿）设备、离心沉淀器、马弗炉、自动调温烘箱、各种天平、磨片抛光设备、比重仪、重液分析设备、显微摄影装置、硬度仪、折光仪、反射仪等。

④ 微观检测高技术仪器设备：如电子探针、离子探针、X - 射线衍射仪、原子吸收分光光度计、差热分析仪、热重分析仪、发光分析仪、红外光谱分析仪、光谱仪、电子显微镜、全息摄影设备、遥感技术设备等，矿山一般不配置，需要时委托研究部门进行测试。

3）软件设备：

① 矿山地质测量文字技术资料。

② 矿山地测图纸资料。

③ 矿山地测科研、情报、图书资料。

④ 矿山地测原始数据资料。

⑤ 矿山地质计算机软件。

⑥ 矿山地质设备仪器技术档案及说明书等。

（2）矿山地质工作（发展）目标及实例：

1）扩大老矿区资源远景：老矿区积累了大量矿床地质资料，对开展矿床地质研究，揭示成矿规律，开展成矿预测，寻找盲矿体和隐伏矿床具有有利条件。国内外都有实例，如美国在克莱梅克斯老矿区外围发现了亨德逊大型隐伏斑岩钼矿床；日本在北鹿老矿区发现20多个重要的含铜锌磁铁黑矿床；西华山钨矿沿隐伏岩体接触带找出了新矿体使储量倍增；江西广东一些黑钨矿老矿山，根据垂直分带规律发现大批盲矿体；水口山铅锌矿、杨家杖子钼矿、老厂锡矿等老矿山都在就矿找矿中找到一些新矿体，对延长老矿山服务年限起到了良好的作用。

2）提高生产探矿效果：要不断革新探矿手段，以提高生产探矿效果。例如有些矿山推行"探采结合法"，收到了减少工程重复、降低生产成本、缩短生产周期的效果，有些矿山采用钻坑配合的"组合勘探"和采用金刚石钻探，大量节约了坑道掘进量；有些黑钨矿山采用钻孔光电测脉仪、有些锡矿山采用手提荧光分析仪、有些核能矿山采用辐射取样仪现场确定矿体质量，显著提高了探矿效率。

3）不断提高矿山综合利用水平：要加强岩矿鉴定和工艺矿物学研究，以提高综合利用水平。国内外实例也很多，如美国内华达州麦克德米特世界著名大汞矿，就是由于岩矿鉴定发现一种汞的新矿物（科尔德罗石 $Hg_3S_2Cl_2$ ）而发现的矿床，储量 272 万吨；内蒙特大稀土矿床，解放前主要是铁矿，稀土只查明氟碳铈镧矿、独居石、硅钛铈钇矿等几种，储量不大。后来经过大量矿物学研究，发现存在大量的烧绿石、铌金红石、铌易解石、铌钙石、铈褐钇矿等含铌稀土矿物，才成为特大稀土矿床；长江下游一些铅锌多金属矿，经岩矿鉴定发现银矿物不少而成为银矿山；某钒钛磁铁矿，经长期工艺矿物研究，解决了钠化球团机理和从冶炼中回收钒的问题；香花石的发现，扩大了香花岭锡矿山老矿区的资源远景。

4）推广应用新技术新方法提高矿山地质工作业务水平：如推广数学地质在矿山地质中的应用、建立矿山地质数据库、采用克里格法进行储量计算、实行优化配矿法降低矿石损失贫化率、应用杰配夫法（Zipf's law）。在矿区外围找矿中进行远景评估，采用电子计算机进行矿山地测技术管理等。

5）加强技术监督和提高生产管理经济效果：例如颇多矿山由于加强了损失、贫化监督取得明显效果；又如辽宁八家子铅锌矿从 1977 年开始，从围岩到矿体都进行了地质经济分析研究，全面查定了有用伴生组分银、铜、硫赋存规律及经济利用价值，1979—1984 年共回收铜 446 t，银 47.6 t，价值 1174.4 万元。

6）实行矿山地质工作的规范化、标准化、法制化：长期以来不少矿山在生产正常情况下，有重采轻地质现象，只有矿山出现矿量危机、地质情况变坏或贫化损失剧增、矿石质量下降时，才突击性的猛抓一次矿山地质工作，矿山地质人员也像救火队式的忙乱一通，因此造成某些矿山存在矿山地质工作忽冷忽热的不稳定状况，地质人员也不太安心，矿山地质工作条例形同虚设。如果实现上述"三化"，可能会有所好转。

7）扩大矿山地质队伍和提高矿山地质人员素质：必须重视"育人"，将其当作发展矿山地质工作重要目标。

① 近年来矿业发展很快，生产矿山数目成倍增长，矿山地质人员数量和质量上都满足不了形势发展需要，特别是乡镇矿山、集体和个人承包矿山多数没有矿山地质人员。有些国营矿山也不重视矿山地质队伍发展与建设。

② 我国虽为矿业采掘大国，各类矿山成千上万，而全国各大中专矿冶院校和地质院校，设置矿山地质专业者屈指可数。全国地质、矿冶研究机构数十个，矿山地质研究课题甚少，矿山地质教育与科研均须加强。